F. Daschner (Hrsg.)   Praktische Krankenhaushygiene und Umweltschutz

# Springer

*Berlin
Heidelberg
New York
Barcelona
Budapest
Hongkong
London
Mailand
Paris
Santa Clara
Singapur
Tokio*

F. Daschner (Hrsg.)

# Praktische Krankenhaushygiene und Umweltschutz

Zweite, überarbeitete Auflage

Mit Beiträgen von
E. Bux   F. Daschner   M. Dettenkofer   I. Engels
D. Hartung   F. Hofmann   I. Kappstein   M. Rolff
M. Scherrer   E. Schmidt-Eisenlohr   W. Schleipen
R. Scholz   A. Schneider   I. Teuwen   H. Wolf

Mit 25 Abbildungen und 72 Tabellen

Prof. Dr. med. Franz Daschner
Direktor des Instituts für Umweltmedizin
und Krankenhaushygiene
Klinikum der Albert-Ludwigs-Universität
Hugstetter Straße 55
79106 Freiburg

ISBN 3-540-61219-X  Springer-Verlag Berlin Heidelberg New York
ISBN 3-540-55391-9  1. Auflage Springer-Verlag Berlin Heidelberg New York

Die Deutsche Bibliothek – CIP-Einheitsaufnahme
Praktische Krankenhaushygiene und Umweltschutz / F. Daschner (Hrsg.). – 2., überarb.
Aufl. – Berlin; Heidelberg; New York; Barcelona; Budapest; Hongkong; London; Mailand;
Paris; Santa Clara; Singapur; Tokio: Springer, 1997
ISBN 3-540-61219-X

Dieses Werk ist urheberrechtlich geschützt. Die dadurch begründeten Rechte, insbesondere die der Übersetzung, des Nachdrucks, des Vortrags, der Entnahme von Abbildungen und Tabellen, der Funksendung, der Mikroverfilmung oder der Vervielfältigung auf anderen Wegen und der Speicherung in Datenverarbeitungsanlagen, bleiben, auch bei nur auszugsweiser Verwertung, vorbehalten. Eine Vervielfältigung dieses Werkes oder von Teilen dieses Werkes ist auch im Einzelfall nur in den Grenzen der gesetzlichen Bestimmungen des Urheberrechtsgesetzes der Bundesrepublik Deutschland vom 9. September 1965 in der jeweils geltenden Fassung zulässig. Sie ist grundsätzlich vergütungspflichtig. Zuwiderhandlungen unterliegen den Strafbestimmungen des Urheberrechtsgesetzes.

© Springer-Verlag Berlin Heidelberg 1992, 1997
   Printed in Italy

Die Wiedergabe von Gebrauchsnamen, Handelsnamen, Warenbezeichnungen usw. in diesem Werk berechtigt auch ohne besondere Kennzeichnung nicht zu der Annahme, daß solche Namen im Sinne der Warenzeichen- und Markenschutz-Gesetzgebung als frei zu betrachten wären und daher von jedermann benutzt werden dürften.

Produkthaftung: Für Angaben über Dosierungsanweisungen und Applikationsformen kann vom Verlag keine Gewähr übernommen werden. Derartige Angaben müssen vom jeweiligen Anwender im Einzelfall anhand anderer Literaturstellen auf ihre Richtigkeit überprüft werden.

Umschlaggestaltung: Design & Production GmbH, Heidelberg
Herstellung: PRO EDIT GmbH, Heidelberg
Datenkonvertierung: Zechnersche Buchdruckerei, Speyer
SPIN: 10530528   23/3134-5 4 3 2 1 0 – Gedruckt auf säurefreiem Papier

# Vorwort zur zweiten Auflage

Freiburg, im November 1996

*Liebe Kolleginnen und Kollegen,*

wir haben uns bemüht, für Sie ein sehr praxisorientiertes Buch zu schreiben, das für die vorliegende zweite Auflage völlig überarbeitet und neu strukturiert wurde. Es enthält neben praktischen Hinweisen zur Krankenhaushygiene auch die notwendigen theoretischen Grundlagen, so daß es jetzt im Vergleich zur ersten Auflage ein Lehrbuch geworden ist, das aber vom Umfang her mit Absicht begrenzt wurde. Dies bezieht sich auch auf die Anzahl der Literaturzitate, die nicht den Anspruch der Vollständigkeit, also der Übersicht über die gesamte relevante Literatur erhebt.

Soweit dies möglich war, haben wir versucht, die Empfehlungen durch die entsprechende wissenschaftliche Literatur zu belegen. Da es aber nicht zu jeder Fragestellung Literatur gibt, geben wir notwendigerweise auch unsere eigenen Anschauungen und Erfahrungen wieder, weil für die tägliche Praxis auch für wissenschaftlich ungeklärte Sachverhalte Lösungen gefunden werden müssen.

Eine weitere Neuerung im Vergleich zur ersten Auflage sind die Kapitelverweise in den Texten. Damit sollen Wiederholungen vermieden und dem Leser die Orientierung im Buch erleichtert werden. Verweise auf andere Kapitel wurden immer dann vorgenommen, wenn an anderer Stelle ein Sachverhalt ausführlich(er) dargestellt ist, so daß der Leser sich dort eingehender informieren kann.

Wir sind sehr daran interessiert, von Ihnen zu erfahren, ob unser Anspruch, nämlich ein gleichermaßen wissenschaftlich fundiertes, wie praktisch orientiertes Buch zu schreiben, erfüllt wurde. Bitte geben Sie uns daher Ihre Anregungen und Hinweise, was bei künftigen Auflagen berücksichtigt werden sollte.

Mit freundlichen Grüßen

*Ihr*

*F. Daschner*

# Vorwort zur ersten Auflage

Freiburg, im Juni 1992

*Liebe Kolleginnen und Kollegen,*

meine Mitarbeiter und ich haben uns bemüht, für Sie ein rein praxisorientiertes Buch zu schreiben. Wenn uns das nicht ganz gelungen sein sollte, bitten wir Sie, uns Ihre Änderungswünsche und Fragen mitzuteilen.

Dies ist kein Lehrbuch im klassischen Sinn, auf die Darstellung theoretischer Grundlagen haben wir weitgehend verzichtet. Zur Beantwortung mehr theoretischer Fragen kann man in Lehrbüchern der Mikrobiologie und Hygiene nachschlagen. Besonders wichtige Hinweise haben wir an mehreren Stellen wiederholt.

Ich habe dieses Buch aus rein organisatorischen Gründen ausschließlich mit meinen Mitarbeitern verfaßt, was natürlich nicht bedeutet, daß auch an anderen Orten gute Krankenhaushygiene gemacht wird, wenn auch vielleicht mit ganz anderen Methoden und Ansichten. Was wir jedoch hier aus unserer praktischen Erfahrung für Sie zusammengestellt haben, ist 15 Jahre lang in der Praxis erprobt, wobei ich Ihnen versichern kann, daß durch Weglassen bestimmter Methoden und Maßnahmen, die anderenorts noch üblich sind, in unserem Klinikum nachweislich die Krankenhausinfektionsrate nicht anstieg und gleichzeitig die Umweltbelastung reduziert wurde.

Wir erhalten jedes Jahr Tausende von Briefen und Anfragen zur Praxis der Krankenhaushygiene, des Umweltschutzes, der Antibiotikatherapie und klinischen Infektiologie. Die am häufigsten wiederkehrenden Fragen haben wir für Sie ausgesucht und in diesem Buch beantwortet. Sie sind den jeweiligen Kapiteln zugeordnet.

Bitte scheuen Sie sich nicht, uns zu schreiben. Wir haben aus dem Dialog mit Ihnen schon viel gelernt.

Mit freundlichen Grüßen

*Ihr*

*F. Daschner*

# Inhaltsverzeichnis

## Allgemeiner Teil

1 Rechtliche Grundlagen . . . . . . . . . . . . . . . . . . 3
  A. Schneider

2 Organisation der Krankenhaushygiene . . . . . . . . . . . 13
  F. Daschner

3 Epidemiologie übertragbarer Krankheiten . . . . . . . . . 19
  I. Kappstein

4 Spezielle Epidemiologie nosokomialer Infektionen . . . . . 41
  I. Kappstein

5 Epidemiologie und Prävention von Harnwegsinfektionen . 67
  I. Kappstein

6 Epidemiologie und Prävention von Pneumonien . . . . . . 83
  I. Kappstein

7 Epidemiologie und Prävention von postoperativen
  Infektionen im Operationsgebiet . . . . . . . . . . . . . . 101
  I. Kappstein

8 Epidemiologie und Prävention von Bakteriämie/Sepsis . . 121
  I. Kappstein

9 Epidemiologie und Prävention
  von gastrointestinalen Infektionen . . . . . . . . . . . . . 147
  I. Kappstein

10 Epidemiologie und Prävention von Aspergillosen . . . . . 155
   I. Kappstein

11 Epidemiologie und Prävention von Legionellosen . . . . . 161
   I. Kappstein

12 Erfassung nosokomialer Infektionen . . . . . . . . . . . . . 167
   I. Kappstein

13 Umweltschonende Sterilisation und Desinfektion . . . . . 201
   M. Dettenkofer und F. Daschner

14 Wiederaufbereitung und Resterilisation
   von Einwegmaterial . . . . . . . . . . . . . . . . . . . . . . . 223
   F. Daschner

15 Isolierungsmaßnahmen . . . . . . . . . . . . . . . . . . . . . 231
   I. Kappstein

16 Prävention der Tuberkuloseübertragung im Krankenhaus . 267
   I. Kappstein

17 Multiresistente und andere nosokomiale Problemkeime . . 279
   I. Kappstein

18 Arbeitsmedizin und Gesundheitsschutz im Krankenhaus . 293
   F. Hofmann

19 Raumlufttechnische Anlagen . . . . . . . . . . . . . . . . . 329
   M. Scherrer

20 Das krankenhaushygienische Labor . . . . . . . . . . . . . 341
   I. Engels, D. Hartung und E. Schmidt-Eisenlohr

21 Umweltschonende Hausreinigung . . . . . . . . . . . . . . 363
   M. Rolff

22 Umweltschutz und Abfallentsorgung . . . . . . . . . . . . 375
   M. Scherrer und F. Daschner

## Spezieller Teil

23 Standard-Hygienemaßnahmen,
   abteilungsübergreifende Pflegetechniken und Hinweise
   für den Umgang mit Geräten zur Prävention
   nosokomialer Infektionen . . . . . . . . . . . . . . . . . . . 393
   I. Kappstein und F. Daschner

24 Prävention von Infektionen in der operativen Medizin . . . 429
   H. Wolf

25 Prävention von Infektionen in Intensivmedizin
und Anästhesiologie .......................... 447
*E. Bux und I. Kappstein*

26 Prävention von Infektionen in der Pädiatrie ......... 469
*I. Kappstein*

27 Prävention von Infektionen in Geburtshilfe
und Gynäkologie ............................. 487
*I. Kappstein*

28 Prävention von Infektionen in der Dialyse .......... 503
*M. Dettenkofer und F. Daschner*

29 Prävention von Infektionen
bei immunsupprimierten Patienten ............... 519
*H. Wolf*

30 Prävention von Infektionen in der Augenheilkunde .... 533
*I. Kappstein*

31 Prävention von Infektionen
in der Hals-Nasen-Ohrenheilkunde ............... 539
*I. Kappstein*

32 Prävention von Infektionen in der Zahnmedizin ...... 545
*W. Schleipen und F. Daschner*

33 Prävention von Infektionen bei der Endoskopie ...... 553
*M. Rolff*

34 Prävention von Infektionen in der Radiologie ....... 571
*I. Kappstein*

35 Prävention von Infektionen in der Krankenhausapotheke . 579
*M. Dettenkofer und F. Daschner*

36 Prävention von Infektionen in Einrichtungen
der Transfusionsmedizin ...................... 589
*R. Scholz*

37 Prävention von Infektionen
in klinischen und experimentellen Laboratorien ...... 595
*H. Wolf*

38 Prävention von Infektionen bei der Physiotherapie .... 603
*E. Bux und F. Daschner*

39 Prävention von Infektionen und Intoxikationen
ausgehend von Krankenhausküchen . . . . . . . . . . . . 611
*M. Rolff*

40 Prävention von Infektionen beim Umgang
mit Krankenhauswäsche . . . . . . . . . . . . . . . . . . . 625
*I. Teuwen und F. Daschner*

41 Prävention von Infektionen in der zentralen Aufbereitung . 639
*E. Bux*

42 Prävention von Infektionen beim Krankentransport . . . . 661
*I. Kappstein*

Literaturverzeichnis . . . . . . . . . . . . . . . . . . . . . . 667

Sachverzeichnis . . . . . . . . . . . . . . . . . . . . . . . . 689

# Autorenverzeichnis

Bux, Elke, Hygienefachschwester
Daschner, Franz, Prof. Dr. med., Direktor
Dettenkofer, Markus, Dr. med., Wiss. Mitarbeiter
Engels, Inge, Medizinisch-technische Assistentin
Hartung, Doris, Medizinisch-technische Assistentin
Kappstein, Ines, Priv. Doz. Dr. med., Oberärztin
Rolff, Margret, Hygienefachschwester
Scherrer, Martin, Dipl.-Ing. (FH), Krankenhausbetriebsingenieur und Krankenhausökologe
Schleipen, Waltraud, Hygienefachschwester
Schmidt-Eisenlohr, Elke, Medizinisch-technische Assistentin
Scholz, Regina, Hygienefachschwester
Teuwen, Ingrid, Hygienefachschwester
Wolf, Hildegard, Hygienefachschwester

*alle:*
Institut für Umweltmedizin und Krankenhaushygiene,
Universitätsklinikum Freiburg
Hugstetter Straße 55, 79106 Freiburg

Hofmann, Friedrich, Prof. Dr. med. Dr. rer. nat.
Arbeits- und Betriebsmedizinische Abteilung
Universitätsklinikum Freiburg
Hugstetter Straße 55, 79106 Freiburg

Schneider, Alfred, Dr. jur., Rechtsanwalt
Poststraße 1, 75172 Pforzheim

# Allgemeiner Teil

# 1 Rechtliche Grundlagen der Krankenhaushygiene

A. Schneider

**EINLEITUNG**

Den Beschäftigten im Krankenhaus sind eine Vielzahl von Vorschriften bekannt, denen hygienerechtliche Bedeutung zukommt. Einzelvorschriften mit hygienerelevantem Bezug finden sich beispielsweise im Bundesseuchengesetz, im Geschlechtskrankheitengesetz, im Lebensmittel- und Bedarfsgegenständegesetz, im Medizinproduktegesetz, in den Ausbildungsverordnungen für die Fachberufe im Gesundheitswesen, in den Landeskrankenhausgesetzen und – soweit erlassen – in den Hygieneverordnungen der Länder sowie in zahlreichen Unfallverhütungsvorschriften, Sicherheitsregeln und Merkblättern der Berufsgenossenschaft. Im weitesten Sinne zählen hierzu auch die Richtlinie für Krankenhaushygiene und Infektionsprävention des ehemaligen Bundesgesundheitsamtes (BGA, jetzt Robert-Koch-Institut), europäische Richtlinien und Normen.

## 1.1 Zuordnung hygienerelevanter Vorschriften

Die Aufzählung dieser bei weitem nicht abschließenden hygienerechtlich bedeutsamen Einzelregelungen zeigt, daß die deutsche Rechtsordnung kein geschlossenes (bundes)einheitliches Hygienerecht kennt [396]. Der Versuch einer Zuordnung einzelner aus Teilbereichen der Bundes- bzw. Landesgesetzgebung gegriffener Hygienevorschriften läßt allenfalls die Feststellung zu, daß derartige Regelungen überwiegend dem *Recht der Arbeitssicherheit* oder dem *Gesundheitsschutzrecht* im weiteren Sinne zuzurechnen sind.

Neben der Zuordnung der Hygienevorschriften zum Arbeitssicherheitsrecht einerseits und dem Gesundheitsschutzrecht andererseits läßt sich eine weitere Feststellung treffen. Ausnahmslos befassen sich die einzelnen Hygienevorschriften *nicht* mit Rechtsfolgeaussagen im Falle eines schadensstiftenden Hygienezwischenfalles, sie besitzen also keinen – etwa für die zivilrechtliche Beurteilung eines Haftungsanspruchs – spezifischen Aussagewert. Dies ist auch nicht erforderlich, da die im Bürgerlichen Gesetzbuch (BGB) niedergelegten allgemeinen Haftungsregeln ausreichen. Ähnliches gilt für die strafrechtliche Beurteilung von Hygienezwischenfällen, in welchen Bereichen des Krankenhauses oder der Arztpraxis sie auch immer vorkommen mögen.

## 1.2
## Hygiene und Qualitätssicherung

Um Hygienezwischenfälle mit zivil- und oder strafrechtlichen Folgen möglichst zu vermeiden, sind die Maßnahmen der Krankenhaushygiene in – zumindest – zweierlei Richtungen denkbar: Sie können sich sowohl auf (Medizin) Produkte wie auf (ärztliche/pflegerische) Dienstleistungen beziehen [395].

### 1.2.1
### Produktqualität

Was die Medizinprodukte angeht, ist seit dem 01.01.1995 das Medizinproduktegesetz (MPG) einschlägig. Dieses Gesetz ist u.a. an dem Ziel der Qualitätssicherung von Medizinprodukten und deren medizinischer Anwendungen ausgerichtet. Die Produktsicherheit soll dabei dem Patienten, dem Anwender und dritten Personen dienen. Dies gilt auch im Hinblick auf die Vermeidung der von Medizinprodukten möglicherweise ausgehenden Infektionsrisiken. Unter Bezugnahme auf die sog. *Grundlegenden Anforderungen* der europäischen Richtlinie des Rates über Medizinprodukte (93/42/EWG), der Richtlinie des Rates über aktive implantierbare medizinische Geräte (90/385/EWG) sowie der beabsichtigten Richtlinie über In-vitro-Diagnostika gilt aufgrund des Medizinproduktegesetzes beispielsweise:

- Produkte und ihre Herstellungsverfahren müssen so ausgelegt sein, daß das Infektionsrisiko für Patienten, Anwender und Dritte ausgeschlossen oder soweit wie möglich verringert wird. Die Auslegung muß eine leichte Handhabung erlauben und die Kontamination des Produkts durch den Patienten oder umgekehrt während der Anwendung so gering wie möglich halten.
- In sterilem Zustand gelieferte Produkte müssen so ausgelegt, hergestellt und in einer nicht wiederverwendbaren Verpackung und/oder unter Verwendung geeigneter Verfahren so verpackt sein, daß die Sterilität beim Inverkehrbringen unter den vom Hersteller vorgesehenen Lager- und Transportbedingungen erhalten bleibt, bis die Sterilverpackung beschädigt oder geöffnet wird.
- In sterilem Zustand gelieferte Produkte müssen nach einem geeigneten, validierten Verfahren hergestellt und sterilisiert worden sein.
- Produkte, die sterilisiert werden sollen, müssen unter angemessenen überwachten Bedingungen (z. B. Umgebungsbedingungen) hergestellt sein.
- Verpackungssysteme für nichtsterile Produkte müssen so geschaffen sein, daß die vorgesehene Reinheit des Produkts unbeschadet erhalten bleibt und, wenn das Produkt vor seiner Anwendung sterilisiert werden soll, das Risiko einer mikrobiellen Kontamination soweit wie möglich verringert wird; das Verpackungssystem muß sich für das vom Hersteller angegebene Sterilisationsverfahren eignen.
- Verpackung und/oder Kennzeichnung des Produkts müssen eine Unterscheidung von gleichen oder ähnlichen Produkten erlauben, die sowohl in steriler als auch nichtsteriler Form in Verkehr gebracht werden.

Diese grundlegenden Anforderungen muß der Hersteller von Medizinprodukten erfüllen, entweder auf eigenem Weg oder wahlweise über die Anwendung von europäischen harmonisierten Normen. Für den Nachweis der Übereinstimmung des Medizinprodukts mit den grundlegenden Anforderungen, beispielsweise bezüglich einer Infektionsminimierung, dient das sog. Konformitätsbewertungsverfahren. Ohne die Einhaltung eines solchen Verfahrens darf zukünftig kein Medizinprodukt mit CE-Kennzeichnung mehr auf den Markt gebracht werden. Eine Überwachung dieser Voraussetzungen erfolgt zum einen durch die sog. benannten Stellen, zum anderen durch entsprechend zuständige Landesbehörden.

## 1.2.2
## Behandlungsqualität

Vergleichsweise ähnlich detaillierte Vorgaben wie für Medizinprodukte bestehen für krankenhausspezifische Dienstleistungen nicht. Dennoch ist festzustellen, daß sich der deutsche Gesetzgeber der Notwendigkeit einer Qualitätssicherung im Krankenhaus bewußt war und ist. So heißt es etwa im Sozialgesetzbuch, Fünftes Buch (SGB V) auszugsweise: „Die ... Krankenhäuser ... sind verpflichtet, sich an Maßnahmen zur Qualitätssicherung zu beteiligen" (§ 137 SGB V). Unter den Qualitätssicherungsmaßnahmen versteht der Gesetzgeber alle solche, die sich „auf die Qualität der Behandlung, der Versorgungsabläufe und Behandlungsergebnisse erstrecken". Daß mit dieser Vorschrift zur Qualitätssicherung in der stationären Versorgung auch die erforderlichen Maßnahmen der Krankenhaushygiene angesprochen sind, dürfte außer Zweifel stehen. Ähnliches trifft wohl auch für § 70 Abs. 1 SBG V zu, wonach „die Krankenkassen und die Leistungserbringer eine bedarfgerechte und gleichmäßige, dem allgemein anerkannten Stand der medizinischen Erkenntnisse entsprechende Versorgung der Versicherten zu gewährleisten haben". Wenn allerdings unter Hinweis auf die genannten Vorschriften des Sozialgesetzbuches die Auffassung vertreten wird, „die Kompetenz für qualitätssichernde Maßnahmen sei vom Gesetzgeber in die Hand der Selbstverwaltungsorgane, d. h. der Krankenkassen und der Krankenhausgesellschaft gelegt und damit der Gesetzgebungskompetenz der Länder entzogen" [468], so kann dieser Meinung meines Erachtens nur bedingt gefolgt werden. Das Sozialgesetzbuch verpflichtet die Krankenhäuser zur Beteiligung an Qualitätssicherungsmaßnahmen (§ 137 SGB V) und die Krankenkassen und Leistungserbringer zur Gewährleistung der Versichertenversorgung nach dem allgemein anerkannten Stand der medizinischen Erkenntnisse (§ 70 SGB V). Mit dieser Formulierung entläßt der Bundesgesetzgeber die Länder nicht aus ihrer Verantwortung; im Rahmen der im Gesundheitswesen geltenden konkurrierenden Gesetzgebungskompetenz bleibt es dabei, daß den Ländern die Gesetzgebungsverantwortung für qualitätssichernde Maßnahmen im Krankenhaus obliegt. Zutreffend kann nur sein, daß den Krankenhäusern und Selbstverwaltungsorganen die Ausführungs- bzw. eine Beteiligungskompetenz übertragen wird.

## 1.3
## Allgemein anerkannter Stand der Krankenhaushygiene

Was aber bedeutet im Bereich der Krankenhaushygiene „allgemein anerkannter Stand der medizinischen Erkenntnisse"?

### 1.3.1
### Die Richtlinie für Krankenhaushygiene und Infektionsprävention

Hier ist zunächst an die bereits erwähnte Richtlinie für Krankenhaushygiene und Infektionsprävention des ehemaligen Bundesgesundheitsamtes (BGA, jetzt Robert-Koch-Institut) zu denken (sie hat mit der Auflösung des BGA durch das Gesundheitseinrichtungen-Neuordnungs-Gesetz nicht ihre Gültigkeit verloren). Diese Richtlinie, die durch eine Reihe von Anlagen für besondere Sachgebiete ergänzt wird – z. B. bezüglich der Anforderung der Hygiene an Schleusen im Krankenhaus, an die funktionelle und bauliche Gestaltung von Operationsabteilungen sowie die Anforderung der Hygiene an die Aufbereitung von Medizinprodukten, um nur einige zu nennen – enthält ihrem sachlichen Inhalt nach Empfehlungen an private Personen und öffentliche Einrichtungen; sie ist rechtlich nicht verbindlich [394].

Bei der Richtlinie handelt es sich weder um ein Gesetz noch um eine Rechtsverordnung; sie stellt weder einen Verwaltungakt im Sinne des Verwaltungsverfahrensrechts dar, noch hat sie den Charakter einer Verwaltungsvorschrift. Durch die Richtlinie wird nicht von Staats wegen ein bestimmtes Verhalten geoder verboten. Die Richtlinie soll vielmehr in erster Linie durch ihre innere Überzeugungskraft und Richtigkeit – möglichst auf der Grundlage einer großen Akzeptanz in Fachkreisen – auf das Verhalten der Beteiligten einwirken. Insbesondere soll sie den im Krankenhaus Tätigen und Verantwortlichen sowie den zuständigen Landsbehörden, gegebenenfalls auch den Gerichten – die Feststellung erleichtern, was in der Krankenhaushygiene getan bzw. unterlassen werden muß, welches Verhalten gesundheitlich bedenklich ist und wann die Grenzen des sachlich und rechtlich Zulässigen überschritten sind. Teilweise wird die Richtlinie des ehemaligen BGA als „antizipiertes ( = vorweggenommenes) Sachverständigengutachten" bezeichnet [421].

Die Überschreitung der Grenzen des Zulässigen kann allerdings Schadensersatzforderungen von Geschädigten, strafrechtlichen Maßnahmen und verwaltungsmäßige Eingriffe bis hin zu Schließung des Krankenhauses, gegebenenfalls auch den Entzug der Approbation des verantwortlichen Arztes zur Folge haben.

Diese Feststellung bedingt die Frage nach der Zuständigkeit für die Durchführung der Richtlinie des ehemaligen BGA. Zunächst ist festzuhalten, daß die Verpflichtung, dafür zu sorgen, daß es im Krankenhaus nicht zu Infektionen mit einer übertragbaren Krankheit kommt, ohne vernünftigen Zweifel den Krankenhausträger trifft. Will dieser vermeiden, als Letztverantwortlicher – vor allem zivilrechtlich – vom geschädigten Patienten oder dessen Angehörigen in Anspruch genommen zu werden, so muß es in seinem Interesse liegen, daß die Aufgabenverteilung, d. h. Organisation und Durchführung der Krankenhaushygiene, klar geregelt und belegbar ist.

So wird meines Erachtens zutreffend die Auffassung vertreten, daß sich der Verantwortungsbereich des ärztlichen Leiters von der organisatorischen Einteilung verschiedener Krankenhausbereiche nach hygienischen Gesichtspunkten über konkrete Maßnahmen zur Desinfektion der Operationsräume bis zur hygienisch einwandfreien Wäscheversorgung erstreckt; dies geschieht auf der Basis der Festlegung personeller Verantwortungsbereiche nach dem Prinzip der Delegation. Mit dieser Delegation geht jedoch keine Enthaftung einher. Es ist anerkannt, daß fahrlässig im strafrechtlichen Sinn auch der handelt, der das fehlerhafte Handeln eines anderen nicht verhindert, obwohl ihm dies bei Beachtung der von ihm zu verlangenden Sorgfalt möglich wäre. Demgemäß liegt ein für eine Körperverletzung oder den Tod eines Patienten ursächliches Verschulden bereits dann vor, wenn die betreffende Person die ihr obliegende Organisations-, Aufsichts-, und Überwachungspflichten nicht erfüllt, obwohl ihr diese Verpflichtung bekannt war und obwohl sie zu deren Ausübung auch nach den äußeren Umständen und ihrer Persönlichkeit im Stande gewesen wäre.

Problematisch ist in diesem Zusammenhang die Stellung des Krankenhaushygienikers. Nach den Richtlinien des ehemaligen BGA hat er neben der Beratung der Ärzte Maßnahmen zur Erkennung, Verhütung und Bekämpfung von Krankenhausinfektionen vorzuschlagen bzw. durchzuführen sowie die Fortbildung des Personals in Fragen der Krankenhaushygiene zu übernehmen. Desweiteren soll der Hygieniker gegenüber dem ihm unterstellten Personal, insbesondere den Hygieneschwestern/pflegern, Desinfektoren etc. weisungsbefugt sein. Nicht so eindeutig ist die Weisungsbefugnis gegenüber den Ärzten und dem Pflegepersonal ausgesprochen. Dies gilt übrigens auch für die bislang in Kraft gesetzten Krankenhaushygiene-Verordnungen einzelner Bundesländer.

### 1.3.2
### Normungswerke

Ebenso wie den – weitergeltenden – Richtlinien des ehemaligen Bundesgesundheitsamtes kommen den nationalen Normen des DIN (Deutsches Institut für Normung), den europäischen harmonisierten Normen des CEN (Comité Européen de Normalisation), aber auch den internationalen Normen der ISO (International Organization for Standardization) bei der Feststellung des „allgemein anerkannten Standes der medizinischen (medizintechnischen) Erkenntnisse" Bedeutung zu.

**DIN-Normen.** Zur Qualität von DIN-Normen vertritt die höchstrichterliche Rechtsprechung grundsätzlich die Auffassung, daß sie „zunächst den Charakter von Empfehlungen" haben. „Sie sollen der Sicherheit von Mensch und Sache sowie der Qualitätsverbesserung in allen Lebensbereichen dienen" (Bundesgerichtshof, BGH, Urteil vom 06.06.1991). Generalisierend wird weiter ausgeführt, daß eine der Sicherheit eines technischen – demnach wohl auch eines medizintechnischen – Arbeitsmittels dienende DIN-Norm den Stand der für die betroffenen, bei der Erarbeitung der Norm beteiligten Kreise geltenden anerkannten Regeln der Technik widerspiegelt, wenn sie unter Beteiligung der betroffenen Fachkreise erarbeitet wurde, um ein erkanntes Unfallrisiko auszuschließen. „Unter diesen Voraussetzungen" – so der BGH weiter – „ist eine DIN-Sicherheitsnorm regelmäßig mit ihrem Inkrafttreten als eine verbindliche, allgemein anerkannte Regel der Technik im Sinne des § 3 Abs. 1 Gerätesicherheitsgesetz (GSG) anzusehen".

Die BGH-Entscheidung beschränkt sich ausschließlich auf Sicherheitsnormen, die – neben weiteren Voraussetzungen – ein anerkanntes Unfallrisiko ausschließen wollen. Nur für diesen Fall soll es auf die allgemeine Handhabung einer DIN-Norm als Voraussetzung ihrer Qualifikation als allgemein anerkannte Regel der Technik zunächst nicht ankommen. Grundsätzlich gilt also weiter, daß „eine DIN-Norm für ihre Qualifikation als allgemein anerkannte Regel der Technik in ihrer Handhabung einer Branchenüblichkeit und der Durchsetzung bei den beteiligten Verkehrskreisen bedarf" [394].

Daraus resultiert, daß im Schadensfall ein Richter zwar grundsätzlich auch DIN-Normen zur Beurteilung des jeweiligen Sorgfaltsmaßstabes heranziehen kann, er jedoch zur eigenen Prüfung und Bewertung verpflichtet ist [343].

Harmonisierte CEN-Normen. Harmonisierte Normen sind solche, für die die Kommission der Europäischen Union in der Regel auf der Basis von Richtlinien des Rates (z. B. der Richtlinie für Medizinprodukte 93/42/EWG) Normungsaufträge erteilt hat, die insbesondere von den europäischen Normungsinstitutionen CEN/CENELEC in Zusammenarbeit mit den nationalen Normungsgremien erstellt werden und deren Fundstelle dann von der Europäischen Kommission im Amtsblatt der Europäischen Gemeinschaften als harmonisierte Normen bekannt gemacht worden sind. Die harmonisierten Normen werden in deutsche Normen überführt und als harmonisierte Normen gekennzeichnet (z. B. DIN-EN).

Normen dieser Art konkretisieren die gesetzlichen Anforderungen an Produkte und Verfahren (z. B. klinische Prüfung, Überwachung), Institutionen (z. B. sog. benannte Stellen) und Personen (z. B. Prüfer). Die Wirkung der Normen ist eine widerlegliche Vermutung, wie beispielsweise § 6 MPG ausweist, in dem es heißt: „Das Einhalten der Bestimmungen dieses Gesetzes wird für die Medizinprodukte vermutet, die mit den harmonisierten Normen übereinstimmen, die das jeweilige Medizinprodukt betreffen".

Die harmonisierten Normen sind folglich nicht verbindlich, sie behalten für den Anwender freiwilligen Charakter und begründen ausschließlich eine Vermutung, die widerlegt werden kann. Demnach kann der Hersteller eines Produkts von den Vorgaben harmonisierter Normen abweichen, trägt aber das Risiko, nachweisen zu müssen, daß das Sicherheitsniveau seines Produkts ebenso hoch ist wie bei Zugrundelegung der harmonisierten Normen.

ISO-Normen. ISO-Normen werden von den Gremien der International Organisation for Standardization zur weltweiten Beachtung erarbeitet. Sie haben für den

Anwender ebenfalls freiwilligen Charakter, können aber wie jedes andere Regelwerk ebenfalls von den Gerichten zur Beurteilung des Sorgfaltsmaßstabes herangezogen werden.

### 1.3.3
**Unfallverhütungsvorschriften**

Unfallverhütungsvorschriften werden zum Zwecke der Verhütung von Arbeitsunfällen und Berufskrankheiten von den Trägern der gesetzlichen Unfallversicherung erlassen. In ihnen sind im wesentlichen Bestimmungen über Einrichtungen und Verhalten am Arbeitsplatz enthalten; sie wenden sich an den Arbeitgeber und die Arbeitnehmer als Versicherte. Die von den Berufsgenossenschaften erlassenen Unfallverhütungsvorschriften haben den Rechtscharakter einer Satzung, sind also – anders als die Richtlinien, Sicherheitsregeln und Merkblätter der Berufsgenossenschaften – autonome Rechtsnormen.

Beschlossen werden die Vorschriften von der Vertreterversammlung der einzelnen Berufsgenossenschaften, die sich je zur Hälfte aus Vertretern der Arbeitgeber und der Versicherten zusammensetzt. Bevor eine Unfallverhütungsvorschrift wirksam werden kann, bedarf sie der Genehmigung durch den Bundesminister für Arbeit und Sozialordnung. Die Vorschriften zeigen typische Gefährdungsmöglichkeiten innerhalb eines Betriebes auf und verlangen vom Unternehmer (Arbeitgeber) und von den Versicherten (Arbeitnehmer), diese Gefahren durch die geforderten Sicherheitsmaßnahmen auszuschalten. Sie lassen für ein abweisendes Ermessen der Arbeitgeber und Arbeitnehmer grundsätzlich keinen Raum, vielmehr stellen die Unfallverhütungsvorschriften „den von der zuständigen Behörde kraft öffentlicher Gewalt festgelegten Niederschlag der in einem Gewerbe gemachten Berufserfahrungen dar und sind von dem Unternehmer zu beachten" (BAG, Urteil v. 11.02.1953).

Aber nicht nur für den Arbeitgeber sind die Unfallverhütungsvorschriften bindend. Sie konkretisieren zugleich arbeitsvertragliche Nebenpflichten des versicherten Arbeitnehmers. Nach den Unfallverhütungsvorschriften („Allgemeine Vorschriften") hat jeder Versicherte die Pflicht, die Unfallverhütungsvorschriften zu befolgen und unter gewissenhafter Beachtung der ihm zur Verhütung von Unfällen und Berufskrankheiten gegebenen besonderen Anweisungen und Belehrungen für seine und seiner Mitarbeiter Sicherheit zu sorgen. Er hat namentlich die vorgeschriebenen Einrichtungen zu benutzen und die vom Arbeitgeber getroffenen Anordnungen zu befolgen; dies gilt v.a. auch für die Nutzung der ihm vom Arbeitgeber zur Verfügung gestellten persönlichen Schutzausrüstung.

Für die im Krankenhaus tätigen Personen hat der zuständige Träger der Unfallversicherung, die Berufsgenossenschaft für Gesundheitsdienst und Wohlfahrtspflege, außer den allgemein geltenden Unfallverhütungsvorschriften Sondervorschriften für besondere Tätigkeiten und Einrichtungen erarbeitet. Beispielsweise enthalten die Unfallverhütungsvorschriften für einen Teil der Gesundheitsfachberufe Bestimmungen über Arbeitskleidung, Sauberkeit, Desinfektion, Betriebseinrichtungen und Gebrauchsgegenstände. Besondere

Vorschriften bestehen für den Einsatz in der Tuberkulose- und Hepatitispflege.

Die Unfallverhütungsvorschriften müssen, da sie sich an Arbeitgeber und versicherte Arbeitnehmer richten, für jeden im Krankenhaus Beschäftigen sichtbar ausliegen, damit er sich mit ihnen bekannt machen kann. Die Einhaltung und Durchführung der Unfallverhütungsvorschriften werden von technischen Aufsichtsbeamten der Berufsgenossenschaften überwacht. Sie sind im Einzelfall berechtigt, Anordnungen zu treffen, wenn die Vorschriften mißachtet werden. Mit den technischen Aufsichtsbeamten arbeitet häufig die Gewerbeaufsicht zusammen, die für die Durchführung der Bestimmungen, u.a. die Arbeitshygiene, zuständig ist.

## 1.3.4
### Richterrecht

Neben den Bundes- und Ländergesetzen, Verordnungen, Richtlinien des ehemaligen BGA, Normen und Unfallverhütungsvorschriften ist ebenfalls auf die von der Rechtsprechung in der Regel unter Beiziehung von Gutachten fachspezifischer Sachverständiger entwickelten Grundsätze zu den Sorgfaltspflichten im Hygienebereich aufmerksam zu machen [397]. Auch sie geben unter forensischem Blickwinkel Anhaltspunkte zu dem, was „allgemein anerkannter Stand der medizinischen Erkenntnisse" im Rahmen der Krankenhaushygiene ist.

So sind bei Vornahme von Injektionen Ärzte und nachgeordnetes nichtärztliches Personal verpflichtet, den Anforderungen an die Händedesinfektion mit äußerster Sorgfalt nachzukommen, andernfalls ist eine zivilrechtliche Haftung für eingetretene Schäden nicht auszuschließen. Zur Beachtung der aseptischen Kautelen gehört aber nicht nur die Händedesinfektion, sondern auch die Desinfektion der Einstichstelle und je nach Umständen das Tragen von Handschuhen und Schutzkleidung. Auch die längere Ablage einer Spritze samt Kanüle auf der nichtsterilen Nierenschale entspricht nach der Rechtsprechung nicht den Anforderungen an die Sterilität.

Zudem darf es in einem Krankenhaus nicht dazu kommen, „daß zur Krankenbehandlung bestimmte Chemikalien" zufällig „mit anderen sie zersetzenden Stoffen vermischt werden". Vom Bundesgerichtshof (BGH) anerkannt wurde schließlich die Verletzung der gebotenen Sorgfalt im Einzelfall „wenn es zu einer Verabreichung insteriler Infusionsflüssigkeit deshalb kommt, weil die Lösung nicht, wie es den Anforderungen an die Hygiene entspricht, erst kurz vor der Applikation, sondern länger als eine Stunde davor zubereitet wurde".

Es ist deshalb zu empfehlen, daß der Krankenhausträger durch entsprechende Regelungen gewährleistet, daß bakterielle Kontaminationen der Infusionslösungen ausgeschlossen sind. Der Organisationsbereich, in dem die Kontamination entsteht, wird von dem Krankenhaus beherrscht, so daß alle erforderlichen Maßnahmen zu treffen sind, um derartige Fehler zu vermeiden. Wird dem nicht in ausreichendem Maße Rechnung getragen, ist eine Haftung des Krankenhausträgers wegen Organisationsverschuldens nicht ausgeschlossen.

Kann ein Krankenhausträger aus sachlichen und/oder personellen Gründen dem geschuldeten Hygienestandard nicht nachkommen, ist er grundsätzlich verpflichtet, hierauf hinzuweisen, es sei denn, die hygienischen Defizite werden durch anderweitige hygienische Vorkehrungen kompensiert. Besteht die Gefahr einer Tuberkulose-Infektion durch einen Mitpatienten, so darf vom Arzt verlangt werden, „daß dieser alle, auch entfernte, Gefahrmöglichkeiten in den Kreis seiner Erwägungen einbezieht und sein Verhalten bei der Behandlung des Patienten hiernach einrichtet – v.a. auf einer Tuberkulose-Station".

Weiterhin gebietet die äußerste Sorgfalt, alle zumutbaren Maßnahmen zu ergreifen, um beispielsweise Angehörige von Risikogruppen von einer Teilnahme an Blutspenden auszuschießen. Wird dies verabsäumt, kann es zur Haftung des Krankenhausträgers führen, wenn eine HIV-kontaminierte Blutkonserve im Krankenhaus selbst gewonnen und einem Patienten übertragen wird.

> **!** Grundsätzlich wird nach der Rechtsprechung zu gelten haben, daß den erhöhten Sorgfaltsanforderungen im Hygienebereich nur dann Genüge getan ist, wenn Bedingungen vorliegen, „die nach dem Stand der Hygiene in jeder Hinsicht befriedigen".

Ist also im Einzelfall strittig, welches Maß an Vorsicht nötig ist, um eine Infektion zu vermeiden, so ist grundsätzlich die Vorsichtsmaßnahme zu treffen, die nach dem Stand der medizinischen Wissenschaft am ehesten eine Infektionsgefahr vermeidet.

Anhaltspunkte für das, was Stand der Wissenschaft ist, bieten etwa Richtlinien des Robert-Koch-Instituts, gegebenenfalls auch deutsche, europäische und internationale Normungswerke und Empfehlungen fachspezifischer Gesellschaften.

Kommt es allerdings trotz Beachtung der gebotenen Sorgfalt zu einer Keimübertragung, die aus einem hygienisch nicht beherrschbaren Bereich resultiert, ist eine vertrags- und rechtswidrige Gesundheitsverletzung zu verneinen. In einem solchen Fall, beispielsweise bei der Infizierung einer Operationswunde durch einen Keimträger aus dem Operationsteam, zählt die (Wund)infektion zu den Krankheitsrisiken des Patienten. Da dem Laien geläufig, besteht auch keine Aufklärungspflicht über ein allgemeines Wundinfektionsrisiko.

## 1.4
## Empfehlung

Um einer haftungsrechtlichen Inanspruchnahme, sei es des Arztes, des nachgeordneten nichtärztlichen Personals, aber auch des Krankenhausträgers, oder eines persönlichen strafrechtlichen Vorwurfs wegen eines hygienerelevanten Fehlverhaltens vorzubeugen, ist deshalb zumindest u.a. folgendes erforderlich:
- Aufstellung klarer Dienstanweisungen und Kompetenzregeln,
- Einhaltung von Hygieneregeln, die Bestandteil der ärztlichen beziehungsweise gesundheitsfachberuflichen Aus- und Weiterbildung sind,

- Einhaltung des Infektions- und Hygieneplanes für Räume und Geräte,
- Beachtung der neuesten gesicherten Erkenntnisse von Wissenschaft und Technik,
- Einhaltung der verschiedenen Arten der Desinfektion, wie etwa Hände- Flächen- und Instrumentendesinfektion,
- Beachtung der Anweisungen des verantwortlichen Arztes beziehungsweise des verantwortlichen Hygienefachpersonals.

Bei der Umsetzung vorgenannter Empfehlungen bieten sich Regelwerke, wie beispielsweise die Richtlinien des ehemaligen BGA, nationale wie europäische und internationale Normen, auch Empfehlungen fachspezifischer Gesellschaften und nicht zuletzt die von der Rechtsprechung entwickelten Grundsätze zur Hygienebeachtung, an.

# 2 Organisation der Krankenhaushygiene

F. Daschner

> **EINLEITUNG**
>
> Ohne klare Organisationsstruktur ist effektive Krankenhaushygiene nicht möglich. Wie in einem modernen Staat lassen sich auch hier zwei prinzipielle Funktionen, nämlich eine Legislative und eine Exekutive unterscheiden. Die Legislative ist die Hygienekommission, die Exekutive sind der Hygienebeauftragte, die Hygienefachkraft und der Krankenhausbetriebsingenieur. Die Organisationsform der Krankenhaushygiene in Deutschland ist im wesentlichen von der Expertenkommission des ehemaligen Bundesgesundheitsamts vorgegeben worden. Die Verantwortlichkeiten und Zuständigkeiten sind in Tabelle 2.1 aufgeführt.

Tabelle 2.1. Verantwortlichkeiten und Zuständigkeiten in der Krankenhaushygiene

| Verantwortlichkeit Weisungsbefugnis | Beratende Funktion Durchführung der Maßnahmen |
|---|---|
| Ärztlicher Direktor | Krankenhaushygieniker |
| Abteilungsleiter | Hygienefachkraft |
| Verwaltungsdirektion | Hygienebeauftragter |
| Pflegedienstleitung | Krankenhausbetriebsingenieur |

## 2.1 Hygienekommission

Die Zusammensetzung und die wichtigsten Aufgaben der Hygienekommission sind in Tabelle 2.2 zusammengestellt.

Die Hygienekommission ist gewissermaßen das „gesetzgebende" Organ. Sie dient vor allem der Beratung und Unterstützung des Ärztlichen Direktors, der für die Hygiene einer Klinik die Verantwortung trägt. Diese Verantwortung sollte in großen Kliniken mit den einzelnen Abteilungsleitern geteilt werden. In der Regel ist der Ärztliche Direktor auch der Vorsitzende der Hygienekommission. Der Verwaltungsleiter muß im Einvernehmen mit der Ärztlichen Direktion die notwendigen personellen und finanziellen Voraussetzungen schaffen, damit die

**Tabelle 2.2.** Zusammensetzung und Aufgaben einer Hygienekommission (Beispiele)

| Zusammensetzung | Aufgaben |
| --- | --- |
| Ärztlicher Direktor | Analyse der hygienischen Situation |
| Krankenhaushygieniker | |
| Hygienefachkraft | Organisation der Fortbildung des Personals |
| Abteilungsleiter/Leitende Ärzte | Festlegung von Verhütungs- und Bekämpfungsmaßnahmen |
| Verwaltungsdirektor | |
| Pflegedienstleitung | Überwachung der Durchführung der Maßnahmen |
| Technischer Betriebsleiter | |
| Apotheker | |
| Mikrobiologe | |
| Krankenhausbetriebsingenieur | |

notwendigen krankenhaushygienischen Maßnahmen überhaupt durchgeführt werden können. Die Hygienekommission trifft sich in regelmäßigen Abständen. In ihr werden sämtliche hygienischen Probleme einer Klinik bzw. Abteilung diskutiert, festgelegt, welche Maßnahmen zu treffen sind, und auch überwacht und überprüft, ob die Maßnahmen durchgeführt wurden.

## 2.2
## Krankenhaushygieniker

Jede Klinik braucht den fachlichen Rat eines Krankenhaushygienikers. Er hat jedoch grundsätzlich nur beratende Funktion. Für Akutkrankenhäuser über 450 Betten soll ein hauptamtlicher Krankenhaushygieniker bestellt werden. Die Krankenhäuser, die keinen hauptamtlichen Krankenhaushygieniker haben, müssen sich der fachlichen Beratung leistungsfähiger externer staatlicher oder kommunaler Hygieneinstitute unter qualifizierter ärztlich-fachlicher Leitung oder ihres zuständigen Medizinaluntersuchungsamtes versichern. Die Institution muß über speziell in der Krankenhaushygiene weitergebildetes Personal verfügen. Die Weiterbildung zum Arzt für Mikrobiologie und Infektionsepidemiologie ist keine ausreichende Qualifikation für einen hauptamtlichen Krankenhaushygieniker. Private „Hygieneinstitute" sind meist fachlich nicht ausreichend qualifiziert. Sie führen häufig unnötige Hygieneuntersuchungen an Stellen durch, von denen nie oder kaum eine Infektionsgefahr ausgeht, die aber häufig positive Befunde erbringen, damit aufwendige Folgeuntersuchungen oder Desinfektionsmaßnahmen gerechtfertigt werden können.

## 2.3
## Hygienefachkraft

Die Hygienefachkraft ist staatlich geprüfte Schwester/Pfleger mit möglichst langjähriger (mindestens 3jähriger) Praxiserfahrung und spezieller Eignung zu selbständiger Tätigkeit. Sie ist die wichtigste Person des Krankenhaushygieneteams. Zu bevorzugen sind Pflegekräfte, die eine Zusatzausbildung, z. B. als Intensiv- oder Stationsschwester haben. Der Bedarf an Hygienefachkräften ist vom Infektionsrisiko innerhalb des Krankenhauses bzw. der Abteilung abhängig. Es gelten folgende Anhaltszahlen: Eine Verhältniszahl von 300 Betten/Hygienefachkraft gilt für Bereiche mit meist hoher Infektionsgefährdung, z. B. Intensivmedizin, Chirurgie, Neurochirurgie, Urologie, Frauenheilkunde und Geburtshilfe, Neonatologie, Kinderheilkunde, operative Orthopädie, Dialyse, Innere Medizin. Eine Verhältniszahl von 600 Betten/Hygienefachkraft gilt z. B. für Zahnkliniken, Kliniken für Hals-, Nasen-, Ohrenheilkunde, Augenheilkunde, Nuklearmedizin, Strahlentherapie und Neurologie, Akutpsychiatrie und Gerontopsychiatrie. Eine Verhältniszahl von 1000 Betten/Hygienefachkraft gilt für die Psychiatrie, Geriatrie, Rehabilitationskliniken und Kurkliniken.

Die Hygienefachkraft hat ebenso wie der Krankenhaushygieniker nur beratende Funktion. Sie ist aber ebenso wie dieser verantwortlich für die Richtigkeit ihrer Empfehlungen. Die wichtigsten Aufgaben der Hygienefachkraft sind in folgender Übersicht zusammengestellt.

**Wichtigste Tätigkeiten einer Hygienefachkraft**
- Analyse von Krankenhausinfektionen,
- regelmäßige Begehung aller Bereiche des Krankenhauses, insbesondere der Stationen,
- Überwachung von Pflegetechniken,
- Erstellung, Fortschreibung und Überwachung der Einhaltung von Hygieneplänen, Desinfektionsplänen und Arbeitsanleitungen,
- Mitwirkung bei der Auswahl hygienerelevanter Verfahren und Produkte (z. B. Desinfektionsmittel, Einwegartikel, technische Geräte, Ver- und Entsorgungsverfahren),
- Mitwirkung bei der Planung funktioneller und baulicher Maßnahmen,
- Durchführung gezielter Umgebungsuntersuchungen bei der Aufklärung von Epidemien,
- Beratung und Überwachung bei Sterilisations- und Desinfektionsmaßnahmen,
- Veranlassung von Isolierungsmaßnahmen,
- Schulung und praktische Anleitung des Personals.

Die vollzeitbeschäftigte Hygienefachkraft sollte die Regel sein. In Kliniken, in denen eine Hygienefachkraft nicht vollzeitbeschäftigt werden kann, sind folgende Alternativen möglich:
- Teilzeitbeschäftigung einer hauptamtlichen Hygienefachkraft
- Beschäftigung einer hauptamtlichen Hygienefachkraft für mehrere Krankenhäuser (z. B. bei einem gemeinsamen Krankenhausträger)
- Beschäftigung von integrierten Hygienefachkräften; in diesem Fall sollte diese zusätzliche Aufgabe jedoch nur Schwestern oder Pflegern übertragen werden, die eine leitende Funktion innerhalb des Krankenhauses ausüben. Die integrierte Hygienefachkraft arbeitet teilweise in ihrer Funktion als Hygienefachkraft, teilweise in anderen Funktionsbereichen.

Um eine ausreichende Effektivität ihrer Arbeit zu sichern, sollte die Hygienefachkraft folgende Zuordnung erhalten: In einem Krankenhaus mit einem hauptamtlichen Krankenhaushygieniker muß die Hygienefachkraft diesem unterstellt sein. In Krankenhäusern ohne hauptamtlichen Krankenhaushygieniker ist die Hygienefachkraft dem Ärztlichen Leiter des Krankenhauses direkt unterstellt. Der Ärztliche Leiter kann die Weisungsbefugnis auf diesem Gebiet an den oder die Hygienebeauftragten delegieren.

## 2.4
## Hygienebeauftragter

Jedes Krankenhaus hat einen oder mehrere Hygienebeauftragte zu bestimmen. Der Hygienebeauftragte muß ein erfahrener Arzt sein, der seiner Tätigkeit entsprechend über Kenntnisse in Hygiene oder Mikrobiologie verfügt. Er ist für die Verhütung und Bekämpfung von Krankenhausinfektionen in dem ihm zugewiesenen Krankenhausbereich zuständig und muß der Erfassung und Klärung der Ursache einzelner oder epidemisch auftretender Krankenhausinfektionen nachgehen, um gemeinsam mit dem leitenden Arzt entsprechende Gegenmaßnahmen einzuleiten. Bei größeren Kliniken sollte für jeden Fachbereich ein Hygienebeauftragter bestimmt werden. Der Hygienebeauftragte führt seine Aufgaben im Einvernehmen mit dem Krankenhaushygieniker und in Zusammenarbeit mit der Hygienefachkraft durch. Die Verantwortung für die Krankenhaushygiene in seinem Bereich trägt jedoch nicht er, sondern der zuständige Leiter der Abteilung bzw. der Ärztliche Direktor der Klinik. Zur Verantwortung des letzteren gehört auch, daß er dem Hygienebeauftragten genügend Freiraum gibt, um seiner Aufgabe nachkommen und vor allem sich weiterbilden zu können. In vielen Kliniken haben die Hygienebeauftragten nur Alibifunktion, weil sie nicht genügend Zeit haben, ihre Funktion zu erfüllen und ihnen kein weiteres Personal, z. B. Hygienefachkräfte, unterstützt. Die Arbeit eines Hygienebeauftragten bleibt ineffektiv, wenn ihm nicht der Rat eines Krankenhaushygienikers zur Verfügung steht.

## 2.5
## Krankenhausbetriebsingenieur

Einige hygienische Probleme im Krankenhaus stehen im Zusammenhang mit technischen Anlagen (z. B. Wasserversorgung, Klimaanlagen). Für die dabei auftretenden technischen Fragen ist innerhalb des Klinikhygieneteams ein Ingenieur als Ansprechpartner notwendig. Dieser sollte nach Möglichkeit ein Krankenhausbetriebsingenieur oder Hygiene- und Umwelttechnikingenieur mit einer speziellen Weiterbildung in Krankenhaushygiene sein. In kleineren Kliniken kann diese Aufgabe auch von einem Beauftragten des technischen Betriebs übernommen werden.

## 2.6
## Desinfektor

Spezielle Desinfektionsmaßnahmen, die nur von einem Desinfektor durchgeführt werden können, sind äußerst selten geworden. Auf die Beschäftigung eines hauptamtlichen Desinfektors kann verzichtet werden, die Funktion des Desinfektors kann von Mitarbeitern des Technischen Betriebs nach entsprechender Schulung übernommen werden.

## 2.7
## Mikrobiologisches Labor

Unerläßlich ist eine gute, schnelle und vertrauensvolle Zusammenarbeit mit dem mikrobiologischen Labor. Zirka 80% aller Krankenhausinfektionsepidemien lassen sich allein aufgrund der Laborergebnisse frühzeitig erkennen. Auch das Auftreten multiresistenter Keime oder eine Veränderung des Resistenzspektrums werden meist zuerst im mikrobiologischen Labor bemerkt. Viele bakteriologische Laboratorien verfügen inzwischen über computergestützte Patientendateien, teilweise mit speziellen Epidemiologieprogrammen. Die Hygienefachkraft muß mit den Abfragebefehlen dieser Programme vertraut sein und auf diese Weise auch selbständig eine Recherche, z. B nach bestimmten Erregern, durchführen können. Am wichtigsten ist jedoch der persönliche Kontakt zum Laborpersonal. Die Hygienefachkraft muß bei besonders auffälligen Befunden direkt vom Labor telefonisch benachrichtigt werden, wobei festgelegt werden sollte, bei welchen Erregern dies unbedingt erfolgen muß (s. nachstehende Übersicht).

> **Erreger, bei deren Isolierung das mikrobiologische Labor sofort die zuständige Hygienefachkraft/den Hygienebeauftragten/Krankenhaushygieniker informieren muß**
> - oxacillinresistente Staphylococcus aureus,
> - vancomycinresistente Enterokokken,
> - polyresistente Erreger,
> - A-Streptokokken im Rachen- oder Wundabstrich,
> - Salmonellen,
> - Shigellen,
> - Campylobacter sp. und andere Durchfallerreger,
> - Rotaviren,
> - Clostridium difficile,
> - Mycobacterium tuberculosis,
> - Legionellen.

Das mikrobiologische Labor, welches auch den krankenhaushygienischen, mikrobiologisch-diagnostischen Service bietet, sollte einige Minimalanforderungen erfüllen (s. Übersicht).

> **Anforderungen der Krankenhaushygiene an ein mikrobiologisches Labor**
> - mehrmals täglicher Hol- und Bringdienst,
> - schriftliche Anleitungen zu Materialentnahme und Materialtransport,
> - Übermittlung wichtiger Befunde per Telefon oder Fax,
> - regelmäßige, mindestens halbjährliche Resistenzstatistik der wichtigsten Erreger von Krankenhausinfektionen ohne Copystrains,
> - ärztlicher Ansprechpartner mit krankenhaushygienischer Erfahrung,
> - keine „Laborgroßfabrik".

Die Zusammenarbeit mit sogenannten „Laborgroßfabriken" ohne Krankenhaushygieniker sollte vermieden werden. Sie sind meist billig, was nicht notwendigerweise gleichzusetzen ist mit preiswert, häufig aber weit von der Klinik entfernt, so daß lange Transportzeiten notwendig sind. Mit der räumlichen Distanz zur Klinik geht auch der Kontakt zur Klinik und insbesondere das Verständnis für die Probleme vor Ort in einer bestimmten Klinik verloren.

# 3 Epidemiologie übertragbarer Krankheiten

I. Kappstein

## EINLEITUNG

Für die Beschreibung der Faktoren, die mit dem Auftreten von Infektionen in Zusammenhang stehen, verwendet man epidemiologische Methoden. Es geht dabei darum, die Beziehungen zwischen dem Erreger, dem Erregerreservoir, dem Erkrankten und seiner Umgebung zu klären. Erst dann ist man in der Lage, adäquate Infektionskontrollmaßnahmen einzusetzen.

## 3.1 Terminologie

Zunächst sollen zum besseren Verständnis des folgenden Textes häufig verwendete wichtige Begriffe erklärt werden:

### 3.1.1 Epidemiologie

Der Begriff Epidemiologie bezeichnet den Forschungszweig, der sich mit dem Vorkommen und der Verbreitung sowie den Ursachen von Krankheiten in der Bevölkerung insgesamt oder in einzelnen Subpopulationen beschäftigt. Früher war der Begriff auf die Analyse von Seuchen, d. h. Epidemien, beschränkt, worunter man ein gehäuftes Auftreten einzelner Infektionen in einem eng umschriebenen Zeitrahmen versteht. Heute wird unter dem Begriff Epidemiologie sowohl die Analyse übertragbarer als auch nichtübertragbarer Krankheiten subsumiert.

Für das gehäufte Auftreten einzelner Krankenhausinfektionen wird in der angloamerikanischen Literatur häufig der Begriff Ausbruch (engl. outbreak) verwendet, er ist in vielen Situationen angemessener als der Begriff Epidemie, der aus historischer Perspektive eher angebracht ist, wenn größere Bevölkerungsgruppen betroffen sind. Im Krankenhaus können nämlich u. U. schon drei Fälle von Infektionen mit einem bestimmten Erreger die Bedeutung einer Epidemie haben (z. B. postoperative A-Streptokokken-Infektion). In solchen Fällen erscheint der Begriff Epidemie nicht adäquat, weshalb auch nicht selten der wenig gelungene Ausdruck Miniepidemien verwendet wird.

## 3.1.2
## Infektion

Unter dem Begriff Infektion versteht man das Eindringen eines Erregers in den Körper und dessen Vermehrung in speziellen Geweben. Eine Infektion muß aber nicht notwendigerweise als Krankheit klinisch manifest werden, sondern kann subklinisch oder inapparent verlaufen. Häufig kann man jedoch eine Immunantwort des Organismus nachweisen.

## 3.1.3
## Kolonisation

Der Begriff Kolonisation bezeichnet den (mehrmaligen) Nachweis von Mikroorganismen an einer oder mehreren Körperstellen ohne die klinischen Zeichen einer Infektion sowie in der Regel auch ohne Auslösung einer Immunantwort des Wirts. Kolonisierung bedeutet also im Gegensatz zur Kontamination (siehe 3.1.5), daß sich die Mikroorganismen zumindest vorübergehend in dem Körperareal auch vermehren (z. B. S. aureus in der vorderen Nasenhöhle).

Ein Träger (engl. carrier) ist eine kolonisierte Person, bei der ein Erreger kulturell nachgewiesen werden kann. Der Trägerstatus kann ein Folgezustand einer Infektion mit dem Erreger sein (z. B. Dauerausscheider von Salmonella typhi), hat aber insbesondere bei den im Krankenhaus identifizierten Trägern meist keine Beziehung zu einer abgelaufenen Erkrankung (z. B. nasale Besiedlung mit S. aureus).

Der Trägerstatus kann transient, intermittierend oder chronisch sein, je nachdem, ob eine Person nur kurzzeitig, immer wieder einmal oder dauerhaft besiedelt ist. Beispielsweise ist bei Krankenhauspersonal die nasale Besiedlung mit S. aureus häufig anzutreffen, wobei etwa 60–70% intermittierende und etwa 10–15% persistierende Träger sind.

In epidemiologischer Hinsicht ist es wichtig zu klären, ob bei einem Ausbruch nosokomialer Infektionen ein identifizierter Träger des Erregers auch tatsächlich der Ausgangspunkt des Ausbruchs ist. Ein Träger muß nämlich nicht notwendigerweise auch den Erreger in seine Umgebung streuen. Insofern muß man zur Aufklärung von Ausbrüchen möglichst differenzierte Typisierungsmaßnahmen anwenden, um zum einen sagen zu können, daß die bei verschiedenen Patienten isolierten Erreger Abkömmlinge ein und desselben Stammes darstellen, und zum anderen, ob besiedelte Personen überhaupt als Streuquelle in Betracht kommen, weil der von ihnen isolierte Stamm mit dem Ausbruchsstamm identisch ist. Dabei muß jedoch berücksichtigt werden, daß eine besiedelte Person selbst bei Übereinstimmung der Stämme ein Opfer des Ausbruchs sein kann und nicht notwendigerweise dessen Ausgangspunkt.

## 3.1.4
## Streuung von Mikroorganismen

Unter dem Begriff Streuung (engl. dissimination oder shedding) versteht man die Freisetzung bzw. Verteilung eines Erregers von einer besiedelten Person in seine unmittelbare belebte oder unbelebte Umgebung. Eine Streuung wird in der Regel bei Krankenhausinfektionen indirekt festgestellt, indem Infektionen bei Kontaktpersonen auftreten. Es gibt experimentelle Möglichkeiten, besiedelte Personen als Streuer zu identifizieren, wobei es sich aber um recht aufwendige Untersuchungen handelt, die, wenn überhaupt, erst dann durchgeführt werden, wenn man die Vermutung, daß es sich um einen Streuer handeln könnte, bestätigen möchte. Beispielsweise muß man dazu in der Umgebung einer kolonisierten Person Sedimentationsplatten aufstellen und untersuchen, ob der kolonisierende Erreger auch tatsächlich vom Körper abgegeben wird.

Weil der Zustand der Kolonisierung per se nichts darüber aussagt, ob der Erreger auch in die Umgebung freigesetzt wird, ist es nicht sinnvoll, routinemäßig Personaluntersuchungen, z. B. auf Intensivstationen oder in OP-Abteilungen, durchzuführen. Vielmehr sollte die Suche nach besiedelten Personen nur dann begonnen werden, wenn aufgrund gehäufter Infektionen mit einem bestimmten Erreger der Verdacht besteht, daß ein Mitglied des Personals ein sog. Streuer ist.

Gewöhnlich gibt nur ein kleiner Teil der kolonisierten Personen den Erreger auch in die Umgebung ab. Manchmal werden z. B. bei kolonisierten Personen die Erreger nur bei einer gleichzeitig vorhandenen anderen Erkrankung gestreut. Dies wurde z. B. bei Säuglingen beschrieben, die mit S. aureus in der Nase besiedelt waren und diese erst streuten, wenn sie einen respiratorischen Virusinfekt hatten. Auch eine akute Dermatitis kann dazu führen, daß Erreger in die Umgebung abgegeben werden, die zuvor diese Person nur harmlos besiedelten.

Man muß also annehmen, daß, ähnlich wie bei der Kolonisierung, auch die Erregerstreuung wahrscheinlich nicht konstant ist, sondern intermittierend auftritt und somit abhängig von bestimmten begünstigenden Faktoren, z. B. Krankheiten, ist.

### 3.1.5
### Kontamination

Unter dem Begriff Kontamination versteht man einen Zustand, bei dem Mikroorganismen vorübergehend auf einer belebten oder unbelebten Oberfläche vorhanden sind, an bzw. auf der aber keine Vermehrung stattfindet. Eine sehr wichtige Rolle spielen dabei die Hände des Personals. Kontaminiert werden können aber auch die Arbeitskleidung oder Gegenstände, mit denen Patienten an mehr oder weniger infektionsgefährdeten Körperstellen in Kontakt kommen können (s. Kap. 23, S. 393).

### 3.1.6
### Nosokomiale Infektionen

Mit dem Begriff nosokomiale Infektionen werden Infektionen bezeichnet, die im Zusammenhang mit einem Krankenhausaufenthalt stehen. In erster Linie wird der Begriff auf Patienten mit Infektionen angewendet, die entweder hospitalisiert sind oder, abhängig von der Art der Infektion, vor mehr oder weniger langer Zeit stationär waren (s. Kap. 12, S. 167) [164]. Der Begriff wird aber gelegentlich auch auf andere Personengruppen ausgedehnt, die sich im Krankenhaus infiziert haben, z. B. medizinisches Personal oder Besucher. Prinzipiell ist die Anwendung des Begriffes auch auf diese Personengruppen korrekt, aber es erscheint sinnvoller, ihn auf das Auftreten von Infektionen bei Patienten zu begrenzen.

> **!** Es muß betont werden, daß die Feststellung einer nosokomialen Infektion noch nichts darüber aussagt, ob eine Infektion durch krankenhaushygienische Maßnahmen vermeidbar gewesen wäre oder nicht, d h., es wäre ein Fehler, bei nosokomialen Infektionen a priori auf hygienisches Fehlverhalten des medizinischen Personals zu schließen und damit die krankenhauserworbene Infektion einer krankenhausverschuldeten iatrogenen gleichzusetzen.

Ein großer Teil der im Krankenhaus entstehenden Infektionen ist auch mit optimalen Hygienemaßnahmen nicht zu verhüten, weil keineswegs alle Infektionen aus einem exogenen Erregerreservoir stammen und somit mit krankenhaushygienischen Maßnahmen zu beeinflussen sind, sondern insbesondere bei schwerkranken oder abwehrgeschwächten Patienten oft aus der eigenen Köperflora (endogenes Erregerreservoir) entstehen und damit nicht oder nur begrenzt zu beeinflussen sind.

Der Krankenhaushygieniker muß bei den vermeidbaren Infektionen (= meist exogenen Ursprungs) mit krankenhaushygienischen Maßnahmen eingreifen, aber die unvermeidbaren Infektionen (= häufig endogenen Ursprungs) angemessen berücksichtigen (nach einer immer wieder zitierten Schätzung von Anfang der 70er Jahre aus den USA handelt es sich hierbei um etwa 70% der nosokomialen Infektionen [186]). Die Kliniker müssen auf der anderen Seite in Betracht ziehen, daß ein Teil der Krankenhausinfektionen bei genauerer Beachtung bestimmter Hygienemaßnahmen vermeidbar wären, daß sie demnach nicht davon ausgehen können, nosokomiale Infektionen seien unvermeidbar bzw. schicksalhaft. Es ist damit klar, daß ohne eine differenzierte Betrachtung sowohl von seiten der Hygieniker als auch von seiten der Kliniker eine Annäherung an das Problem der Krankenhausinfektionen nicht zu erwarten ist.

### 3.1.7
### Zeitlicher Zusammenhang und Häufigkeit von Infektionen

Um die Häufigkeit von Infektionen zu charakterisieren, ist es üblich, sie in ihrem zeitlichen Zusammenhang zu beschreiben:
- Von sporadischen Infektionen spricht man beim gelegentlichen und unregelmäßigen Auftreten einzelner Infektionen.
- Endemisches Auftreten bedeutet, daß eine Infektion konstant mit gleichbleibender Häufigkeit anzutreffen ist.

- Unter hyperendemischen Infektionen versteht man ein konstantes Auftreten in hoher Zahl.
- Ein epidemisches Auftreten ist dagegen ein deutlicher und plötzlicher Anstieg der Häufigkeit über das normalerweise beobachtete Maß hinaus. Synonym wird der Begriff Ausbruch verwendet.

Einen abrupten Anstieg von Infektionsfällen kann man aber nur dann beobachten, wenn es sich um Infektionen mit einer kurzen Inkubationszeit handelt (z. B. nahrungsmittelbedingter Ausbruch). Sehr schwierig dagegen ist die Erkennung von Ausbrüchen bei Infektionen, die entweder eine lange Inkubationszeit haben oder noch dazu in einem großen Teil der Fälle asymptomatisch verlaufen, wie z. B. Hepatitis B oder C.

Die Begriffe Inzidenz und Prävalenz sind in Kapitel 12 (S. 167) erklärt. Dort wird außerdem auch die Berechnung der verschiedenen Infektionsraten behandelt. In Tabelle 3.1 sind die Begriffe der epidemiologischen Terminologie mit Kurzdefinitionen zusammengefaßt aufgeführt.

**Tabelle 3.1.** Epidemiologische Terminologie

| Begriff | Definition |
|---|---|
| Epidemiologie | Untersuchung von Vorkommen, Verbreitung und Ursachen von Krankheiten, z. B. Infektionen, in einer Population |
| Infektion | Eindringen von Erregern in den Körper und Vermehrung im Gewebe mit systemischen Entzündungszeichen und in der Regel klinischer Symptomatik |
| Kolonisation | Mehrmaliger Nachweis eines Erregers an einer Körperstelle ohne systemische Entzündungszeichen und ohne klinische Symptomatik |
| Träger | Kolonisierte Person |
| Trägerstatus | Transient, intermittierend, chronisch |
| Streuung | Freisetzung eines Erregers von einer kolonisierten Person in deren Umgebung |
| Kontamination | Kurzzeitiges Vorhandensein von Mikroorganismen auf einer belebten oder unbelebten Oberfläche |
| Nosokomiale Infektion | Infektion, die während eines Krankenhausaufenthaltes erworben wird |
| Auftreten von Infektionen | |
| – Sporadisch | Gelegentlich, unregelmäßig |
| – Endemisch | Gleichbleibende Zahl |
| – Hyperendemisch | Gleichbleibende hohe Zahl |
| – Epidemisch | Deutlicher, plötzlicher Anstieg der Anzahl |
| Inzidenz | Anzahl neuer Infektionen, die in einer Population während eines definierten Zeitraumes, z. B. eines Monats, auftreten |
| Prävalenz | Anzahl aller vorhandenen Infektionen während einer definierten Zeitspanne von z. B. einer Woche oder zu einem bestimmten Zeitpunkt, z. B. an einem Tag |

## 3.2
## Epidemiologische Methoden

Die Epidemiologie übertragbarer Krankheiten beschäftigt sich mit vier Kernfragen:
- Wann? Wie ist der zeitliche Zusammenhang?
- Wo? Gibt es eine räumliche oder geographische Beziehung?
- Wer? Welche Personen sind betroffen und um welchen Erreger handelt es sich?
- Wie? Welcher Übertragungsweg kommt in Frage?

Hinsichtlich der Methoden unterscheidet man deskriptive, analytische und experimentelle Epidemiologie [44]:

### 3.2.1
### Deskriptive Epidemiologie

In den meisten Untersuchungen wird mit der deskriptiven Technik als der grundlegenden epidemiologischen Methode gearbeitet, bei der der zeitliche und örtliche Zusammenhang sowie die von der Infektion betroffenen Personen beschrieben werden. Nachdem jeder Infektionsfall nach diesem Muster charakterisiert ist, wird durch eine Kombination der individuellen Fälle versucht, das Infektionsproblem darzustellen.

#### Zeitlicher Zusammenhang

Den zeitlichen Zusammenhang kann man als säkuläre, periodische, saisonale und akute Trends beschreiben:
- Säkuläre Trends kennt man z. B. vom Auftreten von A-Streptokokken-Infektionen, die noch zu Anfang des Jahrhunderts eine wichtige Rolle spielten, dann jahrzehntelang weder außerhalb noch innerhalb des Krankenhauses ein großes Problem waren (nicht zuletzt – aber durchaus nicht nur – seit der Verfügbarkeit von Antibiotika), aber im letzten Jahrzehnt wieder zu bedeutenden medizinischen Komplikationen geführt haben.
- Periodische Trends sind von Erregern wie Influenzavirus bekannt, die die Fähigkeit haben, ihre antigenen Eigenschaften zu modifizieren, so daß sie von Zeit zu Zeit zu schweren klinischen Verläufen führen können, weil die Bevölkerung auf den veränderten Erreger immunologisch nicht vorbereitet ist.
- Saisonale Trends sind bei verschiedenen Infektionen bekannt, wie z. B. Rotavirusinfektionen in der kalten Jahreszeit und – als typische Krankenhausinfektionen – Acinetobacter-Infektionen in den Sommermonaten.
- Akute Trends sind das Kennzeichen von Epidemien bzw. Ausbrüchen.

Obwohl Ausbrüche nosokomialer Infektionen verständlicherweise sehr gefürchtet sind, machen sie mit 2–3% nur einen kleinen Teil aller Krankenhausinfektionen aus [187]. In diesen Fällen besteht nach § 8 Bundesseuchengesetz (BSeuchG)

Meldepflicht, die ansonsten für nosokomiale Infektionen nicht existiert, wenn es sich nicht sowieso um meldepflichtige übertragbare Krankheiten nach § 3 BSeuchG handelt, wie z. B. Enteritis-Salmonellosen.

Ausbrüche können gleichzeitig mehrere Personen betreffen, z. B. bei nahrungsmittelbedingten Infektionen, oder mit einem Indexfall (= der erste Fall eines Ausbruchs) beginnen und über einen kürzeren oder längeren Zeitraum andere Personen (primäre und sekundäre Übertragungen) involvieren, wobei Kreuzinfektionen (= Übertragung von Person zu Person) eine Rolle spielen können, aber nicht notwendigerweise müssen, wenn das Erregerreservoir keine Person, sondern ein unbelebtes Objekt ist. Je protrahierter ein Ausbruch verläuft, um so schwerer ist es, ihn als solchen zu erkennen.

### Örtlicher Zusammenhang

Der nächstwichtige Aspekt bei der deskriptiven Technik ist der Ort, an dem sich die infizierte Person zum Zeitpunkt der Diagnose befindet, und ferner der Ort, an der die Infektion übertragen wurde. Wenn ein unbelebtes Objekt bei der Übertragung eine Rolle spielt, ist außerdem der Ort von Interesse, an dem der Gegenstand kontaminiert wurde. Diese örtlichen oder räumlichen Gegebenheiten zu klären ist insbesondere in Ausbruchssituationen eine wichtige Voraussetzung für die Einleitung effektiver Infektionskontrollmaßnahmen.

### Infizierte Personen

Die dritte wichtige Komponente der deskriptiven Epidemiologie ist die Charakterisierung der von der Infektion betroffenen Personen, d. h. der bei ihnen vorhandenen endogenen (z. B. Alter, Grundkrankheiten, Immunstatus) bzw. exogenen (z. B. therapeutische oder diagnostische invasive Maßnahmen, medikamentöse Behandlungen) Risikofaktoren. Ohne Berücksichtigung dieser individuellen Parameter ist eine umfassende Charakterisierung und damit auch Lösung des Infektionsproblems nicht möglich.

## 3.2.2
## Analytische Epidemiologie

Mit der Methode der analytischen Epidemiologie werden Auftreten und Verbreitung von Krankheiten mit ihren potentiellen kausalen Zusammenhängen untersucht. Dazu werden sog. Fall-Kontroll-Studien oder Kohortenstudien angewendet, die jeweils sowohl retrospektiv als auch prospektiv durchgeführt werden können:
- Retrospektiv bedeutet, daß die Daten nachträglich nach dem Infektionsereignis gesammelt werden.
- Prospektiv dagegen heißt, daß die Daten gleichzeitig mit dem Auftreten des Infektionsereignisses aufgenommen werden.

### Fall-Kontroll-Studie

Die Methode der Fall-Kontroll-Studie wird meist in retrospektiven Untersuchungen angewendet. Man bildet dabei eine Studiengruppe (= Personen mit einer bestimmten Infektion) und eine Kontrollgruppe (= Personen ohne diese Infektion, die gleichzeitig mit den infizierten Patienten stationär waren). Anschließend werden die Unterschiede zwischen den beiden Gruppen erarbeitet, um damit die Faktoren ausfindig zu machen, die bei der Gruppe der infizierten Personen am wahrscheinlichsten für das Zustandekommen der Infektion verantwortlich war. Eine Fall-Kontroll-Studie nimmt also ihren Ausgang von einem Ereignis und sucht nachträglich nach den Ursachen.

### Kohortenstudie

Bei einer Kohortenstudie wird eine Studiengruppe aus Personen, die einem möglicherweise infektionsbegünstigendem Faktor ausgesetzt sind, und die Kontrollgruppe von ansonsten vergleichbaren Personen ohne die entsprechende Exposition gebildet. Dabei soll untersucht werden, welche Auswirkungen das Vorhandensein des Studienfaktors auf die Mitglieder der Studiengruppe im Vergleich zu denen der Kontrollgruppe hat.

Bei einer Kohortenstudie dürfen sich also die Mitglieder der Studien- und der Kontrollgruppe nur in dem einen expositionellen Faktor unterscheiden, während dieser Aspekt bei einer Fall-Kontroll-Studie keine Rolle spielt, weil dabei das Ziel der Untersuchung ist, alle möglichen expositionellen Faktoren zu analysieren.

### Querschnittserhebung

Eine weitere Methode der analytischen Epidemiologie ist die Querschnittserhebung oder Prävalenzstudie, bei der für eine begrenzte Zeit eine Datensammlung durchgeführt wird, um die Beziehung zwischen zwei oder mehreren Faktoren zu klären, deren Vorhandensein zum Zeitpunkt der Erhebung bestimmt wird.

### 3.2.3
### Experimentelle Epidemiologie

Mit der Methode der experimentellen Epidemiologie steht ein Instrument zur Verfügung, Hypothesen, ob z. B. ein Faktor einen Einfluß auf das Entstehen einer Infektion hat oder nicht, zu beweisen oder zu widerlegen. Beide Studiengruppen müssen in sich homogen sein, als einziger Unterschied darf lediglich in der einen Gruppe der Studienfaktor vorhanden sein, dessen Einfluß geprüft werden soll. Die Studienform ist dabei entweder die Fall-Kontroll-Studie oder die Kohortenstudie.

Im Gegensatz zur deskriptiven und analytischen Methode hat die Technik der experimentellen Epidemiologie bei der Untersuchung von Ausbrüchen keine Bedeutung. Sie ist aber sehr gut geeignet, um z. B. spezielle Infektionskontrollmaßnahmen oder neue Pflegetechniken zu überprüfen.

Nähere Ausführungen über Planung, Durchführung und Auswertung epidemiologischer Studien würden über den Rahmen dieses Buches hinausgehen, weshalb dafür auf Lehrbücher der Statistik oder Spezialkapitel anderer Fachbücher verwiesen werden soll [196, 281, 303, 321].

## 3.3
## Entstehung von Infektionen

### 3.3.1
### Beziehungen zwischen Erreger und Wirt

Infektionen kommen aufgrund von Wechselwirkungen zwischen einem Erreger und einem empfänglichen Wirt zustande. Eine Vielzahl von Faktoren bestimmt jedoch, ob es bei Kontakt zwischen Erreger und Wirt tatsächlich zu einer Infektion kommt.

#### Virulenz

Eine wichtige Rolle spielt beispielsweise die Virulenz des Erregers, d. h. seine natürliche oder durch Umgebungsfaktoren bedingte Fähigkeit, eine Infektion auszulösen [270]. Die Virulenz ist aber nur ein Aspekt bei der Entstehung von Infektionen. Daß hochvirulente Stämme bei vielen bzw. fast allen Personen unabhängig von deren individueller Immunitätslage bei gegebenem Kontakt eine Infektion verursachen können, ist seit langem bekannt, daß aber Erreger, die lange Zeit als avirulent galten, bei Kontakt mit Personen, die bedingt durch Krankheit oder therapeutische Maßnahmen in ihrer körpereigenen Abwehr stark beeinträchtigt sind, ebenfalls schwere Infektionen auslösen können, ist erst durch die Entwicklungen der modernen Medizin deutlich geworden, d. h., de facto kann es von den individuellen Wirtsfaktoren abhängig sein, ob ein (avirulenter) Erreger virulent wird.

#### Verschiedene erregerspezifische Faktoren

Von seiten des Erregers ist von Bedeutung, ob der individuelle Stamm bestimmte Enzyme oder Toxine produziert, die das Krankheitsgeschehen z. T. erheblich beeinflussen können (z. B. scharlachtoxinbildende Stämme beta-hämolysierender Streptokokken der Gruppe A oder toxisches Schocksyndrom [ = TSS]-Toxin-produzierende Stämme von S. aureus). Ferner haben die antigenen Besonderheiten der Erreger einen Einfluß (z. B. sind von 83 bekannten verschiedenen Serotypen von S. pneumoniae 14 Serotypen für mehr als 80% der Infektionen beim

Menschen verantwortlich, oder bei A-Streptokokken unterscheidet man zwischen M-Proteintypen, die Herz und/oder Nieren im Rahmen der sog. Nachkrankheiten involvieren). Schließlich spielt eine Rolle, ob Resistenzfaktoren vorhanden sind, die auf den Behandlungserfolg von Infektionen einen wesentlichen Einfluß haben können, so daß bei multiresistenten, mit den üblichen Antibiotika nicht oder nur schwer zu therapierenden Infektionen länger als bei empfindlichen Stämmen ein Erregerreservoir vorhanden ist, von dem aus andere Personen besiedelt oder infiziert werden können.

### Infektionsdosis

Bei vielen Infektionen spielt die sog. Infektionsdosis eine wichtige Rolle, d.h., ein prinzipiell empfänglicher Wirt muß mit einer bestimmten minimalen Erregermenge Kontakt haben, damit überhaupt eine Infektion ausgelöst wird. Diese Keimzahl ist z.B. bei immunkompetenten Personen bei den sog. Enteritis-Salmonellen in der Regel mit ca. $10^5$ KBE (= koloniebildende Einheiten) ziemlich hoch, während bei abwehrgeschwächten Personen wesentlich geringere Keimzahlen zu einer Infektion führen können. Bei anderen Erregern dagegen ist bekannt, daß auch bei gesunder Abwehrlage schon sehr geringe Keimzahlen eine Infektion auslösen können. So ist z.B. bei Shigellen oder Salmonella typhi u.U. eine Keimzahl von 10 KBE für eine Infektion ausreichend. Aber nicht nur die allgemeine Abwehrlage, sondern auch lokale Faktoren haben einen Einfluß. In einer experimentellen Untersuchung konnte gezeigt werden, daß bei intradermaler Injektion von S. aureus erst eine Keimzahl von $5 \times 10^6$ KBE eine Pustelbildung verursachte, während niedrigere Keimzahlen ohne Reaktion blieben [136]. Wurde aber Nahtmaterial mit S. aureus kontaminiert, war schon eine Keimzahl von $3 \times 10^2$ KBE ausreichend, einen Abszeß am Stichkanal zu erzeugen.

### Reservoir und Ausgangspunkt des Erregers

Für jeden Erreger gibt es ein Reservoir (= Ort, an dem der Erreger lebt, d.h. sich dauerhaft aufhält und vermehrt). Sogenannte Wasserkeime (= gramnegative Stäbchen wie Pseudomonas sp. und Acinetobacter sp.) findet man in Feuchtbereichen und im Leitungswasser, andere gramnegative Stäbchen (z.B. Salmonellen, Shigellen) haben dagegen ihr Reservoir in Mensch und Tier. Das Reservoir eines Erregers ist aber nicht notwendigerweise auch der Ort, von dem aus der Erreger direkt oder indirekt mit der Person in Kontakt kommt, bei der er eine Infektion auslöst. Erregerreservoir und Ausgangspunkt bzw. -ort können aber auch identisch sein, und der Ausgangsort kann zur belebten oder unbelebten Umgebung der infizierten Person gehören.

### Dauer der Infektiosität

Die Zeitspanne, in der eine infizierte Person für empfängliche Personen in ihrer Umgebung vorwiegend ansteckend sein kann, variiert je nach Erreger. Es kann sich dabei z. B. um die Inkubationszeit handeln (z. B. bei Hepatitis A) oder zusätzlich um die ersten Tage der klinischen Symptomatik, in denen besonders viele Erreger gestreut werden (z. B. bei Masern und Windpocken). Die Infektiosität kann aber auch für die Dauer der Erregerausscheidung bei Infektionen gegeben sein, die antibiotisch behandelt werden und bei denen der Erfolg der antibiotischen Therapie vor allem von der Empfindlichkeit des Erregers abhängt (z. B. bei Tuberkulose, Typhus, Shigellose). Personen, die nach überstandener Krankheit Träger des Erregers bleiben, können ebenfalls für andere infektiös sein. Dabei ist aber die Art des Kontaktes zwischen dem Träger und den empfänglichen Personen von wesentlicher Bedeutung: Küchenpersonal, das asymptomatisch Salmonellen ausscheidet und weiter tätig ist, stellt ein höheres Infektionsrisiko dar als Krankenpflegepersonal, das auf einer Normalstation mit der Pflege von Patienten betraut ist, sofern nicht auch die Zubereitung von Mahlzeiten zu seinen Aufgaben gehört.

### Wirtsfaktoren

Entscheidenden Einfluß auf die Entwicklung einer Infektion bei Kontakt mit einem Erreger haben die spezifische und unspezifische Abwehr des Wirts [379]. Das komplizierte Zusammenwirken der verschiedenen Abwehrfunktionen bestimmt darüber, ob aus einem Kontakt mit einem Erreger eine klinisch inapparente oder manifeste Infektion entsteht und ob bei klinischen Zeichen einer Infektion der Krankheitsverlauf mild oder schwer ist. Auch bei normaler Immunitätslage ist daher der klinische Verlauf einer Infektion im Einzelfall nicht vorherzusagen. Bei abwehrgeschwächten Personen aber können selbst normalerweise eher harmlos verlaufende Infektionen zu schweren, lebensbedrohlichen Symptomen führen. Bei Patienten im Krankenhaus, insbesondere den schwerkranken Patienten auf Intensivstationen, sind ein bedeutender infektionsbegünstigender Faktor die multiplen invasiven Maßnahmen, die die natürlichen Barrieren des Organismus zu seiner Umwelt durchbrechen (z. B. intravasale Katheter) oder umgehen (z. B. endotracheale Intubation).

## 3.3.2
## Übertragungswege

Infektionserreger können auf vier verschiedenen Wegen übertragen werden [44]:
- durch Kontakt,
- über die Luft,
- über gemeinsame Vehikel, wie z. B. Nahrung, Wasser, Blut und Blutprodukte,
- über tierische Vektoren.

Bei der medizinischen Versorgung sind es die Kontaktinfektionen sowie die Infektionsübertragung durch Blut und Blutprodukte, die am häufigsten zu Infektionen führen. Im Gegensatz zu einer auch unter Medizinern immer noch sehr verbreiteten Auffassung ist jedoch die Infektionsübertragung durch die Luft, die sog. aerogene Übertragung, außer bei der Tuberkulose normalerweise von untergeordneter Bedeutung.

### Kontaktinfektionen

Bei Kontaktinfektionen muß man verschiedene Wege unterscheiden [44]:
- Direkter Kontakt
  Übertragung durch Körperkontakt, hauptsächlich über die Hände des Personals.
- Indirekter Kontakt
  Übertragung durch kontaminierte Gegenstände, die mit dem Patienten an infektionsgefährdeten Körperstellen, z. B. Schleimhäuten oder offenen Wunden, in Berührung kommen.
- Große Tröpfchen
  Übertragung durch respiratorisches Sekret, wofür der räumliche Abstand zwischen den beteiligten Personen aber nicht größer als ein bis maximal zwei Meter sein darf.

### Tröpfcheninfektion

Der Begriff Tröpfcheninfektion wird häufig undifferenziert gebraucht und soll deshalb hier näher erläutert werden. Man muß nämlich zwei verschiedene Arten respiratorischer Tröpfchen unterscheiden, die sog. großen Tröpfchen und die sog. Tröpfchenkerne (engl. droplets bzw. droplet nuclei) [125, 453]:

### Große Tröpfchen

Bei den großen Tröpfchen handelt es sich um Speicheltröpfchen mit einem Durchmesser über 100 µm bis zu 2 mm. Wegen ihrer Größe und damit wegen ihres relativ hohen Gewichts sedimentieren sie schnell in kurzem Abstand vom Ort ihrer Freisetzung (1–2 m) auf die nächste erreichbare horizontale Oberfläche, z. B. eine Tischplatte oder den Fußboden. Weil sie aber so schnell fallen, findet auch, solange sie in der Luft sind, fast keine Verdunstung statt. Sie werden durch die Kraft des Hustens oder Niesens freigesetzt und abhängig von dieser Kraft mehr oder weniger weit durch die Luft transportiert. Bei einem genügend geringen Abstand zu einer anderen Person können diese Tröpfchen sie im Gesicht treffen, also u. U. in direkten Kontakt mit den Schleimhäuten von Augen, Nase oder Mund kommen.

### Tröpfchenkerne

Anders verhält es sich bei den Tröpfchenkernen. Diese entstehen aus respiratorischen Tröpfchen mit einem Durchmesser von weniger als 100 µm, die aufgrund ihrer geringen Größe und damit ihres geringen Gewichts nur sehr langsam sedimentieren können, wobei sie auch rasch verdunsten. Was danach übrigbleibt, bezeichnet man als Tröpfchenkern. Es handelt sich dabei um die festen Bestandteile respiratorischer Tröpfchen. Dies können beispielsweise Salzkristalle sein, aber eben auch Infektionserreger wie Bakterien oder Viren. Weil diese nach der Verdunstung übriggebliebenen Tröpfchenkerne sehr kleine (Durchmesser kleiner als 10 µm) und deshalb auch sehr leichte Partikel sind, können sie lange Zeit in der Luft schweben und mit der Luftbewegung auch in größere Entfernung vom Ort der Freisetzung getragen werden. Man bezeichnet Tröpfchenkerne auch als Aerosol. Sie sind so klein, daß sie in die tiefen Abschnitte des Respirationstraktes gelangen können, während große Tröpfchen bereits von der Schleimhaut des oberen Respirationstraktes aufgefangen werden.

Zusammenfassend gibt es demnach zwei Definitionen für die Tröpfcheninfektion:
- Tröpfcheninfektion als Kontaktinfektion
Infektionsübertragung durch große Tröpfchen (>100 µm).
- Tröpfcheninfektion als aerogene Infektion
Infektionsübertragung durch Tröpfchenkerne (<10 µm).

### Aerogene Infektionen

Um zu verstehen, unter welchen Bedingungen eine aerogene Übertragung von Infektionserregern stattfinden kann, müssen zunächst einige grundsätzliche Aspekte besprochen werden, denn selbst in Fachbüchern wird dieser Übertragungsweg meist recht ungenau oder zumindest unvollständig dargestellt.

Damit eine Infektionsübertragung durch die Luft überhaupt zustande kommen kann, müssen die Erreger nicht nur in Form eines Aerosols vorliegen, sondern auch imstande sein, eine Zeitlang (Stunden bis Tage?) in der Luft zu überleben, um in infektionstüchtiger Form z. B. inhaliert werden zu können (s. nachstehende Übersicht). Dies trifft ausgehend vom Respirationstrakt normalerweise nur für die Erreger der Tuberkulose zu, die durch ihre lipidhaltige Zellwand vor Austrocknung geschützt sind. Dagegen müssen bei Virusinfektionen, wie z. B. Windpocken, besondere Bedingungen gegeben sein, damit es zu einer aerogenen Übertragung kommen kann. So wurde z. B. in einem US-amerikanischen Krankenhaus eine Windpockenepidemie beschrieben, die man sich hauptsächlich durch das Zusammentreffen zweier begünstigender Faktoren erklärte: zum einen durch eine inadäquate Luftführung durch die Klimaanlage und zum anderen durch ein schwerkrankes, beatmungspflichtiges Kind mit einer Varizellenpneumonie, das also krankheitsbedingt höchstwahrscheinlich sehr große Erregermengen freigesetzt hat [274]. Bei einer weiteren Windpockenepidemie hatte das Indexkind zwar keine Varizellenpneumonie, aber während seines stationären Aufenthaltes wurde in seinem Zimmer an einem Nachmittag ein Staubsauger eingesetzt, um die vielen Hautschuppen auf dem Fußboden zu entfernen. Personen, die an diesem Nachmittag auf der Station waren, erkrankten signifikant häufiger an Varizellen als Personen, die zu anderen Zeiten anwesend waren [181]. Auch in diesem Fall wurde eine ungünstige Luftführung durch die Klimaanlage für die Infektionsübertragung mitverantwortlich gemacht. Dasselbe gilt für einen anderen Fall, bei dem eine aerogene Masernübertragung im Rahmen einer Sportveranstaltung in einem überdachten Stadion beschrieben wurde [133]. Solche Konstellationen kommen jedoch normalerweise im Krankenhaus nicht vor.

> **Voraussetzungen für aerogene Infektionsübertragungen**
> - Erreger längere Zeit in Luft lebensfähig und freischwebend (Stunden bis Tage?),
> - Ausbreitung des Erregers mit dem Luftstrom auf größere Distanz vom Erregerreservoir bzw. Ausgangsort des Erregers weg (mehrere Meter bis Hunderte von Metern?).

Die aerogene Infektion wird besonders in der Kinderheilkunde gerne als fliegende Infektion bezeichnet. Da die klassischen Kinderkrankheiten viraler Ursache meist hochkontagiös sind, ist die Auffassung weit verbreitet, daß es sich dabei zwangsläufig um fliegende Infektionen handeln muß. Es ist zwar richtig, daß der aerogene Übertragungsweg bei diesen Infektionen unter bestimmten Bedingungen eine Rolle spielen kann [135]. Häufiger aber wird unter normalen Umständen auch diese Virusinfektionen durch Kontakt, und d.h. meist auch über die Hände, übertragen [47]. Es kommt nämlich bei den sog. Kinderkrankheiten nicht deshalb so häufig zu einer Übertragung, weil die Ausbreitung der Erreger aerogen erfolgt, sondern weil die Erreger sehr virulent sind und deshalb fast jede Person, die noch keinen Kontakt mit ihnen hatte, infizieren.

Dennoch ist die Vorstellung von fliegenden Infektionen so tief verwurzelt, daß auch heute noch immer wieder gefragt wird, ob nicht z.B. das Auslüften nach Kontakt mit einem an Windpocken erkrankten Kind sinnvoll sei oder nach welcher Zeit der Praxisflur, durch den gerade ein Kind mit Windpocken gegangen ist, für empfängliche Personen wieder begehbar sei. Hier spiegeln sich noch die Vorstellungen vergangener Jahrhunderte über die Entstehung von (Infektions-) Krankheiten wider.

Gelegentlich wird in der Literatur über den Nachweis einzelner Erreger oder deren DNA aus der Luft berichtet [4, 388, 413]. Ob man aber daraus auf einen aerogenen Infektionsweg schließen kann, bleibt unbeantwortet, solange der epidemiologische Zusammenhang mit einer Infektionsübertragung nicht eindeutig bewiesen werden kann. Im klinischen Alltag gibt es so viele Möglichkeiten des direkten und/oder indirekten Kontaktes mit Erregern, daß der aerogene Infektionsweg von untergeordneter Bedeutung ist. Zumindest sollte man beim Nachweis von Erregern in der Luft zurückhaltend sein, speziell darauf ausgerichtete Infektionskontrollmaßnahmen einzuführen.

Abgesehen von Tröpfchenkernen können aerogene Infektionen prinzipiell auch durch kontaminierte Staubpartikel und bakterientragende Hautschuppen entstehen [44, 339]. Ob jedoch Staub überhaupt bei der Infektionsübertragung eine Rolle spielt, ist selbst bei Staphylokokkeninfektionen nicht sicher: Die Tatsache nämlich, daß ein Erreger wie S. aureus längere Zeit im trockenen Milieu lebensfähig ist (allerdings bei abnehmender Keimzahl) und im Staub nachgewiesen werden kann, besagt keineswegs, daß dadurch auch eine Übertragung des Erregers stattfinden kann. Auf die Bedeutung abgeschilferter Epithelien bei der Entstehung nosokomialer Infektionen wird im Kapitel „Epidemiologie und Prävention von postoperativen Infektionen im Operationsgebiet" (s. Kap. 7, S. 101) eingegangen.

> Zur Frage der aerogenen Übertragung bei Infektionen mit typischen nosokomialen Erregern kann man festhalten, daß immer dann, wenn an die Möglichkeit einer aerogenen Übertragung gedacht wird, fast immer auch andere Übertragungsmöglichkeiten in Betracht kommen.

Eine weitere Form der aerogenen Infektionsentstehung ist bei Aspergillosen gegeben, weil dabei nicht eine infizierte Person die Erreger ausscheidet, die eine empfängliche Person einatmen kann, sondern weil die normalerweise in der Luft vorkommenden Aspergillussporen von jedem Menschen ständig und Zeit seines Lebens inhaliert werden. Infektionen entstehen über diesen natürlichen Kontakt erst, wenn die körpereigene Abwehr stark beeinträchtigt ist (s. Kap. 10, S. 155, und Kap. 29, S. 519).

Ähnlich verhält es sich prinzipiell auch bei der aerogenen Übertragung von Legionellen, wobei z.B. über Klimaanlagen mit Umluftsprühbefeuchtung legionellenhaltige Aerosole freigesetzt werden und bei gefährdeten Personen, die diesen Aerosolen in der Raumluft ausgesetzt sind, zu einer Infektion führen können (s. Kap. 11, S. 161).

Die Bedingungen, unter denen aerogene Infektionen möglich sind, können somit in folgender Systematik zusammengefaßt werden (s. Übersicht):

**Systematik der Entstehung von aerogenen Infektionen**
- Übertragung durch Tröpfchenkerne von Mensch zu Mensch:
  z.B. offene Tuberkulose der Atemwege oder Varizellen und Masern mit bronchopulmonaler Beteiligung,
- Übertragung durch Tröpfchenkerne aus einem Wasserreservoir:
  z.B. Legionellose ausgehend von Klimaanlagen oder Kühltürmen,
- Übertragung durch natürlicherweise in der Luft vorkommende Mikroorganismen (Bioaerosole):
  z.B. Aspergillose, Nokardiose,
- Übertragung durch bakterientragende Hautschuppen:
  z.B. postoperative Infektionen im OP-Gebiet mit Staphylokokken oder A-Streptokokken,
- hypothetisch: Übertragung durch mikrobiell kontaminierten Staub:
  z.B. S. aureus, A-Streptokokken oder C. difficile.

### Übertragung durch Tröpfchenkerne von Mensch zu Mensch

Eine erkrankte Person mit einer Infektion im Bereich der Atemwege (= Erregerreservoir und Ausgangsort der Erreger) setzt erregerhaltige respiratorische

Tröpfchen frei, und aus den sehr kleinen Tröpfchen (<100 µm) entstehen durch Verdunstung Tröpfchenkerne:
- z. B. Übertragungsweg bei offener Tuberkulose der Atemwege sowie bei Varizellen und Masern mit bronchopulmonaler Beteiligung.

Übertragung durch Tröpfchenkerne ausgehend von einem Wasserreservoir
Im Leitungswasser (=Erregerreservoir) vorkommende Mikroorganismen werden durch technische Einrichtungen (=Ausgangsort der Erreger, z.B. Klimaanlagen oder Kühltürme) in feinen Wassertröpfchen, aus denen durch Verdunstung Aerosole entstehen, in die Luft abgegeben und entweder innerhalb von oder u. U. auch über weitere Strecken außerhalb von Gebäuden transportiert:
- z. B. (ein) Übertragungsweg bei Legionellose.

Übertragung durch Bioaerosole
In der Natur (=Erregerreservoir) ubiquitär vorhandene Mikroorganismen kommen natürlicherweise auch in der Luft (=Ausgangsort der Erreger) vor, Kontakt mit den Atemwegen besteht deshalb zeitlebens:
- z. B. Übertragungsweg bei Aspergillose und Nokardiose.

Übertragung durch bakterientragende Epithelien
Bakterientragende Hautschuppen bzw. Epithelien aus der vorderen Nasenhöhle (=Erregerreservoir und Ausgangsort der Erreger) werden in die Raumluft abgegeben und sedimentieren z. B. während einer Operation in die offene Wunde:
- möglicher Übertragungsweg bei postoperativen Infektionen im OP-Gebiet mit S. aureus, A-Streptokokken und koagulasenegativen Staphylokokken.

Übertragung durch kontaminierten Staub
Bakteriell kontaminierter Staub (=Ausgangsort der Erreger, Erregerreservoir z. B. ein infizierter bzw. kolonisierter Patient) wird aufgewirbelt und führt zur Kontamination von offenen Wunden (z. B. beim Verbandswechsel), von Gegenständen oder von Mitgliedern des Personals und von dort ausgehend direkt oder indirekt zu einer Infektion:
- hypothetischer Übertragungsweg von z. B. S. aureus, A-Streptokokken und C. difficile,
- theoretisch möglich, praktische Konsequenz unklar, insgesamt eher unwahrscheinlich.

Weshalb aber die Kontaktinfektion, meist durch indirekten Kontakt, auch bei den klassischen Kinderkrankheiten so wichtig ist, soll im folgenden am Beispiel respiratorischer Viruserkrankungen, z. B. durch RS- oder Rhinoviren, dargestellt werden.

Übertragung typischer „Erkältungen". Die Auffassung, daß die typischen Erkältungskrankheiten des oberen Respirationstraktes durch Anhusten übertragen werden (weshalb wir alle gelernt haben, uns beim Husten die Hand vor den Mund zu halten), ist weit verbreitet, aber tatsächlich wenig relevant. In verschiedenen experimentellen Untersuchungen konnte überzeugend gezeigt werden, daß diese Infektionen in der überwiegenden Zahl der Fälle nicht durch Kontakt mit großen Tröpfchen, wie sie beim Husten und Niesen freigesetzt werden, zustande kommen, sondern durch Kontakt der Hände mit kontaminierten Oberflächen oder z. B. durch direkten Handkontakt beim Händeschütteln mit einer erkrankten Person [182, 190]:

Selbstinokulation. Bei einem typischen grippalen Infekt mit Schnupfen, Husten etc. kontaminiert man zwangsläufig und mehr oder weniger unmerklich viele Flächen und Gegenstände, mit denen man in Berührung kommt, weil man sich durch häufiges Naseputzen oder Hand-vor-den-Mund-Halten beim Husten die

Tabelle 3.2. Überlebenszeit von RS-Viren auf Oberflächen und Händen. (Aus [190])

| Ort | Überlebenszeit |
| --- | --- |
| Arbeitsflächen (Kunststoff) | bis zu 6 Stunden |
| Latex-Handschuhe | bis zu 1,5 Stunden |
| Baumwollkittel | bis zu 45 Minuten |
| Papiertaschentücher | bis zu 45 Minuten |
| Hände | bis zu 20 Minuten |

Hände mit seinem infektiösen respiratorischen Sekret kontaminiert. Andere Personen, die anschließend diese Flächen oder Gegenstände berühren, kontaminieren dabei ihre Hände und bringen so bei der nächsten Berührung von Augen oder Nase diese Viruskontaminationen eben dorthin, wohin sie gelangen müssen, um eine Infektion auslösen zu können, nämlich an die Bindehaut des Auges oder die Schleimhaut der Nase (offenbar ist die Mundschleimhaut für respiratorische Viren weniger empfänglich).

Die Selbstinokulation über kontaminierte Hände ist daher ein wichtiger, wenn nicht der wichtigste Übertragungsweg für respiratorische Virusinfektionen. Die andere Voraussetzung ist, daß Viren auch außerhalb des Organismus für eine

Tabelle 3.3. Beispiele für Tröpfcheninfektionen als Kontaktinfektion

| Bakterielle Ursache | Virale Ursache |
| --- | --- |
| A-Streptokokkenpharyngitis | Masern |
| Scharlach | Windpocken |
| Diphtherie | Mumps |
| Pertussis | Röteln |
| Meningokokken-Meningitis | Influenza |
| Epiglottitis (H. influenzae) | verschiedene respiratorische/gastrointestinale Infektionen |
| u.a.m. | u.a.m. |

gewisse Zeit infektionstüchtig bleiben. Lange Zeit hat man angenommen, daß dies für Viren nicht gilt, inzwischen aber weiß man, daß auch Viren auf unbelebten Oberflächen wenige Minuten bis zu mehreren Stunden, abhängig von der Beschaffenheit und Art der Oberfläche, aktiv, d.h. infektiös, bleiben können. Experimentell nachgewiesen ist dies beispielsweise für RS-Viren und Rhinoviren als Erreger respiratorischer Infektionen sowie für Rotaviren und Norwalk-Viren als Gastroenteritiserreger (Tabelle 3.2).

Kinderkrankheiten = Kontaktinfektionen. Das Gleiche muß man auch für die Erreger von Masern, Windpocken, Mumps und Röteln annehmen [47]. Bei diesen Erkrankungen ist ebenfalls das respiratorische Sekret infektiös (bei Windpocken zusätzlich das Bläschensekret). Die Übertragung dieser Infektionen durch Kontakt kann sowohl durch direkten, also physischen Kontakt zustande kommen, als auch durch indirekten Kontakt über kontaminierte Gegenstände sowie schließlich durch den Kontakt mit großen Tröpfchen, aber nur, wenn der Abstand zwischen der infizierten und der empfänglichen Person nicht mehr als maximal 2 m beträgt. Weil diese Virusinfektionen fast alle hochkontagiös sind, kommt die Übertragung so häufig und so früh im Leben zustande, daß sie auch unter dem Begriff der Kinderkrankheiten laufen. Tabelle 3.3 zeigt einige Beispiele für Tröpfcheninfektionen als Kontaktinfektionen sowohl viraler als auch bakterieller Ursache.

Die Maßnahmen zur Verhütung von Kontaktinfektionen und aerogen übertragbaren Infektionen lassen sich folgendermaßen zusammenfassen:

### Infektionskontrollmaßnahmen bei Kontaktinfektionen

Die wichtigste Maßnahme ist, daß jeder, der mit einer infizierten Person oder infektiösem Material Kontakt hatte, sich anschließend sofort die Hände wäscht bzw. desinfiziert. Ein weiterer wesentlicher Schutzfaktor insbesondere vor der Übertragung respiratorischer Infektionen ist, daß man nach Möglichkeit den Kontakt der Hände mit dem Gesicht (Augen-, Nasen-, Mundschleimhaut) vermeidet, um dadurch die fast unvermeidliche Selbstinokulation zu verhindern. Diese Form der Selbstdisziplin ist erfahrungsgemäß nur schwer durchzuhalten, weil es zu den normalen menschlichen Verhaltensweisen gehört, das Gesicht mit den Händen zu berühren. Eine weitere effektive Maßnahme, um Kontaktinfektionen via große Tröpfchen zu verhindern, ist, zu der erkrankten Person einen gewissen Mindestabstand von etwa 2–3 m einzuhalten, sofern dies machbar ist. Das Schmusen mit erkrankten Säuglingen sollte man also lassen. Ist ein engerer Kontakt jedoch nicht zu vermeiden und besteht bei einer noch empfänglichen Person die Gefahr der Infektionsübertragung, so kann u.U. das Tragen eines Mund-Nasen-Schutzes angebracht sein. Nach Husten, Niesen und Schneuzen ist Händewaschen notwendig. Weitere Hygienemaßnahmen sind im einzelnen in Kap. 15 (S. 231) und Kap. 23 (S. 393) besprochen.

### Infektionskontrollmaßnahmen bei aerogen übertragbaren Infektionen

Nicht ganz so klar sind die erforderlichen Hygienemaßnahmen bei aerogen übertragbaren Infektionen zu formulieren, wobei es sich hauptsächlich um die offene Tuberkulose der Atemwege handelt. Dazu finden sich in Kap. 16 (S. 267) ausführliche Angaben.

Bei Windpocken muß man wahrscheinlich den aerogenen Infektionsweg nur dann als wirklich relevant in Betracht ziehen, wenn der Patient auch eine Varizellenpneumonie hat, insbesondere wenn er beatmungspflichtig ist, weil beim Absaugen höchstwahrscheinlich erhebliche Erregermengen in die Raumluft abgegeben werden können. Besonders bei abwehrgeschwächten Patienten (z. B. Kortisontherapie, Z. n. Organtransplantation), aber auch bei Erwachsenen, bei denen im Falle sog. Kinderkrankheiten Komplikationen häufiger sind, muß man die Möglichkeit einer Varizellenpneumonie von Anfang an in Betracht ziehen. In solchen Fällen muß besonders darauf geachtet werden, daß nur immunes Personal Kontakt mit dem Patienten hat. Weil sich aber wahrscheinlich das Virus dann auch außerhalb des Patientenzimmers ausbreiten kann [274], ist es sinnvoll, beim gesamten Personal sowie den Mitpatienten auf der Station die Immunitätslage zu klären und Personen ohne oder mit unsicherer Immunität vorübergehend woanders arbeiten zu lassen. Hat dagegen ein Patient mit einer Varizellenpneumonie schon einige Tage auf der Station gelegen, bevor die Diagnose gestellt werden konnte, sollen alle Personen ohne Immunität vom 9.–21. Tag nach dem ersten Kontakt zu Hause bleiben, damit sie nicht in der Phase, in der sie selbst potentiell infektiös sind, Patientenkontakt haben. Bei Personen mit anamnestisch unsicherer Immunität untersucht man zunächst, ob protektive Antikörper vorhanden sind, was meistens der Fall ist. Bei nichtimmunen gefährdeten Mitpatienten und Personal (z. B. bei Schwangerschaft) muß die Gabe von Varizella-Zoster-Immunglobulin (VZIG) überlegt werden, die aber frühzeitig nach Kontakt (innerhalb von 48 h, nicht später als nach 96 h [86]) erfolgen muß. Diese Personen müssen bis 28 Tage nach dem ersten Kontakt auf das Auftreten von Krankheitssymptomen beobachtet werden, weil die VZIG-Gabe die Infektion nicht immer sicher verhüten, die Inkubationszeit aber verlängern kann.

Ähnlich muß man vorgehen, wenn ein Patient mit einer Masernkomplikation, wie z. B. Bronchopneumonie, aufgenommen werden muß, wobei ebenfalls mit der Möglichkeit einer aerogenen Ausbreitung des Virus zu rechnen ist: Man klärt die Immunitätslage aller Personen (Personal und Mitpatienten) auf der Station und läßt nichtimmunes Personal in anderen Bereichen arbeiten. Wurde dagegen die Diagnose erst einige Zeit nach der stationären Aufnahme gestellt (und hat damit ein potentieller Erregerkontakt bereits stattgefunden), sollen nichtimmune Mitglieder des Personals vom 6.–21. Tag nach dem ersten Kontakt zu Hause bleiben. In diesen Fällen wird die Gabe von Standardimmunglobulin ebenso wie bei Mitpatienten ohne Immunität innerhalb von 6 Tagen nach Exposition empfohlen [86]. Nichtimmunes Personal soll, sofern keine Kontraindikationen (z. B. Schwangerschaft) bestehen, so bald wie möglich aktiv gegen Masern geimpft werden.

Maßnahmen zur Verhütung von Aspergillosen und Legionellosen sind an anderer Stelle diskutiert (s. Kap. 10, S. 155, und Kap. 11, S. 161).

Übertragung von mit Blut und Körperflüssigkeiten assoziierten Erregern. Mit Blut können bei parenteralem Kontakt verschiedene Erreger übertragen werden, von denen im Krankenhaus vor allem Hepatitisviren, insbesondere HBV und HCV, und HIV eine Rolle spielen. Parenteraler Kontakt bedeutet, daß das Blut eines „Spenders" in den Blutkreislauf einer anderen Person gelangt. Dies kann im Extremfall durch die Gabe von kontaminiertem Blut bzw. Blutprodukten geschehen. Beispielsweise ist die heute als Hepatitis C bekannte Hepatitisform die Hauptursache für die Übertragung der früher als Hepatitis-Non-A-Non-B bezeichneten Form gewesen, der sog. Posttransfusionshepatitis [293].

Infektiöses Material. Körperflüssigkeiten etc., die grundsätzlich als potentiell infektiös angesehen werden müssen, sind [72]:
- Blut und andere Körperflüssigkeiten mit sichtbarer Blutbeimengung,
- Gewebe,
- Liquor,
- Gelenkflüssigkeit,
- Pleuraflüssigkeit,
- Peritonealflüssigkeit,
- Perikardflüssigkeit,
- Amnionflüssigkeit,
- Samenflüssigkeit,
- Vaginalsekret.

Beim Umgang oder bei möglichem Kontakt mit diesen Patientenmaterialien sollen ungeachtet dessen, ob ein Patient als infiziert bekannt ist oder nicht, entsprechende Vorsichtsmaßnahmen eingehalten werden, um sich vor direktem Kontakt zu schützen (sog. universelle Vorsichtsmaßnahmen; s. Kap. 15, S. 231) [72].

Folgende Patientenmaterialien sind, wenn sie kein sichtbares Blut enthalten, sehr wahrscheinlich nur mit einem extrem geringen, wenn überhaupt vorhandenem Infektionsrisiko verbunden [72]:
- Fäzes,
- Nasensekret,
- Sputum,
- Speichel,
- Schweiß,
- Tränenflüssigkeit,
- Urin,
- Erbrochenes.

Übertragung von Patienten auf Personal. Für das Personal sind Nadelstichverletzungen die häufigsten Ursachen für parenteralen Blutkontakt. Dabei besteht das grundsätzliche Risiko der Übertragung einer Infektion wie HBV oder HIV. Das Übertragungsrisiko hängt jedoch u. a. von der Viruskonzentration im Blut des „Spenders" ab, die bei HBsAg-Trägern, die zusätzlich HBeAg-positiv sind, sehr hoch sein kann, weshalb das HBV-Risiko bei derartigen Kontakten bis zu 30% betragen kann [141, 293]. Das HIV-Risiko jedoch ist bei einer Nadelstichverletzung mit 0,2–0,4% wesentlich niedriger und wird bei HCV mit 2–3% angegeben

[141, 307]. Das geringere Infektionsrisiko bei HIV und HCV hängt wahrscheinlich mit der geringeren Viruskonzentration im Blut infizierter Personen im Vergleich zu HBV ab. Bei nahezu allen bisher berichteten HIV-Übertragungen auf medizinisches Personal handelte es sich bei den „Spendern" um Personen mit manifester Aids-Erkrankung oder symptomatischer HIV-Infektion, also um Personen mit wahrscheinlich relativ hohem HIV-Titer im Blut [307]. Deshalb ist ein weiterer entscheidender Faktor, der das Infektionsrisiko bestimmt, die Menge an Blut, die inokuliert wird [307]. In einer experimentellen Untersuchung konnte gezeigt werden, daß die inokulierte Blutmenge zum einen von der Größe der Kanüle und der Tiefe ihres Eindringens abhängt, zum anderen aber fand sich eine Reduktion der übertragenen Blutmenge um 46–86%, wenn die Kanüle vor Einstich in die Haut noch durch Latex- oder PVC-Handschuhmaterial dringen mußte, wobei das an der Außenseite der Kanüle haftende Blut zumindest teilweise sozusagen am Handschuhmaterial abgestreift und dadurch nicht inokuliert wird [307]. Die Art der Nadel hat somit wesentlichen Einfluß auf das Infektionsrisiko (z. B. geringeres Risiko bei einer Stichverletzung mit einer chirurgischen Nadel, die klein ist und kein Lumen hat, im Vergleich zu einer Kanüle, die für die Blutabnahme verwendet wurde), aber Handschuhe reduzieren auch bei einer Stichverletzung noch das Übertragungsrisiko.

Auch Haut- und Schleimhautkontakt ist mit einem Infektionsrisiko verbunden, es ist aber nicht möglich, dieses Risiko zu quantifizieren. Es ist wiederum abhängig von der Blutmenge, mit der man Kontakt hat, weiter aber auch von der Dauer der Exposition und vom Zustand beispielsweise der Haut während der Exposition (z. B. Verletzungen, ekzematöse Veränderungen). Das Risiko ist aber wahrscheinlich sehr viel niedriger als nach Verletzungen mit Kanülen oder anderen spitzen bzw. scharfen Gegenständen. Dennoch müssen entsprechende Schutzmaßnahmen getroffen werden, wenn mit Blutkontakt an Haut oder Schleimhäuten gerechnet werden kann (z. B. Handschuhe, Maske, Schutzbrille) (s. Kap. 15, S. 231).

Übertragung vom Personal auf Patienten. Das größere Expositionsrisiko besteht zweifellos für das medizinische Personal, aber auch Patienten können durch infiziertes Personal infiziert werden. Dieses Risiko besteht insbesondere bei Operationen, wenn es zu Verletzungen bei einem infizierten Operateur kommt, wobei sein Blut in direkten Kontakt mit dem Blut des Patienten kommt. Obwohl dieses Risiko wahrscheinlich gering ist, haben die CDC 1991 Empfehlungen dazu herausgegeben, wie es soweit wie möglich zu reduzieren ist [73]. Als risikoreich gelten danach invasive Eingriffe, bei denen der Platz im eigentlichen Operationsgebiet in einem Maße begrenzt ist, daß die chirurgische Nadel und die Finger des Operateurs so wenig Spielraum haben, daß Nadelstichverletzungen wahrscheinlich sind (sog. exposure prone invasive procedures). Operateure müssen sich eine Technik aneignen, bei der Nadelstiche vermieden werden (z. B. kein manuelles Tasten der Nadel beim Operieren in tiefem, schlecht einsehbaren Operationssitus). Ferner sollen Operateure, die z. B. HBV-infiziert sind, derartige Eingriffe nicht mehr durchführen. Deshalb soll jede chirurgische Fachgesellschaft festlegen, welche Operationen zu dieser Art von Eingriffen gehören.

Daß aber auch Übertragungen auf Patienten bei Operationen möglich sind, obwohl alle Standard-Infektionskontrollmaßnahmen eingehalten werden, zeigen zwei Berichte, bei denen eine Infektionsübertragung von einem HCV- bzw. einem HBV-infizierten Operateur auf 5 bzw. 19 Patienten stattfand [141, 197]. In beiden Fällen scheinen unbemerkte nichtblutende Verletzungen bzw. Hautschädigungen, die während der Operation entstanden, und damit verbundene ebenfalls unbemerkte bzw. nichtsichtbare Handschuhbeschädigungen beim Verdrahten des Sternums nach Sternotomien bzw. beim Fädenknüpfen ein Faktor bei den Infektionsübertragungen gewesen zu sein. Hinzu kommt aber, daß bei beiden Operateuren sehr hohe Virustiter im Blut nachgewiesen werden konnten, wodurch die Infektiosität ihres Blutes wahrscheinlich sehr groß war. Im Falle des HBV-infizierten Chirurgen wären die Übertragungen prinzipiell vermeidbar gewesen, wenn er rechtzeitig gegen Hepatitis B geimpft worden wäre [197].

Übertragungen von Patient auf Patient. Heutzutage scheint die Übertragung einer Hepatitis B oder anderer auf gleichem Wege übertragbarer Infektionen von einem Patienten auf den anderen nicht mehr möglich zu sein, wenn von seiten des Personals die üblichen Vorsichtsmaßnahmen eingehalten werden, so daß der Einsatz bereits bei einem Patienten verwendeter kontaminierter Gegenstände beim nächsten Patienten nicht vorkommt. Es gibt aber Hinweise dafür, daß bei bestimmten Patientengruppen auch ohne solche gravierenden Fehler der medizinischen Versorgung dennoch Infektionsübertragungen möglich sind.

So scheint es bei pädiatrischen onkologischen Patienten möglich zu sein, daß HBV-Übertragungen durch Schleimhautkontakt mit Gegenständen, die mit Speichel infizierter Kinder kontaminiert sind, stattfinden können. HBV-Infektionen unter zytostatischer Chemotherapie führen in einem sehr hohen Prozentsatz zu einer persistierenden Virämie mit extrem hohen Virustitern [367]. Hinzu kommt bei diesen Patienten, daß die Infektion lange Zeit weder histologisch noch klinisch oder serologisch nachweisbar ist, da erst die Immunantwort, zu der diese Patienten jedoch nicht in der Lage sind, zur Leberzellschädigung führt. Unter der Chemotherapie treten häufig Schleimhautschädigungen mit Blutungen auf. Weil aber kleine Kinder ihr Spielzeug immer auch in den Mund nehmen, besteht für nichtinfizierte Kontaktkinder, die ebenfalls mit diesem Spielzeug spielen und darüber hinaus ebenfalls aufgrund der Chemotherapie eine geschädigte Mundschleimhaut haben, ein nicht unerhebliches Infektionsrisiko. In welchem Ausmaß auf pädiatrischen onkologischen Stationen über die üblichen Vorsichtsmaßnahmen hinaus strengere Isolierungsmaßnahmen bis hin zur Unterbringung der als infiziert bekannten Kinder in einem Einzelzimmer angebracht sind, ist ungeklärt.

In Kap. 15 (S. 231) sind die Infektionskontrollmaßnahmen zum Schutz vor Infektionen, die durch Blut und Körperflüssigkeiten übertragbar sind, aufgeführt, und in Kap. 18 (S. 293) werden die Maßnahmen des Personalschutzes, einschließlich Impfungen, sowie das Vorgehen bei Exposition, z. B. Nadelstichverletzungen, dargestellt.

Die Infektionsübertragung durch kontaminierte Nahrungsmittel sowie die erforderlichen Präventionsmaßnahmen sind in Kap. 39 (S. 611) behandelt.

# 4 Spezielle Epidemiologie nosokomialer Infektionen

I. Kappstein

EINLEITUNG

Bei Krankenhausinfektionen handelt es sich um Komplikationen, die zusätzlich zum eigentlichen Anlaß für den Krankenhausaufenthalt den Gesundheitszustand des Patienten beeinträchtigen. Sie führen nicht selten zu einer erheblichen Verlängerung der Krankenhausverweildauer und können neben der verlängerten Morbidität auch eine erhöhte Mortalität zur Folge haben [140, 186]. Die daraus resultierenden z. T. erheblichen medizinischen Probleme, ferner die individuellen und sozialen Folgen für den betroffenen Patienten sowie die ökonomischen und gesellschaftlichen Auswirkungen machen die Krankenhaushygiene zu einem wichtigen Bestandteil der präventiven Medizin.

## 4.1
### Häufigkeit krankenhauserworbener Infektionen

Die häufigsten Infektionen, die im Krankenhaus entstehen, sind Harnwegsinfektionen mit einem Anteil von 33% an allen nosokomialen Infektionen, Pneumonie mit einem Anteil von 16%, postoperative Infektionen im Operationsgebiet mit einem Anteil von 15% sowie primäre Septikämien mit einem Anteil von 13%, andere Infektionen, die zusammen etwa einen Anteil von 24% ausmachen, sind z. B. Knochen- und Gelenkinfektionen, Infektionen des zentralen Nervensystems und des Herz-Kreislauf-Systems (Tabelle 4.1) [140]. Harnwegsinfektionen (vorwiegend bei Katheterisierung oder nach instrumentellen Eingriffen an Blase und

Tabelle 4.1. Häufigkeit nosokomialer Infektionen. (Aus [140])

| Infektion | [%] |
|---|---|
| Harnwegsinfektion | 33,1 |
| Pneumonie | 15,5 |
| postoperative Infektion im OP-Gebiet | 14,9 |
| Primäre Bakteriämie | 13,1 |
| Andere | 23,4 |

ableitenden Harnwegen) machen zwar den größten Teil aller nosokomialen Infektionen aus, haben aber auf die Morbidität und Mortalität einen wesentlich geringeren Einfluß als postoperative Infektionen im OP-Gebiet oder Pneumonien, weil Harnwegsinfektionen meist relativ harmlose Infektionen sind. Die zusätzliche Verweildauer bei Septikämien wurde mit durchschnittlich 7,4 Tagen angegeben, bei postoperativen Infektionen im OP-Gebiet mit 7,3 Tagen, bei Pneumonien mit 5,9 Tagen, aber bei Harnwegsinfektionen nur mit 1 Tag [305]. In einer am Universitätsklinikum Freiburg durchgeführten Untersuchung fand sich eine durchschnittliche Verlängerung der Krankenhausverweildauer bei Patienten mit postoperativen Infektionen im OP-Gebiet (Dickdarm-, Gallen-, Herzoperationen) von 13,9 Tagen und bei Intensivpflegepatienten mit Pneumonie unter Beatmung von 11,5 Tagen [249]. Die am häufigsten zum Tode führenden krankenhauserworbenen Infektionen sind die Septikämie mit 4,4% und die Pneumonie mit 3,1% Todesfälle, die direkt durch die Infektion verursacht sind [305]. Die Häufigkeit – und auch das Erregerspektrum – der einzelnen krankenhauserworbenen Infektionen ist abhängig von der Fachabteilung und damit vom Patientenkollektiv z.T. sehr unterschiedlich, während die Größe des Krankenhauses keinen Einfluß hat [140].

## 4.2
## Ursachen krankenhauserworbener Infektionen

### 4.2.1
### Risikofaktoren

Für eine wirksame Prävention von Krankenhausinfektionen muß man deren Ursachen kennen. Das Infektionsrisiko wird durch endogene und exogene Risikofaktoren bestimmt:
- Das endogene Risiko von Patienten, eine nosokomiale Infektion zu erwerben, ist maßgeblich abhängig von den Grundkrankheiten, aber auch von Faktoren wie Alter und Ernährungszustand (Tabelle 4.2) [140].
- Exogene Risikofaktoren sind vor allem das medizinische Personal (Verhalten des einzelnen bei der Versorgung der Patienten) und Hochrisikoeingriffe wie komplizierte invasive Maßnahmen oder lang dauernde Operationen [98].

Sowohl die endogenen als auch die exogenen Risikofaktoren schaffen erst die Voraussetzung dafür, daß (potentiell) pathogene Erreger Infektionen verursachen können.

### 4.2.2
### Erregerreservoire

Bei den Erregerreservoiren muß man ebenfalls zwischen endogenen und exogenen unterscheiden:

**Tabelle 4.2.** Endogene Risikofaktoren für nosokomiale Infektionen. (Aus [140])

| Infektion | Endogene Risikofaktoren |
|---|---|
| Primäre Bakteriämie | Alter ≤ 1 Jahr oder ≥ 60 Jahre<br>Immunsuppressive Therapie<br>Hautschädigung (z.B. Verbrennung)<br>Schwere der Grundkrankheit |
| Pneumonie | Operation (insbes. Oberbauch oder Thorax)<br>Chronische Lungenerkrankung<br>Hohes Lebensalter<br>Immunsuppressive Therapie |
| Harnwegsinfektion | Schwere der Grundkrankheit (z. B. Diabetes mellitus)<br>Weibliches Geschlecht<br>Hohes Lebensalter |
| Postoperative Infektion im OP-Gebiet | Schwere der Grundkrankheit<br>(z. B. hoher ASA-Score, Diabetes mellitus)<br>Fettleibigkeit<br>Hohes Lebensalter<br>Schlechter Ernährungszustand<br>Trauma<br>Hautschädigung (z. B. Psoriasis)<br>Vorhandensein einer Infektion an einer anderen Körperstelle<br>OP-Dauer<br>Kontaminierte oder septische OP |

- Bei den endogenen Reservoiren handelt es sich um Keime der körpereigenen Flora (z. B. Keime der Darmflora, die nach abdominellen Operationen zu einer Infektion im OP-Gebiet führen, oder Keime aus dem Nasooropharynx, die bei intubierten und beatmeten Patienten Infektionen wie Sinusitis oder Pneumonie verursachen).
- Exogene Erregerreservoire sind Keime aus der belebten und unbelebten Umwelt des Patienten, die entweder durch direkten Kontakt (Hände des Personals) oder indirekten Kontakt (z. B. kontaminierte Instrumente) übertragen werden.

Bei Kreuzinfektionen spielen nach wie vor die Hände des Personals die größte Rolle, weshalb Händewaschen bzw. Händedesinfektion die wichtigste hygienische Maßnahme überhaupt bei der Versorgung der Patienten darstellt (s. Kap. 23, S. 391). Bei der Übertragung durch indirekten Kontakt kann man die potentiellen Erregerreservoire in verschiedene Risikogruppen unterteilen, je nachdem, ob mit einem Gegenstand ein minimales, geringes, mäßiges oder hohes Infektionsrisiko verbunden ist (s. Kap. 23, S. 391) [84]. Im Gegensatz zu einer immer noch relativ weit verbreiteten Auffassung spielt jedoch die Luft als Erregerreservoir für nosokomiale Infektionen im Vergleich zu den Kontaktinfektionen eine untergeordnete Rolle [44, 371].

## 4.2.3
### Erregerspektrum

Das Erregerspektrum nosokomialer Infektionen und die Häufigkeit der einzelnen Erreger sind abhängig von der Infektionslokalisation [140]. Insgesamt sind S. aureus und E. coli mit jeweils 12%, koagulasenegative Staphylokokken mit 11%, Enterokokken mit 10% und P. aeruginosa mit 9% aller Isolate die häufigsten Erreger (Tabelle 4.3) [140].

**Normale Hautflora.** Während früher hauptsächlich S. aureus und gramnegative Erreger für nosokomiale Infektionen verantwortlich waren, spielen heute Vertreter der normalen Hautflora eine bedeutende Rolle: sie besiedeln bevorzugt Plastikmaterialien (z. B. Venenkatheter, künstliche Herzklappen, Gelenkprothesen) und können sich z. T. durch Produktion eines sog. Biofilms ( = extrazelluläre Po-

Tabelle 4.3. Häufigste Erreger nosokomialer Infektionen. (Aus [140], NNIS 1990–1992)

| Erreger | Alle nosokomialen Infektionen (n = 70 411 Isolate) [%] |
|---|---|
| Escherichia coli | 12 |
| Staphylococcus aureus | 12 |
| Koagulase-negative Staphylokokken | 11 |
| Enterokokken | 10 |
| Pseudomonas aeruginosa | 9 |
| Enterobacter species | 6 |
| Candida albicans | 5 |
| Klebsiella pneumoniae | 5 |
| Gram-positive Anaerobier | 4 |
| Proteus mirabilis | 3 |
| Andere Streptokokken | 2 |
| Andere Candida species | 2 |
| Andere Pilze | 2 |
| Acinetobacter species | 1 |
| Serratia marcescens | 1 |
| Citrobacter species | 1 |
| Andere aerobe Nicht-Enterobakteriazeen | 1 |
| D-Streptokokken | 1 |
| B-Streptokokken | 1 |
| Haemophilus influenzae | 1 |
| Andere Klebsiella species | 1 |
| Andere aerobe Enterobakteriazeen | 1 |
| Andere gram-positive Aerobier | 1 |
| Viren | 1 |
| Bacteroides fragilis | 1 |

lysaccharide) der Wirkung von Antibiotika und der körpereigenen Abwehr entziehen [63, 347, 382, 387]. Dies macht in vielen Fällen die Entfernung des Fremdkörpers erforderlich.

**Nichtbakterielle Erreger.** Neben Bakterien sind aber auch Pilze, vor allem Candida- und Aspergillusspezies, insbesondere bei abwehrgeschwächten Patienten, sowie Viren, z. B. bei Atemwegsinfektionen von Säuglingen, bei gastrointestinalen Infektionen oder bei Hepatitis C nach Bluttransfusion, für nosokomiale Infektionen verantwortlich [232, 434, 460].

## 4.2.4
## Umgebung des Patienten

Die verschiedenen Gegenstände und Stoffe in der Umgebung des Patienten (engl. fomites), wie z. B. Möbel, Vorhänge, Waschschüsseln und Wasser, sind fast immer mikrobiell kontaminiert oder, wenn es um Endoskope und Beatmungszubehör geht, zumindest nicht keimfrei, so daß sie prinzipiell bei der Erregerübertragung eine Rolle spielen können. Auf die Bedeutung von Gegenständen, die bei der Pflege und Versorgung des Patienten eingesetzt werden, wurde bereits hingewiesen (siehe 4.2.2 und Kap. 23, S. 391). Kritische Gegenstände, wie Endoskope und Beatmungszubehör werden in speziellen Kapiteln behandelt (s. Kap. 25, S. 447, und Kap. 33, S 553), und die Bedeutung der Luft als Erregerreservoir ist in Kap. 3 (S. 19) erörtert. Hier soll deshalb nur auf einzelne Gegenstände bzw. Stoffe eingegangen werden, die in anderen Kapiteln dieses Buches nicht oder nicht ausreichend berücksichtigt werden, außerdem wird kurz auch die Frage nach Tieren im Krankenhaus besprochen.

### Wasser

Eine Reihe von Bakterien, sog. Wasserkeime (z. B. Pseudomonas sp., Acinetobacter sp., Serratia sp., atypische Mykobakterien und Legionellen) werden in wechselnder Häufigkeit und Keimzahl im Trinkwassersystem innerhalb und außerhalb von Krankenhäusern gefunden [371, 449]. Während ein solches mikrobiell kontaminiertes Wasser beim Trinken als mikrobiologisch unbedenklich angesehen werden kann, sofern der Richtwert der Trinkwasserverordnung von max. 100 KBE/ml nicht überschritten wird (eine Ausnahme stellen evtl. schwer abwehrgeschwächte Personen dar, denen man deshalb auch empfiehlt, kein oder nur abgekochtes Leitungswasser zu trinken), gibt es bei der Verwendung von Leitungswasser für andere Zwecke bei der Versorgung von Patienten aber potentielle Probleme, wenn auch insgesamt nur wenige Hinweise vorhanden sind, daß es sich dabei um ein echtes Infektionsproblem handelt [449].

**Waschwasser.** Um bei der Körperwaschung von schwerkranken Intensivpatienten mit offenen Wunden eine Kontamination mit Wasserkeimen zu vermeiden, woraus sich unter ungünstigen Umständen septische Allgemeininfektionen entwickeln können, wird beispielsweise im Universitätsklinikum Freiburg dem Waschwasser PVP-Jodlösung (1:100 verdünnt) mit einem pflegenden Badezusatz (zur Vermeidung der Austrocknung der Haut) zugefügt.

Andererseits aber können Chirurgen, die zur präoperativen Händedesinfektion antimikrobiell wirksame Flüssigseife verwenden, die Seife zum Schluß unter fließendem Wasser abspülen, auch wenn dieses einige Wasserkeime enthält, weil die Hände anschließend ohnehin getrocknet werden. Es gibt keine epidemiologischen Hinweise darauf, daß dieses Vorgehen zu einer Infektionsgefährdung der operierten Patienten führt.

Strahlregler. An den meisten Wasserhähnen sind Siebstrahlregler installiert, die u. a. bewirken, daß der Wasserstrahl gerichtet fließt, daß es also nicht zum Verspritzen des Wassers kommt. In ihren feinen Sieben bleiben aber Konkremente aus dem Leitungssystem hängen, und diese Verunreinigungen fördern das Wachstum von gramnegativen Wasserkeimen [449]. Siebstrahlregler sollen deshalb regelmäßig (z. B. 1mal/Woche) abgenommen und ausgespült bzw. in einen Reinigungs- und Desinfektionsautomaten oder eine Geschirrspülmaschine gegeben werden, damit sie nicht zu einem Erregerreservoir werden können. Da aber die Lebensdauer von Siebstrahlreglern beim häufigen Ab- und Anschrauben sowie bei thermischer Aufbereitung nicht sehr lang ist, soll man nach Möglichkeit, insbesondere in Risikobereichen, auf ihre Anbringung ganz verzichten, wenn das Wasser auch so gleichmäßig fließt, oder Lamellenstrahlregler verwenden, die anstelle eines Siebes mit radiär angeordneten, senkrecht stehenden Lamellen ausgestattet sind.

Eismaschinen. Auch in Eismaschinen wird Leitungswasser verwendet, weshalb das Eis als potentiell kontaminiert gehandhabt werden muß, d. h., es darf nicht mit offenen Wunden in Kontakt kommen (deshalb z. B. bei der Physiotherapie in einen Plastikbeutel füllen) (s. Kap. 23, S. 391). Der Eisbehälter soll regelmäßig (z. B. 1mal/Woche) entleert, mit Reinigungslösung ausgewischt und gründlich nachgespült werden, bevor wieder frisches Eis bereitet wird. In regelmäßigen Abständen, z. B. vierteljährlich, sollen alle abnehmbaren Teile der Maschine gereinigt und auf mögliche Schädigungen untersucht werden [66].

Eismaschinen können aber auch exogen kontaminiert werden und auf diesem Weg bei der Übertragung von Infektionen eine Rolle spielen, weil sowohl Bakterien als auch Protozoen tiefe Temperaturen überleben. Über die Übertragung von Kryptosporidien und Lamblien mit Eis, das in Getränken verwendet wurde, ist berichtet worden [361, 449]. Aus diesem Grunde muß das Eis immer mit einer sauberen Schaufel entnommen werden, damit es nicht zu einer Kontamination durch die Hände kommen kann. Die Schaufel soll außerhalb der Maschine trocken aufbewahrt werden. Um diese Vorsichtsmaßnahmen durchsetzen zu können, soll Eis nur vom Personal, nicht aber von Patienten entnommen werden. Wenn auch Infektionen im Zusammenhang mit Eismaschinen im Krankenhaus beschrieben worden sind, muß doch festgehalten werden, daß ein wesentliches Infektionsrisiko mit ihrem Gebrauch nicht verbunden ist.

**Wasserbad.** Zum Auftauen oder Anwärmen werden Blutkonserven bzw. Blutprodukte und Beutel mit Flüssigkeit für die Peritonealdialyse häufig in ein Wasserbad gestellt. Werden die Beutel nicht zuvor sorgfältig in einen (Schutz)beutel eingeschweißt, sind Kontaminationen durch das Wasser möglich, insbesondere wenn die Wannen nicht regelmäßig in kurzen Abständen gründlich gereinigt werden (s. Kap. 23, S. 391). In der Literatur sind mehrere Ausbrüche schwerer nosokomialer Infektionen mit Pseudomonas sp. und Acinetobacter sp. im Zusammenhang mit Wasserbädern beschrieben worden [449].

**Vernebler.** Weil beim Vernebeln von Flüssigkeiten Aerosole entstehen, die vom Patienten inhaliert werden, soll zum Befüllen der Wasserreservoire kein Leitungswasser, sondern nur steriles Wasser verwendet werden, außerdem müssen Vernebler komplett auseinanderzunehmen und thermisch desinfizierbar oder autoklavierbar sein (s. Kap. 23, S. 391).

**Blumenwasser.** Bei Schnittblumen können nach wenigen Tagen im Wasser sehr hohe Keimzahlen gramnegativer Wasserkeime nachgewiesen werden [449]. Nach der Versorgung von Blumen soll sich das Personal deshalb die Hände waschen. Abwehrgeschwächte Patienten sollen ihre Blumen nicht selbst versorgen, und bei Patienten mit einer schweren Beeinträchtigung der körpereigenen Abwehr (z.B. Zustand nach Knochenmarks- oder Organtransplantation) sollen weder Schnittblumen noch Topfpflanzen stehen. Auf Intensivstationen erübrigt sich die Frage nach Schnittblumen schon aufgrund des meist gegebenen Platzmangels. Außerdem sind die Patienten in der Regel so krank, daß ihnen die Blumen auch keine Freude machen können. In Hochrisikobereichen stellen Blumen am ehesten ein Kontaminationsrisiko dar, weil das Personal immer wieder damit Kontakt hat.

Dialysewasser (s. Kap. 28, S. 503) und Schwimmbadwasser (s. Kap. 38, S. 603) werden besonders aufbereitet, um das Infektionsrisiko für die Patienten so gering wie möglich zu halten. Das Problem der Kontamination des Wassernetzes mit Legionellen wird in Kap. 11 (S. 161) behandelt.

### Fußboden, Wände und andere Oberflächen

Fußböden, Decken, Wände und Oberflächen von Einrichtungsgegenständen sind immer mikrobiell kontaminiert. Ob und inwieweit aber diese mikrobielle Kontamination krankenhaushygienisch relevant ist, d.h. zur Entstehung von Infektionen beiträgt, ist umstritten, weshalb sehr unterschiedliche Maßnahmen zur Dekontamination von einer einfachen Reinigung bis zur routinemäßigen Anwendung von Flächendesinfektionsmitteln empfohlen werden. Solange jedoch die Gegenstände, mit denen die Patienten an infektionsgefährdeten Körperstellen in Kontakt kommen, regelrecht desinfiziert bzw. bei Erfordernis sterilisiert sind, ist die mikrobielle Kontamination von Flächen, die nicht mit infektionsgefährdeten Körperstellen in Kontakt kommen, krankenhaushygienisch von untergeordneter Bedeutung, weshalb routinemäßig lediglich gründliche Reinigungsmaßnahmen erforderlich sind, weil auf sauberen, trockenen Oberflächen keine Vermehrung von Mikroorganismen stattfinden kann. Selbst bei routinemäßigen Flächendesinfektionsmaßnahmen ist nach wenigen Stunden die Ausgangskeimzahl wieder erreicht, weshalb es sich bei diesen Desinfektionsmaßnahmen um einen für Personal, Patienten und Umwelt unnötig belastenden Einsatz chemischer Desinfektionsmittel handelt [103]. Bei Kontamination von Oberflächen mit Blut, Sekreten und/oder Exkreten wird generell die sog. gezielte Desinfektion empfohlen (s. Kap. 23, S. 391). Auf Teppichböden können in der Regel höhere Keimzahlen nachgewiesen werden als auf glatten Fußbodenbelägen, die feucht gewischt werden können [371]. Ein Zusammenhang mit einem erhöhten Infektionsrisiko besteht aber auch bei Teppichböden nicht. Gegen ihren Gebrauch sprechen jedoch ästhetische Gründe, weil Flecken oft nicht vollständig entfernt werden können. Das gleiche gilt für textile Wandverkleidungen.

### Tiere

**Blindenhunde.** Blinde Patienten haben u. U. den Wunsch, bei einem Krankenhausaufenthalt ihren Hund bei sich zu haben, bzw. müssen ihn bei Ambulanzbesuchen mit in das Krankenhaus nehmen, weil sie auf seine Führung angewiesen sind. Aus hygienischer Sicht spricht gegen die Mitnahme der Blindenhunde nichts, wenn bestimmte Voraussetzungen erfüllt sind [371]:
- der Hund muß gegen Tollwut geimpft sein,
- darf keine Flöhe und Würmer haben, und
- es muß dafür gesorgt sein, daß er regelmäßig ausgeführt wird und daß seine Exkremente adäquat entsorgt werden können.

**Hundebesuch.** Bei den gleichen Voraussetzungen könnte man auch tolerieren, daß ein Hund zu einem Besuch bei einem Kind mit ins Krankenhaus genommen wird. Da aber ein Hund, der als normales Haustier gehalten wird, nicht trainiert ist wie ein Blindenhund, erscheint die Mitnahme auch eines nur kleinen Hundes eher problematisch, weil man ihn u. U. nicht so gut unter Kontrolle halten kann. Ob dies aber bei einem gesunden Hund für die hospitalisierten Kinder ein Infektionsrisiko darstellt, kann zu Recht bezweifelt werden, solange kein Kontakt mit den Faeces des Hundes zustande kommt (Hunde können auch Träger von humanen darmpathogenen Erregern sein). Trotzdem sollte man mit dem Besuch von Hunden in Kinderabteilungen restriktiv sein. Dies gilt insbesondere für abwehrgeschwächte Kinder. Dennoch kann man in Einzelfällen einem (kontrollierten) Hundebesuch zustimmen, wenn die psychische Verfassung des Kindes dies zu erfordern scheint. Mit anderen Tieren (z. B. Katzen, Vögel) sollen hospitalisierte und insbesondere abwehrgeschwächte Patienten jedoch keinen Kontakt haben, da das Infektionsrisiko nicht kalkulierbar ist.

## 4.3 Umgebungsuntersuchungen

In vielen Krankenhäusern wird routinemäßig eine große Zahl mikrobiologischer Umgebungsuntersuchungen von Flächen und Gegenständen durchgeführt, nicht selten sind dies sogar die einzigen „Infektionskontrollmaßnahmen". Da bekanntermaßen die gesamte Umgebung des Menschen, ob belebt oder unbelebt, mikrobiell besiedelt oder kontaminiert ist und dies auch im Krankenhaus der Fall ist, wird immer wieder angenommen, daß damit auch ein potentielles Infektionsrisiko verbunden sein muß. Daß es nur wenige Bereiche in der Umgebung des Patienten gibt, von denen tatsächlich ein Infektionsrisiko ausgehen kann, wird dabei nicht oder nicht genügend zur Kenntnis genommen. Oft werden auch routinemäßig Personaluntersuchungen durchgeführt, ohne daß es dafür konkrete Anlässe geben würde, die dieses Vorgehen rechtfertigen, wie es z. B. im Falle eines Ausbruchs gegeben wäre. Mit Hilfe von Abklatsch- und Abstrichuntersuchungen werden die Keimzahlen der isolierten Mikroorganismen (oft nur als Gesamtkeimzahl angegeben), z. B. auf Arbeitsflächen, Telefonen und in Waschbecken, bestimmt. Die Ergebnisse sind aber entweder nicht interpretierbar, oder es werden daraus falsche Schlüsse gezogen.

Dazu zwei Beispiele:
- Es gibt z. B. keine Angaben über eine maximale Keimzahl für Arbeitsflächen, die nicht überschritten werden sollte, um Infektionen zu verhüten. Aus epidemiologischer Sicht kann es auch eine solche Zahlenangabe gar nicht geben, weil man dazu erst einmal eine direkte Korrelation zwischen Keimzahl auf der Arbeitsfläche und Häufigkeit von Infektionen nachweisen müßte. Dies ist aber bisher in keiner Untersuchung gezeigt worden. Dennoch werden solche Befunde auch dahingehend interpretiert, daß bei bestimmten, willkürlich als zu hoch angesehenen Keimzahlen die Notwendigkeit besteht, besser zu reinigen oder zu desinfizieren, selbst wenn es sich um typische Umgebungskeime, wie z. B. koagulasenegative Staphylokokken und aerobe Sporenbildner, handelt.
- Der Nachweis koagulasenegativer Staphylokokken an der Haut der Hände ist ein Normalbefund. Es ist irrational und sogar irreführend, z. B. Intensivpflege- oder Küchenpersonal vorzuwerfen, es beachte wesentliche hygienische Regeln nicht, wenn ein solcher Befund erhoben wird. Die Konsequenzen gehen in manchen Krankenhäusern bis zu einer Abmahnung durch die Verwaltung.

Eine Abmahnung wäre noch nicht einmal dann gerechtfertigt, wenn man an den Händen des Personals klassische nosokomiale Infektionserreger, wie z. B. S. aureus, nachweisen kann, denn man muß folgendes berücksichtigen:

 Die Händehygiene ist deshalb bei der Krankenversorgung so wichtig, weil es dabei häufig zu einer Kontamination der Hände mit potentiell pathogenen Erregern kommt.

Überrascht man nun das Personal bei der Arbeit mit einer Händeuntersuchung, wird man zwangsläufig bei einigen Personen potentiell pathogene Erreger an den Händen finden. Dies läßt aber keine Rückschlüsse auf deren hygienisches Verhalten bei der Arbeit zu, sondern zeigt zunächst einmal lediglich, daß Patientenkontakt stattgefunden hat. Sanktionen wären aber selbst bei offenkundigen Hygienefehlern in jeder Hinsicht fehl am Platz: Hygienisch einwandfreies Arbeiten kann nicht unter Androhung von Strafen erzwungen werden.

Von routinemäßigen Umgebungsuntersuchungen muß demnach abgeraten werden, weil sie
- meist nicht interpretierbar sind,
- deshalb eher Verwirrung stiften,
- unnötige Arbeitszeit für das Personal bedeuten, das sie durchführen muß, und
- demzufolge mit einem nicht zu rechtfertigendem finanziellen Aufwand verbunden sind.

Solange aber private Hygieneinstitute, desinfektionsmittelherstellende Firmen, krankenhaushygienisch nicht oder mangelhaft ausgebildete Mikrobiologen, überforderte hygienebeauftragte Ärzte, uninformierte Mitarbeiter von Gesundheitsämtern und nicht zuletzt Krankenhaushygieniker und Hygienefachkräfte selbst ohne Berücksichtigung der Erkenntnisse der Infektionsepidemiologie und ohne Bezug zum klinischen Alltag den von ihnen betreuten Krankenhäusern solche Untersuchungen nahelegen bzw. diese durchführen, kann sich eine durchgreifende Änderung nicht ergeben. Erschwert wird eine solche Änderung noch dadurch, daß von der Hygienekommission des ehemaligen BGA erst vor kurzem eine Richtlinie über „Hygienische Untersuchungen in Krankenhäusern und anderen medizinischen Einrichtungen" publiziert worden ist, die neben sinnvollen auch ausgedehnte routinemäßige, d.h. ungezielte, Umgebungsuntersuchungen empfiehlt [58].

Der Hinweis auf diese Empfehlung des ehemaligen BGA an dieser Stelle ist deshalb von Bedeutung, weil häufig Krankenhauspersonal sowie Mitarbeiter von Gesundheitsämtern, die krankenhaushygienisch tätig sind oder sein müssen, zu wenig spezielle krankenhaushygienische Kenntnisse besitzen und sich deswegen auf Empfehlungen von Bundesbehörden berufen, ohne zu berücksichtigen, daß es sich dabei nur um Empfehlungen handelt, nach denen man sich richten kann, aber nicht notwendigerweise richten muß.

So fordern z.B. die Mitarbeiter von Gesundheitsämtern bei ihren Begehungen in Krankenhäusern nicht selten die strikte Einhaltung der Richtlinie des BGA. Dabei kann es zu schwierigen Situationen kommen, weil die Gesundheitsämter von ihrem gesetzlichen Auftrag her den Krankenhäusern tatsächlich Vorschriften machen können, denen das Krankenhaus notfalls nur mit einem offiziellen Widerspruch begegnen kann.

Gelegentlich wird auch von Gesundheitsämtern zugestanden, daß der krankenhaushygienische Nutzen routinemäßiger Umgebungsuntersuchungen tatsächlich nicht vorhanden sei, daß aber damit ein pädagogisches Ziel erreicht werden könne. Unter den Bedingungen der täglichen Arbeit ist der pädagogische Effekt allerdings begrenzt, weil statt dessen der Effekt der Gewöhnung dafür sorgt, daß die Befunde nur noch abgeheftet, d.h. nicht mehr zur Kenntnis genommen werden.

Bei aller Kritik an routinemäßigen ungezielten Umgebungsuntersuchungen muß aber betont werden, daß es Bereiche und Gegenstände gibt, die regelmäßig gezielt untersucht werden sollen, weil es sich, wie z.B. bei der Hydrotherapie, um kritische Bereiche oder, wie z. B. bei Endoskopen, um kritische Gegenstände handelt. In Tabelle 4.4 sind die am Universitätsklinikum Freiburg routinemäßig durchgeführten Umgebungsuntersuchungen aufgeführt und den in der BGA-Richtlinie empfohlenen gegenübergestellt. Zum Schluß soll noch betont werden, daß im Falle eines Ausbruchs u. U. auch sehr aufwendige und umfangreiche Umgebungsuntersuchungen bei Flächen, Gegenständen und Personal erforderlich werden können (siehe 4.6). Dabei handelt es sich aber um gezielte Untersuchungen.

Tabelle 4.4. Routinemäßige Umgebungsuntersuchungen im Vergleich

| BGA-Empfehlung[a] | Universitätsklinikum Freiburg |
|---|---|
| Unangemeldete Kontrollen der hygienischen und chirurgischen Händedesinfektion [2.1] | Nur bei spezieller Fragestellung (z. B. Ausbruchssituation) |
| Kontrollen der Instrumenten- und Flächendesinfektion (z. B. in Risikobereichen 1/2jährlich) [2.2] | siehe oben |
| Kontrollen der Verfahren zur Aufbereitung von Endoskopen (1/4jährlich) [2.3] | Kontrolle des Ergebnisses (1/4- oder 1/2jährlich, öfter bei Problemen), zusätzlich Spül-(Leitungs-)wasser zum Nachspülen bei manueller Aufbereitung |
| Prüfung von Sterilisatoren mit Bio-Indikatoren vor Inbetriebnahme und 1/2jährlich bzw. alle 400 Chargen [2.4] | Ebenso |
| Prüfung von Reinigungs- und Desinfektionsautomaten mit Bio-Indikatoren vor Inbetriebnahme und 1/2jährlich [2.5] | Ebenso |
| Überprüfung der Durchführung hygienischer Maßnahmen und der Verhaltensweisen von Mitarbeitern sowie hygienische Untersuchungen des Patientenumfeldes [2.6] | Nicht routinemäßig, nur bei spezieller Fragestellung (z. B. Ausbruch) |
| Hygienische Untersuchungen von Wasser [2.7]<br>– aus Anlagen der Hausinstallation (1/2jährlich)<br>– aus Trinkwasserbehandlungsanlagen (1/2jährlich)<br>– für Dialysegeräte (1/2jährlich)<br>– für Sprühlanzen, Mundduschen etc., insbes. in zahnärztlichen Einheiten (1/2jährlich)<br>– für Umluftsprühbefeuchter von RLT-Anlagen (entsprechend DIN 1946, Teil 4)<br>– zur Herstellung von Arzneien (nach DAB)<br>– in Schwimm-, Bade-, Warmsprudel-, Therapie- und Bewegungsbecken, Wasser für Wannenbäder | <br>– Nicht routinemäßig, nur bei spezieller Fragestellung (z. B. Ausbruch)<br>– Nicht routinemäßig, nur bei spezieller Fragestellung (z. B. Ausbruch)<br>– Ebenso<br>– Nicht routinemäßig<br><br>– (Nicht vorhanden, sonst ebenso)<br><br>– Ebenso<br>– Ebenso (1/4jährlich) |

**Tabelle 4.4.** Fortsetzung

| BGA-Empfehlung[a] | Universitätsklinikum Freiburg |
|---|---|
| Hygienische Untersuchungen an festzulegenden Stellen von wasserführenden Geräten (z. B. Beatmungs- und Inhalationsgeräte) (mindestens 1/2jährlich) [2.8] | Nur Überprüfung der Reinigungs- und Desinfektionsautomaten, keine Untersuchung von z. B. Kondenswasser im Beatmungsschlauchsystem |
| Hygienisch-mikrobiologische und hygienisch-physikalische Untersuchungen von RLT-Anlagen nach DIN 1946, Teil 4, und von anderen hygienisch relevanten lufttechnischen Anlagen (z. B. reine Werkbänke u. a. zum Richten von Infusionslösungen) vor Inbetriebnahme und einmal jährlich [2.9] | Neuere RLT-Anlagen nach Filterwechsel und Reparaturen, nicht generell einmal jährlich, aber wöchentlich einmal Messung des Differenzdrucks (frühere Erkennung von Störungen möglich), ebenso Messung von Luftpartikeln und Luftströmungen; bei reinen Werkbänken einmal monatlich Aufstellung von Sedimentationsplatten |
| Hygienisch-technische Untersuchungen (Konzentrationsbestimmungen von festinstallierten dezentralen Dosiereinrichtungen für Desinfektionsmittel vor Inbetriebnahme und einmal jährlich, bei zentralen Anlagen 1/2jährlich) [2.10] | Prüfung der dezentralen Dosieranlagen 1/2jährlich durch Firmen |
| Hygienische Untersuchungen jeder Charge von im Krankenhaus hergestellten Arzneimitteln auf Sterilität und Pyrogenität (nach DAB), sofern nicht in der Verantworung des Apothekers [2.11] | In der Verantwortung des Apothekers |
| Regelmäßige hygienisch-mikrobiologische Untersuchungen von Rückstellproben von Lebensmitteln, die durch die Küche hergestellt bzw. ggf. durch Lebensmittelbetriebe angeliefert werden, z. B. auf Enterobakteriazeen (bes. Salmonellen), Staphylococcus aureus, Listerien (1/2jährlich) [2.12] | Nicht routinemäßig, Rückstellproben werden aufbewahrt, aber nur bei Verdacht untersucht |

[a] Angaben in [] beziehen sich auf die Ziffern im Text aus [58]

## 4.4
## Bauliche Maßnahmen

In Deutschland wurden seit Bestehen der Kommission für „Krankenhaushygiene und Infektionsprävention" des ehemaligen BGA immer wieder hygienische Maßnahmen gefordert, die den Anspruch der wissenschaftlichen Grundlage sowie der Zweckmäßigkeit und Wirtschaftlichkeit vermissen lassen (entsprechend § 70 Sozialgesetzbuch V „Qualität, Humanität und Wirtschaftlichkeit"). Insbesondere wurden Maßnahmen funktionell-baulicher Art in den Vordergrund gestellt. Im Vergleich dazu findet sich in den amerikanischen Richtlinien der CDC nicht ein einziger Hinweis auf Maßnahmen funktionell-baulicher Art [159, 411, 425, 472]. Da die Richtlinie als Äußerungen einer hohen Bundesbehörde großen Einfluß auf die Krankenhaushygiene in Deutschland hat, muß gefordert werden, daß die in ihr zusammengefaßten Empfehlungen auch dem gesetzlichen Anspruch gerecht werden. Dieser Grundsatz fand jedoch bisher zu häufig keine Anwendung.

### 4.4.1
### Trennung aseptischer und septischer Operationsabteilungen

Seit 1979 wurden auf Grund der Empfehlungen in der Richtlinie beträchtliche Summen ausgegeben, um in vielen Krankenhäusern getrennte Operationsabteilungen für aseptische und septische Eingriffe einzurichten. Diese Empfehlung wurde erst 1990 mit einer neuen Anlage zur Richtlinie aufgehoben [55]. Seither können auch nach Auffassung des BGA aseptische und septische operative Eingriffe in der gleichen Operationsabteilung durchgeführt werden. Die neue Empfehlung beruht aber nicht auf neuen wissenschaftlichen Erkenntnissen. Vielmehr konnte nach langem Widerstand in der Kommission eine Mehrheit für die jetzt gültige Empfehlung gefunden werden, weil – möglicherweise aufgrund steigender ökonomischer Zwänge – die alte Empfehlung, die lediglich auf der Aussage beruhte, diese Lösung biete „den höchsten Grad der Sicherheit für Patienten und Personal", nicht mehr aufrechterhalten werden konnte.

### 4.4.2
### Schleusen

Die Anforderungen der Hygiene an Schleusen sind in einer eigenen Anlage zur Richtlinie festgelegt [54]. Schleusen sollen demnach die Aufgabe haben, die Möglichkeit einer Übertragung von Keimen zwischen verschiedenen Krankenhausbereichen zu reduzieren. Dies wird vor allem für Krankenhausbereiche für notwendig gehalten, wo Patienten gepflegt werden, die in besonderem Maße vor Infektionen geschützt werden müssen (z. B. Transplantations-, Verbrennungs-, Intensivpflegeeinheiten und Operationsabteilungen). Außerdem gilt dies für Abteilungen, von denen möglicherweise Infektionen ausgehen können (z. B. Infektionsstationen).

Funktion von Schleusen. Schleusen werden in der Richtlinie entsprechend ihrer hygienischen Funktion, den funktionell-baulichen Anforderungen und den raumlufttechnischen Anforderungen eingeteilt. So werden hinsichtlich der hygienischen Funktion Kontakt- und Luftschleusen unterschieden, je nachdem, auf welche Art eine Keimübertragung verhindert werden soll. Nach der betrieblichen Funktion erfolgt eine Unterscheidung in Patienten-, Personal-, Material- und Geräteschleusen, und entsprechend der raumlufttechnischen Anforderungen wird eine Einteilung nach der Zahl der Schleusenkammern, z. B. Einkammer- und Mehrkammerschleusen, und nach der raumlufttechnischen Behandlung (passive bzw. aktive Schleuse) vorgenommen.

Aufgabe von Schleusen soll es sein, Übertragungen von Bakterien von einem Krankenhausbereich zum anderen zu reduzieren oder sogar zu verhindern. Kontaktschleusen sollen dabei eine Übertragung von Erregern durch Kontakte, Luftschleusen eine Übertragung auf dem Luftwege ausschließen. Patientenschleusen dienen der Umlagerung des Patienten. Dabei soll die Patientenschleuse in eine unreine und reine Seite getrennt werden. Personalschleusen sollen dem Krankenhauspersonal Möglichkeiten zum Wechseln der persönlichen bzw. der Berufskleidung sowie zum Händewaschen und zur hygienischen Händedesinfektion bieten.

Das Schleusenprinzip sieht die Schaffung einer sog. reinen und einer unreinen Seite vor. Für Patienten- und Personalschleusen in Operationsabteilungen konnte jedoch gezeigt werden, daß auf der reinen Seite die bakterielle Kontamination nicht geringer war als auf der unreinen [193]. Diese Ergebnisse sprechen gegen die Hypothese, daß durch eine Unterteilung in eine reine und eine unreine Seite eine geringere Kontamination der reinen Seite erreicht werden kann.

Eine andere Funktion von Schleusen soll die Trennung der Lufträume, z.B. der Operationsabteilung von denen des übrigen Krankenhauses, sein. Als Luftschleusen müssen sie laut BGA-Richtlinie „baulich so ausgeführt werden, daß beim Passieren die durch eine raumlufttechnische Anlage (RLT-Anlage) zu gewährleistende Luftströmung zwischen den zu trennenden Bereichen in Richtung vom Schutzbereich zum Umgebungsbereich sicher aufrecht erhalten werden kann" [54]. Das Konzept von Luftschleusen wurde jedoch kritisiert, weil es keinen Hinweis dafür gäbe, „daß die Abtrennung der Operationstrakte oder Intensivstationen vom übrigen Krankenhaus eine Reduktion der Frequenz der in diesen Arealen akquirierten aerogenen Infektionen gebracht hat oder nur bringen könnte" [381]. Die Ansicht wird durch experimentelle Untersuchungen gestützt [62].

In einer anderen experimentellen Untersuchung konnte gezeigt werden, daß selbst zwischen zwei aneinandergrenzenden Operationssälen nur ein geringer Austausch von Luft stattfindet [192]. Danach ist das Risiko für eine aerogene Übertragung von Infektionen von einem Operationssaal zum anderen äußerst gering, obwohl bei geöffneten Türen eine direkte Verbindung der Lufträume besteht.

**Personalschleusen im OP.** Seit 1990 gilt laut BGA-Richtlinie, daß Personalschleusen in Operationsabteilungen baulich als Zweiraumschleusen mit einem direkten Ausgang vom Flur der Operationsabteilung zum unreinen äußeren Raum auszubilden sind [55], in den Jahren zuvor war noch eine Dreiraumschleuse gefordert. Diese wird durch einen unreinen äußeren Raum betreten und durch einen reinen inneren Raum zum OP (= Schutzbereich) hin verlassen. Beim Verlassen des OP wird zunächst ein unreiner innerer Raum betreten, über den unreinen äußeren Raum gelangt man zurück in den Umgebungsbereich. Aber auch für die Notwendigkeit einer Zweiraumschleuse gibt es keine wissenschaftliche Basis. Es spricht aus krankenhaushygienischer Sicht nichts dagegen, dem Personal zum Umkleiden nur einen Raum zur Verfügung zu stellen, der groß genug sein muß, um genügend Schränke zur Aufbewahrung der Privat- bzw. Stationskleidung sowie Regale zur Lagerung der frischen OP-Bereichskleidung unterzubringen.

Patientenschleusen im OP. Nachdem in der Neufassung der Anlage für Operationsabteilungen die bisherige Forderung nach einer strikten baulichen Trennung septischer und aseptischer Operationsabteilungen aufgegeben wurde, wird jetzt nur noch aus „infektionsprophylaktischen Gründen" eine Trennung der Patientenschleusen gefordert, d.h., sog. septische und aseptische Patienten sollen nicht über dieselbe Schleuse in die Operationsabteilung gebracht werden [55]. Auch für dieses Konzept fehlt jeglicher wissenschaftliche Beleg. Es gibt keine Untersuchung, die gezeigt hat, daß Schleusen für sog. septische Patienten stärker bakteriell kontaminiert sind als solche für aseptische Patienten. Dies ist auch nicht zu erwarten, da bei Patienten mit infizierten Wunden diese mit einem Verband abgedeckt sind, wenn sie in den Operationsbereich eingeschleust werden. Der Verband „isoliert" dabei den Infektionsherd. Außerdem befinden sich bei Patienten mit einem Infektionsherd z.B. im Abdomen die Erreger in der Tiefe des Körpers. Es ist eine nicht bewiesene Hypothese, daß solche Patienten die Infektionserreger in ihre Umgebung streuen. Insofern ist auch die (Rest)forderung nach Trennung septischer und aseptischer Patientenschleusen für Operationsabteilungen wissenschaftlich nicht haltbar. Der dafür erforderliche bauliche Aufwand, wenn auch sehr gering im Vergleich zu der lange geforderten strikten baulichen Trennung der Operationsabteilungen, ist aus hygienischen Gründen nicht gerechtfertigt.

Material- und Geräteschleusen. Bei den Material- und Geräteschleusen werden Ver- und Entsorgungsschleusen unterschieden. Sie müssen „so bemessen sein, daß reine Materialien bzw. Geräte eingebracht werden können und sich deren Transportverpackung entfernen läßt". In der Intensivmedizin sollen sie wie alle Schleusen in diesem Bereich als Kammerschleusen ausgebildet sein. Aufgrund der raumlufttechnischen Anforderungen soll eine Kammerschleuse aus einem Raum mit je einer Tür auf der Ein- bzw. Austrittsseite bestehen, wobei durch geeignete Vorkehrungen (automatische, gegenseitig verriegelbare Türen) eine Luftschleusenfunktion sichergestellt werden kann. Eine Mehrkammerschleuse besteht aus zwei oder mehreren hintereinander angeordneten Einkammerschleusen. Eine weitere Einteilung der Schleusen erfolgt nach der raumlufttechnischen Behandlung in passive Schleusen ohne und aktive Schleusen mit Anschluß an eine RLT-Anlage, die entweder durch ihren Zuluft- und/oder Abluftstrom einen Überdruck (Überdruckschleuse), Unterdruck (Unterdruckschleuse) oder Gleichdruck (Gleichdruckschleuse) erzeugt.

Es gibt national und international nicht eine einzige wissenschaftliche Publikation, die in Form einer experimentellen oder klinischen Studie zeigen konnte, daß derart aufwendige Schleusensysteme, wie in der Richtlinie des BGA gefordert, aus hygienischen Gründen notwendig sind [247].

## 4.5
## Antibiotikaanwendung

Antibiotika gehören zu den häufigsten im Krankenhaus eingesetzten Medikamenten. Sie werden zum einen verwendet, um gesicherte Infektionen, verursacht durch identifizierte Erreger mit bekannter Antibiotikaempfindlichkeit, zu behandeln, zum anderen aber werden sie häufiger empirisch eingesetzt, weil man bei einer vermuteten oder gesicherten Infektion keinen bzw. noch keinen Erreger isolieren und deshalb kein Antibiogramm anfertigen konnte. Man spricht in solchen Fällen auch von einer kalkulierten Antibiotikatherapie. Antibiotika werden aber im Krankenhaus häufig auch prophylaktisch angewendet, hauptsächlich im Bereich der operativen Medizin zur Prophylaxe postoperativer Infektionen im OP-Gebiet.

### 4.5.1
### Organisatorische Voraussetzungen

Um sowohl bei der empirischen Antibiotikatherapie als auch bei der perioperativen Antibiotikaprophylaxe eine adäquate Auswahl der Substanzen treffen zu können, muß die Resistenzlage der häufigsten im Krankenhaus oder in der Abteilung isolierten Erreger bekannt sein und regelmäßig (z. B. halbjährlich) ausgewertet werden. Dies ist Aufgabe des betreuenden mikrobiologischen Labors, sei es innerhalb oder außerhalb des Krankenhauses. Dieser Service muß von jedem mikrobiologischen Labor unaufgefordert geleistet werden.

Antibiotika gehören unter den im Krankenhaus verwendeten Medikamenten zu den teuersten Substanzen. Dies ist ebenfalls ein Grund, eine sorgfältige Auswahl aus der breiten Palette der heute zur Verfügung stehenden Antibiotika zu treffen, denn keineswegs sind die teuersten Substanzen auch immer die wirksamsten. Ein Antibiotikum soll von seinem Wirkungsspektrum her immer so „schmal" wie möglich sein, weil der unnötige Einsatz von Breitspektrumantibiotika das mikrobiologische Ökosystem des Organismus vermeidbar beeinträchtigt. Deshalb muß auch die Indikation für eine Antibiotikatherapie und -prophylaxe eindeutig sein. Um einen möglichst optimalen Einsatz von Antibiotika zu erreichen, ist es notwendig, daß die Entscheidungen darüber, ob ein und wenn ja, welches Antibiotikum eingesetzt wird, auf rationaler Grundlage getroffen wird.

### 4.5.2
### Bakterielle Resistenzmechanismen

Die bakterielle Resistenz gegen Antibiotika wird ebenfalls durch Art, Umfang und Dauer der Therapie beeinflußt. Man muß aber bei der Resistenz von Bakterien zwischen natürlicher und erworbener Resistenz unterscheiden:

Natürliche Resistenz. Es gibt eine Reihe von Resistenzen, die vom Zeitpunkt der Entwicklung eines neuen Antibiotikums an bekannt sind und deshalb lediglich entsprechend berücksichtigt werden müssen. Beispiele dafür sind die Resistenz von Escherichia coli und Klebsiella pneumoniae gegen Oxacillin, Clindamycin oder Vancomycin, die Resistenz von Enterokokken gegen Cephalosporine oder die Resistenz von Anaerobiern gegen Aminoglykoside.

Erworbene Resistenz. Die Probleme mit einer korrekten Antibiotikatherapie beginnen mit dem Auftreten erworbener Resistenzen, welche durch Mutationen der chromosomalen DNA zustande kommen können oder aber häufiger durch Erwerb neuer chromosomaler oder extrachromosomaler DNA-Abschnitte. Die Resistenzsituation eines Erregers kann also durch solche genetischen Veränderungen variieren, so daß die Empfindlichkeit eines Erregers nicht vorhersagbar ist. Während bei Mutationen die Resistenz nur auf die Tochterzellen (= vertikal) übertragen werden kann, ist dies bei der Aufnahme neuer Resistenzfaktoren nicht nur vertikal, sondern auch horizontal möglich. Die horizontale Übertragung von Resistenzfaktoren geschieht mit Plasmiden (= extrachromosomale DNA) durch Konjugation (= Transfer durch direkten Zell Zell Kontakt) bzw. durch Transduktion (= Transfer durch Bakteriophagen) oder mit sog. Transposons (= DNA-Abschnitte, die ihre Übertragung in eine andere Bakterienzelle und Integration in deren chromosomale oder extrachromosomale DNA selbst steuern können). Das Problem bei der Übertragung von Resistenzfaktoren ist, daß dies nicht nur innerhalb einer Bakterienspezies möglich ist, sondern auch über Speziesgrenzen hinweg zustande kommt, so daß z. B. Resistenzgene von Staphylokokken auf Enterokokken übertragen werden können. Dadurch werden Resistenzentwicklungen immer weniger kalkulierbar.

Es gibt vier Mechanismen, auf die sich alle Resistenzen gegen Antibiotika zurückführen lassen [424]:

### Inaktivierende Enzyme
Das bekannteste Beispiel dafür sind die Betalaktamasen, die in der Lage sind, den Betalaktamring verschiedener Betalaktamantibiotika zu sprengen, so daß das Antibiotikum unwirksam wird. Bekanntermaßen sind Betalaktamasen die Ursache dafür, daß heutzutage Staphylokokken in mehr als 90% gegen Penizillin resistent sind. Sog. Breitspektrumbetalaktamasen sind bei K. pneumoniae und E. coli beschrieben worden und bewirken Resistenz gegen Cephalosporine der dritten Generation, wie z. B. Cefotaxim und Ceftriaxon.

### Modifizierende Enzyme
Hier kommt es zu einer Veränderung am Antibiotikummolekül (z. B. durch Anhängen einer Seitenkette), so daß das Antibiotikum danach nicht mehr an seine Zielstruktur binden kann. Dies ist der Resistenzmechanismus bei der Inaktivierung von Aminoglykosiden.

### Synthese einer neuen oder veränderten Zielstruktur
Jedes Antibiotikum hat in der Bakterienzelle einen ganz spezifischen Zielort, an den es binden muß, um seine Wirksamkeit zu entfalten. Häufig sind diese Zielstrukturen bakterielle Enzyme, die beispielsweise für die Zellwandsynthese oder auch für die Proteinsynthese verantwortlich sind. Verändert nun das Bakterium seine Enzymausstattung, indem es ein neues Enzym synthetisiert oder aber ein natürlicherweise vorkommendes Enzym lediglich etwas in seiner Struktur modifiziert, wird das Antibiotikum wirkungslos. Ein wichtiges Beispiel dafür ist die

Resistenz von Staphylokokken gegen die betalaktamasestabilen Penizilline, die sog. Methicillin- oder Oxacillinresistenz.

Reduzierte Permeabilität der Zellwand
Dies ist ein Mechanismus, bei dem die Bakterienzelle die Proteine verändert, die für die Bildung feiner durch die Zellwand führender Kanäle verantwortlich sind, durch die z. B. auch Antibiotikummoleküle in die Zelle eingeschleust werden. Diese Kanäle, die Porine genannt werden, lassen dann das Antibiotikummolekül nicht mehr passieren. Dies ein wesentlicher Resistenzmechanismus von Pseudomonas aeruginosa. Hierher gehört auch ein im Effekt gleicher Mechanismus, der aktive Efflux. Dabei wird das Antibiotikum, das gerade eben in die Zelle gelangt ist, sofort wieder ausgeschleust.

### 4.5.3
**Interpretation von Antibiogrammen**

Nur selten geben mikrobiologische Labors in ihren Befunden lediglich die Antibiotika als wirksam an, die der Arzt auch tatsächlich bei dem Erreger einsetzen sollte. Anstelle einer solchen selektiven Befundübermittlung werden dagegen meist alle getesteten Antibiotika aufgeführt, ob sie nun für die Therapie überhaupt in Frage kommen oder nicht. Dies kann zu einer inadäquaten Auswahl von Antibiotika durch den behandelnden Arzt führen. Der Umgang mit Antibiotika für Therapie und Prophylaxe erfordert spezielle Kenntnisse. Eine Darstellung dieses komplexen Themenbereiches geht jedoch über den Anspruch dieses Buches hinaus.

Die wesentlichen Probleme beim Einsatz von Antibiotika lassen sich folgendermaßen zusammenfassen [332]:
- Einsatz von Breitspektrumantibiotka, wenn schmaler wirksame Antibiotika ebenso effektiv wären (z. B. Piperacillin anstelle von Ampicillin bei Enterokokken).
- Behandlungsdauer zu lang (in der Regel bis 3–5 Tage nach Entfieberung; wichtigste Ausnahmen: Endokarditis, Osteomyelitis).
- I.v.-Therapie, wenn orale Therapie möglich wäre (z. B. bei Chinolonen, Cotrimoxazol, Doxycyclin, Metronidazol, Fluconazol, weil gute Bioverfügbarkeit).
- Kombinationstherapie, wenn Monotherapie ausreichend wäre (z. B. Kombination mit Aminoglykosid bei Therapie von Staphylokokkeninfektionen).
- Keine Anpassung der Therapie entsprechend der Empfindlichkeit nach Erhalt des Antibiogramms (z. B. weiter mit breiter empirischer Therapie, weil darunter klinische Besserung nach dem gerne zitierten Grundsatz „never change a winning team").
- Keine Dosisanpassung bei Störungen der Nieren- und/oder Leberfunktion.
- Empirische Therapie nicht am Erreger- und Resistenzspektrum der Abteilung orientiert.

- Empirische Therapie auf den problematischsten denkbaren Fall ausgerichtet (z. B. Berücksichtigung von Pseudomonas sp. oder oxacillinresistenten Staphylokokken, auch wenn kein Hinweis darauf).
- Einsatz von Breitspektrumantibiotika bei der perioperativen Prophylaxe (z. B. Cephalosporine der 3. Generation oder Chinolone anstelle von Basisantibiotika mit guter Wirksamkeit gegen S. aureus).
- Bei der perioperativen Prophylaxe kein zusätzlicher Einsatz eines gegen Anaerobier wirksamen Antibiotikums (z. B. Metronidaziol, Clindamycin) bei gegebener Indikation (z. B. bei Abdominalchirurgie oder in der Gynäkologie).
- Perioperative Prophylaxe zu lang (z. B. 24 h oder sogar mehrere Tage anstelle von 1- bis max. 2-Dosisprophylaxe).

Unter krankenhaushygienischem Aspekt ist es wichtig, entscheiden zu können, ob ein Antibiogramm für den Erreger normal ist oder ob ein Erreger ein auffälliges Resistenzmuster hat, wenn er gegen einzelne oder eine Reihe von Antibiotika nicht empfindlich ist, weil dann ggf. spezielle Isolierungsmaßnahmen erforderlich sind, um eine Übertragung des Erregers auf andere Patienten zu verhindern (welche Hygiene- bzw. Isolierungsmaßnahmen bei Erregern mit auffälligen Resistenzmustern eingeleitet werden sollen, wird in Kap. 17, S. 279 behandelt).

In den Tabellen 4.5 und 4.6 findet sich eine Übersicht über typische (heutzutage gewissermaßen normale) Resistenzen und solche, die krankenhaushygienische Maßnahmen erfordern. Diese Hinweise sollen insbesondere dem Hygienefachpersonal helfen, wenn es darum geht, die mikrobiologischen Befunde hinsichtlich (poly)resistenter Erreger zu beurteilen. Die folgenden Ausführungen

Tabelle 4.5. Interpretation von Antibiogrammen[a]: Grampositive Kokken

| Antibiotika | Staphylococcus aureus | Koagulase-negative Staphylokokken | Enterococcus faecalis | Enterococcus faecium | Streptokokken (incl. Pneumokokken) |
|---|---|---|---|---|---|
| Penicillin | [–] | [–] | | | ⟨–⟩ |
| Oxacillin | ⟨–⟩ | [–] | | | |
| Ampicillin | [–] | [–] | ⟨–⟩ | [–] | ⟨–⟩ |
| Erythromycin | | | | | |
| Clindamycin | | | | | |
| Tetracyclin | | | | | |
| Cefotiam | | | | | |
| Gentamicin | | | | | |
| Cotrimoxazol | | | | | |
| Imipenem | | | | | |
| Vancomycin | [b] | ⟨⟨–⟩⟩ | ⟨⟨–⟩⟩ | ⟨⟨–⟩⟩ | |

[a] Siehe Text zur näheren Erläuterung: [–]=typische oder häufige Resistenz, ⟨–⟩=auffällige Resistenz, ⟨⟨–⟩⟩=äußerst auffällige und problematische Resistenz. [b] Resistenz bisher in klinischem Untersuchungsmaterial weltweit noch nicht beobachtet

**Tabelle 4.6.** Interpretation von Antibiogrammen[a]: gramnegative Stäbchen

| Antibiotika | Escherichia coli | Proteus mirabilis | Proteus vulgaris etc. | Klebsiella species | Enterobacter etc. | Serratia marcescens | Pseudomonas species | Xanthomonas maltophilia |
|---|---|---|---|---|---|---|---|---|
| Ampicillin | [–] | ⟨–⟩ | [–] | [–] | [–] | [–] | | |
| Piperacillin | [–] | ⟨–⟩ | ⟨–⟩ | [–] | ⟨–⟩ | [–] | ⟨–⟩ | [–] |
| Cefotiam | ⟨–⟩ | ⟨–⟩ | [–] | ⟨–⟩ | [–] | [–] | | |
| Ceftriaxon | ⟨–⟩ | ⟨–⟩ | ⟨–⟩ | ⟨–⟩ | ⟨–⟩ | ⟨–⟩ | | |
| Cefotaxim | ⟨–⟩ | ⟨–⟩ | ⟨–⟩ | ⟨–⟩ | ⟨–⟩ | ⟨–⟩ | | |
| Ceftazidim | ⟨–⟩ | ⟨–⟩ | ⟨–⟩ | ⟨–⟩ | ⟨–⟩ | ⟨–⟩ | ⟨–⟩ | [–] |
| Tetracyclin | | [–] | | | | | | |
| Gentamicin | ⟨–⟩ | ⟨–⟩ | ⟨–⟩ | ⟨–⟩ | ⟨–⟩ | ⟨–⟩ | ⟨–⟩[b] | [–] |
| Cotrimoxazol | [–] | ⟨–⟩ | | | ⟨–⟩ | | | ⟨–⟩ |
| Imipenem | ⟨–⟩ | ⟨–⟩ | ⟨–⟩ | ⟨–⟩ | ⟨–⟩ | ⟨–⟩ | ⟨–⟩ | [–] |
| Ciprofloxacin | ⟨–⟩ | ⟨–⟩ | ⟨–⟩ | ⟨–⟩ | ⟨–⟩ | ⟨–⟩ | ⟨–⟩ | ⟨–⟩ |

[a] Siehe Text zur näheren Erläuterung: [–] = typische oder häufige Resistenz, ⟨–⟩ = auffällige Resistenz. [b] Ausnahme: P. cepacia = typischerweise Aminoglykosid-resistent

sollen zu einem besseren Verständnis der beiden Tabellen beitragen (typische bzw. häufige Antibiotikaresistenzen sind in [ ] gesetzt, mit ⟨ ⟩ sind dagegen die Antibiotikaresistenzen gekennzeichnet, deren Auftreten besondere Aufmerksamkeit erregen soll, weil in der Regel spezielle Hygienemaßnahmen erforderlich sind, um Übertragungen zu verhindern) (siehe dazu auch 4.5.2).

Dabei muß jedoch beachtet werden, daß außer bei der Oxacillinresistenz von S. aureus das Auftreten einzelner Resistenzen keine krankenhaushygienischen Konsequenzen hat, es sei denn, die Isolierung solcher Stämme würde sich häufen, so daß man an einen Ausbruch denken müßte. Auf der anderen Seite gibt es aber Erreger, wie insbesondere P. aeruginosa, bei denen typischerweise eine Reihe von Resistenzen vorhanden sind, weil sie a priori überhaupt nur gegen eine relativ geringe Zahl von Antibiotika empfindlich sind.

### Grampositive Kokken

Bei den Antibiotika sind in Tabelle 4.5 nur die Substanzen aufgeführt, die prinzipiell gegen grampositive Kokken wirksam sind, d.h., es handelt sich um eine typische sog. Kokkenresistenz. Eintragungen wurden aber nur dort vorgenommen, wo eine Resistenz entweder heutzutage typisch ist oder wo wegen der Schwierigkeit der Therapierbarkeit einer Infektion mit einem solchen Erreger besondere Maßnahmen zur Prävention der Übertragung auf andere Patienten eingeleitet werden sollen. Gegen andere Antibiotika können zwar auch Resistenzen beobachtet werden, sie sind aber weder typisch (z.B. Cotrimoxazolresistenz von S. aureus), so daß man mit ihnen heutzutage bei den meisten Stämmen rechnen müßte, noch hinsichtlich der Therapierbarkeit einer möglichen Infektion so problematisch (z.B. Gentamicinresistenz von S. aureus), daß man besondere Präventionsmaßnahmen ergreifen müßte.

Bei der Beurteilung des Antibiogramms von grampositiven Kokken hat man deshalb nur auf wenige Antibiotika zu achten, wobei aber das Ergebnis der Resistenztestung dieser wenigen Substanzen die entscheidende Bedeutung hinsichtlich krankenhaushygienischer Präventionsmaßnahmen (und auch therapeutischer Überlegungen) hat: Bei den Staphylokokken sind die entscheidenden Antibiotika Oxacillin und Vancomycin und bei den Enterokokken Ampicillin und Vancomycin.

S. aureus. Wegen der sehr häufigen Betalaktamaseproduktion ist die Resistenz gegen Penizillin und Ampicillin heutzutage typisch, während Resistenz gegen Oxacillin problematisch ist. Weltweit sind bis heute noch keine aus klinischem Untersuchungsmaterial isolierten vancomycinresistenten Stämme beschrieben worden. Auffällig, wenn auch weder in therapeutischer noch krankenhaushygienischer Hinsicht an sich gravierend, wäre ferner die Resistenz gegen Aminoglykoside, z. B. Gentamicin, bei Häufung derartiger Isolate muß jedoch an einen Ausbruch gedacht werden.

**Koagulasenegative Staphylokokken.** Wie bei S. aureus ist die Resistenz gegen Penizillin und Ampicillin heute typisch. Häufig ist aber auch die Oxacillinresistenz, Isolierungsmaßnahmen werden jedoch anders als bei oxacillinresistenten S. aureus-Stämmen nicht eingeleitet. Vancomycinempfindlichkeit ist in fast allen Fällen gegeben. Selten gibt es jedoch Stämme, die gegen Vancomycin, häufiger aber Teicoplanin, resistent geworden sind.

E. faecalis. Von den aus klinischem Untersuchungsmaterial isolierten Enterokokken ist E. faecalis mit ca. 90–95% der häufigste Vertreter (wenn von Enterokokken die Rede ist, ist in der Regel E. faecalis gemeint). Enterokokken sind natürlicherweise gegen eine Reihe von Antibiotika resistent, wie z. B. gegen Cephalosporine wegen ihrer besonderen penizillinbindenden Proteine, die nur eine geringe Affinität zu dieser Antibiotikagruppe haben. Enterokokken müssen gegen Ampicillin (=Mittel der Wahl) und Vancomycin (=Alternative bei z.B. Penizillinallergie) empfindlich sein.

Vancomycinresistenz (bedingt durch die Synthese einer neuen Zielstruktur) ist in den letzten Jahren berichtet worden und ist in therapeutischer Hinsicht höchst problematisch, aber auch deshalb, weil es sich dabei um einen übertragbaren Resistenzmechanismus handeln kann: Befürchtet wird eine Übertragung auf Staphylokokken, die aber bisher in der klinischen Praxis noch nicht beobachtet worden ist. Vancomycinresistente Enterokokken würden demnach größte krankenhaushygienische Aufmerksamkeit verlangen (s. Kap. 17, S. 279).

E. faecium. Es handelt sich hierbei um den zweithäufigsten Vertreter von Enterokokken in klinischem Untersuchungsmaterial. Im Gegensatz zu E. faecalis ist die Resistenz gegen Ampicillin typisch, bedeutet aber auch, daß nur Vancomycin (bzw. Teicoplanin als einziges weiteres derzeit verfügbares Glykopeptidantibiotikum) für die Therapie zur Verfügung steht. Die Notwendigkeit spezieller Hygienemaßnahmen ist deshalb bereits bei Nachweis von E. faecium gegeben. Zusätzlich sind die gleichen Überlegungen wie bei E. faecalis zutreffend.

**Streptokokken.** Beta-hämolysierende Streptokokken, z. B. Streptokokken der serologischen Gruppe A oder B, sind weltweit immer noch penizillinempfindlich, bei vergrünenden Streptokokken dagegen ist mäßige Penizillinempfindlichkeit bzw. sogar Penizillinresistenz möglich und u. U. von therapeutischer Bedeutung, z. B. bei Endokarditis. Das gleiche Resistenzphänomen ist auch von S. pneumoniae (= Pneumokokken) bekannt. Krankenhaushygienische Maßnahmen besonderer Art werden jedoch in der Regel nicht eingeleitet, Kreuzinfektionen sind aber auch bei Pneumokokken prinzipiell möglich und beschrieben, sie gehören jedoch nicht zu typischen Erregern von Krankenhausinfektionen.

### Gramnegative Stäbchen

Aufgeführt sind in Tabelle 4.6 nur Antibiotika, die bei der Therapie von Infektionen mit gramnegativen Stäbchen auch tatsächlich eine Rolle spielen (es fehlen somit alle speziell nur im grampositiven Bereich wirksamen Antibiotika, wie z. B. Vancomycin und Clindamycin), d. h., es handelt sich um eine typische sog. Stäbchenresistenz. Da Pseudomonaden wiederum aber prinzipiell nur gegen einen kleinen Teil der bei gramnegativen Stäbchen meist wirksamen Antibiotika empfindlich sind, ist die Antibiotikaauswahl bei der Testung reduziert (sog. Pseudomonasresistenz), weshalb in Tabelle 4.6 bei diesen Bakterien nur bei einzelnen Antibiotika eine Eintragung vorhanden ist.

Ansonsten sind die Angaben so zu verstehen, wie bereits oben ausgeführt, jedoch im Vergleich zu den grampositiven Kokken mit dem Unterschied, daß man hier keine Markerresistenzen angeben kann, die bei alleinigem Vorhandensein bereits krankenhaushygienische Konsequenzen erfordern würden. Bei den gramnegativen Stäbchen entscheidet somit die Summe aller Resistenzen über die Einleitung spezieller präventiver Maßnahmen (während bei S. aureus allein die Oxacillinresistenz ausschlaggebend ist, auch wenn keine weiteren Resistenzen gegen typische Staphylokokkenantibiotika im Antibiogramm nachweisbar sind). Ein Antibiogramm mit einigen wenigen Resistenzen adäquat zu deuten, ist nicht einfach und erfordert Erfahrung im Umgang mit Antibiotika bei der Therapie, weshalb gerade die Antibiogramme gramnegativer Stäbchen für Hygienefachkräfte allein oft nicht zu beurteilen sind und demzufolge Hilfe durch einen entsprechend erfahrenen Arzt notwendig ist.

**E. coli.** Ein hoher Prozentsatz der Stämme (ca. 30–50%) ist gegen Ampicillin, Piperacillin und andere Breitspektrumpenizilline (z. B. Ticarcillin, Azlocillin, Carbenicillin) resistent. Außerdem ist Resistenz gegen Cotrimoxazol nicht allzu selten. Ungewöhnlich wäre jedoch die Resistenz gegen Cephalosporine, insbesondere der dritten Generation (z. B. Cefotaxim, Ceftriaxon, Ceftazidim), sowie gegen Imipenem, Aztreonam, Chinolone (z. B. Ciprofloxacin, Ofloxacin, Norfloxacin) und Aminoglykoside (z. B. Gentamicin, Tobramycin, Netilmicin).

P. mirabilis. Typischerweise besteht nur Resistenz gegen Tetracyclin, während sich die Stämme sonst durch gute Empfindlichkeit gegen viele Antibiotika auszeichnen. Demnach wäre das Vorhandensein mehrerer Resistenzen insbesondere gegen Cephalosporine (z. B. Cefotiam, Cefotaxim, Ceftriaxon, Ceftazidim), Chinolone (z. B. Ciprofloxacin, Ofloxacin, Norfloxacin), Imipenem, Aztreonam oder Aminoglykoside (z. B. Gentamicin, Tobramycin, Netilmicin) sehr auffällig.

P. vulgaris, M. morganii, Providencia species. Bei diesen früher als Indolpositive Proteusarten bezeichneten Erregern ist Resistenz gegen sog. Basisantibiotika (z. B. Ampicillin, Cefotiam, Cefuroxim) typisch, dagegen sind Resistenzen gegen die modernen Breitspektrumantibiotika (z. B. Piperacillin, Cephalosporine der dritten Generation, Chinolone, Imipenem, Aztreonam) und Aminoglykoside (z. B. Gentamicin, Tobramycin, Netilmicin) selten.

Klebsiella species. Klebsiellen (meist K. pneumoniae, K. oxytoca, K. ozaenae) sind typischerweise gegen Ampicillin, Piperacillin und andere Breitspektrumpenizilline (z. B. Ticarcillin, Azlocillin, Carbenicillin) resistent, jedoch empfindlich gegen Cephalosporine (auch sog. Basiscephalosporine, wie z. B. Cefotiam), Chinolone, Imipenem, Aztreonam und Aminoglykoside. Sehr selten sind Stämme, die sog. Breitspektrumbetalaktamasen bilden, wodurch sie auch gegen Cephalosporine der dritten Generation nur mäßig empfindlich oder auch resistent werden. Solche Stämme müssen mit besonderer Aufmerksamkeit verfolgt werden, da es sich dabei um einen plasmidbedingten, d. h. übertragbaren, Resistenzmechanismus handelt.

Enterobacter, Acinetobacter, Citrobacter species. Resistenz gegen Basisantibiotika (z. B. Ampicillin, Cefotiam, Cefuroxim) ist ebenfalls typisch, aber gegen die modernen Breitspektrumantibiotika (z. B. Piperacillin, Cephalosporine der dritten Generation, Chinolone, Imipenem), Aminoglykoside und Cotrimoxazol selten.

Serratia marcescens. Auch bei diesem Erreger ist Resistenz gegen Basisantibiotika typisch, einzelne Stämme sind aber primär empfindlich, können jedoch unter Therapie schnell resistent werden. Resistenzen gegen Cephalosporine der dritten Generation, insbesondere aber Imipenem, Aztreonam, Chinolone oder Aminoglykoside sollen nicht vorhanden sein.

Pseudomonas aeruginosa. Es gibt nur einige wenige pseudomonaswirksame Antibiotika, weil P. aeruginosa schon natürlicherweise relativ antibiotikaresistent ist, darüber hinaus aber über eine Reihe erworbener Resistenzmechanismen zusätzliche Resistenzen entwickeln kann. Man muß bei der Beurteilung eines Antibiogramms deshalb nur auf einige Antibiotika achten, gegen die keine Resistenzen vorhanden sein sollen: Piperacillin (und/oder evt. andere pseudomonaswirksame Breitspektrumpenizilline, wie Ticarcillin, Carbenicillin und Azlocillin), Ceftazidim, Aminoglykoside (z. B. Gentamicin, Tobramycin, Netilmicin), Imipenem, Aztreonam und Chinolone, wie z. B. insbesondere Ciprofloxacin.

Pseudomonas cepacia. Bei P. cepacia ist es wichtig zu beachten, daß Resistenz gegen Aminoglykoside typischerweise vorhanden ist. Dagegen besteht meist Empfindlichkeit gegen Cotrimoxazol und Ciprofloxacin.

Stenotrophomonas (Xanthomonas) maltophilia. Dieser Erreger ist typischerweise Imipenem- und aminoglykosidresistent, aber empfindlich gegen Cotrimoxazol und Ciprofloxacin.

## 4.6
## Maßnahmen bei Epidemien von Krankenhausinfektionen

Ausbrüche nosokomialer Infektionen machen nur einen geringen Prozentsatz aller im Krankenhaus erworbenen Infektionen aus [187]. Im Gegensatz zu den meisten endemischen nosokomialen Infektionen, die sich durch krankenhaushygienische Maßnahmen wenig beeinflussen lassen, sind die meisten epidemisch auftretenden Krankenhausinfektionen vermeidbar [118, 119].

Einen Ausbruch nosokomialer Infektionen zu erkennen, ist jedoch oft nicht leicht, vor allem, wenn es sich um häufige Erreger mit unauffälliger Resistenz handelt. Die sorgfältige und regelmäßige Beobachtung der mikrobiologischen Befunde, insbesondere in Risikobereichen, ist eine wichtige Voraussetzung, um ein gehäuftes Auftreten frühzeitig zu erkennen. Dies wird erleichtert, wenn es sich um die Häufung eines Erregers mit einer auffälligen oder seltenen Resistenz handelt. Zusätzlich muß aber die Information zwischen dem Personal auf der Station und dem Hygienefachpersonal funktionieren, so daß gehäuft auftretende Infektionen dann schon berichtet werden, wenn noch nicht in jedem Fall der Erreger bekannt und somit noch nicht klar ist, ob die gleichzeitig erkrankten Patienten bereits den Beginn eines Ausbruchs signalisieren (z. B. gehäufte Durchfallerkrankungen oder postoperative Infektionen im OP-Gebiet bei einigen Patienten derselben Station).

Die Aufklärung eines Ausbruchs ist meist sehr arbeitsintensiv. Da jede Ausbruchssituation besondere Eigenheiten aufweist, ist es nicht möglich, ein einfaches und für die verschiedenen möglichen Situationen passendes Vorgehen festzulegen, das man bei jedem vermuteten Ausbruch anwenden kann. Man beginnt zunächst mit einer Beschreibung der klinischen und epidemiologischen Charakteristika der betroffenen Patienten, um sich als erstes einen Überblick über das Infektionsproblem zu verschaffen. So ist es z. B. wichtig zu wissen, ob bei allen involvierten Patienten auch wirklich eine Infektion vorliegt (und nicht nur eine Kolonisierung) und, wenn ja, wie schwer die Infektion ist (z. B. Bakteriämie mit mäßiger Temperaturerhöhung oder klinisch lebensbedrohliche Sepsis).

Schon beim ersten Verdacht auf einen Ausbruch müssen alle Patientenisolate aufgehoben werden. Immer wieder wird die Aufklärung gehäufter Infektionen dadurch erschwert, daß nicht von allen vermutlich in einen Ausbruch involvierten Patienten die Isolate zur Verfügung stehen, die man im weiteren Verlauf für genauere mikrobiologische Untersuchungen, insbesondere Typisierungsmaßnahmen, benötigt.

Ferner müssen frühzeitig die zur Zeit des Ausbruchs praktizierten Maßnahmen bei der Patientenversorgung, z.B. Pflegetechniken, festgehalten werden, weil nicht selten vom Pflegepersonal oder den behandelnden Ärzten einzelne Praktiken sehr schnell nach Auftreten der ersten Infektionsfälle geändert werden. Besteht der Verdacht, daß Gegenstände aus der Umgebung der Patienten eine Rolle spielen können, müssen möglichst schnell entsprechende Proben genommen werden, weil die Gegenstände zu einem späteren Zeitpunkt oft bereits entsorgt sind und deshalb für mikrobiologische Untersuchungen nicht mehr zur Verfügung stehen (z.B. Reste von Infusionslösungen). Schon bei den initialen Umgebungsuntersuchungen muß man darauf achten, so gezielt wie möglich vorzugehen, weil die unkritische Entnahme umfangreicher Proben nur unnötige Arbeit verursacht, aber keine verwertbaren Informationen liefert.

Je ernster ein Infektionsproblem ist, um so mehr kann man sich bei dessen Aufklärung gedrängt fühlen (bzw. auch direkt oder indirekt gedrängt werden), „doch etwas zu tun". Ein blinder Aktionismus ist jedoch bestenfalls dazu geeignet, sich selbst zu beruhigen in dem Sinne, daß man „etwas tut" und somit irgendetwas vorweisen kann. Statt dessen ist besonnenes Vorgehen erforderlich, um sich dem Problem zu nähern. Mikrobiologische Umgebungsuntersuchungen dürfen dabei immer nur als eine ergänzende Methode aufgefaßt werden und sollen nicht die Leitlinie sein, an der sich die weiteren Maßnahmen orientieren.

Konsequenterweise bedeutet das auch, daß bei einer Diskrepanz zwischen epidemiologischen und mikrobiologischen Daten letztere geringere Bedeutung haben. Man kann nicht davon ausgehen, daß mikrobiologische Daten immer „hart" und eindeutig, epidemiologische Daten dagegen „weich" und spekulativ seien [118]. Gelingt es beispielsweise nicht, den Ausbruchsstamm in der Umgebung der betroffenen Patienten zu finden, bedeutet das nicht, daß er auch tatsächlich nicht dort vorhanden ist. Möglicherweise nämlich hat man nicht an der richtigen Stelle gesucht bzw. die Probenentnahme oder die Aufbereitung der Proben im Labor nicht korrekt durchgeführt. Andererseits bedeutet der Nachweis eines Ausbruchsstammes an einer bestimmten Stelle nicht notwendigerweise, daß dies sein Reservoir und/oder Ausgangsort ist, wenn nämlich epidemiologische Hinweise dagegen sprechen oder wenn damit allein nicht geklärt werden kann, wie der Erreger von dort zu den infizierten Patienten gelangen konnte.

Je größer das Infektionsproblem ist, um so frühzeitiger müssen auf empirischer Basis Kontrollmaßnahmen eingeleitet werden mit dem Ziel, weitere Infektionsfälle zu verhüten, auch wenn man die tatsächliche Ursache im konkreten Fall noch gar nicht kennen kann. Dann kann man beginnen, in Ruhe und systematisch die vier Kernfragen der Epidemiologie zu versuchen zu klären (s. Kap. 3, S. 19).

Man geht also zunächst rein deskriptiv vor und
- klärt den zeitlichen Zusammenhang der Infektionsfälle und ihre räumlichen Beziehungen,
- beschreibt die Charakteristika der betroffenen Patienten hinsichtlich Grundkrankheiten, medikamentöser und invasiver Maßnahmen sowie Art und Ausprägung der Infektion inklusive Erreger und dessen Antibiotikaempfindlichkeit und
- überlegt, wo das Erregerreservoir zu finden sein könnte und welcher Übertragungsweg in Frage kommt.

Weitergehende Untersuchungen mit den Methoden der analytischen Epidemiologie (z. B. Fall-Kontroll-Studien) sind immer dann angebracht, wenn die deskriptive Methode keine überzeugenden oder schlüssigen Hinweise auf die Ursache des Ausbruchs liefert. Ein häufiges Problem ist jedoch, daß nicht genügend Kenntnisse der epidemiologischen Methoden (und/oder Personal, das diese zeitaufwendigen Aufgaben übernehmen kann) vorhanden sind, so daß bei vielen Ausbrüchen die Untersuchungen an dieser Stelle zu einem Stillstand kommen, insbesondere wenn sich das Infektionsproblem in der Zwischenzeit gelöst zu haben, der Ausbruch somit beendet zu sein scheint. Meist hinterläßt dies bei den in die Untersuchungen involvierten Personen ein zwiespältiges Gefühl: Einerseits ist man froh, daß nun keine Infektionen mehr auftreten, andererseits hätte man aber gerne gewußt, was die Ursache war, um daraus für die Zukunft zu lernen und anderen diese Informationen zukommen zu lassen.

Eine wesentliche Rolle bei der Aufklärung von Epidemien spielen Typisierungsmethoden, weil man nur damit mit einiger Sicherheit eine Aussage darüber machen kann, ob zwei oder mehrere Stämme einer Spezies (z. B. S. aureus) identisch sein können. Mit den heute zur Verfügung stehenden molekularbiologischen Typisierungsmethoden kann man diese Aussage bei weitem präziser machen als mit den früheren mikrobiologischen Methoden. Für eine Beschreibung der Methoden wird auf Spezialkapitel in Fachbüchern verwiesen, weil es sich dabei bereits um eine eigene Disziplin handelt, die spezielle Fachkenntnisse erfordert [46, 312, 348]. Außerdem gibt es in nationalen und internationalen Fachzeitschriften für Mikrobiologie und Infektionsepidemiologie eine Fülle von Artikeln, zu denen ständig weitere hinzukommen.

So gut die modernen Typisierungsmethoden aber auch verschiedene Stämme differenzieren können, bleibt nach wie vor die Tatsache bestehen, daß sie bei der Aufklärung von Ausbrüchen auch nur einen, wenn auch wichtigen Beitrag leisten können. Bevor nämlich die ersten Typisierungsergebnisse vorliegen (sofern man überhaupt auf ein Labor zurückgreifen kann, das diese Methoden beherrscht), müssen in der Regel Infektionskontrollmaßnahmen ergriffen werden, d.h., man muß auf der Basis epidemiologischer Überlegungen handeln und kann nicht warten, ob die isolierten Erreger identisch sind oder nicht. Wurden dann mit den Methoden der Typisierung identische Erreger gefunden, muß das nicht bedeuten, daß sie aus dem gleichen Erregerreservoir stammen, daß z.B. eine Übertragung von Patient zu Patient auf der Station stattgefunden hat. Denn es gibt häufige und weniger häufige Stämme, so daß ihr Auftreten allein noch keinen ausreichenden Hinweis darauf gibt, daß sie in der speziellen Situation auch in epidemiologischer Hinsicht miteinander in Beziehung stehen. Ferner muß bei Personal, das mit einem solchen Stamm besiedelt ist, immer auch in Betracht gezogen werden, daß es während des Ausbruchs zu der Besiedlung gekommen ist: Der Nachweis der Besiedlung bedeutet also nicht notwendigerweise, daß diese Person Erregerreservoir und Ausgangsort für den Ausbruch ist. Wie bei den Umgebungsuntersuchungen gilt demnach auch für die Typisierungsergebnisse, daß sie nur im epidemiologischen Zusammenhang von Bedeutung sein können und nicht allein geeignet sind, den Ausgangspunkt für einen Ausbruch zu bestimmen.

# 5 Epidemiologie und Prävention von Harnwegsinfektionen

I. Kappstein

## 5.1 Häufigkeit und Risikofaktoren

Harnwegsinfektionen sind mit ca. 33% die häufigsten nosokomialen Infektionen, abhängig von der Fachabteilung gibt es aber große Unterschiede (Tabelle 5.1) [140]. Die Katheterisierung der Harnblase ist der wichtigste exogene Risikofaktor: ca. 80% der Patienten mit Harnwegsinfektion haben einen Blasenkatheter, bei den restlichen ca. 20% ist die Harnwegsinfektion die Folge instrumenteller Eingriffe an den Harnwegen [156, 416]. Das Risiko für eine Harnwegsinfektion nimmt mit zunehmender Liegedauer des Katheters zu. Die meisten Untersuchungen ergaben, daß die tägliche Inzidenz einer Bakteriurie zwischen 5% und 10% liegt, so daß nach 10 Tagen mindestens 50% der Patienten eine Bakteriurie haben [416, 443]. Wichtigste endogene Faktoren, die bei katheterisierten oder instrumentierten Patienten das Risiko einer Harnwegsinfektion erhöhen, sind weibliches Geschlecht, höheres Lebensalter und schwere Grundkrankheiten [416].

Tabelle 5.1. Häufigkeit von Harnwegsinfektionen bei Patienten mit nosokomialen Infektionen in verschiedenen Abteilungen[a]

| Abteilung | Harnwegsinfektionen [%] |
|---|---|
| Allgemeinchirurgie | 30,2 |
| Innere Medizin | 42,1 |
| Geburtshilfe | 16,5 |
| Gynäkologie | 39,7 |
| Pädiatrie | 12,7 |
| Neonatologie | 4,2 |

[a] NNIS-Daten (National Nosocomial Infections Surveillance System, USA) 1990–1992 [140]

## 5.2 Bakteriurie vs. Harnwegsinfektion

Die Begriffe Bakteriurie und Harnwegsinfektion werden häufig synonym verwendet. Weil dies aber nicht korrekt ist und dadurch Ungenauigkeiten v. a. bei

der Diagnose entstehen, ist die exakte Definition dieser Begriffe besonders wichtig (s. Kap. 12, S. 167):
- Bakteriurie = asymptomatisch, d.h. Kolonisierung des Urins ohne Invasion der Mikroorganismen in das Gewebe und damit ohne klinische Zeichen einer Infektion sowie ohne Leukozyturie.
- Harnwegsinfektion = symptomatisch, d.h. Nachweis von Mikroorganismen im Urin mit Zeichen der Invasion in das Gewebe, also mindestens mit Leukozyturie oder zusätzlich mit klinischen Zeichen einer Infektion, wie z.B. Fieber oder suprapubische Druckschmerzhaftigkeit.

In den meisten Untersuchungen wird als Endpunkt nicht die Harnwegsinfektion gewählt, sondern, um aussagefähigere Zahlen zu erhalten, die Bakteriurie, weil sie wesentlich häufiger ist. Wegen der engen Korrelation zwischen Bakteriurie und Harnwegsinfektion ist dieses Vorgehen wissenschaftlich korrekt, im klinischen Alltag muß man jedoch den Unterschied beachten, damit klar ist, ob eine Kolonisierung oder eine Infektion vorliegt.

## 5.3
## Indikationen für eine Katheterisierung der Harnblase

Die Hauptgründe für eine Katheterisierung der Harnblase sind Messung der Urinausscheidung, Operation, Urinretention und Harninkontinenz (s. Übersicht) [143].

**Häufige Indikationen für eine Katheterisierung der Harnblase**
- akute oder chronische Urinretention,
- Harninkontinenz,
- postoperative Harnableitung,
- Lähmungen und Rückenmarksverletzungen,
- Blasenspülung,
- Messung der Urinausscheidung,
- urodynamische Untersuchungen.

Man unterscheidet eine Kurz- und Langzeitkatheterisierung, wobei die Grenze bei einer Liegedauer des Katheters von 30 Tagen gezogen werden kann [443]. Dabei muß man aber berücksichtigen, daß die Dauer der Katheterisierung bei den meisten kurzzeitkatheterisierten Patienten nur wenige Tage beträgt. Hier muß demnach mit geeigneten Maßnahmen versucht werden, die Entwicklung einer Bakteriurie zu verhüten bzw. wenigstens hinauszuzögern, während bei Langzeitkatheterisierung das Auftreten einer Bakteriurie überhaupt nicht zu verhindern ist, weshalb es bei diesen Patienten nur darum gehen kann, die Komplikationen der Bakteriurie zu verhüten bzw. zu behandeln [443].

## 5.4
## Kurzzeitkatheterisierung

In den 50er Jahren begann langsam die Entwicklung der geschlossenen Urindrainagesysteme mit Glasbehältern als Auffanggefäße, nachdem zuvor nur offene Behälter zum Auffangen des Urins verwendet worden waren, wobei bereits nach wenigen Tagen bei allen Patienten eine Bakteriurie auftrat; in den 60er und 70er Jahren wurden die Systeme wesentlich verbessert und in der Handhabung vereinfacht [443]. Es gab jedoch nie randomisierte, kontrollierte klinische Studien, in denen offene und geschlossene Systeme miteinander verglichen wurden. Die klinischen Erfahrungen zeigten aber so offenkundig die Vorteile der geschlossenen Systeme, daß sie auch ohne die Ergebnisse solcher Studien seit dieser Zeit als Standard bei der Katheterisierung gelten [443].

### 5.4.1
### Eindringen von Mikroorganismen

Bei einer Katheterisierung der Harnwege können Erreger entweder intra- oder extraluminal in die Harnblase gelangen (Abb. 5.1).

Intraluminaler Zugangsweg. Selbst bei der sog. geschlossenen Harndrainage ist das Drainagesystem nicht dauerhaft geschlossen, weil zumindest der Auffangbeutel regelmäßig über den Ablaßhahn geleert werden muß. Dabei kann es zu einer Kontamination des Beutelinhalts kommen und nach Vermehrung der Erreger retrograd, z.B. bei nicht ausreichend funktionierendem Rückflußventil, zu einer Kolonisierung des Blasenurins. Der andere Weg für einen intraluminalen Zugang von Erregern zur Harnblase ist an der Verbindungsstelle von Katheter und Drainagesystem gegeben. Die Hygienemaßnahmen bei katheterisierten Patienten beinhalten zwar, daß diese Verbindungsstelle nie geöffnet werden soll, im

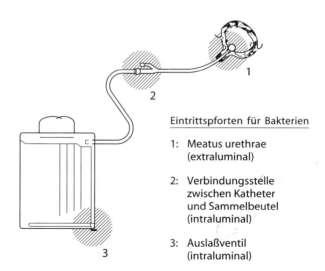

**Abb. 5.1.** Eintrittspforten für Erreger von Harnwegsinfektionen bei katheterisierten Patienten. (Aus [416])

Eintrittspforten für Bakterien

1: Meatus urethrae (extraluminal)

2: Verbindungsstelle zwischen Katheter und Sammelbeutel (intraluminal)

3: Auslaßventil (intraluminal)

klinischen Alltag findet aber eine Unterbrechung des Systems dennoch gelegentlich statt, z. B. durch die Manipulationen verwirrter und unruhiger Patienten oder weil das System vom Personal bewußt geöffnet wird, um Blasenspülungen durchzuführen. Bei sorgfältiger Einhaltung der Hygieneregeln bei der Anlage von und im Umgang mit Blasenkathetern kommt jedoch dem intraluminalen Zugangsweg bei der Entstehung von Bakteriurien nur eine relativ geringe Bedeutung zu.

Extraluminaler Zugangsweg. Der Meatus urethrae ist physiologischerweise mikrobiell kolonisiert. Im Spalt zwischen Urethraschleimhaut und Katheteroberfläche können Erreger in die Blase wandern und sich dort vermehren. Bei Frauen wird dieser Zugangsweg für 70–80%, bei Männern für 20–30% der Harnwegsinfektionen verantwortlich gemacht [156]. Diese Unterschiede in der Häufigkeit können auf die unterschiedliche Länge der Harnröhre bei Frau und Mann und die besseren Voraussetzungen für Erreger bei der Frau, die Harnblase zu erreichen, zurückgeführt werden.

## 5.4.2
### Erregerspektrum

Tabelle 5.2. Häufigste Erreger von Harnwegsinfektionen in Akutkrankenhäusern[a]

| Erreger | Isolate [%] (n = 25 371) |
|---|---|
| Escherichia coli | 25 |
| Enterococcus species | 16 |
| Pseudomonas aeruginosa | 11 |
| Candida albicans | 8 |
| Klebsiella pneumoniae | 7 |
| Enterobacter species | 5 |
| Proteus mirabilis | 5 |
| Koagulase-negative Staphylokokken | 4 |
| Andere Pilze | 3 |
| Citrobacter species | 2 |
| D-Streptokokken | 2 |
| Staphylococcus aureus | 2 |
| Andere Candida species | 2 |
| B-Streptokokken | 1 |
| Andere Streptokokken | 1 |
| Acinetobacter species | 1 |
| Serratia marcescens | 1 |
| Andere Klebsiella species | 1 |
| Andere Enterobakteriazeen | 1 |

[a] NNIS-Daten 1990–1992 [140]

Die häufigsten Erreger nosokomialer Harnwegsinfektionen bei Kurzzeitkatheterisierung sind E. coli, Enterokokken und P. aeruginosa (Tabelle 5.2) [140]. Entgegen der früheren Auffassung, daß für die Diagnose einer Harnwegsinfektion eine Keimzahl $>10^5$ KBE/ml Urin gefordert werden müsse (sog. signifikante Keimzahl), hält man heute auch wesentlich geringere Keimzahlen ($\geq 10^2$ KBE/ml) für relevant, wenn zusätzlich andere Hinweise auf eine Harnwegsinfektion vorhanden sind, wie ausführlich bei den Definitionen nosokomialer Infektionen im Kap. 12 (S. 167) aufgeführt [156, 416, 443].

Beim Nachweis mehrerer Erreger in einer Probe muß außerdem berücksichtigt werden, daß man bei katheterisierten Patienten nicht wie beim Mittelstrahlurin von einer exogenen Kontamination bei der Abnahme des Urins ausgehen kann. Mehr als 15% der katheterisierten Patienten mit Harnwegsinfektion in Akutkrankenhäusern haben eine polymikrobielle Infektion [156]. Welcher der Erreger dabei für die Infektion verantwortlich ist, läßt sich nicht bestimmen, weshalb sich eine evtl. erforderliche Antibiotikatherapie in der Regel gegen alle isolierten Erreger richten muß.

### 5.4.3
### Komplikationen

Die Komplikationen bei Kurzzeitkatheterisierung sind Fieber, akute Pyelonephritis sowie Bakteriämie bzw. klinische Sepsis, wobei Todesfälle bei schwerem klinischen Verlauf möglich sind [443]. Abhängig von der Liegedauer des Katheters entwickeln 10–50% der Patienten eine Bakteriurie, daraus resultiert aber nur bei 2–6% eine Harnwegsinfektion [156]. Das Risiko einer Bakteriämie mit gramnegativen Erregern auf dem Boden einer Bakteriurie ist mit 2–4% relativ gering, weil aber so viele Patienten katheterisiert werden, ist die häufigste Ursache gramnegativer Bakteriämien in den USA die Katheterisierung der Harnblase [443].

### 5.4.4
### Prävention

Die Prävention katheterbedingter Harnwegsinfektionen erfordert entweder die Bevorzugung von Alternativen zur transurethralen Katheterisierung oder den Einsatz geeigneter Maßnahmen, um das Auftreten einer Bakteriurie zu verhindern oder zumindest hinauszuzögern:

#### Alternativen zur transurethralen Katheterisierung

Suprapubische Katheterisierung. Wegen der geringeren Kolonisierung der Bauchhaut im Vergleich zum Meatus urethrae, der einfachen Pflege der Einstichstelle, der Vermeidung von Urethrastrikturen und der besseren Akzeptanz durch die Patienten hat der suprapubische Blasenkatheter entscheidende Vorteile gegenüber dem transurethralen, ist aber nach wie vor weit weniger populär als der konventionelle Blasenkatheter [422, 444]. In vergleichenden Untersuchungen konnte gezeigt werden, daß die Bakteriurie-Inzidenz nach fünftägiger Katheterisierung bei suprapubischem Katheter signifikant niedriger war als bei transurethralem, bei längerer Katheterisierung jedoch gab es keinen Unterschied mehr [422, 443]. Der Grund dafür muß darin gesehen werden, daß die Flora der vorderen Urethra auch ohne transurethralen Katheter in die Harnblase aufsteigen kann, weil der Spüleffekt durch den normalen Urinfluß fehlt. Dies dauert aber bei suprapubischem Katheter länger als bei transurethralem, weil der Fremdkörper offenbar die Keimaszension erleichtert. Es gibt keine randomisierten kontrollierten klinischen Studien, in denen die Harnwegsinfektion als Endpunkt genommen wurde, so daß eine Aussage darüber, ob bei Verwendung des suprapubischen Katheters die Infektionsraten niedriger sind als bei transurethralem Katheter, derzeit nicht möglich ist.

Kondomkatheter. Die externe Harnableitung via Kondomkatheter ist prinzipiell eine sinnvolle Alternative zum transurethralen Katheter, insbesondere wenn eine Harninkontinenz der Grund für die künstliche Harnableitung ist, weil dies die umstrittenste Indikation für eine Katheterisierung der Harnblase überhaupt ist. Ein Kondomkatheter erfordert aber eine relativ aufwendige tägliche Pflege, um lokale Komplikationen zu vermeiden. Mit der Verwendung von Kondomkathetern gibt es bei der Langzeitkatheterisierung mehr Erfahrungen (s. unten).

Intermittierende Katheterisierung. Insbesondere bei postoperativen Patienten ist eine ein- bis mehrmalige intermittierende Katheterisierung angebracht, um einen transurethralen Katheter zu umgehen, bis die normale Blasenfunktion wieder einsetzt [443]. Da aber der pflegerische Aufwand größer ist, kommt diese Methode im Gegensatz zu den Indikationen, die eine Langzeitkatheterisierung erfordern (s. unten), nur selten zur Anwendung.

### Prävention der Bakteriurie

Bei Verwendung geschlossener Urindrainagesysteme kommt es wesentlich später zu einer Bakteriurie als bei den früher verwendeten offenen Systemen. Da aber die Bakteriurie auch mit den heute üblichen geschlossenen Systemen nicht zu verhindern ist, müssen geeignete Maßnahmen ergriffen werden, die Besiedlung des Urins zumindest zu verzögern. Eine der wichtigsten Maßnahmen ist deshalb die möglichst frühzeitige Entfernung des Katheters. Je früher der Katheter entfernt wird, um so wahrscheinlicher hat ein Teil der Patienten noch gar keine Bakteriurie bzw. hat die Bakteriurie noch nicht zu einer Infektion geführt [443].

Aus diesem Grunde muß die Indikation für die weitere Verwendung des Blasenkatheters jeden Tag neu überprüft werden. Benötigt jedoch der Patient länger eine Harndrainage, muß aus Gründen der Infektionsprophylaxe das Ziel sein, das Auftreten der Bakteriurie möglichst zu verzögern. Dies kann prinzipiell dadurch erreicht werden, daß man entweder versucht, eine mikrobielle Kontamination des Urins zu verhindern oder, wenn die Kontamination bereits stattgefunden hat, eine Abtötung der Mikroorganismen zu bewirken, um eine dauerhafte Kolonisierung zu verhüten. Verschiedene Ansatzpunkte kommen dafür in Betracht [143, 156, 416, 443]:

**Katheter.** Es ist wichtig, daß die Katheter sorgfältig nach Art und Größe für die spezielle Indikation und den individuellen Patienten ausgesucht werden, damit es nicht zu einer Reizung oder sogar Schädigung der Urethra kommt. Im Gegensatz zu den herkömmlichen Latexkathetern scheinen Katheter aus z.B. Silikon oder Teflon für eine länger notwendige transurethrale Katheterisierung besser geeignet zu sein, weil sie glatter sind. Hinsichtlich der Häufigkeit von Inkrustierungen und Bakteriurien zeigten sich jedoch entgegen ursprünglichen Erwartungen keine Unterschiede. Auch die in neuerer Zeit häufig untersuchten mit Silberionen beschichteten Katheter sind nicht in der Lage, die Häufigkeit von Bakteriurien und Harnwegsinfektionen entscheidend zu beeinflussen. Zumindest sind die bisherigen Ergebnisse so widersprüchlich, daß ihr routinemäßiger Einsatz nicht empfohlen werden kann.

Länge des Katheters (♂ 40 cm, ♀ 25 cm), Durchmesser (in der Regel ♂ 14–16 Charr, ♀ 12–14 Charr bzw. z.B. 22 Charr nach transurethralen Operationen) sowie die Ballongröße (10 ml und 30 ml als Standardgrößen) müssen entsprechend gewählt werden. Beispielsweise soll unter normalen Umständen die 10 ml-Ballongröße bevorzugt werden, um nach Möglichkeit den Kontakt des Ballons mit der bei Katheterisierung kollabierten Blasenwand zu verhindern. Zum Füllen der Ballons wird steriles Wasser verwendet. Leitungswasser und Kochsalzlösung können durch Auskristallisieren zu einer Verlegung des Kanals führen, so daß u. U. die Entblockung des Katheters Probleme bereiten kann.

Außerdem soll das Innenlumen des Katheters im Querschnitt rund sein, weil andere Konfigurationen eher zu Inkrustierungen mit nachfolgender Obstruktion neigen. Die Katheteröffnung soll nicht größer als das Innenlumen des Katheters sein, damit das Katheterlumen nicht durch größere Koagel oder andere feste Urinbestandtteile blockiert werden kann. Wenn dagegen die Öffnung zu klein ist, kommt es leichter zu ihrer Verstopfung.

Werden hydrogelbeschichtete Katheter verwendet, muß zum Aufweichen des Gels steriles Aqua dest. (zu Hause auch abgekochtes Leitungswasser) genommen werden, um eine exogene Kontamination durch Wasserkeime aus dem Leitungsnetz zu verhindern.

**Drainagesystem.** Was die hygienische Sicherheit angeht, sind einfach konzipierte Drainagesysteme ebenso effektiv wie komplizierte Systeme, die evtl. aus Gründen einer besseren Kontrolle der Urinausscheidung, z.B. bei Intensivpatienten, Vorteile haben [465]. Der Beutel soll ein Fassungsvermögen von 1–2 l haben (mit einer Ablesegenauigkeit von ca. 100 ml). Es muß ein gut funktionierendes Rückflußventil vorhanden sein sowie ein Ablaßhahn, der bequem zu handhaben ist, ohne daß es dabei zu einer Kontamination der Hände des Personals kommt. Es soll möglich sein, den Beutel z.B. am Bein des Patienten zu befestigen, um die Mobilisierung zu ermöglichen. Dabei soll aber darauf geachtet werden, daß sowohl der Drainageschlauch als auch der Beutel immer unter dem Blasenniveau bleiben, um durch die Schwerkraft einen kontinuierlichen Urinfluß zu ermöglichen.

Aus dem gleichen Grunde soll man kein sog. Blasentraining durchführen. Es kommt dabei zu einer Unterbrechung des Urinflusses für mehrere Stunden, wodurch eine Vermehrung von Mikroorganismen gefördert wird. Außerdem macht ein Blasentraining allein schon aus medizinischer Sicht keinen Sinn, weil sich die Blase nach Entfernung des Katheters innerhalb kurzer Zeit, während der der Patient häufiger Harndrang hat, wieder von selbst an den neuen Füllungszustand gewöhnt.

Am Drainageschlauch soll eine Punktionsstelle zur Urinentnahme, z. B. für mikrobiologische Untersuchungen, vorhanden sein oder eine entsprechende Vorrichtung, über die mit einer Spritze direkt, d. h. ohne Kanüle, der Urin entnommen werden kann, wodurch die Verletzungsgefahr für das Personal entfällt. Vor der Entnahme werden die Stellen mit Alkohol wischdesinfiziert.

Um eine versehentliche oder absichtliche Öffnung der Verbindungsstelle zwischen Katheter und Drainagesystem unmöglich zu machen, wurden Systeme konzipiert, bei denen Katheter und Drainagesystem fest miteinander verschweißt sind. Da aber nicht gezeigt werden konnte, daß mit diesen – teureren – Systemen die Infektionsraten beeinflußt werden können, sind die dafür benötigten Mehrausgaben nicht berechtigt.

**Katheterisierung.** Die Katheterisierung bei Anlage eines Dauerkatheters soll unter aseptischen Bedingungen mit Assistenz durch eine weitere Person erfolgen (s. Kap. 23, S. 391): Alle benötigten Gegenstände müssen steril sein (Nierenschale, Tupfer, Kochsalzlösung, Pinzette, Gleitmittel, Abdecktuch, Handschuhe). Als Schleimhautdesinfektionsmittel werden z. B. PVP-Jodlösung, wäßrige Chlorhexidinlösung oder Octenidinlösung verwendet. Nach Legen des Katheters wird der Drainageschlauch fest an den Katheter angeschlossen, wobei eine Kontamination vermieden werden muß. Der Schlauch wird schließlich so am Oberschenkel fixiert, daß Zugkräfte sich nicht auf den Katheter auswirken können, um Schmerzen und Schädigungen der Harnwege zu vermeiden.

**Entleeren des Auffangbeutels.** Zum Entleeren des Beutels sollen Einmalhandschuhe (z. B. aus PE) getragen werden, um eine direkte Kontamination der Hände des Personals mit dem Urin zu verhindern. Die Beutel sollen nur geleert werden, wenn es der Füllungszustand erfordert, nicht in festgelegten Intervallen, um unnötige Manipulationen am System zu vermeiden. Als Auffanggefäß werden thermisch desinfizierte Behälter benutzt, die sofort nach dem Entleeren des Beutels wieder im Steckbeckenspülautomaten aufbereitet werden. Zum Schluß werden die Handschuhe ausgezogen und die Hände gewaschen oder desinfiziert.

**Wechsel des Drainagesystems.** Ein routinemäßiger Wechsel soll nicht durchgeführt werden, weil die Infektionsraten dadurch unbeeinflußt bleiben. Indikationen für einen Wechsel sind Schäden bzw. Undichtigkeiten des Systems, Ansammlung von Sediment im Beutel, Geruchsentwicklung sowie Anlage eines neuen Katheters.

Einsatz von Antiseptika oder Antibiotika. Mit dem Zusatz von Antiseptika (z. B. Chlorhexidin, Wasserstoffperoxid) in den Drainagebeutel kann eine Senkung der Bakteriurierate nicht erreicht werden, wie in mehreren Untersuchungen gezeigt werden konnte. Dies liegt wahrscheinlich daran, daß dieser Kontaminationsweg des Urins im Vergleich zum extraluminalen Weg ausgehend von der Besiedlung der Urethra nur eine relativ geringe Bedeutung hat.

Das Gleiche gilt für den Einsatz von Antiseptika bei der Meatuspflege. Anstelle einer ein- oder zweimaligen routinemäßigen Katheterpflege mit einer antiseptischen Lösung ist das tägliche Waschen mit Wasser und Seife im Rahmen der normalen Körperpflege sinnvoll [64, 65, 82], um die Bildung von Inkrustierungen am Übergang des Katheters in die Urethra zu verhindern. Im übrigen kann sowieso durch eine Meatuspflege mit Antiseptika nicht das Lumen der Urethra erreicht werden, so daß die dort siedelnden Mikroorganismen nicht mit dem Antiseptikum in Kontakt kommen können.

Außerdem kann auch mit antiseptischen oder antibiotischen Blasenspülungen weder eine Kolonisierung des Urins verhindert noch eine bereits vorhandene beseitigt werden. Im ungünstigen Falle wird dadurch die Selektion mäßig empfindlicher oder resistenter Erreger gefördert. Der Grund für das Versagen antiseptischer oder antibiotischer Blasenspülungen ist u. a. darin zu sehen, daß die kolonisierenden Mikroorganismen, eingebettet in einen Biofilm, vor der Wirkung dieser Substanzen geschützt bleiben. Prinzipiell aber sollen Spülungen der Blase schon deshalb unterlassen werden, weil damit eine Manipulation und Öffnung des Systems mit dem Risiko einer Kontamination verbunden ist. Für postoperative Spülungen nach transurethralen Eingriffen stehen spezielle mehrlumige Katheter zur Verfügung.

Schließlich kann auch die Gabe von Antibiotika eine Bakteriurie nicht verhindern und soll deshalb nicht durchgeführt werden. Es besteht außerdem dabei auch immer die Möglichkeit, daß es zu einer Selektion resistenter Erreger kommt, weil kein Antibiotikum gegen alle in Frage kommenden Erreger wirksam ist.

## 5.5
### Langzeitkatheterisierung

Es gibt zwei Gruppen von Patienten, die eine Langzeitkatheterisierung benötigen: Patienten mit Rückenmarksverletzungen und anderen neurologischen Krankheiten sowie alte Patienten in Pflegeheimen. Viele rückenmarksverletzte Patienten brauchen eine Harnableitung wegen neurogener Blase mit Urinretention. Bei diesen Patienten wird heute in den meisten Fällen eine Dauerkatheterisierung durch die intermittierende Katheterisierung ersetzt (s. unten). Insofern sind alte Patienten in Pflegeheimen die Hauptgruppe, bei denen eine Katheterisierung über einen Dauerkatheter für lange Zeit durchgeführt wird. Die häufigsten Indikationen sind Harninkontinenz und Blasenausgangsobstruktionen, die nicht operativ korrigiert worden sind.

Wenn bei der Pflege inkontinenter Patienten der Einsatz von Inkontinenzunterlagen und Windeln nicht ausreicht, um eine Mazeration der Haut mit der Folge eines Dekubitus zu verhindern, bleibt die Anlage einer Urindrainage oft die einzige Lösung. Weil bei diesen Patienten nicht die Urinretention das Problem ist, ist die intermittierende Katheterisierung meist nicht sinnvoll. Für Männer gibt es die Möglichkeit der externen Harnableitung über einen Kondomkatheter, bei Frauen jedoch ist eine vergleichbare Möglichkeit nicht vorhanden.

Die tägliche Inzidenz einer Bakteriurie liegt auch bei Langzeitkatheterisierung zwischen 5% und 10%, nach einer Liegedauer von 30 Tagen haben 78–95% der Patienten eine Bakteriurie entwickelt [443]. Die Eintrittspforten für Erreger (intra- und extraluminal) sind dieselben wie bei kurzzeitkatheterisierten Patienten.

## 5.5.1
### Erregerspektrum

Langzeitkatheterisierte Patienten haben manchmal häufiger als einmal alle 14 Tage eine Bakteriurie-Episode mit einem neuen Erreger [443]. Zusätzlich zu den bei kurzzeitkatheterisierten Patienten am häufigsten isolierten Erregern spielen bei einer Katheterisierung über Wochen und Monate andere gramnegative Erreger eine bedeutende Rolle (Tabelle 5.3) [445]. In der Regel sind gleichzeitig mehrere Erreger nachweisbar, dabei jeder einzelne in einer hohen Keimzahl ($\geq 10^5$ KBE/ml) [445, 446].

Die Persistenz der Erreger in den Harnwegen ist sehr unterschiedlich. Besonders lange (mehrere Monate) können P. stuartii und manche E. coli-Stämme nachweisbar bleiben, was auf spezielle Adhärenzeigenschaften zurückgeführt werden konnte. Dabei muß aber nicht notwendigerweise der Katheter die Persistenz des Erregers fördern, wie dies für P. stuartii angenommen wird, sondern es kann, wie bei E. coli, auch die Adhärenz am Epithel der Harnwege dafür verantwortlich sein [443].

Tabelle 5.3. Erregerspektrum im Katheterurin bei langzeitkatheterisierten Patienten mit Bakteriurie. (Aus [443])

| Erreger | Isolate [%] (n = 1599) |
|---|---|
| Providencia stuartii | 24 |
| Proteus species | 15 |
| Escherichia coli | 14 |
| Pseudomonas aeruginosa | 12 |
| Enterokokken | 8 |
| Morganella morganii | 7 |
| Klebsiella species | 4 |
| Koagulase-negative Staphylokokken | 3 |
| Andere gramnegative Stäbchen | 6 |
| Andere grampositive Bakterien | 4 |

Vergleicht man die Isolate aus Urin, der aus dem Katheter abgenommen wurde, mit Urin direkt aus der Blase, findet man bei Proteus sp. (P. mirabilis, P. stuartii, M. morganii), P. aeruginosa und Enterokokken höhere Keimzahlen im Katheterurin als im Blasenurin, während die typischen Erreger von Harnwegsinfektionen (E. coli, K. pneumoniae) an beiden Lokalisationen in gleicher Keimzahl anzutreffen sind [443]. Das bedeutet, daß die eine Gruppe von Bakterien eine ökologische Nische am Kathetermaterial findet, wo sie, eingebettet in einen Biofilm und dadurch geschützt vor dem Urinfluß, der Wirkung von Antibiotika und dem Einfluß der körpereigenen Abwehr, lange Zeit persistieren können (Biofilmwachstum). Die andere Gruppe von Bakterien, also die typischen Erreger von Harnwegsinfektionen, finden aber im Urin selbst günstige Bedingungen vor (planktonisches Wachstum), weshalb sie auch bei nichtkatheterisierten Patienten häufig zu Harnwegsinfektionen führen.

Auch nach Katheterwechsel ist das Keimspektrum im Katheterurin nicht wesentlich unterschiedlich, lediglich die Reihenfolge der Häufigkeit der einzelnen Erreger ändert sich vorübergehend etwas [443]. Aus diesem Grund ist auch bei langzeitkatheterisierten Patienten ein regelmäßiger Wechsel des Katheters nicht indiziert, weil der neue Katheter sofort wieder von im Urin weiterhin vorhandenen biofilmproduzierenden Bakterien besiedelt wird.

Hinsichtlich der Diagnostik fehlt eine zuverlässige und leicht durchführbare Methode, um die Lokalisation der bakteriellen Besiedlung der Harnwege (Blasenbakteriurie oder renale Bakteriurie) zu bestimmen und von einer Kolonisierung des Katheters zu unterscheiden.

## 5.5.2
**Komplikationen**

Bei langzeitkatheterisierten Patienten gibt es über die bei Kurzzeitkatheterisierung bekannten Komplikationen hinaus zusätzliche Probleme, die im folgenden besprochen werden [422, 443, 444]:

Wechsel des Katheters. Bei allen Patienten ist ein Katheterwechsel in unterschiedlichen Intervallen erforderlich. Die Halbwertszeit von Kathetern wurde mit ca. zwei Wochen angegeben. Hauptgründe für einen Wechsel sind die unbeabsichtigte Entfernung des Katheters durch den Patienten selbst oder das Personal, Austritt von Urin neben dem Katheter und die Obstruktion des Katheters, wobei die Obstruktion ihrerseits das Auslaufen des Urins bedingt. Verantwortlich für die Obstruktion sind Ansammlungen von Bakterien, Glykokalyx, Proteinen und präzipitierten Kristallen. Die Kristalle bilden sich unter dem Einfluß bakterieller Ureasen, von denen das Enzym von P. mirabilis um ein vielfaches aktiver ist als die Ureasen anderer Erreger.

Akute infektiöse Komplikationen. Die Inzidenz infektiöser Komplikationen ist mit 1/100 Kathetertage niedrig. In zwei Drittel der Fälle sind die Harnwege die Ursache für Fieber, das aber meist relativ gering ist. Die meisten febrilen Episoden dauern nur maximal einen Tag und verschwinden wieder ohne Antibiotikatherapie oder Katheterwechsel.

Eine Invasion der Erreger in das Gewebe mit nachfolgender Pyelonephritis wird bei vielen febrilen Episoden angenommen. Bakteriämien sind bei diesen Patienten wesentlich häufiger als bei nichtkatheterisierten Patienten, wobei E. coli am häufigsten aus dem Blut isoliert werden kann, aber auch P. stuartii und M. morganii gefunden werden können. Todesfälle sind bei febrilen Episoden wesentlich häufiger als bei Patienten ohne Fieber.

Prophylaktische Antibiotikagaben können keine infektiösen Komplikationen verhüten. Vielmehr besteht wie bei jeder Antibiotikagabe die Gefahr der Selektion resistenter Erreger, die u. U. nur sehr schwer zu behandeln sind. Auch die Gabe von Methenamin hat im Gegensatz zu nichtkatheterisierten Patienten keinen Einfluß. Seine antibakterielle Wirkung beruht auf der Freisetzung von Formaldehyd in saurem Milieu. Die Hydrolyse von Methenamin mit einer ausreichend hohen antibakteriell wirksamen Formaldehydkonzentration findet jedoch erst nach einer Exposition von ca. 60 min in saurem Urin statt, was bei einer Katheterisierung wegen der ständigen Urinableitung nicht zustande kommen kann.

Harnsteine. Derselbe Prozeß, der zur Katheterobstruktion führt, ist auch für die Bildung von Harnsteinen verantwortlich, die bei langzeitkatheterisierten Patienten häufig sind. In der Blase sind sie meist um den Ballon und die Katheterspitze lokalisiert und relativ harmlos, in der Niere jedoch können sie zu chronischer Pyelonephritis und eingeschränkter Nierenfunktion führen.

Andere Komplikationen. In direkter Beziehung zur Dauer der Katheterisierung steht die chronische interstitielle Nephritis, die eine häufige Komplikation darstellt. Lokale Komplikationen im Bereich der unteren Harnwege sind bei Männern am häufigsten, es handelt sich dabei um Urethrafisteln, eitrige Epididymitis, Skrotumabszeß, Prostatitis und Prostataabszeß. Weitere Komplikationen, wie man sie früher bei jahrelang katheterisierten Patienten mit Querschnittsyndrom beobachten konnte, sind vesikoureteraler Reflux, Nierenversagen und Blasenkarzinom.

Hygienisches Risiko. Ein Problem ganz anderer Art ist die Besiedlung des Urins mit einer Vielzahl gramnegativer Erreger, die nicht selten multiple Antibiotikaresistenzen aufweisen. Wenn auch langzeitkatheterisierte Patienten in den meisten Fällen eine Bakteriurie haben, können sie doch zusätzlich durch neue Erreger gefährdet werden. Deshalb muß durch konsequente Einhaltung von Hygienemaßnahmen darauf geachtet werden, daß eine Übertragung der Erreger von einem auf den anderen Patienten vermieden wird. Hier sind besonders Händewaschen bzw. Händedesinfektion und das Tragen von Einmalhandschuhen bei möglichem Kontakt mit Urin erforderlich (s. Kap. 23, S. 391). Bei der Verlegung von Patienten mit Dauerkatheterisierung aus Pflegeheimen in Akutkrankenhäuser muß deshalb von Anfang an damit gerechnet werden, daß der Patient im Bereich der Harnwege mit multiplen und sehr wahrscheinlich polyresistenten Erregern in jeweils hoher Keimzahl ($\geq 10^5$ KBE/ml) besiedelt ist.

## 5.5.3
## Prävention

Wie bei kurzzeitkatheterisierten Patienten stehen bei der Prävention der Komplikationen bei langzeitkatheterisierten Patienten Alternativen zur transurethralen Katheterisierung sowie die Prävention bzw. Verzögerung der Bakteriurie im Vordergrund [422, 443, 444]. Es gibt keine prospektiven randomisierten kontrollierten klinischen Studien, in denen der Einfluß der transurethralen Dauerkatheterisierung mit alternativen Methoden der invasiven und nichtinvasiven Harnableitung auf die Bakteriurierate verglichen worden ist [156]. Die Empfehlungen alternativer Methoden beruhen auf den Erfahrungen mit den Problemen bei transurethraler Katheterisierung. Dabei geht man davon aus, daß insbesondere die weniger invasiven externen Methoden der Harnableitung auch weniger häufig infektiöse Probleme mit sich bringen würden. Dies ist wahrscheinlich richtig, aber auch bei der Anwendung alternativer Methoden kommen infektiöse Probleme vor.

### Alternativen zur transurethralen Katheterisierung

Kondomkatheter. Bei inkontinenten Männern werden häufig Kondomkatheter verwendet. Der im Reservoir aufgefangene Urin enthält hohe Keimzahlen, wodurch es zu einer Besiedlung der Haut, der Urethra und des Blasenurins kommen kann. Um die Lokalisation der bakteriellen Kolonisierung zu bestimmen, muß man den Urin sorgfältig über einen neuen Kondomkatheter abnehmen und sofort untersuchen. Bei Verwendung von Kondomkathetern ist die Häufigkeit von Bakteriurien in vielen Fällen geringer ist als bei transurethralen Kathetern. Komplikationen sind lokale Probleme wie Mazeration und Ulkusbildung, ferner Divertikel der Urethra und Penisgangrän durch Einschnürung bedingt durch den Kondomring.

Intermittierende Katheterisierung. Anstelle der transurethralen Dauerkatheterisierung ist die intermittierende Katheterisierung bei Patienten mit Querschnittssyndrom und anderen Arten der chronischen Urinretention zum Standard geworden. Dabei wird bei kontrollierter Flüssigkeitszufuhr alle 3–6 h ein steriler oder lediglich sauberer Katheter von einer Pflegeperson oder dem Patienten selbst eingeführt, der Urin abgelassen und der Katheter sofort wieder entfernt. Die Bakteriurie-Inzidenz beträgt 1–3% pro Katheterisierung, bei einer viermal täglichen Katheterisierung ist alle 1–3 Wochen mit einer neuen Bakteriurie-Episode zu rechnen.
Orale Antibiotika und Methenamin sowie Antiseptikainstillation in die Blase wurden erfolglos eingesetzt, um die Entwicklung von Bakteriurien zu verzögern. Aber auch bei der intermittierenden Katheterisierung werden alle Patienten über

kurz oder lang bakteriurisch. Dabei bleiben sie häufig asymptomatisch. Hinsichtlich lokaler Komplikationen, febriler Episoden, Bakteriämie, Blasen- und Nierensteinen sowie Schädigung der Nierenfunktion gilt die intermittierende Katheterisierung als Verbesserung gegenüber der transurethralen. Zu den Komplikationen gehören Blutungen, Entzündung der Urethra, Strikturen, Epididymitis und Hydronephrose (möglicherweise durch ungenügende Blasenentleerung).

Mit der Einführung der sauberen anstelle der aseptischen Technik Anfang der 70er Jahre wurde die intermittierende Katheterisierung erheblich vereinfacht. Dazu werden saubere und trockene Katheter verwendet, eine Schleimhautdesinfektion wird nicht durchgeführt. Die Katheter werden z.T. auch mehrfach benutzt, wobei es aber für ihre Reinigung, Trocknung und Aufbewahrung keine einheitlichen Empfehlungen gibt. Am besten scheint zu sein, die Katheter sofort nach der Katheterisierung mit Leitungswasser gründlich durch- und abzuspülen. Anschließend wischt man den Katheter außen z.B. mit einem sauberen Handtuch trocken und bläst das Innenlumen zum Trocknen mit Hilfe einer großen Plastikspritze mehrmals durch.

Suprapubische Katheterisierung. Prinzipiell hat die suprapubische Katheterisierung im Vergleich zur transurethralen bei Langzeitkatheterisierung die gleichen Vorteile wie bei Kurzzeitkatheterisierung. Die Entwicklung der Bakteriurie ist jedoch dabei ebenso unvermeidlich wie bei den anderen Methoden der Harnableitung.

Andere Alternativen. Der pflegerische Aufwand bei Verwendung saugfähiger Inkontinenzunterlagen ist relativ hoch (z.B. sechsmaliger Wechsel pro Tag, incl. jeweils Waschen des Patienten mit Wasser und Seife sowie gründlichem Abtrocknen). Damit kann bei einem großen Teil inkontinenter Patienten auf eine Katheterisierung verzichtet werden. Dies bedeutet ferner eine seltenere Isolierung multiresistenter Erreger aus dem Urin sowie einen nicht unwesentlich geringeren Verbrauch von Antibiotika. Beim Einsatz von Windeln findet sich jedoch, ähnlich wie bei der Verwendung von Kondomkathetern, ein höheres Bakteriurierisiko.

Prävention bzw. Verzögerung der Bakteriurie

Die gleichen Maßnahmen, wie sie bereits für kurzzeitkatheterisierte Patienten genannt wurden, gelten prinzipiell auch bei der Langzeitkatheterisierung, um die Entstehung von Bakteriurien soweit wie möglich hinauszuzögern.

In Tabelle 5.4 sind die wichtigsten Unterschiede zwischen Kurzzeit- und Langzeitkatheterisierung noch einmal stichwortartig zusammengefaßt.

Von den CDC wurden Anfang der 80er Jahre Empfehlungen zur Prävention katheterbedingter Harnwegsinfektionen publiziert, die zwischenzeitlich zwar noch nicht wieder überarbeitet worden sind, jedoch grundsätzlich weiterhin Bestand haben werden [472]. Diese Empfehlungen, die sowohl für kurzzeit- als auch für langzeitkatheterisierte Patienten Gültigkeit haben, sind in der folgenden Übersicht aufgeführt.

**Tabelle 5.4.** Vergleich der transurethralen Kurz- und Langzeitkatheterisierung

| Charakteristika | Kurzzeit | Langzeit |
|---|---|---|
| Definition | < 30 Tage | ≥ 30 Tage |
| Patient<br>– Art der Krankheit<br>– Lokalisation<br>– Indikationen | <br>Akut, operativ<br>Akut-Krankenhaus<br>Messung der Ausscheidung<br>Operation<br>Urinretention<br>Inkontinenz | <br>Chronisch, neurologisch<br>Institution für Langzeitpflege<br>Inkontinenz<br>Urinretention |
| Normale Liegedauer | 2–4 Tage | Monate bis Jahre |
| Bakteriurie<br>– Inzidenz<br>– Prävalenz<br>– Anzahl Erreger<br>– Häufigste Erreger | <br>5–10%/Tag<br>15%<br>Monokultur<br>Escherichia coli<br>Klebsiella pneumoniae<br>Proteus mirabilis<br>Pseudomonas aeruginosa<br>Enterokokken | <br>5–10%/Tag<br>100%<br>Polymikrobiell<br>Providencia stuartii<br>Proteus mirabilis<br>Escherichia coli<br>Morganella morganii<br>Enterokokken |
| Komplikationen | Fieber<br>Akute Pyelonephritis<br>Bakteriämie<br>Tod | Fieber<br>akute Pyelonephritis<br>Bakteriämie<br>Tod<br>Katheterobstruktion<br>Harnsteine<br>Chronische Nierenentzündung<br>Vesikoureteraler Reflux<br>Nierenschaden<br>Blasenkarzinom |
| Möglichkeiten der Bakteriurie-Prävention | Geschlossenes Harndrainagesystem | keine |
| Ziel medizinischer Maßnahmen | Verzögerung der Bakteriurie | Prävention der Komplikationen der Bakteriurie |
| Alternative Möglichkeiten | Inkontinenzunterlagen<br>Windeln<br>Kondomkatheter<br>Intermittierende Katheterisierung<br>Suprapubische Katheterisierung | Inkontinenzunterlagen<br>Windeln<br>Kondomkatheter<br>Intermittierende Katheterisierung<br>Suprapubische Katheterisierung<br>operative Maßnahmen |

**CDC** (Centers for Disease Control and Prevention, Atlanta, USA.)
**Empfehlungen zur Prävention katheterbedingter Harnwegsinfektionen**
- aseptisches und atraumatisches Katheterisieren durch geschultes Personal,
- strenge Indikationsstellung für Blasenkatheter,
- Händewaschen/Händedesinfektion vor und nach Manipulation am Katheter oder Drainagesystem,
- sichere Fixierung des Blasenkatheters,
- nur geschlossene Drainagesysteme mit Rückflußventil verwenden,
- Verbindung zwischen Katheter und Drainagesystem nie lösen, außer wenn Spülung unbedingt erforderlich,
- Blasenspülung nur zur Verhinderung oder Beseitigung blutungsbedingter Obstruktionen mit aseptischer Technik,
- Probenentnahme kleiner Urinvolumina durch Entnahme an der vorgesehenen (Punktions-)Stelle am Drainagesystem (zuvor Wischdesinfektion),
- größere Urinvolumina aseptisch aus dem Auffangbeutel entnehmen (dabei Einmalhandschuhe tragen),
- freien Urinfuß gewährleisten (Abknicken von Katheter oder Drainagesystem vermeiden, Auffangbeutel regelmäßig leeren, kein Blasentraining),
- Entleeren des Auffangbeutels immer mit Einmalhandschuhen, zum Auffangen des Urins nur – vorzugsweise thermisch – desinfizierte (Steckbeckenspülautomat) Gefäße verwenden,
- bei Obstruktion den Katheter durchspülen oder, wenn erforderlich, auswechseln,
- Auffangbeutel nicht über Blasenniveau heben, um den Urinfluß durch die Wirkung der Schwerkraft zu fördern,
- regelmäßige Schulung des Personals in der korrekten Technik des Katheterisierens,
- für Blasenspülungen vorzugsweise geschlossene Systeme mit doppelläufigem Katheter verwenden,
- suprapubische Katheterisierung, Kondomkatheter bzw. intermittierende Katheterisierung als Alternative zum transurethralen Katheter bevorzugen,
- räumliche Trennung kolonisierter bzw. infizierter und nichtkolonisierter bzw. nichtinfizierter Patienten mit Blasenkathetern,
- keine kontinuierlichen Blasenspülungen,
- kein routinemäßiger Wechsel des Katheters,
- keine routinemäßige Meatuspflege,
- kein Wechsel des Drainagesystems bei Fehlern in der aseptischen Technik oder versehentlicher Diskonnektion von Katheter und Drainagesystem,
- keine antibiotischen oder antiseptischen Blasenspülungen,
- keine Antibiotika- oder Antiseptikainstillation in den Auffangbeutel,
- keine routinemäßigen mikrobiologischen Urinuntersuchungen bei katheterisierten Patienten,
- keine systemische (p. o., i. v.) Antibiotikaprophylaxe.

# 6 Epidemiologie und Prävention von Pneumonien

I. Kappstein

## 6.1
## Epidemiologie

Die Pneumonie gehört mit Harnwegsinfektion und postoperativer Infektion im Operationsgebiet zu den drei häufigsten nosokomialen Infektionen, wobei außer in der Gynäkologie und Geburtshilfe der prozentuale Anteil an allen nosokomialen Infektionen zwischen ca. 13% und 17% liegt (Tabelle 6.1) [140]. Besonders hoch ist das Risiko, an einer Pneumonie zu erkranken, bei intensivpflichtigen intubierten und beatmeten Patienten, bei bewußtseinsgetrübten Patienten mit Schädel-Hirn-Trauma, bei Patienten mit chronischen Lungenkrankheiten sowie bei alten Menschen ($\geq 70$ Jahre) und bei chirurgischen Patienten, insbesondere nach Eingriffen am Thorax oder Oberbauch [94, 140, 360, 425]. In der Regel ist die Pneumonie eine schwere Infektion, die abhängig von den Grundkrankheiten zu einer erhöhten Mortalität der Patienten beitragen kann [425]. Die z. T. erhebliche Beeinflussung der Morbidität wurde mehrfach an einer mit unterschiedlichen Methoden ermittelten Verlängerung der Krankenhausverweildauer bis zu 11,5 Tagen dargestellt [94, 249, 266, 360, 425].

## 6.2
## Erregerspektrum

Die häufigsten bakteriellen Erreger nosokomialer Pneumonien sind S. aureus mit 20%, P. aeruginosa mit 16% und Enterobacter sp. mit 11%, wobei aber häufig mehrere Erreger am Infektionsgeschehen beteiligt sind (Tabelle 6.2) [94, 140]. In vielen Fällen aber kann nicht sicher unterschieden werden, ob die isolierten Erreger für die Infektion tatsächlich verantwortlich sind oder ob sie lediglich die Atemwege kolonisieren. Beim Nachweis bestimmter Erreger kann man jedoch nahezu immer von einer Kolonisierung ausgehen. Dabei handelt es sich um koagulasenegative Staphylokokken (außer evtl. bei Früh- oder Neugeborenen), um Enterokokken (außer evtl. bei Nachweis in Reinkultur und hoher Keimzahl, wie fast nur nach längerer Therapie mit Cephalosporinen beobachtet [32]) und um Candida sp., meist C. albicans. Diese Mikroorganismen sind sehr häufig insbesondere bei intubierten und beatmeten Intensivpatienten oder Patienten unter Breitspektrum-Antibiotikatherapie in Mischkultur nachweisbar. Natürlich kann

**Tabelle 6.1.** Häufigkeit von Pneumonien bei Patienten mit nosokomialen Infektionen in verschiedenen Abteilungen[a]

| Abteilung | Pneumonien [%] |
|---|---|
| Allgemeinchirurgie | 16,4 |
| Innere Medizin | 17,0 |
| Geburtshilfe | 2,3 |
| Gynäkologie | 6,5 |
| Pädiatrie | 12,7 |
| Neonatologie | 14,9 |

[a] NNIS-Daten (National Nosocomial Infections Surveillance System, USA) 1990–1992 [140]

**Tabelle 6.2.** Häufigste Erreger von Pneumonien in Akutkrankenhäusern[a]

| Erreger | Isolate [%] (n = 8891) |
|---|---|
| Staphylococcus aureus | 20 |
| Pseudomonas aeruginosa | 16 |
| Enterobacter species | 11 |
| Klebsiella pneumoniae | 7 |
| Candida albicans | 5 |
| Haemophilus influenzae | 5 |
| Escherichia coli | 4 |
| Acinetobacter species | 4 |
| Andere aerobe Nichtenterobakteriazeen | 4 |
| Serratia marcescens | 3 |
| Koagulasenegative Staphylokokken | 2 |
| Enterokokken | 2 |
| Proteus mirabilis | 2 |
| Andere Klebsiella species | 2 |
| Andere Streptokokken | 1 |
| Andere Candida species | 1 |
| Andere Pilze | 1 |
| Citrobacter species | 1 |
| B-Streptokokken | 1 |
| Andere aerobe Enterobakteriazeen | 1 |
| Viren | 1 |

[a] NNIS-Daten (National Nosocomial Infections Surveillance System, USA) 1990–1992 [140]

z. B. C. albicans ein Erreger nosokomialer Pneumonien sein, aber für die Diagnose einer Candidapneumonie ist der alleinige Nachweis des Erregers im respiratorischen Sekret nicht ausreichend [319].

Die mikrobiologische Diagnostik der Pneumonie ist schwierig [77], und deshalb darf nicht das Erregerspektrum im respiratorischen Sekret ohne Einschränkung mit dem Erregerspektrum der Pneumonie gleichgesetzt werden. Eben dies geschieht aber in vielen Untersuchungen, weshalb immer wieder Bakterien als Erreger von Pneumonien genannt werden, die, wenn überhaupt, nur unter ganz besonderen, äußerst selten gegebenen Bedingungen ursächlich in Frage kommen (s. oben).

Manchmal wird bei den nosokomialen Pneumonien zwischen Früh-(early onset-) und Spät-(late onset-)Pneumonie unterschieden, was hinsichtlich des Erregerspektrums von Bedeutung ist.

- Frühpneumonie:
  - Auftreten in den ersten 3 Tagen des stationären Aufenthaltes,
  - Erreger meist Pneumokokken, M. catarrhalis und H. influenzae, d. h. Bakterien, die häufig den Nasen-Rachen-Raum gesunder Personen besiedeln und deshalb bei stationärer Aufnahme bereits vorhanden sind.
- Spätpneumonie:
  - Auftreten ≥ 3 Tage nach stationärer Aufnahme,
  - Erreger häufig gramnegative Stäbchen, wie z. B. K. pneumoniae, Enterobacter sp., P. aeruginosa, oder S. aureus als häufigster grampositiver Erreger.

Neben den typischen oben genannten Erregern nosokomialer Pneumonien kommen auch Viren (z. B. Influenza, RSV [189]), Pilze (neben C. albicans auch A. fumigatus) und v. a. bei abwehrgeschwächten Patienten auch seltenere Erreger, wie z. B. P. carinii oder L. pneumophila, vor (zu Aspergillosen und Legionellosen s. Kap. 10, S. 155 und Kap. 11, S. 161).

## 6.3
## Pathogenese

Pneumonieerreger erreichen die tiefen Atemwege prinzipiell folgendermaßen [425]:
- durch Aspiration von oropharyngealem Sekret und/oder Magensaft,
- durch Inhalation bakterienhaltiger Aerosole,
- hämatogen von einem entfernten Infektionsherd oder via Translokation aus dem Darm.

## 6.3.1
## Aspiration

Die größte Bedeutung hat die Aspiration von Oropharyngealsekret oder Magensaft mit hohen Keimzahlen potentiell pathogener Erreger. Dabei geht es aber nicht um die Aspiration großer Volumina, sondern um Mikroaspirationen, die sowohl bei 45% gesunder Personen im Tiefschlaf als auch in vermehrtem Maße bei bewußtlosen Patienten (70%) sowie bei Patienten mit Schluckstörungen oder verzögerter Magenentleerung auftreten können [94, 266, 360, 425]. Beim intubierten Patienten kann Oropharyngealsekret, das sich oberhalb des Cuffs ansammelt, zwischen Trachealwand und Tubusmanschette in kleinen Mengen in die tieferen Atemwege gelangen [94, 266, 360]. Ob sich daraus eine Pneumonie entwickelt, hängt wesentlich von der Keimzahl im aspirierten Sekret sowie von der lokalen pulmonalen und systemischen Abwehrlage des Patienten ab [94].

**Kolonisierung des Oropharynx.** Normalerweise ist die Zusammensetzung der Flora des Nasen-Rachen-Raumes relativ konstant. Wenn überhaupt, dann sind bei gesunden Personen im Nasen-Rachen-Raum nur selten (und in geringer Keimzahl) gramnegative Bakterien und andere Keime, wie z. B. Enterokokken, deren normales Reservoir der Darm ist, nachweisbar [266]. Aus experimentellen Untersuchungen weiß man darüber hinaus, daß gesunde Personen nach Gurgeln mit Bakteriensuspension hohe Keimzahlen von Enterobakteriazeen sehr schnell aus dem Nasen-Rachen-Raum eliminieren können, wobei der Speichelfluß eine wesentliche Rolle spielt [266]. Ein anderer wesentlicher Schutzfaktor vor einer Kolonisierung mit ungewöhnlichen Erregern ist die sog. bakterielle Interferenz: vergrünende Streptokokken beispielsweise hemmen das Wachstum gramnegativer Stäbchen [415]. Die oropharyngeale Normalflora ist jedoch sehr empfindlich gegen Antibiotika, so daß bei Patienten unter Antibiotikatherapie oder z. B. auch nur nach kurzzeitiger perioperativer Prophylaxe ihr natürliches Gleichgewicht gestört ist, wodurch eine Besiedlung mit Enterobakteriazeen erleichtert wird.

Zusätzlich zu diesen lokalen Faktoren, die die Besiedlung des Oropharynx beeinflussen, spielen der klinische Allgemeinzustand des Patienten und seine Grundkrankheiten ein bedeutende Rolle. Tabelle 6.3 zeigt die Kolonisationsraten mit gramnegativen Bakterien bei gesunden Personen im Vergleich zu Personen

**Tabelle 6.3.** Oropharyngeale Kolonisierung mit aeroben gramnegativen Stäbchen. (Aus [266])

| Patientenpopulation | Kolonisierungsrate [%] |
|---|---|
| Normalpersonen | 2 |
| Poliklinikpatienten | 18 |
| Alkoholiker | 48 |
| Diabetiker | 39 |
| Personen mit viraler Pharyngitis | 46 |
| Hospitalisierte Patienten | |
| – mittelschweres Krankheitsbild | 32 |
| – lebensbedrohliches Krankheitsbild | 70 |
| Patienten auf medizinischer Intensivstation | 45 |
| Ältere Personen | |
| – selbständig | 6 |
| – Pflegeheim | 2 |
| – Krankenhauspatienten | 40 |

mit verschiedenen Grundkrankheiten [266]. Sehr hohe Kolonisationsraten finden sich danach bei Alkoholikern, Diabetikern, Personen mit viraler Pharyngitis, Intensivpatienten und alten Patienten.

Eine wichtige Voraussetzung für die Kolonisierung der oropharyngealen Schleimhaut mit Enterobakteriazeen ist die Adhärenz der Erreger an den Epithelien, die durch bakterienspezifische Faktoren, wie z. B. Vorhandensein von Pili oder Kapseln, durch Eigenschaften der Wirtszellen, wie z. B. Vorhandensein bestimmter Oberflächenproteine oder Polysaccharide, und durch Milieufaktoren, wie z. B. pH und Zusammensetzung des Oropharyngealsekrets, beeinflußt wird [425]. So konnte z. B. gezeigt werden, daß Fibronektin, ein großes Glykoprotein, das auf den Epithelien der Mundschleimhaut in unterschiedlicher Menge vorhanden ist, die Adhärenz gramnegativer Stäbchen hemmt, daß aber dasselbe Molekül die Adhärenz grampositiver Bakterien, wie z. B. A-Streptokokken, fördert. Das heißt, klinische Zustände, die die Kolonisierung mit gramnegativen Stäbchen begünstigen (wie z. B. Diabetes mellitus), rufen Veränderungen der Schleimhaut des Nasen-Rachen-Raumes hervor, wodurch die Voraussetzung für die Adhärenz gramnegativer Bakterien geschaffen wird.

**Kolonisierung des Magens.** Die Bedeutung des Magens als Erregerreservoir für nosokomiale Pneumonien bei beatmeten Patienten wurde erst später beachtet als die des Oropharynx [14, 104, 127, 248]. Normalerweise stellt der Magen durch den niedrigen pH-Wert des Magensafts (pH < 2) eine effektive Barriere gegen die zahlreichen z. B. mit der Nahrung aufgenommenen Keime dar. Steigt aber der Magensaft-pH-Wert auf Werte $\geq 4$ können sich darin Mikroorganismen vermehren, wobei gramnegative Stäbchen bei pH-Werten > 7 extrem hohe Keimzahlen ($\geq 10^6$ KBE/ml) erreichen können, während bei Staphylokokken die Zunahme der Keimzahl weniger ausgeprägt ist und Candida sp. mehr oder weniger pH-unabhängig wächst. Eine Erhöhung der Magensaft-pH-Werte in einen Bereich, der aus mikrobiologischer Sicht ungünstig ist, kann bei alten Menschen, bei Achlorhydrie, bei enteral über eine Magensonde ernährten Patienten sowie unter Antacida- oder $H_2$-Blocker-Therapie beobachtet werden. Bei intubierten beatmeten Patienten, insbesondere bei Vorhandensein einer nasogastralen Sonde sowie bei Flachlagerung, finden immer wieder Regurgitationen kleiner Mengen von Magensaft in den Oropharyngealraum statt, wodurch es retrograd zur Kolonisierung mit den Mikroorganismen aus dem Magen kommt.

## 6.3.2
**Inhalation von Aerosolen**

Das Eindringen potentiell pathogener Erreger in die Lunge durch bakterienhaltige Aerosole kann durch kontaminiertes Beatmungs- und Narkosezubehör zustande kommen, was aber heutzutage durch die verbesserten Aufbereitungsmethoden kaum noch Bedeutung hat [425]. Außerdem spielen heute Atemgasanfeuchtungssysteme diesbezüglich keine Rolle mehr, weil bei der aktiven Atemgasanfeuchtung über Kaskaden kaum Aerosole freigesetzt werden und darüber hinaus die Wassertemperatur in den Kaskaden ein mikrobielles Wachstum nicht zuläßt, selbst wenn eine Kontamination des Wasserreservoirs stattfinden würde [180]. Vernebler jedoch produzieren große Aerosolmengen, die über das Beatmungsschlauchsystem und den Tubus direkt in die tiefen Atemwege transportiert werden. Bei mikrobieller Kontamination eines solchen Wasserreservoirs werden dann bakterienhaltige Aerosole produziert, wodurch das Risiko, eine Pneumonie zu entwickeln, insbesondere bei intubierten Patienten stark erhöht ist [425].

### 6.3.3
### Hämatogene Entstehung

Durch hämatogene Aussaat aus einem entfernten Infektionsherd kann es zu einer Absiedlung der Erreger in der Lunge mit der Folge einer Pneumonie kommen (sekundäre Pneumonie). Außerdem können prinzipiell Bakterien, die aus dem Darm via Translokation in den Blutstrom gelangt sind, die Lunge erreichen (s. Kap. 8, S. 121). Diese beiden Infektionswege spielen aber zahlenmäßig als Ursache nosokomialer Pneumonien nur eine untergeordnete Rolle [425].

In Abb. 6.1 sind die pathogenetischen Faktoren, die für die Entstehung nosokomialer Pneumonien verantwortlich sein können, zusammengefaßt.

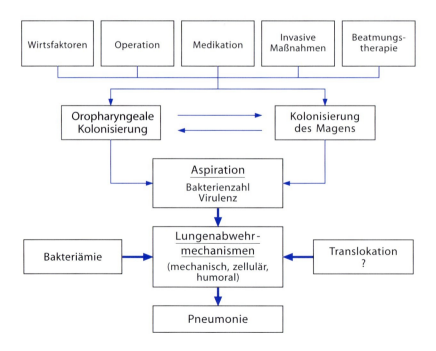

**Abb. 6.1.** Pathogenese der nosokomialen bakteriellen Pneumonie. (Nach [425])

## 6.4
## Prävention

Eine effektive Prävention nosokomialer Pneumonien muß sich an den Zugangswegen für Mikroorganismen in die Lunge orientieren und darauf abzielen, diese, soweit möglich, zu unterbrechen. (Angaben zum Umgang mit oder zur Aufbereitung von Gegenständen und Geräten, die in direkten oder indirekten Kontakt mit den Atemwegen der Patienten kommen, finden sich in Kap. 23, S. 391, und Kap. 25, S. 447.)

### 6.4.1
### Kolonisation von Oropharynx und Magen

Die Beziehung zwischen der Kolonisierung der oberen Atemwege sowie des Magens und der Entwicklung von Pneumonien hat zu verschiedenen Ansätzen geführt, die Kolonisierung insbesondere mit gramnegativen Stäbchen zu verhindern oder zumindest nachhaltig zu reduzieren.

**Selektive Dekontamination des Digestionstraktes (SDD).** Das Prinzip der SDD ist die Verhütung bzw. Reduzierung einer mikrobiellen Kolonisierung des Nasopharynx und des Magen-Darm-Traktes durch topische Applikation nichtresorbierbarer Antibiotika und Antimykotika, um damit der Entwicklung von Pneumonien bei der besonders gefährdeten Gruppe schwerkranker beatmeter Patienten vorzubeugen. V. a. soll dabei die Besiedlung mit gramnegativen Stäbchen und mit Candida sp. verhindert werden, ohne aber die anaerobe Normalflora zu beeinträchtigen, die über bakterielle Interferenz für die natürliche Kolonisationsresistenz eine wichtige Rolle spielt [148, 423, 432].

In den 80er Jahren wurde SDD von zahlreichen Arbeitsgruppen mit unterschiedlichen Antibiotika- und Antimykotikazubereitungen bei beatmeten Intensivpatienten angewendet, wobei die Erstbeschreiber der Methode in den ersten Tagen der Beatmung die iv-Gabe von Cefotaxim zur Verhütung von Frühpneumonien anwendeten [423]. In den meisten Studien wurde eine Reduktion der Pneumonien beschrieben, aber diese Studien waren aufgrund unterschiedlicher Methodik und Patientenpopulation kaum miteinander vergleichbar [425]. Die Anfang der 90er Jahre publizierten großen plazebokontrollierten Doppelblindstudien jedoch zeigten keine Vorteile der SDD [165, 195]. Auch eine kürzlich publizierte Metaanalyse bestätigte dieses Ergebnis [407].

Ein viel diskutierter Kritikpunkt ist die Gefahr der Resistenzentwicklung bzw. der Selektion primär resistenter oder nur mäßig empfindlicher Erreger unter SDD, weshalb SDD, wenn überhaupt, nur mit äußerster Zurückhaltung und unter konsequenter mikrobiologischer Kontrolle angewendet werden soll [148, 425].

**Streßulkusprophylaxe.** Die Tatsache, daß der Magen bei der Kolonisierung des Oropharynx bei beatmeten Patienten ebenfalls eine wichtige Rolle spielt, führte dazu, daß die Streßulkusprophylaxe, die, um wirksam zu sein, zu einer gewissen

Erhöhung des Magensaft-pH führen muß, auch unter einem mikrobiologischen Aspekt betrachtet wurde. So wurde untersucht, ob mit Medikamenten, die den Magensaft-pH nur mäßig beeinflussen, wie z.B. Sucralfat, die Pneumonieraten niedriger sind als bei Verwendung der klassischen Substanzen für die Streßulkusprophylaxe, wie insbesondere $H_2$-Blocker [124, 248, 358, 430]. Die Ergebnisse waren jedoch bei den früheren Studien nicht einheitlich, eine Metaanalyse zeigte eine Tendenz zu einem geringeren Pneumonierisiko unter Sucralfat [87], wie sie auch in der jüngsten Studie dieser Art beschrieben wurde [358].

Ansäuerung der enteralen Nahrung. Ein neuer, effektiver Ansatz, die Kolonisierung des Magens mit potentiell pathogenen Pneumonieerregern zu verhindern, ist die Ansäuerung der Sondennahrung bei enteraler Ernährung [202]. Inwieweit dadurch jedoch die Häufigkeit von Pneumonien beeinflußt wird, wurde dabei nicht untersucht.

### 6.4.2
### Verhinderung der Aspiration

Mikroaspirationen von mikrobiell besiedeltem Oropharyngealsekret und Magensaft können mit den folgenden Maßnahmen verhindert werden [425]:

Man kann den Patienten, wenn keine medizinischen Gründe dagegen sprechen, mit leicht angehobenem Oberkörper (ca. 30–40°) lagern. Wird der Patient enteral ernährt, soll darauf geachtet werden, daß eine weitere Gabe von Nahrung nur erfolgt, wenn das Residualvolumen im Magen seit der letzten Gabe nicht zu groß ist ($<50$ ml). Eine Nahrungsgabe soll ebenfalls unterbleiben, wenn bei der Auskultation des Abdomens keine Darmgeräusche zu hören sind. Ob aber die Nahrungsgabe mehrmals täglich im Bolus einer kontinuierlichen Gabe vorgezogen werden soll, ist derzeit noch ungeklärt, weil dies bisher erst bei einer zu geringen Patientenzahl untersucht wurde. In einer kürzlich publizierten Studie mit einer zu geringen Patientenzahl, um eine sichere Empfehlung zuzulassen, wurde bei beatmeten Patienten auf Intensivstationen eine kontinuierliche 24stündige Sondenernährung mit einer intermittierenden Sondenernährung (16 h wurde Nahrung zugeführt, danach 8stündige Nahrungspause) verglichen [360]. Dabei zeigte sich, daß bei intermittierender Ernährung die durchschnittlichen Magensaft-pH-Werte und die Pneumonierate niedriger waren als bei kontinuierlicher Nahrungszufuhr. Ebenso unklar ist, ob eine Positionierung der Ernährungssonde jenseits des Magens, z.B. im Jejunum, Vorteile bietet.

### 6.4.3
### Maßnahmen bei Intubation und Beatmung

Bei der Pflege und Versorgung beatmeter Patienten müssen eine Reihe von Maßnahmen beachtet werden, um den Patienten nicht einem vermeidbaren Infektionsrisiko auszusetzen [425]:

Händehygiene. Besonders wichtig ist eine adäquate Dekontamination der Hände des Personals, weil im Umgang mit beatmeten Intensivpatienten die Gefahr der Kontamination groß ist, z. B. beim endotrachealen Absaugen oder Entleeren der Wasserfalle, weshalb bei diesen Tätigkeiten zusätzlich zur Händedesinfektion Handschuhe getragen werden sollen.

Endotracheales Absaugen. Beim Absaugen des Trachealsekrets muß sehr sorgfältig und vorsichtig vorgegangen werden. Man soll dabei auf eine streng aseptische Technik achten, um Kreuzkontaminationen von z. B. kontaminiertem Beatmungszubehör oder den Händen des Personals zu verhindern. Da sich subglottisch immer respiratorisches Sekret ansammelt, wurde auch untersucht, ob das regelmäßige Absaugen dieses Sekretpools die Pneumoniehäufigkeit beeinflussen kann. In den bisherigen Studien, in denen über eine dorsale Öffnung im Tubus oberhalb des Cuffs das sich dort ansammelnde Sekret regelmäßig abgesaugt wurde (=subglottisches Absaugen), war die Pneumoniehäufigkeit im Vergleich zu Patienten mit konventionellen Tuben erniedrigt [425, 436]. Auch in diesem Fall ist es aber noch zu früh, den Einsatz solcher Tuben zu empfehlen, weil der Zusammenhang noch nicht genügend untersucht ist.

Absaugkatheter. Zum endotrachealen Absaugen werden derzeit entweder offene Einmalkatheter oder geschlossene Systeme zur mehrfachen Verwendung benutzt. Bisher konnte nicht gezeigt werden, daß mit dem geschlossenen System eine geringere Kontamination der Umgebung des Patienten (z. B. der Hände des Personals) oder sogar eine niedrigere Pneumonierate assoziiert ist.

Beatmungsgerät. Da Beatmungsgeräte in ihrem Inneren nicht kontaminiert werden, ist eine Desinfektion der inneren Teile der Maschine nicht sinnvoll [425]. Auch die Verwendung eines bakteriendichten Filters gerätenah im Exspirationsschenkel wird nicht empfohlen [425].

Beatmungsschlauchsystem. Mit den modernen physikalisch-thermischen Aufbereitungsverfahren können thermostabile Gegenstände wie Beatmungsschläuche ohne hygienisches Risiko wiederverwendet werden. Zu einer Kontamination des Lumens der Beatmungsschläuche kommt es jedoch nahezu zwangsläufig während der Beatmung durch die Bildung von Kondenswasser, das retrograd aus dem Nasen-Rachen-Raum des Patienten besiedelt wird [92]. Kondenswasser bildet sich im Inspirationsschenkel aufgrund der Temperaturdifferenz zwischen dem angewärmten und angefeuchteten Inspirationsgas und der Raumluft: die Schläuche sind deshalb innen immer feucht. Bei Kaskadenbefeuchtung findet sich deshalb am Schlauchsystem eine Vorrichtung, um das Kondenswasser abzuleiten, die sog. Wasserfalle, die regelmäßig entleert werden muß, wobei beachtet werden muß, daß wegen hoher Keimzahlen ($\geq 10^5$ KBE/ml) im Kondenswasser eine Kontamination der Hände stattfinden kann. Deshalb sollen dabei Handschuhe getragen und anschließend die Hände desinfiziert werden, um Kreuzkontaminationen auf Gegenstände, andere Patienten oder infektionsgefährdete Körperstellen beim selben Patienten (z. B. intravasale Katheter) zu vermeiden [92, 179].

Wichtig ist aber auch, daß es bei pflegerischen Maßnahmen etc. nicht zu einem Rückfluß von Kondenswasser zum Patienten kommt, weil dadurch mit hohen Keimzahlen kontaminiertes Kondenswasser über den Tubus direkt in die tieferen Atemwege gelangen könnte. Werden heizbare Beatmungsschläuche verwendet, kommt es nicht zur Bildung von Kondenswasser, und die Schläuche bleiben trocken, was aus hygienischer Sicht von Vorteil ist. Die Abnahme der relativen Feuchtigkeit des Inspirationsgases kann aber zum Antrocknen von respiratorischem Sekret im Tubus und damit zu dessen Verlegung führen [425].

Bei Verwendung aktiver Atemgasanfeuchtungssysteme wie Kaskaden wurden bisher die Schlauchwechsel nicht öfter als alle 48 h empfohlen [91]. Vor kurzem aber wurde berichtet, daß das Risiko nosokomialer Pneumonien nicht erhöht ist, wenn man anstelle des zweitägigen Wechsels die Schläuche für die gesamte Dauer der Beatmung beläßt [123]. Man kann daraus schließen, daß ohne hygienisches Risiko die Beatmungsschläuche länger als 48 h verwendet werden können, jedoch ist das maximale Wechselintervall derzeit unbekannt [425].

Aktive Atemgasanfeuchtung. Die aktive Anfeuchtung der Atemgase erfolgt heute meist mit Kaskaden. Dabei handelt es sich um ein Wasserreservoir, durch das das Inspirationsgas unter Blasenbildung geleitet wird, wobei es zur Sättigung mit Wasserdampf kommt. Zu einer relevanten Aerosolbildung kommt es dabei im Gegensatz zu Verneblern nicht [266, 425]. Außerdem verhindert die Kaskadentemperatur von ca. 50°C eine Vermehrung der häufigen Erreger nosokomialer Pneumonien [180]. Trotzdem aber soll zum Befüllen der Kaskaden steriles Wasser verwendet werden, weil in Leitungswasser oder (nichtsterilem) Aqua dest. z. B. Legionellen enthalten sein können, die hitzeresistenter als andere Mikroorganismen sind [425]. Wegen der einfachen und sicheren automatisierten Aufbereitungsmöglichkeiten gibt es keinen Grund, anstelle der wiederverwendbaren Kaskadentöpfe Einmalsysteme für die Atemgasanfeuchtung zu verwenden [105].

Passive Atemgasanfeuchtung. Anstelle einer aktiven Befeuchtung des Atemgases werden seit einigen Jahren vermehrt Wärme- und Feuchtigkeitstauscher (engl. Heat-and-moisture-exchanger = HME, auch künstliche Nasen oder Klimatisierungsfilter genannt) verwendet [365]. Trotz ihrer theoretischen Vorteile konnte bisher in keiner klinischen Untersuchung eine Senkung der Pneumonierate beobachtet werden. HME haben ein ähnliches Funktionsprinzip wie die Nase, indem sie Wärme und Feuchtigkeit, die der Patient ausatmet, aufnehmen und bei der folgenden Inspiration wieder abgeben. Damit entfällt die Notwendigkeit einer aktiven Befeuchtung des Atemgases. Aus hygienischer Sicht ist dabei von Vorteil, daß das Beatmungsschlauchsystem trocken bleibt, weil sich kein Kondenswasser bildet. Deshalb kann bei Verwendung von HME der Wechsel der Beatmungsschläuche auf jeden Fall in einem Intervall > 48 h erfolgen, allerdings ist bislang ungeklärt, wie lange das maximale Intervall sein kann, obwohl auch schon empfohlen wurde, die Schläuche nur zwischen den Patienten zu wechseln [69]. Manche HME sind zusätzlich mit bakteriendichten Filtern ausgestattet, wodurch Preis, Größe und Gewicht steigen, aber eine Wirkung auf die Pneumonierate nicht vorhanden ist. Dies ist auch allein schon deshalb nicht wahrscheinlich, weil in medizinischen Gasen fast nie Bakterien nachweisbar sind, wenn aber doch, dann handelt es sich um Keime, die für die Atemwege apathogen sind, wie z. B. Corynebakterien [337]. Aus hygienisch-infektiologischer Sicht bieten bakteriendichte Filter, meist patientennah angebracht, demnach keine Vorteile.

Vernebler. Beim Vernebeln von Flüssigkeiten werden Aerosole erzeugt, die aufgrund ihrer minimalen Größe auch bei nichtintubierten Patienten ungehindert in die tiefen Atemwege gelangen können.

Vernebler mit einem großen Flüssigkeitsvolumen (> 500 ml, z. B. Ultraschallvernebler) stellen dabei das größte Pneumonierisiko dar, weil die produzierte Aerosolmenge groß ist [425]. Die Gefahr der Freisetzung bakterienhaltiger Aerosole ist immer dann gegeben, wenn das Wasserreservoir kontaminiert worden ist (z. B. durch die Hände des Personals oder durch unsterile Flüssigkeiten). Vernebler müssen deshalb thermostabil sein, damit sie autoklaviert oder thermisch desinfiziert werden können, und es muß sterile Flüssigkeit zum Füllen des Reservoirs verwendet werden [425].

Kleinvolumige, sog. In-line-Medikamentenvernebler (ca. 30 ml), die in den Inspirationsschenkel des Beatmungsschlauchsystems integriert werden, können ebenfalls Aerosole produzieren. Eine Kontamination des Reservoirs, z. B. durch Kondenswasser im Schlauchsystem, erhöht deshalb auch das Pneumonierisiko [92, 93]. Nach jeder Anwendung sollen diese Vernebler entweder thermisch aufbereitet werden oder, wenn dies aus organisatorischen Gründen nicht möglich ist, mit sterilem Wasser ausgespült und anschließend gut getrocknet werden, um sie später beim selben Patienten wieder verwenden zu können [425]. Leitungswasser wird hierfür nicht empfohlen, obwohl ein hygienisches Risiko nicht gegeben wäre, wenn die Reservoire vollständig getrocknet werden würden. Auch Handmedikamentenvernebler setzen Aerosole frei und können durch kontaminierte Medikamentenlösungen aus Mehrdosisbehältnissen oder z. B. durch Leitungswasser kontaminiert und zu einem Pneumonierisiko für die Patienten werden [425].

Beatmungsbeutel. Durch das respiratorische Sekret der Patienten können Beatmungsbeutel im Inneren und durch die Hände des Personals an der Außenseite kontaminiert werden [425]. Sie sollen deshalb zwischen den Patienten gewechselt werden. Am Freiburger Universitätsklinikum werden sie außerdem während der gesamten Beatmungsdauer eines Patienten täglich in einem Reinigungs- und Desinfektionsautomaten aufbereitet, weil sonst z. B. Sekretreste bei der Bedienung des Beutels dem Patienten in die Lunge gesprüht werden können.

### 6.4.4
**Umgang mit Anästhesiezubehör**

Analog zum Beatmungsgerät findet auch beim Narkosegerät keine Kontamination im Inneren der Maschine statt, weshalb entsprechende Desinfektionsmaßnahmen unnötig sind [425]. Beim sonstigen Narkosezubehör kann es wie bei der

Beatmung z. B. zur Kontamination des Narkoseschlauchsystems kommen, so daß alle Zubehörteile, die direkten Kontakt mit dem Patienten bzw. seinen Schleimhäuten haben (z. B. Beatmungsmaske) und die Schläuche nach jedem Patienten gewechselt und in Reinigungs- und Desinfektionsautomaten aufbereitet werden müssen [425]. Die Kreisteile sind nicht kontaminationsgefährdet und werden nach Herstellerangaben aufbereitet. Auch bei der Narkose ist die Effektivität bakteriendichter Filter nicht belegt. Bei Verwendung von HME kann allerdings ein Schlauchwechsel zwischen den Patienten unterbleiben, so daß nur für jeden Patienten ein neuer HME eingesetzt werden muß.

### 6.4.5
### Maßnahmen bei Lungenfunktionstestung

Auch Lungenfunktionsgeräte werden innen nicht oder nur äußerst selten kontaminiert [277, 425]. Dennoch aber werden gelegentlich bakteriendichte Filter empfohlen, um zu verhindern, daß nach Benutzung des Gerätes durch einen infizierten Patienten (z. B. Tuberkulose der Atemwege) der nachfolgend untersuchte Patient bakterienhaltige Aerosole einatmet. Der routinemäßige Einsatz von Filtern ist aber nicht zu rechtfertigen. Bei Benutzung der Geräte z. B. durch schwer abwehrgeschwächte Patienten oder Patienten mit zystischer Fibrose, wenn diese bei der Untersuchung sowohl ein- als auch ausatmen müssen, kann man jedoch den Einsatz von Filtern erwägen [277]. Da aber in vielen Fällen bei der Lungenfunktionstestung nur Ausatmen erforderlich ist, kann in diesen Fällen statt eines Filters ein einfaches Ventil zwischengeschaltet werden, um ein versehentliches Einatmen am Gerät zu verhindern. Alle Teile, mit denen der Patienten direkten Kontakt hat, werden anschließend gewechselt und thermisch aufbereitet [425].

### 6.4.6
### Sonstige Maßnahmen

Atemtraining. Bestimmte Patienten haben ein erhöhtes postoperatives Pneumonierisiko, z. B. alte Menschen, übergewichtige Personen, Patienten mit chronisch obstruktiver Lungenkrankheit. Außerdem sind bestimmte operative Eingriffe mit einem erhöhten Pneumonierisiko verbunden, so z. B. HNO-, Thorax- oder abdominal-chirurgische Eingriffe, die postoperativ z. B. mit Schluckstörungen oder eingeschränkter Zwerchfellfunktion verbunden sein können. Insbesondere bei diesen Patienten soll bei elektiven Eingriffen ein präoperatives Atemtraining durchgeführt und postoperativ durch geeignete Maßnahmen, z. B. Physiotherapie, dafür gesorgt werden, daß die Lungenfunktion gefördert wird. Wichtig ist ferner, daß postoperative Schmerzen wirkungsvoll bekämpft werden, damit die Atmung nicht dadurch behindert wird.

Lagewechsel. Sog. kinetische Betten, die automatisch einen regelmäßigen langsamen Lagewechsel des Patienten um die Längsachse erzeugen, werden ebenfalls neuerdings empfohlen [425]. Die Effektivität solcher Betten bei der Pneumonieprophylaxe ist jedoch nicht belegt, weil die bisherigen Studien aufgrund mangelnden Studiendesigns nicht aussagefähig sind.

**Pneumokokkenimpfung.** Bei bestimmten gefährdeten Patientengruppen wird die Pneumokokkenimpfung befürwortet, auch wenn Pneumokokken nicht zu den häufigen Erregern nosokomialer Pneumonien gehören [425]. Die Impfung kommt in folgenden Situationen in Frage:
- Alter ≥ 65 Jahre,
- chronische kardiovaskuläre oder pulmonale Erkrankungen,
- Diabetes mellitus,
- Alkoholismus,
- Leberzirrhose,
- Liquorfistel,
- Immunsuppression,
- funktionelle oder anatomische Asplenie,
- HIV-Infektion.

Ein Krankenhausaufenthalt solcher Patienten aus welchem Grund auch immer soll dafür genutzt werden, diese durch lebensbedrohliche Pneumokokkeninfektionen gefährdeten Personen mit der Impfung vor einer irgendwann später auftretenden Infektion zu schützen. Somit hat die Empfehlung der Pneumokokkenimpfung nur am Rande mit der Prävention nosokomialer Pneumonien zu tun.

In den nachstehenden Übersichten (s. S. 96-99) ist die neueste Richtlinie der CDC zur Verhütung nosokomialer Pneumonien zusammengefaßt [425]. Wie auch früher schon sind alle Empfehlungen in ein Kategoriesystem eingeordnet. Das alte Kategoriesystem (I–III) wurde aber inzwischen überarbeitet und in dieser Richtlinie zum ersten Mal in der neuen Form angewendet. Es werden nun vier Kategorien unterschieden.
- Kategorie IA:
  - nachdrücklich empfohlen für alle Kliniken,
  - aussagefähige experimentelle oder epidemiologische Studien vorhanden.
- Kategorie IB:
  - nachdrücklich empfohlen für alle Kliniken,
  - Experten- bzw. Konsensusempfehlungen auf der Grundlage logischer Schlußfolgerungen mit deutlichem Hinweis auf Effektivität,
  - entsprechende Studien nicht notwendigerweise vorhanden.
- Kategorie II:
  - empfehlenswert für viele Kliniken,
  - auf der Grundlage klinischer oder epidemiologischer Studien mit Hinweis auf Effektivität, theoretischer Überlegungen oder einzelner, nur auf manche Kliniken übertragbarer Studien.
- keine Empfehlung – ungelöste Frage:
  - Maßnahmen ohne ausreichenden Hinweis auf Effektivität oder entsprechenden Expertenkonsens.

**CDC-Richtlinie zur Prävention nosokomialer Pneumonien bei beatmeten Patienten: Empfehlungen der Kategorie IA.** (Aus [425])
- Schulung des Personals hinsichtlich nosokomialer bakterieller Pneumonien und der Infektionskontrollmaßnahmen zu deren Verhütung,
- Erfassung bakterieller Pneumonien bei Intensivpatienten mit hohem Risiko für nosokomiale Pneumonien (z. B. beatmete Patienten),
- keine routinemäßigen Umgebungsuntersuchungen bei Patienten, Personal, Gegenständen und Oberflächen,
- gründliche Reinigung aller Gegenstände vor Desinfektion bzw. Sterilisation,
- keine Sterilisation oder Desinfektion von Beatmungs- und Narkosegerät im Inneren der Maschine,
- Beatmungsschlauch- und Kaskadenwechsel frühestens nach 48 h beim selben Patienten,
- zum Vernebeln nur sterile Flüssigkeiten verwenden,
- keine Raumluftbefeuchter, die ein Aerosol erzeugen und damit Vernebler sind, verwenden, außer wenn sie täglich sterilisiert oder thermisch[1] desinfiziert werden können und nur mit sterilem Wasser gefüllt werden,
- Beatmungsbeutel 1mal täglich bzw. zwischen Patienten sterilisieren oder (thermisch[1]) desinfizieren,
- Händewaschen nach Kontakt mit Schleimhäuten, respiratorischem Sekret oder Gegenständen, die mit respiratorischem Sekret kontaminiert sind, unabhängig davon, ob Handschuhe getragen werden oder nicht, außerdem vor und nach Kontakt mit Patienten mit Endotrachealtubus oder Tracheostoma sowie vor und nach Kontakt mit Gegenständen des Beatmungszubehörs,
- Gebrauch von Einmalhandschuhen bei Umgang mit respiratorischem Sekret oder Gegenständen, die mit respiratorischem Sekret irgendeines Patienten kontaminiert sind,
- Wechsel der Handschuhe und anschließendes Händewaschen zwischen Patienten, nach Umgang mit respiratorischem Sekret oder Gegenständen, die mit respiratorischem Sekret kontaminiert sind, bevor Kontakt mit einem anderen Patienten, einem Gegenstand oder einer Oberfläche stattfindet sowie zwischen Kontakten mit einer kontaminierten Körperstelle und dem Respirationstrakt bzw. dem Beatmungszubehör desselben Patienten,
- keine systemische Antibiotikaprophylaxe zur Verhütung von Pneumonien,
- Pneumokokkenimpfung für gefährdete Patienten.

---

[1] Im englischen Text high-level disinfection, d.h. für die Praxis entweder (vorzugsweise) thermische Aufbereitung im Reinigungs- und Desinfektionsautomaten oder (weniger günstig) Einlegen in chemische Desinfektionsmittellösung mit definierter Konzentration und Einwirkzeit

**CDC-Richtlinie zur Prävention nosokomialer Pneumonien bei beatmeten Patienten: Empfehlungen der Kategorie IB.** (Aus [425])
- Sterilisation oder (thermische[1]) Desinfektion von Gegenständen oder Geräten, die direkt oder indirekt mit den Schleimhäuten des unteren Respirationstraktes in Kontakt kommen,
- steriles (nicht destilliertes, aber unsteriles) Wasser zum Spülen von Gegenständen oder Geräten, die im Respirationstrakt eingesetzt werden, nach chemischer Desinfektion verwenden,
- keine Wiederaufbereitung von Gegenständen aus Einmalmaterial, wenn nicht sicher ist, daß die Wiederaufbereitung keine Gefahr für den Patienten darstellt, daß sie kosteneffektiv ist und daß sie die strukturelle Integrität und Funktion des Gegenstandes nicht verändert,
- Sterilisation oder (thermische[1]) Desinfektion von Beatmungsschläuchen und Befeuchtern zwischen dem Gebrauch bei verschiedenen Patienten,
- HME-Wechsel nach Herstellerangaben bzw. bei grober Kontamination oder mechanischer Dysfunktion,
- kein routinemäßiger Wechsel der Beatmungsschläuche bei Verwendung von HME während des Gebrauchs bei einem Patienten,
- Kondenswasser im Beatmungsschlauchsystem regelmäßig entfernen, dabei darauf achten, daß kein Kondensat zum Patienten zurückfließt, anschließend Händewaschen,
- keine Filter im Inspirationsschenkel des Beatmungsschlauchsystems zwischen Befeuchterreservoir und Patient,
- In-line-Medikamentenvernebler nach jedem Gebrauch desinfizieren oder mit sterilem Wasser ausspülen und bis zur nächsten Anwendung beim selben Patienten trocken aufbewahren,
- bei Verwendung von Mehrdosisbehältnissen Handhabung, Entnahme und Aufbewahrung nach Herstellerangaben,
- Vernebler für Inhalationstherapie oder tracheotomierte Patienten müssen autoklavierbar oder (thermisch[1]) desinfizierbar sein, 1mal täglich bei Verwendung beim selben Patienten und zwischen Patienten aufbereiten,
- Verwendung eines Schutzkittels, wenn Kontamination der Arbeitskleidung mit respiratorischem Sekret von einem Patienten erwartet wird, und Wechsel des Kittels nach einem solchen Kontakt und vor Versorgung eines anderen Patienten,
- Tracheostomien unter aseptischen Bedingungen durchführen,
- Wechsel einer Trachealkanüle unter aseptischen Bedingungen und Verwendung einer neuen sterilisierten oder (thermisch[1]) desinfizierten Kanüle,
- nur sterile Flüssigkeit zum Durchspülen des Absaugkatheters verwenden, wenn der Katheter ein zweites Mal in die unteren Atemwege des Patienten eingeführt werden soll,
- Wechsel des Verbindungsschlauches zum Sekretauffangbehälter zwischen Patienten,
- Wechsel des Sekretauffangbehälters zwischen Verwendung bei verschiedenen Patienten außer in Bereichen zur Kurzzeitversorgung von Patienten,

- Wandsauerstoffbefeuchter nach Herstellerangaben behandeln, zwischen Patienten Schläuche, einschl. Nasenstück oder Maske, wechseln,
- tragbare Respirometer, Sauerstoffsonden und andere respiratorische Gegenstände, die bei verschiedenen Patienten eingesetzt werden, sterilisieren oder (thermisch[1]) desinfizieren,
- Reinigung und anschließende Sterilisation oder (thermische[1]) Desinfektion des Narkosezubehörs zwischen Patienten,
- Sonden für enterale Ernährung und Endotrachealtuben sobald wie möglich entfernen,
- regelmäßige Überprüfung der Lage der Ernährungssonde,
- bei Aspirationsrisiko Oberkörper um 30–45° angehoben lagern, wenn nicht kontraindiziert,
- regelmäßige Kontrolle der Darmmotilität und entsprechende Anpassung der Nahrungsmenge zur Vermeidung einer Regurgitation,
- Sekret oberhalb des Cuffs vor Manipulation am Tubus entfernen,
- vor Entblocken der Tubusmanschette bei der Extubation oder vor Manipulationen am Tubus Sekret oberhalb der Manschette entfernen,
- präoperatives Atemtraining bei gefährdeten Patienten,
- postoperatives Husten, tiefes Atmen und körperliche Bewegung soweit wie möglich fördern,
- schmerzlindernde Maßnahmen zur Förderung von Husten und tiefem Atmen,
- Sterilisation oder (thermische[1]) Desinfektion von wiederverwendbaren Mundstücken, Schläuchen und Verbindungsstücken zwischen Patienten.

---

[1] Im englischen Text high-level disinfection, d.h. für die Praxis entweder (vorzugsweise) thermische Aufbereitung im Reinigungs- und Desinfektionsautomaten oder (weniger günstig) Einlegen in chemische Desinfektionsmittellösung mit definierter Konzentration und Einwirkzeit

**CDC-Richtlinie zur Prävention nosokomialer Pneumonien bei beatmeten Patienten: Empfehlungen der Kategorie II.** (Aus [425])
- Kaskaden mit sterilem Wasser füllen,
- bei Absaugen mit konventionellem offenen Absaugkatheter jeweils sterilen Katheter benutzen,
- keine Sterilisation oder Desinfektion von Lungenfunktionsgeräten im Inneren der Maschine zwischen Patienten,
- wenn Streßulkusprophylaxe erforderlich ist, dann ein Medikament verwenden, das nicht zu einer Erhöhung des Magensaft-pH führt,
- Atemtrainingsgeräte bei Patienten mit hohem Risiko für eine postoperative Pneumonie benutzen lassen.

**CDC-Richtlinie zur Prävention nosokomialer Pneumonien bei beatmeten Patienten: Keine Empfehlung – ungeklärte Fragen.** (Aus [425])
- Verwendung von Leitungswasser (als Alternative zu sterilem Wasser) zum Spülen von Gegenständen oder Geräten nach Einlegen in eine chemische Desinfektionsmittellösung unabhängig davon, ob im Anschluß an die Spülung eine Trocknung mit oder ohne Alkohol vorgenommen wird,
- Verwendung von Leitungswasser (als Alternative zu sterilem Wasser) zum Spülen von In-line-Medikamentenverneblern zwischen den Behandlungen beim selben Patienten,
- maximales Wechselintervall für Beatmungsschläuche und Befeuchter,
- Wechselintervall der Kreisteile von Narkosegeräten,
- Bakterienfilter im Narkoseschlauchsystem,
- Einsatz von kinetischen Betten mit regelmäßigem Lagewechsel des Patienten um die Längsachse bei Intensivpatienten, schwerkranken Patienten oder Patienten, die durch Krankheit oder Trauma immobilisiert sind,
- SDD lokal und/oder iv bei schwerkranken beatmeten oder Intensivpatienten,
- routinemäßige Ansäuerung der Sondennahrung,
- orotracheale anstelle nasotrachealer Intubation,
- sterile anstelle von sauberen Handschuhen zum endotrachealen Absaugen,
- vorzugsweise Verwendung eines geschlossenen Absaugsystems oder eines konventionellen offenen Absaugkatheters,
- Tubus mit dorsaler Öffnung zum subglottischen Absaugen,
- intermittierende anstelle kontinuierlicher Nahrungszufuhr,
- vorzugsweise Verwendung von Ernährungssonden mit kleinem Lumen,
- vorzugsweise Plazierung der Ernährungssonde distal vom Pylorus,
- Filter im Exspirationsschenkel gerätenah zum Auffangen von Kondenswasser,
- geschlossenes Atemgasanfeuchtungssystem,
- vorzugsweise Verwendung von HME anstelle eines aufgeheizten Befeuchters.

# 7 Epidemiologie und Prävention von postoperativen Infektionen im Operationsgebiet

I. Kappstein

## EINLEITUNG

Seit der Einführung der Asepsis in die operative Medizin im letzten Jahrhundert ist das Operationsrisiko durch postoperative Wundinfektionen erheblich reduziert worden, aber auch heutzutage ist ein chirurgischer Eingriff trotz enormer baulich-technischer Aufwendungen in modernen OP-Abteilungen immer noch mit einem z. T. nicht unbeträchtlichen Infektionsrisiko verbunden. Die Ursachen dafür sind komplex und nur teilweise durch exogene Maßnahmen beeinflußbar. Bei weitem am wichtigsten ist die Technik des Operateurs, ein Faktor, der mit krankenhaushygienischen Maßnahmen nicht zu beeinflussen ist. Postoperative Infektionen im OP-Gebiet (früher Wundinfektionen) sind mit 14,9% nach Harnwegsinfektionen und Pneumonien die dritthäufigsten nosokomialen Infektionen [140]. Infektionen im OP-Gebiet können die Morbidität der Patienten erheblich verlängern, aber auch, obwohl selten, die Letalität erhöhen. Die Verlängerung der Verweildauer im Krankenhaus beträgt nach Schätzungen aus den USA durchschnittlich 7,3 Tage, auf der Basis von Untersuchungen, die am Universitätsklinikum Freiburg durchgeführt wurden, 13,9 Tage (Tabelle 7.1) [140, 249].

Tabelle 7.1. Verlängerung der Krankenhausverweildauer durch postoperative Infektionen im Operationsgebiet. (Aus [249])

| Operation | Verlängerung der Verweildauer durch postoperative Infektionen |
|---|---|
| Herzoperationen | 12,2 Tage |
| Gallenwegoperationen | 4,4 Tage |
| Dickdarmoperationen | 19,0 Tage |
| Alle Operationen | 13,9 Tage |

## 7.1 Definition postoperativer Infektionen im OP-Gebiet

Nachdem lange Zeit nur zwei Kategorien postoperativer Wundinfektionen unterschieden wurden (oberflächliche und tiefe), wurde vor kurzem von den Centers for Disease Control and Prevention (CDC), Atlanta (USA), die Einteilung in oberflächliche und tiefe Infektionen im Bereich der Inzision sowie in Infektionen im eigentlichen OP-Gebiet vorgenommen, um dadurch eine differenziertere und somit aussagefähigere Beschreibung der Schwere der Infektion zu ermöglichen [218]. Die Details der Definition postoperativer Infektionen im OP-Gebiet sind in Kap. 12 (S. 167) aufgeführt.

## 7.2
## Klassifizierung operativer Eingriffe

Bis vor wenigen Jahren war noch die Auffassung weit verbreitet, daß das Risiko postoperativer Wundinfektionen hauptsächlich vom Kontaminationsgrad der Wunde abhänge sei, d.h. von der Wahrscheinlichkeit, daß während des Eingriffs Mikroorganismen aus einem endogenen Erregerreservoir oder einer bereits vorhandenen Infektion in die Wunde gelangen [309, 335]. International ist die folgende Klassifizierung etabliert (im deutschen Sprachraum übliche Bezeichnung in Klammern):

- *Saubere (=aseptische) Eingriffe*=nichtinfiziertes OP-Gebiet, in dem keine Entzündung vorhanden ist und weder der Respirations-, Gastrointestinal- oder Urogenitaltrakt eröffnet werden:
  - keine Kontamination des OP-Gebietes durch ortsständige Flora, weil physiologischerweise nicht mikrobiell besiedelte Körperstelle,
  - z.B. elektive Schilddrüsen-, Herz-, Gelenk-OP.
- *Sauber-kontaminierte (=bedingt aseptische) Eingriffe*=Eingriffe, bei denen der Respirations-, Gastrointestinal- oder Urogenitaltrakt unter kontrollierten Bedingungen und ohne ungewöhnliche Kontamination eröffnet werden:
  - mäßige Kontamination des OP-Gebietes durch Standortflora, weil physiologischerweise zwar besiedelte Körperstelle, aber normalerweise nicht besonders virulentes Keimspektrum in mäßig hoher Keimzahl,
  - z.B. Appendektomie oder OP im Bereich des Oropharynx, der Vagina oder der nichtbesiedelten Gallenwege.
- *Kontaminierte Eingriffe*=Eingriffe mit einem größeren Bruch in der aseptischen Technik oder mit deutlichem Austritt von Darminhalt sowie Eingriffe, bei denen eine akute nichteitrige Entzündung vorhanden ist, außerdem offene, frische Zufallswunden:
  - erhebliche Kontamination des OP-Gebietes durch endogene Standortflora oder exogene Erreger,
  - z.B. abdominoperineale Rektumamputation.
- *Schmutzige oder infizierte (=septische) Eingriffe*=Eingriffe bei bereits vorhandener eitriger Infektion oder nach Perforation im Gastrointestinaltrakt und alte Verletzungswunden mit devitalisiertem Gewebe:
  - massive Kontamination des OP-Gebietes durch endogene Standortflora oder exogene Erreger,
  - z.B. OP nach Darmperforation oder bei eitriger Cholezystitis sowie Klappenersatz bei florider Endokarditis.

In Deutschland wurde vom ehemaligen BGA eine modifizierte Klassifizierung operativer Eingriffe in drei Kategorien (A, B, C) vorgenommen [55], wodurch jedoch der direkte Vergleich mit der internationalen Literatur erschwert wird. Ein Vorteil der deutschen Version ist nicht erkennbar.

## 7.3
## Risikofaktoren

Aus heutiger Sicht ist es nicht ausreichend, zur Schätzung des Risikos für postoperative Infektionen im OP-Gebiet lediglich die traditionelle Einteilung in Kontaminationsklassen zugrunde zu legen. Eine wichtige Rolle spielen nämlich außer der mikrobiellen Besiedlung des OP-Gebietes der Allgemeinzustand des Patienten, d.h. das endogene Risiko des Patienten, sowie die Dauer der Operation [98]. Diese differenzierte Betrachtung des Infektionsrisikos bei operativen Eingriffen ist deshalb so bedeutsam, weil nur damit eine Vergleichbarkeit von postoperativen Infektionsraten, sei es z.B. zwischen den Operateuren einer Abteilung oder zwischen verschiedenen Abteilungen und Krankenhäusern, erreicht werden kann. Niedrige Infektionsraten können z.B. bedeuten, daß vorwiegend Patienten mit geringem endogenen Risiko operiert werden, hohe Infektionsraten müssen nicht notwendigerweise darauf hinweisen, daß hygienische Regeln vernachlässigt werden oder der Operateur eine mangelhafte Operationstechnik hat.

Kürzlich wurde von den CDC ein Risikoindex für chirurgische Patienten eingeführt, der sowohl die klassischen Kontaminationsklassen als auch die bei gleichen oder ähnlichen Eingriffen unterschiedliche OP-Dauer sowie das endogene Risiko des Patienten berücksichtigt [98]. Dabei wird für jeden Patienten die Zahl der vorhandenen Risikofaktoren (0, 1, 2, 3) aus folgenden drei Faktoren ermittelt:
- Patient mit ASA-Score von 3, 4 oder 5 (s. unten),
- Operation, die als kontaminiert oder schmutzig-infiziert klassifiziert wird,
- Operation mit einer Dauer von $>T$ h, wobei T von der Art der Operation abhängt (s. unten).

ASA-Score. Um präoperativ den Allgemeinzustand des Patienten zu beschreiben, wird seit langem die Risikoklassifikation der American Society of Anesthesiologists (ASA) verwendet, die sich von Klasse 1 bei einem ansonsten gesunden Patienten bis Klasse 5 bei einem moribunden Patienten erstreckt [251].
- Klasse 1: keine organische, physiologische, biochemische, systemische oder psychiatrische Störung bei einem Patienten, bei dem ein Eingriff vorgesehen ist, der einen lokalisierten Prozeß betrifft, z.B. Hysterektomie bei einer gesunden Patientin.
- Klasse 2: leichte bis mäßige systemische Erkrankung, z.B. leichter Hypertonus.
- Klasse 3: schwere systemische Störung, z.B. Diabetes mellitus mit Gefäßkomplikationen oder schwere Herzkrankheit.
- Klasse 4: schwere, lebensbedrohliche systemische Störung, z.B. Nierenversagen, instabile Angina pectoris.
- Klasse 5: moribunder Patient, von dem man nicht erwartet, daß er die folgenden 24 h überlebt, z.B. schwerer Myokardinfarkt mit Schock.

Kontaminationsklasse. Da bei kontaminierten und schmutzig-infizierten Eingriffen die mikrobielle Kontamination des OP-Gebietes beträchtlich ist, werden derartige Eingriffe als Risikofaktor für eine postoperative Infektion bewertet.

OP-Dauer. Lange Zeit galt eine OP-Dauer von > 2 h als Risikofaktor für eine postoperative Wundinfektion [97]. Da aber die Dauer einer OP in erster Linie von der Art des Eingriffs abhängt und bei verschiedenen chirurgischen Eingriffen stark variieren kann (z. B. Leistenhernien-OP ca. 2 h, koronare Bypass-OP ca. ≥ 4 h), muß man, um das Risiko der einzelnen Eingriffe schätzen zu können, deren durchschnittliche Dauer ermitteln. Damit kann man eine Aussage machen, ob die OP-Dauer bei einem bestimmten Patienten der üblichen Dauer bei diesem Eingriff entspricht oder ob bei längerer Dauer das Risiko für diesen Patienten deshalb als erhöht angesehen werden muß, weil beispielsweise dadurch das Kontaminationsrisiko für die Wunde erhöht war, wurde deshalb die Verteilung der OP-Dauer bei den verschiedenen operativen Eingriffen ermittelt [98]. Anschließend wurde für jede Verteilung die Zeit in Minuten ermittelt, nach der 75% dieser Eingriffe beendet waren (75. Perzentile). Dieser Wert wurde auf die nächste volle Stundenzahl aufgerundet und willkürlich als Grenze „T" zur Unterscheidung zwischen kurzen und langen Eingriffen festgelegt (Tabelle 7.2).

Dieser Risikoindex wurde bei mehreren zehntausend Eingriffen aller Kontaminationsklassen, hauptsächlich aber bei aseptischen Eingriffen, angewendet und zeigte, daß die postoperativen Wundinfektionsraten innerhalb einer Kontaminationsklasse abhängig vom Risikoindex der Patienten erhebliche Unterschiede aufweisen (Tabelle 7.3).

Immer wieder wird in der Literatur betont, daß die Erfassung der postoperativen Wundinfektionen und die Berichterstattung an die Chirurgen einen bedeutenden Einfluß auf die Infektionsraten haben kann, so daß diese Maßnahme einen wesentlichen Bestandteil eines effektiven Infektionskontrollprogramms in der operativen Medizin darstellen würde [186]. Wurde bei der bisher üblichen Erfassung postoperativer Wundinfektionen aber, wenn überhaupt, nur eine grobe Schätzung des Infektionsrisikos vorgenommen (häufig werden allerdings nur die Infektionsraten ermittelt, ohne irgendwelche Risikofaktoren zu berücksichtigen), so bietet der Risikoindex der CDC die konkrete Möglichkeit eines aussagefähigen Vergleichs der Infektionsraten, z. B. mit den Kollegen der eigenen Abteilung oder auch mit anderen Krankenhäusern.

Insgesamt aber müssen die Vorstellungen, die man früher über die Bedeutung der Wundinfektionserfassung hatte, revidiert werden. Man hat insbesondere immer wieder empfohlen, die Infektionen nach aseptischen Eingriffen zu erfassen, weil man von der Vorstellung ausging, daß diese Raten sehr niedrig sein müssen (<2%, besser <1%) und daß man bei Raten, die darüber liegen, durch Modifikation der OP-Technik eine Senkung erreichen könne. Dagegen wurde bei Eingriffen mit endogener Kontamination (sauber-kontaminiert, kontaminiert, schmutzig-infiziert) angenommen, daß die Infektionsraten durch die OP-Technik wahrscheinlich nicht beeinflußbar seien. Wie aber einerseits die Infektionsraten bei den Eingriffen mit endogener Kontamination durch exogene Maßnahmen, insbesondere Veränderung der OP-Technik, durchaus beeinflußt werden

**Tabelle 7.2.** Dauer operativer Eingriffe. (Aus [98])

| Operationskategorie | Grenzwert [T h] |
|---|---|
| Koronare Bypassoperationen | 5 |
| Herzchirurgie | 5 |
| Andere kardiovaskuläre Operationen | 2 |
| Thoraxoperationen | 3 |
| Andere Operationen des Respirationstrakts | 1 |
| Appendektomie | 1 |
| Gallenwegs-, Leber- oder Pankreasoperationen | 4 |
| Cholecystektomie | 2 |
| Kolonoperationen | 3 |
| Magenoperationen | 3 |
| Dünndarmoperationen | 3 |
| Laparotomie | 2 |
| Andere Opererationen des Gastrointestinaltrakts | 3 |
| Extremitätenamputation | 1 |
| Spondylodese | 3 |
| Reposition offener Frakturen | 2 |
| Gelenkimplantation | 3 |
| Andere Operationen am Bewegungsapparat | 2 |
| Sectio caesarea | 1 |
| Andere geburtshilfliche Operationen | 1 |
| Abdominale Hysterektomie | 2 |
| Vaginale Hysterektomie | 2 |
| Nephrektomie | 3 |
| Prostatektomie | 4 |
| Andere Urogenitaloperationen | 2 |
| Kopf-Hals-Operationen | 4 |
| Andere HNO-Operationen | 3 |
| Kraniotomie | 4 |
| Ventrikelshunt | 2 |
| Andere ZNS-Operationen | 2 |
| Hernien-Operationen | 2 |
| Mastektomie | 2 |
| Organtransplantation | 7 |
| Hauttransplantation | 2 |
| Splenektomie | 2 |
| Gefäß-Operationen | 3 |
| Andere Operationen an endokrinen Organen | 2 |
| Augenoperationen | 2 |
| Andere Gefäßoperationen | 2 |
| Andere Hautoperationen | 2 |

**Tabelle 7.3.** Postoperative Infektionen im OP-Gebiet: Abhängigkeit von der Anzahl an Risikofaktoren. (Aus [98])

| Kontaminationsklasse | Risikoindex | Infektionen [%] |
|---|---|---|
| Aseptisch | 0 | 1,0 |
|  | 1 | 2,3 |
|  | 2 | 5,4 |
| Bedingt aseptisch | 0 | 2,1 |
|  | 1 | 4,0 |
|  | 2 | 9,5 |
| Kontaminiert | 1 | 3,4 |
|  | 2 | 6,8 |
|  | 3 | 13,2 |
| Septisch | 1 | 3,1 |
|  | 2 | 8,1 |
|  | 3 | 12,8 |
| Alle Eingriffe | 0 | 1,5 |
|  | 1 | 2,9 |
|  | 2 | 6,8 |
|  | 3 | 13,0 |

können, so ist aus verschiedenen Untersuchungen, bei denen Risikofaktoren berücksichtigt wurden, hinreichend bekannt, daß die Infektionsraten bei den aseptischen Eingriffen breit streuen können, somit keineswegs notwendigerweise sehr niedrig sein müssen bzw. sein können (z. B. elektive offene Herzchirurgie) [98].

Diese Überlegungen müssen besonders dann berücksichtigt werden, wenn die durch Erfassung der postoperativen Wundinfektionen ermittelten Infektionsraten als Indikator für die Qualität der operativen Versorgung verwendet werden sollen. Nur dann kann die Infektionserfassung bei der internen und externen Qualitätssicherung in der operativen Medizin überhaupt einen Beitrag leisten.

## 7.4
## Erregerspektrum

Die Erreger postoperativer Wundinfektionen sind in den meisten Fällen Bakterien, aber auch Pilze, insbesondere C. albicans, können, wenn auch selten, als Erreger in Betracht kommen und Infektionen verursachen, die nur schwer zu diagnostizieren und zu therapieren sind [309]. Sehr seltene bakterielle Erreger sind atypische Mykobakterien und Legionellen [289, 309]. Tabelle 7.4 zeigt das Erregerspektrum bei postoperativen Infektionen im OP-Gebiet [140]. Danach sind Staphylokokken immer noch die häufigsten Erreger, und die Gruppe der grampositiven Kokken macht mit ca. 50% insgesamt den größten Teil aus.

**Tabelle 7.4.** Häufigste Erreger postoperativer Infektionen im Operationsgebiet[a]

| Erreger | Isolate [%] (n = 11 724) |
|---|---|
| Staphylococcus aureus | 19 |
| Koagulasenegative Staphylokokken | 14 |
| Enterococcus species | 12 |
| Escherichia coli | 8 |
| Pseudomonas aeruginosa | 8 |
| Enterobacter species | 7 |
| Candida albicans | 3 |
| Klebsiella pneumoniae | 3 |
| Proteus mirabilis | 3 |
| Andere Streptokokken | 3 |
| D-Streptokokken | 2 |
| Andere grampositive Aerobier | 2 |
| Bacteroides fragilis | 2 |
| Grampositive Anaerobier | 1 |
| Andere Candida species | 1 |
| Acinetobacter species | 1 |
| Serratia marcescens | 1 |
| Citrobacter species | 1 |
| Andere aerobe Nichtenterobakteriazeen | 1 |
| B-Streptokokken | 1 |
| Andere Klebsiella species | 1 |
| Andere aerobe Enterobakteriazeen | 1 |

[a] NNIS-Daten (National Nosocomial Infections Surveillance System), USA, 1990–1992 [140]

## 7.5
## Erregerreservoire

Nahezu alle postoperativen Infektionen im OP-Gebiet werden während des Eingriffs erworben [15, 309]. Als Erregerreservoir bzw. Ausgangsort für Erreger endemischer postoperativer Wundinfektionen kommt in erster Linie der Patient selbst in Frage, eine weit geringere Rolle spielen dagegen das OP-Personal und die unbelebte Umgebung.

### 7.5.1
### Patient

Das wichtigste Reservoir für Erreger endemischer postoperativer Wundinfektionen ist die endogene Flora des Patienten [15]. Auch bei Infektionen nach aseptischen Eingriffen müssen die Erreger nicht notwendigerweise aus einem exogenen Reservoir stammen. Sie können beispielsweise von der Haut des Patienten in die Wunde gelangen, wenn die präoperative Hautdesinfektion nicht sorgfältig genug durchgeführt wurde oder wenn das OP-Feld aufgrund von Hautläsionen nicht effektiv genug desinfiziert werden konnte. Sie können aber auch von einer gleichzeitig bestehenden Infektion an einer anderen Körperstelle oder aus einer besiedelten Nasopharyngeal- oder Perinealregion stammen [70, 435, 458].

Insbesondere bei einem längeren präoperativen stationären Aufenthalt kann es zur Besiedlung des Patienten mit potentiell pathogenen Bakterien kommen, z. B. im Nasen-Rachen-Raum und/oder auf der Haut, die postoperativ als Erreger einer Infektion im OP-Gebiet gefunden werden können [19, 70, 458]. Die mikrobielle Besiedlung findet dann präoperativ auf der Station statt, aber die Infektion entsteht während des operativen Eingriffs aus der (zumindest vorübergehend) endogenen Flora des Patienten. Es muß an dieser Stelle noch einmal betont werden, daß postoperative Infektionen im OP-Gebiet in der überwiegenden Zahl der Fälle während der Operation entstehen und daß die Erreger unabhängig von der Art des Eingriffs meist aus der endogenen Flora des Patienten, seltener aus einem exogenen Erregerreservoir stammen. Die Erreger gelangen also während der Operation bereits in das OP-Gebiet, wo sie sich unter für sie günstigen Bedingungen evtl. vermehren und dann postoperativ zu einer Infektion führen können. Selbstverständlich gibt es auch Infektionen, die erst postoperativ entstehen, bei denen also eine Kontamination der Wunde erst auf der Station zustande kommt, z. B. bei nicht sorgfältig durchgeführtem Verbandswechsel einer sezernierenden Wunde. Es gibt aber keine Assoziation zwischen erst postoperativ auf der Station entstehenden Wundinfektionen und speziellen Erregern.

### 7.5.2
### Personal

Haut. Die Haut stellt ein umfangreiches Reservoir für Mikroorganismen, die zu einer Kontamination des OP-Feldes führen können, dar [339]:
Die Hautoberfläche des Menschen beträgt 1,75 m². Sie besteht aus $>10^8$ Hautschuppen, deren Größe ca. $30 \times 30 \times 3\text{--}5$ µm beträgt. Etwa alle vier Tage wird eine vollständige Lage Hautschuppen abgestoßen. Das entspricht etwa $10^7$ Hautschuppen pro Tag. Sehr zahlreich lösen sich die Hautschuppen beim Baden und Duschen ab, aber auch beim normalen Gehen werden ca. $10^4$ Hautschuppen pro Minute freigesetzt, und selbst im Stehen werden sie von der unbekleideten Haut durch den Luftstrom abgelöst. In der Kleidung werden alle 2 h ca. 10 mg Haut abgelagert. Die mikrobielle Besiedlung der Körperhaut ist nicht gleichmäßig: Kopf und Thorax sind stärker besiedelt als die Gliedmaßen. Außerdem sind die Mikroorganismen auch zahlenmäßig nicht gleichmäßig, sondern in Form von Mikrokolonien mit Keimzahlen von $10^2\text{--}10^5$ KBE, die relativ großen Abstand voneinander haben können, verteilt. Dies ist die Ursache dafür, daß nur ca. 10% der Hautschuppen überhaupt mikrobiell besiedelt sind. Hautschuppen gehören wegen ihrer geringen Größe zu den Partikeln, die so leicht sind, daß sie in der Luft schweben, bis sie irgendwann auf eine Oberfläche sedimentieren. Insofern

kann die Haut des Personals das Erregerreservoir für eine Kontamination der Luft im OP-Saal und anschließend der OP-Wunde sein.

Normalerweise ist die Haut mit einer aerob-anaeroben Mischflora aus vorwiegend koagulasenegativen Staphylokokken, coryneformen Stäbchen und Propionibakterien besiedelt. Diese Bakterien hielt man früher für apathogen, heute aber ist bekannt, daß einzelne Vertreter, insbesondere S. epidermidis, unter bestimmten Bedingungen (z. B. Anwesenheit von Kunststoffmaterial) pathogen werden können. Ohne diese Voraussetzungen aber sind sie relativ avirulent und kommen deshalb auch nur selten als Erreger postoperativer Infektionen im OP-Gebiet in Frage, wenn nicht beispielsweise eine Gelenk- oder Herzklappenimplantation vorgenommen wurde.

Insbesondere bei chronischen Hautkrankheiten (z. B. Psoriasis, Neurodermitis, chronisches Ekzem), aber auch bei Personen ohne Hauterkrankung findet man neben dieser Normalflora nicht selten auch S. aureus oder sogar A-Streptokokken. Bei solchen Personen werden mit den abgeschilferten Hautschuppen auch diese klassischen Erreger postoperativer Wundinfektionen in die Umgebung abgegeben. Unabhängig von der Art der Mikroorganismen, die die Haut besiedeln (normale Hautflora oder potentiell pathogene Bakterien), ist aber das Ausmaß, in dem die Hautflora in die Umgebung abgegeben wird, bzw. das Ausmaß der sog. Streuung, das nicht notwendigerweise bei Personen mit chronischen Hautkrankheiten größer sein muß als bei Personen mit gesunder Haut (s. Kap. 3, S. 19).

So scheint beispielsweise das Geschlecht einen Einfluß auf die Abgabe von Hautschuppen zu haben, indem Männer mehr streuen als Frauen. Dies kann daran liegen, daß Männer durchschnittlich kleinere Hautschuppen haben und in der Regel größer sind als Frauen, so daß sie bei Erneuerung ihrer Hautoberfläche ca. 1,45mal mehr Hautpartikel verlieren. Zum anderen sind Männer stärker mikrobiell besiedelt. Beides sind Faktoren, die die Streuung von Mikroorganismen begünstigen.

Außerdem scheint es auch mehr männliche als weibliche Streuer bzw. Disperser von S. aureus zu geben: In einer Untersuchung fand man in einer Gruppe von 389 Männern 11,6%, die S. aureus freisetzten, im Gegensatz zu 1,3% in einer Gruppe von 613 Frauen. Dafür scheinen aber nicht vorwiegend hormonelle Faktoren verantwortlich zu sein, weil auch bei 100 Frauen nach der Menopause nur 5% Disperser von S. aureus gefunden wurden. Darüber hinaus konnte festgestellt werden, daß Männer S. aureus fast ausschließlich nur von der Perinealregion abgeben und daß die Abgabe durch Tragen von Unterwäsche aus Kunstfaser, die für Hautschuppen undurchlässig ist, beendet werden konnte.

Ein anderer Faktor, der die Abgabe von Hautschuppen beeinflußt, ist das Duschen: Obwohl dabei eine große Zahl von Hautpartikeln weggespült wird, ist im Anschluß daran die Streuung bakterientragender Hautschuppen größer. Dies kann damit erklärt werden, daß beim Duschen die Mikrokolonien nur teilweise entfernt, teilweise aber die einzelnen Bakterien dieser Kolonien über ein größeres Hautareal verteilt werden, so daß dann mehr Hautpartikel als vor dem Duschen Bakterien tragen. Außerdem führt das Duschen durch die Talgreduktion zu einer vorübergehenden Austrocknung der Haut, wodurch die Abgabe von

Hautpartikeln erhöht wird. Erst etwa 2 h nach dem Duschen ist die Haut wieder in ihrem Normalzustand, so daß schon aus diesem Grunde das OP-Team präoperativ nicht duschen soll.

Schließlich spielt die Kleidung bei der Abgabe von Hautschuppen eine wichtige Rolle, indem die Reibung des Stoffes an der Haut die Freisetzung von Hautpartikeln fördert. Dabei gibt es keine Unterschiede bei Tragen von persönlicher Kleidung im Vergleich zur konventionellen OP-Kleidung.

Schleimhaut. Wahrscheinlich wichtiger als die Besiedlung der äußeren Haut ist die Besiedlung der Schleimhäute des Nasopharynx und insbesondere von Vagina und Rektum als Erregerreservoir für postoperative Wundinfektionen [70, 309]. Potentiell pathogene Bakterien, die diese Schleimhäute besiedeln und von dort freigesetzt werden können, sind die klassischen grampositiven Erreger postoperativer Infektionen im OP-Gebiet S. aureus und A-Streptokokken, aber auch andere hämolysierende Streptokokken können vorkommen [309].

Von den Schleimhäuten werden ebenfalls regelmäßig die obersten Zellagen abgestoßen und in die Umgebung abgegeben. Außerdem können von den Schleimhäuten des oberen Respirationstraktes Mikroorganismen mit respiratorischen Tröpfchen freigesetzt werden, weshalb seit langer Zeit das Tragen von Masken als Standardhygienemaßnahme bei operativen Eingriffen gilt (s. 7.6.3).

Die Tatsache aber, daß eine Person ein Träger potentiell pathogener Bakterien ist (z.B. nasopharyngeal oder vaginal), bedeutet noch nicht, daß sie diese Flora auch oder sogar in starkem Maße freisetzt und damit ein Infektionsrisiko für Patienten ist. Zum anderen wird zwar häufig die Besiedlung der Schleimhäute des oberen Respirationstraktes als Erregerreservoir in Betracht gezogen, aber bei der Aufklärung von Ausbrüchen z.B. mit A-Streptokokken wurden fast nie nasopharyngeale Träger ermittelt, sondern vorwiegend Personen, die vaginal oder rektal besiedelt waren [33, 308, 309, 389]. Personen also, die nasopharyngeal nicht mit dem Ausbruchsstamm besiedelt sind, können durchaus an anderen Körperstellen besiedelt sein, wo jedoch die erforderliche mikrobiologische Diagnostik an psychologische Grenzen stößt, die manchmal nicht zu überwinden sind, wenn die in Frage kommenden Personen einer OP-Abteilung sich weigern, eine derartige Untersuchung durchführen zu lassen. Leider werden die Probleme mit diesen leicht nachvollziehbaren Barrieren des Personals in den Publikationen nicht thematisiert.

Festzuhalten bleibt, daß der (gesunde, d.h. nicht akut entzündete) Nasopharynx des OP-Personals als Erregerreservoir für Ausbrüche postoperativer Wundinfektionen zwar nicht unbedeutend ist, daß man aber, um nicht unnötig Zeit zu verlieren (und damit weitere Infektionsfälle zu riskieren), immer sofort auch andere anatomische Lokalisationen (z.B. Perineum, Vagina) berücksichtigen soll, wenn gehäufte Infektionen mit A-Streptokokken auftreten. Dazu gehört auch eine eingehende Untersuchung auf chronische Hautkrankheiten unter Einbeziehung des behaarten Kopfes, denn chronische Hautkrankheiten werden von den Betroffenen häufig ungern und deshalb nicht spontan erwähnt. Wichtig ist jedoch, daß man mikrobiologische Untersuchungen beim Personal zumindest primär nur bei den Personen durchführt, bei denen ein epidemiologischer Zusammenhang mit den Infektionen hergestellt werden konnte, d.h. z.B. nur die Personen untersucht, die bei der Mehrzahl der infizierten Patienten während der OP oder deren Vorbereitung beteiligt waren.

Hände. Um das Ausmaß der residenten Kolonisierung der Hände des OP-Teams zu reduzieren und die transiente Flora vollständig zu eliminieren, wird die präoperative Händedesinfektion durchgeführt, wobei aufgrund neuerer Untersuchungen gezeigt werden konnte, daß eine Dauer von 3 min ebenso effektiv ist wie von 5 min [250]. Zusätzlich trägt das OP-Team sterile Handschuhe. Beides reduziert das Risiko der Wundkontamination durch die Hände des Personals. In der Literatur wird die Auffassung vertreten, daß die Hände des Personals als Quelle für eine Kontamination der Wunde unwahrscheinlich sind, solange keine Person mit einer chronischen Hautkrankheit zum OP-Team gehört [309].

Haar. An den Haaren können Partikel aus der Luft aufgefangen werden, möglicherweise durch elektrostatische Kräfte [339]. Mehrfach wurde beschrieben, daß S. aureus und andere Erreger an Haaren nachgewiesen werden konnten, weshalb manchmal das Haar als besonderes hygienisches Problem angesehen wird. Haare haben jedoch nicht wie die Haut eine residente Flora, sondern sind immer nur, wenn überhaupt, transient besiedelt [470]. Ob aber das Haar überhaupt bei der Streuung von Mikroorganismen eine Rolle spielt, ist umstritten [339]. Dies gilt ebenso für Barthaar. Selbstverständlich aber ist ein Haar, das in das OP-Feld fällt, ein hygienisches Risiko.

### 7.5.3
### Umgebung

Flächen und Gegenstände. Als Erregerreservoir kommt die unbelebte Umgebung im OP-Saal nur dann in Betracht, wenn Gegenstände in direkten oder indirekten Kontakt mit der OP-Wunde kommen und nicht regelrecht sterilisiert bzw. anschließend rekontaminiert worden sind. Unter normalen heute in den OP-Abteilungen industrialisierter Länder herrschenden Umständen sind aber grobe Fehler bei der Sterilisation von chirurgischem Instrumentarium sehr unwahrscheinlich. Das Gleiche gilt für industriell hergestellte Gegenstände wie Desinfektionsmittel, Spüllösungen oder Verbandsmaterial. Oberflächen von Wänden, Decken, evtl. vorhandenen Schränken und Regalen bzw. von Geräten sind für die Entstehung postoperativer Wundinfektionen nicht relevant. Auch der Fußboden ist im OP kein Erregerreservoir postoperativer Wundinfektionen, weil eine Resuspension bereits sedimentierter Mikroorganismen in die Luft nur unter großen Anstrengungen erreicht werden kann, weshalb auch eine routinemäßige Reinigung der Flächen im OP ausreichend ist [15].

Luft. Bei der heute üblichen Raumlufttechnik in OP-Abteilungen wird nahezu keimfreie Luft in die OP-Säle geführt (s. Kap. 19, S. 329). Bei regelmäßiger Wartung und Überprüfung sind die RLT-Anlagen keine Quelle für Mikroorganismen in der Luft des OP-Saales. Die Luftkeimzahl wird statt dessen maßgeblich von der Anzahl und Aktivität der anwesenden Personen bestimmt. Da der Patient unbeweglich und mit Tüchern abgedeckt auf dem OP-Tisch liegt, ist es demnach das Personal, das durch Freisetzung bakterientragender Hautschuppen (s. 7.5.2) und in geringerem Maße auch respiratorischer Tröpfchen (s. Kap. 3, S. 19) das Spektrum und die Zahl der Mikroorganismen in der Luft bestimmt. Die Kontamination des Fußbodens hat keinen Einfluß auf die Luftkeimzahl.

## 7.6
## Prävention

(s. dazu auch Kap. 24, S. 429)

### 7.6.1
### Raumlufttechnische (RLT-)Anlagen

Die Luft spielt als Erregerreservoir für postoperative Infektionen in der Regel, d.h. außer bei der Implantation großer Fremdkörper, eine untergeordnete Rolle, auch wenn bei manchen Ausbrüchen eine aerogene Erregerübertragung der wahrscheinlichste Infektionsweg zu sein schien [33, 308, 389]. Wie auch bei anderen nosokomialen Infektionen kommen bei postoperativen Infektionen im OP-Gebiet (fast) immer auch andere Übertragungswege in Betracht, wenn eine aerogene Übertragung angenommen wird [15]. Eine auch nur annähernd korrekte Angabe über die Häufigkeit endemischer aerogener postoperativer Wundinfektionen läßt sich nicht machen. Die gelegentlich in der Literatur angegebene Prozentzahl von ca. 10% stammt aus einer einzelnen Studie und kann deshalb nicht verallgemeinert werden.

Trotz der von den meisten Fachleuten beschriebenen geringen Bedeutung der Luft bei der Entstehung postoperativer Infektionen nehmen jedoch Empfehlungen zur Reduktion der Luftkeimzahl im OP einen breiten Raum ein. Darüber hinaus gehören Maßnahmen zur Reduktion der Luftkeimzahlen zu den teuersten Hygienemaßnahmen, weil sie fast immer mit großen baulich-technischem Aufwand verbunden sind (s. Kap. 19, S. 329). Ob dieser Aufwand jedoch für die Mehrzahl operativer Eingriffe überhaupt gerechtfertigt ist, ist unsicher und deshalb zu Recht in Frage zu stellen.

Als hinreichend sicher kann lediglich angesehen werden, daß bei der Implantation großer Fremdkörper, wie Gelenke und Herzklappen, die Kontamination der Luft im OP-Saal eine Rolle spielt [15, 138]. In der berühmten und immer wieder zitierten Multicenterstudie von Lidwell et al. konnte bei der Implantation künstlicher Gelenke ein Effekt ultrareiner Luft (laminar airflow) auf die postoperative Infektionsrate gezeigt werden, obwohl die Unterschiede in den an der Studie beteiligten Krankenhäusern beträchtlich waren [282]. Auch wenn bei der Implantationschirurgie im Vergleich zu anderen chirurgischen Eingriffen ganz besondere Bedingungen herrschen, die dazu beitragen, daß auch normale Luftkeime, wie z. B. koagulasenegative Staphylokokken, zu Infektionen führen können, wird immer dann, wenn die Bedeutung der Luft im OP und damit die Notwendigkeit von RLT-Anlagen bei operativen Eingriffen insgesamt betont wird, das Ergebnis dieser Studie herangezogen. Genauso wenig wie jedoch ein Laminarairflow-System für die Implantationschirurgie als unabdingbar betrachtet werden muß [138], ist es für die übrigen operativen Eingriffe wissenschaftlich geklärt, ob aus Gründen der Infektionsprophylaxe eine RLT-Anlage überhaupt erforderlich ist.

Zusammenfassend kann man sagen, daß erstens eine aerogene Erregerübertragung immer dann von Bedeutung ist, wenn ein anderer Kontaminationsweg ausgeschlossen ist, daß aber zweitens bei Operationen, bei denen andere Erregerreservoire und Übertragungswege eine stärkere Kontamination der Wunde verursachen, die aerogene Erregerübertragung bedeutungslos wird [309].

Aus arbeitsphysiologischen Gründen müssen Temperatur und Luftfeuchtigkeit in einem Bereich gehalten werden, der für alle an der OP Beteiligten angenehm ist. Bei der Luftfeuchtigkeit ist dies in der Regel nicht problematisch, sie sollte zwischen 40% und 60% liegen. Probleme tauchen aber nicht selten beim Temperaturoptimum auf, weil sich Operateure aufgrund ihrer körperlichen Aktivität eher bei Temperaturen wohl fühlen, bei denen die Anästhesisten aufgrund ihrer mehr statischen Tätigkeit frieren. So ist angeblich für 98% der Operateure eine Temperatur von 21°C angenehm im Gegensatz zu 24°C bei 98% der Anästhesisten [138]. Um die daraus entstehenden Konflikte zwischen beiden Gruppen zu lösen, wird häufig die Krankenhaushygiene bemüht, und zwar meist von seiten der Operateure, die bestätigt haben wollen, daß höhere Umgebungstemperaturen im OP-Saal mit einer höheren Infektionsrate assoziiert seien. Dafür gibt es jedoch keine Belege. Das Problem kann vernünftigerweise nur dadurch gelöst werden, daß diejenigen, die frieren, sich wärmer anziehen, z. B. indem sie wärmere Unterkleidung tragen, die allerdings nicht unter der Bereichskleidung hervorschauen soll.

## 7.6.2
## Bauliche Maßnahmen

OP-Abteilungen werden durch sog. Schleusen vom übrigen Krankenhausbereich abgetrennt, um zu erreichen, daß nur die tatsächlich notwendigen Personal-, Material- und Gerätewechsel stattfinden. Eine weitverbreitete Auffassung ist aber, daß auch ein Luftaustausch zwischen beiden Bereichen verhindert werden soll, weil nach wie vor der Luft eine besondere Bedeutung bei der Entstehung postoperativer Infektionen im OP-Gebiet zugemessen wird, wofür in erster Linie wohl historische Gründe ursächlich sind. Die hygienische Bedeutung von Schleusen ist in diesem Buch bereits an anderer Stelle behandelt (s. Kap. 4, S. 41). Ebenso findet sich dort eine Erörterung der Frage, ob getrennte OP-Abteilungen für aseptische und septische Eingriffe sinnvoll sind. Obwohl auch diese Forderung mittlerweile von der Hygienekommission des ehemaligen BGA, jetzt Robert-Koch-Institut, aufgegeben worden ist, bleibt immer noch die Forderung nach Durchführung solcher OP in getrennten OP-Einheiten oder die Empfehlung, zunächst die aseptischen und erst am Schluß des OP-Programms die septischen Eingriffe durchzuführen, wenn die Eingriffe in derselben OP-Einheit durchgeführt werden [55]. Auch diese vergleichsweise gemäßigte Forderung ist mit hygienischen Argumenten nur schwer zu untermauern, weil das Risiko einer Umgebungskontamination, die noch dazu durch die routinemäßigen Reinigungs- und Desinfektionsmaßnahmen nach der OP nicht zu beseitigen sein müßte, viel zu gering ist [138, 335].

### 7.6.3
### Kleidung des OP-Personals

Bereichskleidung und OP-Kittel. Üblicherweise trägt das OP-Personal eine Bereichskleidung (meist aus Baumwolle), die nur in der OP-Abteilung, aber nicht im übrigen Krankenhausbereich getragen werden soll. Diese Regel hat hauptsächlich den Grund, beide Krankenhausbereiche sichtbar voneinander abzugrenzen, um damit unkontrollierte Personalbewegungen vor allem in die OP-Abteilung hinein zu verhindern. In Richtung der OP-Abteilung wird diese Barriere in der Regel eher eingehalten, obwohl man in manchen OP-Abteilungen gelegentlich weiß gekleidetes Personal vorwiegend aus der Gruppe der Chef- und Oberärzte sogar in den OP-Sälen beobachten kann. Häufiger jedoch als weiß gekleidetes OP-Personal im OP kann man Personal in OP-Bereichskleidung außerhalb der OP-Abteilung beobachten. Bei diesen „Grenzüberschreitungen" jedoch ein konkretes hygienisches Risiko zu benennen, ist schwierig. Man befürchtet, daß z. B. der Operateur, der die OP-Abteilung in seiner Bereichskleidung verläßt, diese nicht wechselt, wenn er zum nächsten Eingriff wieder in den OP zurückkehrt. Hat er in der Zwischenzeit aber nur an seinem Schreibtisch gesessen und beispielsweise Briefe diktiert, ist eine Kontamination der Bereichskleidung auch nicht wahrscheinlicher, als wenn er sich in der OP-Abteilung in eine Diktatkabine zurückgezogen hätte. Aus hygienischer Sicht problematisch könnte es dagegen dann werden, wenn er zwischenzeitlich auf seiner Station Visite macht und dabei z. B. auch Verbände wechselt, auch wenn er dann zusätzlich seinen weißen Kittel trägt. Das Gleiche gilt für einen Anästhesisten, der zwischen zwei Narkosen auf der Intensivstation seine Patienten versorgt. Bei solchen Tätigkeiten kann es zu einer Kontamination der Bereichskleidung kommen, die zu einem hygienischen Risiko für den Patienten werden könnte, wenn der Operateur oder der Anästhesist sie nicht bei der Rückkehr in die OP-Abteilung ablegt, um frische Bereichskleidung anzuziehen. Man nimmt wahrscheinlich nicht zu Unrecht an, daß das Umkleiden bei der Rückkehr in den meisten Fällen unterbleibt. Andererseits hat man aber auch keine wissenschaftliche Grundlage, auf der man eine strikte Trennung der Kleidung zwischen der OP-Abteilung und dem übrigen Krankenhaus unbedingt fordern könnte.

Da die Bereichskleidung, wie auch konventionelle OP-Kittel, aus Baumwolle ist, bietet sie keinen Schutz vor der Abgabe von Hautschuppen in die Raumluft (s. 7.5.2). Die „Poren" der Baumwollkleidung sind nämlich so groß (ca. 80 µm), daß Hautschuppen (ca. 20 μm) ungehindert durchtreten können [461]. Dies wird durch die regelmäßige Gewebestruktur des Stoffes noch gefördert. Deshalb spielt es auch keine Rolle, ob man das Oberteil der Bereichskleidung in die Hose und die Hosenbeine in die Strümpfe steckt, wie es in manchen OP-Abteilungen gefordert wird, oder nicht: Eine Reduktion der freigesetzten Hautschuppen erreicht man mit dieser Maßnahme nicht, weil der Stoff selbst durchlässig ist.

Andererseits aber kann man mit einer Bereichs- und OP-Kleidung aus Kunstfaser oder Mischgewebe mit hohem Kunstfaseranteil, die an den Öffnungen, wie Hals, Ärmel und Beine, fest anliegt, eine wesentliche Reduktion der abgegebenen Hautschuppen und damit der Körperflora des Personals erreichen [15, 138, 309, 335, 461]: Die „Löcher" in diesen Kunstfaserstoffen sind groß genug für einen adäquaten Luftaustausch, durch den unregelmäßigen Verlauf der Fasern aber ist ein direkter Durchtritt von Hautschuppen nach außen nicht möglich bzw. erschwert, weil sie quasi im Stoff hängenbleiben. Betont werden muß aber, daß die alleinige Verwendung steriler OP-Kittel aus Kunstfaser keinen Effekt auf die Abgabe von Hautschuppen hat, sondern daß die darunter getragene Bereichskleidung aus demselben Stoff sein muß [15]. In der Lidwell-Studie wurde diesbezüglich der Einfluß eines Spezialanzugs untersucht, bei dem kontinuierlich die Körperluft abgesaugt wurde [282]. Der gleiche Effekt ist jedoch mit viel geringerem Aufwand und für das OP-Team wesentlich bequemer mit modernen atmungsaktiven Kunstfasern zu erreichen. Um die Luftkeimzahl im OP-Saal während des Eingriffs, also bei Anwesenheit des Personals, effektiv zu reduzieren, müßte man OP-Kleidung aus derartigem Material einführen. Ob dies jedoch außer bei der Implantationschirurgie überhaupt einen Einfluß auf die postoperativen Infektionsraten haben würde, ist eher unwahrscheinlich, weil das Haupterregerreservoir für postoperative Infektionen im OP-Gebiet der Patient selbst, nicht aber das Personal ist (s. 7.5.1). Anstatt aber, um die Luftkeimzahl niedrig zu halten, jeden OP-Saal, wie heutzutage in den reichen Industrieländern üblich, aus hygienischen Gründen mit einer aufwendigen RLT-Anlage auszustatten, erscheint es sinnvoller, weil ebenso effektiv, aber wesentlich kostensparender, auf eine entsprechende OP-Kleidung, incl. Bereichskleidung, mehr Gewicht zu legen. Mit speziellen RLT-Anlagen bräuchten dann nur die OP-Säle versorgt werden, in denen Eingriffe durchgeführt werden, die durch eine Kontamination aus der Luft als gefährdet gelten. Ein weiterer Vorteil von OP-Kleidung aus Kunstfaser ist der Schutz vor einer Durchfeuchtung der Kleidung bei Kontakt mit Blut und Körperflüssigkeiten oder Spüllösungen.

**Maske.** Um die Freisetzung bakterienhaltiger respiratorischer Tröpfchen aus dem Nasen-Rachen-Raum zu verhindern, gilt das Tragen einer Maske für OP-Personal seit langem als eine wichtige Maßnahme zur Prävention postoperativer Infektionen im OP-Gebiet [15, 138, 309, 335]. Ob Masken jedoch tatsächlich aus hygienischer Sicht notwendig sind, ist mehrfach in Frage gestellt worden. In der bislang größten prospektiv randomisiert durchgeführten kontrollierten klinischen Studie konnte ein Nutzen nicht gezeigt werden, da sich kein Unterschied in den postoperativen Wundinfektionsraten fand abhängig davon, ob das OP-Team Masken trug oder nicht [431]. Auffälligerweise traten die beiden einzigen

A-Streptokokkeninfektionen während dieser Studie nach operativen Eingriffen auf, bei denen das OP-Team Masken trug.

Aus dem Ergebnis dieser Studie kann man sicher nicht die generelle Empfehlung ableiten, beim Operieren keine Masken mehr zu tragen. Aber man kann zu Recht die generelle Forderung, bei jedem Betreten der OP-Abteilung bereits eine Maske anzulegen, in Frage stellen. Statt dessen ist es sinnvoll, wenn überhaupt, Masken erst bei Betreten des OP-Saales anzulegen, so daß alle Personen, die während des Eingriffs anwesend sind, eine Maske tragen, aber nicht auch alle anderen Personen, die außerhalb der OP-Säle beschäftigt sind. Selbstverständlich gibt es auch keinen hygienischen Grund, daß Reinigungspersonal, das nach dem Eingriff den OP-Saal betritt, bei seiner Arbeit eine Maske tragen muß.

Das Risiko der Wundkontamination durch die Flora aus dem Nasen-Rachen-Raum des OP-Teams, z. B. durch direkte Sedimentation, wird meist überschätzt, da bei weitem nicht alle freigesetzten Tröpfchen auch Bakterien enthalten. Effektiver als das Tragen von Masken ist es, das Sprechen auf das wirklich Notwendige zu beschränken. Statt dessen aber werden Masken getragen und mehr oder weniger ungehemmt Gespräche geführt, weil man nicht ausreichend berücksichtigt, daß die Maske nur einen begrenzten Schutz darstellt.

Meist wird empfohlen, Masken nach jedem Eingriff zu wechseln, was aber bei kurzen Eingriffen nicht erforderlich ist. Wenn man allerdings zwischen zwei Eingriffen die Maske löst und dann herunterhängen läßt, bis man sie später wieder hochbindet, besteht die Möglichkeit, daß durch die Manipulationen die Außenseite der Maske mit der Nasen-Rachen-Flora, die an der Innenseite vorhanden ist, kontaminiert wird. Da dies wiederum ein relatives Kontaminationsrisiko für die Wunde beim nächsten Eingriff darstellt, ist es sinnvoll, die Maske, z. B. nach einem kurzen Eingriff, entweder anzulassen oder ganz abzulegen und zu verwerfen.

**Kopfhaar- und Bartschutz.** Um zu gewährleisten, daß die Wunde nach Möglichkeit nicht durch herunterfallende Haare kontaminiert wird, ist das Tragen eines entsprechenden Kopfschutzes zumindest für die an der OP Beteiligten notwendig. Allerdings hat das Tragen eines Kopfschutzes keinen Einfluß auf die Luftkeimzahl, so daß man an sich nicht fordern müßte, daß jeder Mitarbeiter einer OP-Abteilung einen Haarschutz trägt [228]. Die Tatsache aber, daß nicht jeder auch zu jeder Zeit gepflegte saubere Haare hat und etliche Personen längere oder auch sehr viel Haare haben, spricht dafür, daran festzuhalten, im gesamten OP-Bereich von allen Personen das Tragen eines Haarschutzes zu fordern, um den hohen Anforderungen an Sauberkeit in diesem sensiblen Krankenhausbereich gerecht zu werden.

**OP-Schuhe.** Das Tragen von speziellen Schuhen kann bei wissenschaftlicher Betrachtung überhaupt keinen Einfluß auf postoperative Infektionen haben, weil auch im OP-Saal selbst der Fußboden kein Erregerreservoir für Infektionen ist. Außerdem ist die Wegekontamination unabhängig davon, ob spezielle Schuhe oder Überschuhe getragen werden oder nicht, gleich [227]. OP-Bereichsschuhe werden dagegen aus Gründen der Arbeitssicherheit verwendet. Da sie von verschiedenen Personen getragen werden, ist aus allgemeinhygienischen oder ästhetischen Gründen eine regelmäßige Reinigung erforderlich, die nur noch in speziellen Maschinen mit anschließender Trocknung, aber nicht mehr manuell durchgeführt werden soll.

### 7.6.4
### Patientenabdeckung

Zur Abdeckung des Patienten unter Aussparung des OP-Feldes werden entweder konventionelle OP-Tücher aus Baumwolle, waschbare Tücher aus Kunstfaser oder Einwegabdecktücher verwendet. Manchmal findet sich auch eine sog. Mischabdeckung mit einer unteren Lage aus Einwegtüchern und Baumwolltüchern darüber. Nicht zuletzt durch die Aktivitäten der Einwegtücher herstellenden Industrie kam es in den letzten Jahren zu einer heftigen Diskussion auch unter Hygienikern über die hygienischen Konsequenzen der verschiedenen Abdeckmaterialien. Abgesehen davon, daß Baumwolle im Gegensatz zu den anderen Materialien nicht flüssigkeitsdicht ist und deshalb bei der Möglichkeit der Durchfeuchtung keinen ausreichenden Schutz bietet, was unbestritten ist, wurde aber immer auch angeführt, daß die Freisetzung von Flusen aus dem Baumwollgewebe ein hygienisches Risiko darstellt, weil Flusen in die Wunde gelangen könnten und dort als Fremdkörper, d.h. infektionsbegünstigend, wirken würden. Unbeachtet blieb bei dieser Argumentation aber die Tatsache, daß der Zusammenhang zwischen Fremdkörpern und der Entstehung bzw. Begünstigung von Wundinfektionen nicht an so kleinen Fremdkörpern wie Baumwollflusen untersucht und beschrieben wurde, sondern an wesentlich größeren Fremdkörpern, nämlich chirurgischem Nahtmaterial [136] und Baumwollpfropfen von 2,5 mg [2, 3, 338], obwohl eine dieser Studien [2] als Beleg für die These, daß Flusen Infektionen begünstigen, angeführt wurde. Darüber hinaus konnte auch in klinischen Studien nicht gezeigt werden, daß Einwegabdeckmaterial oder waschbare Kunstfasertücher im Vergleich zu Baumwolltüchern mit geringeren Infektionsraten assoziiert sind [138, 158, 309].

### 7.6.5
### Verbandswechsel

Bei primär heilenden Wunden sind regelmäßige Verbandswechsel nicht erforderlich, sondern nach Entfernung des am Ende der Operation gelegten Verbandes, also spätestens nach 48 h, kann die dann fest verschlossene Wunde offen bleiben oder nur mit einem Pflaster bedeckt werden [79]. Regelrechte Wundverbände sind nur bei sezernierenden, so z.B. infizierten, Wunden notwendig und müssen nach Bedarf vorgenommen werden, weil unbedingt verhindert werden muß, daß ein Patient längere Zeit einen durchnäßten Verband hat. Zum einen kann dadurch sein Umfeld kontaminiert werden, wenn er eine Wundinfektion hat, zum anderen aber kann umgekehrt seine Wunde durch exogene Erreger kontaminiert werden, weil ein feuchter Verband für Bakterien leicht permeabel ist. Dies ist auch in Betracht zu ziehen, wenn der Patient bereits eine Wundinfektion hat, weil auch seine Wunde noch durch zusätzliche (exogene) Erreger kontaminiert werden kann.

## 7.6.6
## Antibiotikaprophylaxe

Eine Antibiotikaprophylaxe zur Verhütung postoperativer Infektionen im OP-Gebiet wird heute bei sehr vielen, wenn nicht den meisten Operationen durchgeführt. Eine Indikation ist bei bedingt aseptischen und kontaminierten Eingriffen sowie bei der Implantation von Fremdkörpern grundsätzlich gegeben, nicht aber notwendigerweise bei allen anderen aseptischen Eingriffen [102, 108]. Perioperative Antibiotika werden häufig geradezu automatisch und dadurch insgesamt viel zu häufig eingesetzt. Darüber hinaus werden sie oft immer noch viel zu lange gegeben. Weil zur perioperativen Prophylaxe meist Basiscephalosporine wegen ihrer Wirksamkeit sowohl gegen S. aureus als auch die häufigsten relevanten Enterobakteriazeen empfohlen werden, ist dadurch der Cephalosporineinsatz sehr hoch, was die Selektion (primär) resistenter Erreger fördert. Schon deshalb soll das Antibiotikum erst kurz vor der Operation appliziert werden, um schnell möglichst hohe Spiegel zu erreichen, und so kurz wie möglich verabreicht werden, d. h. Ein-Dosis-Prophylaxe oder bei längeren Eingriffen alle 4 h Wiederholung der Gabe, aber kein weiteres Antibiotikum nach dem Wundverschluß aus prophylaktischen Gründen. Auf jeden Fall gibt es genügend Daten in der Literatur dafür, daß eine längere Gabe als 24 h nicht gerechtfertigt ist. Dies gilt auch für die offene Herzchirurgie, wo in den meisten Abteilungen immer noch mehrere Tage Antibiotikum appliziert wird. Die wichtigsten Regeln der perioperativen Antibiotikaprophylaxe sind in der nachstehenden Übersicht zusammengefaßt. Es sollte immer berücksichtigt werden, daß die Antibiotikaprophylaxe nur eine zusätzliche Maßnahme sein kann, um das Infektionsrisiko zu verringern, daß aber trotzdem eine schonende Operationstechnik und die grundlegenden mittlerweile altbekannten Hygienemaßnahmen absoluten Vorrang haben [309].

> **Wichtigste Hinweise für die Durchführung der perioperativen Antibiotikaprophylaxe**
> - Was? – sog. Basisantibiotika (z. B. Basiscephalosporine, Flucloxacillin), keine Breitspektrumantibiotika.
> - Wann? – ca. 30 min präoperativ.
> - Wie? – Kurzinfusion über 15 min.
> - Wieviel? – therapeutische Dosis.
> - Wie oft? – 1 Dosis meist ausreichend (bei OP >4 h intraoperativ Gabe wiederholen).

## 7.6.7
### Empfehlungen der CDC

Die CDC haben 1985 eine Richtlinie zur Prävention nosokomialer Wundinfektionen herausgegeben, die derzeit überarbeitet und in absehbarer Zeit in neuer Form publiziert wird [159]. Die wichtigsten Empfehlungen der alten Richtlinie sind aber trotzdem hier noch einmal zusammengefaßt, da es sich dabei um grundlegende Regeln handelt, die im wesentlichen immer in jeder operativen Abteilung Bestand haben werden (s. Übersicht).

> CDC (Centers for Disease Control and Prevention, Atlanta (USA).
> **Empfehlungen zur Prävention postoperativer Infektionen im OP-Gebiet**
> - bei elektiven Eingriffen evtl. bakterielle Begleitinfektionen (z. B. Harnwegsinfektion) zunächst therapieren,
> - bei elektiven Eingriffen präoperative Verweildauer so kurz wie möglich,
> - keine präoperative Haarentfernung, wenn nötig, dann mit elektrischer Haarschneidemaschine, nach Möglichkeit nicht rasieren, insbesondere nicht am Abend vor der OP,
> - präoperative Händedesinfektion,
> - sorgfältige präoperative Hautdesinfektion im OP-Gebiet,
> - perioperative Antibiotikaprophylaxe unmittelbar vor OP,
> - möglichst wenig Personal, Bewegung und Gespräche während der OP,
> - atraumatische Operationstechnik,
> - nur geschlossene Wunddrainagen verwenden, wenn überhaupt
> - Händedesinfektion vor und nach Verbandswechsel,
> - No-touch-Technik (oder sterile Handschuhe) beim Verbandswechsel,
> - Wechsel des Verbandes, wenn er durchfeuchtet ist, und bei V.a. Wundinfektion (z. B. Fieber, ungewöhnlicher Wundschmerz), jedes Sekret aus der Wunde mikrobiologisch untersuchen,
> - gehäuftes Auftreten von Wundinfektion untersuchen,
> - Isolierung von Patienten mit Wundinfektionen durch polyresistente Erreger,
> - kontinuierliche prospektive Erfassung von Wundinfektionen,
> - kein direkter Patientenkontakt für Personal mit Hautinfektionen an den Händen oder eitriger Racheninfektion.

# 8 Epidemiologie und Prävention von Bakteriämie/Sepsis

I. Kappstein

### EINLEITUNG

Eine Bakteriämie bzw. Sepsis ist in der Regel ein schweres Krankheitsbild, das zu einer deutlichen Verlängerung der Krankenhausverweildauer (durchschnittlich +7,4 Tage) und zu erhöhter Letalität führt [305]. Nicht selten kommt es dabei zu einer Absiedlung der Erreger an verschiedenen anatomischen Lokalisationen. Beispielsweise ist bei S. aureus typischerweise die Wirbelsäule betroffen, aber auch die Endokarditis ist eine bekannte Komplikation [351]. Für die Prävention sind ein hoher hygienischer Standard bei der Versorgung schwerkranker Patienten, insbesondere im Umgang mit intravasalen Kathetern, die frühzeitige Erkennung und Therapie von Infektionsherden, von denen eine Streuung der Erreger ausgehen kann, und ein rationaler Einsatz von Antibiotika von entscheidender Bedeutung.

## 8.1
## Bakteriämie vs. Sepsis

Die Begriffe Bakteriämie und Sepsis kennzeichnen prinzipiell unterschiedliche Befunde: der eine beschreibt einen mikrobiologischen, der andere einen klinischen Befund. Eine Bakteriämie kann mit einer Sepsis einhergehen, eine Sepsis muß nicht notwendigerweise auch mit einer Bakteriämie verbunden sein. Deshalb ist die Beachtung der Definition der Begriffe notwendig (s. Kap. 12, S. 167):
- Bakteriämie bedeutet, daß in der Blutkultur ein (bakterieller) Erreger nachgewiesen werden konnte (von Fungämie spricht man beim Nachweis von Pilzen). Sie kann asymptomatisch oder mit den typischen Sepsissymptomen verbunden sein.
- Unter Sepsis versteht man ein klinisches Bild mit z.B. Fieber >38°C, Blutdruckabfall ≤90 mm Hg systolisch und Oligurie mit ≤20 ml/h, bei dem nicht in jedem Fall Erreger in der Blutkultur nachweisbar sind, weil die Symptome einer Sepsis auch schon durch das Vorhandensein bakterieller Zellwandbestandteile, z.B. Endotoxin (=Lipopolysaccharid: Bestandteil der Zellwand gramnegativer Bakterien), ausgelöst werden können [37, 129, 351].

Im folgenden wird nur der Begriff Bakteriämie verwendet. Man unterscheidet primäre und sekundäre Formen [351]:

- primäre Bakteriämien = Erregernachweis in der Blutkultur ohne Bezug zu einer Infektion mit demselben Erreger an irgendeiner anderen Körperstelle,
- sekundäre Bakteriämie = Erregernachweis in der Blutkultur bei gleichzeitig vorhandener Infektion mit demselben Erreger an irgendeiner anderen Körperstelle.

Bakteriämien, deren Ausgangspunkt intravasale Katheter sind (Diagnostik s. 8.7.4), gehören zu den primären Formen. Es muß dabei aber beachtet werden, daß bei lokaler Infektion an der Einstichstelle (bzw. bei implantierten Kathetern im subkutanen Verlauf) mit Rötung, (Druck-)Schmerzhaftigkeit und Eiterproduktion oder bei einer eitrigen Thrombophlebitis eine sekundäre Bakteriämie vorliegt, wenn derselbe Erreger in der Blutkultur und von einer dieser Stellen isoliert wird [351].

## 8.2
## Häufigkeit

Primäre Bakteriämien sind die vierthäufigsten nosokomialen Infektionen und machen nach den jüngsten in den USA ermittelten Zahlen 13,1% aller nosokomialen Infektionen aus, wobei jedoch abhängig von der Fachabteilung große Unterschiede vorhanden sind, z. B. sind in der Pädiatrie primäre Bakteriämien sogar bei weitem die häufigsten nosokomialen Infektionen (Tabelle 8.1) [140]. Primäre Bakteriämien sind mit 64% die häufigste Ursache nosokomialer Bakteriämien [351]. Sekundäre Bakteriämien machen demnach etwa ein Drittel aller nosokomialen Bakteriämien aus. Sie können am häufigsten auf Infektionen der Lunge, des Urogenitaltraktes und auf intraabdominelle Infektionen zurückgeführt werden [351].

## 8.3
## Risikofaktoren

Endogene Risikofaktoren. Ein sehr niedriges ($\leq$ 1 Jahr) oder hohes ($\geq$ 60 Jahre) Lebensalter, immunsuppressive Therapie, nichtintakte Haut (z. B. bei Verbrennungen oder Psoriasis) sowie schwere Grundkrankheiten sind wichtige endogene Risikofaktoren [140]. Das höchste Risiko, eine primäre Bakteriämie zu erwerben, haben Patienten auf Intensivpflegestationen (Knochenmarkstransplantationseinheiten, chirurgische, internistische und pädiatrische Intensivstationen sowie Verbrennungseinheiten), wobei erwartungsgemäß das Risiko mit der Dauer des Aufenthaltes zunimmt [233]. Ein wichtiger pathogenetischer Mechanismus scheint dabei die Translokation intestinaler Bakterien via Mesenteriallymphknoten in die Blutbahn zu sein [454]. Dabei sind typischerweise keine Läsionen der Schleimhaut, wie z. B. Ulzera, vorhanden, sondern es kommt zu einer Lockerung der sonst festen zellulären Verbindungsstellen der Darmepithelien, wodurch offenbar der Übertritt der Bakterien in die Lamina propria und der Weitertransport via Makrophagen in die Peyer-Plaques ermöglicht wird.

**Tabelle 8.1.** Häufigkeit primärer Bakteriämien bei Patienten mit nosokomialen Infektionen in verschiedenen Abteilungen[a]

| Abteilung | Primäre Bakteriämie [%] |
|---|---|
| Allgemeinchirurgie | 9,5 |
| Innere Medizin | 14,8 |
| Geburtshilfe | 2,2 |
| Gynäkologie | 3,9 |
| Pädiatrie | 29,7 |
| Neonatologie | 36,1 |

[a] NNIS-Daten (National Nosocomial Infections Surveillance System, USA) 1990–1991 [140]

**Exogene Risikofaktoren.** Ein hochsignifikanter Zusammenhang besteht zwischen Bakteriämien und zentralen intravasalen Kathetern (s. 8.7) [233], aber auch andere invasive Maßnahmen (z. B. Intubation und Beatmung, Blasenkatheter und Operationen) erhöhen das Risiko, eine Bakteriämie zu entwickeln [140]. Mangelnde Hygiene bei pflegerischen Maßnahmen ist ein wesentlicher Faktor, der insbesondere bei einer ungünstigen Relation zwischen Anzahl der Patienten und Pflegepersonal zum Tragen kommt, außerdem kann eine inadäquate Antibiotikatherapie primärer Infektionen die Entwicklung sekundärer Bakteriämien begünstigen [351]. Ebenso kann eine unzureichende Beobachtung des Patienten dazu führen, daß beispielsweise postoperative Infektionen im OP-Gebiet oder ein Abszeß nicht rechtzeitig erkannt werden und so Ursache für eine sekundäre Bakteriämie werden.

## 8.4
## Diagnostik

Für den Nachweis einer Bakteriämie bei entsprechendem klinischem Verdacht gibt es verschiedene Blutkultursysteme, die jeweils Vor- und Nachteile bieten [351, 447]. Die Blutabnahmestellen müssen sorgfältig desinfiziert werden, um eine Kontamination des Blutkulturmediums mit Keimen der Hautflora zu vermeiden. Nach Möglichkeit soll für die Blutkulturdiagnostik kein Blut aus intravasalen Kathetern abgenommen werden, weil Katheter häufig mikrobiell besiedelt sind, ohne daß gleichzeitig eine Bakteriämie vorhanden ist. Dies gilt nicht nur für Venenkatheter, sondern auch für arterielle Katheter, die an ein Druckmeßsystem angeschlossen sind, deren Dreiwegehähne durch die häufige Benutzung, z. B. zur Blutgasbestimmung, kontaminiert sein können. Deshalb ist sorgfältiger Umgang mit den Dreiwegehähnen wichtig (s. 8.7.7). Die diagnostischen Möglichkeiten bei Verdacht auf eine durch intravasale Katheter bedingte Infektion werden im Abschn. 8.7.4 besprochen. Die wichtigsten Maßnahmen zur Verhinderung einer Kontamination bei der Abnahme von Blutkulturen unabhängig von den verschiedenen Blutkultursystemen sind:

- sorgfältige Desinfektion der Punktionsstelle mit z. B. alkoholischem Hautdesinfektionsmittel (sprühen – wischen – sprühen – wischen); Einwirkzeit: 1 min,
- Desinfektion des Durchstichstopfens der Blutkulturflasche (mit Alkoholtupfer abwischen),
- Blut in die Flasche spritzen, wobei ein Wechsel der Nadel nicht erforderlich ist [278].

## 8.5
## Erregerspektrum

Häufige Erreger primärer und sekundärer Bakteriämien sind:
- koagulasenegative Staphylokokken, deren Häufigkeit in den letzten 15 Jahre ständig zugenommen hat,
- S. aureus als nach wie vor bedeutender Erreger, wobei der Anteil oxacillinresistenter Stämme regional sehr unterschiedlich sein kann,
- Enterokokken, deren Zunahme zu einem großen Teil auf den übermäßigen Einsatz von Breitspektrumantibiotika, insbesondere von Cephalosporinen, bei Therapie und Prophylaxe zurückzuführen ist,
- Candida species, meist C. albicans, deren Häufigkeit ebenfalls in den letzten Jahren deutlich zugenommen hat und deren Nachweis als Erreger in der Blutkultur, der sog. Candidämie, mit dem Vorhandensein bestimmter Risikofaktoren, insbesondere langdauernder und breit wirksamer Antibiotikatherapie, endogener Kolonisierung und schweren Grundkrankheiten, zusammenhängt, sowie
- gramnegative Erreger, deren Häufigkeit heute im Gegensatz zu den 70er Jahren absolut und relativ zurückgegangen ist, die aber wegen ihrer z. T. ausgeprägten Fähigkeit zur Resistenzentwicklung immer noch als Problemkeime anzusehen sind (z. B. P. aeruginosa, Enterobacter sp., Acinetobacter sp., Serratia sp., aber auch E. coli und K. pneumoniae).

### 8.5.1
### Primäre Bakteriämie

Während der vergangenen zwei Jahrzehnte hat sich das Erregerspektrum primärer Bakteriämien deutlich verändert, wobei insbesondere auch wichtig ist, daß die z. Zt. häufigsten Erreger schwerer zu behandeln sind, weil es sich dabei häufig um relativ resistente Arten handelt (Tabelle 8.2) [351]. Während früher S. aureus sowie die gramnegativen Enterobakteriazeen E. coli und Klebsiellen die häufigsten Erreger waren, stehen heute koagulasenegative Staphylokokken, S. aureus und Enterokokken im Vordergrund. Zwar gibt es in verschiedenen Kliniken oder Abteilungen gewisse Unterschiede in der Häufigkeitsverteilung, aber insgesamt handelt es sich um eine konstante Entwicklung [352]. Zugenommen hat auch die absolute Zahl primärer Bakteriämien, wobei diese Zunahme aber wiederum besonders auf die durch grampositive Kokken verursachten Bakteriämien zurückgeht [351]. Daneben spielen aber heutzutage auch Fungämien durch Candida sp. eine wichtige Rolle.

Tabelle 8.2. Erreger primärer Bakteriämien. (Aus [351])

| 1975 | [%] | 1983 | [%] | 1986–1989 | [%] |
|---|---|---|---|---|---|
| Staphylococcus aureus | 14,3 | koagulasenegative Staphylokokken | 14,2 | koagulasenegative Staphylokokken | 27,7 |
| Escherichia coli | 14,9 | Staphylococcus aureus | 12,9 | Staphylococcus aureus | 16,3 |
| Klebsiella species | 9,1 | Klebsiella species | 9,1 | Enterokokken | 8,5 |
| Staphylococcus epidermidis | 6,5 | Enterokokokken | 7,3 | Candida species | 7,8 |
| Bacteroides | 6,3 | Enterobacter species | 6,9 | Escherichia coli | 6,0 |
| Enterokokokken | 6,0 | Pseudomonas aeruginosa | 6,1 | Enterobacter species | 5,0 |
| Enterobacter species | 5,7 | Candida species | 5,6 | Proteus mirabilis | 5,0 |
| Pseudomonas aeruginosa | 4,5 | Bacteroides | 3,4 | Klebsiella pneumoniae | 4,5 |
| Proteus-Providencia | 3,9 | Serratia species | 2,8 | Pseudomonas aeruginosa | 4,4 |
| Serratia species | 3,8 | Streptococcus species | 2,8 | Streptococcus species | 3,8 |

Bei weitem am stärksten hat sich die Zahl der durch koagulasenegative Staphylokokken bedingten primären Bakteriämien erhöht: In großen Lehrkrankenhäusern wurde in den USA zwischen 1980 und 1989 ein Anstieg um 754% beobachtet [233]. Dafür gibt es mehrere Ursachen:
- Artefakt bedingt durch eine bessere Wahrnehmung koagulasenegativer Staphylokokken als in Frage kommende Erreger sowie durch die Zunahme der Blutkulturdiagnostik,
- Selektion koagulasenegativer Staphylokokken durch häufigen Einsatz von Breitspektrumantibiotika,
- Zunahme komplizierter invasiver Maßnahmen unter Verwendung zahlreicher Kunststoffmaterialien, die bevorzugt von koagulasenegativen Staphylokokken besiedelt werden.

Die beiden ersten Erklärungen sind sicher wichtig, aber vorherrschend ist dennoch die Auffassung, daß der häufige Einsatz von Fremdmaterial bei Diagnostik und Therapie die wichtigste Ursache für die absolute und relative Zunahme von koagulasenegativen Staphylokokken bei primären Bakteriämien ist [351].

## 8.5.2
### Sekundäre Bakteriämien

Das Erregerspektrum sekundärer Bakteriämien variiert mit dem primären Infektionsherd. So ist die Isolierung von S. aureus typisch z. B. als Komplikation bei Pneumonie unter Beatmung sowie bei Hämodialyseshunt-Infektionen. Bei primären Infektionen im Bereich der Harnwege dominieren gramnegative Erreger. Angaben über die Häufigkeitsverteilung der einzelnen Erreger gibt es nicht.

## 8.5.3
## Polymikrobielle Bakteriämie

Werden in einer Blutkultur zwei oder mehrere Erreger nachgewiesen, handelt es sich meist um schwerkranke Patienten, z. B. der Neonatologie oder Onkologie, oder um den Gastrointestinaltrakt als Erregerreservoir [351, 369]. In den meisten Untersuchungen fand sich bei polymikrobiellen Bakteriämien eine höhere Letalität als bei monomikrobiellen Formen. Der Nachweis mehrerer Erreger in einer Blutkultur darf deshalb nicht primär schon Anlaß sein, eine Kontamination für wahrscheinlich zu halten, sondern muß vielmehr eine gründliche Suche nach den möglichen Ursachen auslösen [351].

## 8.5.4
## Rezidivierende Bakteriämie

Bei Patienten, die mehrfach eine Bakteriämie durchmachen, handelt es sich bei einem Teil um Malignompatienten, bei einem nicht unerheblichen Teil aber auch um Patienten mit Bakteriämieepisoden, die jeweils von demselben primären, z. B. nicht ausreichend therapierten, Infektionsherd, meist im Bereich der Harnwege, ausgehen, wobei aber mit rezidivierenden Bakteriämien insgesamt offenbar kein höheres Letalitätsrisiko verbunden ist [351].

## 8.5.5
## Pseudobakteriämie

Werden potentiell pathogene Erreger in einer Blutkultur gefunden, die in keinem Zusammenhang mit dem klinischen Bild des Patienten zu stehen scheinen, muß man an eine Kontamination des Bultkulturmediums denken und spricht dann von Pseudobakteriämie. Handelt es sich dabei um abwehrgeschwächte Patienten, bei denen z. B. auch Keime der Hautflora Infektionen verursachen können, herrscht oft große Unsicherheit darüber, ob die Interpretation eines solchen Blutkulturbefundes als Kontamination korrekt ist. Kontaminationen sind entweder bei der Blutabnahme oder bei der Aufbereitung der Blutkulturflaschen im mikrobiologischen Labor möglich. In der Literatur wurden häufig Epidemien von Pseudobakteriämien beschrieben, die z. B. auf kontaminierte Hautdesinfektionsmittel zurückgeführt werden konnten.

Typische Erreger, die in kontaminierten Blutkulturen gefunden werden, sind koagulasenegative Staphylokokken, meist S. epidermidis, ferner Bacillus sp. und Corynebakterien, während im Gegensatz dazu E. coli, Pseudomonas sp., Klebsiella sp. und Pneumokokken nur selten als Kontamination gefunden werden [284]. Da Acinetobacter sp. bei verschiedenen Individuen auch zur normalen Hautflora gehören kann, kann bei Isolierung von z. B. A. baumannii auch eine Kontamination in Betracht gezogen werden, wenn sich der Befund nicht mit dem klinischen Bild vereinbaren läßt [340]. Außerdem scheint in der warmen Jahreszeit die Besiedlung der Haut mit Acinetobacter sp. stärker oder häufiger zu sein, so daß man im Sommer mit einer vermehrten Isolierung rechnen kann [368].

Die Entscheidung aber, ob ein positiver Blutkulturbefund als Kontamination gewertet werden muß und somit eine Pseudobakteriämie darstellt, kann nur nach individueller Beurteilung aller klinischen Parameter im Einzelfall getroffen werden. Es kann sich demnach nur um eine Ausschlußdiagnose handeln, nachdem sämtliche in Frage kommenden Ursachen für den positiven Befund als nicht zutreffend ausgeschieden werden konnten.

## 8.5.6
## Epidemien

Wie die meisten Ausbrüche nosokomialer Infektionen kommen auch Epidemien nosokomialer Bakteriämien hauptsächlich auf Intensivstationen vor [351]. Obwohl in jedem Einzelfall besondere Umstände für den Ausbruch verantwortlich sind, gibt es einige Gemeinsamkeiten bei Bakteriämieepidemien:
- Am auffallendsten ist das Erregerspektrum, weil im Gegensatz zu den endemischen Bakteriämien mit grampositiven Kokken als häufigste Erreger bei epidemischen Bakteriämien ungewöhnliche gramnegative Erreger (z. B. Acinetobacter species, Serratia species) dominieren.
- Von den Intensivstationen sind besonders häufig Neugeborenenstationen betroffen.
- Gewöhnlich sind die Ausbrüche nicht von langer Dauer ($\leq 3$ Monate).
- Die Anzahl betroffener Patienten liegt im Durchschnitt bei 10 Patienten.
- Meist wird der Ausgangsort für die verantwortlichen Erreger in der unbelebten Umgebung vermutet, kann aber nicht immer überzeugend belegt werden.
- Häufig wurden kontaminierte Transducer als Ursache beschrieben (s. 8.7.7).
- Übertragung der Erreger über die Hände des Personals werden für besonders wichtig gehalten.
- Eine endogene Kolonisierung der infizierten Patienten mit dem Erreger kann ursächlich verantwortlich sein.
- Medikamente in Mehrdosisampullen kommen als Erregerquelle in Betracht.

## 8.6
## Prävention

Primäre Bakteriämie. Da ein Drittel aller primären Bakteriämien auf intravasale Katheter zurückgeführt werden können, sind geeignete Infektionskontrollmaßnahmen erforderlich, um das Infektionsrisiko im Umgang mit Kathetern so gering wie möglich zu halten. Eine ausführliche Darstellung der Problematik intravasaler Katheter im Hinblick auf das Bakteriämierisiko sowie der Maßnahmen zur Infektionsprävention wird im folgenden Abschnitt (s. 8.7) gegeben.

Sekundäre Bakteriämie. Die Mehrzahl der Fälle sekundärer Bakteriämien gilt bei optimaler Versorgung der primären Infektionsquelle als vermeidbar. Die häufigste Ursache sekundärer Bakteriämien sind Infektionen der Harnwege, meist bei Patienten mit Blasenkathetern. Eine hygienisch einwandfreie Versorgung von Patienten mit Harndrainagen und eine strenge Indikationsstellung für künstliche harnableitende Maßnahmen sind deshalb von entscheidender Bedeutung (s. Kap. 5, S. 67).

Antibiotikatherapie und -prophylaxe. Die Selektion primär resistenter oder mäßig empfindlicher Erreger bzw. die sekundäre Entwicklung von Resistenzmechanismen ist besonders bei unkritischem und übermäßigem Einsatz von Antibiotika ein bekanntes Problem von Therapie und Prophylaxe. Die Kliniker sollen deshalb in regelmäßigen Abständen, z. B. halbjährlich, über die Resistenzsituation bei Erregern von Bakteriämien informiert werden (s. Kap. 4, S. 41).

Kreuzinfektionen bei Ausbrüchen. Bei den meisten Bakteriämieepidemien ist mangelnde Händehygiene des Personals für die Kreuzinfektionen verantwortlich. Selbst wenn dieser Übertragungsmodus auch nicht immer zweifelsfrei bewiesen werden kann, kann eine Bakteriämieepidemie zum Anlaß genommen werden, auf die Bedeutung einer regelmäßigen und effektiven Händehygiene hinzuweisen (s. Kap. 23, S. 391).

Endogene gastrointestinale Kolonisierung. Die Flora des Gastrointestinaltraktes ist eine wichtige Infektionsquelle bei schwerkranken Patienten auf Intensivstationen und bei neutropenischen Patienten [353, 454]. Um das Erregerreservoir des Nasooropharynx und des Gastrointestinaltraktes, das eine wesentliche Rolle bei der Entstehung von Pneumonien unter Beatmung spielt, zu beeinflussen, wurde hauptsächlich bei Intensivpatienten in den vergangenen 10 Jahren immer wieder versucht, durch die Gabe nichtresorbierbarer antimikrobieller Substanzen insbesondere die gramnegative fakultativ anaerobe Flora zu reduzieren (SDD = selektive Dekontamination des Digestionstraktes) (s. Kap. 6, S. 83) [148]. Der Einfluß auf die Entstehung von Bakteriämien wurde jedoch in keiner dieser Studien konkret untersucht, so daß eine Aussage darüber, ob SDD bei der Prävention von Bakteriämien von Vorteil sein könnte, nicht gemacht werden kann. Die bekannten Probleme beim breiten Einsatz von Antibiotika auch zur Prophylaxe sollten jedoch Anlaß zu größter Zurückhaltung bei der Anwendung von SDD sein.

## 8.7
## Bakteriämie und intravasale Katheter

Mindestens die Hälfte aller stationären Patienten in Europa und den USA erhalten für mehr oder weniger lange Zeit irgendeine Form von Infusionstherapie [294, 462]. In den meisten Fällen werden dazu periphere Plastikverweilkanülen verwendet, aber insbesondere bei Intensivpatienten und anderen schwerkranken Patienten werden meist zentrale Venenkatheter angelegt.

Das Risiko katheterbedingter Bakteriämien, in ca. 90% durch zentrale Venenkatheter verursacht, ist mit durchschnittlich 1% gering [294]. Bei der häufigen

Anwendung der Infusionstherapie ist jedoch auch eine geringe Infektionsinzidenz wichtig. Etwa ein Drittel aller primären Bakteriämien ist durch intravasale Katheter bedingt, katheterbedingte Bakteriämien gelten jedoch überwiegend als vermeidbar [294]. Insofern kommt der Prävention eine größere Bedeutung zu als der rechtzeitigen Erkennung und Behandlung von Venenkatheterinfektionen, weil sich bei geeigneter Prävention diagnostische und therapeutische Maßnahmen in vielen Fällen erübrigen.

## 8.7.1
### Definitionen

Verschiedene Begriffe werden nicht immer in korrektem Zusammenhang gebraucht, um Infektionen, bedingt durch intravasale Katheter, zu beschreiben. Erschwerend kommt hinzu, daß häufig auch dann der Begriff „Infektion" verwendet wird, wenn man lediglich die Kolonisierung des Katheters beschreiben möchte, was einerseits irreführend, andererseits unsinnig ist. Deshalb sollen zunächst die Begriffe, die im Zusammenhang mit Katheterinfektionen besonders in der angloamerikanischen Literatur benutzt werden, geklärt werden (zur Diagnostik s. 8.7.4) [294]:
- lokale Katheterinfektionen = Kolonisierung der Katheterspitze (z. B. mit ≥ 15 KBE bei der semiquantitativen Methode [296]),
- katheterbedingte Bakteriämie bzw. Sepsis = Kolonisierung der Katheterspitze mit z. B. ≥ 15 KBE und positive Blutkultur mit demselben Erreger.

## 8.7.2
### Häufigkeit

In mehreren prospektiven Studien wurde das Risiko katheterassoziierter Bakteriämien bei den verschiedenen heute gebräuchlichen intravasalen Kathetern

Tabelle 8.3. Risiko katheterbedingter Bakteriämien – Abhängigkeit vom Kathetertyp. (Aus [294])

| Kathetertyp | Infektionsrate |
| --- | --- |
| Kurzzeitkatheter (Anzahl Bakteriämien/100 Katheter) | |
| – Stahlnadeln | < 0,2 |
| – Periphere venöse Kanülen | 0,2 |
| – Periphere arterielle Kanülen | 1 |
| – Zentrale Venenkatheter (incl. mehrlumige Katheter) | 3 |
| – Swan-Ganz | 1 |
| Langzeitkatheter (Anzahl Bakteriämien/100 Kathetertage) | |
| – Teilweise implantierte zentrale Katheter mit Cuff (Hickman-Broviac-Typ) | 0,20 |
| – Vollständig implantierte Port-Systeme | 0,04 |

analysiert (Tabelle 8.3) [294]. Mit zentralen Venenkathetern ist danach das größte Risiko verbunden. Wegen ihrer häufigen Anwendung müssen Maßnahmen zur Prävention von Bakteriämien deshalb in erster Linie auf den Umgang mit diesen Kathetern ausgerichtet sein.

### 8.7.3
### Pathogenese

Zugangswege der Mikroorganismen. Die Voraussetzung für effektive Maßnahmen zur Prävention katheterbedingter Bakteriämien ist die Kenntnis der Zugangswege bzw. Eintrittspforten für potentiell pathogene Erreger (Abb. 8.1). Immer kommt es zu einer Kolonisierung der Katheterspitze.
- extraluminal:
  - Kolonisierung der Einstichstelle,
- intraluminal:
  - Kontamination des Katheteransatzstückes (engl. hub),
  - Kontamination der Infusionslösung,
- hämatogen:
  - Streuung aus einem Infektionsherd in die Blutbahn.

Kolonisierung der Einstichstelle vs. Hub-Kolonisierung. Bei normalen zentralen Venenkathetern und Swan-Ganz-Kathetern (im Gegensatz zu implantierten Langzeitkathetern) hält man den extraluminalen Zugangsweg bei weitem für den wichtigsten [294, 462]:

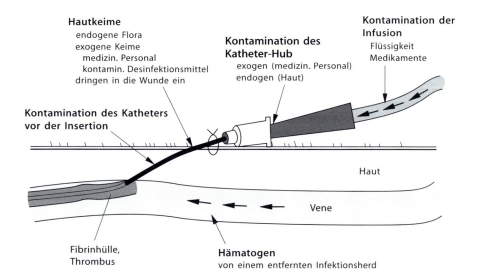

Abb. 8.1. Pathogenese katheterbedingter Infektionen – Zugangswege für Mikroorganismen

- Der Katheter ist meist an der Außenseite kolonisiert.
- Es konnte gezeigt werden, daß sich Bakterien an der Außenseite des Katheters entlang bewegen können.
- In vielen Untersuchungen konnte eine Korrelation zwischen der semiquantitativen Kulturmethode der Katheterspitze ($\geq 15$ KBE) und Bakteriämien gezeigt werden.
- Das Ausmaß der Hautkolonisierung und die Zusammensetzung der Hautflora an der Einstichstelle korrelieren mit der Häufigkeit katheterbedingter Bakteriämien.
- Implantierte Katheter mit subkutanem Dacron-Cuff führen seltener zu Bakteriämien.
- Topische Antiseptika können die Inzidenz katheterbedingter Bakteriämien reduzieren.

Die Kolonisierung des Katheter-Hub spielt bei implantierten Kathetern mit subkutanem Cuff (Hickman-Broviac-Typ) eine größere Rolle als die Kolonisierung der Einstichstelle, weil der Cuff von Gewebe durchwachsen wird, wodurch eine effektive mechanische Barriere gegen die Invasion von Mikroorganismen der Haut um die Implantationsstelle entsteht.

**Vermehrung der Mikroorganismen am Katheter.** Intravasale Katheter werden schnell mit einer Schicht aus Glykoproteinen eingehüllt [294, 462]. S. aureus bindet bevorzugt an dieses biologische Material und vermehrt sich darin oder darauf, während sich koagulasenegative Staphylokokken direkt an der Katheteroberfläche anlagern können und sich, durch Produktion eines Biofilms (schleimproduzierende Spezies) geschützt, dort vermehren können [382]. Der Biofilm gibt ihnen Schutz vor der Wirkung von Antibiotika und den körpereigenen Abwehrmechanismen. Zu einem beliebigen späteren Zeitpunkt können die Erreger von der Katheteroberfläche in den Blutstrom freigesetzt werden und mit oder ohne gleichzeitige klinische Symptomatik in der Blutkultur nachweisbar sein.

## 8.7.4
### Diagnostik

Die Diagnose einer katheterbedingten Bakteriämie ist schwierig, weil lokale Infektionen an der Einstichstelle, die einen deutlichen Hinweis geben können, auch bei zentralen Venenkathetern selten sind. Eine Thrombophlebitis ist dagegen selten infektiöser Natur, sondern meist physikochemisch bedingt. Die klinische Diagnose einer katheterbedingten Bakteriämie ist damit nur selten möglich. Deshalb wurden verschiedene mikrobiologische Methoden entwickelt, um die Diagnose z. B. einer Infektion durch zentrale Venenkatheter zu sichern (s. Übersicht).

> **Methoden für die Labordiagnose katheterbedingter Infektionen.** (Aus [349])
>
> Methoden, die die Entfernung des Katheters erfordern:
> - Direktfärbung der Katheteroberfläche,
> - qualitative Bouillonkultur der Katheterspitze,
> - semiquantitative Kultur der Katheterspitze,
> - quantitative Kultur der inneren und äußeren Oberfläche der Katheterspitze (Durchspülen, Schütteln, Ultraschall),
> - Hub-Kultur.
>
> Methoden, die ohne Entfernung des Katheters durchgeführt werden können:
> - Gramfärbung und Kultur eines Hautabstrichs um die Einstichstelle,
> - Gramfärbung und Kultur eines Abstrichs der inneren Oberfläche des Katheter-Hub,
> - quantitative Blutkulturen (Blutabnahme aus dem Katheter und von einer peripheren Punktionsstelle).

**Semiquantitative Methode.** Bei der semiquantitativen Kulturtechnik der Katheterspitze wird ein mit einer sterilen Schere abgeschnittenes Stück der Katheterspitze nach Transport in einem sterilen Glasröhrchen (möglichst ohne Transportmedium) im mikrobiologischen Labor mit Hilfe einer sterilen Pinzette mehrmals über eine Blut-Agarplatte hin- und hergerollt [296]. Vor der Entfernung des Katheters wird die Einstichstelle mit Alkohol desinfiziert, damit nicht die Katheterspitze beim Herausziehen durch die Hautflora kontaminiert wird, wodurch das Testergebnis falsch positiv ausfallen könnte. Bevor aber der Katheter gezogen wird, soll der Alkohol vollständig verdunstet sein, damit nicht Alkoholreste bei der Entfernung mit der Spitze in Berührung kommen, wodurch das Testergebnis falsch negativ ausfallen könnte. Bei Wachstum von ≥15 KBE eines Erregers spricht man von einer Kolonisierung der Katheterspitze. Bei Bakteriämie mit demselben Erreger (mit oder ohne klinische Zeichen einer Sepsis) nach Entnahme einer Blutkultur von einer peripheren Punktionsstelle kann der Katheter als Ausgangsort für die Infektion angesehen werden.

Dies ist die am häufigsten angewendete Methode, um eine Kontamination des Katheters von einer echten Kolonisierung zu unterscheiden, obwohl in der Originalstudie der positive Vorhersagewert für eine Bakteriämie bei Nachweis von ≥15 KBE eines einzelnen Erregers (=positives Testergebnis) lediglich 16% betrug (in späteren Studien lag der Wert zwischen 8,8% und 75% bei einer Liegedauer von >20 Tagen, im Durchschnitt bei 30%) [462]. In verschiedenen anderen Studien konnten auch niedrigere Keimzahlen an der Katheterspitze mit Bakteriämien in Zusammenhang gebracht werden, außerdem kann das Testergebnis negativ sein, auch wenn mit anderen Methoden hohe Keimzahlen an der inneren und äußeren Katheteroberfläche nachgewiesen wurden [462]. Somit ist die Interpretation der semiquantitativen Kulturergebnisse der Katheterspitze problematisch, aber diese Kulturmethode hat wesentlich dazu beigetragen, das Problem der katheterbedingten Infektionen bewußt zu machen.

Andere Methoden. Die Direktmikroskopie der Katheteroberfläche mit Hilfe der Gramfärbung ist ebenso zuverlässig wie die semiquantitative Kultur der Katheterspitze, aber sehr aufwendig in der Durchführung, weshalb sie sich nicht durchgesetzt hat [89]. Außerdem wurde versucht, den Katheter nach der Entfernung durchzuspülen, ferner die Katheterspitze in Lösung kräftig durchzuschütteln oder mit Ultraschall zu behandeln, um danach die Spüllösung quantitativ untersuchen zu können [462].

Eine weitere Methode, bei der im Gegensatz zu allen oben genannten der Katheter nicht entfernt werden muß, ist die gleichzeitige Abnahme quantitativer Blutkulturen durch den Katheter und von einer peripheren Punktionsstelle. Verschiedene Studien haben gezeigt, daß bei Vorliegen einer katheterbedingten Bakteriämie die Keimzahlen in dem durch den Katheter abgenommenen Blut höher sind als im peripher entnommenen Blut. Die z. T. widersprüchlichen Ergebnisse dieser Studien lassen jedoch eine generelle Empfehlung für die Abnahme quantitativer Blutkulturen nicht zu [349].

Gemeinsam ist allen diesen Methoden, daß sie relativ arbeitsintensiv und deshalb in der Regel nicht routinemäßig durchführbar sind. Eine zuverlässige Methode für die Diagnostik katheterbedingter Bakteriämien gibt es demnach nicht, weil sowohl die klinischen als auch die mikrobiologischen Parameter nicht aussagefähig genug sind.

## 8.7.5
**Erregerspektrum**

Weil die Hautflora an der Einstichstelle die Hauptursache für eine Kolonisierung intravasaler Katheter ist, spielen Staphylokokken mit einem prozentualen Anteil von 30–50% die größte Rolle [462]. Am häufigsten sind dabei koagulasenegative Staphylokokken, die jedoch selten weiter differenziert werden, so daß unklar ist, ob es sich bei wiederholtem Nachweis oder gleichzeitigem Nachweis in verschiedenen Kulturen bei einem Patienten auch immer um die gleiche Subspezies handelt. Außerdem verursachen koagulasenegative Staphylokokken seltener eine Bakteriämie als S. aureus [374]. Deshalb kommt S. aureus als Erreger von Bakteriämien die größere Bedeutung zu als den zahlenmäßig häufiger isolierten koagulasenegativen Staphylokokken. Schließlich sind Bakteriämien durch S. aureus mit mehr Komplikationen verbunden (insbesondere Osteomyelitis und Endokarditis).

Ungewöhnliche gramnegative Erreger, wie z. B. Enterobacter sp., Pseudomonas sp., Acinetobacter sp. oder Citrobacter sp., sollen Anlaß für die Suche nach einem exogenen Erregerreservoir sein, wenn nicht gleichzeitig ein Infektionsherd mit diesen Erregern an irgendeiner Körperstelle vorhanden ist, von dem aus die Erreger gestreut haben könnten. Bei Neugeborenen auf Intensivstationen mit totaler parenteraler Ernährung sind Candida sp., S. aureus und Malassezia furfur wichtige Erreger [462].

## 8.7.6
## Periphere Venenkatheter

Material. Bei den früher verwendeten Teflonkathetern waren die Infektionsraten höher als bei Stahlnadeln, weshalb empfohlen wurde, nach Möglichkeit Stahlnadeln zu verwenden. Die heute verfügbaren peripheren Kanülen aus Tetrafluoroethylen-hexafluoropropylen (=FEP-Teflon) oder aus einem neuen Polyetherurethan (=PEU-Vialon) sind jedoch mit einem so geringen Bakteriämierisiko assoziiert, daß die Empfehlung, statt dessen Stahlnadeln zu verwenden, nicht länger gerechtfertigt ist [295]. Bei Vialonkathetern besteht im Vergleich zu Teflonkathetern bei längerer Liegedauer ($\geq 3$ Tage) ein geringeres Phlebitisrisiko.

Wechselintervall. Bisher wurde meist empfohlen, periphere Kanülen nach spätestens drei Tagen zu wechseln, nach neueren Ergebnissen umfangreicher Studien scheint aber der Einfluß der Liegedauer auf die Infektionsraten in Anbetracht der seltenen Komplikationen bei deren Anlage und ihrer leichten Pflege im Vergleich zu zentralen Kathetern eher gering zu sein [462]. Die Indikation für einen Wechsel der Kanüle soll deshalb von klinischen Kriterien abhängig gemacht werden, d. h., ein Wechsel soll z. B. bei Rötung der Einstichstelle und Induration vorgenommen werden, bei reizlosen Verhältnissen kann die Kanüle dagegen liegenbleiben, wenn sie weiter benötigt wird, ein routinemäßiger Wechsel, z. B. alle 72 h, wird nicht empfohlen. Nach wie vor wird jedoch empfohlen, periphere Katheter, die unter Notfallbedingungen gelegt wurden, so bald wie möglich innerhalb der folgenden 24 h zu wechseln, weil in solchen Situationen hygienische Aspekte meist nicht genügend beachtet werden können.

In-line-Filter. Der Gebrauch von In-line-Filtern im Infusionssystem kann nach allen bisherigen Erfahrungen nicht empfohlen werden [462]. Wenn auch – zumindest in den früheren Studien – die Phlebitisrate gesenkt werden konnte, gibt es doch wichtige Gründe gegen ihren Gebrauch:
- Das empfohlene Wechselintervall von 24 h bedeutet eine zusätzliche Manipulation am System mit dem Risiko einer Kontamination.
- Der Wechsel ist mit Arbeit für das Personal und zusätzlichen Kosten verbunden.
- Die Ursache der meisten Katheterinfektionen wird im extraluminalen Zugangsweg der Bakterien gesehen, weshalb der Filter, der nur den intraluminalen Weg beeinflussen kann, von untergeordneter Bedeutung ist.

Eitrige Phlebitis. Eine eitrige periphere Phlebitis ist eine äußerst schwerwiegende Komplikation bei peripherer Verweilkanüle mit einer Letalität von 87%. Bei Verdacht kann die Vene durch einen kleinen Schnitt inspiziert und nach distal ausgestrichen werden, um Eiter auszudrücken. Bei Nachweis von Eiter muß sofort chirurgisch interveniert werden [462, 463].

## 8.7.7
**Periphere arterielle Katheter**

Sehr häufig werden Intensivpatienten mit peripheren arteriellen Zugängen versorgt, um den intraarteriellen Druck zu messen und Blutgasbestimmungen durchzuführen. Die Phlebitisrate ist etwas höher als bei peripheren Venenkathetern [294, 462]. Eine Kolonisierung der Katheter wurde in 0,85–20% gefunden, die Bakteriämierate betrug 0,56–4,6% [462]. Früher wurde ein Wechsel alle vier Tage empfohlen, in einer kürzlich publizierten Studie wurde jedoch nach einer Liegezeit von durchschnittlich 6,5 Tagen keine Bakteriämie beobachtet, so daß auch bei arteriellen Kanülen ein fixes Wechselintervall nicht sinnvoll ist [280]. In einer anderen Studie bei onkologischen Patienten fand sich ein Anstieg des kumulativen Risikos für eine Katheterinfektion von 7% auf 17% nach 6 Tagen Liegedauer, so daß ein Wechsel der Kanüle alle 4–6 Tage empfohlen wurde [362]. In einer prospektiven randomisierten Studie fand sich außerdem kein Unterschied im Infektionsrisiko bei femoralem im Vergleich zum radialen Zugang [427].

Dreiwegehähne. Die Dreiwegehähne an diesen Systemen werden häufig zur Blutabnahme benutzt und sind deshalb kontaminationsgefährdet. Zu einer Kolonisierung des Dreiwegehahnes kann es insbesondere dann kommen, wenn Blutreste im Ansatzstück verbleiben und nicht sofort z. B. mit einem alkoholgetränkten sterilen Watteträger entfernt werden. Die Kontaminationsrate konventioneller Dreiwegehähne war in einer Untersuchung mit 61,4% signifikant höher als bei einem neuen geschlossenen System mit 6%, bei dem eine Punktionsstelle im System für die Blutabnahme mit einer Kanüle vorgesehen ist [96].

Arterielle Druckmeßsysteme. Häufig wurden in der Literatur arterielle Druckmeßsysteme mit Bakteriämieepidemien in Zusammenhang gebracht [28, 314]. Als Ursache wurde in den meisten Fällen eine unzureichende Aufbereitung wiederverwendbarer Transducer oder Drockdome ermittelt. Meist aber werden wiederverwendbare Transducer zwischen den Patienten nur mit Alkohol abgewischt, da nach Angaben der Hersteller die Gassterilisation nicht möglich ist. Wenn bei Patienten mit arteriellen Druckmeßsystemen relativ seltene Erreger in der Blutkultur gefunden werden (z. B. Acinetobacter sp., Serratia sp., Candida parapsilosis), muß das Transducersystem (incl. Infusionslösung) als Kontaminationsquelle unbedingt in Betracht gezogen werden. Eine Kontamination der Infusionslösung durch einen nicht einwandfrei desinfizierten Transducer kann zustande kommen, wenn das Personal den Transducer während der Messungen, beim Wechsel des Infusionssystems oder bei der Blutabnahme berührt und wenn die Membran des Domes beschädigt ist, z. B. feine nichtsichtbare Risse hat. Deshalb ist auch bei diesen Verrichtungen die Dekontamination der Hände von entscheidender Bedeutung [28]. Ein routinemäßiger Wechsel wird bei wiederverwendbaren Domen alle vier Tage empfohlen, bei Einmalsystemen alle fünf Tage [462] (s. Kap. 25, S. 447).

## 8.7.8
### Zentrale Venenkatheter

Konventionelle zentrale Venenkatheter werden in der Regel für maximal 30 Tage (Kurzzeittherapie) benutzt, während die chirurgisch implantierten Langzeitkatheter über Monate liegen können (s. 8.7.10). Das Risiko einer katheterassoziierten Bakteriämie wird in der Literatur mit 0,9–8% angegeben [462]. Patienten auf Intensivstationen haben wegen der häufigen Manipulationen am System und der schweren Grundkrankheiten das höchste Risiko.

Wechselintervall. Es gibt in der Literatur vereinzelt Empfehlungen, zentrale Venenkatheter alle 3–5 Tage zu wechseln, aber in neueren prospektiven randomisierten klinischen Studien fanden sich keine höheren Infektionsraten, wenn der Katheter solange liegen blieb, wie es aus medizinischer Sicht erforderlich war [142].

Um das Infektionsrisiko so gering wie möglich zu halten, wurden Katheter mit silberimprägnierten Cuffs sowie mit Antibiotika oder Antiseptika beschichtete Katheter erprobt, die regelmäßig mit niedrigeren Infektionsraten assoziiert waren als konventionelle Katheter [462]. Eine Empfehlung für den Einsatz solcher Katheter läßt sich aber wegen zu geringer Patientenzahlen in den Studien derzeit noch nicht aussprechen.

In der aktuellen Literatur wird ein routinemäßiger Wechsel bei Patienten auf Allgemeinstationen nicht empfohlen. Für Patienten auf Intensivstationen kann dies bei optimaler Versorgung auch gelten, obwohl man bei diesen Risikopatienten als Kompromiß auch einen Wechsel alle 5–7 Tage in Erwägung ziehen kann [462]. Die Frage ist aber derzeit ungeklärt.

Katheterwechsel bei Fieber unklarer Ursache. In ≥70% der Fälle ist bei Fieber unklarer Ursache mit Verdacht auf katheterbedingte Infektion der Katheter nicht die Infektionsquelle [462]. Häufig wird aber bei entsprechendem Verdacht der Katheter sofort entfernt. Dabei kann man so vorgehen, daß man zunächst den Katheter über einen Führungsdraht wechselt, bei positivem mikrobiologischem Befund aber einen neuen Katheter an einer anderen Stelle legt. Auch hierfür gibt es aber keine durch Studien belegten eindeutigen Empfehlungen.

Infektionsherde im Körper tragen zu einer Erhöhung des Infektionsrisikos bei, weil die Katheter bei Streuung der Erreger via Blutstrom besiedelt werden können. Ob aber beim Nachweis einer sekundären Bakteriämie ein Katheterwechsel vorgenommen werden soll, weil es dabei zu einer Besiedlung des Katheters gekommen sein könnte, ist ebenfalls unklar.

Peripher-zentrale Venenkatheter. Vorteile peripher-zentraler Katheter im Vergleich zur peripheren Verweilkanüle sind die längere Liegedauer und die geringere Komplikationsrate bei der Anlage im Gegensatz zum konventionellen zentralen Venenkatheter mit Zugang über die V. jugularis oder V. subclavia. Der Einsatzbereich ist prinzipiell der gleiche wie bei zentralen Venenkathetern. In einer kürzlich publizierten retrospektiven Studie bei stationären Patienten (vorwiegend von internistischen und chirurgischen Allgemeinstationen) war das Bakteriämierisiko mit 2,2% gering [267]. Ob sie aber tatsächlich ein geringeres Infektionsrisiko als konventionelle zentrale Venenkatheter haben, ist derzeit nicht klar, weil die bisherigen prospektiven Studien vorwiegend bei ambulanten Patienten durchgeführt wurden. Inwieweit die Ergebnisse auch für stationäre und insbesondere Intensivpatienten gelten, müßte deshalb erst in prospektiven randomisierten klinischen Studien auch bei Intensivpatienten untersucht werden [267, 462].

**Zugang für zentrale Venenkatheter.** Die akute Komplikationsrate bei Zugang über die V. jugularis ist geringer als bei Zugang über die V. subclavia, wobei z.B. ein Pneumothorax entstehen kann, der Jugulariskatheter soll aber ein höheres Infektionsrisiko haben als der Subclaviakatheter [462]. Insbesondere bei intubierten Patienten scheint der Subclaviakatheter von Vorteil zu sein, weil die Einstichstelle leichter sauber und trocken gehalten werden kann und weil Intensivpatienten ein höheres Risiko haben, eine katheterbedingte Bakteriämie zu entwickeln. Nach neuen Untersuchungsergebnissen ist der Zugang über die V. femoralis nicht, wie früher angenommen, mit einem höheren Bakteriämierisiko verbunden [272, 466].

**Mehrlumige vs. einlumige Katheter.** Mehrlumige, z.B. dreilumige Katheter haben den Vorteil, daß man denselben Katheter sowohl zur Infusionstherapie als auch zur Blutentnahme verwenden kann und keine zusätzlichen Katheter oder Venenpunktionen erforderlich sind. Sie werden deshalb häufig bei Intensivpatienten eingesetzt. Nachteile sind die höhere Wahrscheinlichkeit der Kontamination der Hubs durch die häufigen Manipulationen und ihr größerer Durchmesser im Vergleich zu einlumigen Kathetern, weshalb bei der Anlage ein kleiner Hautschnitt erforderlich ist. Ob sie aber wirklich mit einem höheren Infektionsrisiko verbunden sind, ist nicht klar, weil die verschiedenen Studien nur schwer miteinander vergleichbar sind. Mehrlumige Katheter sollen aber dennoch nur bei den Patienten eingesetzt werden, die tatsächlich sonst mehrere venöse Zugänge benötigen würden. In einer Untersuchung bei Intensivpatienten konnte nämlich gezeigt werden, daß die Infusionstherapie bei mehr als 50% der Patienten auch über einen einlumigen Katheter möglich gewesen wäre [171].

**Katheterwechsel: Führungsdraht vs. neue Punktionsstelle.** Häufig werden zentrale Venenkatheter über einen Führungsdraht gewechselt, um damit die Punktionsstelle länger nutzen zu können. Wenn keine Anzeichen für eine Infektion an der Einstichstelle oder für eine katheterbedingte Bakteriämie vorliegen, ist dieses Vorgehen sicher. Uneinigkeit besteht aber darüber, ob ein Katheterwechsel über einen Führungsdraht auch bei Verdacht auf katheterbedingte Bakteriämie vorgenommen werden kann. Manchmal wurde deshalb vorgeschlagen, den Katheter zunächst über einen Führungsdraht zu wechseln, bei Nachweis einer katheterbedingten Bakteriämie aber einen neuen Katheter an einer anderen Stelle zu legen [462]. Weil in zwei Drittel der Fälle einer vermuteten katheterbedingten Infektion der zentrale Venenkatheter aber nicht die Ursache ist, ist der primäre Wechsel über einen Führungsdraht sinnvoll, um die möglichen Komplikationen bei

Punktion einer neuen Stelle zu vermeiden. Bei eitriger Infektion an der Einstichstelle wird aber empfohlen, die Anlage des neuen Katheters sofort an einer anderen Stelle vorzunehmen, weil die Wahrscheinlichkeit sehr hoch ist, daß der neue Katheter dabei kontaminiert und anschließend kolonisiert wird.

## 8.7.9
## Pulmonalarterienkatheter

Bei Pulmonaliskathetern (Swan-Ganz) wird die Häufigkeit katheterbedingter Bakteriämien mit 0,5–5,3% (durchschnittlich 1%) angegeben [315]. Als Wechselintervall wird meist drei Tage empfohlen [462]. In einer Studie bei onkologischen Patienten fand sich ein Anstieg der Bakteriämieraten von 2% auf 16% nach sieben Tagen Liegezeit, weshalb die Autoren einen Wechsel alle 4–7 Tage empfohlen haben [362]. Der Wechsel soll über einen Führungsdraht vorgenommen werden.

Der Zugang über die V. jugularis ist mit einem höheren Kolonisationsrisiko assoziiert als über die V. subclavia [315]. Das Kontaminationsrisiko des Katheters ist wegen der häufigen Manipulationen am System beim hämodynamischen Monitoring ebenso hoch wie bei Verwendung peripherer arterieller Kanülen.

## 8.7.10
## Langzeitkatheter

Vorwiegend hämatologisch-onkologische Patienten und Patienten, die über Monate ausschließlich parenteral Ernährung ernährt werden müssen, werden mit speziellen zentralen Langzeitvenenkathetern versorgt. Man unterscheidet zwei verschiedene Arten: Die teilweise implantierten Silikonkatheter (Hickman-Broviac-Typ) und die vollständig implantierten Port-Systeme. Die Infektionsraten im Zusammenhang mit diesen Kathetern sind sehr niedrig (s. Tabelle 8.3,). Bei Verdacht auf katheterbedingte Infektion scheiden von vornherein alle mikrobiologischen diagnostischen Maßnahmen aus, bei denen eine Entfernung des Katheters erforderlich wäre, weil auch bei diesen Kathetern die Infektionsursache meist woanders liegt und die Katheter nur chirurgisch entfernt werden können. Zur Diagnostik eignet sich deshalb am besten der Vergleich quantitativer Blutkulturen aus dem Katheter und von einer peripheren Punktionsstelle. Die häufigsten Erreger, die zu einer Kolonisierung dieser Katheter führen, sind ebenfalls koagulasenegative Staphylokokken und S. aureus, daneben aber auch Corynebakterien, Candida sp. und Enterokokken [462].

Man unterscheidet Infektionen an der Austrittsstelle der Katheter und sog. Tunnelinfektionen.

- Infektionen an der Austrittsstelle: Erythem, (Druck-)Schmerzhaftigkeit, Induration oder Eiterproduktion ≤ 2 cm von der Austrittsstelle entfernt,
- Tunnelinfektion: Erythem, (Druck-)Schmerzhaftigkeit oder Induration entlang des subkutanen Verlaufs des Katheters ≥ 2 cm von der Austrittsstelle entfernt.

In beiden Fällen kann gleichzeitig eine Bakteriämie vorhanden sein. Es gibt inzwischen genügend Hinweise dafür, daß Infektionen an der Austrittsstelle, auch wenn gleichzeitig eine Bakteriämie vorliegt, mit Antibiotika ohne Entfernung des Katheters therapiert werden können [462]. Bei Tunnelinfektionen jedoch ist die Entfernung des Katheters häufig notwendig, insbesondere wenn es sich um Infektionen mit gramnegativen Erregern, z. B. Pseudomonas sp., oder um Candidainfektionen handelt. [462].

In folgenden Situationen wird generell eine Entfernung implantierter Katheter empfohlen:
- dokumentierte Fungämie,
- eitrige Tunnelinfektion,
- erneute Bakteriämie nach dem dritten Tage einer wegen Nachweis einer Bakteriämie begonnenen adäquaten Antibiotikatherapie.

### 8.7.11
### Totale parenterale Ernährung

Im Vergleich zur sonstigen Infusionstherapie gibt es bei totaler parenteraler Ernährung einige Besonderheiten [462]:
- Gewöhnlich ist die Liegezeit des Katheters länger.
- Die Infusionslösungen fördern das Wachstum von Mikroorganismen, insbesondere von gramnegativen Erregern und Candida sp.
- Das nosokomiale Infektionsrisiko ist schon durch die Grundkrankheiten erhöht, außerdem sind nicht selten Infektionen an anderen Körperstellen vorhanden, die zu einer Absiedlung der Erreger am Katheter führen können.

Die Häufigkeit katheterbedingter Bakteriämien liegt zwischen 0% und 14%, im Durchschnitt bei 3–5% [462]. Häufige Erreger sind koagulasenegative Staphylokokken, S. aureus, Candida sp., Serratia sp. und Enterobacter species. Besonders bei sehr kleinen Kindern spielt M. furfur eine wichtige Rolle [462]. Wegen der sehr wahrscheinlich geringeren Kontaminationsgefahr durch seltenere Manipulationen am System sollen einlumige Katheter für die Applikation bei totaler parenteraler Ernährung bevorzugt werden. Pulmonalarterienkatheter können bis maximal drei Tage verwendet werden, weil bei längerer Dauer das Infektionsrisiko um das Dreifache erhöht ist [462].

Wie bei anderen Kathetern auch ist die Entscheidung, ob der Katheter bei Verdacht auf Infektion entfernt werden soll, schwierig. Meist wird der Wechsel über einen Führungsdraht empfohlen, einheitliche Empfehlungen gibt es aber nicht, weil über mögliche Vor- und Nachteile insgesamt zu wenig bekannt ist.

### 8.7.12
### Prävention

Ausführliche Angaben zum Vorgehen bei der Anlage intravasaler Katheter sowie im Umgang mit Katheter und Infusionssystem incl. Verbandswechsel finden sich in Kap. 25 (S. 447). In der nachstehenden Übersicht sind die neuesten Empfehlungen der CDC zur Prävention von Infektionen im Zusammenhang mit intravasalen Kathetern wiedergegeben [76].

---

**CDC** (Centers for Disease Control and Prevention, Atlanta, USA) -**Empfehlungen zur Prävention von Infektionen bedingt durch intravasale Katheter**

**Empfehlungen der Kategorie I A**
- kontinuierliche Fortbildung des Personals über die Indikation für den Einsatz von Kathetern sowie deren Anlage und Pflege und über die erforderlichen Infektionskontrollmaßnahmen zur Verhütung Katheter-bedingter Infektionen
- Hautdesinfektion mit einem geeigneten Antiseptikum, z. B. 70%iger Alkohol oder 10% PVP-Jodlösung, vor Anlage des Katheters
- zum Abdecken der Einstichsteile entweder sterile Gaze oder transparente Folienverbände verwenden
- Entfernung eines Katheters, wenn keine Indikation mehr gegeben
- Wechsel des Infusionssystems, incl. Bypass-Systeme, nicht häufiger als alle 72 h, außer bei besonderer Indikation
- Kontrolle aller Behälter mit parenteralen Lösungen auf sichtbare Trübung, Lecks, Risse, partikuläre Bestandteile und Haltbarkeitsdatum
- Gummistopfen von Mehrdosisbehältnissen vor Einstechen der Kanüle mit Alkohol abwischen
- zum Anstechen von Mehrdosisbehältnissen jeweils sterile Kanüle und Spritze verwenden, Kontamination der Kanüle vermeiden
- Mehrdosisbehältnisse entsorgen, wenn leer, ist V. a. Kontamination oder bei sichtbarer Kontamination oder wenn das Haltbarkeitsdatum abgelaufen ist
- parenterale Ernährungslösungen nicht länger als 24 h hängen lassen
- keine routinemäßige Verwendung von in-line-Filtern zur Infektionsprophylaxe
- Verwendung von Stahlkanülen für die Gabe von Lösungen bzw. Medikamenten, die bei extravasaler Ausbreitung Gewebenekrosen verursachen können, vermeiden
- für die Anlage eines Katheters bei Erwachsenen obere Extremität vor unterer bevorzugen; Wechsel des Katheters nach Anlage an unterer Extremität, sobald obere Extremität zur Verfügung steht
- Entfernung eines peripheren Venenkatheters, wenn der Patient Zeichen einer Phlebitis (d.h. Überwärmung, Druckschmerzhaftigkeit, Erythem, tastbarer Venenstrang) an der Einstichstelle hat
- teilweise (z. B. Hickman, Broviac) oder vollständig implantierte Katheter (d. h. Ports) für Patienten ≥ 4 Jahre, bei denen ein intravaskulärer Langzeitzugang (> 30 Tage) benötigt wird, verwenden; bei Kindern ≤ 4 Jahre vollständig implantierbare Katheter verwenden, wenn sie einem intravaskulären Langzeitzugang benötigen

- kein routinemäßiger Wechsel konventioneller zentraler Venenkatheter etwa als Methode zur Verhütung von Katheter-bedingten Infektionen
- kein Wechsel des Katheters über Führungsdraht bei Vorliegen einer Katheter-bedingten Infektion; wenn der Patient weiiterhin einen vaskulären Zugang benötigt, Entfernung des Katheters und Ersatz durch einen anderen Katheter an einer anderen Lokalisation
- Katheter für die Gabe parenteraler Ernährungslösungen nicht für andere Lösungen (z. B. Gabe von Flüssigkeiten, Blut oder Blutprodukten) als Hyperalimentationslösungen verwenden
- keine organischen Lösungsmittel, z. B. Azeton oder Äther, vor Anlage eines Katheters für parenterale Ernährung auf die Haut auftragen
- Wechsel des Katheterverbandes, wenn er feucht, schmutzig oder lose ist oder wenn eine Inspektion der Kathetereinstichstelle bzw. ein Katheterwechsel erforderlich sind
- wenn möglich, Einmal-Transducersets anstelle von wiederverwendbaren benutzen
- alle Gegenstände und Flüssigkeiten, die mit der Flüssigkeit im Druckmeßsystem in Kontakt kommen, z. B. heparinisierte Kochsalzösung, müssen steril bleiben
- Manipulationen am und Öffnung des Druckmeßsystems so selten wie möglich; geschlossenes System, d. h. kontinuierlicher Durchfluß, anstelle eines offenen Systems, d. h. eines, für das man Spritze und 3-Wegehahn benötigt, benutzen, um die Unversehrtheit des Druckmeßkatheters zu erhalten; wenn 3-Wegehähne verwendet werden, Umgang unter aseptischen Kautelen und mit Kappe oder Spritze verschließen, wenn nicht in Gebrauch
- wenn der Zugang zum Druckmeßsystem über eine Gummimembran anstelle eines 3-Wegehahns erfolgt, die Membran vor und nach der Punktion mit einem geeigneten Antiseptikum abwischen
- keine Glukose-haltigen Lösungen oder parenteralen Ernäherungslösungen über das Druckmeßsystem applizieren, nur heparinisierte physiologische Kochsalzlösung verwenden
- wiederverwendbare Transducer zunächst mit Reinigungsmittel säubern, anschließend Sterilisation mit Ethylenoxid oder ‚high-level'-Desinfektion, wenn (1) der Transducer bei verschiedenen Patienten wiederverwendet wird, (2) der Transducer beim selben Patienten, der längeres Druckmonitoring benötigt, wiederverwendet wird oder (3) das Druckmeßsystem (einschließlich Druckdom und Infusionssystem) gewechselt wird; weil Transducer sich untereinander unterscheiden, Herstellerangaben zur Wiederaufbereitung beachten

**CDC-Empfehlungen zur Prävention von Infektionen bedingt durch intravasale Katheter**

**Empfehlungen der Kategorie I B**
- Palpation der Kathetereinstichstelle auf (Druck-)Schmerzhaftigkeit durch den intakten Verband
- Inspektion der Einstichstelle, wenn der Patient Schmerzen an der Einstichstelle, Fieber ohne klare Ursache oder Symptome einer lokalen Infektion oder einer Sepsis entwickelt
- Datum und Uhrzeit der Katheteranlage an einer gut sichtbaren Stelle in der Nähe der Kathetereinstichstelle (z. B. auf dem Verband oder auf dem Bett) notieren
- keine routinemäßigen Umgebungsuntersuchungen bei Patienten oder Gegenständen, die für die intravasale Therapie benötigt werden, durchführen
- zum Schutz des Personals vor Blut-assoziierten Erregern bei der Anlage intravasaler Zugänge Einmal-Handschuhe tragen
- Verbandswechsel bei intravasalen Kathetern mit Einmal-Handschuhe durchführen
- Verband belassen, bis der Katheter entfernt oder gewechselt wird oder bis der Verband feucht, lose oder schmutzig ist, bei schwitzenden Patienten häufigere Wechsel
- Infusionssysteme von Blut, Blutprodukten oder Lipidlösungen innerhalb 24 h nach Beendigung der Infusion wechseln
- speziell ausgebildetes Personal für die Anlage und Versorgung intravasaler Zugänge bestimmen
- keine routinemäßige Antibiotikagabe vor Anlage des Katheters oder während seines Gebrauchs zur Prophylaxe der Katheterkolonisation oder einer Sepsis
- Auswahl peripherer Venenkatheter entsprechend dem angestrebten Zweck, der Dauer des Gebrauchs, bekannter Komplikationen (z. B. Phlebitis, Infiltration) und der Erfahrung an der Abteilung; entweder Teflon-Katheter, Polyurethankatheter oder Stahlkanülen verwenden
- bei Erwachsenen Wechsel peripherer Venenkatheter und der venösen Lokalisation alle 48–72 h, um das Phlebitisrisiko so gering wie möglich zu halten
- bei Erwachsenen Entfernung peripherer Venenkatheter, die unter Notfallbedingungen gelegt worden sind, wo Brüche in der aseptischen Technik wahrscheinlich sind, und Anlage eines neuen Katheters an einer anderen Stelle innerhalb von 24 h
- Heparinblocks in peripheren Venenkathetern mit physiologischer Kochsalzlösung spülen, außer wenn die Katheter für die Entnahme von Blutproben benutzt werden, wobei eine verdünnte Heparinspüllösung (10 U/ml) verwendet werden soll
- einlumige zentrale Venenkatheter verwenden, außer wenn mehrere Zugänge für die Versorgung des Patienten essentiell sind

- für die Anlage zentraler Venenkatheter die V. subclavia anstelle der V. jugularis oder V. femoralis bevorzugen, außer wenn dies medizinisch kontraindiziert ist
- Anlage zentraler Venenkatheter mit aseptischer Technik, incl. sterilem Kittel, sterilen Handschuhe, Maske und großem sterilen Lochtuch
- Wechsel peripher-zentraler Venenkatheter mindestens alle 6 Wochen
- Wechsel von Pulmonalarterien-Kathetern mindestens alle 5 Tage
- Wechsel zentraler Venenkatheter über Führungsdraht, um einen dysfunktionierenden Katheter zu ersetzen oder einen bestehenden auszutauschen, wenn keine Zeichen einer Infektion an der Einstichstelle vorhanden sind
- bei V. a. Katheterinfektion ohne Anzeichen für eine lokale Katheterinfektion (z.B. eitrige Sekretion, Erythem, Druckschmerzhaftigkeit) Wechsel des Katheters über Führungsdraht; Katheterspitze zur semiquantitativen oder quantitativen mikrobiologischen Untersuchung schicken; neuen Katheter legen lassen, wenn die Katheterspitze negativ ist; bei Hinweis des kulturellen Ergebnisses auf Kolonisation bzw. Infektion, neu gelegten Katheter entfernen und an einer anderen Stelle einen neuen Katheter legen
- implantierte zentralvenöse Katheter (z.B. Hickman, Broviac) routinemäßig mit Antikoagulantien spülen; keine routinemäßige Spülung mit Antikoagulantien bei Groshong-Kathetern erforderlich
- keine routinemäßige Applikation antimikrobieller Salben auf die Einstichstelle zentralvenöser Katheter
- für Hämodialyse zentralvenöse Katheter mit Cuff verwenden, wenn die Dauer des vorübergehenden Zugangs voraussichtlich ≥ 1 Monat ist
- Manipulation, incl. Verbandswechsel, bei Hämodialysekathetern auf ausgebildetes Dialyse-Personal beschränken
- vor und nach Hämodialyse auf die Kathetereinstichstelle PVP-Jod-Salbe auftragen
- bei Erwachsenen periphere arterielle Katheter und arterielle Zugangsstelle für neuen Katheter alle 4 Tage wechseln
- wiederverwendbare und Einmal-Transducer nach 96 h ersetzen, ebenso alle anderen Bestandteile des arteriellen Druckmeßsystems, z.B. Infusionssystem, Infusionslösung
- arteriellen Katheter und komplettes Druckmeßsystem ersetzen, wenn der Patient eine Bakteriämie entwickelt, während der Katheter liegt (unabhängig von der Ursache der Bakteriämie); Katheter und Druckmeßsystem sollen 24–48 h nach Beinn der Antibiotikatherapie ersetzt werden
- nicht rountiemäßig Druckmeßsystem zur Abnahme von Blutkulturen verwenden
- Aufbereitung (Sterilisation oder Desinfektion) von Transducern in der zentralen Aufbereitung, nur in Notfallsituationen auf der Station aufbereiten
- vor Anlage von Nabelvenenkathetern die Einstichstelle mit einem geeigneten Antiseptikum, z.B. Alkohol oder 10%ige PVP-Jodlösung, desinfizieren, wegen des möglichen Effekts auf die Neugeborenen-Schilddrüse keine Jodtinktur verwenden

**CDC-Empfehlungen zur Prävention von Infektionen bedingt durch intravasale Katheter**

**Empfehlungen der Kathegorie II**
- Erfassung Katheter-bedingter Infektionen, um Infektionsraten zu bestimmen, Überprüfung der Trends dieser Raten und Mitarbeit bei der Identifizierung von Fehlern bei den Infektionskontrollmaßnahmen innerhalb der eigenen Institution; Anzahl Katheter-bedingter Infektionen oder Katheter-bedingter Septikämien auf 1000 Kathetertage beziehen, um Vergleiche mit nationalen Trends zu ermöglichen
- bei Patienten mit einem großen umfangreichen Verband, der eine Palpation oder direkte Beobachtung der Kathetereinstichstelle verhindert, mindestens täglich Entfernung des Verbandes, Inspektion der Einstichstelle und Anlage eines neuen Verbandes
- Händewaschen mit einer antiseptischen Seife vor Palpation, Anlage, Wechsel oder Verbinden eines intravasalen Katheters
- alle parenteralen Lösungen mit Zumischungen in der Apotheke mit aseptischer Technik an einer Laminar-Airflow-Werkbank herstellen
- wenn möglich, Einzeldosis-Behältnisse für parenterale Zusätze oder Medikamente verwenden
- wenn Mehrdosis-Behältnisse für parenterale Zusätze oder Medikamente verwenden
- wenn Mehrdosis-Behältnisse verwendet werden, die Gefäße nach der Entnahme in den Kühlschrank stellen, außer wenn der Hersteller andere Angaben macht
- bei Kindern Anlage von Kathetern an der Kopfhaut, an der Hand oder am Fuß anstelle einer Anlage am Bein, am Arm oder an der Ellenbeuge bevorzugen
- bei Erwachsenen Verwendung eines zentralen Venenkatheters mit Silberimprägnierung, Kollagencuff oder Antibiotikaimprägnierung erwägen, wenn bei völliger Einhaltung anderer Infektionskontrollmaßnahmen immer noch eine nicht akzeptierbare hohe Infektionsrate vorhanden ist; speziell ausgebildetes Personal für die Anlage von Kathetern mit Cuff bestimmen, um maximale Effizienz zu sichern und mögliches Herausrutschen zu verhüten
- Hämodialyse-Katheter nicht für andere Zwecke als Hämodialyse verwenden, z. B. Gabe von Flüssigkeiten, Blut, Blutprodukten oder parenteraler Ernährung

**CDC-Empfehlungen zur Prävention von Infektionen bedingt durch intravasale Katheter**

**Keine Empfehlung – ungelöste Frage**

- Verwendung von sterilen anstelle von unsterilen Handschuhen während des Verbandwechsels
- Wechsel der Infusionssysteme in einem längeren als dem 72 h-Intervall
- ‚Hängezeit' anderer intravenöser Lösungen als parenteraler Ernährungslösungen
- Verwendung, Pflege oder Wechselfrequenz von Kanülen-losen intravenösen Systemen
- Verwendung von Antibiotika-imprägnierten peripheren Venenkathetern
- Häufigkeit des Wechsels peripherer Venenkatheter bei Kindern
- bei Kindern Entfernung von Kathetern, die unter Notfallbedingungen gelegt wurden, wo Brüche in der aseptischen Technik wahrscheinlich sind
- routinemäßige Applikation topischer Nitrate in der Nähe der Einstichstelle peripherer Venenkatheter
- routinemäßige Applikation topischer antimikrobieller Salbe auf die Einstichstelle bei peripheren Venenkathetern
- Verwendung von antimikrobiell bzw. antiseptisch imprägnierten zentralen Venenkathetern bei Kindern
- bevorzugte Stelle für die Anlage von Pulmonalarterien-Kathetern (Swan-Ganz)
- Häufigkeit des routinemäßigen Verbandswechsels der Einstichstelle von zentralvenösen Kathetern
- Häufigkeit des Wechsels vollständig implantierbarer Katheter, d. h. Ports, oder der Kanülen, die als Zugang zum Port verwendet werden
- Häufigkeit des Wechsels peripher-zentraler Venenkatheter, wenn die Dauer der Therapie voraussichtlich 6 Wochen überschreitet
- Entfernung zentraler Katheter, die unter Notfallbedingungen gelegt wurden, wo Brüche in der aseptischen Technik wahrscheinlich sind
- Entnahme von Blutkulturen durch zentralvenöse oder Pulmonalarterien-Katheter
- Lokalisation für die Anlage zentralvenöser Hämodialyse-Katheter
- Häufigkeit des routinemäßigen Verbandswechsels der Einstichstelle von Hämodialyse-Kathetern
- Entfernung von Hämodialyse-Kathetern, wenn ein Patient Fieber ohne klare Ursache entwickelt
- Häufigkeit des Wechsels peripherer arterieller Katheter bei Kindern
- Häufigkeit des Wechsels von Nabelvenenkathetern
- Entfernung oder Wechsel von Nabelvenenkathetern, wenn der Patient Fieber ohne klare Ursache entwickelt
- routinemäßige Applikation polymikrobieller Salbe auf die Einstichstelle von Nabelvenenkathetern

# 9 Epidemiologie und Prävention von gastrointestinalen Infektionen

I. Kappstein

## EINLEITUNG

Über die Häufigkeit nosokomialer gastrointestinaler Infektionen ist relativ wenig bekannt, wahrscheinlich aber sind sie häufiger, als man annimmt, weil insbesondere virale Infektionen meist nicht diagnostiziert werden, andererseits aber auch nichtinfektiöse Ursachen zu Durchfällen führen können. Verschiedene Mikroorganismen verursachen Diarrhöen, aber nicht in jedem Falle handelt es sich auch um eine übertragbare Form. Man muß nämlich zum einen zwischen Erregern unterscheiden, die ihre Krankheitssymptome durch die Produktion von Toxinen, die bereits mit der Nahrung aufgenommen werden, auslösen. Dazu gehören C. perfringens, C. botulinum, S. aureus und B. cereus. Die Kontrolle dieser Infektionen – besser Intoxikationen – kann allein über eine hygienisch einwandfreie Behandlung von Lebensmitteln erreicht werden (s. Kap. 39, S. 611). Auf der anderen Seite gibt es sowohl mit Lebensmitteln als auch von Mensch zu Mensch übertragbare Formen von Diarrhö, die eigentlich infektiösen Gastroenteritiden. Als Erreger kommen insbesondere die sog. Enteritissalmonellen, Shigellen, C. jejuni, E. coli, Rotaviren und C. difficile in Frage.

Die klinische Symptomatik schwankt von leichten Durchfällen bis zu schwersten schmerzhaften Diarrhöen mit oder ohne Fieber, aber auch völlig asymptomatische Verläufe kommen vor. Ob und, wenn ja, in welchem Ausmaß es zu einer manifesten klinischen Erkrankung nach Aufnahme eines Enteritiserregers kommt, ist u. a. abhängig von prädisponierenden Wirtsfaktoren, wie z. B. Achlorhydrie oder Antibiotikatherapie. Aber auch Personen ohne spezielle Risikofaktoren können bei Aufnahme hoher Keimzahlen erkranken. Da man exakte Inkubationszeiten nicht angeben kann, ist es nicht immer leicht zu bestimmen, ob eine Gastroenteritis nosokomialen Ursprungs ist oder bereits außerhalb des Krankenhauses erworben war (s. Kap. 12, S. 167). Ausbrüche gastrointestinaler Infektionen stehen fast immer in Zusammenhang mit einer gemeinsamen Nahrungsquelle, die primär kontaminiert war oder sekundär bei der Zubereitung kontaminiert wurde.

## 9.1
## Erreger infektiöser Gastroenteritis

### 9.1.1
### Enteritissalmonellen

Infektionen mit sog. Enteritissalmonellen (z. B. S. enteritidis, S. typhimurium) können durch kontaminierte Nahrungsmittel (z. B. S. enteritidis und Eier; s. Kap. 39, S. 611), aber auch durch direkten oder indirekten Kontakt über kontaminierte Hände oder Gegenstände, die für die Patientenversorgung verwendet werden, übertragen werden [8, 128, 232]. Dies gilt insbesondere bei Neugeborenen und Säuglingen und bei alten Patienten. Etwa 50% der Salmonelleninfektionen im Krankenhaus ereignen sich auf Neugeborenen- und Säuglingsstationen [128, 316]. Das Übertragungsrisiko von infizierten Patienten auf gesunde Personen, z. B. Personal und Besucher, ist aber sehr gering, weil in der Regel hohe Keimzahlen Voraussetzung für eine Infektion sind.

### 9.1.2
### Shigellen

Obwohl für eine Shigelleninfektion nur sehr wenige Keime aufgenommen werden müssen (<100 Keime sind ausreichend), gibt es im Gegensatz zu Salmonelleninfektionen nur sehr selten Berichte über sporadische oder epidemische nosokomiale Infektionen [8]. Die Seltenheit dieser gastrointestinalen Infektion als nosokomiale Infektion wird darauf zurückgeführt, daß aufgrund der deutlichen klinischen Symptomatik eine rasche Diagnosestellung möglich ist und demzufolge Präventionsmaßnahmen schnell eingesetzt werden können [128]. Praktisch immer erfolgt bei nosokomialer Shigelleninfektionen die Erregerübertragung durch direkten Kontakt über die Hände des Personals [8].

### 9.1.3
### Campylobacter jejuni

Weltweit ist C. jejuni einer der häufigsten, wenn nicht sogar der häufigste Erreger infektiöser Gastroenteritis. Der Erreger ist im Tierreich weit verbreitet, und der Mensch infiziert sich in der Regel über kontaminiertes Fleisch oder kontaminierte Milchprodukte, aber auch über Kontakt mit asymptomatisch besiedelten Haustieren, wie z. B. Hunde, Katzen und Vögel, die den Erreger mit dem Stuhl ausscheiden [8]. Obwohl aber C. jejuni in der Bevölkerung so häufig für gastrointestinale Infektionen verantwortlich ist, spielt er im Krankenhaus kaum eine Rolle.

### 9.1.4
### Escherichia coli

E. coli ist außerhalb des Krankenhauses hauptsächlich als Erreger der sog. Reisediarrhö bekannt. Man unterscheidet bei den darmpathogenen E. coli

- die sog. enterotoxischen E. coli (ETEC), die hitzelabile oder hitzestabile Enterotoxine produzieren,
- die sog. enteropathogenen E. coli (EPEC), die besonders bei Neugeborenen und Säuglingen eine Rolle spielen,
- die sog. enteroinvasiven E. coli (EIEC), die das klinische Bild einer Dysenterie hervorrufen, und
- die sog. enterohämorrhagischen E. coli (EHEC), die wie Shigellen eine hämorrhagische Kolitis verursachen und darüber hinaus (insbesondere Serotyp O157:H7) das hämolytisch-urämische Syndrom (HUS) auslösen können [8, 316].

Als Erreger nosokomialer infektiöser Diarrhöen scheinen darmpathogene E. coli eine geringe Bedeutung zu haben, wobei man aber berücksichtigen muß, daß sie in vielen Fällen im mikrobiologischen Labor nicht identifiziert werden. Ausbrüche auf Neugeborenen- und Säuglingsstationen sind in den letzten Jahrzehnten sehr viel seltener geworden [128]. Meist ist bei nosokomialen EPEC-Infektionen der Indexfall ein kolonisiertes oder infiziertes Kind, und die Übertragung auf andere Kinder erfolgt über die Hände des Personals [8, 128, 316]. Nosokomiale EHEC-Infektionen sind bisher nicht berichtet worden, obwohl außerhalb des Krankenhauses schwere Ausbrüche, z.B. verursacht durch kontaminiertes Fleisch (Hamburger), vorgekommen sind.

## 9.1.5
## Rotaviren

Bei pädiatrischen Patienten sind Rotaviren die Hauptursache für nosokomiale gastrointestinale Infektionen [128]. Davon betroffen sind in erster Linie größere Säuglinge (>6 Monate) und Kleinkinder bis zum Alter von zwei Jahren, während Neugeborene meist nur asymptomatisch kolonisiert werden [184]. Jahreszeitliche Häufungen finden sich im Winter und Frühling [128]. Auch wenn Rotaviren hauptsächlich mit Infektionen bei kleinen Kindern assoziiert sind, kommen Infektionen im Erwachsenenalter, besonders bei alten Patienten, ebenfalls vor [8, 128].

Rotaviren können auf Händen und auf unbelebten Flächen bis zu 60 min infektiös bleiben (Tabelle 9.1) [8, 11, 316]. Da sie hochkontagiös sind, kann man-

Tabelle 9.1. Rotavirusübertragung von kontaminierten auf saubere Oberflächen. (Nach [11])

| Zeit zwischen Viruskontamination und Übertragung | Durchschnittliche Virusübertragung [%] | | |
|---|---|---|---|
| | von | | |
| | Hand auf Oberfläche | Oberfläche auf Hand | Hand zu Hand |
| 20 min | 16,1 | 16,8 | 6,6 |
| 60 min | 1,8 | 1,6 | 2,8 |

gelnde Händehygiene nach Kontakt z. B. mit kontaminierten Oberflächen zur Übertragung der Infektion führen. Zur Flächendesinfektion beispielsweise der Wickelunterlagen kann 70–80%iger Alkohol verwendet werden, um aldehydische Flächendesinfektionsmittel zu vermeiden [442].

Immer wieder wird im Zusammenhang mit Rotaviren auf die Möglichkeit einer aerogenen Übertragung hingewiesen, weil das Virus im respiratorischen Sekret erkrankter Patienten nachgewiesen werden kann bzw. weil im Tierexperiment eine Infektion durch Inhalation rotavirushaltiger Aerosole ausgelöst werden konnte [8, 356]. Es gibt aber bisher keinen sicheren Hinweis auf einen solchen Übertragungsweg beim Menschen. Statt dessen muß auf Infektionskontrollmaßnahmen Wert gelegt werden, mit denen Kontaktinfektionen verhütet werden können (s. 9.2).

### 9.1.6
### Clostridium difficile

C. difficile ist als Erreger der sog. antibiotikaassoziierten pseudomembranösen Kolitis erst vor ca. 20 Jahren entdeckt worden [236]. Heute gelten toxinproduzierende C. difficile-Stämme als häufigste Erreger nosokomialer Darminfektionen [128, 236]. Nahezu alle betroffenen Patienten sind vorher mit Antibiotika behandelt worden. Besonders häufig sind Clindamycin, Cephalosporine und Ampicillin mit einer C. difficile-Infektion assoziiert [24, 25, 128, 236]. Aber auch Wirtsfaktoren spielen eine Rolle: Klinische Symptomatik haben in erster Linie abwehrgeschwächte Patienten, wie z. B. alte Patienten oder Patienten mit Neoplasien, während Neugeborene typischerweise meist nur asymptomatisch kolonisiert sind [236, 316].

C. difficile kann auf Flächen und Gegenständen in Zimmern, in denen symptomatische Patienten liegen, häufig nachgewiesen werden, aber auch bei asymptomatisch besiedelten Patienten findet man C. difficile-Sporen in der unbelebten Umgebung [236]. Es ist aber nicht klar, ob die Umgebungskontamination für die Infektionen verantwortlich ist oder ob die Umgebung lediglich von den infizierten Patienten kontaminiert wird [236].

Bei der Übertragung des Erregers scheinen wiederum die Hände des Personals die Hauptrolle zu spielen, die bei der Versorgung infizierter Patienten, bei Kontakt mit asymptomatisch besiedelten Patienten oder möglicherweise auch mit C. difficile-Sporen aus der unbelebten Umgebung kontaminiert werden können [236]. Ein indirekter Hinweis auf die Bedeutung der Hände des Personals ergibt sich aus Untersuchungen, in denen durch vermehrten Einsatz von Einmalhandschuhen die Infektionsfrequenz gesenkt werden konnte [236].

Infektionskontrollmaßnahmen, die in ihrer Wirksamkeit belegt sind, gibt es nur wenige. Ein wesentlicher Faktor ist die möglichst restriktive Anwendung von Antibiotika [24, 25]. Klassische Hygienemaßnahmen zielen in erster Linie darauf ab, den Kontakt von Patienten mit dem Erreger zu verhindern. Der Gebrauch von Einmalhandschuhen, wenn Kontakt mit infektiösen Ausscheidungen anzunehmen ist, hat hierbei die größte Bedeutung [236]. Wichtig ist ferner Händewaschen bzw. Händedesinfektion, wobei gründliches Händewaschen unter fließendem Wasser wegen des damit verbundenen Abschwemmeffektes sinnvoll erscheint, zumal übliche Händedesinfektionsmittel nur begrenzte Wirksamkeit gegen bakterielle Sporen haben. Welche Rolle die Unterbringung infizierter Patienten in einem Einzelzimmer bzw. die Zusammenlegung mehrerer Patienten in einem Zimmer (Kohortierung) spielt, ist unklar, weil diese Maßnahme allein nicht untersucht worden ist, sondern immer nur zusammen mit anderen Infektionskontrollmaßnahmen (wie Händehygiene, Einmalhandschuhe und spezielle Desinfektionsmaßnahmen) praktiziert wurde. Sinnvoll aber ist die Einzelunterbringung bei Patienten mit schwerer klinischer Symptomatik oder bei inkontinenten Patienten, weil in diesen Fällen häufig eine erhebliche Kontamination der Hände des Personals, aber auch der unbelebten Umgebung des Patienten erfolgt. Auf rektale Temperaturmessung soll vollkommen verzichtet werden, weil die Thermometer, auch wenn sie mit Schutzhülle eingesetzt werden, leicht kontaminiert werden, aber meist nicht ausreichend desinfiziert werden bzw. werden können [236]. Koloskope etc. kommen prinzipiell für eine Übertragung von C. difficile in Frage, die für Endoskope üblichen Aufbereitungsmaßnahmen sind aber auch zur Eliminierung von C. difficile-Sporen ausreichend effektiv (s. Kap. 33, S. 553) [236, 385]. Obwohl eine Flächenkontamination in Patientenzimmern häufig ist, ist ungeklärt, ob deshalb auch eine routinemäßige Flächendesinfektion durchgeführt werden soll, um Übertragungen von C. difficile zu verhüten [236].

## 9.2
## Hygienemaßnahmen

Die Übertragung von Infektionen, deren Erreger mit dem Stuhl ausgeschieden werden, ist nur durch Aufrechterhaltung der Standard-Hygienemaßnahmen, in erster Linie der Händehygiene, zu verhüten. In den nachstehenden Übersichten sind Infektionskontrollmaßnahmen zur Prophylaxe gastrointestinaler nosokomialer Infektionen, aber auch zur Prophylaxe anderer Infektionen (z. B. Typhus), deren Erreger mit dem Stuhl ausgeschieden werden, zusammengefaßt. Die in der Übersicht „Maßnahmen zur Kontrolle von Infektionen verursacht durch darmpathogene Erreger: geringe Infektionsdosis ausreichend" aufgeführten Maßnahmen sind strenger, weil es sich um Erreger handelt, die bereits in sehr geringen Keimzahlen zu einer Infektion führen können. Die wichtigsten Maßnahmen zur Prävention von Rotavirusinfektionen sind in der ebenfalls nachfolgend aufgeführten Übersicht aufgezeigt ebenso auch die Hygienemaßnahmen zur Kontrolle von C. difficile-Infektionen.

> **Maßnahmen zur Kontrolle von Infektionen verursacht durch darmpathogene Erreger: hohe Infektionsdosis erforderlich**[1]
> Maßnahmen beim Personal:
> - Händedesinfektion bei allen infektionsgefährdenden Tätigkeiten,
> - Einmalhandschuhe, wenn Kontakt mit infektiösem Material möglich (nach Ausziehen immer Händedesinfektion),
> - Schutzkittel, wenn Kontamination der Arbeitskleidung möglich.

Maßnahmen beim Patienten:
- Händehygiene,
- eigene Toilette (oder Nachtstuhl),
- Wäsche nur bei Kontamination mit infektiösem Material zur sog. infektiösen Wäsche, sonst in normalen Wäschesack,
- sämtlichen Abfall zum Hausmüll,
- laufende Desinfektion der patientennahen Flächen (incl. Waschschüsseln) und Schlußdesinfektion vorzugsweise mit aldehydischen Flächendesinfektionsmitteln in üblichen Konzentrationen als Wischdesinfektion.
  → Aufhebung dieser Maßnahmen, wenn z. B. drei Stuhlproben (Anzahl abhängig von Länderregelungen), entnommen im Abstand von 48 h, negativ sind.
  → Kontrolluntersuchungen jedoch erst frühestens 72 h nach Absetzen einer evtl. verabreichten Antibiotikatherapie durchführen.

Weitere Maßnahmen:
- Stuhluntersuchung bei allen Kontaktpersonen mit klinischer Symptomatik (Namensliste des Personals zum Betriebsarzt),
- Personal, das nach einer Darminfektion noch den Erreger ausscheidet, aber keine Symptomatik mehr hat, kann prinzipiell wieder arbeiten, darf aber mit der Nahrungszubereitung (z. B. Sondenkost) nichts zu tun haben,
- generell aber dürfen Ausscheider in folgenden Krankenhausbereichen nicht tätig sein (können jedoch, wenn möglich, während der Dauer der Ausscheidung in anderen Bereichen eingesetzt werden):
  - Intensivstationen,
  - hämatologisch-onkologische Stationen,
  - Transplantationsstationen,
  - Aids-Stationen,
  - Früh- und Neugeborenenstationen,
  - Küche.

---

[1] Enteritissalmonellen, darmpathogene E. coli, Campylobacter jejuni, Yersinia enterocolitica

**Maßnahmen zur Kontrolle von Infektionen verursacht durch darmpathogene Erreger[1]: geringe Infektionsdosis ausreichend[2]**

Maßnahmen beim Personal:
- Händedesinfektion bei allen infektionsgefährdenden Tätigkeiten,
- Einmalhandschuhe, wenn Kontakt mit infektiösem Material möglich (nach Ausziehen immer Händedesinfektion),
- Schutzkittel, wenn Kontamination der Arbeitskleidung möglich.

Maßnahmen beim Patienten:
- Händehygiene,
- Einzelzimmer,
- eigene Toilette (oder Nachtstuhl),
- Geschirr wie üblich entsorgen
  (keine Desinfektion auf der Station),

- mit infektiösem Material kontaminierte Wäsche, Stecklaken sowie Handtücher und Waschlappen nach Gebrauch im Analbereich zur sog. infektiösen Wäsche,
- mit infektiösem Material kontaminierter Abfall sowie alle bei der Pflege des Analbereichs verwendeten Materialien zum sog. infektiösen Abfall,
- laufende Desinfektion der patientennahen Flächen (incl. Waschschüsseln) und Schlußdesinfektion vorzugsweise mit aldehydischen Flächendesinfektionsmitteln in üblichen Konzentrationen als Wischdesinfektion.
    → Aufhebung dieser Maßnahmen, wenn z. B. fünf Stuhlproben (Anzahl abhängig von Länderregelungen), entnommen im Abstand von 48 h, negativ sind.
    → Kontrolluntersuchungen jedoch erst frühestens 72 h nach Absetzen einer evtl. verabreichten Antibiotikatherapie durchführen.

Weitere Maßnahmen:
- Stuhluntersuchung bei allen Kontaktpersonen unabhängig davon, ob klinische Symptomatik vorhanden oder nicht (Namensliste des Personals zum Betriebsarzt),
- Personal, das nach einer Infektion noch den Erreger ausscheidet, aber keine Symptomatik mehr hat, darf bei Tätigkeiten mit Patientenkontakt bzw. in der Küche nicht arbeiten. Bei Personal mit z. B. reiner Bürotätigkeit wird die Entscheidung zur Wiederzulassung zur Arbeit in jedem Einzelfall individuell nach Abstimmung zwischen Betriebsarzt und Krankenhaushygiene getroffen.

[1] und Erreger systemischer Infektionen, die mit dem Stuhl ausgeschieden werden
[2] S. typhi, S. paratyphi, Shigellen, V. cholerae
[3] *Untersuchungen nach Kontakt mit Typhuspatienten:*
  - Blutkulturen abnehmen, wenn 7–12 Tage nach Exposition ( = Inkubationszeit) Fieber auftritt,
  - Stuhluntersuchung von allen Kontaktpersonen (auch ohne Symptomatik) 4$^1/_2$ Wochen nach Exposition.

**Maßnahmen zur Kontrolle von Rotavirusinfektionen**
Maßnahmen beim Personal:
- Händedesinfektion bei allen infektionsgefährdenden Tätigkeiten,
- Einmalhandschuhe, wenn Kontakt mit infektiösem Material möglich, z. B. beim Wickeln und bei der (rektalen) Temperaturmessung (nach Ausziehen immer Händedesinfektion),
- Schutzkittel, wenn Kontamination der Arbeitskleidung möglich, insbesondere beim Wickeln infizierter Kinder.

Maßnahmen bei infizierten Kindern:
- Wickelunterlage mit 70%igem Alkohol abwischen,
- evtl. im Bett wickeln, um die Ausbreitung des Erregers so gering wie möglich zu halten,
- Thermometer mit 70%igem Alkohol abwischen, auch wenn Schutzhüllen verwendet werden,

- laufende Desinfektion der patientennahen Flächen (incl. Waschschüsseln) und Schlußdesinfektion vorzugsweise mit aldehydischen Flächendesinfektionsmitteln in üblichen Konzentrationen als Wischdesinfektion,
- Spielzeug thermisch desinfizieren oder mit 70%igem Alkohol abwischen,
- bei Ausbrüchen Kohortisolierung der betroffenen Kinder.

**Maßnahmen zur Kontrolle von C. difficile-Infektionen**
Maßnahmen beim Personal:
- gründliches Händewaschen nach Patientenkontakt und vor Verlassen des Zimmers (Sporenreduktion durch Abschwemmeffekt),
- Händedesinfektion bei allen infektionsgefährdenden Tätigkeiten nach den üblichen Regeln,
- Einmalhandschuhe, wenn Kontakt mit infektiösem Material möglich (nach Ausziehen immer Händedesinfektion),
- Schutzkittel, wenn Kontamination der Arbeitskleidung möglich, auch bei üblichen Pflegetätigkeiten bei Patienten mit schwerer Symptomatik wegen der stärkeren Kontamination des direkten Patientenumfeldes.

Maßnahmen beim Patienten:
- Händehygiene,
- eigene Toilette (oder Nachtstuhl),
- Einzelzimmer für Patienten mit schwerer Symptomatik oder bei Inkontinenz,
- Patienten mit mäßiger Symptomatik können mit anderen Patienten ein Zimmer teilen, sollen während der Dauer der Symptomatik aber nicht mit folgenden Patienten zusammen liegen:
  - stark abwehrgeschwächte Patienten,
  - Patienten unter Antibiotikatherapie (incl. Patienten nach perioperativer Antibiotikaprophylaxe),
- Geschirr wie üblich entsorgen,
- sämtliche Wäsche wie üblich entsorgen, aber Bettzeug vorsichtig abziehen und sofort in den Wäschesack abwerfen, um eine Ausbreitung der Sporen so gering wie möglich zu halten,
- sämtlichen Abfall zum Hausmüll,
- laufende Desinfektion der patientennahen Flächen (incl. Waschschüsseln) und Schlußdesinfektion vorzugsweise mit aldehydischen Flächendesinfektionsmitteln in üblichen Konzentrationen als Wischdesinfektion.
  → Aufhebung der Maßnahmen nach Beendigung der Symptomatik (keine Kontrolluntersuchungen durchführen, da asymptomatische Ausscheidung häufig und unterschiedlich lang).

# 10 Epidemiologie und Prävention von Aspergillosen

I. Kappstein

EINLEITUNG

Invasive pulmonale Aspergillosen sind immer lebensbedrohliche Infektionen, die fast ausschließlich nur bei abwehrgeschwächten Patienten auftreten. Aspergillen sind ebenso wie Legionellen typische opportunistische Erreger.

## 10.1
## Verbreitung von Aspergillen

Aspergillen kommen weltweit überall in der Umwelt vor. Jeder Mensch hat Zeit seines Lebens ständig Kontakt mit Aspergillen, weil die Sporen so klein sind, daß sie als Bioaerosol immer in der Luft vorhanden sind und somit dauernd inhaliert werden und die Schleimhäute des oberen Respirationstraktes kolonisieren können (s. Kap. 3, S. 19). Jeder inhaliert pro Tag ca. 40 Aspergillussporen, von denen 7 die Alveolen erreichen [393]. Es gibt viele verschiedene Aspergillusspezies: A. fumigatus und A. flavus führen am häufigsten zu Infektionen, während A. niger und andere Spezies als Infektionserreger sehr viel seltener eine Rolle spielen, aber bei Untersuchungen der Luft außerhalb und innerhalb von Gebäuden häufiger isoliert werden [176, 344, 370, 393].

## 10.2
## Risikofaktoren für invasive Aspergillosen

Voraussetzung für die Entstehung einer invasiven pulmonalen oder disseminierten Aspergillose ist eine schwere Beeinträchtigung des Immunsystems, wie z.B. bei Patienten nach Knochenmark- und Lebertransplantation (KMT), für die ein bis zu 10fach höheres Aspergilloserisiko als bei anderen abwehrgeschwächten Patienten angegeben wird [344, 469]. Granulozytopenie ist der Faktor, der am deutlichsten mit der Entstehung von Aspergillosen assoziiert ist. Weniger schwer abwehrgeschwächte Patienten, wie z.B. Patienten nach Organtransplantation, sind dagegen eher in der Lage, die Erreger lokal zu begrenzen und eine Invasion zu verhindern [370].

## 10.3
## Übertragung

### 10.3.1
### Exogene und endogene Erregerreservoire

Es gibt keine sichere Assoziation zwischen dem Sporengehalt der Luft und der Häufigkeit von Aspergillosen, Infektionen treten auch dann auf, wenn die Sporenzahl maximal niedrig gehalten werden kann [344, 370]. Bei Ausbrüchen nosokomialer Aspergillosen ist eine exogene Erregerquelle wahrscheinlich. Solche Ausbrüche wurden meist im Zusammenhang mit Bautätigkeiten in der Nähe der betroffenen Patienten beschrieben [176, 344, 370]. Eine Klärung der Frage, ob der Erreger während des Krankenhausaufenthaltes exogen (meist Luft oder Nahrungsmittel) erworben oder bei der stationären Aufnahme auf den Schleimhäuten der oberen Atemwege bereits endogen vorhanden war (s. 10.4.1), ist im Einzelfall nicht möglich. Eine Besiedlung mit Aspergillen kann auch über die natürliche Kontamination von Nahrungsmitteln, wie z. B. frischen Früchten und Gewürzen, insbesondere Pfeffer, zustande kommen [344].

### 10.3.2
### Luftkeimzahl

Da Aspergillussporen ubiquitär sind, ist über die Atemwege ein ständiger Kontakt gegeben. In Gebäuden mit natürlicher Belüftung ist die Luftkeimzahl ebenso hoch wie an der Außenluft. Mit raumlufttechnischen Anlagen, bei denen die zugeführte Luft vor dem Eintritt in den Raum, z. B. das Patientenzimmer, einen Schwebstofffilter passieren muß (s. Kap. 19, S. 329), kann aber der Sporengehalt der Luft erheblich reduziert werden. In der Außenluft können normalerweise 1–10 KBE/m$^3$ nachgewiesen werden, durch eine RLT-Anlage mit Schwebstofffilter und 10fachem Luftwechsel pro Stunde kann der Sporengehalt auf 0,01 KBE/m$^3$ reduziert werden [370].

Luftkeimzahl und Bautätigkeit. Immer wieder wird in der Literatur berichtet, daß es bei Bautätigkeiten zu einer Erhöhung der Luftkeimzahl und zu einer höheren Aspergillosegefährdung abwehrgeschwächter Patienten kommt, aber auch andere Ergebnisse wurden beschrieben [176, 344, 370]. Während ausgedehnter Bautätigkeiten, die sich über ein Jahr erstreckten, wurden in einem Krankenhaus systematische Umgebungsuntersuchungen durchgeführt, um zu ermitteln, ob dabei vermehrt Aspergillen freigesetzt werden und ob es dadurch zu einer Besiedlung der Schleimhäute der Patienten in der Nähe der Baumaßnahmen kommt [176]. Am häufigsten wurde A. fumigatus isoliert, der relativ unabhängig von der Jahreszeit das ganze Jahr über in niedriger Keimzahl nachweisbar war, wobei es kaum Unterschiede zwischen der Luftkeimzahl außerhalb und innerhalb des Gebäudes gab. Auch einzelne Baumaßnahmen mit Abbruch vorhandener Gebäudeteile führten nicht zu einer Erhöhung des Sporengehaltes der Luft.

Nur in 6% fanden sich positive Nasenabstriche bei den Patienten, aber keiner entwickelte eine Aspergillose. Die Ergebnisse dieser Untersuchung zeigen, daß Baumaßnahmen nicht notwendigerweise zu einer Erhöhung des Sporengehaltes der Luft führen müssen.

**Luftkeimzahl und Kolonisierung von Patienten.** In einer anderen Untersuchung wurde während einer 7monatigen Periode durch regelmäßiges Aufstellen von Sedimentationsplatten die Luftkeimzahl von Aspergillussporen in einem Krankenhaus bestimmt [393]. Mehr als die Hälfte der Isolate gehörte zur Spezies A. niger, während A. flavus nur in 8% und A. fumigatus sogar nur in 0,3% aller Isolate nachweisbar war. Im selben Zeitraum wurde bei Patienten von den Schleimhäuten des oberen Respirationstraktes in 44% A. fumigatus und in ca. 30% A. flavus isoliert. A. niger wurde mit ca. 18% am seltensten nachgewiesen. Die Befunde legen die Annahme nahe, daß A. fumigatus und A. flavus eine ausgeprägtere Fähigkeit zur Kolonisierung der Schleimhäute haben als A. niger, der in der Luft aber in der höchsten Keimzahl nachweisbar war. Diese Beobachtung spricht dafür, daß nicht die absolute Keimzahl in der Luft für eine Besiedlung entscheidend ist, sondern vielmehr, daß die Besiedlung der Schleimhäute nur bzw. vorwiegend mit bestimmten Spezies möglich ist. Eine Besiedlung mit Aspergillen ist aber nicht notwendigerweise die Voraussetzung für eine invasive pulmonale Aspergillose.

## 10.4
## Prävention

Aus epidemiologischer Sicht ist der Zusammenhang zwischen dem Auftreten von Aspergillosen und dem Vorkommen von Aspergillen in der Luft dadurch belegt, daß die Häufigkeit nosokomialer Aspergillosen durch eine Verbesserung der Luftqualität signifikant reduziert werden kann [344, 370].

### 10.4.1
### Luftfilterung

**KMT-Patienten.** In mehreren Studien konnte gezeigt werden, daß durch Installation von Schwebstoffiltern in Zimmern von Patienten nach KMT mit der Anzahl der Aspergillussporen in der Raumluft auch die Inzidenz pulmonaler Aspergillosen abnahm [344]. Es besteht Übereinstimmung darin, daß für die am stärksten gefährdeten Patienten nach KMT eine dreistufige Filterung der Luft mit endständigem Schwebstoffilter eine wichtige Maßnahme zum Schutz vor einer Aspergillose darstellt [344, 370]. Wichtig ist jedoch, daß die Patienten in der Phase der schweren Granulozytopenie in dieser geschützten Umgebung bleiben können und nicht, z. B. zu diagnostischen Maßnahmen, ihr Zimmer verlassen und in Bereiche des Krankenhauses müssen, die mit ungefilterter Luft belüftet werden, oder sogar in die Nähe von Bautätigkeiten kommen. Manchmal ist aber ein Verlassen des Zimmers nicht zu vermeiden. In diesen Fällen soll der Patient mit einer Feinstaubmaske versorgt werden, um das Risiko der Inhalation von Aspergillen so weit wie möglich zu reduzieren (s. Kap. 29, S. 519).

Auch mit den aufwendigsten technischen Maßnahmen lassen sich aber nosokomiale Aspergillosen bei gefährdeten Patienten nicht vollständig verhüten. Bei Auftreten nosokomialer Aspergillosen kann man also nicht notwendigerweise auf mangelnde Infektionskontrollmaßnahmen schließen [370]. Vielmehr ist eine nosokomiale Aspergillose meist Ausdruck für die Schwere der Erkrankung eines Patienten. Ferner können Aspergillen vor Beginn des Krankenhausaufenthaltes erworben sein und zu einer Besiedlung der Schleimhäute des oberen Respirationstraktes geführt haben. Durch Invasion in der granulozytopenischen Phase kann es dann aus diesem endogenen Erregerreservoir zu einer nosokomialen Aspergillose kommen. Zum anderen ist es auch bei gut gewarteten RLT-Anlagen, die einwandfrei funktionieren, nicht möglich, die Luft in einem Zimmer völlig sporenfrei zu halten. Das liegt aber nicht an der Ineffektiviät von Schwebstofffiltern, sondern daran, daß die Zimmertüren immer wieder geöffnet werden müssen. Selbst wenn, wie in solchen Fällen erforderlich, im Patientenzimmer ein positiver Druck im Vergleich zu den angrenzenden Räumen herrscht, kann doch nicht völlig verhindert werden, daß es zu einem Einstrom, wenn auch geringer, Luftmengen aus dem angrenzenden Raum kommt. Dies gilt um so mehr, je länger die Türen offen stehen.

**Patienten mit Langzeitimmunsuppression.** Nach Organtransplantationen ist eine lebenslange Immunsuppression erforderlich, um Abstoßungsreaktionen zu verhindern. Auch diese Patienten sind durch Aspergillosen gefährdet. Bei ihnen unterscheidet sich aber der Grad der Immunsuppression unmittelbar postoperativ nicht wesentlich vom Grad der Immunsuppression im weiteren Verlauf ihres Lebens. Deshalb ist es anders als bei KMT-Patienten in der granulozytopenischen Phase bei organtransplantierten Patienten weniger logisch, für sie mit aufwendigen technischen Einrichtungen eine nahezu sporenfreie Umgebungsluft für die erste Phase nach der Transplantation zu schaffen [370].

Welche anderen Patienten unter vorübergehender (z. B. Intensivpatienten) oder dauerhafter (z. B. Steroidtherapie) Immunsuppression ebenfalls in Räumen mit möglichst niedrigem Aspergillusgehalt der Luft untergebracht werden sollen, ist unklar. Da man aber eine sporenfreie Umgebungsluft für alle potentiell gefährdeten Patienten sowieso nicht erreichen kann, muß man sich auf die nachgewiesenermaßen hochgefährdeten Patientengruppen beschränken.

## 10.4.2
### Allgemeine Präventionsmaßnahmen

Abgesehen von einer adäquaten Luftfiltrierung können noch weitere Maßnahmen dazu beitragen, das Aspergilloserisiko für gefährdete Patienten zu senken [344]. Dazu gehören insbesondere:

- Verhalten des Personals den Erfordernissen der RLT-Anlage anpassen (z. B. Zimmertüren nicht unnötig lange offenstehen lassen),
- Patient Feinstaubmaske anlegen, wenn das Zimmer verlassen werden muß (auf guten Sitz der Maske achten),
- Verzicht auf sämtliche Maßnahmen, die mit Staubentwicklung verbunden sind (z. B. Bodenreinigung mit trockenen Utensilien, Staubsaugen),
- bei Bautätigkeiten sichere Staubschutzmaßnahmen durchführen (z. B. Staubschutzwände zur Abgrenzung errichten, die nicht passierbar sind, Wege für Handwerker an gefährdeten Patientenbereichen vorbeiführen, Fenster abkleben),
- keine Topfpflanzen oder Trockenblumensträuße auf den Stationen, kein Weihnachtsschmuck mit Tannenzweigen,
- keine frischen nicht schälbaren Früchte oder Gemüse, z. B. Salat, und keine unbehandelten Gewürze.

# 11 Epidemiologie und Prävention von Legionellosen

I. Kappstein

EINLEITUNG

Die Legionellose ist erst seit Mitte der 70er Jahre als eigenständiges Krankheitsbild bekannt [172, 258, 266, 344, 456], obwohl der Erreger bereits Ende der 40er Jahre beschrieben wurde [456]. Es gibt mehr als 30 verschiedene Legionellenspezies, aber nur wenige verursachen Infektionen, vor allem handelt es sich dabei um L. pneumophila (Serogruppe 1, 4 und 6) [172]. Legionellen sind typische opportunistische Erreger.

## 11.1 Vorkommen in der Umwelt

Legionellen kommen normalerweise in natürlichen Gewässern vor und sind nicht selten auch in künstlichen Wasseranlagen zu finden, vor allem in Leitungswasser können neben den typischen gramnegativen Wasserkeimen auch Legionellen nachgewiesen werden [172, 258, 266, 344]. Legionellen sind fakultativ intrazelluläre Erreger, sie können deshalb in den im Wasser vorkommenden apathogenen Amöben und in menschlichen Makrophagen überleben und sich vermehren [172, 258, 266, 344]. Das Temperaturoptimum für ihre Vermehrung liegt zwischen 32°C und 35°C, sie wachsen aber bis 45°C, während bei >55°C keine Vermehrung mehr stattfindet und Temperaturen >60°C bakterizid wirken [258]. Temperaturen zwischen 45°C und 55°C sind zwar nicht optimal für Legionellen, geben ihnen aber einen selektiven Wachstumsvorteil gegenüber anderen Wasserbakterien, so daß sie unter diesen Bedingungen relativ hohe Keimzahlen erreichen können [258]. Vor störenden Umwelteinflüssen in Amöben geschützt oder eingebettet in einen Biofilm bleiben Legionellen auch unter ungünstigen Bedingungen lebensfähig [258]. Außerdem werden Amöben bei der üblichen Chlorierung des Trinkwassers nicht abgetötet.

## 11.2 Übertragungswege

Eine Übertragung von Mensch zu Mensch ist bei Legionellen bisher nicht beschrieben worden, weshalb Wasser das einzige Erregerreservoir ist [172, 258, 266, 344].

## 11.2.1
### Kontakt mit Leitungswasser

Für die Übertragung von Legionellen bei Kontakt mit Leitungswasser kommen folgende Wege in Betracht [258]:
- Aus dem Biofilm in den Leitungen werden einzelne Legionellen freigespült, die bei Inhalation bzw. Aspiration bis in die Alveolen gelangen. Wie bei der Tuberkuloseentstehung nimmt man an, daß ein einzelnes Bakterium an dieser anatomischen Lokalisation zu einer Infektion führen kann.
- Teile des Biofilms werden losgespült und inhaliert bzw. aspiriert, gelangen jedoch aufgrund ihrer Größe nicht bis in die Alveolen. In den Biofilmresten sind die Legionellen vor der körpereigenen Abwehr geschützt, können sich vermehren und gelangen erst nach Freisetzung aus dem Biofilm in die Alveolen.
- Amöben mit intrazellulären Legionellen werden inhaliert bzw. aspiriert und geben die Legionellen erst im Körper frei, die dann die Alveolen erreichen können.

Keimzahl im Leitungswasser. Ob es eine klinisch relevante Keimzahl im Leitungswasser gibt, muß aufgrund der Tatsache, daß Legionellen im Wasser sowohl als einzelne Bakterienzellen als auch als Bakterienzellaggregate in einem Biofilm oder in Amöben vorkommen, bezweifelt werden. Man muß nämlich berücksichtigen, daß eine Wasserprobe aus einem Leitungsnetz immer nur eine Momentaufnahme der mikrobiellen Kontamination des Wassers darstellt. Der Nachweis einer bestimmten Keimzahl von Legionellen (dies gilt auch für andere Wasserbakterien) sagt also nichts darüber aus, ob die Bakterien gleichmäßig im Wasser verteilt sind, was bei Legionellen aufgrund der Biofilmproduktion und der Einnistung in Amöben eher unwahrscheinlich ist. Dennoch werden immer wieder unterschiedlich hohe Keimzahlen angegeben, die möglicherweise klinisch bedeutsam sind, wie z. B. 10 KBE/ml [258] oder $>10^3$ KBE/ml [456].

## 11.2.2
### Aerosolbildung beim Duschen

Die Auffassung, daß es durch Inhalation von legionellenhaltigen Aerosolen, die beim Duschen entstehen, zur Entwicklung einer Legionellose kommen kann, ist weit verbreitet, wissenschaftlich jedoch nicht fundiert [172, 258, 456]. Sie hält sich aber hartnäckig, da bei Umgebungsuntersuchungen immer wieder auch Legionellen an Duschköpfen gefunden werden können. In experimentellen Untersuchungen konnte jedoch gezeigt werden, daß nur eine geringe Aerosolbildung beim Duschen zustande kommt, auch wurde bisher in keiner prospektiven Studie Duschen als ein Risikofaktor ermittelt [172].

## 11.2.3
### Aerosolbildung bei Beatmungstherapie

Bei der Beatmungstherapie und anderen Maßnahmen im Rahmen der respiratorischen Therapie können abhängig von der Art des Befeuchtungssystems Aerosole entstehen, die der Patient dann direkt inhaliert. Aus diesem Grund darf für diese Zwecke kein Leitungswasser verwendet werden, weil es praktisch immer mikrobiell kontaminiert ist. Es sind mehrere Fälle beschrieben, in denen es unter den Bedingungen der Beatmungstherapie und ähnlicher Maßnahmen im Bereich des Respirationstraktes zur Entwicklung von Legionellosen kam, weil die Wasserreservoire der verwendeten Geräte mit Leitungswasser befüllt worden waren [172]. Auch bei tragbaren Raumluftbefeuchtern kann es zur Freisetzung legionellenhaltiger Aerosole kommen, die bis zu einer Entfernung von 3 m nachgewiesen werden konnten. Im Zusammenhang damit wurde mehrfach über Legionelleninfektionen bei derart exponierten Patienten berichtet [172]. In allen Fällen waren die Geräte mit Leitungswasser gefüllt worden.

Zum Prinzip von Verneblern gehört die Produktion alveolargängiger Aerosole, weshalb sie mit einem besonders hohen Infektionsrisiko assoziiert sind, wenn zum Füllen kontaminiertes Wasser (z. B. Leitungswasser oder nichtsteriles Aqua dest.) verwendet wird (s. Kap. 3, S. 19). Problematisch sind aber auch sog. In-line-Medikamentenvernebler, wenn sie mit Leitungswasser ausgespült, aber nicht sorgfältig getrocknet werden. Bei der nächsten Anwendung können nämlich kontaminierte Aerosole mit dem Medikament in die tiefen Atemwege des Patienten gelangen [172].

## 11.2.4
### Aerogene Übertragung

Eine echte aerogene Übertragung (s. Kap. 3, S. 19) von Legionellen über Aerosolbildung und Transport dieser kontaminierten Aerosole über weite Distanzen in der Luft (im Gegensatz zu den oben beschriebenen kurzen Strecken vom Wasserhahn oder Duschkopf zum Patienten bzw. über kontaminiertes Beatmungszubehör) wurde als weitere Übertragungsmöglichkeit beschrieben, der man aber heutzutage für die Entstehung von Legionellosen, insbesondere in Krankenhäusern, weit weniger Bedeutung zumißt als dem direkten Kontakt mit Leitungswasser [172]. Diskutiert wurde dabei eine Aerosolbildung ausgehend von Kühltürmen bzw. Rückkühlwerken, wobei die Ansaugung aerosolhaltiger Luft durch die Ansaugöffnungen der Klimaanlage eines Krankenhauses mit der Folge der Verteilung legionellenhaltiger Aerosole in die an diesen Teil der Anlage angeschlossenen Räume als Infektionsursache postuliert wurde [172]. Es handelte sich dabei um eine normale Klimaanlage ohne Schwebstoffilter (s. Kap. 19, S. 329), wie sie in US-amerikanischen Krankenhäusern sehr häufig sind. Eindeutig aber konnte dieser Infektionsweg nicht bestätigt werden.

## 11.3
### Epidemiologie

Über die Häufigkeit von Legionellosen ist relativ wenig bekannt. Dies liegt hauptsächlich daran, daß man mit speziellen Methoden gezielt nach diesen Erregern suchen muß, was in den meisten Krankenhäusern nicht der Fall ist. Deshalb kann man eigentlich nur dann davon sprechen, keine Legionellosen zu beobachten, wenn man dies aufgrund geeigneter diagnostischer Maßnahmen belegen kann [134, 172]. Ansonsten bedeutet das Fehlen von Legionellosen eher, daß sie nicht diagnostiziert werden.

Risikofaktoren für eine Legionelleninfektion sind u. a. hohes Lebensalter, Rauchen, Alkoholabusus und chronische Lungenerkrankungen [172]. Krankenhauserworbene Legionellosen treten fast nur bei abwehrgeschwächten Patienten auf, wobei Patienten nach Organtransplantation das größte Risiko haben, neutropenische Patienten aber scheinen (eine Ausnahme bilden Patienten mit Haarzell-Leukämie) nicht mehr gefährdet zu sein als die Normalbevölkerung, Aids-Patienten sind offenbar nicht mehr gefährdet als andere Hochrisikopatienten [172, 258, 266, 344].

Legionellenausbrüche in Krankenhäusern können praktisch immer auf eine Kontamination des Warmwassernetzes zurückgeführt werden [172, 258, 266, 344]. Das bedeutet, daß die Aufnahme der Legionellen in unmittelbarer Nähe zur Wasserzapfstelle (bzw. zur Wasseroberfläche z.B. bei Whirlpools) stattfindet. Mit den modernen molekularbiologischen Typisierungsmethoden ist es möglich, Verbindungen zwischen kontaminierten wasserführenden Gegenständen, wie Wasserhähnen oder Siebstrahlreglern, und den bei infizierten Patienten isolierten Stämmen herzustellen.

## 11.4
## Prävention

### 11.4.1
### Umgebungsuntersuchungen

Ob man zur Prophylaxe pulmonaler Legionellosen routinemäßig Umgebungsuntersuchungen durchführen soll, um Legionellenreservoire zu finden, ist umstritten. Die CDC und die WHO haben sich bislang immer strikt gegen ein solches Vorgehen ausgesprochen, weil Legionellenbefunde in wasserführenden Systemen häufig sind, aber nicht notwendigerweise zu Infektionen führen müssen [172, 425]. Die Ergebnisse würden mehr verwirren als klären und seien darüber hinaus kostspielig. Statt dessen soll man mit entsprechender Aufmerksamkeit besonders in den Hochrisikobereichen die Pneumonien beobachten und Umgebungsuntersuchungen dann durchführen, sobald ein Patient mit einer eindeutigen nosokomialen Legionellose identifiziert worden ist (dies gilt für Patienten, die bei Diagnosestellung ≥ 10 Tage stationär waren) oder sobald zwei Fälle einer möglichen nosokomialen Legionelleninfektion festgestellt wurden (dies gilt für Patienten, die bei Diagnosestellung zwischen 2 und 10 Tagen stationär waren) [425].

Routinemäßige Umgebungsuntersuchungen werden von einigen Autoren meist damit begründet, daß Leitungswassersysteme nicht durchgehend kontaminiert sind, daß aber der Nachweis von Legionellen im Leitungswasser der wichtigste Risikofaktor für die Entstehung von Legionellosen ist [172]. Findet man dann bei routinemäßigen Umgebungsuntersuchungen humanpathogene Legionellen, besteht der nächste Schritt darin, eine prospektive Erfassung nosokomialer Pneumonien durchzuführen. Wichtig ist dabei, daß das Krankenhaus über die Methoden der Legionellendiagnostik verfügt, um überhaupt Pneumonien als Legionellosen identifizieren zu können [134]. Um den mit derartigen routinemäßigen Untersuchungen verbundenen Aufwand nicht zuletzt aus Kostengründen so gering wie möglich zu halten, wurde vorgeschlagen, sich dabei auf Hochrisikobereiche, wie z. B. Stationen mit Patienten nach Transplantationen oder mit immunsupprimierten Patienten, Intensivstationen und Bereiche mit Patienten mit chronischen Lungenerkrankungen, zu beschränken. Um bei Umgebungsuntersuchungen ein möglichst sicheres Ergebnis zu bekommen, sollen Abstriche von Wasserhähnen entnommen werden, weil die alleinige Untersuchung des herausfließenden Wassers keine zuverlässigen Resultate bringt [172].

Zur Prävention pulmonaler Legionellosen ist die entscheidende Maßnahme, zum Füllen wasserführender Geräte nur steriles Wasser zu verwenden und die Aufbereitung von Beatmungszubehör mit wirksamen vorzugsweise thermischen Desinfektionsmethoden durchzuführen. Die extrapulmonale Legionelleninfektion im Bereich postoperativer Wunden kann nur dadurch verhütet werden, daß die Wunden beim Waschen, Baden oder Duschen nicht mit dem potentiell kontaminierten Leitungswasser in Kontakt kommen [172, 289].

## 11.4.2
### Methoden zur Legionellenbekämpfung im Leitungswassernetz

Ob man Maßnahmen ergreifen muß, die Legionellenkeimzahl im Warmwasserleitungsnetz zu reduzieren, soll nicht davon abhängig gemacht werden, ob und, wenn ja, in welcher Keimzahl eine potentiell pathogene Legionellenspezies nachgewiesen wird, sondern davon, ob Legionelleninfektionen beobachtet werden [425]. Ist in einem Krankenhaus die endemische Legionelleninfektionsrate hoch oder kommt es zu einem Ausbruch, werden Maßnahmen zur Kontrolle des Legionellenvorkommens im Leitungswasser empfohlen [172, 258, 266, 344, 425]. Dabei gibt es verschiedene Möglichkeiten der Desinfektion des Leitungswassers, deren Ergebnisse jedoch nicht immer ausreichend sind, um das Legionellenproblem zu beseitigen [172, 322]. Man unterscheidet prinzipiell lokale und systemische Maßnahmen.

#### Lokale Desinfektionsmaßnahmen
Hierbei handelt es sich um Maßnahmen, die nur an einem Teil des Leitungswassernetzes durchgeführt werden, wie z. B. UV-Licht oder Aufheizung des Wassers auf 88° C und anschließende Abkühlung (z. B. in Hochrisikobereichen). Je weiter entfernt diese Maßnahmen aber von den Wasserzapfstellen durchgeführt werden, um so unsicherer ist wegen der bereits bestehenden möglichen Legionellenkontamination der Leitungen der Erfolg.

#### Wasserfilter.
Zu den lokalen Maßnahmen gehört auch die Installation von bakteriendichten Filtern an den Zapfstellen, deren Wirksamkeit aber meist überschätzt wird. Wenn man sie einsetzt, muß eine qualifizierte Wartung gewährleistet sein, wobei aber unklar ist, wie lange man die Filter bis zur nächsten Sterilisation und physikalischen Überprüfung hängenlassen kann bzw. wie lange überhaupt ihre

Lebensdauer ist. Eine sichere Lösung des Legionellenproblems sind Filter jedenfalls nicht, auch wenn bei einer angenommenen Durchbruchs- bzw. Kontaminationswahrscheinlichkeit von 5% (bei einer Standzeit der Filter von drei Wochen) die Effektivität relativ hoch zu sein scheint [456].

Systemische Desinfektionsmaßnahmen
Systemische Maßnahmen zur Legionellendekontamination schließen das gesamte Wassernetz ein und sind somit zumindest theoretisch am effektivsten. Die häufigsten Methoden, die dabei angewendet werden, sind die diskontinuierliche Aufheizung des Leitungswassers und die Hyperchlorierung.

Wasseraufheizung. Es handelt sich hierbei um eine sehr aufwendige personal- und kostenintensive Methode, die jedoch nur maximal alle 2–3 Jahre durchgeführt werden muß und sehr erfolgreich sein soll [172, 322]. Das Prinzip dieser Methode ist die Aufheizung der zentralen Wassertanks auf Temperaturen > 70°C und die anschließende Spülung sämtlicher Wasserleitungen mit dem erhitzten Wasser bis zu den Zapfstellen.

Man geht dabei so vor, daß zunächst alle Wassertanks von der Leitung abgehängt, geleert und dampfdesinfiziert werden. Anschließend werden die Tanks wieder aufgefüllt und für 12–14 h mit Chlor (100 ppm) desinfiziert. Das chlorierte Wasser wird danach abgelassen und der Tank mit Wasser gespült, um Chlorreste zu entfernen. Die Tanks werden dann wieder an die Leitung angeschlossen, gefüllt und für 72 h auf 70–80°C erhitzt. Anschließend werden alle Wasserzapfstellen auf Normalstationen einmal täglich während zwei aufeinanderfolgenden Tagen, auf Stationen mit Hochrisikopatienten (Intensiv- und Tranplantationsstationen) einmal täglich während drei aufeinanderfolgenden Tagen gespült. Die einzelnen Wasserauslässe werden dabei für jeweils 30 min gespült, wobei wichtig ist, daß die Wassertemperatur am Auslaß > 60°C ist. Am vierten Tag werden an einigen Zapfstellen Proben entnommen. Werden keine Legionellen gefunden, gilt die Behandlung als abgeschlossen, werden aber immer noch Legionellen isoliert, wird der gesamte Vorgang wiederholt. Dieses Vorgehen führt in der Regel zu einer sicheren Dekontamination der Wasserleitungen. Eine Rekolonisierung mit Legionellen kann dadurch verhindert bzw. verzögert werden, daß die zentralen Wassertanks kontinuierlich auf einer Temperatur > 60° gehalten werden. Routinemäßige Umgebungsuntersuchungen sind nach dieser Maßnahme nur alle 1–2 Monate erforderlich [172].

Hyperchlorierung. Die kontinuierliche Hyperchlorierung der Wasserleitungsnetzes ist sehr teuer, aber nicht ausreichend effektiv [172, 322]. Darüber hinaus kommt es zu Korrosionserscheinungen an den Leitungen mit der Folge von teuren Reparaturmaßnahmen. Da Legionellen relativ chlorresistent sind, werden, wenn diese Maßnahme zur Legionellenprävention benutzt wird, routinemäßige Umgebungsuntersuchungen in zweiwöchigem Abstand für erforderlich gehalten.

Die Möglichkeiten der routinemäßigen systemischen Dekontamination des Wasserleitungsnetzes sind so aufwendig, daß ihre Anwendung sowohl aus ökonomischen als auch aus ökologischen Gründen genau überlegt werden muß. Dagegen ist es sinnvoll und erforderlich, Kontrollmaßnahmen erst dann einzusetzen, wenn tatsächlich Infektionsprobleme mit Legionellen bestehen.

# 12 Erfassung nosokomialer Infektionen

I. Kappstein

EINLEITUNG

Erfassung nosokomialer Infektionen bedeutet eine systematische und zeitlich begrenzte oder kontinuierliche Überwachung des Vorkommens und der Verbreitung von Infektionen im Krankenhaus sowie der Ereignisse oder Umstände, die das Risiko nosokomialer Infektionen erhöhen oder erniedrigen. Mit der Erfassung verbunden sein muß eine regelmäßige Analyse der erhobenen Daten und die Weitergabe dieser Daten an das in der Patientenversorgung tätige ärztliche und Pflegepersonal.

Ob die Erfassung nosokomialer Infektionen ein wirksames Instrument für die krankenhaushygienische Qualitätssicherung sein kann, muß aus verschiedenen Gründen in Zweifel gezogen werden. Zum einen werden von verschiedenen Personen unterschiedlich viele Infektionen aufgezeichnet, selbst wenn gleiche Erfassungskriterien für die Definition einer nosokomialen Infektion zugrundegelegt werden, d.h., die interindividuellen Unterschiede zwischen den Erfassern sind z.T. groß und nicht kalkulierbar. Zum anderen sagen selbst korrekt und reproduzierbar erhobene Infektionsraten noch nichts über den hygienischen Allgemeinzustand einer Klinik oder einer einzelnen Abteilung aus, d.h., eine niedrige Infektionsrate weist nicht notwendigerweise auf einen guten hygienischen Standard hin und umgekehrt. Denn es ist ganz wesentlich, bei der Erfassung nosokomialer Infektionen auch die exogenen und endogenen Risikofaktoren der Patienten zu berücksichtigen, weil nur so überhaupt Vergleiche innerhalb eines Krankenhauses oder zwischen verschiedenen Krankenhäusern zulässig sind.

Dies sind die Hauptgründe, die die Erfassung nosokomialer Infektionen als Qualitätssicherungsinstrument ungeeignet erscheinen lassen, ganz abgesehen davon, daß die Aufgabe einer solchen Erfassung die personelle Kapazität auch der gut ausgestatteten Krankenhaushygieneabteilungen übersteigen würde, somit zuwenig Zeit für das Hygienepersonal bleiben würde, seine wesentlichen Aufgaben zu erfüllen.

## 12.1
## Aufgaben und Zweck der Erfassung

Um die Effektivität der Infektionserfassung sicherzustellen, sollte die Reduktion nosokomialer Infektionen als Zielsetzung konkret formuliert werden [185]. Beispielsweise kann man sich vornehmen, die postoperativen Infektionen im Operationsgebiet nach ausgewählten Eingriffen innerhalb eines Jahres um einen bestimmten Prozentsatz zu senken. Man kann z.B. ein Infektionskontrollprogramm mit geeigneten Hygienemaßnahmen erstellen und eine kontinuierliche Erfassung aller Infektionen im Operationsgebiet bei den ausgewählten Eingriffen beginnen, wertet die Daten regelmäßig aus und gibt den Bericht darüber monatlich an die zuständigen Chirurgen weiter. Nach Ablauf des Jahres überprüft man anhand der Ergebnisse die Effizienz der Maßnahmen. Nur unter derartigen Bedingungen kann die Infektionskontrolle im Krankenhaus zur Infektionsprävention führen. Erfassung ist also niemals nur das bloße Sammeln von Daten, d.h. die Erstellung sogenannter Infektionsstatistiken, da diese per se nicht zu einer Reduzierung von Infektionen führen.

Die kontinuierliche Erfassung der endemischen Infektionsraten ist, wenn man sie auf alle Krankenhausbereiche ausdehnen möchte, so arbeitsintensiv, daß auch bei optimaler personeller Ausstattung zu wenig Zeit für andere Aufgaben bleibt. In einigen Fällen aber kann schon die Erfassung der Infektionen mit der Weitergabe der Daten an das verantwortliche Personal deren Reduktion bewirken, wenn nämlich die erhobenen Raten sehr viel höher als erwartet liegen. Dies wurde bereits verschiedentlich am Beispiel der postoperativen Infektionen im Operationsgebiet demonstriert, wobei allein schon der sofortige und regelmäßige Bericht an die Operateure über ihre individuellen Infektionsraten zu einer Senkung führte [97, 186]. Die Aussicht auf eine solche direkte Wirkung ist naturgemäß bei personenbezogenen Raten, z.B. wenn der Operateur wie bei der postoperativen Wundinfektion sich zwangsläufig verantwortlich fühlen muß, höher als bei stations- oder abteilungsbezogenen Infektionsraten.

Weiterhin kann die Infektionserfassung für die Motivation von Pflegepersonal, Ärzten und Krankenhausverwaltung nützlich sein. Ohne entsprechende Sachkenntnis aber, die beispielsweise durch regelmäßige Beschäftigung mit der relevanten Fachliteratur erreicht wird, können die mühsam erhobenen Daten den betreffenden Personen nicht in der Weise vermittelt werden, daß sie einen Einfluß auf die Senkung der Infektionsraten haben. Durch Infektionserfassung ist weiterhin die Bewertung neu eingeführter Infektionskontrollmaßnahmen hinsichtlich ihrer Effektivität möglich.

Ein anderer Vorteil regelmäßiger Infektionserfassung könnte die frühzeitige Erkennung von Epidemien sein. Epidemien von Krankenhausinfektionen machen jedoch nur 2–3% aller Krankenhausinfektionen aus [187], so daß die Möglichkeit ihrer frühzeitigen Erkennung nicht ausreicht, um die arbeitsintensive kontinuierliche Infektionserfassung bei allen Patienten einer Klinik oder Abteilung zu rechtfertigen.

Schließlich kann bei Schadensersatzforderungen wegen angeblicher Hygienemängel, hauptsächlich in operativen Abteilungen, eine kontinuierlich durchgeführte Infektionserfassung z.B. bei ausgewählten Eingriffen hilfreich sein. Kann nämlich ein Krankenhaus nachweisen, daß die eigenen Infektionsraten den in der Literatur publizierten fachspezifischen Raten bei vergleichbaren Patienten entsprechen, wird es dem Kläger schwerfallen nachzuweisen, daß die betreffende Infektion durch Hygienemängel in der Abteilung entstanden ist, wenn nicht spezielle Vorgänge nahelegen, daß im konkreten Fall grundlegende hygienische Regeln vernachlässigt worden sind.

## 12.2
## Methoden der Erfassung

Eine kontinuierliche, auf das ganze Krankenhaus ausgedehnte Infektionserfassung ist aus personellen Gründen nicht möglich. Um trotzdem eine sinnvolle Infektionserfassung, die zu einer Reduktion der Infektionen führen soll, durchführen zu können, hat man prinzipiell zwei Alternativen, die als gezielte Erfassung bezeichnet werden [185, 186].

### 12.2.1
### Abteilungsorientierte bzw. rotierende Erfassung

Man beschränkt die Erfassung auf bestimmte Hochrisikobereiche, wie z.B. Intensivpflegestationen (abteilungsorientierte Erfassung). Der Nachteil einer Beschränkung auf wenige Krankenhausbereiche ist, daß Informationen über die Infektionshäufigkeit bei den übrigen Patienten des Krankenhauses fehlen. Eine Möglichkeit, dieses Problem zu umgehen, ist, abwechselnd verschiedene Krankenhausbereiche in die Erfassung einzubeziehen, so daß nach einer gewissen Zeit Daten über die Infektionshäufigkeit in allen Krankenhausbereichen vorliegen (rotierende Erfassung).

### 12.2.2
### Prioritätenorientierte Erfassung

Die zweite Möglichkeit, den Zeitaufwand für die Erfassung zu reduzieren, ist, die häufigsten Krankenhausinfektionen in der Reihenfolge ihrer Bedeutung einzuordnen und dementsprechend die für die Erfassung erforderliche Arbeitszeit zu verteilen. Dieses Vorgehen hat jedoch entscheidende Nachteile: Die Harnwegsinfektion ist zwar mit 45% die häufigste Krankenhausinfektion, betrachtet man jedoch die zusätzlichen Pflegetage, die durch diese Infektion verursacht werden, so machen diese mit 11% nur noch einen relativ geringen Anteil aus [186]. Das heißt, die Bedeutung einer Krankenhausinfektion wird nicht nur durch die relative Häufigkeit der Infektion bestimmt, sondern vor allem auch dadurch, wie stark die einzelne Infektion Leben oder Gesundheit des Patienten gefährdet und den Krankenhausaufenthalt verlängert.

## Postoperative Infektion im Operationsgebiet

Aufgrund dieser Überlegungen wurde vorgeschlagen [185], ca. die Hälfte der für die Analyse von Krankenhausinfektionen zur Verfügung stehenden Arbeitszeit für die Erfassung postoperativer Infektionen im Operationsgebiet zu verwenden, da auf sie ca. 50% der durch nosokomiale Infektionen verursachten zusätzlichen Pflegetage entfallen. Für die vollständige Erfassung aller postoperativen Infektionen im Operationsgebiet ist es allerdings notwendig, daß auch Informationen über eventuell erst nach der Entlassung auftretende Infektionen verfügbar sind. Aus verschiedenen Untersuchungen ist bekannt, daß bis zu 50% der postoperativen Infektionen im Operationsgebiet erst nach Entlassung der Patienten aus dem Krankenhaus manifest werden [68, 366]. In der Praxis ist es jedoch meist nicht möglich, die entsprechenden Daten zuverlässig zu erhalten, so daß man bei der berechneten Rate postoperativer Infektionen davon ausgehen kann, daß die ermittelten Infektionsraten niedriger sind als die tatsächlichen, weil der Rest wegen Entlassung der Patienten der Erfassung entgeht.

## Pneumonie

Für die Registrierung der Pneumonien sollte ca. ein Drittel der für die Erfassung zur Verfügung stehenden Arbeitszeit aufgewendet werden [185], da sie für etwa ein Drittel aller zusätzlichen Krankenhaustage verantwortlich sind. Die nosokomiale Pneumonie ist jedoch kein einheitliches Krankheitsbild: Man unterscheidet vor allem die Pneumonie bei Beatmung, die postoperative Pneumonie (insbesondere bei Operationen des Abdomens und des Thorax), die hypostatische Pneumonie (z. B. bei bettlägerigen alten Patienten), die Pneumonie bei abwehrgeschwächten Patienten mit opportunistischen Erregern (z. B. Aspergillen) und die Viruspneumonie (insbesondere RSV-Infektionen bei Neugeborenen und Säuglingen).

Wegen dieser Vielfalt ist eine einheitliche Erfassung der Pneumonien meist nicht möglich. Hat man eine Erfassungssystem, das die Überwachung der Intensivpflegestationen einschließt, hat man damit auch die erforderlichen Daten über Pneumonien bei Beatmung. Erfaßt man routinemäßig die postoperativen Infektionen im Operationsgebiet, kann man gleichzeitig ohne großen zusätzlichen Aufwand auch die postoperativen Pneumonien einbeziehen.

Insbesondere bei einer gemischten Belegung internistischer Stationen (d.h. bettlägerige und mobile Patienten auf einer Station) ist die Erfassung der hypostatischen Pneumonie schwierig. Hier sind Prävalenzstudien (s. unten) hilfreich, um Risikobereiche zu ermitteln. Dort kann man dann eine gezielte Erfassung durchführen und mit Hilfe der erhobenen Daten die Station motivieren, z.B. mehr auf die physikalische Pneumonieprophylaxe (regelmäßiges Umlagern im Bett, mehrmals täglich Sitzen im Sessel, Krankengymnastik) zu achten.

Bei Pneumonien abwehrgeschwächter Patienten (besonders onkologische Stationen, Transplantationseinheiten) ist es am einfachsten, wenn die Stationen das Hygienefachpersonal über jede neu auftretende Pneumonie informieren. Gehäufte Infektionen können so frühzeitig entdeckt und entsprechende Untersuchungen und Gegenmaßnahmen eingeleitet werden. Der zeitliche Aufwand für das Hygienefachpersonal ist dabei gering.

Für die Überwachung von Viruspneumonien bei Neugeborenen und Säuglingen ist es sinnvoll, daß das Hygienefachpersonal bei seinen regelmäßigen Besuchen auf den Stationen darauf achtet, wie häufig obere Atemwegsinfektionen bei Patienten, aber auch beim Personal sind. Virale Infektionen der Atemwege werden wie bakterielle nosokomiale Infektionen vor allem mit den Händen übertragen. Es muß deshalb immer wieder auf diesen Übertragungsweg hingewiesen und die Wirksamkeit des Händewaschens betont werden, um insbesondere Neugeborene und Säuglinge nicht zu gefährden. Eine kontinuierliche Erfassung ist jedoch nicht erforderlich. Gibt es Anhalt dafür, daß die Häufigkeit zugenommen hat, sollen virologische Untersuchungen durchgeführt werden.

### Bakteriämien

Bei Bakteriämien ist es ausreichend, etwa 10% der für die Erfassung zur Verfügung stehenden Arbeitszeit zu investieren [185], d.h. beispielsweise täglich die Befunde des mikrobiologischen Labors durchzusehen und auf bestimmte Besonderheiten, wie z.B. ungewöhnliche bzw. polyresistente Erreger oder Häufung bestimmter Erreger in einzelnen Krankenhausbereichen, zu achten. Derartige Fälle werden dann gezielt untersucht. Damit hat man eine zeitsparende Methode zur Erfassung für Bakteriämien und gleichzeitig die Möglichkeit, sie zum frühestmöglichen Zeitpunkt zu erkennen.

### Harnwegsinfektionen

Ebenfalls 10% der Arbeitszeit sind für die Erfassung von Harnwegsinfektionen ausreichend, die nur bei Patienten mit Blasenkathetern durchgeführt werden sollte [185]. Dabei kann man entweder nacheinander in den verschiedenen Abteilungen, in denen Patienten mit Blasenkathetern gepflegt werden, die Erfassung durchführen, oder aber man erfaßt beispielsweise einmal jährlich in einem Zeitraum von vier bis sechs Wochen im Rahmen einer Prävalenzstudie nur die Harnwegsinfektionen in der ganzen Klinik (s. unten). Dieses Vorgehen ist der Bedeutung von Harnwegsinfektionen unter allen Krankenhausinfektionen angemessen und ermöglicht gleichzeitig, Probleme, z.B. bei Pflegetechniken, zu erkennen und zu beseitigen.

Bei allen anderen Krankenhausinfektionen ist eine regelmäßige Erfassung nicht sinnvoll.

## 12.3
## Datenerhebung

### 12.3.1
### Voraussetzungen

Bei der Datenerhebung müssen bestimmte Voraussetzungen erfüllt sein, um ein aussagefähiges Ergebnis zu erhalten.

- Festlegen von Kriterien für die Diagnose einer Infektion, d.h., es muß definiert werden, bei welchen klinischen, mikrobiologischen und anderen diagnostischen Zeichen eine Infektion angenommen wird (s. unten),
- speziell ausgebildetes Personal (z. B. Hygienefachpersonal).

Zusätzlich aber muß heute gefordert werden, daß Risikofaktoren bei der Erfassung mitberücksichtigt werden, um die erhobenen Infektionsraten adäquat bewerten zu können. Seit kurzem ist für die Erfassung postoperativer Infektionen im Operationsgebiet ein Risikoindex verfügbar, der eine Eingruppierung der Patienten in vier Risikogruppen ermöglicht (s. Kap. 7, S. 101) [98]. In Abb. 12.1 ist ein entsprechender Erfassungsbogen für die Herz- und Gefäßchirurgie wiedergegeben. Dieser Risikoindex wurde auch auf die drei anderen häufigsten Infektionen im Krankenhaus (Harnwegsinfektion, Pneumonie, Sepsis) bei operierten Patienten angewendet und scheint dort ebenfalls eine verläßliche Vorhersage des Infektionsrisikos zu ermöglichen [98].

Es gibt jedoch für die Erfassung nosokomialer Infektion bei nichtoperierten Patienten keine vergleichbaren Daten, aufgrund derer man bestimmte Risikofaktoren herausfiltern könnte, die geeignet wären, das individuelle Infektionsrisiko vorherzusagen. So ist es ratsam, daß man sich bei der Erfassung auf eine Auswahl potentieller Risikofaktoren einigt, die jeweils mitberücksichtigt werden, um wenigstens im eigenen Krankenhaus eine gewisse Vergleichbarkeit der Daten zu gewährleisten.

Da bei der Erfassung immer wieder auch Probleme hinsichtlich der Bewertung einzelner klinischer Daten auftreten, ist es außerdem erforderlich, daß sich das Personal, welches die Erfassung durchführt, beim Krankenhaushygieniker oder, wenn es ihn wie in den meisten Krankenhäusern Deutschlands noch nicht einmal extern beratend gibt, beim Hygienebeauftragten der Klinik oder Abteilung Rat holen kann. Wichtig ist auch die Rücksprache mit den behandelnden Ärzten. Dadurch wird zum einen der Kontakt des Hygienefachpersonals zu den ärztlichen Mitarbeitern gefördert, zum anderen können dabei Mißverständnisse hinsichtlich der Entscheidung, was als nosokomiale Infektion anzusehen ist, schon im Vorfeld ausgeräumt werden.

## 12.3.2
### Aktive vs. passive Datenerhebung

Es wird i. allg. nicht empfohlen, daß die Erfassung nosokomialer Infektionen von dem behandelnden ärztlichen oder Pflegepersonal der Abteilung durchgeführt wird, z.B. durch Ausfüllen von Formularen, die der Krankenakte bei der stationären Aufnahme beigelegt und die bei der Entlassung des Patienten der Hygienefachkraft zur Auswertung weitergegeben werden (man bezeichnet dies als passive Erhebung im Gegensatz zur aktiven, bei der das Hygienefachpersonal die Daten selbst sammelt). Es konnte wiederholt beobachtet werden, daß unter diesen Umständen niedrigere Infektionsraten ermittelt werden, als tatsächlich vor-

| (1) | Patientendaten | | | | |
|---|---|---|---|---|---|
| Name: | | Vorname: | | geb.: | |
| Datum der Aufnahme: | | | | Station: | |
| Datum der OP: | | Art der OP: | | | |
| Datum der Entl./Verl.: | | | | Station: | |

(2) **Risikofaktoren**

1. ASA-Klasse 3, 4 oder 5:     JA     NEIN
2. Kontaminierte oder septische OP     JA     NEIN
3. OP-Dauer:   - Herz-OP   >5 h     JA     NEIN
                - Gefäß-OP   >3 h     JA     NEIN

→ Risikoindex:     0     1     2     3

(3) **OP-Team**

Operateur:                 1. Assistent:
2. Assistent:              OP-Schwester:

(4) **Infektion im OP-Gebiet**

JA     postop. Tag ?:                         NEIN

Inzision:         o´flächl./tief     Organ/Körperhöhle:
Lokalisation:     Sternum     Abdomen     Leiste/Bein     sonst.
Erreger:          JA     welche(r) ?:

Erfasser:                 Unterschrift:

**Abb. 12.1.** Prospektive Erfassung nosokomialer Infektionen in der Herz- und Gefäßchirurgie

handen sind. Ist eine Abteilung aber motiviert, über die eigenen Infektionsraten Bescheid zu wissen, kann selbstverständlich auch eine intern durchgeführte Erfassung zuverlässige Daten bringen.

## 12.3.3
### Umfang der Datenerhebung

Bei der Erhebung der Daten sollte man sich unbedingt auf das Minimum beschränken, das ausreichend ist, um die jeweilige Fragestellung zu beantworten. Zum einen ist diese Tätigkeit sehr arbeitsintensiv, zum anderen werden oft viel mehr Daten erfaßt, als man eigentlich sinnvoll auswerten kann. Erfaßt werden müssen folgende Daten:
- Name des Patienten,
- Alter,
- Geschlecht,
- Station,
- Aufnahmedatum,
- Aufnahme- bzw. Entlassungsdiagnose,
- Datum des Auftretens der Infektion,
- Infektionslokalisation,
- Erreger und Antibiogramm.

Sie werden um weitere bei bestimmten Infektionen wichtige Daten ergänzt (bei Operationen z.B. Art des Eingriffs, Risikofaktoren, Namen des Operationsteams). Im Rahmen von wissenschaftlichen Studien müssen die Daten entsprechend der Fragestellung z.T. erheblich erweitert werden.

## 12.3.4
### Datenquellen

Die Wichtigkeit häufiger Besuche auf den Stationen für die Infektionserfassung wurde schon betont. Der kontinuierliche und direkte Kontakt zum Pflegepersonal und möglichst auch zu den behandelnden Ärzten ist neben der korrekten Erfassung der Daten aus den Krankenunterlagen grundsätzlich der wichtigste Bestandteil effektiver, patientenorientierter Krankenhaushygiene. Regelmäßig müssen die Befunde des mikrobiologischen Labors durchgesehen werden (am besten täglich vor dem Besuch der Stationen), weil man dadurch Hinweise auf mögliche Infektionen erhält. Die Kenntnis über die Bedeutung der verschiedenen Mikroorganismen und die spezielle Bedeutung einiger Erreger mit der Tendenz zur Entwicklung von Polyresistenzen (Acinetobacter species, Serratia species etc.) oder anderen wichtigen Resistenzen (hauptsächlich oxacillin- bzw. methicillinresistente Staphylococcus aureus-Stämme, sog. MRSA), muß dem Hygienefachpersonal bei der Ausbildung und später im Rahmen kontinuierlicher Fortbildung bei der Arbeit vermittelt werden (s. Kap. 4, S. 41). Es muß ausdrücklich hervorgehoben werden, daß eine retrospektive Auswertung der mikrobiologischen Befunde nicht geeignet ist, verläßliche Angaben über die Häufigkeit nosokomialer Infektionen zu erhalten, da beispielsweise nicht bei allen Infektionen mikrobiologische Untersuchungen veranlaßt, die Materialien korrekt abgenommen und rechtzeitig ans Labor weitergeleitet werden. Außerdem bedeutet der Nachweis eines Erregers im Untersuchungsmaterial nicht notwendigerweise, daß auch eine Infektion vorliegt (z. B. asymptomatische Kolonisierung einer Operationswunde oder von Katheterurin).

## 12.3.5
### Retrospektive und prospektive Datenerhebung

Bei der retrospektiven Analyse von Infektionen werden die Krankenblätter bereits entlassener Patienten (z. B. des vergangenen Jahres) durchgesehen. Aufgrund der Eintragungen in den Kurven bzw. aufgrund der Untersuchungsbefunde oder der Entlassungsbriefe mit Entlassungsdiagnose wird dann gezählt, wie viele Patienten von allen stationären Patienten des untersuchten Zeitraumes eine nosokomiale Infektion erworben haben. Es ist bekannt, daß wegen mangelhafter Eintragungen in den Krankenblättern bzw. fehlender Erwähnung von Infektionen unter den Entlassungsdiagnosen eine erhebliche Anzahl von Krankenhausinfektionen mit dieser Methode gar nicht erfaßt werden kann. Auf die Problematik der retrospektiven Erfassung von Infektionen aufgrund mikrobiologischer Befunde wurde schon hingewiesen. Insofern sind retrospektiv erhobene Infektionsraten im allgemeinen relativ wenig aussagefähig. Aus diesem Grunde sollen Infektionen immer prospektiv erfaßt werden, d. h., man beginnt zu einem definierten Zeitpunkt, alle neu auftretenden Infektionen zu registrieren.

## 12.4
### Berechnung von Infektionsraten

Alle weiteren Daten, die notwendig sind, um die Infektionsraten zu berechnen, können z. B. den Stations- oder OP-Büchern entnommen werden. Um den Prozentsatz von nosokomialen Infektionen zu berechnen, werden in der Regel entweder die Zahl der stationären Aufnahmen bzw. der Entlassungen in einem bestimmten Zeitraum (gewöhnlich ein Monat) herangezogen. Die Verwendung der Zahl der aufgenommenen Patienten ist prinzipiell sinnvoller als die der entlassenen Patienten, weil bei den Entlassungen gestorbene Patienten nicht eingeschlossen sind. In der Praxis sind diese Unterschiede aber kaum relevant, so daß die Entscheidung, welche Zahlen verwendet werden, danach getroffen werden kann, welche leichter verfügbar sind. In die monatlichen Berechnungen sollte ferner auch die Zahl der Patienten eingehen, die zu Beginn des Monats schon stationär waren, um die exakte Zahl der Patienten zu haben, die dem Risiko einer nosokomialen Infektion ausgesetzt waren. Im allgemeinen wird diese Zahl jedoch vernachlässigt, weil sie im Vergleich zu den stationären Aufnahmen relativ gering ist. An Bedeutung gewinnt sie jedoch in Abteilungen, in denen die Liegedauer in der Regel sehr lang ist, wie z. B. in Abteilungen für die Pflege chronisch kranker Patienten. Für die Erfassung postoperativer Infektionen im Operationsgebiet soll als Bezugszahl nur die Zahl der operierten Patienten benutzt werden. Die Zahl aller chirurgischen Patienten ist dagegen nicht geeignet, weil nicht alle Patienten einer operativen Abteilung tatsächlich auch operiert werden.

Die Berechnung der Infektionsraten erfolgt, indem die Zahl der nosokomialen Infektionen (Zähler) durch die Zahl der Patienten, die dem Risiko einer nosokomialen Infektion ausgesetzt waren (Nenner), geteilt wird. In der Regel wird die Zahl der nosokomialen Infektionen auf 100 Patienten bezogen.

Die Berechnung der Infektionsraten wird dadurch erschwert, daß bei einer gewissen Anzahl von Patienten mehr als eine nosokomiale Infektion vorkommt. Man kann deshalb grundsätzlich zwei Arten von Infektionsraten berechnen:
- Die Rate, bei der die Anzahl von Infektionen durch die Anzahl von Patienten, die während einer definierten Zeitspanne einem nosokomialen Infektionsrisiko ausgesetzt waren, dividiert wird.
- Die Rate, bei der im Zähler die Anzahl der Patienten mit einer oder mehreren Infektionen steht und im Nenner die Anzahl der Patienten, die während einer definierten Zeitspanne auf der Station lagen.

Werden beide Varianten auf dieselbe Population angewendet, ist die bei der zweiten Variante ermittelte Infektionsrate niedriger, wenn zu der untersuchten Population Patienten gehören, die mehr als eine nosokomiale Infektion haben. Dies trifft auf ca. ein Fünftel aller Patienten mit nosokomialen Infektionen zu [188]. Der allgemein benutzte Begriff Infektionsrate bezieht sich in der Regel auf die erste Variante. Es ist jedoch erforderlich, daß bei der Angabe von Infektionsraten immer aufgeführt wird, welche Methode der Berechnung vorgenommen worden ist.

Anstelle des üblicherweise verwendeten Nenners (s. oben) gibt es auch die Möglichkeit, die Patiententage mit dem Risiko einer nosokomialen Infektion zu benutzen. Man bezieht dabei die Anzahl nosokomialer Infektionen auf die Summe aller Tage, die alle Patienten der definierten Population während einer definierten Zeitspanne einer invasiven Maßnahme, wie z. B. Venenkatheter, Blasenkatheter oder Beatmung, ausgesetzt waren (Angabe z. B. als Anzahl nosokomialer Pneumonien/1000 Beatmungstage).

## 12.5
## Infektionsraten

Man unterscheidet zwei verschiedene Arten: Inzidenz- und Prävalenzraten [188, 372].

## 12.5.1
## Inzidenzraten

Unter Inzidenz versteht man die Anzahl neuer Infektionen, die in einer definierten Population (z. B. alle Patienten einer Intensivpflegestation) während eines definierten Zeitraumes auftreten. Man erhält die Inzidenzrate, indem man die Anzahl der neu aufgetretenen Infektionen durch die Gesamtzahl der Patienten der speziellen Population während der definierten Zeit dividiert.

Eine besondere Form der Inzidenzrate ist die Erkrankungsrate (engl. attack rate) bei Epidemien (Synonym: Ausbruch). Dabei sind bestimmte Populationen für eine begrenzte Zeitspanne einem bestimmten Infektionsrisiko exponiert (z. B. Nahrungsmittelinfektion). Weil der exakte Beginn einer Epidemie in der Regel nicht eruiert werden kann, kann die Zeitspanne, auf die sich die Infektionsrate bezieht, nicht genau, sondern nur ungefähr angegeben werden. Dadurch unterscheidet sich die Erkrankungsrate von der Inzidenzrate. Wenn z. B. während eines vermutlichen Zeitraums von zwei Wochen 100 Patienten ein mit Enteritissalmonellen kontaminiertes Essen zu sich genommen haben, und 30 Patienten entwickeln einen charakteristischen Brechdurchfall mit anschließendem Nachweis einer bestimmten Salmonellenspezies im Stuhl und in der Nahrung, dann ist die Erkrankungsrate für diese exponierten Patienten 30%. Im Unterschied zur Inzidenzrate wird bei der Erkrankungsrate kein Zeitraum angegeben. Die entsprechende Inzidenzrate wäre 30% pro zwei Wochen bzw. 15% pro Woche.

## 12.5.2
## Prävalenzraten

Im Gegensatz zur Inzidenz versteht man unter der Prävalenz die Zahl aller aktiven, d. h. schon vorhandenen oder neu aufgetretenen Infektionen. Man erhält die Prävalenzrate, indem man die ermittelte Prävalenz durch die Anzahl der Patienten, die während der Untersuchungsperiode dem Risiko einer nosokomialen Infektion ausgesetzt waren, dividiert. Ist der Untersuchungszeitraum relativ lang (z. B. zwei Wochen), spricht man von der Prävalenz während einer Periode, bei einem relativ kurzen Untersuchungszeitraum (z. B. ein Tag) von der Prävalenz zu einem bestimmten Zeitpunkt. Ob man den einen oder anderen Begriff auf den Untersuchungszeitraum anwendet, ist eine willkürliche Entscheidung (was der eine Untersucher als Periode betrachtet, ist für den anderen ein Zeitpunkt).

Prävalenzstudie. Eine Prävalenzstudie zur Erfassung nosokomialer Infektionen wird meist während eines umschriebenen Zeitraumes (z. B. an einem Tag) durchgeführt. Dabei geht ein speziell ausgebildetes Team an dem betreffenden Tag durch das ganze Krankenhaus bzw. durch einzelne ausgewählte Abteilungen und sieht alle Krankenblätter durch, um die vorhandenen, d. h. aktiven Infektionen zu erfassen. Ist die Zahl der Betten zu groß, so daß nicht alle Patienten an einem Tag erfaßt werden können, wird die Prävalenzstudie auf mehrere Tage ausgedehnt, wobei jedoch darauf zu achten ist, daß jeder Patient nur einmal aufgenommen wird.

Bei der Auswertung wird gewöhnlich die Prävalenzrate der Infektionen berechnet. Dafür wird die Zahl der aktiven Infektionen zum Zeitpunkt der Untersuchung (d. h. z. B. an dem einen Tag, an dem die Untersuchung durchgeführt wurde) durch die Anzahl der Patienten, die erfaßt wurden, geteilt. Möchte man jedoch die Prävalenzrate der infizierten Patienten berechnen, dann werden alle Patienten mit aktiven oder schon ausgeheilten Infektionen, die aber während dieses Krankenhausaufenthaltes erworben waren, durch die Anzahl der Patienten, die während der Studie erfaßt wurden, geteilt (in der Regel anschließend jeweils Multiplikation mit 100).

## 12.5.3
### Unterschiede zwischen Prävalenz- und Inzidenzraten

Prävalenzraten sind immer höher als Inzidenzraten, wobei der Unterschied um so größer wird, je länger die Infektionen dauern. Wie schon erwähnt, sind die Inzidenzraten, für deren Berechnung im Zähler die Anzahl der Infektionen eingesetzt wurden, immer höher als die Inzidenzraten, bei denen im Zähler die Anzahl der Patienten mit einer oder mehreren Infektionen steht. Im Gegensatz dazu ist aber die Prävalenzrate der Infektionen immer niedriger als die Prävalenzrate der infizierten Patienten, weil die Dauer des stationären Aufenthaltes eines Patienten, der während des Aufenthaltes eine Infektion erworben hat, fast immer länger ist als die Dauer der aktiven Infektion.

Grundsätzlich sind Inzidenzraten sinnvoller als Prävalenzraten, weil sie eine Schätzung des Infektionsrisikos ermöglichen, die nicht von der unterschiedlichen Dauer der verschiedenen Infektionen beeinflußt wird. Wenn jedoch Prävalenzraten benutzt werden, dann hauptsächlich deshalb, weil Prävalenzstudien mit einem wesentlich geringeren Aufwand und in kürzerer Zeit durchgeführt werden können als Inzidenzstudien.

Prävalenzstudien haben hauptsächlich zwei Nachteile:
- Die Prävalenzrate überschätzt das Infektionsrisiko dadurch, daß die Dauer der Infektionen das Ergebnis beeinflußt.
- In der Regel ist die Anzahl der Patienten, die in eine Prävalenzstudie eingeschlossen wird, zu klein, um genügend exakte Schätzungen der Infektionsraten zu erhalten, damit statistisch signifikante Unterschiede entdeckt werden können.

Aus diesen Gründen sind Prävalenzstudien hauptsächlich dann nützlich, wenn eine grobe Schätzung des Infektionsrisikos ausreicht und nicht genügend Personal und Zeit zur Verfügung stehen, um die aussagefähigeren Inzidenzraten zu ermitteln.

Prävalenzstudien können dennoch sehr hilfreich sein. Beispielsweise können die Ergebnisse aus Prävalenzstudien ein Krankenhaus, das über kein etabliertes Erfassungssystem verfügt, sensibilisieren, Infektionsproblemen mehr Aufmerksamkeit zu widmen, und möglicherweise auch bewirken, daß daraufhin überhaupt irgendwelche Maßnahmen gegen nosokomiale Infektionen ergriffen werden. Sie sind ferner geeignet, um z.B. einen Überblick über die Anwendung von Antibiotika in den verschiedenen Abteilungen eines Krankenhauses zu gewinnen.

## 12.5.4
### Schätzung der Inzidenz aufgrund der Prävalenz

Die Ergebnisse aus Prävalenzstudien können unter bestimmten Bedingungen denen aus Inzidenzstudien relativ nahe kommen. Dazu müssen Prävalenzstudien in regelmäßigen Intervallen durchgeführt werden, die jedoch wesentlich kürzer als der durchschnittliche stationäre Aufenthalt der infizierten Patienten sein müssen. Es werden dann nur die Infektionen erfaßt, die sich seit der vorangegangenen Erfassung entwickelt haben. Für die Berechnung der Infektionsraten sollten im Nenner die Anzahl von stationären Aufnahmen während des Intervalls plus die Anzahl der Patienten, die zu Beginn des Intervalls schon stationär waren, stehen. Je kürzer das Intervall zwischen den einzelnen Prävalenzstudien ist, um so mehr nähern sich die endgültigen Schätzungen der Inzidenzrate.

## 12.6
## Analyse der Daten und Berichterstattung

Die Datenanalyse beinhaltet beispielsweise den Vergleich spezieller Infektionsraten bei verschiedenen Patientengruppen (z. B. Harnwegsinfektionen in der internistischen und chirurgischen Abteilung). Neben dem Vergleich der Infektionsraten bei verschiedenen Patientengruppen ist eine weitere Möglichkeit der Datenanalyse der Vergleich der aktuellen Infektionsraten mit denen zurückliegender Monate, um Schwankungen über die Zeit zu entdecken. Dafür ist im allgemeinen die Verwendung eines Computers und entsprechender Software erforderlich, um die meist umfangreichen Vergleiche in einer akzeptablen Zeit durchführen zu können.

Wenn es, wie z. B. für wissenschaftliche Studien, wichtig ist zu ermitteln, ob zwischen den Infektionsraten bei verschiedenen Patientengruppen signifikante Unterschiede vorhanden sind, müssen statistische Methoden (sog. Signifikanztests) benutzt werden. Man sollte möglichst frühzeitig, d.h. bereits bei der Planung von Studien, einen Statistiker zu Rate ziehen, weil dadurch viele Fehler, die sonst zwangsläufig auftreten, vermieden werden und eine sinnvolle Auswertung der Daten überhaupt erst möglich wird.

Einer der wichtigsten Bestandteile der Erfassung nosokomialer Infektionen ist die Berichterstattung über die erhobenen Daten. Alle Abteilungen, in denen die Infektionserfassung durchgeführt wird, sollen monatlich eine Aufstellung der Ergebnisse erhalten. Während Epidemien ist es selbstverständlich erforderlich, die Berichte in kürzeren Abständen (z. B. wöchentlich oder sogar täglich) herauszugeben. Die Ergebnisse der Infektionserfassung müssen dem gesamten Personal, das mit der Pflege und Versorgung der Patienten befaßt ist, zugänglich sein.

Die Berichte müssen so abgefaßt sein, daß Namen von Patienten oder Personal nicht auftauchen. Bei personenbezogenen Infektionsraten (wie z. B. bei der Erfassung der postoperativen Infektionen im Operationsgebiet eines bestimmten Chirurgen) können die Namen verschlüsselt werden, so daß nur der Betreffende weiß, auf wen sich der Code bezieht. Im Fall von Epidemien, wenn dabei ein Mitglied des Personals als Streuquelle entdeckt werden konnte, muß die Nennung des Namens ebenso unterbleiben, um die betreffende Person nicht ungerechtfertigten Schuldvorwürfen auszusetzen.

## 12.7
## Definitionen nosokomialer Infektionen

Die im folgenden wiedergegebenen, aus dem Englischen übersetzten Definitionen für nosokomiale Infektionen wurden 1988 von den Centers for Disease Control (CDC), Atlanta (USA), publiziert [164]. 1992 erschien eine überarbeitete Fassung für die postoperativen Infektionen im Operationsgebiet (früher „Wund"-infektionen) [218, 426].

Die Definitionen basieren auf mehreren wichtigen Prinzipien:
- Die Information über das Vorliegen und die Klassifizierung einer Infektion umfaßt Kombinationen klinischer Untersuchungsergebnisse, Laborbefunde und anderer diagnostischer Maßnahmen, wie z. B. Röntgenuntersuchungen.
- Die Diagnose einer Infektion durch den behandelnden Arzt aufgrund direkter Beobachtung bei einer Operation, Endoskopie oder anderer invasiver diagnostischer Maßnahmen bzw. aufgrund klinischer Hinweise gilt als ein akzeptables Kriterium für eine Infektion, bei manchen Infektionen muß allerdings zusätzlich noch der Beginn einer adäquaten Antibiotikatherapie gefordert werden, wenn keine anderen Hinweise für die Infektion (z. B. Laborbefunde) vorliegen.
- Um eine Infektion als nosokomial zu definieren, muß gefordert werden, daß die Infektion zum Zeitpunkt der stationären Aufnahme weder vorhanden noch in Inkubation war. In den folgenden speziellen Situationen wird eine Infektion immer als nosokomial betrachtet:
  - eine Infektion, die im Krankenhaus erworben, aber erst nach der Entlassung manifest wird (z. B. postoperative Infektion im Operationsgebiet),
  - Neugeboreneninfektionen, die während der Passage durch den Geburtskanal erworben wurden (z. B. B-Streptokokkeninfektionen).
- In den folgenden speziellen Situationen wird eine Infektion nicht als nosokomial angesehen:
  - eine Infektion, die offensichtlich mit einer Komplikation oder Ausdehnung einer anderen, bei der stationären Aufnahme schon vorhandenen Infektion in Zusammenhang steht,
  - eine Neugeboreneninfektion, die transplazentar erworben wurde (z. B. Toxoplasmose, Röteln) und kurz nach der Geburt festgestellt wird.
- Außer in wenigen Situationen (postoperative Infektionen im Operationsgebiet) wird für die Unterscheidung, ob eine Infektion krankenhaus- oder nicht krankenhauserworben ist, keine spezielle Zeitspanne während oder nach Krankenhausaufenthalt angegeben. Deshalb muß bei jeder Infektion nach Hinweisen gesucht werden, die sie mit dem Krankenhausaufenthalt ursächlich in Zusammenhang bringen. In Zusammenarbeit mit den Klinikern müssen deshalb Kriterien aufgestellt werden, nach denen bei der stationären Aufnahme die Entscheidung getroffen werden kann, ob möglicherweise eine Infektion in Inkubation vorliegt.

### 12.7.1
**Postoperative Infektionen im Operationsgebiet**

Die 1988 publizierte Version der Definition postoperativer Infektionen im Operationsgebiet (damals noch „Wund"infektion) wurde 1992 von den CDC in einer leicht modifizierten Form veröffentlicht [218, 426]. Zunächst einmal wurde der Name von der geläufigen Bezeichnung „postoperative Wundinfektion" in „postoperative Infektion im Operationsgebiet" geändert, weil in der Terminologie operativ tätiger Ärzte unter dem Begriff Wunde nur die Inzision von der Haut bis in die tiefen Weichteile verstanden wird. Zusätzlich wurde der Begriff Organ/Raum (engl. organ/space) eingeführt, um alle anderen anatomischen Gebiete außer der Inzision, die bei dem Eingriff eröffnet werden oder an denen manipuliert wird, zu definieren (s. nachstehende Übersicht). Damit ist eine differenziertere Einteilung in oberflächliche und tiefe Infektionen möglich.

> **Lokalisationen postoperativer Organ-/Rauminfektionen**
> - Arterien-/Veneninfektion,
> - Auge (außer Konjunktivitis),
> - Bandscheiben,
> - Brustabszeß, Mastitis,
> - Endokarditis,
> - Endometritis,
> - Gastrointestinaltrakt,
> - Gelenk, Bursa,
> - Genitaltrakt,
> - Harnwege,
> - intraabdominal (nicht näher bezeichnet),
> - intrakranial, Hirnabszeß, Dura,
> - Mediastinitis,
> - Meningitis, Ventrikulitis,
> - Mundhöhle (Mund, Zunge, Gaumen),
> - Myokarditis, Perikarditis,
> - obere Atemwege, Pharyngitis,
> - Ohr, Mastoid,
> - Osteomyelitis,
> - Portio vaginalis uteri,
> - Sinusitis,
> - Spinalabszeß ohne Meningitis,
> - untere Atemwege.

Die postoperativen Infektionen im Operationsgebiet werden in Infektionen im Bereich der Inzision und von Organ/Raum eingeteilt. Die Infektionen im Bereich der Inzision werden weiter unterteilt in solche, die oberflächlich sind, also nur die Haut und das Subkutangewebe, und in solche, die die tieferen Weichteile betreffen, also z. B. Faszien und Muskulatur. Organ-/raumpostoperative Infektionen umfassen alle anatomischen Areale außer der Inzision, die während des Eingriffs eröffnet wurden oder an denen manipuliert wurde (Abb. 12.2).

*Oberflächliche Infektionen* im Bereich der Inzision müssen die folgenden Kriterien erfüllen:

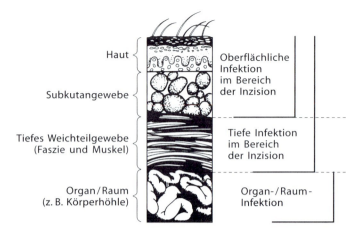

**Abb. 12.2.** Einteilung postoperativer Infektionen im Operationsgebiet entsprechend der anatomischen Lokalisation. (Aus [218])

- Auftreten innerhalb von 30 Tagen nach der OP nur im Bereich der Haut und des Subkutangewebes der Inzision und mindestens eines der folgenden Kriterien:
  - eitrige Sekretion aus der oberflächlichen Inzision,
  - Erregerisolierung aus aseptisch entnommenem Material,
  - mindestens eines der folgenden Symptome: Schmerz, Druckempfindlichkeit, lokalisierte Schwellung, Rötung oder Überwärmung und Eröffnung der Wunde durch den Operateur (außer bei negativer Kultur),
  - Diagnose einer Infektion durch den Operateur oder behandelnden Arzt.

Die folgenden Infektionen werden nicht zu den oberflächlichen Infektionen im Bereich der Inzision gezählt:
- Geringe Entzündung bzw. Sekretion aus Stichkanal.
- Infektion einer Episiotomie oder Neugeborenenzirkumzision (gelten nicht als operativer Eingriff, Kriterien s. unten).
- Infizierte Verbrennungswunde (Kriterien s unten).
- Infektion im Bereich der Inzision, die bis in die tieferen Weichteilschichten reicht, s. tiefe Infektion im Bereich der Inzision).

*Tiefe Infektionen* im Bereich der Inzision müssen die folgenden Kriterien erfüllen:
- Auftreten innerhalb von 30 Tagen nach der Operation im Bereich der tiefen Weichteile der Inzision (wenn kein Fremdkörper implantiert worden ist) oder innerhalb eines Jahres nach Implantation eines Fremdkörpers und mindestens eines der folgenden Kriterien:
  - eitrige Sekretion aus der tiefen Inzision,
  - spontane Dehiszenz der tiefen Inzision oder Eröffnung durch den Operateur, wenn der Patient mindestens eines der folgenden Symptome hat: Fieber (>38°C), lokalisierter Schmerz oder Druckempfindlichkeit (außer bei negativer Kultur),

- Abszeß oder andere Anzeichen für eine Infektion, festgestellt bei direkter Untersuchung, während einer Reoperation oder bei histopathologischer oder radiologischer Untersuchung,
- Diagnose einer tiefen Infektion im Bereich der Inzision durch den Chirurgen oder behandelnden Arzt.

Für eine *Organ-/Rauminfektion* müssen folgende Kriterien erfüllt sein:
- Auftreten innerhalb von 30 Tagen nach der Operation (ohne Implantat) oder innerhalb eines Jahres nach der Operation (mit Implantat, wenn die Infektion im Zusammenhang mit der Operation zu stehen scheint) in einem anatomischen Gebiet (z. B. ein Organ, eine Körperhöhle, also *nicht* die Inzision), das während der Operation eröffnet oder an dem manipuliert worden ist, und mindestens eines der folgenden Kriterien:
  - eitrige Sekretion aus einer tiefen Drainage,
  - Erregerisolierung aus aseptisch entnommenem Material von Flüssigkeit oder Gewebe im eigentlichen Operationsgebiet (Organ/Raum),
  - Abszeß oder andere Anzeichen für eine Organ-/Rauminfektion, festgestellt bei direkter Untersuchung, während einer Reoperation oder bei histopathologischer oder radiologischer Untersuchung,
  - Diagnose einer Organ-/Rauminfektion durch den Chirurgen oder behandelnden Arzt.

## 12.7.2
### Pneumonie

Die diagnostischen Kriterien einer Pneumonie schließen Kombinationen verschiedener klinischer und radiologischer Befunde sowie Laborergebnisse ein, die auf eine Infektion hindeuten. Im allgemeinen sind Sputumkulturen für die Diagnose einer Pneumonie nicht nützlich, können aber hilfreich sein, um den Erreger zu identifizieren und Daten über die antimikrobielle Empfindlichkeit zu liefern. Ergebnisse mehrerer röntgenologischer Untersuchungen können aussagefähiger sein als die eines einzigen Röntgenbildes.

Für die Diagnose einer Pneumonie muß eines der folgenden Kriterien erfüllt sein:
- Rasselgeräusche oder Dämpfung bei der Perkussion im Rahmen der physikalischen Untersuchung des Brustkorbs und eines der folgenden Kriterien:
  - Auftreten von eitrigem Sputum oder eine Veränderung von Aussehen und Beschaffenheit des Sputums,
  - Erregerisolierung aus der Blutkultur,
  - Isolierung eines Erregers aus Material, gewonnen mit transtrachealer Aspiration, Bürstenkatheter oder Biopsie.
- Frisches oder progredientes Infiltrat, Verschattung, Abszeßbildung oder Pleuraerguß im Röntgenbild des Thorax und eines der folgenden Kriterien:
  - eines der obigen Kriterien,
  - Virusisolierung oder Nachweis von viralem Antigen in respiratorischem Sekret,

- diagnostischer einzelner Antikörpertiter (IgM) oder 4facher Anstieg (IgG) bei 2facher Serumuntersuchung für einen Erreger,
- histopathologische Zeichen einer Pneumonie.
• Neugeborene und Säuglinge: Patient im Alter von ≤ 12 Monaten hat zwei der folgenden Symptome: Apnoe, Tachypnoe, Bradykardie, Giemen, Rasselgeräusche oder Husten und eines der folgenden Kriterien:
  - vermehrte Produktion respiratorischen Sekrets sowie
  - eines der obigen Kriterien.
• Neugeborene und Säuglinge: Patient im Alter von ≤ 12 Monaten hat in einem Röntgenbild des Thorax ein neues oder progredientes Infiltrat, Abszeßbildung, Verschattung oder Pleuraerguß und eines der obigen Kriterien.

## 12.7.3
### Bakteriämie/Sepsis

Für die Diagnose einer primären Bakteriämie bzw. Sepsis sind die Sicherung der Sepsis im mikrobiologischen Labor und klinische Zeichen einer Sepsis erforderlich (letzteres gilt in erster Linie für Neugeborene und Säuglinge).

Für die *mikrobiologische Sicherung* der *Sepsis* muß eines der folgenden Kriterien erfüllt sein:
• Erregerisolierung aus der Blutkultur, der isolierte Erreger hat keine Beziehung zu einer Infektion an einer anderen Körperstelle (ansonsten handelt es sich um eine sekundäre Sepsis, bei Venenkatheterinfektionen spricht man immer von einer primären Sepsis).
• Eines der folgenden Symptome: Fieber (> 38°C), Schüttelfrost oder Blutdruckabfall und eines der folgenden Kriterien:
  - ein Erreger, der zur normalen Hautflora gehört, wird aus zwei Blutkulturen isoliert, die zu verschiedenen Zeitpunkten abgenommen wurden, der Erreger hat keine Beziehung zu einer Infektion an einer anderen Körperstelle (s. oben),
  - ein Erreger, der zur normalen Hautflora gehört, wird aus einer Blutkultur von einem Patienten mit Venenkatheter etc. isoliert, und der behandelnde Arzt beginnt mit einer entsprechenden antibiotischen Therapie,
  - positiver Antigentest im Blut; der Erreger hat keine Beziehung zu einer Infektion an einer anderen Körperstelle.
• Neugeborene und Säuglinge: Patient im Alter ≤ 12 Monate hat eines der folgenden Symptome: Fieber (> 38°C), Hypothermie (< 37°C), Apnoe oder Bradykardie und eines der obigen Kriterien.

Für die *klinische Diagnose der Sepsis* muß eines der folgenden Kriterien erfüllt sein:
• Eines der folgenden klinischen Symptome, für die keine andere Ursache erkennbar ist: Fieber (> 38°C), Blutdruckabfall (systolisch ≤ 90 mmHg) oder Oligurie (≤ 20 ml/h) und alle folgenden Kriterien:

- Blutkultur nicht abgenommen, kein Erreger isoliert oder kein Antigen im Blut entdeckt,
- es findet sich keine Infektion an einer anderen Körperstelle,
- der behandelnde Arzt beginnt mit einer entsprechenden antibiotischen Therapie wie bei Sepsis.
• Neugeborene und Säuglinge: Patient im Alter ≤12 Monate hat eines der folgenden klinischen Zeichen oder Symptome, für die es keine andere Ursache gibt: Fieber (>38°C), Hypothermie (<37°C), Apnoe oder Bradykardie und alle der obigen Kriterien.

## 12.7.4
## Harnwegsinfektionen

Zu den Harnwegsinfektionen gehören symptomatische Harnwegsinfektionen, asymptomatische Bakteriurien und andere Infektionen der Harnwege.

Für die Diagnose einer *symptomatischen Harnwegsinfektion* muß eines der folgenden zwei Kriterien erfüllt sein:
• Eines der folgenden Symptome: Fieber (>38°C), Harndrang, häufiges Wasserlassen, Dysurie oder suprapubische Druckempfindlichkeit und ein kultureller Urinbefund mit >10$^5$ KBE/ml Urin mit nicht mehr als zwei verschiedenen Erregern.
• Zwei der folgenden Symptome: Fieber (>38°C), Harndrang, häufiges Wasserlassen, Dysurie oder suprapubische Druckempfindlichkeit und eines der folgenden Kriterien:
  - Teststreifen positiv für Leukozytenesterase und/oder Nitrat,
  - Pyurie (≥10 Leukozyten/ml oder ≥3 Leukozyten/1000fache Vergrößerung von nichtzentrifugiertem Urin),
  - mikroskopischer Nachweis eines Erregers im Grampräparat von nichtzentrifugiertem Urin,
  - zwei Urinkulturen mit wiederholter Isolierung des gleichen Erregers (gramnegative Bakterien oder Staphylococcus saprophyticus) mit ≥10$^2$ KBE/ml in Katheter- oder Punktionsurin,
  - Urinkultur mit ≤10$^5$ KBE/ml Urin eines einzelnen Erregers (gramnegative Bakterien oder Staphylococcus saprophyticus) bei Patienten, die eine entsprechende antibakterielle Therapie erhalten,
  - Diagnose des Arztes,
  - Arzt beginnt mit einer entsprechenden antimikrobiellen Therapie.
• Neugeborene und Säuglinge: Patient im Alter von ≤12 Monaten hat eines der folgenden Symptome: Fieber (>38°C), Hypothermie (<37°C), Apnoe, Bradykardie, Dysurie, Lethargie oder Erbrechen und eine Urinkultur mit ≥10$^5$ KBE/ml Urin mit nicht mehr als zwei verschiedenen Erregern.
• Neugeborene und Säuglinge: Patient im Alter von ≤12 Monaten hat eines der folgenden Symptome: Fieber (>38°C), Hypothermie (<37°C), Apnoe, Bradykardie, Dysurie, Lethargie oder Erbrechen und eines der folgenden Kriterien:

- Teststreifen positiv für Leukozytenesterase und/oder Nitrat,
- Pyurie,
- mikroskopischer Nachweis eines Erregers im Grampräparat von nicht zentrifugiertem Urin,
- zwei Urinkulturen mit wiederholter Isolierung des gleichen Erregers mit $\geq 10^2$ KBE/ml in Katheter- oder Punktionsurin,
- Urinkultur mit $\leq 10^5$ KBE/ml Urin eines einzelnen Erregers bei einem Patienten, der eine entsprechende antibakterielle Therapie erhält,
- Diagnose des Arztes,
- Arzt beginnt mit einer entsprechenden antimikrobiellen Therapie.

Für die Diagnose einer *asymptomatischen Bakteriurie* muß eines der folgenden zwei Kriterien erfüllt sein:
- Vorhandensein eines transurethralen Blasenkatheters während 7 Tagen vor Anlage der Urinkultur; der Patient hat weder Fieber ($>38°$C), Harndrang, häufiges Wasserlassen, Dysurie noch suprapubische Druckempfindlichkeit und hat eine Urinkultur mit $\geq 10^5$ KBE/ml Urin mit nicht mehr als zwei verschiedenen Erregern.
- Ein transurethraler Blasenkatheter war nicht vorhanden während 7 Tagen vor der ersten von zwei Urinkulturen mit $\geq 10^5$ KBE/ml Urin des gleichen Erregers bei nicht mehr als zwei verschiedenen Erregern, und Patient hat weder Fieber ($>38°$C), Harndrang, häufiges Wasserlassen, Dysurie noch suprapubische Druckempfindlichkeit.

Für die Diagnose *anderer Infektionen der Harnwege* (Nieren, Ureter, Harnblase, Urethra oder Gewebe in der Umgebung des Retroperitoneal- oder paranephritischen Raums) muß eines der folgenden Kriterien erfüllt sein:
- Kulturelle Isolierung eines Erregers aus Flüssigkeit (außer Urin) oder von der betroffenen Körperstelle.
- Ein Abszeß oder andere Zeichen einer Infektion, die bei direkter Untersuchung, während einer Operation oder bei der histopathologischen Untersuchung entdeckt werden.
- Zwei der folgenden Symptome: Fieber ($>38°$C), lokalisierte Schmerzen oder Druckempfindlichkeit an der betreffenden Stelle und eines der folgenden Kriterien:
  - eitrige Sekretion aus der betroffenen Stelle,
  - Erregerisolierung aus Blutkultur,
  - radiologische Zeichen einer Infektion (Ultraschall, Computertomographie, Kernspintomographie oder nuklearmedizinische Untersuchung),
  - Diagnose des Arztes,
  - Arzt beginnt mit einer entsprechenden antimikrobiellen Therapie.
- Neugeborene und Säuglinge: Patient im Alter von $\leq 12$ Monaten hat eines der folgenden Symptome: Fieber ($>38°$C), Hypothermie ($<37°$C), Apnoe, Bradykardie, Dysurie, Lethargie oder Erbrechen und eines der obigen Kriterien.

## 12.7.5
## Knochen- und Gelenkinfektionen

Zu den Knochen- und Gelenkinfektionen gehören die Osteomyelitis, Gelenk- oder Bursainfektionen und Bandscheibeninfektionen.

Für die Diagnose einer *Osteomyelitis* muß eines der folgenden Kriterien erfüllt sein:
- Erregerisolierung aus dem Knochen.
- Zeichen für eine Osteomyelitis, gesichert bei Operation oder histopathologischer Untersuchung.
- Zwei der folgenden Symptome, für die keine andere Ursache erkennbar ist: Fieber (>38°C), lokalisierte Schwellung, Druckempfindlichkeit, Überwärmung oder Sekretion aus der infektionsverdächtigen Stelle und eines der folgenden Kriterien:
  - Erregerisolierung aus der Blutkultur,
  - positiver Antigentest im Blut,
  - röntgenologische Zeichen einer Infektion.

Für die Diagnose einer *Gelenk- oder Bursainfektion* muß eines der folgenden Kriterien erfüllt sein:
- Erregerisolierung aus Gelenkflüssigkeit oder Synoviabiopsie.
- Zeichen der Gelenk- oder Bursainfektion, gesichert bei Operation oder histopathologischer Untersuchung.
- Zwei der folgenden Symptome, für die keine andere Ursache erkennbar ist: Gelenkschmerz, Schwellung, Druckempfindlichkeit, Zeichen eines Ergusses oder Bewegungseinschränkung und eines der folgenden Kriterien:
  - Erreger- oder Leukozytennachweis im mikroskopischen Präparat von Gelenkflüssigkeit,
  - positiver Antigentest in Blut, Urin oder Gelenkflüssigkeit,
  - Ergebnis der Zelluntersuchung und der chemischen Befunde aus Gelenkflüssigkeit passen zu einer Infektion und sind nicht durch eine zugrundeliegende rheumatologische Erkrankung zu erklären,
  - röntgenologische Zeichen einer Infektion.

Für die Diagnose einer *Infektion im Bereich der Bandscheibe* muß eines der folgenden Kriterien erfüllt sein:
- Erregerisolierung aus Gewebe der betroffenen Stelle, gewonnen bei einer Operation oder durch Nadelaspiration.
- Zeichen einer Infektion an der betroffenen Stelle, gesichert bei Operation oder histopathologischer Untersuchung.
- Fieber (>38°C), für das keine andere Ursache erkennbar ist, oder Schmerzen an der betroffenen Stelle und röntgenologische Zeichen einer Infektion.
- Fieber (>38°C), für das keine andere Ursache erkennbar ist, und Schmerzen an der betroffenen Stelle und positiver Antigentest in Blut oder Urin.

## 12.7.6
### Infektionen des Herz- und Gefäßsystems

Zu den *Infektionen des Herz- und Gefäßsystems* gehören Infektionen der Arterien und Venen, Endokarditis, Myokarditis oder Perikarditis und Mediastinitis. Die Mediastinitis wird zu den Infektionen des Herz- und Gefäßsystems gezählt, weil sie meistens nach herzchirurgischen Operationen auftritt.

Für die Diagnose einer *Infektion von Arterien und Venen* muß eines der folgenden Kriterien erfüllt sein:
- Erregerisolierung aus einer operativ entfernten Arterie oder Vene und Blutkultur nicht abgenommen oder negativ.
- Zeichen einer Infektion an der betroffenen Stelle des Gefäßsystems, gesichert bei Operation oder histopathologischer Untersuchung.
- Eines der folgenden Symptome: Fieber (>38°C), Schmerzen, Rötung oder Überwärmung an der betroffenen Stelle des Gefäßsystems und zwei der folgenden Kriterien:
  - Wachstum von mehr als 15 Kolonien an der Katheterspitze unter Verwendung der semiquantitativen Kulturmethode,
  - keine Blutkultur abgenommen oder negativ,
  - eitrige Sekretion an der betroffenen Stelle des Gefäßsystems und keine Blutkultur abgenommen oder negativ.
- Patient im Alter von ≤12 Monaten hat eines der folgenden Symptome: Fieber (>38°C), Hypothermie (<37°C), Apnoe, Bradykardie, Lethargie, Schmerzen, Erythem oder Überwärmung an der betroffenen Stelle des Gefäßsystems und beide folgenden Kriterien:
  - >15 Kolonien an der Katheterspitze mit der semiquantitativen Kulturmethode,
  - keine Blutkultur abgenommen oder negativ.

Für die Diagnose einer *Endokarditis* der natürlichen oder künstlicher Herzklappen muß eines der folgenden Kriterien erfüllt sein:
- Erregerisolierung von der Herzklappe oder den Vegetationen.
- Zwei der folgenden Symptome, für die keine andere Ursache erkennbar ist: Fieber (>38°C), neues oder verändertes Herzgeräusch, Zeichen einer Embolie, Hautmanifestationen (d.h. Petechien, Splinterblutungen, schmerzhafte subkutane Knötchen), Herzinsuffizienz oder Reizleitungsstörungen, und behandelnder Arzt beginnt mit einer entsprechenden Antibiotikatherapie, wenn die Diagnose vor dem Tod gestellt wurde, und eines der folgenden Kriterien:
  - Erregerisolierung aus zwei Blutkulturen,
  - mikroskopischer Erregernachweis von der Herzklappe, wenn die Kultur negativ ist oder nicht angelegt wurde,
  - Nachweis von Klappenvegetationen bei Operation oder Autopsie,
  - positiver Antigentest in Blut oder Urin,
  - Zeichen neuer Vegetationen im Echokardiogramm.
- Neugeborene und Säuglinge: Patient im Alter von ≤12 Monaten hat zwei oder mehrere der folgenden Symptome ohne erkennbare andere Ursache: Fieber

(>38°C), Hypothermie (<37°C), Apnoe, Bradykardie, neues oder verändertes Herzgeräusch, Zeichen einer Embolie, Hautmanifestationen, Herzinsuffizienz oder Reizleitungsstörungen, und behandelnder Arzt beginnt mit einer entsprechenden Antibiotikatherapie, wenn die Diagnose vor dem Tod gestellt wurde, und eines der obigen Kriterien.

Für die Diagnose einer *Myokarditis oder Perikarditis* muß eines der folgenden Kriterien erfüllt sein:
- Erregerisolierung aus Perikardgewebe oder Perikardflüssigkeit, gewonnen durch Nadelaspiration oder bei einer Operation.
- Zwei der folgenden Symptome, für die keine andere Ursache erkennbar ist: Fieber (>38°C), Schmerzen im Brustkorb, paradoxer Puls oder vergrößertes Herz und eines der folgenden Kriterien:
  – abnormes EKG, passend zu einer Myokarditis oder Perikarditis,
  – positiver Antigentest im Blut,
  – Zeichen einer Myokarditis oder Perikarditis bei der histopathologischen Untersuchung von Herzgewebe,
  – 4facher Anstieg typenspezifischer Antikörper mit oder ohne Virusisolierung vom Pharynx oder aus Fäzes,
  – Nachweis eines Perikardergusses in EKG, CT, MNR, bei Angiographie oder andere röntgenologische Zeichen der Infektion.
- Neugeborene und Säuglinge: Patient im Alter von ≤12 Monaten hat zwei oder mehrere der folgenden Symptome ohne erkennbare andere Ursache: Fieber (>38°C), Hypothermie (<37°C), Apnoe, Bradykardie, paradoxer Puls oder vergrößertes Herz und eines der obigen Kriterien.

Für die Diagnose einer *Mediastinitis* muß eines der folgenden Kriterien erfüllt sein:
- Erregerisolierung aus Mediastinalgewebe oder -flüssigkeit, gewonnen bei einer Operation oder durch Nadelaspiration.
- Zeichen einer Mediastinitis, gesichert bei Operation oder histopathologischer Untersuchung.
- Eines der folgenden Symptome: Fieber (>38°C), Schmerzen im Brustkorb oder Sternuminstabilität und eines der folgenden Kriterien:
  – eitrige Sekretion aus dem Mediastinum,
  – Erregerisolierung aus Blutkultur oder Mediastinalsekret,
  – Verbreiterung des Mediastinums bei röntgenologischer Untersuchung.
- Neugeborene und Säuglinge: Patient im Alter von ≤12 Monaten hat zwei oder mehrere der folgenden Symptome ohne erkennbare andere Ursache: Fieber (>38°C), Hypothermie (<37°C), Apnoe, Bradykardie und Sternuminstabilität und eines der obigen Kriterien.

### 12.7.7
### Infektionen des Zentralnervensystems

Zu den Infektionen des zentralen Nervensystems gehören intrakranielle Infektionen, Meningitis oder Ventrikulitis und Rückenmarksabszesse ohne Meningitis.

Für die Diagnose einer *intrakraniellen Infektion* (Hirnabszeß, subdurale oder epidurale Infektion und Enzephalitis) muß eines der folgenden Kriterien erfüllt sein:
- Erregerisolierung aus Hirngewebe oder Dura.
- Abszeß oder Zeichen einer intrakraniellen Infektion, gesichert bei Operation oder histopathologischer Untersuchung.
- Zwei der folgenden Symptome, für die keine andere Ursache erkennbar ist: Kopfschmerzen, Benommenheit, Fieber ($>38°C$), lokalisierte neurologische Symptome, Veränderungen der Bewußtseinslage oder Verwirrung, und Arzt beginnt mit entsprechender Antibiotikatherapie, wenn die Diagnose vor dem Tod gestellt wurde, und eines der folgenden Kriterien:
  - Erregernachweis im mikroskopischen Präparat von Hirn- oder Abszeßgewebe, gewonnen durch Nadelaspiration oder Biopsie während Operation oder Autopsie,
  - positiver Antigentest in Blut oder Urin,
  - röntgenologische Zeichen einer Infektion,
  - diagnostischer einzelner Antikörpertiter (IgM) oder 4facher Anstieg (IgG) bei zweifacher Serumuntersuchung für einen Erreger.
- Neugeborene und Säuglinge: Patient im Alter von $\leq 12$ Monaten hat zwei oder mehrere der folgenden Symptome ohne erkennbare andere Ursache: Fieber ($>38°C$), Hypothermie ($<37°C$), Apnoe, Bradykardie, lokalisierte neurologische Symptome, Veränderungen der Bewußtseinslage, und Arzt beginnt mit entsprechender Antibiotikatherapie, wenn die Diagnose vor dem Tod gestellt wurde, und eines der obigen Kriterien.

Für die Diagnose einer *Meningitis oder Ventrikulitis* muß eines der folgenden Kriterien erfüllt sein:
- Erregerisolierung aus dem Liquor.
- Eines der folgenden Symptome, für die keine andere Ursache erkennbar ist: Fieber ($>38°C$), Kopfschmerzen, Nackensteifigkeit, meningeale Symptome, Hirnnervensymptome oder Reizbarkeit und eines der folgenden Kriterien:
  - Leukozytenzahl im Liquor erhöht, Eiweiß erhöht und/oder Zucker erniedrigt,
  - mikroskopischer Erregernachweis im Liquor,
  - Erregerisolierung aus Blutkultur,
  - positiver Antigentest in Liquor, Blut oder Urin,
  - diagnostischer einzelner Antikörpertiter (IgM) oder 4facher Anstieg (IgG) bei 2facher Serumuntersuchung für einen Erreger.
- Neugeborene und Säuglinge: Patient im Alter von $\leq 12$ Monaten hat zwei oder mehrere der folgenden Symptome ohne erkennbare andere Ursache: Fieber ($>38°C$), Hypothermie ($<37°C$), Apnoe, Bradykardie, Nackensteifigkeit, meningeale Symptome, Hirnnervensymptome oder Reizbarkeit und eines der obigen Kriterien.

Für die Diagnose eines *Spinalabszesses ohne Meningitis* (epiduraler oder subduraler Rückenmarksabszeß ohne Mitbeteiligung des Liquors oder angrenzender Knochenstrukturen) muß eines der folgenden Kriterien erfüllt sein:

- Erregerisolierung aus epiduralem oder subduralem Rückenmarksabszeß.
- Epiduraler oder subduraler Rückenmarksabszeß, gesichert bei Operation oder histopathologischer Untersuchung.
- Eines der folgenden Symptome, für die keine andere Ursache erkennbar ist: Fieber (>38°C), Rückenschmerzen, lokale Druckempfindlichkeit, Radikulitis, Paraparese oder Paraplegie, und Arzt beginnt mit einer entsprechenden Antibiotikatherapie, wenn die Diagnose vor dem Tod gestellt wurde, und eines der beiden folgenden Kriterien:
  - Erregerisolierung aus der Blutkultur,
  - röntgenologische Zeichen eines Rückenmarksabszesses.

### 12.7.8
### Augeninfektionen, Hals-, Nasen-, Ohren- und Mundinfektionen

Zu den Augeninfektionen gehören Konjunktivitis und andere Augeninfektionen, zu den Ohrinfektionen Otitis externa, Otitis media, Otitis interna und Mastoiditis sowie zu den Hals-, Nasen- und Mundinfektionen die Infektionen der Mundhöhle, obere Atemwegsinfektionen und Sinusitis.

Für die Diagnose einer *Konjunktivitis* muß eines der beiden folgenden Kriterien erfüllt sein:
- Erregerisolierung aus eitrigem Bindehautexsudat oder angrenzendem Gewebe wie Augenlid, Hornhaut, Meibom-Drüsen oder Tränendrüsen.
- Schmerzen oder Rötung der Bindehaut oder der Umgebung des Auges und eines der folgenden Kriterien:
  - Leukozyten- und Erregernachweis im mikroskopischen Präparat des Exsudates,
  - eitriges Exsudat,
  - positiver Antigentest im Bindehautexsudat oder -abstrichmaterial,
  - mehrkernige Riesenzellen bei der mikroskopischen Untersuchung von Bindehautexsudat oder -abstrichmaterial,
  - positive Viruskultur aus Bindehautexsudat,
  - diagnostischer einzelner Antikörpertiter (IgM) oder 4facher Anstieg (IgG) bei 2facher Serumuntersuchung für einen Erreger.

Für die Diagnose von *Augeninfektionen außer Konjunktivitis* muß eines der beiden folgenden Kriterien erfüllt sein.
- Erregerisolierung aus der vorderen oder hinteren Augenkammer oder aus Glaskörperflüssigkeit.
- Zwei der folgenden Symptome, für die keine andere Ursache erkennbar ist: Augenschmerzen, Sehstörungen oder Hypopyon und eines der folgenden Kriterien:
  - Diagnose des Arztes,
  - positiver Antigentest im Blut,
  - Erregerisolierung aus Blutkultur.

Für die Diagnose einer *Otitis externa* muß eines der beiden folgenden Kriterien erfüllt sein:
- Erregerisolierung aus eitrigem Sekret des Gehörganges.
- Eines der folgenden Symptome: Fieber (>38°C), Schmerzen, Rötung und mikroskopischer Erregernachweis in eitrigem Sekret.

Für die Diagnose einer *Otitis media* muß eines der beiden folgenden Kriterien erfüllt sein:
- Erregerisolierung aus Mittelohrflüssigkeit, gewonnen durch Tympanozentese oder Operation.
- Zwei der folgenden Symptome: Fieber (>38°C), Schmerzen am Trommelfell, Rötung, Retraktion oder herabgesetzte Motilität des Trommelfells oder Flüssigkeit hinter dem Trommelfell.

Für die Diagnose einer *Otitis interna* muß eines der beiden folgenden Symptome erfüllt sein:
- Erregerisolierung aus Innenohrflüssigkeit, gewonnen bei Operation.
- Diagnose des Arztes.

Für die Diagnose einer *Mastoiditis* muß eines der beiden folgenden Symptome erfüllt sein:
- Erregerisolierung aus eitrigem Sekret des Mastoids.
- Zwei der folgenden Symptome, für die keine andere Ursache erkennbar ist: Fieber (>38°C), Schmerzen, Druckempfindlichkeit, Fazialislähmung und eines der beiden folgenden Kriterien:
  - mikroskopischer Erregernachweis in eitrigem Material des Mastoids,
  - positiver Antigentest im Blut.

Für die Diagnose einer *Mundhöhleninfektion* (Mund, Zunge oder Gaumen) muß eines der folgenden Kriterien erfüllt sein:
- Erregerisolierung aus eitrigem Material von Gewebe oder von der Mundhöhle.
- Abszeß oder anderes Zeichen einer Mundhöhleninfektion, gesichert bei direkter Untersuchung, während Operation oder bei histopathologischer Untersuchung.
- Eines der folgenden Symptome: Abszeß, Ulzeration oder erhabene weiße Flecken auf entzündeter Schleimhaut oder Plaques auf der oralen Schleimhaut und eines der folgenden Kriterien:
  - mikroskopischer Erregernachweis,
  - positive KOH-Färbung,
  - mehrkernige Riesenzellen bei mikroskopischer Untersuchung von abgeschabter Schleimhaut,
  - positiver Antigentest im Mundhöhlensekret,
  - diagnostischer einzelner Antikörpertiter (IgM) oder 4facher Anstieg (IgG) bei 2facher Serumuntersuchung für einen Erreger,
  - Diagnose des Arztes und Behandlung mit topischer oder oraler antimykotischer Therapie.

Für die Diagnose einer *Sinusitis* muß eines der beiden folgenden Kriterien erfüllt sein:
- Erregerisolierung aus eitrigem Nebenhöhlenmaterial.
- Eines der folgenden Symptome: Fieber (>38°C), Schmerzen oder Druckempfindlichkeit über der betroffenen Nebenhöhle, Kopfschmerzen, eitriges Exsudat oder Verstopfung der Nase und eines der beiden folgenden Kriterien:
  - positive Transillumination,
  - röntgenologische Zeichen der Infektion.

Für die Diagnose einer *oberen Atemwegsinfektion* (Pharyngitis, Laryngitis, Epiglottitis) muß eines der beiden folgenden Kriterien erfüllt sein:
- Zwei der folgenden Symptome: Fieber (>38°C), Rötung des Pharynx, Halsschmerzen, Husten, Heiserkeit oder eitriges Exsudat im Rachen und eines der folgenden Kriterien:
  - Erregerisolierung von der betreffenden Stelle,
  - Erregerisolierung aus Blutkultur,
  - positiver Antigentest im Blut oder respiratorischem Sekret,
  - diagnostischer einzelner Antikörpertiter (IgM) oder 4facher Anstieg (IgG) bei 2facher Serumuntersuchung für einen Erreger,
  - Diagnose des Arztes,
- Abszeß, gesichert bei direkter Untersuchung, während Operation oder bei histopathologischer Untersuchung.

## 12.7.9
### Infektionen des Gastrointestinaltrakts

Zu den gastrointestinalen Infektionen gehören Gastroenteritis, Hepatitis, Gastrointestinaltraktinfektionen und nicht anderweitig spezifizierte intraabdominale Infektionen.

Für die Diagnose einer *Gastroenteritis* muß eines der beiden folgenden Kriterien erfüllt sein:
- Akuter Beginn einer Diarrhö (flüssige Stühle für mehr als 12 Stunden) mit oder ohne Erbrechen oder Fieber (>38°C) und keine wahrscheinliche nichtinfektiöse Ursache (z.B. diagnostische Tests, therapeutisches Regime, akute Exazerbation eines chronischen Zustandes, psychischer Streß).
- Zwei der folgenden Symptome, für die keine andere Ursache erkennbar ist: Übelkeit, Erbrechen, Bauchschmerzen oder Kopfschmerzen und eines der folgenden Kriterien:
  - darmpathogener Erreger aus Stuhl oder Rektumabstrich isoliert,
  - Nachweis eines darmpathogenen Erregers bei Routineuntersuchung oder Elektronenmikroskopie,
  - Nachweis eines darmpathogenen Erregers mit Antigen- oder Antikörpertest in Stuhl oder Blut,
  - Nachweis eines darmpathogenen Erregers durch zytopathischen Effekt in Gewebekultur (Toxintest),

– diagnostischer einzelner Antikörpertiter (IgM) oder 4facher Anstieg (IgG) bei 2facher Serumuntersuchung für einen Erreger.

Für die Diagnose einer *Hepatitis* muß das folgende Kriterium erfüllt sein:
- Zwei der folgenden Symptome, für die keine andere Ursache erkennbar ist: Fieber (>38°C), Gewichtsabnahme, Übelkeit, Erbrechen, Bauchschmerzen, Gelbsucht oder Transfusion innerhalb der letzten 3 Monate und eines der folgenden Kriterien:
  – positiver Antigen- oder Antikörpertest für Hepatitis A, Hepatitis B, Hepatitis C oder Hepatitis D,
  – abnorme Leberfunktionstests (z. B. erhöhte Transaminasen und Bilirubin),
  – Nachweis von Zytomegalievirus in Urin oder oropharyngealem Sekret.

Eine *nekrotisierende Säuglingsenterokolitis* muß die folgenden Kriterien erfüllen:
- Zwei der folgenden Symptome ohne andere erkennbare Ursache: Erbrechen oder geblähtes Abdomen und persistierend mikroskopisch oder makroskopisch Blut im Stuhl und eine der folgenden abdominellen radiologischen Besonderheiten:
  – Pneumoperitoneum,
  – Pneumotosis intestinalis,
  – unverändert stehende Dünndarmschlingen.

Für die Diagnose einer *Infektion des Gastrointestinaltraktes* (Ösophagus, Magen, Dünndarm, Dickdarm und Rektum), außer Gastroenteritis und Appendizitis, muß eines der folgenden Kriterien erfüllt sein:
- Abszeß oder anderes Zeichen für eine Infektion, gesichert bei Operation oder histopathologischer Untersuchung.
- Zwei der folgenden Symptome, für die keine andere Ursache erkennbar ist und die mit einer Infektion des betroffenen Organs oder Gewebes vereinbar sind: Fieber (>38°C), Übelkeit, Erbrechen, Bauchschmerzen oder Druckschmerzhaftigkeit und eines der folgenden Kriterien:
  – Erregerisolierung aus Sekret oder Gewebe, entnommen bei Operation oder Endoskopie oder aus einer intraoperativ gelegten Drainage,
  – mikroskopischer Erregernachweis mit Gram- oder KOH-Färbung oder mehrkernige Riesenzellen bei mikroskopischer Untersuchung des Sekrets oder Gewebes, entnommen während Operation oder bei Endoskopie oder aus einer intraoperativ gelegten Drainage,
  – Erregerisolierung aus Blutkultur,
  – röntgenologische Zeichen einer Infektion,
  – pathologische Zeichen bei endoskopischer Untersuchung (z. B. Candidaösophagitis oder -proktitis)

Für die Diagnose einer *intraabdominalen Infektion* (einschließlich Gallenblase, Gallenwege, Leber [außer Virushepatitis], Milz, Pankreas, Peritoneum, subphrenischer oder subdiaphragmatischer Raum oder anderes intraabdominales Gewe-

be bzw. nicht genau spezifizierte Region) muß eines der folgenden Kriterien erfüllt sein:
- Erregerisolierung aus eitrigem intraabdominalem Material, entnommen bei Operation oder durch Nadelaspiration.
- Abszeß oder anderes Zeichen einer intraabdominalen Infektion, gesichert bei Operation oder histopathologischer Untersuchung.
- Zwei der folgenden Symptome, für die keine andere Ursache erkennbar ist: Fieber ($>38°C$), Übelkeit, Erbrechen, Bauchschmerzen oder Gelbsucht und eines der folgenden Kriterien:
  – Erregerisolierung aus Sekret einer intraoperativ gelegten Drainage (z. B. geschlossene Saugdrainage, offene Drainage, T-Drainage),
  – mikroskopischer Erregernachweis in Sekret oder Gewebe, entnommen während Operation oder durch Nadelaspiration,
  – Erregerisolierung aus Blutkultur und röntgenologische Zeichen einer Infektion.

## 12.7.10
### Untere Atemwegsinfektionen (außer Pneumonie)

Zu den unteren Atemwegsinfektionen (außer Pneumonie) gehören Infektionen wie Bronchitis, Tracheobronchitis, Bronchiolitis, Tracheitis, Lungenabszeß und Empyem.

Für die Diagnose einer *Bronchitis, Tracheobronchitis, Bronchiolitis, Tracheitis (ohne Zeichen einer Pneumonie)* muß eines der folgenden Kriterien erfüllt sein:
- Patient hat keine klinischen oder röntgenologischen Zeichen einer Pneumonie und hat zwei der folgenden Symptome: Fieber ($>38°C$), Husten, neue oder vermehrte Sputumproduktion, Giemen, pfeifendes Rasselgeräusch und eines der beiden folgenden Kriterien:
  – Erregerisolierung aus tief endotracheal oder bei Bronchoskopie entnommenem Sekret,
  – positiver Antigentest im respiratorischen Sekret.
- Neugeborene und Säuglinge: Patient im Alter von $\leq 12$ Monaten hat keine klinischen oder röntgenologischen Zeichen einer Pneumonie und hat zwei der folgenden Symptome ohne erkennbare andere Ursache: Fieber ($>38°C$), Husten, neue oder vermehrte Sputumproduktion, Giemen, pfeifendes Rasselgeräusch, Atemnot, Apnoe oder Bradykardie und eines der folgenden Kriterien:
  – eines der obigen Kriterien,
  – diagnostischer einzelner Antikörpertiter (IgM) oder 4facher Anstieg (IgG) bei 2facher Serumuntersuchung für einen Erreger.

Für die Diagnose *anderer Infektionen der unteren Atemwege* muß eines der folgenden Kriterien erfüllt sein:
- Mikroskopischer Erregernachweis aus Abstrich oder Erregernachweis aus Kultur von Lungengewebe oder -flüssigkeit, einschließlich Pleuraflüssigkeit.

- Lungenabszeß oder Empyem, gesichert bei Operation oder histopathologischer Untersuchung.
- Nachweis einer Abszeßhöhle bei röntgenologischer Untersuchung der Lunge.

## 12.7.11
### Infektionen des Genitaltraktes

Eine Gruppe von Infektionen, die bei geburtshilflichen und gynäkologischen Patientinnen und bei männlichen urologischen Patienten auftritt, ist als Genitaltraktinfektionen definiert. Dazu gehören Endometritis, Episiotomieinfektionen, Portioinfektionen und andere Infektionen der männlichen und weiblichen Fortpflanzungsorgane.

Für die Diagnose einer *Endometritis* muß eines der beiden folgenden Kriterien erfüllt sein:
- Erregerisolierung aus Endometriumflüssigkeit oder -gewebe, entnommen bei Operation, durch Nadelaspiration oder mit Bürstenbiopsie.
- Eitrige Sekretion aus dem Uterus und zwei der folgenden Symptome: Fieber (>38°C), Bauchschmerzen oder Druckempfindlichkeit des Uterus.

Für die Diagnose einer *Episiotomieinfektion* muß eines der beiden folgenden Kriterien erfüllt sein:
- Eitrige Sekretion aus der Episiotomie.
- Episiotomieabszeß.

Für die Diagnose einer *Portioinfektion* muß eines der folgenden Kriterien erfüllt sein:
- Eitrige Sekretion aus der Portio.
- Abszeß an der Portio.
- Erregerisolierung aus Flüssigkeit oder Gewebe von der Portio.

Für die Diagnose *anderer Infektionen des männlichen oder weiblichen Genitaltraktes* (Nebenhoden, Hoden, Prostata, Vagina, Ovarien, Uterus oder von anderem Gewebe des kleinen Beckens, außer Endometritis oder Portioinfektion) muß eines der folgenden Kriterien erfüllt sein:
- Erregerisolierung aus Gewebe oder Flüssigkeit von der betroffenen Stelle.
- Abszeß oder anderes Zeichen einer Infektion, gesichert bei Operation oder histopathologischer Untersuchung.
- Zwei der folgenden Symptome: Fieber (>38°C), Übelkeit, Erbrechen, Schmerzen, Druckempfindlichkeit oder Dysurie und eines der beiden folgenden Kriterien:
  - Erregerisolierung aus Blutkultur,
  - Diagnose des Arztes.

## 12.7.12
## Haut- und Weichteilinfektion

Zu den Haut- und Weichteilinfektionen gehören Hautinfektionen (außer oberflächliche postoperative Wundinfektionen), Weichteilinfektionen, Dekubitalulkusinfektion, Infektionen von Verbrennungswunden, Brustabszeß oder Mastitis. Für jede Infektion werden getrennte Kriterien aufgeführt.

Für die Diagnose einer *Hautinfektion* muß eines der beiden folgenden Kriterien erfüllt sein:
- Eitrige Sekretion, Pusteln, Blasen oder Furunkel.
- Zwei der folgenden Symptome an der betroffenen Stelle: lokalisierte Schmerzen oder Druckempfindlichkeit, Schwellung, Rötung oder Überwärmung und eines der folgenden Kriterien:
  - Erregerisolierung aus aspiriertem Material oder Sekret von der betroffenen Stelle; wenn es sich dabei um einen Erreger der normalen Hautflora handelt, muß es eine Reinkultur eines einzigen Erregers sein,
  - Erregerisolierung aus Blutkultur,
  - positiver Antigentest in infiziertem Gewebe oder Blut,
  - mehrkernige Riesenzellen bei mikroskopischer Untersuchung des betroffenen Gewebes,
  - diagnostischer einzelner Antikörpertiter (IgM) oder 4facher Anstieg (IgG) bei 2facher Serumuntersuchung für einen Erreger.

Für die Diagnose einer *Weichteilinfektion* (nekrotisierende Fasziitis, infiziertes Gangrän, nekrotisierende Zellulitis, infektiöse Myositis, Lymphadenitis oder Lymphangitis) muß eines der folgenden Kriterien erfüllt sein:
- Erregerisolierung aus Gewebe oder Sekret der betroffenen Stelle.
- Eitrige Sekretion aus der betroffenen Stelle.
- Abszeß oder anderes Zeichen einer Infektion, gesichert bei Operation oder histopathologischer Untersuchung.
- Zwei der folgenden Symptome an der betroffenen Stelle: lokalisierte Schmerzen oder Druckempfindlichkeit, Rötung, Schwellung oder Überwärmung und eines der folgenden Kriterien:
  - Erregerisolierung aus Blutkultur,
  - positiver Antigentest in Blut oder Urin,
  - diagnostischer einzelner Antikörpertiter (IgM) oder 4facher Anstieg (IgG) bei 2facher Serumuntersuchung für einen Erreger.

Für die Diagnose einer *Infektion eines Dekubitalulkus*, einschließlich oberflächliche und tiefe Infektion, muß eines der folgenden Kriterien erfüllt sein:
- Zwei der folgenden Symptome: Rötung, Druckschmerzhaftigkeit oder Schwellung der Wundränder und eines der beiden folgenden Kriterien:
  - Erregerisolierung aus Flüssigkeit gewonnen durch Nadelaspiration oder bei Biopsie von Gewebe des Ulkusrandes,
  - Erregerisolierung aus Blutkultur.

Für die Diagnose einer *Infektion von Verbrennungswunden* muß eines der folgenden Kriterien erfüllt sein:
- Veränderung im Aussehen oder Charakter der Verbrennungswunde, wie z. B. rasche Abstoßung des Schorfes oder dunkelbraune, schwarze oder violettblaue Verfärbung des Schorfes oder Ödem der Wundränder und histologische Untersuchung von Biopsiematerial der Verbrennungswunde, die eine Invasion von Erregern in das angrenzende gesunde Gewebe zeigt.
- Veränderungen im Aussehen oder Charakter der Verbrennungswunde, wie z. B. rasche Abstoßung des Schorfes oder dunkelbraune, schwarze oder violett-blaue Verfärbung des Schorfes oder Ödem der Wundränder und eines der folgenden Kriterien:
  - Erregerisolierung aus Blutkultur bei Fehlen einer anderen erkennbaren Infektion,
  - Isolierung von Herpes simplex-Virus, histologische Identifizierung von Einschlüssen bei Licht- oder Elektronenmikroskopie oder Erkennung von Viruspartikeln bei Elektronenmikroskopie aus Biopsieproben oder abgeschabtem Material aus den Läsionen.
- Verbrennungspatient hat zwei der folgenden Symptome: Fieber (>38°C) oder Hypothermie (<36°C), niedrigen Blutdruck (systolisch ≤90 mmHg), Oligurie (<20 ml/h), Hyperglykämie bei einer vorher tolerierten Menge von Kohlenhydraten oder geistige Verwirrung und eines der folgenden Kriterien:
  - histologische Untersuchung von Biopsiematerial der Verbrennungswunde, die eine Invasion von Erregern in das angrenzende gesunde Gewebe zeigt,
  - Erregerisolierung aus Blutkultur,
  - Isolierung von Herpes simplex-Virus, histologische Identifizierung von Einschlüssen bei Licht- oder Elektronenmikroskopie oder Erkennung von Viruspartikeln bei Elektronenmikroskopie in Biopsieproben oder abgeschabtem Material aus den Läsionen.

Für die Diagnose eines *Brustabszesses oder einer Mastitis* muß eines der folgenden Kriterien erfüllt sein:
- Erregerisolierung aus Gewebe oder Flüssigkeit von der betroffenen Brust, gewonnen durch Inzision und Drainage oder Nadelaspiration.
- Brustabszeß oder anderes Zeichen einer Infektion, gesichert bei Operation oder histopathologischer Untersuchung.
- Fieber (>38°C), lokale Entzündung der Brust und Diagnose des Arztes.

Für die Diagnose einer *Neugeborenenomphalitis* (Lebensalter ≤30 Tage) muß eines der beiden folgenden Kriterien erfüllt sein:
- Erythem und/oder seröse Sekretion am Nabel und eines der folgenden Kriterien:
  - Erregerisolierung aus Sekret oder Nadelaspiration,
  - Erregerisolierung aus Blutkultur.
- Erythem und eitrige Sekretion am Nabel.

Für die Diagnose einer *Säuglingspustulose* (Lebensalter ≤12 Monate) muß das folgende Kriterium erfüllt sein:
- Säugling hat Pusteln und Diagnose des Arztes oder
- Säugling hat Pusteln, und der Arzt beginnt mit einer entsprechenden Antibiotikatherapie.

Für die Diagnose einer *Zirkumzisionsinfektion beim Neugeborenen* (Lebensalter ≤30 Tage) muß eines der folgenden Kriterien erfüllt sein:
- Neugeborenes hat eitrige Sekretion an der Zirkumzisionsstelle.
- Neugeborenes hat eines der folgenden Symptome: Erythem, Schwellung oder Schmerzhaftigkeit an der Zirkumzisionsstelle und Erregerisolierung von dieser Stelle.
- Neugeborenes hat eines der folgenden Symptome: Erythem, Schwellung oder Schmerzhaftigkeit an der Zirkumzisionsstelle und Isolierung eines Vertreters der Hautflora an dieser Stelle und Diagnose des Arztes, oder Arzt beginnt mit einer entsprechenden Antibiotikatherapie.

## 12.7.13
**Systemische Infektion**

Eine systemische Infektion ist als eine Infektion definiert, die mehrere Organe oder Organsysteme ohne einen erkennbaren einzigen Infektionsherd miteinbezieht. Solche Infektionen sind gewöhnlich viraler Ursache und können gewöhnlich mit klinischen Kriterien allein identifiziert werden (z.B. Masern, Mumps, Röteln und Windpocken); sie treten selten als nosokomiale Infektionen auf.

Diese Definitionen werden in den USA von allen Krankenhäusern angewendet, die an der (freiwilligen) prospektiven Erfassung nosokomialer Infektion im Rahmen der NNIS teilnehmen [139]. Somit würde die Übernahme der Definitionen einen Vergleich mit den NNIS-Daten ermöglichen. Die Definitionen sind gleichermaßen für Erfassungsprogramme endemischer nosokomialer Infektionen geeignet wie für Prävalenzstudien, spezielle wissenschaftliche Fragestellungen sowie die Untersuchung von Ausbrüchen.

# 13 Umweltschonende Sterilisation und Desinfektion

M. Dettenkofer und F. Daschner

## EINLEITUNG

Infektionserreger bestehen vorwiegend aus Wasser, Eiweiß und Nukleinsäuren. Zur Desinfektion und Sterilisation werden daher solche Methoden eingesetzt, die die Zellstrukturen zerstören. Das Wirkungsprinzip kann physikalischer oder chemischer Natur sein oder auch eine Kombination beider Maßnahmen [304, 384]. Der Erfolg der Methoden ist von mehreren Faktoren abhängig: von der Höhe der Ausgangskeimzahl, der Aktivität der physikalischen oder chemischen Einwirkung und deren Dauer. Je höher die Ausgangskeimzahl, um so größer die Gefahr, daß Sterilisation und Desinfektion unwirksam bleiben. Eine sorgfältige Vorreinigung ist deshalb für den Erfolg dieser Maßnahmen von ausschlaggebender Bedeutung. Auch bei der besten Sterilisationsmethode ist statistisch noch mit einer Kontaminationswahrscheinlichkeit von 1 : 1 000 000 sterilisierten Einheiten zu rechnen.

## 13.1 Definitionen

- *Dekontamination* bedeutet, daß durch physikalisch-chemische Einwirkung, z. B. Reinigung und Trocknung, eine wesentliche Reduktion von Mikroorganismen bzw. gefährlichen Stoffen erreicht wird.
- Ziel der *Desinfektion* ist die Abtötung aller pathogenen Keime, wobei die Zahl von Krankheitserregern auf Flächen oder Gegenständen soweit reduziert wird, daß davon keine Infektion bzw. Erregerübertragung mehr ausgehen kann.
- Die *Sterilisation* schließt die Abtötung aller vermehrungsfähigen Mikroorganismen einschließlich bakterieller Sporen ein.

Entsprechend ihrer Wirksamkeit gegenüber verschiedenen Infektionserregern werden Sterilisations- und Desinfektionsverfahren in vier Gruppen eingeteilt [440]:
- Gruppe A: Abtötung der vegetativen Bakterienformen und Pilze,
- Gruppe B: Inaktivierung der Viren,
- Gruppe C: Abtötung der Sporen von Bacillus anthracis,
- Gruppe D: Abtötung der Sporen von Clostridium perfringens.

Die Gruppe D ist nur für die Sterilisation bedeutsam. Als besonders widerstandsfähig gelten die Prionen (nach bisheriger Erkenntnis u. a. für die Auslösung der übertragbaren Form der Creutzfeld-Jakob-Erkrankung verantwortlich) [167].

## 13.2
## Sterilisation

Die zur Abtötung benötigte Zeit (oder Dosis im Falle der Strahlensterilisation) ist direkt proportional zur Höhe der Ausgangskeimzahl. Der Destruktionswert (D-Wert) gibt dabei die Zeit bzw. Dosis an, die erforderlich ist, um die Anzahl von Mikroorganismen unter definierten Bedingungen um 90 % zu vermindern.

Für jedes Sterilisationsverfahren gilt der Grundsatz, daß das Sterilisiergut vor der Sterilisation gründlich gereinigt werden muß, da z. B. Eiweißreste oder Salzkristalle als Schutzhülle für Mikroorganismen dienen können und deren Abtötung erschweren. Außerdem müssen die Materialien trocken sein.

### 13.2.1
### Sterilisation mit feuchter Hitze

Die Sterilisation mit Wasserdampf ist das wichtigste Sterilisationsverfahren. In Dampfsterilisatoren (Autoklaven) wird gesättigter, gespannter Wasserdampf von in der Regel 121° C (2,05 bar – Abtötungszeit 15–20 min) oder 134° C (3,04 bar – Abtötungszeit 5 min) verwendet. Bezüglich der Resistenz gegen feuchte Hitze lassen sich Mikroorganismen in verschiedene Resistenzstufen (I–IV) einteilen (Tabelle 13.1).

Tabelle 13.1. Resistenzstufen von Mikroorganismen gegenüber feuchter Hitze

| Resistenz-stufe | Temperatur [°C] | Zeit | Erreger |
|---|---|---|---|
| I | 100 | sek–min | Vegetative Bakterien, Pilze einschließlich der Pilzsporen, Viren, Protozoen |
| II | 105 | 5 min | Bakterielle Sporen niederer Resistenz (z. B. Milzbrandsporen) |
| III | 100 | 5–10 h | Bakterielle Sporen höherer Resistenz (z. B. Clostridien der Gasbrandgruppe, Tetanuserreger) |
| | 121 | 15 min | |
| | 134 | 3 min | |
| IV | 134 | bis zu 6 h | Bakterielle Sporen hoher Resistenz (apathogene thermophile, native Erdsporen) |

Der Autoklav arbeitet mit gesättigtem, gespanntem Wasserdampf, der auf die o. g. Temperaturen erhitzt wird. Seine Wirkung am Sterilisiergut entfaltet er durch Freisetzung von Energie bei der Kondensation zu Wasser. Diese Energie tötet Mikroorganismen der Resistenzstufen I, II und III ab. Das Verfahren ist jedoch nur dann erfolgreich, wenn alle Parameter erfüllt sind (gesättigter, gespannter Wasserdampf, ausreichende Temperatur und Einwirkungszeit).

Die Betriebszeit des Autoklaven setzt sich aus folgenden Zeiten zusammen: In der Anheizzeit wird im Sterilisationsdruckbehälter die notwendige Betriebstemperatur erreicht. Diese Zeit läßt sich im Krankenhaus dadurch verkürzen, daß Wasserdampf über eine Zentralleitung angeliefert wird. Nach der Anheizzeit erfolgt die Ausgleichzeit, in der die Sterilisiertemperatur überall im Apparat und auch im Sterilisiergut erreicht wird. Sie ist in ihrer Länge abhängig vom Vorhandensein von Luft. Da Luft ein schlechter Wärmeleiter ist, wird diese mit Vakuumpumpen zuvor möglichst vollständig aus der Sterilisierkammer abgesaugt. Anschließend beginnt die Sterilisierzeit, an die sich die Abkühlzeit anschließt. Die einzelnen Phasen sind in Abb. 13.1 schematisch dargestellt. Die häufigsten Fehler bei der Sterilisation im Autoklaven lassen sich folgendermaßen zusammenfassen:

- Durch ungenügende Vorreinigung des Sterilisiergutes wird die Keimzahl nicht genügend reduziert, sowie durch Schleim-, Blut und Serumreste, besonders in englumigen Schläuchen, werden Mikroorganismen eingehüllt und entziehen sich so dem sterilisierenden Wasserdampf.
- Bei der Verwendung von zu porösem Material (Wäsche z. B., die sehr häufig sterilisiert worden ist, wird porös) wird der kondensierende Wasserdampf nicht aufgesogen und es bildet sich Wasser. Dabei wird aber nicht die Temperatur erreicht, die zur Sterilisation notwendig ist, so daß die Materialien nicht steril werden.
- Auch bei der Sterilisation von Metallgegenständen, besonders Instrumenten, kann sich Kondenswasser bilden (v. a., wenn das Gewicht pro Sieb ca. 8 kg übersteigt).
- Die Verpackung des Sterilisiergutes ist fehlerhaft. Sie muß so gewählt werden, daß die Luft entweichen und der Dampf eindringen kann (z. B. Sterilisationspapier mit wasserdampf- und luftdurchlässiger Polyamidfolie, DIN 58946).
- Es werden Behälter verwendet, die das Eindringen des Dampfes erschweren oder unmöglich machen (z. B. Büchsen). Container müssen einen perforierten Deckel bzw. Boden haben, und die Filter müssen regelmäßig gewechselt werden (Gefahr der Verfilzung, die das Eindringen des Dampfes erschwert). Heute werden daher meist Einwegfilter benutzt.
- Die Sterilisationscontainer werden zu dicht beschickt, so daß der Dampf nicht alle Stellen erreichen kann. In Wäschecontainern muß man eine flache Hand zwischen die Tücher einschieben können.
- Die Innenwände des Apparates werden vom Sterilisiergut berührt, so daß die Verpackung festkleben kann und beim Leeren der Kammer beschädigt wird.

204  M. Dettenkofer und F. Daschner

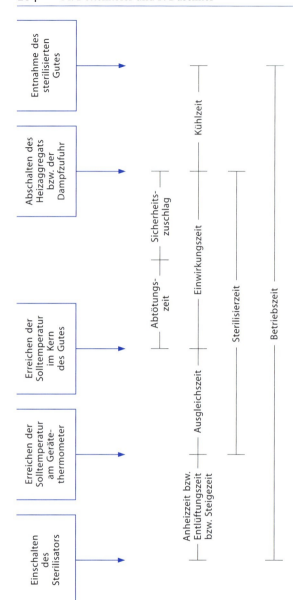

**Abb. 13.1.** Schema der Sterilisation im Autoklaven

## 13.2.2
### Sterilisation mit trockener Hitze

Da trockene Luft eine wesentlich geringere Wärmekapazität als gesättigter Wasserdampf hat, sind zur Sterilisation im Heißluftsterilisator („Heißlüfter") höhere Temperaturen und längere Einwirkungszeiten erforderlich (160°C – 200 min, 180°C – 30 min, 200°C – 10 min). Im Heißluftsterilisator können nur hitzestabile Materialien wie Metalle, Glas, Porzellan, Öle, Fette oder Pulver, aber keine Tücher oder Papier sterilisiert werden (Brandgefahr). Ebenfalls können keine Flüssigkeiten sterilisiert werden (Explosionsgefahr durch Überdruck in der Flasche).

Die Sterilisation im Heißlüfter ist sehr einfach zu handhaben. Trotzdem bzw. deswegen werden häufig Fehler gemacht. Eine Sterilisation mit trockener Hitze soll daher nur dann angewendet werden, wenn Autoklavieren nicht möglich ist. Folgendes sind die häufigsten Fehler:
- Beladen eines noch zu heißen Gerätes unter Nichtbeachtung der Ausgleichszeit,
- Öffnen und zusätzliches Beladen bei laufender Sterilisation,
- Sterilisation mit geöffneten Behältern (außer, wenn Deckel mit Luftschlitzen verwendet werden, die nach der Sterilisation verschlossen werden),
- zu dichte Beschickung und dadurch verbleibende Luftinseln, so daß die Sterilisiertemperatur nicht überall erreicht wird.

## 13.2.3
### Sterilisation mit Strahlen

Dieses Verfahren wird in der Klinik nicht angewendet und soll daher hier nicht weiter behandelt werden (nähere Beschreibung in [440]). Zur Sterilisation von Medizinprodukten werden entweder Beta- oder Gammastrahlen verwendet ($2,5 \times 10^4$ Gray).

## 13.2.4
### Sterilisation mit Ethylenoxid

Ethylenoxid (EO) ist ein sehr reaktionsfähiges, brennbares Gas, das mit Luft ein explosives Gemisch bildet. Es wird deshalb zusammen mit inerten Gasen, wie z. B. $CO_2$, in Kartuschen oder Gasflaschen geliefert. EO reizt die Atemwege und ist kanzerogen [300, 391]. Es wird v. a. zur Sterilisation von thermolabilen Materialien verwendet. EO kann Schmutz, Proteine oder Salzkristalle nicht durchdringen, das Sterilisiergut muß daher vorher sorgfältig gereinigt werden. Der Sterilisationserfolg wird nur durch eine ausreichende EO-Konzentration (1000–1200 mg/l), Temperatur (in der Regel 50–60°C), Feuchtigkeit (55–85%), Druck (bzw. Vakuum) und Einwirkungszeit garantiert. Bei niedrigen Temperaturen sind längere Einwirkungszeiten notwendig. Die Sterilisierzeit ist von den oben genannten Parametern abhängig und beträgt zwischen 20 min und 6 h. Die Gassterilisation mit EO ist wesentlich aufwendiger und anfälliger als die Sterilisation im Autoklaven. Sie soll daher nur bei thermolabilen Materialien verwendet werden. Als eine weniger problematische Alternative steht für viele dieser Materialien allerdings mittlerweile die Plasmasterilisation zur Verfügung (s. 13.2.6). Bei der Beschaffung muß immer beachtet werden, soweit wie möglich nur autoklavierbare Materialien und Geräte einzukaufen. Die Gassterilisation ist ein schlechter Ersatz für Autoklavieren.

EO wird während der Sterilisation mehr oder weniger stark an den Oberflächen des Sterilisiergutes gebunden. Das Gas hat außerdem ein sehr gutes Penetrationsvermögen, so daß nach der Sterilisation sogenannte Ausgasungs- oder Desorptionszeiten unerläßlich sind. Der Restgehalt von EO in medizinischen Produkten darf vor Anwendung am Patienten 1 mg/kg (=ppm) nicht überschreiten. Die Desorptionszeiten sind bei den verschiedenen Materialien sehr unterschiedlich, aus PVC desorbiert EO z. B. wesentlich schlechter als aus Latex bzw. Silikon- oder Naturkautschuk. Besondere Vorsicht ist bei sogenannten Entlüftungs- bzw. Entgasungsschränken geboten, wenn während des Betriebes die Entlüftungskammer immer wieder mit neuem Material mit noch hohem EO-Gehalt beschickt wird: Das Gas diffundiert aus den Materialien mit hoher Konzentration wieder in das bereits teilweise entgaste Sterilisiergut. Die Hersteller derartiger Geräte übernehmen keine Garantie, daß nach einer bestimmten Ausgasungszeit der Grenzwert von 1 ppm unterschritten wird. Die jeweils einzuhaltende Desorptionszeit wäre vom Hersteller der Produkte festzulegen, was jedoch in der Praxis meist nicht erfolgt. Für das Universitätsklinikum Freiburg wurde daher ein entsprechendes Merkblatt entwickelt (s. Kap. 41, S. 639). Die häufigsten Fehler bei der EO-Gassterilisation sind:

- Die Materialien werden vor der Sterilisation nicht ausreichend gereinigt, Hohlräume oder Lumina sind durch z. B. Blut oder Schleim verstopft, so daß das Gas nicht durchdringen kann.
- Zur Reinigung wird Leitungswasser mit hohem Mineralgehalt verwendet. Die Mineralien können bei der Gassterilisation auskristallisieren. EO kann Mineralien nicht durchdringen, die Salzkristalle bilden eine Schutzhülle um die Mikroorganismen.
- Das Sterilisiergut ist noch feucht oder sogar naß.
- Die Verpackung ist nicht durchlässig für EO (Klarsichtsterilisierverpackungen nach DIN 58953 verwenden).

## 13.2.5
### Sterilisation mit Formaldehyd

Formaldehyd ist ein nicht explosives und nicht brennbares Gas mit einem stechenden, reizenden Geruch, das unter der Geruchsschwelle (0,05 ppm) nicht toxisch ist. Der MAK-Wert (maximale Arbeitsplatzkonzentration) von 0,5 ppm (0,6 µg/cm$^3$) [109] sollte aus umweltmedizinischem Blickwinkel deutlich unterschritten werden (Innenraumluft Richtwert: 0,1 ppm): Formaldehyd ist ein starkes Allergen, und aufgrund von Tierexperimenten besteht begründeter Verdacht auf krebserzeugendes Potential. Das Gas dringt kaum in das Sterilisiergut ein und kann daher Innenräume nicht erreichen. Wie bei EO muß der zu sterilisierende Gegenstand sauber, d. h. auch kristallfrei, und trocken sein. Zur Sterilisation wird Formaldehyd mit Wasserdampf als stabilisierte Formaldehydlösung verdampft. Die Sterilisation erfolgt im Unterdruck bei 0,2 bar und bei einer Temperatur von 60–75°C. Die Sterilisierzeit beträgt bis zu 90 min. Im Anschluß an diese Zeit erfolgt noch im Gerät die Desorption in Form einer mehrmaligen fraktionierten Vakuum- bzw. Dampfspülung. Zusätzliche Entlüftungsmaßnahmen sind nicht notwendig. Auf die Einhaltung des MAK-Wertes muß jedoch geachtet werden. Zur Verpackung sollen Klarsichtsterilisierverpackungen nach DIN 58953 verwendet werden.

## 13.2.6
**Plasmasterilisation**

Dieses Niedertemperatur-Sterilisationsverfahren nutzt die Bildung hochreaktiver Hydroperoxy- und Hydroxyradikale in einem Wasserstoffperoxidplasma, die mikrobizide Eigenschaften besitzen [168, 238]. Hierzu wird in einem Hochvakuum stark verdünntes, dampfförmiges Wasserstoffperoxid durch Anlegen eines hochfrequenten elektromagnetischen Feldes in den Plasmazustand versetzt (= vierter Aggregatzustand, u. a. in Leuchtstoffröhren) [95]. Nach dem Abschalten der Hochfrequenz rekombiniert das Plasma zu molekularem Sauerstoff und Wasser, so daß keine toxischen Substanzen zurückbleiben [391].

Das Verfahren arbeitet bei Temperaturen unter 50°C und ermöglicht so die Sterilisation von vielen empfindlichen thermolabilen Medizinprodukten wie Optiken, Endoskopen und elektronischen Instrumenten. Die Behandlung absorbierender Materialien (z. B. aus Papier, Baumwolle, Polyurethan) und von Gegenständen mit blind endenden, engen Lumina ist nicht möglich. Eine gründliche Reinigung und Trocknung vor der Sterilisation ist auch bei diesem Verfahren erforderlich. Der Sterilisationszyklus des bisher einzigen kommerziell erhältlichen Gerätes (Sterrad® 100, Fa. Johnson & Johnson), das in den USA 1993 durch die Food and Drug Administration (FDA) zugelassen wurde, umfaßt nach Beladung folgende mikroprozessorgesteuerten Phasen:
- Vakuumphase,
- Injektion von Wasserstoffperoxid (Druckanstieg),
- passive Diffusion des Gases auf alle Oberflächen,
- Plasmaphase (Hochvakuum, Plasmaerzeugung durch Hochfrequenz),
- Belüftungsphase.

Nach dem maximal 90 min dauernden Prozeß sind keine Auslüftzeiten einzuhalten. Von Vorteil ist neben der fehlenden Toxizität und einfachen Installation auch die Tatsache, daß ggf. thermolabile und thermostabile Materialien (z. B. Sets chirurgischer Instrumente) gemeinsam sterilisiert werden können, ohne daß es bei letzteren zu Korrosionserscheinungen kommt [151]. Die Leistungsgrenzen der z. Z. verfügbaren Niedertemperatur-Plasmasterilisation (NTP) zeigen sich bei der mikrobiziden Wirksamkeit in Instrumenten mit längeren inneren Hohlräumen. Da nicht mit einem Wirkstoffüberschuß gearbeitet wird, muß bei der Sterilisation von solchen Gegenständen ein sog. Diffusionsverstärker eingesetzt werden (Booster).

Nach derzeitigem Untersuchungsstand (1995) ist das Verfahren mit folgenden Materialien und Größen sicher anwendbar [39]:

- V4A-Stahl:
  - 1 mm Durchmesser bis 10 cm Länge,
  - 2 mm Durchmesser bis 25 cm Länge,
  - 3 mm Durchmesser bis 40 cm Länge,
  - 1 mm Durchmesser bis 50 cm Länge (mit Diffusionsverstärker).
- Teflon:
  - 1 mm Durchmesser bis 2 m Länge,
  - 2 mm Durchmesser bis 3 m Länge,
  - 1 mm Durchmesser bis 3 m Länge (mit Diffusionsverstärker).

Bei aus verschiedenen Materialien zusammengesetzten Medizingeräten (z. B. flexiblen Endoskopen) sind entsprechende Praxisversuche notwendig. Im Falle eines Koloskops (drei Kanäle – 1,3 m lang) fand sich mit Diffusionsverstärker ein sicherer Sterilisationserfolg [264].

Als Bioindikator für die Niedertemperatur-Plasmasterilisation wird derzeit ein kommerzielles System mit B. subtilis-Sporen eingesetzt. Es erfolgt eine ausführliche Dokumentation (Ausdruck) des Sterilisationsprozesses. Die Verpackung muß noch in einer speziellen Kunststoffolie (PP, papierfrei) erfolgen (s. Kap. 41, S. 639). Mehrwegsterilisationscontainer aus Kunststoff sind in der Erprobung.

Die Vor- und Nachteile der drei heute verfügbaren Niedertemperatur-Sterilisationsverfahren mit EO, Formaldehyd sowie Wasserstoffperoxidplasma sind in Tabelle 13.2 zusammengefaßt.

Tabelle 13.2. Vorteile und Nachteile der Sterilisation mit Ethylenoxid, Formaldehyd oder $H_2O_2$-Plasma

| Methode | Vorteile | Nachteile |
| --- | --- | --- |
| Ethylenoxid | Gutes Penetrationsvermögen; Temperatur ab 30° C | Toxisch, kanzerogen, explosiv; lange Auslüftzeiten, spezielle bauliche Maßnahmen (Ventilation) |
| Formaldehyd | Keine langen Auslüftzeiten; Überschuß durch Geruch erkennbar | Höhere Temperaturen erforderlich; toxisch, allergen, gut ventilierte Räume erforderlich |
| Plasma | Keine Auslüftzeit notwendig; umweltfreundliches und schnelles Verfahren; keine Toxizität | Spezielle, papierfreie Verpackung notwendig (Mehrwegcontainer in Entwicklung); noch nicht ausreichend bekannte Verträglichkeit für bestimmte Materialien |

## 13.2.7
**Prüfverfahren für die Sterilisation**

Ausführliche Hinweise hierzu finden sich in Kap. 41, S. 639. An dieser Stelle wird auf die Anlage 7.1 (Durchführung der Sterilisation) der „Richtlinie für Krankenhaushygiene und Infektionsprävention" des ehemaligen BGA, auf die relevanten DIN-Normen (58946–58948) sowie auf die neue europäische Norm EN 554 hingewiesen.

Es sollen grundsätzlich periodische Prüfungen (bei Autoklaven und Heißluftsterilisatoren mindestens halbjährlich bzw. nach 400 Chargen, bei Formaldehyd- und EO-Sterilisatoren vierteljährlich bzw. nach 200 Chargen) während des laufenden Betriebes und außerordentliche Prüfungen nach Reparaturen oder bei Zweifeln an der Funktionsfähigkeit des Gerätes durchgeführt werden. Bei der Gassterilisation (Formaldehyd, EO) wird das Einlegen von Bio- bzw. Chemoindikatoren bei jeder Charge empfohlen, da die Verfahren unzuverlässiger sind als Autoklaven. Dasselbe wird auch für die Plasmasterilisation empfohlen, weil man bisher noch zuwenig Erfahrung mit diesem Verfahren hat.

## 13.3
**Desinfektion**

Im Vergleich zur Sterilisation wird bei der Desinfektion zwar grundsätzlich eine Inaktivierung von Krankheitserregern gefordert (s. 13.1), eine Reduktion um 3–5 $\log_{10}$-Stufen (99,9–99,999%) ist allerdings in den meisten Fällen ausreichend [304]. Wie bei der Sterilisation gibt es physikalische oder chemische Verfahren und deren Kombination.

## 13.3.1
**Thermische Desinfektion**

**Auskochen.** Das einfachste Verfahren ist das Auskochen in Wasser unter Zusatz von 0,5% $Na_2CO_3$, wobei eine 3minütige Einwirkungszeit Mikroorganismen der Gruppen A und B (vegetative Bakterienformen, Viren und Pilze) und ein 15minütiges Auskochen zusätzlich Sporen von B. anthracis (Gruppe C) abtötet.

**Reinigungs- und Desinfektionsautomaten.** Für vollautomatische Reinigungs- und Desinfektionsmaschinen sind gemäß BGA-Liste zur Abtötung von Mikroorganismen der Gruppen A und B eine Temperatur von 93°C und eine Einwirkungszeit von 10 min einzuhalten. Die Mittel und Verfahren der BGA-Liste müssen allerdings nach § 10c BSeuchG nur auf Anordnung des Amtsarztes eingesetzt werden (s. Kap. 15, S. 231, und 23, S. 391). Unverständlicherweise werden über 90% aller Maschinen zur routinemäßigen Desinfektion bei diesen hohen Temperaturen und Einwirkungszeiten betrieben, was erhebliche Energie- und Geldverschwendung zur Folge hat.

Zur routinemäßigen Desinfektion in Reinigungs- und Desinfektionsmaschinen genügen 75°C (Haltezeit 10 min) bei thermischen bzw. 60°C bei chemothermischen Verfahren (Haltezeit 15 min). Die hohen Temperaturen und Einwirkungszeiten der deutschen Empfehlungen beruhen auf sehr strengen, nicht an der klinischen Praxis orientierten Prüfmethoden. In anderen Ländern werden z. T. deutlich kürzere Zeiten und niedrigere Temperaturen zur thermischen Desinfektion empfohlen, z. B. in England 71°C mit 3 min Haltezeit oder 80°C für 1 min [20]. Bei einer Belastung mit Hepatitis B-Viren werden allerdings höhere Temperaturen angewendet (z. B. 98°C, 2 min., niedrigere Temperaturen bislang nicht untersucht [17]).

**Dampfdesinfektion.** Eine Desinfektion mit Dampf erfolgt im Dampfströmungsverfahren, im drucklosen Dampfkreislaufverfahren oder vorzugsweise im fraktionierten Dampf-Vakuum-Verfahren. Beim Dampfströmungsverfahren wird mit gesättigtem Wasserdampf von 100°C ähnlich wie beim Auskochen desinfiziert. Mit dem drucklosen Dampfkreislaufverfahren werden bei 95–105°C mit einem Dampf-Luft-Gemisch innerhalb von 15 min Bakterien, Viren und Pilze (A und B) inaktiviert. Beim fraktionierten Dampf-Vakuum-Verfahren erfolgt die Desinfektion bei 75–95°C im Unterdruck- oder bei 105°C im Überdruckverfahren. Die Einwirkungszeiten betragen bei 75°C 20 min (Gruppen A und B) bzw. bei 105°C 1 min (A und B) oder 5 min (A bis C).

### 13.3.2
### Desinfektion mit UV-Strahlen oder Mikrowellen

Eine Desinfektion oder sogar Sterilisation von Flächen oder Gegenständen mit UV-Bestrahlung ist nicht möglich (z. B. UV-Boxen für die Desinfektion oder Aufbewahrung von zahnärztlichen Instrumenten). Auch eine Desinfektion der Luft durch UV-Lampen ist nicht zu erreichen, wenn auch neuere Empfehlungen der CDC den Einsatz dieser Methode zur Tuberkuloseprophylaxe erwähnen (s. Kap. 16, S. 267) [75]. Die Aktivität von UV-Strahlungsquellen nimmt sehr schnell ab. UV-Strahlen können Staub und Schmutz nicht durchdringen, und bei der Bestrahlung entstehen Strahlenschatten. Problematisch sind auch die Aspekte des Patienten- und Personalschutzes. Die Trinkwasserdesinfektion durch UV-Bestrahlung ist mit speziellen Geräten möglich. Zur Desinfektion des letzten Spülwassers wird UV-Licht auch in Endoskopreinigungs- und Desinfektionsmaschinen benützt.

Eine Mikrowellenbestrahlung (2 450 Mhz) führt zwar zu einer schnellen Abtötung vieler Mikroorganismen durch thermische Effekte [325]. Das Verfahren ist allerdings unsicher und kann bislang nicht zur Desinfektion herangezogen werden: es können sich beispielsweise Keime, die in Kälteinseln nicht abgetötet werden, in der feuchten und warmen Umgebung nach der Behandlung rasch vermehren.

Tabelle 13.3. Desinfektionsmittelklassen

| Desinfektions-mittelklasse | Wirkstoffe | Wirkungsspektrum |
|---|---|---|
| High level | Aldehyde, Peressigsäure | Vegetative Bakterien, Bakteriensporen, Mykobakterien, Pilze, Viren |
| Intermediate level | Alkohole, PVP-Jod, Na-Hypochlorit | Vegetative Bakterien, Mykobakterien, Pilze, behüllte Viren (unbehüllte nicht immer) |
| Low level | Quaternäre Ammoniumverbindungen | Vegetative Bakterien (gramnegative häufig resistent, keine Sporen, keine Mykobakterien, Pilze häufig resistent, behüllte Viren, aber unbehüllte nicht |

## 13.3.3
## Chemische Desinfektion

Wann immer möglich, sollte die Desinfektion mit physikalischen Verfahren der chemischen Desinfektion vorgezogen werden. Die Nachteile der chemischen Verfahren sind in der nachfolgenden Übersicht zusammengestellt. Die Entwicklung standardisierter Untersuchungsmethoden für die Erfassung der mikroziden Aktivität gegen problematische Infektionserreger, z. B. (atypische) Mykobakterien, ist Gegenstand wissenschaftlicher Diskussion. Neben der Auswahl möglichst wirksamer Substanzen sind beim Einsatz in der Praxis auch die Anwendungseigenschaften (Lieferung als flüssiges Konzentrat, als Pulver oder als gebrauchsfertige Lösung, ggf. mit Aktivator, Art der Dosierung) und die Umweltverträglichkeit (auch z. B. von Hilfsstoffen oder Parfümiermitteln) zu beachten. Im angloamerikanischen Sprachraum wird zwischen „low-level-", „intermediate-level-" und „high-level"-Desinfektion unterschieden (Tabelle 13.3) [84]. Fertig angesetzte Gebrauchslösungen sind in verschlossenen Behältern bis zu vier Wochen haltbar (mit Hersteller abzuklären). Nähere Angaben zum ökologischen Verhalten von mikroziden Stoffen finden sich in Kap. 21, S. 363, und in der Literatur [263]. Angaben zu chemischen Desinfektionswirkstoffgruppen finden sich in Tabelle 13.4.

**Nachteile chemischer Desinfektion**
- Wirkungslücken und Kontamination chemischer Desinfektionsmittel,
- primäre bakterielle Resistenz, Adaptation (Biofilmbildung),
- Möglichkeit der Keimverbreitung im Krankenhaus (Zentralanlagen),
- Konzentrations-, Temperatur- und pH-Abhängigkeit,
- Zersetzbarkeit und Wirkungsverlust,
- Seifen-, Eiweißfehler,

**Tabelle 13.4.** Übersicht über chemische Desinfektionswirkstoffgruppen bzw. -verbindungen. (Angelehnt an Peters und Spicher, 1987 [51])

| Wirkstoffgruppe | Wirksamkeit | | | Verträglichkeit | | | Anwendungsbereiche | | | | | | | | | |
|---|---|---|---|---|---|---|---|---|---|---|---|---|---|---|---|---|
| | Pilze/Bakterien (vegetative Formen) | Viren (einschl. Hepatitis B-Virus) | Bakteriensporen | Biologische Abbaubarkeit | Korrosion | Hautverträglichkeit | Hände | Haut | Schleimhaut/Wunden | Instrumente/Geräte | Flächen/Oberflächen | Wäsche | Ausscheidungen | Luft | Trinkwasser | Badewasser |
| **Alkohole** | | | | | | | | | | | | | | | | |
| Ethanol | + | 0 | 0 | Gut | Keine | Gut | x | x | – | (x) | (x) | – | – | – | – | – |
| n-Propanol | + | 0 | 0 | Gut | Keine | Gut | x | x | – | (x) | (x) | – | – | – | – | – |
| Isopropanol | + | 0 | 0 | Gut | Keine | Gut | x | x | – | (x) | (x) | – | – | – | – | – |
| **Aldehyde** | | | | | | | | | | | | | | | | |
| Formaldehyd | + | + | + | Gut | Keine | Gering | – | – | – | x | x | x | – | x | – | – |
| Glutar(di)aldehyd, Glyoxal | + | + | + | Gut | Keine | Gering | – | – | – | x | x | x | – | – | – | – |
| Phenolderivate | + | 0 | 0 | Gering | Keine | Mittel | (x) | (x) | – | (x) | x | (x) | – | – | – | – |
| **Oberflächenaktive Substanzen** | | | | | | | | | | | | | | | | |
| Quartäre Ammoniumverbindungen | +[1,3] | 0 | 0 | Mittel | Keine | Gut | (x) | (x) | – | (x) | (x) | (x) | – | – | – | – |
| Neutrale amphotere Verbindungen | + | 0 | 0 | Mittel | Keine | Mittel | – | – | – | (x) | (x) | – | – | – | – | – |
| Chlorhexidin | +[2] | 0 | 0 | Mittel | Keine | Gut | x | x | x | – | – | – | – | – | – | – |
| Biguanide | +[3] | 0 | 0 | Mittel | Keine | Mittel | – | – | – | (x) | x | (x) | – | – | – | – |

| | | | | | | | | | | | | | | | | | |
|---|---|---|---|---|---|---|---|---|---|---|---|---|---|---|---|---|---|
| **Halogene abspaltende Verbindungen** | | | | | | | | | | | | | | | | | |
| Chlor | + | + | + | + | Schlecht | Gering | Gering | (x) | – | – | x | (x) | x | x | – | x | x |
| Brom | + | + | + | + | Schlecht | Gering | – | – | x | x | – | – | x | – | – | x | x |
| PVP-Jod | + | + | + | + | Mittel | Gering | Gering | x | x | x | – | – | – | – | – | – | – |
| Glucoprotamin | + | + | + | 0 | Fraglich | Gering | (Gering) | – | – | – | x | – | x | – | – | – | – |
| **Peroxidverbindungen** | | | | | | | | | | | | | | | | | |
| Ozon | + | + | | | Gut | Gering | Mittel | – | – | – | – | – | x | – | – | x | – |
| Peressigsäure | + | + | | | Gut | Gering | Mittel | x | x | – | x | x | – | – | – | – | – |
| **Metallverbindungen** | | | | | | | | | | | | | | | | | |
| Quecksilber | 0 | 0 | +[1,3] | | Schlecht | Keine | Mittel | – | x | x | – | – | – | – | – | – | – |
| Silber | 0 | 0 | +[3] | | Schlecht | Keine | Gut | – | – | x | – | – | – | – | x | – | – |
| **Anorganische und organische** | | | | | | | | | | | | | | | | | |
| Säuren | 0 | 0 | +[3] | | Mittel | Gering | Gering | (x) | – | – | x | (x) | – | – | – | – | – |
| Laugen | 0 | 0 | +[3] | | Mittel | Gering | Gering | – | – | – | – | (x) | – | x | – | – | – |

+: Ausreichende Inaktivierung
0: Keine ausreichende Wirkung (z. B. gegen unbehüllte Viren) bzw. nicht ausreichend untersucht
[1] gegen gramnegative Bakterien keine ausreichende Wirkung
[2] bakteriostatische Wirkung
[3] gegen bestimmte Mykobakterien (z.B. M. tuberculosis) keine ausreichende Wirkung
x: als alleinige Hauptwirkstoffgruppe einsatzfähig
(x): als weitere (Neben-)Wirkstoffgruppe einsatzfähig
–: aus technischen, mikrobiologischen oder Verträglichkeitsgründen nicht einsetzbar

- eingeschränktes Durchdringungsvermögen von organischem Material,
- Rekontaminationsgefahr,
- Verbleib von Restchemikalien im Gegenstand (z. B. im Gummi),
- Materialkorrosion,
- Gesundheitsbelastung für Personal und Patient (Allergisierung, Toxizität, Kanzerogenität, Mutagenität),
- Arbeitsplatz- und Umweltbelastung (Raumluft, Abwasser),
- hohe Kosten,
- Erhöhung des Müllvolumens (Plastikkanister).

Im folgenden werden die wichtigsten Desinfektionsmittel kurz beschrieben, wobei insbesondere eine ausreichende viruzide Wirksamkeit von komplexen Bedingungen abhängig und nicht durchgängig geklärt ist [239].

**Alkohole.** Sie werden je nach Art des Alkohols (Ethanol, n-Propanol oder iso-Propanol) in einer Konzentration von 50–80% eingesetzt. Reiner 99%iger Alkohol hat eher eine konservierende Wirkung und ist daher zur Desinfektion nicht geeignet. Alkohol tötet Sporen nicht ab, auch ist eine ausreichende Wirkung gegen unbehüllte Viren (z. B. Polioviren) nicht vorhanden. Hepatitis B-Viren und HIV werden jedoch inaktiviert. Für eine sichere Wirkung bei Mykobakterien wird der Zusatz von z. B. o-Phenylphenol (0,1%) empfohlen [132]. Alkohole werden v. a. zur Hautdesinfektion, aber auch zur Desinfektion von kleinen Flächen verwendet (bei großflächiger Anwendung besteht Brandgefahr). Zu bedenken ist der hohe Eiweißfehler (Koagulation von Eiweiß, das darin eingeschlossene Keime schützt). Die Umweltverträglichkeit (biologischer Abbau) ist gut.

**Aldehyde.** Aldehydische Desinfektionsmittel werden zur Instrumenten- und Flächendesinfektion empfohlen. Der Eiweißfehler ist gering. Neben Formaldehyd werden heute vermehrt Substanzen wie Glutardialdehyd und Glyoxal eingesetzt. Letzteres hat nur teilweise ein dem Formaldehyd vergleichbares Wirkungsspektrum und ist v. a. nicht umfassend viruzid. Es wird in Kombination mit Form- oder Glutaraldehyd verwendet.
- Formaldehyd. Diese Substanz ist ein nach wie vor sehr wirksames Desinfektionsmittel mit einem breiten Wirkungsspektrum unter Einschluß unbehüllter Viren und bei höherer Konzentration (bis 8 %) und längerer Einwirkungszeit auch gegen bakterielle Sporen [354]. Der Einsatz von Formaldehyd ist in den letzten Jahren aufgrund seiner kanzerogenen Wirkung, die jedoch nicht für den Menschen nachgewiesen wurde, zu Unrecht stark eingeschränkt worden. Dabei ist zu beachten, daß sog. formaldehydfreie Desinfektionsmittel oft andere Aldehyde, z. T. in höherer Konzentration, enthalten, über deren Toxizität aber nur wenig Informationen vorhanden sind. Die stark allergisierende Wirkung von Formaldehyd dagegen ist unbestritten, und eine gute Be- und Entlüftung ist Voraussetzung für seine Verwendung. Formaldehyd wird im Abwasser schnell biologisch abgebaut.

• Glutaraldehyd. Diese in Flächendesinfektionsmitteln und für die Desinfektion von Instrumenten (besonders von flexiblen Endoskopen) häufig eingesetzte Verbindung ist als 2%ige Lösung im pH-Bereich von 7,5–8,5 umfassend bakterizid und sporizid wirksam [354, 440]. In jüngerer Zeit wurden allerdings glutaraldehydresistente atypische Mykobakterien aus chemothermischen Reinigungs- und Desinfektionsautomaten isoliert [253]. Glutaraldehyd wirkt korrodierend auf Metalle. Der MAK-Wert liegt bei 0,2 ppm.

Phenole. Als alleiniger Desinfektionswirkstoff sollen Phenole (z. B. o-Phenylphenol) nicht mehr angewendet werden. V. a. die chlorsubstituierten Derivate werden im Abwasser nur langsam abgebaut und können sich in der Nahrungskette anreichern. Gegen Bakteriensporen sind Phenole unwirksam, z. T. auch gegen Hepatitis B-Viren. Sie besitzen eine gute Wirksamkeit gegenüber Mykobakterien. Der Eiweißfehler ist gering. Wegen ihres toxischen Effektes bei Früh- und Neugeborenen (Hyperbilirubinämie) ist der Einsatz von Phenolen in diesen Bereichen kontraindiziert.

Quaternäre (quartäre) Ammoniumverbindungen (QAV). Bei den QAV (z. B. Benzalkoniumchlorid, Dimethyldistearylammoniumchlorid oder Cetylpyridiniumchlorid) handelt es sich um oberflächenaktive Verbindungen, die wegen ihrer geringen Humantoxizität v. a. zur Desinfektion im Küchenbereich eingesetzt werden. Sie weisen jedoch nicht nur gegen Viren, sondern teilweise auch gegen Bakterien (z. B. einige gramnegative Bakterien, Mykobakterien) Wirkungslücken auf, so daß ihr Einsatz begrenzt bzw. nur in Kombination sinnvoll möglich ist (z. B. Phenoxypropanol und Benzalkoniumchlorid [132]). QAV können nicht zusammen mit anionischen Tensiden eingesetzt werden. Das Abbauverhalten im Abwasser ist eingeschränkt (Elimination v. a. durch Adsorption, Anreicherung im Klärschlamm).

Guanidine. Auch Guanidine (z. B. Biguanide wie Chlorhexidin) haben erhebliche Wirkungslücken (Mykobakterien, Sporen, Pilze), weswegen sie in Kombination mit anderen Wirkstoffen – insbesondere Alkoholen – eingesetzt werden sollen [383]. Der Eiweißfehler ist hoch, und die Substanzen reichern sich z. T. im Klärschlamm an.

Halogene. Chlor-, brom- und jodabspaltende Verbindungen haben eine sehr gute Wirksamkeit gegen Bakterien, Pilze und Viren bei guter Materialverträglichkeit. Chlor wird v. a. zur Trink- und Badewasserdesinfektion verwendet. Die vom ehemaligen Bundesgesundheitsamt empfohlene (viruzide) Hautdesinfektion mit chlorhaltigen Präparaten (z. B. Chloramin) [57] führt zu Hautschäden und ist klinisch nur in ganz wenigen Ausnahmefällen relevant. Wegen der hohen Toxizität und Umweltbelastung (Persistenz organischer Chlorverbindungen im Abwasser) sollen chlorhaltige Desinfektionsmittel insbesondere zur Wäschedesinfektion nicht mehr eingesetzt werden. Wegen der Bildung toxischer Nebenprodukte ist v. a. die Desinfektion von Babyflaschen und -saugern mit Natriumhypochlorit abzulehnen: thermische Verfahren sind einfacher, weniger umweltbelastend und auch sicherer. Beim Einsatz von chlorabspaltenden Verbindungen im zahnärztlichen Bereich ist mit einer Remobilisation von Quecksilber aus Amalgamabscheidern zu rechnen [261].

Iodophore, z. B. PVP-Jodpräparate, werden v. a. zur Haut- und Schleimhautdesinfektion verwendet. In der Schwangerschaft, bei Neugeborenen und Säuglingen, bei Schilddrüsenerkrankungen und vor Untersuchungen mit radioaktiven Jodpräparaten sollen sie nicht eingesetzt werden. PVP-jodhaltige Seifen können zur chirurgischen Händedesinfektion verwendet werden. Für die präoperative Hautdesinfektion werden PVP-Jodpräparate im Kombination mit Alkohol empfohlen. Die viruzide Wirksamkeit (durch freies Jod) ist abhängig von der Anwendungskonzentration und vom pH-Wert [239]. Der Eiweißfehler ist hoch, und PVP-Jod ist schlecht biologisch abbaubar.

Oxidationsmittel. Peroxidverbindungen, wie z. B. die Peressigsäure oder Wasserstoffperoxidlösungen, haben eine sehr gute und breite Wirksamkeit gegen Bakterien, Pilze und Viren. Ihre metallkorrodierenden Eigenschaften und die mangelnde Stabilität erschweren jedoch den breiten Einsatz. Peroxidverbindungen werden zur Wäschedesinfektion und in Verbindung mit korrosionshemmenden Substanzen zur Instrumentendesinfektion eingesetzt. Gegenüber einer 2 %igen alkalischen Glutaraldehydlösung konnte die sichere Wirksamkeit eines Desinfektionsmittels mit 0,3%iger Peressigsäure auch gegen problematische Erreger wie Mycobacterium chelonae [290] oder Cryptosporidien [216] nachgewiesen werden. Die Peroxidverbindungen sind biologisch sehr gut abbaubar, falls nicht bakterientoxische Konzentrationen eingeleitet werden. Beim Einsatz von Perverbindungen (starke Oxidantien) im zahnärztlichen Bereich ist mit einer Remobilisation von Quecksilber aus Amalgamabscheidern zu rechnen [261].

Glucoprotamin. Dieser neue Desinfektionsmittelwirkstoff besitzt in Konzentrationen bis 2% (Flächendesinfektionsmittel) bzw. 5% (Instrumentendesinfektionsmittel) ein breites Wirkungsspektrum gegen Bakterien, einschließlich Mykobakterien, Pilzen, Hepatitis B-Virus und HIV. Neben behüllten Viren werden auch unbehüllte Viren mit lipophilen Eigenschaften inaktiviert [239]. Gegenüber Aldehyden ist v. a. die fehlende Geruchsbelästigung von Vorteil. Die biologische Abbaubarkeit erweist sich in Testverfahren (modifizierter OECD-[Organization for economic cooperation and development] Test) als eingeschränkt (noch unveröffentlichte Ergebnisse), was allerdings nicht ohne weiteres auf ein ungünstiges Abbauverhalten in Kläranlagen schließen läßt.

Farbstoffe. Farbstoffe auf der Basis von Triphenylmethan (z. B. Gentianaviolett, Eosin) besitzen ein uneinheitliches Wirkungsspektrum gegen Bakterien und Pilze. Insbesondere Eosin, das die geringste Toxizität besitzt, wird in Konzentrationen von 0,5–1% therapeutisch bei bakteriell oder mykotisch bedingten Hautveränderungen, aber auch prophylaktisch, z. B. nach Schleifung der Haut, eingesetzt [336]. Eosinlösungen können jedoch relativ leicht bakteriell verunreinigt werden.

Schwermetalle. Die früher häufiger verwendeten Quecksilberverbindungen zur Haut- und Schleimhautdesinfektion sollen wegen ihrer bekannten Toxizität und unsicheren Wirksamkeit nicht mehr eingesetzt werden. Die zweifellos gute austrocknende Wirkung von Substanzen wie Merbromin kann auch mit Farbstoffen erreicht werden (z. B. Eosin, Methylorange) [336].

## 13.3.4
**Desinfektionsmittel und Prüfverfahren**

In Tabelle 13.5 sind die derzeit gültigen Desinfektionsmittellisten (BGA-, DGHM- und DGV-Liste) und deren Anwendungsbereiche zusammengestellt [53, 111]. Grundsätzlich sollen in Klinik und Praxis nur Desinfektionsmittel aus der DGHM-Liste eingesetzt werden, obwohl in Eigenverantwortung Abweichungen davon möglich sind. So kann selbstverständlich 70%iger Isopropylalkohol oder 60%iger n-Propanol + 2% Glycerin zur hygienischen Händedesinfektion eingesetzt werden, da 60%iger n-Propanol das Referenzpräparat bei der Prüfung zur Aufnahme von Händedesinfektionsmitteln in die DGHM-Liste ist [111].

Die Verwendung von Präparaten, Konzentrationen und Einwirkungszeiten entsprechend der BGA-Liste ist jedoch nach § 10c BSeuchG nur auf Anordnung des zuständigen Gesundheitsamtes notwendig, nicht z. B. nach septischen Eingriffen in einem OP oder nach Entlassung eines einzelnen Patienten mit einer nach § 3 BSeuchG meldepflichtigen übertragbaren Krankheit. Für den Lebensmittelbereich gibt es zwei weitere Listen (s. Tabelle 13.5). Kritisch ist v. a. zur BGA-Liste anzumerken, daß teilweise erhebliche Diskrepanzen zwischen der Desinfektionspraxis in der täglichen Routine und den Prüfmethoden bestehen. Die Prüfmethoden des ehemaligen Bundesgesundheitsamtes orientieren sich kaum an den Gegebenheiten der Praxis, woraus im Vergleich zu anderen Ländern z. T. wesentlich höhere Desinfektionsmittelkonzentrationen und Einwirkungszeiten resultieren. Bei der Prüfung von Flächendesinfektionsmitteln werden sehr hohe Keimzahlen in eine Nährlösung oder auf eine Fläche aufgebracht und anschließend zu definierten Zeitpunkten die Reduktion der Keimzahl gemessen. Bei der Flächendesinfektion in der Routine erfolgen Reinigung und Desinfektion in einem Arbeitsgang, wobei allein schon durch den mechanischen Reinigungsvorgang eine erhebliche Keimreduktion erfolgt und außerdem in den meisten Fällen die Beladung einer Fläche mit Keimen wesentlich geringer ist als unter den Testbedingungen. Es darf daher angenommen werden, daß in der Regel eine Desinfektion von Flächen in deutlich kürzeren Zeiten erfolgt als in den Desinfektionsmittellisten angegeben. Bei der Flächendesinfektion kann deshalb nach Abtrocknung des Desinfektionsmittels die Fläche wieder benützt bzw. begangen werden.

Tabelle 13.5. Übersicht über Desinfektions- und Dekontaminationsmittellisten und deren Anwendungsbereiche

| Liste | Wirksamkeit gegen Bakterien (vegetative Formen) und Pilze | Wirksamkeit gegen Viren | Anwendungsbereiche (u. a. medizinische Einrichtungen) ||||||| Lebensmittelbereich ||
|---|---|---|---|---|---|---|---|---|---|---|
| | | | Händedesinfektion || Flächendesinfektion | Instrumentendesinfektion | Wäschedesinfektion | Desinfektion von Ausscheidungen | Händedekontamination | Flächendesinfektion |
| | | | Hygienisch | Chirurgisch | | | | | | |
| VII. erweiterte Liste der nach den „Richtlinien für die Prüfung chemischer Desinfektionsmittel" geprüften und von der Deutschen Gesellschaft für Hygiene und Mikrobiologie (DGHM) als wirksam befundenen Desinfektionsverfahren Stand 1. 7. 1995 | Ja | Ja | Ja | Ja | Ja | Ja | Ja | Nein | – | – |
| Liste der vom Bundesgesundheitsamt (BGA) geprüften und anerkannten Desinfektionsmittel und -verfahren Stand 1. 1. 1994 (12. Ausgabe) | Ja | Ja | Ja | Nein | Ja | Nein | Ja | Ja | – | – |
| 3. Desinfektionsmittelliste der Deutschen Veterinärmedizinischen Gesellschaft (DVG) für den Lebensmittelbereich (Handelspräparate) Stand 1. 7. 1993 | Ja | Keine Angaben | – | – | – | – | – | – | – | Ja |
| 1. Liste der nach den „Richtlinien für die Prüfung chemischer Desinfektionsmittel" geprüften und von der Deutschen Gesellschaft für Hygiene und Mikrobiologie (DGHM) als wirksam befundenen Händedekontaminationsmittel. | Ja | Keine Angaben | – | – | – | – | – | – | Ja | – |

–: Angaben nicht erforderlich

## 13.3.5
## Spezielle Anwendungsbereiche

Die Desinfektionspläne für einzelne Krankenhausbereiche (z. B. Wäscherei, Küche, Apotheke) sind den einzelnen Kapiteln dieses Buches zugeordnet. Im folgenden wird bei den wichtigsten Anwendungsbereichen für Desinfektionsmaßnahmen nur auf spezielle Punkte eingegangen.

Hände, Haut, Schleimhaut. Auf die Bedeutung und Durchführung der hygienischen Händedesinfektion als wirksamste und sicherste Methode zur Verhütung von nosokomialen Infektionen wird in Kap. 23, S. 391 näher eingegangen. Die chirurgische Händedesinfektion ist in Kap. 24, S. 429 behandelt, und die Hautdesinfektion vor invasiven Maßnahmen (z. B. i.v.-Katheter) ist in Kap. 23, S. 391, und Kap. 25, S. 447, beschrieben. Als Händedesinfektionsmittel werden alkoholische Präparate (ggf. mit Zusatz anderer mikrobizider Verbindungen und mit rückfettenden Substanzen), Zubereitungen auf der Basis von PVP-Jod oder von Chlorhexidin (v. a. im angloamerikanischen Raum) empfohlen. Die alkoholischen Händedesinfektionsmitteln müssen ohne Zusatz von Wasser verwendet werden, da es sonst aufgrund der Verdünnung zu einer Wirkungsabschwächung käme.

Eine Desinfektion von Schleimhäuten im eigentlichen Sinne ist nicht möglich. Strenggenommen sollte von Schleimhautdekontamination gesprochen werden. Geeignete Schleimhautantiseptika sind solche auf Basis von PVP-Jod, aber auch von Chlorhexidin oder Octenidin. Die Keimzahl wird zwar auch auf Schleimhäuten reduziert, allerdings nur in seltenen Fällen um die für eine Desinfektion geforderten 5 $\log_{10}$-Stufen.

Instrumente, Geräte. Die chemische Desinfektion von z. B. Instrumenten ist immer nur Mittel der zweiten Wahl. Wann immer möglich, sollen Geräte und Instrumente vollautomatisch thermisch desinfiziert werden. Vollautomatische Reinigungs- und Desinfektionsmaschinen müssen jährlich mindestens zweimal mit Bioindikatoren überprüft werden (s. Kap. 41, S. 639). Auch bei der thermischen Instrumenten- und Gerätedesinfektion werden in anderen Ländern z. T. wesentlich geringere Temperaturen und auch Einwirkungszeiten empfohlen [20], was v. a. mit den vom ehemaligen BGA festgelegten strengen Prüfbedingungen zusammenhängt (Prüfanschmutzung sogar mit Grießbrei) [51]. Grundsätzlich ist gemäß Unfallverhütungsvorschriften (UVV) „Gesundheitsdienst" nur bei Verletzungsgefahr, d. h. spitze und/oder scharfe Gegenstände, vor einer manuellen Aufbereitung eine Desinfektion der Gegenstände notwendig. Meistens kann jedoch zunächst mit Handschuhen gereinigt und anschließend desinfiziert bzw. sterilisiert werden.

Bei der chemischen Desinfektion müssen die Desinfektionsmittel abschließend sorgfältig abgespült werden, was meist mit Trinkwasser geschieht. Dabei besteht immer die Gefahr der Rekontamination mit sog. Wasserkeimen, z. B. mit Acinetobacter spezies, Pseudomonaden oder atypischen Mykobakterien. Ein weiterer Nachteil der chemischen Desinfektion ist ihre unzuverlässige, von vielen Bedingungen abhängige Wirksamkeit. Wenn beispielsweise ein Instrument vor der Desinfektion nicht sorgfältig gereinigt wurde oder wenn es mehrere Stunden mit keimhaltigen Sekreten in Berührung war, so daß sich auf seiner Oberfläche ein Biofilm mit darin eingebetteten Mikroorganismen ausbilden konnte, und die anschließende Reinigung nicht gründlich genug war, wird die Keimzahl auf den Instrumenten zwar reduziert, aber nicht in einem für eine wirksame Desinfektion ausreichenden Maße.

Flächendesinfektion. Die einzige effektive Methode der Flächendesinfektion ist die Wischdesinfektion. Auf ein Versprühen von Desinfektionsmittel soll vollständig verzichtet werden. Zur Flächendesinfektion werden vorwiegend aldehydhaltige Präparate empfohlen, wobei auf einen konsequenten Arbeitsschutz (Handschuhe, gute Belüftung) zu achten ist. Als aldehydfreie Alternative kann derzeit aus hygienischer und ökologischer Sicht ein glucoprotaminhaltiges Präparat eingesetzt werden. Für kleine Flächen können alkoholische Desinfektionsmittel empfohlen werden.

Das Vernebeln von Formaldehyd ($5$ g/m$^3$) ist, wenn überhaupt, nur bei extrem seltenen hochkontagiösen *und* aerogen übertragbaren Krankheiten (z. B. virusbedingtes hämorrhagisches Fieber) angezeigt. Auch zur Schlußdesinfektion bei offener Lungentuberkulose ist keine Vernebelung oder Verdampfung von Formaldehyd notwendig (s. Kap. 16, S. 267).

Wäschedesinfektion. Auf die Desinfektion von Krankenhauswäsche wird in Kap. 40, S. 625, ausführlich eingegangen.

Ausscheidungen, Sekrete. Eine Desinfektion von Ausscheidungen ist normalerweise auch bei nach § 3 BSeuchG meldepflichtigen übertragbaren Krankheiten nicht erforderlich, es sei denn, der Amtsarzt würde dies anordnen. Auch bluthaltige Sekrete aus dem OP-Bereich oder aus Laboratorien können ohne vorherige Desinfektion unter Einhaltung des Arbeitsschutzes dem kommunalen Abwasser zugeführt werden. Die Konzentration von Krankheitserregern (auch von meldepflichtigen) ist bekanntlich im kommunalen Abwasser meist nicht geringer als in Krankenhausabwasser. Wenn auf Anordnung des Gesundheitsamtes (z. B. bei gehäuftem Auftreten von Cholera) eine Abwasserdesinfektion durchgeführt werden müßte, so würden zur chemischen Desinfektion chlorabspaltende Präparate entsprechend der BGA-Liste verwendet werden [53]. Für die thermische Desinfektion würde das Abwasser für 20 min auf 90°C oder für 15 min auf 110°C erhitzt werden.

Die Sekrete aus – hygienisch und ökologisch unsinnigen – Einwegabsauggeräten müssen nicht getrennt entsorgt werden. Die häufig praktizierte Entsorgung der sekretgefüllten Einwegbehälter mit dem infektiösen Müll ist sehr teuer, so daß Mehrwegsystemen der klare Vorzug zu geben ist. Besonders umweltbelastend ist die Empfehlung einiger Hersteller, den abgesaugten Sekreten in Einwegsystemen auch noch Desinfektionsmittel zuzusetzen.

Unnötige Desinfektionsmaßnahmen. Viele der insbesondere in deutschen Kliniken immer noch routinemäßig praktizierten Flächendesinfektionsmaßnahmen sind unnötig [17]. In der nachstehenden Übersicht sind abschließend unnötige und nicht sinnvolle Maßnahmen zur Desinfektion auf der Basis einer gemeinsamen Stellungnahme aus dem Hygieneinstitut der Freien Universität Berlin, dem Hygieneinstitut der Universität Wien und dem Institut für Umweltmedizin und Krankenhaushygiene des Universitätsklinikums Freiburg zusammengestellt.

**Unnötige und nicht sinnvolle Desinfektionsmaßnahmen in der Klinik**
- Raumdesinfektion (Vernebeln oder Verdampfen von Formaldehyd, z. B. nach Todesfällen, septischen Operationen und Virusinfektionen),
- Sprühdesinfektion (Flächen, Oberflächen, z. B. von Bettgestellen, Matratzen, Kopfkissen, Infusionsständer),
- routinemäßige Flächendesinfektion, z. B. von Siphons, Bodenabläufen und Toilettensitzen,
- routinemäßige Wischdesinfektion von Fußböden, Wänden und Decken in nichtinfektionsrelevanten Patientenbereichen,
- chemische Desinfektion von z. B. Reinigungsutensilien (besser: physikalisch-thermische Desinfektion),
- chemische Desinfektion von z. B. Narkose-, Beatmungsgeräten und Inkubatoren in der Formaldehyddesinfektionskammer (z. B. Aseptor),
- Luftdesinfektion mit UV-Lampen (z. B. in der OP-Abteilung),
- Desinfektions- und Klebematten.

# 14 Wiederaufbereitung und Resterilisation von Einwegmaterial

F. Daschner

## 14.1
### Nationale und internationale Erfahrungen

Aus ökonomischen Gründen wird national und international in vielen Kliniken Einwegmaterial nach Benutzung am Patienten wiederaufbereitet oder z. B. bei defekter Verpackung oder Überschreitung des Verfallsdatums resterilisiert. In der Kardiologischen Abteilung des Freiburger Universitätsklinikums wurden unter Berücksichtigung von Personal- und Sachkosten durch die Wiederaufbereitung von Herzkathetern pro Jahr ca. 50000 DM eingespart. In der nachstehenden Übersicht sind die Einwegprodukte zusammengestellt, die 1996 im Universitätsklinikum Freiburg resterilisiert wurden. In der ehemaligen DDR resterilisierten die meisten Kliniken teure Einwegmaterialien, v. a. Herz- und Angiographiekatheter. In den USA werden über 90% der Einwegdialysatoren zur Hämodialyse wiederaufbereitet. In Kanada gehört die Wiederaufbereitung der Herzkatheter zur täglichen Praxis. Von 44 im Jahr 1991 befragten Kliniken resterilisierten 39% Herzkatheter [85]. Im Groote-Schur-Krankenhaus in Kapstadt, in dem die erste Herztransplantation durchgeführt wurde, werden auch heute noch Angiographiekatheter, Herzkatheter und viele andere Einwegmaterialien wiederaufbereitet. In einer Umfrage stellte das Deutsche Krankenhausinstitut fest, daß 35% aller befragten deutschen Krankenhäuser Einwegprodukte resterilisieren oder wiederaufbereiten [27].

**Einwegprodukte, die wiederaufbereitet oder resterilisiert werden können**
- Triflows,
- Magensondenspritzen,
- Endotrachealtuben,
- Trachealkanülen,
- Sprühlanzetten,
- Einwegspekula,
- Druckleitungen,
- Beckenkammpunktionskanüle,
- Drähte mit Goldspitze,
- Druckschläuche,

- Nadelindikator,
- Gefäßprothesen,
- Schrittmacher,
- Hirndrucksonden,
- Katheter:
  - Angiographiekatheter,
  - Vertebraliskatheter,
  - Führungsdrähte,
  - Y-Stück für Dilatationskatheter.

Über eine sehr geringe Komplikationsrate bei über 25 000 Einschwemmkathetern berichtete die Schüchtermann-Klinik in Bad Rothenfelde (3,9% lokale Komplikationen, 0,1% katheterbedingte Komplikationen, 0,7% kardiale Komplikationen und 0,01% pulmonale Komplikationen). Infektiöse Komplikationen wurden nicht beobachtet [50].

Die bakterielle Kontamination von Kathetern direkt nach Anwendung ist äußerst gering. Von 116 unmittelbar nach Gebrauch untersuchten Kathetern waren 87% noch steril. Die übrigen 15 (13%) waren mit einer Keimzahl von weniger als 100 KBE pro ml Spülflüssigkeit kontaminiert [269].

In einer prospektiven Studie an der Universitätsklinik Freiburg wurden die Komplikationsraten von insgesamt 414 Patienten hinsichtlich des Anstiegs der Körpertemperatur bei Verwendung neuer und wiederaufbereiteter Angiographie- und Herzkatheter miteinander verglichen [154]. 161 Patienten wurden dabei mit 426 neuen Kathetern, 152 Patienten mit 384 ein- bis zweimal wiederaufbereiteten Kathetern und 101 Patienten mit mehrfach wiederaufbereiteten Kathetern behandelt. Klinische Komplikationen traten in keiner der drei Untersuchungsgruppen auf, weder als Fieberreaktionen noch als infektiöse Komplikationen an der Punktionsstelle.

## 14.2
## Produktqualität nach Wiederaufbereitung

Die Qualität zahlreicher Einwegprodukte, insbesondere von Einwegkathetern, ist nach heutigem Standard so gut, daß sie nicht bereits nach einmaliger Anwendung unbrauchbar werden, sondern aufgrund ihrer sehr guten Produktqualität häufig zahlreiche Wiederaufbereitungsprozesse gestatten. In experimentellen Studien von Zapf und Mitarbeitern konnte gezeigt werden, daß bis zu 60fache Resterilisationszyklen mit Ethylenoxid keine wesentlichen Veränderungen der Materialeigenschaften verursachen [474, 475]. Bei den untersuchten Polyethylenkathetern wurden keine wesentlichen Veränderungen des mechanischen Verhaltens, der Reißkraft und Reißfestigkeit beobachtet. Es kam zwar zu einer Zunahme der Reißdehnung, aber erst nach 60facher Ethylenoxidsterilisation. Die maximalen Torsionsmomente (d. h. die Versagenspunkte nach Knickbildung) waren unabhängig von der Zahl der Ethylenoxidsterilisationszyklen konstant. Auch fanden sich keine Veränderungen der Oberflächenstruktur der Katheter, die eine erhöhte Thrombozytenaggregation verursachen könnten.

Eine kanadische Arbeitsgruppe untersuchte das mechanische Verhalten von wiederaufbereiteten Angiographiekathetern [30]. Es ergab sich kein nachteiliger Effekt des Wiederaufbereitungsprozesses auf die maximale Dehnungs- und Reißkraft bis zu 10fach mit Ethylenoxid resterilisierten Kathetermaterials. Untersucht wurde auch, ob die Wiederaufbereitung zu einer vermehrten Partikelfreisetzung aus dem wiederaufbereiteten Katheter führt. Interessanterweise wurden aus neuen Angiographiekathetern wesentlich höhere Partikelzahlen freigesetzt als aus vorschriftsmäßig wiederaufbereiteten Kathetern. Die Untersuchungsgruppe kam zu der Schlußfolgerung, daß bei ordnungsgemäßer Handhabung wiederaufbereitete Angiographiekatheter den Patienten die gleiche Sicherheit bieten wie neue Katheter.

## 14.3
## Argumente gegen die Wiederaufbereitung und Einwegmaterialien

Die häufigsten Argumente gegen die Wiederaufbereitung bzw. die Resterilisation von Einwegprodukten sind:
- Das Arzneimittelgesetz bzw. das Medizinproduktegesetz verbieten eine Wiederaufbereitung.
- Die Patienten müssen aufgeklärt werden.
- Der Hersteller übernimmt keine Haftung , der Anwender trägt ein erhöhtes Risiko.
- Die Wiederaufbereitung führt zu einem Produkt minderer Qualität.

Weder das Arzneimittelgesetz noch das Medizinproduktegesetz vom 1. Januar 1995 verbieten die Wiederaufbereitung oder Resterilisation von Einwegmaterialien. Medizinprodukte sind Instrumente, Apparate, Vorrichtungen, Stoffe und Zubereitungen aus Stoffen oder andere Gegenstände einschließlich der für ein einwandfreies Funktionieren des Medizinproduktes eingesetzten Software, die vom Hersteller zur Anwendung für Menschen zu den gleichen Zwecken wie Arzneimittel in den Verkehr gebracht werden. Soweit Produkte in der Klinik oder in der Arztpraxis resterilisiert oder zusammengebaut und nur innerhalb der Klinik oder Arztpraxis betrieben oder angewendet werden, handelt es sich nicht um die Herstellung und um das In-Verkehr-Bringen im Sinne des Medizinproduktegesetzes [398]. Dies bedeutet auch, daß Kliniken, die Medizinprodukte sterilisieren bzw. resterilisieren oder zusammenbauen, nicht von einer Akkreditierungsstelle oder von einer nach dem Medizinproduktegesetz „Benannten Stelle" (Prüfstelle) zertifiziert werden müssen. Auch ist die Sterilisation eines Medizinproduktes keine neue Aufbereitung im Sinne des Medizinproduktegesetzes. Werden jedoch in einer Klinik oder Arztpraxis beispielsweise Medizinprodukte zusammengebaut oder hergestellt und diese einer anderen Klinik oder Arztpraxis verkauft, dann handelt es sich um ein in Verkehr bringen oder Zusammenbauen nach Medizinproduktegesetz mit allen diesbezüglichen organisatorischen und rechtlichen Konsequenzen. Ein Medizinprodukt darf jedoch nicht wiederaufbereitet werden, wenn der begründete Verdacht besteht, daß dadurch die Sicherheit und die Gesundheit der Patienten, der Anwender oder Dritter bei sachgemäßer Anwendung, Instandhaltung und ihrer Zweckbestimmung entsprechender Verwendung über ein nach den Erkenntnissen der medizinischen Wissenschaft vertretbares Maß hinaus gefährdet werden.

Auch die sogenannten BGA-Richtlinien verbieten die Wiederaufbereitung bzw. Resterilisation von Einwegprodukten nicht. In den entsprechenden Empfehlungen werden sogar die Rahmenbedingungen genannt, unter denen Medizinprodukte wiederaufbereitet werden können [59].

Eine Aufklärungspflicht der Patienten besteht nicht. Wer dies fordert, muß die Patienten auch aufklären, wenn ein junger Operateur einen komplizierten Eingriff, z. B. eine Herzoperation, erst das zweite oder dritte Mal durchführt, und die Patienten fragen, ob sie bereit sind, das gegenüber einem erfahrenen Operateur erhöhte Risiko zu akzeptieren.

Es trifft zu, daß die Hersteller von Einwegprodukten für wiederaufbereitete und resterilisierte Produkte keine Haftung übernehmen. Der Anwender haftet jedoch voll oder teilweise auch dann, wenn beispielsweise bei einem neuen Herzkatheter die Spitze abbricht und in den Herzkranzgefäßen steckenbleibt. Der Hersteller wird in der Regel die Produkthaftung mit dem Argument ablehnen, daß durch die ständigen Materialprüfungen und Qualitätssicherungsmaßnahmen bei der Herstellung ein Materialfehler ausgeschlossen sei.

Die sorgfältige und richtige Wiederaufbereitung führt in aller Regel nicht zu einem Produkt minderer Qualität. Wer als Hersteller dieses Argument verbreitet, muß sich umgekehrt fragen lassen, ob sein Produkt tatsächlich so schlecht ist, daß es nach einmaliger Verwendung nicht mehr zu gebrauchen ist. Angiographie- und Herzkatheter werden beispielsweise bei der Qualitätskontrolle des Herstellers nicht nur nach einmaliger Verwendung materialgeprüft, sondern in Hunderten von gebrauchsnahen „Anwendungen". Würden bei der Materialprüfung eines Herzkatheters schon bei einmaliger Anwendung Materialfehler auftreten, käme dieses Produkt nie auf den Markt.

## 14.4
## Empfehlungen für die Wiederaufbereitung von Kathetern und anderen Einwegmaterialien

In der Übersicht ist das am Freiburger Universitätsklinikum gültige, leicht modifizierte Schema für die Wiederaufbereitung von intravasalen Kathetern wiedergegeben.

### Wiederaufbereitung von intravasalen Kathetern

Nach Gebrauch:
- mit Handschuhen arbeiten,
- zur Grobreinigung Katheter außen abwischen und mit der Druckpistole durchspülen.

Reinigung:
- Katheter in Reinigungslösung einlegen (Instrumentenreiniger, Einwirkzeit 10 min),
- zugleich das Katheterlumen mit Reinigungsmittellösung vollfüllen (z. B. mit 10 ml-Spritze, die während der Einwirkzeit am Katheteransatz stecken bleibt).

Spülung:
- Nach der Reinigung Katheter 10 min mit Leitungswasser durchspülen (alle Katheterlumina müssen an die Spülvorrichtung angeschlossen werden),
- anschließend den Katheter 10 min unter fließendem Wasser in einem Wasserbad spülen, um die Reinigungslösung von der Katheteroberfläche zu entfernen.

Trocknung:
- Innenlumen des Katheters gründlich mit Druckluft durchblasen,
- Oberfläche mit sauberem Tuch trocknen.

Verpackung:
- Sterilisationsfolie (mit Datum versehen),
- grünen Indikatorstreifen (Gassterilisation) aufkleben.

Sterilisation:
- Gassterilisation (Ethylenoxid).

Entlüftungszeit:
- 4 Wochen.

Beachten:
- Reinigungslösung täglich erneuern,
- keine Wiederaufbereitung von Kathetern, die
    - beschädigt sind,
    - Materialveränderungen aufweisen,
    - bei Patienten mit Hepatitis, Hepatitisverdacht oder Aids benutzt wurden (Personalschutz).

## 14.4.1
## Spülung

Es ist sehr wichtig, darauf zu achten, daß die Katheter sofort nach der Anwendung am Patienten gründlich durchgespült werden (unmittelbar nach Gebrauch mit heparinisierter Kochsalzlösung, die auf dem Untersuchungstisch zur Verfügung steht, und anschließend vom Personal, das die Wiederaufbereitung durchführt, mit Wasser mittels einer Druckpistole). Damit wird die Eintrocknung von Blut- und Eiweißresten verhindert, die u. U. bei einer erst später vorgenommenen Reinigung nicht mehr zu entfernen sind. Endständig geschlossene Katheter können nicht richtig durchgespült werden und dürfen deshalb nicht wiederaufbereitet werden.

## 14.4.2
## Reinigung und Desinfektion

Bei der anschließenden Reinigung und Desinfektion muß dafür gesorgt werden, daß das Reinigungs- und Desinfektionsmittel überall mit dem Katheter in Kontakt kommt, also auch im Bereich des Innenlumens, um Blut- und Eiweißreste vollständig zu entfernen. Dazu setzt man eine Spritze an den Katheter an, saugt ihn mit der Lösung voll und beläßt die Spritze in dieser Stellung, damit der Flüssigkeitsspiegel im Lumen des Katheters nicht wieder absinkt. Die Verwendung von destilliertem Wasser für die Herstellung der Desinfektions- und Reinigungslösung sowie der Zusatz von Heparin sind nicht erforderlich. Eine Einwirkungszeit von 1 h ist ausreichend. Wenn desinfiziert wird, sollen nur aldehydische Desinfektionsmittel verwendet werden, da andere Substanzen oft erhebliche Wirkungslücken aufweisen. Andere Gegenstände, die bei der Untersuchung verwendet werden, müssen nur, wenn bei ihrem Umgang Verletzungsgefahr besteht, vor einer manuellen Reinigung desinfiziert werden. Dazu werden sie für 1 h in eine aldehydische Desinfektionsmittellösung eingelegt. Besteht die Möglichkeit einer maschinellen thermischen Aufbereitung (Zentralsterilisation, Thermodesinfektor), ist eine vorherige Desinfektion nicht erforderlich, da bei sorgfältiger Beschickung des Apparates keine Verletzungsgefahr besteht.

Nur wenn der Katheter von allen Resten von Blut und Körperflüssigkeiten befreit worden ist, kann die anschließende Sterilisation mit Ethylenoxid erfolgreich sein, weil das Gas nicht in der Lage ist, organisches Material zu durchdringen. Dies gilt im übrigen auch für Wasser, so daß die Katheter nach der sich an Reinigung und Desinfektion anschließenden Spülung außen und innen vollständig getrocknet werden müssen. Abgesehen von den infektiologischen Komplikationen bei verbleibenden bakteriellen Kontaminationen, bedingt durch unzureichende Reinigung, spielt hier auch die mögliche Endotoxin-(Pyrogen)belastung eine entscheidende Rolle, so daß die gründliche Reinigung des Katheters eine extrem wichtige Maßnahme bei der Wiederaufbereitung darstellt.

## 14.4.3
## Trocknung

Die Katheter müssen innen und außen vollständig getrocknet werden, weil verbleibende Feuchtigkeit den Zutritt von Ethylenoxid an das Material verhindert. Dazu werden die Katheter mit Druckluft durchgeblasen (ein bakteriendichter Filter ist nicht erforderlich, weil in Druckluft nur äußerst geringe Keimzahlen apathogener Keime gefunden werden konnten), die äußere Oberfläche wird mit Kompressen getrocknet.

## 14.4.4
## Verpackung und Resterilisation

Bevor die Katheter und Führungsdrähte sowie das Einführungsbesteck für die Gassterilisation in Folien eingeschweißt werden, untersucht man das gesamte Kathetermaterial unter einem Vergrößerungsglas auf Beschädigungen und mögliche Verschmutzungen und prüft durch Vorschieben von Führungsdrähten, ob alle Rückstände im Lumen entfernt sind. Auch die Intaktheit des Ballons wird dabei kontrolliert. Nach dem Einschweißen wird das Material mit Ethylenoxid gassterilisiert.

## 14.4.5
## Auslüftung

Da Ethylenoxid als kanzerogene Substanz bekannt ist, müssen die erforderlichen Auslüftungszeiten streng eingehalten werden. Für Materialien, die länger als 30 min mit Blut bzw. Gewebe in Berührung kommen, ist eine Entlüftungszeit von zwei Wochen erforderlich. Bei erhöhter Temperatur und hoher Luftfeuchtigkeit (wie in Entlüftungsschränken) kommt es auf jeden Fall schneller zu einer Desorption des Gases aus dem Plastikmaterial, jedoch werden auch von den Herstellern der Entlüftungsschränke keine Angaben darüber gemacht, welche Zeiten dabei noch eingehalten werden müssen. Zu berücksichtigen ist auch, daß es im Innenraum der Entlüftungsschränke zu einer Verteilung des desorbierten Gases kommt, wodurch bereits länger gelagerte Materialien wieder mit dem Gas in Kontakt kommen und es teilweise wieder aufnehmen, wenn der Schrank neu beschickt wird.

## 14.4.6
## Allgemeine Hinweise

Als Vorsichtsmaßnahme sollen Katheter nach Anwendung bei Patienten mit parenteral übertragbaren Erkrankungen, wie z. B. Hepatitis B (auch bei Verdacht), aus Gründen des Personalschutzes nicht wiederaufbereitet werden. Das Personal muß bei allen Schritten der Wiederaufbereitung Einmal- bzw. Haushaltshandschuhe tragen. Das Tragen eines Kopfhaarschutzes ist bei der Wiederaufbereitung nicht erforderlich. Die Überprüfung der Sterilisatoren erfolgt nach den üblichen Regeln.

# 15 Isolierungsmaßnahmen

I. Kappstein

### EINLEITUNG

Ein wesentlicher Aspekt bei der Verhütung nosokomialer Infektionen ist die Etablierung geeigneter Isolierungsmaßnahmen, um eine Erregerübertragung von infizierten bzw. kolonisierten Personen auf empfängliche Patienten oder Mitglieder des medizinischen Personals auszuschließen. Somit ist unter Isolierung im weitesten Sinne jede Maßnahme zu verstehen, mit der die Ausbreitung einer übertragbaren Krankheit verhindert werden kann.

Wie dieses Ziel möglichst effektiv sowie ökonomisch und ökologisch akzeptabel verwirklicht werden kann, wird nach wie vor kontrovers beurteilt, dies insbesondere deshalb, weil die Effektivität von Isolierungsmaßnahmen viel zu selten systematisch untersucht worden ist. Deshalb basieren Isolierungsmaßnahmen in den meisten Fällen auf theoretischen Überlegungen und dem, was allen Beteiligten möglich, praktisch und vernünftig erscheint. Um auf der einen Seite eine „Überisolierung" zu vermeiden, auf der anderen Seite aber die im Einzelfall tatsächlich erforderlichen Maßnahmen einzuleiten, sind Kenntnisse der Epidemiologie und Übertragungswege sowohl der klassischen Infektionskrankheiten als auch von nosokomialen Infektionen erforderlich (s. Kap. 3, S. 19, und Kap. 4, S. 41). Dieses Wissen kann zwar bei Hygienikern und gut ausgebildeten Hygienefachkräften vorausgesetzt werden, ist aber beim übrigen medizinischen Personal oft nur marginal vorhanden, so daß immer wieder versucht wurde, möglichst einfache Empfehlungen für die Isolierung bei übertragbaren Krankheiten zu entwickeln.

## 15.1 Infektionskontrollmaßnahmen

Eine Vielzahl von Infektionskontroll- oder Hygienemaßnahmen ist bekannt, um das Übertragungsrisiko nosokomialer und anderer klassischer Infektionserreger zu reduzieren (s. Kap. 23, S. 391). Diese Maßnahmen bilden die Grundlage für alle Isolierungssysteme und werden gleichermaßen bei infizierten wie kolonisierten Patienten notwendig.

### 15.1.1
### Händewaschen/Händedesinfektion

Händewaschen bzw. Händedesinfektion wird übereinstimmend als die wichtigste Maßnahme angesehen, um die Ausbreitung von Infektionen zu verhindern. Die Hände sollen so schnell und gründlich wie möglich zwischen Patientenkontakten und nach Kontakt mit Blut, Körperflüssigkeiten, Sekreten, Exkreten sowie damit kontaminierten Gegenständen gewaschen werden (s. Kap. 23, S. 391). Somit ist Händewaschen bzw. Händedesinfektion eine bedeutende Komponente der Infektionskontrolle i. a und von Isolierungsmaßnahmen im speziellen.

### 15.1.2
### Handschuhe

Zusätzlich zur Händehygiene wird aus folgenden Gründen in verschiedenen Situationen das Tragen von Handschuhen empfohlen:
- Schutz vor Kontamination der Hände bei Kontakt mit Blut, Körperflüssigkeiten, Sekreten, Exkreten, Schleimhäuten und nichtintakter Haut und damit Schutz vor Kontakt mit blutassoziierten Erregern.
- Verringerung der Wahrscheinlichkeit, daß potentiell pathogene Erreger von den Händen des Personals auf den Patienten bei invasiven Eingriffen oder anderen Maßnahmen der Patientenversorgung, bei denen Kontakt mit Schleimhäuten und nichtintakter Haut des Patienten besteht, übertragen werden.
- Verringerung der Wahrscheinlichkeit, daß mit den Händen des Personals, die durch direkten oder indirekten Kontakt mit Erregern eines Patienten kontaminiert worden sind, diese(r) Erreger auf einen anderen Patienten übertragen werden, wobei die Handschuhe zwischen Patientenkontakten gewechselt und die Hände anschließend gewaschen oder desinfiziert werden müssen, weil es häufig trotzdem zu einer Kontamination der Hände kommt (s. Kap. 23, S. 391).

### 15.1.3
### Unterbringung des Patienten

Eine wichtige Komponente von Isolierungsmaßnahmen ist eine angemessene Unterbringung infizierter bzw. kolonisierter Patienten. Nach Möglichkeit sollen Patienten mit hochkontagiösen oder epidemiologisch bedeutsamen, z. B. polyresistenten, Erregern in einem Einzelzimmer mit eigener Naßzelle untergebracht werden, um die Gelegenheiten für eine Übertragung des Erregers zu reduzieren. Ein Einzelzimmer ist ebenfalls wichtig, um Infektionen durch direkten oder indirekten Kontakt zu verhüten, wenn der infizierte Patient eine mangelnde persönliche Hygiene hat, seine Umgebung kontaminiert oder wenn man von ihm nicht erwarten kann, daß er sich an die festgelegten Maßnahmen, das Übertragungsrisiko zu reduzieren, auch hält (dies betrifft in erster Linie Kinder und verwirrte oder geistig behinderte Patienten).

Wenn ein Einzelzimmer nicht zur Verfügung steht, müssen infizierte Patienten mit geeigneten Patienten zusammengelegt werden. Dabei kann es sich um Patienten handeln, bei denen derselbe Erreger nachgewiesen wurde, vorausgesetzt, sie sind nicht zusätzlich mit anderen potentiell infektiösen Erregern infiziert und die Wahrscheinlichkeit einer Reinfektion mit demselben Erreger ist minimal. Die Bildung einer solchen Kohorte ist besonders in Ausbruchssituationen praktisch. Steht für einen einzelnen infizierten Patienten kein Einzelzimmer zur Verfügung, muß bei der Auswahl geeigneter Mitpatienten sehr genau die Epidemiologie und der Übertragungsweg des Infektionserregers berücksichtigt werden, um diese Patienten nicht zu gefährden. Darüber hinaus müssen Patienten, Personal und Besucher die festgelegten Vorsichtsmaßnahmen einhalten, um die Ausbreitung des Erregers zu verhindern.

## 15.1.4
### Transport infizierter bzw. kolonisierter Patienten

Um die Gelegenheiten für eine Ausbreitung der Erreger zu begrenzen, sollen infizierte Patienten ihr Zimmer nur bei wichtigen Anlässen verlassen. Wird der Transport eines infizierten Patienten notwendig, müssen folgende Maßnahmen berücksichtigt werden:
- Für geeignete Schutzmaßnahmen, wie z. B. undurchlässiger Verband, muß gesorgt werden, um die Möglichkeit der Übertragung des Erregers auf andere Patienten, Personal oder Besucher und die Kontamination der Umgebung zu verhindern oder zumindest weitgehend zu vermindern.
- Information des Personals, das den Patienten diagnostisch oder therapeutisch vorübergehend betreuen soll, über die erforderlichen Maßnahmen zur Reduktion des Übertragungsrisikos.
- Information des Patienten in einer Weise, daß er bei der Verhütung der Übertragung des Erregers auf andere Personen bzw. einer Umgebungskontamination mitwirken kann.

## 15.1.5
### Masken, Augen- und Gesichtsschutz

Um bei invasiven Eingriffen und anderen Maßnahmen am Patienten, bei denen es zum Verspritzen von Blut, Körperflüssigkeiten, Sekreten und Exkreten kommen kann, die Schleimhäute von Mund, Nase und Augen zu schützen, werden je nach Art und Umfang der zu erwartenden Kontamination entweder nur Masken oder auch Augen- und Gesichtsschutz getragen, um den Kontakt des Personals mit blutassoziierten oder anderen Erregern so gering wie möglich zu halten. Um einen Schutz vor Kontakt mit großen respiratorischen Tröpfchen, die z. B. beim Husten und Niesen freigesetzt werden, zu gewährleisten, werden chirurgische Masken verwendet. Diese Masken bieten aber keinen Schutz vor der Inhalation der winzigen sog. Tröpfchenkerne, die für die Tuberkuloseübertragung verantwortlich sind (s. Kap. 3, S. 19, und 16, S. 267).

## 15.1.6
### Kittel und andere Schutzkleidung

Kittel werden getragen, um eine Kontamination der Arbeitskleidung sowie der Haut des Personals mit Blut und Körperflüssigkeiten zu verhindern. Kittel aus flüssigkeitsundurchlässigem Material und Stiefel bieten größeren Schutz, wenn große Mengen potentiell infektiösen Materials vorhanden oder zu erwarten sind. Außerdem werden Kittel bzw. Schürzen vom Personal bei der Versorgung von Patienten, die mit epidemiologisch wichtigen Erregern infiziert sind, in bestimmten Situationen getragen, um das Kontaminationsrisiko und damit die Gelegenheiten für eine Übertragung des Erregers auf andere Patienten zu verringern. In diesen Situationen werden die Kittel nach der Versorgung des Patienten ausgezogen und entweder bei grober Kontamination in die Wäsche gegeben oder im Patientenzimmer bzw. – insbesondere auf Intensivstationen – am Patientenbett bis zur nächsten Verwendung aufgehängt (s. Kap. 23, S. 391, und 25, S. 447).

## 15.1.7
### Gegenstände der Patientenversorgung

Bei der Patientenversorgung werden sowohl wiederverwendbare Gegenstände als auch Einmalartikel eingesetzt. Handelt es sich um spitze oder scharfe Gegenstände zum einmaligen Gebrauch, z. B. Kanülen, müssen diese möglichst schnell und sicher in durchstichfesten Containern entsorgt werden, um Verletzungen des medizinischen, aber auch des Reinigungs-, Transport- und Abfallentsorgungspersonals zu verhindern. Andere Einmalartikel, bei denen keine Verletzungsgefahr besteht, werden in die üblichen Abfallsäcke gegeben. Insbesondere bei Gegenständen, die mit (potentiell) infektiösem Patientenmaterial kontaminiert sind oder sein können, soll die Entsorgung so nah wie möglich am Patienten erfolgen, um eine Ausbreitung des Erregers zu begrenzen (s. Kap. 22, S. 375). Prinzipiell das gleiche gilt für wiederverwendbare Gegenstände, die nach ihrem Einsatz beim Patienten zum Aufbereitungsort transportiert werden müssen. Die Methode der Aufbereitung hängt zum einen davon ab, ob das Material thermostabil ist oder nicht, und zum anderen davon, ob es sich um einen Gegenstand handelt, der mit normalerweise sterilen Körperregionen oder mit Schleimhäuten in Kontakt kommt oder nur die intakte Haut des Patienten berührt. Je nachdem müssen die Gegenstände nach der Reinigung entweder sterilisiert oder desinfiziert werden (s. Kap. 3, S. 19, 13, S. 201 und 23, S. 391).

## 15.1.8
### Wäsche

Das Infektionsrisiko, das von kontaminierter Wäsche ausgeht, ist vernachlässigbar gering, wenn beim Transport und der Versorgung in der Wäscherei die üblichen Vorsichtsmaßnahmen beachtet werden, um einen direkten oder indirekten Kontakt zu verhüten (s. Kap. 40, S. 625). Nur die sog. infektiöse Wäsche, also nur Teile, die mit infektiösem Material von Patienten mit nach § 3 Bundesseuchengesetz (BSeuchG) meldepflichtigen übertragbaren Krankheiten kontaminiert sind, muß laut Unfallverhütungsvorschrift (UVV) „Gesundheitsdienst" und „Wäscherei" getrennt gesammelt werden, aber nicht die gesamte Wäsche eines solchen Patienten.

## 15.1.9
## Geschirr

Beim Umgang mit dem Geschirr von infizierten Patienten sind keine besonderen Vorsichtsmaßnahmen erforderlich, d. h., es wird zusammen mit dem der übrigen Patienten zur Aufbereitung transportiert und in der Geschirrspülanlage gereinigt, thermisch desinfiziert und getrocknet (s. Kap. 39, S. 611). Dies gilt auch für Geschirr von Patienten mit nach § 3 BSeuchG meldepflichtigen übertragbaren Krankheiten.

## 15.1.10
## Flächenreinigungs- und -desinfektionsmaßnahmen

Ob man in Zimmern von infizierten Patienten anstelle der üblichen Flächenreinigung zusätzlich Desinfektionsmaßnahmen durchführen sollte, muß, um unnötige, für Patienten und Personal gesundheitlich belastende Desinfektionsmaßnahmen zu vermeiden, von folgenden Überlegungen abhängig gemacht werden:
- Muß man bei der in Frage kommenden Infektion davon ausgehen, daß es zu einer Kontamination des näheren oder weiteren Patientenumfeldes mit infektiösem Material kommt?
- Wenn ja, besteht dabei die Gefahr der Übertragung des Infektionserregers auf Mitpatienten und/oder Personal?
- Wann erscheint demzufolge eine Desinfektion im Patientenzimmer sinnvoll und wann sind höchstwahrscheinlich übliche Reinigungsmaßnahmen ausreichend, um eine Übertragung zu verhindern?

Die Notwendigkeit einer gezielten Desinfektion (s. Kap. 23, S. 391) bleibt von diesen Erörterungen unbeeinflußt. Sie ist demnach wie üblich durchzuführen, ungeachtet dessen, ob eine routinemäßige Flächendesinfektion in einem bestimmten Fall für erforderlich gehalten wird oder nicht.
Bei Flächendesinfektionsmaßnahmen unterscheidet man zwischen der sog. laufenden und der Schlußdesinfektion:
- Laufende Desinfektion: Darunter versteht man die täglich ein- oder auf Intensivpflegestationen auch mehrmalige Desinfektion der patientennahen Flächen (ohne Fußboden), also in der Regel Bett, Nachttisch und Geräte.

- Schlußdesinfektion: Sie kann in ihrem Ausmaß entweder der laufenden Desinfektion entsprechen, oder es handelt sich dabei um eine gründliche Wischdesinfektion aller erreichbaren Flächen (inklusive. Fußboden) und Gegenstände im Patientenzimmer. Sie ist bei Entlassung oder Verlegung des Patienten bzw. nach Aufhebung der Isolierungsmaßnahmen durchzuführen, je nachdem, was früher ist.

Für die Flächendesinfektionsmaßnahmen bei laufender und Schlußdesinfektion werden die hausüblichen Desinfektionsmittel in normaler Konzentration verwendet (s. z. B. DGHM-Liste; s. Kap. 13, S. 201). Die speziellen Desinfektionsmittel und -verfahren der Liste des ehemaligen Bundesgesundheitsamtes, sog. BGA-Liste, müssen nur „bei behördlich angeordneten Entseuchungen" eingesetzt werden, d. h. nur dann, wenn das zuständige Gesundheitsamt nach § 10c BSeuchG tätig werden muß (sog. Seuchenfall).

> ! Ein Krankenhaus ist also nicht verpflichtet, beim Auftreten einzelner meldepflichtiger übertragbarer Krankheiten Mittel und Verfahren der BGA-Liste anzuwenden, wenn das zuständige Gesundheitsamt nicht eine entsprechende Anordnung trifft.

## 15.2
## Isolierungssysteme

### 15.2.1
### Kategoriespezifisches System

In den vergangenen 25 Jahren wurden von den Centers for Disease Control and Prevention (CDC) verschiedene Isolierungsrichtlinien erarbeitet. Zunächst wurde Anfang der 70er Jahre das sog. kategoriespezifische System vorgeschlagen [160, 161], bei dem die einzelnen Infektionen entsprechend ihrer dominierenden Übertragungswege in ein System verschiedener Isolierungskategorien eingeordnet wurden (der Begriff Isolierung bei den ersten vier Kategorien sollte auf die Notwendigkeit der Unterbringung des Patienten in einem Einzelzimmer hindeuten, und der Begriff Vorsichtsmaßnahmen bei den übrigen Kategorien sollte zum Ausdruck bringen, daß diese Patienten nicht notwendigerweise von anderen Patienten räumlich getrennt werden müssen): strikte Isolierung, Kontaktisolierung, Isolierung bei Infektionen, die über respiratorische große Tröpfchen übertragen werden, Isolierung bei Tuberkulose, Vorsichtsmaßnahmen im Umgang mit infektiösen Faezes und Vorsichtsmaßnahmen im Umgang mit eitrigem Material bzw. bei Sekretion von einer infizierten Körperstellen. Die ursprünglich konzipierte siebte Kategorie von Vorsichtsmaßnahmen im Umgang mit Blut und Körperflüssigkeiten wurde 1987 durch die CDC-Empfehlung „Universelle Vorsichtsmaßnahmen" (s. 15.2.3) ersetzt [72]. Die kategoriepezifischen

Isolierungsmaßnahmen führen zwangsläufig bei einigen Infektionen zur Überisolierung, weil auch innerhalb einer Kategorie die Epidemiologie und Übertragungswege der darunter subsumierten Infektionen nicht notwendigerweise identisch sind.

## 15.2.2
**Krankheitsspezifisches System**

In der 1983 publizierten überarbeiteten Isolierungsrichtlinie der CDC wurde neben dem kategoriepezifischen System ein neues System vorgestellt, bei dem für die Entscheidung der erforderlichen Maßnahmen die individuelle Epidemiologie und die speziellen Übertragungswege der verschiedenen Infektionen berücksichtigt wurden [160–162]. Bei diesem sog. krankheitsspezifischen System sind in tabellarischer Form die verschiedenen Krankheiten in alphabetischer Reihenfolge mit den jeweils notwendigen Isolierungsmaßnahmen im einzelnen aufgeführt (Tabelle 15.1). Außerdem sind dort Angaben über die erforderliche Dauer der Maßnahmen sowie gegebenenfalls auch spezielle ergänzende Bemerkungen zu einzelnen Krankheiten zu finden. Der Nachteil einer Überisolierung ist bei dem krankheitsspezifischen System nicht vorhanden. Die Isolierungsmaßnahmen können leicht aus der Tabelle abgelesen werden, so daß für ihre Anwendung ebenfalls kein besonderes Fachwissen erforderlich ist, sondern die Bereitschaft vorhanden sein muß, in der mehrseitigen Tabelle die in Frage kommende übertragbare Krankheit herauszusuchen. Bei diesem System waren nicht mehr nur besonders einfache Isolierungsmaßnahmen angestrebt, sondern es wurde vielmehr konsequent die Idee verfolgt, durch exaktere Informationen über die Übertragbarkeit der einzelnen Infektionen das medizinische Personal mehr in den Entscheidungsprozeß über die erforderlichen Hygienemaßnahmen einzubeziehen. Außerdem sollte das Prinzip der Isolierung der Krankheit, nicht des Patienten in den Vordergrund gestellt, gleichzeitig aber durch Vermeidung überflüssiger Maßnahmen eine Kostenreduktion erreicht werden.

Um das krankheitsspezifische System benutzen zu können, benötigt das Personal detailliertere Informationen über die Krankheit des Patienten, als es für die Anwendung einer bestimmten Isolierungskategorie erforderlich wäre. Hinzu kommt, daß das Personal auch z. T. eigene Entscheidungen zu treffen hat, wie z. B. die Frage klären muß, ob in einem bestimmten Falle die Unterbringung in einem Einzelzimmer sinnvoll ist, wenn es sich um eine Person mit mangelnder persönlicher Hygiene handelt. Dies alles macht das krankheitsspezifische Isolierungssystem komplizierter als die Anwendung des kategoriepezifischen Systems. In der damaligen CDC-Richtlinie wurde deshalb auch vorgeschlagen, daß jedes Krankenhaus das zu seinen speziellen personellen und organisatorischen Gegebenheiten am besten passende Isolierungssystem auswählen soll, denn bei konsequenter Einhaltung der Isolierungsmaßnahmen ist mit beiden Systemen gleichermaßen eine effektive Isolierung möglich.

Tabelle 15.1. Erkrankungsspezifische Isolierungsmaßnahmen

| Krankheit | Einzelzimmer | Kittel | Handschuhe | Mundschutz | infektiöses Material | Zeitraum | Bemerkungen |
|---|---|---|---|---|---|---|---|
| Abszeß, Ätiologie unbekannt, – starke Sekretion | Ja | Ja, wenn Kontamination wahrscheinlich | Ja, bei Berührung infektiösen Materials | Nein | Eiter | Krankheitsdauer | Starke Sekretion = kein Verband oder der Verband nimmt den Eiter nicht vollständig auf |
| – schwache oder mäßige Sekretion | Nein | Ja, wenn Kontamination wahrscheinlich | Ja, bei Berührung infektiösen Materials | Nein | Eiter | Krankheitsdauer | Schwache oder mäßige Sekretion = der Verband deckt ab und nimmt den Eiter ausreichend auf oder die Infektionsstelle ist klein |
| Adenovirusinfektion | Ja | Ja, wenn Kontamination wahrscheinlich | Nein | Nein | Respiratorische Sekrete und Fäzes | Dauer des Klinikaufenthalts | Im Falle einer Epidemie können die Patienten, bei denen eine Adenovirusinfektion angenommen wird, zusammengelegt werden (Kohortisolierung) |
| AIDS | Nein, außer bei protektiver Isolierung und wenn Patientenhygiene mangelhaft | Ja, wenn Kontamination wahrscheinlich | Ja, bei Berührung infektiösen Materials | Nein | Blut und Körperflüssigkeiten | Krankheitsdauer | Vorsicht beim Umgang mit blutverschmutzten Gegenständen. Potentiell infektiös sind außerdem: Samenflüssigkeit, Vaginalsekret, Gewebeproben, Liquor, Gelenk-, Pleura-, Peritoneal-, Pericard-Flüssigkeit u. Fruchtwasser. Unbedingt Nadelstichverletzungen vermeiden. Wenn gastrointestinale Blutungen wahrscheinlich sind, Handschuhe bei möglichem Kontakt mit Stuhl tragen. |
| Aktinomykose | Nein | Nein | Nein | Nein | | | |

Tabelle 15.1. (Fortsetzung)

| Krankheit | Einzelzimmer | Kittel | Handschuhe | Mund-schutz | infektiöses Material | Zeitraum | Bemerkungen |
|---|---|---|---|---|---|---|---|
| *Amoebiasis* | Ja, wenn Patientenhygiene mangelhaft | Ja, wenn Kontamination wahrscheinlich | Ja, bei Berührung infektiösen Materials | Nein | Fäzes | Krankheitsdauer | Bei Leberabszeß keine Isolierung notwendig |
| *Aspergillose* | Nein | Nein | Nein | Nein | | | |
| *Botulismus* | Nein | Nein | Nein | Nein | | | |
| *Bronchiolitis* | Ja, bei Kindern | Ja, wenn Kontamination wahrscheinlich | Nein | Nein | Respiratorische Sekrete | Krankheitsdauer | Verschiedene Viren (RS-Viren, Parainfluenza-, Adeno-, Influenzaviren) sind mit diesem Syndrom in Verbindung gebracht worden, deshalb sind, um ihre Verbreitung zu verhindern, Vorsichtsmaßnahmen grundsätzlich angezeigt. |
| *Campylobacter jejuni/coli* | | | | | | | Siehe Gastroenteritis |
| *Candidiasis* | Nein | Nein | Nein | Nein | | | |
| *Chlamydieninfektionen* | | | | | | | |
| – Konjunktivitis (auch bei Neugeborenen) | Nein | Nein | Ja, bei Berührung infektiösen Materials | Nein | Eitriges Exudat | Krankheitsdauer | |
| – respiratorisch | Nein | Nein | Ja, bei Berührung infektiösen Materials | Nein | Respiratorische Sekrete | Krankheitsdauer | |
| – genital | Nein | Nein | Ja, bei Berührung infektiösen Materials | Nein | Genitaler Ausfluß | Krankheitsdauer | |

Tabelle 15.1. (Fortsetzung)

| Krankheit | Einzelzimmer | Kittel | Handschuhe | Mundschutz | infektiöses Material | Zeitraum | Bemerkungen |
|---|---|---|---|---|---|---|---|
| Cholera | | | | | | | Siehe Gastroenteritis |
| Cryptosporidium spezies | | | | | | | Siehe Gastroenteritis |
| Cytomegalie – Neugeborene | Nein | Nein | Nein | Nein | Urin oder respiratorische Sekrete | | |
| – immunsupprimierte Pat. | Nein | Nein | Nein | Nein | Urin oder respiratorische Sekrete | | Schwangere sollen Kontakt vermeiden |
| Diphtherie – pharyngeal | Ja | Ja, wenn Kontamination wahrscheinlich | Ja, bei Berührung infektiösen Materials | Ja | Respiratorische Sekrete | Bis 2 Abstriche (Nasen-Rachen bzw. Wunde) negativ sind | Die Abstriche werden nach Absetzen der Therapie mindestens im Abstand von 24 h abgenommen |
| – kutan | Ja | Ja, wenn Kontamination wahrscheinlich | Ja, bei Berührung infektiösen Materials | Nein | Wundsekret | | |
| Endometritis – A-Streptokokken | Ja, wenn Patientenhygiene mangelhaft | Ja, wenn Kontamination wahrscheinlich | Ja, bei Berührung infektiösen Materials | Nein | Vaginalsekret | Bis 24 Std. nach Beginn einer Therapie | |
| – Andere Erreger | Ja, wenn Patientenhygiene mangelhaft | Ja, wenn Kontamination wahrscheinlich | Ja, bei Berührung infektiösen Materials | Nein | Vaginalsekret | Krankheitsdauer | |

Tabelle 15.1. (Fortsetzung)

| Krankheit | Einzelzimmer | Kittel | Handschuhe | Mund-schutz | infektiöses Material | Zeitraum | Bemerkungen |
|---|---|---|---|---|---|---|---|
| Enzephalitis | Ja, wenn Patientenhygiene mangelhaft | Ja, wenn Kontamination wahrscheinlich | Ja, bei Berührung infektiösen Materials | Nein | Fäzes | Dauer der Erkrankung oder bis 7 Tage nach Beginn, je nach dem, was kürzer ist | |
| Epiglottitis durch Haemophilus influenzae | Ja | Nein | Nein | Ja, bei engem Kontakt zum Patienten | respiratorische Sekrete | Bis 24 Std. nach Beginn der Therapie | |
| Erythema migrans | Nein | Nein | Nein | Nein | | | |
| Exanthema subitum (Drei-Tage-Fieber) | Nein | Nein | Nein | Nein | | | |
| Furunkulose durch Staphylokokken | Nein | Ja, wenn Kontamination wahrscheinlich | Ja, bei Berührung infektiösen Materials | Nein | Eiter | Krankheitsdauer | |
| – bei Neugeborenen | Ja | Ja, wenn Kontamination wahrscheinlich | Ja, bei Berührung infektiösen Materials | Nein | Eiter | Krankheitsdauer | Bei Epidemien wird Kohortisolierung auch von kolonisierten Patienten sowie der Gebrauch von Kitteln und Handschuhen empfohlen. |
| Gasbrand | Nein | Nein | Nein | Nein | | | |
| Gastroenteritis | | | | | | | |
| – Campylobacter jujuni/coli | Ja, wenn Patientenhygiene mangelhaft | Ja, wenn Kontamination wahrscheinlich | Ja, bei Berührung infektiösen Materials | Nein | Fäzes | Dauer der Ausscheidung | s. Kap. 9, S. 147 |

Tabelle 15.1. (Fortsetzung)

| Krankheit | Einzelzimmer | Kittel | Handschuhe | Mund-schutz | infektiöses Material | Zeitraum | Bemerkungen |
|---|---|---|---|---|---|---|---|
| – Costridium difficile | Ja, wenn Patientenhygiene mangelhaft | Ja, wenn Kontamination wahrscheinlich | Ja, bei Berührung infektiösen Materials | Nein | Fäzes | Krankheitsdauer | |
| – Cryptosporidium spezies | Ja, wenn Patientenhygiene mangelhaft | Ja, wenn Kontamination wahrscheinlich | Ja, bei Berührung infektiösen Materials | Nein | Fäzes | Dauer der Ausscheidung | |
| – Cholera | Ja, wenn Patientenhygiene mangelhaft | Ja, wenn Kontamination wahrscheinlich | Ja, bei Berührung infektiösen Materials | Nein | Fäzes | Dauer der Ausscheidung | |
| – Enteritis-Salmonellen | Ja, wenn Patientenhygiene mangelhaft | Ja, wenn Kontamination wahrscheinlich | Ja, bei Berührung infektiösen Materials | Nein | Fäzes | Dauer der Ausscheidung | |
| – Escherichia coli (EPEC, ETEC, EIEC, EHEC) | Ja, wenn Patientenhygiene mangelhaft | Ja, wenn Kontamination wahrscheinlich | Ja, bei Berührung infektiösen Materials | Nein | Fäzes | Dauer der Ausscheidung | |
| – Rotavirus | Ja, wenn Patientenhygiene mangelhaft | Ja, wenn Kontamination wahrscheinlich | Ja, bei Berührung infektiösen Materials | Nein | Fäzes | Krankheitsdauer oder bis 7 Tage nach Ausbruch, je nachdem, was kürzer ist | |
| – Shigellen | Ja, wenn Patientenhygiene mangelhaft | Ja, wenn Kontamination wahrscheinlich | Ja, bei Berührung infektiösen Materials | Nein | Fäzes | Dauer der Ausscheidung | |
| – Unbekannte Ätiologie | Ja, wenn Patientenhygiene mangelhaft | Ja, wenn Kontamination wahrscheinlich | Ja, bei Berührung infektiösen Materials | Nein | Fäzes | Krankheitsdauer | |

Tabelle 15.1. (Fortsetzung)

| Krankheit | Einzelzimmer | Kittel | Handschuhe | Mundschutz | infektiöses Material | Zeitraum | Bemerkungen |
|---|---|---|---|---|---|---|---|
| – Vibrio parahaemolyticus | Ja, wenn Patientenhygiene mangelhaft | Ja, wenn Kontamination wahrscheinlich | Ja, bei Berührung infektiösen Materials | Nein | Fäzes | Dauer der Ausscheidung | |
| – Yersinia enterocolitica | Ja, wenn Patientenhygiene mangelhaft | Ja, wenn Kontamination wahrscheinlich | Ja, bei Berührung infektiösen Materials | Nein | Fäzes | Dauer der Ausscheidung | |
| Gonokokkenkonjunktivitis bei Neugeborenen | Ja | Nein | Ja, bei Berührung infektiösen Materials | Nein | eitriges Exsudat | Bis 24 Std. nach Beginn einer effektiven Therapie | |
| Gonorrhö | Nein | Nein | Nein | Nein | Sekrete | | |
| Hepatitis A | Ja, wenn Patientenhygiene mangelhaft | je, wenn Kontamination wahrscheinlich | Ja, bei Berührung infektiösen Materials | Nein | Fäzes | Bis 7 Tage nach Beginn der Gelbsucht | Hepatitis A ist am stärksten kontagiös, bevor Symptome u. Gelbsucht auftreten; nach deren Auftreten sind kleine, nicht sichtbare Mengen an Fäzes, die die Hände des Personals während der Versorgung des Patienten verunreinigen können, offenbar nicht infektiös. Deshalb sind Kittel und Handschuhe am wichtigsten, wenn eine Kontamination mit Fäzes zu erwarten ist. |

Tabelle 15.1. (Fortsetzung)

| Krankheit | Einzelzimmer | Kittel | Handschuhe | Mundschutz | infektiöses Material | Zeitraum | Bemerkungen |
|---|---|---|---|---|---|---|---|
| *Hepatitis B,* HBs-Antigen Träger | Nein (kann bei starken Blutungen notwendig sein) | Ja, wenn Kontamination wahrscheinlich | Ja, bei Berührung infektiösen Materials | Nein | Blut und Körperflüssigkeiten | Bis Patient HBsAg negativ ist | Vorsicht beim Umgang mit Blut und blutigen Gegenständen. Unbedingt Nadelstichverletzungen vermeiden. U.U. spezielle Beratung von schwangerem Personal erforderlich. Kittel sind angezeigt, wenn die Kleidung mit Blut oder Körperflüssigkeiten kontaminiert werden kann. Wenn gastrointestinale Blutungen wahrscheinlich sind, Handschuhe bei Kontakt mit Stuhl tragen. |
| *Non A-Non B-Heptatitis = Hep. C* | Nein | Ja, wenn Kontamination wahrscheinlich | Ja, bei Berührung infektiösen Materials | Nein | Blut und Körperflüssigkeiten | | Gegenwärtig ist ein Zeitruam der Ansteckungsgefahr noch unbekannt, möglicherweise lebenslang |
| *Herpes simplex* | | | | | | | |
| – Encephalitis | Nein | Nein | Nein | Nein | | | |
| – Schwere oder generalisierte primäre Haut- und Schleimhautinfektionen | Ja | Ja, wenn Kontamination wahrscheinlich | Ja, bei Berührung infektiösen Materials | Hautläsionen | Sekrete von Läsionsherden, z. B. | Krankheitsdauer | |
| – Rezidivierende Haut- und Schleimhautinfektionen | Nein | Nein | Ja, bei Berührung infektiösen Materials | Nein | Sekrete von Läsionsherden | bis alle Läsionen verkurstet sind | |

Tabelle 15.1. (Fortsetzung)

| Krankheit | Einzelzimmer | Kittel | Handschuhe | Mundschutz | infektiöses Material | Zeitraum | Bemerkungen |
|---|---|---|---|---|---|---|---|
| – Neonatal | Ja | Ja, wenn Kontamination wahrscheinlich | Ja, bei Berührung infektiösen Materials | Nein | Läsionssekrete | Krankheitsdauer | Dieselben Maßnahmen sind angezeigt für Kinder, die entweder vaginal oder durch Kaiserschnitt (wenn die Fruchtblase mehr als 6 Std. zuvor geplatzt war) von Müttern mit aktiver Herpes simplex-Infektion entbunden wurden. Bei Kindern, die von Müttern mit aktiver genitaler Herpes simplex-Infektion durch Kaiserschnitt geboren wurden, bevor die Fruchtblase geplatzt ist oder wahrscheinlich auch 4–6 Std. danach, ist das Risiko einer Infektion minimal, dennoch sollten dieselben Isolierungsmaßnahmen gelten. |
| **Herpes zoster** | | | | | | | |
| – Lokalisiert | Ja, wenn Patientenhygiene mangelhaft | Nein | Ja, bei Berührung infektiösen Materials | Nein | Läsionssekrete | Bis alle Läsionen verkrustet sind | Patienten auf Stationen mit immunsupprimierten Patienten sollten isoliert werden. Personen, die nicht immun sind, sollten das Zimmer nicht betreten. Exponierte, nicht immune Patienten s. Windpocken. |
| – Generalisiert oder bei immunsupp. Patienten | Ja | Ja | Ja, bei Berührung infektiösen Materials | Ja | Läsionssekrete | Krankheitsdauer | |

Tabelle 15.1. (Fortsetzung)

| Krankheit | Einzelzimmer | Kittel | Handschuhe | Mundschutz | infektiöses Material | Zeitraum | Bemerkungen |
|---|---|---|---|---|---|---|---|
| *Impetigo* (A-Streptokokken) (S. aureus) | Ja, wenn Patientenhygiene mangelhaft bzw. bei ausgedehntem Befall | Ja, wenn Kontamination wahrscheinlich | Ja, bei Berührung infektiösen Materials | Nein | Eitriges Sekret | Bis 24. Std. (A-Strept.) bzw. 48 Std. (S. aureus) nach Beginn der Therapie | |
| *Influenza* | | | | | | | |
| – Säuglinge u. Kleinkinder | Ja | Ja, wenn Kontamination wahrscheinlich | Nein | Nein | Respiratorische Sekrete | Krankheitsdauer | Bei Epidemien Kohortisolierung |
| – Erwachsene | Nein | Nein | Nein | Nein | respiratorische Sekrete | | |
| *Jacob-Creutzfeldt* | Nein | Nein | Ja, bei Kontakt mit infektiösem Material | Nein | Blut (vor allem Lymphozyten), Liquor, Gewebe (vor allem Gehirn, Leber, Niere, Lunge) | | s. Kap. 23, Anhang K |
| *Keratoconjunctivitis epidemica* | Ja, wenn Patientenhygiene mangelhaft | Nein | Nein | Nein | Eitriges Sekret | Krankheitsdauer | |
| *Listeriose* | Nein | Nein | Nein | Nein | | | |
| *Malaria* | Nein | Nein | Ja, bei Kontakt mit infektiösem Material | Nein | Blut | Krankheitsdauer | |

Tabelle 15.1. (Fortsetzung)

| Krankheit | Einzelzimmer | Kittel | Handschuhe | Mundschutz | infektiöses Material | Zeitraum | Bemerkungen |
|---|---|---|---|---|---|---|---|
| *Masern* | Ja | Nein | Nein | Ja, bei nahem Kontakt | Respiratorische Sekrete | Bis 4 Tage nach Beginn des Exanthems | Immune Personen brauchen keinen Mundschutz, nicht immune Personen sollen das Zimmer nicht betreten. |
| *Meningitis* | | | | | | | |
| – abakterielle oder virale | Ja, wenn Patientenhygiene mangelhaft | ja, wenn Kontamination wahrscheinlich | Ja, bei Berührung infektiösen Materials | Nein | Fäzes | Bis 7 Tage nach Beginn | Enteroviren sind die häufigste Ursache der aseptischen Meningitis. |
| – bakterielle, gramnegative b. Neugeborenen | Nein | Nein | Nein | Nein | Möglicherweise Fäzes | | |
| – Meningokokken | Ja | Nein | Nein | Ja, bei engem Kontakt zum Patienten | Respiratorische Sekrete | Bis 24 Std. nach Therapiebeginn | |
| – Haemophilus influenzae bei Kindern | Ja | Nein | Nein | Ja, bei engem Kontakt zum Patienten | Respiratorische Sekrete | Bis 24 Std. nach Therapiebeginn | |
| – Pilze | Nein | Nein | Nein | Nein | | | |
| – Pneumokokken | Nein | Nein | Nein | Nein | | | |
| – M. tuberculosis | Nein | Nein | Nein | Nein | | | s. Kap. 16, S. 267 |

Tabelle 15.1. (Fortsetzung)

| Krankheit | Einzelzimmer | Kittel | Handschuhe | Mundschutz | infektiöses Material | Zeitraum | Bemerkungen |
|---|---|---|---|---|---|---|---|
| *Mumps* | Ja | Nein | Nein | Ja, bei engem Kontakt zum Patienten | Respiratorische Sekrete | Bis 9 Tage nach Auftreten der Schwellung | Immune Personen brauchen keinen Mundschutz zu tragen. |
| *Mykosen* | Nein | Nein | Nein | Nein | Respiratorische Sekrete | | |
| *Pertussis* (Keuchhusten) | Ja | Nein | Nein | Ja, bei engem Kontakt zum Patienten | Respiratorische Sekrete | Bis 3 Wochen, wenn keine Therapie oder bis 7 Tage nach Beginn einer effektiven Therapie | Nicht immune enge Kontaktpersonen sollten Antibiotikaprophylaxe erhalten. Immune Personen brauchen keinen Mundschutz. |
| *Pfeiffersches Drüsenfieber (inf. Mononukleose)* | Nein | Nein | Nein | Nein | Respiratorische Sekrete | | Nur bei sehr engem Kontakt übertragbar. |
| *Pneumonien* | | | | | | | |
| – Chlamydien | Nein | Nein | Ja, bei Berührung infektiösen Materials | Nein | Respiratorische Sekrete | Krankheitsdauer | |
| – Legionellen | Nein | Nein | Nein | Nein | Respiratorische Sekrete | | siehe Kap. 11, S. 161 |
| – Meningokokken | Ja | Nein | Nein | Ja, bei engem Kontakt zum Patienten | Respiratorische Sekrete | Bis 24 Std. nach Beginn einer effektiven Theapie | |

Tabelle 15.1. (Fortsetzung)

| Krankheit | Einzelzimmer | Kittel | Handschuhe | Mund-schutz | infektiöses Material | Zeitraum | Bemerkungen |
|---|---|---|---|---|---|---|---|
| - Mycoplasma pneumoniae | Nein | Nein | Nein | Nein | Respiratorische Sekrete können infektiös sein | | |
| - Pneumokokken | Nein | Nein | Nein | Nein | Evtl. respiratorische Sekrete | Bis 24 Std. nach Beginn einer effektiven Therapie | |
| - Staphylococcus aureus | Ja | Ja, wenn Kontamination wahrscheinlich | Ja, bei Berührung infektiösen Materials | Ja, bei engem Patientenkontakt | Respiratorische Sekrete | Bis 48 Std. nach Beginn einer effektiven Therapie | |
| - A-Streptokokken | Ja | Ja, wenn Kontamination wahrscheinlich | Ja, bei Berührung infektiösen Materials | Ja, bei engem Patientenkontakt | Respiratorische Sekrete | Bis 24 Std. nach Beginn einer effektiven Therapie | |
| - Viral, Neugeborene u. Kleinkinder | Ja | Ja, wenn Kontamination wahrscheinlich | Ja, bei Berührung infektiösen Materials | Nein | Respiratorische Sekrete | Krankheitsdauer | Viruspneumonien können bei Kindern unter 5 Jahren von verschiedenen Viren verursacht werden: (Para)-Influenza- und bes. RS-Viren. Deshalb sind Vorsichtsmaßnahmen, um die Ausbreitung zu verhindern, grundsätzlich angezeigt. |
| - Viral, Erwachsene | Nein | Nein | Nein | Nein | Respiratorische Sekrete | | |

Tabelle 15.1. (Fortsetzung)

| Krankheit | Einzelzimmer | Kittel | Handschuhe | Mundschutz | infektiöses Material | Zeitraum | Bemerkungen |
|---|---|---|---|---|---|---|---|
| *Poliomyelitis* | Ja, wenn Patientenhygiene mangelhaft | Ja, wenn Kontamination wahrscheinlich | Ja, bei Berührung infektiösen Materials | Nein | Fäzes | Bis 7 Tage nach Beginn der Erkrankung | |
| *Polyresistente Keime* | Ja | Ja, wenn Kontamination wahrscheinlich | Ja, bei Berührung infektiösen Materials | Evtl. bei engem Patientenkontakt | Respiratorische Sekrete, evtl. Fäzes, Sekrete aus Infektionsherden | Bis bakterielle Kulturen negativ | Die selben Maßnahmen gelten auch bei Kolonisierung der Patienten (s. Kap. 17, S. 279) |
| *Pseudokrupp* | Ja | Ja, wenn Kontamination wahrscheinlich | Ja, bei Berührung infektiösen Materials | Ja, bei engem Patientenkontakt | Respiratorische Sekrete | Krankheitsdauer | Da Viren wie (Para)-Influenza-Viren mit diesem Syndrom in Verbindung gebracht werden, sind Vorsichtsmaßnahmen grundsätzlich angezeigt, um ihre Ausbreitung zu verhindern. |
| *Röteln* | Ja | Ja, wenn Kontamination wahrscheinlich | Ja, bei Berührung infektiösen Materials | Nein | Urin und respiratorische Sekrete | Bis 7 Tage nach Beginn des Exanthems | Immune Personen brauchen keinen Mundschutz zu tragen. Nichtimmune Personen sollten, wenn möglich, das Zimmer nicht betreten, spezielle Beratung von schwangeren Personen erforderlich. |
| *Salmonellose* | | | | | | | Siehe Gastroenteritis |
| *Scabies (Krätze)* | Ja, wenn Patientenhygiene mangelhaft | Ja, bei engem Kontakt | Ja | Nein | Befallene Hautareale | Bis 24 Std. nach Beginn einer effektiven Therapie | |

Tabelle 15.1. (Fortsetzung)

| Krankheit | Einzelzimmer | Kittel | Handschuhe | Mundschutz | infektiöses Material | Zeitraum | Bemerkungen |
|---|---|---|---|---|---|---|---|
| **Scharlach** | Ja, wenn Patientenhygiene mangelhaft | Nein | Nein | Nein | Respiratorische Sekrete | Bis 24 Std. nach Beginn einer effektiven Therapie | |
| **Shigellose** | | | | | | | Siehe Gastroenteritis |
| **Staphylokokkeninfektionen (S. aureus)** | | | | | | | |
| – Haut ausgedehnt und Neugeborene (Pemphigus neonat.) | Ja | Ja, wenn Kontamination wahrscheinlich | Ja, bei Berührung infektiösen Materials | Nein | Eiter | Krankheitsdauer | Ausgedehnt = stark eitrige Wunde, kein Verband oder Verband nimmt den Eiter nicht vollständig auf |
| – Klein oder begrenzt | Nein | Ja, wenn Kontamination wahrscheinlich | Ja, bei Berührung infektiösen Materials | Nein | Eiter | Krankheitsdauer | |
| – Lungenabszeß | Ja | Ja, wenn Kontamination wahrscheinlich | Ja, bei Berührung infektiösen Materials | Ja, bei engem Patientenkontakt | Respiratorische Sekrete | Bis 48 Std. nach Beginn einer effektiven Therapie | |
| – Syndrom der verbrühten Haut (Staphylogenes Lyell-Syndrom) | Ja | Ja, wenn Kontamination wahrscheinlich | Ja, bei Berührung infektiösen Materials | Nein | Wundsekret | Krankheitsdauer | |
| – Toxisches Schocksyndrom | Nein | Ja, wenn Kontamination wahrscheinlich | Ja, bei Berührung infektiösen Materials | Nein | Vaginalsekret oder Eiter | | |

Tabelle 15.1. (Fortsetzung)

| Krankheit | Einzelzimmer | Kittel | Handschuhe | Mundschutz | infektiöses Material | Zeitraum | Bemerkungen |
|---|---|---|---|---|---|---|---|
| **Streptokokken-Infektionen (Gr. A)** | | | | | | | |
| – Haut (z. B. Erysipel) | Nein | Ja, wenn Kontamination wahrscheinlich | Ja, bei Berührung infektiösen Materials | Nein | Eiter | Bis 24 Std. nach Beginn einer effektiven Therapie | Siehe Impetigo |
| **Streptokokken-Infektionen (Gr. B)** | | | | | | | |
| – Neugeborene | Nein | Nein | Nein | Nein | | | Bei Epidemien wird die Kontaktisolierung von kranken und kolonisierten Kindern sowie der Gebrauch von Kitteln und Handschuhen empfohlen. |
| **Syphilis** | | | | | | | |
| – Haut und Schleimhaut (congenital, I + II) | Nein | Nein | Ja, bei Berührung infektiösen Materials | Nein | Läsionssekrete und Blut | Bis 24 Std. nach Beginn einer effektiven Therapie | Hautläsionen im Stadium I + II können hoch infektiös sein |
| – Latent und seropositiv, ohne Läsionen | Nein | Nein | Nein | Nein | | | |
| **Toxoplasmose** | Nein | Nein | Nein | Nein | | | |

Tabelle 15.1. (Fortsetzung)

| Krankheit | Einzelzimmer | Kittel | Handschuhe | Mund-schutz | infektiöses Material | Zeitraum | Bemerkungen |
|---|---|---|---|---|---|---|---|
| *Tuberkulose* | | | | | | | |
| – Extrapulmonal (nässende Läsionen) | Nein Ja, bei Kindern | Ja, wenn Kontamination wahrscheinlich | Ja, bei Berührung infektiösen Materials | Nein | Eiter | Dauer der Sekretion | s. Kap. 16, S. 267 |
| – Pulmonal (gesichert od. Verdacht) | Ja | Ja, wenn Kontamination wahrscheinlich | Nein | s. Kap. 16, S. 267 | Tröpfchenkerne (s. Kap. 3, S. 19) | Gewöhnlich 2–3 Wo. nach Beginn einer effektiven Chemotherapie, bei resist. Erregern bis Pat. klinisch gebessert u. Sputum negativ | |
| *Tetanus* | Nein | Nein | Nein | Nein | | | |
| *Typhus/Paratyphus* | Ja, wenn Patientenhygiene mangelhaft | Ja, wenn Kontamination wahrscheinlich | Ja, bei Berührung infektiösen Materials | Nein | Fäzes | Krankheitsdauer | |
| *Windpocken (Varizellen)* | Ja | Ja | Ja | Ja | Respiratorische Sekrete, Bläschensekret | Bis alle Läsionen verkrustet sind | Immune Personen brauchen keinen Mundschutz zu tragen. Nicht-immune Personen sollten, wenn möglich, das Zimmer nicht betreten. |

## 15.2.3
## Universelle Vorsichtsmaßnahmen

Als eine Ergänzung zu den bereits vorhandenen Isolierungsrichtlinien im allgemeinen und als Ersatz der ursprünglich konzipierten siebten Kategorie „Vorsichtsmaßnahmen im Umgang mit Blut und Körperflüssigkeiten" wurden 1987 vom CDC die Empfehlung der universellen Vorsichtsmaßnahmen (engl. universal precautions) im Umgang mit Blut und potentiell infektiösen Körperflüssigkeiten bei allen Patienten veröffentlicht, die unabhängig davon, ob ein Patient als infiziert bekannt ist oder nicht, zur Anwendung kommen sollen [72]. Die universellen Vorsichtsmaßnahmen zielen also darauf ab, Infektionen, die durch mit Blut und/oder Körperflüssigkeiten übertragbare Erreger verursacht werden, zu verhüten. Ein wichtiger Bestandteil der universellen Vorsichtsmaßnahmen ist die Hepatitis B-Impfung für medizinisches Personal mit häufigen Blutkontakten. Der Gesamtkomplex der universellen Vorsichtsmaßnahmen setzt sich aus den folgenden Komponenten zusammen:

- Tragen von Einmalhandschuhen bei Kontakt mit Blut oder anderen potentiell infektiösen Körperflüssigkeiten (Amnion-, Perikard-, Peritoneal-, Pleura-, Synovial-, Samenflüssigkeit, Liquor, Vaginalsekret und jede andere Körperflüssigkeit mit makroskopisch sichtbarer Blutbeimengung) sowie bei Kontakt mit Schleimhäuten und nichtintakter Haut bei allen Patienten, ferner beim Umgang mit Gegenständen oder Berührung von Oberflächen, die mit Blut oder potentiell infektiösen Körperflüssigkeiten (s. oben) kontaminiert worden sind, und bei Gefäßpunktionen oder invasiven Eingriffen. Die Handschuhe sollen nach jedem Patientenkontakt gewechselt werden. Sofort nach dem Ausziehen der Handschuhe sollen die Hände gewaschen bzw. desinfiziert werden.
- Hände und andere Hautareale sollen sofort und gründlich gewaschen werden, wenn sie mit Blut oder potentiell infektiösen Körperflüssigkeiten kontaminiert worden sind.
- Durch entsprechende Sorgfalt sollen Verletzungen durch Kanülen, Skalpelle und andere scharfe Instrumente oder Gegenstände während invasiver Eingriffe oder beim Umgang mit ihnen während der Reinigung oder Entsorgung verhindert werden. Um Nadelstichverletzungen zu vermeiden, sollen die Kanülen nicht in die Kappe zurückgesteckt, von Hand umgebogen oder abgebrochen sowie auch nicht von der Spritze abgenommen oder auf andere Weise behandelt werden. Nach dem Gebrauch sollen Spritzen und Kanülen, Skalpelle sowie andere scharfe Gegenstände in durchstichfeste Container zur Entsorgung gegeben werden. Die Container sollen so nah wie aus praktischen Erwägungen möglich an dem jeweiligen Arbeitsplatz zur Verfügung stehen. Wiederverwendbare Kanülen und andere spitze bzw. scharfe Gegenstände sollen in einem durchstichfesten Container zum Ort der Aufbereitung transportiert werden. Augen- oder Gesichtsschutz sollen getragen werden, um eine Exposition der Mundschleimhaut, der Nase und Augen während Eingriffen zu verhindern, bei denen die Möglichkeit besteht, daß Spritzer von Blut oder anderen potentiell infektiösen Körperflüssigkeiten entstehen.

- Masken und Augen- bzw. Gesichtsschutz sollen getragen werden, um eine Exposition der Schleimhaut des Mundes, der Nase und der Augen während Eingriffen zu verhindern, bei denen die Möglichkeit besteht, daß es zum Verspritzen von Blut oder anderen potentiell infektiösen Körperflüssigkeiten kommt.
- Kittel oder Schürzen sollen während Eingriffen getragen werden, bei denen die Möglichkeit besteht, daß es zum Verspritzen von Blut oder anderen potentiell infektiösen Körperflüssigkeiten kommt.
- Mundstücke, Beatmungsbeutel oder anderes Beatmungszubehör sollen als Alternative zur Mund-zu-Mund-Beatmung in Bereichen verfügbar sein, in denen erfahrungsgemäß Reanimationen notwendig werden.
- Medizinisches Personal mit exsudativen Läsionen oder nässender Dermatitis soll allen direkten Patientenkontakten und dem Umgang mit kontaminierten Gegenständen fernbleiben, bis die Haut wieder normal ist. Dieser Standard dient sowohl dem Schutz des Patienten als auch des Personals.
- Bettzeug und Gegenstände, die mit Blut oder anderen potentiell infektiösen Körperflüssigkeiten kontaminiert wurden, sollen in flüssigkeitsundurchlässigen Säcken zur Aufbereitung bzw. Entsorgung transportiert werden.
- Zusätzliche Isolierungsmaßnahmen sollen angewendet werden, wenn andere Infektionen als mit Blut und potentiell infektiösen Körperflüssigkeiten übertragbare Krankheiten diagnostiziert bzw. vermutet werden.

### 15.2.4
**Neueste Isolierungsempfehlungen der CDC**

Die verschiedenen Isolierungsempfehlungen (inklusive. der sog. body substance isolation [291]) brachten nach Auffassung der CDC insgesamt mehr Verwirrung, als daß sie dazu beitrugen, die Probleme bei der Isolierung übertragbarer Krankheiten zu lösen. Angestrebt wurde deshalb eine Synthese der verschiedenen Systeme, um *eine* Richtlinie mit sinnvollen Empfehlungen für die Verhütung der verschiedenen Infektionen mit unterschiedlichen Übertragungswegen zu entwickeln. Von den CDC wurde deshalb 1996 eine neue Isolierungsrichtlinie veröffentlicht [163], mit der mehrere Ziele verbunden sein sollten: Sie sollte epidemiologisch fundiert sein, die Bedeutung aller Körperflüssigkeiten, Sekrete und Exkrete bei der Übertragung nosokomialer Erreger berücksichtigen, adäquate Vorsichtsmaßnahmen für aerogene, Tröpfchen- und Kontaktinfektionen beinhalten, so einfach und nutzerfreundlich wie möglich sein und schließlich neue Begriffe verwenden, um eine Verwechslung mit den bereits bestehenden Isolierungssystemen zu vermeiden. Die neue Richtlinie unterscheidet sich hauptsächlich in drei Punkten von den früheren Empfehlungen:
- Die Merkmale der universellen Vorsichtsmaßnahmen und der „body substance"-Isolierung wurden zu einer Reihe von Vorsichtsmaßnahmen zusammengefaßt, die bei allen Patienten unabhängig von ihrem mutmaßlichen Infektionsstatus zur Anwendung kommen sollen. Sie werden Standardvorsichts-

maßnahmen genannt und zielen darauf ab, das Übertragungsrisiko sowohl blutassoziierter als auch anderer nosokomialer Erreger zu reduzieren.
- Die ehemaligen kategoriepezifischen und krankheitsspezifischen Isolierungsmaßnahmen wurden auf der Basis der Übertragungswege in drei Gruppen von Vorsichtsmaßnahmen zusammengefaßt, die bei Patienten, die mit hochkontagiösen oder epidemiologisch wichtigen Erregern infiziert sind bzw. bei denen man eine derartige Infektion vermuten muß, zusätzlich zu den Standardvorsichtsmaßnahmen zur Anwendung kommen sollen. Es handelt sich dabei um Vorsichtsmaßnahmen zur Reduktion des Übertragungsrisikos von aerogenen, Tröpfchen- und Kontaktinfektionen.
- Schließlich gibt es in der neuen Richtlinie für Patienten mit dringendem Verdacht auf eine bestimmte Infektion eine Liste klinischer Syndrome, in der entsprechende am Übertragungsweg orientierte Vorsichtsmaßnahmen (s. oben) angegeben sind, die bis zur Sicherung der Diagnose zusätzlich zu den Standardvorsichtsmaßnahmen eingehalten werden sollen.

Im folgenden sollen die von den CDC neuerdings empfohlenen Isolierungsgruppen beschrieben und kommentiert werden.

### Standardvorsichtsmaßnahmen

Hierzu gehören die oben aufgeführten allgemeinen Infektionskontrollmaßnahmen Händewaschen/Händedesinfektion, Handschuhe, Unterbringung des Patienten, Transport infizierter bzw. kolonisierter Patienten, Mund-Nasen-, Augen- und Gesichtsschutz, Kittel und andere Schutzkleidung, Umgang mit Gegenständen der Patientenversorgung, Wäsche, Geschirr sowie Anwendung von Flächenreinigungs- und -desinfektionsmaßnahmen. Diese Maßnahmen werden grundsätzlich bei allen Patienten angewendet.

### Vorsichtsmaßnahmen bei aerogen übertragbaren Infektionen

Zusätzlich zu den Standardvorsichtsmaßnahmen ist bei Infektionen, die durch Tröpfchenkerne (< 5 µm) übertragbar sind (s. Kap. 3, S. 19), folgendes zu beachten:

**Unterbringung des Patienten.** Der Patient soll in einem Einzelzimmer mit raumlufttechnischer Anlage (s. Kap. 19, S. 329) und negativem Druck im Vergleich zu den angrenzenden Räumen, mindestens sechs Luftwechseln pro Stunde und geeigneter Abluftführung nach außen bzw. Passage durch einen Schwebstoffilter bei Umluftbetrieb, untergebracht werden, wobei die Tür geschlossen gehalten und der Patient im Zimmer bleiben muß (bei mehreren Patienten mit derselben Infektion Bildung einer Kohorte).

**Masken.** Bei Patienten mit offener Tuberkulose der Atemwege soll das Personal bei Betreten des Zimmers eine Maske anlegen, die in der Lage ist, Partikel < 5 µm zu filtern (sog. Feinstaubmasken) (s. Kap. 16, S. 267). Patienten mit Masern und Windpocken sollen nur von immunem Personal versorgt werden.

Patiententransport. Um die Entstehung und Verbreitung von Tröpfchenkernen so weit wie möglich zu vermeiden, sollen die Patienten, wenn möglich, eine chirurgische Maske anlegen, wenn sie aus dringenden Gründen das Zimmer verlassen müssen (s. Kap. 16, S. 267).

### Vorsichtsmaßnahmen bei Infektionsübertragung durch große respiratorische Tröpfchen

Zusätzlich zu den Standardvorsichtsmaßnahmen ist bei Infektionen, die durch große (>5 μm) respiratorische Tröpfchen übertragen werden (s. Kap. 3, S. 19), folgendes zu beachten:

Unterbringung des Patienten. Der infizierte Patient soll nach Möglichkeit in einem Einzelzimmer liegen (bzw. Bildung einer Kohorte von Patienten mit derselben Infektion). Steht kein Einzelzimmer zur Verfügung, soll der infizierte Patient in einem Abstand von mindestens 2 m zu den Mitpatienten bzw. Besuchern bleiben.

Masken. Bei nahem Patientenkontakt (<2 m) soll das Personal eine chirurgische Maske tragen.

Patiententransport. Die Patienten sollen nur bei dringenden Anlässen das Zimmer verlassen. In diesem Fall soll der Patient, wenn möglich, eine chirurgische Maske tragen.

### Vorsichtsmaßnahmen zur Verhütung von Kontaktinfektionen

Zur Verhütung von Infektionen, die durch direkten oder indirekten Kontakt übertragen werden, wird in Ergänzung zu den Standardvorsichtsmaßnahmen zum Gebrauch von Handschuhen und Kitteln empfohlen, beides bereits bei Betreten des Patientenzimmers anzuziehen und nicht erst unmittelbar vor Patientenkontakt.

### Kommentar

Die einzelnen Empfehlungen der neuen CDC-Richtlinie sind in das ebenfalls vor kurzem neu gefaßte Kategoriesystem (Kategorie IA, IB, II, keine Empfehlung/ungelöste Frage, s. Kap. 6, S. 83) eingeordnet. Sämtliche Empfehlungen dieser Richtlinie fallen in die Kategorie IB oder (einmal) II. Das bedeutet, daß durchweg alle Empfehlungen zur Isolierung nicht durch entsprechende klinische Untersuchungen belegt sind, sondern aufgrund theoretischer Überlegungen zum Infektionsrisiko aufgestellt wurden. Das muß berücksichtigt werden, wenn man vor der Frage steht, welche Empfehlungen man übernehmen möchte, kann oder sogar müßte.

So ist die Forderung nach einer RLT-Behandlung von Isolierzimmern bei aerogen oder teilweise aerogen übertragbaren Krankheiten in Deutschland im Gegensatz zu den USA nicht einmal regelmäßig in Großkliniken zu verwirklichen, weil in Deutschland die Klimatisierung von Gebäuden allgemein eher die

Ausnahme als die Regel ist. Theoretisch sprechen zwar einige Gründe für eine spezielle Ventilation von Zimmern, in denen Patienten mit den bei uns vorkommenden aerogen oder teilweise aerogen übertragbaren Krankheiten gepflegt werden. Ob dies aber tatsächlich dazu beiträgt, das Übertragungsrisiko zu reduzieren, ist nicht einmal bei der offenen Tuberkulose der Atemwege wirklich gesichert (s. Kap. 16, S. 267). Eine spezielle Ventilation solcher Patientenzimmer scheint immer dann sinnvoll zu sein, wenn es sich bei den betroffenen Patienten um Personen handelt, die aufgrund besonders schwerer Krankheitserscheinungen sehr große Mengen von Erregern mit ihrem respiratorischen Sekret freisetzen [274], so daß man von einer hohen Konzentration infektiöser Aerosole in der Raumluft ausgehen kann (s. Kap. 3, S. 19).

Zusammengenommen können die neuen Empfehlungen nicht in allen Teilen als eine Verbesserung insbesondere gegenüber dem krankheitsspezifischen System der früheren Richtlinie angesehen werden. Denn man hat jetzt quasi wieder ein Kategoriesystem, das zwar insgesamt gestrafft ist, aber bei dem es zwangsläufig zu Überschneidungen mit anderen Isolierungsgruppen kommt. Die Benutzung der Tabelle, in der wie beim krankheitsspezifischen System eine alphabetische Aufstellung der Infektionen vorgenommen worden ist, ist durch die ständig notwendige Berücksichtigung von Fußnoten mühsam und erreicht deshalb das gesteckte Ziel der Nutzerfreundlichkeit nicht.

Ein großer Gewinn aber ist, daß in der jetzigen Empfehlung explizit formuliert ist, daß bei allen Patienten im Krankenhaus bestimmte Standardhygienemaßnahmen eingehalten werden müssen, da der Infektions- oder Kolonisationsstatus häufig unklar ist und da auch bei Bestehen bestimmter Infektionen mit eng begrenztem Übertragungsweg, wie z. B. Tuberkulose, die grundsätzlich wichtigen Hygienemaßnahmen zur generellen Prophylaxe nosokomialer Infektionen und zum Schutz des Personals beachtet werden müssen. So erübrigt sich dadurch z. B. die Frage, warum das Personal auch bei einem Patienten mit Tuberkulose die Regeln der Händehygiene befolgen muß, wo doch die Tuberkulose nicht über direkten Kontakt mit den Händen übertragen wird. Ein solcher Patient kann aber beispielsweise einen venösen Zugang oder einen Blasenkatheter haben, wodurch wiederum die Notwendigkeit der Händehygiene evident ist.

Die Standardvorsichtsmaßnahmen umfassen bereits alle erforderlichen Maßnahmen, um die Übertragung durch direkten oder indirekten Kontakt zu verhindern. In der neuen Richtlinie wird aber empfohlen, bereits bei Betreten der Zimmer von Patienten mit Infektionen, die durch Kontakt übertragen werden, Handschuhe und Kittel anzuziehen. So gehören beispielsweise in diese Gruppe Krankheiten wie Darminfektionen mit Clostridium difficile oder mit Shigellen bei inkontinenten Patienten oder Kindern, die noch Windeln tragen, oder Hautinfektionen wie neonataler Herpes simplex, Impetigo und Scabies. Es ist doch aber z. B. bei der Versorgung eines Kindes mit Windeln ausreichend, Handschuhe und Kittel erst dann anzuziehen, wenn das Kind gewickelt werden muß. Außerdem hat man nicht bei jedem Gang in ein Patientenzimmer auch Patientenkontakt, was z. B. für die Übertragung von Scabies die Voraussetzung ist. Nicht bei jedem Patienten mit einer solchen Infektion kommt es zu einer Kontamination des Patientenumfeldes bzw. des gesamten Patientenzimmers. In einzelnen Fällen mag es sinnvoll sein, die Maßnahmen zum Schutz vor Kontamination bei Betreten des Patientenzimmers zu beginnen, wie z. B. bei einem Patienten mit der hochkontagiösen sog. Norwegischen Scabies. In den meisten Fällen aber bedeuten diese Empfehlungen wieder „Überisolierung" mit den bekannten möglichen negativen Auswirkungen wie Beeinträchtigung der Patientenversorgung und der Psyche des Patienten durch die routinemäßig durchzuführenden umständlichen Maßnahmen.

Für die Arbeit im Freiburger Universitätsklinikum werden die Empfehlungen des krankheitsspezifischen Systems bevorzugt, die zusammen mit den erforderlichen Standardhygienemaßnahmen in einen Vordruck eingearbeitet wurden, der bei Notwendigkeit einer wie auch immer gearteten Isolierung adäquat ausgefüllt, mit dem Personal besprochen und auf der Station gelassen wird (Abb. 15.1). In diesem Isolierungsprotokoll werden die im Einzelfall erforderlichen Maßnahmen angekreuzt, und es werden ggf. handschriftliche Bemerkungen eingetragen, um jeden Fall individuell behandeln zu können und um das Personal auf der Station in einer übersichtlichen und leicht zugänglichen Form mit den notwendigen Empfehlungen zu versorgen. In Ergänzung zum Isolierungsprotokoll werden z. B. bei infektiösen Darmerkrankungen den Stationen Merkblätter zur Verfügung gestellt, in denen die Besonderheiten für die unterschiedlichen Darminfektionserreger aufgeführt sind (s. Kap. 9, S. 147).

Da in der täglichen Praxis häufig die Frage auftaucht, welche Reinigungs- und/oder Desinfektionsmaßnahmen bei den verschiedenen meldepflichtigen und nichtmeldepflichtigen übertragbaren Krankheiten notwendig bzw. sinnvoll seien, ist in Tabelle 15.2 angegeben, ob und, wenn ja, welche Desinfektionsmaßnahmen durchgeführt werden sollten (s. dazu auch 15.1.10). Diese Tabelle ist deshalb als Ergänzung zu Tabelle 15.1 zu verstehen und entsprechend zu benutzen.

## 15.2.5
### Empfehlungen des ehemaligen BGA

Die sog. Hygienekommission des ehemaligen Bundesgesundheitsamtes (BGA), jetzt Bundesinstitut für übertragbare und nichtübertragbare Krankheiten (Robert-Koch-Institut), hat 1994 eine neue Anlage zur „Richtlinie für Krankenhaushygiene und Infektionsprävention" zu den „Anforderungen der Hygiene an die Infektionsprävention bei übertragbaren Krankheiten" publiziert [57]. Obwohl es sich bei der gesamten „Richtlinie" inklusive Anlagen vom Charakter her um eine Empfehlung handelt (s. Kap. 1, S. 1), muß doch auch bei dieser Veröffentlichung kritisiert werden, daß die Kommission einmal mehr hygienische Forderungen aufgestellt hat, die zumindest teilweise einer theoretischen Grundlage entbehren oder auch mit den gesetzlichen Vorgaben, die sich aus dem BSeuchG ergeben, nicht in Einklang zu bringen sind bzw. darüber hinaus gehen.

So wird beispielsweise bei Windpocken empfohlen, daß man ein Neugeborenes von seiner erkrankten Mutter abzusondern habe. Diese Empfehlung ist me-

| Klinik:                  Station:              Aufnahmedatum: |
|---|
| Name des Patienten:                            Geburtsdatum: |
| Infektions-Diagnose: |
| Mitpatienten: |

▸ **Händedesinfektion und Einmal-Handschuhe**
   unabhängig von der Art der Infektion die üblichen Regeln beachten
   (vor infektionsgefährdenden Tätigkeiten und nach [potentieller] Kontamination
   sowie nach Ausziehen von 1×-Handschuhen Hände desinfizieren, 1×-Handschuhe,
   wenn Kontakt mit [potentiell] infektiösem Material möglich)

   ☐ Einzelzimmer                  ☐ eigenes WC oder Nachtstuhl
   ☐ **Schürze/Schutzkittel**
       ☐ bei Kontakt mit (potentiell) infektiösem Material
       ☐ bei Pflegetätigkeiten am Patienten
       ☐ 3 × täglich     ☐ 1 × täglich            wechseln
   ☐ **Händewaschen**
       → vor Verlassen des Zimmers von Patienten mit C. difficile-Infektion
   **Wäsche**
       ☐ normale Wäsche
       ☐ 'infektiöse' Wäsche bei Kontamination mit infektiösem Material
   **Abfall**
       ☐ Hausmüll
       ☐ 'infektiöser' Abfall bei Kontamination mit infektiösem Material
       ☐ **Information an alle Kontaktpersonen** (z.B. Physiotherapeuten, Besucher)
       ☐ **Information an Reinigungspersonal bzw. Hauswirtschaftsleitung:**
           ☐ laufende Desinfektion
           ☐ Schlußdesinfektion:    ☐ patientennahe Flächen
                                    ☐ alle Flächen

▸ **Aufhebung der Isolierungsmaßnahmen nach:**
   ☐ Beendigung der Symptomatik (z.B. C. difficile)
   ☐ negativen bakteriologischen Kontrollen (z.B. MRSA)
   ☐ 3    ☐ 5    negativen Stuhlproben im Abstand von
                  48 h (z.B. Enteritis-Salmonellen)

▸ **Stuhlproben**
   ☐ frühestens 72 h nach Absetzen von Antibiotika
   ☐ frühestens 1 Woche nach Beendigung der Symptomatik mit Kontrollen beginnen
   ☐ Kontaktpersonen mit Symptomatik (Information an den Betriebsarzt)
   ☐ alle Kontaktpersonen

▸ **Bemerkungen:**

Datum:
Unterschrift:              Krankenhaushygiene          Station

**Abb. 15.1.** Isolierungsprotokoll

Tabelle 15.2. Reinigungs- bzw. Desinfektionsmaßnahmen bei Infektionen

| Infektion | Laufende Desinfektion | Schluß-desinfektion |
|---|---|---|
| *Abszeß* | | |
| – stark sezernierend | Ja | (1) |
| – schwach sezernierend | Nein | Nein |
| Adenovirusinfektion | Nein | Nein |
| AIDS (incl. HIV-positiv) | Nein (Nur bei starken Blutungen) | Nein |
| Aktinomykose | Nein | Nein |
| Amoebiasis | Nein | Nein |
| Aspergillose | Nein | Nein |
| Botulismus | Nein | Nein |
| Bronchiolitis | Nein | Nein |
| Candidiasis | Nein | Nein |
| *Chlamydieninfektion* | | |
| – Konjunktivitis | Nein | Nein |
| – Respiratorisch | Nein | Nein |
| – Genital | Nein | Nein |
| *Cryptosporidium* | Nein | Nein |
| *Cytomegalie* | | |
| – Neugeborene | Nein | Nein |
| – immunsupprimierte Patienten | Nein | Nein |
| *Diphtherie* | | |
| – pharyngeal | Ja | (1) |
| – kutan | Ja | (1) |
| *Endometritis* | | |
| – A-Streptokokken | Ja (Bei starkem Ausfluß) | (1) |
| – andere Erreger | Nein | Nein |
| Enzephalitis | Nein | Nein |
| Epiglottitis (H. influenzae) | Nein | Nein |
| Erythema migrans | Nein | Nein |
| Exanthema subitum | Nein | Nein |
| *Furunkulose* (S. aureus) | Nein | Nein |
| – Neugeborene | Ja (Inclusive Wickeltisch und Badewanne) | (1) |
| Gasbrand | Nein | Nein |
| *Gastroenteritis* | | |
| – Campylobacter jejuni/coli | Ja | (1) |
| – Clostridium difficile | Ja | (2) |
| – Cryptosporidium | Nein | Nein |
| – Cholera | Ja | (1) |
| – Enteritissalmonellen | Ja | (1) |
| – Escherichia coli | Ja (Inclusive Wickeltisch und Badewanne) | (1) |

**Tabelle 15.2.** (Fortsetzung)

| Infektion | Laufende Desinfektion | Schlußdesinfektion |
|---|---|---|
| – Rotavirus | Ja | (1) |
| | (Inclusive Wickeltisch und Badewanne) | |
| – Shigellen | Ja | (1) |
| – unbekannte Ätiologie | Ja | (1) |
| – Vibrio parahaemolyticus | Ja | (1) |
| – Yersinia enterocolitica | Ja | (1) |
| Gonokokkenkonjunktivitis | Ja | (1) |
| | (Inclusive Wickeltisch und Badewanne) | |
| Gonorrhoe | Nein | Nein |
| Hepatitis A und E | Ja | (1) |
| Hepatitis B, C und D | Nein | Nein |
| | (Nur bei starken Blutungen) | |
| *Herpes simplex* | | |
| – Enzephalitis | Nein | Nein |
| – generalisierte Haut- und Schleimhautinfektion | Ja | (1) |
| – lokalisierte Haut- und Schleimhautinfektion | Nein | Nein |
| – neonatal | Ja | (1) |
| *Herpes zoster (Zoster)* | | |
| – generalisiert | Ja | (1) |
| – lokalisiert | Nein | Nein |
| – bei immunsupprimierten Patienten | Ja | (1) |
| *Impetigo* | | |
| – A-Streptokokken | Ja | (2) |
| – Staphylococcus aureus | Ja | (2) |
| | (Jeweils bei ausgedehntem Befall) | |
| *Influenza* | | |
| – Säuglinge, Kleinkinder | Nein | Nein |
| – Erwachsene | Nein | Nein |
| Jakob-Creutzfeld | Nein | Nein |
| Keratoconjunctivitis epidemica | Ja | (1) |
| Listeriose | Nein | Nein |
| Malaria | Nein | Nein |
| Masern | Nein | Nein |
| *Meningitis* | | |
| – abakteriell, viral | Nein | Nein |
| – gramnegativ bei Neugeborenen | Nein | Nein |
| – Meningokokken | Nein | Nein |
| – Haemophilus influenzae | Nein | Nein |
| – Pilze | Nein | Nein |
| – Pneumokokken | Nein | Nein |
| – Tuberkulose | Nein | Nein |
| Mumps | Nein | Nein |

Tabelle 15.2. (Fortsetzung)

| Infektion | Laufende Desinfektion | Schluß-desinfektion |
|---|---|---|
| Mykosen | Nein | Nein |
| Pertussis | Nein | Nein |
| Pfeiffersches Drüsenfieber | Nein | Nein |
| Pneumonie | | |
| – Chlamydien | Nein | Nein |
| – Legionellen | Nein | Nein |
| – Meningokokken | Nein | Nein |
| – Mycoplasma pneumoniae | Nein | Nein |
| – Pneumokokken | Nein | Nein |
| – Staphylococcus aureus | Ja (Bei abszedierender Pneumonie) | (2) |
| – A-Streptokokken | Nein | Nein |
| – viral (Neugeborene, Säuglinge, Kleinkinder) | Nein | Nein |
| – viral (Erwachsene) | Nein | Nein |
| Poliomyelitis | Ja | (1) |
| Polyresistente Erreger | Ja (Abhängig von der Lokalisation und Ausbreitung) | (1) |
| Pseudokrupp | Nein | Nein |
| Röteln | Nein | Nein |
| Scabies | Nein | Nein |
| Scharlach | Nein | Nein |
| *Staphylococcus aureus-Infektionen* | | |
| – Haut (ausgedehnt) | Ja | (2) |
| – Pemphigus neonatorum | Ja | (2) |
| – lokalisiert | Nein | Nein |
| – Lungenabszeß | Ja | (2) |
| – staphylogenes Lyell-Syndrom | Ja | (2) |
| – toxisches Schocksyndrom | Nein | Nein |
| – oxacillinresistenter Stamm | Ja (Abhängig von der Lokalisation und Ausbreitung) | (2) |
| *A-Streptokokkeninfektion* | | |
| – Haut, lokalisiert | Nein | Nein |
| – Haut, ausgedehnt | Ja | (2) |
| – Rachen | Nein | Nein |
| – Lunge | Nein | Nein |
| *B-Streptokokkeninfektion* | | |
| – early-onset | Ja | (1) |
| – late-onset | Ja | (1) |
| *Syphilis* | | |
| – Haut und Schleimhaut (Frühstadium I u. II) | Ja | (1) |
| – latent, seropositiv, keine Läsionen | Nein | Nein |
| Toxoplasmose | Nein | Nein |

**Tabelle 15.2.** (Fortsetzung)

| Infektion | Laufende Desinfektion | Schluß-desinfektion |
|---|---|---|
| *Tuberkulose* | | |
| – extrapulmonal | Ja | (1) |
| – pulmonal, laryngeal, bronchial | Ja | (2) |
| Tetanus | Nein | Nein |
| Typhus, Paratyphus | Ja | (1) |
| Windpocken | Nein | Nein |

*Laufende Desinfektion:*
patientennahe Flächen (ohne Fußboden)
*Schlußdesinfektion*
(1) wie laufende Desinfektion
(2) gründliche Wischdesinfektion aller erreichbaren Gegenstände und Flächen (inclusive Fußboden) im Patientenzimmer

dizinisch unverständlich und in Hinsicht auf die Problematik einer Störung der frühen Mutter-Kind-Beziehung unverantwortlich. Denn ganz gleich, wann eine Frau um den Zeitpunkt der Geburt an Windpocken erkrankt, ist aus infektiologischen Gründen eine Trennung von Mutter und Kind nie notwendig, weil man in einem solchen Fall dem Kind Varizella-Zoster-Immunglobulin verabreicht, so daß es passiv geschützt ist und auch gestillt werden kann [420]. Die gleichen Empfehlungen bezieht die Kommission auch auf den Zoster, obwohl beim Zoster das Kind durch diaplazentar übertragene mütterliche Antikörper geschützt ist (und deshalb noch nicht einmal VZ-Immunglobulin benötigt).

Zum anderen wird in dieser Anlage zur „Richtlinie" bei der offenen Lungentuberkulose nach Entlassung des Patienten eine Raumvernebelung mit Formaldehyd empfohlen, obwohl es keine hinreichenden Belege dafür gibt, daß diese aufwendige Desinfektionsmaßnahme irgendwelche Vorteile gegenüber einer gründlichen Wischdesinfektion aller erreichbaren Flächen hat. In der Einleitung zu der neuen Anlage wird zwar darauf hingewiesen, daß in „Abhängigkeit von der epidemiologischen Situation und den örtlichen Voraussetzungen (...) im Einzelfall festgelegt werden" muß, „ob in jedem Fall (...) eine Raumdesinfektion notwendig ist". Diese Formulierung impliziert, daß im Regelfall eine solche Maßnahme erforderlich sein wird, vielleicht aber nicht in jedem Einzelfall.

Ein weiterer Kritikpunkt betrifft die Angaben zur Wahl des Desinfektionsmittels bzw. seiner Konzentration. Immer dann, wenn es sich um eine nach § 3 BSeuchG meldepflichtige übertragbare Krankheit handelt, wird auf die sog. BGA-Liste (s. Kap. 13, S. 201) verwiesen. Ebenfalls werden die Mittel und Verfahren dieser Liste empfohlen, wenn es zu „massiver bzw. sichtbarer Kontamination" mit infektiösem Material bei anderen Infektionen gekommen ist. Die Forderung nach Einsatz der Mittel und Verfahren der BGA-Liste wird aber nicht durch den Hinweis relativiert (auch nicht in der „Einleitung"), daß die BGA-Liste nach § 10c BSeuchG nur bei behördlicher Anordnung zur Anwendung kommen muß.

Die Hygienekommission vertritt offenbar die Auffassung, daß in diesen Fällen die BGA-Liste angewendet werden sollte, hat aber unterlassen, den Leser darauf hinzuweisen, daß es sich hier um eine Entscheidung der Kommission handelt, nicht aber um eine aufgrund des BSeuchG gegebene gesetzliche Notwendigkeit. Wie bereits bei den früheren Anlagen zur „Richtlinie" fehlen schließlich auch dieser Anlage Hinweise auf Literatur.

# 16 Prävention der Tuberkuloseübertragung im Krankenhaus

I. Kappstein

## EINLEITUNG

Das Erregerreservoir für die Tuberkulose ist heutzutage in Mitteleuropa fast ausschließlich der Mensch, d. h. die Tuberkulose wird i. allg. nur von Mensch zu Mensch übertragen [114]. Im Gegensatz zu den meisten anderen Infektionskrankheiten gelten für die Tuberkulose folgende Besonderheiten:
- Eine Infektion ist nicht gleichbedeutend mit einer Erkrankung.
- Man unterscheidet verschiedene Infektionsstadien aktiver und inaktiver Formen der Tuberkulose.

In den meisten Fällen bleibt die Tuberkuloseinfektion latent oder äußert sich z. B. mit den Zeichen einer einfachen Erkältung. Eine manifeste Erkrankung entwickelt sich bei ca. 3–5% der immunkompetenten Personen innerhalb von zwei Jahren nach der Primärinfektion und bei weiteren 5% während des restlichen Lebens, und zwar oft im höheren Alter fast ausschließlich aufgrund einer endogenen Reaktivierung der seit der Primärinfektion ruhenden Erreger [7, 408]. Bei HIV-infizierten Personen sind jedoch die Erkrankungs- bzw. Reaktivierungsraten wesentlich höher [408]: Pro Jahr kommt es bei 7–10% der HIV-Infizierten mit einer schon länger zurückliegenden Primärinfektion zu einer endogenen Reaktivierung, und bei 37% entwickelt sich innerhalb von sechs Monaten eine manifeste Tuberkulose, wenn die Primärinfektion im Stadium der HIV-Infektion erworben wurde.

Exogene Reinfektionen (=Zweitinfektion nach Verschwinden der Tuberkulinhautreaktion) oder Superinfektionen (zusätzliche Infektion mit einem anderen Stamm von Mycobacterium tuberculosis bei bestehender positiver Tuberkulinhautreaktion) sind bei immunkompetenten Personen sehr selten. Man geht davon aus, daß die Infektion (in der Regel am positiven Tuberkulintest zu erkennen) einen weitgehenden Schutz vor einer Superinfektion darstellt. In epidemiologischer Hinsicht relevant sind in erster Linie die Primärinfektionen, die durch spezielle organisatorische und hygienische Maßnahmen verhütet werden müssen.

## 16.1
## Übertragungswege

Die Tuberkulose kann prinzipiell durch Aufnahme kontaminierter Nahrung (meist Milch) oder durch direkte Inokulation erregerhaltigen Materials erworben werden, wird aber in den meisten Fällen aerogen über Inhalation von Tröpfchenkernen (<5 µm) übertragen (s. Kap. 3, S. 19) [326, 375, 406, 408]. Tröpfchenkerne (= Aerosole) werden von der Luftströmung schnell verteilt und können lange Zeit als schwebende Partikel in der Luft suspendiert bleiben [114, 406]. Hat eine Sedimentation auf Oberflächen stattgefunden, werden sie nicht wieder resuspendiert und gelten dann als nicht mehr infektiös [6]. Eine epidemiologisch bedeutsame Freisetzung von Tuberkelbakterien in die Raumluft in Form von kleinen respiratorischen Tröpfchen, die zu Tröpfchenkernen verdunsten, erfolgt vor allem beim Husten, aber nur dann, wenn der Patient eine sog. offene Tuberkulose der Atemwege, d.h. der Lunge, der Bronchien oder des Kehlkopfes, hat. Bei einer Tuberkulose außerhalb der Atemwege ist eine Übertragung der Erreger, z. B. infolge von Verletzungen, durch Inokulation erregerhaltigen Materials, wie beispielsweise Eiter bei abszedierender Lymphknotentuberkulose, möglich, aber bei entsprechender Sorgfalt unwahrscheinlich [114]. Daß es aber auch bei extrapulmonalen Formen zu einer (artifiziellen) Aerosolbildung kommen kann, zeigt der ungewöhnliche Fall einer Tuberkuloseübertragung auf mehrere Mitarbeiter eines Krankenhauses nach offener Spülung eines Abszesses mit Hilfe einer Munddusche [229].

Tröpfchenkerne sind so winzig, daß sie bei Inhalation ungehindert bis in die Lungenalveolen gelangen können. Nur an dieser anatomischen Lokalisation im Bereich der Atemwege kann eine Tuberkuloseinfektion entstehen. Voraussetzung für eine Infektion ist also, daß ein einziges Tuberkelbakterium bis in die tiefsten Abschnitte der Lunge gelangt [375]. Die Wahrscheinlichkeit einer Infektion ist jedoch von der Konzentration infektiöser Tröpfchenkerne in der Raumluft abhängig, ferner von der Dauer der Exposition und der Enge des Kontaktes mit der infizierten Person [375, 406]. Der Kontakt von größeren respiratorischen Tröpfchen mit der Schleimhaut des oberen Respirationstraktes, z.B. beim Anhusten, führt aber selbst dann nicht zu einer Infektion, wenn die Tröpfchen Tuberkelbakterien enthalten [114]. Eine wirksame antituberkulotische Therapie reduziert die Freisetzung infektiöser Partikel innerhalb kurzer Zeit und ist vielleicht die effektivste Infektionskontrollmaßnahme bei Tuberkulose überhaupt [115, 473].

Infektiosität. Bei offener Tuberkulose der Atemwege nimmt man an, daß bei lediglich kulturellem Nachweis der Erreger im Sputum die Keimzahl, d.h. die Konzentration freigesetzter infektiöser Aerosole, gering ist, daß im Gegensatz dazu aber bei Nachweis zahlreicher säurefester Stäbchen im mikroskopischen Präparat die Keimzahl und damit auch die Infektiosität, hoch ist [114]. Außerdem aber müssen empfängliche Personen (= negativer Tuberkulintest) einen langdauernden oder aber kurzen und intensiven Kontakt mit einem Erkrankten haben, z. B. lebensrettende Notfallmaßnahmen mit erheblicher Aerosolfreisetzung [114, 297,

326]. Es wurde aber auch über Einzelfälle von Tuberkulintestkonversionen, d. h. Primärinfektionen, bzw. manifesten Tuberkuloseerkrankungen nach Kontakt mit Patienten berichtet, bei denen die Erreger nur kulturell nachweisbar waren [71]. Es handelte sich dabei aber jeweils um eine intensive Exposition bei Intubation und Bronchoskopie. Schließlich gibt es auch Berichte über Tuberkuloseübertragungen, bei denen der Kontakt zwar relativ kurz, die Exposition für die empfänglichen Personen aber wegen stark hustender Erkrankter hoch war [452].

Risiko im Gesundheitsdienst. Zum Tuberkuloserisiko von Beschäftigten im Gesundheitsdienst wurde am Freiburger Universitätsklinikum eine Untersuchung durchgeführt [211]. Dabei fand sich bei Personen unter 30 Jahren eine signifikant höhere Prävalenz bei Angehörigen der medizinischen Berufe im Vergleich zum nichtmedizinischen Personal (z. B. Verwaltung, technischer Betrieb). Es konnte außerdem gezeigt werden, daß die Tuberkuloseinzidenz bei Beschäftigten des Klinikums mit der der normalen Bevölkerung der BRD übereinstimmte (0,25‰). Die jährliche Tuberkulinkonversionsrate war mit 2,2% bei Angehörigen der medizinischen und nichtmedizinischen Berufe gleich. Bei einem Vergleich der verschiedenen Arbeitsbereiche aber war die Konversionsrate bei Beschäftigten in der Pathologie, Pulmologie und Thoraxchirurgie am höchsten, d. h., für diese Mitarbeiter ist das Tuberkuloserisiko am größten.

Tuberkulose und Aids. Aus den USA wird berichtet, daß in den letzten zehn Jahren nach einem über Jahrzehnte zu beobachtenden ständigen Rückgang die Tuberkuloseinzidenz um 20% zugenommen hat und in einigen Metropolen besonders hoch ist [310, 406]. Verantwortlich wird dafür u. a. die hohe Zahl Aids-Erkrankter gemacht, bei denen die Tuberkulose zum einen häufiger vorkommt (durch endogene Reaktivierung oder exogene Reinfektion) sowie zum anderen ein atypisches klinisches Bild verursacht und deshalb auch schwer von den anderen pulmonalen Komplikationen bei Aids zu unterscheiden ist [326]. Zur Diagnosestellung sind meist Maßnahmen erforderlich, die Husten provozieren, wie Sputuminduktion mit hypertoner Kochsalzlösung oder Bronchoskopie. Darüber hinaus werden Aids-Patienten zur Prophylaxe der Pneumocystis carinii-Pneumonie mit Pentamidininhalationen behandelt, wodurch ebenfalls Husten ausgelöst, d. h. die Freisetzung ggf. infektiöser Aerosole gefördert und damit das Übertragungsrisiko erhöht wird (s. 16.2.3).

Multiresistente Stämme. Ein besonderes Problem stellen nicht nur in therapeutischer, sondern auch in epidemiologischer Hinsicht die in den letzten Jahren wiederum vor allem in den USA beobachteten Ausbrüche mit Stämmen multiresistenter Tuberkelbakterien dar [75, 310]. Die Ursachen für die Entwicklung multiresistenter M. tuberculosis-Stämme sind vielfältig [408]. Der Hauptgrund ist die unzuverlässige Medikamenteneinnahme. Außerdem kann mangelnde Resorption im Gastrointestinaltrakt verantwortlich sein, z. B. bei HIV-Patienten mit Enteropathie oder gastrektomierten Patienten. Da der wichtigste Faktor bei der Tuberkuloseprävention die frühzeitige Erkennung der Verdachtsfälle und

Infizierten mit der dann sofort eingeleiteten Isolierung ist, und der nächste Schritt die Einleitung einer effektiven Chemotherapie ist, bedeutet die Ausbreitung multiresistenter Stämme eine schwerwiegende Beeinträchtigung des Schutzes insbesondere der in Gemeinschaftseinrichtungen wie Krankenhäusern, Obdachlosenunterkünften und Gefängnissen lebenden und arbeitenden Personen.

## 16.2
## Infektionskontrollmaßnahmen bei offener Tuberkulose der Atemwege

Durch die potentielle Inhalation infektiöser Aerosole besteht für das Personal ein relatives Infektionsrisiko, welches durch die im folgenden genannten Maßnahmen, die auch bei Infektion mit multiresistenten Stämmen gelten, reduziert, aber nicht völlig beseitigt werden kann [375]. Aus diesem Grunde wäre es wünschenswert, wenn nur tuberkulinpositives Personal bei solchen Patienten eingesetzt werden könnte, was aber meist nicht realisiert werden kann. Außerdem sollte das Personal selbst auch keinen zellulären Immundefekt haben.

### 16.2.1
### Unterbringung des Patienten

Einzelzimmer. Ein Patient mit aktiver oder Verdacht auf aktive Tuberkulose erhält ein Einzelzimmer. Stehen nicht genügend Zimmer zur Verfügung, können mehrere Patienten mit offener Tuberkulose in einem Mehrbettzimmer untergebracht werden. Voraussetzung dafür ist aber, daß alle Patienten eine kulturell gesicherte Tuberkulose mit bereits bekannter und gleicher Medikamentenempfindlichkeit haben und daß bei allen die Therapie begonnen hat [75]. Im Freiburger Universitätsklinikum haben sich die Abteilungen Krankenhaushygiene, Pneumologie und Arbeitsmedizin darauf geeinigt, daß bei großer Raumnot auf einer Station Patienten, bei denen der Verdacht auf eine offene Tuberkulose besteht, mit tuberkulinpositiven Mitpatienten in ein Zimmer gelegt werden können, vorausgesetzt, daß es sich bei den Mitpatienten nicht um Personen mit einer ausgeprägten Schwäche der körpereigenen, insbesondere der zellulären Abwehr handelt.

Die Notwendigkeit der Einzelunterbringung muß man den Patienten gut erklären und sie außerdem darauf hinweisen, daß sie sich, obwohl sie allein im Zimmer sind, beim Husten und Niesen ein Papiertaschentuch vor Mund und Nase halten müssen, um respiratorische Tröpfchen zurückzuhalten, bevor sie in die Raumluft gelangen, wobei die kleineren Tröpfchen ($< 100$ µm) eintrocknen und als potentiell infektiöse Tröpfchenkerne zurückbleiben (s. Kap. 3, S. 19).

Die Patienten sollen während der gesamten Dauer der Isolierung bei geschlossener Zimmertür in ihren Zimmern bleiben. Soweit möglich, sollen alle diagnostischen und therapeutischen Maßnahmen in diesem Raum stattfinden. So wenig Personal wie möglich soll das Patientenzimmer betreten, und nur nahestehende Personen sollen den Patienten besuchen dürfen, wobei man auch ihnen den Grund für die Isolierung und den Übertragungsweg der Tuberkulose erklären muß.

RLT-Anlage. Bei den üblichen Gegebenheiten in deutschen Krankenhäusern wird es nur selten möglich sein, Patienten mit offener Atemwegstuberkulose in einem Zimmer mit raumlufttechnischer (RLT-)Anlage (s. Kap. 19, S. 329) unterzubringen, wie es in den USA von den CDC empfohlen wird [75]. Die Zimmer sollen deshalb häufig gelüftet werden, wobei aber die Türen zum Stationsflur geschlossen bleiben müssen, um eine Lenkung des Luftstroms in diese Richtung zu vermeiden. Durch den auch bei normaler Fensterlüftung vorhandenen Verdünnungseffekt wird die Zahl infektiöser Aerosole in der Luft des Patientenzimmers in gewissem Maße reduziert, wenn auch nicht so effektiv wie bei einer künstlichen Ventilation (z. B. mit mindestens sechsfachem Luftwechsel pro Stunde, wie in den USA empfohlen). Daß also eine Klimatisierung der Patientenzimmer die Zahl potentiell infektiöser Aerosole reduziert, ist unbestritten. Ob dies jedoch tatsächlich einen Einfluß auf die Rate der Tuberkuloseübertragung hat, ist unklar. Die Frage ist deshalb, ob es gerechtfertigt ist, landesweit klimatisierte Zimmer für Tuberkulosepatienten zu empfehlen, wie dies in den USA der Fall ist [327, 406, 464]. Das Gleiche gilt für den Einsatz von Schwebstoffiltern bei Umluftbetrieb und von UV-Lampen [292, 327, 406]. Auch mobile Klimageräte scheinen keine geeignete Lösung für dieses in erster Linie finanzielle Problem zu sein, weil sie nicht in der Lage sind, die gesamte Luft eines Raumes umzuwälzen [327].

## 16.2.2
## Masken

Um zu verstehen, ob und, wenn ja, welche Masken für Personal, Besucher und Patienten selbst möglicherweise sinnvoll sind, sollen hier zunächst die verschiedenen Maskentypen beschrieben werden.

Chirurgische Maske. Die chirurgische Maske ist so konzipiert, daß sie die Freisetzung respiratorischer Tröpfchen in die Raumluft verhindert. Sie ist der üblicherweise im Krankenhaus bei verschiedenen Gelegenheiten eingesetzte Maskentyp. Typischerweise werden sie bei Operationen getragen, um den Operationssitus vor einer Kontamination mit sedimentierenden und Mikroorganismen enthaltenden Speicheltröpfchen des Operationsteams so weit wie möglich zu schützen. Aufgrund ihrer Materialbeschaffenheit können sie aber nicht Aerosole, also Mikrotröpfchen mit einem Durchmesser $<5$ µm, filtern.

Staubmasken. Ein anderer Maskentyp sind Staubmasken, die vor der Inhalation luftgetragener Partikel schützen. Sie sind vor allem für industrielle Zwecke entwickelt worden. Man unterscheidet Grob- und Feinstaubmasken, wobei sog. Feinstaubmasken am effektivsten ($>99\%$) kleinste Partikel ($<1$ µm) filtern können. Derartige Spezialmasken (engl. HEPA [=high efficiency particulate air] respirators) wurden von den CDC für Personal empfohlen, das Patienten mit offener Tuberkulose der Atemwege versorgen muß [75].

Betrachtet man den Schutz des Personals, ist theoretisch nur der Gebrauch von Feinstaubmasken sinnvoll, weil die chirurgische Maske nicht die erforderliche Filterleistung erbringt. Verschiedene Gründe lassen aber auch den Einsatz der Feinstaubmasken fragwürdig erscheinen [464]:

- Es ist unklar, ob die Filterleistung dieser Masken, die für den industriellen Einsatz sehr hohe Partikelzahlen zurückhalten müssen, in der Situation des klinischen Alltags überhaupt relevant ist, wo lediglich eine relativ geringe Anzahl von Aerosolen zu erwarten ist.
- Die Fähigkeit, Aerosole zu filtern, bedeutet nicht notwendigerweise, daß man vor der Inhalation aller infektiösen Partikel geschützt ist. Die Masken können ihre Filterleistung nur erfüllen, wenn sie korrekt angelegt werden. Dazu ist aber eine sorgfältige und recht zeitaufwendige Handhabung erforderlich, die im Alltag meist nicht durchgehalten werden kann. Wenn aber die Maske nicht überall fest am Gesicht anliegt, fungiert ein solches Leck wie ein Trichter, über den Raumluft angesogen wird. Das Personal muß deshalb entsprechend trainiert werden, damit die Masken korrekt benutzt werden. Bartträger stellen, was den gut am Gesicht anliegenden Sitz angeht, ein besonderes Problem dar. Außerdem kann es bei manchen Personen, z. B. Asthmatiker, zu Atemschwierigkeiten kommen, wenn sie die Masken tragen, weil das Atmen durch ein solches Filtermaterial schwerer ist.
- Schließlich sieht man mit den Masken entstellt aus, und die psychologische Bedeutung für die Patienten darf nicht unterschätzt werden.

Personal und Besucher. Aufgrund dieser Überlegungen kann für Personal oder Besucher nicht empfohlen werden, generell bei Betreten des Patientenzimmers eine Maske anzulegen, weil die Effektivität auch der Feinstaubmasken in Hinsicht auf die Tuberkuloseprävention nicht gesichert ist.

Trotz dieser Hinweise möchte das Personal aber meistens Masken zur Verfügung haben. Eine mögliche Lösung des daraus resultierenden Konfliktes ist, daß von den Krankenhäusern Feinstaubmasken zur Verfügung gestellt werden, so daß alle Personen, die dies wünschen, damit das Patientenzimmer betreten können. Ihre Benutzung wird aber nicht ausdrücklich empfohlen. Die Erfahrung zeigt jedoch, daß die nötige Sorgfalt beim Anlegen der Masken fast immer fehlt, so daß es sich mehr um eine rituelle Handlung handelt als um einen evtl. wirksamen Schutz vor Infektion.

In den USA werden die Spezialmasken aber trotz der zu berücksichtigenden Einschränkungen empfohlen, stehen aber in der Hierarchie der Empfehlungen an letzter Stelle [75]. Nicht zuletzt aus Kostengründen hat die Empfehlungen der Masken in den USA heftige Diskussionen ausgelöst, weil ihre Bedeutung für die Infektionsprophylaxe unklar ist [311]. Einigkeit besteht darin, daß organisatorische Maßnahmen, wie insbesondere rechtzeitige Diagnosestellung, sofortige Isolierung und schneller Therapiebeginn, von entscheidender Bedeutung und möglicherweise ausreichend sind, weil verschiedene Ausbrüche, auch mit multiresistenten Stämmen, ohne den Einsatz von Masken beendet werden konnten [311].

Es handelt sich auch bei Feinstaubmasken meist um Einmalprodukte. Sie bleiben aber im Gegensatz zu ihrem Gebrauch in der Industrie (partikelreiche Luft, die schnell zu einer Verlegung der „Poren" führt) beim Einsatz unter den partikelarmen Raumluftbedingungen im Krankenhaus über Wochen bis Monate funktionstüchtig und können deshalb von einer Person lange Zeit verwendet werden, so daß man sich keinesfalls jeden Tag eine neue Maske nehmen muß [75].

Patient. Der Patient trägt in seinem Zimmer zu keinem Zeitpunkt eine Maske, weil dies nicht zumutbar wäre. Statt dessen soll er aufgefordert werden, sich beim Husten ein Papiertaschentuch vor Mund und Nase zu halten, um die Freisetzung respiratorischer Tröpfchen in die Raumluft zu reduzieren [75]. Wenn er doch einmal sein Zimmer verlassen muß, ist es bei einem Patienten, der viel hustet, sinnvoll, ihm eine chirurgische Maske anzulegen [75]. Eine solche Maske verhindert nämlich beim Husten die Freisetzung respiratorischer Tröpfchen, aus denen durch Verdunstung Aerosole entstehen können. Wenn überhaupt also, dann ist für den Patienten nur eine chirurgische Maske angebracht, weil Aerosole vorwiegend außerhalb des Körpers durch Verdunstung kleiner respiratorischer Tröpfchen entstehen. Dem Patienten eine Spezialmaske zu geben, die vor der Inhalation feinster Tröpfchen schützen kann, wäre demnach nicht logisch.

## 16.2.3
### Vorgehen bei hustenprovozierenden Maßnahmen

Zu den diagnostischen oder therapeutischen Maßnahmen, die Husten auslösen (können) und deshalb potentiell mit der Bildung von infektiösen Aerosolen verbunden sind, gehören Intubation, endotracheales Absaugen, diagnostische Sputuminduktion, Aerosolinhalationstherapie, wie z.B. mit Pentamidin, und Bronchoskopie. Aber auch Maßnahmen ohne Bezug zu den Atemwegen können zur Entstehung von Aerosolen führen, wie z.B. offene Spülungen tuberkulöser Abszesse, Homogenisierung und Lyophilisierung von Gewebeproben oder anderer Umgang mit Gewebe, das Tuberkelbakterien enthalten kann, wie z.B. bei Sektionen.

Hustenprovozierende Maßnahmen sollen bei Personen mit Verdacht auf Tuberkulose nur durchgeführt werden, wenn sie absolut notwendig sind und unter entsprechendem Schutz durchgeführt werden können. Die Maßnahmen sollen in geschlossenen Räumen stattfinden, und das beteiligte Personal soll Masken mit hoher Filterleistung für Aerosole tragen und dabei auf deren korrekten Sitz achten (s. 16.2.2). Ein Rücktransport des Patienten in sein Zimmer soll erst dann erfolgen, wenn sich der Husten gelegt hat. Auf keinen Fall soll er während dieser Zeit in einem allgemeinen Warteraum sein. Nach einer Narkose soll ein Tuberkulosepatient nicht in einen gemeinsamen Aufwachraum mit anderen Patienten gebracht werden, sondern in einem getrennten Raum überwacht werden. Nach hustenprovozierenden Maßnahmen sollen die Räume gründlich nach außen gelüftet werden, bevor der nächste Patient hereingebracht wird.

## 16.2.4
## Patiententransport

Nur in tatsächlich dringenden Fällen soll der Patient sein Zimmer verlassen und sich zuvor eine chirurgische Maske anlegen lassen, wenn er (viel) hustet (s. 16.2.2).

## 16.2.5
## Schutzkleidung

Wenn eine Kontamination der Arbeitskleidung mit infektiösem Material, d.h. respiratorischem Sekret, wie z. B. bei der Bronchoskopie oder beim endotrachealen Absaugen zu erwarten ist, soll ein Schutzkittel übergezogen werden.

## 16.2.6
## Geschirr

Das Geschirr wird nach Benutzung ohne vorherige Desinfektionsmaßnahmen und ohne Kennzeichnung wie das Geschirr aller anderen Patienten zum Ort der Aufbereitung transportiert und dort wie üblich thermisch desinfiziert (s. Kap. 39, S. 611). Für die Verwendung von Einmalgeschirr gibt es keinen vernünftigen Grund.

## 16.2.7
## Wäsche

Die mit infektiösem Material kontaminierte Wäsche wird getrennt gesammelt und in die Wäscherei transportiert, wo sie als sog. infektiöse Wäsche separat gewaschen wird (s. Kap. 40, S. 625).

## 16.2.8
## Abfallentsorgung

Wie bei der Wäsche muß nur der mit infektiösem Material kontaminierte Anteil des Abfalls getrennt gesammelt und entsprechend entsorgt werden, z. B. Papiertücher zum Auffangen des respiratorischen Sekrets beim Husten und sonstige kontaminierte Materialien wie Endotrachealtuben, Sputumeinmalbecher, Verbandsmaterial usw. (s. Kap. 22, S. 375).

## 16.2.9
## Umgang mit Sekreten und Exkreten

Stuhl und Urin werden in thermischen Steckbeckenspülautomaten entsorgt. Absauggefäße werden auf der Station im Steckbeckenspülautomaten vorgereinigt und anschließend zur thermischen Aufbereitung in einem Reinigungs- und Desinfektionsautomaten transportiert.

## 16.2.10
## Desinfektionsmaßnahmen

Bislang wird auch im Freiburger Universitätsklinikum immer noch eine laufende Desinfektion der patientennahen Flächen empfohlen, und in die Schlußdesinfektion werden alle erreichbaren Oberflächen im Patientenzimmer einbezogen. Inhalations- und Beatmungszubehör wird thermisch aufbereitet, ebenso Waschschüsseln. Müssen diese noch manuell aufbereitet werden, werden sie mit einer Desinfektionslösung ausgewischt. Eine Raumverneblung mit Formalin wird aber im Freiburger Universitätsklinikum wie auch in der internationalen Literatur nicht empfohlen. Im Gegensatz dazu steht die Empfehlung der Hygienekommission des ehemaligen BGA, die zumindest in bestimmten Situationen weiter an der Notwendigkeit einer Raumverneblung mit Formalin festhält (s. Kap. 15, S. 231) [57].

Die CDC gehen bei ihren Empfehlungen zur Behandlung von Flächen in Räumen von Tuberkulosepatienten dagegen einen konsequent rationalen Weg [75]: Da M. tuberculosis nicht über kontaminierte patientennahe oder -fernere Flächen, sondern über Inhalation infektiöser Aerosole übertragen wird, werden Flächendesinfektionsmaßnahmen nicht für erforderlich gehalten. Sie betonen in ihren Empfehlungen deshalb auch, daß in Krankenhäusern, in denen eine routinemäßige Flächendesinfektion durchgeführt wird, bei Tuberkulosepatienten auch ein Desinfektionsmittel verwendet werden kann, das nicht tuberkulozid ist, wenn das üblicherweise in dem Krankenhaus verwendete Mittel diese Wirkung nicht besitzt. Es wird explizit empfohlen, bei Tuberkulosepatienten die gleichen Reinigungsmaßnahmen, wie sie bei anderen Patienten üblich sind, durchzuführen.

## 16.2.11
## Dauer der Isolierungsmaßnahmen

Die Dauer der Maßnahmen ist vom klinischen Ansprechen auf die antituberkulotische Therapie abhängig. In der Regel können alle Isolierungsmaßnahmen drei Wochen nach Beginn einer effektiven Therapie aufgehoben werden bzw. sobald drei an verschiedenen Tagen abgenommene Sputumproben negativ sind [75]. Eine längere Aufrechterhaltung der Isolierungsmaßnahmen ist nur in folgenden Ausnahmefällen erforderlich:
- mikroskopischer Nachweis säurefester Stäbchen im Sputum länger als drei Wochen,
- keine durchgreifende klinische Besserung wegen Resistenz der Erreger,
- unzuverlässige Medikamenteneinnahme bei nichtkooperativen Patienten.

## 16.2.12
## Besondere Hinweise

Säuglinge und Kleinkinder. Im allgemeinen sind die angegebenen Isolierungsmaßnahmen bei Säuglingen und Kleinkindern nicht erforderlich, weil sie selten husten und ihr Bronchialsekret im Vergleich zu Erwachsenen nur wenige Erreger enthält.

Tuberkulose außerhalb der Atemwege. Bei Patienten mit einer Tuberkulose außerhalb der Atemwege sind Isolierungsmaßnahmen nur erforderlich, wenn sezernierende Läsionen, z. B. bei abszedierender Lymphknotentuberkulose, vorhanden sind. In diesen Fällen sind Standardhygienemaßnahmen wie Handschuhe und Kittel ausreichend, wenn eine Kontamination mit infektiösem Material zu erwarten ist. In der Regel ist die Unterbringung in einem Einzelzimmer nicht erforderlich, weil ein Verband, der die Läsion zuverlässig abdeckt, diese ausreichend isoliert. Auf keinen Fall sollen offene Spülungen der Wunden usw. durchgeführt werden, weil es dabei zur Freisetzung größerer Mengen infektiöser Aerosole kommen kann [229].

Betriebsarzt. Nach Kontakt mit einem zunächst unerkannten Tuberkulosepatienten muß der Betriebsarzt verständigt werden, der nähere Informationen über die notwendigen arbeitsmedizinischen Maßnahmen zur Tuberkuloseüberwachung (Tuberkulintestung, ggf. Röntgenthorax) gibt (s. Kap. 18, S. 293).

## 16.2.13
## BCG-Impfung

Die BCG-Impfung ist die weltweit am häufigsten verabreichte Impfung [408]. Trotzdem besteht nach wie vor Uneinigkeit über ihre relative Effektivität. Man kann davon ausgehen, daß die Impfung das Tuberkuloserisiko um etwa 50% reduziert, wobei der Schutz vor den schweren lebensbedrohlichen Komplikationen der Tuberkulose (disseminierte Infektion, Meningitis) höher ist [408]. Aufgrund dieser Erfahrungen wurde die BCG-Impfung auch für medizinisches Personal empfohlen. Der Haupteinwand gegen die Impfung ist aber die Frage, ob eine Impfung, die nur in ca. 50% protektiv ist, den Verlust der Aussagekraft der Tuberkulinreaktion als Hinweis für eine frische Infektion rechtfertigt, weil jeder Geimpfte ein positives Testergebnis bietet [408].

Zusammenfassend haben bei der Tuberkuloseprävention in Krankenhäusern organisatorische Maßnahmen den höchsten Stellenwert, d. h., Mediziner müssen wieder die Tuberkulose in die differentialdiagnostischen Überlegungen einbeziehen, bei entsprechender klinischer Symptomatik die Verdachtsdiagnose stellen, die Patienten bis zur Sicherung der Diagnose isolieren und schnell mit der Therapiebeginn beginnen [311]. Ferner müssen regionale Unterschiede der Tuberkuloseprävalenz berücksichtigt werden, so daß nicht für jedes Krankenhaus die gleichen Empfehlungen gelten können. Schutzmaßnahmen für das Personal, d. h. das Tragen von Feinstaubmasken, sind bei hohem Expositionsrisiko wichtig (z. B. bei Bronchoskopie). Schließlich muß deutlich gemacht werden, daß in Krankenhäusern das Tuberkuloserisiko nicht vollständig eliminiert, sondern maximal auf das Risiko der Allgemeinbevölkerung reduziert werden kann.

# 17 Multiresistente und andere nosokomiale Problemkeime

I. Kappstein

## EINLEITUNG

Mit der Einführung von Antibiotika vor ca. einem halben Jahrhundert war auch sehr bald das Problem der Resistenzentwicklung vorhanden, wodurch die Möglichkeiten der antibiotischen Therapie immer mehr eingeschränkt wurden, so daß man heute im Hinblick auf die Entwicklung vancomycinresistenter Enterokokken auch schon von der postantibiotischen Ära spricht (Tabelle 17.1) [149, 173]. Insbesondere multiresistente Erreger reduzieren die Therapiemöglichkeiten erheblich und machen häufig den Einsatz von Substanzen erforderlich, die toxischer und teurer sind als die vorher anwendbaren Antibiotika. Es muß deshalb erreicht werden, einerseits durch den rationalen Einsatz von Antibiotika Resistenzentwicklungen entgegenzuwirken und andererseits die Übertragung multiresistenter Erreger, wenn sie aufgetaucht sind, durch geeignete krankenhaushygienische Maßnahmen zu verhüten. In Tabelle 17.2 sind Erreger aufgeführt, die zu sog. Problemkeimen werden können, wenn sie bestimmte Resistenzen aufweisen (s. Kap. 4, S. 41). Im folgenden werden wichtige nosokomiale Problemkeime besprochen und Empfehlungen für ihre Prävention gegeben.

Tabelle 17.1. Antibiotikaresistenzprobleme seit Beginn der Antibiotikaära. (Nach [149])

| 50er–70er Jahre | 60er–80er Jahre | Gegenwart | Zukunft |
|---|---|---|---|
| Penicillin-resistente S. aureus | Oxacillin-resistente S. aureus (MRSA) | MRSA | Vancomycin-resistente S. aureus? |
| | Aminoglykosid-resistente gramnegative Stäbchen | Multiresistente gramnegative Stäbchen | |
| | | Vancomycin-resistente Enterokokken | |

**Tabelle 17.2.** Erreger, die bei Auftreten spezieller Resistenzen zu sog. Problemkeimen werden (können)

| Erreger | Resistenz gegen |
|---|---|
| *Grampositive Erreger* | |
| Staphylococcus aureus | Oxacillin |
| Enterokokken | Ampicillin, Vancomycin |
| Pneumokokken | Penicillin, Cephalosporine |
| *Gramnegative Erreger* | |
| Klebsiella pneumoniae | Cephalosporine der 3. Generation, Chinolone, Imipenem |
| Eschericheia coli | Cephalosporine der 3. Generation, Chinolone, Imipenem |
| Pseudonomas aeruginosa | Piperacillin, Ceftazidim, Chinolone, Imipenem, Aminoglykoside |
| Acinetobacter species | Cotrimoxazol, Chinolone, Imipenem, Aminoglykoside |
| Serratia marcescens, Enterobacter cloacae, Citrobacter freundii, Morganella morganii, Proteus vulgaris | Breitspektrumpenicilline, Imipenem, Chinolone, Aminoglykoside, Cotrimoxazol |
| Stenotrophomas (Xanthomonas) maltophilia | Cotrimoxazol, Chinolone |

## 17.1
## Oxacillinresistente S. aureus

Oxacillinresistente S. aureus-Stämme (bzw. in der angloamerikanischen Literatur methicillinresistente S. aureus – MRSA) sind mittlerweile in der ganzen Welt zu einem großen Problem geworden. Auch in Deutschland gibt es Kliniken, in denen zumindest in einzelnen Abteilungen, besonders auf Intensivstationen, ein großer Teil der S. aureus-Stämme oxacillinresistent sind.

### 17.1.1
### „Historische" Entwicklung

Nachdem im Laufe der 50er Jahre Penicillin für die Therapie von S. aureus-Infektionen wegen des Auftretens penicillinasebildender Stämme nicht mehr einsetzbar geworden war, standen seit Anfang der 60er Jahre mit den sog. penicillinasefesten Penizillinen (z. B. Oxacillin, Methicillin) wieder wirksame Substanzen zur Verfügung. Das Problem war damit aber nur vorübergehend gelöst [42]: Bereits Anfang der 60er Jahre wurde aus England erstmals über methicillinresistente Stämme berichtet. Zwischen 1965 und 1970 entwickelten sie sich zu wichtigen nosokomialen Erregern in einigen europäischen Ländern. Aus bisher nicht geklärten Gründen nahm die Häufigkeit dann bis 1975 wieder deutlich ab. Seit Ende der 70er und Anfang der 80er Jahre traten dann überall in der Welt oxacillinresistente S. aureus-Stämme auf. Zuverlässige Angaben über die durchschnittlichen Prävalenzraten in den verschiedenen Ländern gibt es nur sehr wenige.

## 17.1.2
### Resistenzmechanismus

Dem klinisch wichtigsten Mechanismus der Oxacillinresistenz liegt der Einbau einer zusätzlichen DNA-Sequenz in das Chromosom zugrunde [42]. Ein Teil dieses DNA-Abschnittes ist das Strukturgen für ein neuartiges penizillinbindendes Protein, das 2a oder 2' genannt wird und das bei oxacillinempfindlichen Stämmen nicht vorkommt. Die sog. penizillinbindenden Proteine sind Enzyme, die bei der bakteriellen Zellwandsynthese eine essentielle Rolle spielen. Sie sind der Angriffspunkt für Penizillin und alle anderen Betalaktamantibiotika. Je stärker die Affinität eines Antibiotikums zu einem für die Zellwandsynthese essentiellen penizillinbindenden Protein, um so höher seine antibakterielle Wirksamkeit. Das penizillinbindende Protein 2a hat aber nur eine geringe Affinität zu Oxacillin und den verwandten Substanzen und offenbar auch zu den anderen Betalaktamantibiotika. Stämme, die das penizillinbindende Protein 2a produzieren, werden durch diese Antibiotika nicht im Wachstum gehemmt, weil es die Funktion der normalen penizillinbindenden Proteine übernehmen kann. Als sicher wirksam gilt deshalb nur Vancomycin.

Eine wichtige Eigenschaft der Oxacillinresistenz ist ihre heterogene Expression [42]: nur wenige Zellen einer Population (z.B. 1 unter 10 000 oder 1 unter 10 000 000) weisen die Resistenz gegen Oxacillin auf und wachsen in Gegenwart hoher Oxacillinkonzentrationen. Der Rest der Population dagegen ist empfindlich gegen therapeutisch erreichbare Oxacillinkonzentrationen. Diese Heteroresistenz findet sich bei den meisten oxacillinresistenten Stämmen. Eine Minderzahl ist dagegen homogen resistent. Das Phänomen der Heteroresistenz hat erhebliche Auswirkungen auf die Resistenztestung. Deshalb dürfen nur die Testverfahren angewendet werden, die sich bei der Entdeckung der resistenten Subpopulationen als zuverlässig erwiesen haben.

Insgesamt ist dieser Resistenzmechanismus sehr komplex, und vieles ist heute sowohl hinsichtlich der Evolution der genetischen Veränderungen als auch in Hinsicht auf die Umstände, die für die Regulation und Expression der Resistenz verantwortlich sind, noch unklar. Auch ist noch weitgehend unbekannt, welche Faktoren zur weltweiten Zunahme der oxacillinresistenten Staphylokokken geführt haben. Als sicher gilt jedoch, daß konsequente und frühzeitig eingeleitete Hygienemaßnahmen ihre Ausbreitung verhindern können (s. 17.5).

## 17.1.3
### Krankenhaushygienische Problematik

Das Problem oxacillinresistenter S. aureus-Stämme liegt nicht in einer erhöhten Virulenz im Vergleich zu empfindlichen Stämmen, sondern darin, daß für die Therapie von Infektionen nur noch die Gruppe der Glykopeptidantibiotika (z.B. Vancomycin) zur Verfügung steht. Hinzu kommt, daß einige Stämme (ebenso wie auch schon von oxacillinempfindlichen Stämmen bekannt) die besondere Eigenschaft haben, sich rasch auszubreiten. Sie werden deshalb epidemisch genannt [42]. Außerdem ist vor allem von epidemischen Stämmen (auch oxacillinempfindlichen) bekannt, daß sie leicht zur Kolonisierung führen und besiedelte Personen oft über Monate Träger bleiben [70, 458]. Wahrscheinlich auch deshalb haben insbesondere die epidemischen Stämme die Fähigkeit, sich im Krankenhausmilieu zu etablieren. Meist sind sie dann auch nicht mehr völlig zu eliminieren. Da es keine einfachen Methoden gibt, solche Stämme im Labor zu entdecken, muß man bei allen oxacillinresistenten S. aureus-Stämmen entsprechend vorsichtig sein, um Übertragungen zu verhüten.

## 17.2
### Vancomycinresistente Enterokokken (VRE)

Enterokokken sind schon normalerweise nur gegen wenige Antibiotika, vor allem Ampicillin und verwandte Substanzen wie Piperacillin sowie gegen Vancomycin empfindlich. In klinischem Untersuchungsmaterial wird in ca. 90–95% E. faecalis nachgewiesen, in den restlichen 5–10% E. faecium. Neben betalaktamaseproduzierenden Stämmen, die dann ampicillinresistent sind, gibt es inzwischen aber auch vancomycinresistente Stämme, vorwiegend von E. faecium. In den USA wurde berichtet, daß bei Intensivpatienten die Vancomycinresistenz von 0,4% im Jahre 1989 auf 13,6% im Jahre 1993 angestiegen ist (bei Patienten außerhalb von Intensivstationen im selben Zeitraum von 0,3% auf 3,1%) [149].

## 17.2.1
### Resistenzmechanismus

Man unterscheidet drei Resistenzphänotypen [43, 155]:
- VanA = übertragbare plasmidbedingte High-level-Resistenz (MHK $\geq 64$ µg/ml) sowohl gegen Vancomycin als auch Teicoplanin,
- VanB = induzierbare, bei manchen Stämmen auch übertragbare Low-level-Resistenz (MHK 8–32 µg/ml) nur gegen Vancomycin, nicht aber gegen Teicoplanin,
- VanC = konstitutive Low-level-Resistenz gegen Vancomycin bei manchen Stämmen von E. gallinarum und E. casseliflavus.

Die Low-level-Resistenz ist chromosomal bedingt und schließt meist nur eines der beiden Glykopeptide ein. Das größere klinische und krankenhaushygienische Problem ist deshalb der VanA-Phänotyp. Der Resistenzmechanismus besteht bei allen drei Phänotypen in der Produktion eines zytoplasmamembranassoziierten Proteins, das das Glykopeptidmolekül bindet, so daß dieses nicht an seine eigentliche Zielstruktur gelangen kann. Nach allen Erfahrungen mit der Übertragbarkeit von Resistenzfaktoren ist die Befürchtung, daß vancomycinresistente Enterokokken (VRE) ihr Resistenzgen auf S. aureus übertragen, durchaus realistisch [131]. Gezeigt werden konnte eine solche Übertragung bereits in vitro und tierexperimentell [155].

## 17.2.2
### Einsatz von Vancomycin

Die krankenhaushygienische Bedeutung vancomycinresistenter Enterokokken ist ähnlich problematisch wie bei MRSA, aber quasi schon eine Stufe dramatischer, weil man für infizierte Patienten tatsächlich keine Behandlungsmöglichkeiten mehr mit Antibiotika hat, d.h., hier befindet man sich bereits in der postantibiotischen Ära [173]: Alle ehemals wirksamen Antibiotika können wegen erworbener Resistenz nicht mehr eingesetzt werden.

Neben der systematischen Einhaltung der Standardhygienemaßnahmen (s. 17.5) bei Auftreten solcher Stämme ist generell ein der heutigen Situation angepaßter adäquater, vor allem gezielterer Umgang mit Vancomycin erforderlich (das gleiche gilt für Teicoplanin). Beobachtet wurden nämlich vancomycinresistente Enterokokken oder sogar Ausbrüche mit diesen Stämmen meist in Krankenhausbereichen, in denen Vancomycin häufig eingesetzt wird, z.B. auf nephrologischen und onkologischen Stationen [130]. Häufig sind die Patienten zwar nur asymptomatisch besiedelt, z.B. in der Stuhlflora, aber auch invasive Infektionen kommen vor [130, 455].

Da man zwischen der häufigen Anwendung von Vancomycin in den letzten zwei Jahrzehnten (bedingt durch die Zunahme von Infektionen mit koagulasenegativen Staphylokokken, die in einem hohen Prozentsatz oxacillinresistent sind) und der Entwicklung der Vancomycinresistenz bei Enterokokken einen direkten Zusammenhang sieht, sollte in Zukunft der Einsatz von Vancomycin nur noch sehr zurückhaltend erfolgen. In den USA wurden bereits entsprechende Empfehlungen erarbeitet. Danach ist der Einsatz von Vancomycin nur in folgenden Situationen adäquat [219]:
- Therapie schwerer Infektionen mit betalaktamresistenten grampositiven Erregern,
- Therapie von Infektionen mit grampositiven Erregern bei Patienten mit Betalaktamallergie,
- Therapie der C. difficile-assoziierten Diarrhö, wenn Metronidazol nicht wirksam ist, oder bei lebensbedrohlichem klinischen Bild,
- Endokarditisprophylaxe entsprechend den Empfehlungen der American Heart Association,

- perioperative Prophylaxe bei Implantation großer Fremdkörper und hoher Rate von Infektionen mit oxacillinresistenten S. aureus oder S. epidermidis (maximal zwei Dosen).

In folgenden Situationen aber ist der Einsatz von Vancomycin nicht adäquat [219]:
- routinemäßige Anwendung bei der perioperativen Prophylaxe,
- empirische Therapie bei neutropenischen Patienten mit Fieber, außer bei dringendem Verdacht auf grampositive Infektion oder bei hoher Rate von MRSA-Infektionen,
- Therapie aufgrund *einer* positiven Blutkultur mit koagulasenegativen Staphylokokken,
- systemische oder lokale (=intraluminale) Prophylaxe bei intravasalen Kathetern,
- selektive Darmdekontamination (SDD),
- Dekolonisierung bei MRSA,
- primäre Therapie der antibiotikaassoziierten Diarrhö,
- routinemäßige Prophylaxe bei Frühgeborenen,
- routinemäßige Prophylaxe bei CAPD- und Hämodialysepatienten,
- Therapie von Infektionen mit betalaktamempfindlichen grampositiven Erregern bei Patienten mit eingeschränkter Nierenfunktion wegen der bequemen Dosierung,
- topische Applikation von oder Spülungen mit Vancomycinlösung.

## 17.3
## Multiresistente gramnegative Stäbchen

Antibiotikaresistenzen bei gramnegativen Stäbchen sind bei klinischen Isolaten häufig (s. Kap. 4, S. 41). Nicht zuletzt deshalb ist es auch schwierig zu entscheiden, ab wann ein gramnegatives Stäbchen als multiresistent bezeichnet werden und der betroffene Patient unbedingt mit äußerster hygienischer Sorgfalt versorgt werden muß, um eine Übertragung des Erregers zu verhüten. Ein Kriterium, das Resistenzmuster eines Erregers als alarmierend einzustufen, kann die Wahl der Antibiotika sein, die man bei einem infizierten Patienten einsetzen muß (oder bei einem kolonisierten Patienten einsetzen müßte, wenn er eine Infektion entwickeln sollte): wenn nämlich für die Therapie nur noch Reserveantibiotika oder potentiell toxische Antibiotikakombinationen in Frage kommen [149].

## 17.4
## Andere Problemkeime

### 17.4.1
### Beta-hämolysierende Streptokokken der Gruppe A

A-Streptokokken sind zwar weltweit immer noch penizillinsensibel, aber dennoch Erreger, bei deren Auftreten im Krankenhaus immer besondere Vorsichtsmaßnahmen notwendig sind, weil sie überaus schwere Infektionen verursachen können. Dies betrifft sowohl ihr endemisches als auch ihr epidemisches Auftreten. Bei den schweren Verläufen, z. B. nekrotisierende Fasciitis, handelt es sich um eine toxinvermittelte Symptomatik, die demzufolge mit Antibiotika nur insoweit behandelbar ist, als eine weitere Toxinproduktion durch Eliminierung der noch vorhandenen Erreger verhindert werden kann, die bereits freigesetzten Toxine jedoch durch die Antibiotika nicht beeinflußt werden. Jeder Fall einer z. B. postoperativen A-Streptokokkeninfektion erfordert deshalb große Aufmerksamkeit, und zwei Fälle in kurzem zeitlichen Abstand und epidemiologischen Zusammenhang müssen bereits Anlaß sein, einen Ausbruch anzunehmen und entsprechend vorzugehen (s. Kap. 4, S. 41 und 7, S. 101).

## 17.4.2
### Penizillinresistente Pneumokokken

Bei Pneumokokken sind Penizillinresistenzen in national unterschiedlicher Häufigkeit und Ausprägung (z. B. in Spanien und Ungarn bereits sehr häufig) beschrieben worden. Die Inzidenz in anderen Ländern, wie z. B auch Deutschland, ist jedoch noch sehr gering. Die Penizillinresistenz ist chromosomal bedingt und manifestiert sich in veränderten penizillinbindenden Proteinen mit einer geringen Affinität zu Penizillin (Low-level-Resistenz: MHK 0,1–1,0 µg/ml, High-level-Resistenz $\geq$ 1,0 µg/ml) [149, 155]. Auch wenn Pneumokokken nicht zu den typischen nosokomialen Infektionserregern gehören, kommen Übertragungen in Krankenhäusern dennoch vor [149, 155]. Ein Problem penizillinresistenter Pneumokokken ist auch, daß nicht alle diese Stämme gegen Cephalosporine empfindlich sind, was bei der Therapie schwerer Infektionen, wie z. B. der Meningitis, von Bedeutung ist, weil dann wiederum Vancomycin eingesetzt werden muß.

## 17.4.3
### Fluconazolresistente Candida-Spezies

Candida-Spezies gehören zwar zur normalen Flora insbesondere des Gastrointestinaltraktes, es gibt aber auch Hinweise dafür, daß nosokomiale Übertragungen vorkommen [149]. Vor allem C. tropicalis, C. krusei und Torulopsis glabrata sind bereits natürlicherweise gegen die neueren Azolderivate wie Fluconazol resistenter, aber auch fluconazolresistente C. albicans-Stämme wurden beschrieben [149]. Meistens wurden diese Resistenzen bei Patientenpopulationen beobachtet, die häufig mit Azolderivaten behandelt werden, wie onkologische und HIV-Patienten. Um eine Selektion mäßig empfindlicher oder primär resistenter Candidastämme sowie die Resistenzentwicklung ursprünglich empfindlicher Stämme zu verhindern, müssen deshalb auch beim Einsatz von z. B. Fluconazol die bei der Antibiotikatherapie bekannten Regeln befolgt werden, d.h., Einsatz nur bei sicherer Indikation und nicht bereits bei alleinigem Nachweis von Sproßpilzen im Patientenmaterial (z. B. Stuhl, Urin), auch wenn der Patient, wie z. B. ein Intensivpatient, prinzipiell gefährdet ist, eine Pilzinfektion zu entwickeln.

## 17.5
## Prävention

Eine wichtige Voraussetzung für die Prävention multiresistenter und anderer wichtiger nosokomialer Problemkeime ist ihre rechtzeitige Erkennung. Deshalb müssen die mikrobiologischen Befunde regelmäßig durchgesehen werden, um auffällige Resistenzmuster zu entdecken (s. Kap. 4, S. 41). Gleichzeitig aber muß auch das mikrobiologische Labor, das die klinische Diagnostik durchführt, Nachricht geben, sobald es einen Erreger mit ungewöhnlichem Resistenzmuster isoliert hat. Das Klinikpersonal muß ferner vom Krankenhaushygieniker über die Bedeutung der verschiedenen (multiresistenten) Erreger informiert werden, um die krankenhaushygienischen Empfehlungen richtig verstehen, einordnen und dann umsetzen zu können.

### 17.5.1
### Hygienemaßnahmen

Bei allen multiresistenten Erreger müssen die gleichen Infektionskontrollmaßnahmen angewendet werden, damit Übertragungen nicht zustande kommen. In allen Fällen ist prinzipiell die Einhaltung der Standardhygienemaßnahmen wie Händewaschen bzw. Händedesinfektion und Gebrauch von Einmalhandschuhen (s. Kap. 15, S. 231, und 23, S. 391) ausreichend, wenn sie konsequent befolgt werden. Würden diese Routinehygienemaßnahmen von allen Beteiligten gleichermaßen eingehalten werden, wären darüber hinausgehende Maßnahmen, wie insbesondere die Unterbringung der Patienten in einem Einzelzimmer an sich nicht erforderlich.

Einzelzimmer. In allen Empfehlungen wird im Zusammenhang mit der Prävention multiresistenter Erreger, z. B. von MRSA oder VRE, empfohlen, infizierte oder kolonisierte Patienten in einem Einzelzimmer unterzubringen [41, 149, 155, 219, 220]. Damit diese Maßnahme aber erfolgreich sein kann, muß bei Patienten, deren Pflege aufwendig ist, insbesondere bei Patienten auf Intensivstationen, für ihre Versorgung eigenes und speziell geschultes Personal zur Verfügung stehen. Der einzige wirklich relevante krankenhaushygienische Sinn der Einzelzimmerunterbringung ist in solchen Fällen, daß das Personal sich nicht während der Versorgung des infizierten Patienten auch noch um einen anderen Patienten kümmern muß, der schnell Hilfe braucht, weil dann nämlich die Regeln der Händehygiene häufig nicht berücksichtigt werden. In vielen Fällen ist eine Kontamination der unmittelbaren Patientenumgebung beschrieben worden. Die Bedeutung dieser Flächenkontamination für die Übertragung ist aber unklar. Man vermutet jedoch, daß es beim Flächenkontakt zu einer indirekten Kontamination der Hände und dadurch zu Erregerübertragungen kommen kann.

Händehygiene. Bei der Versorgung aller Patienten muß auf eine sorgfältige Händehygiene geachtet werden, aber im Umgang mit Patienten, die mit multiresistenten Erregern besiedelt oder infiziert sind, haben Händewaschen oder Händedesinfektion eine noch wesentlich größere Bedeutung, weil Fehler zu Übertragungen führen können [41, 149, 155, 219, 220]. Vor Verlassen des Zimmers müssen in Ergänzung zu den üblichen Regeln der Händehygiene die Hände nochmals gewaschen bzw. desinfiziert werden, weil es durch Flächenkontakt zu einer Kontamination gekommen sein kann.

Einmalhandschuhe. Das gleiche wie für die Händehygiene gilt für den Gebrauch von Einmalhandschuhen [41, 149, 155, 219, 220]. Werden die Handschuhe nicht differenziert eingesetzt, d.h. nach jedem Patientenkontakt mit Kontaminationsgefahr sofort ausgezogen mit anschließender Händedesinfektion, können sie eher zu einem Infektionsrisiko werden, als dazu beitragen, Übertragungen zu verhüten.

Schürzen bzw. Schutzkittel. Schutzkleidung über der normalen Arbeitskleidung soll immer dann getragen werden, wenn eine Kontamination mit infektiösem Material erwartet werden muß [41, 149, 155]. Dagegen erscheint es nicht sinnvoll, wie neuerdings in den USA auch in der neuen Isolierungsrichtlinie empfohlen [163, 219], Schutzkleidung (wie im übrigen auch Einmalhandschuhe) bereits bei Betreten des Zimmers anzuziehen, d.h., eine sog. strikte Isolierung durchzuführen [41]. Die Schutzkleidung soll unbedingt im Zimmer gelassen werden und nicht vor die Tür gehängt werden: Wenn die Erreger irgendwo hingehören, dann in das Zimmer, in dem der infizierte oder kolonisierte Patient liegt.

Masken. Das Tragen von Masken ist in der Regel bei der Versorgung von Patienten, die mit einem multiresistenten Erreger kolonisiert oder infiziert sind, nicht erforderlich. Da aber die Möglichkeit besteht, daß der Nasen-Rachen-Raum des medizinischen Personals besiedelt wird, z.B. durch Freisetzung respiratorischer Tröpfchen beim endotrachealen Absaugen von Patienten, bei denen im Trachealsekret MRSA nachweisbar ist, kann in solchen Fällen das Tragen einer Maske sinnvoll sein. Dies gilt ebenso in manchen Situationen bei anderen MRSA-Patienten, z.B. beim Verbandswechsel großflächiger Wundinfektionen oder auch beim Betreten eines Zimmers, in dem ein Verbrennungspatient oder ein Patient mit einer ausgedehnten Hautkrankheit liegt. Ob diese Maßnahme allerdings tatsächlich dazu beiträgt, das Kolonisierungsrisiko des Personals zu reduzieren, ist offen. Die nasale Besiedlung scheint nämlich eher über die (kontaminierten) Hände zustande zu kommen als aerogen, ebenso wie bei nasaler Besiedlung andere Körperstellen über die Hände und nicht über die Luft kolonisiert werden [42, 458].

Alle übrigen Infektionskontrollmaßnahmen, wie Transport infizierter Patienten im Krankenhaus, Desinfektion von Flächen und Gegenständen, Entsorgung der Wäsche usw., werden ebenso gehandhabt, wie in Kap. 15, S. 231, und 23, S. 391

dargestellt, und sollen deshalb hier nicht noch einmal wiederholt werden. In der nachstehenden Übersicht sind die wichtigsten Maßnahmen zur Kontrolle multiresistenter Erreger zusammengefaßt. Diese Isolierungsmaßnahmen können aufgehoben werden, sobald der Erreger nicht mehr nachweisbar ist (z. B. 3mal nacheinander negativer Befund im Abstand von $\leq 48$ h).

> **Maßnahmen zur Kontrolle von Infektionen, verursacht durch multiresistente Erreger**[1]
>
> *Maßnahmen beim Personal*
> - Händedesinfektion:
>   - immer äußerst sorgfältig durchführen,
>   - vor infektionsgefährdenden Tätigkeiten und nach möglicher Kontamination,
>   - nach jeder Manipulation an der/den kolonisierten bzw. infizierten Körperstelle(n) vor weiteren Tätigkeiten am Patienten, um nach Möglichkeit eine Ausdehnung der Besiedlung auf andere Körperstellen zu verhindern,
>   - immer nach Ausziehen von Einmalhandschuhen,
>   - immer auch vor Verlassen des Patientenzimmers unabhängig davon, ob Patientenkontakt stattgefunden hat oder nicht (evtl. Kontamination der Hände durch Kontakt mit kontaminierten Flächen).
> - Einmalhandschuhe:
>   - bei Kontakt mit kolonisierten bzw. infizierten Körperstellen und deren Sekreten, z. B. bei Verbandswechsel, beim endotrachealen Absaugen, bei der Mundpflege, bei Manipulationen am Blasenkatheter,
>   - Ausziehen der Handschuhe, wenn Tätigkeit beendet, und evtl. neue Handschuhe anziehen, wenn weitere Tätigkeit an einer anderen nicht besiedelten Körperstelle nötig,
>   - nicht mit den Handschuhen an den Händen andere Tätigkeiten im Patientenzimmer (z. B. Eintragungen in die Kurve, Aufräumarbeiten) durchführen, um eine Ausbreitung des Erregers soweit wie möglich zu verhindern,
>   - nach Ausziehen immer Händedesinfektion.
> - Schürzen und Schutzkittel:
>   - für übliche pflegerische Tätigkeiten Schürzen verwenden,
>   - nur bei engerem Körperkontakt, z. B. Physiotherapie, langärmeligen Schutzkittel verwenden,
>   - Schutzkleidung mehrfach verwenden, wenn nicht sichtbar kontaminiert (bei Einmalschürzen Außenseite markieren),
>   - Schutzkleidung nach Gebrauch im Zimmer aufhängen,
>   - Wechsel auf Allgemeinstationen 1mal täglich und auf Intensivstationen 3mal täglich,

---

[1] Zum Beispiel oxacillinresistente S. aureus (MRSA), multiresistente gramnegative Stäbchen, vancomycinresistente Enterokokken (VRE).

- geringe Kontaminationen bei Einmalschürzen mit 70%igem Alkohol abwischen, nach grober Kontamination Schürzen oder Kittel sofort in die Wäsche oder den Abfall geben.
- Masken und Kopfschutz:
  - in der Regel nicht erforderlich (Ausnahmen siehe bei MRSA), außer bei Gefahr des Verspritzens von infektiösem Material.

*Maßnahmen beim Patienten*
- Einzelzimmer:
  - kolonisierte oder infizierte Patienten, wenn möglich, in einem Einzelzimmer (mit eigener Naßzelle) unterbringen,
  - Patient soll das Zimmer möglichst nicht verlassen,
  - wenn möglich, Untersuchungen und Behandlungen (z. B. Physiotherapie) dort durchführen.
- Transport im Krankenhaus:
  - nur wenn wegen dringender diagnostischer oder therapeutischer Maßnahmen nicht zu vermeiden,
  - Abteilung informieren und ggf. einen Termin außerhalb der üblichen Zeiten vereinbaren, z. B. am Ende des Untersuchungsprogramms in der Radiologie,
  - ggf. zuvor Verbandswechsel (Verband muß sauber und trocken sein),
  - möglichst nicht im Bett transportieren, sondern auf saubere Trage umlagern, um eine Verbreitung des Erregers nicht zu begünstigen,
  - dem Patienten vor Verlassen des Zimmers die Hände desinfizieren, insbesondere wenn Transport im Rollstuhl oder sogar zu Fuß möglich (Vermeidung der Flächenkontamination außerhalb des Patientenzimmers),
  - Begleitpersonal soll zum Transport frischen Schutzkittel anziehen (anschließend im Patientenzimmer lassen),
  - Patiententrage bzw. Rollstuhl nach dem Transport wischdesinfizieren.
- Wäsche:
  - normaler Wäschesack, übliches Waschverfahren.
- Abfall:
  - sämtlichen Abfall zum Hausmüll (auch z. B. Verbandsmaterial).
- Flächendesinfektion:
  - laufende Desinfektion der patientennahen Flächen (ggf. inklusive Waschschüsseln) vorzugsweise mit aldehydischen Flächendesinfektionsmitteln in üblichen Konzentrationen als Wischdesinfektion.
- Schlußdesinfektion:
  - nach Aufhebung der Isolierungsmaßnahmen, d. h. ggf. vor Entlassung bzw. Verlegung des Patienten,
  - alle horizontalen Flächen, inklusive Fußboden, vorzugsweise mit aldehydischen Flächendesinfektionsmitteln in üblichen Konzentrationen als Wischdesinfektion,
  - Wände und Decken nicht miteinbeziehen,
  - bei MRSA Bettdecke und Kopfkissen in die Wäsche geben (evtl. auch Vorhänge z. B. bei ausgedehnter Infektion).

## 17.5.2
## Zusätzliche Infektionskontrollmaßnahmen bei MRSA

Da die Besiedlung mit MRSA insbesondere im Nasen-Rachen-Raum (wie bei oxacillinempfindlichen Stämmen auch) als eine wesentliche Voraussetzung für eine Infektion (z.B. bei Hämodialysepatienten oder chirurgischen Patienten) angesehen wird, wurde lange Zeit versucht, diesen Trägerstatus durch Gabe von lokalen und systemischen Antibiotika zu beseitigen [70, 458]. Seit einiger Zeit steht dafür mit Mupirocin eine andere Substanz als klassische Antibiotika zur Verfügung.

Mupirocin. Bei Mupirocin handelt es sich um ein natürliches Stoffwechselprodukt von Pseudomonas fluorescens. Die Substanz hat eine sehr gute Wirksamkeit gegen Staphylokokken und Streptokokken, aber keine Verwandtschaft mit anderen klinisch eingesetzten Antibiotika [45, 220, 223]. Es wird topisch in der vorderen Nasenhöhle angewendet, um eine nasale Besiedlung zu beseitigen. Inzwischen sind jedoch auch schon mupirocinresistente S. aureus-Stämme aufgetreten, so daß Mupirocin so gezielt wie möglich eingesetzt werden muß, um sich dieses Mittel so lange wie möglich wirksam zu erhalten [41, 70].

Untersuchung der Kolonisierung des Patienten. Um das Ausmaß der Besiedlung eines infizierten oder kolonisierten Patienten einschätzen zu können, wird empfohlen, Abstriche von verschiedenen Körperstellen zu entnehmen [220]. Dazu gehört in erster Linie ein Abstrich des Nasen-Rachen-Raums, weil man annimmt, daß von dort ausgehend der übrige Körper besiedelt wird [70, 458]. Abstriche können aber zusätzlich auch von der Perinealregion oder zumindest von der Leiste entnommen werden, weil es Personen gibt, die nur perineal besiedelt sind. Zusätzlich wird aber auch empfohlen, Wunden und z.B. ekzematöse Hautveränderungen sowie je nach klinischer Situation (z.B. bei Intensivpatienten) Trachealsekret, Katheterurin und sonstige Sekrete zu untersuchen [220]. Ob aber ausgedehnte Abstrichuntersuchungen überhaupt erforderlich sind, ist unklar [41]. Sie lassen allenfalls eine Aussage über das Ausmaß der Besiedlung zu, haben aber keine direkten Konsequenzen, solange der Patient noch infiziert ist. Wenn überhaupt, sollte der Nasen-Rachen-Raum untersucht werden, um bei positivem Befund den Patienten evtl. topisch zu behandeln.

Ist der Patient z.B. im Nasen-Rachen-Raum besiedelt, muß im Einzelfall entschieden werden, ob er mit Mupirocin behandelt wird. Handelt es sich beispielsweise um einen Patienten, der wegen einer schweren Grundkrankheit voraussichtlich wiederholt hospitalisiert werden muß, ist eine Behandlung mit Mupirocin trotz der Resistenzproblematik indiziert, um damit ein mögliches Erregerreservoir zu beseitigen. Mupirocin wird dann dreimal täglich für fünf Tage in die vordere Nasenhöhle appliziert. Wegen der Resistenzentwicklung kann aber eine generelle prophylaktische Anwendung von Mupirocin bei Hochrisikopatienten (z.B. Hämodialysepatienten oder chirurgische Patienten) nicht empfohlen werden [41].

Das Krankenblatt von Patienten, die einmal kolonisiert oder infiziert waren, soll gekennzeichnet werden, damit man bei Wiederaufnahme den Patienten als potentielles Erregerreservoir sofort erkennen kann. Ein Nasen-Rachen-Abstrich sollte dann wieder vorgenommen werden, um zu klären, ob der Patient immer noch besiedelt ist oder nach primärer Sanierung doch wieder rekolonisiert wurde. Bis das Ergebnis vorliegt, sollte der Patient nach Möglichkeit wieder in ein Einzelzimmer gelegt werden.

Untersuchung der Kolonisierung des Personals. Umstritten ist, wann man exponiertes Personal untersuchen soll [41]. Dies gilt auch für Ausbruchssituationen, weil nicht klar ist, ob Personaluntersuchungen und eine evtl. daraus resultierende topische Behandlung der besiedelten Personen ein geeignetes Mittel zur ihrer Kontrolle ist. Wenn man aber bei Ausbrüchen, v. a. bei solchen, die nicht in kurzer Zeit kontrolliert werden können, das Personal untersucht, dann sollen immer auch evtl. Hautläsionen miteinbezogen werden, weil in einigen Untersuchungen, in denen besiedeltes Personal in einem epidemiologischen Zusammenhang mit Übertragungen standen, keine nasalen Besiedlungen gefunden wurden, sondern der Erreger an anderen Körperstellen isoliert wurde [41]. Besiedeltes Personal soll auch nur dann behandelt werden, wenn ein epidemiologischer Zusammenhang besteht. Routinemäßige Personaluntersuchungen in Hochrisikobereichen sind nicht sinnvoll.

Körperwaschung mit antiseptischer Seife. Um die Besiedlung des Körpers mit MRSA zu beseitigen, wurde empfohlen, daß sich betroffene Patienten (oder auch Personal) unter Einbeziehung des behaarten Kopfes regelmäßig mit Chlorhexidinseife waschen [220]. Diese aufgrund theoretischer Überlegungen sinnvoll erscheinende Maßnahme ist bisher durch keine Untersuchung belegt. Ebensowenig ist demzufolge bekannt, ob man für diesen Zweck auch andere antiseptische Seifen benutzen könnte, wie z. B. PVP-Jodseife.

Die zusätzlichen Aspekte der Infektionskontrolle bei MRSA-Patienten sind in der nachstehenden Übersicht aufgeführt.

**Zusätzliche Maßnahmen zur Kontrolle von Infektionen, verursacht durch oxacillinresistente S. aureus (MRSA)**
- Untersuchung der Kolonisierung des Patienten:
  - Nasen-Rachen-Abstrich,
  - ggf. auch Wunden und Hautläsionen sowie Sekrete (Umfang der Untersuchungen im Einzelfall festlegen).
- Behandlung mit Mupirocin:
  - bei nasaler Besiedlung evtl. mit Mupirocinnasensalbe behandeln (im Einzelfall entscheiden, d.h., nicht jeden besiedelten Patienten behandeln, da Mupirocin wegen Resistenzentwicklung nicht zu breit eingesetzt werden soll),
  - 3mal täglich für 5 Tage.

- Kontrolluntersuchungen:
  - wöchentliche Kontrolle des Nasen-Rachen-Abstrichs,
  - sobald negativ, Wiederholung im Abstand von 48 h, bis z. B. 3mal nacheinander negativ,
  - wöchentliche Kontrollen bis zur Entlassung, da erneute Besiedlung möglich.
- Kennzeichnung des Krankenblatts:
  - bei Wiederaufnahme sofort Erkennung des Patienten als potentielles Erregerreservoir möglich,
  - Nasen-Rachen-Abstrich bei Wiederaufnahme (evtl. bis zum Ergebnis wieder Einzelzimmer).

### 17.5.3
### Perspektiven für die Zukunft?

Weil von allen Fachleuten die Entwicklung vancomycinresistenter S. aureus-Stämme ganz konkret befürchtet wird, wurden kürzlich Infektionskontrollmaßnahmen vorgestellt, die im Umgang mit Patienten, bei denen solche quasi unbehandelbaren S. aureus-Stämme nachgewiesen werden, angewendet werden sollten, um eine Ausbreitung dieser Stämme zu verhüten [131]. Im einzelnen soll jedoch hier noch nicht auf diese Empfehlungen eingegangen werden, sondern nur gesagt werden, daß die Maßnahmen um ein Vielfaches strenger sind als die von der MRSA- oder VRE-Prophylaxe bisher bekannten. Dies ist verständlich, weil S. aureus-Infektionen sehr viel häufiger sind als Enterokokkeninfektionen und wiederum um ein Vielfaches häufiger als Infektionen mit E. faecium und somit das Vorkommen völlig antibiotikaresistenter S. aureus-Stämme eine ganz andere Dimension krankenhaushygienischer Problematik wäre.

# 18 Arbeitsmedizin und Gesundheitsschutz im Krankenhaus

F. Hofmann

> **EINLEITUNG**
>
> Nach den Dermatosen stellen Infektionskrankheiten die zweitwichtigste berufliche Gefährdung für Beschäftigte im Gesundheitsdienst dar.
>
> Da ihre Kontrolle, die sich in den letzten zwei Dekaden schrittweise immer mehr verbessert hat (Impfungen, Immunglobuline), sowohl die Möglichkeit der Erregerübertragung vom Patienten auf das Personal als auch den Bereich der nosokomialen Infektionen beeinflußt, ist hier eine enge Zusammenarbeit zwischen Hygieniker und Arbeitsmediziner unerläßlich.
>
> Aus diesem Grunde sollen in diesem Abschnitt zunächst einige Überlegungen zu Berufskrankheiten im Gesundheitsdienst angestellt werden. Anschließend werden einige epidemiologische Aspekte die Grundlage für die Diskussion präventiver Maßnahmen bilden.

## 18.1 Berufskrankheiten

Betrachtet man die veröffentlichten Zahlen über Berufskrankheiten, so wird man schnell feststellen, daß es schwierig ist, einen wirklichen Überblick zu gewinnen. Dies liegt in erster Linie daran, daß mehr als 50 verschiedene Unfallversicherer (Gemeindeunfallversicherungsverbände, Eigenunfallversicherungen, Berufsgenossenschaft für Gesundheitsdienst und Wohlfahrtspflege, Bau Berufsgenossenschaft für Reinigungsdienste usw.) für den Bereich des Gesundheitsdienstes zuständig sind und nur die wenigsten dieser Versicherer eine exakte Arbeitsunfall- und Berufskrankheitenstatistik führen.

Am zuverlässigsten und einigermaßen repräsentativ sind die Daten der Berufsgenossenschaft für Gesundheitsdienst und Wohlfahrtspflege (BGW) in Hamburg, die etwa 40% der im Gesundheitsdienst Tätigen versichert und zwar die Beschäftigten im privaten und kirchlichen Sektor. Die weiter unten angestellten Überlegungen zur Häufigkeit von Berufskrankheiten beziehen sich auf Angaben dieser gesetzlichen Unfallversicherung. Dabei kann davon ausgegangen werden, daß die Daten, die für das Personal im Gesundheitsdienst insgesamt gelten, auch bei den in der Krankenpflege tätigen Arbeitnehmern zutreffen, denn

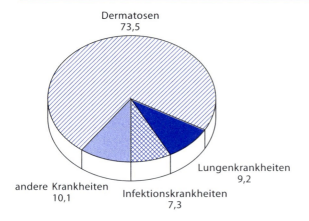

Abb. 18.1. Bei der Berufsgenossenschaft für Gesundheitsdienst und Wohlfahrtspflege (BGW) 1990 angezeigte Berufskrankheiten in % (n = 8398). (Daten nach Dinse, unveröffentlicht)

eine genaue berufliche Differenzierung wird bislang auch bei den BGW-Zahlen nicht durchgeführt.

Von den 8398 bei der BGW 1990 angezeigten Berufskrankheiten entfielen fast drei Viertel auf Dermatosen der verschiedensten Art, während die Infektionskrankheiten mit 7,3% Häufigkeit auf den ersten Blick eine untergeordnete Rolle zu spielen scheinen (Abb. 18.1). Dieser Eindruck wird allerdings durch die Daten über erstmals entschädigte Berufskrankheiten widerlegt (Abb. 18.2), denn dabei entfällt ein Drittel der Berufskrankheiten auf die Infektionen. Bei den 1993 angezeigten Erkrankungen dieser Kategorie wurden rund ein Drittel durch das Hepatitis B-Virus und ein Fünftel durch die Tuberkelbakterien verursacht (Abb. 18.3). Betrachtet man die erstmals entschädigten Hepatitisberufskrankheiten anhand der Zahlen aus dem Jahr nach Einführung der Hepatitis B-Schutzimpfung und fünf Jahre später, so stellt man fest, daß die Hepatitis B in diesem Zeitraum praktisch keinen nennenswerten prozentualen Rückgang erfahren hat – was si-

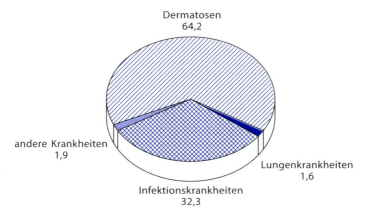

Abb. 18.2. Von der BGW 1990 erstmals entschädigte Berufskrankheiten in % (n = 316). (Daten nach Dinse, unveröffentlicht)

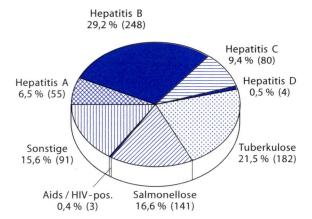

Abb. 18.3. Anzeigen auf Verdacht einer Berufskrankheit, 1993, hier: Infektionskrankheiten (3 101)

cherlich darauf zurückzuführen ist, daß die BGW im privaten Bereich versichert und in diesem Sektor des Gesundheitsdienstes viel weniger zu kostenintensiven Präventionsmaßnahmen wie der Hepatitis B-Schutzimpfung gegriffen wird als im öffentlichen Bereich, wo nicht zuletzt der Druck von Personalräten und die zum größten Teil akzeptierte Anwesenheit von Betriebsärzten einen positiven Einfluß auf das Unfallgeschehen hat.

Interessant ist aber auch ein Blick auf die weiteren Infektionskrankheiten, wobei, um größere Zahlen zu gewinnen, die Daten von vier Jahren zusammengefaßt wurden (Abb. 18.4): Dabei wird deutlich, daß die Windpocken die fünftwichtigste Ursache für eine Erkrankung durch Infektionserreger sind und daß auch Masern-, Mumps- und Rötelninfektionen gemeldet werden. Hierbei darf aber un-

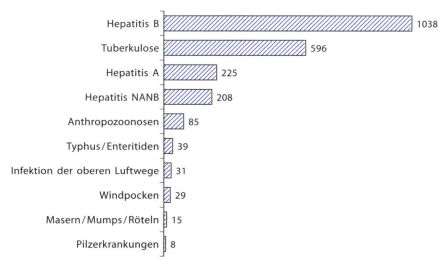

Abb. 18.4. Bei der BGW 1985–1988 als berufsbedingt gemeldete Infektionskrankheiten (n = 2 572). (Daten nach Dinse, unveröffentlicht)

terstellt werden, daß die offiziellen Zahlen sicherlich nicht das ganze Ausmaß der Berufskrankheiten widerspiegeln, da Krankheiten wie die genannten häufig eher der privaten als der beruflichen Sphäre zugeordnet werden – und dies v. a. deshalb, weil sie i. allg. als harmlose Kinderkrankheiten betrachtet werden.

## 18.2
## Infektionskrankheiten im Gesundheitsdienst – epidemiologische und präventive Aspekte

Grundsätzlich kommen alle mikrobiell hervorgerufenen Krankheiten der Patienten als arbeitsmedizinisches Risiko für die Beschäftigten im Gesundheitsdienst in Betracht. In der Praxis sind es aber heutzutage im wesentlichen die Virushepatitiden und die Tuberkulose, die die wichtigste Rolle spielen. Weiterhin sind – auch gemäß Berufskrankheitenstatistik – Infektionskrankheiten wie Masern, Mumps, Röteln und Varizellen von Bedeutung, wobei anzunehmen ist, daß hier eine hohe Dunkelziffer die Statistik verfälscht, da diese vier Infektionen häufig als „harmlose Kinderkrankheiten" der häuslichen und nicht der beruflichen Sphäre zugeordnet werden.

Als neue arbeitsmedizinische Risiken scheinen sich in neuerer Zeit die Ringelröteln, die Enteritiden, die Zytomegalie und Aids zu etablieren, wobei das letztgenannte Problem nicht in erster Linie als infektiologische Gefährdung zu betrachten ist (derzeit sind weltweit weniger als 100 Fälle einer Patient-Beschäftigten-Übertragung bekannt), sondern v. a. wegen des erhöhten Arbeitsaufwands und der psychischen Belastung eine immer größere Bedeutung erlangen wird.

Die „alten" Infektionskrankheiten wie Poliomyelitis und Diphtherie sollten natürlich ebenso wie die obengenannten Infektionen als präventivmedizinische Herausforderung für die Arbeitsmedizin im Gesundheitsdienst verstanden werden.

## 18.2.1
## Aids

Da Aids von der infektiologisch-arbeitsmedizinischen Bedeutung her längst nicht derselbe Stellenwert zukommt wie den Virushepatitiden und der Tuberkulose sollen im Rahmen dieses Beitrages ausschließlich einige wenige praktische Belange der Infektion kurz referiert werden, die für die arbeitsmedizinische Betreuung des Pflegepersonals relevant sind.

Alle bisherigen Untersuchungen zur Aids-Epidemiologie haben gezeigt, daß Antikörperträger (anti-HIV 1) bei den Angehörigen der Krankenpflege nicht überrepräsentiert sind, was auf die geringe infektiologisch-arbeitsmedizinische Bedeutung der Krankheit hinweist (wobei der psychologische Effekt und die höhere Arbeitsbelastung durch die Pflege von Aids-HIV-Patienten natürlich nicht vernachlässigt werden sollten).

Begünstigt wird die geringe Übertragungsrate von maximal 0,2-0,3% bei Kanülenstichverletzungen durch die Tatsache, daß die HIV-Erregerkonzentration im Blut eines Erkrankten/Infizierten im allgemeinen um einige Zehnerpotenzen unter derjenigen liegt, die im Falle des Hepatitis B-Virus bei entsprechenden Patienten beobachtet wird.

Auf ein Risiko soll aber an dieser Stelle hingewiesen werden, das auch HIV-Nadelstichverletzungen in ein anderes Licht rückt: HIV-Infizierte haben häufig eine Hepatitis B, wie eine Untersuchung an 100 Infizierten in Freiburg zeigte [208]. Bei dieser Untersuchung war noch besonders interessant, daß bei einer Nadelstichverletzung an einem HIV-Patienten es gleichzeitig zur Übertragung einer Tuberkulose kam.

Was die arbeitsmedizinische Bedeutung von Aids/HIV angeht, so sind folgende Gesichtspunkte, die bei der Prävention in Zukunft eine Rolle spielen, wichtig:
- venöse Blutentnahme – Benutzung von Sicherheitsspritzen, bei denen nach der Blutentnahme eine Schutzkappe einrastet,
- Einmalspritzen, die man nach Gebrauch wegwirft, ohne die Kanüle von der Spritze zu lösen, Abschaffung des „Butterflys", der durch biegsame Katheter ersetzt wurde,
- venöse Zugänge, Katheter mit Schutzhüllen, die beim Herausziehen aus der Vene die Kanüle umfassen, und
- Kapillarblutentnahmen durch einziehbare Einmallanzetten.

Die derzeitigen Sicherheitsvorkehrungen zielen v. a. auf die Benutzung von durchstichsicheren Entsorgungsgefäßen sowie Handschuhen und Inaktivierung des Erregers.

Die Frage der postexpositionellen antiretroviralen Prophylaxe nach Kanülenstich konnte bislang nicht befriedigend gelöst werden und wird dies aller Wahrscheinlichkeit auch in Zukunft nicht, da es nie möglich sein wird, eine randomisierte Doppelblindstudie durchzuführen. Abiteboul et al. [1] zeigten im Rahmen einer großangelegten Untersuchung, daß AZT zwar in einigen Fällen bei der Verhinderung einer HIV-Infektion wirksam war. Interessanterweise infizierten sich aber bei den nicht AZT-Behandelten weniger Mitarbeiter als in der Behandlungsgruppe.

Man wird also mit Spannung die weitere Entwicklung verfolgen müssen, um am Ende zu einem arbeitsmedizinisch vernünftigen Schluß kommen zu können. Hilfen zu einer rationalen Einschätzung kann die nachstehende Übersicht (nach Hasselhorn) geben. Im weltweit erfahrensten Aids-Krankenhaus, dem San Francisco General Hospital, wird nach einem Stufenplan verfahren.
- AZT wird routinemäßig empfohlen bei massivem Kontakt mit HIV-Blut, perkutanem Blut oder hochtitriger Flüssigkeit oder perkutanem Kontakt mit Blut oder HIV-infektiöser Flüssigkeit von einem schwerkranken Aids-Patienten.
- Die AZT-Prophylaxe wird gebilligt bei definitiver perkutaner Exposition.
- Es wird nicht von einer AZT-Prophylaxe abgeraten bei möglicher perkutaner Exposition.
- Eine zweifelhaft unblutige Exposition oder eine nichtperkutane Exposition sind keine Indikation für die postexpositionelle AZT-Prophylaxe.

**Abhängigkeit des HIV-Infektionsrisikos von verschiedenen Bedingungen beim Spender, dem Empfänger und bei der Übertragung**

Bedingungen beim HIV-Patienten („Spender"):
- Ausmaß der Virämie beim Patienten (abhängig vom klinischen Stadium; Risiko höher, wenn Patienten im Aids-Stadium),
- AZT-Einnahme des Patienten senkt Virusanzahl im Serum deutlich, aber nicht die Anzahl der infizierten mononukleären Zellen im peripheren Blut – Übertragung AZT-resistenter HI-Viren u. U. möglich.

Bedingungen bei der Übertragung:
- übertragene Blutmenge bzw. Menge der infektiösen Substanz,
- Art der Flüssigkeit:
  - mögliches HIV-Infektionsrisiko bei Kontakt mit Blut und mit Blut kontaminierten Substanzen, Liquor, Pleura-, Perikard-, Peritoneal-, Amnion-, Samenflüssigkeit, Vaginalsekret, Viruskonzentrat (in Labors), Körpergeweben, Muttermilch (vermutlich gering), Speichel (gering),
  - äußerst geringes bzw. nicht vorhandenes Infektionsrisiko bei Kontakt mit Stuhl, Urin, Nasalsekret, Sputum, Schweiß, Erbrochenem,
- Temperatur und pH der inokulierten Flüssigkeit,
- Alter und Feuchtigkeit (10- bis 100fach niedrigeres Risiko, wenn ausgetrocknet),
- Zeitdauer der Exposition.

Bedingungen beim Empfänger:
- Art der Exposition:
  - Schnittverletzung (wohl höchstes Risiko),
  - Stichverletzung (Art der Nadel),
  - Hautkontakt: nichtintakte Haut, intakte Haut, Schleimhaut-, Augenkontakt,
- hygienische und Erste-Hilfe-Maßnahmen:
  - perkutan: sofort ausspülen, bluten lassen, evtl. ausschneiden, sorgfältige alkoholische Desinfektion,
  - Augen: Wasserspülung,
  - Mund, Rachen: PVP-Jod Mundantiseptikum, Wasserspülung,
- Anwendung von Schutzmaßnahmen: ein Handschuh vermindert die inokulierte Blutmenge um 50%, zwei Handschuhe um bis zu 80%; Schutzkleidung, Schutzbrille, Mundschutz u. a.,
- Hautintegrität,
- Anzahl der CD4-Zellen am Ort (chronische Entzündung am Kontaktort),
- immunologischer Status,
- möglicherweise prophylaktische antiretrovirale Medikamenteneinnahme.

Allererste und wichtigste Maßnahme ist und bleibt auf mittelfristige Sicht jedoch die umfassende Aufklärung der Bevölkerung [183].

## 18.2.2
## Enteritiden

Die starke Zunahme der infektiösen Enteriden, namentlich der Salmonellosen, in den vergangenen zehn Jahren hat arbeitsmedizinische und hygienische Probleme für das Krankenpflegepersonal mit sich gebracht, deren Bedeutung gar nicht hoch genug eingeschätzt werden kann.

Wie bereits eingangs erwähnt, ist dieses Gebiet das klassische Kooperationsfeld zwischen Arbeitsmedizin, Krankenhaushygiene und – je nach den Regelungen in den verschiedenen Bundesländern verschieden – Öffentlichem Gesundheitsdienst. Überraschenderweise gibt es zum Thema kaum arbeitsmedizinische Literatur. Aus diesem Grund wurden mehr als 6000 Stuhlproben von Angehörigen des Universitätsklinikums Freiburg untersucht [317].

Einschlußkriterien waren dabei Erstuntersuchung vor Arbeitsaufnahme, Nachuntersuchung bei Tätigkeit in sensiblen Bereichen (Küchentätigkeit, Onkologie, OP-Bereiche, Pädiatrie, Transplant, Rückkehr vom Urlaub bei Küchentätigkeit) und Enteritissymptome.

Einen Überblick über das wichtigste Ergebnis der Studie gibt Abb. 18.5. Stuhl- (Kinderkrankenschwestern, Krankenschwestern, Raumpflegepersonal) und Lebensmittelkontakte stellen die wichtigsten Risikofaktoren für den Erwerb einer Gastroenteritis dar. Die Präventionsmaßnahmen werden in diesem Buch an anderer Stelle abgehandelt.

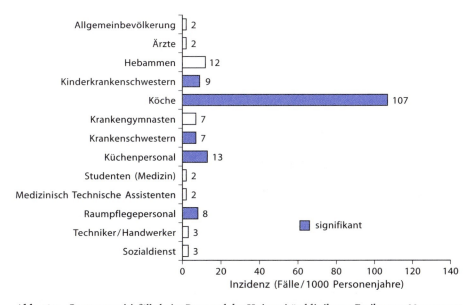

**Abb. 18.5.** Gastroenteritisfälle beim Personal des Universitätsklinikums Freiburg 1988–1992 pro 1000 Beschäftigtenjahre. Untersucht wurden alle Beschäftigen vor Arbeitsaufnahme oder mit Enteritiden sowie Beschäftigte aus den Bereichen Küche, OP, Onkologie, Pädiatrie und Transplant, die sich zu arbeitsmedizinischen Nachuntersuchungen beim Betriebsarzt vorstellten

## 18.2.3
## Hepatitis A

Die Hepatitis A ist eine weltweit verbreitete Infektionskrankheit, deren Erreger, das Hepatitis A-Virus, fäkal-oral bzw. über infizierte Lebensmittel übertragen wird. Blut mit ca. 100 000 Viren pro Milliliter kommt nur in seltenen Fällen bei Inokulation großer Mengen in Betracht, da es im Vergleich zum Stuhl (mit ca. einer Milliarde Viren pro ml) sehr viel weniger infektiös ist. Die arbeitsmedizinische Gefährdung durch Hepatitis A-Viren liegt aber nicht nur an der außerordentlich hohen Keimzahl im Stuhl, sondern hat ihren Grund auch in der Resistenz des Erregers, der noch wesentlich stabiler ist als das Poliovirus. Sobsey konnte 1988 zeigen, daß in Lebensmitteln selbst 60 Tage nach Hepatitis A-Virus-Verunreinigung noch infektionstüchtige Erreger vorkommen [412].

Aus den Daten von Chriske [80] und unserer Arbeitsgruppe [212] im Rahmen einer Hepatitis A-Prävalenzstudie an mehr als 5 000 Personen wurden die relativen Risiken für verschiedene Berufsgruppen berechnet (Abb. 18.6). Dabei wurden nur die deutschen Mitarbeiter berücksichtigt, die weniger als 30 Jahre alt waren: Dieser Ansatz wurde gewählt, um ein einigermaßen homogenes Kollektiv zu erhalten, das unter vergleichbaren hygienischen Umständen lange nach dem Zweiten Weltkrieg aufgewachsen war.

Aus den Daten geht eindrucksvoll das Risiko für Krankenpflegekräfte in der Erwachsenen- und Kinderpflege hervor: Während Altenpfleger ein Kollektiv von

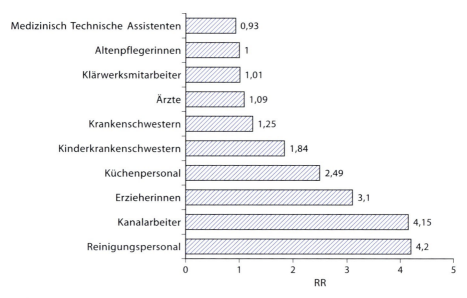

**Abb. 18.6.** Anti-HAV-Prävalenz (relative Risiken im Vergleich zur Allgemeinbevölkerung) bei deutschen Beschäftigten < 30 Jahre verschiedener Berufsgruppen in Krankenhäusern des Kreises Reutlingen, der Stadt Köln sowie des Universitätsklinikums Freiburg. Daten für Kinderkrankenschwestern, Küchenpersonal, Erzieherinnen, Kanalarbeiter und Reinigungspersonal im Krankenhaus signifikant ($p < 0.05$)

Patienten betreuen, bei denen nahezu jeder anti-HAV-immun ist, scheinen Krankenschwestern in etwas höherem Maße gefährdet zu sein als die Allgemeinbevölkerung. Der nichtsignifikante Unterschied dürfte in der höheren Durchseuchung der Subgruppe von Krankenpflegepersonal begründet sein, die in Infektionsstationen eingesetzt ist. Die hohen Antikörperprävalenzraten bei den Kanalarbeitern und den Reinemachefrauen im medizinischen Bereich deuten dabei auf das Risiko durch Stuhlkontakte hin. Daß die Kinderkrankenpflegekräfte – ebenso wie die Mitarbeiter von Kindertagesstätten – höher durchseucht sind, liegt daran, daß Hepatitis A-Infektionen bei Kindern häufig anikterisch ablaufen, so daß häufig nicht die notwendigen hygienischen Maßnahmen getroffen werden. Eine erhöhte Gefährdung besteht auch in der Behindertenpflege. Hier zeigten Prävalenzuntersuchungen an Patienten eine deutlich höhere Durchseuchung als bei der Allgemeinbevölkerung [83].

Die Prävention der Hepatitis A stützt sich neben der Einhaltung hygienischer Standards auf die passive Immunisierung und die (aktive) Schutzimpfung. Die passive Immunisierung wird – abgesehen von der präexpositionellen Sofortprophylaxe – bei Kontaktpersonen vorgenommen. Dabei empfiehlt sich folgendes Vorgehen: Als Minimalprogramm sollte der Stuhl auf HAV untersucht und im Serum die GPT bestimmt werden. Zusätzlich können noch im Serum anti-HAV-IgM und anti-HAV-IgG bestimmt werden. Beim negativen Ausfall der Untersuchungen ist eine Prophylaxe mit einem Immunglobulin sinnvoll, bei positivem muß der Verlauf der Infektion abgewartet und gegebenenfalls symptomatisch behandelt werden. Die Prophylaxe erfolgt mit 5 ml 16%igem polyvalentem Immunglobulin i.m., Kinder erhalten bei Körpergewicht bis 20 kg 2 ml.

In New York konnte durch die aktive Schutzimpfung erstmals 1992 eine Epidemie im Rahmen einer kontrollierten, randomisierten Doppelblindstudie durchbrochen werden [78]. Die Impfstoffentwicklung, die zu Beginn der 80er Jahre einsetzte, führte zur Entwicklung von bislang drei Totvakzinen, die nach dem Schema 0-1-6(-12) Monate verabreicht werden sollten und außerordentlich gut verträglich sind. In Deutschland ist seit Dezember 1992 die erste Vakzine zugelassen, in der Schweiz existiert ein weiterer Impfstoff. Weitere Zulassungen anderer Hersteller sind in den nächsten Jahren zu erwarten. Im Rahmen der Impfstudien konnte gezeigt werden, daß mindestens 99,9% der Geimpften Antikörper entwickeln [150, 234]. Spätestens nach Verabreichung der zweiten Impfstoffdosis setzt der Impfschutz ein. Die Dauer des Impfschutzes beträgt im Durchschnitt 10 Jahre. Schon in naher Zukunft dürfte eine Kombinationsvakzine zur aktiven Schutzimpfung gegen Hepatitis A und B erhältlich sein.

Bis auf Lokalreaktionen sind bislang keine Impfzwischenfälle beobachtet worden, so daß die Totimpfstoffe als außerordentlich gut verträgliche Vakzinen gelten können. Erfahrungen mit Schwangeren liegen bislang nur vereinzelt vor. Nicht geimpft werden sollte bei fieberhaften Erkrankungen.

Die Indikation zur aktiven Schutzimpfung beim Krankenpflegepersonal sollte alle Beschäftigten im pädiatrischen Bereich einschließen. Bei den Pflegekräften in der Erwachsenenpflege sollten mindestens diejenigen Mitarbeiter geimpft werden, die auf Infektionsstationen und in Intensivpflegeeinheiten sowie in der

Endoskopie tätig sind. Im Altenpflegebereich ist die Impfung nicht indiziert. Weitere Indikationen im Gesundheitsdienst gibt es beim Personal in Labors, in denen Stuhl verarbeitet wird.

## 18.2.4
## Hepatitis B

Die Hepatitis B ist neben der Malaria und der Tuberkulose eines der drei wichtigsten Gesundheitsprobleme des ausgehenden 20. Jahrhunderts. Von den Virushepatitiden, die in den letzten Jahren in der Bundesrepublik Deutschland bekannt wurden, waren jeweils etwa 35–40% B-Hepatitiden. Bei den Berufskrankheiten der im Gesundheitsdienst Beschäftigten nimmt die Infektion seit den 60er Jahren den ersten Platz ein. Diese Entwicklung konnte (mangels flächendeckender Impfung) auch nicht durch die Einführung der (aktiven) Hepatitis B-Schutzimpfung Anfang der 80er Jahre entscheidend beeinflußt werden.

Das Vorhandensein von anti-HBs und anti-HBc deutet auf eine ausgeheilte Infektion hin, während der Nachweis des HBs-Antigens mit dem Vorliegen einer frischen oder chronischen Infektion assoziiert ist, wobei von potentieller Infektiosität auszugehen ist.

Medizinisches Personal hat ein um etwa 2,5fach erhöhtes Risiko. Im Rahmen der bislang größten in der Bundesrepublik Deutschland durchgeführten Studie am Universitätsklinikum Freiburg konnte gezeigt werden, daß 12,4% der im medizinischen Bereich tätigen Deutschen HBV-immun waren, im nichtmedizinischen Sektor betrug der entsprechende Wert nur 4,9% (Abb. 18.7) [209]. Auch bei der Betrachtung der „Carrier" (HBs-Antigen-Positiven)-Rate zeigte sich das höhere Risiko (0,8% im medizinischen, 0,5% im nichtmedizinischen Bereich). Die Zahlen für die ausländischen Mitarbeiter sind relativ wenig aussagekräftig, da hier in vielen Fällen offenbar die Infektion bereits im Heimatland abgelaufen war: Dies zeigt die fast völlige Übereinstimmung der HBV-Markerprävalenzen

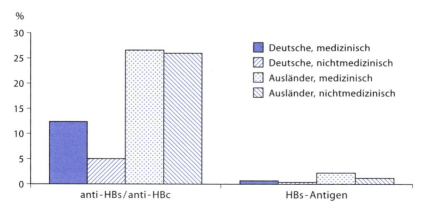

Abb. 18.7. Prävalenz von HBV-Markern beim medizinischen und nichtmedizinischen Personal des Universitätsklinikums Freiburg (%), n = 4 218

**Tabelle 18.1.** Hepatitis B-Durchseuchungsraten der in den einzelnen medizinischen Fachbereichen tätigen Personen

| Rang | Medizinischer Fachbereich bzw. Station | Untersuchte Personen | Hepatitis B-Durchseuchung Anzahl | %-Rate |
|---|---|---|---|---|
| 1. | Dialyse | 201 | 55 | 27,4 |
| 2. | Anästhesie | 972 | 172 | 17,7 |
| 3. | Dermatologie | 588 | 100 | 17,0 |
| 4. | HNO-Krankheiten | 681 | 114 | 16,7 |
| 5. | Urologie | 739 | 120 | 16,2 |
| 6. | Lungenheilkunde | 397 | 58 | 14,6 |
| 7. | Pathologie | 515 | 72 | 14,0 |
| 8. | Labor | 3 084 | 421 | 13,7 |
| 9. | Augenheilkunde | 500 | 67 | 13,4 |
| 10. | Zahnheilkunde | 2 277 | 289 | 12,7 |
| 11. | Infektionsabteilungen | 1 475 | 184 | 12,5 |
| 12. | Chirurgie | 10 716 | 1 314 | 12,3 |
| 13. | Interne | 7 697 | 933 | 12,1 |
| 14. | Neuro/Psychiatrie | 1 967 | 238 | 12,1 |
| 15. | Allgemeinmedizin | 4 326 | 515 | 11,9 |
| 16. | Gynäkologie | 3 037 | 346 | 11,4 |
| 17. | Röntgen | 1 462 | 166 | 11,4 |
| 18. | Spitalwäschereien | 407 | 42 | 10,3 |
| 19. | Kinderheilkunde | 2 084 | 205 | 9,8 |
| 20. | Nichtklinische Fächer | 120 | 11 | 9,2 |
| 21. | Reha-Zentren, Pflege-, Kur- und Altenheime, Geriatrie | 33 689 | 2 602 | 7,7 |
| 22. | Rettungswesen | 652 | 40 | 6,1 |
| 23. | Physikalische Institute | 835 | 48 | 5,7 |
|  | Sonstige | 7 564 | 590 | 7,8 |
|  | Summen: | 85 985 | 8 702 | x = 10,1 |

im nichtmedizinischen und im medizinischen Sektor bei dieser Gruppe. Die überwiegende Anzahl der in die Studie aufgenommenen Personen stammte aus Kroatien, Italien und der Türkei.

Epidemiologische Daten zum Risiko in den verschiedenen Bereichen wurden im Rahmen einer großangelegten Untersuchung von Maruna erhoben, der zeigen konnte, daß etwa jeder vierte in der Dialyse Beschäftigte HBV-Marker-positiv war, daß die Rate in den physikalischen Instituten aber fast identisch mit der der Normalbevölkerung war (Tabelle 18.1)

Hinsichtlich des Risikos in den verschiedenen Berufsgruppen gab die Freiburger Studie wertvolle Hinweise: Sieht man von der statistisch zu kleinen Gruppe der Fahrer und Pförtner ab, so fallen v. a. die im Laborbereich Tätigen mit einer anti-HBs/anti-HBc-Prävalenz von 15,6% auf (Abb. 18.8). Angesichts

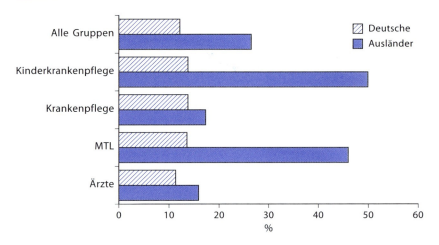

**Abb. 18.8.** Anti-HBs/anti-HBc bei verschiedenen Berufsgruppen im medizinischen Bereich, Universitätsklinikum Freiburg (%), n = 4 213

einer Zahl von 339 getesteten Personen ist dieser Befund hochsignifikant. Ähnliche Gefährdungsmuster konnten beim Krankenpflegepersonal (14%) und bei den pädiatrischen Pflegekräften gefunden werden, wobei alle diese Gruppen über dem Durchschnitt der im medizinischen Bereich Tätigen lagen. Mit 10,2% anti-HBs/anti-HBc-Prävalenz war die Durchseuchung der Ärzte geringfügig niedriger als der Durchschnitt aller im medizinischen Bereich Beschäftigten.

Die Übertragung der Hepatitis B durch Kanülenstichverletzungen wird deutlich, wenn man sich die Tatsache vor Augen hält, daß das Reinigungspersonal sowohl hinsichtlich der Durchseuchung mit HBV-Markern als auch bei der Inzidenz dieser Verletzungen den Spitzenplatz einnimmt [210].

Flüssigkeiten, die für die Übertragung des HBV in Frage kommen, sind neben dem Blut Tränen, Urin, Galle, Vaginalsekret, Sperma, Speichel und Menstruationsblut. Im Hinblick auf die Erregerkonzentration kommt von diesen Körperflüssigkeiten/-ausscheidungen lediglich dem Blut und dem Sperma arbeitsmedizinische Relevanz zu.

Was die Bedeutung als Berufskrankheit angeht, so lag der Anteil der Virushepatitiden bei Beschäftigten im Gesundheitsdienst 1984–1988 bei den bei der Berufsgenossenschaft für Gesundheitsdienst und Wohlfahrtspflege (BGW) bei 70,7%. Unter allen gemeldeten Infektionskrankheiten hat der Anteil der Hepatitis B seit der Einführung der aktiven Schutzimpfung um nicht mehr als 10% abgenommen und lag 1987 bei 40,6%. Bis 1993 sank der Anteil auf knapp unter 30%.

Gemäß den Vorschriften der Unfallverhütungsvorschrift „Gesundheitsdienst" (GUV 8.1) hat der Arbeitgeber die Beschäftigten über Immunisierungsmaßnahmen zu unterrichten und bei gegebener Indikation (Personenkreis, Expositionssituation) die Impfung kostenlos zu ermöglichen [36].

Im Merkblatt „Aktivimpfung gegen Hepatitis B" (GUV 28.8) sind die durch eine Hepatitis B-Infektion gefährdeten Personenkreise beschrieben [61]. Der berufsgenossenschaftliche Grundsatz G 42.3 [200] regelt die vom Betriebsarzt durchzuführenden Untersuchungen bei Beschäftigten, die HBV-Expositionsmöglichkeiten haben.

Ein Zwang zur aktiven Schutzimpfung gegen Hepatitis B besteht für die im Gesundheitsdienst beschäftigten Personengruppen nicht. Die Kosten der passiven Immunisierung mit HBIG (Hepatitis B-Immunglobulin) werden vom jeweiligen Träger der gesetzlichen Unfallversicherung übernommen, wenn eine konkrete Gefährdung durch die berufliche Tätigkeit in Form einer Kanülenstich- oder Schnittverletzung bei einem HBs-Ag-positiven Patienten oder in einer Hochrisikosituation vorgelegen hat.

Was die Anerkennung als Berufskrankheit angeht, so gilt im Falle der Hepatitis B im Gesundheitswesen ein vereinfachtes Verfahren. Anders als etwa im Falle Aids bedarf es hier im Ernstfall keines besonderen Nachweises einer Kontaktperson, da die allgemeine Expositionsmöglichkeit im Gesundheitsdienst beim Umgang mit Blut und Körperflüssigkeiten als hoch angesehen wird.

Passive Immunisierung: Die postexpositionelle Hepatitis B-Prophylaxe erfolgt mit Hepatitis B-Immunglobulin (HBIG) (0,06 ml/kg Körpergewicht). Gleichzeitig sollte die aktive Schutzimpfung begonnen werden. Indiziert ist die Prophylaxe immer dann, wenn ein Nichtimmuner Kontakt mit einem HBs-Positiven gehabt hat oder eine Müllsackverletzung vorliegt (Kontakt mit Kanüle von unbekanntem Spender).

Tabelle 18.2 zeigt den Verlauf von HBs-positiven Nadelstichverletzungen in Abhängigkeit von der Art der Prophylaxe. Dabei ist die simultane HBIG/Impfstoffgabe am besten, während ohne Prophylaxe eine Infektionswahrscheinlichkeit von mehr als 50% besteht. HBIG sollte möglichst innerhalb von 48 h nach Verletzung verabreicht werden. Zur Indikationssicherung sollten zuvor beim Empfänger des Nadelstichs und beim Spender anti-HBs bzw. HBs getestet werden [206].

Tabelle 18.2. Verlauf von Nadelstichverletzungen an 89 HBs-positiven Patienten, Universitätsklinikum Freiburg, in Abhängigkeit von der Art der Prophylaxe; Ergebnisse einer Längsschnittuntersuchung 1976–1993

| Prophylaxe | n | Hepatitis B | Anti-HBc Serokonversion | Keine Infektion |
|---|---|---|---|---|
| Keine | 17 | 11 (davon 2 tödlich) | 1 – | 5 – |
| 1/2 × HBIG | 51 | 6 | 5 | 40 |
| Simultan | 21 | – | – | 21 |

HBIG = Hepatitis B-Immunglobulin postexpositionell einmalig oder zweimalig, Abstand 4 Wochen. Simultan = gleichzeitig aktive Hepatitis B-Schutzimpfung

Die postexpositionelle Prophylaxe ist auch dann angezeigt, wenn es zur Geburt eines Kindes bei einer HBs-Antigenpositiven Mutter gekommen ist. In der Regel kann so die Infektion des Neugeborenen vermieden werden. Am günstigsten ist auch hier die simultane Gabe von Immunglobulin und aktivem Impfstoff. Mittlerweile gibt es auch Berichte über eine alleinige Gabe von aktivem Impfstoff mit denselben günstigen Folgen.

Gentechnische Vakzine: Anfang der 80er Jahre – zur selben Zeit, als die erste Plasmavakzine angeboten wurde – wurde damit begonnen, eine gentechnisch gewonnene Vakzine zu entwickeln. Dabei wurde der Genbereich, der für die Produktion des HBs-Antigens zuständig ist, in einen Vektor eingesetzt und in Bäckerhefe (Saccharomyces cerevisiae) exprimiert. Isoliert wurde das zellassoziierte HBs-Antigen durch Homogenisierung. Anschließend folgten verschiedene Reinigungsschritte chromatographischer Art. Seit 1986 sind auch in der Bundesrepublik Deutschland die entsprechend gewonnenen Hepatitis B-Impfstoffe im Handel.

Effizienz der Impfung: Vor Beginn der Hepatitis B-Schutzimpfung wird die HBV-Marker-Prävalenz (anti-HBc/anti-HBs) untersucht. Nach der Impfung wird der Erfolg mit Hilfe von anti-HBs geprüft. Im allgemeinen wird davon ausgegangen, daß unterhalb eines anti-HBs von 10 U/l Infektionen erwartet werden können. In Einzelfällen hat es jedoch bei Antikörpertitern bis zu 50 U/l Infektionen gegeben [90]

Die Effizienz der Hepatitis B-Schutzimpfung im Rahmen verschiedener Impfserien geht aus Tabelle 18.3 hervor. Mit dem Impfschema 0–1–12 Monate wurden die höchsten Antikörpertiter erreicht, während das Kurzschema 0–1–2 Monate wesentlich schlechter abschnitt. Die Ergebnisse legen den Schluß nahe, daß nur in Fällen mit höchster Expositionswahrscheinlichkeit nach dem Impfregime

Tabelle 18.3. Erfolg der Hepatitis B-Schutzimpfung bei der Verwendung verschiedener Impfstoffe und Impfschemata. Als Serokonversion wurde ein anti-HBs-Titer 4 Wochen nach dritter Impfung von mindestens 10 E/l gewertet

| Impfstoff (P = Plasmavakzine, g = gentechnischer Impfstoff) | Impfschema | Jahr der Untersuchung | n | Keine Anti-HBs-Serokonversion | Konvertiert [%] |
|---|---|---|---|---|---|
| 3 × P | 0–1–6 | 1985 | 156 | 1 | 99,3 |
| 3 × P | 0–1–6 | 1986 | 167 | 3 | 98,2 |
| 2 × P/g | 0–1–6 | 1986 | 58 | 0 | 100 |
| 3 × g | 0–1–6 | 1987 | 71 | 0 | 100 |
| 3 × g | 0–1–2 | 1988 | 162 | 7 | 95,7 |
| 3 × g | 0–1–6 | 1988 | 140 | 2 | 98,6 |
| 3 × g | 0–1–12 | 1988 | 184 | 1 | 99,4 |
| 4 × g | 0–1–2–12 | 1988 | 132 | 0 | 100 |

0-1-2 Monate verfahren werden sollte, während bei lang planbarer Exposition (z. B. bei Medizinstudenten vor dem Physikum) das Schema 0-1-12 Monate zur Anwendung kommen sollte. In allen übrigen Fällen sollte man nach dem „klassischen" Impfschema 0-1-6 Monate verfahren.

Eine Auffrischimpfung ist notwendig, wenn das anti-HBs unter 100 U/l gefallen ist. Es wird zur Zeit allerdings darüber diskutiert, ob man nicht eine nach Grundimmunisierung objektivierte Titerhöhe von mehr als 100 U/l zum Anlaß nehmen sollte, erst nach zehn Jahren wieder nachzuimpfen. Diese Diskussion ist derzeit noch nicht abgeschlossen.

Nebenwirkungen: Die Nebenwirkungen der Hepatitis B-Schutzimpfung sind im allgemeinen nur lokaler Natur (Rötung und entzündliche Erscheinungen an der Einstichstelle). Wird der Impfstoff in der fertigen Spritze (in der Faust) auf Körpertemperatur gebracht, wird in den (locker herabhängenden) Oberarm eingestochen und wird der Impfling während der Injektion immer wieder daran erinnert, sich zu entspannen, dann sind in der Regel keine unangenehmen Nebenwirkungen zu erwarten. Vor der Impfung sollte immer gefragt werden, ob die Tetanusimpfung vertragen wurde. War dies nicht der Fall (z. B. angeschwollener Oberarm infolge der Impfung), dann sollte eine Stunde vor der Hepatitis B-Impfung 1 Ampulle Tavegil® i.v. verabreicht werden.

Die Indikation zur Hepatitis B-Schutzimpfung ist im Gesundheitsdienst immer dann gegeben, wenn Kontakt zu Blut und Körperflüssigkeiten besteht. Bei Impfsagern sollte mindestens bis zur 6. Vakzingabe weitergeimpft werden [81]. Alternativ kommt die intradermale Impfung (3mal im Abstand von je 1 Woche i.d. mit der halben Impfstoffdosis) in Frage.

Was schließlich die epidemiologischen Auswirkungen der Hepatitis B-Schutzimpfung angeht, so konnte fünf Jahre nach Beginn der Vakzinierungen beim medizinischen Personal eine anti-HBs/anti-HBc-Prävalenz erreicht werden, die schon fast mit der der Allgemeinbevölkerung identisch war (Abb. 18.9).

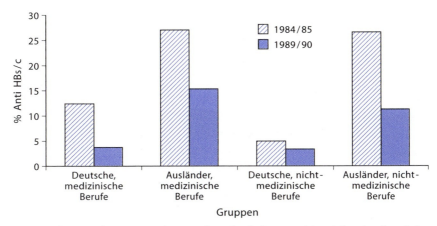

**Abb. 18.9.** Beeinflussung der HBV-Markerprävalenz durch die Hepatitis B-Schutzimpfung beim Personal des Universitätsklinikums Freiburg (n = 4 218 – 1984/5 und n = 4 098 – 1989/90). (Daten von Hofmann, Kleimeier und Stössel, unveröffentlicht)

## 18.2.5
## Hepatitis C

Die Prävention der Virushepatitiden A, B und D bei Beschäftigten im Gesundheitsdienst ist durch die Einführung von Impfstoffen im Verlauf der letzten Dekade in starkem Maße erleichtert worden. Noch auf lange Sicht dürfte aber eine Verhütung der Hepatitis C nicht möglich sein, denn die Virusanzüchtung als erster Schritt auf dem Weg zu einer möglichen Vakzine bereitet nach wie vor große Schwierigkeiten. Immerhin brachte die Entdeckung der Hepatitis C im Jahre 1989 nach vielen Jahren ergebnisloser Forschungstätigkeit wichtige Aufschlüsse über die Ätiologie der parenteralen Non-A-Non-B-Hepatitis. Den Durchbruch bei der Diagnostik brachte die konsequente Anwendung gentechnischer Methoden, wobei ein cDNA-Clon eines auf Schimpansen übertragenen Non-A-Non-B-Hepatitiserregers vermehrt werden konnte. Dadurch gelang es, eine nunmehr als Hepatitis C-Polypeptid bezeichnete Verbindung herzustellen, die sich zum Nachweis von anti-HCV im Enzymimmunoassay (ELISA) eignet. Wenig später gelang es, auch den Erreger fast vollständig zu identifizieren und seine Verwandtschaft mit den Pest- und den Flaviviren zu sichern [221].

Zum Hepatitis C-Erkrankungsrisiko beim medizinischen Personal liegen bislang nur kleinere Untersuchungen vor. Eine 1993 in Freiburg durchgeführte Studie hat Aufschlüsse über die Gefährdung gegeben. Untersucht wurden 1450 Patienten und Beschäftigte, wobei sich die in Tabelle 18.4 wiedergegebenen Resultate ergaben [35].

In einer von Klein et al. [252] publizierten Studie, in die 456 Zahnärzte und 723 Kontrollen in New York einbezogen wurden, ergab sich ein deutlich erhöhtes Risiko für die Zahnmediziner (1,75% Durchseuchung gegenüber 0,14%). Gaube et al. [166] wiesen 1993 auf die Bedeutung der Hepatitis C im Gefängnisbereich hin, wobei die hohen Durchseuchungsraten v.a. auf die große Zahl von Drogenabhängigen in den Justizvollzugsanstalten zurückgeführt wurde. Hofmann und Kunz fanden bei allerdings kleinen Probandenzahlen in den verschiedenen Berufskollektiven eine Gesamtdurchseuchung von 2% bei österreichischem medizinischem Personal. Chriske konnte bei der Durchtestung von 733 Seren

Tabelle 18.4. Anti-HCV-Prävalenzen bei verschiedenen Patienten- und Beschäftigtenkollektiven (n=1450)

| Patienten | [%] | Beschäftigte | [%] |
|---|---|---|---|
| Infantile Zerebralparese | 4,9 | Dialysebeschäftigte | 3,8 |
| Trisomie 21 | 3,2 | Beschäftigte mit erhöhten Transaminasen | |
| Andere geistige Behinderte | 1,3 | | |
| Dialysepatienten | 18,4 | – im medizinischen Bereich | 11,3 |
| Hämophiliepatienten | 63,0 | – im nichtmedizinischen Bereich | 4,9 |
| Drogenabhängige Patienten | 93,8 | | |

Damit ein etwa 2,5fach erhöhtes Risiko im medizinischen Bereich keine erhöhte anti-HCV-Prävalenz bei Beschäftigten im medizinischen Bereich sichern. Das Risiko, bei akzidenteller Inokulation durch Kanülenstich infiziert zu werden, wird derzeit auf 3% geschätzt – was wohl am ehesten durch die geringe Zahl der Hepatitis C-Viren im Blut von Erkrankten bedingt sein dürfte.

Da je nach Unfallversicherung bis zu einem Drittel der als BK gemeldeten Virushepatitiden auf die Non-A-Non-B-Hepatitis entfallen, besteht hier noch erheblicher Forschungsbedarf, um das Hepatitis C-Risiko genau eingrenzen zu können. Die Prävention der Hepatitis C muß sich derzeit in Ermangelung eines Impfstoffs oder einer Möglichkeit zur passiven Immunisierung insbesondere auf die Vermeidung von Kanülenstichverletzungen stützen.

## 18.2.6
## Hepatitis D

Rizetto beobachtete im Zusammenhang mit chronischen Hepatitis B-Infektionen im Serum von Patienten Antikörper, die mit einem Antigen reagierten, das in Leberbiopsien anderer, ebenfalls an chronischer Hepatitis B erkrankter Personen auftrat. In der Folge konnte er zeigen, daß es sich bei diesem Antigen weder um das HBcAg noch um das HBsAg oder ein sonstiges mit dem Hepatitis B-Virus assoziiertes Antigen handelte. Die genauen Untersuchungen dieses Antigens und der mit ihm assoziierten Krankheitsbilder führten zur Entdeckung der Deltahepatitis, die neuerdings nur noch mit Hepatitis D bezeichnet wird. Der Erreger der Hepatitis D (HDV) ist ein defektes hepatotropes RNA-Virus, das auf die Helferfunktion des HBV angewiesen ist. Es ist daher nur in Gegenwart des HBV infektiös und vermehrungsfähig [376].

Da die Übertragung von HDV eng mit der HBV-Infektion assoziiert ist, gibt es zwischen der HB- und der HD-Epidemiologie zahlreiche Parallelen. In Deutschland hat sich der Erreger in den letzten Jahren bei HB-Positiven immer mehr ausgebreitet, wie Berthold et al. 1992 zeigen konnten [34]: Von 625 HB-positiven Seren waren 4,3% auch anti-HDV-IgG-positiv. Rechnet man diese Zahlen auf das Vorkommen von HB (derzeit ca. 1% Prävalenz in Deutschland) hoch, so ergibt sich bei einem Kanülenstich ein Risiko von 0,043%. Generell muß angenommen werden, daß HB-Positive in Krankenhäusern überrepräsentiert sind. Eigenen Untersuchungen zufolge sind 5% der Kanülenstiche HB-positiv, so daß das Risiko, eine HDV-Infektion zu erwerben, 0,22% beträgt. Weitere erhöhte Risiken ergeben sich nach den Untersuchungen von Masihi und Lange bei Gefängnisinsassen [306].

Arbeitsmedizinisch orientierte epidemiologische Daten zur Hepatitis D liegen derzeit noch nicht vor, da die Krankheit – wie die gerade kommentierten Zahlen zeigen – zu Unrecht bislang vernachlässigt worden ist. Als Berufskrankheit spielt die Hepatitis D bislang noch keine Rolle. Die Durchsicht der vorliegenden Daten der Unfallversicherer zeigt allerdings auch, daß man sich mit dem Thema noch nicht beschäftigt hat.

Die Prophylaxe der Hepatitis D ist seit 1982 möglich, denn eine erfolgreiche Hepatitis B-Impfung schützt auch vor einer Hepatitis D-Infektion. Mit zunehmender HDV-Prävalenz sollte daran gedacht werden, HBsAg-positive Angehörige im Gesundheitsdienst aus HDV-Risikobereichen (z.B. Infektionsstationen) herauszunehmen. Hinsichtlich des Übertragungsrisikos via Kanülenstichverletzungen sind bislang keine Daten bekannt.

## 18.2.7
## Hepatitis E

Die durch ein Calicivirus hervorgerufene enterale Non-A-Non-B-Hepatitis wird seit 1989 als Hepatitis E bezeichnet. Bei der Infektion handelt es sich um eine Krankheit, die in der Infektiologie zumindest seit Mitte der 50er Jahre bekannt ist. Im Oktober 1955 kam es zum ersten wissenschaftlich genau dokumentierten Ausbruch, als der Yamuna, der die indische Hauptstadt Delhi durchfließt, über die Ufer trat und zu einer massiven Kontamination des Trinkwassers führte. Mitte November wurde in den Wasseraufbereitungsanlagen eine Verunreinigung mit Fäkalien festgestellt, und in der ersten Dezemberwoche erkrankten 29 300 Menschen an einer ikterischen Hepatitis. Der allgemeine Verlauf der Infektion war recht gutartig – mit Ausnahme bei den während dieser Zeit schwangeren Frauen: 10,1% der infizierten Graviden verstarben an den Folgen der Hepatitis, wobei offenbar die Gefahr zwischen dem 7. und dem 9. Schwangerschaftsmonat am größten war. Erst 25 Jahre später gelang es, die seinerzeit konservierten Serumproben zu analysieren. Dabei wurde die zunächst geäußerte Ansicht, wonach es sich um eine Hepatitis A-Epidemie gehandelt habe, durch die serologischen Tests entkräftet: Alle durchmusterten Blutproben enthielten anti-HAV-IgG, aber in keinem einzigen Serum ließ sich anti-HAV-IgM als Merkmal einer frischen Hepatitis A-Infektion nachweisen.

Arbeitsmedizinisch orientierte epidemiologische Daten existieren bislang nicht. Der Selbstversuch von Balayan in Rußland (Ingestion von infektiösem Stuhl) war aber der Beweis dafür, daß die Übertragungswege der Hepatitis E denen der Hepatitis A sehr ähnlich sind. Daher dürfte – sollte die Hepatitis E durch Touristen oder beispielsweise auch Übersiedler aus Endemiegebieten (z.B. Kasachstan) eingeschleppt werden – der Stuhlübertragungsweg der vorherrschende werden. In München wurden 100 Seren auf anti-HEV getestet, die von Einsendungen an Laborärzte stammten, 39 Seren von Personen mit erhöhten Transaminasen, 18 Seren von Patienten mit akuter Non-A-C-Hepatitis und 100 Seren von Deutschen, die vor 1974 mehr als 6 Monate in Asien gelebt hatten. Dabei waren zwischen 4 und 22% positiv – und damit mehr als bei ähnlichen Untersuchungen auf Hepatitis A-Antikörper [268].

Die Prävention muß in Ermangelung eines Impfstoffs in der Einhaltung der Hygienevorschriften bestehen. Schwangere sollten nicht in Stationsbereichen tätig werden, in denen Patienten mit einer fraglichen Non-A-, Non-B-, Non-C-Hepatitis gepflegt werden.

## 18.2.8
## Masern

Da die Masernimpfung hierzulande nicht obligatorisch verabreicht wird, muß bei zunehmender lückenhafter Impfung von Kindern damit gerechnet werden, daß sich die Erkrankungshäufigkeit in Richtung Erwachsenenalter verschiebt. Hochrechnungen von Dietz [117] zufolge wird die Masernerkrankung samt allen ihren Komplikationen spätestens Ende der 90er Jahre eine typische Erwachsenenkrankheit sein – wenn nicht eine andere Impfpolitik betrieben wird. Mit der Entwicklung parallel einhergehen dürfte auch eine höhere Gefährdung von Angehörigen des Gesundheitsdienstes und hier insbesondere des Pflegepersonals.

Eine eigene Ende der 80er Jahre durchgeführte Untersuchung an verschiedenen Beschäftigtengruppen des Universitätsklinikums Freiburg [207] hat gezeigt, daß

- die Anamnese häufig recht unzuverlässig ist (da oft Fremdanamnese und Verwechslungen z. B. mit den Röteln vorkommen),
- nur bei ca. 90% der nichtgeimpften jungen Erwachsenen und bei 85% der 16- bis 20jährigen mit einer nachweisbaren Immunität gerechnet werden kann und daß
- Personen mit engem Patientenkontakt (Krankenpflegepersonal, Krankengymnasten) – allerdings nach Untersuchungen an einer relativ kleinen Kohorte – eine höhere Durchseuchung mit Masernantikörpern aufweisen und damit auch mehr gefährdet sind als beispielsweise Ärzte (Tabelle 18.5).

Daß es bei Angehörigen der Krankenpflegeberufe nur sporadisch zu BK-Anzeigen kommt, dürfte im wesentlichen auf der falschen Vorstellung beruhen, daß es sich bei den Masern um eine typische Kinderkrankheit handelt.

Passive Immunisierung: Die Expositionsprophylaxe bei Gefährdeten erfolgt mit Immunglobulin. (Passive Immunisierung zur Mitigierung der Krankheitserscheinungen und zur Vermeidung von Komplikationen während der Inkubationszeit. Dosierung bis zum 7. Inkubationstag 0,2–0,4 ml/kg Körpergewicht, danach 0,5–1,0 ml/kg Körpergewicht i.m.)

**Tabelle 18.5.** Prävalenz von Masernantikörpern bei verschiedenen Berufsgruppen im Gesundheitsdienst

| Berufsgnuppe | n | Durchschnittsalter | Immun [%] |
|---|---|---|---|
| Ärzte | 34 | 34 | 94,1 |
| Krankenpflegepersonal | 255 | 26 | 95,7 |
| Krankengymnasten | 26 | 24 | 96,2 |
| Soziale Berufe | 15 | 29 | 86,7 |
| Medizinstudenten | 58 | 27 | 96,6 |
| Reinemachefrauen | 20 | 35 | 90,0 |
| Sonstige | 29 | 28 | 93,1 |

Die aktive Schutzimpfung erfolgt mit attenuierter Masernlebendvakzine ab 15. Lebensmonat (im allgemeinen zusammen mit Mumps und Rötelnimpfung, Kombinationsimpfstoff). Bei Beschäftigten im Gesundheitsdienst sollte immer dann geimpft werden, wenn eine Immunitätslücke entdeckt wird. Ein Antikörpertest (zur Feststellung der Impfindikation) sollte immer dann durchgeführt werden, wenn eine Beschäftigung im pädiatrischen Bereich besteht oder es sich um Schüler medizinischer Fachberufe (Krankenpflege, Kinderkrankenpflege, MTA usw.) handelt. Die Antikörperbildung nach einmaliger Impfstoffgabe erfolgt bei mehr als 90% der Probanden [214].

Impfzwischenfälle: Bei etwa 5% der Impflinge kann mit Fieber gerechnet werden (5.–6. Tag nach Impfung >39,4°C), wobei die Rate bei Erwachsenen wesentlich niedriger liegen dürfte. Flüchtige Exantheme können bei bis zu 5% der Impflinge auftreten. Enzephalitiden wurden mit einer Häufigkeit von 1 : 3 600 000 beobachtet und lagen damit niedriger als die ohnehin aufgrund epidemiologischer Daten zu erwartende Enzephalitisrate bei Kindern im entsprechenden Zeitraum. Aus dieser Beobachtung kann der Schluß gezogen werden, daß diese Zwischenfälle mit der Impfung nichts zu tun hatten.

Kontraindikationen: Nicht geimpft werden sollte bei
- Leukosen,
- immunsuppressiver Therapie,
- Immunschwäche,
- Schwangerschaft,
- Allergien gegen Hühnereiweiß und
- fieberhaften Erkrankungen.

## 18.2.9
## Mumps

Da die Mumpsimpfung in der Bundesrepublik Deutschland (im Gegensatz zu den Bestimmungen bei der Pockenimpfung) nicht obligatorisch verabreicht wird (was bei den Pocken bekanntlich zur Eliminierung führte), muß mit zunehmender lückenhafter Immunisierung von Kindern damit gerechnet werden, daß sich die Erkrankungshäufigkeit in Richtung Erwachsenenalter verschiebt. Mit dieser Entwicklung müßte auch eine zunehmende Gefährdung des Personals im Gesundheitsdienst einhergehen. Wie hoch dieses Gefährdungspotential mittlerweile ist, konnten Dietz und Eichner 1992 zeigen [116]: Danach hat ein Nichtgeimpfter ein etwa 20fach höheres Erkrankungsrisiko als ein Nichtgeimpfter. Erst jenseits einer Impfquote von 75% (und damit weit jenseits der heutigen Durchimpfungsraten) kann sich der positive indirekte Effekt einer Impfung bemerkbar machen.

Obwohl bei Beschäftigten im Gesundheitsdienst immer wieder berufsbedingte Mumpsinfektionen auftreten, ist das Thema bislang von der Forschung mehr oder weniger stark vernachlässigt worden. Eine eigene Untersuchung an Beschäftigten des Universitätsklinikums Freiburg hat gezeigt, daß die Anamnese häufig recht unzuverlässig ist (da häufig Fremdanamnese) und nur bei etwa zwei

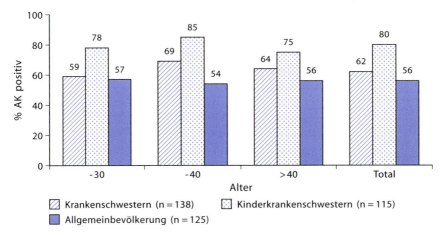

**Abb. 18.10.** Mumpsimmunität (%) bei nicht geimpften Beschäftigten in der Krankenpflege und in der Kinderkrankenpflege im Vergleich zur Allgemeinbevölkerung (Universitätsklinikum Freiburg), n = 78, altersidentische Kollektive

Dritteln der nichtgeimpften jungen Erwachsenen mit einer nachweisbaren Immunität gerechnet werden kann.

Im Rahmen einer weiteren Untersuchung wurden Jahrgang für Jahrgang jeweils sieben Probanden aus den Beschäftigtengruppen Krankenpflegepersonal, Kinderkrankenpflegepersonal und Verwaltungsangestellte untersucht, wobei erstmals ein signifikantes Risiko bei Kinderkrankenpflegekräften objektiviert werden konnte (Abb. 18.10) Einer – je nach Altersgruppe unterschiedlichen – durchschnittlichen Antikörperprävalenz von 55,9–62,3% bei den Verwaltungsangestellten und den Krankenpflegebeschäftigten stand ein Immunitätsgrad von 75–85% bei den Kinderkrankenschwestern und -pflegern gegenüber [213].

In den Jahren 1978–1980 wurden bei den gewerblichen Berufsgenossenschaften acht Mumpserkrankungen als BK anerkannt (bei 26 gemeldeten Fällen). Es ist zu vermuten, daß die Dunkelziffer hier wegen der Verharmlosung der vermeintlichen Kinderkrankheit erheblich ist.

Passive Immunisierung. Die Expositionsprophylaxe bei Schwangeren und gefährdeten Kindern erfolgt mit 0,2–0,5 ml/kg Körpergewicht Immunglobulin (passive Immunisierung auch bei Erkrankung zur Orchitisprophylaxe, allerdings keine sehr große Erfolgsrate).

Die aktive Schutzimpfung erfolgt mit attenuierter Lebendvakzine ab 15. Lebensmonat (in der Regel Kombination mit Mumps- und Rötelnimpfstoff). In 90–95% werden Antikörper gebildet. Bei Erwachsenen sollte immer dann geimpft werden, wenn eine Immunitätslücke entdeckt wird. Beschäftigte im Gesundheitsdienst sollten zumindest dann auf das Vorliegen von Antikörpern getestet werden, wenn sie in der Pädiatrie tätig sind oder wenn es sich um Schüler medizinischer Fachberufe handelt. Die Erfolgsraten der Impfung sind im Erwachsenenalter deutlich geringer (um 80%, bei fehlendem Impferfolg bis zu zweimalige Wiederholung der Vakzinegabe).

Impfzwischenfälle wurden nur bei Nichtbeachtung der Kontrainidikationen, von denen folgende bekannt sind, beobachtet:
- Schwangerschaft,
- akute Erkrankung,
- Immunschwäche,
- Hühnereiweißallergie,
- Neomycinallergie,
- Framycetinallergie,
- Kanamycinallergie,
- immunsuppressive Therapie,
- maligne Erkrankungen.

Die klinische Erstmanifestation eines Diabetes mellitus ist nicht häufiger als ohne Mumpsimpfung. An weiteren Impfreaktionen sind in der Regel nur leichte Lokalreaktionen an der Einstichstelle bekannt.

## 18.2.10
### Ringelröteln

Die erstmals von Tschamer beschriebenen Ringelröteln galten bis vor kurzem noch als harmlose Erkrankung des Kindesalters. Erst während der 80er Jahre dieses Jahrhunderts konnte gezeigt werden, daß das 1974 entdeckte Parvovirus B 19 der Erreger der Krankheit ist. Wie schwerwiegend die Komplikationen sein können, die das DNA-Virus hervorrufen kann (z. B. Hydrops fetalis mit Fruchttod bei Schwangeren), wurde erst in den letzten Jahren bekannt. Da bislang kein Impfstoff existiert, gehört das Krankenpflegepersonal zu den am höchsten gefährdeten Berufsgruppen. Bislang liegen nur wenige Daten vor, die

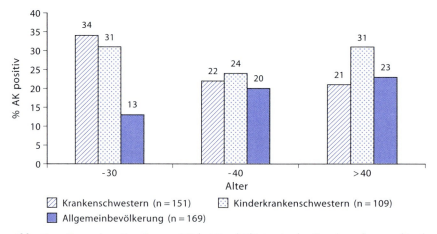

**Abb. 18.11.** Parvovirus B 19-Immunität bei Beschäftigten in der Krankenpflege und in der Kinderkrankenpflege im Vergleich zur Allgemeinbevölkerung (Universitätsklinikum Freiburg), n = 439, altersidentische Kollektive

darauf hinweisen, daß Parvovirus B 19-Infektionen meist als kleinräumige Epidemien in Einrichtungen auftreten, wo Kinder betreut und gepflegt werden [403]. Eine erste großangelegte epidemiologische Studie (n = 498) [404] hat nun gezeigt, daß die Antikörperprävalenz beim Krankenpflege- und Kinderkrankenpflegepersonal unter 30 Jahre 2,5mal höher ist als bei exakt gleichaltrigen Verwaltungsangestellten (Abb. 18.11) und damit exakt derjenigen mit Hepatitis B-Antikörpern vor Beginn der Impfkampagnen in den 80er Jahren entspricht.

Da das Krankheitsbild auch beim Personal des Gesundheitsdienstes wenig bekannt ist, sind bislang auch keine BK-Meldungen erstattet worden. Legt man allerdings die obengenannten Daten zugrunde, die auf eine Kontagiosität und auf ein Risiko ähnlich dem der Hepatitis B hinweisen, sollte gerade im Hinblick darauf, daß viele Krankenschwestern und Kinderkrankenschwestern im gebärfähigen Alter tätig werden, eine erhebliche arbeitsmedizinische Bedeutung erwartet werden können.

Da bislang weder geklärt ist, ob postexpositionell verabreichtes Immunglobulin eine Infektion verhindern oder den Krankheitsverlauf abschwächen kann, noch Bestrebungen zur Impfstoffentwicklung abzusehen sind, ist die Expositionsprophylaxe derzeit die einzige Möglichkeit der Vorbeugung.

Die Deutsche Vereinigung zur Bekämpfung der Viruskrankheiten (DVV) empfiehlt, seronegative Schwangere, die in kinderbetreuenden Einrichtungen tätig sind, beim Auftreten von Ringelröteln wegen der Gefahr für den Feten solange zu beurlauben, bis die Infektionswelle abgeklungen ist (Deinhardt et al. 1988). Bei Ausbruch von B 19-Infektionen im stationären Krankenhausbereich sollten infektiöse Patienten unbedingt isoliert werden. Treten Ringelröteln beim medizinischen Personal auf, so können diese Personen zur Ansteckungsquelle für die Patienten werden.

## 18.2.11
## Röteln

Die sporadischen Rötelnberufskrankheitenanzeigen bei Beschäftigten in der Krankenpflege spiegeln sicherlich nicht das wahre Ausmaß der sich im Gesundheitsdienst ereignenden Rötelninfektionen wieder, da die Krankheit als „Kinderkrankheit" häufig nicht mit der Berufstätigkeit in Zusammenhang gebracht wird. Daß eine Gefährdung nicht nur prinzipiell möglich ist, belegen die epidemiologischen Daten zur Antikörperprävalenz.

Eine am Freiburger Universitätsklinikum in den Jahren 1985-1988 durchgeführte Untersuchung [207] hat gezeigt, daß derzeit bei Ungeimpften 7,4-12% keinerlei Immunitätsmarker aufzuweisen haben und 2,9-3,7% über eine fragliche Immunität verfügen, während bei den Geimpften 1,2% nicht und 1,7% fraglich immun sind.

Die im Vergleich zu den Ärzten deutlich höhere Prävalenz von Antikörpern beim ungeimpften Krankenpflegepersonal bei allerdings nicht signifikanter Abweichung deutet ein höheres Risiko für diese Berufsgruppe an.

Bei der Aufschlüsselung der Ergebnisse nach dem Alter zeigte sich, daß bei den bis zu 20jährigen Frauen 15,8% nicht oder fraglich immun waren, während es im Gesamtdurchschnitt 11,8% waren. Es scheint somit eine Generation mit deutlich verminderter Rötelndurchseuchung nachzuwachsen – wohl als Folge der freiwilligen Impfung, die die Infektionsmöglichkeiten minimiert, aber nicht aufhebt. Bereits in den nächsten Jahren kann damit gerechnet werden, daß die Röteln von der „Kinderkrankheit" zur „Erwachsenenkrankheit" werden.

Die von den Unfallversicherungsverbänden bzw. der Berufsgenossenschaft für Gesundheitsdienst und Wohlfahrtspflege herausgegebenen „Merkblätter Arbeitsmedizinische Vorsorgeuntersuchungen im Gesundheitsdienst (Krankenhaus)" [36] sehen einen routinemäßigen Rötelnantikörpertest bei den Beschäftigten vor und die Impfung bei Nichtimmunen. Ausdrücklich wird hier nicht zwischen weiblichen und männlichen Beschäftigten unterschieden.

Zur Prävention der Röteln ist die aktive Schutzimpfung mit attenuierter Rötelnlebendvakzine vom 15. Lebensmonat an vorgesehen, in der Regel in Kombination mit Masern- und Mumpsimpfung bei allen Kindern. Aus Sicherheitsgründen wird die nochmalige präpubertäre Impfung bei Mädchen empfohlen. (Fernerhin Impfung bei jedem, bei dem eine Immunitätslücke entdeckt wird, so z. B. im Rahmen von arbeitsmedizinischen Vorsorgeuntersuchungen.)

Beschäftigte im Gesundheitsdienst sollten routinemäßig geimpft werden, wenn kein Schutz nachweisbar ist, zumindest aber alle weiblichen Beschäftigten im gebärfähigen Alter, Beschäftigte im pädiatrischen Bereich und mit Jugendlichenumgang und alle (also auch männliche) Beschäftigte im gynäkologischen/ geburtshilflichen Bereich.

Effizienz der Impfung: Bei der Impfung von 66 nichtimmunen Erwachsenen war bei keinem einzigen Impfling nach der Vakzinegabe ein Antikörpertiter von < 1:8 zu verifizieren, was für einen 100%igen Impferfolg spricht [207].

Impfkomplikationen sind selten. Gelegentlich treten transitorische Arthralgie oder Arthritis auf (Inzidenz 1% bei einer Doppelblindstudie mit Masern-/ Mumps-/Rötelnimpfstoff [346], bei einigen Impflingen rötelnartiges Exanthem ein bis zwei Wochen nach Impfung, bisweilen Erscheinungen wie bei einem vorübergehenden katharrhalischen Infekt).

Kontraindikationen: Akute Erkrankung, Schwangerschaft – Schwangerschaft sollte auch für die nächsten drei Monate vermieden werden, deshalb möglichst Impfung unter Schutz durch Kontrazeption. Weiterhin Kontraindikation bei immunsuppressiver Therapie und Immunschwäche, anaphylaktische Reaktion auf Neomycin (Begleitsubstanz im Impfstoff).

Rötelnimpfung in der Schwangerschaft: Trotz versehentlicher Rötelnimpfung in der Schwangerschaft konnte im Rahmen zweier in den USA und in der Bundesrepublik Deutschland durchgeführter Studien bei 1538 Impfungen keine einzige Rötelnembryopathie festgestellt werden.

Passive Immunisierung: Passive Immunisierung zur Prophylaxe der Rötelnembryopathie bei nichtimmunen Schwangeren oder Schwangeren mit unbekanntem Immunitätsstatus. Empfohlene Dosis: 0,3 ml/kg Körpergewicht bei Kontakt, der bis zu 5 Tagen zurückliegt. Bei länger zurückliegendem Kontakt wird die Kombination mit i.v.-Gammaglobulin empfohlen.

## 18.2.12
## Tuberkulose

Die Bedeutung der Tuberkulose hat in den westlichen Industrieländern in den letzten Jahren deutlich abgenommen. Mit der parallel zunehmenden Zahl von HIV-Infizierten und Aids-Kranken dürfte sich dieser Trend allerdings in naher Zukunft wieder umkehren, gehört doch bekanntlich die Tuberkulose zu den wichtigsten Begleitkrankheiten der Aids-Kranken/HIV-Infizierten. Daher verdient diese klassische Infektionskrankheit derzeit besondere Aufmerksamkeit – nicht zuletzt auch unter dem Aspekt, daß sie bei Beschäftigten im Gesundheitsdienst nach wie vor nach den Virushepatitiden die zweitwichtigste Berufskrankheit ist.

Epidemiologische Angaben hinsichtlich der Bedeutung der Tuberkulose lassen sich auf zweierlei Art gewinnen: Zum einen ermöglicht die Bearbeitung des umfangreichen statistischen Materials über Tuberkuloseerkrankungen Aussagen zur Infektionssituation. Zum anderen gestattet der (sehr viel häufiger positive) Tuberkulintest epidemiologische Untersuchungen, da seine Konversion der klinisch faßbaren Erkrankung oft um Monate, Jahre, meist sogar um Jahrzehnte vorausgeht. Aus diesem Grund soll hier zunächst zur Bedeutung des Tuberkulintests Stellung genommen werden.

Bei der Tuberkulinreaktion handelt es sich um eine Allergie, die durch Infektion mit Mycobacterium tuberculosis, anderen Mykobakterien und natürlich durch die Tuberkuloseimpfung (BCG-Impfung) erworben wird. Die früher häufig angewandten Perkutantuberkulinproben (Einreibung mit Perkutantuberkulinsalbe S) haben an Bedeutung verloren und werden derzeit allenfalls noch bei Säuglingen angewandt. Nachteil dieser Hauttestung ist die nicht mögliche exakte Tuberkulindosierung.

Weitere Möglichkeiten zur Prüfung der Tuberkulinreaktion bieten in der Bundesrepublik Deutschland derzeit drei auf dem Markt befindliche Stempeltests. Vorteil dieser Tests ist eine genaue Tuberkulindosierung bei einfacher Handhabung.

Auf dem Markt angeboten werden der
- Tine-Test (Tuberkulin wird über vier Metallspitzen in die Haut eingebracht),
- der Mérieux-Test (Prinzip: 9 feine Nädelchen zur Tuberkulinapplikation) und
- der Tubergentest (Prinzip: Vier Plastikspitzen mit Tuberkulin standardisiert).

Schließlich kann auch der intrakutane Tuberkulintest nach Mendel-Mantoux angewandt werden. Dazu werden mittels einer Spritze streng intrakutan am Unterarm 0,1 ml einer frisch hergestellten Tuberkulinlösung (in verschieden hohen Konzentrationen) injiziert. Die Ablesung dieses Tests erfolgt nach 48–72 h. Als positiv werden alle Reaktionen bezeichnet, die sich durch ein tastbares Infiltrat von mindestens 6 mm Durchmesser bemerkbar machen.

Die Ablesung der Stempeltests sollte niemals vor Beginn des 4. Tages nach Testung erfolgen. Abb. 18.12 zeigt die Ergebnisse einer Tuberkulinstempeltestuntersuchung bei 94 positiven Probanden. Verwendet wurde der Tubergentest, gemessen wurde jeweils die Papelzahl – maximal sind 4 zu erwarten, da das Tu-

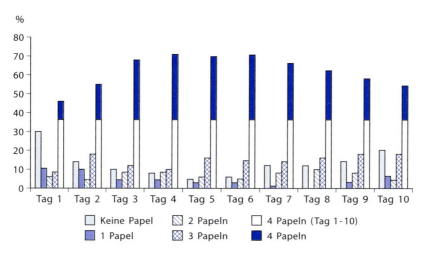

**Abb. 18.12.** Papelanzahl bei tubergentestpositiven Probanden (n = 94) in Abhängigkeit von der Zeit nach Stempeltestapplikation

berkulin mit Hilfe von vier Kunststoffspitzen in die Haut eingebracht wird. Wie die Abbildung deutlich macht, liegt der für die Ablesung günstigste Zeitpunkt am 5. Tag, da hier bei den Probanden die wenigsten negativen Resultate beobachtet wurden. Von den im Rahmen zweier eigener Studien untersuchten Tests lieferte nur der Tubergentest keine falsch-negativen Resultate im Vergleich zur Testung nach Mendel-Mantoux (GT 10).

Die Zahl der Tuberkulinpositiven, d. h. der Personen, deren Organismus sich irgendwann einmal mit Tuberkelbakterien auseinandergesetzt hat, hängt von zahlreichen Faktoren wie Berufstätigkeit, sozialem Hintergrund und nicht zuletzt dem Herkunftsland ab.

Die größte im deutschsprachigen Raum in den letzten Jahren durchgeführte Untersuchung am Universitätsklinikum Freiburg (Testkollektiv 3583 Personen) ergab dabei eine Rate von Tuberkulintestpositiven, die je nach Alter zwischen 15 und 70% lag (Abb. 18.13).

Kalkuliert man die zu erwartende Tuberkulinpositivenrate pro Jahr Lebensalterzunahme, so kommt man auf einen Wert von etwa 2%. Im Rahmen einer ebenfalls in Freiburg durchgeführten Längsschnittuntersuchung konnte gezeigt werden, daß dieser Wert auch heute noch Gültigkeit hat. Dies ist ein Zeichen dafür, daß in den nächsten Jahren nicht mehr mit einer Abnahme der Tuberkulosefälle zu rechnen sein dürfte, wenn man weiterhin annimmt, daß bei 5–10% der Tuberkulinpositiven im späteren Leben eine Tuberkulose auftritt.

Hinsichtlich des beruflichen Risikos ist zu beachten, daß sich die Tuberkuloseprävalenz bei Beschäftigten im Gesundheitsdienst im wesentlichen dem der Allgemeinbevölkerung angeglichen hat. Am Universitätsklinikum Freiburg konnte gezeigt werden, daß das Tuberkulinkonversionsrisiko bei Beschäftigten im medizinischen und im nichtmedizinischen Bereich identisch ist. Auch die Risiken der verschiedenen Berufe (Krankenpflegeberufe, Ärzte usw.) weichen

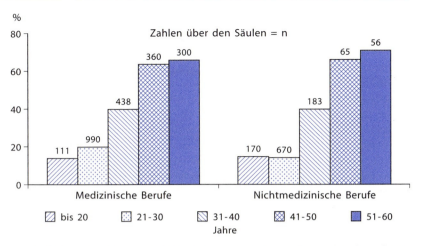

**Abb. 18.13.** Tuberkulintestpositivenraten bei Angehörigen medizinischer und nichtmedizinischer Berufe (nach Altersguppen) in %, n = 3 583

nicht sehr stark voneinander ab. Das mit Abstand höchste Risiko besteht in der Pathologie (Abb. 18.14), am geringsten sind die Konversionsraten in der Ophthalmologie, Neurologie und Neurochirurgie.

Was die Berufskrankheiten von Beschäftigten im Gesundheitsdienst angeht, so ist während der 80er Jahre eine Stagnation eingetreten. War die Tuberkulose

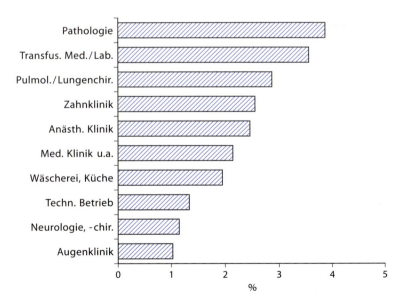

**Abb. 18.14.** Jährliche Tuberulintestkonversionsraten (in %) bei Beschäftigten des Universitätsklinikums Freiburg in Abhängigkeit vom Tätigkeitsbereich (n = 246)

bis 1960 noch die häufigste Berufskrankheit im Gesundheitsdienst, so wurde sie in den 60er Jahren von den verschiedenen Formen der Virushepatitis abgelöst. Seit 1982 werden der Berufsgenossenschaft für Gesundheitsdienst und Wohlfahrtspflege (BGW) jährlich etwa 150 Fälle gemeldet. 1987 betrafen 27,5% aller bei der BGW gemeldeten Infektionskrankheiten die Tuberkulose. Seit 1991 ist ein starkes Ansteigen der Krankheiten zu beobachten (ca. 200 Fälle pro Jahr).

Die aktive Schutzimpfung mit dem BCG (Bacille Calmette Guérin)-Stamm Kopenhagen ist indiziert bei Neugeborenen und Säuglingen bis zur 6. Lebenswoche, wenn eine erhöhte Ansteckungsgefahr besteht. Die Impfung von tuberkulinnegativem Personal im Gesundheitsdienst ist im Gegensatz dazu nicht üblich. Dies hat seinen Grund v. a. darin, daß die Impfung zumindest bei Erwachsenen keinen positiven Effekt zeigt (bei Neugeborenen allerdings wird die schwerste Tuberkulosekomplikation, die tuberkulöse Meningitis, praktisch vollkommen vermieden) und aufgrund der Konversion der Tuberkulinreaktion häufigere Thoraxröntgenaufnahmen erforderlich werden. Weiterhin kann es im Gefolge der Impfung zu Ulzerationen an der Impfstelle kommen.

Zum Schutz des medizinischen Personals sind in den 80er Jahren verschiedene Unfallverhütungsvorschriften (UVV Gesundheitsdienst) sowie berufsgenossenschaftliche Grundsätze (G 42) [200] erlassen worden. Wichtigstes Prinzip ist die alle ein bis drei Jahre wiederkehrende Tuberkulintestung bei Tuberkulinnegativen, die bei der Erstuntersuchung eine Röntgenthoraxaufnahme einschließt sowie die alle ein bis drei Jahre erfolgende Röntgenthoraxuntersuchung bei Tuberkulinpositiven (Unfallverhütungsvorschrift Gesundheitsdienst).

## 18.2.13
## Varizellen

Die durch das zur Familie der Herpesviren gehörende Varizella-Zoster-Virus ausgelösten Windpocken mit der Zweitkrankheit Herpes Zoster (Gürtel-/Gesichtsrose) sind nach den verschiedenen Virushepatitiden und der Tuberkulose die nächstwichtigste infektiöse Berufskrankheit beim Pflegepersonal. Die Prävention stieß bis vor kurzem allerdings noch auf große Schwierigkeiten, da der verfügbare Impfstoff wegen der notwendigen niedrigen Temperaturen zur Stabilität wesentlich teurer war als beispielsweise Vakzinen gegen Masern, Mumps, Röteln, aber auch Hepatitis A und Hepatitis B. Mittlerweile ist eine relativ preiswerte Vakzine auf dem Markt, die die Prävention in den nächsten Jahren verbessern dürfte.

Epidemiologische Daten zur Prävalenz von VZV-Antikörpern beim Pflegepersonal liegen bislang kaum vor. Im Rahmen einer Studie an 452 in der Krankenpflege Beschäftigten in den USA konnten bei 10,6% der Personen ohne Anamnese und bei 0,5% der Mitarbeiter mit Anamnese keine Antikörper gefunden werden [199]. Am Universitätsklinikum Freiburg konnte bei der Durchmusterung von 300 Seren festgestellt werden, daß etwa 8% der unter 30jährigen nicht immun sind [207].

Die Daten, die in Deutschland eine Immunitätslücke von 8% bei Erwachsenen zeigen, stehen in Einklang mit epidemiologischen Studien zur Altersverteilung bei Windpockenerkrankungen: So betrafen 90% der in Massachusetts in den Jahren 1952–1961 aufgetretenen Fälle Kinder unter 10 Jahren.

Daß die nicht durch Antikörper geschützten Personen bei Epidemien auch alle erkranken, belegen verschiedene Studien an Familienmitgliedern von Windpockenkranken [177]. Interessant sind in diesem Zusammenhang auch Berichte über die hohe Erkrankungsrate von Krankenschwestern aus Ländern mit niedrigen Durchseuchungsraten, die in die USA oder nach Großbritannien eingewandert sind [199].

Wie hoch kontagiös der Erreger der Varizellen ist, geht aus mehreren Berichten über Ausbrüche in Kliniken hervor, wobei beispielsweise noch in 20 m Entfernung vom infektiösen Patienten Erkrankungen auftraten [417]. Der Herpes zoster tritt als Zweiterkrankung nach den Windpocken Jahre bis Jahrzehnte später meist mit einseitigen Effloreszenzen in einem bestimmten Nervensegment auf, kann sich aber auch bisweilen nur durch Schmerzen in einem bestimmten Nervenabschnitt bemerkbar machen. Die Infektiosität und damit die Gefahr für das Pflegepersonal ist geringer als bei Windpocken.

Nach Virushepatitis, Tuberkulose, Salmonellosen und viralen Infektionskrankheiten stehen die durch VZV ausgelösten Krankheiten im Berufskrankheitengeschehen im Gesundheitsdienst an fünfter Stelle.

Die postexpositionelle Prophylaxe erfolgt durch Gabe von Varizellahyperimmunglobulin. Präexpositionell kann mit dem Lebendimpfstoff (Oka-Stamm) geimpft werden. Im Pflegebereich sollten mindestens seronegative Beschäftigte in der onkologischen Kinderkrankenpflege einmalig geimpft werden, wobei bei Impfversagern bis zu zwei weitere Dosen appliziert werden können. Diese Maßnahmen haben nicht nur einen arbeitsmedizinischen (Selbstschutz) Hintergrund, sondern sollten auch im Hinblick auf das hohe Letalitätsrisiko von onkologisch behandelten Kindern getroffen werden.

## 18.2.14
### Prävention von Infektionskrankheiten – praktische Aspekte

### Aktive Schutzimpfung

Tabelle 18.6 zeigt einen Impfplan aus Sicht des Betriebsarztes im Gesundheitsdienst. Neben den Schutzimpfungen spielen aber auch die verschiedenen Maßnahmen der passiven Immunisierung in der Krankenhausbetriebsmedizin immer noch eine wichtige Rolle.

### Passive Immunisierung

Bei der postexpositionellen Prophylaxe nach Kontakt mit Infektiösen oder infektiösem Material können Standardimmunglobuline und/oder Hyperimmunglobuline eingesetzt werden.

Tabelle 18.6. Indikation und Durchführung von Impfungen bei Beschäftigten im Gesundheitsdienst

| Krankheit | Komplikationen | Impfstoff | Verabreichung | Wer sollte geimpft werden? |
|---|---|---|---|---|
| Diphtherie | | Toxoid | Mehrfach | Beim Auftreten einer Epidemie alle Beschäftigten ohne nachweisbaren Impfschutz, ansonsten Impfempfehlung, z. B. Verwendung der Kombinations-Vakzine Td |
| Hepatitis A | | Tot | Mehrfach | Beschäftigte im pädiatrischen Bereich sowie auf Infektionsstationen, in mikrobiologischen Labors und in Küchen, Putzfrauen |
| Hepatitis B | | Tot Gentechn. | Mehrfach | Alle seronegativen Beschäftigten mit Blut-Körperflüssigkeiten-Kontaktmöglichkeit |
| Influenza | | Tot | Mehrfach | Regelmäßiges Angebot bzw. beim Drohen einer Epidemie alle Beschäftigten |
| Masern | Enzephalitis Otitis | Lebend | Einmalig | Seronegative Beschäftigte im pädiatrischen Bereich |
| Mumps | Meningitis Orchitis Pankreatitis | Lebend | Einmalig | Seronegative Beschäftigte im pädiatrischen Bereich |
| Röteln | Embryopathie | Lebend | Einmalig | Seronegative Beschäftigte in Pädiatrie/Geburtshilfeambulanzen, seronegative, gebärfähige Frauen |
| Poliomyelitis | | Lebend | Mehrfach | Alle Beschäftigten, z. B. im Rahmen von Impfaktionen |
| Tetanus | | Toxoid | Mehrfach | Beschäftigte im gärtnerischen und technischen Bereich obligatorisch, Angebot an alle Beschäftigte |
| Tuberkulose | | Lebend | Einmalig (BCG) | Auf freiwilliger Basis allenfalls Beschäftigte in der Pulmologie und Lungenchirurgie |
| Varizellen | Fetopathie Enzephalo-Meningomyelitis | Lebend | Einmalig | Seronegative Beschäftigte im pädiatrischen bzw. mindestens im pädiatrisch-onkologischen Bereich |

Tabelle 18.7. Einsatzbereiche polyvalenter humaner Immunglobuline

| Krankheit | Dosis (i.m.) |
|---|---|
| Hepatitis A | 2 ml (<20 kg Körpergewicht)<br>5 ml (>20 kg Körpergewicht),<br>Schutzwirkung 3 Monate. Zur Vorbeugung der erneuten Exposition aktive Impfung |
| Masern | 0,2–0,4 ml/kg Körpergewicht |
| Mumps | 0,2–0,5 ml/kg Körpergewicht |
| Poliomyelitis | 0,2–1 ml/kg Körpergewicht |
| Windpocken | 0,2–1 ml/kg Körpergewicht |

Die Einsatzbereiche polyvalenter Immunglobuline (Standardimmunglobuline) sind in Tabelle 18.7 wiedergegeben. Außer den i.m. applizierbaren Immunglobulinen sind in letzter Zeit auch vermehrt i.v.-Immunglobuline entwickelt worden, da man auf keinen Fall i.m.-Präparate i.v. geben darf. Dies ist deshalb nicht möglich, weil bei einer so gearteten Applikation im Rahmen der Aktivierung des Komplementsystems durch bereits vorhandene IgG-Aggregate schwere Reaktionen drohen können, die bis zum Schock reichen. Bei den im Handel befindlichen i.v.-Präparaten werden durch Proteolyse Veränderungen im Fc-Bereich des Antikörpers vorgenommen, so daß eine unspezifische Komplementaktivierung nicht mehr erfolgen kann. Vorteil der i.v.-Präparate ist der sofort erreichbare hohe Antikörperspiegel, Nachteil ist der in der Regel recht hohe Preis.

Bei einer ganzen Reihe von Krankheiten ist die Prophylaxe mit Standardimmunglobulinen nicht ausreichend, da sie zu niedrige Antikörpertiter aufweisen. Zu diesem Zweck sind spezielle Präparationen aus Spenderpools entwickelt worden, die gegenüber einzelnen Infektionskrankheiten hohe Immunglobulingehalte aufzuweisen haben (Hyperimmunglobuline) (Tabelle 18.8).

Immunisierungszwischenfälle treten bei Nichtbeachtung der Kontraindikation (bekannte Überempfindlichkeit gegenüber Immunglobulinen) oder i.v.-Applikation von i.m.-Immunglobulinpräparaten auf.

### Vorgehen nach Kanülenstichverletzungen

Für die praktische Tätigkeit des Betriebsarztes im Gesundheitsdienst ist das richtige Vorgehen nach Kanülenstichverletzungen von größter Bedeutung, können doch im Rahmen von solchen Verletzungen vermeidbare Berufskrankheiten entstehen. Nachfolgend sind die wichtigsten Aspekte zusammengefaßt.

### Übertragung der Hepatitis B

Grundsätzlich besteht bei jeder Stichverletzung mit einer gebrauchten Kanüle die Möglichkeit der Hepatitis B-Übertragung. Daher ist es eine der wichtigsten Präventionsaufgaben des Betriebsarztes im Gesundheitsdienst, für diesen Fall ein System zu entwickeln, das eine schnelle Prophylaxe ermöglicht.

**Tabelle 18.8.** Einsatz von Hyperimmunglobulinen

| Krankheit | Dosis/kg Körpergewicht | Bemerkungen |
|---|---|---|
| Zytomegalie | 0,2 ml | |
| FSME | 0,05 ml | Praexpositionell, wenn Impfung nicht mehr rechtzeitig durchführbar |
| | 0,1–0,3 ml | Postexpositionell, höhere Dosis bei Gabe 2–3 Tage nach Zeckenstich. Keine Simultanimpfung zu empfehlen |
| Hepatitis B | 0,06 ml | Simultan mit Hepatitis B-Schutzimpfung (kontralateral) |
| Keuchhusten | 0,2 ml | |
| Masern | Gemäß Zeit nach Exposition (+) | |
| Mumps | Gemäß Zeit nach Exposition (+) | |
| Röteln (bei Schwangeren) | 0,3 ml Gesamtmenge 15 ml i.m. + 50 ml i.v. | Kontakt < 4 Tage Kontakt 5–7 Tage |
| Tetanus | 250–500 I.E. | Simultan mit aktiver Schutzimpfung (kontralateral) |
| Tollwut | 20 I.E. | Je zur Hälfte um die Wunde herum und intragluteal. Simultan aktive Schutzimpfung |
| Varizellen/ Herpes zoster | 0,2 ml | |

Anmerkung: Immer auf Herstellerangaben achten, da nicht alle Hyperimmunglobuline gleich hoch standardisiert sind (+)

Wichtigste Maßnahme ist die Erreichbarkeit des Betriebsarztes. Die Beschäftigten sollen angehalten werden, jede Kanülenstichverletzung zu melden. Nach der Meldung läßt sich der Betriebsarzt die Telefonnummer des Betroffenen geben und forscht nach, wie die letzten Daten zur Hepatitis B-Immunität des Betreffenden aussahen. Gleichzeitig muß er versuchen, Informationen über den Immunitätsstatus des entsprechenden Patienten zu bekommen.

Nachdem sich der Betriebsarzt über die Immunitätslage von Beschäftigtem und Patient informiert hat, ruft er den Beschäftigten zurück. Mehrere Konstellationen sind denkbar:
- Der Spender (Patient) ist HBsAg-negativ. Damit erübrigen sich sämtliche weiteren Sofortmaßnahmen, die routinemäßige Hepatitis B-Impfung beim (nichtimmunen) Beschäftigten ist aber selbstverständlich indiziert.
- Aufgrund der Immunitätsdaten ist der Empfänger (Beschäftigte) als immun anzusehen. Es erübrigen sich sämtliche weitere Maßnahmen.

- Am häufigsten wird der Fall eintreten, daß die Immunitätslage beim Spender (Patienten) nicht bekannt ist und daß auch beim Empfänger zweifelhaft ist, ob er noch immun ist oder sogar bei der letzten arbeitsmedizinischen Untersuchung eine negative Immunitätslage objektiviert wurde und die Impfung aus irgendeinem Grund unterblieben ist. Hier muß gehandelt werden, damit eine Hepatitis B-Infektion vermieden werden kann. Möglichst umgehend wird der Beschäftigte aufgefordert, jeweils 5 ml eigenes und Patientenblut ins Labor zu bringen, in dem die Hepatitis B-Serologie mit Hilfe eines Schnelltests bestimmt werden kann. Dieser Schnelltest kann grob qualitativ Auskunft darüber geben, ob der Spender HBsAg-positiv ist und der Empfänger Anti-HBs-positiv ist.

Durch eine Modifizierung der Testvorschriften für die in der Virologie üblichen Radioimmunoassays kann die Geschwindigkeit der Durchführung wesentlich beschleunigt werden. Normalerweise werden die Seren 18 h lang bei Zimmertemperatur inkubiert. Unter Erhöhung der Inkubationstemperatur auf 37°C kann diese Inkubationszeit auf 90 min verkürzt werden. Eine nochmalige Verkürzung gelingt dadurch, daß Serum und radioaktiv markierter Tracer simultan zugegeben werden, und zwar ebenfalls 90 min bei 37°C. Dadurch wird es möglich, nach einer Kanülenstichverletzung die Zeit von der Serumentnahme bis zur Ablesung des Tests auf etwa 2 1/2 h zu verkürzen. Neuerdings gibt es auch Schnelltests mit Hilfe eines Enzymimmunoassays (ELISA).

Mögliche Befundkonstellationen:
- Der Patient ist HBsAg- und anti-HBs-negativ. Vorgehen: Es besteht keine Infektiosität, der (nichtimmune) Beschäftigte sollte dennoch zur Vermeidung ähnlicher Zwischenfälle in der Zukunft schutzgeimpft werden.
- Der Patient ist HBsAg-negativ und anti-HBs-positiv, damit immun. Vorgehen: identisch
- Der Patient ist HBsAg-positiv und daher als infektiös anzusehen. Vorgehen: Auch wenn die Stichverletzung bis zu 48 h zurückliegt, sollte in diesem Fall der nichtimmune Beschäftigte simultan aktiv (Oberarm)-passiv (glutaeus) mit dem Hepatitis B-Impfstoff und mit HBIG immunisiert werden.
- Der Beschäftigte hat sich mit einer unbekannten, gebrauchten Kanüle gestochen. Ist nichts über seine Immunitätslage bekannt, muß bei ihm ein anti-HBs-Schnelltest durchgeführt werden. Vorgehen: Ist der Beschäftigte nicht immun, besteht ebenfalls die Indikation zur passiv-aktiven Immunisierung.

Hinsichtlich des Kostenträgers sollte der Betriebsarzt sich mit seinem Unfallversicherer in Verbindung setzen. Da durch den Schnelltest in vielen Fällen die ungemein teure passive Immunisierung (ca. 1200,00 DM) vermieden werden kann, ist der Unfallversicherer in der Regel bereit, die Kosten zu übernehmen. Die Kosten für die passive Immunisierung hätte er sonst nämlich zu tragen. Die aktive Schutzimpfung wird vom Arbeitgeber des Beschäftigten bezahlt.

### Übertragung der Hepatitis C

Mit zunehmender Kenntnis über den Verlauf der Hepatitis C [364] wird immer deutlicher, daß das Übertragungsrisiko per Kanülenstichverletzung zwar deutlich kleiner ist als bei der Hepatitis B, immerhin aber 3% beträgt. Da der anti-HCV-Test häufig erst viele Wochen nach Infektion positiv wird, empfiehlt sich nach dem derzeitigen Stand der Dinge folgendes Vorgehen:

Beim Beschäftigten wird nach der Kanülenstichverletzung am anti-HCV-positiven Patienten Blut abgenommen, anschließend werden die Serumtransaminasen und – falls noch nicht durchgeführt – das anti-HCV bestimmt. Ist das anti-HCV negativ, werden nach weiteren 3 bzw. 6 Monaten die Serumtransaminasen bestimmt, wobei die Intervalle natürlich in Abhängigkeit vom klinischen Befund verkürzt werden können. Bei einem eventuellen Anstieg der Serumtransaminasen sollte (falls der erste HCV-Test negativ war) wiederum anti-HCV bestimmt werden. Eine Gabe von Immunglobulin nach Kanülenstichverletzung am anti-HCV-positiven Patienten ist selbstverständlich nicht möglich, da derzeit anti-HCV-positive Spender eliminiert werden.

### Übertragung der Tuberkulose

Die Übertragung von Tuberkulose per Kanülenstichverletzung ist ein sehr seltenes Ereignis. Grundsätzlich sollte bei vorher tuberkulinnegativen Personen ein Tuberkulintest durchgeführt werden – ein Vorgehen, das nach weiteren zwei Monaten wiederholt werden sollte. Bei Positivwerden des Tests sollte die weitere Tuberkulosediagnostik betrieben werden. Es muß allerdings darauf hingewiesen werden, daß eine durch eine Kanülenstichverletzung erworbene Knochentuberkulose auch klinisch schon nach relativ kurzer Zeit so auffällig ist (Anschwellen des entsprechenden Fingers), daß das diagnostische/therapeutische Vorgehen ohnehin angezeigt ist. Allgemein sollte bei Tuberkulinkonversionen gemäß Abb. 18.15 vorgegangen werden.

### Übertragung von HIV

Auch wenn die Übertragung von HIV per Kanülenstichverletzung ein sehr seltenes Ereignis ist, sollte doch die Verfahrensweise feststehen: Dem Beschäftigten wird Blut abgenommen und tiefgefroren. Nach einem Vierteljahr (Inkubationszeit für die HIV-Virämie in den meisten Fällen) wird erneut Blut abgenommen und anti-HIV bestimmt. Ist der Test positiv, wird auch die erste Blutprobe getestet. Ist er negativ, kann nach einem weiteren Vierteljahr und nochmals im Rahmen der Routinenachuntersuchung nachgetestet werden.

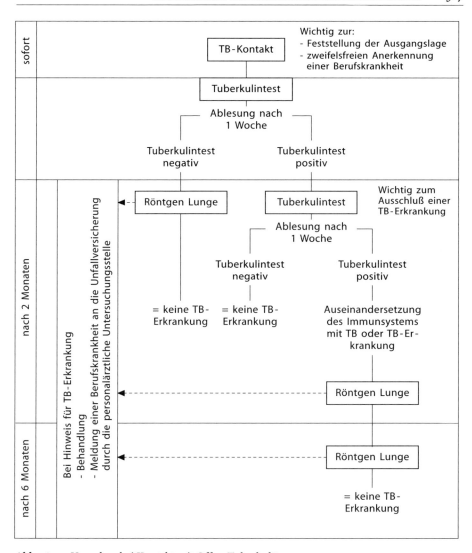

**Abb. 18.15.** Vorgehen bei Kontakt mit Offen-Tuberkulösen

# 19 Raumlufttechnische Anlagen

M. Scherrer

EINLEITUNG

Raumlufttechnische (RLT-)Anlagen sollen zu einer Verbesserung der Innenraumluftqualität führen. Dies kann jedoch dauerhaft nur bei gut gewarteten Anlagen aufrechterhalten werden. Aus diesem Grunde und auch aus Gründen der Energieeinsparung ist es sinnvoll, im Krankenhausbereich RLT-Anlagen nur dort einzusetzen, wo es aufgrund der hygienischen bzw. der klimaphysiologischen Anforderungen tatsächlich notwendig ist.

## 19.1 Unterschiedliche RLT-Anlagen

Bei der Bezeichnung RLT-Anlage handelt es sich um einen Oberbegriff, unter dem verschiedene RLT-Anlagetypen zusammengefaßt werden [399]:
- Bei Lüftungsanlagen wird lediglich Luft in Räume hinein- bzw. aus Räumen herausbefördert. Die Luft wird dabei nicht behandelt.
- Bei Teilklimaanlagen erfolgt neben der Luftförderung eine Behandlung der beförderten Luft, zumeist wird die Luft erhitzt oder gekühlt und befeuchtet.
- Lediglich bei Vollklimaanlagen wird die Luft sowohl beheizt als auch befeuchtet und erforderlichenfalls gekühlt. Bei allen drei lufttechnischen Anlagen erfolgt eine Filterung der Luft, wobei die Anzahl und Qualität der Luftfilter abhängig ist von den Anforderungen an die Räume, die durch die Anlagen versorgt werden.

Für die Auslegung von Klimaanlagen wird ein sogenanntes angenehmes Raumklima definiert. Das Raumklima wird bestimmt durch ein Behaglichkeitsfeld, mit welchem die Spannbreite der angenehmen Raumtemperatur und der angenehmen Raumfeuchte in Verbindung gebracht wird. Zusätzlich werden für ein angenehmes Raumklima noch die Luftgeschwindigkeit sowie der Schallpegel definiert. Man unterscheidet dabei zwischen angenehmem Raumklima in normalen Räumen und im Krankenhaus. Im Krankenhaus ist das Behaglichkeitsfeld gegenüber normalen Räumen eingeschränkt. Die Anforderungen an ein behagliches Raumklima zeigt Tabelle 19.1 [399].

**Tabelle 19.1.** Anforderungen an ein behagliches Raumklima

|  | Normale Räume | Krankenhaus |
|---|---|---|
| Temperatur | 22–28°C | 21–24°C |
| Feuchte | 35–70% rel. | 45–85% rel. |
| Luftgeschwindigkeit | 0,2–0,3 m/s | 0,2–0,3 m/s |
| Schallpegel | 45–70 dB (A) | 40 dB (A) |

## 19.2
## Aufbau von RLT-Anlagen

Eine raumlufttechnische Anlage besteht aus mehreren Anlageteilen, die sich je nach den Aufgaben der Anlage unterschiedlich zusammensetzen. Auf jeden Fall immer vorhanden sind Ventilatoren, die dazu dienen, die Luft innerhalb der Anlage in die Räume zu fördern. Weitere Bauteile sind die Heiz- und Kühlregister, die dazu dienen, die Luft entweder zu beheizen oder zu kühlen. Vom Aufbau her sind beide Anlagenteile im wesentlichen identisch. Sie unterscheiden sich lediglich in der Form des sie durchströmenden Mediums. Es handelt sich dabei in der Regel um Dampf oder Warmwasser, im Kühlregister um Kaltwasser. Der Aufbau der Heiz- und Kühlregister entspricht dem Prinzip des Autokühlers.

### 19.2.1
### Luftbefeuchter

Ein aus hygienischer Sicht wesentliches Bauteil ist der Luftbefeuchter. Es wird dabei zwischen zwei wichtigen Bauformen, dem Umlaufsprüh- und dem Dampfbefeuchter, unterschieden.

Umlaufsprühbefeuchter. Bei diesem Anlagentyp wird Wasser entgegen dem Luftstrom in die Luft versprüht. Die Luft sättigt sich dabei mit Feuchtigkeit, das überschüssige Wasser wird durch Tropfenabscheider wieder zurück in das Reservoir gebracht und von dort erneut zu den Düsen gepumpt. Problematisch ist dabei die z. T. lange Verweildauer des Wassers innerhalb des Reservoirs, da es bei einer Temperatur von bis zu 30°C zu einer Keimvermehrung kommen kann. Zur Verhinderung des Keimwachstums werden UV-Lampen eingesetzt, oder das Wasser wird mit einem Desinfektionsmittel versetzt [113].

Beim Einsatz von UV-Lampen ist eine gründliche Wartung unbedingt erforderlich, da mit fortschreitender Lebenszeit der Lampen sich ihr UV-Lichtspektrum verändert und das optimale Spektrum zur Desinfektion der Keime nachläßt. Die durchsichtige Umhüllung der UV-Lampe kann außerdem durch Biofilmproduktion von Wasserkeimen oder Schmutz verdeckt werden, wodurch die Lichtintensität beeinflußt wird. Beim Einsatz von Desinfektionsmitteln muß unbedingt darauf geachtet werden, daß keine gesundheitsschädlichen Stoffe durch den Umlaufsprühbefeuchter in die Luft eingetragen werden [113].

An die Qualität des Befeuchterwassers werden die gleichen Anforderungen gestellt wie an Trinkwasser [113]. Da der Luftbefeuchter aus hygienischer Sicht eines der problematischsten Bauteile einer RLT-Anlage ist, muß bei Umlaufsprühbefeuchtern, bei denen das Wasser aus einem Reservoir umgepumpt und in die Luft als Aerosol versprüht wird, das Wasser regelmäßig mikrobiologisch kontrolliert werden, weil es durch den ständigen Umlauf des Wassers zu einer Kontamination kommen kann. Die regelmäßige mikrobiologische Kontrolle dient dabei ebenfalls der Überwachung der Wirksamkeit der UV-Desinfektion (oder anderer Desinfektionsverfahren) (s. Kap. 20, S. 341). Die Verwendung von Umlaufsprühbefeuchtern ist allerdings aufgrund der hohen Kontaminationsgefahr in Krankenhäusern nicht mehr üblich.

**Dampfbefeuchter.** Als Stand der Technik wird bei RLT-Anlagen im Krankenhaus der Dampfbefeuchter eingesetzt. Beim Dampfbefeuchter wird Reindampf gegen den Luftstrom in die Luft eingesprüht. Aufgrund der hohen Temperaturen des Dampfes ($>100\,°C$) ist die Gefahr der Kontamination der Luft beim ordnungsgemäßen Betrieb ausgeschlossen. Es muß dabei aber darauf geachtet werden, daß es innerhalb der Befeuchterkammer zu keiner Kondensation kommt.

Zur Kontrolle der einwandfreien Funktion von Luftbefeuchtern empfiehlt es sich, die Luftbefeuchterkammer mit einem gut zugänglichen Sichtfenster und einer Beleuchtung zu versehen.

## 19.2.2
## Außenluftansaugung

Als weiteres Anlagenbauteil der RLT-Anlage ist die Außenluftansaugung zu nennen. Hierbei ist darauf zu achten, daß die Qualität der angesaugten Außenluft einwandfrei ist, d.h., die Ansaugöffnung muß so angeordnet sein, daß sie keine schädlichen Gase (z.B. Autoabgase, Gase aus der Narkosegasabsaugung, Abgase aus den Gassterilisatoren) sowie mikrobiologisch einwandfreie Luft ansaugt. Die Ansaugöffnung soll dabei nach DIN 1946, Teil 4, mindestens 3 m über Erdniveau bzw. über dem Niveau von natürlich begrünten Dachflächen angeordnet werden [113].

Zum Schutz der Anlagenteile und um einen hygienisch einwandfreien Zustand der Luft zu erreichen, werden an verschiedenen Stellen der RLT-Anlage Luftfilter eingebaut. Die Filter werden entsprechend ihres Abscheidegrades bzw. Durchlaßgrades in verschiedene Klassen eingeteilt (Tabelle 19.2 und 19.3):
- Die Anordnung der ersten Filterstufe erfolgt vor den Anlagebauteilen, sie dient dazu, die Bauteile vor grober Verschmutzung zu schützen, in der Regel werden hier Taschenfilter der Filterklasse EU 6 (F 6) oder EU 7 (F 7) eingebaut [113].
- Die zweite Filterstufe folgt nach den Anlageteilen, sie dient zum Schutz des darauf folgenden Kanalsystems vor Verschmutzung. Der Filter ist in der Regel ein Taschenfilter der Klasse EU 9 (F 9) [113].

**Tabelle 19.2.** Klasseneinteilung für Grob- und Feinfilter

| Anfangswirkungsgrad ($E_A$) | | | $E_A < 20\%$ | $E_A > 20\%$ |
|---|---|---|---|---|
| Charakteristikum | | | Mittlerer Abscheidegrad $A_m$ [%] | Mittlerer Abscheidegrad $E_m$ [%] |
| Filtergruppe | Filterklasse nach EN 779 | Filterklasse nach DIN 24185 | Klassengrenzen | |
| Grob (G) | G 1 | EU 1 | $A_m < 65$ | |
| | G 2 | EU 2 | $65 \leq A_m < 80$ | |
| | G 3 | EU 3 | $80 \leq A_m < 90$ | |
| | G 4 | EU 4 | $90 \leq A_m$ | |
| Fein (F) | F 5 | EU 5 | | $40 \leq E_m < 60$ |
| | F 6 | EU 6 | | $60 \leq E_m < 80$ |
| | F 7 | EU 7 | | $80 \leq E_m < 90$ |
| | F 8 | EU 8 | | $90 \leq E_m < 95$ |
| | F 9 | EU 9 | | $95 \leq E_m$ |

**Tabelle 19.3.** Klasseneinteilung für Schwebstoffilter

| Schwebstoffilterklassen | Grenzwerte der gemittelten Durchlaßgrade gegenüber Prüfaerosol [%] | | |
|---|---|---|---|
| | 1 | 2 | 3 |
| R | $D_G$ 2 | 10 | 1 |
| S | $D_G$ 0,03 | 0,03 | 1 |

- In Räumen mit besonderen hygienischen Anforderungen (Raumklasse I nach DIN 1946, Teil 4) erfolgt als dritte Filterstufe ein Hochleistungsschwebstoffilter entweder der Klasse R oder S. Dieser Filter soll nach Möglichkeit endständig eingebaut werden, d.h., das Filterelement sitzt direkt am Kanalende im Raum [113].

Im Krankenhaus wird in speziellen Bereichen aus Gründen der Infektionsprophylaxe eine Klimatisierung für erforderlich gehalten, obwohl konkrete wissenschaftliche Daten über die Luft als potentielles Erregerreservoir meist nicht vorhanden sind. Es handelt sich dabei hauptsächlich um OP-Abteilungen und Patientenzimmer, in denen stark abwehrgeschwächte Patienten gepflegt werden. Diese Räume sollen nach DIN 1946, Teil 4, mit endständigen Schwebstoffiltern ausgestattet werden [113]. Für den OP-Bereich genügt es allerdings, lediglich den eigentlichen OP-Saal sowie direkt angrenzende Nebenräume (Einleitung, Ausleitung, Waschraum, Sterilflur) mit Schwebstoffiltern zu versehen. Es ist nicht er-

**Tabelle 19.4.** Richt- und Grenzwerte für Partikelkonzentrationen

| Filterklasse | Partikelkonzentration [Partikel/m$^3$] | |
| --- | --- | --- |
| | Richtwert | Grenzwert |
| S | 4 000 | 10 000 |
| R | 400 000 | 1 000 000 |

forderlich, periphere Räume wie Aufwachraum, Flure, Schleusen, Aufenthaltsräume und Toiletten mit Schwebstoffiltern zu bestücken [15, 31, 191].

Nach Einbau der Schwebstoffilterelemente muß geprüft werden, ob der Filter dicht auf der Auslaßöffnung sitzt und das Filterelement unbeschädigt ist. Diese Prüfung erfolgt durch eine Partikel- und Luftkeimzählung.

Partikelzählung
Das Meßprinzip der Partikelzählgeräte beruht auf der durch die Partikel hervorgerufenen Streuung von Weißlicht bzw. Laserstrahlen. Das Meßvolumen solcher Geräte beträgt zwischen 0,28 und 28 l Luft pro Minute. Der Dichtsitz der Filter kann auch durch Kontrolle an einer Prüfrille vorgenommen werden. Dabei wird der Druckverlust in einem bestimmten Zeitraum in der Prüfrille gemessen. Der Druckverlust dient dann zur Beurteilung des Dichtsitzes [113]. Die Kontrolle der Leckfreiheit des Dichtsitzes mittels Partikelzählung muß grundsätzlich im eingebauten Zustand der Filter erfolgen. Gemessen werden sollte direkt in der Zuluft unmittelbar nach dem Filter, da in einiger Entfernung vom Filter zuviel Fremdluft angesaugt wird und die gemessene Partikelzahl keine Beurteilung ermöglicht, ob der Filter intakt ist. Die Messung soll zeigen, ob in dem Filter ein Leck vorhanden ist, wobei es nicht erforderlich ist aufzuzeigen, wo das Leck aufgetreten ist. Gemessen werden Partikel mit einem Durchmesser $\geq 0,5$ µm. Die Meßanordnung soll so erfolgen, daß das gesamte System überprüft wird. Bei der Interpretation der Richt- und Grenzwerte müssen die Meßanordnung und der bauliche Zustand der RLT-Anlage mitberücksichtigt werden. In der DIN 1946, Teil 4, werden keine Richt- oder Grenzwerte für die Partikelzahlkonzentrationen angegeben. Die Deutsche Gesellschaft für Hygiene und Mikrobiologie (DGHM) empfiehlt die in Tabelle 19.4 aufgeführten Anhaltszahlen [257].

Pro Meßpunkt sollen drei Messungen durchgeführt werden. Zur Bewertung der Messungen soll der Mittelwert aus diesen drei Messungen herangezogen werden. Die Partikelzahlen sollen bei der Erstinbetriebnahme (hygienische Abnahmeprüfung), in jährlichen Abständen sowie nach Reparaturen, die das Schwebstoffiltersystem betreffen, gemessen werden [113].

Luftkeimkonzentrationsmessung
Für die Überprüfung der Luftkeimzahlen sind mehrere Verfahren geeignet (s. Kap. 20, S. 341).

Sedimentationsverfahren. Dabei setzen sich die durch die Schwerkraft sedimentierenden Keime auf ausgelegten Kulturplatten oder Schalen ab. Diese Methode eignet sich nur zur orientierenden Untersuchung bei bestimmten gezielten Fragestellungen (z. B. Streuung von S. aureus oder A-Streptokokken ausgehend von einem Träger im OP-Team). Die Methode ist sehr einfach und preiswert [40].

Die Sedimentationsplatten werden beispielsweise in der Umgebung des Operationstisches, auf dem Boden oder in Operationstischhöhe mit geöffnetem Deckel der Raumluft exponiert. Die Expositionszeit beträgt mindestens 30–60 min. Danach werden die Platten verschlossen und zur weiteren Bearbeitung ins mikrobiologische Labor gebracht. Die Methode erlaubt allerdings keine Angabe über die Konzentration der Keime in der Luft, da nicht abzuschätzen bzw. zu messen ist, in welcher Luftmenge die sedimentierten Luftkeime vorhanden waren. Für die Überprüfung des Dichtsitzes und der Leckfreiheit des Schwebstofffilterelementes ist diese Methode nicht geeignet.

Filtrationsverfahren (z. B. Sartorius MDZ). Dabei wird die Luft durch Membran- oder Gelatinefilter gesaugt, auf denen die Mikroorganismen abgeschieden werden. Die Probennahmezeit ist hier in der Regel frei einstellbar, sollte allerdings nur einige Minuten betragen, da viele Bakterien den Besaugungsvorgang durch den Filter nur eingeschränkt vertragen [40]. Die Filter (Porengröße 3 µm, Durchmesser 50 mm/80 mm) werden aseptisch in den sterilen Filterhalter eingesetzt. Nach dem Luftdurchsatz werden die Filter im mikrobiologischen Labor entnommen und auf geeigneten Nährmedien inkubiert.

Trägheitsabscheidungsverfahren. Sie sind die bei der Luftkeimzahlbestimmung am häufigsten angewendeten Methoden. Die angesaugte Luft wird dabei zur Keimabscheidung entweder in eine Flüssigkeit geleitet oder auf feste Nährböden geblasen. Man unterscheidet dabei grundsätzlich Impingement- und Impaktionsverfahren:
- Bei Impingementverfahren wird die angesaugte Luft durch eine enge Kapillare unter starker Beschleunigung in eine Flüssigkeit eingeleitet, in der die keimbeladenen Partikel aufgenommen werden. Die Nährlösung muß anschließend rasch im mikrobiologischen Labor weiterverarbeitet werden. Das Impingementverfahren ist für einen hohen Luftdurchsatz und lange Meßzeiten geeignet. Die Anwendung ist allerdings sehr aufwendig. Kurzzeitige Keimzahländerungen sind schlecht nachzuweisen [40].
- Für das Impaktionsverfahren sind mehrere Geräte mit unterschiedlichen Methoden im Handel:
  – Reuter-Centrifugal-Sammler: Am gebräuchlichsten ist der Reuter-Centrifugal-Sammler (RCS). Am sogenannten RCS-Gerät wird durch ein Flügelrad Luft angesaugt, die Keime werden durch die Zentrifugalkraft auf eine Agarfolie, die sich kreisförmig um das Flügelrad legt, geschleudert. Das RCS-Gerät fördert 50 l/min. Die Luftmengen sind wählbar bis 100 l. Der Reuter-Centrifugal-Sammler ist einfach und leicht zu bedienen. Eine Modifikation ist der RCSplus (Fa. Biotest), der auf dem gleichen Meßprinzip beruht.

- Schlitzsammler: Eine weitere Methode des Impaktionsverfahrens ist der sogenannte Schlitzsammler. Mit diesem Gerät wird der angesaugte Luftstrom mit den keimbeladenen Partikeln durch eine aerodynamisch geformte Düse, in welcher die Geschwindigkeit des Luftstroms stark erhöht wird, auf eine darunter rotierende Agarplatte geleitet. Ein Beispiel für ein solches Gerät ist der Impactor FH2 (Admeco AG, CH-6340 Baar). Dieses Gerät fördert einen Luftvolumenstrom von 50 l/min.
- Kaskadenimpaktor: Eine weitere Impaktionsmethode ist der Kaskadenimpaktor (z. B. Anderson-Sampler GIVmbH, Brenberg). Das Gerät besteht aus mehreren Impaktorstufen (üblicherweise sechs) mit je 400 Bohrungen, deren Durchmesser von oben (>7 mm) nach unten (>1–0,65 mm) abnehmen. Jede Impaktorstufe wird mit einer Agarplatte bestückt. Der Vorteil der Kaskadenkonstruktion ist, daß man die Mikroorganismen geordnet nach ihrem aerodynamischen Äquivalenzdurchmesser auf einzelne Stufen abscheiden kann. Dies läßt Schlüsse auf die Retention der einzelnen Aerosolfraktionen im Atmungstrakt zu. Die Luft wird durch eine separat mit einem Schlauch mit dem Impaktor verbundene Pumpe angesaugt. Der Zuluftvolumenstrom beträgt 28,3 l/m$^3$. Der Anderson-Sampler liefert von den beschriebenen Meßgeräten die genauesten Meßergebnisse. Die Meßmethodik ist jedoch relativ aufwendig, da immer sechs Agarplatten verwendet werden müssen. Für die routinemäßige Überprüfung von RLT-Anlagen ist ein solches Gerät nicht erforderlich.

Für die Messung der Luftkeimzahlen gilt im Prinzip die gleiche Meßanordnung und Durchführung wie für die Partikelzählung, d.h., die Luftkeimzahlen sollen direkt in der Zuluft unmittelbar nach dem Schwebstoffilter gemessen werden. Für die Luftkeimkonzentrationen gibt es nach DGHM die in Tabelle 19.5 angegebenen Anhaltszahlen [257]. Im Gegensatz zur Partikelzählung ist bei der Luftkeimzahlbestimmung nach DIN 1946, Teil 4, nur eine Messung pro Meßpunkt erforderlich. In Abhängigkeit von dem Meßverfahren läßt natürlich diese einzelne Messung keine aussagefähige Interpretation des Meßergebnisses zu. Empfehlenswert wären daher mehrere Messungen pro Meßpunkt, wobei man beispielsweise beim Anderson-Sampler davon ausgehen kann, daß zum Erreichen eines relativ kleinen Fehlers (±10%) ca. 16 Messungen notwendig sind [279]. Für die anderen Geräte die entsprechend ungenauer arbeiten, müßten daher noch mehr Messungen pro Meßpunkt vorgenommen werden. Die Luftkeimzählungen sol-

Tabelle 19.5. Richt- und Grenzwerte für Keimkonzentrationen

| Filterklasse | Keimkonzentration [KBE/m$^3$] | |
| --- | --- | --- |
| | Richtwert | Grenzwert |
| S | 4 | 10 |
| R | 4 | 10 |

len nach DIN 1946, Teil 4, parallel zur Partikelzählung in der gleichen Häufigkeit durchgeführt werden.

Für beide Luftuntersuchungen (Partikelzahl- und Luftkeimzahlmessung) ist eine individuelle Interpretation der Ergebnisse unbedingt erforderlich. Konstruktionsbedingt (z. B. nicht endständige Schwebstoffilter, ungenügende Vorfilterung) kann es auch zu Überschreitungen der empfohlenen Grenzwerte kommen, ohne daß dadurch die Funktion der RLT-Anlage fehlerhaft sein muß.

Die Schwebstoffiltersysteme haben aufgrund der in der Luft geführten Schmutzpartikel eine begrenzte Lebensdauer. Bei RLT-Anlagen des heutigen Standes der Technik kann man jedoch davon ausgehen, daß die Schwebstofffilterelemente nur ca. alle 4–5 Jahre gewechselt werden müssen. Lediglich bei ungenügender Vorfilterung kann es notwendig werden, sie öfter zu wechseln. Zur Überwachung des optimalen Zeitpunktes für den Wechsel empfiehlt sich der Einsatz von Differenzdruckmanometern, dabei wird der Luftdruck vor bzw. nach dem Filter gemessen werden und aus beiden Meßwerten der Differenzdruck gebildet wird. Bei Planung bzw. Inbetriebnahme der RLT-Anlage muß aufgrund der Filtercharakteristik der optimale Differenzdruck bestimmt werden, bei dessen Erreichen dann ein Filterwechsel erfolgt. Bei endständigen Schwebstoffiltern wird die Messung des Differenzdruckes gegenüber dem Raumdruck vorgenommen. Die Anordnung des Manometers erfolgt dabei sinnvollerweise nicht z. B. innerhalb des OP-Saales, sondern so, daß es ohne Betreten des Raumes ablesbar ist.

### Nachweis der Strömungsrichtung

Der Nachweis der Strömungsrichtung erfolgt mit sog. Rauchprüfröhrchen (z. B. Firma Dräger CH 216). Mittels künstlich erzeugtem Rauch kann das Überströmen der Luft an Türen oder sonstigen Undichtigkeiten des Raumes oder der Verlauf des Luftstromes im Raum sichtbar gemacht werden. Die Luftströmung muß immer in Richtung von Räumen mit höherer Anforderung an die Keimarmut zu Räumen mit niedrigerer Anforderung an die Keimarmut erfolgen. In der DIN 1946, Teil 4, ist eine Tabelle mit Strömungsrichtungen in den OP-Abteilungen enthalten [113]. Die Prüfung der Strömungsrichtungen erfolgt immer bei geschlossenen Türen. Man sollte während der Überprüfung darauf achten, daß alle Türen des OP-Saales und der angrenzenden Nebenräume geschlossen bleiben. Schon beim Öffnen einer Tür können sich die Strömungsverhältnisse an den anderen Türen verändern.

## 19.2.3
## Rückkühlwerke und Kühltürme

Da die Kühltürme der Rückkühlwerke von RLT-Anlagen durch Freisetzung legionellenhaltiger Aerosole als Ursache für Legionellosen in Frage kommen können, sind diese Anlagen ebenfalls von hygienischer Bedeutung. Sie dienen dazu, das Kühlwasser für die Kühlregister von Klimaanlagen abzukühlen, wobei aerosolhaltige Luft in die Atmosphäre freigesetzt wird. In diesem Aerosol können Legionellen enthalten sein. Deshalb ist es aus Gründen der Infektionsprophylaxe erforderlich, in regelmäßigen Abständen Wasser aus den Rückkühlwerken auf Legionellen zu untersuchen. Auf jeden Fall ist es sinnvoll, die Rückkühlwerke so anzuordnen, daß die Abluft nicht direkt in Gebäude oder die Ansaugöffnungen von RLT-Anlagen geblasen wird. Als Übertragungsstrecke der Erreger wurden Entfernungen bis zu ca. 30 m festgestellt, in Einzelfällen kann diese Strecke jedoch wesentlich länger, beispielsweise über 150 m oder sogar bis zu 3 km betragen [401].

## 19.3
## Überprüfung von RLT-Anlagen

Nach der DIN 1946, Teil 4, „Raumlufttechnische Anlagen in Krankenhäusern" sollen folgende hygienischen Überprüfungen vorgenommen werden [113]:
- Partikelzählung,
- Luftkeimkonzentrationsmessungen,
- Nachweis der Strömungsrichtung,
- gegebenenfalls Untersuchung des Befeuchterwassers für Luftbefeuchter.

Zusätzlich ist die regelmäßige Kontrolle des Wassers aus Kühltürmen auf Legionellen empfehlenswert.

Alle Überprüfungen sollen zu folgenden Zeitpunkten durchgeführt werden:
- bei Erstinbetriebnahme der Anlage (hygienische Abnahmeprüfung),
- in jährlichen Abständen,
- nach jedem Wechsel der dritten Filterstufe (Schwebstoffilter),
- nach Reparaturen mit möglichen hygienischen Auswirkungen.

Der Untersuchungsturnus des Befeuchterwassers hängt vom Konstruktionsprinzip ab, u. U. kann hier eine häufigere Überprüfung notwendig sein. Das Wasser aus Kühltürmen sollte bei negativem Befund halbjährlich, bei positivem Befund nach durchgeführter Sanierung untersucht werden.

Nach DIN 1946, Teil 4, ist bei der Planung von RLT-Anlagen im Krankenhaus ein Arzt für Hygiene (Hygieniker) zur Beratung hinzuziehen. Nach Fertigstellung und vor Inbetriebnahme der RLT-Anlage soll eine Abnahmeprüfung durch den Hygieniker erfolgen. Die Prüfung erstreckt sich auf den Zustand der Luftkanäle, den Dichtsitz und die Leckfreiheit der Luftfilter und den einwandfreien Zustand der sonstigen Luftbehandlungseinheiten. Zusätzlich ist die hygienisch einwandfreie Ausführung der RLT-Anlagen, insbesondere der Befeuchtereinheit, zu überwachen. Weiterhin muß als sehr wichtiger Punkt die Art und die Lage der Frischluftansaugung begutachtet werden. Die Ansaugöffnungen sollten so angeordnet sein, daß sie keine schädlichen Gase, wie z. B. Autoabgase, oder Abluftströmungen aus anderen RLT-Anlagen, ansaugen. Ansaugöffnungen müssen grundsätzlich oberhalb des Erdniveaus angebracht werden. Dies gilt auch für Flachdächer mit natürlicher Begrünung. Die DIN 1946, Teil 4, gibt dafür eine Höhe von 3 m an [113].

Zur Überprüfung von RLT-Anlagen im Krankenhaus existieren international unterschiedliche Anforderungen. In Deutschland wird in der DIN 1946, Teil 4, eine routinemäßige Überprüfung mit Messung von Partikelzahlen und Luftkeimzahlen im jährlichen Abstand sowie nach Wechsel der Filter und nach Reparaturen mit möglichen hygienischen Auswirkungen gefordert [113, 257]. Die Centers for Disease Control and Prevention in den USA empfehlen in ihrer Guideline for Prevention of Surgical Wound Infections von 1985, daß eine routinemäßige mikrobiologische Untersuchung der Luft nicht erforderlich ist [159]. In der Schweiz wird in der Richtlinie für Bau-, Betrieb und Überwachung von RLT-Anlagen in Spitälern gefordert, daß Keimzahlbestimmungen in der Luft jeweils ein bis zwei Tage nach jedem Filtereinbau oder -wechsel sowie bei Bedarf (z. B. bei gehäuften postoperativen Infektionen) und routinemäßig einmal jährlich durchzuführen sind. Weiterhin wird für endständige Schwebstofffilter gefordert, daß nach jedem Einbau sowie periodisch einmal jährlich ein Lecktest durchzuführen ist. Außerdem soll die Keimzahl im Befeuchterwasser überprüft werden [441].

## 19.4
## Umgang mit RLT-Anlagen

Aufgrund von Bedienungsfehlern und Fehlverhalten kann der ordnungsgemäße Betrieb von OP-Klimaanlagen eingeschränkt werden. Entscheidend ist beispielsweise, wie viele wärmeerzeugende Geräte und wie viele Personen sich im Saal befinden. In Abhängigkeit davon kommt es zu Turbulenzen in der Raumluft, wodurch luftgetragene Keime in das Operationsfeld gelangen können. Ebenfalls entscheidend für Turbulenzen ist die Anzahl und Anordnung der in den Luftstrom ragenden Geräte, wie z. B. OP-Leuchten oder Anästhesieampeln. Aufgrund dieser realen Störfaktoren, ist es fraglich, ob die zur Zeit standardmäßig in OP-Abteilungen eingebauten aufwendigen RLT-Anlagen mit Zuluftdecken die Funktion der Reinhaltung des OP-Feldes von kontaminierter Luft überhaupt erreichen können.

Weitere oftmals festgestellte Fehlverhalten sind beispielsweise das zu häufige Verlassen bzw. Betreten der OP-Säle während des laufenden OP-Betriebes. So konnte in einer Untersuchung die Bewegungsrate von 0,34–0,7 pro Minute (im Mittel 0,45 pro Minute) festgestellt werden [38]. Das bedeutet, ca. alle zwei Minuten hat entweder eine Person den OP-Saal betreten oder verlassen, und durch die Türöffnung wurde ein Schwall Luft in den OP-Saal gefördert. Oft kann man auch beobachten, daß zu viele Personen im OP-Saal anwesend sind. Nicht selten ist auch folgende Fehlbedienung der RLT-Anlage, wenn nämlich die Nachtabsenkung des Zuluftvolumenstromes am Morgen vor OP-Beginn nicht rückgängig gemacht wird, so daß die Anlage während der gesamten OP-Dauer mit dem halben Zuluftvolumenstrom gefahren wird. Untersuchungen zeigen, daß hohe Luftwechselzahlen von 20/h in OP-Sälen aus Gründen der Infektionsprophylaxe nicht gerechtfertigt sind [260]. Ein hygienisch ausreichender Standard kann auch durch geringere Luftwechselzahlen erreicht werden. Allerdings ist zu berücksichtigen, daß aufgrund der im OP-Saal vorhandenen Wärmelast und zur Erhaltung des erforderlichen klimaphysiologischen Zustandes eine Luftwechselzahl von 20/h möglicherweise erforderlich sein kann. Ein Vergleich der Luftkontaminationen zeigte, daß kein wesentlicher Unterschied zwischen einem alten OP-Saal mit konventionellen turbulenten Luftauslaßöffnungen und einem neuen OP-Saal mit OP-Zuluftdecke nach Laminar-flow-Prinzip besteht [224].

# 20 Das krankenhaushygienische Labor

I. Engels, D. Hartung, E. Schmidt-Eisenlohr

EINLEITUNG

Krankenhaushygienische Umgebungsuntersuchungen sind z.T. routinemäßig, z.T. nur in besonderen Situationen (z.B. Ausbruch) erforderlich (s. Kap. 4, S. 41). Da hierfür neben den üblichen mikrobiologischen Methoden aber auch andere Untersuchungsgänge anfallen, soll im folgenden eine Übersicht über diese speziellen Methoden mit praktischen Hinweisen für deren Durchführung gegeben werden.

## 20.1 Untersuchungen von Flächen

Abdruckverfahren (sog. Abklatschuntersuchungen) ermöglichen eine orientierende Aussage über den Grad der Kontamination von z.B. Arbeitsflächen, Gegenständen oder Händen des Personals und werden zur Untersuchung von Flächen am häufigsten angewendet. Es gibt dabei verschiedene Verfahren, die aber fast alle auf dem gleichen Prinzip basieren: Eine feste Nähragarfläche wird auf die zu untersuchende Oberfläche aufgedrückt, wobei ein repräsentativer Teil der Keime auf dem Kulturmedium haften bleibt. Andere Methoden für die Flächenuntersuchung sind die Abschwemm- und die Abspülmethode.

### 20.1.1 Abklatschmethoden

Die Nährböden sollen möglichst flexibel sein, damit auch nicht ganz plane Flächen, z.B. Hände, untersucht werden können. Es werden nach Form und Zusammensetzung unterschiedlich vorgefertigte Nährböden zur Probennahme angeboten.

Rodac-Platten. Wegen der besseren Vergleichbarkeit haben sich Rodac-Platten (Replicate Organism Detection and Counting) durchgesetzt. Sie haben einen Durchmesser von 65 mm, tragen auf der Unterseite ein Gitternetz, das die spätere Auswertung erleichtert, und fassen ca. 16 ml Agar, wobei durch die Konstruktion der Kunststoffschale der Nährboden den Schalenrand etwas überragt. Die Kontaktfläche ist ca. 21 cm². Der Vorteil der Rodac-Platten liegt darin, daß der Nährbodenträger als steriles Einmalgut bezogen und mit dem jeweilig benötigten Nährboden beschickt werden kann (Hersteller: Heipha Diagnostika, Postfach 10 26 42, 69016 Heidelberg; Becton Dickinson GmbH, Postfach 10 16 29, 69006 Heidelberg; Biologische Arbeitsgemeinschaft Diagnostika GmbH, Postfach 1152, 35423 Lich; Api bio Mérieux Deutschland GmbH, Postfach 1204, 72662 Nürtingen; Biotest AG, Landsteiner Str. 5, 63303 Dreieich).

Agarflexplatten nach Kanz. Diese Abklatschplatten bestehen aus einem rechteckigen Nähragar in einer flexiblen Kunststoffhülle, der nach einseitiger Entfernung der Kunststoffhülle auf eine Fläche gedrückt wird. Die Platten werden mit mehreren Spezialnährböden gebrauchsfertig geliefert. Sie haben gegenüber den Rodac-Platten den Vorteil, daß sie flexibel sind und somit auch nichtplane Oberflächen abgeklatscht werden können. Die Kontaktfläche beträgt 75 cm². Der Nachteil dieses Systems ist, daß es nicht selbst hergestellt werden kann (Bezug z. B. über H. Hölzel, Korbinianstraße 2, 80807 München).

Indirekte Abklatschmethode. Bei dieser Methode wird die zu untersuchende Oberfläche, die ebenfalls nicht plan sein muß, mit einer sterilen Folie oder einem Klebestreifen (z. B. Tesafilm) abgeklatscht, nach einigen Sekunden Kontaktzeit abgezogen und dann auf eine Agarplatte aufgebracht.

## 20.1.2
## Abschwemmethode

Die Abschwemmethode (Abstrich- oder Abspülmethode) mit Wattetupfer oder Gummiwischer bzw. mit speziellen Abschwemm- oder Absaugschalen liefert stets eine höhere Keimzahl als die Abklatschmethode, da durch die intensive Bearbeitung der zu untersuchenden Oberfläche auch die in Unebenheiten haftenden Keime miterfaßt werden.

## 20.1.3
## Abspülmethode

Die Abspülmethode mit dem Keimsammler nach Thran eignet sich v.a. zur genauen quantitativen Bestimmung von Keimzahlen auf Flächen, v.a. auf der Haut. Dabei wird unter Druck eine Spülflüssigkeit auf eine definierte Fläche aufgebracht und wieder eine definierte Flüssigkeitsmenge abgesaugt. Die Keimzahl kann dann qualitativ und quantitativ bestimmt werden, z.B. mit Membranfiltration (Bezug z. B. über Dr. V. Thran, Allmandstraße 9, 70569 Stuttgart).

## 20.1.4
## Probenentnahme

Abklatschuntersuchungen sollen möglichst nur bei glatten Oberflächen angewendet werden. Die Abklatschplatten werden bei der Untersuchung von Flächen von Hand auf den zu untersuchenden Gegenstand schräg aufgesetzt und mit einer Kraft von 200–500 pond 3 s angedrückt. Die Schale darf dabei nicht verschoben werden, weil sonst der Agar beschädigt wird. Bei Abklatschuntersuchungen von Händen wählt man am besten die Innenseite des Mittel- und Endgliedes der 2.–4. Finger sowie die Handinnenfläche.

Für die routinemäßige Abklatschuntersuchung von Flächen eignet sich am besten Blutagar (Columbia-Agar mit 70% Hammelblut), doch können nach Bedarf auch andere Medien eingesetzt werden (Blut als Zusatz hat auf Desinfektionsmittel einen gewissen Enthemmungseffekt). Für Flächen, die mit Desinfektionsmittel behandelt wurden, muß Nähragar mit Enthemmer (0,5% Tween 80, 0,07% Lecithin, 0,1% Histidin) verwendet werden (Tabelle 20.1).
Bei Suche nach besonderen Erregern sollten Spezialabklatschplatten verwendet werden.
- Staphylokokken:
  - Mannitplatten,
- Pseudomonaden:
  - Cetrimidplatten,
- Enterobakteriazeen:
  - MacConkey-Platten,
  - Nissuiplatten,
  - Endoplatten,
  - CLED-Agarplatten.

Tabelle 20.1. Inaktivierungsmittel für einige antimikrobielle Wirkstoffe

| Inaktivierungsmittel | Antimikrobieller Wirkstoff |
| --- | --- |
| Tween 80 | Benzylalkohol<br>Dichlorbenzylalkohol<br>Phenylethylalkohol<br>Parahydroxybenzoesäure-Ester<br>Phenol-Derivate<br>Diphenylthiole<br>Carbanilide |
| Tween 80 3%<br>+ Lecithin 0,3% | Benzamidine<br>Quaternäre Ammoniumverbindungen<br>Dequadin<br>Chlorhexidin |
| Cystein 0,1% oder<br>Thioglycolat | Schwermetalle in organischer oder ionogener Beziehung, z.B. Organoquecksilberverbindungen |
| Thioglycolat | Arsenverbindungen |
| Histidin 0,5% | Formaldehyd und Formaldehydabspalter |
| Natriumthiosulfat | Jod und Jodophore |

Abklatschkulturen werden 24–48 h bei 36°C ± 1°C im Inkubator bebrütet. Bei negativem Befund oder Suche nach Pilzen weitere 24 h bei 36°C ± 1°C. Danach läßt man die Platten weitere 2–3 Tage bei Zimmertemperatur stehen. Die Abklatschplatten werden hinsichtlich der Keimzahl (quantitativ) und der unterschiedlichen angewachsenen Kolonien (qualitativ) untersucht. Eine genaue Differenzierung der Keime erfolgt nur in ausgewählten Situationen nach laborüblichen Methoden. Bei speziellen Fragestellungen werden evtl. auch Typisierung (z. B. Agglutinationsreaktionen, Lysotypie, Bacteriocinnachweis oder molekularbiologische Methoden) durchgeführt.

## 20.1.5
## Beurteilung

Die Angabe der Gesamtkeimzahl ist obligatorisch und kann entweder auf die Gesamtfläche der Rodac-Platte von ca. 21 cm$^2$ oder auf 16 cm$^2$ bezogen werden. Die 16 cm$^2$ sind auf dem Boden der Kunststoffträger als 4 × 4 kleine Quadrate markiert. Zur Befundung können die Bakterienkoloniezahlen auch folgendermaßen definiert werden:
- + + + +: massenhaft ( = Rasenwachstum),
- + + +: reichlich ( = > 51 Kolonien),
- + +: mäßig ( = 16–50 Kolonien),
- +: wenig ( = 6–15 Kolonien),
- ( + ): vereinzelt ( = 1–5 Kolonien).

Meist erfolgt, je nach Fragestellung, neben einer quantitativen auch eine qualitative Beurteilung. V. a. potentiell pathogene Keime (z. B. Enterobakteriazeen, Pseudomonaden und S. aureus) sollten differenziert und in dem Befund mitangegeben werden. Nur auf besondere Anforderung hin ist die Differenzierung aller auf den Abklatschplatten gewachsenen Keime erforderlich und sinnvoll.

## 20.2
## Abstrichuntersuchungen

Tupferabstriche müssen überall dort verwendet werden, wo man geformte Nährböden nicht einsetzen kann, z. B. an Endoskopöffnungen oder an Ecken, Kanten und Fugen. Der Nachteil besteht darin, daß nur eine qualitative Aussage möglich ist. Die mit steriler physiologischer Kochsalzlösung oder Bouillon angefeuchteten sterilen Wattestäbchen werden in Bouillon (Casein-Soya-Bouillon) gegeben oder auf einen Nähragar ausgestrichen. Falls die Abstriche nicht innerhalb von 2–3 h verarbeitet werden können, müssen die Wattestäbchen in geeigneten Transportmedien aufbewahrt werden. Wenn mit Desinfektionsmittelrückständen gerechnet werden muß, müssen der Bouillon oder den Agarplatten Enthemmer zugesetzt werden (s. Tabelle 20.1).

## 20.3
## Wasseruntersuchung aus Geräten

Die Wasserreservoire von Beatmungsgeräten, Verneblern, $O_2$-Sprudlern oder Inkubatoren müssen kontaminationsfrei mit sterilem Aqua dest. befüllt werden. Routinemäßige Untersuchungen sind somit nicht sinnvoll. In speziellen epidemiologischen Situationen (v. a. Ausbruch) kann es jedoch erforderlich sein, Wasserproben aus solchen Geräten zu untersuchen.

### 20.3.1
### Probenentnahme

Die Probenmenge muß repräsentativ für die Gesamtflüssigkeitsmenge sein, z. B. ca. 20 ml aus Verneblern oder 100 ml bei Inkubatoren. Die Proben werden unter aseptischen Kautelen, z. B. mit steriler Spritze, entnommen.

### 20.3.2
### Methode

Die Proben werden entsprechend der Trinkwasseruntersuchung untersucht, also sowohl ausgespatelt als auch filtriert. Die Membranfiltration mit dem Vakuumfiltrationsgerät (s. 20.4.3) kann bei Probenvolumina von 5–20 ml durch ein anderes Filtrationsverfahren ersetzt werden. Bei diesen kleinen Filtratmengen kann man direkt an die Einwegspritzen Filtrationsvorsätze stecken (z. B. Swinnex Scheibenfilterhalter, Fa. Millipore SXGS0250S, Durchmesser 25 mm). Die Flüssigkeit wird mit Hilfe des Spritzenkolbens durch das Filter gedrückt. Die Membran entnimmt man aseptisch dem aufschraubbaren Filterhalter und legt sie luftblasenfrei auf einen Nährboden (zur Auswahl der Nährmedien, der Inkubationsdauer und -temperatur s. 20.7.2).

### 20.3.3
### Beurteilung

Die Proben müssen mindestens Trinkwasserqualität haben (s. 20.7.4).

## 20.4
## Untersuchung von sterilen Flüssigkeiten

Sterile Flüssigkeiten müssen z. B. bei der Endproduktkontrolle für Arzneimittel, Infusionslösungen oder Blutplasma untersucht werden. Die in der Routine üblichen mikrobiologischen Nachweismethoden erfassen aufgrund der Nährbodenwahl und der Inkubationszeit nur die üblichen schnellwachsenden Bakterien.

Langsam wachsende Keime, wie Mykobakterien, entziehen sich dem Nachweis. Sollen auch diese erfaßt werden, müssen sich zusätzliche Prüfungsverfahren anschließen.

## 20.4.1
## Probenentnahme

Die Häufigkeit der Sterilitätsprüfung ist abhängig von der bakteriellen Anfälligkeit eines Produktes. In der Regel genügen von stabilen Untersuchungsmaterialien Stichproben jeder fünften oder zehnten Charge. Bei erfahrungsgemäß bakteriell anfälligen Produkten sollte jede Charge überprüft werden. Untersucht wird jeweils das fertige Endprodukt.

## 20.4.2
## Methode

Bei der Sterilitätsprüfung ist das Arbeiten unter einer Laminar-flow-Einheit (mit Vertikalströmung) erforderlich, um eine Kontamination von außen auszuschließen. Je nach Flüssigkeitsmenge des Prüfproduktes kann zwischen der

Tabelle 20.2. Probenmengen für die Sterilitätsprüfung nach DAB 9

| Füllmenge | Mindestprobenmenge für jedes Nährmedium |
|---|---|
| Flüssigkeiten | |
| Weniger als 1 ml | Der ganze Inhalt |
| Von 1 bis 4 ml | Der halbe Inhalt |
| Von 4 bis 20 ml | 2 ml |
| 20 ml oder mehr | 10% des Inhaltes |
| Feste Stoffe | |
| Weniger als 50 mg | Der gesamte Inhalt |
| Von 50 bis 200 mg | Der halbe Inhalt |
| 200 mg oder mehr | 100 mg |
| Unlösliche Zubereitungen (Cremes, Salben etc.) | |
| 1 g bis 10 g | 0,5 g bis 1,0 g |
| Verbandsstoffe | |
| Verbandswatte | Mindestens 3 Proben pro Packung mit einem Gewicht von je 1 g |
| Gaze | Fläche von jeweils mindestens 10 cm$^2$ |
| Chirurgisches Nahtmaterial und Catgut | |
| Nahtmaterial | Aus verschiedenen frisch geöffneten Packungen je 5 Fäden für jedes Nährmedium |
| | Jeden Faden einzeln einlegen |

Membranfiltration oder einer Direktbeschickungsmethode gewählt werden. Das DAB 9 (Deutsches Arzneibuch, 9. Ausgabe) empfiehlt bei Sterilitätsprüfungen von Flüssigkeiten vorrangig die Membranfiltration. Die erforderliche Probenmenge für Parenteralia entspricht nach DAB 9 der Füllmenge bei Flüssigkeiten (Tabelle 20.2). Die Methode der Direktbeschickung ist unter 20.5 beschrieben. Bei schwer filtrierbaren, z. B. öligen oder eiweißreichen, Proben richtet sich die Probenmenge nach der Filtrationszeit. Sie sollte 10 min pro Probe nicht überschreiten.

## 20.4.3
## Membranfiltration

Verwendbar zur Sterilitätsprüfung sind
- wiederverwendbare Vakuumfiltrationssysteme oder
- geschlossene Einwegsysteme.

Wiederverwendbare Vakuumfiltrationsgeräte. Sie sollen beim Filtrieren steriler Flüssigkeiten mit einem Deckel mit Luftansaugfilter versehen sein (z. B. Schleicher & Schüll MV050/0/08). Als Filterscheiben (50 mm Durchmesser) mit einer maximalen Porengröße von 0,45 µm eignen sich für wäßrige und ölige Lösungen Membranen aus Cellulosenitrat, für Lösungen mit hohem Ethanolgehalt solche aus Celluloseacetat. Zur Senkung der Viskosität von öligen Lösungen können diese vor dem Filtrieren mit einem geeigneten Mittel (z. B. mit Isopropylmyristrat) verdünnt werden.

Nach Abschluß der Filtration des Prüfproduktes wird bei öligen Lösungen und, falls sonst erforderlich, das Filter mit 300 ml Membranfilterwaschbouillon (z. B. Merck, Artikel 5286) nachgespült, um antibakteriell wirksame Substanzen auszuwaschen. Das Membranfilter wird unter aseptischen Bedingungen aus dem Filterhalter entnommen, in zwei Teile zerschnitten und je eine Hälfte in Thioglykolatbouillon, die andere Hälfte in Caseinpepton-Sojapepton-Bouillon (CSB) eingelegt. Die Inkubationsdauer bei 36°C ± 1°C soll zwischen 10 und 14 Tagen liegen.

Filtration mit geschlossenen Einwegfiltrationssystemen. Diese Einwegfiltrationsgeräte (z. B. Millipore Steritestsysteme für Infusionsflaschen [TLHA LV 2/3], für Fläschchen [TSHA LV 2/3] oder für Ampullen und Plastikbeutel [TTHA LA 2/3]) sind in sich vollständig geschlossen. Über Schlauchleitungen wird die Probe mit Hilfe einer Schlauchpumpe gleichmäßig in zwei oder drei Filtrationskammern gepumpt. Hat die Prüfflüssigkeit vollständig die am Boden der Filtrationskammern integrierten Filtermembranen (0,45 µm Porengröße) passiert, werden die Kammern mit den Anreicherungsmedien (Thiogykolatbouillon und CSB) gefüllt. Enthält die Prüfflüssigkeit antimikrobielle Substanzen (z. B. Konservierungsstoffe, Antibiotika), wird das Filter vor dem Auffüllen mit der Anreicherungsbouillon mit 300 ml Waschbouillon durchgespült. Die Bebrütung erfolgt in den Testsystemen für 10–14 Tage. Am Ende der Inkubationszeit bzw. bei evtl. vorher auftretender Trübung, wird aus der Anreicherungsbouillon mit einer Einwegspritze am Schlauchabschnitt aseptisch eine Probe entnommen und auf zwei Blutagarplatten ausgeimpft. Die Bebrütung unter aeroben und anaeroben Bedingungen erfolgt für 48–72 h bei 36°C ± 1°C. Ist eine Trübung durch das Prüfprodukt selbst bedingt, können Subkulturen zwischenzeitlich (zwischen dem 3. und 7. Tag) angelegt werden. Die Gesamtbebrütungszeit von 14 Tagen sollte aber eingehalten werden.

## 20.4.4
### Nährmedienkontrolle

Sterilität. Die gebrauchsfertigen Nährlösungen müssen vor Verwendung oder parallel zur Untersuchung auf Sterilität überprüft werden. Dazu müssen die Nährmedien 7 Tage bei 30–35°C (für Bakterien) bzw. bei 20–25°C (für Pilze) bebrütet werden.

Wachstumseigenschaften. Bei jeder neuen Nährbodencharge (abgepackte Trockennährböden) werden mit geringen Keimeinsaaten Wachstumskontrollen durchgeführt. Ein Nährmedium gilt dann als tauglich, wenn es das Wachstum von 100 lebensfähigen Mikroorganismen gewährleistet. Zur Überprüfung der Thioglykolatbouillon sind zur Kontamination 100 Keime pro Gefäß folgender Spezies empfohlen:
- Staphylococcus aureus ATCC 6538 P,
- Bacillus subtilis ATCC 6633,
- Clostridium sporogenes ATCC 19404.

Die Überprüfung der Caseinpepton-Sojapepton-Bouillon erfolgt mit 100 KBE/Gefäß folgender Spezies:
- Staphylococcus aureus ATCC 6538 P,
- Candida albicans ATCC 2091.

Die Bebrütungsdauer beträgt jeweils 7 Tage.

Wachstumskontrolle in Anwesenheit des Prüfobjektes. Auch in Anwesenheit des Prüfobjektes (z. B. eines Membranfilters, Arzneimittels etc.) darf das Bakterienwachstum nach Kontamination mit den 100 lebensfähigen Keimen nicht geringer ausfallen als in Abwesenheit des Prüfobjektes. Diese Wachstumskontrolle sollte für jedes verwendete Nährmedium durchgeführt werden.

## 20.4.5
### Beurteilung

Sind bei Sterilprodukten Bakterien nachweisbar, muß sich zur Befundbestätigung eine Wiederholungsprüfung anschließen. Ist bei dieser kein Keimwachstum vorhanden, so kann das Prüfobjekt als steril gelten. Findet sich dagegen bei der zweiten Untersuchung der gleiche Befund wie bei der ersten, so ist die Prüflösung als unsteril anzusehen. Werden bei der Wiederholungsuntersuchung andere Keime als bei der ersten Untersuchung isoliert, muß sich eine zweite Wiederholungsprüfung mit doppelter Probenzahl anschließen.

## 20.5
## Bakteriologische Qualitätsprüfung von Therapeutika

Eine primäre bakterielle Verunreinigung von Therapeutika (Flüssigkeiten, Öle, Pulver, Cremes, Salben, feste Körper) kann durch unzureichende Konservierung oder Sterilisation der Präparate bedingt sein. Im klinischen Alltag spielen allerdings Sekundärkontaminationen eine größere Rolle.

### 20.5.1
### Probenentnahme

Die Prüfobjekte werden unter aseptischen Bedingungen, z. B. mit steriler Pipette, sterilem Spatel oder steriler Pinzette, direkt in das Nährmedium eingebracht (Direktbeschickungsmethode). Die Probenmenge richtet sich nach der Füllmenge im Probenbehälter. Nach DAB 9 gelten die in Tabelle 20.2 gelisteten Mindestprobenmengen.

### 20.5.2
### Methode

Das Verhältnis Prüfobjekt zu Nährmedium sollte bei flüssigen Stoffen 1 : 10, bei festen Stoffen 1 : 100 betragen. Bei Verbandsstoffen, Nahtmaterial und ähnlichem muß das Nährmedium die Proben vollständig bedecken. In der Regel genügen 20–150 ml. Als Nährbouillon verwendet man zum Nachweis von aeroben Bakterien Caseinpepton-Sojapepton-Bouillon (CSB), zum Nachweis von Anaerobiern Thioglykolatbouillon. Besteht bei den Untersuchungsmaterialien der Verdacht auf antimikrobielle Wirksamkeit, müssen den Nährmedien geeignete Enthemmersubstanzen bzw. Inaktivierungsmittel zugesetzt werden. Da es nicht immer leicht zu ermitteln ist, welche Inaktivierungssubstanz für das Prüfobjekt erforderlich ist, und es auch labortechnisch zu aufwendig wäre, für die unterschiedlichen Untersuchungsmaterialien jeweils eine eigene Enthemmerbouillon vorrätig zu haben, kann man als „Universalenthemmerbouillon" folgende Zusammensetzung wählen:

CSB- bzw. Thioglykolattrockensubstanz
+ 3% Saponin
+ 3% Tween 80 (= Polysorbat)
+ 0,1% Histidin

Alle Bestandteile in Aqua dest. lösen und autoklavieren. Nach Abkühlen auf ≤ 50 °C 1% sterile 10%ige Cysteinlösung und 5% sterile Natriumthiosulfatlösung dazugeben.

Tween 80 bewirkt neben der Inaktivierung von antimikrobiellen Substanzen bei Salben, Cremes und Ölen auch eine Emulgierung. Es ist auch möglich, vor dem Einbringen in das Nährmedium die Cremes und Salben mit einem geeigneten Emulgator in gepufferter Natriumchloridlösung im Verhältnis 1 : 10 zu emulgieren. Die Bebrütung der Nährmedien erfolgt zum Nachweis von Bakterien bei 30–35 °C, zum Nachweis von Pilzen bei 20–25 °C. Als Inkubationszeit sollten mindestens 7 Tage, bei Sterilitätsüberprüfungen mindestens 14 Tage eingehalten werden. Während der Bebrütungszeit ist tägliches Aufschütteln der Gefäße bzw. Röhrchen erforderlich. Bei Thioglykolatbouillon darf nur vorsichtig geschüttelt werden, um das anaerobe Milieu aufrechtzuerhalten. Nach 1, 3 und 5 Tagen sowie am Ende der Inkubationsdauer werden die Anreicherungsmedien auf Agarplatten ausgeimpft. Bei Keimwachstum schließt man weitere Subkulturen und Differenzierungen über Selektivplatten sowie sog. „bunte Reihen" an.

Wird eine semiquantitative bakteriologische Auswertung eines Prüfobjektes gewünscht, so wird nach Einbringen des Präparates in das Kulturmedium und ggf. nach 20minütiger Einwirkung mit den Inaktivierungssubstanzen eine definierte Menge der Bouillon (z. B. 100 µl) auf einer Agarplatte ausgespatelt. Zusätzlich erfolgt eine weitere Bebrütung des Prüfobjektes im Kulturmedium zur qualitativen Beurteilung.

## 20.5.3
**Beurteilung**

Arzneimittelkategorie I. Bei Produkten, die als steril deklariert werden, z. B. Augenpräparaten, darf kein Keimwachstum nachgewiesen werden. Nach DAB 9 werden diese Produkte in der Arzneimittelkategorie I zusammengefaßt. Sollte Bakterienwachstum auftreten, so schließen sich ein oder mehrere Kontrolluntersuchung an (s. 20.4.5).

Arzneimittelkategorie II. Präparate, die zur topischen oder lokalen Anwendung, z. B. auf der Haut, in Nase, Rachen oder Ohr, aufgetragen werden, müssen nicht steril sein. Eine Gesamtkeimzahl $10^2$ KBE pro g bzw. pro ml darf nicht überschritten werden. Enterobakteriazeen, P. aeruginosa und S. aureus dürfen nicht nachgewiesen werden.

Arzneimittelkategorie III. In diese Kategorie gehören Oralia und alle übrigen Präparate. Bei diesen Zubereitungen gelten folgende Keimzahlen als Grenzwerte für vermehrungsfähige Keime pro g bzw. pro ml:
- $10^3$–$10^4$ KBE bei aeroben Bakterien bzw. $10^2$ KBE bei Hefen und Schimmelpilzen,

- darunter in 1 g bzw. in 1 ml kein E. coli, keine Salmonellen, kein P. aeruginosa und kein S. aureus,
- andere Enterobakteriazeen höchstens in einer Konzentration von $10^2$ KBE pro g bzw. pro ml.

## 20.6
## Untersuchung von entmineralisiertem Wasser für die Dialyse und von Dialysat

### 20.6.1
### Probennahme

Die Häufigkeit der Untersuchungen von entmineralisiertem Wasser (E-Wasser) und Dialysierflüssigkeit bzw. Dialysat sowie die Abnahmestellen sind in Kap. 28, S. 503, beschrieben. Die Proben sollen innerhalb von 30 min verarbeitet werden. Ist dies nicht möglich, können die Proben im Kühlschrank maximal 24 h aufbewahrt werden.

### 20.6.2
### Methode

Quantitative Untersuchung. Routinemäßig ist nur eine quantitative Untersuchung mit Spatel- oder Membranfiltrationstechnik unter Verwendung von Blutagarplatten und Sabouraudplatten notwendig. Üblicherweise werden 0,1 ml Flüssigkeit ausgespatelt und mindestens 30 ml bis maximal 100 ml filtriert. Das Filter wird mit einer sterilen Schere unter aseptischen Bedingungen halbiert und je eine Hälfte auf eine Blutplatte bzw. Sabouraud-Platte gelegt. Die Bebrütung erfolgt für 48–72 h bei 36°C bzw. 20°C.

Qualitative Untersuchung. Eine qualitative Analyse mit Ausdifferenzieren der Erreger ist nur bei spezieller Fragestellung bzw. nach Auftreten von Schüttelfrost oder Fieber beim Dialysepatienten notwendig. Hierfür muß mindestens 1 l der Dialysierflüssigkeit, unmittelbar vor Eintritt in den Dialysator entnommen, filtriert und untersucht werden. Dabei sollen die Proben auch auf atypische Mykobakterien (Mycobacterium chelonei-like organisms – MCLO) untersucht und die Platten deshalb mindestens 14 Tage bebrütet werden. MCLO wachsen in der Regel nach 7–14 Tagen als nichtpigmentierte Kolonien (rauh oder glatt) auf der MacConkey-Platte.

### 20.6.3
### Beurteilung

Als maximal zulässige Keimzahl gilt für die E-Wasserprobe 100 KBE/ml (deutschsprachige Literatur) bzw. 200 KBE/ml (angelsächsische Literatur), für das Dialysat 1000 KBE/ml (deutschsprachige Literatur) bzw. 2000 KBE/ml (angelsächsische Literatur). Nach Ausspateln dürfen somit maximal 10 (20) KBE pro Agarplatte im E-Wasser bzw. 100 (200) KBE im Dialysat angewachsen sein. Bei höheren Keimzahlen wird die Untersuchung wiederholt. Es ist sinnvoll, bei der Befundung zusätzlich den Vermerk „Probe entspricht den Qualitätsanforderungen" anzugeben.

## 20.7
## Untersuchung von Trinkwasser

Trinkwasser muß so beschaffen sein, daß eine Schädigung der menschlichen Gesundheit ausgeschlossen ist. Auf die bakteriologische Wasserqualität bezogen heißt das, jedes Trinkwasser muß frei sein von Krankheitserregern. Man beschränkt sich in der Regel auf den bakteriologischen Nachweis, da virologische Untersuchungen für die Routine zu aufwendig wären. Nach der Trinkwasserverordnung 1986, Anlage 5, ist je eine Untersuchung pro Abgabe von 30 000 m³ Wasser erforderlich. Die Untersuchungszahl kann auf ein Drittel gesenkt werden, wenn es während vier Jahren keinen Grund zur Beanstandung gab. In Krankenhäusern genügen Stichproben.

### 20.7.1
### Probenentnahme

Zur bakteriologischen Untersuchung soll Leitungswasser vor Probenentnahme ca. 5 min laufen. Man füllt ca. 100–200 ml Wasser kontaminationsfrei in sterile gut verschließbare Glas- oder Plastikgefäße. Um Keimwachstum in den Wasserproben zu verhindern, werden die Proben bis zur Verarbeitung kühl aufbewahrt. Die kulturelle Anlage soll innerhalb von 6 h erfolgen.

### 20.7.2
### Methode

Spatelmethode (semiquantitativ und qualitativ). Nach gutem Durchmischen wird 0,1 ml der Wasserprobe mit Hilfe eines Drigalski-Glasspatels auf der Oberfläche einer Agarplatte gleichmäßig verteilt. Der Spatelvorgang soll erst beendet werden, wenn die Flüssigkeit voll vom Agar aufgenommen ist, damit nicht zu viele Keime am Spatel zurückbleiben. Als Nährmedien verwendet man Blutagar oder DST-Agar, evtl. MacConkey-Agar. Die Inkubationszeit beträgt 48–72 h bei 36°C ± 1°C. Gegebenenfalls werden weitere Nährböden zur anschließenden Differenzierung verwendet, z. B. Endoagar speziell für E. coli (Inkubationszeit 24–48 h bei 43°C). Zum Pilznachweis wird Sabouraud-Glucoseagar verwendet (Inkubationszeit 3–5 Tage bei 20–25°C). Die untere Nachweisgrenze bei 0,1 ml-Proben liegt bei 10 KBE/ml.

**Spiralplattenmethode (semiquantitativ und qualitativ).** Eine definierte Flüssigkeitsmenge (37 µl oder 92 µl) wird mit einem Präzisionsdispenser spiralförmig vom Zentrum zum Rand einer Agarplatte verteilt. Bei gleicher Flüssigkeitsabgabe entsteht eine unterschiedliche Flüssigkeits- und damit Keimverteilung auf der Agarplatte, wodurch ein Verdünnungseffekt von bis zu 1 : 10000 erzielt wird. Die untere Nachweisgrenze beim Spiralplater beträgt 10 KBE/ml, die obere Nachweisgrenze $10^5$ KBE/ml. Ausgezählt werden bestimmte Areale einer Agarplatte, die mit einem Faktor multipliziert die Keimzahl pro ml ergeben (Spiralplattenapparat, H. J. Meintrup, Am Schuldenhof 7, 49774 Lähden).

**Membranfiltration (quantitativ und qualitativ).** Mittels Unterdruck (z. B. Fa. Schleicher & Schüll, Vakuumfiltrationsgerät MV050/0) werden 100 ml der gut durchmischten Wasserprobe durch eine Zellulosemembranfilterscheibe gesaugt (Porengröße des Filters 0,2–0,45 µm, Durchmesser 50 mm). Unter sterilen Bedingungen wird die Zellulosemembran (z. B. Schleicher & Schüll, Membranfilter ME 24/41 st oder ME 25/41 st) luftblasenfrei auf den Nährboden aufgelegt. Die Nährstoffe diffundieren durch die Membran, so daß die auf dem Filter festgehaltenen Keime zu Kolonien wachsen können. Eventuell kann die Filtermembran mit steriler Schere in zwei Teile zerschnitten werden und jeweils ein Teil auf Blutagar und der zweite Teil auf MacConkey-Agar bzw. Endoagar gelegt werden. Die Bebrütung erfolgt bei 20°C oder 36°C für 48–72 h.

## 20.7.3
## Der Colititer

Bei der Keimzahlermittlung einer bestimmten Spezies kann man auch einen Keimtiter angeben, meist als sog. Colititer bekannt. Dazu gibt man fallende Mengen des Wassers (z. B. 100, 10, 1, 0,1 und 0,01 ml) einer entsprechenden Nährlösung zu. Die Bebrütung erfolgt bei 37°C oder 43°C. Bei Wachstum in Bouillon (mit Trübung und Gasbildung) besteht Verdacht auf E. coli. Findet sich z. B. ein Wachstum von E. coli bei 10 und 100, so ist der Colititer 10, d. h., in 10 ml ist mindestens 1 KBE E. coli nachweisbar. Als Titerstufe gilt die niedrigste Wassermenge in ml, in der das gesuchte Bakterium noch nachweisbar ist.

## 20.7.4
## Beurteilung

Als Beurteilungskriterien für die mikrobielle Sauberkeit des Wassers gelten die Koloniezahl und der Nachweis von E. coli oder coliformen Bakterien, d. h. die Genera Escherichia, Citrobacter, Klebsiella, Enterobacter. E. coli und coliforme Bakterien dienen als Indikatorkeime für fäkale Verunreinigungen. In der normalen Dickdarmflora des Menschen ist E. coli in einer Konzentration von $10^6$–$10^{10}$ KBE pro g Stuhl vorhanden. Kleinste Spuren von fäkalen Verunreinigungen im Wasser können so mit Hilfe von E. coli und coliformen Keimen nachgewiesen werden. Wo aber Fäkalcoli angetroffen werden, besteht auch die Gefährdung der Verunreinigung durch pathogene Darmbakterien, wie z. B. Salmonellen.

Laut Trinkwasserverordnung dürfen in 100 ml Trinkwasser kein E. coli und keine coliformen Keime bei einer Bebrütungstemperatur von 20°C ± 2°C und 36°C ± 1°C enthalten sein. Der Grenzwert ist eingehalten, wenn bei 95% von mindestens 40 Untersuchungen in 100 ml Wasser weder E. coli noch Coliforme nachzuweisen sind.

Folgende Grenzwerte gelten für die Koloniezahl pro ml Wasser:
- Trinkwasser ohne Desinfektion:
  - 100 KBE/ml bei 20°C ± 2°C und 36°C ± 1°C.
- Trinkwasser nach Desinfektion:
  - 20 KBE/ml bei 20°C.
- Trinkwasser aus Wasserbehältern, Kesselbrunnen usw.:
  - 100 KBE/ml bei 36°C ± 1°C bzw.
  - 1 000 KBE/ml bei 20°C ± 2°C.

E. coli. Für E. coli verlangt die Trinkwasserverordnung den Nachweis von Säure- und Gasbildung aus Laktose bei 36°C, eine negative Oxidasereaktion, eine positive Indolbildung, die Glukose- (oder Mannit)spaltung bei 44°C zu Säure und Gas sowie eine negative Citratverwertung.

Coliforme Keime. Als coliformer Keim gilt ein gramnegatives sporenloses Stäbchen mit Säure- und Gasbildung aus Laktose bei 36°C, negativer Oxidasereaktion, negativer (oder positiver) Indolbildung und positiver (oder negativer) Citratverwertung. Ausschlaggebendes Unterscheidungskriterium zwischen E. coli und Coliformen ist demnach die Zuckerspaltung bei 44°C.

## 20.8
## Untersuchung von Badewasser aus Therapie- und Bewegungsbecken

Die wichtigsten Keime, die im Badewasser vorkommen können, sind Enterobakteriazeen, Pseudomonaden, Enterokokken, Staphylokokken, Mykobakterien und Hefen.

### 20.8.1
### Probenentnahme

Häufigkeit und Abnahmestellen von Badewasser sind in Kap. 38, S. 603, beschrieben. Zum Auffangen des Wasser werden sterile, gut verschließbare Gefäße verwendet.

## 20.8.2
## Methode

Die bakteriologische Untersuchung wird, wie unter 20.6.2 beschrieben, durchgeführt.

## 20.8.3
## Beurteilung

Badewasser muß so beschaffen sein, daß von ihm keine Schädigung der menschlichen Gesundheit durch Krankheitserreger ausgeht. Dies gilt für Schwimm- oder Badebeckenwasser ebenso wie für Bewegungsbäder. Die Koloniezahl darf 100 KBE/ml Badewasser nicht überschreiten (Inkubation bei 36°C ± 1°C für 48 h). In 100 ml dürfen kein E. coli, keine coliformen Keime und kein P. aeruginosa enthalten sein. E. coli und coliforme Keime dienen als Indikatorkeime für fäkale Verunreinigung durch den Badenden, P. aeruginosa ist Indikatorkeim für mangelnde Wartung der Filter.

## 20.9
## Untersuchung von raumlufttechnischen (RLT-)Anlagen

Der Aufbau von RLT-Anlagen sowie die Meßgeräte und -verfahren zur Luftkeimzahlbestimmung sind in Kap. 19, S. 329, beschrieben.

## 20.9.1
## Luftkeimzahlbestimmung

Nährmedien. Als Nährmedien dienen Columbia-Blut-Agarplatten (CBA), Caseinpepton-Sojapepton-Agarplatten (CSA), MacConkey-Agarplatten (McC), Agarfolien (Standard-Nutrient-Agar von Biotest), Sabouraud-Glucose(-2%-)agarplatten, Enthemmeragarplatten (s. 20.1.2), Tryptonsojabouillon und PBS-Puffer.

Sedimentationsverfahren. Die Sedimentationsplatten werden nach 30–60minütiger Exposition verschlossen und bis zu 7 Tage bei 25–27°C inkubiert.

Impingementverfahren. Bei dieser Methode wird ein definiertes Luftvolumen durch eine Nährbouillon bzw. Pufferlösung geleitet. Von dieser Lösung werden je 100 µl Flüssigkeit zur Keimzählung auf die CBA/CSA-Platte bzw. Sabouraud-Glucose(-2%-)agarplatte ausgespatelt und bei 36°C ± 1°C bzw. 20–25°C inkubiert. Die Restflüssigkeit wird mittels Membranfiltration (Filter je nach Volumengröße auswählen, Porengröße 0,45 µm, Durchmesser 25 mm oder 50 mm) untersucht. Die Filter werden unter aseptischen Bedingungen halbiert. Die eine Hälfte wird auf die CBA/CSA-Platten gelegt und 48–72 h bei 36°C ± 1°C zum

Nachweis aerober Keime inkubiert. Die andere Hälfte wird auf eine Sabouraud-Glucoseagarplatte gelegt und 3–5 Tage bei 20–25°C zum Nachweis von Pilzen inkubiert.

**Impaktionsverfahren mit dem Reuter-Centrifugal-Sampler.** Um das Austrocknen der Keime zu verhindern, sollte nicht länger als 5–6 min untersucht werden. Bei 5 min ergibt dies einen Luftdurchsatz von 200 l. Die Agarfolien werden anschließend 7 Tage bei 25–27°C inkubiert. Berechnung der Keimzahl:

> ! $$\text{KBE/m}^3 \text{ Luft} = \frac{\text{KBE} \times 25}{\text{Zeit (min)}}$$

Die Zahl 25 errechnet sich aus der Geschwindigkeit, der axialen Komponente der Geschwindigkeit, der Qerschnittsfläche des Ringspaltes, dem durch den Ringspalt geblasenen Volumen und dem Umrechnungsfaktor auf 1 m³ Luft.

**Impaktionsverfahren mit dem Schlitzsammler.** Die Agarplatte wird sieben Tage bei 25–27°C oder 48–72 h bei 36°C ± 1°C inkubiert. Das Gerät fördert im Normalbetrieb einen Luftstrom von 50 l pro min. In Tabelle 20.3 ist die Berechnung der Keimzahl dargestellt.

**Filtrationsverfahren.** Nach dem Luftdurchsatz (mittlere Ansauggeschwindigkeit 1,25 m/sec) werden die Gelatinefilter auf Columbia-Blut-Agarplatten gelegt und 48–72 h bei 36°C ± 1°C inkubiert. Die Kolonien werden ausgezählt und die Keimzahl folgendermaßen berechnet:

> ! Berechnung des Luftvolumens:
> - Laufzeit 10 min (20 l pro min) → 200 l Luft
> - 200 l · 5 = 1000 l = 1 m³
>
> KBE/m³ Luft = (KBE/200 l) · 5

**Tabelle 20.3.** Berechnung der Luftkeimzahl bei Verwendung des Schlitzsammlers

| Ansaugdauer [min] | Luftmenge [l] | Faktor |
|---|---|---|
| 1 | 50 | 20,00 |
| 2 | 100 | 10,00 |
| 3 | 150 | 6,66 |
| 4 | 200 | 5,00 |
| 5 | 250 | 4,00 |

KBE/m³ Luft = KBE · Faktor

Tabelle 20.4. Richtwerte beim Impaktionsverfahren

| Filterklasse der 3. Filterstufe | Partikelkonzentration Partikel/m$^3$ | | Luftkeimzahl KBE/m$^3$ | |
|---|---|---|---|---|
| | Richtwert | Grenzwert | Richtwert | Grenzwert |
| S-Filter | 4000 | 10000 | 4 | 10 |
| R-Filter | 400000 | 1000000 | 4 | 10 |

## 20.9.2 Beurteilung

Sedimentationsverfahren. Dieses Verfahren erfaßt lediglich die in einem bestimmten Expositionszeitraum auf den aufgestellten Agarplatten sedimentierenden Keime. Dies liefert grob orientierende Ergebnisse. Aus der Keimzahl auf einer bestimmten Agarfläche läßt sich beispielsweise hochrechnen, wie viele Staphylokokken innerhalb einer bestimmten Zeit auf 1 m$^3$ OP-Fläche sedimentieren. Das Verfahren ist auch gut geeignet zur Routinekontrolle in Sterilräumen, z. B. Laminar-air-flow-Bänken.

Impingementverfahren. Bei diesem Verfahren ist die Zählung der einzelnen Keime exakter, da die Konglomerate zerteilt werden, doch muß darauf hingewiesen werden, daß die Keimausbeute geringer ist. Bei Verwendung von Nährlösung muß anschließend eine rasche Verarbeitung gewährleistet sein.

Impaktionsverfahren. Die einzelnen Geräte für das Impaktionsverfahren haben Vor- und Nachteile. Bei der Aufschleudermethode erzielt man jedoch eine relativ hohe Keimausbeute. Bei dem RCS-Gerät muß darauf hingewiesen werden, daß mit der angesaugten Luftmenge ein Gemisch von wieder zurückgeschleuderter Luft und Absaugluft gemessen wird. Die Richtwerte für dieses Verfahren sind Tabelle 20.4 zusammengestellt.

Filtrationsverfahren. Dieses Verfahren liefert ebenfalls eine gute Keimausbeute. Die Erfassungsgrenze liegt hier bei $\geq$ 4 KBE/m$^3$ Luft.

## 20.9.3 Keimzahlbestimmung im Befeuchterwasser

Von der Gesamtmenge werden etwa 100 ml entnommen, davon je 100 µl zur Keimzählung auf die entsprechenden Platten gespatelt und bei 36°C ± 1°C bzw. 20–25°C inkubiert. Die Restflüssigkeit wird mittels Membranfiltration (Filter je nach Volumengröße auswählen, Porengröße 0,45 µm, Durchmesser 25 mm oder 50 mm) untersucht. Die Filter werden unter aseptischen Bedingungen halbiert.

Die eine Hälfte wird auf die CBA/CAB-Platte gelegt und 48–72 h bei 36°C ± 1°C zum Nachweis aerober Keime inkubiert. Die andere Hälfte wird auf eine Sabouraud-Glucoseagarplatte gelegt und 3–5 Tage bei 20–25°C zum Nachweis von Pilzen inkubiert. Wurde dem Wasser Desinfektionsmittel zugesetzt, muß die Anlage des Materials auf Agarplatten mit Enthemmer erfolgen (s. 20.1.2).

## 20.9.4
### Beurteilung

Der Richtwert ist $10^2$ KBE/ml Wasser und soll nicht mehrmalig überschritten werden. Bei Überschreitung muß eine Kontrolle der Frischwasserzufuhr erfolgen sowie Reinigung und Desinfektion der Anlage.

## 20.10
### Untersuchungen in der Küche

### 20.10.1
### Probenentnahme

Als feste Nährmedien dienen Rodac-Columbia-Blutagarabklatschplatten, Rodac-Enthemmeragarabklatschplatten, Columbia-Blutagarplatten, Nissui/MacConkey Agarplatten, Cetrimidagarplatten und Enthemmeragarplatten (s. 20.1.2). Als flüssige Nährmedien werden Herz-Hirn-Bouillon oder Thioglykolatbouillon (ggf. mit Enthemmer) verwendet.

### 20.10.2
### Methode

Bei den Abstrichuntersuchungen werden die Tupfer direkt auf Blut- oder Enthemmerplatten abgerollt und in der entsprechenden Bouillon angereichert (Anreicherung nur bei gezielter Suche nach bestimmten Erregern, z. B. Salmonellen). Die Agarplatten werden 24–48 h bei 36°C ± 1°C inkubiert. Die Bouillon wird bis zu 5 Tagen bei 36°C ± 1°C inkubiert und nach dem 1., 3. und 5. Tag auf die entsprechende Agarplatte ausgeimpft und 24–48 h bei 36°C ± 1°C inkubiert.

Bei der gezielten Probenentnahme, wobei es sich meist um Flüssigkeiten handelt, werden 100 μl Flüssigkeit auf die entsprechenden Agarplatten ausgespatelt und zur anschließenden Keimzählung 24–48 h bei 36°C ± 1°C inkubiert. Die Restflüssigkeit wird mit der Membranfitration (Filter je nach Volumengröße auswählen, Porengröße 0,45 μm, Durchmesser 25 mm bzw. 50 mm) verarbeitet. Die Filter werden auf die entsprechende Platte gelegt und 24–48 h bei 36°C ± 1°C inkubiert.

Bei gezielter Suche nach bestimmten Erregern wird die Anreicherungsbouillon nach Bebrütung über Nacht auf Selektivmedien ausgestrichen und wieder bei

36 °C ± 1 °C für 24–48 h inkubiert. Bei Suche nach Pilzen müssen die Nährmedien 3–5 Tage bei 20–25 °C inkubiert werden.

## 20.10.3
## Beurteilung

Bedeutung und Interpretation mikrobiologischer Küchenuntersuchungen sind in Kap. 39, S. 611, diskutiert.

## 20.11
## Untersuchungen in der Milchküche

### 20.11.1
### Muttermilch

Bei Verdacht auf Mastitis wird Muttermilch nach Desinfektion der Brustwarzen in sterilen Behältern (getrennt für die rechte und linke Brust) aufgefangen und möglichst sofort bakteriologisch untersucht werden. Bringen gesunde Mütter für ihre (kranken) Kinder abgepumpte Milch von zu Hause in die Klinik, wird lediglich eine Probe aus der Gesamtmilchmenge untersucht (s. Kap. 26, S. 469).

### 20.11.2
### Pulvernahrung

Untersucht werden Proben von in der Milchküche zubereiteter Nahrung aus industriell hergestellter Pulvernahrung. Die Untersuchung solcher Proben ist wie auch bei Muttermilch routinemäßig nicht erforderlich, ggf. aber bei Frühgeborenennahrung unter bestimmten Bedingungen sinnvoll (s. Kap. 26, S. 469).

### 20.11.3
### Methode

Es werden jeweils 0,1 ml Milch auf Columbia-Blutagar ausgespatelt und bei 36 °C ± 1 °C 18–24 h inkubiert. Auf MacConkey-Agarplatten werden 0,05 ml Milch ausgespatelt und ebenfalls bei 36 °C ± 1 °C 18–24 h inkubiert. Anschließend erfolgt die Keimzählung und die laborübliche Differenzierung.

### 20.11.4
### Beurteilung

Allgemein akzeptierte Grenzwerte für zulässige Keimzahlen in Muttermilch oder Pulvernahrung gibt es nicht (zur Interpretation der Befunde s. Kap. 26, S. 469).

## 20.12
## Überprüfung thermischer Desinfektionsverfahren in Reinigungs- und Desinfektionsautomaten

Die Überprüfung von Reinigungs- und Desinfektionsautomaten und sog. Waschstraßen für die Aufbereitung von Instrumenten und z. B. Beatmungsschläuchen sowie anderen Gegenständen (z. B. Sekretauffanggläser, Waschschüsseln) wird an kontaminierten Testobjekten (in der Regel Schrauben und Schläuche) durchgeführt (s. Kap. 41, S. 639).

### 20.12.1
### Testobjekte

Als Testobjekte werden Schrauben aus Edelstahl (z. B. DIN 84 M 6 × 20) und ca. 7 cm lange Schläuche (6 mm Lumen; Hersteller: W. Rüsch & CoKG, Waiblingen) verwendet (s. Empfehlung des ehemaligen BGA für die Prüfung von thermischen Desinfektionsverfahren in Reinigungsautomaten [51]).

### 20.12.2
### Kontamination der Testobjekte

Pro Maschine werden mindestens fünf Schrauben und, falls in der Maschine auch Schläuche aufbereitet werden, außerdem fünf Schläuche als Testobjekte verwendet, die mit E. faecium ATCC 6057 in einer Keimzahl von $10^5$–$10^6$ KBE pro Testobjekt kontaminiert werden. Dafür wird der Testkeim auf Blutagarplatten bei 36°C ± 1°C 48 h inkubiert. Anschließend werden die Kolonien von 3–4 Agarplatten mit einem sterilen Tupfer abgenommen und in 6 ml Pferdeblut suspendiert. Mit dieser Suspension werden die Schrauben und Schläuche kontaminiert und in Petrischalen 24 h über $CaCl_2$ getrocknet. Kontaminierte Prüfobjekte können bei −20°C bis zum Gebrauch gelagert werden.

Kontrolle der Ausgangskeimzahl. Jeweils eine Schraube und ein Schlauch werden zur Kontrolle der Ausgangskeimzahl verwendet. Dazu schüttelt man das Testobjekt in 10 ml NaCl, legt eine Vedünnungsreihe an und spatelt auf Blutagar verschiedene Mengen (20 µl und 100 µl) aus.

### 20.12.3
### Prüfung der Testobjekte nach Desinfektion

Nach der Desinfektion werden Schrauben und Schläuche in Röhrchen mit TSB mit Enthemmer gegeben und sieben Tage bei 36°C ± 1°C inkubiert. Bleibt die

Bouillon nach dieser Zeit klar, ist kein Wachstum erfolgt, so daß man von einer Reduktion der Keimzahl um fünf $\log_{10}$-Stufen ausgehen kann, was die erforderliche Keimzahlreduktion für ein Desinfektionsverfahren ist (s. Kap. 13, S. 201). Kommt es zu einer Trübung der Bouillon, wird ein Ausstrich auf Standardagarplatten mit Enthemmer angefertigt. Wächst nach Inkubation der Testkeim an, war das Desinfektionsverfahren nicht ausreichend wirksam.

## 20.13
## Überprüfung thermischer Desinfektionsverfahren in Geschirrspülmaschinen

### 20.13.1
### Kontamination der Testobjekte

Als Keimträger werden Metallplättchen (10 × 1 cm) verwendet, die mit E. faecium ATCC 6057 kontaminiert werden (s. 20.12.1 für die Anzüchtung des Testkeims) (s. Kap. 39, S. 611). Mit Kochsalz-Pepton-Lösung und mit Hilfe eines sterilen Spatels werden die Kolonien von der Agarplatte abgeschwemmt, in ein steriles Röhrchen gegeben und anschließend zentrifugiert. Das Sediment wird in RAMS (0,6% Rinderalbumin, 1,0% Mucin, 3,0% Maisstärke, wobei die Substanzen für die Herstellung einzeln in Aqua dest. gelöst und sterilisiert werden) suspendiert. Pro Metallplättchen werden 0,1 ml des in RAMS suspendierten Testkeims aufgetragen. Dies entspricht einer Kontamination mit $10^5$–$10^6$ KBE pro Metallplättchen (s. 20.12.2 für die Kontrolle der Ausgangskeimzahl auf den Testobjekten).

### 20.13.2
### Prüfung der Testobjekte nach dem Spülgang

Nach Beendigung des Spülzyklus werden die Metallplättchen in leere sterile Röhrchen gegeben und 10 ml TSB mit Enthemmer zugegeben. Die Röhrchen werden sieben Tage bei 36°C ± 1°C inkubiert. Bleibt die Bouillon nach dieser Zeit klar, ist die für eine Desinfektion erforderliche Keimzahlreduktion erreicht (s. 20.12.3, ebenso für das weitere Vorgehen bei Trübung).

## 20.14
## Überprüfung von Sterilisatoren

Die Sporenpäckchen (B. stearothermophilus und B. subtilis) werden nach Entnahme aus dem Sterilisator in TSB eingelegt und 14 Tage bei 36°C ± 1°C inkubiert (s. Kap. 41, S. 639). Bei Trübung der Bouillon werden Subkulturen auf Blutagarplatten angelegt, um ein Wachstum der Testsporen zu bestätigen bzw. eine Kontamination auszuschließen.

## 20.14.1
## Überprüfung des 75°C-Desinfektionsprogrammes im Autoklaven

Kontamination der Testobjekte. Als Testobjekte werden je 10 Läppchen (1 × 1 cm) verwendet, die mit E. faecium ATCC 6057 in einer Keimzahl von $10^5$–$10^6$ KBE pro Läppchen kontaminiert werden (s. Kap. 41, S. 639). Für die Herstellung der Kontamination wird eine Übernachtkultur des Testkeims in Mueller-Hinton-Bouillon (MHB) photometrisch auf eine Konzentration von $10^8$–$10^9$ KBE/ml eingestellt. Davon werden 20 µl auf jedes Läppchen aufgetragen und über Nacht bei 36°C getrocknet (s. 20.12.2 für die Kontrolle der Ausgangskeimzahl auf den Testobjekten).

Prüfung der Testobjekte nach der Desinfektion. Nach Entnahme der Testobjekte aus dem Autoklaven werden die Läppchen in Röhrchen mit TSB und Enthemmer gegeben und sieben Tage bei 36°C ± 1°C inkubiert. Bleibt die Bouillon nach dieser Zeit klar, ist die für eine Desinfektion erforderliche Keimzahlreduktion erreicht (s. 20.12.3, ebenso für das weitere Vorgehen bei Trübung).

## 20.15
## Überprüfung von Endoskopen

Die Abstriche von Ventilen und Eingängen werden in TSB mit Enthemmer gegeben, und die Kanäle werden mit derselben Bouillon durchgespült (s. Kap. 33, S. 553). Die Proben werden fünf Tage bei 36°C ± 1°C inkubiert. Positive Proben werden auf Blutagarplatten ausgestrichen und die Kolonien differenziert.

# 21 Umweltschonende Hausreinigung

M. Rolff

EINLEITUNG

Reinigungsmaßnahmen bewirken ein sauberes Erscheinungsbild des Krankenhauses für Personal, Patienten und Besucher. Darüber hinaus ist die regelmäßige Reinigung von Oberflächen und Gegenständen aber auch notwendig, um Struktur und Funktion der sog. unbelebten Umwelt im Krankenhaus zu erhalten. Reinigungsmaßnahmen müssen umgekehrt aber auch materialverträglich sein, um nicht vermeidbare Kosten durch Reparaturen oder Ersatzbeschaffungen zu verursachen. Die behandelten Flächen sollen nach den Reinigungsmaßnahmen nicht nur optisch, sondern auch mikrobiologisch sauberer sein als zuvor. Schließlich dürfen Reinigungsmaßnahmen nicht zu einer unnötigen Belastung der Umwelt führen, sei es durch abwasserbelastende Reinigungsmittel oder durch überflüssigen Wasser- und Energieverbrauch. Die Fragen der Hausreinigung betreffen demnach verschiedene Abteilungen des Krankenhauses (z. B. Verwaltung für Materialbeschaffung und Verträge mit Fremdreinigungsfirmen, Hauswirtschaftsleitung für Betreuung des hauseigenen und hausfremden Personals, Krankenhaushygiene für Aspekte der Infektionsprävention und Ökologieabteilung für Fragen des Umweltschutzes). Sie müssen von diesen gemeinsam gelöst werden. Dies erfordert eine kontinuierliche und konstruktive Zusammenarbeit.

## 21.1
## Auswahl von Reinigungs- und Pflegemitteln

Beim Einkauf von Reinigungsmitteln muß nicht nur auf gute Reinigungskraft und Pflegewirkung sowie auf die Wirtschaftlichkeit des Produktes geachtet werden, sondern es muß auch deren Umweltverträglichkeit beurteilt werden. Nicht nur die Abwasserbelastung durch die Inhaltsstoffe des Reinigungsmittels, sondern schon die Verpackung sollen kritisch geprüft werden, denn bereits bei der Verpackung beginnen Abfallvermeidung, Abfallverminderung und somit Umweltschutz. Die Einschränkung von umweltbelastenden Inhaltsstoffen wird durch das Wasch- und Reinigungsmittelgesetz geregelt, das auch die Anmeldung beim Umweltbundesamt fordert. Durch die Phosphathöchstmengenverordnung von 1980 wurde die Phosphatverwendung in Reinigungsmitteln, besonders aber in Waschmitteln stark eingeschränkt. Die meisten Reinigungsmittel sind inzwischen phosphatfrei. Die Tensidverordnung von 1986 fordert, daß Tenside zu 90% primär biologisch abbaubar sein müssen, wobei die Frage offen bleibt, ob die gesetzlichen Bestimmungen ausreichend sind.

Folgende Punkte sind bei der Auswahl eines Reinigungsmittels wichtig:
- Verpackung: so gering wie möglich.
- Verpackungsmaterial: umweltfreundliches recyclingfähiges Material, möglichst Monostoff, kein PVC, kein Styropor.
- Gebinde: Großgebinde statt 1 l- oder 2 l-Flaschen.
- Mehrwegbehälter oder Nachfüllpackungen: sind kostengünstiger und lassen sich problemlos mit den angebotenen Abfüllhilfen umfüllen, außerdem kann bei Einrichtung zentraler Umfüllstationen, z. B. aus einem 220 l-Mehrweggefäß, in Dosierflaschen abgefüllt werden.
- Reinigungskonzentrate: Im Gegensatz zu den herkömmlichen Reinigungsmitteln, die etwa zu 70% aus Wasser bzw. Stellmitteln bestehen, enthalten die Konzentrate nur noch 30% bzw. Hochkonzentrate sogar nur 10% Wasser und Stellmittel. Durch den Einsatz von Konzentraten können somit der Transport unnötiger Wassermengen vermieden und eine deutliche Abfallersparnis bei den Behältnissen erreicht werden.
- Reduzierung der Produkte: Sauberkeit und Pflege ist auch mit einer begrenzten Zahl von Reinigungs- und Pflegemitteln erreichbar. Der zusätzliche Einsatz von Spezialmitteln geht meist mit einer hohen Umweltbelastung einher und soll deshalb eine Ausnahme bleiben.
- Pflegemittel: Auf Pflegemittel, die schwer entfernbare Schichten bilden (Kunststoffpolymere), soll verzichtet werden. Die Entfernung dieser Schichten erfordert eine Grundreinigung mit aggressiven und daher meist umweltschädlichen Mitteln.
- Dosierhilfen: Eine Untersuchung der Fachhochschule München ergab, daß nach der Schußmethode (aus einem 10 l-Kanister) um mindestens 40% überdosiert wird. Deshalb bedeutet eine gute Dosierhilfe große Einsparungen an Reinigungsmitteln. Der Einsatz von Meßbechern zur Dosierung hat sich deshalb nicht bewährt, weil sie aus Nachlässigkeit nicht benutzt werden oder immer wieder schon nach kurzer Zeit verschwinden. Zentrale Mischanlagen sind häufig mikrobiell kontaminiert. Außerdem sind sie wegen Schwankungen in der Konzentration und aufwendiger Installation nicht zu empfehlen. Empfehlenswerte Dosierhilfen sind:
  – Dosierpumpen,
  – aufschraubbare Dosierkappen,
  – Dosierköpfe (immer bei Konzentratflaschen),
  – mengenproportionale Dosiergeräte (für OP-Bereiche unerläßlich, erfordern aber regelmäßige Kontrolle auf Meßgenauigkeit).
- Beschriftung der Behälter: Die Behälter müssen korrekt beschriftet sein (inklusive vollständiger Angabe der Inhaltsstoffe).
- EU-Sicherheitsdatenblätter und Ökozertifikat: beim Hersteller anfordern.

- Mengenangabe der Inhaltsstoffe und Anwendungskonzentration: Die Mengenangabe von bestimmten Inhaltsstoffen muß immer mit der empfohlenen Anwendungskonzentration verglichen werden (deshalb ausrechnen, wieviel Wirkstoff im Vergleich zu anderen Produkten tatsächlich verwendet wird).

## 21.2
## Hochkonzentratreinigungssysteme

Viele der zuvor aufgeführten Forderungen (z. B. Mehrwegbehälter, Nachfüllpackung, Konzentrat, Dosierhilfe) werden von den Hochkonzentratreinigungssystemen erfüllt. Dies soll an einem Beispiel gezeigt werden.

Ein Hochkonzentrat wird in 1 l-Mehrwegflaschen geliefert und in einem 10 l-Kanister mit 9 l Wasser zum sog. Konzentrat verdünnt. Aus diesem Kanister wird das Konzentrat in Dosierflaschen (z. B. 600 ml Inhalt) abgefüllt. Die Dosierkammern der Flaschen enthalten jeweils die entsprechende Menge Reinigungsmittel für einen 8 l fassenden Putzeimer. Zur Dosierung wird die Verschraubung der Dosierkammer geöffnet und durch Drücken der Dosierflasche die Dosierkammer gefüllt.

Konzentrate und Hochkonzentrate sollen zur Vermeidung einer Überdosierung nur mit einer Dosiereinrichtung benutzt werden. Bei bereits mit Wasser verdünnten Konzentraten muß darauf geachtet werden, daß sie schnell verbraucht werden, da sonst die Gefahr besteht, daß sich darin Wasserbakterien vermehren. Konzentrate sollen deshalb einen ausreichend wirksamen Konservierungsstoff enthalten. Grundsätzlich sollen aber lange Standzeiten vermieden werden.

Unproblematischer sind Hochkonzentrate, die nicht erst verdünnt werden müssen, sondern die mit der aufgeschraubten Dosierkappe die genaue Menge Reinigungshochkonzentrat für einen 8 l-Eimer liefern. Die Vorteile der Hochkontenzentrate sind:
- Einsparung von Transportkosten, da ca. 70% weniger Wasser transportiert wird,
- geringer Verbrauch und entsprechende Kosteneinsparungen durch die genaue Dosierung,
- deutliche Abfallersparnis bei den Behältnissen.

## 21.3
## Abzulehnende Inhaltsstoffe

Vor der Beschaffung eines Reinigungsmittels muß man sich über dessen Inhaltsstoffe informieren. Folgende Inhaltsstoffe sollen in den Reinigungs- und Pflegemitteln nicht enthalten sein.

### Chlorabspalter oder Chlorbleichen
Sie können Bestandteil von Sanitärreinigern, Scheuermitteln, Rohrreinigern und Desinfektionsreinigern sein. Durch ihre aquatische Toxizität ( = Giftigkeit einer

Chemikalie auf Wasserlebewesen) belasten sie das Abwasser erheblich. Sie können außerdem im Abwasser mit anderen organischen Substanzen gefährliche halogenierte Kohlenwasserstoffe bilden. In Verbindung mit sauren Sanitärreinigern können bei unsachgemäßer gemeinsamer Anwendung giftige Chlorgase entstehen.

Fluorchlorkohlenwasserstoffe (FCKW)
Fluorchlorkohlenwasserstoffe sind für die Zerstörung der lebenswichtigen Ozonschicht in der Stratosphäre verantwortlich. Sie heißen auch Freone oder Frigene und werden entgegen aller Warnungen und Forderungen von Umweltschützern immer noch als Treibgase in Sprühdosen jeglicher Art verwendet (z. B. Edelstahlreiniger, Kaltreiniger, Backofenreiniger, Deodorantien, Fleckenentferner).

Aromatische Lösungsmittel
Stoffe, wie z. B. Xylol, Benzol, Toluol, können Bestandteil von Bohnerwachsen, Beschichtungsmitteln, Wachsentfernern, Fleckenentfernungsmitteln, Edelstahlreinigern, Grundreinigern und sog. Cleanern sein. Das Einatmen der Dämpfe aromatischer Lösungsmittel verursacht Schwindel, Kopfschmerzen, Schwächegefühl und andere Beschwerden. Langfristig kann es zu chronischen neurologischen Krankheiten oder Sterilität kommen. Das häufig als Verunreinigung in vielen anderen aromatischen Lösungsmitteln vorkommende Benzol wirkt beim Menschen krebserregend.

Halogenierte Kohlenwasserstoffe
Trichlorethylen (TRI), Perchlorethylen (PER), Methylenchlorid u. a. können Bestandteil von Klebstoffentfernern, Lacklösern, Kaltreinigern oder Fleckenentfernungsmitteln sein. Diese Stoffe sind stark wassergefährdend und biologisch nur sehr schlecht abbaubar. Sie lagern sich in der Umwelt ab und werden im menschlichen Fettgewebe gespeichert. Viele dieser Verbindungen können Leber, Niere, Lunge und Nervensystem schädigen, einige sind karzinogen oder stehen im Verdacht, karzinogen zu sein.

Halogenierte Phenole
Sie können in Desinfektionsmitteln oder Desinfektionsreinigern enthalten sein. Chlorphenole sind schwer abbaubar und belasten die Gewässer stark. Beim Einatmen und bei Hautkontakt kann es zu Gesundheitsschäden kommen. Chlorphenolverbindungen können sogar Spuren hochgiftiger Dioxine enthalten.

Alkylphenolethoxylate (APEO)
Sie können in allen Reinigungsmitteln, die nichtionische Tenside enthalten (z. B. Sanitärreiniger, Scheuermittel, Grundreiniger), vorhanden sein. Nichtionische Tenside sind nur schlecht biologisch abbaubar. Die beim Abbau entstehenden stabilen Zwischenprodukte besitzen eine starke Giftigkeit auf Wasserlebewesen.

Tabelle 21.1. Abzulehnende Reinigungsmittel und umweltfreundliche Alternativen

| Reinigungsmittel, die aus ökologischen Gründen nicht mehr eingesetzt werden sollten | Alternativen |
|---|---|
| Sanitärreiniger mit Chlorbleichlauge | Allzweckreiniger oder saurer Sanitärreiniger |
| Kalklöser | Kalkablagerungen mit Sanitärreiniger, der Zitronen- oder Ameisensäure enthält, entfernen |
| Rohrreiniger, Abflußreiniger | Statt dessen Gummisaugglocke, Spirale oder Wassersauger verwenden bzw. Siphon abschrauben |
| Reiniger mit hohem Phosphat- oder Komplexbildneranteil | Reiniger ohne Phosphat oder mit Citrat auswählen und auf Angabe der Inhaltsstoffe achten |
| Fenster- und Glasreiniger | Statt dessen Alkoholreiniger oder auch Brennspiritus verwenden |
| Beckensteine für Toiletten | Enthalten para-Dichlorbenzol und sind außerdem überflüssig |
| Reiniger, die wasserunlösliche Kunststoffpolymere und Wischwachse enthalten | Stattdessen Seifenreiniger oder Reiniger mit wasserlöslichen Polymeren verwenden, Beschichtungen mit einem umweltfreudlichen Allzweckreiniger |
| Grundreiniger | Enthalten Lösemittel und Ätzalkalien und sollten bei Verzicht auf Fußbodenbeschichtungen nicht mehr eingesetzt werden |

## 21.4
## Abzulehnende Reinigungsmittel und umweltfreundliche Alternativen

Durch Anwendung milder Reiniger und zusätzlich mechanischer Verfahren kann die Benutzung aggressiver und umweltbelastender Reinigungsmittel vermieden werden. In Tabelle 21.1 sind Alternativen für Reinigungsmittel aufgeführt, die aus Umweltschutzgründen nicht verwendet werden sollen.

## 21.5
## Reinigungssysteme zum Feucht- und Naßwischen von Fußböden

### 21.5.1
### Mopsysteme

Zu den verschiedenen Geräten für die Fußbodenreinigung mit Mopsystemen gehören:
- Naßwischmop,
- Mophalter mit Stiel,
- Feucht- und Naßwischbezüge für Breitwischgeräte,
- Breitwischgeräte,

- Gaze- oder Vliestücher,
- Pressen, Fahreimer bzw. Gerätewagen.

Bei der Fußbodenreinigung ist die Feuchtwischmethode (staubbindendes Wischen mit „nebelfeuchten" Textilien), wenn möglich, einer Naßreinigung vorzuziehen. Dadurch werden Einsparungen von Reinigungsmittel und Wasser, Senkung der Waschkosten für die Reinigungsutensilien und Reduzierung der Abwasserbelastung erreicht. Ob feucht oder naß gewischt werden muß, richtet sich nach dem Verschmutzungsgrad des Bodens. In Eingangsbereichen und auf Fluren, also stark frequentierten Bereichen, ist eine tägliche Naßreinigung notwendig. Die meisten Fußbodenwischgeräte sind sowohl zum Feucht- wie auch zum Naßwischen einsetzbar. Durch eine klappbare Mophalterfläche (Schnellverschluß) können Bezüge leicht gewechselt werden. Die verschiedenen Reinigungssysteme unterscheiden sich mehr oder minder deutlich im Arbeitsaufwand, in der Flächenleistung und in der Umweltbelastung (durch den Verbrauch an Reinigungsmittel und Wasser sowie beim Waschen der Mops bzw. Bezüge).

Am Universitätsklinikum Freiburg wurde ein ökologischer Vergleich des herkömmlichen Zwei-Eimer-Systems mit dem neu eingeführten Bezugswechselverfahren durchgeführt.

Zwei-Eimer-System. Dabei wird ein Fransenmop im ersten Eimer in eine Reinigungsmittellösung getaucht und zum Wischen des Bodens verwendet. Das aufgenommene Schmutzwasser wird mit Hilfe einer Presse zu zwei Dritteln aus dem Fransenmop in den zweiten Eimer gepreßt. Da bei dieser Methode aber der Schmutzeintrag in die Reinigungsmittellösung ( = erster Eimer) immer noch relativ hoch ist, muß je nach Verschmutzungsgrad ein Austausch der Reinigungsmittellösung nach ca. 3–4 Zimmern erfolgen. Das bedeutet jedesmal einen Verlust von ca. 8 l Reinigungsmittellösung, die damit verbundenen Belastung des Abwassers und einen erheblichen Arbeitsaufwand durch Entleeren und Nachfüllen.

Bezugswechselverfahren. Dabei befindet sich auf dem Reinigungswagen eine Wanne mit Reinigungsmittellösung und einem Abtropfsieb. Auf diesem Sieb wird der schon eingespannte und in die Lösung getauchte Mop ausgedrückt und anschließend damit die Reinigungslösung auf dem Boden verteilt. Mit einem trockenen Mop wird nachgewischt (z.B. Vermop®-System, Rasant®-System).

Die Bezüge wiegen weniger als herkömmliche Fransenmops, da jedoch zwei Bezüge pro Zimmer anfallen, kommt es bei dem Bezugswechselverfahren zu einem höheren Wäscheanfall. Der Verbrauch an Reinigungsmittellösung ist aber deutlich verringert. Da nur soviel Reinigungsmittellösung angesetzt wird, wie nach Erfahrung benötigt wird, und diese nicht verschmutzt, kann sie vollständig aufgebraucht werden (Tabelle 21.2). Weitere Vorteile sind die Erhöhung der Flächenleistung, der optimale Reinigungserfolg und die Arbeitserleichterung durch Wegfall des Auspressens.

Tabelle 21.2. Reinigungslösungsverbrauch pro Tag für verschiedene Reinigungsverfahren

| Zu reinigende Fläche [m²] | 2-Eimer-System | | Bezugswechselverfahren | | Einsparung | | | |
|---|---|---|---|---|---|---|---|---|
| | Wasserverbrauch [l] | Reinigerverbrauch [ml] | Wasserverbrauch [l] | Reinigerverbrauch [ml] | Wasser [l] | [%] | Reiniger [l] | [%] |
| 1 | 0,18 | 1,3 | 0,02 | 0,08 | 0,2 | 89 | 1,21 | 94 |
| 5 | 4,6 | 32,2 | 0,5 | 1,96 | 4,1 | 89 | 30,25 | 94 |
| 50 | 9,2 | 64,4 | 1,0 | 3,92 | 8,2 | 89 | 60,50 | 94 |
| 100 | 18,0 | 218,8 | 1,9 | 7,84 | 16,4 | 89 | 121,00 | 94 |
| 500 | 92,0 | 644,0 | 9,7 | 39,18 | 82,2 | 89 | 604,98 | 94 |

Ist der Schmutzanfall nicht zu hoch, kann der zum Trockenwischen benutzte Bezug auch für das nächste Zimmer zur Reinigung eingesetzt werden, indem z. B. mit einem Meßbecher die Reinigungslösung auf dem Mop verteilt wird. Durch die Benutzung von drei Bezügen für zwei Zimmer anstelle von zwei Bezügen pro Zimmer kann somit ein Drittel der Bezüge eingespart werden.

Ein Jahr nach der Einführung des Bezugswechselverfahrens im gesamten Freiburger Universitätsklinikum hat sich diese Methode aus ökologischer Sicht, in der Flächenleistung sowie bei der Handhabung dem alten Zwei-Eimer-System deutlich überlegen gezeigt. Außerdem ist der Reinigungserfolg in den stark frequentierten Eingangsbereichen sichtbar besser.

**Andere Systeme.** Ebenso sparsam sind Reinigungssysteme, bei denen der saubere Mop in die Halterung bereits eingespannt, mit der Reinigungsmittellösung getränkt und über einer Metall- oder Rollenpresse entwässert wird. Auch hier muß mit einem frischen Mop nachgetrocknet werden (z. B. Vermop®, Jani-Jack®).

Bei einem weiteren Naßwischsystem, das ebenfalls sparsame Anwendung ermöglicht, wird mit Hilfe eines Meßbechers nur die erforderliche Menge Reinigungsmittellösung (für 25 m² ca. 250–300 ml) auf einen Tuchmop gegeben. Da dieser Mop nicht eingespannt werden kann, befinden sich an der Unterseite des Wischgerätes Haftnoppen. Durch den „Einwaschgang" werden Verschmutzungen gelöst, mit einem trockenen Tuchmop der gelöste Schmutz und überschüssige Reinigungsflotte aufgenommen. Die Reinigungsmittellösung bleibt bis zum vollständigen Aufbrauchen sauber (WGS®-Reinigungssystem).

Bewährt hat sich auch ein System, das durch individuelle Zugabe von Reinigungsmittellösung eine feuchte bzw., wenn erforderlich, bei Zugabe einer größeren Menge Reinigungsmittellösung eine nasse Reinigung ermöglicht. Ein im Stiel eingebauter Tank gibt durch Knopfbetätigung (am Ende des Stiels) soviel Reinigungslösung ab, wie man je nach Verschmutzung für nötig hält. Durch feine Öffnungen, die an der Unterseite der Mophalterfläche entlang angebracht sind, wird die Reinigungsmittellösung gleichmäßig auf dem Mop (Frotteetuch) verteilt (Taski®-System).

## 21.5.2
## Verschiedene Mopausführungen und -materialien

Auch unter den verschiedenen Mopausführungen muß eine gezielte Auswahl getroffen werden. Hohes Gewicht von Mops kann die Waschkosten und kurze Lebensdauer die Investitionskosten entscheidend steigern.

Naßwischmop. Ein Naßwischmop, der aus Fransen mit einer Länge von 25–45 cm (je nach Hersteller) besteht, hat bereits ein Trockengewicht von 300–500 g. Eine zusätzliche Bandvernähung nahe der Fransenenden stabilisiert die fächerförmige Lage beim Wischen, erleichtert das Einführen in die Presse und erhöht die Verschleißfestigkeit beim Waschen.

Im folgenden sind die möglichen Materialien und deren Reinigungseigenschaften genannt:
- reine Baumwolle: gute Saugfähigkeit,
- Mischung aus Baumwolle und synthetischen Fasern oder Viskose: sehr gutes Wasserbindungsvermögen,
- reines Synthetikmaterial: wenig Flüssigkeitsbindungsvermögen,
- Vliesmaterial: gute Saugfähigkeit, aber rascher Verschleiß.

Mops für Breitwischgeräte (Bezüge). Sie sind ebenfalls in verschiedenen Faserarten erhältlich. Ihr Gleitvermögen hängt von der Dichte des Besatzes an Schlingen oder Fransen ab. Bei dichtem Besatz sind Wasserbindungsvermögen und Schmutzaufnahme besser, aber der größere Kraftaufwand ist dabei von Nachteil.

Tuchmops. Sie bestehen aus Baumwolle oder Mischgewebe, sind nur wenig größer als die Auflagefläche des Wischgerätes und vorteilhaft durch eine günstige Gewicht-Volumen-Relation.

## 21.5.3
## Reinigungseigenschaften von Mops und Tüchern bzw. Vliesen

Flüssigkeitsbindevermögen. Es hängt nicht nur von der Faserart ab, sondern auch von der Garndicke bzw. der Garnzwirnung und von der Dichte des Besatzes. Es muß aber berücksichtigt werden, daß großes Volumen zu hohe Waschkosten bedeutet.

Schmutzbindung. Sie ist von denselben Faktoren abhängig, die auch für das Flüssigkeitsbindevermögen entscheidend sind. Fransen zeigen gegenüber Schlingen eine bessere Schmutzaufnahme.

Verschleißeigenschaft. Viskosefasern haben beim Wischen und Waschen weniger Verschleiß als Baumwolle. Die längste Lebensdauer haben synthetische Fasern. Schlingenbezüge sind verschleißfester und haben ein besseres Gleitvermögen als Fransenbezüge. Auch bei den Laschen der Bezüge muß die Verschleißfestigkeit hoch sein, da sie bei der Anwendung und durch den Waschvorgang stark strapaziert werden.

**Wascherfolg.** Das Ergebnis beim Waschen der Mops ist ebenfalls bei den verschiedenen Materialien unterschiedlich. Die Schmutzabgabe ist am besten bei synthetischen Fasern und hartgedrehten Garnen. Bei Viskosefasern muß darauf geachtet werden, daß sie im nassen Zustand ihr Gewicht verdreifachen, was ein höheres Waschgewicht bedeutet, und auch schlechte Trocknungseigenschaften haben. Baumwollmopbezüge sollen sanforisiert sein, um ein „Schrumpfen" beim Waschen zu verhindern. Durch Benutzung von Feuchtwischgaze und Mopvliese (Frottee, Baumwolle, Baumwolle und Synthetik) können z. B. gegenüber der Benutzung von Mops mit Fransen oder Schlingen die Waschkosten entscheidend verringert werden.

**Tücher und Vliese.** Die zur Vorreinigung, d.h. zum Anlösen des Schmutzes, und zum Aufnehmen von grobem Schmutz angebotenen dünnen Tücher oder Vliese müssen feucht eingesetzt werden und sind folgendermaßen erhältlich (auf Wiederverwendbarkeit aller Tücher, d.h. Beständigkeit gegenüber einem thermischen Waschverfahren, muß geachtet werden):
- Öltücher = Tücher, die trocken geliefert und erst unmittelbar vor Benutzung mit Reinigungsmittellösung besprüht werden.
- Tücher, die feucht geliefert werden. Diese Tücher werden in größeren Verpackungseinheiten (z. B.: 100 oder 200 Stück) angeboten. Nach Anbruch der Packung kommt es häufig vor, daß die Tücher nach kurzer Zeit ausgetrocknet sind und vor Benutzung erneut angefeuchtet werden müssen.
- Tücher, die feucht geliefert werden und Desinfektionsmittel enthalten, aber nicht zur Desinfektion des Fußbodens, sondern damit es während der Lagerung nicht zu einer mikrobiellen Kolonisierung kommt. Solche Tücher sind nicht sinnvoll und sollen nicht verwendet werden.

## 21.5.4
### Reinigung und Aufbewahrung der Mops

Das Waschen der Mops sollte nach dem Gebrauch so bald wie möglich in der Wäscherei mit thermischem Waschverfahren erfolgen. In der Wäscherei des Freiburger Universitätsklinikums werden die Mops nach einem Vorspülgang (zur Entfernung von Reinigungsmittelresten) bei 60°C und 10 min Einwirkzeit (mit nur geringer Waschmitteldosierung) gewaschen. Mit den sich anschließenden drei Spülgängen dauert der gesamte Waschgang 40 min.

Besteht nicht die Möglichkeit, die Mops gleich in der Wäscherei zu trocknen, sollen die frisch gewaschenen, noch feuchten Mops am gleichen Tag aufgebraucht oder in einem gut belüfteten Raum zum Trocknen aufgehängt werden. Auf keinen Fall sollen sie im geschlossenen Schrank gestapelt werden, weil es wegen der Restfeuchtigkeit dabei sehr schnell zu mikrobiellem Wachstum käme.

## 21.5.5
### Elektrische Reinigungsgeräte

Die am häufigsten benutzten Reinigungsmaschinen sind die Scheibenmaschinen. Sie werden zum Polieren von Pflegefilmen oder zum Scheuern eingesetzt. Die High-Speed-Maschinen sind schnellaufende Scheibenmaschinen, sie haben einen höheren Vorschub als normale Scheibenmaschinen. Wegen hoher Flächenleistung sind sie zum Naßscheuern gut geeignet. Allerdings soll ein Spritzschutz angebracht werden. Der Treibteller der Scheibenmaschinen kann mit Tellerbürsten oder Bodenreinigungsscheiben (Pads) bestückt werden.

Zum Reinigen von großen Flächen (lange Flure), werden Scheuersaugmaschinen eingesetzt. Sie sind entweder von Hand zu bewegen oder mit Fahrbetrieb ausgerüstet. Die Reinigung und Wartung dieser Maschinen umfaßt die Pflege der Karosserie, regelmäßiges Ölen der Scharniere, Überprüfung der Funktionstüchtigkeit aller Teile sowie das Säubern des Flusensiebes und des Tanks. Bei allen Maschinen mit Tanks müssen diese nach Arbeitsende geleert, gereinigt und getrocknet werden.

## 21.5.6
### Reinigungstextilien zur Oberflächenreinigung

Zur Reinigung von Oberflächen werden Schwamm-, Vlies- oder Raumpflegetücher verwendet. Sie sollen wiederverwendbar sein und ein thermisches Waschverfahren tolerieren.

## 21.5.7
### Reinigungsgerätewagen

Sie sind erforderlich, um einen zügigen Arbeitsablauf zu gewährleisten. Außer den Putzeimern, dem Reinigungsgerät, einem Behälter für saubere und einem für benutzte Mops, Tüchern, Reinigungs- und Pflegemitteln usw. müssen auch Halterungen für unterschiedlich gefärbte Plastiksäcke vorhanden sein, damit wiederverwertbarer Abfall (Glas, Papier usw.) und Naßmüll getrennt gesammelt werden kann. Genügend Platz soll auch für Material vorhanden sein, das wieder aufgefüllt werden muß, z. B. Toilettenpapier, Papierhandtücher, Flüssigseife und Desinfektionsmittel. Je nach Anwendungsbereich kann die Ausstattung der Wagen erweitert werden.

## 21.5.8
### Putzkammer

Für jede Etage im Krankenhaus muß ein ausreichend großer Putzraum vorhanden sein (mindestens 8 m²), in dem die täglich benötigten Geräte und Maschinen untergebracht sind. Meistens wird der Putzraum auch bei Neu- oder Umbauten viel zu klein geplant. Er soll in der Nähe des Fahrstuhls gelegen sein, damit keine unnötigen Wege entstehen. Im zentralen Putzraum, der meist im Keller liegt, werden u. a. die Maschinen und Geräte gelagert, die nicht täglich gebraucht werden. Hier soll auch die Pflege und Wartung der Reinigungsmaschinen durchgeführt werden.

## 21.5.9
### Teppichboden im Krankenhaus

Auch im Krankenhaus kann in einigen Bereichen durch Teppichbodenbelag eine behagliche Atmosphäre geschaffen werden. Hygienische Gefahren sind damit nicht verbunden. Die wesentlichen Vorteile von Teppichboden, wie mehr Wohnlichkeit, Schalldämmung, Staubbindungskraft, Tritt- und Rutschsicherheit sowie Verminderung von Verletzungsgefahren bei Unfällen, sind prinzipiell auch im Krankenhaus erwünscht. Überall dort aber, wo die Wahrscheinlichkeit der Kontamination und Verschmutzung des Fußbodens besonders hoch ist, soll man auf Teppichboden verzichten. Es muß außerdem berücksichtigt werden, daß bei textilen Belägen evtl. erforderliche Desinfektionsmaßnahmen nicht mit genügender Effektivität und vertretbarem wirtschaftlichen Aufwand durchgeführt werden können.

Teppichböden können v. a. in folgenden Bereichen verlegt werden: Eingangsbereich, Treppenhaus, Flure (ausgenommen Rettungswege), Aufenthaltsräume, Verwaltungsräume, Personalwohnräume, Psychiatrie, Physiotherapie, Gymnastikräume sowie auch in manchen anderen Patientenbereichen, wenn die Verfleckungsgefahr nicht groß ist.

## 21.6
### Schulung des Personals

Sorgfältige Reinigungs- und Desinfektionsmaßnahmen können nur mit qualifiziertem, motiviertem Reinigungspersonal erzielt werden. Neben der Einweisung und Betreuung durch Hauswirtschaftsleitung oder Vorarbeiter sollen Hygienefachkräfte regelmäßige Schulungen für diesen Tätigkeitsbereich organisieren und durchführen. Durch Informationen über Materialkunde, Grundbegriffe der Mikrobiologie, persönliche Hygiene, Haushalts- und Umwelthygiene kann das Verantwortungsbewußtsein des Personals gesteigert werden.

Anhand des Hygiene- bzw. Reinigungsplanes soll besprochen werden, wann der Einsatz von Reinigungs- und Desinfektionsmaßnahmen notwendig ist, wie sie durchgeführt werden müssen und wie häufig und welche Folgen durch Vernachlässigung entstehen können. Für ausländisches Personal ist eine Übersetzung des Reinigungsplanes und anderer wichtiger Informationen in ihre Landessprache notwendig.

In Bereichen, an die besonders hohe hygienische Anforderungen gestellt werden, z. B. Infektionsstation, Frühgeborenenstation oder OP-Abteilung, soll nur speziell ausgebildetes Reinigungspersonal eingesetzt werden. Besonders wichtig sind Informationen über den korrekten Umgang mit Desinfektionsmitteln, wobei nicht nur das hauseigene, sondern auch das Fremdreinigungspersonal in die regelmäßigen Schulungen miteinbezogen werden muß, damit der Erfolg der Reinigungs- und Desinfektionsmaßnahmen gesichert ist. Empfehlungen zum Umgang mit Desinfektionsmitteln, die unbedingt beachtet werden sollen, sind in der nachstehenden Übersicht genannt (weitere Informationen über Desinfektionsmittel und deren sinnvollem Einsatz unter dem Aspekt der Infektionsprävention im Krankenhaus finden sich in Kap. 13, S. 201, 15, S. 231 und 23, S. 391).

**Empfehlungen zum Umgang mit Desinfektionsmittel**
- Benutzung von Handschuhen – möglichst Haushaltshandschuhe –, um direkten Hautkontakt mit dem Desinfektionsmittel auszuschließen.
- Lösung immer mit kalten Wasser ansetzen, da sonst schleimhautreizende Dämpfe entstehen können.
- Genaue Dosierung beachten, um die Wirksamkeit des Desinfektionsmittels zu garantieren (dazu Meßbecher benutzen).
- Keine Sprühdesinfektion durchführen, weil der Sprühnebel inhaliert wird und weil Sprühen allein ohne die mechanische Komponente des Wischens nicht ausreichend wirksam ist.
- Nach Fußboden- bzw. Flächendesinfektion Räume immer gut lüften.
- Desinfektions- und Reinigungsmittel nur dann miteinander mischen, wenn die Verträglichkeit der Produkte bekannt ist (auf Angaben der Hersteller achten).
- Nur Desinfektionsmittel verwenden, die nach den Richtlinien der Deutschen Gesellschaft für Hygiene und Mikrobiologie (DGHM) geprüft wurden, Mittel und Verfahren der Desinfektionsmittelliste des (ehemaligen) Bundesgesundheitsamtes (BGA) nur bei expliziter Anordnung durch das zuständige Gesundheitsamt im sog. Seuchenfall erforderlich.

# 22 Umweltschutz und Abfallentsorgung

M. Scherrer und F. Daschner

EINLEITUNG

In den vergangenen Jahren ist der Umweltschutz im Krankenhaus immer mehr ein Thema geworden. V. a. durch Probleme bei der Abfallentsorgung sind Initiativen zur genaueren Definition von Abfällen, zur Abfallvermeidung und -verwertung gestartet worden. Darüber hinaus sind aber auch andere Umweltthemen, wie z.B. Abwasserentsorgung, Energie- und Wassereinsparungen, v.a. auch aus ökonomischen Gründen für Kliniken wichtig geworden. In letzter Zeit wird endlich auch in Kliniken – allerdings mehr aus ökonomischen Gründen – über Ressourcenschonung und Steigerung der Effizienz nachgedacht, wobei neuere Untersuchungen gezeigt haben, daß ein Ökoaudit auch in Kliniken möglich ist. Zu einem Ökoaudit gehören die Durchführung einer Umweltbetriebsprüfung mit Schwachstellenanalyse und Aufzeigen von Optimierungsmöglichkeiten. Durch die Einrichtung eines Umweltmanagementsystems wird anschließend dafür gesorgt, daß die Optimierungsvorschläge in der Praxis auch durchgeführt werden. Im folgenden soll ein kurzer Überblick über die Möglichkeiten des Umweltschutzes im Krankenhaus mit Schwerpunkt Abfallwirtschaft gegeben werden. Die Möglichkeiten des Umweltschutzes in Klinik und Praxis sind ausführlich in einem anderen Buch dargestellt [101].

## 22.1 Außenanlagen

Krankenhäuser haben durch die Gestaltung und Pflege ihrer Außenanlagen die Möglichkeit, wesentlich zum Naturschutz beizutragen. Dabei ist die Erhaltung der Artenvielfalt wichtig. Durch die Verwendung von einheimischen Sträuchern und Bäumen können Vögel und Tiere angesiedelt werden. Selbstverständlich ist bei der Auswahl der Pflanzen auf ihre Giftigkeit zu achten. Es ist nicht notwendig, alle Grünflächen wöchentlich zu mähen, bei einem großen Teil der Wiesen genügt es, sie zweimal jährlich zu mähen. So können Refugien für bedrohte Kleintiere und Insekten geschaffen werden. Der Baumschnitt ist auf das wirklich notwendige Maß zum Sach- und Personenschutz zu reduzieren. Selbstverständlich soll das anfallende Schnittgut (Gras-, Hecken- und Baumschnitt) kompostiert werden. Der Einsatz von Herbiziden und Pestiziden verbietet sich ebenso wie der Einsatz von Streusalz im Winter. Bei der Bewässerung der Pflanzen ist darauf zu achten, daß nur die wirklich notwendige Menge an Wasser verbraucht wird und nach Möglichkeit kein kostbares Trinkwasser, sondern Regenwasser. Auch bei Baumaßnahmen kann Rücksicht auf die Natur genommen werden. Fassaden- und Dachbegrünungen sehen nicht nur schöner aus als eine Betonfassade, sondern tragen auch zu einem besseren Klima und zur Energieeinsparung bei. Geeignete Kletter- und Windepflanzen sind z. B. Efeu, Wilder Wein oder Geißblatt [101].

Fahrwege für Einsatzfahrzeuge der Feuerwehr müssen nicht asphaltiert oder betoniert sein, sie können genauso gut mit Rasengittersteinen befestigt werden, um die Oberflächenversiegelung zu reduzieren. So kann Regenwasser leichter versickern und das Grundwasser wieder anreichern.

## 22.2
## Wassereinsparung

Häufig hört man das Argument, daß in Mitteleuropa Wassersparmaßnahmen nicht notwendig seien, weil genügend Wasser – auch Trinkwasser – zur Verfügung stehen würde. Die Erfahrungen der letzten Jahre, insbesondere aus dem Großraum Frankfurt, haben jedoch gezeigt, daß es auch in Deutschland bei extrem heißen Witterungen zu Trinkwassermangel kommen kann [254]. Der durchschnittliche Trinkwasserverbrauch in der BRD liegt bei ca. 150 l pro Person und Tag. Im Gegensatz dazu liegt der Trinkwasserverbrauch in Krankenhäusern deutlich höher. In Abhängigkeit der Krankenhausgröße und -struktur kann der Trinkwasserverbrauch in Krankenhäusern bis zu 1 000 l pro Bett und Tag betragen (Abb. 22.1) [198]. V. a. Wäschereien, Küchen, Zentralsterilisationen und Klimaanlagen erhöhen den Wasserverbrauch. Im folgenden werden einige Möglichkeiten der Wassereinsparung aufgezeigt.

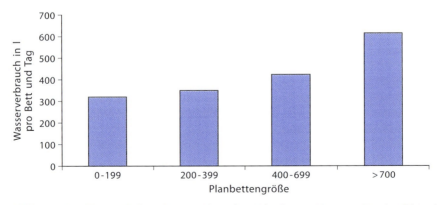

Abb. 22.1. Durchschnittlicher Wasserverbrauch in Kliniken in Liter pro Tag in Abhängigkeit von der Planbettzahl

## 22.2.1
## Armaturen

Alle Armaturen sollten mit lufteinsprudelnden Strahlreglern oder automatischen Wassermengenreglern ausgestattet sein. Wassermengenregler haben den Vorteil, daß die durchlaufende Wassermenge begrenzt wird, ohne daß der Fließdruck nachläßt. Dadurch kann die Wassermenge von 8–10 l pro Minute um die Hälfte reduziert werden [101]. Wassersparen beim Händewaschen ist besonders in den Bereichen wichtig, in denen die Hände besonders oft und gründlich gewaschen werden. So sollen bei Neubaumaßnahmen im OP grundsätzlich näherungselektronisch gesteuerte Armaturen eingebaut werden, damit während des präoperativen Händewaschens nicht mehr Wasser als nötig verbraucht wird. Wassermengenregler sind auch bei Duschen einsetzbar. Zusammen mit speziellen Duschköpfen wird der Wasserverbrauch in Duschen damit ebenfalls um etwa die Hälfte reduziert.

## 22.2.2
## Spülkästen

Moderne Toilettenspülkästen lassen sich so einstellen, daß schon mit 6 l Spülwassermenge eine einwandfreie Spülung erreicht werden kann, bei Altanlagen werden ca. 10 l Trinkwasser verbraucht. Spülkästen können außerdem noch mit einer Wasserstopeinrichtung versehen werden, so daß nicht immer die gesamte Spülwassermenge, sondern beim Spülen nach Urinieren nur die Hälfte oder noch weniger verbraucht wird. Erfahrungen in anderen öffentlichen Gebäuden haben gezeigt, daß durch die Verwendung von Druckspülern statt Spülkästen eine weitere Wassereinsparung möglich ist. Im Gegensatz zu 6 l bei Sparspülkästen werden bei Druckspülern im Mittel nur noch ca. 5 l Wasser verbraucht [254].

## 22.2.3
## Steckbeckenspülapparate, Desinfektionsautomaten

Bei Einsatz von hochalkalischen Reinigern in Steckbeckenspülapparaten oder Desinfektionsautomaten muß zur Vermeidung von Alkalienresten auf dem Spülgut mindestens dreimal klargespült werden. Bei Verwendung von mildalkalischen Reinigern kann man dagegen auf einen Nachspülgang verzichten, so daß pro Charge der Wasserverbrauch um ca. 10 l reduziert wird [101]. Grundsätzlich sollen alle wasserverbrauchenden Reinigungsgeräte nur voll beladen betrieben werden. Soweit möglich soll in Großreinigungsanlagen, beispielsweise in der Küche, Wäscherei oder Zentralsterilisation, das Nachspülwasser zur Vorreinigung benützt werden.

**Tabelle 22.1.** Wasserverbrauchende Laborgeräte. [254]

| Laborgerät | Wasserverbrauch [l/h] | Alternative |
| --- | --- | --- |
| Gefriertrockner | 210 | |
| Destillationsanlage | 26,4 | Umwälzkühler |
| Rotationsverdampfer | | |
| – mit Wasserkühlung | 1 000 | Umwälzkühler |
| – mit Vakuumkonstanthalter | 100 | Umwälzkühler |
| – mit Teflonmembranpumpe | 60 | Umwälzkühler |
| Atomadsorptionsspektrometer | 46,8 | Umwälzkühler |
| Massenspektrometer | 18–750 | Umwälzkühler |
| Thermostat | 120 | Umwälzthermostat |
| Wasserstrahlpumpen | 360–1 080 | Vakuumpumpe |

## 22.2.4
## Laborgeräte

In Laboratorien wird ein großer Anteil von Trinkwasser zu Spülvorgängen oder Reinigungszwecken verwendet. Tabelle 22.1 zeigt eine Auswahl von wasserverbrauchenden Geräten in Laboratorien mit Angabe des Wasserverbrauchs [254]. Große Wasserverschwender sind Wasserstrahlpumpen zur Vakuumerzeugung. Eine Wasserstrahlpumpe verbraucht zwischen 6 und 18 l Trinkwasser pro Minute. Dieser Wasserverbrauch kann auf null reduziert werden, wenn man Vakuummembranpumpen einsetzt.

## 22.2.5
## Regenwassernutzung

Für viele Einsatzbereiche ist es nicht erforderlich, kostbares Trinkwasser einzusetzen, z. B. zum Kühlen oder zum Spülen von Toiletten. Dazu kann auch Regenwasser bzw. sog. Grauwasser, d. h. Wasser, welches nicht die Trinkwasseraufbereitung durchlaufen hat bzw. schon einmal benutzt wurde, verwendet werden. Erfahrungsberichte aus Hamburg [318] und Untersuchungen aus Bremen [215] zeigen, daß die bakteriologische Belastung von Regenwasser in vielen Fällen so gering ist, daß es den Anforderungen der Trinkwasserverordnung genügt, in keinem Fall jedoch so bedenklich ist, daß man Regenwasser nicht zum Toilettenspülen oder Wäschewaschen einsetzen könnte. Selbstverständlich kann Regenwasser oder Grauwasser auch zur Pflege der Grünanlagen verwendet werden.

## 22.2.6
## Abwasser

V. a. in Kliniken muß eine Abwasserbelastung soweit wie möglich vermieden werden. In der Regel entspricht die Zusammensetzung von Klinikabwasser dem von normalen Haushalten. Als Besonderheit ist jedoch hervorzuheben, daß die Konzentration an halogenorganischen Verbindungen (AOX) im Klinikabwasser höher ist als in häuslichen Abwässern. Der wesentlichste Beitrag zum AOX in Krankenhausabwässern entsteht durch Röntgenkontrastmittel. Weitere halogenorganische Verbindungen stammen beispielsweise von Antibiotika oder Zytostatika. Bei Berücksichtigung der Inhaltsstoffe von Reinigungs- und Desinfektionsmitteln bei Beschaffungen können weitere Abwasserbelastungen vermieden werden (s. Kap. 13, S. 201, und 21, S. 363). Ein weiterer wichtiger und häufig vernachlässigter Beitrag zur Belastung von Krankenhausabwässern sind Schwermetalle. So wird beispielsweise Zink durch zinkhaltige Salben eingetragen. Durch die Verwendung von quecksilberhaltigen Medikamenten (z. B. Merbromin) erhöhen Krankenhäuser ganz erheblich die Quecksilberbelastung des Klärschlamms. 1991 wurde allein durch die Verwendung von Merbromin in der Bundesrepublik das Abwasser mit 100 kg Quecksilber belastet [101].

## 22.3
## Energieeinsparung

## 22.3.1
## Energieerzeugung

Die Erzeugung von Energie trägt zu einem ganz erheblichen Teil zur Belastung unserer Luft bei. Deshalb ist darauf zu achten, daß die Energieerzeugung so umweltfreundlich wie möglich erfolgt und daß auch in Kliniken mit Energie so rationell wie möglich umgegangen wird. Krankenhäuser sind dabei darauf angewiesen, daß eine Versorgungssicherheit mit Energie (Strom und Wärme) gegeben ist. Die meisten Krankenhäuser besitzen deshalb eigene Einrichtungen zur Energieerzeugung. Die rationellste Form der Energieerzeugung mit dem höchsten Wirkungsgrad sind Blockheizkraftwerke. In Blockheizkraftwerken wird gleichzeitig Wärme und Strom erzeugt, d. h., in der Regel wird die bei der Stromerzeugung anfallende Wärme zu Heizzwecken weitergenutzt. Dadurch arbeiten diese Anlagen mit einem sehr hohen Wirkungsgrad von etwa 80% oder mehr. So kann beispielsweise im Sommer die Wärme in Kombination mit einer Adsorptionskältemaschine zur Erzeugung von Kälte genützt werden. Alternative Formen der Energieerzeugung wie Sonnenenergienutzung sind selbstverständlich auch in Krankenhäusern möglich. Die direkte Erzeugung von Strom über Photovoltaik kann dabei zur Deckung des Strombedarfs genutzt werden, für Warmwassererzeugung sind Sonnenkollektoren geeignet.

Aber auch bei konventionellen Heizungsanlagen zur Erzeugung von Wärme für die Raumheizung oder für die wirtschaftlichen und medizinischen Versorgungseinrichtungen (Küche, Wäscherei, Sterilisation) und für die Warmwassererwärmung sind erhebliche Energieeinsparungen möglich. Heizkessel können lastabhängig eingesetzt werden, die Kesseltemperaturen energiesparend in Abhängigkeit von der Außentemperatur geregelt werden, durch selbsttätige digitalgeregelte Kesselfolgeschaltungen kann dafür gesorgt werden, daß je nach Außentemperatur und Wärmebedarf nur die tatsächlich benötigte Heizenergie erzeugt und bereitgestellt wird. Heizungsanlagen sollten mit Hilfe moderner automatischer Reglereinrichtungen so gesteuert werden, daß die Vorlauftemperatur des Heizungswassers analog der Außentemperatur geregelt wird [101].

Auch durch bautechnische Maßnahmen bei der Errichtung von neuen Gebäuden kann ein erheblicher Beitrag zur Energieeinsparung getroffen werden. So kann schon bei der Ausrichtung der Gebäude darauf geachtet werden, daß in Südrichtung die größten Fensterflächen sind und damit die größte Sonneneinstrahlung herrscht. Weiterhin sollen grundsätzlich Fenster mit Isolierverglasung eingebaut und auf eine optimale Wärmedämmung des Mauerwerks geachtet werden.

## 22.3.2
## Reduktion des Stromverbrauchs

Zur Einsparung von elektrischer Energie muß bei der Beschaffung von energieverbrauchenden Geräten darauf geachtet werden, daß nur die Geräte eingekauft werden, die am wenigsten elektrische Energie verbrauchen. Wichtig ist auch die optimale Nutzung der Geräte. Lange Stillstandzeiten, z. B. von Röntgen- oder EDV-Bildschirmen, sind zu vermeiden. Wenn sie längere Zeit nicht benutzt werden, sollen sie abgeschaltet werden. Der Anteil der Beleuchtung am Stromverbrauch liegt im Durchschnitt bei ca. 20–50%, deswegen lohnt es sich, besonders dort auf Energieeinsparung zu achten. Durch moderne energiesparende Lampen in Verbindung mit verlustarmen elektronischen Vorschaltgeräten und durch genau angepaßte Beleuchtungsstärken können ca. 50% an elektrischer Energie und eine große Anzahl von Leuchten eingespart werden [112]. Auch hier gilt, daß bei Nichtbenutzung des Raumes das Licht ausgeschaltet werden muß. In Bereichen, in denen eine sichere Beleuchtung gewährleistet sein muß, beispielsweise in Treppenhäusern, Fluren oder Außenanlagen, kann die Beleuchtung tageslichtabhängig gesteuert werden, so daß sie sich selbständig ein- bzw. ausschaltet.

V. a. in der Küche und Wäscherei sind besonders große Energieeinsparungen möglich, wobei besonders darauf geachtet werden muß, daß energiesparende Geräte eingebaut werden. Diese anfänglich möglicherweise erhöhte Investition amortisiert sich in wenigen Jahren.

Küche. In der Küche gibt es beispielsweise eine Reihe von Geräten mit energiesparenden Selbststeuerungen, die erkennen, ob ein Topf auf der Herdplatte steht und Energie benötigt wird oder nicht. Wichtig für den energiesparenden Einsatz in der Küche sind auch optimal wärmeisolierte Geräte. Die Oberflächen dieser Geräte sollen sich auch beim vollen Betrieb nur handwarm anfühlen. Weitere Maßnahmen zur Energieeinsparung sind die Anordnung der Kühl- und Gefriergeräte, diese sollten möglichst an einem kühlen Standort stehen und nicht direkt in der Sonne bzw. neben dem Herd. Kühl- und Gefriergeräte müssen regelmäßig abgetaut werden, da die Eisschicht nicht kühlt, sondern als Isolierung dient und dadurch weitere Energie verbraucht. Kühl- und Gefriergeräte sollen nur kurzzeitig geöffnet werden. Dadurch dringt weniger warme Außenluft ein, und der Energieverbrauch wird vermindert. Gefrorene Waren sollen möglichst im Kühlschrank aufgetaut werden, dadurch wird Energie zum Auftauen eingespart. Alle gefrorenen Speisen sollen grundsätzlich vor dem Kochen aufgetaut werden. Aufgetaute Speisen verbrauchen ein Drittel weniger Kochzeit und damit weniger Energie. Töpfe und Kochmulden sollen immer abgedeckt werden, so daß die Wärme im Kochgut bleibt und nicht die Küche beheizt wird. Geschirrspüler sollen grundsätzlich nur vollständig gefüllt benutzt werden [101].

Wäscherei. Ein weiterer großer Energieverbraucher (ca. 10-20% des Energiebedarfs) in Krankenhäusern ist die Wäscherei. 45% der Energie wird für das Bügeln verbraucht, für das eigentliche Waschen ca. 30% und für das Trocknen der Wäsche nur ca. 25% [112]. Hier ist v. a. wichtig, schon beim Einkauf der Wäsche darauf zu achten, daß diese möglichst wenig oder gar nicht gebügelt werden muß. Besonders Wäsche und Kittel aus Baumwolle müssen häufig und somit energieaufwendig gebügelt werden.

## 22.4
## Abfallwirtschaft

Die Entsorgung von Abfällen in der Bundesrepublik Deutschland wird durch knapper werdende Entsorgungsmöglichkeiten (Deponieraum bzw. Müllverbrennungsanlagen) immer schwieriger. Gleichzeitig werden Genehmigungen für neue Abfallentsorgungsanlagen immer komplizierter und langwieriger. Dadurch soll eine Gefährdung der Umwelt bzw. eine Gesundheitsgefährdung der Bevölkerung ausgeschlossen werden. So gab es beispielsweise in den alten Bundesländern 1972 noch rund 50 000, im Jahr 1993 nur noch 546 Deponien [471], entsprechend schwieriger und teurer wird die Abfallentsorgung. Der Gesetzgeber hat mit dem neuen Kreislaufwirtschafts- und Abfallgesetz, welches im Oktober 1996 in Kraft getreten ist, eindeutige Ziele in Richtung Kreislaufwirtschaft, d.h. vermehrter Verwertung von Abfällen, gesetzt [10]. Im neuen Kreislaufwirtschaftsgesetz wird daher die Rangfolge der Entsorgungsprinzipien noch stärker betont als bisher. Sie gibt der Vermeidung eindeutigen Vorrang vor der Verwertung und der Verwertung wiederum Vorrang vor der endgültigen Entsorgung.
Was für den normalen Privathaushalt gilt, gilt natürlich auch für das Gesundheitswesen. Der wichtigste Leitfaden für die Abfallwirtschaft im Gesund-

heitswesen ist z. Z. das Merkblatt der LAGA (Länder-Arbeitsgemeinschaft Abfall)-Arbeitsgruppe über die Vermeidung und Entsorgung von Abfällen aus öffentlichen und privaten Einrichtungen des Gesundheitsdienstes [265]. Dieses Merkblatt gibt wichtige Hinweise, wie mit Abfällen aus Einrichtungen des Gesundheitsdienstes umgegangen werden soll und welche Entsorgungsart notwendig ist.

## 22.4.1
**Einteilung der Abfälle**

Das LAGA-Merkblatt teilt die Abfälle aus dem Gesundheitsdienst in fünf Gruppen (A-E) ein.

Gruppe A. Dies sind Abfälle, an deren Entsorgung aus infektionspräventiver und umwelthygienischer Sicht keine besonderen Anforderungen zu stellen sind (Abfallschlüsselnummern 91101, 91201, 91202, 91103). Es handelt sich dabei um normale hausmüllähnliche Abfälle, wie beispielsweise Küchen- und Kantinenabfälle, hausmüllähnliche Gewerbeabfälle sowie die gesamte Wertstofffraktion [265].

Gruppe B. Dazu gehören Abfälle, aus deren Entsorgung aus infektionspräventiver Sicht innerhalb von Kliniken besondere Anforderungen zu stellen sind. Es handelt sich dabei um Abfälle, bei denen es möglicherweise zu einer Infektionsübertragung bei abwehrgeschwächten Patienten kommen kann (Abfallschlüsselnummer 97103). Für den normalen gesunden Menschen stellen diese Abfälle keine Gefahr dar. Sie können deswegen außerhalb der Einrichtung des Gesundheitsdienstes wie normaler Hausmüll entsorgt werden. Bei diesen Abfällen handelt es sich um mit Blut, Sekreten und/oder Exkreten behaftete oder gefüllte Abfälle, beispielsweise Wund- oder Gipsverbände, Stuhlwindeln, Spritzen, Kanülen oder Skalpelle [265].

Gruppe C. Diese Gruppe beinhaltet Abfälle, an deren Entsorgung aus infektionspräventiver Sicht innerhalb und außerhalb von Einrichtungen des Gesundheitsdienstes besondere Anforderungen zu stellen sind (Abfallschlüsselnummer 97101 und 13705). Bei diesen Abfällen handelt es sich um die sog. infektiösen Abfälle (s. 22.4.5) [265].

Gruppe D. Dabei handelt es sich um Abfälle, an deren Entsorgung aus umwelthygienischer Sicht besondere Anforderungen zu stellen sind. Diese Gruppe beinhaltet die gesamte Spannbreite der chemischen Abfälle (s. 22.4.5) [265].

Gruppe E. Dies sind Abfälle, an deren Entsorgung nur aus ethischer Sicht zusätzliche Anforderungen zu stellen sind. Dabei handelt es sich um Körperteile und Organabfälle, wobei diese Gruppe definitionsgemäß auch gefüllte Blutbeutel beinhaltet (Abfallschlüsselnummer 97104) [265].

## 22.4.2
## Abfallvermeidung

Die Abfallvermeidung im Gesundheitswesen kann v. a. durch die Beachtung von drei Strategien erfolgen:
- Vermeidung von unnötigen Produkten,
- Einsatz von Mehrwegartikeln statt Einwegartikeln,
- Wiederaufbereitung von Einwegartikeln (soweit noch beschafft).

Ein klassisches Beispiel für unnötige Produkte sind Einwegüberschuhe, die aus hygienischen Gründen völlig überflüssig sind. Weitere unnötige Produkte sind

Tabelle 22.2. Einwegmedikalprodukte und ihre mögliche Alternative. [26]

| Einwegprodukt | Alternative |
| --- | --- |
| Absaugschläuche, -geräte, Beatmungsschläuche | Mehrweg, Wiederverwendung |
| Atemtrainer | Wiederverwendung |
| Bauchtücher | Mehrweg |
| Bettenabdeckhauben | Verzicht bzw. Bettücher |
| Einwegrasierer | Mehrweg, elektrische Haarschneidemaschine |
| Einmalscheren, Einmalpinzetten | Mehrweg, Wiederverwendung |
| Einmalslip | Netzhöschen bzw. Verzicht |
| Einwegunterlage (Moltex) | Mehrweg (PVC-frei) bzw. Verzicht |
| Infusionsflaschenhalter | Mehrweg |
| Kathetersets | (Eigen)zusammenstellung |
| Klammergerät, -entferner | Mehrweg, Wiederaufbereitung |
| Medikamentenbecher | Mehrweg |
| Messer, Skalpelle | Mehrweg (Metall) |
| Mundpflegebecher | Mehrweg |
| Nierenschalen | Mehrweg (Metall), Recyclingpappe je nach Verwendungszweck und Aufbereitungsart |
| Redonflaschen | Mehrweg |
| Sauerstoffmasken | Wiederverwendung |
| Säuglingsflaschen | Mehrweg |
| Schnuller | Mehrweg |
| Spatel, Mundspatel unsteril | Mehrweg (Metall, Kunststoff) |
| Thermometer | Quecksilberfreie Thermometer, Elektrothermometer |
| Thermometerhüllen | Verwendung nur bei rektaler Messung, Thermometer mit Isopropylalkohol abwischen |
| Thoraxdrainage | Mehrweg |
| Waschlappen, -handschuhe | Mehrweg |
| Wäschesäcke | Stoffwäschesäcke |
| Windel | Mehrweg (Baumwolle) |

Tabelle 22.3. Kostenvergleich von Einweg- vs. Mehrwegprodukten pro Anwendung unter Berücksichtigung der Wiederaufbereitungskosten. [240, 390]

| Artikel | Kosten pro Anwendung [DM] | |
|---|---|---|
| | Einweg | Mehrweg |
| Redonflaschen | 3,05 | 1,83 |
| Thoraxdrainagen | 65,02 | 26,88 |
| Nierenschalen | 0,21 | 0,23 |
| Absaugsysteme | 7,26 | 2,86 |

beispielsweise Kanülenentsorgungsbehälter, an deren Stelle leere Reinigungs- oder Desinfektionsmittelkanister benützt werden können. Zur Vermeidung unnötiger Produkte gehört auch die Vermeidung unnötiger, v. a. unnötig aufwendiger Verpackung.

Eine Vielzahl von Produkten für den pflegerischen oder ärztlichen Bedarf ist mittlerweile wieder als Mehrwegartikel erhältlich. Ein Einwegartikel ist nicht notwendigerweise hygienischer als das entsprechende Mehrwegprodukt. Bisher ist wissenschaftlich nur für Spritzen und Kanülen nachgewiesen, daß durch Einwegprodukte Krankenhausinfektionen verhütet werden. In vielen Fällen kann das Einwegprodukt ohne jegliches hygienisches Risiko durch ein Mehrwegprodukt ersetzt werden [26]. In Tabelle 22.2 sind Einwegprodukte und deren Alternative zusammengestellt.

Mehrwegprodukte sind pro Anwendung meist kostengünstiger als Einwegprodukte, wobei bei der Kostenkalkulation für Einwegprodukte häufig die hohen Entsorgungskosten vergessen werden [240, 390]. Dies trifft v. a. für voluminöse und flüssigkeitsgefüllte Einwegprodukte zu, wie z. B. für Einwegabsaugsysteme. In Tabelle 22.3 sind einige Beispiele gegeben.

### 22.4.3
### Abfallverwertung

Durch die Umsetzung der Verpackungsverordnung [9] hat sich mittlerweile auch in Krankenhäusern ein System der Wertstofferfassung etabliert. Nachdem anfänglich nicht klar war, ob die Krankenhäuser zu den Einrichtungen des privaten oder gewerblichen Bereichs zählen, hat der Bundesumweltminister im Januar 1993 die Krankenhäuser mit dem privaten Bereich gleichgestellt. Das bedeutet, daß Verpackungsabfälle aus Krankenhäusern mit Hilfe des Dualen Systems kostenlos entsorgt und verwertet werden können. Voraussetzung dafür ist allerdings, daß vom Hersteller oder Vertreiber der Verpackungen eine Lizenzgebühr für den Grünen Punkt an die Duales System Deutschland GmbH entrichtet wird. Durch die Vorgaben des Dualen Systems sollen folgende Wertstoffgruppen getrennt erfaßt werden:

- Papier, Pappe, Karton,
- Weißglas,
- Grünglas,
- Braunglas,
- Verbundmaterialien, Metall.

Zur Erreichung dieses Zieles ist ein erheblicher Aufwand notwendig. Zum einen müssen die erforderlichen räumlichen Voraussetzungen für die Getrennterfassung von fünf Wertstoffgruppen und mindestens einer zusätzlichen Abfallgruppe geschaffen werden, wobei zu berücksichtigen ist, die Orte der Sammelbehälter sinnvoll in den Betriebsablauf einzufügen. Zum anderen müssen personalintensive Schulungsmaßnahmen und Kontrollen der Trenndisziplin durchgeführt werden. Hinzu kommen Schwierigkeiten, die zumindest in der Anfangsphase des Dualen Systems hinsichtlich der ordnungsgemäßen Verwertung der eingesammelten Wertstoffe auftreten und die sich negativ auf die Motivation zur Aufrechterhaltung der Trenndisziplin auswirken.

Eine finanzielle Mehrbelastung für die Krankenhäuser bedeutet die Forderung des einen oder anderen örtlichen Vertragsunternehmers des Dualen Systems, der zusätzlich von den Krankenhäusern Zahlungen verlangt, da er der Meinung ist, daß verpackungsfremde Wertstoffe entsorgt werden und es Verpackungen gibt, deren Hersteller und Vertreiber keinen Grünen Punkt erworben haben. Nach Untersuchungen im Universitätsklinikum Freiburg haben ca. 20% der Hersteller und Vertreiber keinen Lizenzvertrag mit dem Dualen System [298]. Das bedeutet für den Hersteller oder Betreiber, daß er die Bestimmungen der Verpackungsverordnung auf eine andere Art erfüllen muß. Dazu gibt es die Möglichkeit, sich an einem anderen System der Wertstofferfassung zu beteiligen, wobei es derzeit kein etabliertes anderes Wertstofferfassungssystem in Deutschland gibt. Weiterhin kann der Hersteller und Vertreiber die Verpackungen selbst wieder zurücknehmen und einer Verwertung zuführen. Der Hersteller kann auch dem Krankenhaus die Verwertungskosten erstatten und es somit als beauftragten Dritten benutzen [9]. Für die Krankenhäuser bedeutet eine Nichtbeteiligung seiner Lieferanten am Dualen System einen zusätzlichen Aufwand entweder durch eine zusätzliche Getrenntsammlung von Verpackungen bestimmter Hersteller, die einen anderen Vertragsunternehmer haben bzw. die Verpackungen selbst zurücknehmen. Bei der Erstattung der Verwertungskosten ist ein interner Verwaltungsaufwand in den Krankenhäusern für die Kontrolle der erstatteten Kosten notwendig. Zusätzlich zu den im Dualen System gesammelten Wertstoffen können und sollen in allen Kliniken noch weitere Wertstoffe getrennt und gesammelt werden:

- expandiertes Polystyrol (Styropor®),
- Aluminium,
- Speisereste,
- kompostierbare Abfälle,
- Textilien,
- Elektronikschrott,
- Metallschrott.

Mittlerweile gibt es sogar für besonders überwachungsbedürftige Abfälle Verwertungsmöglichkeiten. So können beispielsweise Leuchtstoffröhren, Fixier- und Entwicklerchemikalien aus dem Röntgenbereich sowie Röntgenfilme verwertet werden.

### 22.4.4
### Besonders überwachungsbedürftige Abfälle

Infektiöse Abfälle. Der größte Anteil der besonders überwachungsbedürftigen Abfälle aus Krankenhäusern besteht aus sog. infektiösen Abfällen. In den meisten Kliniken wird noch zuviel Abfall als infektiöser Abfall gesammelt. Die Menge des infektiösen Abfalls beträgt nicht mehr als 1–3% des gesamten Hausmülls [386]. Nicht jeder Abfall eines Patienten mit einer Infektionskrankheit ist automatisch infektiöser Abfall. So sind beispielsweise Medikamente, Spritzen, Infusionsbestecke, Pflegeartikel usw. eines Patienten nur dann infektiöser Abfall, wenn sie mit infektiösem Material kontaminiert sind. Infektiöse Abfälle sind nach dem LAGA-Merkblatt Abfälle der Gruppe C. Die Definition der infektiösen Abfälle richtet sich nach der Art der Krankheitserreger unter Berücksichtigung ihrer Ansteckungsgefährlichkeit, der Überlebensfähigkeit, des Übertragungsweges, dem Ausmaß und der Art der Kontamination sowie der Menge des Abfalls [265]. Das ehemalige Bundesgesundheitsamt hat 1994 in der Anlage „Anforderungen der Hygiene an die Infektionsprävention bei übertragbaren Krankheiten" zur Richtlinie für Krankenhaushygiene und Infektionsprävention definiert, bei welchen Krankheiten infektiöse Abfälle entstehen können und welche Kontamination stattgefunden haben muß, um den Abfall als infektiös einzugruppieren [57, 378]. Eine Zusammenstellung dazu gibt Tabelle 22.4.

Die Entsorgung infektiöser Abfälle unterliegt grundsätzlich der Überwachungspflicht, d.h., die zuständige Behörde muß die Entsorgung zu einer bestimmten Entsorgungseinrichtung genehmigen. Die derzeit möglichen Entsorgungswege für infektiöse Abfälle sind die thermische Desinfektion oder die Verbrennung bzw. Verschwelung. Für den Transport von infektiösen Abfällen gilt die Gefahrgutverordnung Straße (speziell zugelassene Behältnisse, spezielle Fahrzeuge, speziell ausgebildete Fahrer). Das bedeutet allerdings nicht, daß unbedingt Einwegbehältnisse verwendet werden müssen, es gibt mittlerweile auch zugelassene Mehrwegbehältnisse.

Im Rahmen der Neuregelung des Europäischen Abfallkatalogs (EWC) kommt es auch zu einer teilweisen Neuordnung der Abfälle aus dem Gesundheitswesen [256]. Zusätzlich zu den bereits bekannten Abfallgruppen werden jetzt zwei weitere Gruppen definiert: spitze Gegenstände sowie gebrauchte Chemikalien und Medizinprodukte. Wobei noch keine Definition besteht, wie diese beiden neuen Abfallgruppen zu entsorgen sind. Tabelle 22.5 zeigt eine Gegenüberstellung der alten und neuen Abfallgruppen.

Zytostatika. Es ist wichtig, daß mit Zytostatika besonders sorgfältig und unter Berücksichtigung der Arbeitssicherheit umgegangen wird. Andererseits ist es je-

Tabelle 22.4. Krankheiten bei denen infektiöse Abfälle entstehen können – mit Angabe des Übertragungsweges. [57, 378]

| Krankheit | Übertragbar durch |
|---|---|
| Amöbenruhr | Stuhl |
| Brucellose | Blut, Eiter, Muttermilch |
| Cholera | Stuhl, Erbrochenes |
| Diphtherie | Je nach Lokalisation: respiratorische Sekrete, Wundsekret |
| Jakob-Creutzfeld-Erkankung | Gewebe, Liquor |
| Lepra | Sekrete von Infektionsherden, Eiter |
| Maul- und Klauenseuche | Sekrete von Infektionsherden, Eiter |
| Meningitiden (je nach Erreger) | Blut, Stuhl, Liquor, Nasen-/Rachensekret |
| Meningoenzephalomyelitiden (je nach Erreger) | Blut, Stuhl, Liquor, Nasen-/Rachensekret |
| Milzbrand | Je nach Lokalisation: respiratorische Sekrete, Sekrete von Infektionsherden, Fäzes |
| Paratyphus A, B und C | Blut, Urin, Stuhl, Galle, Erbrochenes, Eiter |
| Pest | Je nach Lokalisation: respiratorische Sekrete, Sekrete von Infektionsherden, Fäzes |
| Poliomyelitis | Stuhl, respiratorische Sekrete |
| Q-Fieber | Respiratorische Sekrete, Blut, Staub |
| Rotz | Eiter, Nasen-/Rachensekret, Sputum |
| Tollwut | Respiratorische Sekrete, Speichel, Tränenflüssigkeit |
| Tuberkulose | Je nach Lokalisation: respiratorische Sekrete, Eiter, Urin, Liquor, Fäzes, Blut, genitaler Ausfluß |
| Tularämie | Läsionssekrete, Eiter, Blut |
| Typhus | Blut, Urin, Stuhl, Galle, Erbrochenes, Eiter |
| Virusbedingte hämorrhagische Fieber | Blut, Urin, respiratorische Sekrete |
| Virushepatitis | Blut (nur kontaminierte Artikel aus der Dialyse) |

doch nicht notwendig, alle Materialien, die bei der Zubereitung und Anwendung von Zytostatika verwendet werden, gesondert zu entsorgen. Lediglich schadstoffhaltige Behältnisse (z. B. Flaschen mit Zytostatikaresten) müssen getrennt gesammelt und zur Verbrennung bei besonders hohen Temperaturen (mindestens 800° C) entsorgt werden. Kanülen, Spritzen, Tupfer, Verbände, Unterlagen etc. können mit dem Hausmüll entsorgt werden [265]. Zytostatika sollten zentral, am besten in der Klinikapotheke zubereitet werden. Dies führt zu einer Entlastung des Pflegepersonals auf der Station und zu erheblichen Kosteneinsparungen. Spezielle Handschuhe, Kittel, Armstulpen und v. a. Geräte, mit denen Zytostatikaabfälle erst in Plastikbeutel und dann in Einwegtransportbehältnisse verpackt werden, sind überflüssig. Bei der aufwendigen Zytostatikaentsorgung ist zu berücksichtigen, daß teilweise über 90% aller Zytostatika mit dem Urin und Stuhl des Patienten in die Umwelt gelangen. Weiterhin ist zur Relativierung der teilweise unsinnigen und v. a. übertriebenen Vorschriften zur Zytostatika-

Tabelle 22.5. Abfallgruppen nach dem Europäischen und dem LAGA-Abfallkatalog

| Abfälle | Abfallschlüsselnummer | |
| --- | --- | --- |
| | LAGA | EWC |
| Abfälle aus der ärztlichen und tierärztlichen Versorgung und Forschung (ohne Küchen- und Restaurantabfälle, die nicht aus der Krankenpflege stammen) | 971 | 180000 |
| Abfälle aus Entbindungsstationen, Diagnose, Krankenbehandlung und Vorsorge beim Menschen | 9710 | 180100 |
| Spitze Gegenstände | – | 180101 |
| Körperteile und Organe, einschließlich Blutbeutel und Blutkonserven | 97104 | 180102 |
| Andere Abfälle, an deren Sammlung und Entsorgung aus infektionspräventiver Sicht besondere Anforderungen gestellt werden | 97101 | 180103 |
| Abfälle, an deren Entsorgung aus infektionspräventiver Sicht keine besonderen Anforderungen gestellt werden (z.B. Wäsche, Gipsverbände, Einwegkleidung) | 97103 | 180104 |
| Gebrauchte Chemikalien und Medizinprodukte | – | 180105 |

entsorgung zu berücksichtigen, daß sämtliche Zytostatika vom Hersteller bis zur Klinikapotheke weltweit ohne jegliche Vorsichtsmaßnahme transportiert werden.

Chemische Abfälle. Bei den chemischen Abfälle, die im Krankenhaus entstehen können, handelt es sich um eine umfangreiche Gruppe mit unterschiedlichen Gefahrenmerkmalen, die insbesondere im Labor anfallen. Das LAGA-Merkblatt gibt eine Übersicht dieser Gruppen an [265]. Da es sich bei den Abfällen der Gruppe D in der Regel um Abfälle handelt, die zu enormen Kosten entsorgt werden müssen, lohnt sich hier eine Vermeidung bzw. Verwertung auch aus finanziellen Gesichtspunkten. Vermeiden lassen sich Laborabfälle dadurch, daß zum einen beim Einkauf wirklich nur die benötigten Mengen angeschafft werden und somit vermieden wird, daß die Laborchemikalien in kürzester Zeit verfallen und entsorgt werden müssen. Bei kurzfristig verfallenden Chemikalien sollten nur Lösungen in den benötigten Mengen angesetzt werden, damit auch hier nicht unnötig viele Chemikalien verfallen [101]. Für die ordnungsgemäße Entsorgung dieser Abfälle, insbesondere in klinisch-chemischen Laboratorien (Abwasser aus Analyseautomaten), ist zu prüfen, ob der Schadstoffgehalt dieser Abwässer so ist, daß sie problemlos in die Kanalisation eingeleitet werden können, oder ob tatsächlich eine Sondermüllentsorgung stattfinden muß. Eine pauschale Aussage für die eine oder andere Richtung ist in der Regel nicht möglich. Cyanidhaltige Abwasser aus Geräten zur Hämoglobinbestimmung lassen sich vermeiden, indem man cyanidfreie Methoden einsetzt, beispielsweise anstelle von Calciumcyanid Natriumlaurylsulfat. Dann kann das Abwasser problemlos in das kommunale Abwassersystem eingeleitet werden [418].

Abfälle der Gruppe D sind nicht unbedingt besonders überwachungsbedürftig. Zur Verwertung von Abfällen der Gruppe D gibt es zahlreiche Beispiele. So können, wie schon erwähnt, Chemikalien aus den Röntgenbereichen mit Hilfe eines Aufbereitungsgerätes, das direkt an die Entwicklungsmaschine angeschlossen wird, zurückgewonnen und wiedereingesetzt werden oder zusammen mit der Entwicklerchemikalie an ein entsprechendes Verwertungsunternehmen abgegeben, dort aufbereitet und zum Wiedereinsatz zur Verfügung gestellt werden. Gebrauchte Lösungsmittel können mit Hilfe entsprechender Geräte redestilliert und wieder eingesetzt werden. Bei größeren Krankenhäusern oder bei mehreren chemischen Laboratorien in einem begrenzten Umkreis bietet sich die Einrichtung einer Chemikalienbörse an. Dort können Reste von Chemikalien gesammelt und an andere Verbraucher weitervermittelt werden, bei denen ein Bedarf besteht. Dadurch kann die Menge an Chemikalien, die neu bestellt bzw. entsorgt werden muß, erheblich reduziert werden [101].

# Spezieller Teil

# 23 Standard-Hygienemaßnahmen, abteilungsübergreifende Pflegetechniken und Hinweise für den Umgang mit Geräten zur Prävention nosokomialer Infektionen

I. Kappstein und F. Daschner

## EINLEITUNG

In diesem Kapitel werden alle Hygienemaßnahmen behandelt, die unabhängig von den Abteilungen, in denen die Patienten während ihres Krankenhausaufenthaltes vorübergehend oder dauerhaft versorgt werden, vom gesamten medizinischen Personal eingehalten werden sollen, um das Risiko nosokomialer Infektionen so gering wie möglich zu halten. Darüber hinaus werden Empfehlungen für Pflegetechniken und andere hygienische Problembereiche bei Diagnostik und Therapie gegeben, die in verschiedenen Krankenhausbereichen von Bedeutung sein können. Dieses Kapitel bildet somit die Grundlage für die folgenden Kapitel, in denen die besondere Problematik einzelner Abteilungen und Funktionsbereiche erörtert wird.

## 23.1 Allgemeine Hygienemaßnahmen

### 23.1.1 Händewaschen/Händedesinfektion

Die Händehygiene spielt bei der Prävention nosokomialer Infektionen eine bedeutende Rolle, weil die Hände des medizinischen Personals der wichtigste Vektor bei der Infektionsübertragung sind [19, 20, 29, 457]. Das Ziel einer effektiven Händehygiene ist die Elimination der sog. transienten Flora, während die zusätzliche Reduktion der sog. residenten Flora nur vor operativen Eingriffen von Bedeutung ist.

> ! Unter der residenten Flora versteht man die normale Hautflora, die fest mit der Haut verbunden und nach Keimzahl und Zusammmensetzung relativ konstant ist, während sich die transiente Flora aus wechselnden Keimen zusammensetzt, die man nur vorübergehend aufnimmt und die nur locker an der Haut haften, weshalb sie in der Regel auch leicht zu entfernen sind [355].

Organisatorische Voraussetzungen. Eine wichtige Bedingung dafür, daß die Händehygiene vom Personal ohne Schwierigkeiten durchgeführt werden kann, ist die leichte Erreichbarkeit von Waschbecken, Seifen- und Desinfektionsmittelspendern. In jedem Patientenzimmer und in allen Räumen, in denen diagnostische oder therapeutische Maßnahmen vorgenommen werden, müssen deshalb Handwaschbecken mit Spendern für (Flüssig-)Seife und Papierhandtücher sowie Spender für Händedesinfektionsmittel installiert sein. In Patientenzimmern mit eigener Naßzelle können die Desinfektionsmittelspender für das Personal gut erreichbar außerhalb der Naßzelle an einer Wand befestigt werden, wobei zum einen aus ästhetischen, zum anderen aus Personalschutzgründen (Rutschgefahr) zum Auffangen von herabtropfendem Desinfektionsmittel unter dem Spender abnehmbare Schalen angebracht werden können. Sind aber Waschbecken im Raum integriert, wird dort neben dem Seifenspender praktischerweise auch der Desinfektionsmittelspender angebracht. Auf Intensivstationen sollen Desinfektionsmittelspender möglichst patientennah, d. h. am besten an jedem Bett, vorhanden sein. Welche Lösung auch immer gewählt wird, wichtig ist nur, daß der Weg für das Personal so kurz wie möglich ist, um die Bereitschaft zu erhöhen, davon Gebrauch zu machen. Denn nach wie vor ist es eines der größten Probleme der Krankenhaushygiene, das Personal zu motivieren, die einfache, aber außerordentlich effektive Hygienemaßnahme der Händedekontamination in ausreichendem Maße durchzuführen [19, 20, 29, 174, 457].

Händewaschen vs. Händedesinfektion. Wenn es um die Dekontamination der Hände geht, wird zumindest in Deutschland immer wieder die Frage aufgeworfen, ob die sog. hygienische Händedesinfektion wirksamer sei als das einfache Händewaschen, um Erreger- bzw. Infektionsübertragungen zu verhüten. Diese Frage kann jedoch nicht beantwortet werden, weil man dazu vergleichende Untersuchungen benötigen würde, die es aber wegen der zur Ermittlung eines aussagefähigen Ergebnisses erforderlichen sehr hohen Patienzahlen nicht geben wird. Die vorhandenen Studien lassen jedenfalls keine zuverlässigen Schlüsse zu, weil ihre Ergebnisse widersprüchlich sind [457]. Aus experimentellen Untersuchungen ist bekannt, daß man beim normalen Händewaschen einen Reduktionsfaktor von 2 $\log_{10}$, beim Waschen mit antiseptischer Seife von 2–3 $\log_{10}$ und bei der Desinfektion mit 60- bzw. 70%igem Alkohol von 3–4 $\log_{10}$ erreicht [18]. Ob der dabei ermittelte statistisch signifikante Unterschied aber auch klinisch relevant ist, ist völlig offen.
Wenn in der angloamerikanischen Literatur von Händehygiene gesprochen wird, geschieht dies fast immer unter dem Begriff „Händewaschen" [19, 20, 29, 457]. Die Verwendung antiseptischer Seife wird nur im Zusammenhang mit bestimmten Hoch-Risiko-Bereichen (wie z. B. Intensivstationen, Neonatologie) oder auch bei Ausbrüchen als möglicherweise sinnvoll erwähnt, und ein alkoholisches Einreibepräparat wird empfohlen, wenn nicht genügend Waschbecken zur Verfügung stehen [19, 20, 457]. Produkte mit Zusatz von Antiseptika seien bei der Versorgung infizierter Patienten nicht erforderlich, könnten aber möglicherweise die Sicherheit erhöhen [29]. Damit unterscheidet sich die Auffassung über die Anforderungen an die Händehygiene in diesen Ländern deutlich von

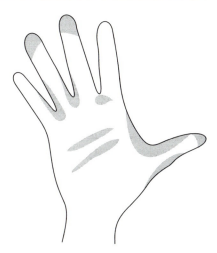

**Abb. 23.1.** Häufig nicht berücksichtigte Stellen bei Händewaschen bzw. Händedesinfektion. (Aus [19])

denen in Deutschland, wo von Hygienikern fast durchweg die Verwendung von Produkten mit Antiseptikazusatz sogar für essentiell gehalten wird.

**Technik bei Händewaschen bzw. Händedesinfektion.** Eine wesentliche Voraussetzung für die Effektivität der einen oder anderen Art der Händedekontamination ist jedoch, daß die gesamte Haut der Hände dabei berücksichtigt wird. Sorgfältiges Waschen bzw. Desinfizieren der Hände kann in 10–20 sec durchgeführt werden [19, 20]. Stellen, die häufig „vergessen" werden, sind Fingerspitzen, Daumen, Fingerzwischenräume und die Querfalten der Handfläche (Abb. 23.1) [19]. Man muß sich also eine Technik aneignen, bei der auch diese Hautstellen sicher miteinbezogen werden [19, 20]. Dies ist gleichermaßen wichtig für das Waschen der Hände mit Wasser und Seife wie für die Händedesinfektion. Denn auch ein Händedesinfektionsmittel (in Deutschland wird am häufigsten 60- bzw. 70%iger Alkohol verwendet) kann nur an den Stellen wirken, an denen es in Kontakt mit der Haut kommt. Ringe, Armbänder oder Armbanduhren sollen nicht getragen werden, weil dann die Händehygiene erfahrungsgemäß nicht gründlich genug durchgeführt wird, um eine Beschädigung zu vermeiden (das gleiche gilt für Nagellack). Anstatt also nur eine bestimmte Mindestdauer (meist 30 sec) zu fordern, muß mehr Wert auf eine vernünftige Technik gelegt werden, denn eine längere Einwirkzeit bedeutet nicht notwendigerweise auch, daß die gesamte Haut der Hände miteinbezogen wird.

Aus der Sicht einer praktisch-klinisch orientierten Krankenhaushygiene muß deshalb hinsichtlich der Bedeutung der verwendeten Mittel sowie der Technik folgendes festgehalten werden:
- Vorrangig ist, daß das Personal überhaupt Maßnahmen zur Händedekontamination ergreift, weniger wichtig dagegen ist, ob die Hände gewaschen oder desinfiziert werden.

- Bei der Dekontamination der Hände ist eine gründliche Durchführung unter Berücksichtigung der gesamten Oberfläche der Hände wichtiger als die Dauer oder das verwendete Mittel.

Indikationen für Maßnahmen der Händehygiene. Für die Gelegenheiten, bei denen Maßnahmen zur Dekontamination der Hände ergriffen werden sollen, lassen sich keine starren Regeln aufstellen, sondern dies muß von den individuellen Umständen abhängig gemacht werden. Dazu gehört, daß man sich beim Umgang mit den Patienten oder Gegenständen für ihre Versorgung immer wieder selbst klar machen muß, ob es zu einer Kontamination der Hände gekommen sein kann.

Grundsätzlich gilt die Regel, daß man zwischen Patientenkontakten die Hände waschen bzw. desinfizieren soll. Es muß aber berücksichtigt werden, daß auch bei aufeinanderfolgenden Tätigkeiten beim selben Patienten Maßnahmen der Händehygiene erforderlich sein können, wenn an einer Körperstelle (z. B. Blasenkatheter) eine Kontamination stattgefunden haben kann und eine andere Körperstelle anschließend versorgt wird, die vor einer Kontamination geschützt werden muß (z. B. Venenkatheter).

Die Möglichkeit einer Kontamination hängt von der Art des Kontaktes und vom Zustand des Patienten ab. So führen in der Regel Tätigkeiten wie z. B. Pulsfühlen oder Bettenmachen nicht zu einer wesentlichen Kontamination der Hände des Personals, diese kann aber z. B. nach Versorgung inkontinenter Patienten oder nach Entleeren von Urinbeuteln erheblich sein, so daß auch eine hygienische Händedesinfektion mit einem alkoholischen Desinfektionsmittel u. U. nicht die gesamte Kontamination beseitigen kann [19]. Deshalb sollen bei Tätigkeiten, bei denen die Wahrscheinlichkeit einer Kontamination der Hände mit hohen Keimzahlen groß ist, zum Schutz der Hände (Einmal-)Handschuhe getragen werden (s. Abschn. 23.1.2).

Maßnahmen bei grober Kontamination der Hände. Da man im klinischen Alltag Situationen, in denen es zu einer groben Kontamination der Hände kommen kann, nicht immer vorwegnehmen und deshalb die sinnvolle Schutzmaßnahme von Handschuhen nicht immer rechtzeitig anwenden kann, sind Kontaminationen mit Blut, Exkreten oder Sekreten nicht immer vermeidbar. Die Frage, was in solchen Situationen korrekterweise zu tun ist, wird unter Hygienikern zumindest in Deutschland unterschiedlich beurteilt:
- Aus praktischen und ästhetischen Erwägungen ist es naheliegend, daß man seine sichtbar mit erregerhaltigem Patientenmaterial kontaminierten Hände so schnell wie möglich mit Wasser und Seife sauber wäscht, wobei man auch davor zunächst die grobe Verschmutzung mit einem Papiertuch, das mit Desinfektionsmittel befeuchtet worden ist, wegwischen kann. Eine Desinfektion der Hände nach dem Waschen ist sinnvoll, um eine möglichst hohe Keimzahlreduktion zu erzielen. Aus Gründen des Hautschutzes soll aber die Kombination von Händewaschen und anschließender Händedesinfektion auf diese Situationen beschränkt bleiben.

- Die Hygienekommission des ehemaligen BGA hat eine andere Empfehlung gegeben [60], die jedoch, fragt man das betroffene medizinische Personal, als nicht zumutbar abgelehnt wird. Danach soll man die grob kontaminierten Stellen zunächst mit z. B. Zellstoff, der mit Desinfektionsmittel befeuchtet ist, abwischen und daran anschließend zweimal hintereinander Händedesinfektionsmittel wie bei einer normalen hygienischen Händedesinfektion einreiben. Erst dann sollen die Hände mit Wasser und Seife gewaschen werden, um die Hände auch optisch zu reinigen.

Hinter der BGA-Empfehlung steht die Überlegung, daß bei sofort vorgenommenem Händewaschen potentiell infektiöses Material in der Umgebung des Waschbeckens verspritzt werden kann. Um eine solche Erregerausbreitung zu verhindern, soll die mikrobielle Kontamination durch die (zweifache) Händedesinfektion möglichst weitgehend reduziert werden. Die verbliebene sichtbare Kontamination (z. B. mit Blut oder Stuhl) wird anschließend beim Waschen der Hände beseitigt.

Aus verständlichen Gründen nimmt das Personal eine solche Empfehlung nicht an. Zwar ist die Vorstellung, daß es beim sofortigen Abwaschen einer Kontamination unter fließendem Wasser – zumindest bei einem harten Wasserstrahl – zum Verspritzen mikrobiell verunreinigter Wassertropfen in die Umgebung des Waschbeckens kommen kann, nicht von der Hand zu weisen, die Konsequenz eines damit auch real verbundenen Infektionsrisikos ist jedoch nicht zwingend. Um nicht Gefahr zu laufen, sich durch praxisferne Empfehlungen lächerlich zu machen, sollen sich Hygieniker mehr an tatsächlichen, leicht nachvollziehbaren hygienischen Risiken orientieren und nicht jede potentielle Gefahrenquelle in ihren Empfehlungen berücksichtigen. Dies wäre hinsichtlich der ohnehin niedrigen Akzeptanz der Hygiene, deren Prestige beim medizinischen Personal verbessert werden muß, wünschenswert bzw. notwendig.

Hautverträglichkeit. Häufiges Händewaschen bzw. Händedesinfizieren kann zu Hautschädigungen führen, wie z. B. Rhagaden oder Ekzem. Dies kann einerseits für das betroffene Personal mit einer erhöhten Infektionsgefahr verbunden sein, z. B. bei Blutkontakt, andererseits aber auch das Risiko der Übertragung potentiell pathogener Erreger auf die Patienten erhöhen, weil nichtintakte Haut mit höheren Keimzahlen besiedelt ist als gesunde Haut. Darüber hinaus findet man insbesondere bei Personen mit chronischen Hautkrankheiten neben Keimen der normalen Hautflora häufig auch potentiell pathogene Erreger, wie z. B. S. aureus oder gramnegative Enterobakteriazeen.

Um Hautschädigungen bedingt durch das häufig notwendige Waschen oder Desinfizieren der Hände zu vermeiden, muß das Personal eine gute Hautpflege durchführen. Es muß aber darauf geachtet werden, eine Kontamination der Hautpflegemittel zu vermeiden, weil sonst bei weiterem Gebrauch eine Rekontamination der Hände erfolgt. Personal mit nässenden oder ekzematösen Läsionen soll nach Möglichkeit solange keinen direkten Patientenkontakt bzw. Kontakt mit Gegenständen für die Patientenversorgung haben, bis die Haut wieder gesund ist.

Problematisch ist deshalb grundsätzlich der Einsatz von Personen mit chronischen Hautkrankheiten, wie z. B. Neurodermitis, in Hoch-Risiko-Bereichen, wie Intensivstationen oder Abteilungen für Früh- und Neugeborene, oder auch in der Apotheke bei der Herstellung von Mischinfusionen. Die Erfahrung mit solchen Personen, die nicht ohne weiteres in einen risikoärmeren Krankenhausbereich versetzt werden können, zeigt aber, daß bei ihnen häufig das Bewußtsein für die mögliche Gefährdung der von ihnen versorgten Patienten oder Patientenmaterialien viel besser ausgeprägt ist als bei ihren Haut-gesunden Kollegen. Da sie ihr Problem der mit potentiell pathogenen Erregern kolonisierten Haut kennen, achten sie meist besonders darauf, daß es z. B. nicht zu einem direkten Kontakt mit den Patienten bei infektionsgefährdenden Tätigkeiten kommt, hauptsächlich dadurch, daß sie bei solchen Tätigkeiten Handschuhe tragen. Wichtig ist, daß diese Personen gut beraten werden, damit es nicht durch die Anforderungen der Hygiene zu einer Verschlechterung der Situation ihrer Haut kommt. Dies ist beispielsweise bei der Auswahl geeigneter Handschuhe von Bedeutung, um zusätzlichen Unverträglichkeiten vorzubeugen. Verhalten sich Personen mit chronischen Hautkrankheiten aber trotz Beratung nicht adäquat, ist es erforderlich, sie statt bei der Versorgung von Hoch-Risiko-Patienten bei weniger gefährdeten Patienten einzusetzen.

Anhang A (S. 414) zeigt eine Zusammenfassung der wichtigsten Empfehlungen und Hinweise für die Händehygiene, wie man sie als Merkblatt an die Mitarbeiter eines Krankenhauses verteilen kann, mit Beispielen für Situationen, in denen die Hände gewaschen werden sollen bzw. eine Händedesinfektion sinnvoll erscheint.

## 23.1.2
### Handschuhe

In den letzten Jahren hat der Gebrauch von Handschuhen bei der normalen Patientenversorgung erheblich zugenommen. Verantwortlich dafür sind in erster Linie Gründe des Personalschutzes vor Infektionen, die mit Blut und/oder Körperflüssigkeiten übertragen werden können (s. Kap. 18, S. 293). Bei vernünftigem Einsatz führen Handschuhe sowohl für die Patienten als auch das Personal zu einer geringeren Kontaminations- bzw. Infektionswahrscheinlichkeit. Sie spielen außerdem bei der Isolierung infizierter oder kolonisierter Patienten neben den anderen allgemeinen Hygienemaßnahmen eine wichtige Rolle (s. Kap. 15, S. 231).

Zweck von (Einmal-)Handschuhen. Bei der normalen Patientenversorgung sollen Handschuhe folgendes bewirken:
- Eine Kontamination der Hände des Personals mit infektiösem Material soll verhindert bzw. zumindest nach Häufigkeit und Ausmaß reduziert werden.

- Die Möglichkeit einer Infektion des Personals durch Erreger infizierter oder kolonisierter Patienten soll eingeschränkt werden.
- Die Wahrscheinlichkeit einer Erregerübertragung vom Personal auf die Patienten, sei es aus dem Reservoir der körpereigenen Flora oder aus der transienten Flora, soll reduziert werden.

Umgang mit Handschuhen. Handschuhe können nicht als Ersatz für Händewaschen bzw. Händedesinfektion angesehen werden, weshalb sie nicht an sich die Arbeit des Personals erleichtern, und es gelten für ihren Gebrauch die gleichen Regeln wie bei der Dekontamination der Hände, d. h.

Handschuhe müssen nach (möglicher) Kontamination gewechselt werden, also zwischen der Versorgung verschiedener Patienten und auch u. U. nach bestimmten Tätigkeiten beim selben Patienten.

Handschuhe und Händewaschen bzw. Händedesinfektion. Es muß ausdrücklich betont werden, daß die Hände nach Ausziehen von Handschuhen auch gewaschen bzw. desinfiziert werden sollen, weil es in einem relativ hohen Prozentsatz trotz Handschuhen doch zu einer Kontamination der Hände kommt [29, 120, 342, 457]. Dies kommt entweder durch primär vorhandene bzw. sekundär entstandene Undichtigkeiten oder beim Ausziehen der Handschuhe zustande. Die üblicherweise als Einmalhandschuhe verwendeten Produkte können aber nicht gewaschen bzw. desinfiziert werden, um den Handschuhverbrauch zu reduzieren oder die Haut der Hände zu schonen, weil zum einen die Keimzahlreduktion auf dem Handschuhmaterial nicht so ausgeprägt ist wie auf der Haut und zum anderen das Material durch Wasser und Seife bzw. Desinfektionsmittel geschädigt wird [120, 457].

Anforderungen an die Qualität des Materials. Die Qualität des Handschuhmaterials spielt in Hinsicht auf ihren angestrebten Zweck eine große Rolle. Um den Anforderungen zu genügen, müssen die Produkte primär dicht sein, dürfen das Tastvermögen und die Geschicklichkeit nicht beeinträchtigen und müssen so stabil sein, daß es bei den Tätigkeiten, für die sie benötigt werden, nicht zu Lecks kommt. Undichtigkeiten, die während des Gebrauchs entstanden, waren in einer kürzlich publizierten Untersuchung bei Handschuhen aus Polyvinylchlorid (PVC) am häufigsten zu beobachten und sind meist an der Spitze von Daumen und Zeigefinger lokalisiert [342]. Da aber Latexhandschuhe, die in der Regel qualitativ besser sind, nicht selten zu Hautirritationen oder sogar zu Kontaktallergien führen, muß auch die Qualität von PVC-Handschuhen verbessert werden, auch wenn sie aus Gründen des Umweltschutzes möglichst wenig verwendet werden sollen.

Neben Latex- und PVC-Handschuhen gibt es aber auch einfachere Produkte aus Polyethylen (PE), die für viele Tätigkeiten, bei denen das Handschuhmaterial nicht stark beansprucht wird, ausreichend sind. So eignen sich z. B. einzeln verpackte (unsterile) PE-Handschuhe gut für das endotracheale Absaugen beatmeter Patienten. Für den Umgang mit Reinigungs- und Desinfektionsmitteln sowie für alle Reinigungsarbeiten sollen anstelle der teureren Einmaluntersuchungshandschuhe Haushaltshandschuhe aus Latex verwendet werden, die häufig gewaschen werden können, bevor sie brüchig werden.

## 23.1.3
## Masken

Lange Zeit war es üblich, bei vielen Tätigkeiten der normalen Patientenversorgung auf der Station Masken zu tragen. Inzwischen ist es jedoch weitgehend akzeptiert, daß diese „Hygienemaßnahme" nur wenig, wenn überhaupt, zum Infektionsschutz von Patienten und Personal beiträgt. Grundsätzlich werden Masken getragen, um den Patienten vor dem Personal zu schützen oder umgekehrt, wobei im folgenden unter dem Begriff „Maske" immer die chirurgische Maske gemeint ist. Die Bedeutung von Masken bei operativen Eingriffen wird in Kap. 7, S. 101 behandelt.

Schutz des Patienten. Betrachtet man den angestrebten Schutz des Patienten, so kann man festhalten, daß Personal mit einer (schweren) Erkältung nicht arbeiten bzw., wenn dies wegen Personalnot nicht möglich ist, keinen direkten Patientenkontakt haben soll. Damit erübrigt sich auch in den meisten Fällen die Frage nach der Notwendigkeit einer Maske für solche Personen. Ein weiterer unbegründeter Anlaß, in bestimmten Situationen vom Personal das Tragen von Masken zu fordern (z. B. bei Verbandswechsel oder Lumbalpunktion) ist die häufige nasale Besiedlung von Krankenhauspersonal mit S. aureus (bis zu 40% aller im Krankenhaus arbeitenden Personen sind im Nasen-Rachen-Raum asymptomatisch besiedelt). Aus der Nase werden aber nur wenig Bakterien in die Luft gestreut, sondern S. aureus wird hauptsächlich mit abgeschilferten Hautschuppen in die Umgebung freigesetzt [19, 20, 70] (s. Kap. 7, S. 101). Dagegen kann ein unsachgemäßer Gebrauch von Masken, also Anfassen der Maske und anschließende Versorgung von Patienten, ohne zunächst die Hände zu waschen oder zu desinfizieren, bei einem S. aureus-Träger sehr viel eher zu einer Kontamination der Patienten oder von Gegenständen in ihrer Umgebung führen, als wenn er keine Maske tragen würde.

Es ist auch weitgehend unklar, ob beispielsweise beim Verbandswechsel großflächiger Wunden bzw. Verbrennungen oder bei Knochenmarksbiopsien der Gebrauch von Masken tatsächlich sinnvoll ist; er wird aber nicht selten dennoch empfohlen. Manchmal wird die Notwendigkeit von Masken bei bestimmten diagnostischen oder therapeutischen Maßnahmen von Studien abgeleitet, in denen gleichzeitig verschiedene Schutzmaßnahmen auf ihre Wirksamkeit hinsichtlich Prävention von Infektionen untersucht wurden, wie z. B. kürzlich in einer Untersuchung über protektive Maßnahmen bei der Anlage zentraler Venenkatheter [363]. So überzeugend die Ergebnisse dieser Studie auch für die Gesamtheit der angewendeten Schutzmaßnahmen (steriler Kittel, sterile Handschuhe, großes steriles Lochtuch, Maske und Kopfschutz) zu sein scheinen, so wenig läßt sich daraus aber ableiten, ob auch jede einzelne Maßnahme einen Anteil an der Reduktion der Infektionen hat, also ob die Verwendung von Masken (wie auch des Kopfschutzes) hier tatsächlich als gleichermaßen essentiell angesehen werden kann wie die des sterilen Kittels, der sterilen Handschuhe und des großen sterilen Lochtuchs.

**Schutz des Personals.** Masken schützen vor Kontakt mit großen respiratorischen Tröpfchen, über die beispielsweise die klassischen Kinderkrankheiten, A-Streptokokken-Racheninfektionen und Diphtherie übertragen werden (s. Kap. 3, S. 19). Ihre Verwendung ist aber grundsätzlich auch in diesen Fällen nur bei engem Patientenkontakt (maximal 2 m Abstand) nötig, weil große Tröpfchen wegen ihres Gewichts schnell sedimentieren und deshalb nicht z. B. nach Husten über größere Entfernungen durch die Luft transportiert werden können. Da aber Patienten mit z. B. Masern oder Mumps nur von immunem Personal versorgt werden sollen, stellt sich auch hier per se nicht die Frage nach der Notwendigkeit von Masken, da sich immunes Personal nicht schützen muß. Es bleiben demnach Krankheiten wie A-Streptokokken-Pharyngitis, Diphtherie oder Meningokokken-Meningitis, bei denen Masken zum Schutz des Personals sinnvoll erscheinen (s. Kap. 15, S. 231). Häufig kann aber auch in Fällen von Diphtherie oder Meningokokken-Meningitis davon erst zu spät Gebrauch gemacht werden, weil die mikrobiologische Diagnostik eine gewisse Zeit beansprucht und das Personal in der Zwischenzeit bereits engen Kontakt mit dem Patienten bei dessen Versorgung hatte.

Chirurgische Masken schützen aber nicht vor der Inhalation von Aerosolen, sog. Tröpfchenkerne, weil sie nicht in der Lage sind, Partikel $<5$ μm zu filtern. Somit bieten sie keinen Schutz bei Kontakt mit Patienten mit einer offenen Tuberkulose der Atemwege. Ob bei Kontakt mit Tuberkulose-Patienten Masken überhaupt und, wenn ja, welchen Typs protektiv sind oder sein können, wird in Kap. 16, S. 267 erörtert.

Masken schützen das Personal auch, wenn die Gefahr besteht, daß Blut und/oder Köperflüssigkeiten verspritzen. Konsequenterweise muß in diesen Situationen aber zusätzlich ein Augen- bzw. Gesichtsschutz getragen werden, um auch die Bindehaut und das Gesicht vor Kontakt mit dem potentiell infektiösem Material zu schützen (s. Kap. 3, S. 19; Kap. 15, S. 231).

**Umgang mit Masken.** Masken verlieren bei Durchfeuchtung z. T. ihre Filterleistung und sollen deshalb nicht zu lange getragen werden, wobei sich aber eine maximale Tragedauer nicht angeben läßt. Wenn man es für notwendig hält, eine Maske gleich welchen Typs zu tragen, muß man aber auch darauf achten, daß sie Mund und Nase vollständig bedeckt und gut am Gesicht anliegt, weil sie ansonsten nur symbolischen Charakter hat. Außerdem muß man beachten, daß man sich beim Berühren der Maske die Hände mit potentiell pathogenen Bakterien aus dem Nasen-Rachen-Raum kontaminieren kann, insbesondere deshalb, weil bekanntermaßen ein hoher Prozentsatz des Personals in Krankenhäusern in der vorderen Nasenhöhle mit S. aureus kolonisiert ist. Deshalb sollen die Hände nach Manipulationen an der Maske gewaschen bzw. desinfiziert werden.

## 23.1.4
## Kittel und andere Schutzkleidung

Zur Berufskleidung von medizinischem Personal gehört die eigentliche Arbeitskleidung, die entweder anstelle oder über der Privatkleidung getragen wird, und die Schutzkleidung, die meist über der Arbeitskleidung bei der Patientenversorgung angezogen wird, wenn dabei eine Kontamination zu erwarten ist.

Arbeitskleidung. Die Arbeitskleidung, meist Kasak und Hose z.B. als Bereichskleidung auf Intensivpflegestationen und/oder Kittel, dient in erster Linie dem Schutz des Personals vor einer Kontamination mit Patientenmaterial. Ihre Notwendigkeit ist in vielen Bereichen der Patientenversorgung offensichtlich (z.B. operative Fächer, Intensivstationen), aber nicht in allen Bereichen immer oder überhaupt gegeben (z.B. Psychiatrie). Sie soll so häufig gewechselt werden, daß das Personal immer sauber gekleidet ist (dasselbe gilt für bei der Arbeit getragene Privatkleidung). Das bedeutet auf Intensivstationen in der Regel einen täglichen Wechsel, während auf Allgemeinstationen ein Wechsel u.U. nur alle paar Tage erforderlich sein kann. Die Häufigkeit des Wechsels muß also von den individuellen Gegebenheiten bei der Arbeit abhängig gemacht werden.

Bei Ärzten, die Kittel über ihrer Privatkleidung tragen, wird gelegentlich, z.B. bei Begehungen der Gesundheitsämter, kritisiert, wenn die Kittel offen sind. Ein hygienisches Risiko ist aber dadurch nicht gegeben. Man kann nämlich viele Tätigkeiten am Patienten und insbesondere außerhalb der Patientenzimmer auch ganz ohne Kittel ausüben. Die Privatkleidung ist mikrobiell nicht mehr belastet als ein Kittel, der mehrere Stunden getragen worden ist, weil das Baumwollmaterial für Bakterien bzw. bakterientragende Hautschuppen durchlässig ist, so daß die Hautflora nach einiger Zeit auch an der Außenseite der Kittel gefunden werden kann. Viele Ärzte brauchen z.B. einen Kittel während eines Teils der Arbeitszeit nur, um in seinen Taschen verschiedene Gegenstände unterzubringen, die man sonst nicht einstecken kann. Insofern kann man beispielsweise bei einer Visite auf einer internistischen Allgemeinstation seinen Kittel auch vorwiegend offen tragen. Besteht bei näherem Patientenkontakt aber die Möglichkeit einer Kontamination, knöpft man den Kittel zu oder zieht ihn ganz aus, um einen Schutzkittel anzulegen, wenn eine Kontamination mit potentiell infektiösem Material zu erwarten ist. Man kann jedoch von offen getragenen Arztkitteln nicht auf mangelndes Hygienebewußtsein schließen.

Auf der anderen Seite schätzen es viele Patienten, wenn sie nicht nur weiß gekleidetes Personal um sich haben. Eine farbige und mehr der normalen Kleidung angepaßte Arbeitskleidung ist insbesondere auf Kinderstationen wichtig und üblich, und es spricht aus hygienischer Sicht nichts dagegen, wenn das Personal dort in bunten T-Shirts arbeitet. Die üblichen Waschtemperaturen in Haushalts-Waschmaschinen (z.B. 60°C, aber auch niedrigere Temperaturen) sind aus hygienischer Sicht ausreichend, um die Kleidung wieder bei der Arbeit benutzen zu können. Insgesamt ist die Arbeitskleidung eine krankenhaushygienische Marginalie, was leider manchmal zu wenig berücksichtigt wird.

Die Einrichtung zentraler Personalumkleiden führt nicht selten zu erheblichen Wegezeiten [246]. Statt dessen sind dezentrale Umkleideräume möglichst nah am jeweiligen Arbeitsplatz sinnvoll. Hygienische Gründe sind dabei aber nicht entscheidend, da die Frage der Unterbringung der Personalumkleiden nichts mit der Prävention von Infektionen zu tun hat. Dies gilt auch für die Forderung nach getrennter Unterbringung von Privat- und Arbeitskleidung in einem Schrank.

Schutzkleidung. Zum Schutz der Arbeitskleidung und damit zum Schutz der Patienten vor einer Kontamination mit potentiell pathogenen Erregern soll in manchen Situationen eine spezielle Schutzkleidung angelegt werden, obwohl die Wahrscheinlichkeit einer Erregerübertragung durch die Arbeitskleidung des Personals gering eingeschätzt wird [19]. Auf jeden Fall aber ist eine spezielle Schutzkleidung immer dann sinnvoll, wenn bei Umgang mit infektiösem Material eine Kontamination der Arbeitskleidung zu erwarten ist.

Bei der Schutzkleidung kann es sich um einen konventionellen Baumwollkittel mit langen Ärmeln oder um eine Plastikschürze aus waschbarer mehrfach wiederverwendbarer Kunstfaser bzw. aus Einmalmaterial handeln. Da bei den meisten Tätigkeiten nur die Region um die Taille von der Kontamination betroffen ist, ist eine Schürze in der Regel ein adäquater Schutz. Bei Kontakt mit Körperflüssigkeiten stellt darüber hinaus eine Schürze wegen ihres feuchtigkeitsundurchlässigen Materials den besseren Schutz dar. Konventionelle Baumwollkittel sind dagegen nur selten besser geeignet, weil Schultern und Oberarme bei den üblichen Verrichtungen am Patienten meist nicht kontaminiert werden. Ein langärmeliger Kittel kann jedoch z. B. beim Umlagern von Patienten, die ausgedehnte S. aureus-Infektionen oder -Kolonisationen haben, oder bei der Physiotherapie sinnvoll sein. Schließlich ist ein langärmeliger Kittel bei der Versorgung von Säuglingen üblich und angebracht.

Umgang mit Schutzkleidung. Schutzkittel oder Schürzen können beim selben Patienten mehrfach verwendet werden, wenn man die Außenseite markiert. Schürzen mit verschieden farbigen Seiten sind deshalb besonders praktisch. Baumwollkittel werden bei sichtbarer Kontamination bzw. einmal – auf Intensivstationen auch dreimal – täglich in die Wäsche gegeben. Plastikschürzen können bei kleineren Kontaminationen z. B. mit Alkohol sauber gewischt werden oder bei gröberer Verschmutzung ebenfalls gewaschen werden. Auch Schürzen aus Einmalmaterial brauchen nicht nach jedem Gebrauch entsorgt zu werden und können bei geringerer Kontamination ebenfalls mit Alkohol gesäubert werden.

Kittel und Schürzen sollen nach Gebrauch im Patientenzimmer, bei Mehrbettzimmern in der Nähe des Patientenbettes aufgehängt werden. Sie außerhalb des Zimmers auf dem Gang unterzubringen, ist unlogisch, weil damit eine Ausbreitung der Erreger begünstigt wird, sie dagegen im Zimmer des erkrankten Patienten zu lassen, bedeutet für diesen keine Infektionsgefahr, weil er bereits mit dem Erreger infiziert oder kolonisiert ist.

Besucherkittel. Die Anschaffungs- und Waschkosten für die Bereitstellung von Schutzkitteln für die Besucher von Patienten können ohne Bedenken eingespart werden, da die Privat- bzw. Straßenkleidung kein Kontaminations- oder sogar Infektionsrisiko darstellt. Dies gilt nicht nur für Allgemeinstationen, wenn dort z. B. überwachungspflichtige Patienten gepflegt werden, sondern auch für alle Bereiche der Intensivmedizin sowie für schwer abwehrgeschwächte Patienten unter Chemotherapie.

Überschuhe. Der Fußboden ist nirgendwo im Krankenhaus ein Erregerreservoir für Infektionen. Die mikrobielle Kontamination des Fußbodens ist also krankenhaushygienisch irrelevant. Beim Gebrauch von (Plastik-)Überschuhen kann sie jedoch tatsächlich zu einer Infektionsgefahr werden, wenn nämlich die Hände nach dem Anziehen der Überschuhe nicht gewaschen bzw. desinfiziert werden, was meist versäumt wird [19]. Überschuhe sollte es aus diesen Gründen in Krankenhäusern überhaupt nicht mehr geben.

### 23.1.5
### Dekontamination von Gegenständen

Auf welche Art Gegenstände, die für die direkte Patientenversorgung benötigt werden, oder solche aus der Umgebung des Patienten dekontaminiert, d. h. gereinigt, desinfiziert oder sterilisiert werden müssen, ist davon abhängig, ob ein und, wenn ja, welch ein potentielles Infektionsrisiko bei ihrer Anwendung für den Patienten verhanden ist. Man kann verschiedene Risikoabstufungen unterscheiden, wobei Überschneidungen möglich sind (s. folgende Übersicht) [20, 84].

**Potentielles Infektionsrisiko im Umgang mit Gegenständen**
- Minimales Risiko. Gegenstände, die in einiger Entfernung vom Patienten sind, wie z. B. Wände, Decken, Fußboden und Waschbecken, sowie aber auch einige Gegenstände aus der näheren Umgebung des Patienten, wie z. B. Bettgestell, Nachtkästchen, Blumenvasen;
- geringes Risiko. Gegenstände, die in Kontakt mit der intakten Haut kommen, wie z. B. Stethoskop, Waschschüssel, Geschirr, Besteck, Telefon;
- mäßiges Risiko. Gegenstände, die in Kontakt mit intakten Schleimhäuten kommen, z. B. Narkose- und Beatmungszubehör, Thermometer, Endoskope;
- hohes Risiko. Gegenstände, die engen Kontakt mit einer Haut- oder Schleimhautschädigung haben, wie z. B. Verbände, sowie Gegenstände, die in Kontakt mit normalerweise sterilen Körperregionen kommen, wie z. B. chirurgische Instrumente, Kanülen, Implantate, Blasen- und Venenkatheter.

Gegenstände, bei denen ein hohes Infektionsrisiko besteht, müssen steril sein, während Gegenstände, mit denen nur ein mäßiges Infektionsrisiko verbunden ist, lediglich desinfiziert werden müssen und schließlich alle Gegenstände mit einem geringen oder minimalem Risiko für eine Infektion nur gereinigt und getrocknet zu werden brauchen.

**Gegenstände mit minimalem und geringem Infektionsrisiko.** Die unbelebte Umgebung des Patienten (d. h. Wände, Decken, Fußboden, Vorhänge, Möbel, Waschbecken, Bettgestell, Nachtkästchen, Blumenvasen) ist, wenn überhaupt, nur mit einem minimalen Infektionsrisiko verbunden. Selten spielen diese Gegenstände und Flächen in Ausbruchssituationen eine Rolle. Übliche Reinigungsmaßnahmen ohne Zusatz von Desinfektionsmitteln sind deshalb normalerweise adäquat (s. Kap. 21, S. 363). Bei manchen Infektionen können jedoch routinemäßige Desinfektionsmaßnahmen, meist aber nur der näheren Umgebung des Patienten (sog. laufende Desinfektion), und bei Entlassung des Patienten bzw. nach Aufhebung der Isolierungsmaßnahmen auch eine abschließende Flächendesinfektion (sog. Schlußdesinfektion) angebracht sein (s. Kap. 15, S. 231).

**Gezielte Desinfektion.** Bei Kontamination von Flächen mit potentiell infektiösem Material soll möglichst sofort eine desinfizierende Reinigung vorgenommen werden. Dazu zieht man sich Einmalhandschuhe an und wischt die Fläche mit einem Papierhandtuch, das mit Desinfektionslösung angefeuchtet wurde, sauber. Handschuhe und Papiertücher werden anschließend in den Hausmüll getan. Für diesen Zweck sollen auf den Stationen Behälter mit gebrauchsfertig angesetzter Desinfektionslösung bereitstehen. Da die Reinigung und Desinfektion sichtbar kontaminierter Flächen so schnell wie möglich durchgeführt werden soll, muß die gezielte Desinfektion von dem Personal vorgenommen werden, das gerade in der Nähe ist, wenn nicht sowieso immer Reinigungspersonal zur Verfügung steht. Da dies aber häufig, insbesondere zu ungünstigen Arbeitszeiten (z. B. abends, am Wochenende) nicht der Fall ist, müssen dann Schwestern, Ärzte oder MTAs bereit sein, diese Arbeit zu erledigen.

**Bettenaufbereitung.** Bettgestelle stellen kein realistisches Infektionsrisiko dar, eine Reinigung ist deshalb in fast allen Fällen die angemessene Methode der Aufbereitung. Ist ein Bettgestell mit potentiell infektiösem Material kontaminiert worden, wird wie bei der gezielten Desinfektion für seine Aufbereitung ein Desinfektionsmittel angewendet. Eine routinemäßige Desinfektion aller Bettgestelle ist jedoch mit hygienischen Argumenten nicht zu rechtfertigen, weshalb die Einrichtung von zentralen Bettendesinfektionsanlagen nicht sinnvoll ist. Als praktische Lösung für den klinischen Alltag kann man vorschlagen, nur die sichtbar mit potentiell infektiösem Material kontaminierten Bettgestelle und solche von Patienten mit Infektionen, wie z. B. Salmonellosen, zu desinfizieren (sog. Infektionsbetten), die restlichen jedoch lediglich zu reinigen (sog. Hotelbetten). Damit kann erreicht werden, daß nur noch ein sehr kleiner Anteil der Bettgestelle (maximal 10%) desinfiziert wird [245].

Matratzen sollen waschbare Hauben oder Überzüge haben, die nur bei Kontamination, also nicht nach jedem Patientenwechsel, in die Wäsche gegeben werden. Kopfkissen und Bettdecken sollen mit üblichen Temperaturen und Verfahren waschbar sein und ebenfalls nur bei Kontamination in die Wäsche kommen. Federfüllungen kommen daher nicht in Betracht. Ganz selten wurden Matratzen oder Bettzeug bei Ausbrüchen als Erregerreservoir entdeckt bzw. für verantwortlich gehalten, weil andere Übertragungswege nicht gefunden werden konnten, wie z. B. bei einem S. aureus-Ausbruch im Zusammenhang mit Matratzen von Kinderbetten [328] oder kürzlich bei einem Acinetobacter-Ausbruch, bei dem Federkopfkissen als Ursache angesehen wurden [450]. Diese Beispiele zeigen aber auch, daß bei intaktem bzw. leicht zu pflegendem Bettzubehör das Patientenbett keine Quelle für Infektionen darstellt.

Die gesamte Bettenaufbereitung (Abrüsten, Reinigung des Bettgestells und Aufrüsten mit frischer Wäsche) soll so nah wie möglich am Stationsbereich vorgenommen werden. Bettenzentralen sind nicht nur aus ökonomischen und ökologischen Gründen, sondern allein schon wegen der langen Transportzeiten nicht zu empfehlen. Bei Neu- oder Umbauten wird deshalb am besten ein Raum für die manuelle Bettenaufbereitung, z. B. auf jedem Stockwerk, geplant, so daß für die Stationen keine langen Wege für den Hin- und Rücktransport entstehen. Ansonsten werden die Betten auf den Stationen auf dem Gang (oder auch in den Patientenzimmern) aufbereitet. Dabei gibt es zwar nicht selten Platzprobleme, aber aus hygienischer Sicht bestehen keine Bedenken.

Badewannen, Duschen, Waschbecken, Waschschüsseln, Toiletten. Diese Gegenstände müssen in fast allen Fällen nur gereinigt werden, weil sie nicht mit einem nennenswerten Infektionsrisiko in Zusammenhang gebracht werden können. Eine Desinfektion kann nur in Einzelfällen, z. B. nach Benutzung durch einen Patienten mit einer ausgedehnten Hautinfektion, empfohlen werden. Waschschüsseln werden am besten in einem Reinigungsautomaten thermisch aufbereitet (s. Kap. 13, S. 201).

Geschirr und Besteck. Sämtliches Geschirr und Besteck von infizierten und nicht infizierten Patienten wird ohne Trennung oder Kennzeichnung in den in der Küche vorhandenen Geschirrspülmaschinen aufbereitet (s. Kap. 39, S. 611). Eine spezielle Behandlung von Geschirr infizierter Patienten auf der Station vor dem Rücktransport soll nicht erfolgen, weil damit aus krankenhaushygienischer Sicht kein Nutzen verbunden ist. Ebensowenig hat die Verwendung von Einweggeschirr einen Sinn (s. Kap. 15, S. 231).

Wäsche. Selbst mit infektiösem Material kontaminierte Wäsche stellt an sich kein Infektionsrisiko dar, wenn beim Umgang auf die üblichen Vorsichtsmaßnahmen geachtet wird. Welche Maßnahmen beim Sammeln und beim Transport in die Wäscherei erforderlich sind und was beim Umgang mit sog. infektiöser Wäsche zu beachten ist, ist in Kap. 40, S. 625 ausgeführt.

Steckbecken, Nachtstühle und Urinflaschen. Steckbecken, die Topfeinsätze von Nachtstühlen und Urinflaschen werden am sichersten und für das Personal am wenigsten belastend in möglichst komplett thermisch arbeitenden Steckbeckenspülautomaten (Topfspülen) aufbereitet. Die Desinfektion erfolgt dabei z. B. bei einer Temperatur von 90°C oder 80°C mit einer Haltezeit von 1 min (s. Kap. 13, S. 201). Die Anschaffung gut funktionierender Topfspülen stellt eine große Erleichterung für das Personal dar, wofür nicht nur ästhetische Gründe ausschlaggebend sind, sondern auch der nicht mehr erforderliche Einsatz von Desinfektionsmitteln. Chemothermische Topfspülen sollen zur Vermeidung einer unnötigen Abwasserbelastung nicht angeschafft werden, eine Umrüstung bereits vorhandener Geräte auf einen komplett thermischen Betrieb ist aus technischen Gründen nicht möglich.

Gegenstände mit mäßigem und hohem Infektionsrisiko. Die Aufbereitung von z. B. Endoskopen, Anästhesie- und Beatmungszubehör oder chirurgischen Instrumenten, wird in den einzelnen Spezialkapiteln behandelt.

**23.1.6**
**Haut- und Schleimhautdesinfektion**
(s. dazu auch Kap. 13, S. 201)

Das Ziel der Haut- und Schleimhautdesinfektion vor diagnostischen und therapeutischen invasiven Maßnahmen ist, die Keimzahl der dort normalerweise vorhandenen (residenten) oder vorübergehend erworbenen (transienten) Flora zu reduzieren. So ist es vor perkutanen Maßnahmen oder vor Anlage von Blasenkathetern üblich, eine lokale Desinfektion der Haut bzw. Schleimhaut durchzuführen [259]. Ob jedoch eine routinemäßige Hautdesinfektion vor intravenösen, intramuskulären, sub- oder intrakutanen Injektionen überhaupt notwendig ist, kann auch in Frage gestellt werden [99]. Für die Hautdesinfektion werden alkoholische Lösungen (60- bzw. 70%iger Alkohol oder Kombinationen aus Alkohol und PVP-Jodlösung bzw. Chlorhexidin) verwendet, für die Schleimhautdesinfektion dagegen alkoholfreie Lösungen, meist wäßrige PVP-Jod- oder Chlorhexidinlösung. Neuerdings steht mit Octenidin ein neues Haut- und Schleimhautdesinfektionsmittel zur Verfügung. Früher häufig verwendete Antiseptika, wie quaternäre Ammoniumverbindungen (z. B. Benzalkoniumchlorid) und organische Quecksilberverbindungen (z. B. Merbromin), sollen wegen Wirkungslücken v. a. im gramnegativen Bereich, wegen toxischen und/oder allergischen Nebenwirkungen und/oder wegen wundheilungshemmender Wirkung nicht mehr eingesetzt werden. Da diese Substanzen abwasserbelastend sind, sprechen nicht zuletzt auch Umweltschutzgründe gegen ihre Verwendung.

Anforderungen an Antiseptika. Antiseptika sollen keine Haut- bzw. Schleimhautreizungen oder Gewebeschäden verursachen. Sie sollen ein breites Wirkungsspektrum (wobei aber für die Hautdesinfektion eine gute Wirksamkeit im grampositiven Bereich vorrangig ist) und einen schnellen Wirkungseintritt haben.

Einwirkzeit. Für die Hautdesinfektion vor Gefäßpunktionen und intravenösen, intramuskulären sowie subkutanen Injektionen wird meist eine Einwirkungszeit von 15–30 sec angegeben. Bei der Anlage peripherer Venenkatheter soll die Desinfektionszeit mindestens 30 sec und bei Anlage zentraler Venenkatheter mindestens 1 min betragen, ebenso wie bei Punktionen des Reservoirs implantierter Katheter, Lumbalpunktionen, Anlage perkutaner transhepatischer Drainagen, Thoraxdrainagen und ähnlichen Maßnahmen. Vor Gelenkpunktionen und insbesondere vor intraartikulären Injektionen erscheint es wegen des höheren Infektionsrisikos sinnvoll, eine längere Einwirkzeit wie vor operativen Eingriffen, d. h. 3 min, einzuhalten.

Während der Einwirkzeit wird das Desinfektionsmittel meist abwechselnd aufgetragen und auf der Haut verrieben („sprühen → wischen → sprühen → wischen"). Allerdings haben verschiedene Studien die Überlegenheit des mechanischen Verfahrens über das alleinige Auftragen des Desinfektionsmittels, z. B. durch Sprühen, nicht zeigen können [259]. Somit kann man nur sagen, daß es „logisch" erscheint, die Wirkung des Desinfektionsmittels durch die mechanische Komponente des Wischens zu unterstützen, obwohl dadurch anscheinend keine größere Keimzahlreduktion erreicht werden kann.

Tupfer. Als Tupfer werden für normale Hautdesinfektionen z. B. vor intravenösen Injektionen oder Anlage von Venenkathetern in der Regel sterilisierte Zellstofftupfer von einer Rolle verwendet (diese Rollen werden am Ende des Herstellungsprozesses sterilisiert, so daß ihr Inhalt nach dem Öffnen der Verpackung nicht mehr als steril bezeichnet werden kann, weshalb die Formulierung „sterilisiert" verwendet wird). Sterile Tupfer werden bei allen Punktionen und Injektionen in sterile Körperhöhlen (z. B. Gelenke) verwendet, obwohl der Nutzen fraglich ist, da auch die sterilisierten Tupfer keimarm sind, das eigentliche mikrobiologische Problem aber die Haut des Patienten ist. Dennoch erscheint es sinnvoll, für invasive Eingriffe in normalerweise keimfreie Körperregionen zur Hautdesinfektion sterile Tupfer zu verwenden. Man sollte diesen Punkt allerdings für die Infektionsprophylaxe nicht überbewerten.

Inwieweit die Desinfektion von Schleimhäuten (oral, vaginal) überhaupt effektiv ist, um die Infektionshäufigkeit zu senken, ist unklar. Sowohl in der Zahnheilkunde als auch in Gynäkologie und Geburtshilfe sowie in der Urologie werden meist wäßrige PVP-Jodlösungen verwendet, wobei verdünnte Lösungen, z. B. 1 : 100, gegen S. aureus sogar besser wirksam sind als die vom Hersteller gelieferte 7,5- oder 10%ige Lösung (s. Kap. 13, S. 201).

Hautdesinfektion vor Insulininjektion. In keinem Bereich der Medizin wurde die generelle Notwendigkeit der Hautdesinfektion vor Injektion so konsequent in Frage gestellt wie im Umgang mit Diabetikern bei der subkutanen Injektion von Insulin. Mittlerweile existiert eine jahrzehntelange Erfahrung mit Insulininjektionen ohne vorherige Hautdesinfektion, und lokale oder sogar systemische infektiöse Komplikationen sind dabei unbekannt [255]. Dies gilt nicht nur für Diabetiker, die sich selbst im eigenen häuslichen Umfeld ihre Injektionen verabreichen, sondern auch für diejenigen, die in Spezialkliniken zur Einstellung ihres Diabetes mellitus stationär aufgenommen und dort auch in der Technik der selbständigen Injektion ausgebildet werden. Dabei kann es sich um kurze stationäre Aufenthalte von z. B. einer Woche bei unkomplizierten Patienten handeln, aber auch um wochen- bis monatelange Aufenthalte multimorbider Patienten.

Hygieniker haben dieses Vorgehen (wie auch die mehrfache Verwendung von Spritzen und Kanülen im häuslichen Milieu) akzeptiert und zur Kenntnis genommen, daß damit keine infektiösen Komplikationen verbunden sind. Man denkt dabei aber vorwiegend an Diabetiker, die sich selbst zu Hause die Injektionen setzen. Probleme werden jedoch gesehen, wenn ein solcher Patient aus welchen Gründen auch immer in ein Krankenhaus zur stationären Aufnahme eingewiesen werden muß. Ist er dann nämlich aufgrund eines zu stark beeinträchtigten Allgemeinzustandes nicht mehr in der Lage, die Insulininjektionen selbständig durchzuführen, müssen diese Injektionen vom Klinikpersonal, in der Regel vom Pflegepersonal, vorgenommen werden. In solchen Situationen wird folgendermaßen argumentiert: Wenn die Insulininjektion ohne Hautdesinfektion durchgeführt wird, und es kommt anschließend, obwohl zugestandenermaßen unwahrscheinlich, zu einer infektiösen Komplikation, die mit der Injektion im Zusammenhang stehen könnte, dann sei die Person verantwortlich, die diese Injektion durchgeführt hat, weil eine Hautdesinfektion vor perkutanen Maßnahmen eine Grundregel der Hygiene sei. Nach dieser Auffassung ist die Hautdesinfektion nicht etwa eigentlich aus Gründen der Infektionsprophylaxe notwendig, sondern v. a. aus „forensischen" Gründen [259].

Wenn man einen solchen Fall einmal konstruiert, dann könnte es zu folgender Situation kommen:

> Ein stationärer Patient mit einem insulinpflichtigen Diabetes mellitus hat nach einer Insulininjektion, die ihm von einem Mitarbeiter des Krankenhauses verabreicht wurde, eine infektiöse Komplikation an der Einstichstelle erlitten. Er macht nun mangelnde Sorgfalt geltend, weil diese Injektion nicht, wie bei Injektionen allgemein üblich, nach einer Hautdesinfektion vorgenommen wurde. Der Mitarbeiter des Krankenhauses, dem dieses Vorgehen als hygienischer Fehler vorgeworfen wird, argumentiert nun seinerseits damit, daß die subkutane Insulininjektion ohne Hautdesinfektion durchgeführt werden kann, weil dies von Diabetologen in den eigenen Kliniken so gehandhabt und dem Patienten auch in dieser Weise beigebracht wird. Nun zieht der Kläger den Sachverstand eines Hygienikers zu Rate, der die generelle Notwendigkeit einer Hautdesinfektion vor jeder perkutanen Maßnahme als „goldenen Standard" darstellt. Der Beklagte seinerseits zieht einen Diabetologen als Sachverständigen hinzu, der jahrelang Erfahrung im Umgang mit Diabetikern in Stoffwechselkliniken hat. Dieser bestätigt, daß eine Hautdesinfektion vor der Insulininjektion nicht erforderlich ist, weil es keine infektiologischen Probleme gibt, wie jedem Diabetologen aus jahrzehntelanger Erfahrung im Umgang mit auch stationären und schwer kranken Diabetikern bekannt sei.

Man hätte in dieser theoretischen Situation also zwei divergierende Aussagen der medizinischen Sachverständigen. Ein Gericht folgt in der Regel der Stellungnahme des hinzugezogenen Sachverständigen. In einem Fall wie dem hier skizzierten, hat es abzuwägen, welcher gutachterlichen Stellungnahme mehr Gewicht zu geben ist. Der Hygieniker kann sich nur auf einen allgemeinen Grundsatz berufen, während der Diabetologe auf seine praktische Erfahrung im Umgang mit insulinpflichtigen Diabetikern auch unter stationären Bedingungen verweisen kann. Die Entscheidung wird in einem solchen Fall eher so ausfallen, daß das Gericht dem Sachverständigen folgt, der auf Grund seines Fachgebietes der Problematik, über die verhandelt wird, näher steht. Auf jeden Fall muß betont werden, daß die Standards der erforderlichen ärztlichen Sorgfalt von Medizinern gesetzt werden, nicht von Juristen. Diese haben lediglich im Streitfall darüber zu befinden, was in der konkreten Auseinandersetzung als „erforderliche Sorgfalt" angesehen werden kann [400].

Die fehlenden infektiösen Komplikationen bei Verzicht auf die Hautdesinfektion vor Insulininjektion sind auf die in den Insulinen enthaltenen Konservierungsstoffe (m-Kresol, Phenol) zurückzuführen, die selbst dann mikrobizid wirken können, wenn es bei der Injektion zu einer Verlagerung eines Teils der Hautflora in den Subkutanbereich kommen sollte, was bei einer Injektion nicht notwendigerweise der Fall sein muß. In Analogie dazu müßte man beispielsweise subkutane Heparininjektionen auch ohne Hautdesinfektion durchführen können, weil Heparinzubereitungen in Mehrdosisampullen ebenfalls effektive Konservierungsstoffe enthalten. Hierzu existieren aber keine Erfahrungen. Vielleicht ist aber auch das Risiko infektiöser Komplikationen deshalb so gering (oder nicht vorhanden), weil bei normaler Körperpflege die Haut so „sauber" ist, daß die erforderliche Infektionsdosis im Subkutangewebe nicht erreicht werden kann [136, 255].

Gegen eine Hautdesinfektion vor Insulininjektion sprechen einige medizinische Gründe:
- die Inokulation von Alkoholresten bei der Insulininjektion kann schmerzhaft sein,
- es kann zu lokalen Hautreizungen kommen und
- die (jahrzehntelange) lokale Anwendung von Alkohol kann zu Hautveränderungen führen.

Außerdem kommt es zu einer unnötigen Verunsicherung der Diabetiker, wenn man ihnen im Krankenhaus die gleichen Injektionen, die sie sonst immer ohne Hautdesinfektion durchführen, mit Desinfektion verabreicht.

Da es eine „wissenschaftliche" Klärung der Frage der Notwendigkeit einer Hautdesinfektion vor Insulininjektion nicht geben wird (man müßte dazu wegen der geringen Inzidenz lokaler oder sogar systemischer Infektionen eine kontrollierte klinische Studie mit mehreren zehntausend Patienten durchführen), kann man festhalten, daß die Befürworter einer routinemäßigen Hautdesinfektion, d. h. die meisten Hygieniker, keine überzeugenden infektiologisch-hygienischen Argumente, sondern nur Meinungen und Empfehlungen vorweisen können. Die Argumente sind eher auf der Seite derer, die eine Hautdesinfektion nicht für erforderlich halten, wenn auch „harte Daten" aus entsprechenden Studien nicht vorhanden sind, sondern nur die breite klinische Erfahrung. Die Hautdesinfektion vor Insulininjektion durch Krankenhauspersonal kann jedenfalls aus hygienischer Sicht nicht als ein „Muß" angesehen werden.

Zum Abschluß dieses Abschnittes über allgemeine Hygienemaßnahmen folgt Reinigungs- und Desinfektionsplan 23.1 für Allgemeinstationen (weitere Reinigungs- und Desinfektionspläne sind in den speziellen Kapiteln zu finden).

**Reinigungs- und Desinfektionsplan 23.1.** Allgemeinstationen

| Was | Wann | Womit | Wie |
|---|---|---|---|
| Händereinigung | Bei Betreten bzw. Verlassen des Arbeitsbereiches, vor und nach Patientenkontakt | Flüssigseife aus Spender | Hände waschen, mit Einmalhandtuch abtrocknen |
| Hygienische Händedesinfektion | z. B. *vor* Verbandswechsel, Injektionen, Blutabnahmen, Anlage von Blasen- und Venenkathetern *nach* Kontamination¹ (bei grober Verschmutzung vorher Hände waschen), nach Ausziehen der Handschuhe | (alkoholisches) Händedesinfektionsmittel | Ausreichende Menge entnehmen, damit die Hände vollständig benetzt sind, verreiben bis Hände trocken sind **kein Wasser zugeben** |
| Hautdesinfektion | Vor Punktionen, bei Verbandswechsel usw. | Z. B. (alkoholisches) Hautdesinfektionsmittel **oder** PVP- Jod-Alkohol-Lsg. | Sprühen – wischen – sprühen – wischen *Dauer:* 30 sec |
| | Vor Anlage von intravasalen Kathetern | | Mit sterilen Tupfern mehrmals auftragen und verreiben *Dauer:* 1 min |
| | Vor invasiven Eingriffen mit besonderer Infektionsgefährdung (z. B. Gelenkpunktionen, Lumbalpunktionen) | | mit sterilen Tupfern mehrmals auftragen und verreiben Dauer: 3 Min. |
| Schleimhautdesinfektion | Z. B. vor Anlage von Blasenkathetern | PVP- Jod - Lsg. **ohne** Alkohol | Unverdünnt auftragen *Dauer:* 30 sek |
| Instrumente | nach Gebrauch | Reinigungs- und Desinfektionsautomat, verpacken, autoklavieren **oder** in Instrumentenreiniger einlegen, reinigen, abspülen, trocknen, verpacken, autoklavieren *bei Verletzungsgefahr:* Zusatz von (aldehydischem) Instrumentendesinfektionsmittel | |
| Standgefäß mit Kornzange | 1mal täglich | Reinigen, verpacken, autoklavieren (bei Verwendung **kein** Desinfektionsmittel in das Gefäß geben) | |

**Reinigungs- und Desinfektionsplan 23.1.** (Fortsetzung)

| Was | Wann | Womit | Wie |
|---|---|---|---|
| Trommeln | 1mal täglich nach Öffnen (Filter regelmäßig wechseln) | Reinigen, autoklavieren | |
| Thermometer | Nach Gebrauch | Alkohol 60–70% | Abwischen |
| Blutdruckmanschette Kunststoff Stoff | Nach Kontamination[1] | Mit (aldehydischem) Flächendesinfektionsmittel, bzw. Alkohol 60–70% abwischen, trocknen **oder** Reinigungs- und Desinfektionsautomat in Instrumentenreiniger einlegen, abspülen, trocknen, autoklavieren **oder** Reinigungs- und Desinfektionsautomat | |
| Stethoskop | Bei Bedarf | Alkohol 60–70% | Abwischen |
| Mundpflegetablett Tablett/Becher Klemme | 1mal täglich Nach jedem Gebrauch 1mal täglich | Reinigungs- und Desinfektionsautomat **oder** mit Alkohol 60–70% abwischen – Mit Alkohol 60–70% abwischen – Reinigungs- und Desinfektionsautomat **oder** in Instrumentenreiniger einlegen, abspülen, trocknen, verpacken, autoklavieren | |
| Becher mit Gebrauchslösung | Nach jedem Gebrauch | Mit Alkohol 60–70% auswischen | |
| Sauerstoffanfeuchter Gasverteiler, Wasserbehälter | Alle 48 h bzw. ohne Aqua dest: alle 7 Tage | Reinigungs- und Desinfektionsautomat **oder** reinigen, trocknen, autoklavieren | |
| Verbindungsschlauch, Maske | Bei Patientenwechsel **oder** alle 48 h | Reinigungs- und Desinfektionsautomat (Flowmeter mit Alkohol 60–70% abwischen) | |
| Geräte, Mobiliar | 1mal täglich Nach Kontamination[1] | Umweltfreundlicher Reiniger (aldehydisches) Flächendesinfektionsmittel | Abwischen |
| Urometer | Nach Gebrauch | (aldehydisches) Flächendesinfektionsmittel | Einlegen, abspülen, trocknen |
| Beatmungsbeutel | Nach Gebrauch | Reinigungs- und Desinfektionsautomat | |
| Redonflaschen Bülauflaschen Monaldiflaschen | Nach Gebrauch | Reinigungs- und Desinfektionsautomat, autoklavieren **oder** in (aldehydisches) Flächendesinfektionsmittel einlegen, abspülen, trocknen, autoklavieren | |
| Absauggefäße inkl. Verschlußdeckel und Verbindungsschläuche | 1mal täglich **oder** bei Patientenwechsel | Reinigungs- und Desinfektionsautomat **oder** in (aldehydisches) Flächendesinfektionsmittel einlegen, abspülen, trocknen | |
| Waschbecken Strahlregler | 1mal täglich 1mal pro Monat | Mit umweltfreundlichem Reiniger reinigen Unter fließendem Wasser reinigen | |

**Reinigungs- und Desinfektionsplan 23.1.** (Fortsetzung)

| Was | Wann | Womit | Wie |
|---|---|---|---|
| **Waschschüsseln Badewannen Duschen** | Nach Benutzung<br><br>Nach Benutzung durch infizierte Patienten | Umweltfreundlicher Reiniger<br>(aldehydisches) Flächendesinfektionsmittel | Abwischen, trocknen<br><br>Nach der Einwirkzeit mit Wasser nachspülen, trocknen |
| **Haarschneidemaschine**<br>Scherkopf | Nach Gebrauch | Mit Alkohol 60–70% abwischen<br><br>Reinigen, in Alkohol 60–70% für 10 min einlegen, trocknen<br>**oder** reinigen, autoklavieren (Pflegeöl benutzen) | |
| **Bettenreinigung**<br><br>**Bettendesinfektion** | Nach Belegung<br><br>Nach Kontamination[1] bei Patienten mit meldepflichtigen Erkrankungen | Umweltfreundlicher Reiniger<br>(aldehydisches) Flächendesinfektionsmittel | Matratzenschonbezug und Bettgestell abwischen |
| **Steckbecken, Urinflaschen** | Nach Gebrauch | Steckbeckenspülautomat | |
| **Fußboden** | 1mal täglich<br><br>Nach Kontamination[1] | Umweltfreundlicher Reiniger<br>(aldehydisches) Flächendesinfektionsmittel | Hausübliches Reinigungssystem<br>Wischen |
| **Abfall, bei dem Verletzungsgefahr besteht z. B. Skalpelle, Kanülen** | Direkt nach Gebrauch (bei Kanülen **kein Recapping**) | Entsorgung in leergewordene, durchstichsichere und fest verschließbare Kunststoffbehälter | |

[1] Kontamination: Kontakt mit (potentiell) infektiösem Material.

*Anmerkungen:*
- Nach Kontamination mit potentiell infektiösem Material (z. B. Sekreten oder Exkreten) immer sofort gezielte Desinfektion der Fläche;
- Beim Umgang mit Desinfektionsmitteln immer mit Haushaltshandschuhen arbeiten (Allergisierungspotential);
- Ansetzen der Desinfektionsmittellösung nur in kaltem Wasser (Vermeidung schleimhautreizender Dämpfe);
- Anwendungskonzentrationen beachten;
- Einwirkzeiten von Instrumentendesinfektionsmitteln einhalten;
- Standzeiten von Instrumentendesinfektionsmitteln nach Herstellerangaben (wenn Desinfektionsmittel mit Reiniger angesetzt wird, täglich wechseln);
- Zur Flächendesinfektion nicht sprühen, sondern wischen;
- Nach Wischdesinfektion, Benutzung der Flächen, sobald wieder trocken;
- Benutzte, d. h. mit Blut etc. belastete Flächendesinfektionsmittellösung mindestens täglich wechseln;
- Haltbarkeit einer unbenutzten dosierten Flächendesinfektionsmittellösung (z. B. 0,5%) in einem verschlossenen (Vorrats-)Behälter (z. B. Spritzflasche) nach Herstellerangaben (meist 14–28 Tage);
- In das Durchspülwasser der Absauggefäße PVP-Jodlösung (1:100) zugeben;
- Reinigungs- und Desinfektionsautomat: 75° C, 10 min (ohne Desinfektionsmittelzusatz).

## 23.2
## Merkblätter

Am Universitätsklinikum Freiburg werden seit Jahren Merkblätter zu hygienischen Fragen bei Pflegetechniken, einzelnen Hygienemaßnahmen und der Aufbereitung von Geräten, die für Diagnostik und Therapie benötigt werden, erarbeitet und an die Mitarbeiter der Stationen und anderen Bereiche der Patientenversorgung verteilt. Der Inhalt wird je nach Erfordernis von Zeit zu Zeit überarbeitet, um die Merkblätter möglichst aktuell zu halten. Im folgenden sollen die Merkblätter wiedergegeben werden, die abteilungsübergreifend von Bedeutung sind und deshalb in den Kapiteln zu den speziellen Belangen der einzelnen Fachabteilungen nicht zu finden sind.

### 23.2.1
### Pflegetechniken und andere spezielle Hygienemaßnahmen

Dieser Abschnitt enthält eine Zusammenstellung von Merkblättern für Pflegetechniken, die in (fast) allen Abteilungen eines Krankenhauses durchgeführt werden und die prinzipiell mit einem gewissen Infektionsrisiko verbunden sein können, sowie ferner Merkblätter, die bestimmte nicht abteilungsspezifische Situationen betreffen, bei denen es zu hygienischen Problemen kommen kann (Anhang B–M, S. 416).

### 23.2.2
### Hinweise für den Umgang mit Geräten für Diagnostik und Therapie

Eine Reihe von Geräten, die für diagnostische oder therapeutische Maßnahmen eingesetzt werden, kommt in verschiedenen Abteilungen des Krankenhauses zum Einsatz. Bei der Aufbereitung dieser Geräte ist es wichtig, die speziellen Anforderungen der Hygiene zu berücksichtigen, um die Patienten nicht einem vermeidbaren Infektionsrisiko auszusetzen. In Anhang N–S (S. 425) sind die entsprechenden Merkblätter zusammengestellt.

### Anhang A: Händewaschen/Händedesinfektion

- **Wann genügt es, die Hände zu waschen?**
  - bei Beginn bzw. Ende der Arbeit
  - nach Benutzung der Toilette
  - vor dem Essen bzw. vor dem Verteilen von Essen
  - nach Kontakt mit einem nicht-infizierten Patienten (z. B. Bettenmachen, körperliche Untersuchung)

- nach Naseputzen (und nach Husten und Niesen mit Hand vor Mund und Nase)
- bei sichtbarer Verschmutzung
- dabei auch Fingerkuppen, Zwischenräume der Finger, Falten der Handinnenflächen und Daumen miteinbeziehen

- **Wann ist Händedesinfektion erforderlich?**
  - vor Tätigkeiten mit Kontaminationsgefahr, z.B. Bereitstellung von Infusionen, Herstellung von Mischinfusionen, Aufziehen von Medikamenten
  - vor und nach infektionsgefährdenden Tätigkeiten, z.B. Absaugen, Verbandswechsel, Manipulationen am Venen-/Blasenkatheter, Tracheostoma, Infusionsbesteck (auch zwischen verschiedenen Tätigkeiten beim selben Patienten)
  - vor invasiven Maßnahmen, auch wenn dabei Handschuhe, ob steril oder unsteril, getragen werden, z.B. Anlage von Venen- und Blasenkatheter, Punktionen, Endoskopie, Angiographie
  - nach Kontakt mit Blut, Exkreten, Sekreten
  - vor Kontakt mit abwehrgeschwächten Patienten
  - nach Kontakt mit infizierten/kolonisierten Patienten
  - nach Kontakt mit (potentiell) kontaminierten Gegenständen, z.B. Entleeren von Wasserfalle, Absauggefäß, Urinbeutel
  - nach Anziehen von Einmalhandschuhen

  *Durchführung*
  - ausreichend Händedesinfektionsmittel in die trockenen Hände geben, damit die Hände vollständig damit benetzt werden können (kein Wasser zugeben)
  - gründlich verreiben, bis die Hände trocken sind, dabei auch die Fingerkuppen, die Zwischenräume der Finger, die Falten der Handinnenflächen und die Daumen mit einbeziehen

- **Wie geht man bei sichtbarer Kontamination der Hände vor?**

  Bei Verschmutzung der Hände mit z.B. Blut, Stuhl oder eitrigem Sekret
  - Hände mit Wasser und Seife waschen oder zunächst die Kontaminationen mit Desinfektionsmittel-getränktem Einmaltuch abwischen und dann erst Hände waschen
  - Hände mit Papierhandtuch abtrocknen
  - anschließend Hände desinfizieren
  - Kombination von Händewaschen und Händedesinfektion nur in diesen Fällen, aus Hautschutzgründen jedoch nicht regelmäßig bei der Händehygiene

## Anhang B: Hygienemaßnahmen beim Absaugen von nicht beatmeten Patienten

- Händewaschen oder Händedesinfektion
- Vorbereitung der Materialien
  - Einmal-Handschuhe (vorzugsweise Latex)
  - Absaugkatheter (steril verpackt)
  - PE-Handschuh (einzeln verpackt)
  - Abwurfbehälter
  - 10 ml physiologische NaCl-Lösung (falls erforderlich)
- Absaugkatheter an Absaugvorrichtung anschließen
- Absauggerät anstellen (evtl. Vakuumkontrolle)
- nochmals Händedesinfektion
- an bei Hände Einmal-Handschuhe anziehen
- den PE-Handschuh an die Hand, die den Katheter führen soll, über den Einmal-Handschuh anziehen
  - darauf achten, daß diese Hand nicht kontaminiert wird
- Absaugkatheter einführen
- Absaugkatheter mit drehenden Bewegungen unter Sog zurückziehen
- Absaugkatheter verwerfen (um den PE-Handschuh drehen, Handschuh über den Katheter ziehen und in den Abwurfbehälter entsorgen)
- Schlauchsystem gründlich unter Sog mit 1:100 verdünnter PVP-Jodlösung durchspülen
- Einmal-Handschuhe ausziehen und ebenfalls verwerfen
- abschließende Händedesinfektion

> **!** Ein Absaugvorgang kann wiederholtes Einführen desselben Katheters sowie anschließendes Absaugen der Mundhöhle beinhalten.
>
> Zur Verflüssigung von zähem Trachealsekret sterile physiologische NaCl-Lösung aus 10 ml-Ampulle verwenden (anschließend Ampulle verwerfen)

## Anhang C: Venenkatheterverbands- und Infusionssystemwechsel sowie Umgang mit Dreiwegehähnen

1) **Venenkatheterverbandswechsel**
- Wechsel alle 72 Stunden (oder später, wenn Verband intakt)
  - Händedesinfektion
  - Verband entfernen
  - Händedesinfektion
  - Einstichstelle desinfizieren (z.B. 70%iger Alkohol, PVP-Jod Lösung, von der Einstichstelle wegwischen)
  - Anlegen des Verbandes mit steriler Pinzette (sog. No-touch-Technik)

- Datum des Verbandswechsels auf Verband und Kurve vermerken
  - tägliche Kontrolle der Einstichstelle (vorsichtige Palpation durch den intakten Verband)
- **Katheter sofort entfernen bei**
  - Rötung der Einstichstelle
  - Thrombophlebitis
  - Sekretaustritt an der Einstichstelle
- *Maßnahmen bei Auftreten von Fieber und Verdacht auf Venenkatheterinfektion*
  - Blutkulturen abnehmen
  - Katheter entfernen
  - Katheterspitze zur mikrobiologischen Untersuchung

2) **Infusionssystemwechsel**
- einschließlich 3-Wegehähne, Hahnenbänke und arterielle Druckmeßsysteme
  - frühestens alle 72 h wechseln
  - Systeme von leergelaufenen Infusionsflaschen oder Perfusorspritzen in der Regel sofort weiterverwenden
  - bei Kurzinfusionen (z. B. 3× täglich Antibiotikum) Infusionssystem mit steriler Kappe verschließen und bis zur nächsten Gabe am Infusionsständer hängenlassen (in diesen Fällen alle 24 h wechseln, da Kontaminationsrisiko höher)

3) **Umgang mit 3-Wegehähnen**
- Zuspritzen von Medikamenten bzw. Abnahme von Blut
  - Händedesinfektion
  - Zuspritzstelle mit z. B. 70%igem Alkohol desinfizieren, mit Tupfer abwischen
  - 3-Wegehähne oder sonstige Zuspritzstellen von Medikamenten- oder Blutresten freispülen
  - anschließend mit neuem sterilen Stöpsel verschließen


## Anhang D: Hygienemaßnahmen im Umgang mit Blasenkathetern

1) **Anlage von Blasenkathetern**
- möglichst zu zweit arbeiten
- Vorbereitung der Materialien
  - sterile Handschuhe
  - steriles Kathetergleitmittel
  - transurethraler Blasenkatheter in passender Größe
  - steriles Aqua dest.
  - geschlossenes Urindrainagesystem
- Händedesinfektion
- *1. Person*
  - an der führenden Hand zwei sterile Handschuhe übereinander, an der anderen Hand einen sterilen Handschuh anziehen

- mit der linken Hand Labien spreizen bzw. Penis fixieren und Präputium zurückschieben
- Schleimhautdesinfektion mindestens 3 × mit sterilen mit Schleimhautdesinfektionsmittel-getränkten Tupfern (z. B. PVP-Jodlösung, Chlorhexidin)
- steriles Schlitztuch auflegen
- *2. Person*
  - zieht der 1. Person den oberen Handschuh an der führenden Hand aus
  - reicht evtl. Gleitmittel an
  - reicht anschließend den Blasenkatheter an
- *1. Person*
  - instilliert ggf. das Gleitmittel
  - legt den Blasenkatheter
  - anschließend Blocken des Ballons mit sterilem Aqua dest.

**2) Katheterpflege**
- keine routinemäßigen Katheterwechsel vornehmen
- *transurethraler Katheter*
  - täglich Verkrustungen am Übergang in den Meatus urethrae mit Wasser und Seife entfernen (z. B. bei der morgendlichen Körperwaschung)
- *suprapubischer Katheter*
  - tägliche Palpation durch den intakten Verband
  - Verbandswechsel frühestens alle 72 h, wenn Verband intakt, dabei Einstichstelle mit z. B. PVP-Jodlösung oder alkoholischem Hautdesinfektionsmittel desinfizieren

**3) Urinabnahme**
- nur an der Punktionsstelle des Drainagesystems nach vorheriger Desinfektion mit alkoholischem Desinfektionsmittel
- anschließend Urinentnahme mit Kanüle und Spritze

## Anhang E: Hygienemaßnahmen beim Wechsel von Wundverbänden

- möglichst immer zu zweit arbeiten
- Reihenfolge von aseptischen zu (möglicherweise) infizierten Wunden
- bei allen Wunden (incl. infizierten), auch beim Fädenziehen, mit sog. No-Touch-Technik arbeiten (sterile Handschuhe in der Regel nicht erforderlich)

- *primär heilende Wunden*
  - Händedesinfektion
  - Verband entfernen und sofort entsorgen (bei starker Verschmutzung 1 × - Handschuhe anziehen)
  - Hautdesinfektionsmittel auftragen
  - frisches Verbandsmaterial oder nur einen Pflasterstreifen auflegen, wenn nicht sowieso offene Wundbehandlung

- *infizierte Wunden*
  - Händedesinfektion
  - bei ausgedehnten infizierten Wunden Schutzkittel oder Schürze anziehen
  - Verband mit 1×-Handschuhen vorsichtig entfernen und beides sofort entsorgen
  - Händedesinfektion
  - 1×-Handschuhe anziehen und Wunde säubern und z. B. mit PVP-Jodlösung behandeln
  - anschließend Handschuhe ausziehen, entsorgen und Hände desinfizieren
  - frisches Verbandsmaterial auflegen und Verband fixieren
- am Ende der Verbandsvisite die Arbeitsfläche des Verbandswagens desinfizieren
- abschließende Händedesinfektion

## Anhang F: Hygienemaßnahmen im Umgang mit Sondennahrung

- sauberer und trockener Arbeitsplatz
- Händewaschen oder Händedesinfektion vor Umgang mit Sondenkost
- Anwärmen industriell hergestellter Nahrung in Glasflaschen
  - Wasserbad: anschließend Flasche abtrocknen
  - Mikrowelle: anschließend Flasche durchschütteln
- angebrochene Sondenkostflaschen im Kühlschrank bei $\leq 7°C$ aufbewahren und nach 24 h verwerfen
- Nahrung umfüllen (Kontamination vermeiden)
- *Magensondenspritzen* (100 ml)
  - nach jeder Mahlzeit im Reinigungs- und Desinfektionsautomaten aufbereiten
  - trocken und staubfrei in sauberem Tuch eingeschlagen aufbewahren
  - bei längeren Lagerzeiten in Folien-Papier-Tüte einschweißen
- *Plastikbehälter*
  - nach jeder Mahlzeit thermisch desinfizieren
  - anschließend trocken und staubfrei aufbewahren
  - Überleitungssystem nach jeder Mahlzeit verwerfen
- *Plastikbeutel mit angeschlossenem Überleitungssystem*
  - für industriell hergestellte Nahrung, die über Ernährungspumpe verabreicht wird
  - leeren Beutel verwerfen
- *Pürierte oder passierte Kost*
  - pürierte Kost immer unsteril, da normale Nahrungsmittel immer mikrobiell kontaminiert (z. B. Wurst und Salat)
  - starke Zunahme der Keimzahl bei längerem Stehen und bei zu langer Hängezeit möglich (maximal 4 h)
  - nur saubere Geräte benutzen

- nach Benutzung soweit wie möglich auseinandernehmen, alle Teile thermisch desinfizieren oder in Spülmaschine aufbereiten
   - Einzelteile trocken und staubfrei lagern
   - erst vor Benutzung wieder zusammensetzen
- bei kurzfristiger Unterbrechung der Nahrungszufuhr mit Abhängen des Systems Konnektionsstelle mit steriler Verschlußkappe schützen

## Anhang G: Hygienemaßnahmen bei der Pflege der Ernährungssonde

- nach jeder Mahlzeit Sonde mit Tee (Zubereitung mit kochendem Wasser) durchspülen, um Verstopfungen der Sonde zu vermeiden
- *Transnasale Sonde*
   - tägliche Pflege
   - Händedesinfektion
   - Materialien vorbereiten (Seife, sauberen Waschlappen, evtl. Waschbenzin, Wattestäbchen oder Zellstofftuch, Nasensalbe, Pflaster, Schere)
   - altes Pflaster entfernen
   - Haut und Magensonde mit warmem Wasser und Seife (evtl. Waschbenzin) reinigen und abtrocknen
   - Naseneingang mit Wattestäbchen oder Zellstofftuch und warmem Wasser reinigen
   - anschließend neues Pflaster fixieren (hautfreundliches Pflaster verwenden, nicht immer an derselben Stelle anbringen)
   - Nasenflügel innen und außen mit fetthaltiger Nasensalbe pflegen
- *Perkutane Sonde*
   - Verbandswechsel alle 48–72 h, wenn Verband nicht lose oder verschmutzt
   - Händedesinfektion
   - Materialien vorbereiten (Hautdesinfektionsmittel, Mulltupfer, evtl. Waschbenzin, Schlitzkompresse, Schere, Pflaster)
   - alten Verband entfernen
   - Haut um die Eintrittsstelle mit Desinfektionsmittel-getränktem Tupfer reinigen
   - Schlitzkompresse um die Sonde legen und fixieren

## Anhang H: Hygienemaßnahmen im Umgang mit Mischinfusionen

- Infusion möglichst erst direkt vor Gebrauch richten
- Arbeitsfläche mit (aldehydischem) Flächendesinfektionsmittel oder 70%igem Alkohol desinfizieren
- Händedesinfektion

- *Vorbereitung der Materialien*
  - Infusionsflaschen und Überleitungssysteme
  - Ampullen
  - Kanülen, Spritzen etc.
- Gummistopfen der Infusionsflasche mit Alkohol abwischen
- *Verwendung von Mehrdosisampullen*
  - Gummistopfen vor Durchstechen der Kanüle mit Alkohol abwischen
  - Kanüle nicht stecken lassen (keine sog. Mini-Spikes verwenden)
  - beim Aufziehen desselben Medikamentes mehrmals direkt nacheinander Verwendung der gleichen Kanüle möglich
  - nach Beenden des Aufziehens Kanüle verwerfen
- *Aufbewahren angebrochener Mehrdosisampullen im Kühlschrank*
  - Medikamente ohne Konservierungsstoffe maximal 24 h
  - Medikamente mit Konservierungsstoffen, in der Regel 7 Tage (siehe Herstellerangaben)
- *Aufbewahrung von bereits zubereiteten Mischinfusionen*
  - Gummistopfen mit Tupfer bedecken und mit Pflaster fixieren
  - im Kühlschrank bei $\leq 7\,°C$ aufbewahren
  - in der Regel nach 24 h verwerfen

## Anhang I: Hygienemaßnahmen beim Anwärmen von Blutkonserven und Blutderivaten

- *Benutzung eines Blut- und Plasmawärmegerätes*
  oder
- *Anwärmen im Wasserbad*
  - direkten Kontakt der Konserve mit Leitungswasser vermeiden (mikrobielle Kontamination des Leitungswassers)
  - Einschweißen der Konserve in Plastikbeutel oder Verwendung eines fest verschließbaren großen Plastikbeutels
  - vor Anhängen der Konserve Händedesinfektion und Anschlußstopfen mit Alkohol abwischen

## Anhang J: Hygienemaßnahmen im Umgang mit Eis aus Eismaschinen

- Eis aus Eismaschinen immer als potentiell kontaminiert ansehen (sog. Wasserkeime, wie z. B. Pseudomonas- oder Acinetobacter-Spezies)
- nicht zur Kühlung von Getränken bei stark abwehrgeschwächten Patienten verwenden (gilt ebenfalls für aus nicht abgekochtem Leitungswasser im Eisfach des Kühlschrankes hergestelltes Eis)

- kein direkter Kontakt mit Wunden (z. B. Dekubituspflege, Physiotherapie)
- bei der Physiotherapie Eis in wasserdichten Plastikbeuteln verwenden (oder Eis aus sterilem Wasser in sterilem Gefäß herstellen)
- zur Flächenkühlung dem Eiswasser PVP-Jodlösung zugeben
- Vermeidung von exogenen Kontaminationen bei der Entnahme
  - vor Entnahme Händedesinfektion
  - Eis nur mit dafür vorgesehener sauberer Schaufel entnehmen
  - Schaufel nicht in der Eismaschine zurücklassen
  - kein direkter Kontakt mit dem Eis

## Anhang K: Hygienemaßnahmen bei Creutzfeldt-Jakob-Krankheit

- Erreger sog. Prionen (frühere Auffassung „unkonventionelle" Viren)
- Entwicklung einer Amyloidose (Ablagerung fibrillärer Proteine) des ZNS
- histologisch spongiforme Enzephalopathie
- Erreger gegen übliche Sterilisations- und Desinfektionsverfahren extrem resistent
- Nachweis nur indirekt im Tierversuch (vorwiegend durch intrazerebrale Injektion von infektiösem Material) möglich
- Immunantwort des Organismus findet nicht statt, deshalb auch kein Nachweis von Antikörpern möglich
- natürlicher Übertragungsweg unklar, oraler Weg aber anscheinend wichtig
- iatrogene Übertragung bisher nur vereinzelt in folgenden Situationen beschrieben[1,2]:
  - nicht ausreichend sterilisierte Elektroden oder chirurgische Instrumente bei Eingriffen am Gehirn sowie durch Hornhaut-Transplantation
  - unzureichend sterilisierte Dura mater-Präparate
  - Wachstumshormonpräparate aus menschlichen Hypophysen (nach Therapie Anfang der 70er Jahre, heute gentechnologische Herstellung)
- gesicherte Übertragung bei Ärzten oder Pflegepersonal noch nie beschrieben, ebenfalls nicht bei Personal in der Pathologie (auf Grund seiner beruflichen Exposition größtes Infektionsrisiko)[1,2]
- Risiko für Ärzte und Pflegepersonal anscheinend extrem niedrig (wenn nicht sogar überhaupt nicht existent)
- Voraussetzung für eine Übertragung der Infektion ist perkutaner Kontakt, deshalb vor allem Stichverletzungen vermeiden und Einmal-Handschuhe anziehen, wenn Kontakt mit potentiell infektiösem Material möglich
- *Infektiöses Material*[2]
  - vor allem ZNS-Gewebe, incl. Augengewebe, und Liquor (sichere Infektiosität im Tierversuch)

---

[1] Lancet (1992) 340, 24–27
[2] Annals of Neurology (1986) 19, 75–77

- *Potentiell infektiöses Material*[2]
  - Leber, Lunge, Lymphknoten, Niere sowie Blut, insbesondere Leukozyten, und Urin (nicht immer infektiös im Tierversuch, bei Urin z.B. erst ein einziges Mal beschrieben)
- *Nicht infektiöses Material*[2]
  - Speichel, andere Sekrete und Stuhl

- **Maßnahmen nach Exposition**[2, 3]
  *Hautkontakt mit potentiell infektiösem Material ohne perkutane Exposition*
  - Hände oder die betreffende Körperstelle gründlich mit Wasser und Seife waschen

  *Perkutane Exposition*
  - sofort 5–10 min mit 1 N NaOH (Natriumhydroxid) oder mit 0,5% NaOCl (Natriumhypochlorit) desinfizieren, anschließend gründlich mit Wasser abspülen (Hautverträglichkeit bei NaOH besser als bei NaOCl)
- potentiell infektiöses Untersuchungsmaterial kennzeichnen
- Wäsche mit üblichen Waschverfahren waschen
- sämtlicher Abfall zum Hausmüll

- *Instrumentendesinfektion*[2, 3]
  - in 1 N NaOH bei Zimmertemperatur für 1 h einlegen (weniger korrosiv als NaOCl, außer bei Aluminium, und keine Geruchsbelästigung)
  oder
  - in 2,5% NaOCl für 1 h einlegen (Desinfektionserfolg nicht so sicher wie mit NaOH)

  Anschließend abspülen, trocknen und wie üblich verpacken und sterilisieren.
  - Ohne vorheriges Einlegen in NaOH oder NaOCl müßten thermostabile Materialien für 1 h (!) bei 134°C autoklaviert werden

- *Flächendesinfektion*[2, 3]
  - nach sichtbarer Kontamination mit (potentiell) infektiösem Material Wischdesinfektion mit 1 N NaOH oder 2,5% NaOCl

## Anhang L: Hygienemaßnahmen bei Läusen und Krätze

- Hautkontakt vermeiden, solange Behandlung nicht abgeschlossen
- gründliches Händewaschen nach Kontakt
- Einmal-Handschuhe bei direktem Kontakt

---

[2] Annals of Neurology (1986) 19, 75–77
[3] New England Journal of Medicine (1982) 306, 1279–1282
  New England Journal of Medicine (1984) 310, 727

- Schutzkittel in der Regel nicht erforderlich (wichtig aber bei sog. Norwegischer Scabies, da hohe Infektiosität)
- Haarschutz nicht erforderlich
- Instrumente wie üblich aufbereiten (vorzugsweise Thermodesinfektion)
- Einzelzimmer nicht generell erforderlich (nur bei ausgedehntem Befall)
- Flächen und Fußboden täglich reinigen (Desinfektion nicht erforderlich)
- *Wäsche*
  - Bettwäsche, Handtücher, Kleidung nach jeder Behandlung wechseln
  - Klinikwäsche in Wäschesack geben und sofort zubinden
  - Privatwäsche in einen Plastiksack geben und verschließen, bei mindestens 60°C mit haushaltsüblichen Waschmitteln zu Hause waschen lassen, Kleidung, die nicht bei 60°C gewaschen werden kann, chemisch reinigen lassen
  - Wäsche in verschlossenem Plastiksack nach vier Tagen nicht mehr infektiös
- Bettzeug (Decke, Kopfkissen) nach der Behandlung in die Wäsche geben
- Kamm oder Haarbürste nach Benutzung vorzugsweise thermisch desinfizieren

## Anhang M: Umweltfreundliche Schabenbekämpfung

- *Allgemeine Voraussetzungen*
  - Beseitigung von Nahrungsquellen und Abfällen
  - regelmäßig gereinigte saubere Räume
  - abendliches Aufräumen der Küche (Geschirrspülen, feuchte Lappen entfernen)
  - Überheizen vermeiden (Heizung abends zurückdrehen)
  - Abdichten von Durchgangstellen, wie z.B. Leitungsschächte, Hohlräume oder Risse in den Wänden
- *Versuch mit altem Hausmittel*
  - Mischung aus Backpulver und Puderzucker
- *Einsatz und Umgang mit Klebefallen*
  - enthalten natürlichen Lockstoff (giftfrei und unschädlich) in Tablettenform, auf dem klebrigen Teil am Fallenboden werden die Schaben festgehalten
  - Auswechseln erst, wenn viele Schaben gefangen sind
- *Einsatz und Umgang mit Köderdosen oder Schaben-Gel*
  - ergänzende Maßnahme zu Klebefallen
  - enthalten Stoffe ohne neurotoxische Wirkung
  - Vorsichtsmaßnahmen (Gebrauchsanleitung) beachten
  - kein Kontakt mit Nahrungsmitteln und Getränken
- für Langzeiteffekt Mitarbeit aller Betroffenen erforderlich (Sauberkeit sehr wichtig)

## Anhang N: Hygienemaßnahmen im Umgang mit Lungenfunktionsgeräten

- *Sieb*
  - täglich reinigen, trocknen und autoklavieren
- *Plastikbeutel*
  - 1 × wöchentlich erneuern
- *Schwamm*
  - täglich reinigen und autoklavieren
  - angebrochene Aqua dest.-Flaschen nach 24 h verwerfen
- *Plastikplatte*
  - täglich mit 70%igem Alkohol abwischen
- *Gummimuffe*
  - täglich mit 70%igem Alkohol abwischen
- *Krümmer*
  - nach jedem Patienten wechseln
  - reinigen, trocknen und thermisch desinfizieren oder autoklavieren
- *Mundstück*
  - nach jedem Patienten wechseln
  - reinigen, trocknen und thermisch desinfizieren oder autoklavieren
- *Nasenklemme*
  - nach jedem Patienten wechseln
  - thermisch desinfizieren oder mit 70%igem Alkohol abwischen

## Anhang O: Hygienemaßnahmen im Umgang mit Therapieverneblern

- Gerät nach jedem Gebrauch aufbereiten
- Mundstück vom Verneblerobteil abziehen
- Maske und Oberteil abschrauben
- Mundstück, Maske und Oberteil unter fließendem Wasser abspülen
- Düsen durch Vernebeln von Wasser (mehrmals Intervallhebel betätigen) reinigen
- Verbindungsschlauch mit Wasser durchspülen
- bei Verwendung öliger Medikamente Reinigung mit Zusatz von Spülmittel oder Instrumentenreiniger, anschließend alle Teile gründlich mit Wasser abspülen
- alle Teile thermisch desinfizieren, anschließend trocknen, zusammensetzen und staubfrei aufbewahren
- 1 × jährlich Filterwechsel erforderlich

## Anhang P: Hygienemaßnahmen im Umgang mit Ultraschallverneblern

- Verneblerkammer, Nebelschlauch und Gebläseschlauch
  - täglich thermodesinfizieren oder autoklavieren
- Wasserflasche mit Schläuchen
  - bei Bedarf wechseln, mindestens 1× täglich
- Vernebler, Trägerarme, Standrohr und Fünffuß, Schalter
  - 1× täglich mit umweltfreundlichem Reiniger abwischen

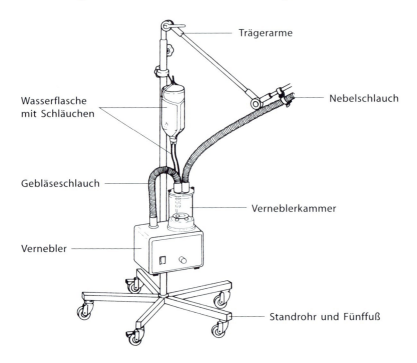

## Anhang Q: Hygienemaßnahmen im Umgang mit $O_2$-Befeuchtern

- immer erst bei Bedarf aufrüsten
- Händedesinfektion
- steriles Aqua dest. in den Behälter füllen
- Wasserbehälter und Gasverteiler bei Anwendung mit Wasser alle 48 h, ohne Wasser 1× wöchentlich wechseln
  - thermisch desinfizieren oder autoklavieren
  - Einzelteile anschließend staubfrei und trocken lagern
- Flowmeter mit 70%igem Alkohol abwischen (kann nicht thermisch desinfiziert oder autoklaviert werden)
- Schläuche im Aufwachraum nach jedem Patienten, sonst alle 48 h wechseln und thermisch desinfizieren

## Anhang R: Hygienemaßnahmen im Umgang mit sog. Heim-Inhalationsgeräten

- *Nicht immunsupprimierte Patienten*
  - Mundstücke und Vernebleroberteil mit Medikamentenbecher 1× täglich wechseln, wenn nur bei einem Patienten in Gebrauch
  - thermisch desinfizieren
- *Mukoviszidose- und immunsupprimierte Patienten*
  - Mundstücke nach jeder Anwendung wechseln
  - Vernebleroberteil und Medikamentenbecher 1× täglich wechseln
  - thermisch desinfizieren

## Anhang S: Hygienemaßnahmen im Umgang mit Ultraschallgeräten

- *Ultraschallkopf*
  - nach jedem Gebrauch Kontaktgelreste am Schallkopf mit Zellstoff entfernen, danach den Schallkopf mit 70%igem Alkohol abwischen
- *Ultraschallgerät*
  - 1× täglich Reinigung der Oberflächen (incl. Kabel) mit umweltfreundlichem Reiniger
- *Untersuchung infizierter bzw. kolonisierter Patienten*
  - auf den Schallkopf etwas Gel auftragen
  - über den Schallkopf ein Stück PE-Folie (z. B. Haushaltsfolie) stülpen (Folie groß genug abreißen, damit sie den Schallkopf vollständig bedeckt und sich mit der Hand gut festhalten läßt)
  - darüber noch einmal Gel auftragen
  - Folie anschließend im Hausmüll entsorgen und Schallkopf wie üblich reinigen und desinfizieren

## Anhang T: Hygienemaßnahmen für Personal des Technischen Betriebes

### Reparatur und Wartung von medizinisch-technischen Geräten

- Geräte, die mit potentiell infektiösem Material, wie z. B. Blut, kontaminiert sind, vor Reparatur bzw. Wartung wischdesinfizieren
  - (aldehydische) Flächendesinfektionsmittel bei größeren Flächen
  - gebrauchsfertig angesetzte Lösung in verschlossenem Behälter ca. 4 Wochen haltbar
  - für kleinere Flächen von Geräten (ggf. Stromversorgung abschalten) auch 70%iger Alkohol möglich
  - mit Stoff- oder Papierhandtuch abwischen

- Desinfektionsmittel nicht versprühen
  - geringere Wirksamkeit ohne den mechanischen Wischeffekt
  - Inhalation von Desinfektionsmittelaerosol
- beim Umgang mit Desinfektionsmitteln immer Handschuhe (Haushaltshandschuhe) tragen, um direkten Hautkontakt zu vermeiden (Allergisierungsrisko)
- normale Verschmutzungen, wie Staub oder Medikamentenreste) mit Reinigungslösung entfernen
- nach Kontamination der Hände mit potentiell infektiösem Material, wie z. B. Blut, Hände mit Wasser und Seife waschen und anschließend mit alkoholischem Händedesinfektionsmittel desinfizieren
- Schutzkittel, Maske oder Gesichtsschutz bei möglichem Verspritzen von potentiell infektiösem Material anziehen

# 24 Prävention von Infektionen in der operativen Medizin

H. Wolf

> **EINLEITUNG**
>
> Die moderne Medizin ermöglicht immer schwierigere, aufwendigere und längerandauernde operative Eingriffe. Das Durchschnittsalter der Patienten steigt und somit auch die Zahl der Patienten, die primär ein hohes Infektionsrisiko haben. Auch wenn die technischen Möglichkeiten und die räumliche Gestaltung der einzelnen operativen Bereiche erheblich verbessert wurden, so führte dies nicht zwangsläufig zu einer geringeren postoperativen Infektionsrate. Vielmehr ist neben einer schonenden Operationstechnik zur Verhütung nosokomialer Infektionen im operativen Bereich die sorgfältige Einhaltung grundlegender Hygieneregeln, d.h. der bekannten Regeln der Asepsis, vorrangig. Dies erfordert in einem hohen Maße diszipliniertes Verhalten eines jeden Mitarbeiters. Im folgenden werden praktische Hinweise zur Verhütung postoperativer Infektionen im Operationsgebiet gegeben.

## 24.1 Hygienemaßnahmen

(s. dazu auch Kap. 7, S. 101, Kap. 23,. S. 391 und Kap. 41, S. 639)

### 24.1.1 Verhaltensregeln für das OP-Personal

Der OP-Trakt wird von allen Personen über die Personalschleusen betreten. Sie sollen großzügig gestaltet und mit ausreichend Kleiderspinden ausgestattet sein. Zwei- oder Drei-Raum-Schleusen bzw. Zwei- oder Drei-Kammer-Schleusen mit gegenseitig verriegelbaren Türen sind nicht erforderlich. Hier werden Dienst- oder Privatkleidung abgelegt und gegen die OP-Bereichskleidung ausgetauscht, die üblicherweise aus einem Baumwoll- oder Baumwollmischgewebe besteht. Zusätzliche persönliche Kleidung (Unterhemd) wird nicht sichtbar unter der Bereichskleidung getragen, d.h. Hemden ohne Kragen mit kurzen Ärmeln. Schuhe für den OP-Bereich sollen leicht zu reinigen sein, vorzugsweise in einem Reinigungs-und Desinfektionsautomaten, und den Anforderungen der UVV entsprechen (Rutschfestigkeit). Die OP-Haube soll so gewählt werden, daß die Kopfhaare komplett bedeckt sind. Die Maske braucht erst bei Betreten des OP-Saales angelegt zu werden. Dabei ist auf einen funktionellen Sitz zu achten, auch die Nase wird miteinbezogen. Bärte sollen vollständig bedeckt sein, evtl. müssen demnach Vollbartträger einen speziellen Kopf-Bart-Schutz tragen. Die Masken sollen nach Durchfeuchtung gewechselt werden. Nach dem Ablegen wird die Maske verworfen und bei Bedarf eine neue angelegt. Bei Verlassen der Schleuse, vor dem Betreten der OP-Räume, soll eine hygienische Händedesinfektion durchgeführt werden.

Um dem gesamten Personal die wichtigsten Verhaltensregeln aufzuzeigen, hat es sich bewährt, sie niederzuschreiben und für alle deutlich sichtbar in den Personalschleusen und Waschräumen anzubringen (s. die folgende Übersicht).

**Hygienegrundregeln für OP-Personal**
- Vor Betreten der OP-Abteilung wird die Bereichskleidung mit Haube und OP-Schuhen angezogen und bei Verlassen wieder ausgezogen.
- Eine Maske soll nur im OP-Saal während der OP von allen anwesenden Personen, nicht auf dem Flur und in den Nebenräumen getragen werden. Sie muß Mund und Nase vollständig bedecken und fest am Gesicht anliegen. Die Maske soll nach länger dauernden OPs, muß aber nicht notwendigerweise nach jedem Eingriff gewechselt werden. Vollbartträger sollen einen speziellen zusammenhängenden Kopfbartschutz tragen.
- Eine hygienische Händedesinfektion soll vor Betreten des OP-Bereiches, d.h. noch in der Schleuse, sowie vor und nach jedem Patientenkontakt durchgeführt werden; dies gilt auch für das Personal der Anästhesie.
- Von allen im OP-Bereich tätigen Personen, unabhängig von ihrem Aufgabenbereich, sollen Ringe, Uhren und Armbänder abgelegt werden, und auch Nagellack, ob farblos oder farbig, soll nicht getragen werden, um die Händedesinfektion nicht zu beeinträchtigen.
- Die Desinfektion des OP-Feldes wird mit PVP-Jod-Alkohol-Lösung für 3 min durchgeführt. Wenn erforderlich, wird das OP-Gebiet zuvor abgewaschen. Während der Desinfektion muß das Desinfektionsmittel mechanisch auf der Haut verrieben werden, bloßes Auftragen und eine 3minütige Einwirkzeit genügen nicht.
- Die chirurgische Händedesinfektion erfolgt nach Plan, der in den Waschräumen aushängt.
- Handschuhe müssen nach Perforation und nach septischem Teil einer OP gewechselt werden.
- Nach dem Eingriff werden OP-Kittel und Handschuhe im OP-Saal in die entsprechenden Entsorgungsbehälter abgelegt. Vor der nächsten OP ist eine erneute chirurgische Händedesinfektion von 3 min notwendig, wenn die letzte Händedesinfektion > 60 min zurückliegt. Liegt die letzte Händedesinfektion < 60 min zurück, ist eine verkürzte Desinfektion von 1 min ausreichend (Händewaschen ist dann nicht nötig).

- Die Türen des OP-Saales sollen während der OP möglichst immer geschlossen bleiben, der Personaldurchgang ist auf ein Minimum zu beschränken.
- Bewegung und Gespräche aller während der Operation anwesenden Personen sollen ebenfalls auf das Notwendigste beschränkt bleiben.

Nicht alle diese Maßnahmen sind mit hygienischen Argumenten eindeutig zu begründen. So konnte in einer Untersuchung gezeigt werden, daß das Tragen einer Maske des direkt an einem Eingriff beteiligten Personals keine Vorteile im Hinblick auf die postoperative Infektionsrate im OP-Gebiet hatte [431]. Das Reden auf das wirklich Notwendige zu beschränken und auch nur leise zu sprechen, sind wesentlich wirksamere Maßnahmen, die Freisetzung von Keimen aus dem Nasen-Rachen-Raum des OP-Personals zu reduzieren und damit eine Übertragung in das OP-Gebiet zu verhindern, als eine Maske. Auch die hygienische Bedeutung der Forderung, überall im OP-Trakt einen Haarschutz zu tragen, kann in Zweifel gezogen werden [228]. Es würde ausreichen, wenn lediglich die unmittelbar an einem Eingriff beteiligten Personen eine Haube benutzen, um lose Haare aus dem OP-Gebiet fernzuhalten. Ein Kopfschutz sollte aber dennoch überall in der OP-Abteilung getragen werden, schon weil die Haare des Personals nicht immer so frisch sind wie die zumindest täglich gewechselte Bereichskleidung. Ebenso sind Schuhe, die nur im OP-Bereich getragen werden, aus hygienischer Sicht nicht zu begründen, weil der Fußboden auch im OP-Saal keine Quelle für Infektionen darstellt, sie sind aus Gründen der Arbeitssicherheit aber erforderlich.

Dennoch soll auf eine konsequente Einhaltung bestimmter Regeln geachtet werden. Beispielsweise soll das Personal den OP-Bereich nicht in der Bereichskleidung verlassen, auch wenn sie angeben, nach ihrer Rückkehr die Kleidung zu wechseln. Um nicht unnötig viel Wäsche zu verbrauchen, wäre es sinnvoll, die Bereichskleidung in der Umkleide abzulegen und sie im Schrank aufzubewahren, um sie beim erneutem Betreten der OP-Abteilung wieder anzuziehen. Die Forderung nach Umkleiden bei Verlassen der OP-Abteilung hat weniger konkrete hygienische Gründe, sondern zielt in erster Linie darauf ab, außerhalb der OP-Abteilung nicht den Eindruck aufkommen zu lassen, daß man den OP-Bereich auch in der normalen Arbeitskleidung betreten könne, wenn die OP-Mitarbeiter ihn z. B. in der grünen Bereichskleidung verlassen. Allerdings kommen natürlich immer dann hygienische Gründe zum Tragen, wenn außerhalb der OP-Abteilung in der Bereichskleidung Tätigkeiten mit einem Kontaminationsrisiko, z. B. Verbandswechsel oder Visite auf der Intensivstation, vorgenommen werden. Der Sinn der Bereichskleidung liegt doch in erster Linie darin, daß sie (sehr) sauber sein soll, weil sie vom operierenden Teil des OP-Teams direkt unter dem sterilen OP-Kittel bzw. vom Anästhesiepersonal und vom „Springer" im OP-Saal ohne einen zusätzlichen Kittel während der Operation getragen wird. Aber auch das übrige in der OP-Abteilung arbeitende Personal soll wegen der besonderen Anforderungen einer operativen Abteilung möglichst sauber gekleidet sein. Nach einem Toilettenbesuch muß die Bereichskleidung nicht notwendigerweise gewechselt werden. Ist aber z. B. bei nicht optimalen sanitären Verhältnissen eine Kontamination der Bereichskleidung möglich, ist ein Wechsel angebracht. Dies muß individuell entschieden werden. Routinemäßig durchgeführt wäre ein Wechsel der Bereichskleidung nach dem Toilettenbesuch eine unnötig kostenintensive und zeitaufwendige Maßnahme von fraglichem hygienischem Nutzen.

## 24.1.2
**Präoperative Vorbereitung des Patienten**

Mit der Vorbereitung des Patienten auf einen geplanten Eingriff wird meist schon am Vorabend begonnen. Nach Möglichkeit nimmt der Patient ein Reinigungsbad oder duscht mit einer hautschonenden Seife. Die Verwendung von Seife mit antimikrobiellen Wirkstoffen (z. B. PVP-Jod, Chlorhexidin) ist nicht erforderlich, da die Hautflora zwar signifikant reduziert wird, dies jedoch keinen Einfluß auf die postoperative Wundinfektionsrate hat [19, 20, 241]. Beachtet werden soll eine gründliche Reinigung bestimmter Körperregionen wie Finger- und Fußnägel, Bauchnabel und Ohrmuscheln. Farbiger Nagellack, bei handchirurgischen Eingriffen auch farbloser, wird entfernt. Auf das Eincremen von Gesicht und Körper mit einer fetthaltigen Creme oder Lotion soll verzichtet werden. Es ist nicht erforderlich, das Bett routinemäßig vor jeder Operation frisch zu beziehen. Statt dessen genügt es die Bettwäsche, nur wenn sie verschmutzt ist, zu wechseln. Der Patient legt seine persönliche Kleidung (in der Regel inkl. der Unterwäsche) ab und ist lediglich mit einem frischgewaschenen OP-Hemd bekleidet. Bestehende Verbände werden erneuert, wenn sie nicht mehr frisch sind.

Aus hygienischer Sicht soll auf eine präoperative Haarentfernung ganz verzichtet werden. Jede Rasur mit einem konventionellen Rasiermesser setzt zwangsläufig kleine Hautläsionen, so daß eine Besiedlung der Haut mit potentiell pathogenen Keimen gefördert wird [194], wodurch, wie in kontrollierten klinischen Untersuchungen gezeigt werden konnte, das Risiko einer postoperativen Infektion im OP-Gebiet erhöht wird [241]. Ist jedoch aus operationstechnischen Gründen eine Haarentfernung erwünscht, dann soll dies bei Rasur erst am Operationstag geschehen. Vorzugsweise werden dabei die Haare mit einer elektrischen Haarschneidemaschine („Clipper") bis auf wenige Millimeter gekürzt, so daß sie in den meisten Fällen vom Operateur nicht als störend empfunden werden. Die Scherköpfe der Haarschneidemaschine sollen auswechselbar sein und nach jedem Patienten gereinigt und desinfiziert (z. B. mit 60- bzw. 70%igem Alkohol für 10 min) oder autoklaviert werden (Pflege des Gerätes mit Öl ist in jedem Fall notwendig). Die Enthaarung mittels Haarentfernungscreme ist recht zeitaufwendig und führt häufig zu keinem befriedigenden Ergebnis. In seltenen Fällen kommt es zu einer allergischen Reaktion, und ein elektiver Eingriff muß dann auf einen späteren Zeitpunkt verschoben werden.

Der Transport des Patienten in die OP-Abteilung wird bei elektiven Eingriffen frühzeitig vorgenommen, wodurch genügend Zeit und Ruhe für die nötigen Vorbereitungen bleibt. Mit Hilfe von Stations- und OP-Personal wird der Patient in der Regel in der Schleuse vom Bett auf den OP-Tisch umgelagert, wobei getrennte Schleusen für aseptische und septische Patienten aus hygienischen Gründen nicht notwendig sind. Die Umlagerung kann manuell oder mit Hilfe von elektrisch betriebenen Hebevorrichtungen durchgeführt werden. Aus hygienischer Sicht sind maschinelle Hebevorrichtungen nicht erforderlich. Man sollte dennoch nicht darauf verzichten, da sie organisatorische Vorteile bieten und die Arbeitserleichterung für das Personal wesentlich ist. Die Hebevorrichtungen werden nach jedem Patienten gereinigt, bei einer Kontamination, z. B. durch Blut, Urin oder andere Sekrete, soll eine gezielte Desinfektion durchgeführt werden.

Jeder Patient trägt einen Haarschutz und wird mit einer frischgewaschenen, angewärmten Decke zugedeckt. Patienten, die zu einer Lokal- oder Regionalanästhesie anstehen, erhalten, sofern es ihr Befinden erlaubt, auch eine Maske. Da die Patienten häufig wach sind und sich mit dem Personal unterhalten, vermindert das Tragen einer Maske die Freisetzung respiratorischer Tröpfchen und damit potentiell pathogener Keime aus dem Nasen-Rachen-Raum.

Der Narkoseeinleitungsungsraum soll großzügig gestaltet sein und unmittelbar an den OP-Saal angrenzen. Hier werden alle von seiten der Anästhesie nötigen Vorbereitungen einschließlich der Narkoseeinleitung durchgeführt.

## 24.1.3
## OP-Vorbereitungen

Personal, das eine entzündliche oder sogar eiternde Wunde an den Händen hat (z. B. Panaritium) oder das unter einer starken Erkältung leidet, soll nicht an einem Eingriff teilnehmen und direkten Patientenkontakt nach Möglichkeit vermeiden. Die chirurgische Händedesinfektion wird im Waschraum, der unmittelbar an den OP-Saal anschließt, vorgenommen (s. folgende Übersicht). Diese

---

**Chirurgische Händedesinfektion**

*Vor dem ersten operativen Eingriff*
- bei Verwendung von alkoholischen Einreibepräparaten:
  - 1 min Waschen der Hände und Unterarme bis zum Ellenbogen mit Flüssigseife,
  - *bei Bedarf:* Bürste nur zur Reinigung der Fingernägel und der Nagelfalze benutzen (ausgiebiges Bürsten erhöht die Keimzahl auf der Haut),
  - gründliches Abtrocknen der Hände mit einem sauberen Einmal- oder Baumwolltuch,
  - danach 3 min Einreiben von alkoholischem Händedesinfektionsmittel bis die Hände trocken sind;
- bei Verwendung von PVP-Jodseife:
  - 1 min Waschen der Hände und Unterarme bis zum Ellenbogen,
  - *bei Bedarf:* Bürsten der Fingernägel und Nagelfalze,
  - danach 4 min Waschen mit PVP-Jodseife,
  - anschließend unter fließendem Wasser abspülen,
  - mit sterilem Handtuch gründlich abtrocknen.

*Vor dem nächsten operativen Eingriff*
- Händewaschen in der Regel nicht nötig, sondern nur bei Verschmutzung oder reichlich Resten von Hautpflegemitteln
  - liegt die letzte Händedesinfektion < 60 min zurück, ist 1 min vor dem nächsten Eingriff ausreichend,
  - liegt die letzte Händedesinfektion > 60 min zurück, erneut 3 min desinfizieren.

eliminiert die transiente und reduziert weitgehend und anhaltend die residente Hautflora [355]. Vorzugsweise wird ein alkoholisches Einreibepräparat verwendet. Eine preisgünstige und hautfreundliche Alternative zu den gängigen Produkten ist sterilfiltrierter und somit sporenfreier 60- bzw. 70%iger Alkohol mit einem Zusatz von 1–2% Glycerin.

Für jeden Eingriff sollen die sterilen Instrumententische erst unmittelbar vor OP-Beginn gerichtet werden. Sobald das Instrumentierpersonal nach der Händedesinfektion den OP-Saal betritt, ist für den weiteren reibungslosen Ablauf ein Springer unentbehrlich. Das Vorrichten am Morgen, oft für mehrere Eingriffe, soll möglichst vermieden werden. Kann aus organisatorischen Gründen aber nicht darauf verzichtet werden, müssen die Tische mit ausreichend großen zweifach gelegten Tüchern abgedeckt werden. Die Instrumententische sollen so plaziert werden, daß unbeabsichtigte Berührungen durch das Personal nicht möglich sind. Der sterile OP-Mantel wird vom Instrumentierpersonal mit den desinfizierten Händen am Kragen angefaßt, entfaltet und dann vorsichtig angezogen. Der Springer faßt mit einer sterilen Klemme ein Band des Wickelkittels und kann so beim Binden behilflich sein. Beim Anlegen der sterilen Handschuhe (meist Latex) muß darauf geachtet werden, daß die Außenseite nicht mit der bloßen Hand berührt wird.

 Größte Umsicht erfordert das Öffnen der Sterilcontainer und das Anreichen der sterilen Materialien.

Keinesfalls darf das Sterilgut über dem Instrumentiertisch geöffnet und direkt auf den Tisch geworfen werden, da so keine Kontrolle bei einer möglichen Kontamination gegeben ist. Vielmehr wird die Sterilverpackung vorsichtig geöffnet und der Inhalt vom Instrumentierpersonal direkt entnommen. Aus Kostengründen ist es ratsam, Sterilgut immer erst dann anzureichen, wenn es benötigt wird. Viele Einmalmaterialien sind nur einfach verpackt, so daß sie nach einem versehentlichen oder vorzeitigen Öffnen unbenutzt verworfen werden müssen, wenn man sie nicht wiederaufbereiten kann. Einmalmaterial, das ursprünglich zweifach verpackt war und dessen äußere Verpackung geöffnet wurde, kann nur unter bestimmten Voraussetzungen für einen folgenden Eingriff eingesetzt werden: Die Innenverpackung darf nicht kontaminiert oder beschädigt sein, und eine sichere Entnahme des Sterilgutes direkt aus der Innenverpackung muß gewährleistet sein (Peel-off-Verpackung).

Nachdem der Patient sorgsam gelagert wurde, beginnt die Hautdesinfektion. Sie soll nach Möglichkeit vom ärztlichen Personal nach der chirurgischen Händedesinfektion und vor Anlegen des sterilen Kittels und der sterilen Handschuhe vorgenommen werden, um die Gefahr einer unbemerkten Kontamination des OP-Mantels auszuschließen. Das OP-Gebiet wird großflächig mit einer PVP-Jod oder einer alkoholischen Lösung während 3 min desinfiziert. Die satt mit Desinfektionsmittel getränkten sterilen Tupfer werden dabei mehrmals gewechselt. Anschließend ist darauf zu achten, daß der Patient nicht in einer Desinfektionsmittelpfütze liegt, um Verbrennungen während der Operation zu vermeiden. Dem ärztlichen Personal werden der sterile OP-Kittel und die Handschuhe immer durch das Instrumentierpersonal angezogen.

Das Abdecken des Patienten mit sterilen Tüchern soll immer von zwei „steril" angezogenen Personen vorgenommen werden. Die verwendeten Tücher sind einfach gelegt und dürfen keine Löcher haben. Sie sollen ausreichend groß sein, aber nicht den Boden berühren. Beim Fixieren von Baumwolltüchern mit Hilfe von Tuchklemmen muß eine Verletzung der Haut vermieden werden. Die Frage, ob eine Baumwoll-, eine Einmal- oder eine Mischabdeckung verwendet wird, hängt von verschiedenen Faktoren ab, die sorgfältig überprüft werden müssen. Es gibt jedoch keine hygienischen Gründe, um einem der Abdeckmaterialien den Vorzug zu geben. Bei Notfalloperationen (z. B. Sectio caesarea) kann wegen der Zeitersparnis durch rascheres Arbeiten die Verwendung einer Einmalabdeckung Vorteile bieten. Ein routinemäßiger Handschuhwechsel nach dem Abdecken ist nicht erforderlich.

## 24.1.4
### Maßnahmen während der Operation

Während eines Eingriffes soll die Anzahl der anwesenden Personen auf das nötige Minimum beschränkt sein, die Türen sollen geschlossen bleiben [19, 20].

Gegenseitig verriegelbare Schiebetüren erschweren den reibungslosen Ablauf durch unnötige Wartezeiten und tragen nicht zu einer besseren hygienischen Gesamtsituation bei.

Muß im Laufe einer Operation der sterile Kittel gewechselt werden, ist darauf zu achten, daß immer zuerst der Mantel und dann die Handschuhe ausgezogen werden. Eine Kontamination der Hände muß vermieden werden. Vor dem Anlegen des neuen Kittels wird eine Händedesinfektion durchgeführt. Die Handschuhe müssen nach Perforation sofort gewechselt werden. Führt eine starke manuelle Beanspruchung der OP-Handschuhe, z. B. in der Traumatologie, zu einer erhöhten Perforationsrate, ist es sinnvoll, wenn die Operateure grundsätzlich mit doppelten Handschuhen arbeiten.

Die bei der Operation verwendeten Tupfer, Kompressen etc. werden sofort in einen bereitgestellten Abwurf entsorgt, um eine Kontamination der Umgebung zu reduzieren. Spülflüssigkeiten sollen kontinuierlich abgesaugt oder in ein Gefäß abgeleitet werden. Ein Durchfeuchten der OP-Tücher und -Kittel soll vermieden werden. Gegebenenfalls wird unter dem sterilen Mantel eine wasserabweisende Schürze getragen oder nachträglich ein Einmalabdecktuch über den Kittel geklebt.

## 24.1.5
### Hygienemaßnahmen nach der Operation

Das Instrumentierpersonal ist für die Vollständigkeit und die ordnungsgemäße Entsorgung des Instrumentariums verantwortlich. Benutzte Instrumente sind unmittelbar nach dem Eingriff in eigens dafür vorgesehene Entsorgungscontainer zu geben. Routinemäßig soll eine Naßentsorgung in Desinfektionsmittellösung nicht erfolgen, da es aus hygienischer Sicht nicht notwendig und die Handhabung umständlich ist. Die dafür verwendeten Desinfektionsmittel können eingespart werden. Nicht benutzte, saubere Instrumente bleiben in den Sterilcontainern, eine Reinigung vor dem erneuten Sterilisieren entfällt. Schmutzige OP-Wäsche und der anfallende Müll werden in die entsprechenden Säcke entsorgt. Verbandsmaterialien wie Kompressen, Tupfer, Tücher und Bauchtücher werden, sofern sie nicht sichtbar kontaminiert sind, wieder sofort in den Sterilisationsprozeß gegeben.

Blei- und Gummischürzen werden nach jedem Eingriff gereinigt, bei Verschmutzung mit Blut wischdesinfiziert. Um eine ausreichende Trocknung zu gewährleisten, werden sie auf speziellen Bügeln in den Waschräumen aufgehängt. Müssen Gipsverbände angelegt werden, so soll dafür nach Möglichkeit ein eigener Gipsraum zur Verfügung stehen. Das Hantieren mit nassen Gipsbinden oder gar das Aufsägen eines getrockneten Gipsverbandes führt zu einer erheblichen Staubentwicklung. Finden diese Arbeiten im OP-Saal statt, bedeutet dies eine Unterbrechung des laufenden OP-Programmes, da die ausgedehnten Reinigungsarbeiten einige Zeit in Anspruch nehmen.

Die Extubation des Patienten findet in der Regel nicht im OP-Saal, sondern in einem Narkoseausleitungsraum, Aufwachraum bzw. auf der Intensivstation statt. Dies hat aber keine hygienischen, sondern organisatorische Gründe, da ansonsten der OP-Saal blockiert wäre und mit den Vorbereitungen für den nächsten Eingriff nicht begonnen werden könnte. Ein Infektionsrisiko besteht aber durch die dabei freigesetzten respiratorischen Tröpfchen für den nachfolgend operierten Patienten nicht, zumal über die meist vorhandene RLT-Anlage ein ständiger Luftaustausch stattfindet.

Wird der Patient nicht umgehend auf eine Intensiv- oder Wachstation verlegt, erfolgt die postoperative Überwachung meist in einem Aufwachraum. Dieser kann unmittelbar an den OP-Bereich angegliedert sein und aus hygienischer Sicht sowohl als „grüne" wie auch als „weiße" Zone geführt werden. In jedem Fall kann der Aufwachraum vom OP-Personal in Bereichskleidung betreten werden. Dies ist insbesondere für die postoperative Versorgung des Patienten durch den Anästhesisten wichtig, der üblicherweise unmittelbar nachdem er den Patienten in den Aufwachraum begleitet hat in den OP-Bereich zurückkehrt. Ein Umkleiden ist bei der Rückkehr in den OP-Saal nur erforderlich, wenn eine Kontamination der Bereichskleidung stattgefunden hat. Die organisatorische Lösung, den Aufwachraum als „weiße" Zone zu führen hat den Vorteil, daß dieser dann auch dem Stationspersonal zugänglich ist, was erhebliche Vorteile bei der Übergabe des Patienten hat. Befindet sich der Aufwachraum außerhalb des OP-Bereiches, gelten die üblichen Regeln beim Aus- und Einschleusen.

## 24.1.6
### Vorgehen bei septischen Eingriffen

Liegt im OP-Gebiet eine eitrige Infektion vor, so wird dies allgemein als septischer Eingriff bezeichnet. Auch Chirurgen geben nicht immer einheitliche Definitionen für diesen Begriff. Operationen, bei denen es z. B. durch Austritt einer geringen Menge von Darminhalt zu einer Kontamination des OP-Situs kommt, gelten nicht als septisch im eigentlichen Sinne, werden manchmal aber dennoch so bezeichnet.

Die operativen Eingriffe aller Kontaminationsklassen müssen unter den gleichen aseptischen Bedingungen durchgeführt werden. Eine räumliche Trennung von aseptischen und septischen Operationsräumen ist nicht erforderlich, allerdings kann man empfehlen, einen mutmaßlich oder sicher septischen Eingriff nach Möglichkeit im Anschluß an die aseptischen vorzunehmen. Wie bei jedem Eingriff muß das Verspritzen von potentiell infektiösem Material in die Umgebung vermieden werden.

Nach OP-Ende werden die Instrumente wie üblich versorgt und aufbereitet. Handschuhe, OP-Mäntel und -Tücher werden im Saal entsorgt. Maske und Haarschutz sowie die Schuhe werden im OP-Saal abgelegt, wenn sie sichtbar kontaminiert sind. Um in die Umkleiden zu gelangen, sollen dann saubere Schuhe im Flur bereitstehen. Die Bereichskleidung wird bei Verschmutzung in der Personalschleuse gewechselt. Nach dem Umkleiden nimmt man wieder eine hygienische Händedesinfektion vor.

Die Wischdesinfektion erfolgt nach den üblichen Regeln mit einem aldehydhaltigen Flächendesinfektionsmittel, auch wenn es sich um eine Operation bei einem Patienten mit einer meldepflichtigen übertragbaren Krankheit handelt. Raumsprühdesinfektionen oder eine Formalinverdampfung sollen in keinem Fall durchgeführt werden (s. Kap. 13, S. 201, Kap. 15, S. 231). Routinemäßig werden alle patientennahen Flächen, wie OP-Tisch, Instrumententische, OP-Leuchten, Geräteoberflächen und Fußboden, desinfiziert. Eine Desinfektion von Wänden und Decke ist dagegen nur erforderlich, wenn diese sichtbar kontaminiert sind. Nach dem Abtrocknen der Flächen, kann der OP-Betrieb wieder aufgenommen werden, eine Wartezeit muß nicht eingehalten werden. In der folgenden Übersicht sind die wichtigsten Maßnahmen zusammengefaßt.

> **Verhalten des OP-Teams nach sog. septischen Eingriffen**
>
> Bei jeder eitrigen Infektion im OP-Gebiet und bei Verspritzen von infektiösem Material sind folgende Maßnahmen unbedingt einzuhalten:
> - OP-Kittel und Handschuhe im OP-Saal ausziehen,
> - Mund- und Haarschutz im OP-Saal ablegen, falls er durch Verspritzen mit eitrigem oder infektiösem Material kontaminiert worden ist,
> - Schuhe nur bei sichtbarer Kontamination im OP-Saal ausziehen,
> - OP-Bereichskleidung nur bei sichtbarer Kontamination wechseln,
> - anschließend hygienische Händedesinfektion.
>
> Wäscheentsorgung → klinikübliche Stoffsäcke,
> Müllentsorgung → Hausmüll.
>
> *Desinfektion nach septischen Eingriffen erfolgt nach den allgemeingültigen Regeln:*
> - Wischdesinfektion mit einem (aldehydischen) Flächendesinfektionsmittel (z. B. 0,5%),
> - alle patientennahen Flächen, z. B. OP-Tisch, Geräte, Fußboden, einschließlich Instrumentiertisch; nach Möglichkeit sollen die mobilen Gerätschaften im OP-Saal verbleiben und dort desinfiziert werden,
> - generell gilt: alle kontaminierten Flächen.
>
> Desinfektion von Wänden und Decken ist nur bei sichtbarer Kontamination erforderlich.
> OP-Saal kann wieder in Betrieb genommen werden, sobald die Flächen trocken sind.

## 24.1.7
## Gemeinsame Benutzung von OP-Sälen

Ebenso wie sog. septische und aseptische Eingriffe im selben OP-Saal durchgeführt werden können, kann ein OP-Saal auch gemeinsam von verschiedenen Fachdisziplinen genutzt werden. Aus hygienischer Sicht spricht nichts dagegen, wenn beispielsweise gynäkologische, urologische oder HNO-Eingriffe im selben OP-Saal vorgenommen werden, in dem auch aseptische Operationen durchgeführt werden, weil eine Operation in einem physiologischerweise mikrobiell besiedelten Gebiet keine nicht zu beseitigende Kontamination der Flächen des OP-Saales bewirkt und weil auch keine Kontamination der Luft des OP-Saales aus dem OP-Gebiet stattfindet, so daß eine Infektionsgefahr für nachfolgend operierte Patienten nicht besteht.

## 24.1.8
**Hygienemaßnahmen bei Hepatitis B-, C-, D- und HIV-positiven Patienten**

Für Eingriffe bei Patienten mit Hepatitis B, C oder D bzw. HIV-positiven Patienten gelten prinzipiell die gleichen Hygienemaßnahmen wie bei allen anderen Patienten. Die Möglichkeit einer Übertragung im OP ist höchstwahrscheinlich nur durch Stich- und Schnittverletzungen mit kontaminierten Instrumenten gegeben, die demnach durch umsichtiges und konzentriertes Arbeiten mit spitzen und scharfen Gegenständen vermieden werden müssen. Dennoch kommt es immer wieder beim Nähen und beim Einfädeln des Nahtmaterials zu oftmals unbemerkten Verletzungen der Finger durch die Nadelspitze. Das manuelle Fassen und Führen der Nadel sollte durch eine andere Operationstechnik mit vermehrtem instrumentellen Arbeiten ersetzt werden. Dies bietet insbesondere bei einem unübersichtlichen Operationssitus einen wesentlichen Schutz. Das Tragen von doppelten Handschuhen reduziert die Gefahr einer Blutkontamination der Hände, weil zum einen bei Perforationen nicht immer beide Handschuhe betroffen sind und zum anderen im Falle einer Verletzung durch das Abstreifen von Blut am Handschuhmaterial die Inokulationsrate gesenkt wird.

Einwegabdeckmaterialien und Einwegkittel müssen nicht verwendet werden. Jedoch sollen flüssigkeitsundurchlässige Kittel bzw. Plastikschürzen über der Bereichskleidung getragen werden, wenn mit einer entsprechenden Kontamination zu rechnen ist. Das Tragen einer Schutzbrille ist ratsam, wenn mit Verspritzen von Blut in die Umgebung zu rechnen ist.

## 24.1.9
**Reinigung und Desinfektion**

Es ist notwendig, für jeden operativen Bereich detaillierte Reinigungs- und Desinfektionspläne zu erstellen und regelmäßig zu überarbeiten (Reinigungs- und Desinfektionsplan 24.1). Sie müssen übersichtlich gestaltet und für jeden sichtbar aufgehängt werden.

Eine routinemäßige Wischdesinfektion aller Flächen und Fußböden innerhalb eines OP-Traktes ist nicht erforderlich. In den Außen- und Nebenräumen genügt eine gründliche regelmäßige Reinigung (z. B. Narkoseeinleitungsraum, Flure, Personalaufenthaltsraum, Geräteraum). Nach einer Kontamination durch Blut oder potentiell infektiöse Körperflüssigkeiten wird eine gezielte Desinfektion durchgeführt. Man verwendet dafür wie für alle Flächendesinfektionsmaßnahmen innerhalb und außerhalb der OP-Abteilung die Konzentrationen zur sog. Hospitalismusprophylaxe (DGHM-Liste; s. Kap. 13, S. 201) und nicht die höheren Konzentrationen der BGA-Liste, die nur bei dezidierter behördlicher Anordnung eingesetzt werden müssen (s. Kap. 15, S. 231).

In den OP-Sälen ist eine routinemäßig durchgeführte Desinfektion der Flächen (z. B. Instrumententische, OP-Leuchte, Narkosewagen) sinnvoll, da diese während der Operation häufig kontaminiert werden. Die Fußbodendesinfek-

**Reinigungs- und Desinfektionsplan 24.1.** Operative Abteilungen

| Was | Wann | Womit | Wie |
|---|---|---|---|
| Händereinigung | Bei Betreten bzw. Verlassen des OP, vor und nach Patientenkontakt | Flüssigseife aus Spender | Hände waschen, mit Einmalhandtuch abtrocknen |
| Hygienische Händedesinfektion | z. B. *vor* Verbandswechsel, Injektionen, Anlage von Blasen- und Venenkathetern, *nach* Kontamination[1] (bei grober Verschmutzung vorher Hände waschen), nach Ausziehen der Handschuhe | (alkoholisches) Händedesinfektionsmittel | ausreichende Menge entnehmen, damit die Hände vollständig benetzt sind, verreiben bis Hände trocken sind **kein Wasser zugeben** |
| Chirurgische Händedesinfektion | vor operativen Eingriffen | 1. (alkoholisches) Händedesinfektionsmittel: Hände und Unterarme 1 min waschen und dabei Nägel und Nagelfalze bürsten, anschl. Händedesinfektionsmittel während 3 min portionsweise auf Händen und Unterarmen verreiben  2. PVP-Jodseife: Hände und Unterarme 1 min waschen und dabei Nägel und Nagelfalze bürsten, anschl. 4 min waschen, unter fließendem Wasser abspülen, mit sterilem Handtuch abtrocknen | |
| Hautdesinfektion | Vor operativen Eingriffen | Z. B. (alkoholisches) Hautdesinfektionsmittel **oder** PVP-Jod-Alkohol-Lösung | Mit sterilen Tupfern mehrmals auftragen und verreiben *Dauer:* 3 min |
| Schleimhautdesinfektion | Z. B. vor Anlage von Blasenkathetern | PVP-Jod-Lösung **ohne** Alkohol | Unverdünnt auftragen *Dauer:* 30 sec |
| Instrumente | Nach Gebrauch | Reinigungs- und Desinfektionsautomat, verpacken, autoklavieren **oder** in Instrumentenreiniger einlegen, reinigen, abspülen, trocknen, verpacken, autoklavieren *bei Verletzungsgefahr:* Zusatz von (aldehydischem) Instrumentendesinfektionsmittel | |
| Trommeln, Container | Nach Öffnen (Filter regelmäßig wechseln) | Reinigen, autoklavieren | |

**Reinigungs- und Desinfektionsplan 24.1.** (Fortsetzung)

| Was | Wann | Womit | Wie |
|---|---|---|---|
| Standgefäß mit Kornzange | 1mal täglich | reinigen, verpacken, autoklavieren (bei Verwendung kein Desinfektionsmittel in das Gefäß geben) | |
| Haarschneidemaschine | nach Gebrauch | Alkohol 60–70% | Abwischen |
| Scherkopf | | reinigen, in Alkohol 60–70% für 10 min einlegen, trocknen oder reinigen, autoklavieren (Pflegeöl benutzen) | |
| Nagelbürste | nach Gebrauch | Reinigungs- und Desinfektionsautomat, autoklavieren oder in Instrumentenreiniger einlegen, abspülen, trocknen, autoklavieren | |
| Blutdruckmanschette Kunststoff | nach Kontamination[1] | mit (aldehydischem) Flächendesinfektionsmittel, bzw. Alkohol 60–70% abwischen, trocknen oder Reinigungs- und Desinfektionsautomat | |
| Stoff | | in Instrumentenreiniger einlegen, abspülen, trocknen, autoklavieren oder Reinigungs- und Desinfektionsautomat | |
| Absauggefäße inkl. Verschlußdeckel und Verbindungsschlauch | 1mal täglich | Reinigungs- und Desinfektionsautomat oder in (aldehydisches) Flächendesinfektionsmittel einlegen, abspülen, trocknen | |
| Geräte, Mobiliar im OP-Saal | 1mal täglich nach Kontamination[1] | (aldehydisches) Flächendesinfektionsmittel | abwischen |
| OP-Tisch | nach jedem Patienten | (aldehydisches) Flächendesinfektionsmittel oder automatische Waschstraße | abwischen |
| OP-Leuchte | 1mal täglich nach Kontamination[1] | (aldehydisches) Flächendesinfektionsmittel | abwischen |
| Waschbecken | 1mal täglich | umweltfreundlicher Reiniger | reinigen, trocknen |

**Reinigungs- und Desinfektionsplan 24.1.** (Fortsetzung)

| Was | Wann | Womit | Wie |
|---|---|---|---|
| **Strahlregler** | 1mal pro Woche | Reinigungs- und Desinfektionsautomat **oder** unter fließendem Wasser reinigen | |
| **Fußboden** im OP-Saal | nach jedem Eingriff nach Kontamination¹ | (aldehydisches) Flächendesinfektionsmittel | hausübliches Reinigungssystem |
| **Abfall,** bei dem Verletzungsgefahr besteht (Skalpelle, Kanülen) | direkt nach Gebrauch (bei Kanülen **kein Recapping**) | Entsorgung in leergewordene, durchstichsichere und festverschließbare Kunststoffbehälter | |

¹ Kontamination: Kontakt mit (potentiell) infektiösem Material.

*Anmerkungen:*
- Nach Kontamination mit potentiell infektiösem Material (z. B. Sekreten oder Exkreten) immer sofort gezielte Desinfektion der Fläche,
- Beim Umgang mit Desinfektionsmitteln immer mit Haushaltshandschuhen arbeiten (Allergisierungspotential),
- Ansetzen der Desinfektionsmittellösung nur in kaltem Wasser (Vermeidung schleimhautreizender Dämpfe),
- Anwendungskonzentrationen beachten,
- Einwirkzeiten von Instrumentendesinfektionsmitteln einhalten,
- Standzeiten von Instrumentendesinfektionsmitteln nach Herstellerangaben (wenn Desinfektionsmittel mit Reiniger angesetzt wird, täglich wechseln),
- Zur Flächendesinfektion nicht sprühen, sondern wischen,
- Nach Wischdesinfektion, Benutzung der Flächen, sobald wieder trocken,
- Benutzte, d.h. mit Blut etc. belastete Flächendesinfektionsmittellösung mindestens täglich wechseln,
- Haltbarkeit einer unbenutzten dosierten Flächendesinfektionsmittellösung (z. B. 0,5%) in einem verschlossenen (Vorrats-)Behälter (z. B. Spritzflasche) nach Herstellerangaben (meist 14–28 Tage),
- Reinigungs- und Desinfektionsautomat: 75°C, 10 min (ohne Desinfektionsmittelzusatz).

tion im OP-Saal kann abhängig von der Fachdisziplin und dem jeweils üblichen Verschmutzungsgrad des Bodens während eines Eingriffes individuell festgelegt werden. In Bereichen, in denen eine sichtbare Kontamination der Umgebung durch Blut eher selten gegeben ist (z. B. Stereotaxie, Augenheilkunde), genügt im Normalfall eine Reinigung. Eine Desinfektion des Fußbodens wird in diesen Fällen nur bei Bedarf nach Rücksprache mit dem OP-Personal durchgeführt. Diese Vorgehensweise erfordert geschultes Reinigungspersonal und eine gute Zusammenarbeit von Reinigungs- und OP-Personal. Ein gewisser Aufwand ist erforderlich, um jederzeit sowohl Reinigungs- als auch Desinfektionsmittellösung bereitzuhalten.

Zwischen den Operationen erfolgt eine Desinfektion und Reinigung des Fußbodens im Bereich um den OP-Tisch. Sichtbare Verschmutzungen der Flächen

(OP-Leuchte, Instrumententische) werden durch Wischdesinfektion entfernt. Sobald der Fußboden getrocknet ist, kann mit den Vorbereitungen für den nächsten Eingriff begonnen werden.

Mit der Abschlußreinigung und Desinfektion soll unmittelbar nach Programmende begonnen werden, wenn Blut und sonstige Sekrete noch nicht angetrocknet sind. Flächen und Fußböden sollen nach der Desinfektion lufttrocknen und nicht trockengewischt werden.

Die Reinigungs- bzw. Desinfektionsarbeiten werden mit dem hausüblichen Reinigungssystem durchgeführt. Als Flächendesinfektionsmittel sollen Aldehyde wegen ihres breiten Wirkungsspektrums bevorzugt werden (s. Kap. 13, S. 201). Reinigungs-und Desinfektionsmittellösungen sowie verwendete Lappen werden nach jeder Benutzung ausgewechselt. Die Reinigungsutensilien sollen nach Möglichkeit in einem Reinigungs- und Desinfektionsautomaten und nicht in einer Desinfektionsmittellösung aufbereitet und anschließend trocken gelagert werden (s. Kap. 21, S. 363).

## 24.1.10
### Maßnahmen beim ambulanten Operieren

> ! Allgemeine und spezielle Hygienemaßnahmen, wie sie in der operativen Medizin eines Krankenhauses Gültigkeit haben, sind uneingeschränkt auf den chirurgischen Praxisbetrieb zu übertragen [243, 244].

Eine sorgfältige, schonende Operationstechnik und das disziplinierte Verhalten eines jeden Mitarbeiters sind auch in diesem Bereich die wesentlichsten Maßnahmen zur Verhütung postoperativer Infektionen im OP-Gebiet. In jeder Praxis sollen individuelle Desinfektionspläne als Grundlage für hygienisch einwandfreies Arbeiten vorhanden sein. Ihre Einhaltung soll durch ausgebildetes OP-Personal überwacht werden.

Der OP-Bereich soll zum Sprechstundenbereich hin räumlich klar abgetrennt sein. Die einzelnen Räume sollen ihrer Funktion entsprechend ausreichend groß und funktionell gestaltet sein. Der OP-Bereich wird in Bereichskleidung mit Haarschutz und OP-Schuhen betreten. Eine Maske braucht nur in den OP-Sälen während eines Eingriffes getragen zu werden. Der Waschplatz soll außerhalb des OP-Raumes installiert und die Armaturen für eine chirurgische Händedesinfektion konzipiert sein. Für die Narkoseeinleitung soll ein eigener Raum zur Verfügung stehen. Ein separater Ausleitungsraum ist aus hygienischen Gründen nicht erforderlich, aus organisatorischen Gründen aber wünschenswert; die Extubation kann aber auch im OP-Saal vorgenommen werden. RLT-Anlagen mit endständigen Schwebstofffiltern sind bei ambulant durchgeführten Eingriffen nicht erforderlich, da hier die Luft als Erregerreservoir ausscheidet. Auf eine regelrechte Klimatisierung kann jedoch meist nicht verzichtet werden, um für Patienten und Personal eine angenehme Raumatmosphäre zu schaffen.

Multifunktionsräume in denen neben dem Anlegen von Gipsen, dem Wechseln von Verbänden und Endoskopieren auch kleine chirurgische Eingriffe oder sogar septische Operationen durchgeführt werden, sollen nicht vorgesehen werden. Septische Eingriffe müssen unter den gleichen OP-Bedingungen wie alle anderen OPs auch durchgeführt werden.

Die Instrumentenaufbereitung erfolgt getrennt in reinen und unreinen Bereich in einem separaten Raum. Diszipliniertes Verhalten der Mitarbeiter vorausgesetzt, kann dieser durch das Sprechstundenpersonal mitbenutzt werden. Für die Aufbereitung des Instrumentariums sollte ein Reinigungs- und Desinfektionsautomat zur Verfügung stehen. Die hohen Anschaffungskosten eines solchen Gerätes werden durch den erheblichen Zeitgewinn und die eingesparten Desinfektionsmittel schnell ausgeglichen. Sterilgut wird trocken und staubfrei vorzugsweise in Schränken gelagert. In der folgenden Übersicht sind die Anforderungen an die bauliche und organisatorische Struktur zusammengefaßt.

**Organistorische und bauliche Struktur beim ambulanten Operieren**
- Deutliche räumliche Trennung des OP-Bereichs vom Sprechstundenbetrieb,
- ausreichende Anzahl von OP-Räumen mit geeigneter Waschmöglichkeit,
- Raum für Instrumentenaufbereitung und Sterilisation mit Trennung in unreine und reine Seite,
- Schränke oder Regale für die Lagerung von Sterilgut, von Medikamenten und Infusionsflaschen,
- ausreichend große Arbeitsfläche zum Richten von Infusionen und Injektionen,
- für Reinigung und Desinfektion geeigneter Fußbodenbelag (gilt gleichermaßen für Wände und Decken in den OP-Räumen),
- ausreichend große Fläche für die Sammelbehälter zur Entsorgung von OP-Wäsche und der verschiedenen Abfallsorten,
- Durchführung endoskopischer Untersuchungen (z.B. Gastroskopie), von Verbandswechsel, Repositionen oder Gipsanlagen in einem speziellen Raum im Sprechstundenbereich.

Eine routinemäßig durchgeführte Wischdesinfektion aller Flächen und Fußböden im OP-Bereich ist nicht erforderlich. In den Außenbereichen wird nur nach sichtbarer Kontamination sofort eine gezielte Desinfektion durchgeführt, ansonsten genügt eine Reinigung. Die Desinfektionsmaßnahmen im OP-Saal sind auf das übliche Ausmaß der Kontamination der Umgebung abzustimmen. Werden z.B. überwiegend unblutige Eingriffe (Handchirurgie) vorgenommen, kann auf eine routinemäßige Fußbodendesinfektion verzichtet werden.

## 24.1.11
## Umgebungsuntersuchungen

Routinemäßig durchgeführte Nasen-Rachen-Abstriche beim OP-Personal, Abklatschuntersuchungen von Flächen, Händen oder gar vom Fußboden, sowie eine Überprüfung sterilisierter Produkte sind überflüssig. Sie sollten nur bei klar definierter Fragestellung und dann sehr gezielt durchgeführt werden, z.B. bei Auftreten einer postoperativen Wundinfektion durch Streptokokken der Gruppe A oder bei Epidemien, wenn sie durch einen Erreger des gleichen Typs hervorgerufen werden (S. aureus) (s. Kap. 4, S. 41).

## 24.2
## Umweltschutz im operativen Bereich

Auch in den operativen Bereichen steigt das Umwelt- und Kostenbewußtsein der Mitarbeiter und somit die Bereitschaft, Arbeitsweisen neu zu überdenken und ggf. umzustellen. Das Angebot und der Einsatz von Einwegmaterialien ist überaus umfangreich geworden. Die bequeme Handhabung führt jedoch nicht notwendigerweise zu einer Verbesserung des Hygienestandards. Vielmehr gilt zu beachten, daß neben den oft erheblichen Anschaffungskosten zusätzliche Kosten für die Abfallentsorgung entstehen und die Umweltbelastung durch den anfallenden Müll steigt. Wiederaufbereitbare Materialien stellen eine kostengünstige und umweltschonende Alternative dar. Die Effizienz einzelner Hygienemaßnahmen soll auch unter Umweltschutzaspekten überprüft und ggf. neu konzipiert werden. Durch den gezielten Einsatz von Reinigungs- und Desinfektionsmaßnahmen kann auch eine Kosteneinsparung erreicht werden. In Tabelle 24.1 sind einige Möglichkeiten für umweltbewußtes und kostensparendes Vorgehen im OP aufgeführt und den umweltbelastenden sowie oft auch kostenintensiven Alternativen gegenübergestellt.

Tabelle 24.1. Umweltschutz und Kosteneinsparung im OP

| Umweltbelastend und/oder kostenintensiv | Umweltschonend und/oder kostensparend |
|---|---|
| Einwegskalpell mit Kunststoffgriff | Metallgriff mit auswechselbarer Klinge |
| Ein Skalpell nur für die Hautinzision | Ein Skalpell für alle Schichten |
| Einwegrasierer | Wiederverwendbare Klinge, Rasierapparat, Haarschneidemaschine |
| Einwegthoraxdrainagensysteme | Wiederaufbereitbare Systeme |
| Einwegredonflaschen | Wiederaufbereitbare Redonflasche mit Spezialventil |
| Einwegabsaugsystem | Wiederaufbereitbares Absaugsystem |
| Einwegplastiküberschuhe | Waschbare OP-Schuhe |

**Tabelle 24.1.** (Fortsetzung)

| Umweltbelastend und/oder kostenintensiv | Umweltschonend und/oder kostensparend |
|---|---|
| Einwegbauchtücher | Waschbare Bauchtücher |
| Einweginstrumente | Wiederaufbereitbare Instrumente |
| Hautinzisionsfolien | Hautdesinfektion genügt |
| Routinemäßiger Handschuhwechsel nach dem Abdecken des Patienten | Kein Handschuhwechsel |
| PVC-Handschuhe | Latexhandschuhe |
| Abdecken von vorgerichteten Instrumententischen mit sterilen Tüchern | Instrumententische unmittelbar vor OP-Beginn richten (wenn vorgerichtet wird, genügt eine 2-fach Tuchabdeckung) |
| Chirurgische Händedesinfektion 5 min Händewaschen vorher > 2 min | Händedesinfektion 3 min Händewaschen 1 min |
| Hautdesinfektion 5 min | Hautdesinfektion 3 min |
| Papier-Sterilverpackung 3-fach | Papier-Sterilverpackung 2-fach |
| Kreppapier-Sterilverpackung | Metallcontainer |
| Naßentsorgung der Instrumente in Desinfektionsmittellösung | Trockenentsorgung → Reinigungs- und Desinfektionsautomat |
| Routinemäßige Desinfektion aller Flächen und Fußböden | Routinemäßige Desinfektion nur im OP-Saal |
| Chemische Instrumentendesinfektion | Thermische Instrumentendesinfektion |
| Routinemäßige Umgebungsuntersuchungen | Umgebungsuntersuchungen nur bei definierter Fragestellung |
| Wechsel der Bereichskleidung nach Toilettenbesuch | Kein Kleiderwechsel |

# 25 Prävention von Infektionen in der Intensivmedizin und Anästhesiologie

E. Bux und I. Kappstein

### EINLEITUNG

Die erhebliche Zunahme invasiver Maßnahmen bei Diagnostik und Therapie, die ein Eindringen von Mikroorganismen in den Körper begünstigen, sowie die geschwächte körpereigene Abwehr z. B. bei polytraumatisierten oder langzeitbeatmeten Patienten, Brandverletzten sowie Organempfängern führen zu einer deutlichen Infektionsgefährdung der Patienten. Die Verhütung nosokomialer Infektionen durch Einhaltung wichtiger hygienischer Regeln zur Vermeidung von Übertragungen hat somit in der Intensivmedizin und Anästhesiologie eine besondere Bedeutung.

## 25.1 Allgemeine Hygienemaßnahmen in der Intensivmedizin

(über die in diesem Abschnitt enthaltenen Ausführungen hinaus finden sich weitere Angaben zur Thematik in Kap. 23, S. 391)

### 25.1.1 Personal

Kreuzinfektionen, d. h. eine Erregerübertragung von einem auf den anderen Patienten, kommen in einem hohen Prozentsatz über die Hände des Personals zustande [271, 353]. Die wichtigste Maßnahme ist daher auch auf Intensivstationen Händedesinfektion bzw. Händewaschen. Bereits bei Betreten der Intensivstation einen Kittel überzuziehen, ist nicht sinnvoll. Das Intensivpersonal trägt als Arbeitskleidung eine Bereichskleidung (Kasak und Hose), die einmal täglich gewechselt wird. Eine zusätzliche Schutzkleidung, ein langärmliger Stoffkittel bzw. eine flüssigkeitsdichte Schürze, ist nur dann notwendig, wenn eine Kontamination der Arbeitskleidung mit potentiell infektiösem Material erwartet wird oder möglich ist, um eine Erregerübertragung zu verhindern [19, 353]. Bei der sog. Kittelpflege bleibt der Schutzkittel oder die Schürze am Bett des Patienten, nicht außerhalb des Zimmers auf dem Flur. Die flüssigkeitsdichte Schürze wird beispielsweise angezogen, wenn Kontakt mit Blut, Stuhl oder Sekret, zu erwarten ist, ferner beim Verbandswechsel von großflächigen infizierten Wunden sowie als Nässeschutz, z. B. beim Waschen des Patienten und bei Spülungen. Ein langärmliger Stoffkittel ist z. B. bei der Physiotherapie angebracht, weil dabei fast immer ein enger Körperkontakt zum Patienten stattfindet. Ein Wechsel kann einmal pro Schicht erfolgen bzw. ist sofort nach grober Kontamination nötig. Muß ein Patient in einem Einzelzimmer isoliert werden, trägt das dort zuständige Personal die übliche Bereichskleidung und zieht einen Stoffkittel über, wenn das Zimmer verlassen werden muß.

## 25.1.2
## Besucher

Besucher können die Intensivstation in Straßenkleidung betreten. Ein Schutzkittel oder ein sog. Poncho (ein Bettuch mit einem Schlitz) ist nicht erforderlich. Die Straßenkleidung ist aus hygienischer Sicht unbedenklich. Besucher mit Atemwegsinfektionen sollen möglichst keinen direkten Kontakt mit dem Patienten haben (evtl. ist eine Maske sinnvoll). Die Durchführung der Händedesinfektion vor und nach Patientenkontakt sowie nach Husten, Niesen oder Schneuzen muß den Besuchern erklärt werden, da auch die meisten Erkältungskrankheiten in erster Linie über die Hände übertragen werden (s. Kap. 3, S. 19). Besucher mit Hautinfektionen oder infektiösen Darmerkrankungen bzw. Ausscheider darmpathogener Erreger sollen ebenfalls keinen direkten Kontakt mit Intensivpatienten, insbesondere immunsupprimierten Patienten, haben. Plastiküberschuhe oder spezielle Schuhe für den Intensivbereich sind unnötig, da der Fußboden im gesamten Krankenhaus kein Erregerreservoir für Infektionen ist.

## 25.1.3
## Räumliche Trennung

Die Intensivstation muß vom übrigen Krankenhausbereich nicht durch eine Schleuse für Personal, Besucher oder Material getrennt sein. Für die Besucher soll am Eingang lediglich eine Möglichkeit zum Aufhängen von Mänteln und Jacken vorhanden sein. Auf Intensivstationen muß aber die Möglichkeit bestehen, einen Patienten in einem Einzelzimmer bzw. einer Einzelbox zu isolieren. Ein solches Einzelzimmer soll über eine bestimmte baulich-technische Ausstattung verfügen, so daß Patienten, die selbst sehr stark infektionsgefährdet sind, oder Patienten, die als infektiös gelten, von den übrigen Intensivpatienten getrennt werden können (s. Kap. 15, S. 231). So sollen z. B. Patienten nach Transplantation von Herz, Lunge oder Leber in ein Einzelzimmer gelegt werden. Auch Patienten mit Infektionen verursacht durch polyresistente Erreger sollen nach Möglichkeit in einem Einzelzimmer untergebracht werden. Damit möchte man das Risiko von Kontaktinfektionen reduzieren. Ein Einzelzimmer ist ebenfalls nötig für Patienten mit aerogen übertragbaren Infektionen, z. B. offener Lungentuberkulose (s. Kap. 16, S. 267).

Ein Einzelzimmer auf einer Intensivstation soll folgendermaßen ausgestattet sein:
- Vorraum mit Waschbecken, Seifen-, Desinfektionsmittelspender und Spender für Papierhandtücher sowie Aufhängevorrichtungen für Schutzkittel;
- Patientenzimmer
  - Waschbecken mit Seifen- und Desinfektionsmittelspender mit Ellenbogenbedienung sowie Spender für Papierhandtücher,
  - Entsorgungsmöglichkeit für benutztes Instrumentarium,
  - Entsorgungsmöglichkeit für Müll und Wäsche,
  - Steckbeckenspülautomat,
  - WC für Personal (oder für mobile Patienten),
  - geschlossene Aufbewahrungsmöglichkeit für Sterilgut,
  - Arbeitsflächen, z. B. zum Vorrichten von Infusionslösungen und Medikamenten,
  - verschiedene Ablageflächen (Lagerungshilfsmittel, Dokumentation).

Die Lagerhaltung im Zimmer soll auf ein Minimum beschränkt sein.

## 25.2 Spezielle Hygienemaßnahmen in der Intensivmedizin

### 25.2.1 Umgang mit Beatmungszubehör
(s. dazu auch Kap. 6, S. 83)

Atemgasführende Teile von Beatmungsgeräten, Schläuche und Befeuchter können Reservoire oder Vehikel für Infektionserreger sein. Die sog. Atemgaskonditionierung bringt v.a. bei der aktiven Befeuchtung, d. h. bei Beatmungsgeräten, die das inspiratorische Luftgemisch anfeuchten, zusätzliche Kontaminations- und Keimwachstumsmöglichkeiten durch Entstehung eines „feuchten Milieus" mit sich, wodurch das Wachstum von sog. Wasserkeimen (z. B. Pseudomonaden) begünstigt wird. Sorgfältige Händehygiene, korrekte Handhabung, Desinfektion und Sterilisation des Beatmungszubehörs sowie aseptische Pflegetechniken gehören zu den wichtigsten Maßnahmen zur Verhütung nosokomialer Pneumonien im Umgang mit beatmeten Patienten. Die Bestückung des Beatmungsgerätes besteht in der Regel aus Beatmungsschläuchen, Tubusadapter, Y-Verbindungsstücken, Wasserfallen und dem Wasserreservoir (Kaskade). Alle Materialien sollen thermodesinfizierbar oder autoklavierbar sein.

**Befeuchtung der Atemgase.** Bei aktiver Befeuchtung bildet sich durch den Temperaturunterschied zwischen Atemgas und Umgebungsluft im inspiratorischen Schenkel Kondenswasser, in welchem meist retrograd aus dem Oropharyngealsekret stammende Bakterien vorhanden sind. Kondenswasser ist demzufolge immer als kontaminierte Flüssigkeit zu betrachten [94, 266]. Ein Rückfluß von Kondenswasser zum Patienten, z. B. beim Drehen des Patienten oder bei anderen pflegerischen Tätigkeiten, muß deshalb unbedingt vermieden werden. Ein ungehinderter Abfluß des Kondenswassers in die Wasserfalle, die regelmäßig je nach Füllungsvolumen entleert werden muß, kann durch entsprechende Schlauchhalterungen erreicht werden. Da es sich bei dem in der Wasserfalle aufgefangenen Kondenswasser um geringe Flüssigkeitsmengen handelt, kann die Entsorgung in das Waschbecken oder den Hausmüll erfolgen. Zum Entleeren sollen wegen des Kontaminationsrisikos Handschuhe getragen und anschließend die Hände desinfiziert werden.

Bei der Kaskadenbefeuchtung werden im Gegensatz zu Verneblern kaum Aerosole erzeugt. Dennoch sollen die Töpfe, ohne die Innenseite zu kontaminieren, mit sterilem Aqua dest. gefüllt werden. Vor dem Auffüllen des Wasserreservoirs sollen deshalb auch die Hände desinfiziert werden. Das Befeuchterwasser wird auf Temperaturen um ca. 50°C hochgeheizt. Eine Vermehrung evtl. Kontaminationskeime ist in diesem Temperaturbereich nicht mehr möglich [94, 266]. Aqua dest.-Flaschen, die zum Auffüllen zur Verfügung stehen, sollen mit Anbruchsdatum und Uhrzeit versehen und nach 24 h verworfen werden.

Die Bildung von Kondenswasser im Beatmungsschlauchsystem kann durch sog. künstliche Nasen verhindert werden [425]. In den dabei trockenen Schläuchen kann es nicht zu einer Vermehrung von Keimen kommen, selbst wenn es zu einer Kontamination des Lumens kommen sollte. Ein Vorteil zusätzlicher bakteriendichter Filter in einer künstlichen Nase ist nicht gegeben. Bei Verwendung von künstlichen Nasen kann das Wechselintervall der Beatmungsschläuche über 48 h hinaus ausgedehnt werden. Ein Wechsel kann alle fünf Tage empfohlen werden, jedoch ist das maximale aus hygienischer Sicht sichere Wechselintervall noch nicht bekannt [425]. Mittlerweile gibt es auch Beatmungsgeräte mit aktiver Befeuchtung, deren Beatmungschläuche beheizbar sind. Das daraus resultierende trockene Milieu im Schlauchlumen macht ebenfalls einen Wechsel in einem längeren Intervall möglich. Einwegsysteme haben auch bei der Atemgasanfeuchtung keine hygienischen Vorteile.

**Medikamentenverneblung.** Falls Medikamente durch Inhalation verabreicht werden, wird ein spezieller Vernebler im Inspirationsschenkel zwischengeschaltet, der nur mit sterilen Flüssigkeiten befüllt werden darf [425]. Die Medikamentenvernebler sollen nach jedem Gebrauch thermisch desinfiziert werden, da sie durch den Reflux von Kondensat kontaminiert werden können. Können sie aber aus organisatorischen Gründen nur einmal täglich aufbereitet werden, müssen sie nach jedem Gebrauch mit sterilem Wasser ausgespült und anschließend gut getrocknet werden [425].

**Schlauchwechsel.** Ein Wechsel der Beatmungsschläuche und der Kaskadenwasserreservoire ist frühestens alle 48 h notwendig, da die Kontamination der Beatmungsschläuche nach dieser Zeit nicht signifikant höher ist als nach 24 h [425].

Es ist aber derzeit offen, wie lange man die Beatmungsschläuche und Wasserreservoire maximal am Gerät lassen kann [425].

Aufbereitung. Beatmungs- und Inhalationszubehör soll vorzugsweise thermisch in automatischen Reinigungs- und Desinfektionmaschinen desinfiziert werden. Die Aufbereitung erfolgt für die Faltenschläuche in einem Spezialeinsatz, damit das Innenlumen gespült werden kann. Da in den Falten der Schläuche Restfeuchtigkeit zurückbleiben kann, ist eine vollständige Trocknung des Beatmungszubehörs wichtig. Alle Geräteteile werden schließlich staubfrei und trocken aufbewahrt.

Die Oberflächen der Beatmungsgeräte werden vom Pflegepersonal, z. B. beim Ausschalten des Alarms während des endotrachealen Absaugens, häufig mit den Händen berührt. Diese Flächen sollen deshalb nach Kontamination sowie einmal pro Schicht mit einem Flächendesinfektionsmittel abgewischt werden. Bei Verlegung bzw. Extubation des Patienten wird das Beatmungsgerät abgerüstet, mit Desinfektionsmittel abgewischt und auf seinen technischen Zustand hin überprüft. Das Zubehör wird thermisch desinfiziert. Eine Desinfektion des Gerätes in der Formaldehydkammer (Aseptor) soll nicht mehr durchgeführt werden, weil dieses Verfahren eine unnötige Formaldehydbelastung des Personals mit sich bringt. Außerdem kommt es noch dazu während der Beatmung im Innern des Gerätes zu keiner Kontamination, so daß der Versuch, Dekontaminationsmaßnahmen durchzuführen, sinnlos ist. Eine Händedesinfektion ist nach dem Abrüsten und vor dem Aufrüsten der Geräte erforderlich sowie auch während des Aufrüstens z. B. nach Niesen, Husten oder Schneuzen.

## 25.2.3
## Oro- vs. nasotracheale Intubation

Bei einer nasotrachealen Intubation kann es durch den Tubus sowie durch die fremdkörperbedingte Schleimhautschwellung zu einer Verlegung der Ausführungsgänge der Nasennebenhöhlen und damit zu einer Abflußbehinderung des Nebenhöhlensekrets kommen, so daß bei Zeichen einer Infektion auch immer an eine Sinusitis gedacht werden muß [425]. Die Entscheidung, welche Form der Intubation vorgezogen werden sollte, ist u.a. abhängig von der Dauer der Intubation. Wenn aber bei länger erforderlicher Beatmung nach 8 bis 10 Tagen grundsätzlich eine Tracheotomie durchgeführt wird, scheint die Art der Intubation keine Rolle zu spielen. Ob eine Nasen-Rachen-Raumspülung vor Intubation, Tracheotomie, Kanülenwechsel etc. eine Auswirkung auf die Pneumonieraten hat, ist unklar. Obwohl der Cuff (Blockermanschette) einen vermehrten Sekretfluß aus dem Nasen-Rachen-Raum in die unteren Atemwege verhindert, kann respiratorisches Sekret zwischen Cuff und Trachealwand in die tieferen Abschnitte der Trachea gelangen und die Entstehung einer Infektion begünstigen. Deshalb soll das Sekret oberhalb des Cuffs regelmäßig entfernt werden [425]. Dies kann z. B. unter laryngoskopischer Sicht erfolgen. Es gibt aber neuerdings für diesen Zweck spezielle Tuben mit einer dorsalen Öffnung zum subglottischen Absaugen. Ob diese aufgrund theoretischer Überlegungen sinnvolle Maßnahme jedoch tatsächlich einen Einfluß auf die Pneumonieraten hat, ist noch nicht ausreichend untersucht [425].

## 25.2.4
### Endotracheales Absaugen

Das endotracheale Absaugen muß äußerst sorgfältig durchgeführt werden, um Kontaminationen und Schleimhautverletzungen zu vermeiden (Anhang A, S. 467).

Ein routinemäßiges Absaugen des beatmeten Patienten ist deshalb nicht sinnvoll, sondern es soll nur bei einer die Atmung behindernden Sekretansammlung abgesaugt werden. Der Absaugvorgang soll möglichst immer mit Assistenz durchgeführt werden, da die Überwachung der Vitalfunktionen, die Bedienung des Respirators und des Absauggerätes sowie das Absaugen selbst von einer einzelnen Person meist nicht hygienisch einwandfrei durchgeführt werden können. Wenn die Gefahr des Verspritzens von Sekret gegeben ist, soll sich das Personal durch Maske und Schutzbrille zusätzlich schützen. Bei zähem respiratorischen Sekret muß sterile Flüssigkeit zum Anspülen verwendet werden. Ist der Absaugvorgang beendet, muß darauf geachtet werden, daß der Absaugkatheter nicht über die obere Gesichtshälfte des Patienten geführt wird. Dabei kann das Auge mit respiratorischem Sekret kontaminiert werden, wodurch schwere bakterielle Konjunktivitiden verursacht werden können [242]. Das gesamte Absaugsystem wird einmal täglich thermisch desinfiziert. Der Spülflüssigkeit (Leitungswasser) wird PVP-Jodlösung (1:100 verdünnt) hinzugefügt.

Aus medizinischen Gründen kann die Verwendung eines geschlossenen Absaugsystems erforderlich sein. Dieses System bleibt bis maximal 24 h am Patienten. Die Hygienemaßnahmen unterscheiden sich nicht von denen beim konventionellen offenen Absaugsystem. Zum jetzigen Zeitpunkt ist noch ungeklärt, ob eines der Systeme aus hygienischer Sicht zur Verhütung nosokomialer Pneumonien vorzuziehen ist.

Die Verwendung von Einwegabsaugsystemen ist aus hygienischer Sicht nicht gerechtfertigt. Es ist hinlänglich bekannt, daß die nosokomialen Infektionsraten durch die Verwendung solcher Einwegmaterialien nicht beeinflußt werden können. Die sekretgefüllten Wegwerfbeutel sind müllintensiv und teuer.

## 25.2.5
### Tracheotomie

Außer in Notfallsituationen soll eine Tracheotomie immer unter aseptischen Bedingungen im Operationssaal durchgeführt werden. Der Verbandswechsel erfolgt ebenfalls unter aseptischen Bedingungen. Die Wundränder müssen sauber und trocken gehalten werden. Eine Händedesinfektion ist vor und nach Manipulation am Tracheostoma notwendig, wobei mit der No-touch-Technik (sterile Pinzette oder sterile Handschuhe) gearbeitet werden soll, weil die Wunde sehr schnell mit potentiell pathogenen Keimen kolonisiert wird. Nach dem Ausziehen der Handschuhe ist eine Händedesinfektion erforderlich, da es häufig trotzdem zu einer Kontamination der Hände kommt.

## 25.2.6
## Mundpflege

Zur Mundpflege steht ein spezielles wiederaufbereitbares Set zur Verfügung. Es besteht aus einem Tablett mit Deckel, mehreren Bechern und einer Ablage für Pflegeutensilien. Die Mundpflegelösung wird in einem geschlossenen Becher aufbewahrt und nur zum jeweiligen Gebrauch in kleinen Mengen in einen anderen Becher umgeschüttet, um eine Kontamination der Vorratslösung durch die benutzte Mundpflegeklemme zu vermeiden. Der Becher und die Mundpflegeklemme werden nach jedem Gebrauch mit 70%igem Alkohol abgewischt. Das gesamte Tablett wird einmal täglich thermisch desinfiziert.

## 25.2.7
## Enterale Ernährung

Beim Umgang mit Sondennahrung sind unbedingt besondere Hygienemaßnahmen einzuhalten, da Sondenkost ein sehr gutes Nährmedium für viele Keime (Bakterien, Pilze) darstellt. Besonders die Pneumonie bei intubierten und beatmeten Patienten ist eine schwere Komplikation, die durch die bakterielle Besiedlung des Magens mitverursacht sein kann. Deshalb sollen Intensivpatienten generell nur sterile (=industriell hergestellte) oder weitgehend keimarme Sondennahrung erhalten. In der modernen Intensivmedizin wird auf eine möglichst frühzeitige enterale Ernährung sehr viel Wert gelegt. Die hygienischen Risiken der Sondennahrung müssen deshalb sorgfältig berücksichtigt und die entsprechenden Vorsichtsmaßnahmen eingehalten werden.

Eine primäre Kontamination der Nahrung oder Kontamination bei Zubereitung bzw. Herstellung mit mehr oder weniger hohen Keimzahlen kann folgendermaßen entstehen:
- durch die Hände des Personals,
- durch unsachgemäßen Umgang mit Sondenkost und Überleitungssystemen,
- durch Arbeitsgeräte (z. B. Schüttelbecher, Löffel) und
- über die Arbeitsflächen.

Ein Reflux von Mageninhalt in die oberen Luftwege muß wegen der bakteriellen Kolonisierung des Mageninhalts nach Möglichkeit vermieden werden. Um das Aspirationsrisiko zu reduzieren, soll der Oberkörper des Patienten um 30–40° erhöht werden, falls keine Kontraindikation besteht [425].

Hygienemaßnahmen bei Sondenkosternährung. Voraussetzungen für einen korrekten Umgang mit Sondenkost sind ein sauberer und trockener Arbeitsplatz, Händedesinfektion vor Zubereitung von Sondenkost und vor jeder Manipulation am Überleitungssystem, Anwärmen industriell hergestellter Nahrung in Flaschen entweder im Wasserbad (anschließend Flasche gut abtrocknen) oder in der Mikrowelle (anschließend Glasflasche durchschütteln), Beachtung des Haltbarkeitsdatums bei industriell hergestellter Nahrung sowie Einfüllen der Nahrung unter streng aseptischen Bedingungen. Ein intermittierender Nahrungsaufbau bei Nahrungszufuhr über eine nasogastrale Sonde kann folgendermaßen durchgeführt werden:

- Nahrungszufuhr erfolgt in zweistündigen Abständen über 16 h mit einer Nachtpause von 8 h,
- vor jeder Nahrungsgabe werden die korrekte Lage der Sonde und das Aspirationsvolumen überprüft,
- Messung des Magensaft-pH, evt. Durchführung einer Streßulkusprophylaxe.

Bei Aspirationsvolumina unter 50 ml wird die aspirierte Menge zurückgegeben und der nächste Nahrungsbolus verabreicht, bei Aspirationsvolumina zwischen 50 ml und 100 ml wird die aspirierte Menge zurückgegeben, aber keine neue Nahrung gegeben, und bei Aspirationsvolumina über 100 ml werden 100 ml Mageninhalt zurückgegeben, die Restmenge wird verworfen. Es erfolgt in diesen Fällen bis zur nächsten Volumenbestimmung des Mageninhalts keine Nahrungszufuhr.

Der Nahrungsaufbau erfolgt mit Tee und steriler Sondenkost. Für die Teezubereitung soll der Tee(-beutel) wegen möglicher mikrobieller Kontamination der Teeblätter mit kochendem Wasser überbrüht werden. Für jede Mahlzeit soll eine neue Spritze verwendet werden, die anschließend entweder in der Geschirrspülmaschine bei 65°C oder in einem Reinigungs- und Desinfektionsautomaten thermisch desinfiziert wird. Plastikbehälter werden nach jeder Mahlzeit thermisch aufbereitet. Plastikbeutel mit angeschweißtem Überleitungssystem für industriell hergestellte Nahrung, die über eine Ernährungspumpe verabreicht wird, werden nicht aufbereitet und spätestens nach 24 h verworfen. Angebrochene Sondenkostflaschen müssen im Kühlschrank gelagert und spätestens nach 24 h aufgebraucht sein oder verworfen werden. Bei der Zubereitung pulverförmiger Nahrung sollen nur portionsgerechte Mengen zubereitet werden, da Pulvernahrung nicht steril ist. Es konnte gezeigt werden, daß nach dem Anrühren pulverisierter Nahrung mit sterilem Wasser unter aseptischen Bedingungen bereits ca. $10^2$ KBE/ml vorhanden waren [428]. Deshalb soll diese Nahrung sofort verbraucht werden. Zur Zubereitung müssen thermisch desinfizierte und trockene Gebrauchsgegenstände (Schüttelbecher, Löffel etc.) verwendet werden. Das Pulver muß mit sterilem Aqua dest. oder abgekochtem Wasser angerührt werden.

Nach der Sondenkostgabe muß die Magensonde mit Tee oder steriler Flüssigkeit nachgespült werden, da das Keimwachstum in der Sonde bei den günstigen Umgebungstemperaturen (Körpertemperatur) relativ hoch sein kann. Ansonsten würde bei der nächsten Gabe der kontaminierte Sondeninhalt in den Magen-Darm-Trakt weiterbefördert werden.

Welche Form der Nahrungszufuhr, intermittierend oder kontinuierlich, bevorzugt werden sollte, ist nicht endgültig geklärt, da aussagefähige klinische Untersuchungen noch nicht vorliegen.

**Perkutane endoskopische Gastrostomie.** Eine perkutane endoskopische Gastrostomie (PEG) wird unter aseptischen Bedingungen gelegt. Die Hygienemaßnahmen im Umgang mit der PEG-Sonde unterscheiden sich nicht von denen bei nasogastraler Sonde, und auch der Verbandswechsel erfolgt unter den üblichen aseptischen Bedingungen.

## 25.2.8
### Hygienemaßnahmen im Umgang mit intravasalen Kathetern
(s. dazu auch Kap. 8, S. 121)

Der direkte Zugang zum Gefäßsystem des Patienten ist notwendig für die Infusionstherapie, die Applikation von Medikamenten, zur parenteralen Ernährung sowie zur Überwachung der Herz-Kreislauf-Funktion.

**Infektionsprophylaxe beim Legen von zentralen Venenkathetern.** Ein zentraler Venenkatheter soll immer zusammen mit einer assistierenden Person gelegt werden.

Folgendes Material muß dafür vorbereitet werden:
- großes steriles Lochtuch,
- sterile Handschuhe,
- steriler Kittel.

Ob zusätzlich auch Maske und Kopfschutz getragen werden sollten, ist bislang unklar, wird aber von einigen Fachleuten empfohlen [363]. Das Personal muß zuvor eine hygienische Händedesinfektion durchführen. Zur Hautdesinfektion wird ein steriler Tupfer und alkoholisches Hautdesinfektionsmittel mit einer Einwirkzeit von mindestens einer Minute verwendet. Eine Haarentfernung ist aus hygienischen Gründen nicht erforderlich. Falls doch Haare entfernt werden, ist eine Enthaarungscreme oder die elektrische Haarschneidemaschine besser geeignet als ein Rasierer, um die Gefahr von Verletzungen der Haut und einer daraus resultierenden Kolonisation der Einstichstelle mit potentiell pathogenen Keimen zu vermindern.

**Verbandswechsel.** Im Regelfall wird ein Venenkatheterverband alle 72 h gewechselt, wobei die Einstichstelle täglich durch den intakten Verband palpiert werden soll [294, 462]. Da aber ein Intensivpatient meist nicht auf Schmerzreize reagieren kann, wird bei dieser Patientengruppe der Verbandswechsel häufig täglich vorgenommen, um die Einstichstelle inspizieren zu können. Eine Alternative besteht darin, einen atmungsaktiven transparenten Klebeverband zu verwenden, der mehrere Tage auf der Einstichstelle verbleiben kann. Somit kann die Kathetereintrittsstelle regelmäßig auf Infektionszeichen hin kontrolliert werden. Mit den von der Industrie neu entwickelten wasserdampfdurchlässigen Klebefolien ist im Gegensatz zu den herkömmlichen Folienverbänden nach vorläufigen Ergebnissen kein höheres Infektionsrisiko verbunden als bei konventionellen Verbänden mit Mullkompressen. Die Handhabung wird jedoch unterschiedlich beurteilt (z. B. teilweise zu starkes Haften der Folie an der Haut, so daß beim Verbandswechsel die Gefahr besteht, den Katheter versehentlich zu ziehen, oder Auflösen des Folienmaterials durch Einfluß von Hautdesinfektionsmittel). Beim Verbandswechsel wird in der Regel ein Desinfektionsmittel auf die Einstichstelle aufgetragen. Ob man dazu PVP-Jodlösung, Alkohol oder Chlorhexidin verwendet, scheint unerheblich zu sein [462].

**Manipulationen am Infusionssystem.** Vor Manipulationen am Infusionssystem, z. B. beim Umstecken einer Flasche oder auch bei Injektion eines Medikamentes über einen Drei-Wege-Hahn, d. h. bei Unterbrechung des geschlossenen Systems, ist eine Händedesinfektion notwendig [451, 462]. Zugänge zum Infusionssystem werden vor Gebrauch mit Alkohol desinfiziert. Medikamenten- und Blutreste müssen anschließend entfernt werden, da sie ein gutes Nährmedium für Keime darstellen. Drei-Wege-Hähne oder sonstige Zuspritzstellen werden deshalb nach Gebrauch freigespült. Anschließend wird immer ein neuer steriler Stöpsel verwendet. Bei Infusionssystemen mit Injektionsgummistopfen soll ebenfalls vor der Injektion eine Desinfektion der Einstichstelle durchgeführt werden. Sogenannte In-line-Filter haben keinen Nutzen bei der Infektionsprophylaxe, erhöhen aber durch den erforderlichen 24stündlichen Wechsel die Kontaminationsgefahr des Systems.

**Infusionssystemwechsel.** Ein Wechsel der Infusionssysteme einschließlich der Drei-Wege-Hähne kann alle 72 h stattfinden [294, 462]. Systeme von leergelaufenen Infusionsflaschen sollen in der Regel sofort weiterverwendet werden. Längere Pausen (einige Stunden) bis zum Anschluß neuer Infusionslösungen sind dann möglich, wenn in der Zwischenzeit das System nicht diskonnektiert wird, sondern kontinuierlich am Drei-Wege-Hahn angeschlossen bleibt. Bei Kurzinfusionen muß das System nicht notwendigerweise nach jeder Medikamentengabe entsorgt werden, sondern kann bis zur nächsten Gabe (z. B. bei dreimal täglicher Antibiotikagabe) mit einem sterilen Verschluß am Infusionsständer hängenbleiben, bis es einige Stunden später wieder benötigt wird. In diesen Fällen erscheint jedoch ein Wechsel des Systems alle 24 h angebracht zu sein, weil die Kontaminationsgefahr möglicherweise höher ist als bei einem kontinuierlich angeschlossenen System. Die Frage ist jedoch ungeklärt, so daß eine längere Verwendung solcher Systeme (48 h oder 72 h) ebenfalls denkbar erscheint.

**Intravasale Druckmessung.** Das Transducer-System ist ein geschlossenes Druckabnehmersystem, bestehend aus Transducer, Druckdom, Infusionssystem, Infusionsbeutel und Überdruckmanschette. Verwendet werden heute entweder vollständig (inkl. Transducer) aus Einwegmaterial bestehende Systeme oder Systeme, bei denen der Transducer wiederverwendet wird, wobei es hygienische

Probleme geben kann, wenn die Transducer nicht sorgfältig aufbereitet, d.h. desinfiziert oder sterilisiert werden [451]. Offenbar kann die zarte Membran des Druckdoms z. B. beim Richten des Systems beschädigt werden, so daß über daraus resultierende Undichtigkeiten die Infusionslösung in der Kammer über der Membran kontaminiert werden kann. Da aber bei den heute üblichen Systemen die Infusionslösung einen kontinuierlichen, wenn auch sehr langsamen Durchfluß hat, ist das Infektionsrisiko deutlich niedriger als bei den früher gebräuchlichen Systemen mit stehender Flüssigkeitssäule [451].

Das Druckmeßsystem soll erst unmittelbar vor Gebrauch gerichtet und mit Datum und Uhrzeit beschriftet werden. Ein Systemwechsel kann, wie in der US-amerikanischen Literatur empfohlen, alle vier bis fünf Tage erfolgen. Das System soll aber zum Schutz vor einer Kontamination kontinuierlich am intravasalen Katheter angeschlossen bleiben. Nach Entlassung des Patienten sowie bei Systemwechsel werden wiederverwendbare Transducer sorgfältig mit Alkohol abgewischt.

Halbgeschlossene Systeme zur zentralen Venendruckmessung bestehen aus einer Infusionsflasche und einem Druckinfusionsgerät, d.h. ein Manometer (flüssigkeitsgefüllter Meßschlauch), das zur Steigrohrleitung hin geöffnet ist. Neuere Systeme besitzen am distalen Ende des Meßschlauchs eine mit einem bakteriendichten Filter versehene Belüftungsöffnung. Dadurch ist es zwar unwahrscheinlich, daß der Inhalt der Rohrleitung über die Öffnung am distalen Ende kontaminiert wird, da aber ein solches System häufig diskonnektiert wird und dadurch die Gefahr der Kontamination größer ist, soll es nach 24 h gewechselt werden. Bleibt dagegen das System kontinuierlich angeschlossen, kann der Wechsel wie bei Infusionssystemen ebenfalls alle 72 h erfolgen. Nach Entlassung des Patienten werden alle Zubehörteile wischdesinfiziert.

Die Diagnostik bei Verdacht auf Infektionen durch intravasale Katheter und die Frage ob und, wenn ja, wie der Katheter ggf. gewechselt werden soll, sind bereits in Kap. 8, S. 121 abgehandelt.

## 25.2.9
### Hygienemaßnahmen im Umgang mit Periduralkathetern und Ventrikeldrainagen

Periduralkatheter werden hauptsächlich zur Schmerzbehandlung und zur Anästhesie bei zahlreichen chirurgischen Eingriffen sowie zur Geburtserleichterung benutzt.

Um das Infektonsrisiko möglichst gering zu halten, müssen beim Legen des Katheters folgende Maßnahmen berücksichtigt werden [451]:
- hygienische Händedesinfektion,
- sterile Handschuhe,
- großes steriles Lochtuch,
- steriler Kittel,
- Hautdesinfektion mindestens 1 min.

Ob zusätzlich das Tragen von Maske und Kopfschutz sinnvoll bzw. erforderlich ist, ist ebenso unklar wie beim Anlegen eines zentralen Venenkatheters. Es gibt allerdings Berichte über Meningitis-Fälle mit vergrünenden Streptokokken nach Lumbalpunktionen und ähnlichen Manipulationen des Liquorraums, wobei man den Nasen-Rachen-Raum des beteiligten Personals als Erregerreservoir betrachtete [437]. Insgesamt handelt es sich aber um eine sehr seltene Komplikation. Sinnvoll ist es jedoch, daß das direkt bei diesen Eingriffen beteiligte Personal so wenig wie möglich spricht.

Auch beim Injizieren in den Periduralkatheter müssen bestimmte Vorsichtsmaßnahmen eingehalten werden:
- hygienische Händedesinfektion,
- Desinfektion der Konnektionsstelle (Dauer: 30 sec),
- vor Injektion immer aspirieren (es darf kein Blut oder Liquor, sondern nur eine kleine Menge Luft zu aspirieren sein),
- anschließend Verwendung eines neuen sterilen Stöpsels.

Intrakranielle Katheter (Hirndruckmeßsonden, Ventrikeldrainagen) werden unter OP-Bedingungen gelegt. Die notwendigen Maßnahmen beim Wechsel von Ventrikeldrainagen sind in Anhang B (S. 468) zusammengefaßt.

## 25.2.10
### Suprapubische Harndrainagen
(s. dazu auch Kap. 5, S. 67)

Ob die suprapubische Harnableitung der transurethralen wegen einer geringeren Infektionsrate vorgezogen werden soll, kann noch nicht abschließend beurteilt werden, da entsprechend aussagefähige klinische Studien bisher fehlen [156, 416, 422]. Das Risiko einer mikrobiellen Kolonisierung des Urins ist bei der suprapubischen Harndrainage in den ersten Tagen jedoch niedriger als bei einer transurethralen Katheterisierung der Blase, während die Kolonisationsraten im weiteren Verlauf gleich sind [416]. Neuerdings gibt es für die suprapubische Harnableitung auch Ballonkatheter, so daß ein Annähen des Katheters an der Haut neben der Eintrittsstelle, wodurch das Kolonisationsrisiko erhöht ist, nicht mehr erforderlich ist. Die Katheterpflege bei suprapubischer Harndrainage ist einfacher als bei einem transurethralen Blasenkatheter, und ein Verbandswechsel ist wie bei Venenkathetern frühestens nach drei Tagen erforderlich. In einigen Abteilungen werden aber die Verbände sogar erst nach sieben Tagen gewechselt.

## 25.3
## Allgemeine Hygienemaßnahmen in der Anästhesiologie

Als Mitarbeiter der OP-Abteilung ist das Anästhesiepersonal an die üblichen im OP gültigen Hygieneregeln gebunden (Kap. 24, S. 429).

## 25.4
## Spezielle Hygienemaßnahmen in der Anästhesiologie

### 25.4.1
### Narkosezubehör
(s. dazu auch Kap. 6, S. 83)

Der Umgang mit Narkosezubehör für Inhalationsnarkosen ist heutzutage durch die Qualität des Materials sowie durch sichere Aufbereitungsmöglichkeiten aus hygienischer Sicht relativ unkompliziert geworden. Die Verwendung von Einmalmaterial für Narkoseschläuche läßt sich deshalb mit hygienischen Argumenten nicht begründen [126, 146]. Bis vor kurzem galt es als Standard, Narkoseschläuche nach jedem Gebrauch zu wechseln, weil eine Kontamination der Schlauchlumina durch Keime im respiratorischen Sekret des Patienten zwar selten, aber nicht auszuschließen ist [126].

HME. Die Diskussion, ob anstelle des Schlauchwechsels nach jedem Patienten der Einsatz bakteriendichter Filter oder von HMEs sinnvoll ist, ist derzeit noch nicht abgeschlossen. In einigen Abteilungen aber wird das Narkoseschlauchsystem offenbar ohne hygienisches Risiko für verschiedene Patienten ohne zwischenzeitliche Aufbereitung verwendet, so daß diese nur einmal täglich oder sogar noch seltener erforderlich ist. Publizierte Ergebnisse aussagefähiger Studien liegen dazu aber noch nicht vor.

Bakterienfilter. Der Einsatz von Bakterienfiltern zur Verhütung von Pneumonien nach Inhalationsnarkosen hat sich in prospektiven kontrollierten Studien nicht als wirksam erwiesen [146, 157], zumal in Narkosegasen nur äußerst geringe Keimzahlen apathogener Bakterien nachgewiesen werden konnten [337]. Hinzu kommt, daß auch das Narkosegerät selbst nicht mit Erregern aus dem Trachealsekret des Patienten kontaminiert wird, so daß auch aus diesem Grunde der Einsatz bakteriendichter Filter nicht berechtigt ist [126].

Kreissysteme. Ein Wechsel der Kreissysteme wurde früher in der Regel einmal täglich empfohlen, bei den modernen Narkosegeräten geben die Hersteller z. B. einen 72stündlichen oder wöchentlichen Wechsel an. Auf die in diesen Geräten von den Herstellern vorgesehenen Bakterienfilter (gerätenah im Exspirationsschenkel zum Schutz des Kreissystems) kann man jedoch verzichten. Ihre Notwendigkeit ist nicht belegt. Im übrigen sind auch an Absauggeräten Bakterienfilter nicht notwendig, weil es dort nicht zur Freisetzung bakterienhaltiger Aerosole kommt.

**Narkoseausleitung.** Bei entsprechenden räumlichen und organisatorischen Gegebenheiten erfolgt die Ausleitung der Narkose gewöhnlich außerhalb des OP-Saales im Ein-/Ausleitungsraum bzw. im separaten Ausleitungsraum. Sind diese Bedingungen nicht gegeben, kann die Ausleitung im OP-Saal durchgeführt werden, ohne daß durch die Extubation ein hygienisches Risiko für den nachfolgend operierten Patienten besteht.

**Aufwachraum.** Der Aufwachraum wird oft in die OP-Abteilung miteinbezogen, so daß auch das Personal im Aufwachraum die entsprechende OP-Bereichskleidung, aber ohne Kopfschutz und Maske, trägt. Es spricht aber aus hygienischen Gründen nichts dagegen, wenn der Aufwachraum als sog. „weißer" Bereich geführt wird. Das Anästhesiepersonal kann in diesem Fall bei der Begleitung des Patienten dorthin gehen, ohne daß ein Umkleiden bei der Rückkehr in die OP-Abteilung notwendig wäre. Als „weißer" Bereich wäre der Aufwachraum auch für das Personal von den Stationen, das die frischoperierten Patienten abholt, zugänglich, wodurch der organisatorische Ablauf des Patientenrücktransports erleichtert werden würde. Außerdem würden sich dann bei der Patientenübergabe mancherorts praktizierte Hygienerituale wie das Abwischen der Räder des Patientenbettes mit Desinfektionsmittel erübrigen.

**Vorrichten von Medikamenten.** Alle für die Narkose benötigten Medikamente und Infusionslösungen sollen erst unmittelbar vor Gebrauch gerichtet werden. Nur in Notfallbereichen ist das Vorrichten von Medikamenten vertretbar, bis zum Gebrauch aber müssen aufgezogene Spritzen (mit sterilem Stöpsel verschlossen, Datum und Uhrzeit vermerken) im Kühlschrank bei $\leq 7°C$ gelagert werden (nach 24 h verwerfen, sofern der Hersteller nicht kürzere Zeiten angibt).

**Propofol.** Besondere Vorsicht ist beim Umgang mit dem intravenösen Anästhetikum Propofol notwendig, weil in dieser Zubereitung das Wachstum verschiedener (potentiell) pathogener Bakterien und die Produktion von Endotoxin sehr stark gefördert wird [13]. Wenn eine Ampulle Propofol geöffnet ist, kann die Sterilität nicht länger gewährleistet werden, so daß auf keinen Fall z. B. eine bereits aufgezogene Spritze liegen bleiben oder eine geleerte nachgefüllt werden darf: Für jede weitere Applikation muß neues Zubehör verwendet werden.

**Spinalanästhesie.** Die gleichen Hygienemaßnahmen, wie sie bei der Anlage zentraler Venenkatheter empfohlen werden, sind auch für die Durchführung von Spinalanästhesien erforderlich. Dies betrifft einerseits die sorgfältige Hautdesinfektion, andererseits das Verhalten des daran beteiligten Personals. Es gibt mehrere Einzelfallberichte über S. salivarius-Meningitis nach Spinalanästhesie (wie auch nach Lumbalpunktionen und Myelographien), die darauf zurückgeführt werden mußten, daß das direkt beteiligte Personal bei dem Eingriff keine Masken trug und darüber hinaus auch noch viel gesprochen hat (z. B. um den Patienten zu beruhigen) [106, 333, 437, 448]. Wenn es sich dabei auch um eine sehr seltene Komplikation handelt, muß man doch die möglichen schwerwiegenden Risiken einer Kontamination des Liquorraumes durch respiratorisches Sekret berücksichtigen und deshalb bei dem Eingriff möglichst wenig sprechen (indem man den Patienten vorher durch die notwendigen Informationen versucht zu beruhigen) oder eine Maske anlegen, um evtl. freiwerdende respiratorische Tröpfchen zurückzuhalten. Man muß dabei aber bedenken, daß auch eine Maske keinen vollständigen Schutz bieten kann, weshalb in jedem Falle das Sprechen auf das Notwendigste reduziert werden soll.

## 25.5
## Reinigung und Desinfektion in Intensivmedizin und Anästhesiologie

Der Fußboden auf Intensivstationen wird zweimal täglich mit dem hausüblichen Reinigungssystem ohne Zusatz eines Desinfektionsmittels gereinigt (s. Kap. 21, S. 363). Bei Kontamination mit potentiell infektiösem Material wird eine gezielte Desinfektion durchgeführt. Patientennahe Flächen (z.B. Nachttisch, Versorgungsleiste, Monitor, Medikamentenwagen, Verbandswagen) werden einmal täglich oder bei Kontamination sofort wischdesinfiziert, die Bedienungsoberflächen des Beatmungsgerätes einmal pro Schicht. In den Außenbereichen der Intensivstation, z.B. in den Fluren, Aufenthaltsräumen oder Lagerräumen, ist eine routinemäßige Desinfektion der Flächen nicht erforderlich.

Die Strahlregler an den Wasserhähnen sollen mindestens einmal pro Woche in einer automatischen Reinigungs- und Desinfektionsmaschine bzw. Geschirrspülmaschine gereinigt und thermisch desinfiziert werden, da es durch die sich dort ansammelnden Verunreinigungen aus dem Leitungswasser zu einer verstärkten Kontamination des gezapften Wassers kommen kann. Im Leitungswasser sind häufig in wechselnder Keimzahl sog. Wasserkeime nachzuweisen. Deshalb kann es je nach Wasserqualität sinnvoll sein, dem Waschwasser für die Körperwaschung von Patienten mit offenen Wunden oder anderweitig nicht intakter Haut PVP-Jodlösung zuzufügen (1:100 verdünnt).

In Reinigungs- und Desinfektionsplan 25.1 für Intensivstationen und Anästhesie werden alle wichtigen Einzelheiten aufgeführt. In diesem Zusammenhang soll darauf hingewiesen werden, daß die Empfehlungen der Deutschen Gesellschaft für Anästhesiologie und Intensivmedizin (DGAI) zur Aufbereitung von Narkosegeräten und -zubehör inzwischen nicht mehr aktuell sind [110] und deshalb dringend überarbeitet werden müssen, weil darin noch Desinfektionsmaßnahmen aufgeführt sind, die heute aus allergologischen und toxikologischen Gründen sowie wegen unzuverlässiger Wirksamkeit als obsolet angesehen werden müssen (z.B. Desinfektion von kompletten Geräten in der Formaldehydkammer). Außerdem ist die in der DGAI-Empfehlung angegebene Einwirkzeit 95°C über 30 min bei der thermischen Aufbereitung in Reinigungs- und Desinfektionsautomaten viel zu lang und geht sogar noch weit über die Empfehlung des ehemaligen BGA hinaus (dort 93°C über 10 min). Ferner ist eine vorherige Desinfektion im Gegensatz zu der DGAI-Empfehlung auch bei rein maschinellthermischer Aufbereitung überflüssig, weil bei ordnungsgemäßer Beladung der Maschinen keine Verletzungsgefahr besteht und darüber hinaus die vollautomatisch-thermischen Desinfektionsverfahren effektiv desinfizieren.

**Reinigungs- und Desinfektionsplan 25.1.** Anästhesiologie und Intensivmedizin

| Was | Wann | Womit | Wie |
|---|---|---|---|
| Händereinigung | bei Betreten bzw. Verlassen des Arbeitsbereiches, vor und nach Patientenkontakt | Flüssigseife aus Spender | Hände waschen, mit Einmalhandtuch abtrocknen |
| Hygienische Händedesinfektion | z.B. *vor* Verbandswechsel, Injektionen, Blutabnahmen, Anlage von Blasen und Venenkathetern *nach* Kontamination¹ (bei grober Verschmutzung vorher Hände waschen), nach Ausziehen der Handschuhe | (alkoholisches) Händedesinfektionsmittel | ausreichende Menge entnehmen, damit die Hände vollständig benetzt sind, verreiben bis Hände trocken sind **kein Wasser zugeben** |
| Chirurgische Händedesinfektion | vor operativen Eingriffen | | 1. (alkoholisches) Händedesinfektionsmittel: Hände und Unterarme 1 min waschen und dabei Nägel und Nagelfalze bürsten, anschl. Händedesinfektionsmittel während 3 min portionsweise auf Händen und Unterarmen verreiben<br>2. PVP-Jodseife: Hände und Unterarme 1 min waschen und dabei Nägel und Nagelfalze bürsten, anschl. 4 min waschen, unter fließendem Wasser abspülen, mit **sterilem Handtuch** abtrocknen |
| Hautdesinfektion | vor Punktionen, bei Verbandswechsel usw. | z.B. (alkoholisches) Hautdesinfektionsmittel **oder** PVP-Jod-Alkohol-Lösung | sprühen – wischen – sprühen – wischen *Dauer:* 30 sec |
| | vor Anlage von intravasalen Kathetern | | mit sterilen Tupfern mehrmals auftragen und verreiben *Dauer:* 1 min |
| | vor invasiven Eingriffen mit besonderer Infektionsgefährdung (z.B. Gelenkpunktionen, Lumbalpunktionen) | | mit sterilen Tupfern mehrmals auftragen und verreiben *Dauer:* 3 min |
| Schleimhautdesinfektion | z.B. vor Anlage von Blasenkathetern | PVP-Jodlösung **ohne** Alkohol | unverdünnt auftragen *Dauer:* 30 sec |

**Reinigungs- und Desinfektionsplan 25.1.** (Fortsetzung)

| Was | Wann | Womit | Wie |
|---|---|---|---|
| **Instrumente** | nach Gebrauch | Reinigungs- und Desinfektionsautomat, verpacken, autoklavieren **oder** in Instrumentenreiniger einlegen, reinigen, abspülen, trocknen, verpacken, autoklavieren *bei Verletzungsgefahr:* Zusatz von (aldehydischem) Instrumentendesinfektionsmittel | |
| **Standgefäß mit Kornzange** | 1mal täglich | reinigen, verpacken, autoklavieren (bei Verwendung **kein** Desinfektionsmittel in das Gefäß geben) | |
| **Trommeln** | 1mal täglich nach Öffnen (Filter regelmäßig wechseln) | reinigen, autoklavieren | |
| **Thermometer** | nach Gebrauch | Alkohol 60–70% | abwischen |
| **Blutdruckmanschette** Kunststoff Stoff | nach Kontamination[1] | mit (aldehydischem) Flächendesinfektionsmittel, bzw. Alkohol 60–70% abwischen, trocknen **oder** Reinigungs- und Desinfektionsautomat in Instrumentenreiniger einlegen, abspülen, trocknen, autoklavieren **oder** Reinigungs- und Desinfektionsautomat | |
| **Stethoskop** | nach jedem Patienten | Alkohol 60–70% | abwischen |
| **Mundpflegetablett** Tablett/Becher | 1mal täglich | Reinigungs- und Desinfektionautomat, trocknen **oder** mit Alkohol 60–70% abwischen | |
| Klemme | nach jedem Gebrauch 1mal täglich | – mit Alkohol 60–70% abwischen – Reinigungs- und Desinfektionsautomat **oder** in Instrumentenreiniger einlegen, trocknen, verpacken, autoklavieren | |
| Becher mit Gebrauchslösung | nach jedem Gebrauch | mit Alkohol 60–70% auswischen | |
| **Peep-Weaner** Schlauchsysteme/ Kaskadentopf | alle 48 h | Reinigungs- und Desinfektionsautomat **oder** | |
| alle restlichen Zubehörteile | nach Gebrauch | in Instrumentenreiniger einlegen, abspülen, trocknen, Dampfdesinfektion bei 75°C, | |
| **Trachealtuben** | nach Gebrauch | in Instrumentenreiniger (evtl. Ultraschallbad) einlegen, mit Bürste reinigen, abspülen, trocknen, verpacken, autoklavieren | |

**Reinigungs- und Desinfektionsplan 25.1.** (Fortsetzung)

| Was | Wann | Womit | Wie |
|---|---|---|---|
| **Führungsstab** | nach Gebrauch | Reinigungs- und Desinfektionsautomat **oder** reinigen, verpacken, autoklavieren | |
| **Sauerstoff-anfeuchter** Gasverteiler, Wasserbehälter | alle 48 h bzw. ohne Aqua dest: alle 7 Tage | Reinigungs- und Desinfektionsautomat **oder** reinigen, trocknen, autoklavieren | |
| Verbindungs-schlauch | bei Patientenwechsel **oder** alle 48 h | Reinigungs- und Desinfektionsautomat (Flowmeter mit Alkohol 60–70% abwischen) | |
| **Haarschneide-maschine** | nach Gebrauch | mit Alkohol 60–70% abwischen | |
| Scherkopf | | reinigen, in Alkohol 60–70% für 10 min einlegen, trocknen **oder** reinigen, autoklavieren (Pflegeöl benutzen) | |
| **Geräte, insb. Bedienungsknöpfe, Mobiliar** | 1mal pro Schicht nach Kontamination[1] | (aldehydisches) Flächendesinfektionsmittel | abwischen |
| **Urometer** | nach Gebrauch | (aldehydisches) Flächendesinfektionsmittel | einlegen, abspülen, trocknen |
| **Kuhnsystem Beatmungsbeutel** | bei Patientenwechsel, spätestens nach 24 h | Reinigungs- und Desinfektionsautomat | |
| **Laryngoskopgriff Tubusklemme** | nach Gebrauch | (aldehydisches) Flächendesinfektionsmittel **oder** Alkohol 60–70% | abwischen |
| **Laryngoskop-spatel** | nach Gebrauch | unter fließendem Wasser mit Bürste reinigen, trocknen, mit Alkohol 60–70% abwischen **oder** Reinigungs- und Desinfektionsautomat, zuvor Birne entfernen | |
| **Masken, Guedel-Tubus, Magillzange** | nach Gebrauch | Reinigungs- und Desinfektionsautomat **oder** in Instrumentenreiniger einlegen, abspülen, trocknen, verpacken, autoklavieren | |
| **Temperatur-sonden** | nach Gebrauch | Alkohol 60–70% | abwischen |
| **Notfallbeat-mungsgerät** Gerät | nach Gebrauch | mit (aldehydischem) Flächendesinfektions-mittel abwischen | |
| Schläuche, Ventil, Beutel etc. | | Reinigungs- und Desinfektionsautomat | |

**Reinigungs- und Desinfektionsplan 25.1.** (Fortsetzung)

| Was | Wann | Womit | Wie |
|---|---|---|---|
| Transducer und Kabel | direkt **vor** und nach Gebrauch, bei jedem Systemwechsel | (aldehydisches) Flächendesinfektionsmittel **oder** Alkohol 60–70% | abwischen |
| Kapnometrieschlauch und Adapter | nach Gebrauch | Dampfdesinfektion bei 75°C oder autoklavieren | |
| ICP-Kabel | bei Systemwechsel | mit (alkoholischem) Hautdesinfektionsmittel abwischen | |
| ICP-Sonde | nach Gebrauch | mit Alkohol 60–70% abwischen, anschl. Niedrigtemperatursterilisation (z.B. Gas-, evtl. Plasmasterilisation) | |
| Pulsoximetriekabel und Clip | bei Patientenwechsel, 1mal täglich | Alkohol 60–70% **oder** (aldehydisches) Flächendesinfektionsmittel | abwischen |
| Beatmungszubehör (z.B. Schläuche, Wasserfalle, Verneblertopf, Tubusadapter, Y-Stück) | bei Patientenwechsel, z.B. frühestens alle 48 h bei aktiver Befeuchtung, alle 7 Tage bei passiver Befeuchtung | Reinigungs- und Desinfektionsautomat | |
| Redonflaschen Bülauflaschen Monaldiflaschen | nach Gebrauch | Reinigungs- und Desinfektionsautomat, autoklavieren **oder** in (aldehydisches) Flächendesinfektionsmittel einlegen, abspülen, trocknen, autoklavieren | |
| Absauggefäße inkl. Verschlußdeckel und Verbindungsschläuche | 1mal täglich **oder** bei Patientenwechsel | Reinigungs- und Desinfektionsautomat **oder** in (aldehydisches) Flächendesinfektionsmittel einlegen, abspülen, trocknen | |
| Waschbecken Strahlregler | 1mal täglich 1mal pro Woche | mit umweltfreundlichem Reiniger reinigen Reinigungs- und Desinfektionsautomat **oder** unter fließendem Wasser reinigen | |
| Waschschüsseln, Badewannen, Duschen | nach Benutzung nach Benutzung durch infizierte Patienten | umweltfreundlicher Reiniger (aldehydisches) Flächendesinfektionsmittel | abwischen, trocknen nach der Einwirkzeit mit Wasser nachspülen, trocknen |

**Reinigungs- und Desinfektionsplan 25.1.** (Fortsetzung)

| Was | Wann | Womit | Wie |
|---|---|---|---|
| **Nagelbürsten** | nach Gebrauch | Reinigungs- und Desinfektionsautomat **oder** in Instrumentenreiniger einlegen, abspülen, autoklavieren | |
| **Steckbecken, Urinflaschen** | nach Gebrauch | Steckbeckenspülautomat | |
| **Fußboden** | 1 mal täglich | umweltfreundlicher Reiniger | hausübliches Reinigungssystem |
| | nach Kontamination[1] | (aldehydisches) Flächendesinfektionsmittel | wischen |
| **Abfall, bei dem Verletzungsgefahr besteht, z. B. Skalpelle, Kanülen** | direkt nach Gebrauch (bei Kanülen kein Recapping) | Entsorgung in leergewordene, durchstichsichere und fest verschließbare Kunststoffbehälter | |

[1] Kontamination: Kontakt mit (potentiell) infektiösem Material.

*Anmerkung:*
- Nach Kontamination mit potentiell infektiösem Material (z. B. Sekreten oder Exkreten) immer sofort gezielte Desinfektion der Fläche,
- Beim Umgang mit Desinfektionsmitteln immer mit Haushaltshandschuhen arbeiten (Allergisierungspotential),
- Ansetzen der Desinfektionsmittellösung nur in kaltem Wasser (Vermeidung schleimhautreizender Dämpfe),
- Anwendungskonzentration beachten,
- Einwirkzeiten von Instrumentendesinfektionsmitteln einhalten,
- Standzeiten von Instrumentendesinfektionsmitteln nach Herstellerangaben (wenn Desinfektionsmittel mit Reiniger angesetzt wird, täglich wechseln),
- Zur Flächendesinfektion nicht sprühen, sondern wischen,
- Nach Wischdesinfektion, Benutzung der Flächen, sobald wieder trocken,
- Benutzte, d. h. mit Blut etc. belastete Flächendesinfektionsmittellösung mindestens täglich wechseln,
- Haltbarkeit einer unbenutzten dosierten Flächendesinfektionsmittellösung (z. B. 0,5%) in einem verschlossenen (Vorrats-)Behälter (z. B. Spritzflasche) nach Herstellerangaben (meist 14–28 Tage),
- In das Durchspülwasser der Absauggefäße PVP-Jodlösung (1:100) zugeben,
- Reinigungs- und Desinfektionsautomat: 75°C, 10 min (ohne Desinfektionsmittelzusatz).

## Anhang A: Endotracheales Absaugen bei beatmeten Patienten

- Händewaschen oder Händedesinfektion
- Kondenswasser im Beatmungsschlauchsystem in die Wasserfalle ableiten
- Absauggerät anstellen (evtl. Vakuumkontrolle)
- Absaugkatheter an Absaugvorrichtung anschließen
- nochmals Händedesinfektion
- an beide Hände Einmal-Handschuhe (vorzugsweise Latex) anziehen
- Tubusadapter lockern
- PE-Handschuh (einzeln verpackt) an die Hand, die den Katheter führen soll, über den Einmal-Handschuh anziehen
- darauf achten, daß diese Hand nicht kontaminiert wird
- Papier der PE-Handschuhverpackung auf die Brust des Patienten legen
- Absaugkatheter aseptisch aus der Hülle nehmen
- Diskonnektion des Tubusadapters
- Ablegen des Tubusadapters auf der Papierunterlage
- Absaugkatheter einführen und vorsichtig absaugen
- mit der freien Hand Tubusadapter wieder an den Tubus ansetzen
- Absaugkatheter verwerfen (um den PE-Handschuh drehen, Handschuh über den Katheter ziehen und in patientennahen Abwurfbehälter entsorgen)
- Schlauchsystem des Absauggerätes gründlich unter Sog mit 1:100 verdünnter PVP-Jodlösung durchspülen
- Schlauchansatz aufrecht in die Wandhalterung klemmen
- Absaugen des Nasen-Rachenraumes mit einem neuen Absaugkatheter
- Einmal-Handschuh über den Absaugkatheter streifen und beides verwerfen
- Schlauchsystem des Absauggerätes nochmals mit 1:100 verdünnter PVP-Jodlösung durchspülen und Schlauchansatz aufrecht in die Wandhalterung klemmen
- abschließende Händedesinfektion

> **!** Ein Absaugvorgang kann wiederholtes Einführen desselben Katheters sowie anschließendes Absaugen der Mundhöhle beinhalten.
>
> Zur Verflüssigung von zähem Trachealsekret sterile physiologische NaCl-Lösung aus 10 ml-Ampulle verwenden (anschließend Ampulle verwerfen)
>
> Nach dem Absaugen der Lunge kann zum Absaugen des Nasen-Rachenraumes derselbe Absaugkatheter benutzt werden, wenn
> - ein normaler Absaugkatheter verwendet wird
> - der Absaugkatheter nach dem Absaugen des Bronchialsystems nicht zu sehr mit Sekret behaftet ist
> - die Lunge nicht unmittelbar nach dem Absaugen gebläht werden muß
> - der Absaugvorgang von zwei Personen durchgeführt wird, so daß eine Person den benutzten Absaugkatheter halten kann, damit er nicht kontaminiert wird
>
> Absaugsystem und Beatmungsbeutel alle 24 h thermodesinfizieren

## Anhang B: Wechsel von Ventrikel-Drainagesystemen

- möglichst immer zu zweit arbeiten (Vermeidung von Kontaminationen)
- Händedesinfektion
- die 1. Person zieht sterile Handschuhe an
- die 2. Person hebt das Drainagesystem an und besprüht die Konnektionsstelle und das System auf einer Länge von ca. 20 cm mit alkoholischem Desinfektionsmittel (Einwirkzeit mindestens 30 sec)
- unter dem desinfizierten Drainagesystem wird ein steriles Tuch ausgebreitet und das System darauf abgelegt
- die 1. Person diskonnektiert das Drainagesystem vom Beutel und desinfiziert die Konnektionsstelle durch Abwischen mit einem Alkohol-getränkten sterilen Tupfer
- anschließend wird das neue Drainagesystem von der 2. Person angereicht und von der 1. Person angeschlossen

- *Wechselintervall von System, Beutel und Verband*
  - Wechsel routinemäßig alle 72 h
  oder
  - bei Bedarf, z. B. Drainage verstopft, feuchter bzw. verschmutzter Verband oder nach versehentlicher Diskonnektion

# 26 Prävention von Infektionen in der Pädiatrie

I. Kappstein

EINLEITUNG

Aus krankenhaushygienischer Sicht gibt es in der Kinderheilkunde hauptsächlich im Bereich der Neonatologie Besonderheiten, während sich bei älteren Kindern im Vergleich zu Erwachsenen nur wenig Unterschiede finden. Die häufigsten Krankenhausinfektionen bei älteren Kindern sind Harnwegsinfektion, Pneumonie und Sepsis. Bei Neugeborenen ist die Sepsis mit Abstand die häufigste Infektion (Tabelle 26.1) [140]. Im folgenden werden v. a. die Besonderheiten bei der Versorgung Früh- und Neugeborener berücksichtigt.

## 26.1
### Ursachen für neonatale Infektionen

Physiologischerweise ist das Immunsystem auch des reifen Neugeborenen und um so mehr das des Frühgeborenen noch nicht ausreichend entwickelt. Aber auch Haut und Schleimhäute als Abgrenzung gegen und Schutz vor der äußeren Umgebung können insbesondere bei sehr unreifen Kindern ihre Funktionen noch nicht hinreichend übernehmen, und sie können deshalb als Eintrittspforte für Erreger bei solchen Kindern angesehen werden [121, 330].

Tabelle 26.1. Relative Häufigkeit einzelner nosokomialer Infektionen in der Pädiatrie. (Aus [140])

| Infektion | Neugeborene | ältere Kinder [%] |
|---|---|---|
| Harnwegsinfektion | 4,2 | 12,7 |
| Pneumonie | 14,9 | 12,7 |
| Postoperative Infektion im OP-Gebiet | 1,8 | 6,1 |
| primäre Bakteriämie | 36,1 | 29,7 |
| Andere | 43,1 | 38,8 |

Neonatale Infektionen können zu folgenden Zeitpunkten entstehen:
- diaplazentare Infektionen (z. B. konnatale Röteln),
- intrapartale Infektionen (z. B. Gonoblennorrhö, Early-onset-B-Streptokokkeninfektion),
- postpartale Infektionen, die während des Krankenhausaufenthaltes erworben werden (z. B. Pneumonie oder Sepsis bei intensivtherapiepflichtigen Neugeborenen),
- postpartale Infektionen, die außerhalb des Krankenhauses erworben werden (z. B. nach Hausgeburt oder nach Entlassung aus dem Entbindungskrankenhaus).

Entsprechend der Definition der Centers for Disease Control and Prevention (CDC), Atlanta (USA), werden alle neonatalen Infektionen unabhängig davon, ob sie intra- oder postpartal erworben sind, als nosokomial bezeichnet [164]. Die meisten Kinder werden ohnehin im Krankenhaus geboren, so daß der Zusammenhang mit einem Krankenhausaufenthalt fast immer gegeben ist. Ob der Erreger aber aus dem endogen Reservoir der Mutter (intrapartale Infektionen) oder aus einem exogenen Reservoir im Krankenhaus (postpartale Infektionen) stammt, ist für die Feststellung einer nosokomialen Infektion genauso unerheblich wie bei Erwachsenen, deren nosokomiale Infektionen auch entweder endogenen oder exogenen Ursprungs sein können. Darüber hinaus erwirbt ein Neugeborenes erst im Laufe seines extrauterinen Lebens eine eigene endogene Flora, so daß die mütterliche Vaginalflora zu seiner ersten endogenen Flora werden kann, aber nicht notwendigerweise muß.

Ein besonderer Risikofaktor für Infektionen ist das Geburtsgewicht [122, 231]: Neugeborene <1000 g haben mit einer Infektionsrate von 46% gegenüber 9% bei Neugeborenen >2500 g ein signifikant höheres Risiko, eine nosokomiale Infektion zu erwerben [231]. Besonders infektionsgefährdet und damit von entscheidender krankenhaushygienischer Bedeutung sind Früh- und Neugeborene auf Intensivstationen.

## 26.2
## Nosokomiale Infektionen auf pädiatrischen Intensivstationen

### 26.2.1
### Häufigkeit

Die Angaben über die Häufigkeit nosokomialer Infektionen auf Neugeborenenintensivstationen schwanken zwischen 5% und 25% und werden durchschnittlich mit 22% angegeben, während bei Säuglingen und älteren Kindern die durchschnittliche Infektionsrate auf Intensivstationen mit ca. 13% deutlich niedriger ist [121, 231]. Dabei muß aber berücksichtigt werden, daß die tatsächlichen Infektionsraten sicher höher sind, da z. B. Virusinfektionen häufig nicht diagnostiziert werden.

## 26.2.2
## Erregerspektrum

Die häufigsten Erreger von Neugeboreneninfektionen sind koagulase-negative Staphylokokken (31%), S. aureus (12%), E. coli (9%) und B-Streptokokken (6%). Die häufigsten Erreger von Infektionen bei älteren Kindern sind S. aureus (14%), koagulase-negative Staphylokokken mit (13%), Candida species (12%) und Pseudomonas species (11%) [231].

## 26.2.3
## Exogene Risikofaktoren

**Invasive Maßnahmen.** Wie bei erwachsenen Patienten stellen auch bei pädiatrischen Intensivpatienten invasive Maßnahmen das größte Infektionsrisiko dar. Dies um so mehr, als insbesondere Früh- und Neugeborene immunologisch relativ inkompetent sind und somit noch weniger Möglichkeiten haben, sich gegen eindringende Erreger zu wehren.

Weil die Bedeutung invasiver Maßnahmen als Risikofaktor für nosokomiale Infektionen bei neonatologischen Intensivpatienten besonders augenfällig ist, sind optimale hygienische Techniken bei Diagnostik und Therapie essentiell. Außerdem muß die Indikation zur Fortführung der invasiven Maßnahmen täglich von neuem diskutiert werden, weil das Infektionsrisiko mit jedem weiteren Tag steigt. Somit stellt die möglichst frühzeitige Beendigung invasiver Maßnahmen eine der effektivsten Infektionskontrollmaßnahmen dar.

**Kolonisierung.** Neugeborene besitzen nicht wie ältere Kinder oder Erwachsene eine etablierte physiologische Flora, durch die man wiederum vor potentiell pathogenen Erregern einen gewissen Schutz hat. Statt dessen werden Früh- und Neugeborene, die Intensivpflege benötigen, mit dem Keimspektrum „ihrer" Intensivstation besiedelt. Dazu gehören neben den Keimen der normalen Hautflora, wie z. B. koagulase-negative Staphylokokken und Corynebakterien, auch potentiell pathogene typische nosokomiale Infektionserreger, wie Enterobakteriazeen und Nonfermenter, also alle Keime, die man in der belebten und unbelebten Umgebung einer Intensivstation antreffen kann, d. h. beim Personal, den Mitpatienten sowie auf Flächen und Gegenständen.

Weil aber intensivpflichtige Neugeborene in der Umgebung besiedelt werden, in der sie ihre erste Lebenszeit verbringen müssen, ist es nicht weiter erstaunlich, daß man hier auch Häufungen einzelner Stämme koagulase-negativer Staphylokokken bei nosokomialen Infektionen beobachten kann [225, 331]. Sowohl erwachsene als auch pädiatrische Patienten erwerben Infektionen im Zusammenhang mit intravasalen Kathetern vorwiegend aus dem Reservoir ihrer Hautflora. Während aber Erwachsene eine etablierte individuelle Zusammensetzung der Hautflora haben, mit der sie schon stationär aufgenommen werden, wird die Hautflora (wie auch die übrige Körperflora) Neugeborener erst auf der Intensivstation erworben, d. h. durch Kontakt mit der Hautflora des Personals (v. a. über die Hände) und mit Gegenständen. Deshalb kann man mit entsprechenden Typisierungsmethoden bei neonatologischen Intensivpatienten Häufungen einzelner Stämme typischer Hautkeime, wie z. B. S. epidermidis, nachweisen. Solche (endemischen) Häufungen können aber nicht direkt mit einer Übertragung der Erreger im klassischen Sinne, d. h. z. B. von einem infizierten auf einen nichtinfizierten Patienten über die Hände des Personals, gleichgesetzt werden, obwohl dies prinzipiell auch möglich ist [225, 331].

## 26.3
## Spezielle Hygienemaßnahmen in der neonatologischen Intensivpflege

Die Hygienemaßnahmen im Umgang mit z. B. intravasalen Kathetern oder Beatmungsgeräten unterscheiden sich nicht von denen, die bei erwachsenen Intensivpatienten üblich sind (s. Kap. 6, S. 83, Kap. 8, S. 121, Kap. 25, S. 447). Deshalb sollen an dieser Stelle nur besondere Maßnahmen besprochen werden, die ausschließlich auf pädiatrischen Intensivstationen eine Rolle spielen.

### 26.3.1
### Nabelpflege

Um das Neugeborene vor einer Kolonisierung mit potentiell pathogenen Erregern, insbesondere S. aureus, B-Streptokokken und E. coli, zu schützen, wird der Nabelpflege bei intensivpflichtigen Kindern eine besondere Bedeutung zugemessen, weil die Kolonisierung Neugeborener am Nabel beginnt und erst von dort der übrige Körper besiedelt wird [67]. Die tägliche Anwendung von Chlorhexidin in Alkohol (0,5% Chlorhexidin in 70%igem Isopropanol) ist eine wirksame und toxikologisch unbedenkliche Methode der Kolonisationsprophylaxe, die insbesondere auch dazu beiträgt, den Nabelstumpf trocken zu halten (Anhang A, S. 484) [67]. Auf keinen Fall aber sollen noch quecksilberhaltige Antiseptika verwendet werden, weil sie toxikologisch und allergologisch bedenklich und zudem antimikrobiell nicht ausreichend wirksam sind. Bei schmierig belegtem Nabelstumpf muß ein Abstrich zur mikrobiologischen Untersuchung geschickt werden. Wird S. aureus nachgewiesen, ist eine tägliche Ganzkörperwaschung mit Chlorhexidinseife empfehlenswert, um eine vom Nabel ausgehende Besiedlung auch anderer Körperstellen und davon möglicherweise ausgehende Infektionen zu verhindern. Sobald der Nabelstumpf trocken und reizlos aussieht, ist keine besondere Behandlung mehr erforderlich.

### 26.3.2
### Routinemäßige mikrobiologische Überwachung der Neugeborenen

Häufig wird bei Neugeborenen auf Intensivstationen routinemäßig (z. B. alle zwei Tage oder einmal wöchentlich) die mikrobielle Besiedlung an verschienen Körperstellen mit Untersuchung von z. B. Ohr, Nase, Augen, Rektum, Nabel, respiratorischem Sekret (bei endotrachealer Intubation) und/oder Urin überprüft, um durch diese Ergebisse bei Verdacht auf eine Infektion frühzeitig Hinweise auf ein wahrscheinlich wirksames Antibiotikum zu haben. Es konnte jedoch gezeigt werden, daß solche aufwendigen und damit auch teuren Untersuchungen ineffektiv sind [237, 276]. Auf den meisten Intensivstationen gibt es Antibiotikatherapieschemata für eine „blinde" Therapie schwerer Infektionen, solange der Erreger nicht bekannt ist. Eine Abänderung dieser Antibiotikaregime aufgrund der mikrobiologischen Untersuchungsergebnisse findet jedoch in der Regel nicht statt, so daß derartige Untersuchungen überflüssig sind.

## 26.3.3
## Schutzkittel

Das Tragen besonderer Schutzkittel in der Routinepflege Neugeborener ist eine traditionelle Maßnahme, die jedoch in ihrer Effektivität auch auf Intensivstationen nicht belegt ist. Schutzkittel, die über der normalen Arbeitskleidung, also auf einer Intensivstation über der üblichen Bereichskleidung, getragen werden, sollen deshalb nur bei direktem Kontakt mit dem Kind verwendet werden. Dies gilt auch für Neugeborene mit Infektionen, bei denen ein zusätzlicher Schutzkittel auch nur dann einen Sinn hat, wenn es bei direktem Kontakt mit dem infizierten Kind zu einer Kontamination der Arbeitskleidung des Personals kommen kann (s. Kap. 15, S. 231). Beispielsweise konnte gezeigt werden, daß durch das Tragen von Schutzkitteln (und von Handschuhen) die Häufigkeit nosokomialer RSV-Infektionen erheblich reduziert wurde [273]. Insbesondere hat das routinemäßige Anziehen eines Schutzkittels bei Betreten der Intensivstation keinen Einfluß auf das hygienische Verhalten des Personals, z. B. auf die Häufigkeit des Händewaschens, und außerdem wird dadurch auch die Kolonisation der Kinder, z. B. mit S. aureus, nicht beeinflußt [121, 330, 345].

## 26.3.4
## Bettwäsche, Kinderkleidung und Windeln

Weder Bettwäsche noch Kinderkleidung stellen bei üblichen Waschverfahren ein reales Infektionsrisiko für pädiatrische Intensivpatienten dar, weil man darauf nur Keime der Hautflora in sehr geringer Keimzahl nachweisen kann. Deshalb ist es nicht erforderlich, die Wäsche zu autoklavieren. Felle müssen waschbar sein. Aus Gründen der Kostenersparnis und des Umweltschutzes möchten manche pädiatrischen Intensivstationen anstelle von Einmalwindeln wiederverwendbare Stoffwindeln einsetzen. Obwohl damit kein konkretes Infektionsrisiko verbunden ist, muß man berücksichtigen, daß offenbar bei Verwendung von Stoffwindeln die Umgebungskontamination beim Windelwechseln größer ist als bei Verwendung von Einmalwindeln, so daß z. B. bei Rotavirus-Infektionen Einmalwindeln verwendet werden sollten [121].

## 26.3.5
## Ernährung

**Muttermilch.** Auch in der modernen Neonatologie wird die enterale Ernährung mit Muttermilch für sehr wichtig gehalten, weshalb Mütter, deren Kinder zu schwach oder krank zum Saugen sind, gebeten werden, ihre Milch abzupumpen, damit das Kind dennoch von den immunologischen Vorteilen der Muttermilchernährung profitieren kann. Dafür müssen die Mütter klare Anweisungen bekommen, was sie beim Abpumpen und bei der Aufbewahrung der abgepumpten Milch zu beachten haben (Anhang B, S. 484).

Routinemäßige Keimzahlbestimmungen in der Muttermilch werden nicht generell empfohlen, aber häufig wenigstens zu Beginn oder einmal wöchentlich durchgeführt. Problematisch ist dabei nicht selten die Interpretation der Befunde, weil es nämlich keine allgemein akzeptierten Grenzwerte gibt, so daß jede Klinik für sich entscheiden muß, welche Keimzahlen toleriert werden sollen. Insofern sind die Angaben in der folgenden Übersicht nur Richtwerte, die man auch anders festlegen kann.

> **Keimzahlen in Muttermilch für Risikokinder**
> - Pro ml keine gramnegativen Bakterien,
> - pro ml max. je 100 KBE S. aureus und Enterokokken,
> - pro ml max. 150 aerobe Sporenbildner,
> - Gesamtkeimzahl max. $10^4$ KBE/ml.

Aber nicht nur klassische pathogene Keime wie S. aureus müssen dabei beachtet werden: Es wurden nämlich kürzlich hohe Keimzahlen (semiquantitative Angabe) von S. epidermidis als Ursache für eine tödlich verlaufende nekrotisierende Enterokolitis bei frühgeborenen Zwillingen beschrieben [334].

**Künstliche enterale Ernährung.** Steht keine oder nicht genügend Muttermilch für die Ernährung der Neugeborenen zur Verfügung, können entweder industriell hergestellte sterile Flüssignahrung oder Milchpulver verwendet werden. Pulvernahrung muß in der Milchküche des Krankenhauses unter einwandfreien hygienischen Bedingungen zubereitet werden, damit es nicht zu einer exogenen Kontamination kommt. Der dafür erforderliche hygienische Standard ist bei den heute in den Krankenhäusern industrialisierter Länder zur Verfügung stehenden Aufbereitungsmethoden für Milchflaschen, Sauger und Zubehör mit Reinigungs- und Desinfektionsautomaten leicht zu erreichen. Probleme kann allerdings die Pulvernahrung selbst bereiten, weil sie nicht notwendigerweise steril ist, in der Regel aber, wenn überhaupt, nur sehr geringe Keimzahlen aerober Sporenbildner enthält, die bei den Qualitätskontrollen des Herstellers noch dazu meist weit unter der zulässigen Höchstgrenze liegen. Ist Pulvernahrung aber mit potentiell pathogenen Erregern, z. B. Enterobakteriazeen, auch nur in sehr geringer Keimzahl kontaminiert, kann dies zu einem Infektionsproblem für die Kinder insbesondere dann werden, wenn die Nahrung nach der Zubereitung zu lange warm aufbewahrt wird, wobei die ursprünglich sehr niedrige Keimzahl dann sprunghaft steigen kann [324].

## 26.3.5
## Besucher

Gesunde Eltern. Eltern sollen sich vor Betreten der Intensivstation Hände und Unterarme waschen, gut abtrocknen und anschließend desinfizieren. Sie können dann in ihrer Privatkleidung auf die Station zu ihrem Kind gehen. Einen Schutzkittel sollen sie nur dann überziehen, wenn sie ihr Kind auf den Arm nehmen können. Handelt es sich aber um ein Kind, das im Inkubator bleiben muß, bekommen die Eltern keinen Kittel, sondern können mit ihren zuvor gesäuberten und desinfizierten Händen und Unterarmen durch die Öffnungen des Inkubators direkten Kontakt mit dem Kind aufnehmen. Man muß den Eltern erklären, daß sie außer dem eigenen keine anderen Kinder berühren sollen.

Eltern mit Infektionen. Haben die Eltern einen respiratorischen Infekt, muß man ihnen die potentielle Infektionsgefahr für ihr Kind und die besondere Bedeutung der Händehygiene erklären. Liegt das Kind von Eltern mit Atemwegsinfektionen im Inkubator und darf auch nicht herausgenommen werden, sind außer der gründlichen Händedesinfektion keine weiteren Maßnahmen erforderlich. Man muß allerdings die Eltern darauf hinweisen, auf der Station möglichst wenig zu berühren und sich nach jedem Schneuzen die Hände zu waschen oder zu desinfizieren. Kann das Kind jedoch auf den Arm genommen werden, sollen Eltern mit Erkältungen eine Maske anlegen, um das Kind vor Kontakt mit respiratorischem Sekret zu schützen. Schwieriger ist die Entscheidung, Eltern auf eine neonatologische Intensivstation zu lassen, wenn sie eitrige Infektionen, z.B. an den Händen, haben. Aber auch dann sollte man sich bemühen, den Kontakt der Eltern mit ihrem Kind zu ermöglichen, indem man sie beispielsweise über den Verband, der allerdings gut aussehen muß, Einmalhandschuhe anziehen läßt. Eltern mit Herpes labialis müssen darauf hingewiesen werden, daß sie mit ihrem Kind nicht schmusen dürfen. Außerdem sollen auch sie einen Mundschutz tragen, wenn sie das Kind auf dem Arm halten können.

Geschwister. Auch die Geschwister können zu Besuchen auf Intensivstationen mitgenommen werden, im Gegensatz zu ihren Eltern allerdings mit der Einschränkung, daß sie keine Infekte haben dürfen [121]. Um dies sicher abzuklären, müssen die Eltern vom zuständigen Arzt oder einer Pflegekraft nach Krankheitssymptomen, die auf eine Infektion hinweisen können, befragt werden. Wichtig ist auch zu klären, ob ein Kontakt mit einem an einer typischen Kinderkrankheit erkrankten Kind stattgefunden hat und ob deshalb mit einer Infektiosität des Geschwisterkindes gerechnet werden muß, wenn bei ihm (noch) keine Immunität besteht, wie z. B. nach Kontakt mit Windpocken. Außerdem muß selbstverständlich sichergestellt sein, daß die Eltern sehr gut auf das Geschwisterkind aufpassen und es in ihrer Nähe behalten. Auch dem Geschwisterkind werden vor und nach dem Kontakt mit dem kranken Kind die Hände gewaschen und desinfiziert.

## 26.4
## Weitere Hygienemaßnahmen bei der Versorgung von Neugeborenen und Säuglingen

Über die neonatologische Intensivpflege hinaus gelten gleichermaßen auch für nicht so schwer kranke Kinder pädiatrischer Früh-/Neugeborenen- und Säuglingsstationen einige Besonderheiten.

### 26.4.1
### Haut- und Schleimhautdesinfektion

Zur Hautdesinfektion eignen sich für Früh- und Neugeborene sowie junge Säuglinge am besten alkoholische Desinfektionsmittel, da PVP-Jodpräparate erst bei Säuglingen > 6 Monate verwendet werden sollen. Zur Schleimhautdesinfektion, z. B. vor Legen eines Blasenkatheters, können wiederum PVP-Jodpräparate (vorzugsweise als 0,2%ige PVP-Jodlösung) nur bei älteren Säuglingen eingesetzt werden, während man sonst 0,5%ige wäßrige Chlorhexidinlösung verwenden muß, die in der Apotheke hergestellt werden kann, aber wegen Kontaminationsgefahr nur in kleine Fläschchen (max. 50 ml) abgefüllt werden soll. Die Verwendung von Octenidin ist bisher bei Säuglingen und Kindern noch nicht zugelassen. Ebenso sollen, wie bereits oben bei der Nabeldesinfektion (s. Abschn. 26.3.1) erwähnt, quecksilberhaltige Antiseptika, z. B. Merbromin, aber auch quaternäre Ammoniumverbindungen, z. B. Benzalkoniumchlorid, aus Gründen des Wirkungsspektrums und der Toxizität nicht mehr angewendet werden.

### 26.4.2
### Augenpflege bei Phototherapie

Um Augeninfektionen bei Neugeborenen, die wegen Hyperbilirubinämie mit Phototherapie behandelt werden, zu verhüten, ist eine regelmäßige sorgfältige Augenpflege erforderlich, weil durch die Okklusion der Augen das Wachstum potentiell pathogener Erreger begünstigt und damit die Infektionsgefahr erhöht wird [152].

### 26.4.3
### Anwärmen von Milchflaschen

Eine schnelle und hygienisch sichere Erwärmung von Milchflaschen ist in der täglichen Routine von Säuglingsstationen sehr wichtig. Folgende Möglichkeiten stehen zur Verfügung:

Wasserbad. Das Anwärmen im Wasserbad nimmt relativ viel Zeit in Anspruch und ist schon deshalb nicht besonders empfehlenswert. Darüber hinaus aber stellt Wasser ein potentielles Infektionsrisiko dar, weil durch die hohen Temperaturen das Wachstum sog. Wasserkeime, die häufig im Leitungswasser nachweisbar sind und die zu einer Kontamination der Milchflaschen führen können, gefördert wird. Wenn solche Geräte doch noch verwendet werden, ist es erforderlich, das Wasser alle 12 h zu wechseln und das Gerät innen und außen gründlich zu reinigen.

Heißluftgerät. Auch das Anwärmen mit Heißluft ist eine relativ zeitaufwendige Methode (ca. 15–20 min). Die Methode ist jedoch hygienisch unproblematisch. Weitere Nachteile sind ein erhöhter Geräuschpegel bei einigen Geräten und ein hoher Energieverbrauch.

Elektrisches Flaschenwärmegerät. Die Zeit bis zur Erwärmung der Milchflaschen ist mit ca. 30 min wiederum relativ lang, weshalb diese Geräte meist im 24 h-Dauerbetrieb laufen, wodurch die Energiekosten im Gegensatz zum Heißluftgerät erheblich erhöht sind. Aus hygienischer Sicht ist von Bedeutung, daß sich das Gerät nicht gut reinigen läßt, weil sich der Heizblock nicht herausnehmen läßt und die Vertiefungen für die Flaschen sehr eng sind. Schließlich sind die Anschaffungskosten sehr hoch.

Mikrowellenherd. Das Anwärmen von Milchflaschen im Mikrowellenherd ist schnell, einfach und hygienisch einwandfrei. Die Zeit bis zum Erreichen der gewünschten Milchtemperatur ist sehr kurz (ca. 45 sec), aber die Flasche selbst kann noch kalt sein. Außerdem muß man bedenken, daß die Milch nicht überall gleichmäßig erwärmt ist, so daß „heiße Inseln" vorkommen können. Man muß also die Flaschen nach der Entnahme aus dem Gerät gut durchschütteln und die Milchtemperatur am besten mit einem Tropfen am Handgelenk überprüfen.

## 26.5
## Reinigungs- und Desinfektionsmaßnahmen
(s. dazu auch Kap. 13, S. 201)

Obwohl der Grundsatz gilt, thermische Desinfektionsverfahren nach Möglichkeit vor chemischen zu bevorzugen, gibt es auch in der Pädiatrie immer noch Indikationen für den Einsatz chemischer Desinfektionsmittel für Geräte und Gegenstände, die bei der Versorgung der Kinder benötigt werden, aber nicht mit thermischen Methoden aufbereitet werden können (Reinigungs- und Desinfektionsplan 26.1). Der Einsatz aldehydischer Mittel wird aufgrund ihres toxischen Potentials kontrovers beurteilt. Es gibt jedoch für eine Reihe von Materialien keine Alternative mit gleicher Desinfektionssicherheit und Materialverträglichkeit. Deshalb müssen chemische Desinfektionsmaßnahmen auf ein absolutes Minimum reduziert werden.

Reinigungs- und Desinfektionsplan 26.1. Pädiatrie

| Was | Wann | Womit | Wie |
|---|---|---|---|
| Händereinigung | bei Betreten bzw. Verlassen des Arbeitsbereiches, vor und nach Patientenkontakt | Flüssigseife aus Spender | Hände waschen, mit Einmalhandtuch abtrocknen |
| Hygienische Händedesinfektion | z.B. *vor* Verbandswechsel, Injektionen, Blutabnahmen, Anlage von Blasen und Venenkathetern<br>*nach* Kontamination[1] (bei grober Verschmutzung vorher Hände waschen) nach Ausziehen der Handschuhe | (alkoholisches) Händedesinfektionsmittel | ausreichende Menge entnehmen, damit die Hände vollständig benetzt sind, verreiben bis Hände trocken sind<br>**kein Wasser zugeben** |
| Chirurgische Händedesinfektion | vor operativen Eingriffen | 1. (alkoholisches) Händedesinfektionsmittel: Hände und Unterarme 1 min waschen und dabei Nägel und Nagelfalze bürsten, anschl. Händedesinfektionsmittel während 3 min portionsweise auf Händen und Unterarmen verreiben<br>2. PVP-Jodseife: Hände und Unterarme 1 min waschen und dabei Nägel und Nagelfalze bürsten, anschl. 4 min waschen, unter fließendem Wasser abspülen, mit sterilem Handtuch abtrocknen | |
| Hautdesinfektion | vor Punktionen, bei Verbandswechsel usw. | z.B. (alkoholisches) Hautdesinfektionsmittelmittel **oder** PVP-Jod-Alkohol-Lösung | sprühen – wischen – sprühen – wischen<br>*Dauer:* 30 sec |
| | vor Anlage von intravasalen Kathetern | *Säuglinge:* (alkoholisches) Hautdesinfektionsmittel | mit sterilen Tupfern mehrmals auftragen und verreiben<br>*Dauer:* 1 min |
| | vor invasiven Eingriffen mit besonderer Infektionsgefährdung, z.B. Gelenkpunktionen, Lumbalpunktionen | | mit sterilen Tupfern mehrmals auftragen und verreiben<br>*Dauer:* 3 min |
| Schleimhautdesinfektion | z.B. vor Anlage von Blasenkathetern | PVP-Jodlösung **ohne** Alkohol<br>*Säuglinge:* 0,5% wäßrige Chlorhexidinlösung | unverdünnt auftragen<br>*Dauer:* 30 sec |
| Nabelpflege | täglich | Chlorhexidin 0,5% in Alkohol 60–70% | mit sterilem Tupfer Nabel und Nabelstumpf abwischen, eintrocknen lassen |

**Reinigungs- und Desinfektionsplan 26.1.** (Fortsetzung)

| Was | Wann | Womit | Wie |
|---|---|---|---|
| Instrumente | nach Gebrauch | Reinigungs- und Desinfektionsautomat, verpacken, autoklavieren **oder** in Instrumentenreiniger einlegen, reinigen, abspülen, trocknen, verpacken, autoklavieren *bei Verletzungsgefahr:* Zusatz von (aldehydischem) Instrumentendesinfektionsmittel | |
| Standgefäß mit Kornzange | 1mal täglich | reinigen, verpacken, autoklavieren (bei Verwendung **kein** Desinfektionsmittel in das Gefäß geben) | |
| Trommeln | 1mal täglich nach Öffnen (Filter regelmäßig wechseln) | reinigen, autoklavieren | |
| Thermometer | nach Gebrauch | Alkohol 60–70% | abwischen |
| Blutdruckmanschette Kunststoff Stoff | nach Kontamination[1] | mit (aldehydischem) Flächendesinfektionsmittel, bzw. Alkohol 60–70% abwischen, trocknen **oder** Reinigungs- und Desinfektionsautomat in Instrumentenreiniger einlegen, abspülen, trocknen, autoklavieren **oder** Reinigungs- und Desinfektionsautomat | |
| Stethoskop | bei Bedarf | Alkohol 60–70% | abwischen |
| Mundpflegetablett Tablett/Becher Klemme | 1mal täglich nach jedem Gebrauch 1mal täglich | Reinigungs- und Desinfektionautomat **oder** mit Alkohol 60–70% abwischen - mit Alkohol 60–70% abwischen - Reinigungs- und Desinfektionsautomat **oder** in Instrumentenreiniger einlegen, trocknen, verpacken, autoklavieren | |
| Becher mit Gebrauchslösung | nach jedem Gebrauch | mit Alkohol 60–70% abwischen | |
| Milchpumpenzubehör, Schläuche | täglich | in Instrumentenreiniger einlegen, trocknen, verpacken, autoklavieren **oder** Reinigungs- und Desinfektionsautomat | |
| Sauger, Schnuller | nach jedem Gebrauch | Reinigungs- und Desinfektionsautomat **oder** mit umweltfreundlichem Reiniger reinigen, trocknen, autoklavieren | |
| Sauerstoffanfeuchter Gasverteiler, Wasserbehälter | alle 48 h bzw. ohne Aqua dest. alle 7 Tage | Reinigungs- und Desinfektionsautomat **oder** reinigen, trocknen, autoklavieren | |
| Verbindungsschlauch | bei Patientenwechsel **oder** alle 48 h | Reinigungs- und Desinfektionsautomat (Flowmeter mit Alkohol 60–70% abwischen) | |

**Reinigungs- und Desinfektionsplan 26.1.** (Fortsetzung)

| Was | Wann | Womit | Wie |
|---|---|---|---|
| **Geräte, Mobiliar** | 1mal täglich | umweltfreundlicher Reiniger | abwischen |
| | nach Kontamination[1] | (aldehydisches) Flächendesinfektionsmittel | |
| **Urometer** | nach Gebrauch | (aldehydisches) Flächendesinfektionsmittel | einlegen, abspülen, trocknen |
| **Haarbürsten** | nach jedem Patienten | mit umweltfreundlichem Reiniger reinigen | |
| | bei infizierten Patienten | Reinigungs- und Desinfektionsautomat **oder** mit umweltfreundlichem Reiniger reinigen, autoklavieren | |
| **Inkubatoren** | täglich | umweltfreundlicher Reiniger | innen und außen reinigen |
| | nach Kontamination[1] nach Entlassung von infizierten Patienten | (aldehydisches) Flächendesinfektionsmittel | - innen und außen abwischen<br>- 1 h einwirken lassen<br>- Plexiglashaube mit Wasser nachwischen<br>- 1 h lüften |
| **Flaschenwärmer** | täglich | umweltfreundlicher Reiniger | innen und außen reinigen<br>*bei Geräten mit Wasserbad:*<br>alle 12 h Wasser wechseln |
| **Wickeltische** | täglich | umweltfreundlicher Reiniger | abwischen |
| | nach Kontamination[1] | (aldehydisches) Flächendesinfektionsmittel **oder** Alkohol 60–70% | |
| **Spielsachen** | nach Kontakt mit einem infizierten Patienten nach Kontamination[1] | - Reinigungs- und Desinfektionsautomat,<br>- Waschmaschine,<br>- Geschirrspülmaschine oder<br>- mit Alkohol 60–70% abwischen | |
| | bei Patientenwechsel bei sichtbarer Verschmutzung | mit umweltfreundlichem Reiniger reinigen | |
| **Redonflaschen, Bülauflaschen, Monaldiflaschen** | nach Gebrauch | Reinigungs- und Desinfektionsautomat, autoklavieren **oder** in (aldehydisches) Flächendesinfektionsmittel einlegen, abspülen, trocknen, autoklavieren | |

**Reinigungs- und Desinfektionsplan 26.1.** (Fortsetzung)

| Was | Wann | Womit | Wie |
|---|---|---|---|
| **Absauggefäße** inkl. Verschlußdeckel und Verbindungsschläuche | 1mal täglich **oder** bei Patientenwechsel | Reinigungs- und Desinfektionsautomat **oder** in (aldehydisches) Flächendesinfektionsmittel einlegen, abspülen, trocknen | |
| **Waschbecken** | 1mal täglich | mit umweltfreundlichem Reiniger reinigen | |
| **Strahlregler** | 1mal pro Woche | unter fließendem Wasser reinigen | |
| **Waschschüsseln, Badewannen, Duschen** | nach Benutzung | umweltfreundlicher Reiniger | abwischen, trocknen |
| | nach Benutzung durch infizierte Patienten | (aldehydisches) Flächendesinfektionsmittel | nach der Einwirkzeit mit Wasser nachspülen, trocknen |
| **Nagelbürsten** | nach Gebrauch | Reinigungs- und Desinfektionsautomat **oder** in Instrumentenreiniger einlegen, abspülen, autoklavieren | |
| **Steckbecken, Urinflaschen** | nach Gebrauch | Steckbeckenspülautomat | |
| **Fußboden** | 1mal täglich | umweltfreundlicher Reiniger | hausübliches Reinigungssystem |
| | nach Kontamination¹ | (aldehydisches) Flächendesinfektionsmittel | wischen |
| **Abfall,** bei dem Verletzungsgefahr besteht z.B. Skalpelle, Kanülen | direkt nach Gebrauch (bei Kanülen **kein Recapping**) | Entsorgung in leergewordene, durchstichsichere und fest verschließbare Kunststoffbehälter | |

¹ Kontamination: Kontakt mit (potentiell) infektiösem Material.

*Anmerkung:*
- Nach Kontamination mit potentiell infektiösem Material (z.B. Sekreten oder Exkreten) immer sofort gezielte Desinfektion der Fläche,
- Beim Umgang mit Desinfektionsmitteln immer mit Haushaltshandschuhen arbeiten (Allergisierungspotential),
- Ansetzen der Desinfektionsmittellösung nur in kaltem Wasser (Vermeidung schleimhautreizender Dämpfe),
- Anwendungskonzentrationen beachten,
- Einwirkzeiten von Instrumentendesinfektionsmitteln einhalten,
- Standzeiten von Instrumentendesinfektionsmitteln nach Herstellerangaben (wenn Desinfektionsmittel mit Reiniger angesetzt wird, täglich wechseln),
- Zur Flächendesinfektion nicht sprühen, sondern wischen,
- Nach Wischdesinfektion, Benutzung der Flächen, sobald wieder trocken,
- Benutzte, d.h. mit Blut etc. belastete Flächendesinfektionsmittellösung mindestens täglich wechseln,
- Haltbarkeit einer unbenutzten dosierten Flächendesinfektionsmittellösung (z.B. 0,5%) in einem verschlossenen (Vorrats-)Behälter (z.B. Spritzflasche) nach Herstellerangaben (meist 14–28 Tage),
- In das Durchspülwasser der Absauggefäße PVP-Jodlösung (1:100) zugeben,
- Reinigungs- und Desinfektionsautomat: 75°C, 10 min (ohne Desinfektionsmittelzusatz).

## 26.5.1
## Inkubatoren

Die Desinfektion von Inkubatoren ist nicht grundsätzlich erforderlich, meist genügt eine Reinigung mit einem umweltfreundlichen Reiniger. Ist jedoch eine Wischdesinfektion notwendig, muß anschließend eine Leerlaufphase von 24 h (möglichst bei 100% Luftfeuchtigkeit und 37°C) eingehalten werden. In Anhang C und D (S. 485 f.) sind die am Freiburger Universitätsklinikum gültigen Aufbereitungsempfehlungen für alte Inkubatoren mit Wasserkammer und für neue Inkubatoren mit Aqua dest.-Flaschen zusammengestellt. Auf keinen Fall soll heute noch eine Desinfektion in der Formaldehydkammer erfolgen, weil dabei in der Innenluft des Inkubators Formaldehydkonzentrationen entstehen, die weit über dem MAK-Wert von 0,1 ppm liegen.

## 26.5.2
## Laryngoskope

Auf Intensivstationen für Erwachsene ist es üblich, den Laryngoskopspatel nach Reinigung mit einer Bürste unter fließendem Wasser zu trocknen und anschließend mit Alkohol abzuwischen (s. Kap. 25, S. 447). In der Literatur gibt es aber Hinweise, daß diese Methode der Aufbereitung für Neugeborenen-Laryngoskope nicht adäquat zu sein scheint, weil unzureichend aufbereitete Laryngoskope mit gehäuften P. aeruginosa-Infektionen in Zusammenhang gebracht werden konnten [153, 329]. Begründet wird dies v. a. damit, daß Laryngoskope in der Neonatologie häufig benötigt werden und nur eine begrenzte Anzahl der sehr kleinen Geräte vorhanden ist, somit die Aufbereitung oft nicht gründlich genug durchgeführt wird. Empfohlen wurde deshalb zum einen, auf jeder neonatologischen Intensivstation genügend Laryngoskope anzuschaffen und diese nach Gebrauch sorgfältig aufzubreiten, d.h. gründlich von allen Sekretresten zu reinigen und anschließend nicht nur mit Alkohol abzuwischen, sondern für 10 min in Alkohol einzulegen [153]. Noch besser sei allerdings die Aufbereitung in einer Zentrale, wo spezielles, gut ausgebildetes Personal zur Verfügung steht [329].

## 26.5.3
## Milchflaschen, Sauger und Schnuller

Für größere Kliniken kann nur die Anschaffung von speziellen Reinigungs- und Desinfektionsautomaten für Milchflaschen, Sauger und Schnuller empfohlen werden. Aber auch auf kleineren Stationen, für die sich die Anschaffung solcher Maschinen nicht lohnt, sollen Sauger und Schnuller thermisch aufbereitet werden. Dafür eignet sich besonders das Auskochen für 3 min oder die Behandlung im Dampfdrucktopf (sobald der Druckanzeiger vollständig zu sehen ist, den Topf zur Seite stellen und abkühlen lassen, bis der Druckanzeiger wieder verschwunden ist). Der sog. Vaporisator hat den Vorteil, daß er nicht beaufsichtigt werden muß (akustisches Signal), nur wenig Wasser verbraucht und durch genaue Temperatur- und Zeiteinstellung eine exakte Desinfektion erfolgt. In der Mikrowelle können Flaschen und Sauger nur mit Hilfe von Wasser, das zum Kochen gebracht werden muß, desinfiziert werden. Die speziell dazu angebotenen Behälter werden allerdings fälschlicherweise als „Sterilisations"-Behälter bezeichnet. Eine Sterilisation findet jedoch in der Mikrowelle nicht statt, sondern es handelt sich vielmehr um eine Desinfektion. Die chemische Desinfektion mit Natriumhypochlorit soll nicht mehr durchgeführt werden, weil bereits eine geringe Eiweißbelastung die Lösung inaktiviert und die Kinder vermeidbar einem Desinfektionsmittel ausgesetzt werden, da häufig auch durch das Abspülen unter fließendem Wasser nicht alle Rückstände vollständig entfernt werden.

## 26.5.4
## Wickeltische

Eine Desinfektion von Wickeltischen und deren Auflagen ist routinemäßig nicht erforderlich. Durch die Verwendung von zwei individuellen Tüchern aus Gummi und Baumwolle für jedes Kind erübrigt sich diese Maßnahme in den meisten Fällen. Hat aber dennoch eine Kontamination des Wickeltischs oder der Wickelunterlage, z. B. mit Stuhl oder Urin, stattgefunden, muß eine gezielte Desinfektion vorgenommen werden. Dafür kann z. B. auch bei Kindern mit Rotavirus-Nachweis im Stuhl 70%iger Alkohol verwendet werden.

## 26.5.5
## Spielsachen

Eine routinemäßige Desinfektion von Spielzeug ist nicht erforderlich, sondern es soll vorzugsweise abwaschbares Spielzeug verwendet werden, das mit einem umweltfreundlichen Reinigungsmittel oder z. B. in der stationseigenen Geschirrspülmaschine gereinigt werden kann. Nach Kontamination mit potentiell infektiösem Material, wie z. B. Blut, werden Spielsachen nach Reinigung und Trocknung mit 70%igem Alkohol abgewischt. Plüsch- und Kuscheltiere sollen grundsätzlich bei 30–60°C in der Waschmaschine waschbar sein, falls sie einmal wegen einer gröberen Kontamination oder z. B. nach einer S. aureus-Infektion des Kindes gereinigt werden müssen.

## Anhang A: Nabelpflege

- **Wann?**
  - 1× täglich bei noch vorhandenem Nabelstumpf, bis die Wunde verheilt ist
- **Womit?**
  - 0,5% Chlorhexidin in 70%igem Alkohol
- **Wie?**
  - sterilen Tupfer mit Chlorhexidin-Alkohol-Lösung anfeuchten und damit kreisförmig um den Nabel herum wischen
  - danach einen frischen sterilen Tupfer mit der Lösung anfeuchten und den Nabelstumpf ebenfalls abtupfen
  - die Lösung nicht trocken wischen, sondern eintrocknen lassen

## Anhang B: Hygienemaßnahmen beim Umgang mit Muttermilch

Folgende Hinweise müssen beim Abpumpen von Muttermilch beachtet werden, weil abgepumpte Muttermilch, die zum Füttern verwendet werden soll, so keimarm wie möglich sein muß:

- Hände gründlich mit Wasser und Seife waschen und mit sauberem Handtuch abtrocknen
- Brustwarzen mit einem frischen Waschlappen oder mit Mullkompressen und Wasser reinigen
- unmittelbar vor dem Abpumpen Hände desinfizieren
  - dazu ausreichende Menge des Händedesinfektionsmittels in eine Hohlhand der trockenen Hände geben (die Hände müssen damit vollständig benetzt werden können) und auf der gesamten Haut der Hände verreiben, bis sie wieder trocken sind (kein Wasser zugeben)
- zum Auffangen der Milch nur saubere Gefäße verwenden
- darauf achten, daß das Auffanggefäß beim Abpumpen gerade gehalten wird, damit keine Milch durch den Schlauch zur Pumpe fließen kann
- der Transport der abgepumpten Milch soll schnell in einer Kühltasche erfolgen, bis dahin soll die Milch im Kühlschrank bei $\leq 7\,°C$ (Kühlschrankthermometer) aufbewahrt werden
- alle Teile, die mit Milch in Kontakt kommen, d.h. Auffanggefäß, Brustglocke, Saugschlauch und Milchflaschen, nach jedem Gebrauch gründlich in heißem Wasser mit Spülmittel reinigen, anschließend in einen Topf mit frischem Wasser legen und 3 min auskochen, danach mit frischem Geschirrhandtuch abtrocknen und staubfrei aufbewahren, z.B. in sauberes, trockenes Geschirrhandtuch einschlagen
- als Einlagen nur spezielle Stilleinlagen oder bei 60°C gewaschene und anschließend gebügelte Tücher (z.B. große Taschentücher) verwenden

## Anhang C: Inkubatordesinfektion[1]: Alte Inkubatoren mit Wasserkammer

- Wasser aus dem Wasserbehälter ablassen
- Einfüllstutzen und Verbindungsgang zur Wasserkammer mit Desinfektionsmittel durchspülen
- Wasserkammer herausnehmen
- Manschetten, Manschettenringe, Einfüllstutzen, Gummidichtungen, Feuchtigkeitsregler/Lüftrad und alle abnehmbaren Teile mit Desinfektionsmittel abwischen
- Plexiglashaube mit Desinfektionsmittel abwischen
- Desinfektionsmittel 1 h einwirken lassen
- danach alle Teile wieder zusammensetzen, die Plexiglashaube mit Wasser nachwischen und mit frischem Tuch trocknen
- *Inkubator anschließend mindestens 1 h belüften*
  - Haube schließen
  - Handöffnungen öffnen
  - Inkubator einschalten (37°C-Lufttemperatur)
- Luftfilter alle 3 Monate wechseln
- Bakterienfilter kann 8 × resterilisiert (134°C) werden
- Inkubator vor Gebrauch mit Leitungswasser (ca. 2 l) füllen, solange er nicht benutzt wird, ohne Wasser stehenlassen
- *Plexiglashaube:* Alkohol (z.B. Reste von Händedesinfektionsmittel auf den noch nicht wieder trockenen Händen) verursacht nicht mehr entfernbare Flecken

## Anhang D: Inkubatordesinfektion[1]: Neue Inkubatoren mit Aqua dest.-Flaschen

- Inkubator, soweit möglich, auseinandernehmen und die Einzelteile mit Desinfektionsmittel abwischen
- Plexiglashaube mit Desinfektionsmittel abwischen
- Desinfektionsmittel 1 h einwirken lassen
- anschließend alle Einzelteile wieder zusammensetzen, die Plexiglashaube mit Wasser nachwischen und mit frischem Tuch trocknen
- *Inkubator anschließend mindestens 1 h belüften*
  - Haube schließen
  - Handöffnungen öffnen
  - Inkubator einschalten (37°C Lufttemperatur)
- Aqua dest.-Flaschen erst austauschen, wenn das Wasser aufgebraucht ist
- Luftfilter alle 3 Monate wechseln
- *Plexiglashaube:* Alkohol (z.B. Reste von Händedesinfektionsmittel auf den noch nicht wieder trockenen Händen) verursacht nicht mehr entfernbare Flecken

---

[1] (aldehydisches) Flächendesinfektionsmittel

# 27 Prävention von Infektionen in Geburtshilfe und Gynäkologie

I. Kappstein

EINLEITUNG

Historisch gesehen begann die Entwicklung der Krankenhaushygiene in der Geburtshilfe, v. a. als Semmelweis in den 40er Jahren des letzten Jahrhunderts seine Erkenntnisse aus sorgfältiger klinischer Beobachtung in die Praxis umsetzte und damit innerhalb kurzer Zeit die mit dem Kindbettfieber verbundene Müttersterblichkeit (die hauptsächlich durch ein Übermaß an ärztlicher Intervention verursacht worden war) dramatisch senken konnte [286]. Die durchschnittliche jährliche Müttersterblichkeit, für die in der Mehrzahl der Fälle das durch A-Streptokokken verursachte Kindbettfieber verantwortlich war, betrug ab der Mitte des letzten Jahrhunderts in den meisten Ländern Europas und in den USA mindestens 4–5 Todesfälle pro 1 000 Lebendgeburten, überraschenderweise aber blieben diese Zahlen seit dieser Zeit bis in die Mitte der 30er Jahre unseres Jahrhunderts nahezu unverändert [285, 286, 288]. Erst seit ca. 1935 kam es zu einem stetigen Rückgang der Müttersterblichkeit, wozu zum einen die Einführung der Sulfonamide (und später Penicillin) in die Therapie beigetragen hat, aber auch säkuläre Veränderungen der A-Streptokokken-Virulenz eine nicht unerhebliche Rolle spielten [287, 288]. Heute liegt die Müttersterblichkeit in der BRD bei ca. 8 Todesfällen pro 100 000 Lebendgeburten [285]. Man ist sich jedoch nicht bewußt, daß im Vergleich zu heute Frauen, die Anfang der 30er Jahre schwanger waren, ein 50fach höheres Risiko hatten, im Kindbett zu sterben [288]. Für diese langanhaltenden konstant hohen Sterblichkeitsziffern kann in erster Linie eine krasse Ignoranz der geburtshilflich tätigen Ärzte verantwortlich gemacht werden, die nicht bereit waren, die Erkenntnisse über Entstehung und Prävention von Infektionen zu beachten [285, 286, 288]. Obwohl die Infektionskontrolle gerade in der Geburtshilfe eine so bedeutende Rolle gespielt hat, zeigen auch heute Gynäkologen und Geburtshelfer nur selten Interesse an Infektiologie.

Sowohl in der Gynäkologie als auch in der Geburtshilfe sind Harnwegsinfektionen und postoperative Infektionen im Operationsgebiet die häufigsten krankenhauserworbenen Infektionen (Tabelle 27.1) [140]. Die Maßnahmen zur Infektionskontrolle in der Gynäkologie entsprechen weitgehend denen in anderen operativen und nicht operativen Fachgebieten, in der Geburtshilfe gibt es jedoch einige Besonderheiten. Im folgenden werden nur die Fragen behandelt, die in anderen Bereichen der Medizin keine Rolle spielen. Für alle anderen hygienisch relevanten Aspekte der Patientenversorgung kann somit auf die fachübergreifenden Kapitel verwiesen werden.

Tabelle 27.1. Relative Häufigkeit einzelner nosokomialer Infektionen in der Geburtshilfe und Gynäkologie. (Aus [140])

| Infektion | Geburtshilfe [%] | Gynäkologie [%] |
| --- | --- | --- |
| Harnwegsinfektion | 16,5 | 39,7 |
| Pneumonie | 2,3 | 6,5 |
| Postoperative Infektion im Operationsgebiet | 45,0 | 37,2 |
| Primäre Sepsis | 2,2 | 3,9 |
| Andere Infektionen | 34,0 | 12,7 |

## 27.1 Nosokomiale Infektionen in der Geburtshilfe

### 27.1.1 Mütterliche Infektionen

Typische Infektionen in der Geburtshilfe sind das Amnioninfektionssyndrom (oder Chorioamnionitis), die postpartale Endometritis und die Mastitis puerperalis.

Amnioninfektionssyndrom. Um zwischen einer nosokomial und einer bereits außerhalb des Krankenhauses erworbenen Amnioninfektion zu unterscheiden, ist es erforderlich, folgende Definitionen zu berücksichtigen (Rate nosokomialer Amnioninfektionen ca. 1 %) [313]:

- **Außerhalb des Krankenhauses erworbene Amnioninfektion**
  Bei stationärer Aufnahme klinisch manifest oder Auftreten nach der Aufnahme bei einer Patientin, bei der bis dahin noch keine vaginale Untersuchung, kein Versuch der Geburtseinleitung oder keine andere invasive geburtshilfliche Maßnahme vorgenommen wurde (z. B. Patientin mit vorzeitigem Blasensprung, die zur Beobachtung stationär aufgenommen wurde).
- **Nosokomiale Amnioninfektion**
  Auftreten frühestens 24 h nach Durchführung invasiver geburtshilflicher Maßnahmen (z. B. vaginale Untersuchung, intrauterines Monitoring) oder nach Geburtseinleitung.

Postpartale Endo(myo)metritis. Die postpartale Endometritis ist immer eine nosokomiale Infektion, außer wenn die Patientin bereits mit einem Amnioninfektionssyndrom oder mit einem mindestens 24 h zurückliegenden Blasensprung stationär aufgenommen wurde [275]. Eine postpartale Endometritis entwickelt sich am häufigsten nach einer Sectio caesarea, insbesondere wenn zuvor bereits Wehen eingesetzt hatten bzw. die Fruchtblase gesprungen war [313]. Ein wichtiger Risikofaktor für eine Endometritis nach vaginaler Entbindung ist u. a. der vorzeitige, länger zurückliegende Blasensprung, aber auch Faktoren wie schlechter Ernährungszustand, protrahierte Geburt und Retention von Plazentaresten spielen eine Rolle [275]. Angaben über die Häufigkeit nach vaginaler Entbindung schwanken zwischen ca. 1 und 4% und nach Schnittentbindung zwischen ca. 2 bei elektiven Eingriffen (=keine Wehen, kein Blasensprung) und ca. 8 bis zu 85% bei Notfalleingriffen [201, 275, 313].

**Postpartale Endo(myo)metritis durch A-Streptokokken.** Gelegentlich gibt es auch heute noch Berichte über Ausbrüche postpartaler Endometritis verursacht durch β-hämolysierende Streptokokken der Gruppe A, die klassischen Erreger des Kindbettfiebers, sowie andere hämolysierende Streptokokken [178]. Ausgangspunkt gehäufter Infektionen sind nicht selten kolonisierte bzw. infizierte Patientinnen, von denen weniger durch direkten als durch indirekten Kontakt die Erreger auf andere Patientinnen übertragen werden. Die Quelle gehäufter Infektionen können insbesondere nach operativer Entbindung auch asymptomatisch besiedelte Mitarbeiter sein (s. Kap. 7, S. 101). Da A-Streptokokken, obwohl sie weltweit immer noch Penicillin-empfindlich sind, u. U. therapeutisch nur schwer zu beeinflussende lebensbedrohliche Infektionen hervorrufen können, müssen insbesondere bei postoperativen Infektionen sofort Kontrollmaßnahmen eingeleitet werden (s. Abschn. 27.1.4), bei mehr als einer Infektion in einem kurzen Zeitraum (z. B. 2 Wochen) müssen zusätzlich auch Personal- und Umgebungsuntersuchungen durchgeführt werden (s. Kap. 4, S. 41, Kap. 7, S. 101).

Die wichtigsten Maßnahmen zur Prävention des Amnioninfektionssyndroms und der postpartalen Endometritis lassen sich folgendermaßen zusammenfassen [275, 313]:
- vor vaginaler Untersuchung Händedesinfektion und Einmalhandschuhe (s. Kap. 23, S. 391), nach Blasensprung sterile Handschuhe verwenden,
- so wenig digitale Untersuchungen und andere transvaginale Manipulationen (z. B. Sonographie, Amnioskopie) wie möglich, insbesondere nach Blasensprung,
- geburtseinleitende Maßnahmen so kurz wie möglich,
- invasives fetales Monitoring (z. B. Kopfschwartenelektrode, Fetalblutanalyse) und interne Tokographie unter aseptischen Bedingungen durchführen,
- Antibiotikaprophylaxe bei Notwendigkeit einer nicht elektiven Schnittentbindung (d. h. Wehen vorhanden und/oder Fruchtblase gesprungen). Antibiotikagabe dabei nicht präoperativ, sondern erst nach Abklemmen der Nabelschnur, um eine evtl. erforderliche mikrobiologische Diagnostik beim Neugeborenen nicht durch die dann auch bei ihm vorhandenen therapeutischen Antibiotikaspiegel zu beeinflussen (jedoch nicht später, damit das Myometrium als das am meisten infektionsgefährdete OP-Gebiet rechtzeitig ausrei-

chende Antibiotikaspiegel erhält). In der Regel Gabe eines Basis-Cephalosporins als Einzeldosis,
- präpartales Screening der Vaginalflora auf bakterielle Vaginose bzw. Aminkolpitis (=häufigste Form einer Vaginitis bei schwangeren und nicht schwangeren Frauen) und ggf. entsprechende therapeutische Maßnahmen zur Wiederherstellung einer normalen Vaginalflora [144].

**Mastitis puerperalis.** Meist wird eine Mastitis im Wochenbett erst nach Entlassung aus dem Krankenhaus manifest, kann aber bereits während des stationären Aufenthaltes erworben sein und ist dann eine nosokomiale Infektion. Der häufigste Erreger ist S. aureus. Sorgfältige Pflege der Brustwarzen ist eine wesentliche Voraussetzung, um Rhagadenbildung und damit das Eindringen potentiell pathogener Keime zu verhindern. Von entscheidender Bedeutung sind gründliche Händehygiene beim Personal und bei der Patientin. Die Frauen müssen aber nicht notwendigerweise ein Händedesinfektionsmittel verwenden, sondern gründliches Händewaschen ist ausreichend. Auf jeden Fall muß ein Kontakt der Brustwarzen mit dem Lochialsekret vermieden werden: Der Wochenfluß ist zwar normalerweise nicht „infektiös", aber immer mit Vaginalflora kontaminiert, zu der auch z. B. potentiell pathogene Keime der Darmflora oder S. aureus gehören können.

## 27.1.2
## Kindliche Infektionen

Alle Infektionen, die das Neugeborene bereits bei der Passage durch den Geburtskanal erworben hat, gelten als nosokomial (s. Kap. 12, S. 167, Kap. 26, S. 469).

**Ophthalmia neonatorum.** Die klassische Prophylaxe der Ophthalmia neonatorum, die sog. Credé-Prophylaxe, wird mit 1%iger wäßriger Silbernitratlösung nach vollständiger Reinigung der Augen durchgeführt [222]. In ca. 10% der Fälle kommt es dabei zu einer chemischen Konjunktivitis. In Deutschland wird vom ehemaligen BGA die Credé-Prophylaxe weiterhin empfohlen, bis ausreichende Erkenntnisse über andere Prophylaxeregime mit breiterer Wirksamkeit, also auch gegen Chlamydien, vorliegen [222]. In den USA wird neben der Credé-Prophylaxe die Applikation von 0,5%iger Erythromycinsalbe oder von 1%iger Tetracyclinsalbe empfohlen, um auch Chlamydien einzuschließen [74]. In einer Studie, die in Kenia (einer Region mit einer ohne Prophylaxe hohen Inzidenz von Ophthalmia neonatorum) durchgeführt wurde, wurde 2,5%ige PVP-Jodlösung mit Silbernitratlösung und Erythromycinsalbe verglichen [230]. Dabei war die Anwendung von PVP-Jodlösung am wirksamsten, außerdem am wenigsten toxisch und am preiswertesten. Eine Prophylaxe der Ophthalmia neonatorum soll unabhängig davon, ob die Geburt vaginal oder per Sectio erfolgt, vorgenommen werden.

**B-Streptokokken-Infektionen.** Zur Prophylaxe neonataler B-Streptokokken-Infektionen gibt es verschiedene Strategien, die jedoch nach wie vor kontrovers beurteilt werden [170]. In einer kürzlich publizierten Übersicht konnte nach Auswertung der aussagefähigen Literatur ein Nutzen der perinatalen Antibiotikagabe bei Nachweis von B-Streptokokken bei der Schwangeren und bei Vorliegen bestimmter Risikofaktoren nicht bestätigt werden [341]: Zwar ist damit eine Reduktion der frühen Kolonisierung des Neugeborenen mit B-Streptokokken verbunden, aber eine signifikante Reduktion schwerer perinataler Infektionen konnte in randomisierten, kontrollierten Studien nicht gezeigt werden, sondern lediglich ein Trend zu einem selteneren Auftreten.

Herpes simplex-Infektionen. Wegen der schweren Konsequenzen bei neonataler Herpesinfektion wurde seit langem versucht, das Risiko für den Fetus bei intrapartaler Exposition so gering wie möglich zu halten. Neuerdings wird empfohlen, die Entscheidung zur Schnittentbindung nur noch vom klinischen Zustand der Patientin abhängig zu machen [357, 405]: Bei sichtbaren genitalen Läsionen oder entsprechenden Prodromalsymptomen soll unabhängig davon, wie lange der Blasensprung zurückliegt, und unabhängig davon, ob es sich um eine Primärinfektion oder ein Rezidiv handelt, eine Schnittentbindung durchgeführt werden.

## 27.1.3
### Infektionsrisiken für Mutter und Kind bei Geburt im Wasser

Die Geburt im Wasser wird von den Befürwortern als „natürliche" Geburt bezeichnet. Ob dies jedoch tatsächlich zutrifft, soll hier nicht erörtert, kann aber in einem gleichermaßen informativen wie amüsanten Artikel nachgelesen werden [439]. Da alternative Geburtsverfahren heute bei Eltern und Hebammen auf großes Interesse stoßen, wird gelegentlich auch die Frage gestellt, ob und wenn ja welche hygienischen Risiken mit einer Geburt unter Wasser verbunden sind.

Wenn die Patientin nicht nur während der Eröffnungswehen, sondern auch während der Geburt selbst in einem Bad liegt und die Geburt im Wasser stattfinden soll, gibt es zumindest theoretische Infektionsrisiken (Berichte über tatsächliche Infektionen gibt es aber wohl wegen der Seltenheit, mit der diese Geburtsmethode angewendet wird, nicht): Da in Leitungswasser nicht selten P. aeruginosa und andere sog. Wasserkeime sowie auch Legionellen vorkommen, besteht theoretisch in erster Linie für die Patientin, weniger für das Neugeborene, das Risiko einer Hautinfektion mit z.B. P. aeruginosa, wie dies nach Benutzung von Warmwassersprudelbädern mehrfach beschrieben wurde [313]. Für das Neugeborene besteht zusätzlich aus theoretischen Überlegungen bei Aspiration des Wassers das Risiko einer Pneumonie (z.B. durch Legionellen). Dies ist aber bisher noch nie beschrieben worden. Beim geburtshilflichen Personal läßt sich auch bei Verwendung langer Schutzhandschuhe der Hautkontakt mit Wasser kaum verhindern, so daß es dabei auch zu einem Blutkontakt kommt. Der Verdünnungseffekt bewirkt aber, daß das Risiko einer mit Blut bzw. Körperflüssigkeiten übertragbaren Infektion von der Patientin auf das Personal minimiert wird (s. Abschn. 27.4 für Reinigungs-und Desinfektionsmaßnahmen).

## 27.1.4
## Infektionskontrollmaßnahmen bei perinatalen mütterlichen Infektionen

In Tabelle 27.2 und Tabelle 27.3 sind die wesentlichen Kontrollmaßnahmen bei viralen und bakteriellen perinatalen Infektionen zusammengefaßt. Angegeben

**Tabelle 27.2.** Infektionskontrollmaßnahmen bei perinatalen Virusinfektionen. (Nach [420])

| Infektion der Frau (mit) | Maßnahmen bei der Frau | Maßnahmen beim Neugeborenen | Maßnahmen beim Personal |
|---|---|---|---|
| Windpocken (Varizella-Zoster-Virus = VZV) | Isolierung bei Entbindung, auch nach VZV-Kontakt innerhalb 3 Wochen vor Geburt, wenn nicht immun, anschließend Einzelzimmer (mit Kind), **sorgfältige Händehygiene** | sofort nach Geburt VZIG[1], wenn Mutter innerh. 5–7 Tage vor Geburt erkrankt (auch, wenn 2–4 Tage danach), möglichst vor dem 10. Tag nach Exposition nach Hause, können gestillt werden | soll immun sein, sonst ab 9.–21. Tag nach Exposition nach Hause, **sorgfältige Händehygiene** |
| Zoster | bei Auftreten von Hauteffloreszenzen innerhalb 7 Tagen vor Geburt Maßnahmen wie bei Windpocken, bei Auftreten >7 Tagen vor Geburt und verkrusteten Effloreszenzen keine Isolierung notwendig | keine VZIG-Prophylaxe erforderlich, da durch mütterliche Antikörper geschützt | soll immun sein, sonst ab 9.–21. Tag nach Exposition nach Hause, **sorgfältige Händehygiene** |
| Röteln | bei Erkrankung innerh. der letzten 2 Wochen vor Geburt besteht Kontagiosität → Isolierung bei Geburt, anschließend Einzelzimmer (mit Kind), **sorgfältige Händehygiene**, kein Kontakt mit Schwangeren ohne Immunität | bei Erkrankung der Mutter in den ersten 20 Wochen oder in den letzten 3 Wochen der Schwangerschaft potentiell kontagiös, kein Kontakt mit nicht immunen Personen (bei kongenitaler Infektion für 6 Monate), können gestillt werden | soll immun sein, sonst Impfung empfehlen, nicht immune Schwangere an anderen Arbeitsplatz, **sorgfältige Händehygiene** |
| Masern | 5–6 Tage nach Exposition, wenn nicht immun, bis 5 Tage nach Auftreten des Exanthems → Isolierung bei Geburt, anschließend Einzelzimmer (mit Kind), **sorgfältige Händehygiene**, Standard-IG[2] innerhalb 3 Tage nach Exposition, wenn nicht immun | Standard-IG bei Erkrankung der Mutter (nicht, wenn keine Symptome beim Kind vorhanden), können gestillt werden | soll immun sein, sonst Impfung empfehlen, bei fehlender oder unsicherer Immunität vom 6.–15. Tg nach Exposition nach Hause, **sorgfältige Händehygiene** |

Tabelle 27.2. (Fortsetzung)

| Infektion der Frau (mit) | Maßnahmen bei der Frau | Maßnahmen beim Neugeborenen | Maßnahmen beim Personal |
|---|---|---|---|
| Mumps | bei Erkrankung innerhalb 10 Tagen vor Geburt (auch bei Verdacht) oder Kontakt innerhalb der letzten 3 Wochen vor Geburt (bei fehlender bzw. unsicherer Immunität) → Isolierung bei Geburt, anschließend Einzelzimmer (mit Kind), **sorgfältige Händehygiene** | können gestillt werden, kein Kontakt mit anderen Neugeborenen (50% asymptomatisch infiziert, wenn Mutter manifest erkrankt) | soll immun sein, sonst ab 10.–21. Tg nach Exposition kein Kontakt mit nicht immunen Patienten (in der Regel Kinder), wenn nicht erkrankt, Impfung empfehlen, bei Erkrankung 10 Tage nach Beginn Arbeit wieder möglich, **sorgfältige Händehygiene** |
| Respiratorische Infektionen | Kontakt mit Schwangeren und anderen Neugeborenen vermeiden → Einzelzimmer (mit Kind), **sorgfältige Händehygiene**, bei Bronchitis nach Pertussisexposition fragen, bei bakterieller Pneumonie sofort Antibiotikatherapie einleiten | bei Schnupfen RSV[3]-Infektion abklären, kein Kontakt mit anderen Neugeborenen, können gestillt werden | **sorgfältige Händehygiene**, kein Kontakt mit Neugeborenen oder Schwangeren, wenn selbst erkrankt (oder Maske tragen) |
| Parvovirus B 19 (Ringelröteln) | bei gesicherter Infektion (oder Verdacht) → Isolierung bei Geburt, anschließend Einzelzimmer (mit Kind), **sorgfältige Händehygiene** | können gestillt werden, kein Kontakt mit anderen Neugeborenen | Schwangere zu anderen Patienten, **sorgfältige Händehygiene** |
| Enteroviren (ECHO, Coxsackie) | innerhalb 6 Wochen vor Geburt Fieber, Muskelschmerzen, Nackensteife, Kopfschmerzen, Hautausschlag etc. oder innerhalb 14 Tg vor Geburt Kontakt mit infizierter Person → Isolierung bei Geburt, anschließend Einzelzimmer (mit Kind), **sorgfältige Händehygiene** | können gestillt werden, sorgfältige Beobachtung (→aseptische Meningoenzephalitis) | **sorgfältige Händehygiene** |

Tabelle 27.2. (Fortsetzung)

| Infektion der Frau (mit) | Maßnahmen bei der Frau | Maßnahmen beim Neugeborenen | Maßnahmen beim Personal |
|---|---|---|---|
| Hepatitis B, C, D-Virus (HBV, HCV, HDV) oder HIV | keine speziellen Isolierungsmaßnahmen vor und während der Geburt anschließend Einzelzimmer (mit Kind), besonders wenn HBeAG-positiv | bei HBV-Infektion der Mutter aktive HB-Impfung sofort nach Geburt beginnen (2. Gabe nach 1 Monat, 3. Gabe nach 6 Monaten), gleichzeitig mit der 1. Impfung HBIG[4]-Gabe, können gestillt werden (bei HCV und HIV keine Muttermilch, da Infektionsrisiko unklar) | HB-Impfschutz wichtig, nach Nadelstich bei nicht immunen Personen aktiv-passive Simultanimpfung gegen Hepatitis B möglich (bei HCV und HIV, s. Kap. 18, S. 293) |
| Hepatitis A und E-Virus (HAV, HEV) | nach HAV-Kontakt Standard-IG, wenn nicht immun (bei HEV unklar), bei akuter Hepatitis → Isolierung bei Geburt, anschließend Einzelzimmer (mit Kind), **sorgfältige Händehygiene** | bei HAV-Kontakt der Mutter innerhalb der letzten 2 Wochen vor Geburt evtl. Standard-IG sofort nach Geburt, können gestillt werden | **sorgfältige Händehygiene,** bei V.a. Exposition Standard-IG |
| Herpes simplex-Virus (HSV) | bei primärem H. genitalis und bei sekundärem im Bläschenstadium → Sectio caesarea (s. Abschn. 27.1.2) bei primärem H. labialis → Mundschutz bei Versorgung des Kindes (Kind nicht küssen), Einzelzimmer (mit Kind), bis alle Läsionen verkrustet, **sorgfältige Händehygiene** | HSV-Diagnostik 24 bis 48 h nach der Geburt sowie am 5. und 12. Tag (Conjunctiva, Urin, Stuhl, Nasopharynx, Liquor), genau beobachten (Hauteffloreszenzen?), evtl. Acyclovir-Therapie beginnen (HSV-Infektion bis 6. Wochen nach Geburt möglich), können gestillt werden, kein Kontakt mit anderen Neugeborenen | **sorgfältige Händehygiene,** wenn selbst aktive Herpes-Infektion (Lippe, Haut) möglichst kein Neugeborenen-Kontakt, sonst Mundschutz und Händehygiene, nicht mit den Neugeborenen schmusen (bei aktivem H. genitalis nur Händehygiene erforderlich) |
| Cytomegalie-Virus (CMV) | CMV-Nachweis im Zervixsekret oder Urin → kein Risiko für das Kind, bei Ausscheidung → Isolierung bei Geburt, anschließend Einzelzimmer (mit Kind), **sorgfältige Händehygiene** | bei V.a. CMV-Infektion anti-CMV-IgM bestimmen und CMV-Nachweis im Urin versuchen, selten Symptome bei Geburt, CMV-Ausscheidung im Speichel und Urin für 1–2 Jahre möglich | Übertragung möglich, z. B. bei Kontakt mit Urin (→ Schwangere), **sorgfältige Händehygiene** |

[1] VZIG = Varizella-Zoster-Immunglobulin (Hyperimmunglobulin).
[2] Standard-IG = normales Immunglobulin.
[3] RSV = Respiratory Syncytial Virus.
[4] HBIG = Hepatitis B-Immunglobulin (Hyperimmunglobulin).

Tabelle 27.3. Infektionskontrollmaßnahmen bei perinatalen bakteriellen Infektionen. (Nach [420])

| Infektion der Frau (mit) | Maßnahmen bei der Frau | Maßnahmen beim Neugeborenen | Maßnahmen beim Personal |
|---|---|---|---|
| S. aureus | chirurgische und/oder antibiotische Therapie, evtl. Isolierung bei Geburt, anschließend Einzelzimmer (mit Kind), besonders bei Oxacillin-Resistenz, **sorgfältige Händehygiene** | bei Erkrankung Abstriche von Conjunctiva, Nase, Nabel, ggf. Hautläsionen sowie Blutkultur → Antibiotika, können gestillt werden (auch bei Mastitis), Nabelpflege mit Chlorhexidin in Alkohol, evtl. Waschen mit Chlorhexidinseife | **sorgfältige Händehygiene**, evtl. Suche nach Trägern bei gehäuften Infektionen, wenn selbst Hautinfektion, kein Patientenkontakt |
| A-Streptokokken | mikrobiologische Diagnostik bei Verdacht und ggf. Antibiotika → Isolierung bei Geburt, anschließend Einzelzimmer (mit Kind), **sorgfältige Händehygiene** | keine Antibiotikaprophylaxe, sorgfältige Beobachtung, Nabelabstrich → wenn positiv und Zeichen der Omphalitis → Antibiotikatherapie, wenn nur Kolonisierung → evtl. 5 Tage Penicillin | **sorgfältige Händehygiene**, evtl. Suche nach Trägern bei gehäuften Infektionen, auf gründliche Reinigungs- und Desinfektionsmaßnahmen bei gemeinsam genutzten sanitären Anlagen der Pat. achten |
| B-Streptokokken | Antibiotikaprophylaxe umstritten (s. Abschn. 27.1.2), Antibiotikatherapie bei Infektion der Mutter, dann Einzelzimmer (mit Kind) | bei V.a. Infektion (early-onset oder late-onset) Antibiotikatherapie | übliche Hygienemaßnahmen, d. h. v. a. **sorgfältige Händehygiene** |
| Darminfektionen (z. B. Enteritis-Salmonellose, Campylobacter, S. typhi, Shigellen, auch virale und parasitäre Infektionen) | bei akuter Infektion bzw. asymptomatischer Ausscheidung → Isolierung bei Geburt, anschließend Einzelzimmer (mit Kind), **sorgfältige Händehygiene** | Antibiotika, wenn Mutter Typhus, sonst nur bei symptomatischen Kindern; Stuhlkulturen, wenn positiv, evtl. Antibiotika, können gestillt werden | **sorgfältige Händehygiene**, kein Kontakt mit Neugeborenen, wenn, selbst Ausscheider |
| Listeriose | Ampicillin i.v. für 4 Wochen bei schwerer Symptomatik, sonst p.o. für 2–3 Wochen, evtl. Antibiotikaprophylaxe bei Listeriennachweis im Vaginalsekret (→Ampicillin p.o.), Isolierung bei Geburt (auch bei Kolonisierung), anschließend Einzelzimmer (mit Kind), **sorgfältige Händehygiene** | sorgfältige Beobachtung (early-onset, late-onset), bei Verdacht frühzeitig Antibiotika für 2–3 Wochen, zuvor Blut, Liquor, Urin, Stuhl, Nasopharyngealsekret mikrobiologisch untersuchen, können gestillt werden | **sorgfältige Händehygiene**, da Übertragung nach Kontakt mit Stuhl oder Vaginalsekret möglich |

**Tabelle 27.3.** (Fortsetzung)

| Infektion der Frau (mit) | Maßnahmen bei der Frau | Maßnahmen beim Neugeborenen | Maßnahmen beim Personal |
|---|---|---|---|
| Pertussis | 10 Tage Erythromycin, auch wenn Geburtstermin in ≥ 7 Wochen, wenn Geburt innerhalb 7 Wochen nach Beginn der klinischen Symptomatik, noch einmal Erythromycin bei Aufnahme, Isolierung bei Geburt, anschließend Einzelzimmer (mit Kind) | ≥ 5 Tg Erythromycin, können gestillt werden, vor Entlassung allen Personen im selben Haushalt mit V.a. Pertussis ≥ 5 Tg Erythromycin geben | Übertragung möglich, wenn nicht immun, aber Risiko minimal |
| Chlamydien | Screening in der Frühschwangerschaft und zu Beginn des 3. Trimenon, bei Nachweis Antibiotikatherapie, Sexualpartner auch untersuchen und ggf. therapieren, danach Kontrolle | Augenprophylaxe (s. Abschn. 27.1.2) oder tägliche Beobachtung, bei Konjunktivitis durch Chlamydien Therapie mit Makroliden für 14 Tage p.o., ebenso bei Pneumonieverdacht (bis zum 4. Lebensmonat möglich) | Standard-Hygienemaßnahmen |
| Borreliose | Penicillin oder Ampicillin für 14 Tage bei Erythema migrans oder Penicillin bzw. Cephalosporin i.v. für 14 Tage bei systemischer Infektion | können gestillt werden, bei V.a. Infektion (sehr unwahrscheinlich) sofort Antibiotikatherapie beginnen | kein Risiko, Standard-Hygienemaßnahmen |

ist dabei jeweils, welche Maßnahmen bei der (potentiell) infizierten Patientin, welche beim (möglicherweise infizierten oder kolonisierten) Neugeborenen und welche für das Personal im Umgang mit Mutter und Kind erforderlich sind [420].

## 27.2
## Hygienemaßnahmen in der Geburtshilfe

Für die Versorgung der Patientin und des Neugeborenen im Kreißsaal, auf der Wochenstation und im Neugeborenenzimmer werden im folgenden Maßnahmen empfohlen, die ein Infektionsrisiko so weit wie möglich ausschließen, aber auch die Schaffung einer angenehmen Atmosphäre für Mutter und Kind nicht behindern.

## 27.2.1
## Kreißsaal

**Patientin.** Vor der Geburt wird das äußere Genitale in einigen Kliniken nur gereinigt, in anderen aber auch desinfiziert, wozu man z. B. 0,2%ige PVP-Jodlösung verwenden kann. Ob jedoch eine Haut- oder Schleimhautdesinfektion überhaupt notwendig ist, ist unbekannt. Für vaginale Untersuchungen bei intakter Fruchtblase werden nach vorheriger Händedesinfektion Einmalhandschuhe angezogen, sobald die Fruchtblase geplatzt ist aber sterile Handschuhe verwendet (ebenso bei vaginaler Nachtastung oder manueller Plazentalösung). Bei invasiven Maßnahmen des pränatalen Monitoring (z. B. Kopfschwartenelektroden) muß unter aseptischen Kautelen gearbeitet werden.

**Anwesenheit des Vaters.** Mittlerweile ist es selbstverständlich, daß der Vater bei der Geburt seines Kindes dabei sein kann. Ein Infektionsrisiko ist dadurch nicht gegeben. Es gibt auch keinen hygienischen Grund dafür, daß der Vater einen Kittel oder sogar Mundschutz, Haube und Überschuhe anziehen muß. Allerdings soll sich auch der Vater gründlich die Hände waschen, eine Händedesinfektion ist jedoch nicht erforderlich.

**Ausstattung und Möblierung.** Die Einrichtung des Kreißsaales kann so gestaltet werden, daß eine behagliche Umgebung geschaffen, gleichzeitig aber die notwendigen Reinigungs- und Desinfektionsmaßnahmen nicht behindert werden. So können beispielsweise bequeme Sitzgelegenheiten, (mit üblichen Verfahren waschbare) Gardinen und Vorhänge sowie Topfpflanzen vorhanden sein, ohne daß damit ein hygienisches Risiko verbunden wäre.

## 27.2.2
## Wochenstation

Da es sich bei Wöchnerinnen in den meisten Fällen um gesunde Patientinnen handelt, ist ihre Versorgung auf der Station in der Regel unproblematisch. Besondere Maßnahmen sind nur bei Infektionen erforderlich (s. Abschn. 27.1.4), ansonsten sind die üblichen Hygienemaßnahmen ausreichend (s. Kap. 23, S. 391).

**Rooming-in.** Ebenso wie die Anwesenheit des Vaters im Kreißsaal während der Geburt, ist seit langem auch das sog. Rooming-in allgemein akzeptiert, sei es als Voll-Rooming-in, d. h. das Neugeborene ist Tag und Nacht bei seiner Mutter im Zimmer, oder als Teil-Rooming-in, d. h. das Neugeborene ist tagsüber bei der Mutter, nachts im Neugeborenenzimmer. Ein Infektionsrisiko besteht dadurch selbstverständlich weder für das Neugeborene noch für die Mutter. Im Gegenteil: Das infektiologische Risiko für das Neugeborene ist größer, wenn es mit anderen Neugeborenen zusammen in einem Zimmer von denselben Pflegepersonen versorgt wird. Deshalb ist aus hygienischer Sicht das Voll-Rooming-in immer vorzuziehen, wenn es der Allgemeinzustand der Mutter erlaubt. Insbesondere ist das Voll-Rooming-in auch bei perinatalen mütterlichen Infektionen (dann jedoch im Einzelzimmer) eine wichtige Hygienemaßnahme, um Übertragungen auf andere Neugeborene zu verhindern, weil das Kind durch die Mutter zumindest besiedelt worden sein kann und damit als potentielles Erregerreservoir angesehen werden muß.

Wochenfluß. Im Gegensatz zu einer weit verbreiteten Auffassung ist der Wochenfluß (wie im übrigen auch das Menstrualblut) keineswegs an sich „infektiös" oder „hochkontagiös". Das Sekret ist aber immer mikrobiell besiedelt (neben der typischen Vaginalflora potentiell pathogene Keime aus der Darmflora und/oder z. B. auch S. aureus bzw. A-Streptokokken), weshalb direkter oder indirekter Kontakt vermieden werden muß. Die Gesamtkeimzahl im Wochenfluß liegt wenige Tagen post partum bei bis zu $10^5$–$10^8$ KBE/ml. Der Wochenfluß ist aber erst dann als infektiöses Material zu betrachten, wenn er hohe Keimzahlen des Infektionserregers enthält (wie z. B. bei einer durch A-Streptokokken verursachten Endometritis). Immer wieder wird über gehäufte postpartale Infektionen auf Wochenstationen berichtet, die auf Kontaminationen der sanitären Anlagen, die für die Genitalhygiene verwendet werden (z. B. Wasserauslaß von Bidets) zurückgeführt wurden [178]. Deshalb muß bei der Benutzung von Bidets oder Duschen darauf geachtet (also den Patientinnen ausdrücklich erklärt) werden, einen direkten Körperkontakt in jedem Fall zu vermeiden. Darüber hinaus müssen infizierte Patientinnen, solange sie infektiös sind (bei A-Streptokokken-Infektionen z. B. bis 24 h nach Beginn einer effektiven Antibiotikatherapie), in einem Einzelzimmer mit eigenen sanitären Anlagen isoliert werden.

Auch auf Wochenstationen ist für das Personal und die Patienten die Händehygiene außerordentlich wichtig, um beispielsweise zu verhindern, daß die Brustwarzen kontaminiert werden oder das Neugeborene an infektionsgefährdeten Stellen, z. B. Nabelstumpf, besiedelt wird. Außerdem müssen Gegenstände, die mit dem Wochenfluß Kontakt hatten oder haben könnten, sorgfältig gereinigt und ggf. desinfiziert werden (s. Abschn. 27.4). Die Vorlagen zum Auffangen des Wochenflusses müssen ebensowenig wie Binden zum Auffangen des Menstrualbluts steril sein, aber für alle Wöchnerinnen leicht zugänglich so aufbewahrt werden, daß es nicht zu Kontaminationen kommen kann, z. B. in Einmalhandtuchspendern verschiedener Größen für kleine und große Vorlagen. Werden insbesondere bei Patientinnen mit einer Episiotomie aus pflegerischen Gründen Sitzbäder für sinnvoll gehalten, kann dem Wasser PVP-Jodlösung in einer Konzentration von 0,2% zugesetzt werden. Aber weder das Sitzbad noch der Zusatz von PVP-Jodlösung sind für die Prophylaxe von Infektionen notwendig. Auf Sitzbäder kann deshalb entweder ganz verzichtet werden oder sie können ohne jeden Zusatz oder z. B. mit Zusatz von Gerbstoffen durchgeführt werden.

Besucher. Da Mutter und Kind in der Regel gesund sind, gibt es für Besuche normalerweise keine Einschränkungen. Besucher, die Erkältungen haben, sollen aber den direkten Kontakt mit dem Kind vermeiden und einen gewissen Mindestabstand (ca. 2 m) halten, um den Kontakt des Neugeborenen mit respiratorischem Sekret zu verhindern, und sich nach Naseputzen die Hände gründlich waschen. Besucher mit einem floriden Herpes labialis dürfen mit dem Kind auf keinen Fall schmusen, sondern sollen entweder den direkten Kontakt ganz vermeiden oder, wenn der Vater betroffen ist, auf gründliches Händewaschen achten und eine Maske anlegen, wenn sie ihr Kind auf den Arm nehmen. Geschwister können ebenfalls zu Besuch kommen und müssen, wenn sie z. B. einen Schnupfen haben, in genügendem Abstand zum Neugeborenen bleiben.

## 27.2.3
## Neugeborenenzimmer

Auch ein gesundes reifes Neugeborenes ist physiologischerweise immunologisch noch unreif. Im Umgang mit Neugeborenen muß deshalb darauf geachtet werden, daß sie nicht mit potentiell pathogenen Erregern in Kontakt kommen, die über eine Besiedlung möglicherweise auch zu einer Infektion führen können. Deshalb ist für das Personal von entscheidender Bedeutung, auf sorgfältige Händehygiene zu achten. Dies ist um so wichtiger, wenn unter den Neugeborenen ein infiziertes Kind ist, z. B. Konjunktivitis oder Hautinfektion mit S. aureus.

Es muß dringend empfohlen werden, daß Personal mit eitrigen Infektionen an den Händen, mit Darminfektionen oder mit einem aktiven Herpes labialis für die Dauer der Erkrankung keinen Kontakt mit Neugeborenen hat, um eine Erregerübertragung zu verhindern. Das Gleiche gilt für Personal, das asymptomatisch darmpathogene Erreger ausscheidet. Bei respiratorischen Infekten soll das Personal bei direktem Kontakt mit den Neugeborenen Masken tragen (u. U. auch bei aktivem Herpes labialis, wenn auf das Personal nicht verzichtet werden kann) und nach jedem Kontakt mit respiratorischem Sekret die Hände waschen oder desinfizieren.

## 27.3
## Nosokomiale Infektionen in der Gynäkologie

Nosokomiale Infektionen gynäkologischer Patientinnen sind vergleichbar mit denen von Patienten anderer Fachgebiete. Eine wichtige Rolle spielen Harnwegsinfektionen und postoperative Infektionen im OP-Gebiet sowie Infektionen bei onkologischen Patientinnen (s. Kap. 4, S. 41).

## 27.3.1
## Postoperative Infektionen im OP-Gebiet

Da bei gynäkologischen Eingriffen meist in einem mit potentiell pathogenen Keimen besiedelten anatomischen Gebiet operiert werden muß, sind postoperative

Infektionen im OP-Gebiet häufiger als bei sog. aseptischen Eingriffen (das Infektionsrisiko durch die endogene Flora ist jedoch durch die perioperative Antibiotikaprophylaxe beeinflußbar, s. Kap. 7, S. 101). Außerdem ist bekannt, daß eine Vaginitis das Risiko einer postoperativen Infektionen nach z. B. Hysterektomie erhöht, weshalb vor elektiven Eingriffen eine entsprechende Diagnostik und ggf. auch Therapie durchgeführt werden soll [144, 313].

## 27.3.2
### Infektionen bei onkologischen Patientinnen

Bedingt durch die Grunderkrankungen, Chemo- und/oder Strahlentherapie sowie die oft erforderlichen ausgedehnten operativen Eingriffe ist das nosokomiale Infektionsrisiko bei onkologischen Patientinnen erhöht und damit vergleichbar mit onkologischen Patienten anderer Fachgebiete. Harnwegsinfektionen und postoperative Infektionen im OP-Gebiet sind am häufigsten, daneben spielen aber auch typische Infektionen bei abwehrgeschwächten Patienten, wie z. B. die Clostridium difficile-assoziierte Diarrhö oder Candidainfektionen, ein bedeutende Rolle [313, 438]. Neben den üblichen Hygienemaßnahmen müssen im Umgang mit onkologischen Patienten nicht selten auch zusätzliche Infektionskontrollmaßnahmen durchgeführt werden, wenn es sich um Patienten in einem stark abwehrgeschwächten Zustand handelt (s. Kap. 29, S. 519).

## 27.3.3
### Mastitis nonpuerperalis

Eine Mastitis außerhalb des Wochenbettes kann gelegentlich auch nosokomial erworben sein, wenn es z. B. im Rahmen einer Bakteriämie nach invasiven gynäkologischen Maßnahmen zu einer Absiedlung in der Brust gekommen ist. In jedem Fall einer Mastitis nonpuerperalis muß aber berücksichtigt werden, daß das Erregerspektrum häufig auch Anaerobier umfaßt, was für die Auswahl eines wirksamen Antibiotikums von großer Bedeutung ist [169].

## 27.3.4
### Infektionsrisiko für das Personal bei Lasertherapie

Bei der Lasertherapie genitaler Läsionen kommt es zu einer starken Entwicklung von Rauch. Da bei der Lasertherapie von Infektionen mit humanem Papillomavirus (HPV) im Rauch intakte Virus-DNA nachgewiesen werden konnte, stellt sich die Frage, ob dies für das Personal, das zumindest einen Teil des Rauches inhalieren muß, ein Infektionsrisiko (Entwicklung eines Kehlkopfpapilloms) darstellt [313]. Ähnliche Überlegungen betreffen die Lasertherapie bei Patienten mit einer systemischen Virusinfektion, wie z. B. mit Hepatitis B-Virus oder HIV, obwohl nicht bekannt ist, ob sich auch die Nukleinsäuren anderer Viren im Laserrauch befinden können. Inwieweit Masken, die Partikel bis zu 0,3 µm filtern können, für das am Eingriff beteiligte Personal notwendig sind, ist ungeklärt [313]. Um eine Kontamination des Personals mit potentiell infektiösem Virusmaterial (und die Belastung durch den übelriechenden Rauch) zu verhindern, muß eine gut funktionierende Absauganlage (am besten mit Abführung an die Außenluft) vorhanden sein und die Absaugung so nah wie möglich an der Stelle sein, an der die Rauchentwicklung stattfindet (schon bei einer Entfernung von 2 cm werden bis zu 50% des Rauches nicht mehr abgesaugt) [313].

## 27.4
## Reinigungs- und Desinfektionsmaßnahmen

Die Maßnahmen bei Reinigung und Desinfektion unterscheiden sich nicht von denen in anderen Abteilungen, die konservativ, operativ und endoskopisch arbeiten (s. Kap. 23, S. 391, Kap. 24, S. 429, Kap. 33, S. 553). Zusätzlich müssen folgende fachspezifischen Empfehlungen beachtet werden.

### 27.4.1
### Spekula

Die einfachste und sicherste Aufbereitungsmöglichkeit von Spekula ist die thermische Desinfektion in Reinigungs- und Desinfektionsautomaten. Stehen diese Maschinen nicht zur Verfügung, werden sie zunächst in einer Reinigungslösung manuell gereinigt, anschließend getrocknet, verpackt und autoklaviert.

### 27.4.2
### Kreißbett

Nach der Entbindung werden das Kreißbett, der Gebärstuhl oder andere Gegenstände, die bei der Geburt kontaminiert worden sind, wischdesinfiziert. Es ist aber nicht sinnvoll, die Flächendesinfektionsmaßnahmen auf den gesamten Kreißsaal auszudehnen (auch im Operationssaal wird nach jedem Eingriff nur um den OP-Tisch herum eine Wischdesinfektion durchgeführt).

### 27.4.3
### Badewannen etc. im Kreißsaal

Bei Benutzung von Warmwasserpools während der Eröffnungswehen müssen alle in Schwimmbädern üblichen Maßnahmen eingehalten werden (z. B. regelmäßige Reinigung, pH- und Chlorkonzentrationsmessung sowie Überprüfung der Filter) (s. Kap. 38, S. 603). Handelt es sich um Badewannen, ist in den meisten Fällen eine Reinigung ausreichend, nach Kontamination des Wassers mit Blut ist eine Desinfektion notwendig.

## 27.4.4
## Ultraschallsonden für die transvaginale Sonographie

Für die Ultraschalluntersuchung wird die Sonde mit einer Latexhülle (z. B. Kondom oder Einmalhandschuh) geschützt. Da aber die Sonden nicht selten trotz Schutzhülle (häufiger bei Benutzung von Kondomen) nach der Untersuchung mit Blut oder Vaginalsekret kontaminiert sind, müssen sie gründlich mit 70%igem Alkohol abgewischt werden [235].

## 27.4.5
## Sanitäre Anlagen auf Wochenstationen

Normalerweise müssen Badewannen, Duschen, Bidets und Toiletten nach Benutzung durch nichtinfizierte Patienten nicht desinfiziert, sondern nur gereinigt werden. Auch die Wöchnerin ist in den meisten Fällen nicht infiziert, aber der Wochenfluß enthält u. a. auch potentiell pathogene Keime (s. Abschn. 27.2.2), zu denen auch bei asymptomatischen Patientinnen S. aureus oder betahämolysierende Streptokokken gehören können. Deshalb sollen alle Gegenstände, die mit dem Wochenfluß oder der Genitalregion der Patientin Kontakt haben könnten (auch wenn sie bei korrekter Benutzung eigentlich keinen Kontakt haben sollten, wie z. B. Duschköpfe oder der Wasserauslaß am Bidet), nicht nur gereinigt, sondern auch wischdesinfiziert werden, um einen indirekten Kontakt mit potentiell pathogenen Keimen zu verhindern (s. Abschn. 27.2.2). Dies gilt auch für Sitzbadewannen, die mit (blutigem) Wochenfluß und u. U. auch mit dem Sekret der Episiotomiewunde kontaminiert werden, also mit potentiell infektiösem Patientenmaterial.

## 27.4.6
## Scheidendiaphragmaanpassungsringe

Die Ringe, die zum Anpassen eines Scheidendiaphragmas verwendet werden, werden nach Benutzung gründlich mit einem Instrumentenreinigungsmittel gereinigt, getrocknet und schließlich für 10 min in 70%igen Alkohol eingelegt [313].

# 28 Prävention von Infektionen in der Dialyse

M. Dettenkofer und F. Daschner

> **EINLEITUNG**
>
> Dialyseabteilungen sind sowohl für Patienten als auch für das Personal ein Bereich mit einem hohem Infektionsrisiko. Die Ursachen dafür sind vielfältig, stehen aber hauptsächlich in Zusammenhang mit den Grundkrankheiten und den daraus resultierenden therapeutischen Maßnahmen. Folgende Faktoren sind wichtig:
> - Die Niereninsuffizienz führt zu einer erheblichen Beeinträchtigung des Immunsystems.
> - Bei einem Großteil der Dialysepatienten finden sich zusätzlich komplizierende Faktoren, wie Diabetes mellitus, hohes Alter, Adipositas.
> - Auf engem Raum treffen Patienten in stetigem Wechsel und z. T. mit verschiedenen Infektionskrankheiten zusammen.
> - Die Zugangswege für die Dialyse (Shunt, ggf. zentralvenöser oder Peritonealkatheter) sind potentielle Eintrittspforten für Infektionserreger.
> - Die Dialysesysteme können primär kontaminiert sein oder sekundär kontaminiert werden.
> - Der intensive Umgang mit Blut und Dialysat beinhaltet für das Personal vielfältige Infektionsmöglichkeiten (besonders Hepatitisinfektionen).
>
> Zusätzlich zu den Standardhygienemaßnahmen (s. Kap. 15, S. 231, Kap. 23, S. 391) sind daher zusätzliche Infektionskontrollmaßnahmen notwendig.

## 28.1 Dialyseverfahren und Dialysegeräte

Neben der in Deutschland vorwiegend praktizierten Dialyse durch Hämofiltration hat in den letzten Jahren die Peritonealdialyse u. a. durch die Entwicklung neuer Techniken an Bedeutung gewonnen.

## 28.1.1
### Hämodialyse

Das zentrale Element eines Dialysegerätes ist der Dialysator. In dessen Röhrensystem begegnen sich, lediglich getrennt durch eine sehr dünne, flüssigkeitsdurchlässige Membran, das Blut des Patienten und das Dialysat. Blutzellen, Eiweißkörper, Bakterien, Viren und Pyrogene können die Membran im Normalfall nicht passieren. Da aber minimale Membranläsionen möglich sind, ist nicht auszuschließen, daß es zur Passage von Mikroorganismen und Toxinen in beide Richtungen kommt. Ein „gesunder" Patient kann demnach durch einen kontaminierten Dialysatkreislauf infiziert werden, aber ein infizierter Patient kann auch umgekehrt ein „sauberes" Dialysegerät kontaminieren. Um Herkunft und mögliche Wege von Mikroorganismen zu demonstrieren, ist in Abb. 28.1 der schematische Aufbau einer Hämodialyseanlage dargestellt.

**Wasseraufbereitung.** Trinkwasser aus der öffentlichen Wasserversorgung enthält auch im Falle einer Chlorierung und anderer antimikrobieller Maßnahmen noch sog. Wasserkeime (gramnegative Bakterien, vorwiegend Pseudomonas spp., Acinetobacter spp., Flavobakterien, Enterobacter spp. und atypische Mykobakterien) [301]. Nach Rekontamination können auch in destilliertem Wasser Keimzahlen bis $10^5$ KBE/ml erreicht werden. Gleiches gilt für demineralisiertes Wasser, das allerdings meist nicht rekontaminiert, sondern schon bei der Herstellung kontaminiert wird.

Ohne Aufbereitung ist Trinkwasser nicht für die Dialyse geeignet. Es muß zuvor von Fremdstoffen gereinigt werden, insbesondere von Chlor, organischen Beimengungen, gelösten Salzen und Metallionen. Hierfür stehen als Verfahren Ionentauschung (Wasserenthärtung), Aktivkohlefilterung, Destillation und Umkehrosmose (z. T. auch in Kombination) zur Verfügung. Besonders die erstgenannten Verfahren bieten Wasserkeimen gute Wachstums- und Vermehrungsbedingungen, so daß eine anschließende Ultrafiltration zur Entfernung von Bakterien und Bakterientoxinen unbedingt erforderlich ist. Eine UV-Desinfektion ist in diesem Fall wenig zuverlässig [145]. Die Destillation ist aus Kosten- und

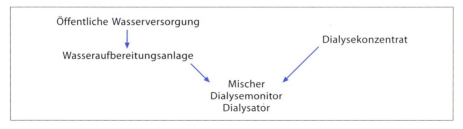

**Abb. 28.1.** Schematische Darstellung einer Hämodialyseanlage

Umweltschutzgründen (Energieverbrauch) nicht geeignet, Wasser für die Hämodialyse in ausreichender Menge bereitzustellen. Derzeit gilt die Umkehrosmose als optimales Aufbereitungsverfahren. Dabei wird durch eine nur für Wassermoleküle passierbare Membran bakteriologisch und chemisch weitgehend reines Wasser gewonnen. Auch durch diese Membran können jedoch durch Mikroläsionen Keime in geringer Zahl passieren.

> **!** Keimzahlen bis 200 KBE/ml im aufbereiteten Wasser können in der Praxis noch toleriert werden, auch wenn weniger als 100 KBE/ml anzustreben sind [145, 301].

Dialysat. Das zur Herstellung des Dialysats erforderliche (Bikarbonat-)Konzentrat bietet durch seinen hohen Salz- und ggf. auch Glukosegehalt Mikroorganismen schlechte Überlebensbedingungen. Allerdings ist in alkalischem Bikarbonat aus zentralen Tankanlagen, das über ein Leitungssystem zu den Dialysegeräten geführt wird, nicht selten eine Kontamination mit gramnegativen Wasserkeimen nachweisbar. Durch die Mischung des Bikarbonatkonzentrates mit dem aufbereiteten Wasser (1 : 34) entsteht das fertige Dialysat, das dann jedoch aufgrund seiner Zusammensetzung für Wasserkeime eine gute „Nährlösung" darstellt (bei Trübung mögliche Keimzahlen bis $10^9$ KBE/ml).

> **!** Als Richtwert sollen im Dialysat am Ende der Dialyse 2 000 KBE/ml unterschritten werden [145].

Eine Toleranzgrenze für die Belastung des Dialysewassers und des Dialysats mit Endotoxinen wurde in den USA bislang nicht festgelegt [145]. In Schweden gilt ein Richtwert von 25 ng/l, der allerdings bei einer Untersuchung in 39 Dialyseeinheiten in 18% der Fälle deutlich überschritten wurde (>100 ng/l) [262]. Eine Wasserbelastung mit Chemikalien, wie z. B. Chlor (Desinfektion), kann bei der Exposition gegenüber den ca. 150 l Wasser pro Behandlung toxikologisch auch schon bei geringen Konzentrationen relevant werden. Insbesondere bei der heute vermehrt duchgeführten „high-flux"-Dialyse, bei der eine hochpermeable Membran mit vergrößerter Oberfläche zum Einsatz kommt und bei der die Dialysedauer auf 2–3 h reduziert werden kann (ca. 30% der Patienten in den USA), ist die genaue Einhaltung der o. g. Richtwerte erforderlich.

Um eine Kontamination der Hämodialysegeräte und Versorgungseinrichtungen zu verhindern, sind folgende Maßnahmen notwendig:
- keine offenen Systeme oder Rezirkulationssysteme,
- keine Tanks im Dialysatbereich, auch im Bereich der Wasseraufbereitung möglichst keine Tankanlagen,

- keine Toträume oder Flüssigkeitsspiegel im Leitungssystem, auf kleine Leitungsquerschnitte achten (hohe Strömungsgeschwindigkeit),
- möglichst kleine Wasser- und Dialysatvolumina in den Dialysemonitoren (unter 1,5 l Gesamtvolumen),
- vollständige Desinfizierbarkeit des Leitungssystems.

Dialysegeräte mit Rezirkulationssystem mischen neu hinzukommendes Dialysat mit dem bereits benutzten Dialysat, wodurch wegen der besseren Wachstumsbedingungen für Wasserkeime die Kontaminationsgefahr erhöht ist. Tankanlagen geben durch Stagnation der Flüssigkeit in den Leitungen Mikroorganismen Zeit, sich zu vermehren und sich an die Oberfläche der Leitungen unter Bildung eines kaum zu entfernenden Biofilms anzulagern [350]. Gleiches gilt für Toträume. Flüssigkeitsspiegel verhindern eine wirksame Desinfektion, da Desinfektionsmittel den Raum über dem Spiegel nicht erreichen können. Eine „Desinfektion" der alkalischen Bikarbonatleitungen durch Auffüllen mit saurem Bikarbonat bei einer Einwirkungszeit von z. B. 12 h kann die Keimzahl deutlich reduzieren. Erfahrungsgemäß aber findet sich 4–5 Wochen später wieder die gleiche Kontamination der Leitungen wie vor der desinfizierenden Maßnahme. Aus diesem Grund sollte alkalisches Bikarbonat besser nicht aus großen Tanks eingesetzt werden, sondern aus Kanistern oder als Trockensubstanz. Je kurzfristiger vor dem Gebrauch die Aufheizung des Dialysates auf Körpertemperatur erfolgt, desto geringer ist das Keimwachstum.

### Aufbereitung von Dialysegeräten

 Hämodialysegeräte müssen nach jedem Patienten chemothermisch oder vorzugsweise thermisch desinfiziert werden.

Seit einigen Jahren gibt es auch autoklavierbare Geräte. Eine Kontamination im Inneren von Dialysegeräten kann durch Wasserkeime im Dialysat entstehen, ist aber auch durch virale Erreger aus dem Patientenblut denkbar. Dialysatorenmembranen können Mikroläsionen aufweisen, durch die theoretisch Mikroorganismen auf die Dialysatseite und somit in das Innere des Dialysegerätes gelangen können. Deshalb müssen alle Teile, die mit dem gebrauchten Dialysat in Berührung kommen, als potentiell kontaminiert angesehen werden, und somit muß die Desinfektion des Dialysegerätes nach jeder Dialyse erfolgen. Außerdem sollte auch nach längeren Standzeiten (z. B. über das Wochenende) eine Desinfektion des Gerätes vorgenommen werden, weil sich in dem Restwasser, das in einigen Maschinen zurückbleibt, Wasserkeime vermehren können und so bereits zu Beginn der Dialyse erhöhte Keimzahlen gefunden werden können. Die Aufbereitung der Geräte kann folgendermaßen erfolgen:

- Sterilisation mit Dampf von 121°C, soweit materialtechnisch möglich (Geräte mit Edelstahlwannen),
- Desinfektion mit Heißwasser (90–95°C über 20 min); dabei wird automatisch Zitronensäure zugegeben, um Ablagerungen im Gerät zu verhindern,

- chemothermische Desinfektion (aus ökologischen Gründen vorzugsweise mit Peressigsäure, möglich auch mit Formaldehyd bzw. Glutaraldehyd oder Natriumhypochlorit).

**Wiederaufbereitung von Dialysatoren.** Eine Wiederaufbereitung von Dialysatoren, die von der Industrie nur zur einmaligen Verwendung angeboten werden, ist möglich, soll aber aus Sicherheitsgründen nur für den Einsatz am gleichen Patienten erfolgen. Sie unterliegt allen organisatorischen und technischen Vorbedingungen und Vorsichtsmaßnahmen, die bei der Wiederaufbereitung von Medizinprodukten zur Einmalverwendung zu berücksichtigen sind (s. Kap. 14, S. 223). In den USA wurden 1991 – nicht zuletzt aus Kostengründen – bei ca. 77% aller Hämodialysepatienten Dialysatoren im Durchschnitt 14mal wiederaufbereitet [145].

Einer wirksamen chemothermischen Desinfektion (vorzugsweise mit Peressigsäure) muß eine ausreichend lange Spülphase mit Wasser folgen, das weniger als 200 KBE/ml Keime und weniger als 1 ng/ml Endotoxine enthält [145]. Um infektiologische und toxikologische Risiken für die Patienten weitgehend auszuschließen, ist eine maschinelle Wiederaufbereitung nach einem validierten Verfahren mit Dichtigkeitsprüfung (Druck) einer manuellen Wiederaufbereitung vorzuziehen. In den USA sind eine Reihe von Infektionsfällen durch fehlerhaft wiederaufbereitete Dialysatoren publiziert worden (Zusammenfassung in [145]). Die Wiederaufbereitung kann allerdings neben den ökologischen Vorteilen auch zu einer Verbesserung der Produkteigenschaften beitragen, v.a. indem produktionsbedingte Rückstände auf der Membran abgespült und damit toxisch bedingte Nebenwirkungen vermindert werden [301]. Die Erfahrungen mit „high-flux"-Dialysatoren sind allerdings noch begrenzt.

**Mikrobiologische Untersuchungen.** In Anhang A (S. 518) sind die Häufigkeit mikrobiologischer Untersuchungen in der Dialyse und die Richtwerte aufgeführt. Dabei ist zu berücksichtigen, daß die angegebenen Werte nur als grober Anhalt angesehen werden können, nicht aber als Absolutwerte, die unter keinen Umständen überschritten werden dürfen [145]. Pyrogene Reaktionen oder sogar Bakteriämien beim Patienten sind bei Einhaltung dieser Richtwerte aufgrund von mikrobiologischen Ergebnissen aus epidemiologischen Untersuchungen unwahrscheinlich.

## 28.1.2
## Peritonealdialyse

Diese Dialysemethode nutzt die Membranfunktion des Peritoneums, um die Stoffwechselprodukte aus dem Blutkreislauf zu entfernen. Neben dem begrenzten Einsatz bei akutem Nierenversagen in der Klinik nutzt eine wachsende Zahl von ambulanten Dialysepatienten (ca. 12% in Deutschland und 20% in den USA) die Vorteile einer hohen Selbstständigkeit und Flexibilität bei kontinuierlicher oder intermittierender chronischer Peritonealdialyse. Die sterile Dialyseflüssigkeit muß über einen Katheter in die Bauchhöhle eingebracht und wieder entfernt werden. Das wesentliche Risiko ist dabei die Entwicklung einer Peritonitis (s. Abschn. 28.2.5).

## 28.2
## Häufige Infektionen und Infektionsprophylaxe bei Dialysepatienten

Die häufigsten Infektionen bei Dialysepatienten sind in Tabelle 28.1 zusammengefaßt. Etwa 15–20% aller Dialysepatienten versterben an den Folgen einer Infektion.

Tabelle 28.1. Häufigste Infektionen bei Dialysepatienten

| Infektionen | Häufigste Erreger | Erregerreservoir |
|---|---|---|
| Bakterielle Allgemeininfektionen | Vorwiegend Wasserkeime, Pseudomonaden, Flavobakterien Acinetobacter, atypische Mykobakterien | Wasseraufbereitungsanlagen, Dialysesysteme |
| Shuntinfektionen | S. aureus, S. epidermidis | Hände des Personals, Haut des Patienten |
| Peritonitis | S. epidermidis S. aureus andere grampositive Keime gramnegative Keime, z. B. typische Wasserkeime wie Pseudomonas aeruginosa, Acinetobacter etc. Pilze und atypische Mykobakterien, Corynebakterien, Kingella | Haut und Hände des Patienten, z. T. sekundär aus dem Badewasser |
| Hepatitis | Hepatitis B Hepatitic C Hepatitis D | Blut und Blutprodukte, Umgebungskontamination, kontaminierte Dialysegeräte |
| Tuberkulose | Mycobacterium tuberculosis, atypische Mykobakterien | Bei Hämodialysepatienten etwa 10mal häufiger als bei der Normbalbevölkerung, davon ca. 50% extrapulmonale Manifestation |

## 28.2.1
## Shuntinfektionen

Infektionen des für die Dialyse notwendigen Zugangs zum Gefäßsystem (am häufigsten mit S. aureus) können zu Sepsis, septisch bedingter Lungenembolie, Endokarditis und Meningitis führen. Die (temporäre) Anlage eines externen arteriovenösen Shunts ist mit der Situation bei zentralvenösen Kathetern vergleichbar (s. Kap. 8, S. 121, Kap. 25, S. 447). Von besonderer Bedeutung ist der interne Shunt bei chronisch hämodialysierten Patienten. Er ist zwar durch die natürliche Barriere der Haut geschützt, so daß bei reizlosen Verhältnissen z. B. ohne Bedenken geschwommen werden kann. Da der für die Patienten lebenswichtige Shunt aber bei jeder Dialyse punktiert wird und dadurch infektionsgefährdet ist, ist ein hygienisch einwandfreies Vorgehen unbedingt erforderlich. Zur Infektionsprophylaxe bei Shuntpunktionen müssen deshalb die folgenden Maßnahmen eingehalten werden:
- Kontrolle des Shunts,
- gründliches Waschen der betroffenen Extremität mit Flüssigseife, mit Einmalhandtuch abtrocknen,
- großflächige Desinfektion der Punktionsstelle mit einem geeigneten Hautdesinfektionsmittel (z. B. alkoholisches Präparat), zwischendurch mit Tupfer abwischen, Einwirkzeit beachten (mindestens 1 min),
- Punktion mit frischen Einmalhandschuhen,
- sichere Fixation und sterile Abdeckung der Punktionsstelle, z. B. mit sterilem Pflaster.

Das Tragen von Maske und Haarschutz, wie in der „Richtlinie" des Robert Koch-Institutes (RKI) gefordert [378], ist zum Schutz des Patienten vor einer Shuntinfektion nicht von Bedeutung und wird auch in den meisten Dialyseabteilungen nicht praktiziert. Beim Entfernen der Kanülen müssen die Punktionsstellen mit einem Tupfer ganz leicht und ausreichend lange komprimiert werden, da Blut im Stichkanal und Hämatome eine leichte Eintrittspforte und einen guten Nährboden für Infektionserreger darstellen. Ein zu starker Druck kann zur Blutstase und Thrombenbildung im Shuntbereich mit entsprechenden Komplikationen führen.

Die Frage, ob zwischen den einzelnen Dialysen die Punktionsstelle offen gelassen oder verbunden werden muß, ist bislang nicht eindeutig geklärt. In jedem Fall ist aber eine Verschmutzung zu vermeiden und bei den geringsten Infektionszeichen (Rötung, Schwellung, Schmerz) eine umgehende Behandlung einzuleiten. Bei Sekretion aus der Punktionsstelle soll ein Hautabstrich durchgeführt und das Sekret mikrobiologisch untersucht werden. Bei jedem unklaren Fieber muß auch an eine Shuntinfektion gedacht werden, wobei die Entnahme von Blutkulturen unbedingt erforderlich ist.

## 28.2.2
### Andere bakterielle Infektionen

Vor allem durch inkorrekt installierte und betriebene Wasseraufbereitungssysteme können (neben toxikologischen Risiken) Wasserkeime im Dialysat in so hoher Zahl vorliegen, daß es bei Mikroläsionen zu pyrogenen Reaktionen oder zu Bakteriämien kommt [145], weshalb die Richtwerte für die Wasser- und Dialysatbelastung mit Bakterien und Endotoxinen eingehalten werden sollen (s. Abschn. 28.1.1).

## 28.2.3
### Hepatitis/AIDS

Zur Zeit werden die fäkal-oral übertragenen Hepatitisformen A und E, die wenig zur Chronifizierung neigen, und die im wesentlichen parenteral übertragenen Hepatitiden B, C, D, F und G unterschieden. Die Hepatitis B führt in ca. 5%, die Hepatitis C sogar in 33–67% zu einer Chronifizierung [293]. Die Hepatitis D ist mit einer Hepatitis B-Virusinfektion mit meist rasch progredientem, chronisch aktiven Krankheitsverlauf assoziiert. Spezifische Therapiemöglichkeiten bei Hepatitis bestehen nicht (Impfungen s. Abschn. 28.2.4). Entscheidend ist die konsequente Verhinderung einer Erregerübertragung, was in gleicher Weise auch für die Infektion mit HIV gilt. Die konsequente Beachtung der am Beispiel von Hepatitis B-Virus (HBV) entwickelten Vorsichtsmaßnahmen schützt auch wirksam vor dem Risiko einer Infektion mit anderen Hepatitis-Viren und mit HIV [145, 293].

Das Übertragungsrisiko für Hepatitis B und C sowie für HIV durch Blut und Sekrete ist abhängig von der Viruskonzentration bei der Inokulation u. U. hoch und betrifft sowohl Personal als auch Patienten (s. Kap. 3, S. 19). Da aber bei Hepatitis B, insbesondere bei HBeAg-positiven Patienten, die Viruskonzentration im Blut der Patienten sehr hoch ist, ist das HBV-Infektionsrisiko im Vergleich zu HCV oder HIV besonders hoch. In der „Richtlinie" wird die Forderung nach einer strikten räumlichen, apparativen und – falls möglich – personellen Trennung von z. B. HBV-, HCV- und HIV-infizierten einerseits und nichtinfizierten Hämodialysepatienten andererseits erhoben (frühere sog. „gelbe" und „weiße" Dialyse) [377, 378]. Wissenschaftliche Belege für diese weitgehende Forderung gibt es allerdings nicht und, da eine „diagnostische Lücke" zwischen Virusträgerschaft und Nachweismöglichkeit besteht, sind auch Patienten der „weißen" Dialyse als potentiell infektiös einzustufen. Auch unter weitgehend optimalen räumlichen und apparativen Bedingungen sind im übrigen Ausbrüche von HBV-Infektionen als wahrscheinliche Folge einer Kreuzkontamination durch das Personal beschrieben worden [380].

Außerdem muß berücksichtigt werden, daß ein Patient mit einer Hepatitis B beispielsweise zusätzlich mit HCV oder HIV infiziert werden kann. Wenn man das Prinzip der Trennung infizierter und nicht infizierter Patienten tatsächlich konsequent verfolgen wollte, müßten für jede Form der Virusinfektion gesonderte Dialysegeräte, Räume und Personal bereitgehalten werden, was nicht realisierbar ist und auch nach heutigem Kenntnisstand evtl. nicht mehr ausreichend wäre, da man inzwischen mit molekularbiologischen Methoden auch verschiedene Subtypen der einzelnen viralen Erreger unterscheiden kann [293]. Schließlich würde dieses Sicherheitssystem auch dann nicht mehr greifen, wenn man einen Patienten dialysieren muß, der z. B. mit HBV und HIV infiziert ist. Aus diesem Grunde muß auf sorgfältige Händehygiene, inkl. häufigen Handschuhwechsel, sowie auf die Desinfektion potentiell kontaminierter Oberflächen, insbesondere der Oberfläche des Dialysegerätes, geachtet werden. Außerdem muß auf jeden Fall eine effektive Desinfektion der Dialysegeräte nach jeder Dialyse erreicht werden.

In den USA wird eine getrennte Versorgung nur für Patienten mit HBV-Infektion empfohlen, weil bei diesen Patienten aufgrund der hohen Virustiter im Blut das Risiko der Umgebungskontamination durch die Hände des Personals wesentlich höher einzuschätzen ist als bei HCV oder HIV (zusätzlich aber sollen Patienten mit einer HDV-Infektion auch von HBV-infizierten Patienten vollständig isoliert werden) [145].

In den letzten Jahren hat die HCV-Infektion bei Dialysepatienten die Infektion mit HBV an Bedeutung abgelöst. Daher ist eine rechtzeitige Erkennung von HCV-infizierten Patienten (HCV-RNA-Bestimmung mit PCR, Transaminasen wegen Immunsuppression nur in ca. 15% der Fälle erhöht) ganz besonders wichtig [293]. Die z. T. hohe Zahl von 27% HCV-infizierten Hämodialysepatienten bei Zentrumsdialyse (10% bei Heim-, 5% bei Peritonealdialysepatienten) ist v. a. Folge von Bluttransfusionen [293]. Die wichtigsten Übertragungswege viraler Infektionen in der Dialyse sind:
- Transfusion von Blut und Blutprodukten
  - HBV und HCV sowie HIV (heute durch Screening weitgehend ausgeschlossen),
- vom Patienten indirekt auf weitere Patienten oder auf Personal
  - kontaminierte Hände des Personals und kontaminierte Oberflächen,
  - kontaminierte Dialysegeräte, Zubehör oder sonstige Geräte und Instrumente,
- vom Patienten auf Personal
  - Kontakt von kontaminiertem Material mit Haut- oder Schleimhautläsionen, Nadelstichverletzungen, Verletzung an scharfen oder spitzen Instrumenten,
- vom Personal auf den Patienten
  - bislang nicht berichtet.

**Prophylaxe.** Hepatitis B-Viren können abhängig von der Konzentration z. B. in Blutresten auf Oberflächen (z. B. Arbeitsflächen, Bedienungsknöpfen, Filzschreibern) mehrere Tage infektiös bleiben. Bei HCV und HIV sind die Überlebenszeiten kürzer. Um eine Übertragung zu verhindern, ist die konsequente Einhaltung der Standardhygienemaßnahmen unerläßlich (s. Kap. 15, S. 231, Kap. 23, S. 391). Eine Gefahr stellen v. a. die Hände (auch die Handschuhe) des Personals dar, wenn durch Unachtsamkeit (keine Händedesinfektion nach Patientenkontakt und nach Ablegen der Einmalhandschuhe, Berührung von Monitortasten etc. mit kontaminierten Handschuhen) Flächen und Gegenstände kontaminiert werden. Die folgende Übersicht zeigt die wichtigsten Hygienemaßnahmen in der Dialyse, und in Form einer Tabelle ist der Reinigungs-und Desinfektionsplan 28.1 für Dialyseabteilungen zusammengestellt.

**Reinigungs- und Desinfektionsplan 28.1.** Dialyse

| Was | Wann | Womit | Wie |
|---|---|---|---|
| Händereinigung | bei Betreten bzw. Verlassen des Arbeitsbereiches, vor und nach Patientenkontakt | Flüssigseife aus Spender | Hände waschen, mit Einmalhandtuch abtrocknen |
| Hygienische Händedesinfektion | z.B. *vor* jeder Shuntpunktion, Blutabnahme, Injektionen, Anlage von Blasen- und Venenkathetern, *nach* Kontamination[1] (bei grober Verschmutzung vorher Hände waschen), nach Ausziehen der Handschuhe | (alkoholisches) Händedesinfektionsmittel | ausreichende Menge entnehmen, damit die Hände vollständig benetzt sind, verreiben bis Hände trocken sind **kein Wasser zugeben** |
| Chirurgische Händedesinfektion | vor operativen Eingriffen, z.B. vor Shuntanlage, vor Anlage eines Peritonealkatheters | | 1. (alkoholisches) Händedesinfektionsmittel: Hände und Unterarme 1 min waschen und dabei Nägel und Nagelfalze bürsten, anschl. Händedesinfektionsmittel während 3 min portionsweise auf Händen und Unterarmen verreiben<br>2. PVP-Jodseife: Hände und Unterarme 1 min waschen und dabei Nägel und Nagelfalze bürsten, anschl. 4 min waschen, unter fließendem Wasser abspülen, mit **sterilem** Handtuch abtrocknen |
| Hautdesinfektion | vor Punktionen, bei Verbandswechsel usw. | z.B. (alkoholisches) Hautdesinfektionsmittelmittel | sprühen – wischen – sprühen – wischen *Dauer:* 30 sec |
| | vor Shuntpunktion vor Anlage von intravasalen Kathetern | **oder** PVP-Jod-Alkohol-Lösung | mit sterilen Tupfern mehrmals auftragen und verreiben *Dauer:* 1 min |
| | vor invasiven Eingriffen mit besonderer Infektionsgefährdung (z.B. Gelenkpunktionen), vor operativen Eingriffen (z.B. Shuntanlage) | | mit sterilen Tupfern mehrmals auftragen und verreiben *Dauer:* 3 min |

**Reinigungs- und Desinfektionsplan 28.1.** (Fortsetzung)

| Was | Wann | Womit | Wie |
|---|---|---|---|
| Schleimhautdesinfektion | z. B. vor Anlage von Blasenkathetern | PVP-Jodlösung **ohne** Alkohol | unverdünnt auftragen *Dauer:* 30 sec |
| Instrumente | nach Gebrauch | Reinigungs- und Desinfektionsautomat, verpacken, autoklavieren **oder** in Instrumentenreiniger einlegen, reinigen, abspülen, trocknen, verpacken, autoklavieren *bei Verletzungsgefahr:* Zusatz von (aldehydischem) Instrumentendesinfektionsmittel | |
| Standgefäß mit Kornzange | 1mal täglich | reinigen, verpacken, autoklavieren (bei Verwendung **kein** Desinfektionsmittel in das Gefäß geben) | |
| Trommeln | 1mal täglich nach Öffnen (Filter regelmäßig wechseln) | reinigen, autoklavieren | |
| Thermometer | nach Gebrauch | Alkohol 60-70% | abwischen |
| Blutdruckmanschette Kunststoff Stoff | nach Kontamination[1] | mit (aldehydischem) Flächendesinfektionsmittel, bzw. Alkohol 60-70% abwischen, trocknen **oder** Reinigungs- und Desinfektionsautomat in Instrumentenreiniger einlegen, abspülen, trocknen, autoklavieren **oder** Reinigungs- und Desinfektionsautomat | |
| Stethoskop | bei Bedarf und nach Kontamination[1] | Alkohol 60-70% | abwischen |
| Sauerstoffanfeuchter Gasverteiler, Wasserbehälter | alle 48 h bzw. ohne Aqua destillata alle 7 Tage | Reinigungs- und Desinfektionsautomat **oder** reinigen, trocknen, autoklavieren (Flowmeter mit Alkohol 60-70% abwischen) | |
| Verbindungsschlauch, Maske | bei Patientenwechsel **oder** alle 48 h | Reinigungs- und Desinfektionsautomat | |
| Absauggefäße inkl. Verschlußdeckel und Verbindungsschläuche | 1mal täglich **oder** bei Patientenwechsel | Reinigungs- und Desinfektionsautomat **oder** in (aldehydisches) Flächendesinfektionsmittel einlegen, abspülen, trocknen | |
| Verbandswagen Patientenbeistelltisch | nach Gebrauch nach Kontamination[1] | umweltfreundlicher Reiniger (aldehydisches) Flächendesinfektionsmittel | abwischen |

**Reinigungs- und Desinfektionsplan 28.1.** (Fortsetzung)

| Was | Wann | Womit | Wie |
|---|---|---|---|
| Dialysegeräte Gehäuse | nach jeder Dialyse und nach Kontamination[1] | (aldehydisches) Flächendesinfektionsmittel | abwischen |
| Wasser- und Dialysatführende Teile | nach jeder Dialyse | Heißwasser 85–95°C, ca. 20 min *und* Zitronensäure zur Beseitigung von Ablagerungen *oder* Natriumhypochlorit *und* Zitronensäure *oder* Peressigsäure | nach Vorschrift des Geräteherstellers |
| Geräte, Mobiliar | 1mal täglich | umweltfreundlicher Reiniger | abwischen |
| | nach Kontamination[1] | (aldehydisches) Flächendesinfektionsmittel | |
| Steckbecken, Urinflaschen | nach Gebrauch | Steckbeckenspülautomat | |
| Bettenreinigung | nach Belegung | umweltfreundlicher Reiniger | Matratzenschonbezug und Bettgestell abwischen |
| Bettendesinfektion | nach Kontamination[1] nach Belegung durch Patienten mit meldepflichtigen Erkrankungen | (aldehydisches) Flächendesinfektionsmittel | |
| Waschbecken | 1mal täglich | mit umweltfreundlichem Reiniger reinigen | |
| Strahlregler | 1mal pro Monat | unter fließendem Wasser reinigen | |
| Badewannen, Duschen, Waschschüsseln | nach Benutzung | mit umweltfreundlichem Reiniger | abwischen, trocknen |
| | nach Kontamination[1] | (aldehydisches) Flächendesinfektionsmittel | nach der Einwirkzeit mit Wasser nachspülen, trocknen |
| Fußboden | 1mal täglich | umweltfreundlicher Reiniger | hausübliches Reinigungssystem |
| | nach Kontamination[1] | (aldehydisches) Flächendesinfektionsmittel | wischen |
| Geschirr, Besteck | nach Gebrauch | in der Geschirrspülmaschine thermisch desinfizieren | |
| Wäsche | nach Benutzung | normales Waschverfahren 60–70°C | |
| | kontaminiert mit Erregern meldepflichtiger Erkrankungen | Entsorgung in farblich gekennzeichnetem Wäschesack spezielles Waschverfahren (BGA, UVV), 60–70°C | |

Reinigungs- und Desinfektionsplan 28.1. (Fortsetzung)

| Was | Wann | Womit | Wie |
|---|---|---|---|
| **Spielzeug** | nach Kontamination | Reinigungs- und Desinfektionsautomat **oder** Geschirrspülmaschine **oder** Alkohol 60–70% | |
| **Abfall,** bei dem Verletzungsgefahr besteht z.B. Kanülen, Skalpelle | direkt nach Gebrauch (bei Kanülen **kein Recapping**) | Entsorgung in leergewordene, durchstichsichere und festverschließbare Kunststoffbehälter | |

[1] Kontamination: Kontakt mit (potentiell) infektiösem Material.

*Anmerkungen:*
- Nach Kontamination mit potentiell infektiösem Material (z.B. Sekreten oder Exkreten) immer sofort gezielte Desinfektion der Fläche,
- Beim Umgang mit Desinfektionsmitteln immer mit Haushaltshandschuhen arbeiten (Allergisierungspotential),
- Ansetzen der Desinfektionsmittellösung nur in kaltem Wasser (Vermeidung schleimhautreizender Dämpfe),
- Anwendungskonzentrationen beachten,
- Einwirkzeiten von Instrumentendesinfektionsmitteln einhalten,
- Standzeiten von Instrumentendesinfektionsmitteln nach Herstellerangaben (wenn Desinfektionsmittel mit Reiniger angesetzt wird, täglich wechseln),
- Zur Flächendesinfektion nicht sprühen, sondern wischen,
- Nach Wischdesinfektion Benutzung der Flächen, sobald wieder trocken,
- Benutzte, d.h. mit Blut etc. belastete Flächendesinfektionsmittellösung mindestens täglich wechseln,
- Haltbarkeit einer unbenutzten dosierten Flächendesinfektionsmittellösung (z.B. 0,5%ig) in einem verschlossenenen (Vorrats-)Behälter (z.B. Spritzflasche) nach Herstellerangaben (meist 14–28 Tage),
- In das Durchspülwasser der Absauggefäße PVP-Jodlösung (1:100) zugeben,
- Reinigungs- und Desinfektionsautomat: 75°C, 10 min (ohne Desinfektionsmittelzusatz).

---

**Wichtigste Hygienemaßnahmen in der Dialyse**
- Händedesinfektion,
- Verwendung von Einmalhandschuhen immer, wenn Kontakt mit Blut, Sekreten oder kontaminierten Gegenständen wahrscheinlich ist (Händedesinfektion nach Ausziehen der Handschuhe),
- vor Shuntpunktion nach dem Anziehen der Handschuhe jede Berührung von Flächen vermeiden (HBV-Kontamination auch über optisch saubere Flächen möglich),
- Schutzkittel, wenn mit Verspritzen von Blut/Sekret gerechnet wird (bei Kontamination wechseln), ggf. auch Mundschutz und Schutzbrille,
- gebrauchte Kanülen sofort in durchstichsichere Abwurfbehälter, kein Recapping,

- kontaminierte Gegenstände und Flächen sofort desinfizieren, nach Abschluß der Dialyse die patientennahen Flächen einschließlich Monitor wischdesinfizieren,
- Blutdruckmanschetten, Stethoskope und Fieberthermometer nur patientenbezogen verwenden, nach Behandlung desinfizieren,
- Kinderspielzeug thermisch desinfizieren (z. B. Geschirrspülmaschine) oder, wenn wie bei Holzspielzeug nicht möglich, mit 70%igem Alkohol abwischen,
- Abfälle als Hausmüll entsorgen (s. Kap. 22, S. 375),
- mit Blut kontaminierte Wäsche von Hepatitispatienten muß als infektiöse Wäsche entsorgt werden (Forderung der UVV „Wäscherei") (s. Kap. 40, S. 625),
- Geschirr etc. auch von Hepatitispatienten wie üblich behandeln (getrennter Transport in die Küche oder Verwendung von Einweggeschirr nicht gerechtfertigt).

### 28.2.4
### Immunisierung und Personalschutz

Eine aktive Schutzimpfung ist bislang nur gegen Hepatitis B (bei Dialysepatienten rechtzeitige Durchführung und ausreichende Dosierung: 3–4 × 40 µg) und Hepatitis A möglich. Zwar hat die Hepatitis B dadurch erheblich von ihrem Gefährdungspotential eingebüßt, es sind aber immer noch Dialysepatienten und in nicht wenigen Fällen auch im Gesundheitsdienst Tätige nicht geimpft, bzw. sie sprechen nicht ausreichend auf die Impfung an („non-responder", ca. 5% der Normalbevölkerung, aber altersabhängig 14–68% der chronischen Dialysepatienten) [293]. Auf jeden Fall aber muß ein möglichst durchgängiger Impfschutz sowohl für das Personal als auch für Dialysepatienten angestrebt werden [380]. Die Maßnahmen zum Schutz des Personals, die in besonderem Maß auch für die Arbeit in Dialyseeinheiten gelten, sind ausführlich in Kap. 18, S. 293 aufgeführt.

### 28.2.5
### Infektionen bei Peritonealdialyse

Das Risiko der Entwicklung einer Peritonitis (v. a. mit koagulasenegativen Staphylokokken, S. aureus, Streptokokken, E. coli und Enterokokken) bei der häufig durchgeführten kontinuierlichen ambulanten Peritonealdialyse (CAPD) beträgt 0,8–1,4 Episoden pro Patient und Jahr [22]. Bauchschmerzen und eine Trübung des ablaufenden Dialysates (mehr als 100 Neutrophile/ml in der Peritonealflüssigkeit) sind immer Hinweise auf eine beginnende Peritonitis und erfordern eine sofortige Abklärung. Bei rezidivierenden S. aureus-Infektionen an der Kathetereintrittsstelle kann eine Dekontamination des Nasen-Rachen-Raumes mit Mupirocinsalbe indiziert sein [22]. Neben der Peritonitis spielen auch periluminale Infektionen der Katheteraustrittsstelle und Tunnelinfektionen eine Rolle. Träger von S. aureus in der Nasenhöhle sind dabei vermehrt gefährdet.

**Prophylaxe.** Bei der Anlage eines Peritonealkatheters kann man wie beim Legen eines zentralen Venenkatheters vorgehen, d. h.
- Händedesinfektion,
- steriler Kittel,
- sterile Handschuhe,
- großes steriles Abdecktuch und
- mindestens 1 min Hautdesinfektion.

Meist erfolgt die Anlage eines Peritonealkatheters aber im OP unter den dort üblichen Bedingungen. Katheter mit einem Doppel-Cuff sind vorzuziehen, und wichtig ist in jedem Fall eine sichere Fixation. Zur Infektionsprophylaxe beim Wechsel des Anschlußsystems sind folgende Maßnahmen zu beachten:
- Hände- und Hautdesinfektion (mindestens 30 sec),
- Einmal-Handschuhe,
- Desinfektion des Anschlußstückes,
- Einpacken des Peritonealkatheters und des unteren Anschlußschlauches in sterile Einmalkompressen, Fixierung mit Pflaster und Notieren des Datums.

Die Hauptgefahr ist die Inokulation von Erregern in die Bauchhöhle. Die steril verbundene Kathetereintrittsstelle muß deshalb sorgfältig überwacht werden. Ein Verbandswechsel mit Desinfektion des sog. Exit point wird in der Regel alle zwei Tage vorgenommen. Tägliche Verbandswechsel sind dagegen nur bei Exit point-Infektionen zur engmaschigen Beobachtung des Verlaufs notwendig. Zu häufige Verbandswechsel, d. h. routinemäßige tägliche Wechsel, erhöhen durch die vermehrten Kontaminationsmöglichkeiten bei den Manipulationen lediglich das Infektionsrisiko. Beim Duschen ist eine wasserdichte Folie notwendig. Wenn die Patienten bei der CAPD den Beutel selbst wechseln, muß größter Wert auf ein sorgfältiges Training gelegt werden:
- Desinfektion der Arbeitsfläche mit 70%igem Alkohol,
- gründliche Händedesinfektion (keine Ringe oder Armbänder, kein Nagellack),
- Einmal-Handschuhe,
- sorgfältige Desinfektion des Anschlußstückes.

Das Tragen von Maske und Kopfschutz ist nicht erforderlich. Speziell für CAPD-Patienten wurden Geräte entwickelt, mit denen beim Beutelwechsel eine UV-Desinfektion des Anschlußstückes vorgenommen wird. Die desinfizierende Wirkung dieser Geräte kann zu Recht in Zweifel gezogen werden (s. Kap. 13, S. 201). Aber dadurch, daß Diskonnektion des alten und Rekonnektion des neuen Anschlusses in der geschlossenen Kammer erfolgen, entfällt die Kontaminationsmöglichkeit durch die Hände des Patienten, und darin ist höchstwahrscheinlich der infektionsprophylaktische Nutzen dieser Geräte zu sehen.

## Anhang A: Mikrobiologische Untersuchungen in der Dialyse

- vor jeder Abnahme Händedesinfektion,
- sterile Gefäße zum Auffangen verwenden,
- jeweils ca. 100 ml abnehmen.

- *Entmineralisiertes Wasser*
    - aus der Ringleitung am Bettplatz,
    - Abnahme mit desinfiziertem Adapter (Dampfdesinfektion bei 75°C),
    - alle 6 Monate.

- *Basisches Bikarbonat*
    - nur aus Ringleitungen (nicht aus Kanistern oder Kartuschen) am Bettplatz,
    - Abnahme mit desinfiziertem Adapter (70%iger Alkohol),
    - 1mal pro Monat.

- *Dialysierflüssigkeit*
    - Abnahme aus dem Dialysator,
    - vor Beginn oder am Ende der Dialyse,
    - alle 6 Monate.

- *Richtwerte*
    - im aufbereiteten Wasser und in der Dialysierflüssigkeit vor Beginn der Dialyse: 200 KBE/ml,
    - im Dialysat am Ende der Dialyse: 2000 KBE/ml.

# 29 Prävention von Infektionen bei immunsupprimierten Patienten

H. Wolf

EINLEITUNG

Neben malignen Erkrankungen sind vermehrt therapeutisch und medikamentös erworbene schwere und schwerste Immunsuppressionen die Ursache für eine erhöhte Infektanfälligkeit [203, 226, 302, 460]. Dies betrifft überwiegend Patienten mit
- hochdosierter Zytosstatikatherapie,
- Bestrahlungstherapie,
- hämatologisch onkologischen Erkrankungen,
- Knochenmarktransplantationen,
- Stammzelltransplantationen und
- Transplantationen von soliden Organen, wie Niere, Leber und Herz.

Um das Infektionsrisiko für diese Patienten zu minimieren, ist eine konsequente Einhaltung der Hygieneregeln unerläßlich. Über das Ausmaß spezieller organisatorischer und die Durchführung gezielter hygienischer Maßnahmen zum Schutz vor exogenen und endogenen Infektionen können aus krankenhaushygienischer Sicht oft keine konkreten wissenschaftlich belegten Aussagen getroffen werden. Die Entscheidung zur Durchführung einzelner Maßnahmen muß der Arzt unter Einbeziehung der Empfehlungen der Krankenhaushygiene, der Gegebenheiten des jeweiligen Krankenhauses und der individuellen Bedürfnissen der Patienten treffen.

## 29.1 Allgemeine Hygienemaßnahmen

### 29.1.1 Unterbringung der Patienten

Voraussetzungen auf der Station. Stationen, auf denen abwehrgeschwächte Patienten versorgt werden, sollen vorzugsweise in einem Trakt ohne Passantenverkehr eingerichtet werden. Die baulichen Vorraussetzungen für eine effektive Umkehrisolierung sollen gegeben sein. Der Grad der protektiven Isolierung wird bestimmt durch den Immunstatus und der daraus resultierenden Infektgefährdung.

**Zimmer mit RLT-Anlage.** Nosokomial erworbene Pneumonien, hervorgerufen durch fakultativ-pathogene Schimmelpilze (meist Aspergillus fumigatus) gewinnen durch den vermehrten Einsatz von Immunsuppresiva und Antibiotika an Bedeutung (s. Kap. 10, S. 155). Vor allem bei Patienten nach Knochenmark- und Stammzelltransplantationen kommt es zu tödlich verlaufenden Infektionen. Durch RLT-Anlagen mit dreistufiger Filterung kann dieses Risiko herabgesetzt werden, so daß für Patienten mit einer schwersten langandauernden Immunsuppression (z.B. nach Knochenmarktransplantationen) die Unterbringung in klimatisierten Einzelzimmern empfohlen wird. Die RLT-Anlage muß regelmäßig überwacht (z.B. Differenzdruckmessung) und gewartet werden (s. Kap. 19, S. 329). Während eines Aufenthalts außerhalb des Zimmers sollen extrem abwehrgeschwächte Patienten eine sog. Feinstaubmaske anlegen und Gemeinschaftseinrichtungen bzw. Menschenansammlungen meiden. Klimatisierte Zimmer sollen grundsätzlich nicht gelüftet werden.

**Einzelzimmer – Mehrbettzimmer.** Patienten, die weniger abwehrgeschwächt sind, können in einem normalen Einzelzimmer bzw. auch in einem Mehrbettzimmer liegen. Infizierte Patienten werden in einem Einzelzimmer isoliert, wobei die Pflege auf wenige Personen beschränkt sein soll. Nicht jedes Zimmer muß über eine integrierte Umkleideschleuse für Personal und Besucher verfügen, jedoch ist darauf zu achten, daß die Zimmertüren nicht unnötig lange offenstehen. Isolierte Patienten sollen das Zimmer nicht oder nur für kurze Zeit verlassen. Nichtklimatisierte Einzel-und Mehrbettzimmer sollen nach Möglichkeit nur bei Abwesenheit des Patienten stoßweise gelüftet werden. Die Zimmertür bleibt dabei geschlossen, um einen Luftdurchzug zum Flur hin zu vermeiden. Auch die Flurfenster sollen überwiegend geschlossen gehalten werden.

**Ausstattung der Zimmer.** Das Patientenzimmer soll mit eigenem Badezimmer und Toilette ausgestattet und die Einrichtung auf das Nötigste begrenzt sein. Einschränkungen für die Mitnahme persönlicher Gegenstände sollen mit dem Patienten besprochen und individuell auf ihn abgestimmt werden. Nach Möglichkeit sollen alle Gegenstände leicht zu reinigen und ggf. zu desinfizieren sein. Grundsätzlich sollen keine Topfpflanzen, Schnittblumen oder Trockensträuße in den Patientenzimmern, aber auch nicht in den Funktionsräumen oder auf dem Flur der Station stehen.

**Bauarbeiten.** Besondere Vorsicht ist angebracht, wenn in der Nähe der Station Bautätigkeiten mit Anfall von Bauschutt und Erdbewegungen stattfinden. Selbst bei sorgfältiger Abschottung der Baustelle ist ein Umzug der Patienten in einen anderen Trakt zu bevorzugen. Auf jeden Fall müssen bei Außenarbeiten die Fenster fugendicht verschlosssen werden.

## 29.1.2
## Körperpflege

Sofern sich die Patienten selbst versorgen können, müssen sie über den Sinn einzelner Hygienemaßnahmen aufgeklärt und über deren Durchführung genauestens instruiert werden.

Händehygiene. Nach Kontamination mit potentiell infektiösem Material oder kontaminierten Gegenständen, nach dem Toilettengang und bei Betreten des Zimmers nach einem Aufenthalt außerhalb, z. B. wenn der Patient von einer Untersuchung zurückkommt, sollen die Hände gewaschen bzw. eine Händedesinfektion durchgeführt werden.

Leitungswasser. Um die Kontamination des Leitungswassers mit Wasserkeimen zu reduzieren, wird das in den Wasserleitungen stehende Wasser durch einen kurzen Wasservorlauf (ca. 1 min) entfernt. Die Strahlregler sollen regelmäßig einmal pro Woche gereinigt werden (z. B. unter fließendem Wasser ausspülen). Mobile Patienten sollen einmal pro Tag mit PVP-Jodseife duschen, dem Waschwasser bettlägriger Patienten wird PVP-Jodlösung (1:100 verdünnt) zugesetzt. Die Verwendung einer desinfizierenden Seife oder Lösung dient weniger der Reduktion der körpereigenen Hautflora als vielmehr einer Reduktion von Wasserkeimen. Es ist jedoch fraglich, ob diese Maßnahme bei Patienten mit intakter Haut einen signifikanten Einfluß auf die Infektionsrate hat.

Mundpflege. Mit besonderer Sorgfalt muß eine gründliche und regelmäßige Mundhygiene durchgeführt werden. Entscheidend für die Reduzierung der patienteneigenen Mundflora sind dabei weniger die verwendeten Mundantiseptika, als vielmehr die häufige Durchführung der Mundpflege und die Intensität der mechanischen Reinigung. Die zur Mundhygiene eingesetzten antimikrobiell oder antimykotisch wirkenden und pflegenden Substanzen sollen in Absprache mit dem Patienten unter Berücksichtigung seiner Vorlieben und der Verträglichkeit eingesetzt werden. Die Zähne werden vorsichtig mit einer neuen, weichen Zahnbürste geputzt, wobei Verletzungen der Schleimhaut zu vermeiden sind. Zum Spülen soll kein Leitungswasser, sondern nur steriles Aqua dest. verwendet und im Zimmer vorrätiges Aqua dest. soll nach 24 h erneuert werden. Aufgebrühte Tees werden mindestens dreimal täglich frisch zubereitet. Die Mundpflege muß so durchgeführt werden, daß eine Kontamination der Mundspüllösungen vermieden wird. Verwendete Klemmen, Gläser und Becher werden nach jeder Benutzung mit 70 %igem Alkohol ausgerieben. Das Mundpflegeset soll täglich mindestens einmal im Reinigungs- und Desinfektionsautomaten aufbereitet werden.

Wäsche. Nach dem täglichen Duschen bzw. Waschen und bei Bedarf sollen das Nachthemd, die Handtücher und die Waschlappen ausgewechselt werden. Es genügt, die persönliche Wäsche des Patienten bei 60° C mit einem handelsüblichen Waschpulver zu waschen. Ein routinemäßiger Wechsel der Bettwäsche alle 2–3 Tage und bei Verschmutzung ist ausreichend.

Hautpflege. Um Haut- und Schleimhautdefekte als potentielle Eintrittspforte für Infektionserreger zu vermeiden, ist eine sorgfältige Hautpflege notwendig. Nach Möglichkeit sollen Finger- und Fußnägel vor oder erst wieder nach Phasen stärkster Immunsuppression (z. B. nach Konditionierung bei Knochenmarktransplantation) geschnitten werden. Zur Rasur soll kein Naßrasierer, sondern ein elektrischer Rasierapparat benutzt werden.

## 29.1.3
## Ernährung

Die Ernährung muß im einzelnen mit Ernährungsberatern abgesprochen werden. Grundsätzlich sollen die Patienten nur in der Klinik zubereitete, gekochte Nahrung erhalten. Wegen der hohen natürlichen mikrobiellen Kontamination sind z. B. frische Salate, Speisen mit rohen oder nicht durchgegarten Eiern, nicht schälbares Obst, Rohmilch- oder Schimmelkäse nicht zum Verzehr geeignet. Abgepackte oder abgefüllte Lebensmittel sollen nur in kleinen Mengen geliefert und direkt nach dem Öffnen verzehrt werden. Die Patienten dürfen keine Lebensmittelreste aufbewahren und diese später essen. Geschirr und Besteck werden in üblicher Weise in der Krankenhausspülküche gereinigt. Spezielle Desinfektionsmaßnahmen sind nicht erforderlich.

Auch die Getränke müssen keimarm sein. Für das Aufbrühen von Tees soll das Wasser für mindestens 3 min abgekocht werden. Mineralwasser ist häufig mit gramnegativen Keimen verunreinigt, insbesondere kohlensäurearme Wässer und Heilwässer. Vor allem aus Softdrinks sind immer wieder Sproßpilze isoliert worden, die im sauren pH gut überleben können. Beim Einkauf von Mineralwasser müssen folgende Forderungen an den Hersteller gestellt werden: Mineralwasser darf erst in die Klinik geliefert werden, wenn durch bakteriologische Untersuchungen der entsprechenden Charge bestätigt wurde, daß die Gesamtkeimzahl den Grenzwert der Mineral- und Tafelwasserverordnung nicht überschreitet. Üblicherweise wird Mineralwasser innerhalb von 12 h nach Abfüllung mikrobiologisch untersucht, beim späteren Transport und der Lagerung aber können sich auch primär sehr geringe Keimzahlen v. a. gramnegativer Bakterien stark vermehren. Außerdem dürfen im Mineralwasser weder P. aeruginosa noch Schimmelpilze oder Legionellen enthalten sein. Die Getränke sind in kleinen Abfüllmengen anzubieten und sollen nach dem Öffnen nicht längere Zeit bei Zimmertemperatur stehen.

## 29.1.4
## Personal

Personen mit Erkrankungen der Atemwege, Durchfallerkrankungen und infektiösen Hautkrankheiten dürfen keinen Kontakt mit abwehrgeschwächten Patienten haben. Die wichtigste Maßnahme zur Vermeidung nosokomialer Infektionen ist auch bei der Versorgung immunsupprimierter Patienten die gründliche Händehygiene. Vor und nach jedem Patientenkontakt, vor infektionsgefährdenden Tätigkeiten und zwischen verschiedenen Tätigkeiten am selben Patienten muß eine Händedesinfektion durchgeführt werden. Das Tragen von Handschuhen erfolgt nach den allgemein gültigen Regeln. Schutzkittel oder Schürze sollen bei engem Patientenkontakt und bei Kontaminationsgefahr mit potentiell infektiösem Material getragen werden. Die Schutzkleidung bleibt im Zimmer und wird nach jeder Schicht sowie bei Verschmutzung gewechselt. Das ständige Tragen von Masken bei Patientenkontakt ist nicht erforderlich. Ist jedoch aus Personalmangel der Einsatz von erkältetem Personal nicht zu umgehen oder besteht die Gefahr einer Kontamination durch Verspritzen von potentiell infektiösem Material, soll eine Maske getragen werden. Das Tragen von speziellen Bereichs- oder Überschuhen und einer Haube ist nicht erforderlich. Die Bereichskleidung soll mindestens täglich gewechselt werden. In der folgenden Übersicht sind die wichtigsten Maßnahmen zusammengefaßt (s. Kap. 23, S. 391 für eine ausführlichere Darstellung der einzelnen Maßnahmen).

> **Hygienemaßnahmen für das Personal**
> 
> *Händedesinfektion*
> - vor und nach jedem Patientenkontakt,
> - vor und nach infektionsgefährdenden Tätigkeiten (z. B. Verbandswechsel, Injektionen),
> - nach Kontamination mit potentiell infektiösem Material,
> - zwischen verschiedenen Tätigkeiten am selben Patienten;
> 
> *Schutzkittel*
> - nur bei engem Patientenkontakt (z. B. Körperwäsche);
> 
> *Schürze*
> - bei Kontaminationsgefahr mit potentiell infektiösem Material,
> - Wechsel routinemäßig 3mal täglich oder bei Verschmutzung;
> 
> *Mundschutz*
> - bei Gefahr von Verspritzen von potentiell infektiösem Material,
> - bei Atemwegserkrankung des Personals,
> - Wechsel bei Verschmutzung und bei Durchfeuchtung;
> 
> *Haube*
> - nicht erforderlich;
> 
> *Bereichsschuhe/Überschuhe*
> - nicht erforderlich.

## 29.1.5
## Besucher

In Zeiten der stärksten Immunsuppression soll die Zahl der Besucher auf die nächsten Angehörigen und wichtigsten Bezugspersonen beschränkt bleiben. Jeder Besucher muß über die einzelnen Isolierungsmaßnahmen informiert und in ihrer Durchführung angeleitet werden. Die wichtigste Maßnahme ist auch hier die gründliche Händehygiene. Vor Betreten des Zimmers und nach jedem Niesen, Husten, Schneuzen und Kontakt mit potentiell infektiösem Material sollen die Hände gewaschen oder desinfiziert werden. Besucher mit infektiösen Darmerkrankungen, Hautausschlägen und Infektionen der Atemwege dürfen keinen Kontakt mit den Patienten haben. Erwachsene mit leichten Erkältungen dürfen den Patienten besuchen, sofern sie sich diszipliniert verhalten, eine Maske anlegen, auf eine gründliche Händehygiene achten und engen Körperkontakt meiden. Der Besuch von Kindern ist grundsätzlich möglich, sofern nicht der Verdacht auf infektiöse Kinderkrankheiten bei dem Kind selbst oder in seinem Umfeld besteht. Auch Kinder mit leichten Erkältungskrankheiten sollen dem Patienten fernbleiben, da von Kindern die Einhaltung der Hygienemaßnahmen nicht erwartet werden kann. Schutzkittel, Überschuhe und Masken sind beim Betreten des Zimmers nicht erforderlich. Die Besucher müssen dahingehend informiert werden, keine Lebensmittel, Blumen und Pflanzen mitzubringen. In folgender Übersicht sind die wichtigsten Maßnahmen zusammengefaßt.

> **Hygienemaßnahmen für die Besucher**
>
> *Händedesinfektion*
> - vor jedem Patientenkontakt,
> - nach jedem Husten, Niesen, Schneuzen und Kontakt mit potentiell infektiösem Material;
>
> *Schutzkittel*
> - nicht erforderlich;
>
> *Mundschutz*
> - nur erforderlich bei Atemwegserkrankungen des Besuchers;
>
> *Überschuhe*
> - nicht erforderlich.

## 29.2
## Spezielle Hygienemaßnahmen

### 9.2.1
### Katheter und Drainagen

Das Legen und die Pflege von Kathetern und Drainagen erfolgt nach den üblichen Hygieneregeln (s. Kap. 5–8, S. 67 f., Kap. 24, S. 429, Kap. 25, S. 447). Grundsätzlich sollen alle Zugänge nur so lange liegen, wie sie benötigt werden. Eine routinemäßige tägliche Kontrolle durch Begutachtung und Palpation ist wichtig, um Infektionszeichen frühzeitig zu erkennen. Ein routinemäßiger Wechsel von Kathetern, Drainagen und auch von intravasalen peripheren Kanülen ist nicht erforderlich. Infusionssysteme sollen nach drei Tagen ausgetauscht werden. Das Legen von zentralvenösen Zugängen geschieht mit sterilen Handschuhen, Kitteln, Instrumenten und einem ausreichend großen Abdecktuch.

### 29.2.2
### Implantierte Katheter

Da sich die therapeutischen Maßnahmen bei onkologischen Patienten oft über einen längeren Zeitraum erstrecken und mit häufigen Punktionen verbunden sind, gibt es heute eine Vielzahl von implantierbaren Kathetersystemen zur intravenösen, intraarteriellen, intraperitonealen oder epiduralen Applikation. Über venöse Systeme können Blutentnahmen erfolgen und Medikamente, Blutprodukte, physiologische Flüssigkeiten und Ernährungslösungen verabreicht werden, ohne daß der Patient durch zahlreiche Venenpunktionen belastet wird. Bei sorgfältiger Pflege und Handhabung können solche Zugänge die Versorgung des Patienten oft über Jahre gewährleisten. Die Implantation der verschiedenen Kathetersysteme erfordert einen operativen Eingriff, wobei die Katheter subkutan zur Injektionsstelle geführt werden. Diese kann extrakorporal liegen, ist aber meist direkt unter der Haut implantiert und besteht aus einer durch eine Membran verschlossenen Punktionskammer (Port).

Nach Anlage des Katheters im Operationssaal wird die Wunde und ggf. die Katheteraustrittsstelle steril verbunden und regelmäßig auf Entzündungszeichen und Schmerzen kontrolliert. Verläuft die Wundheilung komplikationslos, erfolgt der Verbandswechsel bis zur vollständigen Abheilung alle drei Tage und bei Bedarf unter aseptischen Bedingungen.

**Punktion der Injektionsstelle.** Um die Funktionstüchtigkeit der Membran von vollimplantierten Kathetersystemen zu erhalten, müssen die Punktionen mit speziellen Nadeln durchgeführt werden. Zur Vermeidung von Infektionen ist eine regelmäßige Inspektion und Palpation der Einstichstelle notwendig. Die Punktionen müssen unter aseptischen Bedingungen vorgenommen werden. Über das Ausmaß der Hygienemaßnahmen, z. B. Dauer der Hautdesinfektion, und die Verwendung steriler Materialien gibt es keine klaren Aussagen. Die am Universitätsklinikum Freiburg übliche Vorgehensweise ist in der folgenden Übersicht zusammengefaßt.

> **Punktion von vollimplantierten Kathetersystemen**
> - Händedesinfektion,
> - mit steriler Pinzette oder Klemme und mit Hautdesinfektionsmittel getränkten sterilen Tupfern die Punktionsstelle 1 min lang großflächig desinfizieren. Tupfer mehrmals wechseln,
> - steriles Punktionsset öffnen,
> - sterile Handschuhe vorbereiten,
> - erneute Händedesinfektion,
> - sterile Handschuhe anziehen,
> - Punktionssystem vorbereiten,
> - Lokalisieren von Port und Membran durch Palpation,
> - zur Punktion den Port zwischen Daumen und Zeigefinger fixieren,
> - bei kontinuierlichen Infusionen wird die Injektionsstelle mit einem sterilen Verband abgedeckt (Verbandswechsel alle 72 h und bei Bedarf),
> - nach dem Entfernen der Nadel ggf. steriler Pflasterverband.

Bei der Pflege von Kathetersystemen mit extrakorporaler Injektionsstelle muß die Katheteraustrittsstelle regelmäßig auf Infektionszeichen kontrolliert werden. Die Diskonnektion des Kathetersystems soll so selten wie möglich und immer unter aseptischen Bedingungen vorgenommen werden. Dabei wird unter die Diskonnektionsstelle eine sterile Kompresse gelegt. Die Desinfektion der Katheteröffnung nach Diskonnektion erfolgt mit Hautdesinfektionsmittel (Einwirkungszeit mindestens 1 min) und sterilen Tupfern.

## 29.2.3
### Spezielle Hygienemaßnahmen bei Organtransplantationen

Zur präoperativen Vorbereitung soll der Patient mit den üblichen Pflegepräparaten duschen und die Haare waschen. Eine eventuelle Haarentfernung soll auf keinen Fall mit einem konventionellen Rasiermesser vorgenommen werden, um auch kleinste Hautverletzungen auszuschließen (s. Kap. 24, S. 429). Die Narkoseeinleitung erfolgt in der gewohnten Weise, spezielle Maßnahmen wie „steriles Intubieren", d.h. sterile Handschuhe, Laryngoskopspatel und Beatmungsschläuche oder die Desinfektion von Blutdruckmanschette oder Elektroden sind nicht erforderlich. Postoperativ sind auf der Intensiv- und später auf der Allgemeinstation die oben aufgeführten Hygienemaßnahmen einzuhalten. Die Pflege von Kathetern und Drainagen und der Wechsel von Wundverbänden wird in der üblichen Weise vorgenommen. Patienten nach Nierentransplantationen können wegen der insgesamt geringeren Infektionsgefährdung auch bereits in den ersten postoperativen Tagen in einem Mehrbettzimmer untergebracht werden. Patienten nach Transplantation anderer Organe (z. B. Herz, Leber, Lunge) sollen wegen der höheren Infektionsgefährdung in einem Einzelzimmer evtl. mit RLT-Anlage untergebracht werden (s. Kap. 10, S. 155). Die Betreuung dieser Patienten soll auf wenige Personen beschränkt werden.

Anhang A (S. 531) faßt die wichtigsten Maßnahmen bei der Versorgung immunsupprimierter Patienten noch einmal zusammen.

## 29.2.4
## Reinigung und Desinfektion

Auch wenn sich die Empfehlungen hinsichtlich der Reinigungs- und Desinfektionsmaßnahmen nicht wesentlich von denen für Allgemeinstationen unterscheiden, sollten eigens für Abteilungen mit immunsupprimierten Patienten detaillierte Reinigungs- und Desinfektionspläne erarbeitet und für alle sichtbar ausgehängt werden (Reinigungs- und Desinfektionsplan 29.1). Für Patienten auf Intensivstationen gelten die dort üblichen Anweisungen.

Eine Reinigung findet routinemäßg zweimal täglich und bei Bedarf statt. Fußboden und alle Flächen (Nachttisch, Bettgestell, Infusionsständer, Bedienungsoberflächen von medizintechnischen Geräten) in den Patientenzimmern werden mit einem umweltfreundlichen Reiniger und dem hausüblichen Reinigungssystem geputzt. Eine routinemäßige Fußboden- und Flächendesinfektion ist nicht notwendig. Für jedes Zimmer sind frische Wischtücher und Reinigungslösung zu verwenden. Duschwannen werden nach jedem Patienten mit Scheuermilch gereinigt. Im Sanitärbereich ist darauf zu achten, daß die Flächen nachgetrocknet werden. Nach der Entlassung eines Patienten bzw. vor einer Neubelegung sind der Fußboden, die patientennahen Flächen und das Bett einschließlich des Matratzenschonbezugs zu reinigen. Kissen und Bettdecke werden in die Wäscherei gegeben. Nach einer Kontamination mit poten-

**Reinigungs- und Desinfektionsplan 29.1.** Abteilungen mit immunsupprimierten Patienten

| Was | Wann | Womit | Wie |
| --- | --- | --- | --- |
| Händereinigung | bei Betreten bzw. Verlassen des Arbeitsbereiches | Flüssigseife aus Spender | Hände waschen, mit Einmalhandtuch abtrocknen |
| Hygienische Händedesinfektion | vor und nach Patientenkontakt, zwischen verschiedenen Tätigkeiten am selben Patienten (bei grober Verschmutzung vorher Hände waschen), nach Ausziehen der Handschuhe | (alkoholisches) Händedesinfektionsmittel | ausreichende Menge entnehmen, damit die Hände vollständig benetzt sind, verreiben bis Hände trocken sind **kein Wasser zugeben** |

**Reinigungs- und Desinfektionsplan 29.1.** (Fortsetzung)

| Was | Wann | Womit | Wie |
|---|---|---|---|
| Hautdesinfektion | vor Punktionen, bei Verbandswechsel usw. | z.B. (alkoholisches) Hautdesinfektionsmittelmittel **oder** PVP-Jod-Alkohol-Lösung | sprühen – wischen – sprühen – wischen *Dauer:* 30 sec |
| | vor invasiven Eingriffen mit besonderer Infektionsgefährdung (z. B. Gelenkpunktionen, Lumbalpunktionen) | | mit sterilen Tupfern mehrmals auftragen und verreiben *Dauer:* 3 min |
| | vor Anlage von intravasalen Kathetern, vor Punktion von implantierten Kathetern | | mit sterilen Tupfern mehrmals auftragen und verreiben *Dauer:* 1 min |
| Schleimhautdesinfektion | z.B. vor Anlage von Blasenkathetern | PVP-Jodlösung **ohne** Alkohol | unverdünnt auftragen *Dauer:* 30 sec |
| Instrumente | nach Gebrauch | Reinigungs- und Desinfektionsautomat, verpacken, autoklavieren **oder** in Instrumentenreiniger einlegen, reinigen, abspülen, trocknen, verpacken, autoklavieren *bei Verletzungsgefahr:* Zusatz von (aldehydischem) Instrumentendesinfektionsmittel | |
| Standgefäß mit Kornzange | 1mal täglich | reinigen, verpacken, autoklavieren (bei Verwendung kein Desinfektionsmittel in das Gefäß geben) | |
| Trommeln | 1mal täglich nach Öffnen (Filter regelmäßig wechseln) | reinigen, autoklavieren | |
| Haarschneidemaschine | nach Gebrauch | Alkohol 60–70% | abwischen |
| Scherkopf | | reinigen, in Alkohol 60–70% für 10 min einlegen, trocknen **oder** reinigen, autoklavieren (Pflegeöl benutzen) | |
| Thermometer | nach Gebrauch | Alkohol 60–70% | abwischen |
| Urometer | nach Gebrauch | (aldehydisches) Flächendesinfektionsmittel einlegen, abspülen, trocknen | |
| Redonflaschen Bülauflaschen Monaldiflaschen | nach Gebrauch | Reinigungs- und Desinfektionsautomat, autoklavieren **oder** in (aldehydisches) Flächendesinfektionsmittel einlegen, abspülen, trocknen, autoklavieren | |

**Reinigungs- und Desinfektionsplan 29.1.** (Fortsetzung)

| Was | Wann | Womit | Wie |
|---|---|---|---|
| **Blutdruckmanschette** | nach Kontamination[1] | mit (aldehydischem) Flächendesinfektionsmittel, bzw. Alkohol 60–70% abwischen, trocknen | |
| Kunststoff | | oder Reinigungs- und Desinfektionsautomat | |
| Stoff | | in Instrumentenreiniger einlegen, abspülen, trocknen, autoklavieren oder Reinigungs- und Desinfektionsautomat | |
| **Stethoskop** | bei Bedarf | Alkohol 60–70% | abwischen |
| **Mundpflegetablett** | | | |
| Tablett/Becher | 1 mal täglich | Reinigungs- und Desinfektionsautomat, trocknen oder mit Alkohol 60–70% abwischen | |
| Klemme | nach jedem Gebrauch 1mal täglich | – mit Alkohol 60–70% abwischen – Reinigungs- und Desinfektionsautomat oder in Instrumentenreiniger einlegen, abspülen, trocknen, verpacken, autoklavieren | |
| Becher mit Gebrauchslösung | nach jedem Gebrauch | mit Alkohol 60–70% auswischen | |
| **Sauerstoffanfeuchter** | alle 24–48 h | Reinigungs- und Desinfektionsautomat, trocken und staubfrei aufbewahren | |
| Gasverteiler, Wasserbehäter | oder bei Patientenwechsel | oder reinigen, trocknen, autoklavieren (Flowmeter mit Alkohol 60–70% abwischen) | |
| Verbindungsschlauch, Maske | | Reinigungs- und Desinfektionsautomat, trocken und staubfrei aufbewahren | |
| **Absauggefäße** incl. Verschlußdeckel und Verbindungsschlauch | 1mal täglich oder bei Patientenwechsel | Reinigungs- und Desinfektionsautomat oder in (aldehydisches) Flächendesinfektionsmittel einlegen, abspülen, trocknen | |
| **Geräte, Mobiliar** | 2mal täglich | umweltfreundlicher Reiniger | abwischen |
| | nach Kontamination[1] | (aldehydisches) Flächendesinfektionsmittel | |
| **Waschbecken** | nach jeder Benutzung | umweltfreundlicher Reiniger | reinigen, trocknen |
| **Strahlregler** | 1mal pro Woche | Reinigungs- und Desinfektionsautomat oder unter fließendem Wasser reinigen | |
| **Waschschüsseln, Duschwannen** | nach Gebrauch | umweltfreundlicher Reiniger | abwischen, trocknen |
| | nach Benutzung durch infizierte Patienten | (aldehydisches) Flächendesinfektionsmittel | nach der Einwirkzeit mit Wasser nachspülen, trocknen |

**Reinigungs- und Desinfektionsplan 29.1.** (Fortsetzung)

| Was | Wann | Womit | Wie |
|---|---|---|---|
| **Steckbecken, Urinflaschen** | nach Gebrauch | Steckbeckenspülautomat | trocken aufbewahren |
| **Fußboden** | 2mal täglich | umweltfreundlicher Reiniger | hausübliches Reinigungssystem |
|  | nach Kontamination | (aldehydisches) Flächendesinfektionsmittel | wischen |
| **Abfall,** bei dem Verletzungsgefahr besteht (Skalpelle, Kanülen) | direkt nach Gebrauch (bei Kanülen **kein Recapping**) | Entsorgung in leergewordene, durchstichsichere und festverschließbare Kunststoffbehälter | |

[1] Kontamination: Kontakt mit (potentiell) infektiösem Material.

*Anmerkung:*
- Nach Kontamination mit potentiell infektiösem Material (z. B. Sekreten oder Exkreten) immer sofort gezielte Desinfektion der Fläche,
- Beim Umgang mit Desinfektionsmitteln immer mit Haushaltshandschuhen arbeiten (Allergisierungspotential),
- Ansetzen der Desinfektionsmittellösung nur in kaltem Wasser (Vermeidung schleimhautreizender Dämpfe),
- Anwendungskonzentrationen beachten,
- Einwirkzeiten von Instrumentendesinfektionsmitteln einhalten,
- Standzeiten von Instrumentendesinfektionsmitteln nach Herstellerangaben (wenn Desinfektionsmittel mit Reiniger angesetzt wird, täglich wechseln),
- Zur Flächendesinfektion nicht sprühen, sondern wischen,
- Nach Wischdesinfektion, Benutzung der Flächen, sobald wieder trocken,
- Benutzte, d.h. mit Blut etc. belastete Flächendesinfektionsmittellösung mindestens täglich wechseln,
- Haltbarkeit einer unbenutzten dosierten Flächendesinfektionsmittellösung (z. B. 0,5%) in einem verschlossenen (Vorrats-)Behälter (z. B. Spritzflasche) nach Herstellerangaben (meist 14–28 Tage),
- In das Durchspülwasser der Absauggefäße PVP-Jod-Lösung (1:100) zugeben,
- Reinigungs- und Desinfektionsautomat: 75°C, 10 min (ohne Desinfektionsmittelzusatz).

tiell infektiösem Material wird sofort eine Wischdesinfektion mit einem aldehydischen Flächendesinfektionsmittel (s. Kap. 13, S. 201, Kap. 15, S. 231, Kap. 23, S. 391) durchgeführt.

## 29.2.5
### Hygienemaßnahmen mit fraglichem Nutzen

Bei den Hygieneregeln zur Verhinderung nosokomialer Infektionen bei abwehrgeschwächten Patienten bleiben viele Fragen offen. Die behandelnden Ärzte ordnen deshalb oftmals nicht gerechtfertigte Hygienemaßnahmen an, die in ihrem Nutzen nicht belegt sind (s. folgende Übersicht).

**Hygienemaßnahmen mit fraglichem Nutzen**
- Laminar Air Flow Isolatoren,
- Sterilisation der persönlichen Gegenstände (Bücher, Haarbürsten, Spielsachen),
- Sterilisation von Stethoskopen, Blutdruckmanschetten, Fieberthermometern,
- sterilisierte Schutzkittel und Handschuhe beim Betreten des Zimmers,
- Tragen von Masken, Hauben und Überschuhen beim Betreten des Zimmers,
- generelles Besuchsverbot von Kindern < 12 Jahren,
- sterile Nahrung und Getränke,
- routinemäßige Flächen- und Fußbodendesinfektion,
- mit antimikrobieller Salbe getränkte Kompresse zur Analpflege,
- routinemäßiger 3tägiger Wechsel von peripheren Kanülen,
- routinemäßiger täglicher Wundverbandwechsel.

## Anhang A: Hygienemaßnahmen bei immunsupprimierten Patienten

*Unterbringung*
- klimatisiertes Einzelzimmer (endständiger Schwebstofffilter),
  - schwerste, langandauernde Immunsuppression,
- normales Einzelzimmer,
  - schwere Immunsuppression,
- Mehrbett-Zimmer,
  - leichte Immunsuppression, nicht infizierte Patienten;

*Händedesinfektion*
- vor Kontakt mit dem Körper und Körperöffnungen,
- nach Aufenthalt außerhalb des Zimmers, Toilettengang, Kontakt mit potentiell infektiösem Material;

*Körperhygiene*
- Duschen mit PVP-Jodseife,
- in das Waschwasser (Leitungswasser) PVP-Jodlösung (1:100) geben;

*Mundhygiene*
- auf regelmäßige und sorgfältige Mundhygiene achten,
- kein Leitungswasser, sondern steriles Aqua dest.,
- frische, weiche Zahnbürste verwenden;

*Patientenwäsche normal gewaschene Wäsche*
- Wechsel von Nachthemd, Handtüchern und Waschlappen routinemäßig alle 2–3 Tage und bei Bedarf;

*Bettwäsche*
- Wechsel routinemäßig alle 2–3 Tage und bei Bedarf;

*Ernährung*
- nur in der Klinik zubereitete gekochte Speisen,
- keine frischen Salate, Speisen mit rohen Eiern, nicht schälbares Obst, Schimmel-und Rohmilchkäse, Vorsicht bei Mineralwasser und Limonaden,
- keine Reste aufbewahren und verzehren;

*Verbandswechsel*
- routinemäßig alle 72 h und bei Bedarf (Kontrolle durch Palpation);

*Infusionssystem*
- Wechsel alle 72 h.

# 30 Prävention von Infektionen in der Augenheilkunde

I. Kappstein

EINLEITUNG

Nosokomiale Augeninfektionen sind sehr selten, sie machen krankenhausweit weniger als 1% aller nosokomialen Infektionen aus. In Kinderkliniken aber kann ihr Anteil bis zu 5% betragen, wobei hauptsächlich Neugeborene betroffen sind [100, 419]. Dabei muß aber berücksichtigt werden, daß die tatsächlichen Zahlen sicher höher liegen, da Augeninfektionen, die nicht in Zusammenhang mit einer Operation stehen, außer in Neugeborenenabteilungen relativ selten registriert werden, wenn es sich nicht um schwere Infektionen wie insbesondere Endophthalmitis handelt, die zum Verlust des Auges führen können [137, 410]. Im folgenden werden die Maßnahmen zur Infektionskontrolle nosokomialer Augeninfektionen dargestellt. Die allgemeinen in der Augenheilkunde wie in anderen Fachgebieten gültigen Infektionskontrollmaßnahmen sowie die speziellen Hygienemaßnahmen im operativen Bereich sind in Kap. 23, S. 391 bzw. Kap. 24, S. 429 zusammengestellt.

## 30.1
## Ursachen nosokomialer Augeninfektionen

Nosokomiale Augeninfektionen können in postoperative und operationsunabhängige Infektionen unterteilt werden [419]. Die häufigsten Erreger nosokomialer Augeninfektionen sind
- S. aureus (24%),
- koagulasenegative Staphylokokken (23%),
- P. aeruginosa (13%),
- Streptokokken (8%) und
- E. coli (7%) [419].

## 30.1.1
## Postoperative Augeninfektionen

Exogene Erregerreservoire. Kontaminierte Lösungen, insbesondere Spüllösungen, aber auch Haut- und Schleimhautdesinfektionsmittel, kontaminierte Implantate (Kunststofflinsen), Transplantate (Hornhaut) und Gegenstände bzw. Instrumente (z. B. Operationsmikroskop) sind die wichtigsten Ursachen für eine exogene Kontamination des Operationsgebietes. Die häufigsten Erreger in Zusammenhang mit solchen Kontaminationen sind
- Enterobakteriazeen,
- Pseudomonas species,
- Sproßpilze,
- koagulasenegative Staphylokokken und
- Pneumokokken [419].

Wie bei anderen operativen Eingriffen auch ist das OP-Personal mit seiner endogenen Körperflora ein weiteres potentielles Erregerreservoir für postoperative Augeninfektionen (s. Kap. 7, S. 101).

Endogenes Erregerreservoir. Die physiologische Kolonisierung des äußeren Auges und der Tränenflüssigkeit mit potentiell pathogenen Mikroorganismen spielt als Erregerreservoir für postoperative Augeninfektionen eine weit größere Rolle als die – prinzipiell vermeidbaren – exogenen Kontaminationen.

## 30.1.2
## Operationsunabhängige Augeninfektionen

Exogene Erregerreservoire. Erregerübertragungen durch direkten oder indirekten Kontakt sind für exogene Kontaminationen des Auges und daraus entstehende Infektionen verantwortlich. Hierbei spielen wie bei allen anderen nosokomialen Infektionen auch die Hände des Personals ( = direkter Kontakt) eine wichtige Rolle, d. h. keine oder inadäquate Händegygiene nach Kontakt mit infizierten Schleimhäuten, z. B. bei Ophthalmia neonatorum oder Keratoconjunctivitis epidemica. Eine exogene Kontamination über indirekten Kontakt kann auch bei unzureichender Desinfektion von z. B. Tonometern oder bei Applikation kontaminierter Augentropfen stattfinden. Hierher gehört auch die Kontamination des äußeren Auges mit kontaminiertem Sekret desselben Patienten von einer anderen Körperstelle, wie es z. B. von bewußtseinsgetrübten beatmeten Intensivpatienten mit mangelhaftem Lidschluß berichtet wurde, bei denen das Auge während des endotrachealen Absaugens mit respiratorischem Sekret kontaminiert werden kann, wenn der Absaugkatheter nach dem Absaugen diagonal über die obere Gesichtshälfte hinweggeführt wird [204].

Endogene Erregerreservoire. Die ortsständige Flora der Augenlider und der Bindehaut kann unter begünstigenden Bedingungen, wie z. B. Trauma oder Austrocknung des äußeren Auges, eine Infektion hervorrufen. Außerdem kann eine hämatogene Streuung von Erregern von anderen infizierten Körperstellen oder von Erregern, die via Translokation aus dem Darm in die Blutbahn (s. Kap. 8, S. 121) gelangt sind, zu einer Augeninfektion führen, z. B. Candida-Endophthalmitis als Folge einer Candidämie.

## 30.2
## Keratoconjunctivitis epidemica

Die durch Adenoviren (v. a. Typ 8) hervorgerufene Keratoconjunctivitis epidemica ist hochkontagiös und deshalb sehr gefürchtet [47]. Die Infektion wird über direkten oder indirekten Kontakt, jedoch nicht aerogen übertragen. Kontagiosität besteht bis ca. zwei Wochen nach Auftreten der ersten klinischen Symptome. Müssen Patienten mit einer solchen Infektion stationär aufgenommen werden oder entwickeln sie die Infektion während des Krankenhausaufenthaltes (und können nicht nach Hause entlassen werden), muß durch adäquate Infektionskontrollmaßnahmen eine Übertragung auf Mitpatienten oder Personal verhindert werden (s. Kap. 15, S. 231). Personal mit Keratoconjunctivitis epidemica (oder auch nur bei Verdacht), soll für die Dauer der Erkrankung bzw. bis zum Ausschluß der Verdachtsdiagnose zu Hause bleiben.

> Die wesentlichste Maßnahme zur Infektionskontrolle ist die sorgfältige Händehygiene des Personals.

Aber auch dem Patienten muß erklärt werden, daß und wie er die Hände zu waschen und zu desinfizieren hat (wenn er dazu in der Lage ist), um seine Umgebung möglichst wenig zu kontaminieren. Besonders wichtig ist außerdem, indirekte Kontaktmöglichkeiten durch kontaminierte Instrumente oder Geräte, die bei der Untersuchung der Patienten verwendet worden sind, durch effektive Desinfektionsmaßnahmen zu verhindern (s. Abschn. 30.4). Folgende Schutzmaßnahmen sollen deshalb im Umgang mit den Patienten unbedingt beachtet werden:
- Unterbringung des Patienten in einem Einzelzimmer,
- Einmalhandschuhe bei Kontakt mit Augensekret, anschließend immer Händedesinfektion,
- so wenig Personal wie für eine adäquate Behandlung und Versorgung des Patienten nötig,
- Kontakt mit Handtüchern und Waschlappen des Patienten vermeiden,
- eigene Medikamente, z. B. Augentropfen, für den Patienten,
- alle Instrumente und Gegenstände sofort nach der Anwendung zur Aufbereitung geben,
- nach Entlassung bzw. Verlegung des Patienten Pflegeutensilien mitgeben oder verwerfen.

## 30.3
## Umgang mit Medikamenten für die Lokalbehandlung des Auges

Bei der Applikation von Augensalben und Augentropfen in Mehrdosisbehältnissen, die bei verschiedenen Patienten verwendet werden, muß eine Kontamination durch das Auge, z. B. des Tubenrandes oder der Tropfpipette, vermieden werden, weil auch die in diesen Zubereitungen enthaltenen Konservierungsstoffe das Wachstum potentiell pathogener Keime nicht sicher verhüten. Ist es dennoch zu einer Berührung des Auges (auch der Wimpern) gekommen, muß das gesamte Fläschchen weggeworfen werden. Bei Verwendung einer Salbentube für mehrere Patienten erfolgt die Applikation der Salbe mit einem Glasstäbchen.

Auf den Behältnissen muß das Anbruchsdatum vermerkt werden (Haltbarkeit in der Regel 4–6 Wochen). Medikamente ohne Konservierungsstoffe werden meist in Einzeldosen angeboten. Patienten mit Augeninfektionen sollen nur eigene Medikamente haben. Aber auch bei individuellen Medikamentenbehältnissen muß eine Kontamination z. B. des Tubenkonus oder der Tropfpipette vermieden werden.

## 30.4
## Reinigungs- und Desinfektionsmaßnahmen
(s. dazu auch Kap. 13, S. 201)

Im folgenden werden Hinweise für Reinigung und Desinfektion von Gegenständen und Instrumenten (mit hohem und niedrigem Übertragungsrisiko) gegeben. Die sonstigen im Krankenhaus üblichen Reinigungs- und Desinfektionsmaßnahmen sind in Kap. 23, S. 391 zusammengestellt.

### 30.4.1
### Hohes Übertragungsrisiko

Druckhütchen und Kontaktgläser. Nach der Anwendung werden die Gegenstände mit einem Zellstofftupfer abgewischt und für 15 min in eine 2,5%ige alkalische Glutaraldehydlösung (zur sicheren Inaktivierung von Adenoviren) eingelegt, wobei die Kontaktfläche vollständig benetzt sein muß. Anschließend werden Desinfektionsmittelreste unter fließendem Wasser gründlich abgespült.

Schioetz-Geräte. Nach Gebrauch wird das Gewicht vom Gewinde des Stiftes abgedreht, der Stift entnommen und mit 70%igem Alkohol abgewischt. Der Hohlraum wird anschließend zunächst mit entmineralisiertem Wasser oder Aqua dest., dann mit Alkohol durchgespült und schließlich mit einer Spezialbürste (z. B. Pfeifenreiniger) getrocknet. Dann wird das Gerät wieder zusammengesetzt und mit Heißluft sterilisiert. Es soll immer im geschlossenen Gehäuse aufbewahrt werden.

Ultraschallsonde. Nach Gebrauch wird die Sonde sofort gründlich mit 70%igem Alkohol abgewischt und luftgetrocknet.

Kontaktlinsen. Sowohl für weiche als auch für harte Kontaktlinsen wird für die Desinfektion das Einlegen in eine 3%ige Wasserstoffperoxidlösung für 10 min empfohlen (Herstellerangaben beachten). Nach der Einwirkzeit werden die Linsen mit Leitungswasser abgespült und je nach Material trocken oder in einer speziellen Lösung aufbewahrt. Diese Lösung muß aber regelmäßig erneuert werden, um Kontaminationen (z. B. gramnegative Keime, Sproßpilze) zu vermeiden.

## 30.4.2
## Niedriges Übertragungsrisiko

Spaltlampe. Teile mit Patientenkontakt (z. B. Stirnbänder aus Gummi oder Kunststoff) werden mit 70%igem Alkohol, Teile ohne Patientenkontakt werden nur mit einem Reinigungsmittel abgewischt. Auf die Kinnstütze wird eine Papierauflage gelegt, die nach jedem Patienten gewechselt wird.

Gerät zur Prüfung des Gesichtsfeldes. Kinnstütze und Stirnband werden wie oben beschrieben behandelt. Ansonsten besteht kein direkter Patientenkontakt mit dem Gerät, so daß routinemäßige Reinigungsmaßnahmen genügen.

Andere Gegenstände. Glasstäbchen zur Salbenapplikation sollen sterilisiert oder thermisch desinfiziert und anschließend staubgeschützt aufbewahrt werden. Für die präoperative Desinfektion des Auges werden sterile Wattestäbchen eingesetzt, für alle anderen Einsatzzwecke müssen Wattestäbchen nicht steril sein. Augenkapseln und Gitterbrillen werden am besten in einem Reinigungs- und Desinfektionsautomaten bei 75°C gereinigt und thermisch desinfiziert (können aber auch sterilisert werden) und anschließend in Glasschalen staubfrei aufbewahrt. Ebenso wird mit Augenspreizern verfahren.

# 31 Prävention von Infektionen in der Hals-Nasen-Ohrenheilkunde

I. Kappstein

EINLEITUNG

Im HNO-Bereich gibt es insofern wenig Probleme, als die Zahl nosokomialer Infektionen in HNO-Abteilungen bekanntermaßen äußerst gering ist [100]. Das bedeutet aber nicht, daß es bei der Versorgung von HNO-Patienten nicht auch zumindest potentielle Infektionsgefahren gibt, denen mit adäquaten Hygienemaßnahmen begegnet werden muß. Im folgenden sollen die speziell im HNO-Bereich erforderlichen Hygienemaßnahmen dargestellt werden. Für die allgemein gültigen Hygienemaßnahmen wird auf Kap. 23, S. 391 verwiesen, und Angaben zur Hygiene in Operationsabteilungen finden sich in Kap. 24, S. 429.

## 31.1
**Tracheostomapflege und Wechsel der Trachealkanüle**

Bei frisch tracheotomierten Patienten stellt die Pflege des Tracheostoma aus hygienischer Sicht besondere Anforderungen, weil die Wunde in diesem Stadium wie eine frische Operationswunde an einer anderen Körperstelle zu betrachten ist. Alle Manipulationen am Tracheostoma und an der Trachealkanüle müssen demnach unter aseptischen Bedingungen durchgeführt werden. Die Wundränder müssen sauber und trocken gehalten werden. Ein Verbandswechsel wird einmal täglich oder auch öfter bei Bedarf durchgeführt. In der folgenden Übersicht findet sich eine Auflistung der Gegenstände, die für einen Wechsel der Trachealkanüle benötigt werden:

**Erforderliches Material für den Wechsel der Trachealkanüle**
- Einmalhandschuhe oder Pinzette,
- Nierenschale zum Ablegen der Trachealkanüle und des Verbandes,
- sterile Handschuhe oder sterile Pinzette,
- sterile Kompressen oder sterile Watteträger zum Reinigen und Desinfizieren der Wundränder,
- nach Bedarf Wasserstoffperoxid, PVP-Jodlösung, Wundsalbe, Gleitmittel und/oder Hautdesinfektionsmittel,

- sterile Metallschale,
- Killian-Spekulum,
- sterile Kompressen, geschlitzte Kompresse,
- sterile Trachealkanüle (Ersatzkanüle bereitlegen),
- Führungsstab,
- Fixierband.

In nachfolgender Übersicht ist das Vorgehen beim Wechsel der Trachealkanüle beschrieben.

**Vorgehen beim Wechsel der Trachealkanüle**
- Händedesinfektion,
- Verband mit Einmalhandschuhen oder Pinzette entfernen,
- wenn erforderlich, zunächst absaugen,
- Trachealkanüle entfernen und in Nierenschale ablegen,
- Einmalhandschuhe ausziehen und Händedesinfektion,
- sterile Handschuhe anziehen,
- Tracheostomarand mit steriler Kompresse oder sterilem Stieltupfer und Hautdesinfektionsmittel (z. B. PVP-Jodlösung) reinigen und desinfizieren,
- Killian-Spekulum und Trachealkanüle (evtl. mit Führungsstab) unter aseptischen Bedingungen anreichen lassen,
- sterile Kanüle vorsichtig einsetzen,
- sterile Schlitzkompresse unterlegen,
- Kanüle mit Band fixieren,
- Handschuhe ausziehen und Händedesinfektion.

## 31.2
## Spezielle Reinigungs- und Desinfektionsmaßnahmen
(s. dazu auch Kap. 13, S. 201)

### 31.2.1
### Trachealkanülen

Bei der Aufbereitung von Trachealkanülen sollen folgende Schritte eingehalten werden (dabei Handschuhe tragen):
- grobe Verunreinigungen mit Wasser abspülen,
- Kanüle in ihre Einzelteile zerlegen,
- in eine Reinigungslösung einlegen,
- mit einer (täglich thermisch desinfizierten oder autoklavierten) Bürste reinigen,
- gründlich mit Wasser abspülen,
- mit frischer Kompresse trocknen.

Die anschließende Sterilisation kann bei thermostabilen Kanülen im Autoklaven erfolgen, wobei die Kanülen in einen Metallbehälter mit Deckel gelegt oder in Sterilisierfolie eingeschweißt werden können. Thermolabile Kanülen werden in Sterilisierfolie verpackt und entweder gassterilisiert, wobei bei Ethylenoxidgas eine ausreichende Auslüftungszeit (vier Wochen) eingehalten werden muß, um toxische Schädigungen aufgrund von Restgas zu vermeiden, oder sie werden plasmasterilisiert (dann spezielle Sterilisierfolie verwenden). Dieses Vorgehen bei der Aufbereitung von Trachealkanülen muß solange eingehalten werden, bis die Tracheotomiewunde vollständig verheilt ist. Anschließend ist es ausreichend, die Kanülen gründlich mit einer thermisch desinfizierten Bürste (z. B. auch haushaltsübliche Geschirrspülmaschine) unter fließendem Wasser zu reinigen, zu trocknen und abschließend für 10 min in 70%igen Alkohol einzulegen.

## 31.2.2
## Behandlungseinheit

Bei der Behandlungseinheit sind die wasserführenden Leitungen problematisch, weil im Leitungswasser nicht selten verschiedene Bakterien (z. B. Pseudomonas sp., Acinetobacter sp., Legionellen) nachgewiesen werden können (s. Kap. 4, S. 41), weshalb man vor der ersten Benutzung des Gerätes das Wasser 10 min vorlaufen läßt, um durch den Spüleffekt die Keimzahl zu reduzieren. Das Gerät selbst wird außen regelmäßig mit einem umweltfreundlichen Reiniger abgewischt, nach Kontamination mit potentiell infektiösem Material (z. B. respiratorischem Sekret) wird eine gezielte Desinfektion vorgenommen (mit 70%igem Alkohol oder einem aldehydischen Flächendesinfektionsmittel).

Ohrspülungen. Wegen der häufigen bakteriellen Kontamination des Wasserleitungsnetzes können bei perforiertem Trommelfell keine Ohrspülungen mit Leitungswasser durchgeführt werden. Sind Spülungen aber in solchen und ähnlichen Fällen nötig, soll am besten ein separates Aggregat, mit dem eine Spülung z. B. mit steriler NaCl-Lösung möglich ist, verwendet werden. Prinzipiell ist auch die Verwendung autoklavierbarer Wasserfilter möglich, deren Wartung jedoch aufwendig ist, weil sie mindestens zweimal wöchentlich autoklaviert und regelmäßig physikalisch auf Dichtigkeit überprüft werden müssen.

Medikamentenzerstäuber. Als Zerstäuberfläschchen sollen vorzugsweise solche mit einem Steigrohr aus Edelstahl verwendet werden, da sie autoklavierbar sind. Das Verfalldatum der Lösung muß auf den Fläschchen vermerkt sein.

Sekretauffangbehälter. Die Behälter zum Auffangen abgesaugten Sekrets sollen täglich thermisch desinfiziert werden. Da der Absaugschlauch jedoch nicht entfernt und thermisch desinfiziert werden kann, soll er nach jeder Benutzung mit PVP-Jodlösung (1:100 verdünnt) durchgespült werden. Empfehlenswert ist es deshalb, ein separates Absauggerät zur Verfügung zu haben.

## 31.2.3
## Instrumentarium

Instrumente, die bei normalen HNO-ärztlichen Untersuchungen benötigt werden, werden in der Regel nach Reinigung und Sterilisation offen für die nächste Untersuchung bereitgelegt. Dafür wird in der täglichen Praxis der Begriff „handsteril" verwendet, wobei es sich um eine Formulierung der beruflichen Umgangsprache handelt: Derartig aufbewahrte Instrumente sind natürlich nicht mehr steril. Deshalb wäre eine thermische Desinfektion als Aufbereitungsmethode gleichermaßen adäquat.

## 31.3
## Umgang mit Nasen- und Ohrentropfen

Es muß immer darauf geachtet werden, daß bei der Applikation von Nasen- und Ohrentropfen eine Kontamination der Flasche und somit des Flascheninhalts vermieden wird, um nachfolgende Patienten nicht einer Infektionsgefahr auszusetzen. Die Konservierungsstoffe in diesen Lösungen reichen nämlich meist nicht aus, bei einer versehentlichen Kontamination das Wachstum von potentiell pathogenen Erregern zu verhindern oder diese gar abzutöten. Das Gleiche gilt für Antibeschlaglösungen.

## 31.4
## Perioperative Antibiotikaprophylaxe

Nur im weiteren Sinne als Hygienemaßnahme zu bezeichnen, ist die perioperative Antibiotikaprophylaxe [409]. Für den HNO-Bereich gilt nach dem derzeitigen Wissensstand, daß bei Ohroperationen eine Antibiotikaprophylaxe nicht gerechtfertigt ist. Es fanden sich keine Unterschiede in den postoperativen Wundinfektionsraten mit und ohne Prophylaxe, auch bestand kein Unterschied in der Erfolgsrate bei Tympanoplastik oder Myringoplastik mit und ohne Antibiotikaprophylaxe. Zur Kurzzeitprophylaxe bei Tonsillektomie gibt es keine Studien, so daß die Effektivität einer perioperativen Prophylaxe nicht gesichert ist. Anders ist die Situation bei der Karzinomchirurgie im Kopf-Hals-Bereich, wenn dabei der obere Respirationstrakt eröffnet wird. Hier konnte in einer Reihe von vergleichenden klinischen Studien gezeigt werden, daß eine Antibiotikaprophylaxe das Risiko einer postoperativen Infektion signifikant reduzieren kann. In Frage kommen dafür z.B. ein Basis-Cephalosporin in Kombination mit Metronidazol, ferner Clindamycin oder Ampicillin/Betalaktamaseinhibitor. Das Antibiotikum sollte dabei wie bei jeder perioperativen Prophylaxe unmittelbar präoperativ verabreicht werden. In der Regel ist eine Ein-Dosis-Prophylaxe ausreichend, bei sehr langen Eingriffen jedoch ist eine zweite intraoperativ verabreichte Dosis etwa vier Stunden nach der ersten Dosis sinnvoll. Postoperativ soll jedoch wie in jedem anderen operativen Fachgebiet auch die Prophylaxe nicht weitergeführt werden.

Die Hygienemaßnahmen im Umgang mit beatmeten Patienten sind in Kap. 6, S. 83 und Kap. 25, S. 447 und die Hygienemaßnahmen im Umgang mit Sondenkost bei Allgemein- und Intensivpatienten in Kap. 23, S. 391 und Kap. 25, S. 447 behandelt. In Kap. 33, S. 553, sind alle Fragen zur Endoskopie, inkl. intraoperativ eingesetzte Endoskope, bearbeitet. Das Vorgehen im Umgang mit und bei der Aufbereitung von Sauerstoffbefeuchtern, Lungenfunktionsgeräten, Verneblern und Ultraschallgeräten ist in Kap. 23, S. 391 in Form von Merkblättern zusammengestellt.

# 32 Prävention von Infektionen in der Zahnmedizin

W. Schleipen und F. Daschner

EINLEITUNG

Zur Infektionskontrolle sollte auch in der Zahnmedizin, v. a. vor der Erstbehandlung eines Patienten, eine sorgfältige Anamnese erhoben werden. Spezielle Fragestellungen z. B. nach Einnahme von Medikamenten (Antibiotika, Zytostatika), bestehende oder durchgemachte Erkrankungen (z. B. Hepatitis, Tuberkulose, HIV, Herpes) sind besonders wichtig. Bei Verdacht auf eine Infektionserkrankung sollte vor der zahnärztlichen Behandlung eine allgemeinärztliche Untersuchung erfolgen.

Die vor einigen Jahren noch teilweise hysterische Furcht vor HIV-Erkrankungen bei Zahnärzten und insbesondere deren Patienten, hat sich als unbegründet erwiesen. In Deutschland ist es bisher zu keiner Übertragung von HIV-Infektionen zwischen Patient und Zahnarzt gekommen. Die weitaus größere Gefährdung droht Zahnärzten nach wie vor durch Hepatitis B. Ein Zahnarzt handelt fahrlässig sich, seiner Familie, den Patienten und Mitarbeitern gegenüber, wenn er sich nicht gegen Hepatitis B impfen läßt, den Impferfolg und die abnehmende Immunität nicht ca. alle 5 Jahre kontrolliert und sich je nach Immunitätslage nicht erneut impfen läßt. Risikopatienten für den Zahnarzt sind v. a. Drogenabhängige, Gefängnisinsassen, Patienten mit chronischer Hepatitis, Leberzirrhose, Dialysepatienten, Patienten nach Transplantationen, nach mehrfachen Bluttransfusionen und unter Immunsuppression.

Auch Schutzimpfungen gegen Tetanus, Pertussis und Diphtherie werden dringend empfohlen. Die Häufigkeit von Diphtherieerkrankungen und insbesondere Pertussisfällen hat in den letzten Jahren in Deutschland erheblich zugenommen. Fälschlicherweise wurde vom ehemaligen BGA einige Jahre die Pertussisimpfung nicht mehr empfohlen, wodurch es zum teilweise dramatischen Anstieg von Pertussisinfektionen bei Säuglingen und Kleinkindern und somit auch zur erhöhten Exposition und Erkrankungshäufigkeit bei Erwachsenen gekommen ist.

## 32.1
## Händewaschen, Händedesinfektion, Handschuhe

Händewaschen bzw. Händedesinfektion sind nach wie vor die wichtigsten Maßnahmen zur Verhütung von Kreuzinfektionen auch in der zahnärztlichen Klinik und Praxis. Jeder Waschplatz muß mit einem Seifen- und einem Desinfektionsmittelspender ausgerüstet sein. Aufwendige Händedesinfektionsmittelspender, die mit einer Lichtschranke eine bestimmte Desinfektonsmittelmenge auf Hände aufsprühen, sind teuer und hygienisch vollkommen überflüssig. Beim Einkauf von Flüssigseifen sollte nicht gespart werden, ein hautschonender Zusatz ist unerläßlich, auf alle Duftstoffe sollte verzichtet werden. Es wird dringend empfohlen, nur Hersteller von Flüssigseifen zu wählen, die schriftlich garantieren, daß ihr Produkt einer ständigen, v. a. auch mikrobiologischen Qualitätskontrolle unterzogen wird. Flüssigseifen von Billigherstellern sind nicht selten mikrobiell kontaminiert. Es können auch Seifenstücke verwendet werden, diese müssen jedoch möglichst trocken (auf Abtropfgitter) aufbewahrt werden. Nur wenn die Hände sichtbar schmutzig sind, sollen sie gewaschen werden. Die routinemäßige Kombination von Händewaschen und anschließender Händedesinfektion schädigt die Haut, weil häufig das Desinfektionsmittel auf die noch feuchte und aufgeweichte Haut appliziert wird.

Zur Händedesinfektion genügt 70%iger Isopropylalkohol mit 2% Glyzerin. Viele Hygieniker empfehlen – allerdings nur im deutschsprachigen Raum – auch bei sichtbar verschmutzten Händen zuerst die Händedesinfektion und anschließend das Händewaschen. Dies ist unästhetisch und unzumutbar. Ist die Hand blutverschmiert, wird das Blut mit einem desinfektionsmittelgetränkten Einmalhandtuch weggewischt oder die Hände werden gleich gewaschen, abgetrocknet und dann desinfiziert.

Handschuhe sind erforderlich bei direktem Kontakt mit Blut oder bei Verletzungsgefahr, bei Berühren kontaminierter Gegenstände, Materialien oder Oberflächen (z. B. blutverschmierte Abdrücke) bei manueller Untersuchung von Verletzungen und Veränderung der Mundschleimhaut und bei möglicherweise infektiösen Patienten. Die Handschuhe müssen nach jedem Patienten gewechselt werden. Es genügt nicht, die Handschuhe zwischenzeitlich zu desinfizieren. Bei einigen Handschuhfabrikaten ist dies laut Herstellerangabe angeblich möglich; ausreichende Untersuchungen liegen dazu jedoch noch nicht vor, so daß davon abgeraten wird. Aus Umweltschutzgründen sollten Latexhandschuhe bevorzugt werden. Die Gefahr ist dabei allerdings die zunehmende Latexallergie. Unter keinen Umständen soll der Zahnarzt beim Einkauf von Handschuhen sparen. Er sollte Hersteller bzw. Vertreiber bevorzugen, die ein Qualitätszeugnis vorlegen (z. B. maximal 1% Perforationen), Discountprodukte soll er meiden.

## 32.2
## Schutzkleidung, Masken

Schutzkleidung ist erforderlich, um eine unnötige Exposition der Haut gegenüber Blut oder anderen Körperflüssigkeiten zu vermeiden. Die Schutzkleidung ist bei Bedarf, mindestens aber bei sichtbarer Verschmutzung zu wechseln. Ist mit Verspritzen von Blut zu rechnen, sollte über der Schutzkleidung eine wasserabweisende Schürze getragen werden. Dann kann auch das Tragen einer Kopfbedeckung erforderlich sein. Die Praxiswäsche, wie auch die Schutzkittel können mit üblichen Haushaltswaschmitteln in einer Haushaltswaschmaschine bei 60°C gewaschen werden, auch bei starker Blutverschmutzung. Spezielle Arzt- oder Praxiswaschmittel sind nicht nötig.

Masken und Schutzbrillen müssen nur dann getragen werden, wenn mit Aerosolbildung oder Verspritzen von Schleifpartikeln, Blut oder Speichel zu rechnen ist. Die Masken müssen Mund und Nase bedecken und sollen bei Durchfeuchtung gewechselt werden.

## 32.3
## Sterilisation

Alle Instrumente, die die Haut oder Schleimhaut penetrieren oder bei offenen Wunden eingesetzt werden, müssen steril sein. Zur Sterilisation in Zahnkliniken stehen Heißluftsterilisatoren, Autoklaven, Ethylenoxid- bzw. Formalinsterilisatoren und Plasmasterilisatoren zur Verfügung. In der Praxis können nur Heißluftsterilisatoren oder Autoklaven eingesetzt werden. Alle anderen Geräte, die angeblich sterilisieren, sind unzuverlässig und daher unzulässig. Sterilisation oder Desinfektion mit UV-Strahlen ist unzuverlässig. Bei Heißluftsterilisatoren beträgt bei einer Temperatur von 180°C die Einwirkungszeit 30 min, die Gesamtlaufzeit ca. 60 min. Eine regelmäßige Überprüfung der Sterilisatoren mit Bioindikatoren ist mindestens halbjährlich bzw. nach 400 Chargen erforderlich. Auch nach jeder Reparatur muß ein Sterilisator mit Bioindikatoren überprüft werden. Vor der Sterilisation ist das zu sterilisierende Gut in geeignete Container oder Sterilisationsfolie zu verpacken. Zerlegbare Instrumente müssen auseinander genommen werden. Es ist v. a. darauf zu achten, daß das Instrumentarium nicht zu dicht gepackt wird. Container, Trommeln oder Folien müssen mit einem Indikatorstreifen versehen werden, um Verwechslungen mit nichtsterilisiertem Material zu verhindern. Auf der Verpackung muß das Sterilisationsdatum vermerkt werden.

## 32.4
## Desinfektion

Die unnötigen Desinfektionsmaßnahmen in der zahnärztlichen Klinik und Praxis sind in der folgenden Übersicht zusammengefaßt.

> **Unnötige Desinfektionsmaßnahmen in der zahnärztlichen Klinik/Praxis**
> - Fußboden,
> - Toiletten,
> - Speibecken,
> - Waschbecken,
> - Siphons,
> - Telefone,
> - Teppiche,
> - Absauganlagen,
> - Wäschewaschen bei 90°C.

Toiletten, Waschbecken, v. a. aber auch Absauganlagen routinemäßig zu desinfizieren, ist Geldverschwendung und Umweltverschmutzung. Schläuche von Absauganlagen können bei dem nur sekundenlangen Kontakt mit Desinfektionsmittel nicht wirkungsvoll desinfiziert werden. Die Reinigung von Absauganlagen mit Mitteln, die auch für Amalgamabscheider geeignet sind, ist hygienisch ausreichend. Chlorhaltige Desinfektionsmittel bzw. solche mit Oxydationspotential sollten auf jeden Fall vermieden werden, da sie die Quecksilberfreisetzung aus Amalgamabscheidern erhöhen.

Zur Flächendesinfektion sollten alkoholische bzw. aldehydische Mittel bevorzugt werden. 70%iger Isopropylalkohol oder 60%iges Propanol sind zur Desinfektion kleinerer Flächen, z. B. von Zahnarztstühlen, Behandlungstischen usw. besonders geeignet. Eine Sprühdesinfektion, mit Ausnahme sehr kleiner Flächen, sollte vermieden werden.

Eine routinemäßige Desinfektion von Kopf- und Armlehnen des Behandlungsstuhles, Arzt- und Helferelement, Schwebetisch und OP-Lampe nach jeder Behandlung ist nicht notwendig. In den meisten Fällen genügt eine Reinigung. Lediglich nach Kontamination mit infektiösem Material, Blut oder anderen Sekreten ist eine gezielte Desinfektion erforderlich. Dazu sollten ausschließlich Präparate aus der DGHM-Liste verwendet werden. Nur in Ausnahmefällen und dann auch nur nach Anordnung des Amtsarztes ist bei meldepflichtigen Infektionskrankheiten eine Desinfektion mit vom ehemaligen BGA vorgeschriebenen Konzentrationen und Mitteln notwendig.

Zur Instrumentendesinfektion sollten vollautomatische thermische bzw. chemothermische Verfahren bevorzugt werden (z. B. vollautomatische Desinfektionsmaschinen). Wenn keine vollautomatische Reinigungs- und Desinfektionsmaschine zur Verfügung steht, kann die Reinigung zahnärztlicher Instrumente auch in einer normalen Haushaltsgeschirrspülmaschine erfolgen. Desinfektionsmittel auf der Basis quarternärer Ammoniumbasen sollten nicht eingesetzt werden, da sie erhebliche Wirkungslücken haben.

Spezielle Desinfektionsverfahren sind für Abformmaterialien erforderlich. In der Praxis hat sich das Einlegen in eine Desinfektionslösung bewährt. Lediglich Einsprühen der Abformmaterialien mit Desinfektionsmitteln entweder maschinell oder manuell genügt nicht. Im Universitätsklinikum hat sich die Eintauchdesinfektion aller Abformmaterialien mit Impresept® bewährt. Die wichtigsten Desinfektionsmaßnahmen in der zahnärztlichen Klinik und Praxis sind in Reinigungs- und Desinfektionsplan 32.1 zusammengefaßt.

Vor operativen Eingriffen ist eine Schleimhautdesinfektion (z. B. mit PVP-Jod) durchzuführen. Dabei ist allerdings zu berücksichtigen, daß kein Schleimhautdesinfektionsmittel in der Lage ist, Schleimhäute wirklich zu desinfizieren, d. h. frei von krankmachenden Keimen zu machen. Die auf Schleimhäuten, so auch der Mundschleimhaut verbleibenden Keimzahlen nach Desinfektion sind wesentlich höher als z. B. nach Hautdesinfektion.

**Reinigungs- und Desinfektionsplan 32.1.** Zahnärztliche Praxis

| Was | Wann | Womit | Wie |
|---|---|---|---|
| Händereinigung | bei Betreten bzw. Verlassen des Arbeitsbereiches, vor und nach Patientenkontakt | Flüssigseife aus Spender | Hände waschen, mit Einmalhandtuch abtrocknen |
| Hygienische Händedesinfektion | *vor* der Behandlung, *nach* Kontamination[1] (bei grober Verschmutzung vorher Hände waschen), nach Ausziehen der Handschuhe | (alkoholisches) Händedesinfektionsmittel | ausreichende Menge entnehmen, damit die Hände vollständig benetzt sind, verreiben bis Hände trocken sind **kein Wasser zugeben** |
| Chirurgische Händedesinfektion | vor operativen Eingriffen | 1. (alkoholisches) Händedesinfektionsmittel: Hände und Unterarme 1 min waschen und dabei Nägel und Nagelfalze bürsten, anschl. Händedesinfektionsmittel während 3 min portionsweise auf Händen und Unterarmen verreiben<br>2. PVP-Jodseife: Hände und Unterarme 1 min waschen und dabei Nägel und Nagelfalze bürsten, anschl. 4 min waschen, unter fließendem Wasser abspülen, mit sterilem Handtuch abtrocknen | |
| Schleimhautdesinfektion | vor operativen Eingriffen | PVP-Jodlösung ohne Alkohol *Dauer:* 30 sec | unverdünnt auftragen |

**Reinigungs- und Desinfektionsplan 32.1.** (Fortsetzung)

| Was | Wann | Womit | Wie |
|---|---|---|---|
| **Instrumente** | nach Gebrauch | Reinigungs- und Desinfektionsautomat, evtl. verpacken, autoklavieren **oder** in Instrumentenreiniger einlegen, reinigen, abspülen, trocknen, evtl. verpacken, autoklavieren *bei Verletzungsgefahr:* Zusatz von (aldehydischem) Instrumentendesinfektionsmittel | |
| **Rotierende Instrumente** | nach Gebrauch | Reinigungs- und Desinfektionsautomat, evtl. verpacken, autoklavieren **oder** in Bohrerbad einlegen, reinigen, evtl. verpacken, autoklavieren | |
| **Hand- und Winkelstücke Turbine** | nach Gebrauch | Reinigungs- und Desinfektionsautomat[2] **oder** in Instrumentenreiniger einlegen, reinigen, autoklavieren (evtl. vorher verpacken) | |
| **Trommeln, Container** | 1mal täglich nach Öffnen (Filter regelmäßig wechseln) | reinigen, autoklavieren | |
| **Standgefäß mit Kornzange** | 1mal täglich | reinigen, verpacken, autoklavieren (bei Verwendung **kein** Desinfektionsmittel in das Gefäß geben) | |
| **Blutdruckmanschette** Kunststoff | nach Kontamination[1] | mit (aldehydischem) Flächendesinfektionsmittel, bzw. Alkohol 60–70% abwischen, trocknen **oder** Reinigungs- und Desinfektionsautomat | |
| Stoff | | in Instrumentenreiniger einlegen, abspülen, trocknen, autoklavieren **oder** Reinigungs- und Desinfektionsautomat | |
| **Geräte, Mobiliar, Behandlungsstuhl** | 1mal täglich | umweltfreundlicher Allzweckreiniger | abwischen |
| | nach Kontamination[1] | (aldehydisches) Flächendesinfektionsmittel | |
| **Schwebetisch** | nach jedem Patienten | mit (aldehydischem) Flächendesinfektionsmittel, bzw. Alkohol 60–70% und frischem Tuch abwischen | |
| **Absauganlage** | 1mal pro Tag | Reinigungslösung[3] | gründlich durchspülen |
| **Wäsche, Schutzbekleidung** | nach Gebrauch | handelsübliches Waschpulver | Waschmaschine, 60°C |

**Reinigungs- und Desinfektionsplan 32.1.** (Fortsetzung)

| Was | Wann | Womit | Wie |
|---|---|---|---|
| **Waschbecken** | 1mal täglich | | |
| **Fußboden** | 1mal täglich | umweltfreundlicher Allzweckreiniger | übliches Reinigungssystem |
| | unmittelbar nach Kontamination[1] | (aldehydisches) Flächendesinfektionsmittel | desinfektionsmittelgetränktes Einmaltuch |
| **Abfall** (nur bei Verletzungsgefahr, z. B. Skalpelle, Kanülen) | direkt nach Gebrauch (bei Kanülen **kein Recapping**) | Entsorgung in leergewordene, durchstichsichere und fest verschließbare Kunststoffbehälter | |

[1] Kontamination: Kontakt mit (potentiell) infektiösem Material.
[2] chemische Desinfektion ist nicht ausreichend.
[3] Für Behandlungseinheiten mit integriertem Amalgamabscheider muß das Reinigungsmittel geeignet sein.

*Anmerkung:*
- Nach Kontamination mit potentiell infektiösem Material (z. B. Sekreten oder Exkreten) immer sofort gezielte Desinfektion der Fläche,
- Beim Umgang mit Desinfektionsmitteln immer mit Haushaltshandschuhen arbeiten (Allergisierungspotential),
- Ansetzen der Desinfektionsmittellösung nur in kaltem Wasser (Vermeidung schleimhautreizender Dämpfe),
- Anwendungskonzentrationen beachten,
- Einwirkzeiten von Instrumentendesinfektionsmitteln einhalten,
- Standzeiten von Instrumentendesinfektionsmitteln nach Herstellerangaben (wenn Desinfektionsmittel mit Reiniger angesetzt wird, täglich wechseln),
- Nach Wischdesinfektion, Benutzung der Flächen, sobald wieder trocken,
- Benutzte, d. h. mit Blut etc. belastete Flächendesinfektionsmittellösung mindestens täglich wechseln,
- Haltbarkeit einer unbenutzten Flächendesinfektionsmittellösung (z. B. 0,5%) in einem verschlossenen (Vorrats-)Behälter (z. B. Spritzflasche) nach Herstellerangaben (meist 14–28 Tage),

## 32.5
## Hand- und Winkelstücke, Turbinen

Zur Desinfektion von Hand- und Winkelstücken kommen chemische und thermische Verfahren in Frage. Die Bundeszahnärztekammer empfiehlt, bei nichtinvasiven Eingriffen zu desinfizieren, für invasive Eingriffe jedoch nur sterile Hand- und Winkelstücke bzw. Turbinen zu verwenden. Dieser Empfehlung schließen wir uns an, empfehlen aber zusätzlich, zur Desinfektion nur thermische Verfahren zu verwenden. Lediglich Einlegen in eine Desinfektionslösung genügt nicht, da Mikroorganismen, die in Schmier- oder Pflegemittel eingeschlossen sind, vom Desinfektionsmittel nicht erreicht werden. Der Desinfektionserfolg wird durch Abwischen mit 70%igem Isopropylakohol verbessert.

## 32.6
## Umweltschutz

Abdecktücher aus Einwegmaterial sind hygienisch nicht notwendig. Seifen- und Desinfektionsmittelspender können nachgefüllt werden. Desinfektionsmittel sollten als Konzentrate und nicht als fertige Lösungen eingekauft werden. Durch Verzicht auf unnötige Desinfektionsmaßnahmen wird die Abwasserbelastung verringert. Leere Dosen oder Behälter können zur Sammlung und Entsorgung von Nadeln oder anderen spitzen Gegenständen in den Hausmüll verwendet werden. Da in der zahnärztlichen Klinik bzw. Praxis praktisch kein infektiöser Müll anfällt, auch nicht bei Patienten mit Hepatitis B, ist der Abschluß eines Vertrages mit einer Müllentsorgungsfirma überflüssig.

# 33 Prävention von Infektionen bei der Endoskopie

M. Rolff

## EINLEITUNG

Die Übertragung von Krankheitserregern durch endoskopische Eingriffe wird im Vergleich zur Anzahl der durchgeführten Untersuchungen als sehr gering bezeichnet [16]. Es ist jedoch anzunehmen, daß viel häufiger Erregerübertragungen stattfinden, als bisher bekannt ist, weil diese entweder zu keiner Infektion führen oder eine nur kurzfristige, nicht diagnostizierte Infektion verursachen. Auch bei langen Inkubationszeiten (Viren) denkt man häufig nicht daran, daß die Infektion möglicherweise durch eine endoskopische Untersuchung verursacht wurde, die einige Wochen vorher stattgefunden hat. Eine Literaturrecherche aller englischsprachigen Artikel (von 1966 bis Juli 1992), die über Infektionen durch gastrointestinale Endoskope oder Bronchoskope berichteten, ergab 281 Erregerübertragungen durch gastrointestinale Endoskopie und 96 durch Bronchoskopie [414]. Es wurde über asymptomatische Kolonisation bis zur ernsthaften Erkrankung, z.T. auch mit tödlichen Folgen berichtet. In einer anderen Untersuchung wurden in 11 gastroenterologischen Zentren 29 aufbereitete Endoskope untersucht [21]. Bei neun Endoskopen fand sich eine Kontamination (vorwiegend maschinelle Aufbereitung), hauptsächlich mit P. aeruginosa in Reinkultur, z.T. auch in Kombination mit anderen Wasserkeimen, in vier Fällen wurde E. coli von Koloskopen isoliert. Die maximale Gesamtkeimzahl betrug $10^6$ KBE/ml Spülflüssigkeit.

## 33.1 Entstehung von Infektionen bei endoskopischen Untersuchungen

### 33.1.1 Endogene Erregerreservoire

Bei endoskopischen Untersuchungen des oberen und unteren Gastrointestinaltraktes, des Urogenitaltraktes wie auch des Tracheo-Bronchial-Systems können durch die Passage des Endoskopes Erreger aus einem physiologischerweise besiedelten Bereich in einen physiologischerweise sterilen Bereich verschleppt werden (z.B. Bronchoskopie, ERCP). Bei Verletzungen der besiedelten Schleimhaut kommt es häufig zu Bakteriämien, die normalerweise asymptomatisch ablaufen. Bei Patienten aber, die in ihrer Immunabwehr geschwächt sind, oder bei Vorhandensein prädisponierender Faktoren, z. B. veränderte Herzklappen, können aus Bakteriämien Infektionen entstehen, z. B. Enterokokkenendokarditis nach Sigmoidoskopie.

## 33.1.2
**Exogene Erregerreservoire**

Erregerübertragung von Patient zu Patient. Die häufigsten Erreger, die bei der gastrointestinalen Endoskopie Infektionen verursacht haben, waren Salmonellen und P. aeruginosa, während bei der Bronchoskopie vorwiegend M. tuberculosis, atypische Mykobakterien und P. aeruginosa isoliert wurden [414]. Die Kontamination von Endoskopen mit Salmonellen und mit M. tuberculosis erfolgte durch infizierte Patienten. Die Übertragung auf nachfolgend untersuchte Patienten ist ein Indiz dafür, daß die Reinigungs- und Desinfektionsmaßnahmen wahrscheinlich nicht ausreichend wirksam durchgeführt worden sind. Die Übertragung von Salmonellen kann dadurch erklärt werden, daß diese Erreger nach Ablauf der Erkrankung auch ohne Infektionszeichen noch längere Zeit vorhanden sein können (sog. asymptomatische Ausscheider). Bei Mykobakterien ist eine relative Resistenz gegen Desinfektionsmittel bekannt. Meist hat die Benutzung von ungenügend wirksamen Desinfektionsmitteln, wie Benzalkoniumchlorid, Hexachlorophen, Cetrimid, Chlorhexidin und Alkohol, zu Erregerübertragungen geführt. Durch die unzureichende Desinfektion eines Bronchoskopes mit PVP-Jod (10 min) wurde bei einem Patienten M. tuberculosis übertragen. Bisher ist aber nur ein Fall bekannt geworden, bei dem durch eine Gastroskopie eine Hepatitis B-Virus-Übertragung stattgefunden hat, eine Übertragung von HIV ist bisher noch nicht beschrieben worden.

Erregerübertragung aus der unbelebten Umgebung. Die Herkunft von Pseudomonas sp., S. marcescens und atypischen Mykobakterien ist auf Wasserreservoire zurückzuführen [16]. Hauptursache für die Rekontamination der bereits desinfizierten Geräte mit diesen Erregern sind das nach den Reinigungs- und Desinfektionsmaßnahmen zum Nachspülen verwendete Wasser und die ungenügende Trocknung (s. Abschn. 33.2.3).

Ein ähnliches Problem besteht beim sog. Endo-Washer, einem Gerät, das eine Zusatzspülung über den Seitenspülkanal des Endoskopes durch den Untersucher mittels Fußbedienung ermöglicht. Das sterile Aqua dest. wird durch Schläuche geleitet, die über eine Pumpe laufen (wie beim Infusomaten). Die Schläuche lassen sich nicht entfernen und bilden ein Wasserreservoir mit der Möglichkeit einer Keimvermehrung bis zum nächsten Untersuchungstag. Zur Beseitigung dieses Problems muß die Möglichkeit geschaffen werden, die Schläuche zu entfernen und täglich aufzubereiten, z. B. thermisch zu desinfizieren.

Selbstverständlich muß zur Herstellung von Spüllösungen immer steriles Aqua dest. verwendet werden. Die Spülflasche muß sterilisiert oder zumindest thermisch desinfiziert werden (dabei auf eine ausreichende Trocknungszeit achten). Schließlich müssen auch die bei der Endoskopie benutzten Antibeschlagmittel steril sein. Bei der Anwendung dieser Lösungen darf es zu keiner Kontamination kommen, weil sich darin trotz Konservierungsmitteln Mikroorganismen vermehren können.

## 33.2
## Präventionsmaßnahmen

### 33.2.1
### Aufbereitungsverfahren

Folgende Verfahren stehen für die Endoskopaufbereitung zur Verfügung:
- manuelle Aufbereitung,
- sog. halbautomatische Aufbereitung im Desinfektionsautomaten, in dem nur der Teilschritt Desinfektion im geschlossenen System stattfindet,
- vollautomatische Reinigung und Desinfektion im Endoskopreinigungs- und Desinfektionsautomaten (ERD).

Die manuelle und die halbautomatische Desinfektion gelten als nicht sicher und nicht standardisierbar. Erfahrungen aus den Endoskopieabteilungen des Freiburger Universitätsklinikums und Untersuchungsergebnisse anderer Kliniken haben aber gezeigt, daß mit manueller Desinfektion bei korrekter Durchführung durch erfahrenes Personal einwandfreie Ergebnisse zu erzielen sind. Trotzdem ist schon allein aus Personalschutzgründen die maschinelle Desinfektion, wenn irgend möglich, zu bevorzugen. Die Vorteile der vollautomatischen Reinigung und Desinfektion von Endoskopen und Zubehör können folgendermaßen zusammengefaßt werden:
- Arbeitserleichterung und Zeitersparnis für das Personal,
- kein Desinfektionsmittelkontakt des Personals, deshalb kein Allergisierungsrisko,
- geringere Geruchsbelästigung (Abluftanschluß notwendig),
- standardisierte Aufbereitung.

Die Einschränkungen der maschinellen Aufbereitung sind:
- manuelle Vorreinigung bei allen Endoskopen und allen Maschinentypen weiterhin erforderlich,
- automatische Dichtigkeitsprüfung meist nicht vorhanden,
- kein ausreichendes Desinfektionsergebnis, wenn Hersteller nicht wirksame Desinfektionsmittel empfehlen (Gutachten nach DGHM-Kriterien erforderlich),
- Rekontamination der Endoskope durch das Spülwasser möglich, wenn das Wasser vorher nicht ausreichend desinfiziert (z. B. erhitzt) wurde,
- bei Einsatz von Sterilfiltern zur Verhinderung einer Rekontamination durch das Spülwasser regelmäßige Wartung der Filter notwendig,

- Rekontamination der Endoskope durch Selektion Glutaraldehyd-resistenter atypischer Mykobakterien [253],
- vollständige Trocknung nicht bei allen Maschinen gewährleistet,
- geringe Kapazität der Maschinen (max. zwei Endoskope gleichzeitig),
- Anschaffung mehrerer Geräte wegen der langen Betriebszeit der Maschine notwendig,
- hoher Energie-, Wasser- und Desinfektionsmittelverbrauch,
- hohe Anschaffungskosten.

Inzwischen gibt es auch Maschinen, die durch eine eingebaute UV-Anlage eine Desinfektion des Spülwassers erzielen, wodurch der Energieverbrauch gesenkt werden kann, weil auf das aufwendige Aufheizen des Spülwassers (90°C) und das anschließende Abkühlen auf 60°C verzichtet wird. Die Lebensdauer der UV-Lampe soll ca. 4000 Arbeitsstunden betragen bei einem Preis von derzeit ca. 420 DM. Fraglich bleibt aber, wie überprüft werden kann, ob die Strahlung noch ausreichend wirksam ist, da sich die Leistung der Lampe mit der Lebensdauer verringert und auch eine Biofilmbildung berücksichtigt werden muß.

Weitere mögliche Schwachstellen der Maschinen zeigte eine Untersuchung, bei der die vollautomatische, kaltchemische Endoskopdesinfektion mit der vollautomatischen chemothermischen Desinfektion verglichen wurde [320]. Die Endoskope wurden direkt nach Einsatz am Patienten untersucht, mit Kochsalz durchgespült oder es wurden Abstriche entnommen und nach der Desinfektion entweder kaltchemisch oder chemothermisch in den entsprechenden Automaten wieder untersucht. Bei beiden Maschinen war eine ungenügende Umspülung des Außenmantels zu bemängeln. Bei der kaltchemisch desinfizierenden Maschine war zudem das Trocknungsergebnis am Außenmantel ungenügend.

## 33.2.2
### Wichtige Voraussetzungen

Um eine zuverlässige Reinigung und Desinfektion der Endoskope zu erreichen, muß folgendes gewährleistet sein:
- Endoskope müssen wasserdicht, d.h. vollständig in die Lösung zu tauchen sein,
- Ventile müssen entfernt werden können,
- Antrocknen von organischem Material muß verhindert werden,
- auf die Vorreinigung der Kanäle mit einer flexiblen Bürste kann nicht verzichtet werden, auch dann nicht, wenn das Endoskop maschinell aufbereitet wird,
- Mittel und Verfahren müssen wirksam sein,
- es muß immer genau nach Plan mit der gleichen Sorgfalt gearbeitet werden.

Auch nach Einsatz eines Endoskops bei einem HBsAg-positiven Patienten sind bei korrekter Durchführung der üblichen Dekontaminationsmaßnahmen (s. Abschn. 33.2.3) zusätzliche Maßnahmen wie z.B. Gassterilisation nicht erforderlich.

Ältere, nicht wasserdichte Endoskope können nicht vollständig, sondern nur bis 5 cm unterhalb des Bedienungskopfes in eine Desinfektionslösung gehängt werden. Deshalb muß das Bedienungsteil anschließend noch mit 70%igem Alkohol abgewischt werden. Diese Geräte sollen so bald wie möglich gegen wasserdichte ausgetauscht werden.

## 33.2.3
## Aufbereitungsschritte

Da unzureichende Reinigungs- und Desinfektionsmaßnahmen die häufigsten Ursachen für die Übertragung von Mikroorganismen bei der Endoskopie sind, müssen sichere manuelle oder maschinelle Aufbereitungsverfahren zur Verfügung stehen, um Erregerübertragungen zu verhüten. Wichtig ist, daß Reinigung und Desinfektion nach jeder Endoskopie durchgeführt werden. Alle Schritte müssen sehr sorgfältig von gut ausgebildetem und motiviertem Personal durchgeführt werden. Ermöglicht wird dies durch Erarbeitung eines Reinigungs- und Desinfektionsstandards, durch eine genügende Anzahl von Endoskopen sowie entsprechend ausgebildetes Personal, das die Möglichkeit zu regelmäßiger Fortbildung hat. Außerdem müssen die räumlichen Bedingungen zumindest eine Aufteilung des Aufbereitungsraumes in eine reine und eine unreine Seite zulassen, wenn nicht sowieso zwei getrennte Räume vorhanden sind.

Reinigung. Ganz besonders wichtig ist eine gründliche Vorreinigung der Endoskope sofort nach ihrem Einsatz. Wenn die mechanische Vorreinigung, also insbesondere das manuelle Bürsten der Kanäle, nicht durchgeführt wird, ist der Desinfektionserfolg auch in einem ERD-Automaten nicht gewährleistet. Ob bei Verwendung der neuen Enzymreiniger doch auf die Bürstenreinigung verzichtet werden kann, ist derzeit noch ungeklärt. Nach Abschluß der Reinigungsmaßnahmen müssen die Kanäle getrocknet werden, damit es nicht zu einer Verdünnung des Desinfektionsmittels kommt.

Desinfektion. Wegen ihres breiten Wirkungsspektrums ist sowohl bei manueller als auch bei maschineller Aufbereitung der Einsatz aldehydhaltiger Präparate zu empfehlen. In der angloamerikanischen Literatur wird meist eine 2%ige alkalische Glutaraldehydlösung mit 20minütiger Einwirkzeit empfohlen [16]. Die geeigneten Desinfektionmittel mit den entsprechenden Einwirkzeiten sind der DGHM-Liste zu entnehmen, in der die nach den Richtlinien der Deutschen Gesellschaft für Hygiene und Mikrobiologie geprüften Desinfektionsmittel aufgeführt sind (s. Kap. 13, S. 201).
    Auch Peressigsäure ist zur Desinfektion geeignet und wird in einem Desinfektionsautomaten besonders in den USA eingesetzt [290, 299]. Nachteilig bei dem Gerät ist, daß die gesamte Vorreinigung manuell erfolgen muß. Peressigsäure ist nicht toxisch, pH-neutral, biologisch abbaubar, allerdings ist die Korrosivität auf Metallteile zu beachten (s. Kap. 13, S. 201).

Um Schädigungen am Instrumentarium zu vermeiden, müssen folgende Punkte beachtet werden:
- keine korrosiv wirkenden Mittel einsetzen,
- bei Kombination von Reinigungs- und Desinfektionsmittel muß die Verträglichkeit beider Mittel gesichert sein (täglicher Wechsel der Lösung erforderlich),
- auf korrekte Konzentration des Desinfektionsmittels achten,
- erforderliche Einwirkzeit einhalten,
- Standzeit bzw. Haltbarkeit der angesetzten Lösung beim Hersteller erfragen (richtet sich aber auch nach dem jeweiligen Verschmutzungsgrad).

**Gründe für die Unwirksamkeit eines Desinfektionsmittels oder -verfahrens**

- *Lücken im Wirkungsspektrum:*
  - z. B. bei quaternären Ammoniumverbindungen wie Benzalkoniumchlorid;
- *Unterdosierung:*
  - beispielsweise kann das vom Vorspülen des Endoskopes in den Kanälen zurückgebliebene Wasser die Konzentration der (korrekt dosierten) Desinfektionsmittellösung herabsetzen, weshalb die Kanäle immer getrocknet werden müssen, bevor das Endoskop in die Desinfektionslösung eingelegt wird;
- *zu kurze Einwirkzeiten:*
  - um z. B. Mykobakterien wirksam abzutöten, sind längere Einwirkzeiten (bei atypischen Mykobakterien bis zu 1 h) erforderlich;
- Dosierbehältnisse (Dosierautomaten) bzw. die Leitungen sind kontaminiert;
- bei Duodenoskopen kann der Desinfektionserfolg durch zurückgebliebene Kontrastmittelreste beeinträchtigt werden. Als wirksame Methode zu deren Beseitigung wird ein Durchspülen des Endoskopes mit 10%iger Natriumthiosulfatlösung empfohlen. Pro Kanal sollen dabei ca. 300 ml zum Spülen benutzt werden;
- *ERD-Automat reinigt und desinfiziert nur mangelhaft:*
  - wenn alle möglichen Fehlerquellen überprüft worden sind, wie z. B. Reinigungs-/Desinfektionsmitteldosierung, Wasserzufuhr oder evtl. Siebverstopfung, muß ein Techniker eingeschaltet werden. Es kann z. B. ein zu niedriger Wasserdruck oder ein zeitweiliger Druckabfall in der Wasserleitung vorliegen, oder die Maschine ist tatsächlich ungeeignet;
- Konstruktion der Endoskope macht eine Dekontamination unmöglich:
  - die Hersteller von Endoskopen und den entsprechenden ERD-Automaten sind hier aufgefordert, Verbesserungen zu erreichen.

Nachspülen. Eine weitere Kontaminationsgefahr besteht beim Nachspülen des Instruments mit kontaminiertem Wasser. Dies gilt in gleicher Weise für die manuelle wie für die maschinelle Aufbereitung. Da im Trinkwasser potentiell pathogene Erreger (gramnegative Wasserkeime) vorhanden sein können, muß immer frisches Wasser zum Spülen der Endoskope verwendet werden. Auch bei einigen ERD-Automaten ist die Rekontamination mit stagnierendem Wasser oder mit ungenügend erhitztem Wasser nicht auszuschließen. Erfolgt dann die anschließende Trocknung nicht oder nicht ausreichend lange, so daß das Endoskop innen feucht bleibt, kann es bis zum nächsten Tag zur erheblichen Vermehrung von Mikroorganismen kommen.

Problematisch sind auch die zur manuellen Aufbereitung verwendeten Spülwannen, die mit einer Pumpe ausgerüstet sind. Nach dem Entleeren der Wanne bleibt in den Schläuchen noch Wasser zurück, in dem sich Mikroorganismen vermehren können und so am nächsten Tag das frisch eingefüllte Wasser wieder kontaminieren. Strahlregler sollen im Bereich der Endoskopie von den Armaturen entfernt werden, da die Gefahr besteht, daß sich in den feinen Siebeinsätzen Wasserkeime ansiedeln und vermehren.

Gründliches Nachspülen ist unbedingt erforderlich, um toxische Reaktionen bei den Patienten durch Desinfektionsmittelreste im Endoskop auszuschließen. So wurde kürzlich über eine Glutaraldehydkolitis bei vier Patienten berichtet, für deren Auftreten Reste der Desinfektionslösung als Ursache verantwortlich gemacht werden konnten [459]. In drei Fällen waren die in den Kanälen des Koloskops verbliebenen und im vierten Fall die Desinfektionsmittelreste im nicht gründlich genug gespülten Schlauch zwischen Wasserflasche und Endoskop die Ursache für die Kolitis.

Trocknung. Die unvollständige Trocknung der Endoskope kann zur Gefährdung der am nächsten Tag untersuchten Patienten führen. Bei manueller Aufbereitung ist nur mit Druckluft eine gute Trocknung zu erreichen, die dadurch verbessert werden kann, daß die Kanäle mit z. B. 70%igem Alkohol durchgespült und anschließend mit Druckluft getrocknet werden [16]. Da die Laufzeit der ERD-Automaten relativ lang ist und im Verhältnis zu den vielen Untersuchungen meist zu wenig Endoskope zur Verfügung stehen, ist es in der täglichen Praxis üblich, die Endoskope nach Ablauf der automatischen Reinigung und Desinfektion ohne maschinelle Trocknungszeit, aber nach gründlicher Trocknung mit Druckluft beim nächsten Patienten einzusetzen. Aus hygienischer Sicht ist gegen dieses Verfahren nichts einzuwenden. Nach Programmende muß aber unbedingt die volle Trocknungszeit in der Maschine, üblicherweise 30 min, eingehalten werden, bevor die Endoskope bis zum nächsten Gebrauch in den Schrank gehängt werden.

Aufbewahrung. Endoskope sollen trocken, staubfrei und möglichst hängend aufbewahrt werden. Die angebotenen Spezialschränke oder entsprechende Anfertigungen bieten die ideale Lagerung. Die Aufbewahrung in Schubladen, eingepackt in ein sauberes Tuch, ist ebenfalls möglich. Benutzte Endoskope sollen vor ihrer Aufbereitung auf keinen Fall in den Transportkoffer zurückgelegt werden, um diesen nicht zu kontaminieren.

In Anhang A (S. 567) ist das Vorgehen bei der manuellen Reinigung und Desinfektion von flexiblen Endoskopen beschrieben, und in Anhang B (S. 568) ist das Aufbereitungsschema für starre Endoskope aufgeführt.

### 33.2.4
### Desinfektion oder Sterilisation

Bei allen endoskopischen Eingriffen, die nicht in sterilen Körperhöhlen durchgeführt werden, z. B. in der HNO, ist eine an die Reinigung anschließende Desinfektion ausreichend. Bei allen endoskopischen Eingriffen, bei denen die Durchtrennung der Haut und subkutaner Gewebsschichten erfolgt und/oder die Endoskope in physiologischerweise sterilen Körperhöhlen eingesetzt werden, wird der Einsatz von sterilen Endoskopen und Zubehör gefordert, obwohl dies aufgrund der praktischen Erfahrung nicht notwendig zu sein scheint [16, 88, 323]. Dies betrifft demnach z. B. folgende Eingriffe:
- Laparoskopie,
- Pelviskopie,
- PTC (perkutane transhepatische Cholangioskopie),
- Mediastinoskopie,
- Thorakoskopie,
- Amnioskopie,
- Arthroskopie,
- Zystoskopie,
- Ureterorenoskopie.

Die anschließende Sterilisation im Autoklaven soll nach Möglichkeit in einem Container erfolgen. Dabei müssen die Herstellerempfehlungen beachtet werden: Üblicherweise wird eine Temperatur von 134°C angewendet, da bei 121°C durch die wesentlich längere Temperatureinwirkung das Instrument geschädigt werden könnte. Das gesamte Zubehör, wie Lichtleitkabel, Insufflationsschlauch, Biopsiezangen etc., muß nach jeder Untersuchung autoklaviert werden.

Da nur bei der neuen Generation von starren Endoskopen eine Sterilisation auch der Optiken im Autoklaven möglich ist, wurde bisher die Gassterilisation als schonende Methode für Optiken und alle thermolabilen Instrumente angewendet. Vor- und Nachteile der Sterilisationsverfahren mit Gas oder Niedrigtemperaturplasma sind in Kap. 13, S. 201 und Kap. 41, S. 639 aufgeführt.

In den angloamerikanischen Ländern wird auch für Eingriffe in sterilen Körperhöhlen die sog. „High-level-Desinfektion" (s. Kap. 13, S. 201) zur Desinfektion für Endoskope empfohlen, wenn die Möglichkeit der Sterilisation nicht gegeben ist [16, 88, 323]. Es wird dazu eine 2%ige alkalische Glutaraldehydlösung mit mindestens 20minütiger Einwirkzeit benutzt. Wichtig für die Bereitstellung eines auf diese Art desinfizierten Instruments ist, daß alle anderen Materialien steril sind. Folgendes Vorgehen ist dabei erforderlich:

- Endoskop mit sterilen Handschuhen aus der Desinfektionslösung nehmen,
- anschließend in eine sterilisierte Wanne, gefüllt mit sterilem Aqua dest., legen,
- gründliches Spülen mit sterilem Aqua dest., dabei Kanäle mit steriler Spritze mehrmals durchspülen, Außenseite mit feuchter steriler Kompresse gründlich abwischen,
- mit sterilem Tuch oder Kompresse vollständig abtrocknen,
- Kanäle mit Luft (sterile Spritze benutzen) trockenblasen,
- wenn das Instrument nicht gleich eingesetzt wird, kann es kurzfristig in einem sterilen Behälter mit Deckel aufbewahrt werden.

## 33.2.5
### Bakteriologische Überprüfung von flexiblen Endoskopen

Bei der manuellen und der maschinellen Aufbereitung von Endoskopen muß der Desinfektionserfolg z. B. 4- bis 6mal jährlich überprüft werden (Anhang C, S. 569). Bei positiven Befunden ist eine Fehlersuche erforderlich.

Validierung. In Deutschland ist beabsichtigt, die Produktkontrolle (Überprüfung der Endoskope) durch die Prozeßkontrolle (Testung des maschinellen Verfahrens) zu ersetzen („Arbeitskreis Endoskopie") [12]. Dazu sollen als Prüfkörper 2 m lange Teflonschläuche mit einem Innendurchmesser von 2,0 mm eingesetzt werden, mit dem für die jeweilige Maschine passenden Anschlußstück. Dieser Prüfkörper dient als Modell für den Instrumentierkanal und soll mit E. faecium $1 \cdot 10^9$ KBE/ml in heparinisiertem Hammelblut kontaminiert werden. Nach Beendigung der Reinigung und Desinfektion wird beim letzten Spülgang noch vor Beginn der Trocknungsphase der Prüfkörper entnommen und im mikrobiologischen Labor untersucht. Es muß eine Reduktion von mindestens 5 log10-Einheiten nachgewiesen werden. Das Spülwasser soll vor dem letzten Abpumpen der letzten Spülphase entnommen und ebenfalls mikrobiologisch überprüft werden. Der Maschinenhersteller soll dabei sicherstellen, daß eine Probenentnahme bei geschlossener Maschine möglich ist. Die angestrebte Validierbarkeit ist aber sicherlich in dieser Form nicht möglich, da Endoskope von Hersteller zu Hersteller einen völlig unterschiedlichen Aufbau und Innendurchmesser der Kanäle aufweisen können.

Der Arbeitskreis hat ganz entscheidende Punkte zur Verbesserung der Wiederaufbereitung bzw. zur Infektionsverhütung festgelegt und sich z. B. für die vollautomatische Aufbereitung als das Verfahren der Wahl ausgesprochen, wobei ein Mindestspüldruck von 0,5 bar erreicht werden soll, damit eine optimale Reinigung erfolgen kann. Bei der Empfehlung, zur manuellen Aufbereitung steriles Wasser oder sterilfiltriertes Wasser zu benutzen, muß jedoch noch einmal auf die spezielle Problematik hingewiesen werden. Auf Sterilfilter kann man sich ohne ständige Überprüfung nicht verlassen. Die Benutzung von sterilem Wasser aus der Flasche birgt ferner die Gefahr, daß zu

„sparsam" damit umgegangen wird, d. h. nicht gründlich genug gespült wird und Aldehydreste am Endoskop verbleiben, die den nächsten Patienten gefährden können.

Die Empfehlung, die manuelle Aufbereitung abzuschaffen sowie die Forderung, die „Kaltsterilisation" nicht einzusetzen, wenn der Einsatzort des Endoskopes Sterilität fordert, wird sicherlich in absehbarer Zeit aufgrund der damit zusammenhängenden hohen Kosten nicht von allen Kliniken und Praxen erfüllt werden können. Die Plasmasterilisation der Endoskope wäre als umweltfreundliches, nicht toxisches und schnelles Verfahren eine Möglichkeit, der generellen Forderung nach Sterilität nachzukommen.

## 33.2.6
### Endoskopisches Zubehör

Grundsätzlich sollte man bei der Beschaffung von Endoskopiezubehör auf die Wiederverwendbarkeit achten. Daraus ergibt sich, daß gute Reinigungs-, Desinfektions- und Sterilisationsmöglichkeiten gegeben sein müssen, d.h. das Zubehör muß mit thermischen Verfahren desinfizierbar bzw. sterilisierbar sein. Das meiste Endoskopiezubehör ist wiederaufbereitbar. Eine gründliche Vorreinigung vor der Desinfektion bzw. Sterilisation ist auch hierbei unerläßlich. Einige Teile sind nur schwer zu reinigen, deshalb ist der Einsatz eines Ultraschallgerätes empfehlenswert. Nach Möglichkeit sollte alles Zubehör mit Dampf sterilisiert werden, z. B. Biopsiezangen und Zytologiebürsten. Die Sterilisation der Wasserflasche und deren Anschlußschlauch zur Spülung der Optik ist täglich durchzuführen.

Einweginstrumente sind nicht erforderlich, da genügend gleichwertige wiederverwendbare zur Verfügung stehen. Bei Neuentwicklungen ist von den Herstellern zu fordern, auf die Wiederverwendbarkeit, d.h. auch auf Zerlegbarkeit der Instrumente, die zur korrekten Aufbereitung entscheidend ist, zu achten.

## 33.2.7
### Personalschutz

Die im Kap. 23, S. 391 aufgeführten Standardhygienemaßnahmen sind auch bei den endoskopischen Untersuchungen anzuwenden. Handschuhe und Schutzkittel sollen bei allen Untersuchungen getragen werden. Wenn die Gefahr besteht, daß Blut und andere Körperflüssigkeiten verspritzt werden, sind Mund-Nasen-Schutz und Schutzbrille zu tragen. Für einige Untersuchungen sind feuchtigkeitsabweisende Kittel empfehlenswert. Für die Aufbereitung der Endoskope sollen Einmalhandschuhe und ein Schutzkittel oder eine waschbare Schürze getragen werden, da besonders beim Bürsten die Gefahr der Kontamination der Kleidung besteht. Ausführliche Hinweise zum Personalschutz finden sich in Kap. 18, S. 293.

## 33.2.8
## Reinigungs- und Desinfektionsmaßnahmen

Die in Endoskopieabteilungen erforderlichen Reinigungs- und Desinfektionsmaßnahmen von Flächen und Gegenständen sind in Reinigungs- und Desinfektionsplan 33.1 zusammengestellt.

**Reinigungs- und Desinfektionsplan 33.1.** Endoskopie

| Was | Wann | Womit | Wie |
|---|---|---|---|
| Händereinigung | bei Betreten bzw. Verlassen des Arbeitsbereiches, vor und nach Patientenkontakt | Flüssigseife aus Spender | Hände waschen, mit Einmalhandtuch abtrocknen |
| Hygienische Händedesinfektion | z.B. *vor* jeder Endoskopie, Injektionen, Blutabnahmen, Anlage von Blasen- und Venenkathetern, *nach* Kontamination[1] (bei grober Verschmutzung vorher Hände waschen), nach Ausziehen der Handschuhe | (alkoholisches) Händedesinfektionsmittel | ausreichende Menge entnehmen, damit die Hände vollständig benetzt sind, verreiben bis Hände trocken sind **kein Wasser zugeben** |
| Chirurgische Händedesinfektion | vor operativen Eingriffen, z.B. Laparoskopie, Pelviskopie | 1. (alkoholisches) Händedesinfektionsmittel: Hände und Unterarme 1 min waschen und dabei Nägel und Nagelfalze bürsten, anschl. Händedesinfektionsmittel während 3 min portionsweise auf Händen und Unterarmen verreiben 2. PVP-Jodseife: Hände und Unterarme 1 min waschen und dabei Nägel und Nagelfalze bürsten, anschl. 4 min waschen, unter fließendem Wasser abspülen, mit **sterilem** Handtuch abtrocknen | |
| Hautdesinfektion | vor Punktionen usw. | z.B. (alkoholisches) Hautdesinfektionsmittel **oder** PVP-Jod-Alkohol-Lösung | sprühen – wischen – sprühen – wischen *Dauer:* 30 sec |
| | vor invasiven Eingriffen mit besonderer Infektionsgefährdung (z.B. Laparoskopie, Pelviskopie) | | mit sterilen Tupfern mehrmals auftragen und verreiben *Dauer:* 3 min |
| | vor Anlage von intravasalen Kathetern | | mit sterilen Tupfern mehrmals auftragen und verreiben *Dauer:* 1 min |

**Reinigungs- und Desinfektionsplan 33.1.** (Fortsetzung)

| Was | Wann | Womit | Wie |
|---|---|---|---|
| **Schleimhaut-desinfektion** | z.B. vor Anlage von Blasenkathetern | PVP-Jodlösung **ohne** Alkohol | unverdünnt auftragen *Dauer:* 30 sec |
| **Instrumente** | nach Gebrauch | Reinigungs- und Desinfektionsautomat **oder** ERD[2], verpacken, autoklavieren **oder** in Instrumentenreiniger einlegen, reinigen, abspülen, trocknen, verpacken, autoklavieren, *bei Verletzungsgefahr:* Zusatz von (aldehydischem) Instrumenten desinfektionsmittel | |
| **Standgefäß mit Kornzange** | 1mal täglich | reinigen, verpacken, autoklavieren (bei Verwendung kein Desinfektionsmittel in das Gefäß geben) | |
| **Trommeln** | 1mal täglich nach Öffnen (Filter regelmäßig wechseln) | reinigen, autoklavieren | |
| **Thermometer** | nach Gebrauch | Alkohol 60–70% | abwischen |
| **Blutdruck-manschette** Kunststoff | nach Kontamination[1] | mit (aldehydischem) Flächendesinfektionsmittel, bzw. Alkohol 60–70% abwischen, trocknen **oder** Reinigungs- und Desinfektionsautomat **oder** ERD[2] | |
| Stoff | | in Instrumentenreiniger einlegen, abspülen, trocknen, autoklavieren **oder** Reinigungs- und Desinfektionsautomat **oder** ERD[2] | |
| **Stethoskop** | bei Bedarf und nach Kontamination | Alkohol 60–70% | abwischen |
| **Sauerstoff-anfeuchter** Gasverteiler, Wasserbehälter | alle 48 h bzw. ohne Aqua dest. alle 7 Tage | Reinigungs- und Desinfektionsautomat, trocken und staubfrei aufbewahren **oder** reinigen, trocknen, autoklavieren (Flowmeter mit Alkohol 60–70% abwischen) | |
| **Verbindungs-schlauch, Masken** | bei Patientenwechsel **oder** alle 48 h | Reinigungs- und Desinfektionsautomat, trocken und staubfrei aufbewahren | |
| **Starre Endoskope** | nach Gebrauch | in Instrumentenreiniger einlegen, reinigen, abspülen, trocknen, verpacken, autoklavieren **oder** nach der Reinigung in (aldehydische) Desinfektionslösung (nach Herstellerangaben) einlegen, s. Anhang B, S. 568 | |

Prävention von Infektionen bei der Endoskopie 565

**Reinigungs- und Desinfektionsplan 33.1.** (Fortsetzung)

| Was | Wann | Womit | Wie |
|---|---|---|---|
| **Flexible Endoskope** | nach Gebrauch | (ERD)[2] oder nach der Reinigung in (aldehydische) Desinfektionslösung (nach Herstellerangaben) einlegen, s. Anhang S. 567 | trocken, staubfrei und hängend aufbewahren, z.B. Schrank |
| **Instrumente, Biopsiezangen, Schlingen, Mundstücke etc.** | nach Gebrauch | Reinigungs- und Desinfektionsautomat oder ERD[2], autoklavieren oder in Instrumentenreiniger einlegen, abspülen, trocknen, verpacken, autoklavieren | |
| **Absauggefäße inkl. Verschlußdeckel und Verbindungsschläuche** | 1mal täglich oder bei Patientenwechsel | Reinigungs- und Desinfektionsautomat oder ERD[2] oder Glas- bzw. Plastikgefäß mit (aldehydischem) Flächendesinfektionsmittel befüllen, und außen mit der Lösung abwischen, Verschlußdeckel und Verbindungsschlauch in Flächendesinfektionslösung einlegen, abspülen, trocknen | |
| **Arbeitsfläche** | 1mal täglich nach Kontamination[1] | (aldehydisches) Flächendesinfektionsmittel | abwischen |
| **Untersuchungsliege/-tisch** | 1mal täglich | umweltfreundlicher Reiniger | abwischen |
| | nach Kontamination[1] | (aldehydisches) Flächendesinfektionsmittel | |
| **OP-Leuchte** | 1mal täglich | umweltfreundlicher Reiniger | abwischen |
| | nach Kontamination[1] | (aldehydisches) Flächendesinfektionsmittel | |
| **Wäsche-/ Abfallwagen** | 1mal täglich | umweltfreundlicher Reiniger | abwischen |
| **Geräte, Mobiliar** | 1mal täglich | umweltfreundlicher Reiniger | abwischen |
| | nach Kontamination[1] | (aldehydisches) Flächendesinfektionsmittel | |
| **Waschbecken** | 1mal täglich | umweltfreundlicher Reiniger | reinigen |
| **Strahlregler** | 1mal pro Woche | Reinigungs- und Desinfektionsautomat oder ERD[2] oder unter fließendem Wasser reinigen Strahlregler vollständig von den Wasserhähnen entfernen, an denen Wasser zum Nachspülen der Endoskope entnommen wird | |

**Reinigungs- und Desinfektionsplan 33.1.** (Fortsetzung)

| Was | Wann | Womit | Wie |
|---|---|---|---|
| **Nagelbürsten** | nach Gebrauch | Reinigungs- und Desinfektionsautomat **oder** in Instrumentenreiniger einlegen, abspülen, trocknen, autoklavieren | |
| **Steckbecken, Urinflaschen** | nach Gebrauch | Steckbeckenspülautomat | |
| **Fußboden** | 1mal täglich | umweltfreundlicher Reiniger | hausübliches Reinigungssystem |
| | nach Kontamination[1] | (aldehydisches) Flächendesinfektionsmittel | |
| **Abfall,** bei dem Verletzungsgefahr besteht (z.B. Skalpelle, Kanülen) | direkt nach Gebrauch (bei Kanülen **kein Recapping**) | Entsorgung in leergewordene, durchstichsichere und festverschließbare Kunststoffbehälter | |

[1] Kontamination: Kontakt mit (potentiell) infektiösem Material.
[2] ERD: Endoskop-Reinigungs- und Desinfektionsautomat (mit Desinfektionsmittelzusatz).

*Anmerkungen:*
- Nach Kontamination mit potentiell infektiösem Material (z. B. Sekreten oder Exkreten) immer sofort gezielte Desinfektion der Fläche,
- Beim Umgang mit Desinfektionsmitteln immer mit Haushaltshandschuhen arbeiten (Allergisierungspotential),
- Ansetzen der Desinfektionsmittellösung nur in kaltem Wasser (Vermeidung schleimhautreizender Dämpfe),
- Anwendungskonzentrationen beachten,
- Einwirkzeiten von Instrumentendesinfektionsmitteln einhalten,
- Standzeiten von Instrumentendesinfektionsmitteln nach Herstellerangaben (wenn Desinfektionsmittel mit Reiniger angesetzt wird, täglich wechseln),
- Zur Flächendesinfektion nicht sprühen, sondern wischen,
- Nach Wischdesinfektion, Benutzung der Flächen, sobald wieder trocken,
- Benutzte, d.h. mit Blut etc. belastete Flächendesinfektionsmittellösung mindestens täglich wechseln,
- Haltbarkeit einer unbenutzten dosierten Flächendesinfektionsmittellösung (z. B. 0,5%ig) in einem verschlossenen (Vorrats-)Behälter (z. B. Spritzflasche) nach Herstellerangaben (meist 14–28 Tage),
- Reinigungs- und Desinfektionsautomat: 75°C, 10 min (ohne Desinfektionsmittelzusatz).

## Anhang A: Manuelle Reinigung und Desinfektion von flexiblen Fiberendoskopen

→ immer mit Handschuhen arbeiten

- *Reinigung*
  - sofort nach der Untersuchung den Außenmantel des Endoskopes mit Zellstoff säubern,
  - alle Kanäle mit Wasser durchsaugen oder -spülen,
  - danach Außenmantel mit Reinigungslösung (lt. Herstellerangaben) abwaschen,
  - Instrumentier- und Saugkanal mit flexibler Bürste reinigen und mit der Reinigungslösung durchsaugen oder -spülen,
  - mit weicher Bürste Distalende reinigen,
  - Luft-/Spülkanal über Trompetenventil mit Wasser freispülen, ebenso Instrumentier-/Saugkanal,
  - alle Kanäle mit Druckluft oder einer Spritze freiblasen oder freisaugen,
  - Ventilgewinde mit aldehydischer Instrumentendesinfektionslösung (Konzentration und Einwirkzeit nach Herstellerangaben) und Stieltupfer auswischen.

- *Desinfektion*

→ nicht wasserdichte Endoskope
  - Einführungsteil bis 5 cm unterhalb des Bedienungskopfes in aldehydische Desinfektionslösung (nach Herstellerangaben) hängen,
  - alle Kanäle mit Desinfektionslösung füllen (mit Spezialadapter und Spritzen),
  - Spritzen während der Desinfektion angeschlossen lassen oder Schlauch abklemmen (sonst Absinken des Flüssigkeitsspiegels);

→ wasserdichte Endoskope
  - vollständig in aldehydische Desinfektionslösung (nach Herstellerangaben) einlegen, Kanäle mit Spezialadapter und Spritzen füllen,
  - alle Ventile und Gummikappen in die Desinfektionslösung einlegen,
  - Schutzkappe am Distalende (falls vorhanden) entfernen und ebenso in Desinfektionslösung einlegen.

- *Bereitstellung*
  - Außenmantel und alle Kanäle gründlich mit Leitungswasser, aus Hähnen ohne Strahlregler, von Desinfektionsmittellösung freispülen,
  - alle Kanäle mit Druckluft trocknen,
  - anschließend alle Kanäle mit z.B. 70%igem Alkohol durchspülen und wieder mit Druckluft trocknen,
  - nach Trocknung des Außenmantels und Bedienungskopfes diese mit z.B. 70%igem Alkohol abreiben,
  - Ventile, Gummikappe und evtl. Schutzkappe trocken einsetzen.

- *Aufbewahrung*
  - staubfrei und trocken.
- Bei Tuberkulose, Hepatitis B etc., HIV-Infektion, Salmonellose, Yersinieninfektion, Shigellenruhr etc. sollen nur Endoskope verwendet werden, die vollständig in Desinfektionsmittellösung eingelegt bzw. vollautomatisch desinfiziert werden können.
- *Hilfsinstrumente*
Sämtliches Endoskopiezubehör, wie flexible Bürsten, Biopsie-Zangen, Diathermieschlingen usw., müssen sorgfältig gereinigt (z.B. im Ultraschallbad) und nachfolgend autoklaviert oder plasmasterilisiert werden. Die Ansätze von Druckluft und Wasserpistole müssen ebenfalls in die Desinfektionslösung eingelegt werden.
- *Spritzen, die zur Desinfektion verwendet wurden*
  - nach Programmende thermisch desinfizieren
  oder
  - zerlegt in die Instrumentendesinfektionslösung legen.

Haltbarkeit der Instrumentendesinfektionslösung beim Hersteller erfragen.

## Anhang B: Aufbereitung von starren Endoskopen

→ immer mit Handschuhen arbeiten

- *Reinigung*
  - nach der Untersuchung das Endoskop mit Zellstoff säubern,
  - Endoskop (inkl. Optik) nach Herstellerangaben in seine Einzelteile zerlegen
  - in Reinigungslösung einlegen (vom Hersteller empfohlenes Reinigungsmittel benutzen) und alle vorhandenen Kanäle mit einer Spritze mit der Lösung vollständig füllen,
  - Kanäle mit Bürste reinigen, mit Wasser durchspülen, innen mit Druckluft und außen mit einem sauberen Tuch trocknen.
- *Sterilisation*
  - Geräteteile mit Pflegeöl behandeln und nach Herstellerangaben im Container autoklavieren oder plasmasterilisieren,
  - Lichtleitkabel, Insufflationsschlauch, Biopsiezangen etc. nach jeder Untersuchung autoklavieren oder plasmasterilisieren.

Falls die Sterilisation des Endoskopes nicht möglich ist, muß folgendes Desinfektionsverfahren durchgeführt werden:

- *Desinfektion*
  - Endoskop (inkl. Optik) in aldehydisches Instrumentendesinfektionsmittel einlegen (Konzentration und Einwirkzeit nach Herstellerangaben), Kanäle mit einer Spritze mit der Desinfektionslösung vollständig füllen,

- *Bereitstellung*
  → **Bei Eingriffen in sterilen Körperhöhlen**
    - alle Materialien müssen steril sein,
    - desinfiziertes Material mit sterilen Handschuhen aus der Desinfektionslösung nehmen und direkt in eine sterilisierte Wanne, gefüllt mit sterilem Aqua dest., legen,
    - gründliches Spülen mit Aqua dest., Außenseite mit steriler Kompresse mehrmals abwischen, Kanäle mit steriler Spritze mehrmals durchspülen,
    - mit sterilem Tuch oder steriler Kompresse vollständig abtrocknen,
    - Kanäle mit Luft trocken blasen (dazu sterile Spritze benutzen),
    - Aufbewahrung im sterilisierten Behälter mit Deckel;
  
  → **Bei Eingriffen in nicht sterilen Körperhöhlen (z. B. HNO)**
    - mit Aqua dest. oder Leitungswasser (aus Hähnen ohne Strahlregler) freispülen,
    - mit sauberem Tuch oder Kompresse gründlich trocknen,
    - mit z. B. 70%igem Alkohol abwischen,
    - in einem Behälter mit Deckel aufbewahren (Behälter mit Alkohol auswischen).

- *Aufbereitung des Endoskopzubehörs*
    - Lichtleitkabel: mit z. B. 70%igem Alkohol abwischen,
    - Biopsiezange etc.: nach Gebrauch reinigen, anschließend autoklavieren oder plasmasterilisieren,
    - Reinigungsbürsten: täglich thermisch desinfizieren oder autoklavieren.

## Anhang C: Bakteriologische Überprüfung von flexiblen Endoskopen

- Abstriche (mit sterilen Wattetupfern, befeuchtet mit Nährbouillon mit Enthemmer oder NaCl 0,9% oder Aqua dest.)
    - Außenmantel,
    - Distalende,
    - Gewinde der Distalschutzkappe,
    - alle Kanaleingänge (Absaug-, Luft-/Wasser-, Instrumentierkanal) und dazugehörige Verschlußkappen bzw. Ventile (innen);
- Durchspülen aller Kanäle mit Nährbouillon mit Enthemmer oder NaCl 0,9% oder Aqua dest.
    - Instrumentier- und Seitenspülkanal mit 20 ml-Spritze durchspülen und in sterilem Gefäß auffangen,
    - sterile Lösung durch den Saugkanal ansaugen und im sterilen Röhrchen eines Endotrachealsaugsatzes auffangen oder den Kanal mit einer 20 ml-Spritze durchspülen,

- steriles Aqua dest. aus der Spülflasche durch den Luft-/Wasserkanal ansaugen und in sterilem Gefäß auffangen.
- Aqua dest.-Probe aus der Spülflasche entnehmen

Bei der Überprüfung von starren Endoskopen wird entsprechend vorgegangen.

> **!** Grundsätzlich sollen bei manueller Aufbereitung mit Leitungswasser Strahlregler mit Siebeinsatz entfernt werden. Falls es ohne Strahlregler aber zu stark spritzt, ist z. B. ein Modell mit sternförmig angeordneten Lamellen zu bevorzugen. Diese Strahlregler sollen wöchentlich gereinigt werden, z. B. in der Spülmaschine.

# 34 Prävention von Infektionen in der Radiologie

I. Kappstein

> **EINLEITUNG**
>
> Die moderne Radiologie umfaßt weit mehr als die lange Zeit ausschließlich angewendeten klassischen und neueren bildgebenden Verfahren. Heutzutage gibt es eine Vielzahl invasiver radiologischer Methoden, die sowohl für diagnostische Zwecke, aber auch – besonders in den letzten Jahren – für Interventionen eingesetzt werden, wodurch z.T. konventionelle operative Eingriffe überflüssig werden. Invasive Verfahren spielen somit auch in der Radiologie eine immer größere Rolle. Dadurch steigt prinzipiell auch das Infektionsrisiko, weshalb in der Radiologie sowohl Standardhygienemaßnahmen, wie Händehygiene oder Gerätedesinfektion, aber auch komplexere Hygienemaßnahmen ähnlich wie bei operativen Eingriffen von Bedeutung sind.

## 34.1
## Invasive radiologische Verfahren

### 34.1.1
### Radiologische Maßnahmen im Bereich des Gefäßsystems

Radiologische Untersuchungen und Interventionen im Bereich des Gefäßsystems werden sowohl von Radiologen als auch von Kardiologen durchgeführt.

Konventionelle Angiographie. Bei einfachen angiographischen Eingriffen ist das Infektionsrisiko sehr gering [373]. Dies gilt ebenso für die Koronarangiographie. Nur selten wurde über Bakteriämien im Zusammenhang mit solchen Einriffen berichtet, aber auch Infektionen an der Kathetereinstichstelle sind extrem selten.

Interventionelle Angiographie. In den 80er Jahren kam es zu einer raschen Entwicklung invasiver radiologischer Verfahren mit Eingriffen, für die zuvor eine klassische Operation erforderlich gewesen wäre. Dazu gehören neben Gefäßdilatationen die Anlage intravaskulärer Stents sowie Embolisationen. Lediglich bei der

Embolisation v. a. im Bereich der Leber und Milz wurde gelegentlich über gehäufte Infektionen mit Abszessen und Sepsis berichtet [373]. Die Infektionsfrequenz ließ aber nach, als das Ausmaß der Embolisation der betroffenen Organe reduziert und gleichzeitig auf strenges Einhalten einer aseptischen Technik und die Durchführung einer Antibiotikaprophylaxe geachtet wurde.

## 34.1.2
## Interventionelle radiologische Verfahren außerhalb des Gefäßsystems

Neben den Maßnahmen am Gefäßsystem werden mit radiologischen Methoden eine Reihe von Eingriffen durchgeführt, für die sonst nur ein chirurgischer Zugang möglich wäre. Dazu gehören beispielsweise perkutane Biopsien, die durch ein bildgebendes Verfahren, z. B. Computertomogramm, gesteuert werden. Diese sehr häufig durchgeführten Eingriffe sind nur mit einem sehr geringen Infektionsrisiko verbunden [373]. Im Gegensatz dazu sind infektiöse Komplikationen nach perkutaner Drainage von Abszessen im Bereich innerer Organe erwartungsgemäß häufiger. Ähnlich ist die Infektionsproblematik im Zusammenhang mit der perkutanen transhepatischen Drainage (PTD) der Gallenwege zu sehen, da ein solcher Eingriff zum einen fast nur bei Patienten mit Malignomen, also bei Risikopatienten, vorgenommen wird, zum anderen bei diesen Patienten meist zumindest eine bakterielle Besiedlung der Gallenwege, wenn nicht sogar eine Cholangitis vorliegt. Im Zusammenhang mit derartigen Eingriffen wurde hauptsächlich über Sepsisfälle berichtet (bei ca. einem Drittel der Patienten) [373]. Bei konventionellem chirurgischen Vorgehen beträgt jedoch die Sepsishäufigkeit bis zu 50% [373]. Andere Maßnahmen an den Gallenwegen, wie z. B. transhepatische Cholangiographie, Stentimplantation oder Steinentfernung, haben ein vergleichbar hohes Risiko wie die PTD. Perkutane Eingriffe am Urogenitaltrakt, hauptsächlich zur Entlastung bei Malignom-bedingter Obstruktion oder zur Entfernung von Strikturen bzw. Steinen, haben eine geringere infektiöse Komplikationsrate, z. B. Pyelonephritis oder Ausdehnung einer Pyonephrose, als die vergleichbaren Eingriffe an den Gallenwegen [373].

Systematische Untersuchungen zum Infektionsrisiko bei radiologischen Eingriffen außerhalb des Gefäßsystems gibt es kaum. Es herrscht aber die Auffassung vor, daß die Beachtung einer streng aseptischen Technik maßgebend bei der Verhütung infektiöser Komplikationen ist. Das bedeutet, daß Arbeitsbedingungen geschaffen werden müssen, die denen eines chirurgischen Eingriff vergleichbar sind. Dies gilt zum einen für die Vorbereitung des Eingriffs wie auch für das Verhalten des Personals während des Eingriffs. Ob eine prophylaktische Antibiotikagabe bei den Maßnahmen mit einem relativ hohen Infektionsrisiko, z. B. bei transhepatischen Eingriffen, zusätzlich zu einer Reduktion der Infektionen beiträgt, ist nicht geklärt. In manchen Untersuchungen fand sich allerdings ein positiver Effekt [373]. Ähnlich wie bei der infektiösen Komplikationsrate nach chirurgischen Eingriffen ist auch bei radiologischen Eingriffen die Erfahrung des Teams von großer Bedeutung bei der Reduktion von Infektionen.

## 34.1.3
## Myelographie

Das Infektionsrisko bei der Myelographie ist sehr gering; es wurde jedoch immer wieder von Meningitisfällen verursacht durch vergrünende Streptokokken berichtet [106, 373, 448]. Ähnlich wie bei der Spinalanästhesie (s. Kap. 25, S. 447) besteht offenbar das Risiko, daß Keime aus der Nasen-Rachen-Flora des Untersuchers in den Liquorraum gelangen und dann zu einer Infektion führen können. Deshalb ist die wichtigste Maßnahme zum Schutz vor solchen Infektionen, daß das direkt an der Untersuchung beteiligte Personal so wenig wie möglich spricht oder eine Maske anlegt, die jedoch keinen absoluten Schutz vor der Freisetzung respiratorischer Tröpfchen bietet, v. a. wenn gesprochen wird.

## 34.1.4
## Radiologische Verfahren im Bereich des Gastrointestinaltraktes

Kontrasteinläufe. Im Zusammenhang mit Kontrasteinläufen wurde mehrfach über Kontaminationen der benötigten Gegenstände, aber auch über Infektionsübertragungen auf Patienten berichtet, z. B. Ausbrüche mit S. typhi, Poliovirus bzw. Amöben [373]. Deshalb muß sämtliches Zubehör für Kontrasteinläufe entweder sicher, am besten thermisch, desinfizierbar sein oder als Einmalmaterial verwendet werden.

Bei Kontrasteinläufen kommt es nicht selten (zwischen 11 und 23%) zu asymptomatischen Bakteriämien, die aber fast immer transient und nur von kurzer Dauer (max. 30 min) sind [373]. Lediglich bei Patienten mit einem hohen Endokarditisrisiko, z. B. nach einem Klappenersatz, besteht eine Gefährdung durch eine Bakteriämie, weshalb eine Antibiotikaprophylaxe für erforderlich gehalten wird.

## 34.2
## Hygienemaßnahmen

## 34.2.1
## Allgemeine Hygienemaßnahmen

In radiologischen Abteilungen werden täglich eine Vielzahl stationärer, aber auch ambulanter Patienten versorgt. Der Kontakt des Personals mit den Patienten ist unterschiedlich intensiv und reicht vom direkten Hautkontakt hauptsächlich über die Hände des Personals bis hin zum indirekten Kontakt über sterile Gegenstände z. B. mit dem Gefäßsystem, Körperhöhlen oder inneren Organen. Kenntnisse in der aseptischen Technik wie auch „einfache" Hygienemaßnahmen müssen dem Personal deshalb geläufig sein (s. Kap. 23, S. 391, Kap. 24, S. 429, Kap. 25, S. 447). Ein Beispiel für einen Reinigungs- und Desinfektionsplan für radiologische Abteilungen zeigt Reinigungs- und Desinfektionsplan 34.1. Da bei der Häufigkeit invasiver Verfahren in der modernen Radiologie eine Blutexposition oft vorkommt, muß das Personal über die entsprechenden Vorsichtsmaßnahmen und das Verhalten bei Zwischenfällen mit ungeschütztem Blutkontakt informiert sein (s. Kap. 15, S. 231, Kap. 18, S. 293).

**Reinigungs- und Desinfektionsplan 34.1.** Radiologie

| Was | Wann | Womit | Wie |
|---|---|---|---|
| Händereinigung | bei Betreten bzw. Verlassen des Arbeitsbereiches, vor und nach Patientenkontakt | Flüssigseife aus Spender | Hände waschen, mit Einmalhandtuch abtrocknen |
| Hygienische Händedesinfektion | z.B. *vor* Verbandswechsel, Injektionen, Blutabnahmen, Anlage von Blasen- und Venenkathetern, *nach* Kontamination[1] (bei grober Verschmutzung vorher Hände waschen), nach Ausziehen der Handschuhe | (alkoholisches) Händedesinfektionsmittel | ausreichende Menge entnehmen, damit die Hände vollständig benetzt sind, verreiben bis Hände trocken sind **kein Wasser zugeben** |
| Chirurgische Händedesinfektion | vor OP-ähnlichen Eingriffen | | 1. (alkoholisches) Händedesinfektionsmittel: Hände und Unterarme 1 min waschen und dabei Nägel und Nagelfalze bürsten, anschl. Händedesinfektionsmittel während 3 min portionsweise auf Händen und Unterarmen verreiben<br>2. PVP-Jodseife: Hände und Unterarme 1 min waschen und dabei Nägel und Nagelfalze bürsten, anschl. 4 min waschen, unter fließendem Wasser abspülen, mit **sterilem** Handtuch abtrocknen |
| Hautdesinfektion | vor Punktionen, bei Verbandswechsel usw. | z.B. (alkoholisches) Hautdesinfektionsmittel **oder** PVP-Jod-Alkohol-Lösung | sprühen – wischen – sprühen – wischen *Dauer:* 30 sec |
| | vor radiologischen Eingriffen, bei denen der Katheter nur durch eine Punktion eingeführt wird | | mit sterilen Tupfern mehrmals auftragen und verreiben *Dauer:* 1 min |
| | vor radiologischen Eingriffen, bei denen der Zugang zum Gefäß über eine chirurgische Inzision erfolgt | | mit sterilen Tupfern mehrmals auftragen und verreiben *Dauer:* 3 min |

## Prävention von Infektionen in der Radiologie

**Reinigungs- und Desinfektionsplan 34.1.** (Fortsetzung)

| Was | Wann | Womit | Wie |
|---|---|---|---|
| **Schleimhautdesinfektion** | z.B. vor Anlage von Blasenkathetern | PVP-Jodlösung **ohne** Alkohol | unverdünnt auftragen *Dauer:* 30 sec |
| **Instrumente** | nach Gebrauch | Reinigungs- und Desinfektionsautomat, verpacken, autoklavieren **oder** in Instrumentenreiniger einlegen, reinigen, abspülen, trocknen, verpacken, autoklavieren, *bei Verletzungsgefahr:* Zusatz von (aldehydischem) Instrumentendesinfektionsmittel | |
| **Standgefäß mit Kornzange** | 1mal täglich | reinigen, verpacken, autoklavieren (bei Verwendung **kein** Desinfektionsmittel in das Gefäß geben) | |
| **Trommeln** | 1mal täglich nach Öffnen (Filter regelmäßig wechseln) | reinigen, autoklavieren | |
| **Blutdruckmanschette** Kunststoff | nach Kontamination¹ | mit (aldehydischem) Flächendesinfektionsmittel, bzw. Alkohol 60–70% abwischen, trocknen **oder** Reinigungs- und Desinfektionsautomat | |
| Stoff | | in Instrumentenreiniger einlegen, abspülen, trocknen, autoklavieren **oder** Reinigungs- und Desinfektionsautomat | |
| **Stethoskop** | bei Bedarf und | Alkohol 60–70% | abwischen |
| **Sauerstoffanfeuchter** Gasverteiler, Wasserbehälter | bei Patientenwechsel | Reinigungs- und Desinfektionsautomat, trocken und staubfrei aufbewahren **oder** reinigen, trocknen, autoklavieren | |
| Verbindungsschlauch, Maske | | Reinigungs- und Desinfektionsautomat (Flowmeter mit Alkohol 60–70% abwischen) | |
| **Geräte, Mobiliar** | 1mal täglich | umweltfreundlicher Reiniger | abwischen |
| | nach Kontamination¹ | (aldehydisches) Flächendesinfektionsmittel | |
| **Beatmungsbeutel** | nach Gebrauch | Reinigungs- und Desinfektionsautomat **oder** in (aldehydisches) Flächendesinfektionsmittel einlegen, abspülen, trocknen, | |

**Reinigungs- und Desinfektionsplan 34.1.** (Fortsetzung)

| Was | Wann | Womit | Wie |
|---|---|---|---|
| **Röntgentische, Röntgenscheiben, Röntgenkassetten** | 1mal täglich<br><br>nach Kontamination[1]<br>nach Kontakt mit infizierten Patienten | umweltfreundlicher Reiniger<br>(aldehydisches) Flächendesinfektionsmittel | abwischen |
| **Waschbecken**<br>**Strahlregler** | 1mal täglich<br>1mal pro Woche | mit umweltfreundlichem Reiniger reinigen<br>unter fließendem Wasser reinigen | |
| **Steckbecken, Urinflaschen** | nach Gebrauch | Steckbeckenspülautomat | |
| **Fußboden** | 1mal täglich<br><br>nach Kontamination[1] | umweltfreundlicher Reiniger<br>(aldehydisches) Flächendesinfektionsmittel | hausübliches Reinigungssystem |
| **Abfall,** bei dem Verletzungsgefahr besteht (z.B. Skalpelle, Kanülen) | direkt nach Gebrauch (bei Kanülen **kein Recapping**) | Entsorgung in leergewordene, durchstichsichere und fest verschließbare Kunststoffbehälter | |

[1] Kontamination: Kontakt mit (potentiell) infektiösem Material.

*Anmerkungen:*
- Nach Kontamination mit potentiell infektiösem Material (z. B. Sekreten oder Exkreten) immer sofort gezielte Desinfektion der Fläche,
- Beim Umgang mit Desinfektionsmitteln immer mit Haushaltshandschuhen arbeiten (Allergisierungspotential),
- Ansetzen der Desinfektionsmittellösung nur in kaltem Wasser (Vermeidung schleimhautreizender Dämpfe),
- Anwendungskonzentrationen beachten,
- Einwirkzeiten von Instrumentendesinfektionsmitteln einhalten,
- Standzeiten von Instrumentendesinfektionsmitteln nach Herstellerangaben (wenn Desinfektionsmittel mit Reiniger angesetzt wird, täglich wechseln),
- Zur Flächendesinfektion nicht sprühen, sondern wischen,
- Nach Wischdesinfektion, Benutzung der Flächen, sobald wieder trocken,
- Benutzte, d. h. mit Blut etc. belastete Flächendesinfektionsmittellösung mindestens täglich wechseln,
- Haltbarkeit einer unbenutzten dosierten Flächendesinfektionsmittellösung (z. B. 0,5%ig) in einem verschlossenen (Vorrats-)Behälter (z. B. Spritzflasche) nach Herstellerangaben (meist 14–28 Tage),
- In das Durchspülwasser der Absauggefäße PVP-Jodlösung (1:100) zugeben,
- Reinigungs- und Desinfektionsautomat: 75° C, 10 min (ohne Desinfektionsmittelzusatz).

## 34.2.2
### Spezielle Hygienemaßnahmen bei ausgedehnten invasiven Eingriffen

Bei der Durchführung komplizierter radiologischer Eingriffe, bei denen z.B. der Zugang zum Gefäß über eine chirurgische Inzision erfolgt (z.B. Einsatz eines Bauchaortenstent), haben wie bei operativen Eingriffen (s. Kap. 24, S. 429) die folgenden Infektionskontrollmaßnahmen eine besondere Bedeutung, auf deren Einhaltung alle Beteiligten genau achten müssen:
- chirurgische Händedesinfektion (3 min),
- sterile Handschuhe,
- steriler Kittel,
- sorgfältige Hautdesinfektion im Bereich des geplanten Eingriffs (3 min),
- großflächige Abdeckung des Patienten mit sterilen Tüchern,
- ausreichend große steril abgedeckte Flächen zur Bereitstellung der benötigten Instrumente und Gegenstände.

Über den Umfang der Schutzkleidung gibt es immer wieder Kontroversen. Während ein steriler Kittel für das direkt mit dem Eingriff befaßte Personal wegen der Möglichkeit eines unbemerkten Kontaktes z.B. des Katheters bei einer Angiographie mit dem Körper des Untersuchers ohne Einschränkung sinnvoll erscheint, haben Maske und Kopfschutz, wenn überhaupt, eher eine untergeordnete Bedeutung für die Prophylaxe von Infektionen beim Patienten. Unabhängig davon jedoch, ob eine Maske getragen wird oder nicht, muß das Personal darauf achten, so wenig wie möglich zu sprechen. Geht es aber um den Schutz des Personals vor Blutkontakt, muß das Gesicht mit Maske und Schutzbrille oder einem Gesichtsschild entsprechend geschützt werden (s. Kap. 15, S. 231). Wird auf einen Kopfschutz verzichtet, müssen längere Haare zusammengebunden werden, um das sterile Feld nicht zu kontaminieren.

# 35 Prävention von Infektionen in der Krankenhausapotheke

M. Dettenkofer und F. Daschner

> EINLEITUNG
>
> Die Krankenhausapotheke spielt als zentrale Versorgungsstelle eine bedeutende Rolle auch in der Krankenhaushygiene. Im folgenden werden die wichtigsten Maßnahmen beschrieben, die in der Krankenhausapotheke zur Verhütung und Bekämpfung von Krankenhausinfektionen notwendig sind.

## 35.1 Kontaminationsquellen

Im Ablauf von Herstellung, Verteilung und Gebrauch von Medikamenten ist die Krankenhausapotheke nur ein Schritt, bei dem es zu einer Kontamination von als steril deklarierten Produkten kommen kann. Die Zubereitung von Medikamenten im Stationsbereich ist in dieser Kette als besonders kritischer Punkt anzusehen: Aufgrund fehlender Qualitätskontrollen kann hier ein fehlerhaftes Hygieneverhalten (z. B. bei Mehrdosisampullen) leicht zur Kontamination und in der Folge zu nosokomialen Infektionen führen [107].

Aus dem Bereich der Krankenhausapotheke selbst sind Infektionsepisoden insbesondere im Zusammenhang mit kontaminiertem Wasser, aber auch mit kontaminierten Gegenständen und fehlerhafter Sterilisation beschrieben worden (Tabelle 35.1). Als Mikroorganismen wurden v. a. gramnegative Keime (Pseudomonas spp., Enterobacter spp.) und Candida spp. gefunden. In lipidhaltigen Infusionslösungen für die parenterale Hyperalimentation wachsen Pilze, z. B. Candida species und v. a. Malassezia furfur, besonders gut [175].

## 35.2 Anforderungen an Wasser für pharmazeutische Zwecke

Bei der Herstellung vieler Arzneimittel wird Aqua dest. bzw. für Injektabilia und Ophthalmica Aqua bidest. benötigt. Für Präparate, die nicht zur Injektion vorgesehen sind, ist auch die Verwendung von entmineralisiertem Wasser (E-Wasser) oder auf 80 °C erhitztem Wasser möglich. Nach dem Deutschen Arzneibuch

**Tabelle 35.1.** Krankenhausapotheken als Quellen von Krankenhausinfektionen. (Nach [217])

| Quelle | Agens | Erreger | Manifestation |
|---|---|---|---|
| Kondensat im Kühlkreislauf | Steriles Wasser | P. thomasii | Bakteriämien, Pneumonien, Harnwegsinfektionen |
| Phosphatpuffer | Amphotericin B | E. agglomerans P. fluorescens P. aeruginosa | Bakteriämie, Meningitis (je 1mal) |
| KCl-Lösung | Lösungen, die KCl enthalten | E. aerogenes | Bakteriämie (1mal) |
| Druckkanister | Kardioplegie-Lösung | E. cloacae | Unklar (Hypotension?) |
| Druckkanister | Hyperalimentationslösung | C. parapsilosis | 22 Fungämien |
| Vakuumpumpe | Hyperalimentationslösung | C. parapsilosis | 5 Fungämien |

(DAB) kann Wasser für Injektionszwecke auch durch Umkehrosmose oder andere hochwertige Verfahren hergestellt werden, wenn dabei die gleichen Ergebnisse (s. Abschn. 35.2.2) erzielt werden.

### 35.2.1
### Gereinigtes Wasser (Aqua purificata)

Durch folgende Aufbereitungsmaßnahmen kann aus Trinkwasser gereinigtes Wasser gewonnen werden:
- Destillation,
- Ionentauschung,
- Umkehrosmose,
- Elektrodialyse.

Bei Trinkwasser wird die Vermehrung von pathogenen Keimen in der Regel durch Chlorierung verhindert oder reduziert. In destilliertem und entmineralisiertem Wasser können sich Mikroorganismen vermehren (sog. Wasserkeime; s. Kap. 4, S. 41), so daß eine mikrobiologische Kontrolle des aufbereiteten Wassers in vierwöchigem Abstand erforderlich ist. Keimzahlgrenzen für gereinigtes Wasser sind nicht festgelegt worden, zumindest muß jedoch Trinkwasserqualität erreicht werden (s. Kap. 20, S. 341). Ein längerer Stillstand der Wasseraufbereitungsanlage muß vermieden werden, da dadurch die Gefahr der Kontamination steigt. Aus dem gleichen Grund soll aufbereitetes Wasser nicht länger als einen Tag aufbewahrt werden. Bei erhöhten Keimzahlen ist vorzugsweise eine Dampfdesinfektion der Anlage durchzuführen (Durchströmen mit Dampf von ca. 100°C für 20 min).

## 35.2.2
## Wasser für Injektionszwecke (Aqua ad injectionem)

In der Regel wird Wasser für Injektionszwecke durch Destillation gewonnen. Dieses Wasser muß – wie auch das fertige Produkt – zur parenteralen Applikation steril und pyrogenfrei sein. Die Forderung nach Pyrogenfreiheit betrifft allerdings nur Behältnisse mit mehr als 15 ml Inhalt und grundsätzlich solche mit der Aufschrift „pyrogenfrei". Die Sterilisation des Wassers erfolgt durch Autoklavieren der fertigen Flaschen in einem speziellen Sterilisationsprogramm [440]. Da hierbei aber keine Pyrogenfreiheit erreicht wird, muß pyrogenfreies Wasser verwendet werden.

Im Universitätsklinikum Freiburg erfolgt die Wasseraufbereitung in der Apotheke mit einer Destille, in der E-Wasser auf 125°C erhitzt und ein Mehrfachdestillat erzeugt wird. Nach Durchlaufen der Kühlschlange wird das dann 60–70°C heiße destillierte Wasser in einem Vorratstank von 200 l aufgefangen. An den drei Entnahmestellen werden morgens 4–10 l Wasser abgelassen (10 l im Fall einer längeren Wasserleitung). Kugelhähne aus Edelstahl sind aus mikrobiologischen Gründen Stopfbuchsenhähnen mit Keramikdichtung vorzuziehen, da sie sich u. a. leichter und zuverlässiger mit Dampf desinfizieren lassen.

Die Pyrogenfreiheit der Infusionsflaschen kann nach üblichem Spülen mit einer Heißluftsterilisation (180°C, reine Sterilisationszeit 30 min) erreicht werden. Gummistopfen müssen vor der Benutzung in gereinigtem Wasser 5 min lang ausgekocht werden. Die Pyrogenfreiheit des destillierten Wassers wird monatlich mit dem Limulustest kontrolliert. Da dieser aber bis jetzt nicht als Prüfmethode anerkannt ist, wird die Endkontrolle jeder Charge von Parenteralia mit dem Kaninchentest durchgeführt.

Jeder Charge des Sterilisationsprogrammes werden Bioindikatoren (Sporen, z. B. Attest-Röhrchen) beigefügt (<100 Flaschen: 5 Bioindikatoren, >100 Flaschen: 10 Röhrchen). Die Überprüfung des Autoklaven erfolgt halbjährlich mit Bioindikatoren (B. subtilis und B. stearothermophilus) (s. Kap. 41, S. 639).

## 35.3
## Herstellung von Arzneimitteln in der Krankenhausapotheke

### 35.3.1
### Sterile Produkte

Um ein hygienisch einwandfreies Arbeiten bei der Herstellung von sterilen Arzneimitteln zu gewährleisten, ist eine Laminar-Air-Flow-Bank (LAF-Bank) erforderlich, bei der regelmäßige Wartung und Filterwechsel (mindestens einmal jährlich) gewährleistet werden müssen. Eine Wischdesinfektion der Bank erfolgt täglich vor Arbeitsbeginn und nach Beendigung mit 70%igem Isopropylalkohol. Zur Funktionskontrolle werden in monatlichen Abständen fünf Sedimentationsagarplatten (Blutagar) auf der Arbeitsfläche verteilt, für eine Stunde bei eingeschalteter Lüftung aufgestellt und anschließend bebrütet (s.

Kap. 20, S. 341). Die Keimzahl auf den Platten sollte gering sein (ideal ist der Befund „kein Wachstum"), insbesondere aber dürfen potentiell pathogene Keime, wie z. B. S. aureus und Schimmelpilze, nicht nachweisbar sein.

Wird im Sterilraum jegliches Abfüllen, Zumischen und Filtrieren in einer LAF-Bank durchgeführt, entfällt die Notwendigkeit zum Einbau einer RLT-Anlage mit Reinraumstandard und drei Filterstufen, d. h. endständigem Schwebstoffilter (s. Kap. 19, S. 329). Auch eine Schleuse zur Trennung von reiner und unreiner Seite mit gegenseitig verriegelbaren Türen ist aus hygienischer Sicht nicht notwendig. Ein Vorraum mit Waschbecken und Händedesinfektionsspender, wo auch die Möglichkeit zum Kittelwechsel besteht, ist ausreichend. Die wichtigsten Hygienemaßnahmen für das Arbeiten im Sterilbereich sind:
- Händedesinfektion (s. Kap. 23, S. 391),
- täglich frischer Kittel mit Ärmelbündchen,
- Haarschutz,
- Maske, wenn nicht an einer LAF-Bank mit Frontscheibe gearbeitet wird, und immer bei Erkältungen.

Für sterile Produkte, die die Krankenhausapotheke selbst hergstellt (v. a. Lösungen), ist eine effektive und dokumentierte Endkontrolle sowie die Überprüfung der Chargen unerläßlich [217].

### 35.3.2
### Zytostatika

Die zentrale Zytostatikazubereitung ist gegenüber dezentralen Vorgehensweisen aus Sicherheitsgründen klar zu bevorzugen. Hinsichtlich des Arbeitsschutzes gelten dabei auch in der Apotheke besondere Bedingungen. Zytostatikaaerosole sind auch bei Aufnahme geringer Dosen als gesundheitsschädigend einzustufen; die Einhaltung aller vorgeschriebenen Sicherheitsmaßnahmen ist daher unerläßlich. Zytostatikawerkbänke müssen den Anforderungen nach Stufe II entsprechen [433]. Für einen effektiven Personalschutz wird von einigen Autoren eine Untersuchung von Urinproben auf Zytostatika für notwendig gehalten. Die Entsorgung zytostatikahaltiger Abfälle ist in Kap. 22, S. 375 behandelt. In Anhang A (S. 586) sind die wesentlichen Hygienemaßnahmen bei der Zytostatikazubereitung in der Krankenhausapotheke aufgeführt. Ein Beispiel für einen Reinigungs- und Desinfektionsplan für die Apothekenbereiche „Sterilraum" und „Zytostatikazubereitung" findet sich in Reinigungs- und Desinfektionsplan 35.1.

### 35.3.3
### Salbenherstellung

Vor der Zubereitung von Salben ist eine hygienische Händedesinfektion erforderlich, außerdem soll ein sauberer langärmliger Kittel angezogen werden, der nur in diesem Bereich getragen wird. Alle Gebrauchsgegenstände müssen sauber

**Reinigungs- und Desinfektionsplan 35.1** für die Apotheke (Sterilraum und zentrale Zytostatikazubereitung)

| Was | Wann | Womit | Wie |
|---|---|---|---|
| Händereinigung | bei Betreten bzw. Verlassen des Arbeitsbereiches | Flüssigseife aus Spender | Hände waschen, mit Einmalhandtuch abtrocknen |
| Hygienische Händedesinfektion | z.B. *vor* jeder Zubereitung von Rezepturen und *vor* jeder Tätigkeit in der sterilen Werkbank | (alkoholisches) Händedesinfektionsmittel | ausreichende Menge entnehmen, damit die Hände vollständig benetzt sind, verreiben bis Hände trocken sind **kein Wasser zugeben** |
| Glaskolben, Glasflaschen, Metallgefäße usw. | nach Gebrauch | Reinigungs- und Desinfektionsautomat, autoklavieren, vor Staub geschützt aufbewahren | |
| Trommeln | 1mal täglich nach Öffnen (Filter regelmäßig wechseln) | reinigen, autoklavieren (mit Datum versehen) | |
| Standgefäß mit Kornzange | 1mal täglich | reinigen, verpacken, autoklavieren (bei Verwendung **kein** Desinfektionsmittel in das Gefäß geben) | |
| Arbeitsplatz | 1mal täglich und bei Bedarf | umweltfreundlicher Reiniger | abwischen |
| **Werkbank** für sterile Zubereitung innen | vor und nach jedem Gebrauch | (aldehydisches Flächendesinfektionsmittel) | abwischen |
| außen | 1mal täglich | umweltfreundlicher Reiniger | abwischen |
| Mobiliar, Geräte | 1mal täglich und bei Bedarf | umweltfreundlicher Reiniger | abwischen |
| Waschbecken | 1mal täglich | mit umweltfreundlichem Reiniger reinigen | |
| Strahlregler | 1mal pro Monat | unter fließendem Wasser reinigen | |
| Fußboden | 1mal täglich | umweltfreundlicher Reiniger | hausübliches Reinigungssystem |
| | unmittelbar nach Kontamination mit Zytostatikum | mit Einmaltuch wegwischen | Einmalhandschuhe |
| Abfall, bei dem Verletzungsgefahr besteht, z.B. Skalpelle, Kanülen | direkt nach Gebrauch (bei Kanülen **kein Recapping**) | Entsorgung in leergewordene, durchstichsichere und festverschließbare Kunststoffbehälter | |

sein und nach Benutzung sorgfältig, vorzugsweise in einer automatischen Reinigungs-und Desinfektionsmaschine, aufbereitet werden. Da Salbengrundlagen sich schlecht lösen, ist eine mechanische Vorreinigung nötig. Alle Geräte müssen staubgeschützt aufbewahrt werden.

Jede Charge wird vor der Ausgabe mikrobiologisch überprüft. Die Aufbrauchfristen für Salben in Mehrdosenbehältnissen betragen bei unkonservierten Salben in Kruken drei Monate, bei Verwendung von Konservierungsmitteln sechs Monate und in Tuben ein Jahr (Reinigungs- und Desinfektionsplan 35.2 für den „Salbenraum").

**Reinigungs- und Desinfektionsplan 35.2** für die Apotheke (Salbenraum)

| Was | Wann | Womit | Wie |
| --- | --- | --- | --- |
| Händereinigung | bei Betreten bzw. Verlassen des Arbeitsbereiches | Flüssigseife aus Spender | Hände waschen, mit Einmalhandtuch abtrocknen |
| Hygienische Händedesinfektion | vor der Zubereitung von Rezepturen | (alkoholisches) Händedesinfektionsmittel | ausreichende Menge entnehmen, damit die Hände vollständig benetzt sind, verreiben bis Hände trocken sind **kein Wasser zugeben** |
| Kittel | vor Arbeitsbeginn im Salbenraum | | |
| | Kittel wechseln | | 1mal wöchentlich und nach Verschmutzung |
| Arbeitstische | 1mal täglich und bei Bedarf | | mit umweltfreundlichem Reiniger reinigen |
| Flaschenbürsten, Schwamm | 1mal täglich | | Reinigungs- und Desinfektionsautomat, trocken aufbewahren |
| Salbenschalen (Kunststoff u. Metall), Pistille, Kartenblätter, Spatel, Porzellanmörser | nach Gebrauch | | vorreinigen mit Zellstoff oder Sägemehl und mit umweltfreundlichem Reiniger, anschließend: Reinigungs- und Desinfektionsautomat |
| Glasgefäße | nach Gebrauch | | Reinigungs- und Desinfektionsautomat |
| Salbenstandgefäße | vor Gebrauch | Alkohol 60–70% | wischen |
| | nach Gebrauch | mit Zellstoff oder Sägemehl und umweltfreundlichem Reiniger | reinigen, anschließend im Wärmeschrank bei 100° C, 1 h trocknen |
| Zäpfchenform, Mixquirl „Thorax" | nach Gebrauch | mit umweltfreundlichem Reiniger | reinigen, anschließend im Wärmeschrank bei 100° C, 1 h trocknen |

**Reinigungs- und Desinfektionsplan 35.2** (Fortsetzung)

| Was | Wann | Womit | Wie |
|---|---|---|---|
| **Aqua dest. Kannen** | nach Gebrauch | im Wärmeschrank | bei 100°C, 1 h trocknen |
| **Salbenmühle** Walzen, Trichter, Abstreifer | vor Gebrauch nach Gebrauch | Alkohol 60–70% Reinigung- und Desinfektionsautomat | wischen |
| **Stephanmaschine** Metallteile, Kunststoffteile | nach Gebrauch | vorreinigen mit Sägemehl und mit umweltfreundlichem Reiniger, anschließend: Reinigungs- und Desinfektionsautomat | |
| **Abfüllmaschine „Hund"** | vor Gebrauch nach Gebrauch | Alkohol 60–70% mit umweltfreundlichem Reiniger | wischen reinigen, anschließend im Wärmeschrank bei 100°C, 1 h trocknen |
| **Abfüllmaschine „Harmonia"** feste Teile | vor Gebrauch | Alkohol 60–70% | wischen |
| abnehmbare Teile | nach Gebrauch | vorreinigen mit Sägemehl und umweltfreundlichem Reiniger | anschließend: Reinigungs- und Desinfektionsautomat |
| **Wasserbad** | 1mal monatlich | Wasser entleeren | reinigen |
| **Waschbecken** | 1mal täglich | mit umweltfreundlichem Reiniger reinigen | |
| **Strahlregler** | 1mal monatlich | unter fließendem Wasser reinigen | |
| **Fußboden** | 1mal täglich | umweltfreundlicher Reiniger | hausübliches Reinigigungssystem |

*Anmerkungen:*
- Nach Kontamination mit potentiell infektiösem Material (z. B. Sekrete oder Exkrete) immer sofort gezielte Desinfektion der Fläche,
- Beim Umgang mit Desinfektionsmitteln immer mit Haushaltshandschuhen arbeiten (Allergisierungspotential),
- Ansetzen der Desinfektionmittellösung nur in kaltem Wasser (Vermeidung schleimhautreizender Dämpfe),
- Anwendungskonzentrationen beachten,
- Einwirkzeiten von Instrumentendesinfektionsmitteln einhalten,
- Standzeiten von Instrumentendesinfektionsmitteln nach Herstellerangaben (wenn Desinfektionsmittel mit Reiniger angesetzt wird, täglich wechseln), Verfallsdatum auf Behälter schreiben,
- Zur Flächendesinfektion nicht sprühen, sondern wischen,
- Nach Wischdesinfektion, Benutzung der Flächen, sobald wieder trocken,
- Benutzte, d.h. mit Blut etc. belastete Flächendesinfektionsmittellösung mindestens täglich wechseln,
- Haltbarkeit einer unbenutzten dosierten Flächendesinfektionsmittellösung (z. B. 0,5%) in einem verschlossenen (Vorrats-)Behälter (z. B. Spritzflasche), nach Herstellerangaben (meist 14–28 Tage),
- Reinigungs- und Desinfektionsautomat: 75°C, 10 min (ohne Desinfektionsmittelzusatz).

## 35.4
## Qualitätssicherungs- und Umweltschutzmaßnahmen

Vor allem durch konsequente Maßnahmen zur Qualitätskontrolle sind nosokomiale Infektionen durch kontaminierte pharmazeutische Produkte, die kommerziell oder in Krankenhausapotheken hergestellt wurden, seltene Ereignisse [217]. Bei den besonders wichtigen sterilen pharmazeutischen Produkten aus der Krankenhausapotheke sind, orientiert am mikrobiologischen Gefahrenpotential, folgende schriftlich niedergelegten Anweisungen zu fordern [5]:
- Räumlichkeiten und Geräte,
- Schutzbekleidung,
- Zubereitungstechniken,
- Kennzeichnung und Beschriftung,
- Prozeßvalidierung,
- Aufbewahrung,
- Dokumentation,
- Personalausbildung und Training.

Bedingt durch den hohen Materialfluß können gezielte Umweltschutzmaßnahmen in der Krankenhausapotheke erheblich zu Entlastungen und auch Kosteneinsparungen führen. Vor allem sollte das Verfallen wertvoller Medikamente durch angepaßte Bestellung und häufige Kontrollen vor Ort auf ein Mindestmaß reduziert werden. In der folgenden Übersicht sind hierzu Vorschläge aufgeführt, die auch für Hersteller pharmazeutischer Produkte gelten [402].

---

**Umweltschutz in der Krankenhausapotheke**
- Vermeidung übermäßiger Lagerhaltung (auf Ablaufdatum der Medikamente achten),
- Mehrwegsysteme bei Transportverpackungen,
- Mehrwegsysteme bei Produktverpackungen (z. B. Infusionslösungen),
- kompakte Monostoffverpackungen (z. B. Tablettenblister),
- Verzicht auf umweltbelastende Materialien (z. B. PVC),
- Verzicht auf beigepackte Materialien (z. B. Plastikschutzhülle, Ampullenfeile, Einwegaufhänger, Wasser zum Auflösen von Medikamenten),
- wassersparende Geräte und Armaturen.

---

### Anhang A: Wichtigste Hygienemaßnahmen in der Apotheke bei der Zytostatikazubereitung

- **Sterile Werkbank**
  *(innen) vor Arbeitsbeginn*
  - Auswischen mit (aldehydischem) Flächendesinfektionsmittel und frischem Tuch,

*nach Arbeitsende*
- Auswischen mit (aldehydischem) Flächendesinfektionsmittel und frischem Tuch;

*(außen)*
- täglich mit umweltfreundlichem Reiniger reinigen (Schutzscheibe mit Alkohol 60–70% wischen).

- **Mikrobiologische Überprüfung der Werkbank**

  Alle 4 Wochen:
  - 5 Blutagarplatten, bei eingeschalteter Werkbank 1 h stehen lassen (z. B. während der Mittagspause)
  - Anordnung der Platten:
    - hinten rechts,
    - hinten links,
    - Mitte,
    - vorne links,
    - vorne rechts.

- **Hygienische Händedesinfektion:** *vor* dem Einlegen und *vor* dem Herausnehmen der Platten aus der Werkbank.

- **Reinigung der Arbeitsflächen und des Fußbodens**
  tägliche Reinigung mit umweltfreundlichem Reiniger.

- Schutzkleidung
  - täglich frisch gewaschener Kittel (mit langem Arm), bei Kontamination ist sofortiger Kittelwechsel nötig,
  - puderfreie OP-Handschuhe (Wandstärke >0,35 mm) oder spezielle „Zytostatikahandschuhe".

# 36 Prävention von Infektionen in Einrichtungen der Transfusionsmedizin

R. Scholz

EINLEITUNG

Die Gabe von Blut und Blutprodukten kann mit nichtinfektiösen und infektiösen Komplikationen verbunden sein. Die schwersten infektiösen Komplikationen kann man nur durch Testung der Spender verhüten [392]. Wie in allen Bereichen des Krankenhauses spielen aber auch in der Transfusionsmedizin die klassischen Hygienemaßnahmen eine wichtige Rolle, damit es nicht zu Infektionen durch exogene Kontaminationen kommt. Die Nichtbeachtung von Hygienemaßnahmen kann, wenn auch selten, v. a. für die Patienten (Empfänger) schwerwiegende Folgen haben.

## 36.1 Personal

Händewaschen bzw. Händedesinfektion ist auch in der Transfusionsmedizin die wichtigste Hygienemaßnahme. Für das gesamte Personal (einschließlich Reinigungspersonal) gelten die allgemeinen Schutzmaßnahmen, wie insbesondere die Hepatitis B-Impfung sowie das Tragen von Schutzkleidung und Handschuhen bei Tätigkeiten, die mit einer möglichen Kontamination von Blut bzw. Blutbestandteilen verbunden sind (s. Kap. 18, S. 293, Kap. 23, S. 391).

## 36.2 Blutspendebereich

### 36.2.1 Blutabnahme

Für den Spender ist das Tragen von spezieller Schutzkleidung, wie Kopfschutz und Einwegüberziehschuhe, bei der Blutabnahme nicht erforderlich. Ein Infektionsrisiko besteht für die Spender wegen der ausschließlichen Verwendung von Einwegmaterial nicht. Beim Punktieren der Venen müssen folgende Maßnahmen genau eingehalten werden:

- Vor der Punktion werden alle notwendigen Materialien bereitgestellt, eine Händedesinfektion durchgeführt und Einmalhandschuhe angezogen. Die Haut wird z. B. mit einem alkoholischen Hautdesinfektionsmittel desinfiziert. Es genügt nicht, das Desinfektionsmittel auf die Haut zu sprühen, sondern die Punktionsstelle soll bei einer Einwirkzeit von ca. 30 sec mehrmals abgewischt werden („sprühen-wischen-sprühen-wischen"). Erst danach erfolgt ohne nochmalige Palpation der Punktionsstelle die Punktion der Vene (s. Kap. 23, S. 391).
- Nach der Punktion (während der sog. automatischen Abnahme) sollen die Handschuhe ausgezogen werden, um eine eventuelle Kontamination der Umgebung zu vermeiden.
- Nach der Blutspende wird das Abnahmesystem in flüssigkeitsdichte und reißfeste Behältnisse entsorgt. Ein Recapping der Nadeln darf nicht erfolgen, die Nadeln werden in durchstichsicheren Behältern entsorgt.

## 36.2.2
### Reinigungs- und Desinfektionsmaßnahmen

Es ist ausreichend, einmal pro Tag die Spender- bzw. Untersuchungsliegen, Infusionsständer und alle horizontalen Flächen einschließlich des Fußbodens mit einem umweltfreundlichen Reiniger zu reinigen. Wenn überhaupt erforderlich, sollen anstelle von Papierauflagen für die Spenderliegen waschbare Tücher verwendet werden. Bei einer Kontamination mit z. B. Blut wird sofort eine gezielte Desinfektion der Fläche durchgeführt. Die Arbeitsflächen, die Geräteoberflächen (z. B. Apharesemaschine, Mischwaage, Hb-Meßgerät) werden täglich und nach einer Kontamination wischdesinfiziert. Alle benutzten Instrumente und Trommeln werden täglich gereinigt und anschließend autoklaviert. Sollte die Abteilung über einen eigenen Sterilisator verfügen, muß darauf geachtet werden, daß er regelmäßig mikrobiologisch überprüft wird (s. Kap. 41, S. 639). Instrumente und Geräteteile (z. B. Stripperklemmmen, Hb-Meßkammer) die nicht autoklavierbar sind, außerdem Transportständer (z. B. für Blutröhrchen, Blutbeutelsysteme) werden nach Gebrauch in den Reinigungs- und Desinfektionsautomaten gegeben oder in eine Instrumentendesinfektionslösung eingelegt. Stethoskope und Blutdruckgeräte werden täglich und sofort nach Kontamination mit z. B. 70%igem Alkohol wischdesinfiziert. Ist die Blutdruckmanschette aus Stoff, kann sie nach Kontamination in Instrumentenreinigungslösung eingelegt und anschließend autoklaviert werden. Blutdruckmanschetten aus Kunststoff und der Stauschlauch können aber auch in einem Reinigungs-und Desinfektionsautomaten aufbereitet werden.

## 36.3
## Warte- und Ruheraum

Auch hier erfolgt eine tägliche Reinigung mit einem umweltfreundlichen Reiniger (gezielte Desinfektion nur nach Kontamination mit Blut etc.). Gegen Grünpflanzen ist aus infektiologischer Sicht nichts einzuwenden, tragen sie doch erheblich zu einer freundlichen Atmosphäre bei.

## 36.4
## Labor

Die Arbeitsflächen und spezielle Geräte, wie Zentrifugen, Plasmaextraktoren, Schlauchschweißgeräte, Blutbestandteilpressen, die kontaminiert werden können, sollen täglich wischdesinfiziert werden. Wird in den Labors unter einer sterilen Werkbank gearbeitet, muß sie täglich vor und nach jedem Arbeitsgang wischdesinfiziert werden. In regelmäßigen Abständen, z. B. alle vier Wochen, soll die Werkbank mikrobiologisch untersucht werden. Dazu werden sog. Sedimentationsplatten bei eingeschalteter Werkbank für eine Stunde an bestimmten Stellen aufgestellt (s. Kap. 20, S. 341). Dies kann z. B. während der Mittagspause erfolgen. Ausführliche Hinweise über Hygienemaßnahmen im Laborbereich finden sich in Kap. 37, S. 595.

In Reinigungs- und Desinfektionsplan 36.1 sind alle erforderlichen Reinigungs- und Desinfektionsmaßnahmen zusammengefaßt.

**Reinigungs- und Desinfektionsplan 36.1.** Transfusionsmedizin

| Was | Wann | Womit | Wie |
|---|---|---|---|
| Händereinigung | bei Betreten bzw. Verlassen des Arbeitsbereiches, vor und nach Blutspenderkontakt | Flüssigseife aus Spender | Hände waschen, mit Einmalhandtuch abtrocknen |
| Hygienische Händedesinfektion | z. B. *vor* Punktion (Blutabnahme, Plasmapherese) *nach* Kontamination[1] (bei grober Verschmutzung vorher Hände waschen), nach Ausziehen der Handschuhe | (alkoholisches) Händedesinfektionsmittel | ausreichende Menge entnehmen, damit die Hände vollständig benetzt sind, verreiben bis Hände trocken sind **kein Wasser zugeben** |
| Hautdesinfektion | vor Punktionen (Blutabnahme) | z. B. (alkoholisches) Hautdesinfektionsmittel oder PVP-Jod-Alkohol-Lösung | sprühen – wischen – sprühen – wischen *Dauer:* 30 sec |

**Reinigungs- und Desinfektionsplan 36.1.** (Fortsetzung)

| Was | Wann | Womit | Wie |
|---|---|---|---|
| **Instrumente**<br>– Scheren<br>– Klemmen<br>– Glaskolben<br>– Petrischalen<br>– Pipetten usw.<br>– Stripperklemme | nach Gebrauch | Reinigungs- und Desinfektionsautomat, verpacken, autoklavieren<br>**oder**<br>in Instrumentenreiniger einlegen, reinigen, abspülen, trocknen, verpacken, autoklavieren<br>*bei Verletzungsgefahr:* Zusatz von (aldehydischem) Instrumentendesinfektionsmittel | |
| **Trommeln** | 1mal täglich nach Öffnen (Filter regelmäßig wechseln) | reinigen, autoklavieren (mit Datum versehen) | |
| **Standgefäß mit Kornzange** | 1mal täglich | reinigen, verpacken, autoklavieren (bei Verwendung **kein** Desinfektionsmittel in das Gefäß geben) | |
| **Blutdruckmanschette Kunststoff** | nach Kontamination[1] | mit (aldehydischem) Flächendesinfektionsmittel, bzw. Alkohol 60–70% abwischen, trocknen<br>**oder**<br>Reinigungs- und Desinfektionsautomat | |
| Stoff | nach Kontamination[1] | in Instrumentendesinfektionsmittel einlegen, abspülen, trocknen, autoklavieren | |
| **Stethoskop/ Blutdruckgerät** | bei Bedarf und nach Kontamination | Alkohol 60–70% | abwischen |
| **Arbeitsplatz** | 1mal täglich und nach Kontamination[1] | (aldehydisches) Flächendesinfektionsmittel | abwischen |
| **Spenderliege, Untersuchungsliege, Infusionsständer** | 1mal täglich<br><br>nach Kontamination[1] | umweltfreundlicher Allzweckreiniger<br>(aldehydisches) Flächendesinfektionsmittel | abwischen |
| **Mobiliar, Geräte**<br>– Zentrifuge<br>– Plasmaextraktor<br>– Schlauchschweißgeräte<br><br>– Blutbestandteilpresse<br><br>– Geräte für Spenderserologie<br><br>– Apharesemaschine (Plasma, Thrombozyten)<br>– Mischwaage<br>– Hb-Meßgerät | 1mal täglich und nach Kontamination[1] | (aldehydisches) Flächendesinfektionsmittel | abwischen |

**Reinigungs- und Desinfektionsplan 36.1.** (Fortsetzung)

| Was | Wann | Womit | Wie |
|---|---|---|---|
| **Werkbank für sterile Zubereitung** | 1mal täglich und nach Kontamination[1] | (aldehydisches) Flächendesinfektionsmittel | abwischen |
| **Kühlgeräte, Kühlräume** innen u. außen | 1mal täglich | umweltfreundlicher Reiniger | abwischen |
| **Waschbecken** | 1mal täglich | mit umweltfreundlichem Reiniger reinigen | |
| Strahlregler | 1mal pro Monat | unter fließendem Wasser reinigen | |
| **Fußboden** | 1mal täglich | umweltfreundlicher Reiniger | hausübliches Reinigungssystem |
| | unmittelbar nach Kontamination mit infektiösem Material | (aldehydisches) Flächendesinfektionsmittel | wischen |
| **Abfall,** bei dem Verletzungsgefahr besteht, z. B. Kanülen, Skalpelle | direkt nach Gebrauch (bei Kanülen **kein Recapping**) | leergewordene, durchstichsichere Kunststoffbehälter | Behälter fest verschließen |

[1] Kontamination: Kontakt mit (potentiell) infektiösem Material.

*Anmerkungen:*
- nach Kontamination mit potentiell infektiösem Material (z. B. Blut) immer sofort gezielte Desinfektion der Fläche,
- beim Umgang mit Desinfektionsmitteln immer mit Haushaltshandschuhen arbeiten (Allergisierungspotential),
- Ansetzen der Desinfektionsmittellösung nur in kaltem Wasser (Vermeidung schleimhautreizender Dämpfe),
- Anwendungskonzentrationen beachten,
- Einwirkzeiten von Instrumentendesinfektionsmitteln einhalten,
- Standzeiten von Instrumentendesinfektionsmitteln nach Herstellerangaben (wenn Desinfektionsmittel mit Reiniger angesetzt wird, täglich wechseln), Verfallsdatum auf Behälter schreiben,
- zur Flächendesinfektion nicht sprühen, sondern wischen,
- Nach Wischdesinfektion, Benutzung der Flächen, sobald wieder trocken,
- benutzte, d. h. mit Blut etc. belastete Flächen-Desinfektionsmittellösung mindestens täglich wechseln,
- Haltbarkeit einer unbenutzten dosierten Flächen-Desinfektionsmittellöung (z. B. 0,5%) in einem verschlossenen (Vorrats-)Behälter (z. B. Spritzflasche) nach Herstellerangaben (meist 14–28 Tage),
- Reinigungs- und Desinfektionsautomat: 75°C, 10 min (ohne Desinfektionsmittelzusatz).

## 36.5
## Transport von Blut- und Blutbestandteilkonserven

Die Behälter für den Transport der Blutkonserven von der Transfusionsmedizin zu den verschiedenen Stationen und Abteilungen sollen so ausgestattet sein, daß die Konserven nicht in direkten Kontakt mit den Kühlelementen oder dem Kondenswasser kommen können. Das gleiche gilt auch für den Rücktransport der Blutkonserven zur Transfusionsmedizin. Um den einwandfreien Transport zu gewährleisten, müssen folgende Maßnahmen eingehalten werden:
- *Personal*
    - Händewaschen vor Arbeitsbeginn,
    - immer sofort Händewaschen und Händedesinfektion nach Kontakt mit (potentiell) infektiösem Material, wie Blut und Blutbestandteilpräparaten;
- *Transportbehälter*
    - Transportkisten, -körbe, Kühlboxen und Kühlelemente 1mal täglich mit umweltfreundlichem Reiniger und frisch gewaschenen Lappen reinigen,
    - Blutwagen (für den Rücktransport der Konserven) und Kühlelemente nach Ende des Rundganges mit Reinigungsmittel abwischen.

Bei einer Kontaminationn von Gegenständen und Flächen mit Blut-und Blutbestandteilpräparaten wird eine sofortige Wischdesinfektion mit (z. B. aldehydischem) Flächendesinfektionsmittel durchgeführt, evtl. vorher die grobe Verunreinigung mit Zellstoff entfernen (Handschuhe tragen). Die Blutkonserven sowie die Blutpräparate dürfen nicht mit den Kühlelementen oder mit Kondenswasser getränktem Papier in Verbindung kommen; deshalb soll Luftpolsterfolie auf die Kühlelemente gelegt werden. Dann können die Blutbeutel in die Box gehängt oder gelegt werden.

## 36.6
## Abfallentsorgung

Die Blut- und Blutbestandteilpräparate-führenden Beutel, die gemäß dem Abfallbeseitigungsgesetz der Gruppe „E" angehören, müssen in speziellen Behältern transportiert und beseitigt werden, alle sonstigen Abfälle werden wie in den anderen Krankenhausbereichen üblich entsorgt (s. Kap. 22, S. 375).

# 37 Prävention von Infektionen in klinischen und experimentellen Laboratorien

H. Wolf

EINLEITUNG

Für die Patienten ist das Infektionsrisiko im Zusammenhang mit Mitarbeitern oder Gegenständen von Laboratorien vergleichsweise gering, da ein direkter Kontakt selten oder gar nicht stattfindet. Hygienische Maßnahmen dienen vorrangig dem Schutz des Personals vor Laborinfektionen und tragen zu einer einwandfreien Diagnostik bei, indem z. B. einer Kontamination von Nährböden oder Zellkulturen vorgebeugt wird. Vor allem in Laborbereichen, in denen mit pathogenen vermehrungsfähigen Mikroorganismen gearbeitet wird, muß die Aus- und Weiterverbreitung der Erreger innerhalb und außerhalb des Arbeitsbereiches durch effektive Hygienemaßnahmen verhindert werden. Dies erfordert, wie in allen Bereichen der medizinischen Versorgung, eine gründliche und regelmäßige Schulung aller Mitarbeiter.

## 37.1 Bauliche Voraussetzungen und Einrichtungen

Laborbereiche sollen räumlich und funktionell getrennt vom täglichen Routinebetrieb der Krankenstationen sein. Dies empfiehlt sich auch für patientennahe Sofortlaboratorien für Notfalldiagnostik, wie sie häufig auf Intensivstationen integriert sind. Die räumliche Gestaltung und die Einrichtung sind entsprechend der Funktion vorzunehmen. In jedem Arbeitsraum sind Handwaschbecken mit Spendersystemen für Seife und Händedesinfektionsmittel erforderlich. Alle Flächen und Fußböden sollen leicht zu reinigen und zu desinfizieren sein. Eine Versiegelung von Kachelfugen oder gar der gesamten gekachelten Fläche unter der (Fehl-)Vorstellung, daß sich Erreger in den Fugen einnisten und auf diesem Wege übertragen werden können, ist nicht sinnvoll. Die Entsorgung und Wiederaufbereitung von Instrumenten und Laborglas soll vorzugsweise in einem separaten Raum, getrennt in reinen und unreinen Bereich, vorgenommen werden. Aufenthaltsräume für das Personal sind unerläßlich, um zu verhindern, daß Speisen und Getränke am Arbeitsplatz aufbewahrt und verzehrt werden oder daß dort geraucht wird.

Besteht die Möglichkeit einer aerogenen Keimübertragung oder muß die Arbeitsfläche zu diagnostischen Zwecken keimarm sein, ist die Ausstattung mit Sicherheitswerkbänken sinnvoll. Kühlschränke sollen in genügender Zahl vorhanden sein, so daß potentiell infektiöses Untersuchungsmaterial getrennt von vorrätigen Substanzen und Arbeitsmitteln oder gar Lebensmitteln aufbewahrt werden kann.

## 37.2
## Personalschutz

Durch den häufigen Umgang mit Sekreten, Exkreten und beimpften Zellkulturen besteht für das Laborpersonal ein erhöhtes Infektionsrisiko. Dieses ist abhängig davon, ob es zu einer Inokulation mit dem Untersuchungsmaterial kommt, ferner von der Virulenz bzw. Pathogenität der Erreger, vom Immunstatus der Personals und schließlich davon, ob nach Kontakt mit potentiell infektiösem Material schnelle und effiziente Gegenmaßnahmen ergriffen werden (s. Kap. 18, S. 293) [467].

Da es sich bei den Untersuchungsproben oftmals um Blut, Körperflüssigkeiten mit Blutbeimengungen oder um Blutbestandteile handelt, steht der Schutz vor blutassoziierten Erregern im Vordergrund (s. Kap. 15, S. 231 „universal precautions"). Auch wenn in den letzten Jahren die Zahl der neuerworbenen Hepatitis B-Infektionen bedingt durch einen vermehrten Impfschutz beim Personal rückläufig ist, ist die Inzidenz bei Labormitarbeitern immer noch höher als beim übrigen Krankenhauspersonal. Mit der wachsenden Zahl von Hepatitis C- und HIV-positiven Patienten bleiben mit Blut übertragbare Erkrankungen weiterhin von Bedeutung. Bakterielle Laborinfektionen werden überwiegend durch Mykobakterien, Shigellen, Salmonellen, Brucellen und Meningokokken verursacht. So ist z. B. die Tuberkuloserate bei Labormitarbeitern, die häufigen Kontakt mit M. tuberculosis haben, höher als in der Gesamtbevölkerung.

Neben einer Übertragung von Mikroorganismen durch Aerosole bei der Arbeit mit erregerhaltigem Material (v. a. M. tuberculosis) sind der Kontakt von Untersuchungsmaterial mit nichtintakter Haut bzw. mit Schleimhaut oder Stich- und Schnittverletzungen mit kontaminierten Gegenständen die häufigsten Ursachen von Infektionen bei Labormitarbeitern. Obwohl mit dem Mund keinesfalls pipettiert werden soll, kommt es auf diese Weise immer wieder zu Schleimhautkontakt mit infektiösem Material.

Durch umsichtiges und konzentriertes Arbeiten, durch die konsequente Einhaltung von Hygienemaßnahmen sowie durch die Anwendung von Schutzimpfungen lassen sich jedoch die Risiken für alle Mitarbeiter minimieren. Schriftliche Richtlinien für das Verhalten nach versehentlicher Inokulation von potentiell infektiösem Material erleichtern das Vorgehen bei einem solchen Unfall. Die im folgenden aufgeführten Hygienemaßnahmen sollen grundsätzlich eingehalten werden, wenn Kontakt mit potentiell infektiösem Untersuchungsmaterial oder Patienten gegeben ist.

**Hygienemaßnahmen für Laborpersonal**
- Bei jedem Mitarbeiter soll eine ausreichende Immunisierung gegen Hepatitis B bestehen. Bei Arbeiten mit definierten Erregern, z. B. in Forschungslaboratorien, sollen die Beschäftigten zusätzliche auf diesen Bereich abgestimmte Schutzimpfungen erhalten;
- Fingerringe, auch Eheringe, sollen vor Betreten des Arbeitsbereiches abgelegt werden. Nagellack, auch farbloser, soll nicht getragen werden;
- am Arbeitsplatz soll saubere, geschlossene Schutzkleidung getragen werden. Sie soll die Privatkleidung vollständig bedecken und vor Verlassen des Arbeitsbereiches abgelegt werden. Bei Kontamination sollen die Schutzkittel sofort gewechselt werden;
- Händedesinfektion ist nach Kontakt mit potentiell infektiösem Material oder Patienten erforderlich. Nach sichtbarer Kontamination der Hände werden die groben Verschmutzungen zunächst mit einem desinfektionsmittelgetränkten Einmaltuch entfernt oder die Hände sofort mit Wasser und Seife gereinigt und zum Schluß desinfiziert;
- bei möglichem Kontakt mit potentiell infektiösem Material oder Patienten immer mit Einmalhandschuhen (vorzugsweise aus Latex) arbeiten. Nach dem Ausziehen der Handschuhe ist eine Händedesinfektion erforderlich;
- ist die Gefahr einer aerogenen Erregerübertragung gegeben oder ist mit dem Verspritzen von potentiell infektiösem Material zu rechnen, müssen die Arbeiten an einer Sicherheitswerkbank vorgenommen werden. Besteht diese Möglichkeit nicht, ist das Tragen von Maske, Schutzbrille und evtl. flüssigkeitsdichter Schürze erforderlich;
- nicht mit dem Mund pipettieren, sondern mechanische Pipettierhilfen benutzen;
- kontaminierter Abfall muß, wenn Verletzungsgefahr besteht (Kanülen, Bruchglas), unverzüglich in durchstichsichere und festverschließbare Behältnisse entsorgt werden. Kein „Recapping" bei der Entsorgung von Kanülen;
- vor Verlassen des Arbeitsbereiches sollen die Hände gewaschen oder desinfiziert werden;
- bei Kontakt mit infektiösen Patienten (z. B. Blutabnahme auf den Stationen) müssen die dort geltenden Isolierungsmaßnahmen beachtet werden.

## 37.3
## Reinigung- und Desinfektion
(s. dazu auch Kap. 13, S. 201)

Für alle Laborbereiche sollen Reinigungs- und Desinfektionspläne erstellt und regelmäßig überarbeitet werden (Reinigungs- und Desinfektionsplan 37.1). Zur Desinfektion von Instrumenten und Flächen müssen Desinfektionsmittel verwendet werden, die nach den Richtlinien der Deutschen Gesellschaft für Hygiene und Mikrobiologie (DGHM) getestet worden sind (vgl. DGHM-Liste). Sie werden

**Reinigungs- und Desinfektionsplan 37.1.** Laboratorien

| Was | Wann | Womit | Wie |
|---|---|---|---|
| **Händereinigung** | bei Verlassen des Arbeitsbereiches, vor und nach Patientenkontakt | Flüssigseife aus Spender | Hände waschen, mit Einmalhandtuch abtrocknen |
| **Hygienische Händedesinfektion** | z. B. *vor* Blutabnahmen, Injektionen, *nach* Kontamination[1] (bei grober Verschmutzung vorher Hände waschen), nach Ausziehen der Handschuhe | (alkoholisches) Händedesinfektionsmittel | ausreichende Menge entnehmen, damit die Hände vollständig benetzt sind, verreiben bis Hände trocken sind **kein Wasser zugeben** |
| **Hautdesinfektion** | vor Punktionen usw. | z. B. (alkoholisches) Hautdesinfektionsmittel **oder** PVP-Jod-Alkohol-Lösung | sprühen – wischen – sprühen – wischen *Dauer: 30 sec* |
| **Laborglas** (Kolben, Spritzen, Pipetten, Petrischalen) | nach Gebrauch | Reinigungs- und Desinfektionsautomat, evtl. verpacken, autoklavieren **oder** in Instrumentenreiniger einlegen, reinigen, abspülen, evtl. verpacken, autoklavieren, *bei Verletzungsgefahr:* Zusatz von (aldehydischem) Instrumentendesinfektionsmittel | |
| **Instrumente** | nach Gebrauch | Reinigungs- und Desinfektionsautomat, verpacken, autoklavieren **oder** in Instrumentenreiniger einlegen, reinigen, abspülen, verpacken, autoklavieren *bei Verletzungsgefahr:* Zusatz von (aldehydischem) Instrumentendesinfektionsmittel | |
| **Trommeln, Container** | 1mal täglich nach Öffnen (Filter regelmäßig wechseln) | reinigen, autoklavieren | |
| **Urometer** | nach Gebrauch | (aldehydisches) Instrumentendesinfektionsmittel | einlegen, abspülen, trocknen |
| **Tablett** (für Untersuchungen auf Station) | 1mal täglich nach Kontamination[1] | Reinigungs- und Desinfektionsautomat **oder** Alkohol 60–70% | abwischen |
| **Arbeitsflächen** | 1mal täglich nach Kontamination[1] | (aldehydisches) Flächendesinfektionsmittel | abwischen |
| **Sicherheitswerkbank** | 1mal täglich nach Kontamination[1] | (aldehydisches Flächendesinfektionsmittel) | abwischen |
| **Brutschrank Kühlschrank** | 1mal pro Monat nach Kontamination[1] | (aldehydisches) Flächendesinfektionsmittel | auswischen |

**Reinigungs- und Desinfektionsplan 37.1.** (Fortsetzung)

| Was | Wann | Womit | Wie |
|---|---|---|---|
| **Geräte, Mobiliar** | 1mal täglich | umweltfreundlicher Reiniger | abwischen |
|  | nach Kontamination[1] | (aldehydisches) Flächendesinfektionsmittel |  |
| **Waschbecken** | 1mal täglich | mit Scheuermilch gründlich reinigen |  |
| **Fußboden** | 1mal täglich | umweltfreundlicher Reiniger | hausübliches Reinigungssystem |
|  | nach Kontamination[1] | (aldehydisches) Flächendesinfektionsmittel | wischen |
| **Abfall**, bei dem Verletzungsgefahr besteht, (Kanülen, Skalpelle, Bruchglas) | direkt nach Gebrauch (bei Kanülen **kein Recapping**) | Entsorgung in leergewordene, durchstichsichere und festverschließbare Kunststoffbehälter |  |

[1] Kontamination: Kontakt mit (potentiell) infektiösem Material.

*Anmerkungen:*
- nach Kontamination mit potentiell infektiösem Untersuchungsmaterial immer sofort gezielte Desinfektion der Fläche,
- beim Umgang mit Desinfektionsmitteln immer mit Haushaltshandschuhen arbeiten (Allergisierungspotential),
- Ansetzen der Desinfektionsmittellösung nur in kaltem Wasser (Vermeidung schleimhautreizender Dämpfe),
- Anwendungskonzentrationen beachten,
- Einwirkzeiten von Instrumentendesinfektionsmitteln einhalten,
- Standzeiten von Instrumentendesinfektionsmitteln nach Herstellerangaben (wenn Desinfektionsmittel mit Reiniger angesetzt wird, täglich wechseln),
- zur Flächendesinfektion nicht sprühen, sondern wischen,
- nach Wischdesinfektion, Benutzung der Flächen, sobald wieder trocken,
- benutzte, d.h. mit Blut etc. belastete Flächendesinfektionsmittellösung mindestens täglich wechseln,
- Haltbarkeit einer unbenutzten, dosierten Flächendesinfektionsmittellösung (z.B. 0,5%) in einem verschlossenen (Vorrats-)Behälter (z.B. Spritzflasche) nach Herstellerangaben (meist 14–28 Tage),
- Reinigungs- und Desinfektionsautomat: 75°C, 10 min (ohne Desinfektionsmittelzusatz).

in den üblichen Konzentrationen zur sog. Hospitalismusprophylaxe eingesetzt. Ist z.B. in klinisch-chemischen oder mikrobiologischen Laboratorien mit einer Vielzahl von Erregern zu rechnen, sollen wegen ihres breiten Wirkungsspektrums vorzugsweise aldehydhaltige Desinfektionsmittel eingesetzt werden. In Forschungs- und experimentellen Laboratorien, in denen mit definierten Erregern gearbeitet wird, soll das Desinfektionsmittel so gewählt werden, daß eine rasche und effektive Desinfektionswirkung gegen den speziellen Erreger gegeben ist. Aus Gründen der Arbeitssicherheit kann Alkohol nur bei der Desinfektion kleiner Flächen, aber nicht zur Desinfektion von elektrischen Geräten (Sicherheitswerkbank) oder in der Nähe einer offenen Flamme (Bunsenbrenner) verwendet werden.

## 7.3.1
### Instrumente und Laborglas

Bei der Aufbereitung von Instrumenten und Laborglas wie Pipetten, Petrischalen und Zylinder müssen grundsätzlich Handschuhe getragen werden. Ist mit dem Verspritzen von z. B. Untersuchungsmaterial zu rechnen, sollen abwaschbare Schürzen, ggf. auch Augen- bzw. Gesichtsschutz, getragen werden. Besondere Sorgfalt ist beim Umgang mit scharfen und spitzen Gegenständen und bei der Handhabung von Glasartikeln (Glasbruch) angezeigt. Die gebrauchten Gegenstände sollen vorzugsweise in einem Reinigungs- und Desinfektionsautomaten gereinigt, desinfiziert und getrocknet werden. Um einen einwandfreien Reinigungs- und Desinfektionserfolg zu gewährleisten, müssen die Korbeinschübe speziell für den Einsatz in Laboratorien konzipiert sein.

Steht ein solches Gerät nicht zur Verfügung, müssen Instrumente und andere Gegenstände in eine Reinigungslösung eingelegt und manuell gereinigt werden. Nur wenn bei der Aufbereitung kontaminierter Gegenstände Verletzungsgefahr durch spitze bzw. scharfe Instrumente oder durch Glasbruch besteht, werden die Gegenstände vor der Reinigung in eine Instrumentendesinfektionsmittellösung eingelegt. Diese Lösung muß bei Zusatz eines Instrumentenreinigungsmittels täglich erneuert werden. Nach der Aufbereitung werden die Gegenstände trocken aufbewahrt, ggf. verpackt und sterilisiert.

Zerbrochenes und angeschlagenes Laborglas kann wegen des hohen Schmelzpunktes nicht recycelt werden. Es wird zusammem mit spitzen und scharfen Gegenständen in durchstichsicheren, festverschlossenen Kanistern gesammelt und im Hausmüll entsorgt. Besondere Vorsicht ist beim Umgang mit zerbrochenen Pipetten geboten.

## 37.3.2
### Flächen, Geräte und Fußboden

Auch wenn Flächendesinfektionsmittel häufig mit einem Sprühkopf angeliefert werden, soll auf eine Sprühdesinfektion verzichtet und grundsätzlich eine Wischdesinfektion mit einem desinfektionsmittelgetränkten Tuch durchgeführt werden. Dazu eignet sich eine Spritzflasche oder ein geschlossenes Gefäß mit einer in der Anwendungskonzentration vorbereiteten Lösung.

Eine routinemäßige Wischdesinfektion der Fußböden ist nicht erforderlich, die tägliche gründliche Reinigung mit einen umweltfreundlichen Reiniger ist ausreichend. Lediglich nach Kontamination mit potentiell infektiösem Material muß eine sofortige, sog. gezielte Desinfektion durchgeführt werden. Arbeitsflächen und verwendete Arbeitsgeräte (z. B. Pipettierhilfen) werden mindestens einmal täglich nach Arbeitsende sowie unmittelbar nach Kontamination desinfiziert. Ist eine reine Arbeitsfläche für eine bestimmte Untersuchung unerläßlich, ist es sinnvoll, die Fläche vor Arbeitsbeginn noch einmal zu desinfizieren. Die Zuluftsysteme von reinen Werkbänken werden mindestens 15 min vor Arbeitsbeginn eingeschaltet. Gegenstände werden vor dem Einbringen in die Werkbank wischdesinfiziert.

Kühlschränke und Brutschränke, in denen Untersuchungsmaterial aufbewahrt bzw. bebrütet wird, sollen regelmäßig alle vier Wochen desinfiziert werden. Bei der Wischdesinfektion von Brutschränken muß das Desinfektionsmittel so gewählt werden, daß es zu keiner negativen Beeinflussung der Diagnostik kommen kann (z. B. Beeinträchtigung von Zellkulturen durch Verdunsten von Aldehyden). Nach der Wischdesinfektion wird der Brutschrank mehrmals mit klarem Wasser nachgewischt und anschließend ausgelüftet. Werden die Zellkulturen mittels Wasserbad befeuchtet, muß das Wasser regelmäßig gewechselt und die Wasserwanne gereinigt und desinfiziert werden.

Verschmutzung von technischen Geräten (z. B. Zentrifugen) mit Untersuchungsmaterialien müssen vermieden werden, da eine ausreichende Desinfektion oftmals nicht oder nur schwer möglich ist. Reparaturbedürftige Geräte müssen vor dem Transport zur Werkstatt gesäubert und ggf. desinfiziert werden.

## 37.4
## Untersuchungsmaterialien

Untersuchungsmaterialien sollen in geeigneten, gut verschlossenen und vor Bruch geschützten Transportbehältnissen angeliefert bzw. verschickt werden. Beim Eingeben oder Umfüllen von Präparaten in Gefäße oder beim Beimpfen von Nährböden muß eine Kontamination der Außenseite vermieden werden, ggf. muß nach einer versehentlichen Kontamination eine sofortige Desinfektion mit einem Flächendesinfektionsmittel durchgeführt werden.

Eine Kennzeichnung der Untersuchungsmaterialien von infektiösen Patienten mit der Intention, das Laborpersonal zusätzlich zu schützen, soll nicht vorgenommen werden. Sind einzelne Präparate gekennzeichnet, so kann dies einerseits zu unvorsichtigem und nachlässigem Umgang mit nicht gekennzeichneten führen, andererseits aber auch dazu beitragen, das Personal erst recht nervös zu machen (z. B. bei Hinweis auf HIV). Sinnvoller ist es, alle Materialien mit der gleichen Sorgfalt zu bearbeiten, da alle potentiell infektiös sind. Untersuchungsmaterialien, Kulturen und kontaminierte Gegenstände müssen in den meisten Laboratorien als infektiöser Müll (Abfälle der Gruppe C) entsorgt werden (s. Kap. 22, S. 375). Verfügt das Labor über die Möglichkeit, den infektiösen Müll im Autoklaven zu sterilisieren, kann er anschließend problemlos als Hausmüll entsorgt werden.

# 38 Prävention von Infektionen bei der Physiotherapie

E. Bux und F. Daschner

EINLEITUNG

Die Infektionsgefahr bei der Physiotherapie ist sowohl für Patienten als auch Personal gering. Die physiotherapeutische Behandlung findet entweder im Patientenzimmer oder in einer eigenen Abteilung, in der meist gleichzeitig mehrere Patienten behandelt werden, statt. Obwohl Physiotherapeuten mit vielen verschiedenen Patienten direkten Körperkontakt haben und somit vielfältige Möglichkeiten für Kreuzübertragungen bestehen, sind sie nur selten die Ursache von Infektionsübertragungen [283]. Problematischer ist allerdings die Hydrotherapie bei Verbrennungspatienten, die jedoch hier nicht behandelt werden soll und deren Effektivität im übrigen umstritten ist [429]. Außerordentlich gering ist allerdings die Infektionsgefährdung durch Verschlucken von Badewasser in Bewegungs- und Therapiebecken, weil der Verdünnungseffekt, selbst wenn z. B. durch einen inkontinenten Patienten darmpathogene Erreger in das Wasser gelangt wären, sehr groß ist. Im folgenden sollen die wichtigsten Maßnahmen zur Verhütung von Infektionen im Rahmen der Physiotherapie dargestellt werden.

## 38.1
## Allgemeine Hygienemaßnahmen

Eine ausführliche Beschreibung und Diskussion der grundlegenden Hygienemaßnahmen bei der Patientenversorgung findet sich in Kap. 23, S. 391. Deshalb soll hier nur noch einmal kurz auf die wichtigsten Maßnahmen eingegangen werden.

Händehygiene. Händedesinfektion bzw. Händewaschen ist auch bei der krankengymnastischen Behandlung die wichtigste Maßnahme zur Verhinderung einer Erregerübertragung. Eine Dekontamination der Hände soll deshalb immer zwischen der Behandlung der Patienten durchgeführt werden. Dies setzt voraus, daß in der Physiotherapieabteilung genügend Handwaschbecken und Desinfektionsmittelspender, die vom Personal leicht erreicht werden können, zur Verfügung stehen. Eine Auswahl geeigneter Flüssigseifen, Desinfektionsmittel und Hautpflegemittel muß vorhanden sein, weil Hautunverträglichkeiten nicht selten sind. In einem solchen Fall eignen sich auch kleine Flaschen mit einem Händedesinfektionsmittel, die in der Kitteltasche mitgenommen werden können.

Handschuhe. Das Tragen von Handschuhen ist nur bei Gefahr der Kontamination mit potentiell infektiösem Patientenmaterial (z. B. Wundsekret, Blut) notwendig. Nach dem Ausziehen ist Händedesinfektion erforderlich, da die Handschuhe nicht selten undicht sind oder die Hände beim Ausziehen der Handschuhe kontaminiert werden können.

Kittel. Physiotherapeuten sollen bei der Arbeit mit Patienten auf Intensivstationen grundsätzlich einen langärmligen Kittel tragen. Der Kittel wird erst vor Patientenkontakt angezogen und verbleibt nach Gebrauch in der Nähe des Patientenbettes. Der Kittel kann zwischenzeitlich auch von anderen Personen benutzt werden. Je nach Ausmaß des Körperkontaktes kann aber auch eine Schürze ausreichend sein.

Behandlung isolierter Patienten. Die Physiotherapeuten müssen rechtzeitig vom Krankenhauspersonal und/oder Hygienefachpersonal über spezielle Hygienemaßnahmen bei Isolierung von Patienten informiert werden. Nach Möglichkeit soll angestrebt werden, bei in Einzelzimmern isolierten Patienten (z. B. postoperative Infektion im OP-Gebiet mit einem polyresistenten Erreger oder Besiedlung mit Oxacillin-resistentem S. aureus) die Behandlung im Patientenzimmer vorzunehmen. Gibt es aber wichtige medizinische Gründe für eine Behandlung in der Physiotherapieabteilung (z. B. zu wenig Platz für die notwendigen Übungen bei der Therapie mit Mukoviszidosepatienten), so müssen vor Verlassen des Zimmers Vorkehrungen getroffen werden, um eine Streuung des Infektionserregers nach Möglichkeit zu verhindern:
- Bei Wundinfektionen muß darauf geachtet werden, daß der Patient einen gut sitzenden, trockenen und sauberen Verband hat.
- Besteht eine Besiedlung des Körpers mit dem Erreger, wie es beispielsweise bei Staphylokokkeninfektionen möglich sein kann, ist es sinnvoll, dem Patienten einen frischen Kittel überzuziehen, der anschließend bis zum nächsten Gebrauch im Patientenzimmer verbleiben kann.
- Der Patient soll ebenso wie der Physiotherapeut oder die Begleitperson eine gründliche Händedesinfektion durchführen.

Flächendesinfektion. Eine Wischdesinfektion von Gehwägen, Geräten, Mobiliar oder Gymnastikmatten ist nur nach Kontamination mit potentiell infektiösem Material erforderlich, ansonsten sind Reinigungsmaßnahmen ausreichend (Reinigungs- und Desinfektionsplan 38.1). Nach Behandlung von Patienten in der Physiotherapieabteilung, die z. B. eine Staphylokokkeninfektion haben, ist jedoch eine Wischdesinfektion der benutzten Gegenstände und Flächen auch ohne sichtbare Kontamination sinnvoll, um das Risiko der Erregerübertragung auf andere Patienten so gering wie möglich zu halten. Ob Desinfektionsmaßnahmen sinnvoll sind, muß im Einzelfall mit dem Hygienefachpersonal geklärt werden (s. dazu auch Kap. 15, S. 231, Tabelle 15.2).

**Reinigungs- und Desinfektionsplan 38.1.** Physiotherapie

| Was | Wann | Womit | Wie |
|---|---|---|---|
| Händereinigung | bei Betreten bzw. Verlassen des Arbeitsbereiches, vor und nach Patientenkontakt | Flüssigseife aus Spender | Hände waschen, mit Einmalhandtuch abtrocknen |
| Hygienische Händedesinfektion | *vor* Kontakt mit abwehrgeschwächten Patienten, *nach* Kontakt mit infizierten Patienten, *nach* Kontamination[1] (bei grober Verschmutzung vorher Hände waschen), nach Ausziehen der Handschuhe | (alkoholisches) Händedesinfektionsmittel | ausreichende Menge entnehmen, damit die Hände vollständig benetzt sind, verreiben bis Hände trocken sind **kein Wasser zugeben** |
| Mobiliar, Geräte, usw. | 1mal täglich | umweltfreundlicher Reiniger | abwischen |
|  | nach Kontamination[1] | (aldehydisches) Flächendesinfektionsmittel |  |
| Turnmatten | 1mal täglich | umweltfreundlicher Reiniger | abwischen |
|  | nach Kontamination[1] | (aldehydisches) Flächendesinfektionsmittel |  |
| Waschschüsseln, Badewannen, Duschen | nach Benutzung | umweltfreundlicher Reiniger | abwischen, trocknen |
|  | nach Benutzung durch infizierte Patienten | (aldehydisches) Flächendesinfektionsmittel | nach der Einwirkzeit mit Wasser nachspülen, trocknen |
| Waschbecken Strahlregler | 1mal täglich 1mal pro Monat | mit umweltfreundlichem Reiniger reinigen unter fließendem Wasser reinigen | |
| Fußmatten | 1mal täglich | umweltfreundlicher Reiniger | zum Trocknen aufhängen |
|  | nach Kontamination[1] | (aldehydisches) Flächendesinfektionsmittel | abwischen |
| Fußboden | 1mal täglich | umweltfreundlicher Reiniger | hausübliches Reinigungssystem |
|  | nach Kontamination[1] | (aldehydisches) Flächendesinfektionsmittel | wischen |

[1] Kontamination: Kontakt mit (potentiell) infektiösem Material.

*Anmerkungen:*
- nach Kontamination mit (potentiell) infektiösem Material (z. B. Sekreten oder Exkreten) immer sofort gezielte Desinfektion der Fläche,
- beim Umgang mit Desinfektionsmitteln immer mit Haushaltshandschuhen arbeiten (Allergisierungspotential),

- Ansetzen der Desinfektionsmittellösung nur in kaltem Wasser (Vermeidung schleimhautreizender Dämpfe),
- Anwendungskonzentrationen beachten,
- Einwirkzeiten von Instrumentendesinfektionsmitteln einhalten,
- Standzeiten von Instrumentendesinfektionsmitteln nach Herstellerangaben (wenn Desinfektionsmittel mit Reiniger angesetzt wird, täglich wechseln),
- zur Flächendesinfektion nicht sprühen, sondern wischen,
- nach Wischdesinfektion, Benutzung der Flächen, sobald wieder trocken,
- benutzte, d.h. mit Blut etc. belastete Flächendesinfektionsmittellösung mindestens täglich wechseln,
- Haltbarkeit einer unbenutzten dosierten Flächendesinfektionsmittellösung (z.B. 0,5%) in einem verschlossenen (Vorrats-)Behälter (z.B. Spritzflasche) nach Herstellerangaben,
- Reinigungs- und Desinfektionsautomat: 75°C, 10 min (ohne Desinfektionsmittelzusatz).

## 38.2
## Maßnahmen bei der Hydrotherapie

### 38.2.1
### Therapie- und Bewegungsbecken

**Infektionsrisiko.** Jeder Patient hinterläßt innerhalb von 3 min, ohne sich abzuseifen und zu shampoonieren, ca. $10^8$–$10^9$ Keime, v.a. seiner physiologischen Hautflora [147]. Die häufigsten potentiell pathogenen Keime, die aus Badebereichen in Krankenhäusern isoliert werden konnten, sind P. aeruginosa, Enterokokken, S. aureus und E. coli. Die häufigsten Erkrankungen, die in Schwimmbädern übertragen werden können, sind Otitis externa (P. aeruginosa), Konjunktivitis durch C. trachomatis (sog. Schwimmbadkonjunktivitis), Hautinfektionen und Warzen. Die Behauptung, daß Fußmykosen, aber auch Genitalmykosen häufig durch Schwimmbäder übertragen werden, ist falsch. Fußmykosen werden sehr viel häufiger durch die längere Einwirkung des Wassers und somit Aufweichung der Haut reaktiviert. Genitalmykosen haben v.a. endogene Ursachen, und wenn exogene Faktoren eine Rolle spielen, dann nicht Badewasser, sondern beispielsweise eine unangemessene Körperhygiene oder auch Sexualkontakte. Auch Legionelleninfektionen werden in Kliniken nicht durch Schwimmbäder übertragen. Die Übertragung von Trichomonaden durch Badewasser ist ebenfalls sehr unwahrscheinlich, wobei als mögliche Infektionsquelle neben dem Wasser auch Badeutensilien und feuchte Sitze verdächtigt werden. Es muß aber darauf hingewiesen werden, daß die Trichomoniasis eine sexuell übertragbare Krankheit ist. Trotz der insgesamt geringen Infektionsgefahr müssen jedoch folgende Regeln eingehalten werden:
- vor dem Baden Blase und Darm entleeren,
- vor und nach dem Baden duschen,
- im Badebereich saubere Badeschuhe tragen,
- Patienten mit Wundinfektionen, Infektionen der Haut oder ausgedehnten Fußmykosen dürfen Gemeinschaftsbäder nicht benutzen. Dies gilt auch für Patienten mit anderen Infektionen,

- nach dem Baden besonders Füße bzw. Zehenzwischenräume gründlich abtrocknen,
- Badebekleidung nach jedem Baden waschen.

Patienten mit Anus praeter können mit wasserfesten Versorgungssystemen baden. Vor dem Baden soll der Beutel erneuert werden. Da der Kohlefilter durch das Wasser defekt wird, soll er entweder zugeklebt oder der Beutel nach dem Baden gewechselt werden. Patienten mit Anus praeter, die geregelten Stuhlgang haben, beispielsweise durch die morgendliche Darmspülung, können einen sog. Minibeutel oder eine Stomakappe auflegen.

Reinigung und Desinfektion. Eine routinemäßige Reinigung des Wasserbeckens ist unerläßlich. Eine laufende Desinfektion des Beckens und anderer Flächen in der Umgebung, z. B. von Fußböden, Wänden, Umkleidekabinen, Toiletten, Duschen, ist dagegen unnötig, weil es allenfalls zu einer kurzfristigen Keimzahlreduktion auf den Flächen kommt: spätestens 1-2 h danach ist die Ausgangskeimzahl wieder erreicht [103]. Eine Desinfektion der Flächen mit geeigneten Desinfektionsmitteln und Verfahren muß nur nach Kontamination mit potentiell infektiösem Material (z. B. Blut, Stuhl) erfolgen.

Das Becken muß mindestens einmal jährlich entleert werden, anschließend ist eine gründliche Reinigung des Beckenbodens und der Beckenwände notwendig. Rückstände von Reinigungsmitteln müssen durch gründliche Spülung entfernt werden. Die Reinigung des Beckenbodens soll täglich, die Reinigung der Beckenwände wöchentlich durchgeführt werden. Dabei werden Sauggeräte und Bürsten eingesetzt. Die Überlaufrinnen sollen mindestens einmal wöchentlich gereinigt werden. Rinnenroste werden abgenommen, um auch die Unterseite des Rostes, die Rostauflageflächen und die Rinne reinigen zu können. Nach Abschluß der Reinigungsarbeiten werden Rinnen, Roste und Ableitungskanäle gründlich abgespült.

Wasserspeicher sollen bei Bedarf, mindestens jedoch halbjährlich entleert und gereinigt werden. Einschicht- und Mehrschichtfilter sollen mindestens zweimal wöchentlich gespült werden. Die Filterflächen der Anschwemmfilter werden durch Spülen oder Abspritzen mindestens zweimal wöchentlich gereinigt. Die Reinigungsarbeiten werden im Betriebsbuch dokumentiert. Reinigungs- oder ggf. Desinfektionsmittel dürfen die Wasserbeschaffenheit nicht beeinflussen. Bei Reinigungsarbeiten in der Beckenumgebung sollen diese nicht mit dem Wasser in Berührung kommen. Der Beckenrand selbst soll nur mit Wasser gereinigt werden. Möglich ist auch die Reinigung mit dem vorhandenen Beckenwasser.

Da Holzroste schwer zu reinigen und zu trocknen sind, sollen vorzugsweise Kunststoffroste verwendet werden. Bei der Auswahl von Hebegurten muß darauf geachtet werden, daß sie abwaschbar sind, da sie ggf. auch von inkontinenten Patienten benutzt werden müssen. Wärmesitzbänke sollen immer trocken gehalten werden, um eine Vermehrung von Mikroorganismen nicht zu begünstigen. Wäscheschleudern sollen wegen der möglichen Kontamination der Badekleidung nicht benutzt und deshalb nicht aufgestellt werden.

Tabelle 38.1. Mikrobiologische Anforderungen an das Rein- und Beckenwasser

| Koloniebildende Einheiten | Reinwasser maximal | Beckenwasser maximal |
|---|---|---|
| KBE bei 20°C | bis 20/ml | bis 100/ml |
| KBE bei 36°C | bis 20/ml | bis 100/ml |
| Koliforme Keime bei 36°C | 0/100 ml | 0/100 ml |
| E. coli bei 36°C | 0/100 ml | 0/100 ml |
| P. aeruginosa bei 36°C | 0/100 ml | 0/100 ml |
| Legionella pneumophila | 0/100 ml[1] | 0/1 ml[2] |

[1] im Filtrat
[2] im Beckenwasser von Warmsprudelbecken sowie Becken mit zusätzlichen Wasserkreisläufen und Beckenwassertemperaturen über 30°C

**Überwachung der Wasseraufbereitungsanlage.** Das Wasser von Therapie- und Bewegungsbecken im Krankenhaus muß denselben Anforderungen genügen wie das Schwimmbadwasser in öffentlichen Schwimmbädern. Die Überwachung der Schwimmbadaufbereitungsanlage erfolgt täglich anhand eines Betriebsbuches, welches als Nachweis gegenüber der Gesundheitsbehörde gilt. Die entsprechenden Parameter können der DIN 19643 (oder in Zukunft der Badewasserverordnung) entnommen werden. Die mikrobiologischen Anforderungen an das Rein- und Beckenwasser von Schwimmbädern sind in Tabelle 38.1 zusammengestellt.

 Unter Reinwasser versteht man das aufbereitete Wasser nach Einmischung des Desinfektionsmittels, Füllwasser ist das zur Erst- und Nachfüllung benutzte Wasser.

Die mikrobiologische Kontrolle der Wasserbeschaffenheit erfolgt in der Regel einmal im Monat. Die bakteriologischen Proben des Beckenwassers sind während der Hauptbelastungszeit des Beckens ca. 50 cm vom Beckenrand entfernt aus dem oberflächennahen Bereich zu entnehmen. Außerdem kann auch jeweils eine Probe von Ein- und Auslauf entnommen werden. Reinwasserproben erfolgen aus dem Zapfhahn der Reinwasserleitung unmittelbar vor Eintritt des Wassers in das Becken.

Das Füllwasser muß mikrobiologisch nur dann untersucht werden, wenn es nicht aus der öffentlichen Wasserversorgung stammt. Das Füllwasser von Bewegungsbädern besitzt in der Regel Trinkwasserqualität. Ein Eintrag von fakultativ pathogenen Erregern ist über diesen Weg unwahrscheinlich. Zur Wassererneuerung sind kontinuierlich oder einmal am Tag je Besucher mindestens 30 l Beckenwasser gegen Füllwasser auszutauschen. Unter bestimmten Voraussetzungen, wie mangelnde Rückspülung oder unzureichende Wasserdesinfektion, können sich Mikroorganismen, insbesondere auf der Filteroberfläche, vermehren und ins Badewasser gelangen. Da dies besonders häufig bei P. aeruginosa vorkommt, muß bei erhöhten Koloniezahlen von P. aeruginosa im einlaufenden Wasser an einen Eintrag aus dem Filter gedacht werden.

Die Unterscheidung von Bädern im medizinischen Bereich erfolgt in Therapie- oder Bewegungsbecken. Die Wasseraufbereitung von Therapiebecken erfolgt wesentlich strenger, da sie von erhöht infektionsgefährdeten oder auch inkontinenten Patienten benützt werden. Deshalb sollen sie an Wasseraufbereitungsanlagen mit Ozonung angeschlossen werden (siehe dazu DIN 19643 Teil 3). Bewegungsbecken sind Schwimm- und Badebecken für medizinisch indizierte Bewegungstherapie im Bereich der Rehablitation und Prävention.

Fußsprühanlagen. Bereits 1990 hat das ehemalige BGA festgestellt, daß beim „derzeitigen Stand der Erkenntnis ... die Bereitstellung und die Anwendung von Fußsprühanlagen wegen des umstrittenen Nutzens für die Fußpilzprophylaxe nicht mehr verpflichtend vorgeschrieben werden" kann [52]. Die meisten Präparate enthalten Formaldehyd oder andere Aldehyde, welche direkt auf die trockene Haut aufgesprüht werden sollen. Die Einwirkzeit soll mindestens 5 min bis zum Trocknen der Haut betragen. Aldehyd- und insbesondere formaldehydhaltige Präparate führen jedoch häufig zu Allergien, und im übrigen gibt es keine Untersuchungen, die den präventiven Wert von Fußsprühanlagen belegen können. Außerdem wird von den meisten Verwendern von Fußsprühanlagen das Desinfektionsmittel auf die nasse Haut aufgesprüht und die Einwirkzeit nicht eingehalten. Beim Einsatz zentraler Desinfektionsmittelanlagen muß darüber hinaus berücksichtigt werden, daß bis zu 50% dieser Anlagen mit gramnegativen Keimen kontaminiert sein können. Die verwendeten Präparate schließlich müssen als Arzneimittel zugelassen sein. Die einzige wirksame Fußpilzprophylaxe ist das Tragen von Badeschuhen und das gründliche Trocknen der Füße mit Zehenzwischenräumen nach dem Baden.

## 8.2.2
## Wannenbäder und Packungen

Reinigung und Desinfektion von medizinischen Wannen. Verschiedene medizinische Bäder mit Zusätzen von z.B. pflanzlichen Auszügen, Kohlensäure oder Sauerstoff (Luftperlbäder) bzw. hydroelektrische Vollbäder (Stanger-Bad) werden in der Hydrotherapie angewendet. Bei nicht infizierten Patienten genügt eine gründliche Reinigung der Wannen mit einem frischen Tuch und flüssigem Allzweckreiniger. Um die Flächen nicht aufzurauhen, sollen weder Bürsten noch Scheuersand verwendet werden. Anschließend wird die Wanne gründlich abgetrocknet. Bei Benutzung durch kolonisierte oder infizierte Patienten (z.B. mit Hautausschlägen oder Wundinfektionen) müssen die Wannen wischdesinfiziert werden. Die Desinfektionsmittelkonzentrationen richten sich nach dem Einstundenwert. Nach Ablauf der Einwirkungszeit müssen die Wannen gründlich mit fließendem Wasser nachgespült werden, um Desinfektionsmittelreste zu beseitigen. Aufgrund der langen Einwirkungszeiten ist es deshalb aus organisatorischen Gründen sinnvoll, infizierte Patienten zuletzt zu behandeln. Da Acrylbadewannen, die bezüglich Reinigung und Desinfektion problematisch sind, immer mehr Verwendung finden, sind nachfolgend die wichtigsten Reinigungs- und Desinfektionsmaßnahmen zusammengestellt.

Acrylglas (Plexiglas) ist ein **nicht kratzfester** Kunststoff, der gegenüber verschiedenen chemischen Substanzen nicht oder nur bedingt beständig ist.
Zur Materialschonung ist bei der Pflege von Acrylbadewannen folgendes zu beachten:
- Nur **Reinigungstücher** verwenden – **keine Bürsten** oder **Schwämme,**
- Staub mit **feuchtem** Tuch, nicht trocken entfernen,
- Nur **flüssiges** Reinigungs- oder Desinfektionsmittel verwenden, k**einesfalls Scheuerpulver** oder -**milch,**
- Reinigungs- oder Desinfektionsmittel **nicht konzentriert** anwenden; **Dosierung genau einhalten,**
- **Keinen Alkohol** oder **alkoholhaltige** Reinigungs- oder Desinfektionsmittel verwenden. Vorsicht mit **alkoholischem Händedesinfektionsmittel,**
- Nach Anwendung von färbenden Badezusätzen (z. B. Kamillosan) ist die Badewanne **sofort nach Entleeren** zu reinigen.

Reinigung bei nicht infizierten Patienten:
- Ansetzen einer Reinigungslösung mit umweltfreundlichem Reiniger,
- gründliche Reinigung mit frischem Tuch,
- mit Wasser nachspülen und mit frischem, weichem Tuch trocknen,

Desinfektion bei infizierten Patienten:
- Ansetzen einer **0,5%igen** Flächendesinfektionsmittellösung,
- mit Tuch auswischen,
- Einwirkzeit: 1 h,
- gründlich mit Wasser nachspülen und mit frischem, weichem Tuch trocknen.

**Moorbäder.** Bei Gemeinschaftsmoorbädern ist das Risiko der Übertragung von Krankheitserregern erhöht, weshalb sie nur als Einzelbäder verabreicht werden sollen.

**Fangopackungen.** Als Fangopackung sind heute in der Regel Paraffingemische im Einsatz. Die Wiederverwendung erfolgt nach einer Säuberung der benutzten Schmelzmasse und anschließenden Desinfektion bei 130°C und einer Haltezeit von 15 min in speziellen Fangoaufbereitungsanlagen. Eine Überprüfung dieser Anlagen mit Bioindikatoren ist nicht notwendig, da die Packungen, sofern keine schützende Folie verwendet wird, nur auf intakte Haut aufgelegt werden dürfen. Vor der ersten Anwendung soll laut Herstellerangaben die Fangopackung sterilisiert werden. Aus hygienischer Sicht genügt jedoch eine Desinfektion.

# 39 Prävention von Infektionen und Intoxikationen ausgehend von Krankenhausküchen

M. Rolff

## EINLEITUNG

Die sachgerechte hygienische Verarbeitung von Lebensmitteln bis hin zur Ausgabe und zum Verzehr ist in Gemeinschaftsküchen und insbesondere in Krankenhausküchen und Altersheimen, die auch abwehrgeschwächte Personen versorgen, von außerordentlich großer Bedeutung. Die Entstehung einer Lebensmittelinfektion bzw. -intoxikation hängt meist von mehreren Faktoren ab; eine Kontamination der Speisen allein reicht nicht aus. Durch küchentechnische Fehler können sich Erreger in einem Maße vermehren, daß eine Erkrankung ausgelöst werden kann. Die Erkrankung wiederum kann abhängig von der Abwehrlage, der aufgenommenen Nahrungsmenge oder der Virulenz des Erregers von Person zu Person unterschiedlich schwer sein.

Wichtig ist, das Küchenpersonal über die mikrobiologisch-hygienischen Gefahren zu informieren, um dadurch eine problembewußte Mitarbeit zu erreichen, so daß Infektionen bzw. Intoxikationen verhindert werden können. Fort- und Weiterbildungen für alle in der Küche tätigen Personen sollen regelmäßig vom Küchenleiter und dem Hygienefachpersonal durchgeführt werden. Nur wer über die Gefahren informiert ist, kann mithelfen, das Risiko so weit wie möglich zu verringern.

## 39.1
## Infektionsrisiken in der Krankenhausküche

Folgende Faktoren können das Infektionsrisiko erhöhen:
- Lebensmittel, die bereits mit Krankheitserregern kontaminiert angeliefert werden,
- Verarbeitung von besonders risikoreichen Lebensmitteln (z. B. Geflügel, Hackfleisch, Eier),
- küchentechnische Fehler, wie z. B. die Nichtbeachtung der Temperatur-Zeit-Faktoren,
- Kreuzkontaminationen, z. B. über die Hände des Personals oder über kontaminierte Küchengeräte (z. B. wenn nicht thermisch desinfizierbar).

Häufig kommt es erst zu Krankheitszeichen, wenn die Infektionsdosis (Anzahl der aufgenommenen Erreger) entsprechend hoch ist.

 Bei Fehlern, die im Produktionsablauf gemacht werden, ist für die Vermehrung der Mikroorganismen in den Speisen die Temperatur-Zeit-Beziehung ausschlaggebend und ist als entscheidendes Risiko anzusehen.

### 39.1.1
### Erreger von Lebensmittelinfektionen bzw. -intoxikationen

Die wichtigsten Erreger, die zu Infektionen bzw. Intoxikationen in Großküchen führen können, sind Salmonellen, Staphylokokken und Sporenbildner. Es sind aber auch Ausbrüche beschrieben, die durch Streptokokken der Gruppe A, durch Hepatitis A-Viren oder andere darmpathogene Erreger als Salmonellen (z. B. Shigellen, Campylobacter sp.) verursacht wurden.

Salmonellen. Von 1980 bis 1992 wurde ein drastischer Anstieg von Salmonellenerkrankungen hervorgerufen durch das Serovar S. enteritidis, das vorwiegend in Geflügeln und Eiern vorkommt, verzeichnet. Seit 1993 konnte ein Rückgang der Salmonellosen festgestellt werden, der auf eine breite Aufklärung der Bevölkerung und das Inkrafttreten der Hühnereierverordnung zurückzuführen ist. Ursachen für das Auftreten einer Salmonellenenteritis können sein:
- rohes Hühnerei und die damit angerichteten Speisen, wenn sie nicht ausreichend durchgegart werden,
- nicht ausreichend durchgegartes Geflügel oder Fleisch, besonders Hackfleisch,
- Krusten-, Schalen- und Weichtiere,
- Übertragung von Mensch zu Mensch möglich, aber deutlich altersabhängig:
  - Kinder von 2–5 Jahren sind durch Kreuzkontamination (Schmierinfektion) gefährdet, während sich Kinder im Alter von 5–9 Jahren eher über Lebensmittel infizieren.

Staphylococcus aureus. Die durch Staphylokokken (z. B. eiternde Wunden, Panaritium) hervorgerufene Gastroenteritis tritt nach 2–6 h auf. Die Vermehrung und die Toxinbildung von S. aureus beginnt ab 15 °C. Problematisch ist, daß das Toxin hitzestabil ist und 30minütiges Kochen übersteht.

Clostridium botulinum. Dieser Sporenbildner ist durch „bombierte Dosen" bekannt geworden. Wenn Fleisch-, Obst- und Gemüsekonserven nicht genügend sterilisiert werden, kann es unter den anaeroben Bedingungen zur Toxinbildung kommen.

Clostridium perfringens. Intoxikationen durch C. perfringens (infiziertes Schlachtfleisch) können vermieden werden, indem man Fleisch nur frisch zubereitet. Ein Vorbraten am Tag zuvor ist gefährlich und soll deshalb nur durchgeführt werden, wenn anschließend ein schnelles Abkühlen erreicht werden kann. Bekannt geworden sind Intoxikationen durch C. perfringens als Thermophorenvergiftung (Warmhaltebehälter): 8–12 h nach der Mahlzeit kommt es zur Enteritis, die durch die Bildung von Enterotoxin im Darm ausgelöst wird.

Bacillus cereus. Dieser Sporenbildner kommt in Erdbehaftetem, häufig auch in Gewürzen vor, wurde aber auch in Instantkartoffelbrei oder in Reis gefunden. Zu Intoxikationen kann es z. B. durch vorgekochten Reis kommen, den man über Nacht im Gefäß abkühlen läßt. Wird der Reis am nächsten Tag nur kurz erhitzt, kann es 2–6 h nach der Mahlzeit zu Erbrechen kommen, und nach 18 h wird das Toxin im Dünndarm wirksam.

## 39.2
## Maßnahmen zur Reduzierung von Hygienerisiken

### 39.2.1
### Umgang mit Lebensmitteln

Der Einkauf und die Verarbeitung ausschließlich einwandfreier Lebensmittel muß selbstverständlich sein. Das Verfallsdatum muß dabei ebenfalls beachtet werden. Folgende Faktoren sind besonders wichtig:
- Temperatur von Tiefkühlware bei Anlieferung nicht über $-18°C$,
- gleichbleibende Kühlung bei einer Temperatur von $+4°C$ ist erforderlich für
  - leicht verderbliche Lebensmittel,
  - bereits zubereitete Speisen,
  - rohes Fleisch, Geflügel (besser $+2°C$),
  - Eier,
- längere Unterbrechung der Kühlkette muß vermieden werden,
- schnelles Herunterkühlen von gegarten Speisen erforderlich, wenn sie mehrere Stunden gelagert werden sollen und zwar bis mindestens $\leq +10°C$ (nur in kleinen Töpfen oder z. B. in flachen Behältnissen erreichbar, da durch die geringere Schichtdicke eine schnellere Abkühlung erfolgen kann),
- keine längeren Standzeiten von gegarten Speisen im kritischen Temperaturbereich von $+15°– +60°C$,
- beim Heißhalten der Speisen eine Temperatur von $65°C$ nicht unterschreiten (die meisten Mikroorganismen können sich bei $+10°– +60°C$ vermehren),
- Wiederaufwärmen abgekühlter Speisen bis auf eine Temperatur von $80°C$,
- Geflügelfleisch vor dem Braten vollständig auftauen oder ein Thermometer einstechen, damit gesichert ist, daß die Kerntemperatur ausreichend lange gehalten wird,
- Verwendung von Eiern weiterhin eingeschränkt:
  - kein Rohei für Nachspeisen, Mayonnaise oder Füllungen von Backwaren,
  - kein Eieinlauf bei Suppen,
  - keine Spiegel- oder Rühreier,
  - keine Frühstückseier (bei hohen Keimzahlen von Salmonella enteritidis werden die Erreger im Ei selbst bei 8minütiger Kochzeit nicht abgetötet).

Unbedenklich sind die industriell hergestellten Fertiggerichte, wie z. B. Sauce Hollandaise oder Sauce Béarnaise,
- Vorsicht auch bei der Zubereitung von Kartoffelsalat:
  - gekochte Kartoffeln stellen für Mikroorganismen einen idealen Nährboden dar. Noch im warmen Zustand geschnitten, können sie durch die Hände des Personals kontaminiert werden und bieten für S. aureus ideale Bedingungen zur Toxinbildung. Durch Zugabe von Gewürzen (meist stark mikrobiell kontaminiert) oder selbsthergestellter Mayonnaise können zusätzlich Keime eingebracht werden. Läßt man den fertigen Salat dann bei Raumtemperatur ziehen, kann sehr leicht eine Keimzahl erreicht werden, die zum Auslösen einer Erkrankung ausreichend ist.
  
  Deshalb ist bei Herstellung von Kartoffelsalat die Kühlung entscheidend. Die Kartoffeln müssen nach dem Garen erst durchgekühlt werden, bevor sie weiterverarbeitet werden und der zubereitete Kartoffelsalat muß bis zur Portionierung kühl gelagert werden.

### 39.2.2
### Personalhygiene

Folgende Maßnahmen müssen beachtet werden:
- zur Einstellung von Küchenpersonal Gesundheitszeugnis nach § 17 und § 18 BSeuchG erforderlich,
- mindestens 1mal jährlich ärztliche Untersuchung wiederholen, einschließlich einer Stuhlprobe,
- nach Urlaubsaufenthalt in Ländern, in denen Durchfallerkrankungen häufig sind, möglichst noch vor Dienstantritt eine Stuhluntersuchung durchführen,
- bei gastrointestinalen Symptomen (z. B. Übelkeit, Erbrechen, Bauchschmerzen, Durchfall) ist ebenfalls eine ärztliche Untersuchung notwendig, möglichst durch den Betriebsarzt,
- alle Hautverletzungen, eiternde Hautläsionen und Hautausschläge dem Küchenleiter melden; wenn Abdecken der Wunde mit einem wasserdichten Verband, Handschuh oder Fingerling möglich, Einsatz des Personals an einem Arbeitsplatz, bei dem direkter Lebensmittelkontakt ausgeschlossen ist, z. B. bei der Geschirrabräumung.

Neueingestelltes Personal soll vom Küchenleiter über die Standardhygienemaßnahmen informiert werden und erhält diese auch schriftlich zusammengefaßt in einem Merkblatt. Für ausländische Mitarbeiter ist eine Übersetzung in deren Muttersprache erforderlich.

Händewaschen/Händedesinfektion. Die Händehygiene ist auch in der Küche eine wichtige Maßnahme, um die Übertragung von Infektionserregern (z. B. Kreuzkontamination) zu verhüten. Eine ausreichende Anzahl an Waschplätzen ist Grundvoraussetzung, wobei die Benutzung eines Händedekontaminationspräparates (= desinfizierende Flüssigseife) zu empfehlen ist. Da eine ausreichende

Keimzahlreduktion allein schon durch das Waschen mit Wasser und Seife erreicht werden kann, genügt es bei der normalen Küchenarbeit, die Hände mit dem Händedekontaminationspräparat (HD-Präparat) gründlich zu waschen.

Nach Umgang mit Rohwaren, wie z. B. Fleisch, Wild, Fisch, Geflügel und Eier, sowie nach Toilettenbenutzung soll allerdings das HD-Präparat mit einer Einwirkzeit von 30 sec verwendet werden, d. h. das konzentrierte Präparat wird ohne Zugabe von Wasser 30 sec lang auf den Händen verrieben, dann erst wird mit Wasser wie üblich gewaschen.

Wichtig ist, das Personal über die richtige Anwendung zu informieren. Bei der Auswahl sollte man sich an der HD-Liste mit den geprüften HD-Präparaten orientieren (s. Kap. 13, S. 201). Es ist natürlich ebenso die Benutzung von normaler Flüssigseife und in den oben genannten Fällen (z. B. nach Umgang mit „Risiko-Lebensmitteln") die zusätzliche Benutzung von alkoholischem Desinfektionsmittel möglich.

Handbürsten sollen nur in Ausnahmefällen benutzt werden und müssen anschließend thermisch desinfiziert werden (z. B. in der Geschirrspülstraße). Pflegecremes sollen regelmäßig verwendet werden und vorzugsweise in Wandspendern zur Verfügung stehen.

Vor Arbeitsbeginn müssen Handschmuck und Armbanduhren abgelegt werden, um die Händehygiene nicht zu beeinträchtigen (s. Kap. 23, S. 391). Es sollten verschiedene Schutzhandschuhe (Latex-, PE- u. Baumwollhandschuhe) zur Verfügung stehen (s. folgende Übersicht).

---

**Handschuhe im Küchenbereich**

*Generell direkten Kontakt mit den Händen vermeiden bei*
- Zubereitung von Speisen, die anschließend nicht mehr erhitzt werden (z. B. Salate) und
- Speisen, die bereits gegart sind.

*Latexhandschuhe*
- beim Umgang mit Geflügel, Fisch, Fleisch,
- zur Vermeidung von direktem Kontakt mit bereits gegarten Speisen (z. B. Aufschneiden von Braten),
- beim Aufschneiden und Portionieren von sog. offenen Lebensmitteln (z. B. Wurst, Schinken, Käse),
- an der Geschirrspülstraße beim Abräumen der Patiententabletts (zum eigenen Schutz),
- bei Verletzungen an den Händen.

*Baumwollhandschuhe*
- bei der Speisenportionierung am Band (bzw. Speisenausgabe im Personalcasino),
- bei der Sortierung von frisch gespültem Geschirr und Besteck.

*Haushaltshandschuhe*
- bei Reinigungs- und Desinfektionsarbeiten.

Der Einsatz der Schutzhandschuhe richtet sich nach dem Verwendungszweck. Zum Beispiel werden Latexhandschuhe am Abräumband getragen. Beim Aufschneiden und Portionieren von Lebensmitteln, mit denen direkter Kontakt vermieden werden soll (z. B. Wurst, Käse), können Latex- oder PE-Handschuhe benutzt werden. Baumwollhandschuhe sollen bei der Speisenverteilung und bei der Entnahme von frisch gespültem Geschirr und Besteck aus der Spülmaschine benutzt werden.

Arbeitskleidung. Die Arbeitskleidung wird täglich gewechselt. Läßt es sich nicht vermeiden, daß Personal vom unreinen in den reinen Bereich wechseln muß, muß ein Kittelwechsel durchgeführt werden. Wird im unreinen Bereich (z. B. Salat und Gemüseküche) eine wasserdichte waschbare Schürze getragen, so kann nach Ablegen der Schürze und gründlicher Händehygiene im sauberen Bereich weitergearbeitet werden. Vorteilhafter ist es aber, wenn durch feste Einteilung des Personals diese Bereiche generell getrennt werden können. Eine Kopfbedeckung soll die Haare vollständig bedecken. Spezielle Schuhe sind aus Gründen der Arbeitssicherheit erforderlich (Rutschgefahr).

## 39.3
## Reinigung und Desinfektion

Eine Arbeitsanleitung für Reinigungs- und Desinfektionsarbeiten soll in jedem Küchenbereich ausgehängt sein (Reinigungs- und Desinfektionsplan 39.1). Dabei muß mit dem Küchenleiter besprochen und festgelegt werden, wann Desinfektionsmaßnahmen erforderlich sind und wie man sie organisiert. Schulungen, die das Personal über die Risiken informiert, sind für eine gewissenhafte Mitarbeit unumgänglich.

Fast immer sind in der Küche Reinigungsmaßnahmen ausreichend. Das gilt z. B. für Wände, Türen, Möbel, Fußböden, die Portionier-und Geschirrabräumbänder, aber auch für Kühlräume und die meisten Arbeitsflächen. Auch Kochkessel, Grills, Kaffemaschinen etc. brauchen nur gereinigt zu werden. Strahlregler an den Wasserhähnen sollen regelmäßig einmal wöchentlich abgeschraubt und gereinigt werden, da sich dort sehr schnell gramnegative Wasserkeime ansammeln und vermehren können.

## 39.3.1
## Thermische Desinfektion

Die automatische Reinigung und gleichzeitige thermische Desinfektion in Geschirrspülstraßen erfolgt bei einer Temperatur von 60°C und einer Nachspültemperatur von 80°C. Der Zusatz eines chemischen Desinfektionsmittels ist nicht notwendig. Problematisch kann evtl. die Reinigung von Tee- und Kaffeegeschirr sein, so daß bei der entsprechenden Maschine in geringer Menge Chlor zudosiert werden kann. Geschirr von Bestrahlungspatienten wird bereits vorher

**Reinigungs- und Desinfektionsplan 39.1.** Küchen

| Was | Wann | Womit | Wie |
|---|---|---|---|
| Händewaschen | vor der Speisenzubereitung, nach Niesen, Husten, Schneuzen, bei Wechsel in einen anderen Küchenbereich | Händedekontaminations-Präparat | ausreichende Menge in den Händen verreiben, dann erst mit Wasser wie üblich waschen, mit Einmalhandtuch abtrocknen |
| | nach Umgang mit allen Rohwaren wie Fleisch, Fisch, Geflügel, Eiern, Gemüse u. Salat, nach dem Toilettenbesuch | Händedekontaminations-Präparat | ausreichende Menge **während 30 sec** in den Händen verreiben, dann erst mit Wasser wie üblich waschen, mit Einmalhandtuch abtrocknen |
| Pflegecreme | regelmäßig verwenden z.B. vor der Pause, nach Arbeitsende | Creme aus Spender auf den Händen verreiben | |
| Arbeitsflächen | nach Beendigung eines Arbeitsschrittes | umweltfreundlicher Reiniger | |
| | **sofort** nach Verarbeitung von Fisch, Fleisch, Wurst, Wild, Geflügel, Eiern | mit Küchendesinfektionsreiniger abwischen | |
| | bei starker Verschmutzung | **zuerst vorreinigen,** trocknen, anschließend mit Küchendesinfektionsreiniger abwischen | |
| Universalküchenmaschine Fleischwolf, Mixer, Aufschnittmaschine, etc. | nach Benutzung | alle **abbaubaren** Teile in der Spülmaschine thermisch desinfizieren, die anderen Teile mit Küchendesinfektionsreiniger desinfizierend reinigen | |
| Töpfe, Schüsseln, Handgeräte, Schneidbretter, Messer, Geschirr und Besteck | nach Benutzung | in der Spülmaschine thermisch desinfizieren | |
| Kochkessel, Backofen, Grill, Bratautomaten, Mikrowelle | nach Benutzung (innen u. außen) | Reinigen und Trocknen (evtl. Spezialreiniger benutzen) | |
| Bandtransport-Geschirrspülmaschine | täglich und bei Bedarf | mit Hochdruckschlauch reinigen, Siebe reinigen | |

**Reinigungs- und Desinfektionsplan 39.1.** (Fortsetzung)

| Was | Wann | Womit | Wie |
|---|---|---|---|
| Wasserwechselgeschirrspülmaschine | täglich | | Außenreinigung, Sieb reinigen |
| Portionierband, Abräumband | täglich und bei Bedarf | umweltfreundlicher Reiniger | |
| Kühlräume:<br>Wände<br>Fußboden | 1mal wöchentlich<br>täglich | umweltfreundlicher Reiniger | |
| Kühltruhe, -schrank | bei Bedarf (nach Abtauen), täglich außen | umweltfreundlicher Reiniger | |
| Reinigungstücher | so häufig wie nötig wechseln | | in den Wäschesack geben |
| | nach Reinigung u. Desinfektion von Arbeitsflächen und Geräten, die mit Fleisch, Wurst, Wild, Geflügel, Eiern Kontakt hatten | | sofort in den Wäschesack geben |
| Fußböden, Möbel, Türen, Wände | täglich | umweltfreundlicher Reiniger | |

*Anmerkungen:*
- Bei Benutzung von Küchendesinfektionsreiniger nicht nachtrocknen.
- Nach der Einwirkzeit (Herstellerangabe) ist das Nachwischen mit klarem Wasser erforderlich (Lebensmittel- und Bedarfsgegenständegesetz, Juli 1993, § 31).

auf der Station maschinell gewaschen. Das Abwasser dieser Maschine fließt in ein Abklingbecken.

Die korrekte Beladung (Spülschatten) und regelmäßige Reinigung (Siebe) der Geschirrtransportspülmaschinen durch das Personal ist ausschlaggebend dafür, daß eine optimale Reinigung und Desinfektion gewährleistet ist. Schlechte Spülergebnisse müssen sofort an den Küchenleiter bzw. den Techniker gemeldet werden. Häufige Ursachen dafür sind z. B.:
- funktionsuntüchtige Düsen,
- zu niedrige Spül- und Trockentemperatur,
- zu geringe oder gar keine Dosierung des Geschirrspülmittels,
- zu niedriger Wasserdruck.

Eine routinemäßige Wartung der Maschinen ist erforderlich.

## 39.3.2
## Chemische Desinfektion

Eine chemische Desinfektion von Flächen ist empfehlenswert, wenn risikoreiche Lebensmittel verarbeitet wurden, wie z. B. rohes Fleisch, Wild, Geflügel, Fisch, Eier. Betroffen sind Arbeitsflächen, Wannen, Küchenmaschinen und alle Geräte, die nicht in der Spülmaschine desinfiziert werden können, z. B. Aufschneidemaschinen. Nach Verarbeitung dieser Lebensmittel muß sofort eine Wischdesinfektion der Arbeitsgeräte und der Arbeitsflächen erfolgen (anschließend Händehygiene). Die Tücher werden sofort nach Benutzung in die Wäsche gegeben.

## 39.3.3
## Umgang mit Auftauflüssigkeit

Besondere Vorsicht ist beim Umgang mit Auftauflüssigkeit von tiefgefrorenem Fleisch, Wild und besonders Geflügel geboten:
- Entsorgung der Auftauflüssigkeit ohne Verspritzen,
- Auffangschalen für die Auftauflüssigkeit und alle verwendeten Arbeitsgeräte thermisch desinfizieren,
- Wischdesinfektion der Arbeitsflächen und Geräte, die nicht thermisch desinfiziert werden können,
- benutzte Tücher sofort in die Wäsche geben,
- zur Händedekontamination das HD-Präparat 30 sec lang in den Händen verreiben und erst danach Hände wie gewohnt waschen.

## 39.3.4
## Durchführung der Flächendesinfektion

Da die Küchenreinigung sehr arbeitsaufwendig ist, sollte man ein Küchendesinfektionsmittel einsetzen, das Reinigung und Desinfektion in einem Arbeitsgang ermöglicht. Stark mit Fett oder Eiweiß belastete Flächen müssen aber vorgereinigt werden. Die Fläche muß nach der Reinigung trocken sein, bevor anschließend das Desinfektionsmittel aufgetragen wird.

Dem Desinfektionsmittel darf kein Reinigungsmittel zugesetzt werden (Inaktivierung). Damit die Wirksamkeit gewährleistet ist, muß das Desinfektionsmittel abtrocknen, ohne daß mit Tüchern nachgetrocknet wird. Nach der empfohlenen Einwirkzeit ist laut § 31 Lebensmittel- und Bedarfsgegenständegesetz das Nachwischen mit klarem Wasser erforderlich.

Eine Dosierhilfe ist unbedingt erforderlich. Zu empfehlen sind dezentrale Dosiergeräte. Auf keinen Fall sollte eine Sprühdesinfektion erfolgen. Die für den Lebensmittelbereich zugelassenen Desinfektionsmittel sind der Desinfektionsmittelliste der Deutschen Veterinärmedizinischen Gesellschaft (DVG) oder der DGHM-Liste, der Deutschen Gesellschaft für Hygiene und Mikrobiologie zu entnehmen (s. Kap. 13, S. 201).

## 39.4
## Umgebungsuntersuchungen

### 39.4.1
### Abstrich- und Abklatschuntersuchungen

Mikrobiologische Umgebungsuntersuchungen in der Krankenhausküche haben keine große Aussagekraft. Was das Infektionsrisiko betrifft, so sind sie evtl. dann sinnvoll, wenn sie von Arbeitsflächen und Küchengeräten gemacht werden, die mit den „Risiko-Lebensmitteln" (d. h. Fleisch, Wild, Geflügel, Fisch, Eier) in Kontakt gekommen sind und anschließend nicht thermisch desinfiziert werden können (große Auftauwannen, Rühr- und Mengmaschinen). Es besteht allerdings die Gefahr, daß die Bedeutung dieser Befunde überbewertet wird bzw. daß sie falsch interpretiert werden.

Ergebnisse von Umgebungsuntersuchungen können allerdings auch auf Fehler bei der Durchführung von Reinigungs- und Desinfektionsmaßnahmen hinweisen, und bei einem Gespräch mit dem Personal sind dann z. B. Abklatschplatten zur Demonstration hilfreich. Regelmäßige Besuche in der Küche zu unterschiedlichen Zeiten sind jedoch besser geeignet, um Schwachstellen in den verschiedenen Arbeitsabläufen entdecken und beheben zu können. Wenn bei Epidemien der Verdacht besteht, daß Speisen aus der Küche die Ursache dafür sein könnten, müssen evtl. Untersuchungen der im jeweiligen Zeitraum (s. Speiseplan) ausgegebenen Speisen und ggf. Stuhluntersuchungen des Küchenpersonals durchgeführt werden.

### 39.4.2
### Rückstellproben

Es muß dringend empfohlen werden, täglich von sämtlicher zubereiteter Nahrung je eine Probe von ca. 100 g tiefgekühlt bei $-18\,°C$ aufzubewahren, damit bei Infektionen ggf. festgestellt werden kann, ob die Nahrung die Quelle war. Diese Rückstellproben müssen mit Entnahmetag, Entnahmezeit, Inhalt und Entnahmeperson beschriftet sein. Es hat sich gezeigt, daß eine Aufbewahrungszeit von einer Woche zu kurz ist. Die neue Empfehlung lautet deshalb zwei Wochen.

### 39.4.3
### Überprüfung von Bandtransportgeschirrspülmaschinen

In Anlehnung an die Prüfvorschrift des ehemaligen BGA zur Prüfung der thermischen Desinfektionswirkung in Reinigungsautomaten (s. Kap. 41, S. 639) wurden Prüfmodelle für sog. Spülstraßen entwickelt, bei denen ebenfalls eine Reduktion der Testorganismen um 5 $\log_{10}$-Stufen gefordert wird. Dazu wurden Edelstahlplättchen (10 × 1 cm) mit einer Suspension aus Rinderalbumin, Mucin und Stärke (RAMS) sowie E. faecium ATCC 6057 bestrichen (s. Kap. 20, S. 341). Der Zusatz von Stärke ist wichtig, weil sie sich nach Antrocknen schwer entfernen läßt. Die Bioindikatoren werden (zusammen mit jeweils 3–4 Besteckteilen) in Besteckeinsätzen über die gesamte Bandbreite verteilt, so daß ungleiche Spülergebnisse schnell den Hinweis geben können, in welchem Bereich der Maschine der Fehler zu suchen ist.

RAMS-Bioindikatoren können bei Temperaturen von +4–7°C aufbewahrt werden, aber möglichst nicht länger als drei Wochen. Der Versand per Post bedeutet keine Beeinträchtigung, es sei denn, es wird eine Transportzeit von 14 Tagen überschritten. Danach muß mit einer Reduktion der Ausgangskeimzahl um 1 $\log_{10}$-Stufe gerechnet werden. Zur Überprüfung des Desinfektionserfolges können RAMS-Bioindikatoren sowohl für Bandtransportgeschirrspülmaschinen als auch für Wasserwechselgeschirrspülmaschinen benutzt werden. Ob überhaupt die Möglichkeit besteht, daß nach einem fehlerhaften Spülvorgang z. B. Erreger meldepflichtiger Erkrankungen übertragen werden können, ist ungeklärt. In der Literatur wurde eine Übertragung von Infektionserregern über maschinell gespültes Geschirr bisher jedenfalls nicht beschrieben.

**Essentransportwagen.** Die automatische Wagenwaschanlage für die Essentransportwagen braucht nicht überprüft zu werden. Die optische Sauberkeit der Transportwagen (Tablettsystem) ist ausreichend.

## 39.5
## Entsorgung der Speiseabfälle

Die Viehverkehrsordnung schreibt vor, daß Speise- und Schlachtabfälle für das Verfüttern an Schweine folgendermaßen vorbehandelt werden:
- bei 121°C für 20 min im geschlossenen Behälter autoklavieren

oder
- auf 90°C erhitzen und unter ständigem Rühren mindestens 60 min auf dieser Temperatur halten.

Es ist aber auch möglich, die Speisereste im Faulturm der Kläranlage zu entsorgen.

## 39.6
## Umweltschutzmaßnahmen

Bei der Abfallvermeidung in Großküchen sind beachtliche Einsparungen an Verpackungsmaterial möglich. Beim Einkauf sollte in erster Linie auf die Wiederbefüllbarkeit (Mehrwegverpackung) geachtet werden.

## 39.6.1
### Reduktion von Verpackungen

**Einwegverpackungen.** Für Milch, Joghurt, Quark werden in der Zentralküche des Freiburger Universitätsklinikums 10 l-Eimer mit Deckel eingesetzt, die von der Molkerei zurückgenommen, dort gewaschen und wieder befüllt werden. 10 l-Eimer für Marmelade zum Portionieren sind ebenfalls wiederverwendbar.

**Portionsverpackungen.** Die Portionierung aus Großgebinden mit Hilfe einer Portioniermaschine ist z. B. bei Marmelade, Quarkspeisen, Pudding, Creme, Joghurt, Kondensmilch, Butter, Wurst und Käse möglich. Die zusätzliche Beschaffung von Schälchen, der höhere Spülaufwand und die Mehrarbeit, die mit dem Portionieren verbunden sind, lassen im Freiburger Universitätsklinikum bisher nur die Portionierung von Marmelade und Quark mit der Portioniermaschine und das Portionieren von Wurst, Schinken und Käse mit Aufschnittmaschinen zu.

Die Einführung eines Frühstücksbüfetts nicht nur im Personalkasino, sondern auch für mobile Patienten in der Nähe der Stationen (ein Frühstücksraum für jeweils zwei Stationen) kann große Einsparungen an Verpackungen ermöglichen. Für das Frühstücksbüfet der Patienten ist allerdings die Anschaffung einer Kühltheke erforderlich. Ein Frühstücksbüffet ist bei Patienten erwartungsgemäß sehr beliebt.

**Dosen.** Anstelle von Lebensmitteln aus Dosen (Aluminium oder Weißblech) soll, soweit wie möglich, auf Frisch- oder Tiefkühlware umgestellt werden. Getränkedosen sollen durch Pfandflaschen ersetzt werden. Gewürzdosen können immer wieder aus Tüten aufgefüllt werden. Der Verzicht auf Dosen bedeutet weniger Schnittverletzungen und Arbeitsausfälle, bessere Qualität der Speisen, aber auch höhere Kosten.

**Verpackungen für Obst, Gemüse und Kräuter.** Solche häufig aufwendigen Verpackungen können entfallen, wenn man Obst etc. beim Bauern direkt bezieht.

**Folienverpackungen.** Für Wurst, Käse, Brot und Kuchen sind Folienverpackungen nicht erforderlich. Diese Lebensmittel können in Mehrwegbehältern frisch angeliefert werden.

## 39.6.2
### Einmalgeschirr

Auch im Krankenhaus (selbst für Patienten mit meldepflichtigen übertragbaren Krankheiten) ist die Verwendung von Einmalgeschirr nicht erforderlich. In einer Spülmaschine, die mit 60°C reinigt und mit 80°C im letzten Spülgang arbeitet, wird (auch ohne Zusatz eines chemischen Desinfektionsmittels) eine sichere Desinfektion erreicht.

## 39.6.3
## Kanister

Kunststoffbehälter sollen wiederbefüllbar sein bzw. dem Hersteller zurückgegeben werden können, z. B. Essigkanister, Reinigungsmittelkanister. Geschirrspülreiniger soll in Großgebinden geliefert und zum Wiederbefüllen an den Lieferanten zurückgegeben werden.

## 39.6.4
## Chemische Desinfektion in Spülmaschinen

Nur bei der Spülmaschine, in der Kaffee- und Teegeschirr (schwer entfernbare Verfärbungen) gewaschen wird, soll evtl. eine geringe Menge Chlor zudosiert werden.

## 39.6.5
## Verschiedenes

Speiseöl. Im 250 l-Leihfaß geliefert wird Speiseöl nach Gebrauch zur Entsorgung in leeren Reinigungsmittelkanistern gesammelt und an den Lieferanten zurückgegeben.

Speiseabfälle. Nach Autoklavieren können sämtliche Essensreste an einen Bauern zur Verfütterung weitergegeben werden.

Kompostierung. Küchenabfälle, wie Obst- und Gemüsereste, Kartoffelschalen, Kaffee oder Tee, können kompostiert werden.

Porzellanbruch. Zerbrochenes Geschirr soll gesammelt und auf die Bauschuttdeponie gebracht werden.

## 39.7
## Küchenschädlinge

Für die Bekämpfung von Küchenungeziefer und zur regelmäßigen Kontrolle auf Neubefall muß Fachpersonal beauftragt werden.

# 40 Prävention von Infektionen beim Umgang mit Krankenhauswäsche

I. Teuwen und F. Daschner

EINLEITUNG

Krankenhauswäsche spielt bei der Übertragung nosokomialer Infektionen, wenn überhaupt, nur eine ganz untergeordnete Rolle. Es müssen Waschverfahren angewendet werden, die die Wäsche adäquat reinigen und desinfizieren, damit jeder Patient mit sauberer Wäsche versorgt werden kann. Darüberhinausgehende hygienische Anforderungen bestehen jedoch nicht. Da Wäschewaschen aus ökologischer Sicht aber sehr problematisch ist, müssen die Aspekte des Umweltschutzes ausreichend beachtet werden.

## 40.1
### Anforderungen an Krankenhauswäsche

Da Krankenhauswäsche teilweise mit Körperflüssigkeiten und Exkreten von Patienten (mit und ohne Infektionen) kontaminiert ist, werden an die Aufbereitung dieser Wäsche – im Gegensatz zu beispielsweise Hotelwäsche – höhere Anforderungen gestellt. Ein allgemeiner Grundsatz bei der Prävention nosokomialer Infektionen ist die Desinfektion von Gegenständen und Flächen nach Kontamination mit (potentiell) infektiösem Material, wie z.B. Blut oder Stuhl, sowie die Desinfektion von Gegenständen, die mit dem Patienten in engen Körperkontakt kommen, wie es bei Wäsche mit intakter, aber auch mit nicht intakter Haut der Fall ist (z.B. bei Ekzemen). Dementsprechend sind für Krankenhauswäsche Waschverfahren erforderlich, die eine Desinfektion erreichen. Um die daraus resultierenden ökologischen und ökonomischen Belastungen so gering wie möglich zu halten, wurden in den letzten Jahren eine Reihe von Untersuchungen durchgeführt mit dem Ziel, Waschverfahren zu testen, die bei möglichst geringer Temperatur und möglichst geringer Umweltbelastung durch die Wasch- und Desinfektionsmittel trotzdem desinfizierend wirken. Waschverfahren, die diese Anforderungen erfüllen, sind auch in der sog. BGA-Liste aufgeführt. Die Aufnahme in die Liste bedeutet, daß die dort aufgelisteten Mittel und Verfahren dann geeignet sind, wenn das zuständige Gesundheitsamt nach § 10c BSeuchG tätig wird, wenn also z.B. im Falle eines Ausbruchs meldepflichtiger übertragbarer Krankheiten spezielle Desinfektionsmaßnahmen behördlich angeordnet werden (s. Kap. 13, S. 201, Kap. 15. S. 231).

Mit den für Krankenhauswäsche üblichen, also desinfizierenden Waschverfahren wird die Wäsche sauber und keimarm. Benutzte Wäsche ist je nach Grad der Verunreinigung mikrobiell mehr oder weniger kontaminiert, wobei hauptsächlich gramnegative Stäbchen und aerobe Sporenbildner zu finden sind. Nach Waschen und Trocknen sind meist nur noch aerobe Sporenbildner nachweisbar [359].

> ❗ Das potentielle Infektionsrisiko durch Krankenhauswäsche wird übereinstimmend als vernachlässigbar gering eingeschätzt [23, 301, 359].

## 40.2
## Unfallverhütungsvorschriften

Neben den üblichen hygienischen Anforderungen müssen beim Umgang mit Krankenhauswäsche auch die Unfallverhütungsvorschriften (UVV) „Gesundheitsdienst" und „Wäscherei" beachtet werden. Wie jede UVV dienen auch diese dem Schutz des Personals (s. Kap. 1, S. 1, Kap. 18, S. 293). Die UVV „Wäscherei" gilt auch für Krankenhauswäschereien, d.h. die dort aufgeführten Vorschriften sind auch für den Krankenhausträger bindend, wenn das Krankenhaus eine eigene Wäscherei unterhält. Dies ist auch sinnvoll, soweit die Vorschriften tatsächlich dem Schutz des Wäschereipersonals dienen. Die UVV „Wäscherei" macht jedoch teilweise Vorschriften, die darüber hinaus gehen.

Krankenhauswäsche wird entsprechend der UVV Wäscherei (ebenso wie in der Richtlinie des ehemaligen BGA [56]) in verschiedene Kategorien eingeteilt. Es wird zwischen sog. hochinfektiöser, infektiöser und infektionsverdächtiger Wäsche unterschieden:
- *Hochinfektiöse Wäsche*. Hierbei handelt es sich um Wäsche aus speziellen Infektionsstationen, auf denen Patienten mit hochkontagiösen Krankheiten, wie z. B. hämorrhagische Fieber oder (früher) Pocken, gepflegt werden. Diese Wäsche muß bereits am Sammelort, also vor dem Transport in eine Wäscherei, desinfiziert werden (s. sog. BGA-Liste).
  - Diese Wäschekategorie fällt in normalen Krankenhäusern nicht an.
- *Infektiöse Wäsche*. Dabei handelt es sich z. B. um Wäsche aus Infektionsstationen, die während des Waschverfahrens „desinfiziert" wird.
  - Hierunter wird im klinischen Alltag nur die mit infektiösem Material kontaminierte Wäsche von Patienten mit nach § 3 BSeuchG meldepflichtigen übertragbaren Krankheiten verstanden, d.h. nicht die gesamte Wäsche dieser Patienten, aber unabhängig davon, ob die Patienten auf sog. Infektionsstationen oder auf Allgemein- bzw. Intensivstationen untergebracht sind.
- *Infektionsverdächtige Wäsche*. Hierzu gehört die sonstige Krankenhauswäsche. Diese Wäsche soll „desinfizierend" gewaschen werden.
  - Es handelt sich bei dieser Gruppe um den Hauptteil der Krankenhauswäsche, d.h. entweder um gebrauchte, aber nicht notwendigerweise sichtbar

verschmutzte Wäsche oder um mit Patientenmaterial, wie z. B. mit Blut oder Stuhl kontaminierte Wäsche von nicht infizierten Patienten oder von Patienten mit nicht meldepflichtigen Infektionen.

Was der Unterschied zwischen „desinfizieren" und „desinfizierend waschen" bei Wäsche der Kategorie 2 bzw. 3 sein soll, wird nicht explizit erläutert, aber es wird ausgeführt, wann diese Forderungen als erfüllt angesehen werden:

„Desinfizieren" bei Wäsche der Kategorie 2. Diese Forderung sei dann erfüllt, wenn beim Waschen z. B. in diskontinuierlich betriebenen Trommelwaschmaschinen die Mittel und Verfahren der BGA-Liste gemäß § 10c BSeuchG zur Anwendung kommen und wenn der Desinfektionsvorgang vor dem erstmaligen Ablassen der Flotte abgeschlossen ist.

Laut § 10c BSeuchG müssen aber, wie bereits erwähnt, die Mittel und Verfahren der BGA-Liste nur auf behördliche Anordnung angewendet werden. Der Text der UVV Wäscherei wird aber überwiegend so verstanden, daß die Mittel und Verfahren der BGA-Liste bei sog. infektiöser Wäsche *immer* zur Anwendung kommen müssen, d. h. auch ohne behördliche Anordnung. Ob dies tatsächlich auch so gemeint ist, ist nicht klar. Wenn aber doch, dann geht die UVV damit noch über die Vorschriften des BSeuchG hinaus. Möglicherweise handelt es sich bei der Formulierung in der UVV aber nur um eine unpräzise Ausdrucksweise. Mit der Forderung aber, daß die Desinfektion vor dem erstmaligen Ablassen der Flotte abgeschlossen sein müsse, verläßt die UVV ihren Zuständigkeitsbereich, nämlich den Schutz des in der Wäscherei arbeitenden Personals: Ob nämlich das Abwasser durch mikrobiell kontaminierte Flotte belastet wird, hat für den Schutz des Wäschereipersonals keine Bedeutung und ist auch in Hinsicht auf die sonstige mikrobielle Belastung von Abwasser innerhalb und außerhalb von Krankenhäusern hygienisch irrelevant.

„Desinfizierend waschen" bei Wäsche der Kategorie 3. Diese Forderung wiederum sei dann „z. B. erfüllt, wenn Durchlaufwaschmaschinen verwendet werden und der Desinfektionsvorgang bereits vor Beginn der Spülphase beendet ist". Das Waschverfahren kann dabei mit dem Krankenhaushygieniker festgelegt werden.

Das bedeutet implizit, daß es sich nicht um ein Waschverfahren der BGA-Liste handeln muß. Der Unterschied zur „Desinfektion" der Wäsche der Kategorie 2 besteht also zum einen in der freien Wahl des Waschverfahrens und darin, daß bei Wäsche der Kategorie 3 der Desinfektionsvorgang nicht bereits vor dem ersten Ablassen der Flotte abgeschlossen sein muß.

Die Vorschriften der UVV Wäscherei werden von Wäschereien, in denen Krankenhauswäsche gewaschen wird, meist genau eingehalten, auch wenn der infektionsprophylaktische Sinn einzelner Vorschriften nicht immer klar ist. Im folgenden soll dargestellt werden, wie in (internen oder externen) Krankenhauswäschereien unter hygienischen, ökologischen und ökonomischen Gesichtspunkten (sowie unter Berücksichtigung der UVV Gesundheitsdienst und Wäscherei) möglichst optimal gearbeitet werden kann und was beim Umgang mit der benutzten Wäsche beim Sammeln und Sortieren, z. B. auf den Stationen, und beim Transport in die Wäscherei sowie beim Rücktransport der sauberen Wäsche beachtet werden muß.

## 40.3
## Organisatorische Voraussetzungen in der Wäscherei

Um die Arbeitsabläufe im Umgang mit Schmutzwäsche und sauberer Wäsche effektiv trennen zu können, ist eine räumliche Trennung in einen sog. unreinen Bereich, wo die Schmutzwäsche angeliefert wird, und einen reinen Bereich, wo die saubere Wäsche weiter behandelt wird, notwendig. Im unreinen Bereich sind die Beladeseite der Waschautomaten und der Zugang zur Containerwaschanlage für die Aufbereitung der Wäschewagen, mit denen die Schmutzwäsche angeliefert worden ist. Nach der Reinigung der Wagen in der Waschanlage werden sie auf der reinen Seite der Wäscherei zum erneuten Beladen mit sauberer Wäsche bereitgestellt.

Das Personal trägt sowohl im unreinen wie im reinen Bereich Schutzbekleidung, im unreinen Bereich zum Schutz des Personals vor der (kontaminierten) Wäsche, im reinen Bereich zum Schutz der sauberen Wäsche vor Kontaminationen durch das Personal. Zur Schutzbekleidung gehören für den Umgang mit durchnäßter oder infektiöser Wäsche auch Handschuhe. Bei Umgang mit ätzenden Chemikalien müssen Sicherheitshandschuhe sowie Mund- und Augenschutz getragen werden. Ein Haarschutz ist aus hygienischen Gründen nicht erforderlich. An Preßplätzen soll langes Haar aus Sicherheitsgründen zusammengebunden werden. Auf beiden Seiten der Wäscherei muß eine ausreichende Zahl von Handwaschplätzen mit Spendersystemen für Flüssigseife und Händedesinfektionsmittel vorhanden sein. Auf der unreinen Seite darf wegen des potentiellen Infektionsrisikos weder gegessen noch getrunken noch geraucht werden. Im reinen Bereich ist Trinken an den Mangel- und Preßplätzen wegen der hohen Umgebungstemperaturen erlaubt. Die Installation einer raumlufttechnischen (RLT-)Anlage mit dreistufiger Filterung, d. h. endständigem Schwebstoffilter, ist aus hygienischen Gründen nicht notwendig, weil die Luft als Erregerreservoir für das auf der unreinen Seite arbeitende Personal keine Rolle spielt und auch nicht als Kontaminationsquelle für die saubere Wäsche auf der reinen Seite in Frage kommt. Aus arbeitsphysiologischen Gründen (angenehme Umgebungstemperatur und Luftfeuchtigkeit) ist jedoch eine regelrechte Klimatisierung des gesamten Arbeitsbereiches meist notwendig (s. Kap. 19, S. 329). Die erforderlichen Reinigungs- und Desinfektionsmaßnahmen sind in Reinigungs- und Desinfektionsplan 40.1 zusammengestellt.

**Reinigungs- und Desinfektionsplan 40.1.** Wäscherei

| Was | Wann | Womit | Wie |
|---|---|---|---|
| Händereinigung | bei Betreten und Verlassen des Arbeitsbereiches | Flüssigseife aus Spender | Hände waschen, mit Einmalhandtuch abtrocknen |
| Händedesinfektion, hygienisch | *vor* dem Wechsel vom unreinen in den reinen Arbeitsbereich, *nach* Kontakt mit gebrauchter Wäsche | (alkoholisches) Händedesinfektionsmittel | ausreichende Menge entnehmen, damit die Hände vollständig benetzt sind. **kein Wasser zugeben** |
| Hautpflege | nach der Händereinigung bzw. Händedesinfektion | je nach Hauttyp klinikübliche Produkte[1] | |
| Wäschecontainer | nach Gebrauch | umweltfreundlicher Reiniger | Waschstraße |
| Trocknergehäuse | 1mal täglich | umweltfreundlicher Reiniger | mit frischem Tuch abwischen |
| Flusensieb | 1mal täglich | absaugen | |
| Mangelmaschine | 1mal täglich | umweltfreundlicher Reiniger | mit frischem Tuch abwischen |
| Lagertische | 1mal täglich | umweltfreundlicher Reiniger | mit frischem Tuch abwischen |
| Regale | 1mal wöchentlich | umweltfreundlicher Reiniger | mit frischem Tuch abwischen |
| Wäschetabletts | alle 2 Wochen | Waschstraße | |
| Fließbänder | 1mal täglich | umweltfreundlicher Reiniger | mit frischem Tuch abwischen |
| Mobiliar, Geräte etc. | 1mal täglich | umweltfreundlicher Reiniger | mit frischem Tuch abwischen |
| Waschbecken | 1mal täglich | umweltfreundlicher Reiniger **oder** Scheuermilch | mit frischem Tuch abwischen |
| Badewannen, Duschen | 1mal täglich | umweltfreundlicher Reiniger **oder** Scheuermilch | mit frischem Tuch abwischen |
| Fußboden | 1mal täglich | umweltfreundlicher Reiniger | mit kliniküblichem Reinigungssystem |

**Reinigungs- und Desinfektionsplan 40.1.** (Fortsetzung)

| Was | Wann | Womit | Wie |
|---|---|---|---|
| Fußmatten | 1mal täglich | umweltfreundlicher Reiniger | auf beiden Seiten gut abbürsten, abspülen und gut trocknen |
| Roste | 1mal täglich | umweltfreundlicher Reiniger | mit kliniküblichem Reinigungssystem |
| Wäschewagen | nach Gebrauch | umweltfreundlicher Reiniger | Hochdruckgerät |
| Gitterwäsche-wagen | nach Gebrauch | umweltfreundlicher Reiniger | Hochdruckgerät |
| Waschmaschinengehäuse | 1mal täglich | umweltfreundlicher Reiniger | mit frischem Tuch abwischen |
| Flusenfänger | 1mal täglich | nach Entfernung der Flusen umweltfreundlicher Reiniger | |

[1] Tuben oder Spender, keine Dosen.

## 40.4
## Umgang mit Krankenhauswäsche

### 40.4.1
### Schmutzarten

Waschbarer Schmutz. Hierbei handelt es sich um Substanzen, die mit Hilfe von Wasser und Waschmittel gelöst werden können, wie z. B. Eiweiß, Blut, Harnstoff, Fette, Kohlenhydrate.

Lösemittellöslicher Schmutz. Diese Fremdstoffe lassen sich nur unter Zuhilfenahme von Chemikalien entfernen. Es handelt sich hier vorwiegend um schwer lösliche Fette, Farbstoffe, Lacke und Öle.

Bleichbarer Schmutz. Dies sind Substanzen, v. a. Farbstoffe, die weder durch Waschen noch durch chemische Reinigung vollständig zu entfernen sind. Die während des Waschvorgangs zudosierten Bleichmittel entfärben die Farbflecken durch Zerstörung der Struktur der Farbstoffe.

## 40.4.2
## Wäschesortierung

Die verschiedenen Arten von Schmutzwäsche erfordern unterschiedliche Waschverfahren und dementsprechend verschiedenartig gekennzeichnete Sammelbehältnisse:

Textilsäcke. Textile Wäschesäcke müssen aus einem widerstandsfähigen und ausreichend dichten Material bestehen. Aus wirtschaftlichen und ökologischen Gründen ist es sinnvoll, beispielsweise widerstandsfähiges Polyestergewebe zu verwenden, weil dieses Material >1000 Waschvorgänge ohne Schädigungen übersteht. Eine adäquate Reinigung der Textilsäcke ist durch das Mitwaschen gewährleistet. Zu einem direkten Kontakt des Personals mit der Schmutzwäsche kommt es nicht, weil sich die Textilsäcke erst in der Waschmaschine öffnen.

Foliensäcke. Wäschesäcke aus Polyethylen sollen nur bei Problemwäsche eingesetzt werden, z. B. bei durchnässender Wäsche. Auf die lange Sicht sind Einmalwäschesäcke teuer. Ferner sind sie ungünstig in der Handhabung, da sie vor Beladen der Waschmaschine aufgeschlitzt werden müssen, wodurch ein direkter Kontakt des Personals mit der Schmutzwäsche möglich ist.

Die Wäsche muß bereits dort, wo sie anfällt, in stabilen, handlichen und mit Deckel ausgestatteten Wäschesammlern sortiert gesammelt werden, um spätere Manipulationen am Wäschegut zu vermeiden. Durch vorsichtiges Ablegen der Wäschestücke in die Sammelbehälter soll eine unnötige Staubaufwirbelung und damit eine mögliche Kontamination der Umgebung vermieden werden. Ferner muß man darauf achten, daß zwischen die Wäschestücke keine Fremdkörper, wie z. B. Kugelschreiber, Verbandstoffe oder Instrumente, gelangen. Diese Sorgfalt ist zur Vermeidung von Verletzungen des Personals bei der Wäscheeinsammlung, Verletzungen des Personals, das für den Transport der Wäsche zuständig ist, Verletzungen des in der Wäscherei beschäftigten Personals und Beschädigungen der Wäsche sowie von Wasch-, Trocken-, und Bügelautomaten erforderlich. Bis zum baldmöglichen Abtransport in die Wäscherei wird die Schmutzwäsche in einem trockenen, kühlen Raum gelagert. Durch entsprechende organisatorische Maßnahmen müssen lange Lagerzeiten vermieden werden.

## 40.4.3
## Wäschetransport

Die Schmutzwäschesäcke sollen auf dem gesamten Transportweg weder gestaucht noch geworfen werden. Durchfeuchtete Wäschesäcke ohne zusätzlichen Schutz durch einen Transparentsack müssen mit Schutzhandschuhen umgeladen werden. Auf eine optimale Ausnutzung der Transportwagen soll geachtet werden, wobei auf dem Hinweg die saubere und auf dem Rückweg die schmutzige Wäsche befördert wird. Eine anschließende Reinigung der Transportwagen muß gewährleistet sein. Abwurfschächte für Schmutzwäsche sollen nach Möglichkeit nicht mehr benutzt werden, da eine regelmäßige, effektive Reinigung des oft verwinkelten und umfangreichen Schachtsystems nicht möglich ist. Für den Transport der Schmutzwäsche sollen Behältnisse, die leicht gereinigt und ggf. desinfiziert werden können, verwendet werden. Am besten eignen sich Rollcontainer oder sog. AWT( = automatischer Warentransport)-Anlagen mit einer großen Transportkapazität. Für einen Transport von Wäsche außerhalb des Krankenhauses bei der Versorgung durch Fremdwäschereien oder bei räumlich weit auseinanderliegenden Abteilungen eines Krankenhauses erfolgt der Transport in Lastwagen, deren Innenverkleidung ebenfalls leicht zu reinigen und ggf. zu desinfizieren sein muß.

## 40.5
## Waschverfahren

Aus den Vorschriften der UVV Wäscherei (s. oben) wurde am Freiburger Universitätsklinikum folgende Konsequenz gezogen:

In der Wäscherei der Universitätsklinik Freiburg beträgt in der Wasch-Schleuder-Maschine die Temperatur
- im Hauptwaschgang 60°C (Haltezeit 15 min.),
- im Klarwaschgang 70°C (Haltezeit 6 min.).

In der Continue-Anlage betragen die Temperaturen
- in den Kammern 3–4 60°C,
- in den Kammern 5–6 75°C und
- in den Kammern 7–8 70°C,

die Haltezeiten sind jeweils 6 min.

Die „infektiöse" Wäsche wird in einer eigenen Maschine gewaschen, bei der die Flotte erst dann abgelassen wird, wenn der Desinfektionsvorgang abgeschlossen ist.

Mit diesen Waschverfahren wird sowohl der Zweck der UVV erfüllt ( = Schutz des in der Wäscherei arbeitenden Personals), wie auch die aus hygienischen Gründen notwendige Desinfektion der Wäsche ( = Schutz von Patienten und Krankenhauspersonal) gewährleistet.

## 40.5.1
## Continue-Anlagen

Continue-Anlagen sind von der Be- zur Entladungsstelle vollautomatische Wasch- und Desinfektionsanlagen, sog. Waschstraßen. Durch ein Mehrkammersystem wird das Waschgut vollautomatisch in kurzen Zeitabschnitten von ca. 2–5 min in die nächste Kammer mit unterschiedlichen Funktionen und Arbeitsabläufen, wie z. B. Beladung, Vorwaschen, Klarspülen, mechanische Entwicklung, Pressen, Trocknen und Entladung, transportiert. Neben den erheblichen Arbeitserleichterungen durch diese Anlagen liegt ihre wichtigste Funktion in der Optimierung des Wasser- und Energieverbrauchs sowie in der vollautomatischen Zudosierung von Wasch- und Waschhilfsmitteln abhängig vom pH-Wert, der für einen optimalen Wascherfolg in der Spülflotte von großer Bedeutung ist. Eine selbstkontrollierende pH-Steuerungsautomatik sorgt über eine regelbare Säuredosierpumpe für einen optimalen pH-Wert.

## 40.5.2
## Problemwäsche

Bauchtücher. Mehrwegbauchtücher unterliegen dem Reinheitsgebot des Arzneimittelgesetzes und gehören somit zu den Verbandstoffen. In der Praxis werden jedoch Bauchtücher häufig am Sammelort, d. h. im OP-Saal, und in der Wäscherei als normale Textilien betrachtet und entsprechend behandelt. So gelangen Bauchtücher zusammen mit anderer OP-Wäsche oder Schutzkleidung in den Wäscheabwurf und werden dann ebenso gewaschen wie normale Wäsche. Tatsächlich aber müssen sie in einem speziellen separaten Waschverfahren gewaschen werden, um anschließend ausreichend gespült werden zu können (ca. 5mal, v. a. zur Entfernung von Tensidresten).

Die Problematik beginnt bereits am Sammelort im OP-Saal, wo z. B. die benutzten blutigen oder feuchten und oft auch noch eingerollten Bauchtücher auf ausgebreitete OP-Tücher abgeworfen werden. Anschließend werden sie dann eingewickelt in die übrige OP-Wäsche in Wäschesäcke entsorgt. Die Bauchtücher können sich so nur schwer und verspätet von den anderen größeren Wäschestücken in der Flotte lösen, wodurch der Quellvorgang, der für die Reinigung oder Schmutzlösung bei reiner Baumwolle wesentlich ist, nicht ausreichend stattfinden kann.

Eine optimale Quellung, d. h. die maximale Aufnahme von Wasser, wird erst durch das Zusammenwirken folgender Faktoren möglich:
- ausreichende Temperatur,
- hoher pH Wert (9,5–11,5),
- lange Einwirkzeit und
- mechanische Wirkung der Wäschestücke.

Bei nicht sortierten Bauchtüchern kann eine ausreichende Quellung nicht stattfinden. Die Folge sind Rückstände von Eiweiß und Tensiden. Um sicherzustellen, daß nach dem Waschen keine Rückstände in den Bauchtüchern vorhanden sind, werden mindestens fünf Spülvorgänge empfohlen. Deshalb muß bereits im OP darauf geachtet werden, daß Bauchtücher getrennt gesammelt werden, damit sie nicht in den normalen Waschgang geraten.

Fleckenwäsche. Eine Fleckenbehandlung ist immer ein umweltbelastender Vorgang und außerdem faserschädigend. Zur Lösung der Probleme mit der Fleckenwäsche ist eine gesonderte Sammlung erforderlich. So soll stark verunreinigte Patientenwäsche bereits an Ort und Stelle in einen mit Fleckenwäsche gekennzeichneten Abwurfbehälter entsorgt werden. Damit ist die primäre Fleckenbehandlung durch richtige Auswahl des Waschverfahrens garantiert, und das mehrmalige Durchlaufen der Fleckenwäsche lediglich zur Entfernung der noch verbliebenen Flecken wird vermieden. Die vielfältigen farbstoffhaltigen fleckenbildenden Substanzen, wie z. B. Soßen, Rotwein, Kaffee, Tee, Obst und Gemüse, können ohne Zusatz eines Bleichmittels nur sehr unbefriedigend oder gar nicht entfernt werden. Voraussetzung für den Umgang mit Bleichverfahren ist der sachgemäße Umgang bei strikter Einhaltung der empfohlenen Konzentration. Bleichmittel dürfen nie direkt auf ein Wäschestück gegeben werden. Eine oxidierende Behandlung sollte auf stark verunreinigte Patientenwäsche und Schutzkleidung beschränkt bleiben. Eine Fleckenbehandlung von z. B. Putztüchern oder Geschirrtüchern ist überflüssig [48, 49].

## 40.6
## Umgang mit sauberer Wäsche

Lagerung. Saubere Wäsche kann in der Wäscherei selbst in sauberen, trockenen und staubfreien Regalen, Schränken oder auf Tabletts bis zur baldmöglichen Ausgabe an die Bedarfsstellen gelagert werden.

Rücktransport. In gereinigten, verschlossenen Transportwagen mit dem Hinweis auf den Bestimmungsort wird die saubere Wäsche zu den Bedarfsstellen transportiert. Ein Einschweißen der Wäsche in Folie soll nicht erfolgen, da es durch eingeschlossene feucht-warme Luft sehr schnell zur Bildung von Kondenswasser kommt, wodurch das Wachstum von Mikroorganismen begünstigt wird. Außerdem fällt dabei unnötig Verpackungsmaterial an.

Zwischenlagerung. Für die Zwischenlagerung in den jeweiligen Bedarfsstellen sollen vor dem Umpacken die Hände desinfiziert werden.

## 40.7
## Sachgerechter Umgang mit Textilien auf den Stationen und in den Funktionsbereichen

Um die mit der Krankenhauswäscherei verbundenen Kosten sowie die Umweltbelastung zu reduzieren, müssen Maßnahmen ergriffen werden, um die täglich anfallende Wäschemenge so gering wie möglich zu halten. Im folgenden soll aufgezeigt werden, in welchen Bereichen Wäscheeinsparungen möglich sind und welche speziellen Maßnahmen man ergreifen kann, um die ökonomische und ökologische Belastung zu verringern, ohne den Hygienestandard zu senken.

## 40.7.1
### Möglichkeiten der Wäschereduktion

Personenbezogene Arbeitskleidung. In jedem Krankenhaus gibt es Personengruppen, z. B. Sekretärinnen, Pförtner, die keinen Patientenkontakt haben und deshalb auch keine Schutzkleidung benötigen. Diese Personen sollen ihre Arbeit in ihrer Privatkleidung verrichten und nicht mit weißen Kitteln versorgt werden. Für das Personal des technischen Betriebes ist es sinnvoll, eine angemessene Schutzkleidung auszuwählen, wobei hier dunkle und besonders strapazierfähige Stoffe in Frage kommen.

Schutzkittel. Über der normalen Arbeitskleidung zusätzlich getragene Schutzkittel sollen nur dann verwendet werden, wenn bei der Tätigkeit die Gefahr der Kontamination der Arbeitskleidung mit Patientenmaterial besteht. Das bedeutet, daß z. B. bei Betreten einer Intensivstation das Überziehen eines Schutzkittels nicht sinnvoll ist, sondern erst dann erfolgen soll, wenn durch einen engen Kontakt mit einem Patienten die Möglichkeit der Kontamination der Arbeitskleidung gegeben ist. Ist ein Schutzkittel vorsorglich angezogen worden, ohne daß es bei der Tätigkeit aber zu einer Kontamination gekommen ist, kann der Kittel im Patientenzimmer oder auf Intensivstationen in der Nähe des Patientenbettes aufgehängt werden und von derselben oder einer anderen Person später wieder benutzt werden. Auch wenn Personal die Intensivstation verläßt, um z. B. Material zu transportieren, ist ein Schutzkittel nicht notwendig.

Besucher können Intensivstationen in ihrer Straßenkleidung betreten, weil mit der Straßenkleidung für den Patienten kein Infektionsrisiko verbunden ist. Das gilt auch für Eltern früh- und neugeborener Kinder, die im Inkubator versorgt werden müssen. In diesem Fall müssen sich die Eltern die Ärmel bis über den Ellenbogen hochkrempeln, Hände und Unterarme gründlich waschen und anschließend desinfizieren. Dann können sie durch die Öffnungen der Inkubatorhaube ihr Kind berühren. Darf ein solches Kind kurzzeitig aus dem Inkubator herausgenommen werden, sollen die Eltern über ihre Straßenkleidung einen Schutzkittel anziehen, bevor sie das Kind auf den Arm nehmen.

Wäschesäcke. Das Gewicht eines Wäschesackes, in dem die Schmutzwäsche gesammelt wird, beträgt durchschnittlich 450 g. Weil die Säcke bei jedem Waschgang mitgewaschen werden und somit dazu beitragen, das gesamte Wäscheaufkommen zu erhöhen, muß darauf geachtet werden, daß die Kapazität der Wäschesäcke auch vollständig ausgenutzt wird. Es wird immer wieder beobachtet, daß halbgefüllte Säcke in die Wäscherei geschickt oder in einen neuen Wäschesack gegeben werden.

Lagerungshilfsmittel. Als Hilfsmittel für die Lagerung von Patienten werden häufig Decken und verschieden große Kissen verwendet. Es wäre sinnvoller, für diesen Zweck Gegenstände einzusetzen, die eine abwaschbare Oberfläche haben, wodurch nicht nur der Schmutzwäscheanteil verringert wird, sondern auch durch das einfache Abwischen der benutzten Gegenstände eine Arbeitserleichterung für das Personal erreicht werden kann. In den Krankenhausbereichen, in denen eine starke Verschmutzung der Lagerungshilfsmittel durch Blut- und/oder Körperflüssigkeiten zu erwarten ist, sollten für Kissen Schonbezüge verwendet werden. Empfehlenswert sind dafür Materialien wie Polyurethan, die bis 95°C waschbar und außerdem flüssigkeitsundurchlässig, atmungsaktiv und kostengünstig sind.

Abdecken frisch bezogener Betten. Frisch aufgerüstete Betten mit einem Bettlaken oder gar mit Plastikfolien abzudecken, ist aus hygienischer Sicht nicht erforderlich, zumal es bei den üblichen Standzeiten auch nicht zum Verstauben der Betten kommt. Ist wegen ungünstiger Transportwege vom Ort der Bettenaufbereitung zurück zur Station eine Abdeckung des Bettes sinnvoll, sollen dafür abwaschbare Materialien bevorzugt werden.

Bettlaken. Heutzutage werden wegen der einfachen Handhabung häufig Spannbettücher verwendet, die wegen der guten Qualität meist aus Jersey sind. Spannbettücher sind in der Regel nicht so lange haltbar wie die traditionellen Baumwollbettlaken. Bei gleichzeitiger Benutzung von Stecklaken und Baumwollbettlaken ist jedoch die alleinige Verwendung von Spannbettüchern kostengünstiger.

Matratzenschonbezüge, Inkontinenzunterlagen. Zum Schutz vor einer Verunreinigung der Matratze sind waschbare Schonbezüge, z.B. aus Polyurethan, zu empfehlen. Schonbezüge aus PVC sollten nicht mehr verwendet werden. Ist ein zusätzlicher Nässeschutz erforderlich, können dafür Inkontinenzunterlagen, die aus Stoff und Polyurethan bestehen, eingesetzt werden. Auf dem Markt gibt es eine Vielzahl von Inkontinenzunterlagen als Mehrwegprodukte. Bei der Auswahl eines Produktes sollte auf folgende Eigenschaften geachtet werden:
- waschbar bis 95°C,
- trocknergeeignet,
- gut hautverträglich,
- absolut wasserundurchlässig,
- atmungsaktiv,
- mindestens 250- bis 300mal waschbar,
- PVC-freies Inlay,
- Einzelgewicht nicht über 250 g.

Zusätzliche Textilien. Gern benutzt werden Decken aus Frottee oder Molton, weil sie von den Patienten als angenehm empfunden werden. Wegen ihres hohen Eigengewichtes sollen sie aber nach Möglichkeit nur sehr begrenzt eingesetzt werden.

Verlegung eines Patienten. Muß ein Patient innerhalb des Krankenhauses auf eine andere Station verlegt werden, soll dies in seinem Bett geschehen, sofern nicht, wie z.B. auf Intensivstationen, dort andere Betten verwendet werden. Häufig werden die Patienten auf der neuen Station in ein frisches Bett umgelagert, das „alte" Bett wird wieder auf die ursprüngliche Station zurückgebracht und dort frisch aufgerüstet. Hierfür werden meist organisatorische Gründe angeführt, bei entsprechender Planung können aber die Betten auch die Station wechseln, so daß nicht eine Station in die Situation gerät, nicht mehr genügend Betten zu haben.

**Transport in die OP-Abteilung.** Bei der Vorbereitung der Patienten auf eine Operation ist es häufig üblich, daß die gesamte Bettwäsche erneuert wird, obwohl sie nicht sichtbar verschmutzt ist. Begründet wird dies mit der Annahme, daß ein zuvor schon vom Patienten benutztes Bett für diesen nach der Operation ein Infektionsrisiko darstellen würde. Dies ist jedoch nicht der Fall, so daß ein Bett, in das der frisch operierte Patient wieder hineingelegt wird, nur dann neu bezogen werden muß, wenn es sichtbar verschmutzt ist.

**Routinemäßiger Wechsel der Bettwäsche.** In manchen Krankenhäusern gibt es feste Bettenbezugstage. Dabei handelt es sich um ein Hygieneritual, das zu einem erheblichen Wäscheverbrauch und zu einer unnötigen Mehrbelastung des Personals führt, weil häufig ein Wechsel der Bettwäsche überhaupt nicht erforderlich ist.

Im Universitätsklinikum Freiburg wurde vom Pflegepersonal der Wäscheverbrauch für ein sog. Standardbett erarbeitet, der nur etwa halb so groß ist wie vorher üblich. In Tabelle 40.1 ist der Wäscheverbrauch für das Standardbett dem eines „traditionellen" Krankenhausbettes gegenübergestellt.

**Tabelle 40.1.** Wäschereduktion im Universitätsklinikum Freiburg

| „Traditionelles" Bett | | „Standardbett" | |
|---|---|---|---|
| Bettuch: | 700 g | Matratzenschonbezug Leinentuch mit Haube oder Spannbettuch ca.: | 780 g |
| Stecklaken: | 520 g | | |
| Inkontinenzunterlage: (Stoff und Laminat) | 380–600 g | Einziehdecke: | 1000 g |
| Einziehdecke: | 1000 g | Kopfkissen groß: | 250 g |
| Kopfkissenbezug groß: | 250 g | Bei Bedarf: | |
| Kopfkissenbezug klein: | 110 g | Inkontinenzunterlagen: | 380–600 g |
| Frotteedecke: | 1250 g | | |
| Bettuch für Frotteedecke: | 700 g | | |
| Moltontuch: | 320 g | | |
| **Gesamtgewicht:** | **5230–5450 g** | **Gesamtgewicht:** | **2410–2630 g** |

# 41 Prävention von Infektionen in der zentralen Aufbereitung

E. Bux

> **EINLEITUNG**
>
> Die Aufbereitung, d.h. Reinigung und Desinfektion bzw. Sterilisation von Gegenständen, die aus diagnostischen oder therapeutischen Gründen zur Versorgung der Patienten eingesetzt werden, hat bei der Prävention nosokomialer Infektionen eine ganz besondere Bedeutung, weil immer wieder Krankenhausinfektionen auf unzureichende bzw. fehlerhafte Maßnahmen bei der Aufbereitung zurückgeführt wurden [301, 359]. Eine Abteilung zur zentralen Aufbereitung kann dabei durch organisatorische Maßnahmen und maschinelle Voraussetzungen ein hohes Maß an standardisierter Versorgung gewährleisten. Im Vergleich zu dezentralen, meist nur schwer überschaubaren Substerilisationseinheiten liegen ihre Vorteile v. a. in der erheblichen Arbeitsentlastung des Personals in den einzelnen Verbrauchsstellen (Stationen, Funktionsbereiche), der größeren Sicherheit von Desinfektion und Sterilisation durch bessere Kontrolle der Abläufe, der optimalen Auslastung der Geräte sowie in der geringeren Lagerhaltung. Im Regelfall ist die zentrale Aufbereitung (meist „Zentralsterilisation" genannt) für die zuverlässige Bereithaltung von sterilisiertem bzw. desinfiziertem Material, deren Verteilung auf die einzelnen Verbrauchsstellen sowie für Wartung, Reparatur, Lagerhaltung und Ersatzbeschaffung der dort bereitgestellten Materialien zuständig. Dies erfordert Kooperationsbereitschaft mit den Verbrauchsstellen und genau festgelegte Organisationsstrukturen.

## 41.1 Allgemeine organisatorische Voraussetzungen

Personal. Das Personal, das in der Zentralsterilisation arbeitet, betritt den Arbeitsbereich über einen Vorraum, dem Umkleideräume angegliedert sind. Ein regelrechtes Personalschleusensystem wie im OP-Bereich ist nicht erforderlich. In der Umkleide wird die krankenhausübliche Arbeitskleidung angezogen, eine spezielle Bereichskleidung (inkl. Schuhe) ist nicht notwendig, ebensowenig eine getrennte Aufbewahrung von Arbeits- und Privatkleidung. Über den Vorraum gelangt das Personal anschließend an seine Arbeitsplätze.

Dort werden flüssigkeitsdichte Schürzen übergezogen, wenn mit einer Kontamination der Arbeitskleidung mit (potentiell) infektiösem Material gerechnet werden muß. Handschuhe werden beim Umgang mit kontaminierten Gegenständen getragen. Besteht die Möglichkeit, daß es zum Verspritzen von potentiell infektiösem Material kommt, werden Maske, Kopf- und Augenschutz benutzt.

Generell ist ein Kopfschutz nur für Personal nötig, das mit dem Sortieren und Verpacken von Gegenständen nach der Dekontamination beschäftigt ist. Die Haare sollen dabei vollständig bedeckt sein, weil sonst der Kopfschutz seinen Sinn verliert. Findet sich jedoch später im Sterilgut ein Haar, bedeutet dies kein hygienisches Risiko, weil auch das Haar während des Sterilisationsprozesses keimfrei wird. Ein (steriles) Haar kann aber durchaus zu einer Fremdkörperreaktion führen, wenn es vom OP-Team nicht wahrgenommen in den OP-Situs gelangt.

Gibt es im Sterilbereich einen direkten Zugang zur OP-Abteilung, wie in vielen größeren Krankenhäusern üblich (z. B. über einen Aufzug), ist es sinnvoll, wenn das dort tätige Personal die hausübliche OP-Bereichskleidung (eine Maske ist allerdings nicht erforderlich) trägt, weil diese Personen von Zeit zu Zeit die OP-Abteilung betreten müssen, um die Regale im Sterilflur mit Sterilgut aufzufüllen. Ist es in der OP-Abteilung üblich, daß alle Personen auch außerhalb der OP-Säle immer eine Maske tragen, was aus hygienischen Gründen nicht zwingend erforderlich ist, dann legt das Personal der zentralen Aufbereitung beim Betreten der OP-Abteilung ebenfalls eine Maske an. OP-Personal, das im Sterilbereich der zentralen Aufbereitung vorübergehend tätig ist, soll sich ausschließlich in diesem Bereich aufhalten, bevor es wieder in die OP-Abteilung zurückkehrt, damit dann die Bereichskleidung nicht gewechselt werden muß.

Eine Trennung der verschiedenen Arbeitsbereiche erfolgt hauptsächlich durch die feste Zuordnung des Personals zu bestimmten Arbeitsplätzen. Dadurch soll gesichert werden, daß das Personal nicht vom „unreinen" in den „reinen" Bereich oder umgekehrt wechselt, um dort z. B. aushilfsweise andere Tätigkeiten zu verrichten. Von besonderer Bedeutung ist eine gute Ausbildung des Personals, damit es seine Aufgaben – auch unter dem Aspekt des Arbeitsschutzes – sorgfältig durchführen kann.

**Reinigung und Desinfektion.** Sämtliche Flächen sowie der Fußboden werden mit dem hausüblichen Reinigungssystem gereinigt. Eine Desinfektion erfolgt als gezielte Desinfektion nur unmittelbar nach grober Kontamination mit potentiell infektiösem Material. Hierfür wird eine gebrauchsfertig angesetzte, in einem geschlossenen Behälter (z. B. Spritzflasche) aufbewahrte Desinfektionsmittellösung verwendet.

**Besucher.** Bei Besichtigungen können Besucher die Abteilung in Straßenkleidung betreten, beim Übergang in den Sterilbereich soll jedoch zuvor ein Schutzkittel übergezogen werden, obwohl es dafür keine konkreten hygienischen Gründe gibt.

RLT-Anlage. Die Installation einer RLT-Anlage ist für eine Zentralsterilisation aus hygienischen Gründen nicht erforderlich, ist aber meist aus arbeitsphysiologischen Gründen notwendig oder zum Schutz des Personals, wenn Gassterilisationsverfahren durchgeführt werden, weil es sonst zu einer zu starken Belastung der Raumluft mit Ethylenoxid oder Formaldehyd kommen kann. Dabei muß es sich jedoch nicht um eine dreistufige Klimatisierung mit endständigem Schwebstoffilter, wie in OP-Abteilungen üblich, handeln, weil Luftaustausch sowie Temperatur- und Feuchtigkeitsregulierung auch mit geringerem technischen Aufwand geleistet werden können (s. Kap. 19, S. 329).

In Anhang A (S. 656) sind die erforderlichen Hygienemaßnahmen für das Personal der zentralen Aufbereitung zusammengestellt.

## 41.2
## Organisation der Aufbereitung in einer Zentrale

Eine zentrale Aufbereitung besteht aus den folgenden Arbeitsbereichen:
- Dekontamination (maschinelle Reinigung und Desinfektion),
- Funktionsprüfung, Sortieren, Verpacken,
- Sterilisation (mit einem Durchladesterilisator als Trennwand zum Sterilbereich),
- Sterilgutlager mit Warenausgabe in Verbindung mit einer Hauptbedarfsstelle (OP-Bereich),
- Versorgung.

Die räumliche Aufteilung soll so organisiert sein, daß keine sich überschneidenden oder gegeneinanderlaufenden Arbeitsabläufe entstehen und keine Kontamination von gereinigten und desinfizierten bzw. sterilisierten Gebrauchsgütern stattfinden kann.

## 41.2.1
## Anlieferungszone für kontaminiertes Material

Entsorgung. Das in den Verbraucherstellen anfallende kontaminierte Gut muß nach Gebrauch sachgerecht und schonend in geschlossenen Behältern zum Transport abgelegt werden. Ein „Abwerfen" von Instrumenten muß vermieden werden, damit es nicht zu Beschädigungen kommt. Um eine effektive Reinigung zu ermöglichen, sollen Gelenkinstrumente vor dem Transport geöffnet werden. Rückstände von korrosiven Ätz- und Arzneimitteln (z. B. Silbernitrat, Quecksilberverbindungen) müssen sofort nach Gebrauch entfernt werden. Einzelne Gegenstände, wie z. B. wiederverwendbare Absaugsysteme oder Mehrwegredonflaschen, müssen vor dem Transport grob vorgereinigt werden. Dies kann unmittelbar nach Gebrauch am besten im Steckbeckenspülautomaten geschehen. Der Transport erfolgt ebenfalls in geschlossenen, thermisch desinfizierbaren Behältern.

**Trockenentsorgung vs Naßentsorgung.** Alle Gegenstände sollen vorzugsweise trocken entsorgt werden. Folgende Gründe sprechen gegen eine Naßentsorgung in Desinfektionsmittellösung:
- Laut Unfallverhütungsvorschrift „Gesundheitsdienst" müssen nur benutzte Instrumente, bei deren Aufbereitung die Gefahr von Verletzungen besteht, vor der Reinigung desinfiziert werden. Bei maschineller Aufbereitung in der zentralen Aufbereitung ist die vorherige Desinfektion in den Verbrauchsstellen nicht notwendig, da benutztes Instrumentarium sofort nach Gebrauch in maschinengeeignete Instrumententräger (z. B. Siebschalen) entsorgt, direkt zur zentralen Aufbereitung transportiert, dort ohne Berührung der kontaminierten Instrumente in das Ultraschallbad eingelegt und anschließend maschinell aufbereitet wird.
- Wenn Desinfektionslösung verwendet wird, steigt der Verbrauch an Desinfektionsmitteln unnötig, die Arbeit des Personals wird durch das Gewicht der Transportbehälter (ein Behälter der Größe 25 × 50 × 25 cm mit einem Instrumentensieb hat ein Normalgewicht von 10 kg, ist er aber etwa 15 cm hoch mit Lösung gefüllt, wiegt er ca. 25 kg), die Geruchsbelästigung sowie durch den erhöhten Arbeitsaufwand beim Ansetzen der Lösung erschwert. Außerdem muß die Standzeit der Lösung beachtet werden, schließlich kann die Desinfektionslösung während des Transports verschüttet werden.
- Weiterhin darf das Gut erst nach der erforderlichen Einwirkzeit entnommen werden, und es muß dafür gesorgt sein, daß ausschließlich nicht korrosiv wirkende Produkte verwendet werden, die nach den Richtlinien der Deutschen Gesellschaft für Hygiene und Mikrobiologie (DGHM) geprüft sein müssen.

Zur Naßentsorgung ist aber auch physiologische Kochsalzlösung nicht geeignet, da längerer Kontakt zu Lochfraß und Rost führen kann. Falls eine Naßentsorgung aber doch für notwendig gehalten wird, verwendet man dafür Leitungswasser mit Zusatz eines Instrumentenreinigers. Sowohl bei Trocken- als auch bei Naßentsorgung müssen wegen Korrosionsgefahr lange Wartezeiten bis zur Aufbereitung (z. B. über das Wochenende) vermieden werden. Bei der Trockenentsorgung können bei zu langer Lagerung die angetrockneten Rückstände die Reinigung erschweren.

**Transport.** Die kontaminierten Güter können in geschlossenen Behältern beispielsweise im AWT(= automatischer Warentransport)-Wagen oder durch einen Hol- und Bringedienst in die zentrale Aufbereitung transportiert werden. Das chirurgische Instrumentarium der OP-Abteilung wird in einem Regalwagen über einen separaten unreinen Aufzug direkt in der unreinen Zone vor dem Dekontaminationsraum abgestellt. Die benutzten Instrumente werden noch in der OP-Abteilung von den unbenutzten, aber ausgepackten, somit sauberen, aber nicht mehr sterilen Instrumenten getrennt in Siebschalen gesammelt. Die sauberen Instrumente können auf diese Weise direkt zum Sortieren, Verpacken und Sterilisieren gegeben werden, ohne daß sie zuvor noch einmal maschinell gereinigt werden.

## 41.2.2
## Dekontamination

Ultraschallbad. Um den Reinigungserfolg zu verbessern, werden stark verschmutzte Gegenstände in ein Ultraschallbad mit einem selbsttätigen Reinigungsmittel gelegt, bevor sie in die Maschine gegeben werden. Geeignet sind dafür Instrumente aus Edelstahl sowie insbesondere mechanisch empfindliche Instrumente aus der Mikrochirurgie oder Dentalchirurgie. Die Instrumente werden auf speziellen Siebschalen, die die Wirkung des Ultraschalls nicht beeinflussen, sachgerecht eingelegt. Großflächige Instrumente müssen so plaziert werden, daß keine Schallschatten oder schalltoten Zonen entstehen. Die Instrumente müssen vollständig von der Lösung bedeckt sein. Gegenstände mit besonders hartnäckigen Inkrustierungen, englumige Schläuche, Kanülen oder Instrumente mit Hohlräumen müssen oft manuell mit weichen Kunststoffbürsten, Reinigungsmittel (aber nicht Scheuermittel) und flusenfreien weichen Tüchern oder Reinigungspistolen gereinigt werden. Zur abschließenden Spülung wird entmineralisiertes Leitungswasser verwendet, weil damit die Bildung von Wasserflecken vermieden wird. Die Trocknung erfolgt am besten mit einer Druckluftpistole.

Vollautomatische Reinigungs- und Desinfektionsapparate. Generell soll die vollautomatische thermische Reinigung und Desinfektion einer Aufbereitung mit Zusatz von Desinfektionsmitteln vorgezogen werden. Die physikalisch-thermische Aufbereitung kann entweder in einer Taktbanddekontaminationsanlage (sog. Waschstraße) oder in vollautomatischen Reinigungs- und Desinfektionsmaschinen durchgeführt werden. Taktbanddekontaminationsanlagen desinfizieren thermisch bei 75°C oder auch bei 93 bzw. 105°C mit Zusatz eines mildalkalischen Reinigers und Neutralisators (Zitronensäure) (s. Kap. 13, S. 201). Der Einsatz von aldehydhaltigen oder chlorabspaltenden Desinfektionsmitteln ist überflüssig und führt nur zu einer unnötigen Umweltbelastung. Die Innenwandungen der Waschbauteile werden nach Betriebsschluß und vor Wartungsarbeiten bei ca. 95°C dampfdesinfiziert. Taktbandanlagen (ebenso wie Reinigungs- und Desinfektionsautomaten) werden hauptsächlich zur Desinfektion folgender Materialien eingesetzt:
- Instrumente,
- Anästhesiezubehör (Faltenschläuche, Narkosekreissystem etc.),
- Mehrwegabsaugsysteme,
- Mehrwegredonflaschen,
- Sauerstoffsprudler, inkl. der Einweg-Sauerstoffzuführungsschläuche,
- Beatmungszubehör, Masken, Kuhnsystem, Beatmungsbeutel, Medikamentenvernebler,
- Verneblerzubehör (Einweg-Faltenschläuche etc.),
- Peep-Weaner-Teile,
- Einweg-Atemtrainingsgeräte,
- Einweg-Magensondenspritzen,
- Einweg-Sammelurinbehälter,
- Waschschüsseln,

- Nierenschalen,
- Mundpflegetablett,
- Blutdruckmanschetten,
- Entsorgungsbehälter- und Container.

Zur Bestückung sind für die einzelnen Materialien verschiedene speziell konzipierte Einsatzkörbe erhältlich, die eine zuverlässige Dekontamination und Desinfektion auch normalerweise schwer zu reinigender Gegenstände (z. B. lange bzw. enge Schläuche) ermöglichen. Die bestückten Einsatzkörbe der Taktbandanlage werden nach der Trocknung über ein Förderband zur Verpackung transportiert.

Reinigungs- und Desinfektionsautomaten. Diese Maschinen desinfizieren thermisch z. B. bei 75°C mit einer Haltezeit von 10 min. Zusätzlich wird ebenfalls ein mildalkalischer Reiniger eingesetzt. Die vom ehemaligen BGA empfohlene Temperatur und Haltezeit (93°C/10 min), mit denen die Maschinen von den Firmen bei der Lieferung meist programmiert sind, haben im Regelfall keine Berechtigung und müssen nur bei ausdrücklicher Anordnung durch das Gesundheitsamt angewendet werden (§ 10c BSeuchG; Kap. 13, S. 201, Kap. 15, S. 231). Für Reinigungs- und Desinfektionsautomaten gibt es ebenfalls verschiedene Spezialeinsätze.

Wenn es sich um Durchlademaschinen handelt, dann können sie als Trennwand zu einem separaten sauberen Raum dienen, wo die gereinigten und desinfizierten Materialien entnommen werden können, ohne daß die Möglichkeit der Rekontamination durch noch nicht aufbereitete Gegenstände besteht. Vor der Entnahme wird eine Händedesinfektion durchgeführt. Falls ein Nachtrocknen erforderlich ist, kann dies manuell mit Druckluft oder in einem Wärmeschrank erfolgen. Anästhesiezubehör wird zum Rücktransport in die OP-Abteilung in saubere Tücher eingeschlagen, das übrige Material wird zum Schutz vor Kontamination eingeschweißt und im reinen Bereich der Abteilung in die entsprechenden Behälter bzw. AWT-Wagen verladen.

Desinfektion im Autoklaven. Die Desinfektion nach z. B. manueller Reinigung kann auch im Autoklaven in speziellen Desinfektionsprogrammen bei 75 oder 105°C erfolgen. Voraussetzung für den Desinfektionserfolg ist eine vollständige Reinigung sowie eine ausreichende Hitzebeständigkeit der Gegenstände.

Überprüfung von Taktbandanlagen sowie Reinigungs- und Desinfektionsautomaten. Eine Überprüfung der Apparate soll in der Regel mindestens in halbjährlichen Abständen bzw. nach Reparatur- und Wartungsarbeiten durchgeführt werden. Dafür wurde vom ehemaligen BGA eine Empfehlung erarbeitet, bei der je 10 Schrauben und ggf. Schläuche mit E. faecium-haltigem Blut kontaminiert werden, wobei die Keimzahl pro Schraube ca. zwischen $10^8$–$10^9$ KBE/ml und pro Schlauchstück bei ca. $10^7$ KBE/ml liegen soll [51]. Ausführliche Angaben zur Kontamination der Keimträger und Auswertung der Ergebnisse nach Reinigung und Desinfektion im Labor finden sich in Kap. 20, S. 341. Ist bei der Überprüfung der Reinigungs- und/oder Desinfektionserfolg der Maschine nicht ausreichend, muß ein Mechaniker benachrichtigt werden, um den Fehler zu suchen und zu beheben. Anschließend ist eine nochmalige Überprüfung notwendig.

**Überprüfung der Desinfektionsprogramme im Autoklaven.** Die Überprüfung erfolgt in beiden Programmen mit je 10 Baumwolläppchen, die mit ca. $5 \times 10^6$ KBE E. faecium kontaminiert worden sind (s. Kap. 20, S. 341).

**Wartung und Instandhaltung.** Aus Gründen der Betriebs- und Funktionssicherheit sowie der Wirtschaftlichkeit haben sich in der Praxis regelmäßige Wartungsintervalle durch den Hersteller bewährt, da beispielsweise durch falsche Programmkarten, die mehr Wasser verbrauchen als nötig, oder durch zu hoch eingestellte Temperaturen eine erhebliche Umwelt- und Kostenbelastung entstehen kann.

## 41.2.3
### Funktionsprüfung, Sortieren, Verpacken

Nach Reinigung und Desinfektion werden die Gegenstände, die sterilisiert werden müssen, z.B. nach Verlassen der Waschstraße über ein Förderband zum nächsten Arbeitsplatz weitertransportiert. Dort erfolgt zuerst die Überprüfung auf Funktionstüchtigkeit und die Pflege mit speziellen Pflegemitteln (z.B. Öle, Fette, Sprays) sowie bei Bedarf eine Dichtigkeitsprüfung. Abgenutzte, korrodierte, poröse sowie anderweitig beschädigte Instrumente werden aussortiert (Flugrost, Folgerost). Das Packen von Instrumentensieben oder auch von Verbandssets soll standardisiert sein und nach aushängenden Packlisten erfolgen, um einerseits überflüssige Resterilisationen, andererseits aber die Notwendigkeit zusätzlicher Einzelinstrumente nach Möglichkeit zu vermeiden.

Die saubere aus der Wäscherei angelieferte Wäsche, z.B. Kittel oder Tücher, wird in einem separaten Raum in Container verpackt, um zu verhindern, daß das Instrumentarium durch den Flusenstaub der Wäsche verunreinigt wird. Unbenutzte saubere Wäsche aus der OP-Abteilung (z.B. Tücher, die zum Abdecken von vorgerichteten Instrumentiertischen verwendet worden sind) wird vom OP-Personal zusammengefaltet und ohne nochmaligen Waschzyklus wieder in die zentrale Aufbereitung gegeben, dort verpackt und erneut sterilisiert. Dieses Vorgehen ist aus hygienischer Sicht unproblematisch und aus ökonomischen sowie ökologischen Gründen sinnvoll. Nach dem Packen der Wäsche wird an jedem Container eine Verschlußplombe befestigt. Bei Beschädigung der Plombe muß der Container erneut sterilisiert werden.

Es gibt verschiedene *Verpackungsarten für Sterilgut*:

### Mehrwegverpackungen

**Sterilisierbehälter nach DIN 58952, Teil 1.** Übliche Größen für Sterilisierbehälter sind 1, 0,5 oder 0,25 Sterilisationseinheiten (StE). Eine Sterilisationseinheit ist ein imaginärer Körper mit einer Höhe und Breite von jeweils 300 mm und einer Tiefe von 600 mm. Perforationsstellen von Sterilisierbehältern (meist perforierter Deckel) müssen durch Filter, die innwandig angebracht werden, vor Staub und anderen Einflüssen geschützt sein. Papierfilter werden nach einmaliger Anwendung ausgetauscht, Stoffilter können zwar über einen längeren Zeitraum verwendet werden, müssen aber spätestens bei Brüchigkeit ausgewechselt werden, was jedoch nicht leicht festzustellen ist, so daß das Auswechseln der Filter in der täglichen Routine häufig vergessen wird. Deshalb soll der Filter auch spätestens alle sechs Monate gewechselt werden.

Tuch bzw. Baumwolle. Textile Tücher sind als alleinige Sterilgutverpackung nicht ausreichend und können deshalb nur als innere Sterilgutumhüllung verwendet werden. Dies liegt an der groben Gewebestruktur, den materialbedingten Schäden, z. B. Löcher, durch Mehrfachbenutzung und dem dadurch fehlenden Schutz v. a. vor Feuchtigkeit.

Einwegverpackungen

Klarsichtverpackungen nach DIN 58953, Teil 4. Diese Verpackungen gibt es als Beutel oder als Schlauch jeweils mit und ohne Seitenfalte. Sie sind geeignet für Dampf-, Formaldehyd- und Ethylenoxidsterilisation und bestehen aus Papier, Polyester und Polypropylen. Ihre Vorteile liegen in der übersichtlichen Präsentation des Sterilguts und der Öffnung durch „Peelen", wobei die Kontaminationsgefahr gering ist. Bei zu hoher Festigkeit der Siegelnaht ist allerdings ein sauberes „Peelen" nicht mehr möglich. Bei Mehrfachverpackung wird Papier- auf Papierseite gelegt, weil dabei Luftaustausch und Dampfdurchdringung besser sind.

Sterilisationsbogenpapier nach DIN 58953, Teil 5. Diese Verpackung ist geeignet für Dampf- und Ethylenoxidsterilisation, wegen eines höheren Gasrestgehalts in der Verpackung jedoch nicht für Formaldehydsterilisation. Von Vorteil ist, daß die Umhüllung nach dem Auspacken des Sterilgutes als sterile Unterlage dienen kann. Nachteilig ist das arbeitsintensive Verpacken (Packtechnik nach DIN 58953, Teil 10). Außerdem ist das Material nicht sehr reißfest, weshalb zur Sicherung gegen Durchstoßen eine Textilinnenumhüllung verwendet werden soll.

Seitenfaltenbeutel aus Papier DIN 58953, Teil 3. Dieser Verpackungstyp ist geeignet für Dampf- und Ethylenoxidsterilsiation, aber für Formaldehydsterilisation nur bedingt empfehlenswert. Nachteilig ist, daß das Öffnen nur mit einer Schere möglich ist, weil es beim „Peelen" zum Einreißen des Papiers kommt, wobei die Gefahr der Kontamination des Sterilgutes durch freiwerdende Papierfasern besteht. Ferner kann man nicht erkennen, was darin verpackt ist, und schließlich besteht beim Versiegeln die Gefahr der Bildung von Kanälen, über die es zu einer Kontamination des Sterilguts kommen kann.

Peel-Beutel aus Papier. Solche Beutel sind eine Alternative zum Klarsichtbeutel mit dem gleichen Vorteil der bedienerfreundlichen Peel-Verpackung, aber dem Nachteil, daß das Sterilgut darin nicht sichtbar ist.

Klarsichtverpackung aus Tyvek®. Dieses Material ist für Formaldehyd- und Ethylenoxidsterilisation sowie als einzige Verpackungsart für die Niedrigtemperaturplasmasterilisation geeignet. Es besteht aus Polyethylenfasern, Polyester und Polyethylen. Von Vorteil ist das sehr gute Peel-Verhalten, ein geringer Gasrestgehalt bei Verwendung zur Gassterilisation sowie eine hohe mechanische Stabilität. Der Nachteil ist seine relative Hitzelabilität, weshalb es auch für eine Dampfsterilisation nicht geeignet ist (die maximale Siegeltemperatur beträgt nur ca. 120–130°C, höhere Temperaturen lassen das Material schmelzen).

Entsorgung der Verpackungen. Die Entsorgung von Sterilgutverpackungen ist nach wie vor umstritten. Verpackungen aus Sterilisationspapier sind zwar prinzipiell recyclingfähig, müssen dann aber sortenrein gesammelt werden, d. h. nur bei separatem Sammeln von Sterilgutverpackungspapier ist Recycling möglich. Das liegt daran, daß die Papiere entweder beschichtet oder durch ein besonderes Verfahren naßfest gemacht sind. Sie bereiten in modernen Aufbereitungsanlagen deshalb Schwierigkeiten, weil naßfestes Papier ein verzögertes Auflöseverhalten hat, wodurch ein getrenntes Verwertungsverfahren erforderlich wird. Da sortenreines Sammeln u. a. aufgrund der geringen Mengen in der täglichen Praxis kaum praktizierbar ist, wird das Sterilisationspapier zusammen mit den Klarsichtfolien im sog. gelben Sack (Leichtstoffe) entsorgt.

Fehler beim Packen, Verpacken und Beladen. Die häufigsten Fehler, die beim Packen sowie Verpacken des Sterilguts und beim Beladen der Sterilisatoren beobachtet werden können, sind im folgenden aufgeführt:
- Bruttogewicht einer Sterilisiersiebschale überschreitet 10 kg (vermehrte Kondensatbildung),
- straff gepackte Pakete aus Sterilisationspapier (Aufreißen der Kanten möglich),
- Metallnierenschalen, Schüsseln und andere Gefäße liegen waagerecht mit der Öffnung nach oben im Sterilisierkorb (Kondensat kann nicht ablaufen),
- Sterilisierbeutel zu prall gefüllt, weil die Luft nicht ausgestrichen wurde (während der Vakuumtrocknung entsteht ein zu hoher Beutelinnendruck, so daß Kleberänder oder Siegelnähte platzen),
- Tücher in Sterilisierbeutel verpackt (durch die Feuchtigkeitsaufnahme bei der Dampfeinwirkung besteht die Gefahr, daß die Siegelnähte der Beutel aufplatzen),
- Seitenrandfaltenbeutel sind nicht richtig verschlossen [Temperatur des Schweißgeräts falsch gewählt (Kanalbildung)],
- schwere Instrumentensiebe im Beschickungswagen oben abgestellt (Kondensat tropft auf darunter befindliches Sterilisiergut),
- papierverpackte Güter werden unten abgestellt (von oben abtropfendes Kondensat kann Güter durchnässen),
- Sterilisierbehälter mit perforiertem Deckel übereinandergestellt (Dampf kann nicht durchdringen),
- Überladung (verlängerte Chargenzeit möglich).

## 41.2.4
## Sterilisation

Nach dem Verpacken werden thermostabile Gegenstände, die bei der Anwendung steril sein müssen, entweder autoklaviert oder mit Heißluft sterilisiert, während thermolabiles Material nur mit den Niedrigtemperaturverfahren der Gassterilisation mit Ethylenoxid oder Formaldehyd sowie neuerdings mit der Plasmasterilisation sterilisiert werden kann. Die Grundlagen aller Sterilisationsverfahren sind in Kap. 13, S. 201 behandelt. In Tabelle 41.1 und 41.2 sind die Vorteile und Probleme der verschiedenen Sterilisationsverfahren für thermostabile und thermolabile Gegenstände zusammengefaßt. Die Besonderheiten bei der Niedrigtemperaturplasmasterilisation sind in Anhang B (S. 657) zusammengestellt.

### Überprüfung von Dampfsterilisatoren

Vakuumtestprogramm. Es handelt sich hierbei um eine Einrichtung zur Prüfung der Sterilisierkammer auf Dichtigkeit. Eine Komponente für den Sterilisationserfolg

Tabelle 41.1. Vorteile, Probleme und Fehler der Dampf- und Heißluftsterilisation

| Dampfsterilisation | Heißluftsterilisation |
|---|---|
| **Vorteile:**<br>– niedrigere Temperaturen zur Keimtötung,<br>– geringerer Energieverbrauch,<br>– kürzere Sterilisationszeit,<br>– materialschonendes Verfahren,<br>– sicher wirksames Verfahren,<br>– der Einbau einer Membranpumpe oder einer Vakuumkonstantschaltung reduziert den Wasserverbrauch erheblich. | **Probleme:**<br>– hohe Temperaturen nötig (trockene Luft schlechter Wärmeleiter),<br>– hoher Energieverbrauch,<br>– längere Sterilisationszeit,<br>– unsicheres Verfahren (starke Abhängigkeit der Wirkung von Verpackung und Beladung),<br>– Sterilisation von Tüchern und Flüssigkeiten nicht möglich. |
| **Häufigste Fehler:**<br>– ungenügende Vorreinigung,<br>– Verwendung von zu porösem Material, (Bildung von Wasser, die Sterilisiertemperatur wird nicht erreicht),<br>– Bildung von Kondenswasser (zu dichtes Beladen, bei Metall v. a., wenn das Gewicht pro Sieb mehr als 8 kg beträgt),<br>– kein regelmäßiger Filterwechsel (bei Verfilzung keine Dampfdurchdringung),<br>– ungeeignetes Verpackungsmaterial,<br>– zu dichte Beschickung, der Dampf erreicht nicht alle Stellen (zu fest gepackter Wäschecontainer),<br>– falsche Behälter, die Dampf nicht oder nur schwer eindringen lassen. | **Häufigste Fehler:**<br>– ungenügende Vorreinigung,<br>– Bedienungsfehler durch die leichte Handhabung des Gerätes (Tür läßt sich während Sterilisiervorgang öffnen): beladen des noch heißen Gerätes, Öffnen und zusätzliches Beladen bei laufender Sterilisation,<br>– Sterilisation mit geöffneten Behältern (nur zulässig, wenn Deckel mit Luftschlitzen verwendet werden, die anschließend verschlossen werden),<br>– Windschatten durch größere Gegenstände,<br>– zu dichte Beschickung, alle Gegenstände müssen ungehindert von Luft umströmt werden,<br>– Verwendung von Papier: Brandgefahr. |

ist die Dichtigkeitskontrolle der Kammer, weil die Luft aus der Sterilisierkammer entfernt werden muß, da sich sonst „Luftnester" bilden, in denen die Sterilisiertemperatur nicht erreicht wird. Dieser Test wir einmal täglich vor Inbetriebnahme durchgeführt.

**Tabelle 41.2.** Vorteile, Probleme und Fehler der Niedrigtemperaturplasma-, Ethylenoxid und Formaldehydsterilisation

| Niedrigtemperaturplasmasterilisation | Ethylenoxidsterilisation | Formaldehydsterilisation |
|---|---|---|
| **Vorteile** | **Vorteile** | **Vorteile** |
| - keine Umweltbelastung, | - gutes Durchdringungsvermögen von EO bei langen, englumigen und endständig geschl. Lumina. | - zusätzliche Entlüftung nach Entnahme aus dem Gerät ist nicht erforderlich, |
| - keine toxischen Rückstände am Sterilgut, | | |
| - materialschonend, | | |
| - Material sofort wieder einsetzbar, dadurch geringe Vorratshaltung, | **Probleme** | - Überschuß an FO durch Geruch erkennbar, |
| - einfache Bedienung, kein zusätzlicher Lehrgang oder besondere Schulung notwendig, | - starkes Protoplasmagift, | - potentielles Restrisiko bei FO geringer als bei EO, |
| | - kanzerogen, | |
| | - bildet mit Luft explosives Gemisch, | - FO kann ins Abwasser abgeleitet werden. |
| - Zyklusabbrüche bei Funktionsstörungen, Aufbereitungs- und Beladungsfehlern, | - Restgehalt an EO in medizinischen Produkten (Grenzwert <1 ppm), | **Probleme** |
| | | - reizender, stechender Geruch, |
| - keine Umbaumaßnahmen bei Installation notwendig. | - Materialien nicht sofort einsatzbereit, | - im Tierexperiment begründeter Verdacht auf krebserzeugendes Potential (Gr. III B), |
| **Probleme** | - Desorptionszeit von 10 h im Sterilisator (hohe Programmzeiten, hohe Kosten für die Abschreibung), | |
| - Einsatz von Booster und Adapter bei englumigen Hohlinstrumenten, | | - MAK-Wert: 0,5 ppm, |
| | | - mutagene Wirkung auf Bakterien, Insekten, verschiedene Pflanzen, |
| - Textil, Papier, Pulver, endständig geschlossene Lumina, Flüssigkeiten sowie „größere" Metallgegenstände können nicht sterilisiert werden. | - hohe Investitions- und Betriebskosten (regelmäßige Begasungslehrgänge, routinemäßig EO-Messungen, Ableitung von EO durch verschiedene Abluftbehandlungseinrichtungen, Genehmigung zum Betrieb der Anlage), | - starkes Kontaktallergen, |
| | | - hohe Investitions- und Betriebskosten (Begasungslehrgänge, routinemäßige FO-Messungen), |
| | - verschiedene Materialien absorbieren unterschiedlich stark und desorbieren unterschiedlich schnell, *Folge:* Unsicherheiten bei Restkonzentrationen von EO, | - schlechtes Durchdringungsvermögen bei langen, englumigen Gegenständen. |
| | - Expositionsspitzen durch Belastung der Raumluft mit EO (z.B. beim Öffnen des Sterilisators). | |

**Tabelle 41.2.** (Fortsetzung)

| Niedrigtemperaturplasmasterilisation | Ethylenoxidsterilisation | Formaldehydsterilisation |
|---|---|---|
| **Häufigste Fehler:**<br>– ungenügende Vorreinigung sowie nicht **vollständige Trocknung** der Materialien, alle Flächen einschließlich innerer Oberflächen müssen zugängig sein,<br>– zur Reinigung wurde Leitungswasser verwendet, Plasma kann Salzkristalle nicht durchdringen,<br>– zu hohe Schweißtemperatur beim Zusiegeln der Klarsichtverpackung,<br>– Verwendung einer ungeeigneten Verpackung,<br>– Verwendung von Booster und Adapter nicht korrekt: kurz vor der Sterilisation müssen Booster bzw. Adapter zuverlässig entleert werden, der Booster darf nicht gegen das Instrument stoßen,<br>– die weißen wirkstoffdurchlässigen Seiten der Verpackung liegen nicht aufeinander,<br>– Verwendung von falschen Materialien, z. B. saugendes Material in der Kammer,<br>– Farbumschlag von Indikatorband oder -streifen durch Lichteinwirkung. | **Häufigste Fehler:**<br>– ungenügende Vorreinigung, Reste von Blut, Schleim etc., das Gas kann nicht durchdringen,<br>– das Sterilisiergut ist noch feucht oder naß,<br>– zur Reinigung wurde Leitungswasser verwendet, Mineralien können auskristallisieren, Gas kann die Salzkristalle nicht durchdringen,<br>– Verwendung einer ungeeigneten Verpackung (nicht durchlässig für EO oder FO),<br>– Nicht-Einhalten der Ausgasungs- bzw. Desorptionszeiten bei EO. (Wegen der unterschiedlichen Ausgasungszeiten bei verschiedenen Materialien müßte der Anwender selbst Messungen vornehmen) | |

**Indikatoren.** Um nachzuweisen, daß Sterilgut einem Sterilisationsprozeß unterzogen worden ist, werden verschiedene Indikatoren verwendet, deren positive Reaktion aber keine Aussage darüber macht, ob die in der Verpackung enthaltenen Gegenstände auch tatsächlich steril sind.

Prozeß- oder Behandlungsindikatoren
Sie ermöglichen die Unterscheidung zwischen sterilisiertem und nicht sterilisiertem Gut durch einen Farbumschlag. Behandlungsindikatoren dienen der Objektkontrolle und können deshalb nur eine Verwechslung mit noch nicht sterilisiertem Gut verhindern. Sterilisierverpackungen sind in der Regel mit einem Indikator versehen, so daß ein zusätzlicher Streifen oder ein Band nicht notwendig sind.

Es gibt verschiedene Varianten:
- Ein *Indikatorstreifen* wird mit dem Sterilgut in die Verpackung gegeben. Von Nachteil ist dabei, daß erst beim Öffnen der Verpackung festgestellt werden kann, ob das Sterilgut dem Verfahren ausgesetzt war.
- Beim *Indikatorband* (= externes Klebeband für Verpackungen) ist schon bei Entnahme des Sterilguts aus der Kammer sichtbar, daß das Sterilgut dem Verfahren ausgesetzt war.
- Für Container können spezielle *Etiketten* verwendet werden, die zusätzlich noch andere Parameter für die Dokumentation enthalten.

### Dampfdurchdringungstest

Moderne Autoklaven besitzen ein spezielles Programm für den sog. Bowie-Dick-Test. Ältere Autoklaven sollen nach Möglichkeit entsprechend umgerüstet werden. Die Haltezeit von 3,5 min bei einer Temperatur von 134°C soll eingehalten werden, da bei längerer Haltezeit der Indikator fälschlicherweise umschlagen kann. Mittlerweile gibt es auch Testsysteme, die für das Standardprogramm mit 134°C und 5 min Haltezeit entwickelt wurden. Andere Sterilisationsprogramme können mit dem Bowie-Dick-Test nicht geprüft werden.

Mögliche Ursachen bei mangelhaftem Testergebnis können beispielsweise eine ungenügende Dampfqualität oder eine undichte Sterilisierkammer sein. Der Test wird einmal täglich vor Inbetriebnahme in betriebswarmen Zustand nach der Leersterilisation durchgeführt.

Seit kurzem gibt es eine Alternative zum herkömmlichen Bowie-Dick-Test:
Der sog. *Bowie-Dick-Simulationstest* besteht aus einem Prüfkörper aus Metall mit Teflonschlauch, der den Widerstand des Wäschepakets simuliert. Im Inneren des Prüfkörpers wird der Indikator eingelegt. Dieser schmale Streifen kann anschließend übersichtlich in ein Dokumentationsblatt geklebt werden. In der Praxis hat sich gezeigt, daß mit diesem Test schon geringste Undichtigkeiten der Sterilisierkammer durch ein unzureichendes Testergebnis angezeigt werden. Ist das Bowie-Dick-Testprogramm nicht vorhanden, kann eine Anpassung des Prüfkörpers notwendig sein. Die Vorteile dieses Tests sind die Wiederverwendbarkeit des Prüfkörpers, die Sensibilität des Tests, die übersichtliche Präsentation des Indikatorstreifens bei der Dokumentation sowie die Kosten- und Zeitersparnis. Außerdem kann damit die Abfallmenge der quecksilberhaltigen Testindikatoren reduziert werden.

### Chemische Sterilisationsindikatoren zur Chargenkontrolle

Diese Indikatoren können zusammen mit dem Sterilisiergut verpackt werden. Sie sollen an Stellen positioniert werden, an denen die schwierigsten Sterilisationsbedingungen herrschen, z.B. in die Mitte der Pakete oder Container. Der Nachteil dieser Methode besteht darin, daß das Ergebnis des Tests erst abgelesen werden kann, wenn die Verpackung geöffnet wird. Zudem sind diese Systeme müllintensiv und teuer.

Eine Alternative zu den herkömmlichen Systemen sind Testprüfkörper, die schwer zu sterilisierende Bedingungen simulieren. Es sollen vorzugsweise unterschiedliche Prüfkörper (z.B. Container mit Wäsche oder Katheter bzw. Endoskope) verwendet werden, die den normalen Verhältnissen möglichst ähnlich sind. In diese wiederverwendbaren Simulationsprüfkörper werden Farbkontrollindikatoren eingebracht, die eine „in line"-Sterilisationskontrolle pro Charge ermöglichen. Das Ergebnis kann sofort abgelesen werden, die Einzelkontrolle jeder Verpackungseinheit kann somit entfallen. Der Indikator selbst wird als Nachweis für die Sterilisationskontrolle im Sterilisationsprotokoll abgeheftet.

Diese Indikatoren zeigen in der Regel nur Reaktionen, wenn eine geeignete Kombination aus Wasserdampf und Temperatur über eine gewisse Zeit einwirkt. Falls die Bedingungen, die zum Indikatorumschlag führen, wegen mangelnder Information durch den Hersteller nicht bekannt sind, besteht die Möglichkeit der Fehlinterpretation. Unsicherheiten entstehen oft durch die großen Schwankungsbreiten der Farbumschlagsreaktionen. Die Verwendung von Chargenkontrollsystemen schützt aber auch nicht vor Fehlentscheidungen, wenn beispielsweise Verpackungs- und Beschickungsfehler gemacht werden.

Mikrobiologische Überprüfung. Die Überprüfung erfolgt mit Bioindikatoren; als Testsporen werden Bacillus subtilis und Bacillus stearothermophilus verwendet (DIN 58946 Teile 3, 4 und 8). Die Kontrolle erfolgt als periodische Prüfung oder als außerordentliche Prüfung regelmäßig alle 400 Chargen bzw. alle sechs Monate, nach Aufstellung bzw., falls ein Sterilisierprogramm durch den Hersteller grundsätzlich geändert wurde, oder schließlich nach Reparaturen bzw. bei Zweifeln an der Wirksamkeit des Apparates.

Als Sterilisiergut dient ein genormtes Wäschepaket, in dem vier Bioindikatoren gleichmäßig verteilt werden, wobei die Anzahl der eingelegten Wäschepakete bzw. Bioindikatoren von der Kammergröße und der Prüfbeladung abhängt.

Eine andere Möglichkeit ist die Eigenkontrolle durch einen für die Sterilisation verantwortlichen Mitarbeiter mit Hilfe eines Komplettsystems (= temperaturgeregelter Inkubator plus Bioindikatoren in Nährlösung mit Farbindikator). Diese Methode soll in der Regel nur zusätzlich zu der herkömmlichen regulären Überprüfung angewendet werden. Die Beurteilung der exponierten Bioindikatoren soll dabei spezialisierten Laboren überlassen bleiben, weil sie am ehesten in der Lage sind, aus der Reaktion der Bioindikatoren sowie den dokumentierten Prozeßdaten Rückschlüsse auf die Leistungsfähigkeit der Sterilisatoren zu ziehen.

Die in periodischen Abständen durchgeführten Tests mit Bioindikatoren geben u. U. nur dann einen Hinweis, wenn der Fehler permanent und nicht periodisch auftritt. Ebenfalls kann ein Fehler kurz nach der letzten Überwachung eintreten, so daß theoretisch eine Anzahl von unbemerkten Fehlchargen möglich ist. Bioindikatoren haben eigentlich nur eine Aussagekraft, wenn sie bei der Bebrütung Wachstum zeigen. Der Umkehrschluß jedoch, daß der Prozeß in Ordnung ist, wenn die Bioindikatoren kein Wachstum zeigen, ist dagegen nicht sicher.

Nach der Sterilisation werden die Bioindikatoren zusammen mit einer nicht mitsterilisierten Transportkontrolle der gleichen Charge, die positiv sein muß, und einem Prüfbericht an das mikrobiologische Labor weitergeleitet. Sterilisierprogramme mit eindeutig unzureichendem Prüfergebnis müssen gesperrt werden. Wartungsarbeiten werden im Gerätebuch dokumentiert. Die Freigabe ist vom Ergebnis einer erneuten außerordentlichen Prüfung abhängig. Anhang C (S. 658) zeigt ein Beispiel einer Wirksamkeitsüberprüfung von Dampfsterilisatoren.

**Technische Kontrolle und Dokumentation der Chargen.** Für jeden Sterilisator soll ein Protokoll mit folgenden Prozeßdaten geführt werden:
- Datum und Zeitpunkt der Sterilisation,
- Nummer der Sterilisiercharge,
- Angaben zum Sterilisiergut,
- Name des Bedienenden.

Falls keine automatische Registrierung des Verfahrensablaufs (z. B. durch einen Schreiber) vorhanden ist, können spezielle Etiketten mit Nummer der Sterilisiercharge, Sterilisierdatum, Gerätenummer, Sterilisationszeit etc. verwendet werden. Diese Etiketten können beispielsweise durch Etikettierzangen am Sterilgut angebracht oder durch einen Nadeldrucker auf der Entnahmeseite des Sterilisators ausgedruckt werden. Die doppelte Ausführung wird im Protokoll abgeheftet. Die Sterilisationsparameter, mindestens Zeiten und Temperaturen, Druck und maximales Vakuum, sollen auch bei nichtregistrierenden Automaten beobachtet und dokumentiert werden. Von Vorteil ist es, diese Sterilisatoren nachzurüsten, da diese Lösung durch den hohen Arbeitsaufwand unpraktisch ist.

Bei vorhandener automatischer Registrierung muß das Diagramm mit den physikalischen Meßdaten (Temperatur, Druck, Zeit) und den erforderlichen Angaben zur Identifizierung der Charge (z.B. Etikette in doppelter Ausführung mit Chargennummer und Datum) aufbewahrt werden. Die Sterilisationsverantwortlichen sollen während der Sterilisation regelmäßig den Verfahrensablauf kontrollieren und abzeichnen.

Zur Messung der physikalischen Parameter des Sterilisationsprozesses für die Chargenkontrolle und Dokumentation kann beispielsweise ein von der Steuerung unabhängiges Meßsystem, das in der Sterilisatorkammer die physikalischen Parameter mißt, verwendet werden. Diese Systeme ermöglichen eine Erfassung aller wichtigen Sterilisationsparameter in der Sterilisatorkammer pro Charge in einer „worst case"-Simulation, also einer Simulation des am schwersten zu sterilisierenden Falles in der Sterilisatorkammer. Die Daten, einschließlich Datum, Uhrzeit und Chargennummer, können über einen Drucker oder PC ausgedruckt bzw. gespeichert werden. Bei Messung der physikalischen Parameter und Chargendokumentation kann im Prinzip von einer ordnungsgemäßen Sterilisation ausgegangen werden, so daß eine patientenbezogene Dokumentation überflüssig ist.

Die Forderungen der Euronorm (EN 554) lauten zum derzeitigen Zeitpunkt dahingehend, daß die Prüfmethode auf der Überwachung der physikalischen Parameter des Sterilisationsprozesses (z.B. Temperatur, Zeit, Dampfqualität) bei genau definierter Beladung in der Kammer erfolgt, so daß eine laufende Sterilkontrolle einschließlich Dokumentation stattfinden kann.

Zur Validierung von Sterilisationsprozessen soll der Prozeß selbst, die Beladungsstruktur, alle Materialien sowie der Verpackungsvorgang für jedes Verfahren beim Autoklaven festgelegt und dokumentiert sein. Es soll eine regelmäßige Validierung alle 12 Monate sowie nach größerer Reparatur bzw. bei Änderungen wesentlicher Kriterien des Prozesses erfolgen, um die Reproduzierbarkeit der ursprünglichen Validierungsergebnisse zu überprüfen.

Durch diese Standardisierung von Arbeits- und Prozeßabläufen ergibt sich zwangsläufig ein erhöhter Arbeitsaufwand, weshalb qualifiziertes Personal vorhanden sein muß. Außerdem sind meist zusätzliche Meßgeräte zur Überprüfung notwendig, d. h. der Sterilisator muß entweder umgerüstet oder ersetzt werden, um die prozeßrelevanten Parameter liefern zu können. Ob dieser Aufwand gerechtfertigt und in Krankenhäusern letztlich auch realisierbar ist, muß sich erst noch zeigen.

## 41.2.5
### Sterilgutlager mit Warenausgabe in Verbindung mit einer Hauptbedarfsstelle (OP-Bereich)

Die Sterilisatorenspange dient als Trennwand zum Sterilgutlager. Dort werden die sterilisierten Materialien aus den Sterilisatoren genommen. Vor Nachbehandlung und Freigabe des Sterilguts müssen folgende Schritte eingehalten werden:
- Prüfung des Sterilguts auf Sauberkeit, Trockenheit und Unversehrtheit,
- Prüfen des Sterilisationsergebnisses anhand der Qualitätsaufzeichnungen,
- die Zwischenlagerung bis zum Abkühlen (ca. 30 min) von dampfsterilisiertem Gut muß so erfolgen, daß die vorhandene Restfeuchte nicht wegen zu schneller Abkühlung kondensiert,
- nach dem Entnehmen einzelner Sterilgüter sollen diese nicht ohne isolierende Unterlage auf kalten Flächen abgestellt werden.

Bei Ethylenoxidgassterilisatoren muß folgendes beachtet werden: Bei nicht vollautomatischen Gassterilisatoren (ohne Zwangsausgasung) muß das Sterilgut bis zur Entnahme eine ausreichend lange Zeit in der Sterilisierkammer ausgasen. Das Ausgasen erfolgt durch zyklisches Absaugen und Belüften. Ethylenoxidgassterilisatoren ohne Zwangsausgasung sind nicht mehr zulässig, und das Entladen von Gassterilisatoren und die Beurteilung der ausreichenden Ausgasung muß von Mitarbeitern mit Befähigungsschein vorgenommen werden (TRGS 513).

Die Effektivität eines Entlüftungsschrankes für Ethylenoxid-sterilisierte Güter ist nicht sicher bewiesen. Es konnte nämlich gezeigt werden, daß durch das neu hinzukommende Sterilgut Ethylenoxid wieder von dem schon teilweise entlüfteten Material absorbiert wird. Oft ist aber auch die Kapazität des Entlüftungsschrankes zu gering, so daß sich die Frage stellt, wo das Sterilgut entlüften kann, ohne daß der Wert von 3 ppm über 8 h überschritten wird (MAK-Wert). In Anhang D (S. 659) sind die erforderlichen Entlüftungszeiten nach Gassterilisation mit Ethylenoxid aufgeführt, die z. T. auf am Universitätsklinikum Freiburg durchgeführten Messungen beruhen.

**Lagerzeiten für Sterilgut.** Der Festlegung von Lagerzeiten für Sterilgut liegt die Annahme zugrunde, daß bei längerer Lagerzeit mit größerer Staubpartikelbeladung der Verpackungen auch die Keimzahl auf den Verpackungen zunehmen würde und somit die Gefahr der bakteriellen Kontamination des Verpackungsinhalts beim Auspacken gegeben wäre. Um die Staubbelastung der Verpackungen so gering wie möglich zu halten, werden für einzeln verpackte Sterilgüter relativ kurze, für mehrfach verpackte Sterilgüter dagegen z. T. wesentlich längere Lagerzeiten empfohlen. In Tabelle 41.3 sind die Richtwerte der Lagerzeiten, die am Universitätsklinikum Freiburg empfohlen werden, aufgeführt.

**Sterilgutlager.** Das Sterilgutlager dient ausschließlich zur Lagerhaltung von Artikeln, die direkt über die zentrale Aufbereitung verteilt oder in der Hauptbedarfsstelle selbst (OP-Bereich) verbraucht werden. Alle übrigen Artikel werden über ein separates Zentrallager an die Verbraucher verteilt.

**Tabelle 41.3.** Lagerzeiten für Sterilgut

| Verpackungsart | Lagerart | Lagerzeit |
|---|---|---|
| Sterilisationsfolie 1fach verpackt | im Regal | 1 Monat |
| Sterilisationsfolie 1fach verpackt | im Regal + Lagerkarton | 6 Monate |
| Sterilisationsfolie 1fach verpackt | im Schrank/Schublade | 1 Jahr |
| Sterilisationsfolie 2fach verpackt | im Regal | 6 Monate |
| Sterilisationsfolie 2fach verpackt | im Regal + Lagerkarton | 1 Jahr |
| Sterilisationsfolie 2fach verpackt | im Schrank/Schublade | 3 Jahre |
| Sterilisationstüte 1fach (aus Sterilisationspapier) | im Regal | 1 Monat |
| | im Regal und Lagerkarton | 6 Monate |
| | im Schrank/Schublade | 1 Jahr |
| Sterilisationsbogenpapier + Tuch | im Regal | 1 Woche |
| Sterilisationsbogenpapier + Tuch | im Schrank/Schublade | 1 Monat |
| Metallbehälter mit losem Deckel | | 3 Tage |
| Container mit Duo-save-Deckel und Dichtung | | 1 Jahr |
| Container mit perforiertem Deckel und Dichtung | | 6 Wochen |
| Kleinset-Container mit perforiertem Deckel ohne Dichtung | | 4 Wochen |

*Anmerkungen:*
- Sterilgüter müssen vor Feuchtigkeit, Verschmutzung, extremen Temperaturen, mechanischer Beanspruchung und UV-Strahlen geschützt werden,
- **die geschützte Lagerung** (in Schränken oder in Schubladen) **ist einer offenen Lagerung** (im Regal) **vorzuziehen,**
- die Vorratshaltung soll so gering wie möglich sein,
- Papierfilter nach jedem Gebrauch erneuern,
- Stoffilter bei Bedarf, spätestens alle 6 Monate erneuern (bei Porosität),
- benutzte Container (z.B. Tupfertrommeln) 1mal täglich sterilisieren.

## 41.2.6
## Versorgung

Durch unmittelbare Anbindung der zentralen Aufbereitung an die OP-Abteilung durch einen sog. „reinen" Aufzug kann das fest für den Sterilbereich eingeteilte Personal der zentralen Aufbereitung die Versorgung mit Sterilgut für die OP-Abteilung übernehmen. Dadurch ergibt sich zusätzlich die Möglichkeit einer Kontrolle der Begrenzung der Lagerdauer.

Der mit kontaminierten Gütern beschickte Transportwagen der Stations- bzw. Funktionsbereiche wird auf der unreinen Seite entladen und anschließend durch eine automatische Wagenwaschanlage thermisch desinfiziert. Diese dient zugleich als Trennwand zum Sterilbereich. Auf der reinen Seite erfolgt die erneute Beschickung mit den benötigten Materialien für die entsprechenden Verbrauchsstellen.

Die Versorgung der verschiedenen Verbrauchsstellen erfolgt am besten über das sog. „Pool-System", d. h. die Materialien der jeweiligen Bereiche werden nicht gekennzeichnet, die Bestellung erfolgt entsprechend des tatsächlichen Bedarfs über ein Anforderungsformular, das gleichzeitig mit dem Transportwagen in die zentrale Aufbereitung geschickt wird. Dadurch kann eine Lagerhaltung auf den einzelnen Stationen vermieden werden.


### Anhang A: Hygieneregeln in der zentralen Aufbereitung

*Händedesinfektion:*
- nach Kontakt mit (potentiell) infektiösem Material (Blut, Urin, Sputum, Sekreten usw.),
- nach dem Einsortieren in die Taktbandanlagen und automatischen Reinigungs- und Desinfektionsmaschinen,
- vor dem Verpacken,
- beim Übergang in den reinen Bereich.

*Handschuhe:*
- Falls grobe Kontamination möglich ist
- Bei Verletzungsgefahr (spitze oder scharfe Gegenstände)
- Bei offenen Wunden an den Händen (flüssigkeitsdichtes Pflaster verwenden)
- Nach dem Ausziehen der Handschuhe: Händedesinfektion

*Kopfbedeckung:*
- Personal, das direkt mit dem Verpacken beschäftigt ist, muß eine Kopfbedeckung tragen
- Die Haare vollständig bedecken

*Desinfektion und Reinigung:*
Sämtliche Flächen werden routinemäßig gereinigt, aber nicht desinfiziert.

→ **Gezielte Desinfektion**

- unmittelbar nach Kontamination mit Blut, Urin, Sputum, Sekreten usw.,
- mit aldehydischem Flächendesinfektionsmittel,
- dabei Einmalhandschuhe anziehen und mit desinfektionsmittelgetränktem Einmaltuch aufwischen, nicht nachtrocknen.

## Anhang B: Niedertemperaturplasmasterilisation

> **!** Die Niedertemperaturplasmasterilisation beruht auf dem Prinzip der Bildung eines Plasmas aus Wasserstoffperoxid. Dabei entsteht durch die Wechselwirkung der im Plasma entstehenden Radikalen mit Zellmembranen, Enzymen und Nukleinsäuren die mikrobizide Wirkung.
> Dieses Verfahren stellt eine alternative, umweltfreundliche Methode zur Ethylenoxid- und Formaldehydgassterilisation dar und wird eingesetzt für thermolabile Materialien.
> Der Vorteil besteht darin, daß bei dem Verfahren keine toxischen Substanzen entstehen bzw. wie bei der EO-Gassterilisation ins Material eindringen und somit weder Vorsichtsmaßnahmen von seiten des Personals noch Auslüftzeiten eingehalten werden müssen.

*Folgendes muß beachtet werden:*
- Voraussetzung für die Sterilisation ist eine ordnungsgemäße, rückstandsfreie Reinigung und **vollständige** Trocknung der Materialien;
- das Material muß in eine **spezielle Klarsichtverpackung** verpackt werden;
- es sollte ein Indikatorband auf die Verpackung geklebt werden (Band vor Lichteinwirkung schützen);
- die Schweißtemperatur darf 120°C nicht überschreiten, da sonst keine dichte Schweißnaht gewährleistet und ein „sauberes Peelen" nicht mehr möglich ist;
- Metallcontainer, Textilien, Papier, Pulver, Flüssigkeiten und endständig geschlossene Lumina sind nicht für diese Sterilisationsart geeignet;
- Kunststoffinstrumente ab 1,20 m Länge oder Innendurchmesser kleiner als 1 mm sowie Metallinstrumente ab 30 cm oder Innendurchmesser kleiner als 3 mm sind für diese Sterilisationsart zum jetzigen Zeitpunkt noch ungeeignet;
- nach der Sterilisationsdauer von 1,5 h können die Materialien sofort wiederverwendet werden. Die Vorratshaltung läßt sich somit auf ein Minimum beschränken.

## Anhang C: Wirksamkeitsprüfung von Dampfsterilisatoren (Autoklaven)

*Vakuumtest:* 1mal täglich vor Inbetriebnahme.

*Dampfdurchdringungstest* (Bowie-Dick-Simulationstest): 1mal täglich vor Inbetriebnahme, zuvor eine Leersterilisation durchführen, *Haltezeit:* 134° C/3,5 min.

*Zur laufenden Kontrolle und Chargendokumentation:*
- Dokumentation sämtlicher Prozeßdaten,
- Kontrolle der physikalischen Parameter (mind. Druck, Temperatur, Zeit) während jeder Sterilisation,
- alle Daten müssen aufbewahrt werden.

**Prüfung mit Bioindikatoren** (B. subtilis und B. stearothermophilus)

*Bioindikatoren:*
- nach Aufstellung
- nach Reparaturen oder bei Zweifeln der Wirksamkeit
- nach 400 Chargen oder alle 6 Monate

*Prüfumfang:* jedes Sterilisierprogramm

*Sterilisiergut:*

→ **Wäschepaket:**

- *Gewicht:* ca. 6 kg (30·30·60 cm = 1 StE) → entspricht 1 großen Trommel,
- Tücher glatt aufeinanderlegen, **senkrecht** im Container anordnen, unter Kammervollbeladung prüfen.

*Anzahl und Verteilung der Bioindikatoren:* 4 Bioindikatoren gleichmäßig zwischen die Wäschestücke legen.

*Plazierung des Prüfbehältnisses:* möglichst unterer Türbereich der Sterilisierkammer.

*Prüfbericht:*
*Angaben über den Dampfsterilisator:*
- Hersteller, Herstellnummer, Typ,
- Verfahren, Chargennummer, Betriebstemperatur,
- geprüftes Sterilisierprogramm.

*Angaben über die Prüfbedingungen:*
- erreichter Betriebsüberdruck, erreichte Temperatur, Sterilisierzeit, erreichtes Vakuum.

## Anhang D: Gassterilisation mit Ethylenoxid

*Auslüftungszeiten:* Die Sterilisation thermolabiler Materialien wird teilweise mit Ethylenoxid durchgeführt. Bei Ethylenoxid handelt es sich um eine toxische Substanz, die sich hauptsächlich in Kunststoffen ablagert. Das Restgas wird erst nach einem größeren Zeitraum aus dem sterilisierten Material abgegeben. Ethylenoxid ist kanzerogen (Klasse 3 A). Ethylenoxid besitzt außerdem allergisierende Eigenschaften, zusätzlich können Gewebsnekrosen entstehen.

> **Die Sterilisation mit Ethylenoxid soll aus diesen Gründen nur durchgeführt werden, wenn keine anderen Sterilisationsverfahren möglich sind.**

**Folgendes muß beachtet werden:**
- die Verpackung wird in der zentralen Aufbereitung nur mit dem Sterilisationsdatum versehen, die Auslüftungszeiten muß der Anwender beachten und auf der Verpackung notieren.
- es ist nicht sicher, daß durch die Benutzung des Entlüftungsschrankes die Auslüftungszeiten verkürzt werden können, deshalb sollen die maximalen Auslüftzeiten immer eingehalten werden.

| Entlüftungszeiten | |
|---|---|
| Metallgegenstände | 12 h |
| Gegenstände aus Kunststoff oder Plastik | 4 Wochen |

# 42 Prävention von Infektionen beim Krankentransport

I. Kappstein

EINLEITUNG

Von Mitarbeitern im Krankentransport und Rettungsdienst sowie von Taxifahrern, die Patienten transportieren, wird immer wieder die Frage gestellt, welche Hygienemaßnahmen bzw. welche Reinigungs- und Desinfektionsmaßnahmen im Umgang mit infizierten Patienten bzw. nach deren Transport erforderlich seien. Unsicherheit herrscht meist besonders bei Patienten mit einer Tuberkulose der Atemwege und bei AIDS-Patienten. Im folgenden werden Hinweise gegeben, welche Schutzmaßnahmen bei und nach Transport infizierter Patienten sinnvoll und notwendig sind. Für die allgemein gültigen Hygienemaßnahmen bei der Patientenversorgung und im Umgang mit potentiell infektiösen Körperflüssigkeiten (z.B. Durchführung der Händedesinfektion, Umgang mit Einmalhandschuhen) kann auf Kap. 23, S. 391 verwiesen werden.

## 42.1
### Infektionen und infektiöses Material

Eine wesentliche Voraussetzung für die Übertragung von Krankheiten ist der Kontakt mit infektiösem Material eines Erkrankten (s. Kap. 3, S. 19). Das bedeutet auch, daß der alleinige Transport eines Patienten mit einer übertragbaren Krankheit noch kein Infektionsrisiko für das Transportpersonal darstellt. Erst wenn es beim Transport zur Freisetzung des infektiösen Materials kommt und das Personal mit dem Material auf eine Weise in Kontakt kommt, daß eine Infektionsentstehung überhaupt möglich ist, kann es ggf. zu einer Infektion kommen. In Tabelle 42.1 sind einige bekannte Infektionen mit Angabe des jeweils infektiösen Materials und Übertragungsweges aufgeführt.

### 42.1.1
### Fäkal-oral übertragbare Infektionen

Eine Übertragung infektiöser Darmerkrankungen ist nur durch Kontakt mit Stuhl möglich, wobei es aber zu einem oralen Kontakt mit den Erregern kommen

**Tabelle 42.1.** Infektionen, infektiöses Material und Übertragungswege

| Infektion | Infektiöses Material | Übertragungsweg |
|---|---|---|
| Hepatitis B, C | Blut und Körperflüssigkeiten | Parenteral |
| AIDS | Blut und Körperflüssigkeiten | Parenteral |
| Hepatitis A | Stuhl | Fäkal-oral |
| Shigellenruhr | Stuhl | Fäkal-oral |
| Typhus | Stuhl | Fäkal-oral |
| Durchfallkrankheiten (bakteriell, viral) | Stuhl | Fäkal-oral |
| Meningitis (bakteriell) | Respiratorisches Sekret | Schleimhautkontakt (obere Atemwege) |
| Masern | Respiratorisches Sekret | Schleimhautkontakt (obere Atemwege) |
| Offene Tuberkulose der Atemwege | Respiratorisches Sekret | Inhalation von Aerosolen |

muß, weil Erreger infektiöser Darmerkrankungen „gegessen" werden müssen, um eine Infektion auszulösen. Dies ist beispielsweise möglich nach Kontakt der Hände mit Stuhl des Patienten und anschließendem Kontakt der kontaminierten Hände mit der Mundschleimhaut. Dieser Übertragungsmodus gilt neben den typischen Durchfallerkrankungen auch für Typhus und Hepatitis A.

### 42.1.2
### Mit respiratorischem Sekret übertragbare Infektionen

Bei Infektionen, die durch respiratorisches Sekret übertragen werden, soll der Patient eine (chirurgische) Maske aufsetzen, durch die die Freisetzung respiratorischer Tröpfchen verhindert wird. Damit kann es dann auch während des Transports solcher Patienten nicht zu einem Kontakt ihres respiratorischen Sekrets mit den Schleimhäuten des Nasen-Rachen-Raums des Transportpersonals kommen. Dies gilt z. B. für die Meningokokkenmeningitis, aber auch für Masern und Windpocken in der späten Inkubationsphase.

### 42.1.3
### Offene Tuberkulose der Atemwege

Die spezielle Problematik der Tuberkuloseübertragung ist in Kap. 16, S. 267 ausführlich behandelt. Es ist deshalb ausreichend, sich an dieser Stelle auf die Aussage zu beschränken, daß eine Tuberkuloseübertragung beim Krankentransport äußerst unwahrscheinlich ist. Um aber der teilweise immer noch großen Verunsicherung Rechnung zu tragen, kann empfohlen werden, dem Patienten mit einer offenen Tuberkulose der Atemwege für den Transport eine (chirurgische) Maske anzulegen. Durch sie wird die Freisetzung respiratorischer Tröpfchen in die Luft des Transportwagens beim Husten verhindert. Denn dabei können Aerosole entstehen, die wiederum inhaliert werden können und von denen dann erst eine Infektionsgefahr ausgehen würde. Es muß aber ausdrücklich betont werden, daß es sich bei dieser Empfehlung nicht um eine wissenschaftlich gesicherte Infektionspräventionsmaßnahme handelt, sondern vielmehr um eine Beruhigung des Transportpersonals, das sich nämlich gelegentlich sogar weigert, Patienten von Tuberkulosestationen ohne Mundschutz zu befördern. Deshalb sollte man auch den Patienten vor dem Transport die Maßnahme erklären.

## 42.1.4
### Mit Blut bzw. Körperfüssigkeiten übertragbare Infektionen

Übertragungen von Infektionen wie z. B. Hepatitis B oder AIDS kommen vorwiegend durch einen parenteralen Kontakt mit Blut oder Körperflüssigkeiten zustande (s. Kap. 3, S. 19). Da man oft nicht weiß, ob ein Patient eine solche Infektion hat, muß man im Umgang mit jedem Patienten so verfahren, als wenn er infiziert wäre (s. Kap. 15, S. 231). Diese sog. „universellen Vorsichtsmaßnahmen" im Umgang mit Blut und Körperflüssigkeiten müssen deshalb auch vom Personal im Transport- und Rettungsdienst eingehalten werden. Daraus folgt auch, daß kein Infektionsrisiko besteht, wenn es beim Transport eines Patienten mit einer Hepatitis B bzw. C oder eines HIV-infizierten Patienten nicht zu einem Kontakt mit Blut oder (blutigen) Körperflüssigkeiten kommt. Bei normalen pflegerischen oder zwischenmenschlichen Kontakten (z. B. Umlagern, Händeschütteln), besteht keine Möglichkeit der Übertragung derartiger Infektionen.

## 42.2
### Reinigungs- und Desinfektionsmaßnahmen
(s. dazu auch Kap. 15, S. 231)

Täglich soll eine Reinigung der Krankentransport- und Rettungswagen mit einem umweltfreundlichen Reiniger ohne Desinfektionsmittelzusatz durchgeführt werden, um die sichtbaren normalen Verschmutzungen, wie z. B. Straßenschmutz von Schuhen, zu entfernen. Wöchentlich ist eine Grundreinigung der Innenräume und -ausstattung sinnvoll.

Routinemäßige Flächendesinfektionsmaßnahmen müssen überhaupt nicht durchgeführt werden, nur bei Kontamination mit potentiell infektiösem Material ist eine sog. gezielte Desinfektion erforderlich, wobei die Verunreinigung sofort mit einem mit Desinfektionsmittel getränkten Lappen weggewischt wird (s. Kap. 23, S. 391). Dafür müssen die Transportwagen mit gebrauchsfertig angesetzter Desinfektionslösung ausgestattet sein, die man am besten in handliche Plastikflaschen mit Spritzöffnung abfüllt (eindeutig kennzeichnen, inkl. Angabe des Haltbarkeitsdatums). Desinfektionsmittel sollen nicht auf Flächen oder in der Luft versprüht werden, weil sie auf diese Weise nicht wirksam werden können und über die dabei unvermeidliche Inhalation zu einem Gesundheitsrisiko für Patienten und v. a. Personal werden. Wenn Flächendesinfektionsmaßnahmen notwendig sind, sollen sie immer nur mit dem Wischverfahren durchgeführt werden.

Es muß an dieser Stelle ausdrücklich betont werden, daß auch nach Transport eines Patienten mit einer offenen Tuberkulose der Atemwege keine speziellen Desinfektionsmaßnahmen erforderlich, sondern normale Reinigungsmaßnahmen ausreichend sind (s. Kap. 16, S. 267). Insbesondere ist eine Formalinverdampfung der Innenräume von Krankentransport- und Rettungswagen nach Transport solcher Patienten durch nichts zu rechtfertigen. Derartige Raumdesinfektionen werden heutzutage noch nicht einmal mehr in Krankenzimmern vorgenommen, in denen die Patienten längere Zeit gelegen haben.

**Reinigungs- und Desinfektionsplan 42.1.** Kranken- und Rettungswagen

| Was | Wann | Womit | Wie |
|---|---|---|---|
| Wände, Fußboden, Tragesessel, Krankentrage, Vakuummatratze, Kammerschienen, Führerkabine/ Führerhaus | tägliche Reinigung **bei sichtbarer Verschmutzung** z. B. Straßenschmutz **routinemäßige Reinigung** 1mal pro Woche **gezielte Desinfektion** bei Verschmutzung mit Blut, Eiter, Stuhl, Sputum etc. | umweltfreundlicher **Reiniger ohne Desinfektionsmittelzusatz** mit frischem Tuch (waschbares Haushaltstuch) wischen, trocknen z.B. mit **aldehydhaltigem Flächendesinfektionsmittel** und frischem Tuch **wischen (nicht nachtrocknen!)** | |
| Laryngoskopspatel | nach Benutzung | erst gründlich reinigen (**Instrumentenreiniger**), anschließend abspülen, trocknen **Desinfektion:** mit **Alkohol 70%** abwischen | |
| Laryngoskophandgriff | nach Benutzung | mit **Alkohol 70%** abwischen | |
| Mundkeil, Guedeltubus, Beatmungsmaske, Sauerstoff/Beatmungsschläuche, Beatmungsbeutel, Absaugflaschen (u. Schlauchsystem), Nierenschale | nach Benutzung | **Reinigungs- u. Desinfektionsautomat** | |
| Kopfkissen, Decke, Unterlage, | nach *Verschmutzung* bzw. *Kontamination* mit Blut, Erbrochenem, Eiter, Urin, Stuhl, usw. **neu beziehen** Decken/Kissen sollten waschbar sein | **60°C Waschtemperatur** und ein umweltfreundliches Waschmittel (z. B. Baukastensystem) sind aus hygienischer Sicht ausreichend | |

**Reinigungs- und Desinfektionsplan 42.1.** (Fortsetzung)

| Was | Wann | Womit | Wie |
|---|---|---|---|
| Stethoskop | nach Verschmutzung | mit **Alkohol 70%** abwischen | |
| Blutdruck-manschette | nach *Verschmutzung* bzw. *Kontamination* z. B. mit Blut, Erbrochenem, Sputum, Eiter usw. | **Plastikmanschette:** mit **Alkohol 70%** abwischen **Stoffmanschette:** Reinigungs- u. Desinfektionsautomat oder einlegen in Instrumentenreiniger, gut abspülen, trocknen, **autoklavieren** oder in **aldehydhaltige Instrumentendesinfektionslösung** einlegen, gründlich mit Wasser spülen, trocknen | |
| Steckbecken, Urinflaschen | nach Benutzung | **Thermodesinfektion** in der **Topfspüle** oder reinigen, Oberfläche mit **aldehydhaltigem Flächendesinfektionsmittel** abwischen, innen befüllen u. nach der **Einwirkzeit** (Herstellerangabe) gut spülen u. trocknen | |

*Anmerkungen:*
- nach Verschmutzung (Kontamination) mit möglicherweise infektiösem Material (z. B. Sekrete oder Exkrete) immer sofort **gezielte Desinfektion der Fläche,**
- beim Umgang mit Desinfektionsmitteln immer mit Haushaltshandschuhe arbeiten (Allergisierungspotential),
- Ansetzen der Desinfektionsmittellösung nur in kaltem Wasser (Vermeidung schleimhautreizender Dämpfe),
- **Materialien gut mit Leitungswasser nachspülen,**
- Anwendungskonzentration beachten (Herstellerangabe),
- Einwirkzeiten der Desinfektionsmittel beachten (Herstellerangabe),
- Standzeiten von Instrumentendesinfektionsmitteln beachten (wenn Desinfektionsmittel mit Reiniger angesetzt wird, die Lösung **täglich** wechseln), Verfallsdatum auf Behälter schreiben,
- zur Flächendesinfektion nicht sprühen, sondern wischen,
- nach Wischdesinfektion, Benutzung der Fläche, sobald wieder trocken,
- Benutzte, d.h. mit Blut usw. belastete Flächendesinfektionsmittellösung mindestens täglich wechseln,
- **Wischtücher und Trockentücher täglich wechseln,**
- in das Durchspülwasser der Absauggefäße PVP-Jodlösung (1:100) geben,
- Reinigungs- und Desinfektionsautomat: 75°C, 10 min (ohne Desinfektionsmittel).

*Lösungen nach Ansatz haltbar:*
**Instumentendesinfektionsmittel:** nach Herstellerangaben,
**Flächendesinfektionsmittel:** täglich wechseln (Herstellerangaben).
Haltbarkeit einer unbenutzten, dosierten Flächendesinfektionsmittellösung (z. B. 0,5%) in einem geschlossenen (Vorrats-)Behälter (z. B. Spritzflasche) **nach Herstellerangaben,**
**Reinigungslösung:** täglich wechseln (Herrstellerangabe).

Auch nach Transport von Patienten mit anderen meldepflichtigen übertragbaren Krankheiten nach § 3 BSeuchG sind nicht grundsätzlich Desinfektionsmaßnahmen notwendig, sondern nur dann, wenn es zu einer Kontamination mit infektiösem Material gekommen sein sollte (s. Kap. 15, S. 231). Für diesen Fall werden dann aber die üblichen Desinfektionsmittel und Konzentrationen der DGHM-Liste verwendet und nicht etwa die speziellen Mittel und Verfahren der sog. BGA-Liste, weil diese Mittel und Verfahren nach § 10c BSeuchG nur eingesetzt werden müssen, wenn sie vom zuständigen Gesundheitsamt angeordnet worden sind. Im Reinigungs- und Desinfektionsplan 42.1 für Krankentransport- und Rettungswagen sind die wichtigsten Maßnahmen im Umgang mit Flächen, Gegenständen und Geräten zusammengestellt. Um diese Empfehlungen umsetzen zu können, müssen die Leitstellen mit entsprechenden Geräten ausgerüstet sein. Unverzichtbar sind vollautomatische Maschinen für die Reinigung und thermische Desinfektion kontaminierter Gegenstände. In Kap. 41, S. 639, finden sich Angaben zum Umgang mit sowie zur Verpackung und Lagerung von Sterilgut.

# Literaturverzeichnis

1. Abiteboul D, Antona D, Azoulay S, Louet M, Marande J, Pelletier J, Fourrier A, Gouaille B (1993) Surveillance of occupational exposure to blood in assistance public hospitals of Paris (AP-HP) 1990 and 1991. In: Hagberg M, Hofmann F, Stößel U, Westlander G (eds) Occupational health for health care workers. ecomed, Landsberg, pp 211–214
2. Agarwal DS (1967) Subcutaneous staphylococcal infection in mice. I. The role of cottondust in enhancing infection. British Journal of Experimental Pathology 48: 436–449
3. Agarwal DS (1967) Subcutaneous staphylococcal infection in mice. II. The inflammatory response to different strains of staphylococci and micrococci. British Journal of Experimental Pathology 48: 468–482
4. Allen KD, Green HT (1987) Hospital outbreak of multi-resistant Acinetobacter anitratus: an airborne mode of spread? Journal of Hospital Infection 9: 110–119
5. American Society of Hospital Pharmacists (1993) ASHP technical assistance bulletin on quality assurance of pharmacy-prepared sterile products in hospitals. American Journal of Hospital Pharmacy 48: 2398–2413
6. American Thoracic Society (1967) Infectiousness of tuberculosis. A statement by the Ad Hoc Committee on treatment of tuberculosis patients in general hospitals. American Review of Respiratory Diseases 96: 836–837
7. American Thoracic Society and Centers for Disease Control and Prevention (1990) Diagnostic standards and classification of tuberculosis. American Review of Respiratory Diseases 142: 725–735
8. Anglim AM, Farr BM (1996) Nosocomial gastrointestinal tract infection. In: Mayhall CG (ed) Hospital epidemiology and infection control. Williams & Wilkins, Baltimore, pp 196–225
9. Anonym (1993) Verordnung über die Vermeidung von Verpackungsabfällen (Verpakkungsverordnung – VerpackVO) vom 12. Juni 1991, Bundesgesetzblatt I, S. 1234, geändert durch VO vom 26. Oktober 1993 Bundesgesetzblatt I: 1782
10. Anonym (1994) Gesetz zur Förderung der Kreislaufwirtschaft und Sicherung der umweltverträglichen Beseitigung von Abfällen (Kreislaufwirtschafts- und Abfallgesetz – KrW-/AbfG). Bundesgesetzblatt I: 2705
11. Ansari SA, Sattar SA, Springthorpe VS, Wells GA, Tostowaryk W (1988) Rotavirus survival on human hands and transfer of infectious virus to animate and nonporous inanimate surfaces. Journal of Clinical Microbiology 26: 1513–1518
12. Arbeitskreis Endoskopie (1995) Prüfung und Bewertung der Reinigungs- und Desinfektionswirkung von Endoskop-Dekontaminationsautomaten sowie –Desinfektionsautomaten. Hygiene & Medizin 20: 40–47
13. Arduino MJ, Bland LA, McAllister SK, Aguero SM, Villarino ME, McNeil MM, Jarvis WR, Favero MS (1991) Microbial growth and endotoxin production in the intravenous anesthetic propofol. Infection Control and Hospital Epidemiology 12: 535–539
14. Atherton ST, White DJ (1978) Stomach as source of bacteria colonizing respiratory tract during artificial ventilation. Lancet 2: 968–969
15. Ayliffe GAJ (1991) Role of the environment of the operating suite in surgical wound infection. Reviews of Infectious Diseases, 13, Suppl. 10: S800-S804

16. Ayliffe GAJ (1996) Nosocomial infections associated with endoscopy. In: Mayhall CG (ed) Hospital epidemiology and infection control. Williams & Wilkins, pp 680–693
17. Ayliffe GAJ, Collins BJ (1992) Problems of disinfection in hospitals. In: Russell AD, Hugo WB, Ayliffe GAJ (eds) Principles and practice of disinfection, preservation and sterilization, 2nd edn. Blackwell Scientific Publications, Oxford, pp 292–309
18. Ayliffe GAJ, Babb JR, Davies JG, Lilly HA (1988) Hand disinfection: a comparison of various agents in laboratory and ward studies. Journal of Hospital Infection 11: 226–243
19. Ayliffe GAJ, Collins BJ, Taylor LJ (1993) Hospital acquired infection – principles and prevention, 2nd edn. Butterworth-Heinemann, Oxford
20. Ayliffe GAJ, Lowbury EJL, Geddes AM, Williams JD (eds) (1992) Control of hospital infection – a practical handbook, 3rd edn. Chapman & Hall Medical, London
21. Bader L, Ruckdeschel G (1995) Hygienekontrollen flexibler Endoskope als Qualitätssicherungsmaßnahme in der Gastroenterologie in Klinik und Praxis. Abstrakt Nr. K06, 47. Kongreß der Deutschen Gesellschaft für Hygiene und Mikrobiologie, Würzburg
22. Band JD (1996) Nosocomial infections associated with peritoneal dialysis. In: Mayhall CG (ed) Hospital epidemiology and infection control. Williams & Wilkins, Baltimore, pp 714–725
23. Barrie D (1994) How hospital linen and laundry services are provided. Journal of Hospital Infection 27: 219–235
24. Bartlett JG (1992) The 10 most common questions about Clostridium difficile-associated diarrhea/infection. Infectious Diseases in Clinical Practice 1: 254–259
25. Bartlett JG (1992) Antibiotic-associated diarrhea. Clinical Infectious Diseases 15: 573–581
26. Bauer M, Mari M, Daschner F (1995) AOK-Handbuch – Umweltschutz im Krankenhaus. AOK Baden-Württemberg, Verlagsgesellschaft WE Weimann, Filderstadt
27. Baugut G (1990) Umweltaktivitäten der Krankenhäuser im Betriebsvergleich. Krankenhaus 12: 549–552
28. Beck-Sague CM, Jarvis WR (1989) Epidemic bloodstream infections associated with pressure transducers: a persistent problem. Infection Control and Hospital Epidemiology 10: 54–59
29. Bennett JV, Brachman PS (eds) (1992) Hospital infections, 3rd edn. Little, Brown and Company, Boston
30. Bentolila P, Jacob R, Roberge F (1990) Effects of reuse on the physical characteristics of angiographic catheters. Journal of Medical Engineering & Technology 14: 254–259
31. Berardi BM, Leoni E (1993) Indoor air climate and microbiological airborne contamination in various hospital areas. Zentralblatt für Hygiene 194: 405–418
32. Berk SL, Verghese A, Holtsclaw SA, Smith JK (1983) Enterococcal pneumonia – occurrence in patients receiving broad-spectrum antibiotic regimens and enteral feeding. American Journal of Medicine 74: 153–154
33. Berkelman RL, Martin D, Graham DR, Mowry J, Freisem R, Weber JA, Ho JL, Allen JR (1982) Streptococcal wound infections caused by a vaginal carrier. Journal of the American Medical Association 247: 2680–2682
34. Berthold H, Peter HH, Walter E, Heisch C, Neumann-Haefelin D (1992) Häufigkeit und klinischer Verlauf der Hepatitis-DELTA-Virus-Infektion. In: Hofmann F, Stößel U (Hrsg) Arbeitsmedizin im Gesundheitsdienst, Band 6. Gentner-Verlag, Stuttgart, S 119–123
35. Berthold H, Hofmann F, Michaelis M, Neumann-Haefelin D, Steinert G, Wölfle J (1994) Hepatitis C – Risiko für Beschäftigte im Gesundheitsdienst? In: Hofmann F, Reschauer K, Stößel U (Hrsg) Arbeitsmedizin im Gesundheitsdienst, Band 7. edition FFAS, S 62–66
36. Berufsgenossenschaft für Gesundheitsdienst und Wohlfahrtspflege (1982) UVV Gesundheitsdienst, VBG 103, GUV 8.1. Gentner-Verlag, Stuttgart
37. Bihari DJ (1990) Septicaemia – the clinical diagnosis. Journal of Antimicrobial Chemotherapy 25, Suppl. C: 1–7
38. Bischof WE, Sander U, Sander J (1994) Raumlufttechnische Anlagen im Operationsalltag – eine praxisnahe Untersuchung. Zentralblatt für Hygiene 195: 306–318
39. Borneff M, Ruppert J, Okpara J, Bach A, Mannschott P, Amreihn P, Sonntag H-G (1995) Wirksamkeitsprüfung der Nieder-Temperatur-Plasmasterilisation (NTP) anhand praxisnaher Prüfkörpermodelle. Zentral-Sterilisation 3: 361–371

40. Botzenhart K, Marquart K (1991) Lufthygiene. Belebte Inhaltsstoffe. In: Gundermann KO, Rüden H, Sonntag HE (Hrsg) Lehrbuch der Hygiene. Gustav Fischer, Stuttgart New York, S 89–96
41. Boyce JM (1991) Should we vigorously try to contain and control methicillin-resistant Staphylococcus aureus. Infection Control and Hospital Epidemiology 12: 46–54
42. Boyce JM (1993) Methicillin-resistant Staphylococcus aureus in hospitals and long-term care facilities: microbiology, epidemiology, and preventive measures. Infection Control and Hospital Epidemiology 13: 725–737
43. Boyce JM (1995) Vancomycin-resistant enterococci: pervasive and persistant pathogens. Infection Control and Hospital Epidemiology 16: 676–679
44. Brachman PS (1992) Epidemiology of nosocomial infections. In: Bennett JV, Brachman PS (eds) Hospital infections, 3rd edn. Little, Brown & Company, Boston, pp 3–20
45. Bradley SF, Ramsey MA, Morton TM, Kauffman CA (1995) Mupirocin resistance: clinical and molecular epidemiology. Infection Control and Hospital Epidemiology 16: 354–358
46. Brandis H, Eggers HJ, Köhler W, Pulverer G (Hrsg) (1994) Lehrbuch der Medizinischen Mikrobiologie, 7. Aufl. Gustav Fischer, Stuttgart
47. Breuer J, Jeffries DJ (1990) Control of viral infections in hospitals. Journal of Hospital Infection 16: 191–221
48. Brinker L (1994) Umweltschutz beim Waschen. In: Daschner F (Hrsg) Umweltschutz in Klinik und Praxis. Springer, Berlin Heidelberg New York, S 109–113
49. Brinker L (1994) Ökologische Bewertung der Inhaltsstoffe von Wasch- und Reinigungsmitteln. In: Daschner F (Hrsg) Umweltschutz in Klinik und Praxis. Springer, Berlin Heidelberg New York, S 115–123
50. Buchwalsky R (1994) Einschwemmkatheter. PERIMED-spitta, Balingen
51. Bundesgesundheitsamt (1980) Richtlinie des Bundesgesundheitsamtes zur Prüfung von thermischen Desinfektionsverfahren in Reinigungsautomaten. Bundesgesundheitsblatt 23: 364–367
52. Bundesgesundheitsamt (1990) BGA-Empfehlung zu Fußsprühanlagen in Schwimmbädern und Saunen. Bundesgesundheitsblatt 33: 426–427
53. Bundesgesundheitsamt (1994) Liste der vom Bundesgesundheitsamt geprüften und anerkannten Desinfektionsmittel- und verfahren. Bundesgesundheitsblatt 37: 128–139
54. Bundesgesundheitsamt (1996) Anforderungen der Hygiene an Schleusen im Krankenhaus. Anlage zu Ziffer 4.2.3 der „Richtlinie für Krankenhaushygiene und Infektionsprävention", Loseblattsammlung, Gustav Fischer, Stuttgart, Stand 1996
55. Bundesgesundheitsamt (1996) Anforderungen der Hygiene an die funktionell-bauliche Gestaltung von Operationsabteilungen, von Einheiten für kleine operative Eingriffe sowie von Untersuchungs- und Behandlungsräumen für operative Fachgebiete. Anlage zu Ziffer 4.3.3 der „Richtlinie für Krankenhaushygiene und Infektionsprävention", Loseblattsammlung, Gustav Fischer, Stuttgart, Stand 1996
56. Bundesgesundheitsamt (1996) Anforderungen der Hygiene an die Krankenhauswäsche, die Krankenhauswäscherei und den Waschvorgang und Bedingungen für die Vergabe von Krankenhauswäsche an gewerbliche Wäschereien. Anlage zu Ziffer 4.4.3 und 6.4 „Richtlinie für Krankenhaushygiene und Infektionsprävention". Loseblattsammlung, Gustav-Fischer, Stuttgart, Stand 1996
57. Bundesgesundheitsamt (1996) Anforderungen der Hygiene an die Infektionsprävention bei übertragbaren Krankheiten. Anlage zu Ziffer 5.1 der „Richtlinie für Krankenhaushygiene und Infektionsprävention". Loseblattsammlung, Gustav Fischer, Stuttgart, Stand 1996
58. Bundesgesundheitsamt (1996) Hygienische Untersuchungen in Krankenhäusern und anderen medizinischen Einrichtungen. Anlage zu Ziffer 5.6 der „Richtlinie für Krankenhaushygiene und Infektionsprävention", Loseblattsammlung, Gustav Fischer, Stuttgart, Stand 1996
59. Bundesgesundheitsamt (1996) Anforderungen der Hygiene an die Aufbereitung von Medizinprodukten. Anlage zu Ziffer 7 der „Richtlinie für Krankenhaushygiene und Infektionsprävention". Loseblattsammlung, Gustav Fischer, Stuttgart, Stand 1996

60. Bundesgesundheitsamt (1996) Durchführung der Desinfektion. Anlage zu Ziffer 7.2 „Richtlinie für Krankenhaushygiene und Infektionsprävention". Loseblattsammlung, Gustav Fischer, Stuttgart, Stand 1996
61. Bundesverband der Unfallversicherungsträger der öffentlichen Hand (1984) Merkblatt 'Aktivimpfung gegen Hepatitis B'. GUV 28.8, München
62. Burchard H-U, Ohgke H, Beckert J (1985) Der Einfluß von Trennflächen auf die Luftkeimübertragung an Verkehrsverbindungen zwischen Bereichen unterschiedlichen hygienischen Standards. Zentralblatt für Bakteriologie und Hygiene, Abt. Original B, 181: 513-524
63. Burke JP (1992) Infections of cardiac and vascular prosthesis. In: Bennett JV, Brachman PS (eds) Hospital infections, 3rd edn. Little, Brown & Company, Boston, pp 731-748
64. Burke JP, Garibaldi RA, Britt MR, Jacobson JA, Conti M, Alling DW (1981) Prevention of catheter-associated urinary tract infections – efficacy of daily meatal care regimens. American Journal of Medicine 70: 655-658
65. Burke JP, Garibaldi RA, Britt MR, Jacobson JA, Conti MT, Alling DW (1983) Evaluation of daily meatal care with polyantibiotic ointment in prevention of urinary catheter-associated bacteriuria. Journal of Urology 129: 331-334
66. Burnett IA, Weeks GR, Harris DM (1994) A hospital study of ice-making machines: their bacteriology, design, usage and upkeep. Journal of Hospital Infection 28: 305-313
67. Bygdeman S, Hambraeus A, Henningsson A, Nyström B, Skoglund C, Tunell R (1984) Influence of ethanol with and without chlorhexidine on the bacterial colonization of the umbilicus of newborn infants. Infection Control 5: 275-278
68. Byrne DJ, Lynch W, Napier A, Davey P, Malek M, Cuschieri A (1994) Wound infection rates: the importance of definition and post-discharge wound surveillance. Journal of Hospital Infection 26: 37-43
69. Cadwallader HL, Bradley CR, Ayliffe GAJ (1990) Bacterial contamination and frequency of changing ventilator circuits. Journal of Hospital Infection 15: 65-72
70. Casewell MW, Hill RLR (1986) The carrier state: methicillin-resistant Staphylococcus aureus. Journal of Antimicrobial Chemotherapy 18, Suppl A: 1-12
71. Catanzaro A (1982) Nosocomial tuberculosis. American Review of Respiratory Diseases 125: 559-562
72. Centers for Disease Control (1988) Update: universal precautions for prevention of transmission of human immunodeficiency virus, hepatitis B virus and other bloodborne pathogens in health care settings. Morbidity and Mortality Weekly Report 37: 377-382, 387-388
73. Centers for Disease Control (1991) Recommendations for preventing transmission of human immunodeficiency virus and hepatitis B virus to patients during exposure prone invasive procedures. Morbidity and Mortality Weekly Report 40: 1-9
74. Centers for Disease Control and Prevention (1993) 1993 sexually transmitted diseases treatment guidelines. Morbidity and Mortality Weekly Report 42: 1-102
75. Centers for Disease Control and Prevention (1994) Guidelines for preventing the transmission of Mycobacterium tuberculosis in health-care facilities. Morbidity and Mortality Weekly Report 43: 1-132
76. Centers for Disease Control and Prevention (1995) Draft guideline for prevention of intravascular device-related infections. Federal Register 60: 49978-50006*
77. Chastre J, Fagon JY, Lamer C (1992) Procedures for the diagnosis of pneumonia in ICU patients. Intensive Care Medicine 18: S10-S17
78. Chouval D (1993) Aktive Hepatitis A-Schutzimpfung. In: Spiess H, Maass G (Hrsg) Immunprophylaxe der Hepatitis A. Deutsches Grünes Kreuz, Marburg
79. Chrintz H, Vibits H, Cordtz TO, Harreby JS, Waadegaard P, Larsen SO (1989) Need for surgical wound dressing. British Journal of Surgery 76: 204-205
80. Chriske HW (1993) Berufliche Hepatitis A-Risiken im Öffentlichen Dienst. In: Hofmann F (Hrsg) Hepatitis A in der Arbeitswelt. ecomed, Landsberg

---

\* Inzwischen endgültig publiziert: Pearson ML, Hospital Infection Control Practices Advisory Committee (1996) Guideline for prevention of intravascular device-related infections. Infection Control and Hospital Epidemiology 17: 438-473

81. Chriske HW, Bock HL, Clemens R (1993) Immunogenicity of repeated injections of recombinant hepatitis B vaccine in low- and non-responders. In: Hagberg M, Hofmann F, Stößel U, Westlander G (eds) Occupational health for health care workers. ecomed, Landsberg
82. Classen DC, Larsen RA, Burke JP, Alling DW, Stevens LE (1991) Daily meatal care for prevention of catheter-associated bacteriuria: results using frequent applications of polyantibiotic cream. Infection Control and Hospital Epidemiology 12: 157–162
83. Clemens R, Hofmann F, Berthold H, Steinert G (1992) Prävalenz von Hepatitis A, B und C bei Bewohnern einer Einrichtung für geistig Behinderte. Sozialpädiatrie 14: 357–364
84. Coates D, Hutchinson DN (1994) How to produce a hospital disinfection policy. Journal of Hospital Infection 26: 57–68
85. Comis J (1991) Reuse of single-use cardiac catheters. Canadian Coordinating Office for Health Technology Assessment
86. Committee on Infectious Diseases – American Academy of Pediatrics (1994) 1994 Red Book – Report of the Committee on Infectious Diseases, 23rd edn. American Academy of Pediatrics, Elk Grove Village, Illinois
87. Cook DJ, Laine LA, Guyatt H, Raffin TA (1991) Nosocomial pneumonia and the role of gastric pH – a meta-analysis. Chest 100: 7–13
88. Cooke RPD, Feneley RCL, Ayliffe G, Lawrence WT, Emmerson AM, Greengrass SM (1993) Decontamination of urological equipment: interim report of a working group of the Standing Committee on Urological Instruments of the British Association of Urological Surgeons. British Journal of Urology 71: 5–9
89. Cooper GL, Hopkins CC (1985) Rapid diagnosis of intravascular catheter-related infection by direct Gram staining of the catheter segments. New England Journal of Medicine 312: 1142–1147
90. Courouce AM, Laplanche A, Benhamou E, Jungers P (1988) Long-term efficacy of hepatitis B vaccination in healthy adults. In: Zuckerman AJ (ed) Viral hepatitis and liver disease. Alan R Liss Inc, New York, pp 1002–1005
91. Craven DE, Connolly MG, Lichtenberg DA, Primeau PJ, McCabe WR (1982) Contamination of mechanical ventilators with tubing changes every 24 or 48 hours. New England Journal of Medicine 306: 1505–1509
92. Craven DE, Goularte TA, Make BA (1984) Contaminated condensate in mechanical ventilator circuits – risk factor for nosocomial pneumonia? American Review of Respiratory Diseases 129: 625–628
93. Craven DE, Lichtenberg DA, Goularte TA, Make BA, McCabe WR (1984) Contaminated medication nebulizers in mechanical ventilator circuits. American Journal of Medicine 77: 834–838
94. Craven DE, Steger KA, Duncan RA (1993) Prevention and control of nosocomial pneumonia. In: Wenzel RP (ed) Prevention and control of nosocomial infections, 2nd edn. Williams & Wilkins, Baltimore, pp 580–599
95. Crow S, Smith JH (1995) Gas plasma sterilisation – application of space-age technology. Infection Control and Hospital Epidemiology 16: 483–487
96. Crow S, Conrad SA, Chaney-Rowell C, King JW (1989) Microbial contamination of arterial infusions used for hemodynamic monitoring: a randomized trial of contamination with sampling through conventional stopcocks versus a novel closed system. Infection Control and Hospital Epidemiology 10: 557–561
97. Cruse PJE, Foord R (1980) The epidemiology of wound infection: a 10-year prospective study of 62.939 wounds. Surgical Clinics of North America 60: 27–40
98. Culver DH, Horan TC, Gaynes RP, Martone WJ, Jarvis WR, Emori TG, Banerjee SN, Edwards JR, Tolson JS, Henderson TS, Hughes JM and the National Nosocomial Infections Surveillance System (1991) Surgical wound infection rates by wound class, operative procedure, and patient risk index. American Journal of Medicine 91, Suppl 3B: 152S–157S
99. Dann TC (1969) Routine skin preparation before injection – an unnecessary procedure. Lancet I: 96–98
100. Daschner F (1981) Krankenhausinfektionen in einem Universitätsklinikum. Deutsche Medizinische Wochenschrift 106: 101–105

101. Daschner F (Hrsg) (1994) Umweltschutz in Klinik und Praxis. Springer, Berlin Heidelberg New York
102. Daschner F (1996) Antibiotika am Krankenbett, 8. Aufl. Springer, Berlin Heidelberg New York
103. Daschner F, Rabbenstein G, Langmaack H (1980) Flächendekontamination zur Verhütung und Bekämpfung von Krankenhausinfektionen. Deutsche Medizinische Wochenschrift 105: 325–328
104. Daschner F, Kappstein I, Engels I, Reuschenbach K, Pfisterer J, Krieg N, Vogel W (1988) Stress ulcer prophylaxis and ventilation pneumonia: prevention by antibacterial cytoprotective agents? Infection Control and Hospital Epidemiology 9: 59–65
105. Daschner F, Kappstein I, Schuster F, Scholz R, Bauer E, Jooßens D, Just H (1988) Influence of diposable ('Conchapak') and reusable humidifying systems on the incidence of ventilation pneumonia. Journal of Hospital Infection 11: 161–168
106. de Jong J, Barrs ACM (1992) Lumbar myelography followed by meningitis. Infection Control and Hospital Epidemiology 13: 74–75
107. de Silva MI, Hood E, Tisdel E, Mize GN (1986) Multidosage medication vials: a study of sterility, use patterns, and cost-effectiveness. Infection Control 14: 135–138
108. Dellinger EP, Gross PA, Barrett TL, Krause PJ, Martone WJ, McGowan JE, Sweet RL, Wenzel RP (1994) Quality standard for antimicrobial prophylaxis in surgical procedures. Infection Control and Hospital Epidemiology 15: 182–188
109. Deutsche Forschungsgemeinschaft (1995) MAK- und BAT-Werte-Liste 1995. VCH Verlagsgesellschaft, Weinheim
110. Deutsche Gesellschaft für Anästhesiologie und Intensivmedizin (1984) Hygienische Maßnahmen als Bestandteil der Anwendungssicherheit medizinisch-technischer Geräte. Anästhesiologie und Intensivmedizin 25: 79–82
111. Deutsche Gesellschaft für Hygiene und Mikrobiologie (DGHM) (1995) Desinfektionsmittelliste der DGHM, Stand 1.7.1995. mhp, Wiesbaden
112. Deutsche Krankenhausgesellschaft (1993) Umweltschutz im Krankenhaus. Deutsche Krankenhaus-Verlagsgesellschaft mbH, Düsseldorf
113. Deutsches Institut für Normung (1989) DIN 1946 Teil 4: Raumlufttechnische Anlagen in Krankenhäusern. Beuth, Berlin Köln
114. Deutsches Zentralkomitee zur Bekämpfung der Tuberkulose (1989) Empfehlungen zur Infektionsverhütung bei Tuberkulose. Pneumologie 43: 423–432
115. Deutsches Zentralkomitee zur Bekämpfung der Tuberkulose (1995) Richtlinien zur Chemotherapie der Tuberkulose. Pneumologie 49: 217–225
116. Dietz K, Eichner M (1992) Infektionskrankheiten und deren Beeinflussung durch Schutzimpfungen. In: Spiess H, Maass G (Hrsg) Schutzimpfungen. Deutsches Grünes Kreuz, Marburg, S 215–244
117. Dietz K, Schenzle D (1985) Epidemiologische Auswirkungen von Schutzimpfungen gegen Masern, Mumps und Röteln. In: Spiess H (Hrsg) Schutzimpfungen. Medizinische Verlagsgesellschaft, Marburg, S 219–251
118. Dixon RE (1992) Investigation of endemic and epidemic nosocomial infections. In: Bennett JV, Brachman PS (eds) Hospital infections, 3rd edn. Little, Brown & Company, Boston, pp 109–133
119. Doebbeling BN (1993) Epidemics: identification and management. In: Wenzel RP (ed) Prevention and control of nosocomial infections, 2nd edn. Williams & Wilkins, Baltimore, pp 177–206
120. Doebbeling BN, Pfaller MA, Houston AK, Wenzel RP (1988) Removal of nosocomial pathogens from the contaminated glove – implications for glove reuse and handwashing. Annals of Internal Medicine 109: 394–398
121. Donowitz LG (1993) Infection in the newborn. In: Wenzel RP (ed) Prevention and control of nosocomial infections, 2nd edn. Williams & Wilkins, Baltimore, pp 796–811
122. Drews MB, Ludwig AC, Leititis JU, Daschner FD (1995) Low birth weight and nosocomial infection of neonates in a neonatal intensive care unit. Journal of Hospital Infection 30: 65–72

123. Dreyfuss D, Djedaini K, Gros B, Mier L, Le Bourdellés G ,Cohen Y, Estagnasié P, Coste F, Boussougant Y (1995) Mechanical ventilation with heated humidifiers or heat and moisture exchangers: effects on patient colonization and incidence of nosocomial pneumonia. American Journal of Respiratory and Critical Care Medicine 151: 986–992
124. Driks MR, Craven DE, Celli BR, Manning M, Burke RA, Garvin GM, Kunches LM, Farber HW, Wedel SA, McCabe WR (1987) Nosocomial pneumonia in intubated patients given sucralfate as compared with antacids or histamine type 2 blockers. New England Journal of Medicine 317: 1376–1382
125. Duguid JP (1946) The size and the duration of air-carriage of respiratory droplets and droplet-nuclei. Journal of Hygiene (Cambridge) 44: 471–479
126. DuMoulin GC, Saubermann AJ (1977) The anesthesia machine and circle system are not likely to be sources of bacterial contamination. Anesthesiology 47: 353–358
127. DuMoulin GC, Paterson DG, Hedley-Whyte J, Lisbon A (1982) Aspiration of gastric bacteria in antacid-treated patients: a frequent cause of postoperative colonization of the airway. Lancet 2: 242–245
128. DuPont HL, Ribner BS (1992) Infectious gastroenteritis. In: Bennett JV, Brachman PS (eds) Hospital infections, 3rd edn. Little, Brown & Company, Boston, pp 641–658
129. Easmon CSF (1990) Pathogenesis of septicaemia. Journal of Antimicrobial Chemotherapy 25, Suppl. C: 9–16
130. Edmond MB, Ober JF, Weinbaum DL, Pfaller MA, Hwang T, Sanford MD, Wenzel RP (1995) Vancomycin-resistant Enterococcus faecium bacteremia: risk factors for infection. Clinical Infectious Diseases 20: 1126–1133
131. Edmond MB, Wenzel RP, Pasculle AW (1996) Vancomycin-resistant Staphylococcus aureus: perspectives on measures needed for control. Annals of Internal Medicine 124: 329–334
132. Eggensperger H (1995) Zur Wirkung chemischer Desinfektionsmittel gegen typische und atypische Mykobakterien – Teil 2. Krankenhaushygiene und Infektionsverhütung 17: 72–81
133. Ehresmann KR, Hedberg CW, Grimm MB, Norton CA, MacDonald KL, Osterholm MT (1995) An outbreak of measles at an international sporting event with airborne transmission in a domed stadium. Journal of Infectious Diseases 171: 679–683
134. Ehret W (1995) Diagnostik der Legionelleninfektion. Internist 36: 106–113
135. Eickhoff TC (1994) Airborne nosocomial infection: a contemporary perspective. Infection Control and Hospital Epidemiology 15: 663–672
136. Elek SD, Conen PE (1957) The virulence of Staphylococcus pyogenes for man – a study of the problems of wound infection. British Journal of Experimental Pathology 38: 573–586
137. Elston RA, Chattopadhyay B (1991) Postoperative endophthalmitis. Journal of Hospital Infection 17: 243–253
138. Emmerson M (1992) Environmental factors influencing infection. In: Taylor EW (ed) Infection in surgical practice. Oxford University Press, Oxford
139. Emori TG, Culver DH, Horan TC, Jarvis WR, White JW, Olson DR, Barnerjee S, Edwards JR, Martone WJ, Gaynes RP, Hughes JM (1991) National Nosocomial Infections Surveillance (NNIS) System: description of surveillance methodology. American Journal of Infection Control 19: 19–35
140. Emori TG, Gaynes RP (1993) An overview of nosocomial infections, including the role of the microbiology laboratory. Clinical Microbiology Reviews 6: 428–442
141. Esteban JI, Gomez J, Martell M, Cabot B, Quer J, Camps J, Gonzalez A, Otero T, Moya A, Esteban R, Guardia J (1996) Transmission of hepatitis C virus by a cardiac surgeon. New England Journal of Medicine 334: 555–560
142. Eyer S, Brummitt C, Crossley K, Siegel R, Cerra F (1990) Catheter-related sepsis: prospective, randomized study of three methods of long-term catheter-maintenance. Critical Care Medicine 18: 1073–1079
143. Falkiner FR (1993) The insertion and management of indwelling urethral catheters – minimizing the risk of infection. Journal of Hospital Infection 25: 79–90

144. Faro S (1993) Review of vaginitis. Infectious Diseases in Obstetrics and Gynecology 1: 153–161
145. Favero MS, Alter MJ, Bland LA (1996) Nosocomial infections associated with hemodialysis. In: Mayhall CG (ed) Hospital epidemiology and infection control. Williams & Wilkins, Baltimore, pp 693–714
146. Feeley TW, Hamilton WK, Xavier B, Moyers J, Eger EJ II (1981) Sterile anesthesia breathing circuits do not prevent postoperative pulmonary infection. Anesthesiology 54: 369–372
147. Fiedler K (1995) Hygiene/Präventivmedizin/Umweltmedizin systematisch. UNI-MED, Lorch/Württemberg
148. First European Consensus Conference in Intensive Care and Emergency Medicine, Paris (France) 1991 (1992) Selective digestive decontamination in intensive care unit patients. Intensive Care Medicine 18: 182–188
149. Flaherty JP, Weinstein RA (1996) Nosocomial infection caused by antibiotic-resistant organisms in the intensive-care unit. Infection Control and Hospital Epidemiology 17: 236–248
150. Flehmig B (1993) Acute and long term immune response after vaccination for Hepatitis A. In: Hagberg M, Hofmann F, Stößel U, Westlander G (eds) Occupational Health for Health Care Workers. ecomed, Landsberg
151. Förtsch M, Prüter J-W, Draeger J, Helm F, Sammann A, Seibt H, Ahlborn H (1993) $H_2O_2$-Niedertemperatur-Plasmasterilisation (NTP) – Neue Möglichkeiten für den Einsatz augenchirurgischer Instrumente. Ophthalmologe 90: 754–764
152. Fok T-F, Wong W, Cheng AFB (1995) Use of eyepatches in phototherapy: effects on conjunctival bacterial pathogens and conjunctivitis. Pediatric Infectious Disease Journal 14: 1091–1094
153. Foweraker JE (1995) The laryngoscope as a potential source of cross-infection. Journal of Hospital Infection 29: 315–316
154. Frank U, Herz L, Daschner FD (1988) Infection risk of cardiac catheterization and arterial angiography with single and multiple use disposable catheters. Clinical Cardiology 11: 785–787
155. French GL, Phillips I (1996) Antimicrobial resistance in hospital flora and nosocomial infections. In: Mayhall CG (ed) Hospital epidemiology and infection control. Williams & Wilkins, Baltimore, pp 980–999
156. Garibaldi RA (1993) Hospital-acquired urinary tract infections. In: Wenzel RP (ed) Prevention and control of nosocomial infections, 2nd edn. Williams & Wilkins, Baltimore, pp 600–613
157. Garibaldi RA, Britt MR, Webster C, Pace NL (1981) Failure of bacterial filters to reduce the incidence of pneumonia after inhalation anesthesia. Anesthesiology 54: 364–368
158. Garibaldi RA, Maglio S, Lerer T, Becker D, Lyons R (1986) Comparison of nonwoven and woven gown and drape fabric to prevent intraoperative wound contamination and postoperative infection. American Journal of Surgery 152: 505–509
159. Garner JS (1986) Guideline for prevention of surgical wound infection. Infection Control 16: 193–200
160. Garner JS (1992) Universal precautions and isolation systems. In: Bennett JV, Brachman PS (eds) Hospital infections, 3rd edn. Little, Brown and Company, Boston, pp 231–244
161. Garner JS, Hierholzer WJ (1993) Controversies in isolation policies and practices. In: Wenzel RP (ed) Prevention and control of nosocomial infections, 2nd edn. Williams & Wilkins, Baltimore, pp 70–81
162. Garner JS, Simmons BP (1983) CDC guideline for isolation precautions in hospitals. Infection Control 4: 245–325
163. Garner JS, The Hospital Infection Control Practices Advisory Committee (1996) Guideline for isolation precautions in hospitals. Infection Control and Hospital Epidemiology 17: 53–80
164. Garner JS, Jarvis WR, Emori TG, Horan TC, Hughes JM (1988) CDC definitions for nosocomial infections, 1988. American Journal of Infection Control 16: 128–140

165. Gastinne H, Wolff M, Delatour F, Faurisson F, Chevret S (1992) Controlled trial in intensive care units of selective decontamination of the digestive tract with nonabsorbable antibiotics. New England Journal of Medicine 326: 594–599
166. Gaube J, Feucht H, Laufs R, Polywka D, Fingscheidt E, Müller HE (1993) Hepatitis A, B und C als desmoterische Infektionen. Gesundheitswesen 55: 246–249
167. Geertsma RE, van Asten JAAM (1995) Sterilisation von Prionen – Anforderungen, Problematik, Konsequenzen. Zentral-Sterilisation 3: 385–393
168. Geiss HK, Heid H, Hirth R, Sonntag H-G (1994) Plasmasterilisation – ein alternatives Niedertemperatur-Sterilisationsverfahren. Zentral-Sterilisation 2: 263–269
169. Giamarellou H, Soulis M, Antoniadou A, Gogas J (1994) Periareolar nonpuerperal breast infection: treatment of 38 cases. Clinical Infectious Diseases 18: 73–76
170. Gibbs RS, Hall RT, Yow MD, McCracken GH, Nelson JD (1992) Consensus: perinatal prophylaxis for group B streptococcal infection. Pediatric Infectious Disease Journal 11: 179–183
171. Gil RT, Kruse JA, Thill-Baharozian MC, Carlson RW (1989) Triple- vs single-lumen central venous catheters: a prospective study in a critically ill population. Archives of Internal Medicine 149: 1139–1143
172. Goetz A, Yu VL (1996) Nosocomial legionella infection. In: Mayhall CG (ed) Hospital epidemiology and infection control. Williams & Wilkins, Baltimore, pp 388–399
173. Goldman DA (1992) Vancomycin-resistant Enterococcus faecium: headline news. Infection Control and Hospital Epidemiology 13: 695–699
174. Goldman D, Larson E (1992) Hand-washing and nosocomial infections. New England Journal of Medicine 327: 120–122
175. Goldmann DA, Martin WT, Worthington JW (1973) Growth of bacteria and fungi in total parenteral nutrition solutions. American Journal of Surgery 126: 314–318
176. Goodley JM, Clayton YM, Hay RJ (1994) Environmental sampling for aspergilli during building construction on a hospital site. Journal of Hospital Infection 26: 27–35
177. Gordon JE (1962) Chickenpox – an epidemiologal review. American Journal of Medical Science 244: 362–389
178. Gordon G, Dale BAS, Lochhead D (1994) An outbreak of group A haemolytic streptococcal puerperal sepsis spread by the communal use of bidets. British Journal of Obstetrics and Gynaecology 101: 447–448
179. Gorman J, Sanai L, Notman AW, Grant IS, Masterton RG (1993) Cross infection in an intensive care unit by Klebsiella pneumoniae from ventilator condensate. Journal of Hospital Infection 23: 27–34
180. Goularte TA, Manning M, Craven DE (1987) Bacterial colonization in humidifying cascade reservoirs after 24 and 48 hours of continuous mechanical ventilation. Infection Control 8: 200–203
181. Gustafson TL, Lavely GB, Brawner ER Jr, Hutcheson RH Jr, Wright PF, Schaffner W (1982) An outbreak of airborne nosocomial varicella. Pediatrics 70: 550–556
182. Gwaltney M, Moskalski PB, Hendley JO (1978) Hand-to-hand transmission of rhinovirus colds. Annals of Internal Medicine 88: 463–467
183. Haeberle E, Bedürftig J (1989) AIDS. Walter de Gruyter, Berlin
184. Haffejee IE (1991) Neonatal rotavirus infections. Reviews of Infectious Diseases 13: 957–962
185. Haley RW (1985) Surveillance by objective: a new priority-directed approach to the control of nosocomial infections. American Journal of Infection Control 13: 78–89
186. Haley RW (1986) Managing hospital infection control for cost-effectiveness. American Hospital Association, Chicago, Illinois
187. Haley RW, Tenney JH, Lindsey JO, Garner JS, Bennett JV (1985) How frequent are outbreaks of nosocomial infection in community hospitals? Infection Control 6: 233–236
188. Haley RW, Gaynes RP, Aber RC, Bennett JV (1992) Surveillance of nosocomial infections. In: Bennett JV, Brachman PS (eds) Hospital infections, 3rd edn. Little, Brown and Company, Boston, pp 79–108
189. Hall CB (1987) Hospital-acquired pneumonia in children: the role of respiratory viruses. Seminars in Respiratory Infections 2: 48–56

190. Hall CB, Douglas RG Jr, Geiman JM (1980) Possible transmission by fomites of respiratory syncytial virus. Journal of Infectious Diseases 141: 98–102
191. Hambraeus A, Laurell G (1980) Protection of the patient in the operating suite. Journal of Hospital Infection 1: 15–30
192. Hambraeus A, Bengtsson S, Laurell G (1977) Bacterial contamination in a modern operating suite. 1. Effect of ventilation on airborne bacteria and transfer of airborne particles. Journal of Hygiene, Cambridge 79: 121–132
193. Hambraeus A, Bengtsson S, Laurell G (1978) Bacterial contamination in a modern operating suite. 2. Effect of a zoning system on contamination of floors and other surfaces. Journal of Hygiene, Cambridge 80: 57–67
194. Hamilton HW, Hamilton KR, Lone FJ (1977) Preoperative hair removal. Canadian Journal of Surgery 20: 269–275
195. Hammond JMJ, Potgieter PD, Saunders GL, Forder AA (1992) A double blind study of selective decontamination in intensive care. Lancet 340: 5–9
196. Harms V (1992) Biomathematik, Statistik und Dokumentation, 6. Aufl. Harms, Kiel
197. Harpaz R, Seidlein L von, Averhoff FM, Tormey MP, Sinha SD, Kotsopoulou K, Lambert SB, Robertson BH, Cherry JD, Shapiro CN (1996) Transmission of hepatitis B virus to multiple patients from a surgeon without evidence of inadequate infection control. New England Journal of Medicine 334: 549–554
198. Hartlieb T, Scherrer M, Daschner F (1994) Der Umweltschutz in deutschen Krankenhäusern. Krankenhaus-Umschau 10: 760–763
199. Hastic IR (1980) Varicella in immigrant nurses. Lancet 2: 154–155
200. Hauptverband der gewerblichen Berufsgenossenschaften (1986) Berufsgenossenschaftliche Grundsätze für arbeitsmedizinische Vorsorgeuntersuchungen. G 42.3 Hepatitis B, Gentner, Stuttgart
201. Henderson E, Love EJ (1995) Incidence of hospital-acquired infections associated with caesarean section. Journal of Hospital Infection 29: 245–255
202. Heyland D, Bradley C, Mandell LA (1992) Effect of acidified enteral feedings on gastric colonization in the critically ill patient. Critical Care Medicine 20: 1388–1394
203. Hibberd PL, Rubin RH (1992) Infection in transplant recipients. In: Bennett JV, Brachman PS (eds) Hospital infections, 3rd edn. Little, Brown & Company, Boston, pp 899–921
204. Hilton E, Uliss A, Samuels S, Adams AA, Lesser ML, Lowry FD (1983) Nosocomial bacterial eye infections in intensive-care units. Lancet I: 1318–1320
205. Hofmann F (1992) Tuberkulose. In: Hofmann F (Hrsg) Infektiologie. ecomed, Landsberg
206. Hofmann F, Berthold H (1989) Zur Hepatitis B-Gefährdung des Krankenhauspersonals – Möglichkeiten der prae- und postexpositionellen Prophylaxe. Medizinische Welt 40: 1294–1301
207. Hofmann F, Sydow B (1989) Röteln, Masern, Mumps – Epidemiologie, arbeitsmedizinische Bedeutung, Indikation und Effizienz der Erwachsenenimpfung. Öffentliches Gesundheitswesen 51: 269–273
208. Hofmann F, Berthold H, Grotz W, Kleimeier B, Neumann-Haefelin D (1986) Zur Gefährdung des Klinikpersonals durch den Umgang mit AIDS-Patienten. Arbeitsmedizin, Sozialmedizin und Präventivmedizin 21: 43–46
209. Hofmann F, Kleimeier B, Wanner C, Berthold H (1987) Zur Hepatitis B-Gefährdung der Beschäftigten im Gesundheitswesen. Arbeitsmedizin, Sozialmedizin und Präventivmedizin 22: 49–5
210. Hofmann F, Heidenreich S, Achenbach W, Berthold H (1988) Bagatellverletzungen im Krankenhaus – sicherheitstechnische und medizinische Aspekte. Sicherheitsingenieur 19: 50–53
211. Hofmann F, Schrenk Ch, Kleimeier B (1990) Zum Tuberkuloserisiko von Beschäftigten im Gesundheitsdienst. Öffentliches Gesundheitswesen 52: 177–180
212. Hofmann F, Wehrle G, Berthold H, Köster D (1992) Hepatitis A as an occupational risk. Vaccine 10, Suppl 1: 82–84
213. Hofmann F, Bitzenhofer W, Wehrle G, Weilandt R (1993) Mumps epidemiology in health care workers and efficiency of vaccination. In: Hagberg M, Hofmann F, Stößel U, Westlander G (eds) Occupational health for health care workers. ecomed, Landsberg, pp 222–224

214. Hofmann F, Wehrle G, Bitzenhofer W, Weilandt R (1993) Measles – Epidemiology in German health care workers. In: Hagberg M, Hofmann F, Stößel U, Westlander G (eds) Occupational health for health care workers, ecomed, Landsberg
215. Holländer R, Block D, Walter C (1993) Hygienische Aspekte bei der Wäsche mit Regenwasser. Forum Städte-Hygiene 44: 252–256
216. Holton J, Shetty N, McDonald V (1995) Efficacy of „Nu-Cidex" (0.35% peracetic acid) against mycobacteria and cryptosporidia. Journal of Hospital Infection 31: 235–237
217. Hopkins CC (1996) Pharmacy service. In: Mayhall CG (ed) Hospital epidemiology and infection control. Williams & Wilkins, Baltimore, pp 809–816
218. Horan TC, Gaynes RP, Martone WR, Jarvis WR, Emori TG (1992) CDC definitions of nosocomial surgical site infections, 1992: a modification of CDC definitions of surgical wound infections. Infection Control and Hospital Epidemiology 13: 606–608
219. Hospital Infection Control Practices Advisory Committee (HICPAC) (1995) Recommendations for preventing the spread of vancomycin resistance. Infection Control and Hospital Epidemiology 16: 105–113
220. Hospital Infection Society and British Society for Antimicrobial Chemotherapy (1990) Revised guidelines for the control of epidemic methicillin-resistant Staphylococcus aureus. Journal of Hospital Infection 16: 351–377
221. Houghton M, Richman K, Han J, Berger K, Lee C, Dong C, Overby L, Weiner A, Bradley D, Kuo G, Choo QL (1991) Hepatitis C virus (HCV): a relative of the pestiviruses and flaviviruses. In: Hollinger FB, Lemon S, Margolis H (eds) Viral hepatitis and liver disease. Williams & Wilkins, Baltimore, pp 328–333
222. Hoyme UB (1993) Clinical significance of Credé's prophylaxis in Germany at present. Infectious Diseases in Obstetrics and Gynecology 1: 32–36
223. Hudson IRB (1994) The efficacy of intranasal mupirocin in the prevention of staphylococcal infections: a review of recent experience. Journal of Hospital Infection 27: 81–98
224. Hübner J, Habel H, Farthmann EH, Reichelt A, Daschner F (1991) Der Einfluß der Richtlinien des Bundesgesundheitsamtes auf die Luft-, Flächen- und Bodenkeimzahl in einer allgemeinchirurgischen und einer orthopädischen Operationsabteilung. Chirurg 62: 871–874
225. Hübner J, Pier GB, Maslow JN, Muller E, Shiro H, Parent M, Kropec A, Arbeit RD, Goldman DA (1994) Endemic nosocomial transmission of S. epidermidis bacteremia in a NICU over 10 years. Journal of Infectious Diseases 169: 526–531
226. Hughes WT, Flynn PM, Williams BG (1996) Nosocomial infections in patients with neoplastic diseases. In: Mayhall CG (ed) Hospital epidemiology and infection control. Williams & Wilkins, Baltimore, pp 618–631
227. Humphreys H, Marshall RJ, Ricketts VE, Russell AJ, Reeves DS (1991) Theatre over-shoes do not reduce operating theatre floor bacterial counts. Journal of Hospital Infection 17: 117–123
228. Humphreys H, Russel AJ, Marshall RJ, Ricketts VE, Reeves DS (1991) The effect of surgical theatre head-gear on air bacterial counts. Journal of Hospital Infection 19: 175–180
229. Hutton MD, Stead WW, Cauthen GM, Bloch AB, Ewing WM (1990) Nosocomial transmission of tuberculosis associated with a draining abscess. Journal of Infectious Diseases 161: 286–295
230. Isenberg SJ, Apt L, Wood M (1995) A controlled trial of povidone-iodine as prophylaxis against ophthalmia neonatorum. New England Journal of Medicine 332: 562–566
231. Jarvis WR (1987) Epidemiology of nosocomial infections in pediatric patients. Pediatric Infectious Disease Journal 6: 344–351
232. Jarvis WR, Hughes M (1993) Nosocomial gastrointestinal infections. In: Wenzel RP (ed) Prevention and control of nosocomial infections, 2nd edn. Williams & Wilkins, Baltimore, pp 708–745
233. Jarvis WR, Edwards JR, Culver DH, Hughes JM, Horan T, Emori TG, Banerjee S, Tolson J, Henderson T, Gaynes RP, Martone WJ and The National Nosocomial Infections Surveillance System (1991) Nosocomial infection rates in adult and pediatric intensive care units in the United States. American Journal of Medicine 91, Suppl 3B: 185–191
234. Jilg W (1993) Experiences with the killed MSD hepatitis A vaccine. In: Hagberg M, Hofmann F, Stößel U, Westlander G (eds) Occupational health for health care workers. ecomed, Landsberg

235. Jiminez R, Duff P (1993) Sheathing of the endovaginal ultrasound probe: is it adequate? Infectious Diseases in Obstetrics and Gynecology 1: 37–39
236. Johnson S, Gerding DN (1996) Clostridium difficile. In: Mayhall CG (ed) Hospital epidemiology and infection control. Williams & Wilkins, Baltimore, pp 399–408
237. Jolley AE (1993) The value of surveillance cultures on neonatal intensive care units. Journal of Hospital Infection 25: 153–159
238. Jordy A (1993) Die Bewertung der NTP-Sterilisation im Krankenhaus aufgrund der Gutachtenlage. Zentral-Sterilisation 1: 45–54
239. Jülich W-D, v. Rheinbaben F, Steinmann J, Kramer A (1993) Zur viruziden Wirksamkeit chemischer und physikalischer Desinfektionsmittel und -verfahren. Hygiene + Medizin 18: 303–326
240. Jungwirth H (1995) Umweltschutz im Krankenhaus. ecomed-Verlagsgesellschaft, Landsberg
241. Kappstein I (1993) Kult oder Notwendigkeit: Die chirurgische Waschzeremonie und die Patientenvorbereitung. In: Schweins M, Holthausen U, Troidl H, Neugebauer E, Daschner F (Hrsg) Hygiene im chirurgischen Alltag – Traditionen, Glaubensbekenntnisse, Fakten. Walter de Gruyter, Berlin, S 77–82
242. Kappstein I, Daschner F (1991) Sinnvolle und nicht sinnvolle Hygienemaßnahmen bei beatmeten Patienten auf Intensivpflegestationen. Intensivmedizin und Notfallmedizin 28: 82–86
243. Kappstein I, Salrein G (1993) Anforderungen an die Hygiene (Teil 1). ambulant operieren 1: 8–10
244. Kappstein I, Salrein G (1994) Anforderungen an die Hygiene (Teil 2). ambulant operieren 1: 11–16
245. Kappstein I, Matter H-P, Frank U (1991) Routinemäßige Bettendesinfektion unnötig – Bettenzentralen umweltschädlich. klinikarzt 20: 566–574
246. Kappstein I, Matter H-P, Frank U (1991) Nachteile zentraler Personalumkleiden. klinikarzt 20: 576–582
247. Kappstein I, Matter H-P, Frank U, Meier L, Daschner F (1991) Hygienische und ökonomische Bedeutung von Schleusen im Krankenhaus – Die bauliche Umsetzung der Richtlinie des Bundesgesundheitsamtes. Deutsche Medizinische Wochenschrift 116: 1622–1627
248. Kappstein I, Schulgen G, Friedrich T, Hellinger P, Benzing A, Geiger K, Daschner FD (1991) Incidence of pneumonia in mechanically ventilated patients treated with sucralfate or cimetidine as prophylaxis for stress bleeding – bacterial colonization of the stomach. American Journal of Medicine 91, Suppl 2A: 125S–131S
249. Kappstein I, Schulgen G, Richtmann R, Farthmann E, Schlosser V, Geiger K, Just H, Schumacher M, Daschner F (1991) Prospektive Untersuchung zur Verlängerung der Krankenhausverweildauer durch nosokomiale Pneumonie und Wundinfektion in einem Universitätsklinikum. Deutsche Medizinische Wochenschrift 116: 281–287
250. Kappstein I, Schulgen G, Waninger J, Daschner F (1993) Mikrobiologische und ökonomische Untersuchungen über verkürzte Verfahren für die chirurgische Händedesinfektion. Chirurg 64: 400–405
251. Keats AS (1978) The ASA classification of physical status – a recapitulation. Anesthesiology 49: 233–236
252. Klein R, Freemann K, Taylor P, Stevens C (1991) Occupational risk for hepatitis C virus infection among New York City dentists. Lancet 338: 1539–1542
253. Klingeren B van, Pullen W (1993) Glutaraldehyd resistant mycobacteria from endoscope washers. Journal of Hospital Infection 25: 147–149
254. Koenigs T (Hrsg) (1995) Minus 50% Wasser möglich! Eberhard Blottner, Taunusstein
255. Koivisto VA, Felig P (1978) Is skin preparation necessary before insulin injection? Lancet I: 1072–1073
256. Kommission der Europäischen Gemeinschaften (1995) Abfallverzeichnis gemäß Artikel 1 Buchstabe a) der Richtlinie 75/442/EWG des Rates über Abfälle (Europäischer Abfallkatalog). In: Müller KR, Schmitt-Gleser G (Hrsg) Handbuch der Abfallentsorgung. ecomed, Landsberg
257. Kommission für Krankenhaus- und Praxishygiene der Sektion Hygiene und Gesundheitswesen (III) der DGHM (1989) Hygienische Abnahmeprüfung und hygienische Kontrollen

nach DIN 1946 Teil 4 Raumlufttechnische Anlagen in Krankenhäusern (1988). Bundesgesundheitsblatt 6: 239–241
258. Kramer MHJ, Ford TE (1994) Legionellosis: ecological factors of an environmentally new disease. Zentralblatt für Hygiene 195: 470–482
259. Kramer A, Gröschel D, Heeg P, Hingst V, Lippert H, Rotter M, Weuffen W (Hrsg) (1993) Klinische Antiseptik. Springer, Berlin Heidelberg New York
260. Kruppa B, Rüden H (1993) Luftpartikel- und Luftkeimkonzentrationen in Zu- und Raumluft von Operationsräumen mit konventioneller Lüftung bei verschiedenen Luftwechselzahlen. Gesundheits-Ingenieur 114: 74–78
261. Kümmerer K, Wallenhorst T, Kielbassa A, Staßke M (1996) Remobilisation von Quecksilber aus Amalgamabscheidern. Vom Wasser, im Druck
262. Kulander L, Nisbeth U, Danielsson BG, Eriksson Ö (1993) Occurrence of endotoxin in dialysis fluid from 39 dialysis units. Journal of Hospital Infection 24: 29–37
263. Kunz P, Frietsch G (1986) Mikrobizide Stoffe in biologischen Kläranlagen. Springer, Berlin Heidelberg New York
264. Kyi MS, Holton J, Ridgway GL (1995) Assessment of the efficacy of a low temperature hydrogen peroxide gas plasma sterilisation system. Journal of Hospital Infection 31: 275–284
265. Länder-Arbeitsgemeinschaft Abfall (LAGA) (1992) Merkblatt über die Vermeidung und Entsorgung von Abfällen aus öffentlichen und privaten Einrichtungen des Gesundheitsdienstes. Bundesgesundheitsblatt 35: 30–38
266. LaForce FM (1992) Lower respiratory tract infections. In: Bennett JV, Brachman PS (eds) Hospital infections, 3rd edn. Little, Brown & Company, Boston, pp 611–639
267. Lam S, Scannell R, Roessler D, Smith MA (1994) Peripherally inserted central catheters in an acute-care hospital. Archives of Internal Medicine 154: 1833–1837
268. Langer BCA (1995) Hepatitis E – neues Risiko bei Beschäftigten im Gesundheitsdienst? Arbeitsmedizin im Gesundheitsdienst, Tagungsband 8, edition FFAS, Freiburg, S 122–124
269. Langmaack H, Mendera C, Wenz W, Wink K, Lehnert H, Daschner F (1982) Experimentelle und klinische Untersuchungen zur Frage der Wiederverwendbarkeit von resterilisierten intravasalen Kathetern. Radiologe 22: 34–37
270. Larsen B (1994) Virulence attributes of low-virulence organisms. Infectious Diseases in Obstetrics and Gynecology 2: 95–104
271. Larson E (1993) Skin cleansing. In: Wenzel RP (ed) Prevention and control of nosocomial infections, 2nd edn. Williams & Wilkins, Baltimore, pp 450–459
272. Lazarus HM, Creger RJ, Bloom AD, Shenk R (1990) Percutaneous placement of femoral central venous catheter in patients undergoing transplantation of bone marrow. Surgery in Gynecology and Obstetrics 170: 403–406
273. Leclair JM, Freeman J, Sullivan BF, Crowley CM, Goldman DA (1987) Prevention of nosocomial respiratory syncytial virus infections through compliance with glove and gown isolation precautions. New England Journal of Medicine 317: 329–334
274. Leclair JM, Zaia JA, Levin MJ, Congdon RG, Goldman DA (1980) Airborne transmission of chickenpox in a hospital. New England Journal of Medicine 302: 450–453
275. Ledger WJ (1992) Puerperal endometritis. In: Bennett JV, Brachman PS (eds) Hospital infections, 3rd edn. Little, Brown & Company, Boston, pp 659–671
276. Lee PYC, Holliman RE, Davies EG (1995) Surveillance cultures on neonatal intensive care units. Journal of Hospital Infection 29: 233–237
277. Leeming JP, Kendrick AH, Pryce-Roberts D, Smith D, Smith EC (1993) Use of filters for the control of cross-infection during pulmonary function testing. Journal of Hospital Infection 23: 245–246
278. Leisure MK, Moore DM, Schwartzman JD, Hayden GF, Donowitz LG (1990) Changing the needle when inoculating blood cultures – a no benefit and high-risk procedure. Journal of the American Medical Association 264: 2111–2112
279. Lembke LL, Kniseley RN, Nortsrand RC, Hals MD (1981) Precesion of the all-glass-impinger and the Anderson microbial impactor for air sampling in solid waste air facilities. Applied and Environmental Microbiology 42: 222–225

280. Leroy O, Billiau V, Beuscart C, Santre C, Chidiac C, Ramage C, Mouton Y (1989) Nosocomial infections associated with long-term radial artery cannulation. Intensive Care Medicine 15: 241–246
281. Li N (1993) Interpreting statistics. In: Wenzel RP (ed) Prevention and control of nosocomial infections, 2nd edn. Williams & Wilkins, Baltimore, pp 972–980
282. Lidwell OM, Lowbury EJL, Whyte W, Blowers R, Stanley SJ, Lowe D (1982) Effect of ultraclean air in operating rooms on deep sepsis in the joint after total hip or knee replacement: a randomised study. British Medical Journal 285: 10–14
283. Linnemann CC, Jr (1996) Nosocomial infections associated with physical therapy, including hydrotherapy. In: Mayhall CG (ed) Hospital epidemiology and infection control. Williams & Wilkins, Baltimore, pp 725–730
284. Lorian V, Amaral L (1992) Predictive value of blood cultures. Infection Control and Hospital Epidemiology 13: 293–294
285. Loudon I (1986) Deaths in childbed from the eighteenth century to 1935. Medical History 30: 1–41
286. Loudon I (1986) Obstetric care, social class, and maternal mortality. British Medical Journal 293: 606–608
287. Loudon I (1987) Puerperal fever, the streptococcus, and the sulphonamides, 1911–1945. British Medical Journal 295: 485–490
288. Loudon I (1992) Death in childbirth – an international study of maternal care and maternal mortality 1800–1950. Clarendon Press, Oxford
289. Lowry PW, Blankenship RJ, Gridley W, Troup NJ, Tompkins LS (1991) A cluster of Legionella sternal wound infections due to postoperative topical exposure to contaminated tap water. New England Journal of Medicine 324: 109–113
290. Lynam PA, Babb JR, Fraise AP (1995) Comparison of the mycobactericidal activity of 2% alkaline glutaraldehyd and 'Nu-Cidex' (0.35% peracetic acid). Journal of Hospital Infection 30: 237–240
291. Lynch P, Jackson MM, Cummings J, Stamm WE (1987) Rethinking the role of isolation practices in the prevention of nosocomial infections. Annals of Internal Medicine 107: 243–246
292. Macher JM (1993) The use of germicidal lamps to control tuberculosis in healthcare facilities. Infection Control and Hospital Epidemiology 14: 723–729
293. Maier K-P (1995) Hepatitis – Hepatitisfolgen. Praxis der Diagnostik, Therapie und Prophylaxe akuter und chronischer Lebererkrankungen, 4. Aufl. Thieme, Stuttgart New York,
294. Maki DG (1992) Infections due to infusion therapy. In: Bennett JV, Brachman PS (eds) Hospital infections, 3rd edn. Little, Brown & Company, Boston, pp 849–898
295. Maki DG, Ringer M (1991) Risk factors for infusion related phlebitis with small peripheral venous catheters – a randomized controlled trial. Annals of Internal Medicine 114: 845–854
296. Maki DG, Weise CE, Sarafin HWA (1977) A semiquantitative culture method for identifying intravenous-catheter infection. New England Journal of Medicine 296: 1305–1309
297. Malasky C, Jordan T, Potulski F, Reichman LB (1990) Occupational tuberculous infections among pulmonary physicians in training. American Review of Respiratory Diseases 142: 505–507
298. Mallmann C, Tscheulin D, Häberlein U, Daschner, Scherrer M (1996) Der Grüne Punkt im Krankenhaus. Krankenhaus-Umschau, im Druck
299. Mannion PT (1995) The use of peracetic acid for the reprocessing of flexible endoscopes and rigid cystoscopes and laparoscopes. Journal of Hospital Infection 29: 313–314
300. Marquardt H, Schäfer SG (1994) Lehrbuch der Toxikologie. BI-Wissenschaftsverlag, Mannheim Leipzig Wien Zürich
301. Martin MM (1993) Nosocomial infections related to patient care support services: dietetic services, central services department, laundry, respiratory care, dialysis, and endoscopy. In: Wenzel RP (ed) Prevention and control of nosocomial infections, 2nd edn. Williams & Wilkins, Baltimore, pp 93–138
302. Martin MM (1996) Nosocomial infections in organ transplant recipients. In: Mayhall CG (ed) Hospital epidemiology and infection control. Williams & Wilkins, Baltimore, pp 631–653

303. Martin SM, Plikaytis BD, Bean NH (1992) Statistical considerations for analysis of nosocomial infection data. In: Bennett JV, Brachman PS (eds) Hospital infections, 3rd edn. Little, Brown & Company, Boston, pp 135–159
304. Martiny H, Kampf W-D, Rüden H (1991) Antimikrobielle Verfahren und Entwesung. In: Gundermann K-O, Rüden H, Sonntag H-G (Hrsg) Lehrbuch der Hygiene. Gustav Fischer, Stuttgart New York
305. Martone WJ, Jarvis WR, Culver DH, Haley RW (1992) Incidence and nature of endemic and epidemic nosocomial infections. In: Bennett JV, Brachman PS (eds) Hospital infections, 3rd edn. Little, Brown & Company, Boston, pp 577–596
306. Masihi DN, Lange W (1988) Infection with delta virus in West Berlin. In: Zuckerman A (ed) Viral hepatitis and liver disease. Alan R.Liss Inc New York, pp 430–432
307. Mast ST, Woolwine JD, Gerberding JL (1993) Efficacy of gloves in reducing blood volumes transferred during simulated needlestick injury. Journal of Infectious Diseases 168: 1589–1592
308. Mastro TD, Farley TA, Elliott JA, Facklam RR, Perks JR, Hadler JL, Good RC, Spika JS (1990) An outbreak of surgical wound infections due to group A streptococcus carried on the scalp. New England Journal of Medicine 323: 968–972
309. Mayhall CG (1993) Surgical infections including burns. In: Wenzel RP (ed) Prevention and control of nosocomial infections, 2nd edn. Williams & Wilkins, Baltimore, pp 614–664
310. McGowan JE Jr (1994) Hospital tuberculosis: beyond the inner city. Infection Control and Hospital Epidemiology 15: 510–512
311. McGowan JE Jr (1995) Nosocomial tuberculosis: new progress in control and prevention. Clinical Infectious Diseases 21: 489–505
312. McGowan JE Jr, Weinstein RA (1992) The role of the laboratory in control of nosocomial infection. In: Bennett JV, Brachman PS (eds) Hospital infections, 3rd edn. Little, Brown & Company, Boston, pp 187–220
313. Mead PB (1993) Prevention and control of nosocomial infections in obstetrics and gynecology. In: Wenzel RP (ed) Prevention and control of nosocomial infections, 2nd edn. Williams & Wilkins, Baltimore, pp 776–795
314. Mermel LA, Maki DG (1989) Epidemic bloodstream infections from hemodynamic pressure monitoring: signs of the times. Infection Control and Hospital Epidemiology 10: 47–53
315. Mermel LA, McCormick RD, Springman SR, Maki DG (1991) The pathogenesis and epidemiology of catheter-related infection with pulmonary artery Swan-Ganz catheters: a prospective study utilizing molecular subtyping. American Journal of Medicine 91, Suppl 3B: 197–205
316. Mitchell DK, Pickering LK (1996) Nosocomial gastrointestinal tract infections in pediatric patients. In: Mayhall CG (ed) Hospital epidemiology and infection control. Williams & Wilkins, Baltimore, 1996, pp 506–523
317. Mlangeni D, Hofmann F, Grundmann HJ, Daschner F, Kist M (1993) Gastroenteritis as a problem among health care workers. In: Hagberg M, Hofmann F, Stößel U, Westlander G (eds) Occupational health for health care workers. ecomed, Landsberg
318. Moll B (1990) Regenwassernutzung. Fachliche Berichte HWW 9: 33–44
319. Müller J (1990) Die Labordiagnostik der tieflokalisierten Candidose. mycoses 33, Suppl 1: 7–13
320. Müller RL, Kräuter A, Ell C, Euler K (1994) Vergleichende Untersuchung zur vollautomatisierten kaltchemischen und thermochemischen Endoskopdesinfektion unter Praxisbedingungen. Hygiene & Medizin 19: 75–83
321. Muñoz A, Townsend TR (1993) Design and analytical issues in studies of infectious diseases. In: Wenzel RP (ed) Prevention and control of nosocomial infections,2nd edn. Williams & Wilkins, Baltimore, pp 958–971
322. Muraca PW, Yu VL, Goetz A (1990) Disinfection of water distribution systems for legionella: a review of application procedures and methodologies. Infection Control and Hospital Epidemiology 11: 79–88
323. Muscarella LF (1996) High-level disinfection or „sterilization" of endoscopes? Infection Control and Hospital Epidemiology 17: 183–187

324. Muytjens HL, Roelofs-Willemse H, Jaspar GHJ (1988) Quality of powdered substitutes for breast milk with regard to members of the family Enterobacteriaceae. Journal of Clinical Microbiology 26: 743–746
325. Najdowski L, Dragas AZ, Kotnik V (1991) The killing activity of microwaves on some nonsporogenic and sporogenic medically important bacterial strains. Journal of Hospital Infection 19: 239–247
326. Nardell EA (1990) Dodging droplet nuclei – reducing the probability of nosocomial tuberculosis transmission in the AIDS era. American Review of Respiratory Diseases 142: 501–503
327. Nardell EA (1993) Fans, filters, or rays? Pros and cons of the current environmental tuberculosis control technologies. Infection Control and Hospital Epidemiology 14: 681–685
328. Ndawula EM, Brown L (1991) Mattresses as reservoirs of epidemic methicillin-resistant Staphylococcus aureus. Lancet I, 337: 488
329. Neal TJ, Hughes CR, Rothburn MM, Shaw NJ (1995) The neonatal laryngoscope as a potential source of cross-infection. Journal of Hospital Infection 30: 315–317
330. Nelson JD (1992) The newborn nursery. In: Bennett JV, Brachman PS (eds) Hospital infections, 3rd edn. Little, Brown & Company, Boston, pp 441–460
331. Nesin M, Projan SJ, Kreiswirth B, Bolt Y, Novick RP (1995) Molecular epidemiology of Staphylococcus epidermidis blood isolates from neonatal intensive care unit patients. Journal of Hospital Infection 31: 111–121
332. Neu HC (1993) Antimicrobial agents: role in the prevention and control of nosocomial infections. In: Wenzel RP (ed) Prevention and control of nosocomial infections, 2nd edn. Williams & Wilkins, Baltimore, pp 406–419
333. Newton JA Jr, Lesnik IK, Kennedy CA (1994) Streptococcus salivarius meningitis following spinal anesthesia. Clinical Infectious Diseases 18: 840–841
334. Ng PC, Lewindon PJ, Siu YK, Wong W, Cheung KL, Liu K (1995) Bacterial contaminated breast milk and necrotizing enterocolitis in preterm twins. Journal of Hospital Infection 31: 105–110
335. Nichols RL (1992) The operating room. In: Bennett JV, Brachman PS (eds) Hospital infections, 3rd edn. Little, Brown & Company, Boston, pp 461–473
336. Niedner R, Pfister-Wartha A (1990) Farbstoffe in der Dermatologie. Aktuelle Dermatologie 16: 255–261
337. Nielsen H, Vasegaard M, Stokke DB (1978) Bacterial contamination of anaesthetic gases. British Journal of Anaesthesia 50: 811–814
338. Noble WC (1965) The production of subcutaneous staphylococcal skin lesions in mice. British Journal of Experimental Pathology 46: 254–262
339. Noble WC (1975) Dispersal of skin microorganisms. British Journal of Dermatology 93: 477–485
340. Noble WC (1993) Other cutaneous bacteria. In: Noble WC (ed) The skin microflora and the microbial skin disease. Cambridge University Press, Cambridge (GB), pp 210–231
341. Ohlsson A, Myhr TL (1994) Intrapartum chemoprophylaxis of perinatal group B streptococcal infections: a critical review of randomized controlled trials. American Journal of Obstetrics and Gynecology 170: 910–917
342. Olsen RJ, Lynch P, Coyle MB, Cummings J, Bokete T, Stamm WE (1993) Examination gloves as barriers to hand contamination in clinical practice. Journal of the American Medical Association 270: 350–353
343. Palandt O (1995) Bürgerliches Gesetzbuch, Kommentar, 54. Aufl. CH Beck, München Frankfurt
344. Pannuti CS (1993) Hospital environment for high-risk patients. In: Wenzel RP (ed) Prevention and control of nosocomial infections, 2nd edn. Williams & Wilkins, Baltimore, pp 365–384
345. Pelke S, Ching D, Easa D, Melish ME (1994) Gowning does not affect colonization or infection rates in a neonatal intensive care unit. Archives of Pediatric and Adolescent Medicine 148: 1016–1020
346. Peltola H, Heinonen OP (1986) Rapid effect on endemic measles, mumps and rubella of nationwide vaccination program in Finland. Lancet I: 939–942

347. Petty W (1992) Infections of skeletal prosthesis. In: Bennett JV, Brachman PS (eds) Hospital infections, 3rd edn. Little, Brown & Company, Boston, pp 749-766
348. Pfaller MA (1993) Microbiology: The role of the clinical laboratory in hospital epidemiology and infection control. In: Wenzel RP (ed) Prevention and control of nosocomial infections, 2nd ed. Williams & Wilkins, Baltimore, pp 385-405
349. Pfaller MA (1995) Laboratory diagnosis of catheter-related bacteremia. Infectious Diseases in Clinical Practice 4: 206-210
350. Phillips G, Hudson S, Stewart WK (1994) Persistence of microflora in biofilm within fluid pathways of contemporary haemodialysis monitors. Journal of Hospital Infection 27: 117-125
351. Pittet D (1993) Nosocomial bloodstream infections. In: Wenzel RP (ed) Prevention and control of nosocomial infections, 2nd edn. Williams & Wilkins, Baltimore, pp 512-555
352. Pittet D, Wenzel RP (1995) Nosocomial blood stream infections - secular trends in rates, mortality, and contribution to total hospital deaths. Archives of Internal Medicine 155: 1177-1184
353. Pittet D, Herwaldt LA, Massanari RM (1992) The intensive care unit. In: Bennett JV, Brachman PS (eds) Hospital infections, 3rd edn. Little, Brown & Company, Boston, pp 405-439
354. Power EGM, Russell AD (1990) Sporicidal action of alkaline glutaraldehyde: factors influencing activity and a comparison with other aldehydes. Journal of Applied Bacteriology 69: 261-268
355. Price PB (1938) The bacteriology of normal skin; a new quantitative test applied to a study of the bacterial flora and the disinfectant action of mechanical cleansing. Journal of Infectious Diseases 63: 301-318
356. Prince DS, Astry C, Vonderfecht S, Jakab G, Shen F-M, Yolcken RH (1986) Aerosol transmission of experimental rotavirus infection. Pediatric Infectious Disease Journal 5: 218-222
357. Prober CG (1995) Commentary: perinatal herpes - current status and obstetric management strategies: the pediatric perspective. Pediatric Infectious Disease Journal 14: 832-835
358. Prod'hom G, Leuenberger P, Koerfer J, Blum A, Chiolero R, Schaller MD, Perret C, Spinnler O, Blondel J, Siegrist H, Saghafi L, Blanc D, Francioli P (1994) Nosocomial pneumonia in mechanically ventilated patients receiving antacid, ranitidine, or sucralfate as prophylaxis for stress ulcer - a randomized controlled trial. Annals of Internal Medicine 120: 653-662
359. Pugliese G, Hunstiger CA (1992) Central services, linens, and laundry. In: Bennett JV, Brachman PS (eds) Hospital infections, 3rd edn. Little, Brown & Company, Boston, pp 335-344
360. Pugliese G, Lichtenberg DA (1987) Nosocomial bacterial pneumonia: an overview. American Journal of Infection Control 15: 249-265
361. Quick R, Paugh K, Addiss D, Kobayashi J, Baron R (1992) Restaurant-associated outbreak of giardiasis. Journal of Infectious Diseases 166: 673-676
362. Raad II, Umphrey J, Khan A, Truett LJ, Bodey GP (1993) The duration of placement as a predictor of peripheral and pulmonary arterial catheter infections. Journal of Hospital Infections 23: 17-26
363. Raad II, Hohn DC, Gilbreath J, Suleiman N, Hill LA, Bruso PA, Marts K, Mansfield PF, Bodey GP (1994) Prevention of central venous catheter-related infections by using maximal sterile barrier precautions during insertion. Infection Control and Hospital Epidemiology 15: 231-238
364. Rasenack J (1992) Hepatitis C. In: Hofmann F, Stößel U (Hrsg) Arbeitsmedizin im Gesundheitsdienst, 6. Aufl. Gentner, Stuttgart, S 111-118
365. Rathgeber J, Zürcher K, Kietzmann D, Weyland W (1995) Wärme- und Feuchtigkeitstauscher zur Klimatisierung der Inspirationsluft intubierter Patienten in der Intensivmedizin. Anaesthesist 44: 274-283
366. Reimer K, Gleed C, Nicolle LE (1987) The impact of postdischarge infection on surgical wound infection rates. Infection Control 8: 237-240

367. Repp R, Stoll S, Borkhardt A, Fischer H-P, Gerlich WH, Lampert F (1994) Der besondere Verlauf der Hepatitis B-Virusinfektion unter zytostatischer Chemotherapie und Empfehlungen zu ihrer Prävention. Pädiatrische Grenzgebiete 32: 347–355
368. Retailliau HF, Hightower AW, Dixon RE, Allen JR (1978) Acinetobacter calcoaceticus: a nosocomial pathogen with an unusual seasonal pattern. Journal of Infectious Diseases 139: 371–375
369. Reuben AG, Musher DM, Hamill RJ, Broucke I (1989) Polymicrobial bacteremia: clinical and microbiologic patterns. Reviews of Infectious Diseases 11: 161–183
370. Rhame FS (1989) Nosocomial aspergillosis: how much protection for which patients? Infection Control and Hospital Epidemiology 10: 296–298
371. Rhame FS (1992) The inanimate environment. In: Bennett JV, Brachman PS (eds) Hospital infections, 3rd edn. Little, Brown & Company, Boston, pp 299–334
372. Rhame FS, Sudderth WD (1981) Incidence and prevalence as used in the analysis of the occurrence of nosocomial infections. American Journal of Epidemiology 113: 1–11
373. Ribner BS (1996) Nosocomial infections associated with procedures performed in radiology. In: Mayhall CG (ed) Hospital epidemiology and infection control. Williams & Wilkins, Baltimore, pp 783–789
374. Richet H, Hubert B, Nitemberg G, Andremont A, Buu-Hoi A, Ourbak P, Galicier C, Veron M, Boisivon A, Bouvier AM, Ricone JC, Wolff MA, Peau Y, Berardi-Grassias L, Bourdain JL, Hautefort B, Laaban JP, Tillant D (1990) Prospective multicenter study of vascular-catheter-related complications and risk factors for positive central-catheter cultures in intensive care unit patients. Journal of Clinical Microbiology 28: 2520–2525
375. Riley RL (1967) The hazard is relative. American Review of Respiratory Diseases 96: 623–625
376. Rizetto M (1986) Hepatitis D. In: Popper H, Schaffner F (eds) Progress in liver diseases VII. Grune and Stratton, New York, pp 417–431
377. Robert Koch-Institut (1996) Anforderungen der Hygiene an die funktionelle und bauliche Gestaltung von Dialyseeinheiten. Anlage zu Ziffer 4.3.4 der „Richtlinie für Krankenhaushygiene und Infektionsprävention", Loseblattsammlung, Gustav Fischer, Stuttgart, Stand 1996
378. Robert Koch-Institut (1996) Anforderungen der Krankenhaushygiene bei der Dialyse. Anlage zu Ziffer 5.1 der „Richtlinie für Krankenhaushygiene und Infektionsprävention". Loseblattsammlung, Gustav Fischer, Stuttgart, Stand 1996
379. Roitt IM, Brostoff J, Male DK (1991) Kurzes Lehrbuch der Immunologie, 2. Aufl. Georg Thieme, Stuttgart New York
380. Roll M, Norder H, Magnius LO, Grillner L, Lindgren V (1995) Nosocomial spread of hepatitis B virus (HBV) in a haemodialysis unit confirmed by HBV DNA sequencing. Journal of Hospital Infection 30: 57–63
381. Rotter M (1989) Bauliche Maßnahmen und Krankenhaushygiene. Krankenhauspharmazie 10: 213–216
382. Rupp ME, Archer GL (1994) Coagulase-negative staphylococci: pathogens associated with medical progress. Clinical Infectious Diseases 19: 231–245
383. Russell AD, Day MJ (1993) Antibacterial activity of chlorhexidine. Journal of Hospital Infection 25: 229–238
384. Russell AD, Hugo WB, Ayliffe GAJ (1992) Principles and practice of disinfection, preservation and sterilization, 2nd edn. Blackwell Scientific Publications, Oxford
385. Rutala WA, Gergen MF, Weber DJ (1993) Inactivation of Clostridium difficile spores by disinfectants. Infection Control and Hospital Epidemiology 14: 36–39
386. Sander J (1995) Abfälle im Gesundheitswesen. JS Verlag, Ronnenberg
387. Saravolatz LD (1993) Infections in implantable prosthetic devices. In: Wenzel RP (ed) Prevention and control of nosocomial infections, 2nd edn. Williams & Wilkins, Baltimore, pp 683–707
388. Sawyer MH, Chamberlin CJ, Wu YN, Aintablian N, Wallace MR (1994) Detection of varicella zoster virus DNA in air samples from hospital rooms. Journal of Infectious Diseases 169: 91–94

389. Schaffner W, Lefkowitz LB Jr, Goodman JS, Koenig MG (1969) Hospital outbreak of infections with group A streptococci traced to an asymptomatic anal carrier. New England Journal of Medicine 280: 1224–1225
390. Scherrer M, Daschner F (1993) Einweg oder Mehrweg? Ökonomischer und ökologischer Vergleich von Redonflaschen. Führen und Wirtschaften im Krankenhaus 1: 47–50
391. Scherrer M, Daschner F (1995) Vergleich der human- und ökotoxikologischen Wirkungen verschiedener Sterilisationsverfahren für thermolabile Materialien. Hygiene + Medizin 20: 410–420
392. Schleupner CJ (1996) Nosocomial infections associated with transfusion of blood and blood products. In: Mayhall CG (ed) Hospital epidemiology and infection control. Williams & Wilkins, Baltimore, pp 759–782
393. Schmitt HJ, Blevins A, Sobeck K, Armstrong D (1991) Aspergillus species from hospital air and from patients. mycoses 33: 539–541
394. Schneider A (1993) Sicherheitstechnische DIN-Normen als allgemein anerkannte Regeln der Technik. Hygiene + Medizin 18: 125–128
395. Schneider A (1994) Sorgfaltspflichten und Qualitätssicherung in der Krankenhaushygiene aus juristischer Sicht. Hygiene + Medizin 19: 487–491
396. Schneider A (1994) Rechts- und Berufskunde für die Fachberufe im Gesundheitswesen, 4. Aufl. Springer, Berlin Heidelberg New York
397. Schneider A (1995) Rechtsprobleme. In: Beck EG, Eikmann T (Hrsg) Hygiene in Krankenhaus und Praxis, 2. Aufl. ecomed, Landsberg
398. Schorn G (1995) Das Medizinproduktegesetz. Anwendung im ärztlichen Bereich. Deutsches Ärzteblatt 92: 2890–2893
399. Schramek E-R (1995) Taschenbuch für Heizung und Klimatechnik, 67. Aufl. R. Oldenbourg, München
400. Schreiber H-L (1995) Der Standard der erforderlichen Sorgfalt als Haftungsinstrument. Versicherungsmedizin 47: 3–5
401. Schulze-Röbbecke R, Richter M (1994) Entstehung und Vermeidung von Legionelleninfektionen durch Kühltürme und Rückkühlwerke. Gesundheits-Ingenieur 115: 71–77
402. Schuster A, Daschner F (1995) Umweltschutz in der Krankenhausapotheke und bei der Materialwirtschaft. Krankenhauspharmazie 16: 22–23
403. Schwarz T-F (1992) Erythema infectiosum (Ringelröteln). In: Hofmann F (Hrsg) Infektiologie. ecomed, Landsberg, S IV-4.12
404. Schwarz T-F, Hofmann F, Jäger G, Wehrle G, Weilandt R (1993) Parvovirus B 19 infections – occupational risk in the nursing profession?. In: Hagberg M, Hofmann F, Stößel U, Westlander G (eds) Occupational health for health care workers. ecomed, Landsberg
405. Scott LL (1995) Perinatal herpes: current status and obstetric management strategies. Pediatric Infectious Disease Journal 14: 827–832
406. Segal-Maurer S, Kalkut GE (1994) Environmental control of tuberculosis: continuing controversy. Clinical Infectious Diseases 19: 299–308
407. Selective Decontamination of the Diagestive Tract Trialists' Collaborative Group (1993) Meta-analysis of randomised controlled trials of selective decontamination of the digestive tract. British Medical Journal 307: 525–532
408. Sepkowitz KA, Raffalli J, Riley L, Kiehn TE, Armstrong D (1995) Tuberculosis in the AIDS era. Clinical Microbiology Reviews 8: 180–199
409. Shapiro M (1991) Prophylaxis in otolaryngologic surgery and neurosurgery: a critical review. Reviews of Infectious Diseases 13, Suppl 10: S858-S868
410. Shrader SK, Band JD, Lauter CB, Murphy P (1990) The clinical spectrum of endophthalmitis: incidence, predisposing factors, and features influencing outcome. Journal of Infectious Diseases 162: 115–120
411. Simmons BP (1982) Guideline for prevention of intravascular infections. Infection Control 3: 61–67
412. Sobsey MD (1988) Survival of hepatitis A virus in food and water. In: Zuckerman A (ed) Viral hepatitis and liver disease. Alan R Liss Inc, New York, pp 121–124
413. Sood AK, Bahrani-Mostafavi Z, Stoerker J, Stone IK (1994) Human papillomavirus DNA in LEEP plume. Infectious Diseases in Obstetrics and Gynecology 2: 167–170

414. Spach D, Silverstein FE, Stamm WE (1993) Transmission of infection by gastrointestinal endoscopy and bronchoscopy. Annals of Internal Medicine 118: 117–128
415. Sprunt K, Redman W (1968) Evidence suggesting importance of the role of interbacterial inhibition in maintaining balance of normal flora. Annals of Internal Medicine 68: 579–590
416. Stamm WE (1992) Nosocomial urinary tract infections. In: Bennett JV, Brachman PS (eds) Hospital infections, 3rd edn. Little, Brown & Company, Boston, pp 597–610
417. Steele RW, Coleman MA, Fiser M, Bradsher RW (1982) Varicella zoster in hospital personnel: skin test reactivity to monitor susceptibility. Pediatrics 70: 604–608
418. Stein U, Murr S, Daschner F (1993) Flüssigabfälle aus klinisch-chemischen Analysegeräten. Krankenhaus-Technik 2: 42–46
419. Stephens JL, Peacock JE (1993) Uncommon infections: eye and central nervous system. In: Wenzel RP (ed) Prevention and control of nosocomial infections, 2nd edn. Williams & Wilkins, Baltimore, pp 746–775
420. Sterner G (ed) (1990) Guidelines for management of pregnant women with infections at delivery and care of their newborns. Scandinavian Journal of Infectious Diseases 71, Supplement: 1–104
421. Steuer W (1986) Krankenhaushygiene, 3. Aufl. Gustav Fischer, Stuttgart New York
422. Stickler DJ, Zimakoff J (1994) Complications of urinary tract infections associated with devices used for long-term bladder management. Journal of Hospital Infection 28: 177–194
423. Stoutenbeek CP, van Saene HKF, Miranda DR, Zandstra DF (1984) The effect of selective decontamination of the digestive tract on colonisation and infection rate in multiple trauma patients. Intensive Care Medicine 10: 185–192
424. Stratton CW (1989) New insights on the genetic basis for resistance. Infection Control and Hospital Epidemiology 10: 371–375
425. Tablan OC, Anderson LJ, Arden NH, Breiman RF, Butler JC, McNeil MM and The Hospital Infection Control Practices Advisory Committee (1994) Guideline for prevention of nosocomial pneumonia. Infection Control and Hospital Epidemiology 15: 587–627
426. The Society for Hospital Epidemiology of America, the Association for Practitioners in Infection Control, the Centers for Disease Control, the Surgical Infection Society (1992) Consensus paper on the surveillance of surgical wound infections. Infection Control and Hospital Epidemiology 13: 599–605
427. Thomas F, Burke JP, Parker J, Orme JF Jr, Gardner RM, Clemmer TP, Hill GA, MacFarlane P (1983) The risk of infection related to radial vs femoral sites for arterial catheterization. Critical Care Medicine 11: 807–812
428. Tilkes F, Rodemer U (1986) Untersuchungen zur Kontamination und Infektionsgefahr bei enteraler Ernährung. Forum-Städte-Hygiene 37: 405–410
429. Tredget EE, Shankowsky HA, Joffe AM, Inkson TI, Volpel K, Paranchych W, Kibsey PC, MacGregor Alton JD, Burke JF (1992) Epidemiology of infections with Peudomonas aeruginosa in burn patients: the role of hydrotherapy. Clinical Infectious Diseases 15: 941–949
430. Tryba M (1987) Risk of acute stress bleeding and nosocomial pneumonia in ventilated intensive care unit patients: sucralfate versus antacids. American Journal of Medicine 83, Suppl. 3B: 117–124
431. Tunevall TG (1991) Postoperative wound infections and surgical face masks: a controlled study. World Journal of Surgery 15: 383–388
432. Unertl K, Ruckdeschel G, Selbmann HK, Jensen U, Forst H, Lenhart P, Peter K (1987) Prevention of colonization and respiratory infections in long-term ventilated patients by local antimicrobial prophylaxis. Intensive Care Medicine 13: 106–113
433. Vaitiekunas H, Baumann L, Donislawski S, Krämer I, Paul H (1994) Sicherheitswerkbänke für die zentrale Zytostatikaherstellung. Krankenhauspharmazie 15: 63–67
434. Valenti WM (1992) Selected viruses of nosocomial importance. In: Bennett JV, Brachman PS (eds) Hospital infections., 3rd edn. Little, Brown & Company, Boston, pp 789–821
435. Valentine RJ, Weigelt JA, Dryer D, Rodgers C (1986) Effect of remote infections on clean wound infection rates. American Journal of Infection Control 14: 64–67

436. Vallés J, Artigas A, Rello J, Bonsoms N, Fontanals D, Blanch L, Fernández R, Baigorri F, Mestre J (1995) Continuous aspiration of subglottic secretions in preventing ventilator-associated pneumonia. Annals of Internal Medicine 122: 179–186
437. Veringa E, Belkum A van, Schellekens H (1995) Iatrogenic meningitis by Streptococcus salivarius following lumbar puncture. Journal of Hospital Infection 29: 316–318
438. Waggoner SE, Barter J, Delgado G, Barnes W (1994) Case-control analysis of Clostridium difficile-associated diarrhea on a gynecologic oncology service. Infectious Diseases in Obstetrics and Gynecology 2: 154–161
439. Walker JJ (1994) Birth underwater: sink or swim. British Journal of Obstetrics and Gynaecology 101: 467–468
440. Wallhäußer KH (1995) Praxis der Sterilisation – Desinfektion – Konservierung – Keimidentifikation – Betriebshygiene, 5. Aufl. Thieme, Stuttgart New York
441. Wanner HU, Althaus F, Bowald C, Ludwig A, Meierhans R, Nicod JP, Rickenbach H, Rieschel H, Seiler T (1989) Richtlinien für Bau, Betrieb und Überwachung von raumlufttechnischen Anlagen in Spitälern. Hygiene + Medizin 14: 325–337
442. Ward RL, Bernstein DI, Knowlton DR, Sherwood JR, Young EC, Cusack TM, Rubino JR, Schiff GM (1991) Prevention of surface-to-human transmission of rotavirus by treatment with disinfectant spray. Journal of Clinical Microbiology 29: 1991–1996
443. Warren JW (1987) Catheter-associated urinary tract infections. Infectious Disease Clinics of North America 1: 823–854
444. Warren JW (1994) Catheter-associated bacteriuria in long-term care facilities. Infection Control and Hospital Epidemiology 15: 557–562
445. Warren JW, Tenney JH, Hoopes JM, Muncie HL (1982) A prospective microbiologic study of bacteriuria in patients with chronic indwelling urethral catheters. Journal of Infectious Diseases 146: 719–723
446. Warren JW, Damron D, Tenney JH, Hoopes JM, Defarge B, Muncie HL jr (1987) Fever, bacteremia, and death as complications of bacteriuria in women with long-term urethral catheters. Journal of Infectious Diseases 155: 1151–1158
447. Washington JA II, Ilstrup DM (1986) Blood cultures: issues and controversies. Reviews of Infectious Diseases 8: 792–802
448. Watanakunakorn C, Stahl C (1992) Streptococcus salivarius meningitis following myelography. Infection Control and Hospital Epidemiology 13: 454
449. Weber DJ, Rutala WA (1993) Environmental issues and nosocomial infections. In: Wenzel RP (ed) Prevention and control of nosocomial infections, 2nd edn. Williams & Wilkins, Baltimore, pp 420–449
450. Weernink A, Severin WPJ, Tjernberg I, Dijkshoorn L (1995) Pillows, an unexpected source of Acinetobacter. Journal of Hospital Infection 29: 189–199
451. Weinstein RA (1992) Other procedure-related infections. In: Bennett JV, Brachman PS (eds) Hospital infections, 3rd edn. Little, Brown & Company, Boston, pp 923–946
452. Weinstein JW, Barrett CR, Baltimore RS, Hierholzer WJ Jr (1995) Nosocomial transmission of tuberculosis from a hospital visitor on a pediatrics ward. Pediatric Infectious Disease Journal 14: 232–234
453. Wells WF (1934) On air-borne infection – Study II. Droplets and droplet nuclei. American Journal of Hygiene 20: 611–618
454. Wells CL, Maddaus MA, Simmons RL (1988) Proposed mechanisms for the translocation of intestinal bacteria. Reviews of Infectious Diseases 10: 958–979
455. Wells CL, Juni BA, Cameron SB, Mason KR, Dunn DL, Ferrieri P, Rhame FS (1995) Stool carriage, clinical isolation, and mortality during an outbreak of vancomycin-resistant enterococci in hospitalized medical and/or surgical patients. Clinical Infectious Diseases 21: 45–50
456. Wendt C, Weist K, Dietz E, Schlattmann P, Rüden H (1995) Feldversuch zur Gewinnung legionellenfreien Wassers aus Duschen und Waschbecken einer Transplantationsstation durch ein Wasserfiltersystem. Zentralblatt für Hygiene 196: 515–531
457. Wenzel RP (ed) (1993) Prevention and control of nosocomial infections, 2nd edn. Williams & Wilkins, Baltimore

458. Wenzel RP, Perl TM (1995) The significance of nasal carriage of Staphylococcus aureus and the incidence of postoperative wound infection. Journal of Hospital Infection 31: 13–24
459. West AB, Kuan S-F, Bennick M, Lagarde S (1995) Glutaraldehyd colitis following endoscopy: clinical and pathological features and investigation of an outbreak. Gastroenterology 108: 1250–1255
460. Wey SB (1993) Nosocomial infection in the compromised host. In: Wenzel RP (ed) Prevention and control of nosocomial infections, 2nd edn. Williams & Wilkins, Baltimore, pp 923–957
461. Whyte W (1988) The role of clothing and drapes in the operating room. Journal of Hospital Infection 11, Suppl. C: 2–17
462. Widmer AF (1993) IV-related infections. In: Wenzel RP (ed) Prevention and control of nosocomial infections, 2nd edn. Williams & Wilkins, Baltimore, pp 556–579
463. Widmer A, Zimmerli W (1988) Letale periphere Katheterphlebitis. Schweizerische Medizinische Wochenschrift 118: 1053–1055
464. Wilcox MH (1995) Protection against hospital-acquired tuberculosis, American style: a report on the 4th annual meeting of the Society for Hospital Epidemiology of America (SHEA), New Orleans, 1994. Journal of Hospital Infection 29: 165–168
465. Wille JC, Blussé van Oud Alblas A, Thewessen EAPM (1993) Nosocomial catheter-associated bacteriuria: a clinical trial comparing two closed urinary drainage systems. Journal of Hospital Infection 25: 191–198
466. Williams JF, Seneff MG, Friedman BC, McGrath BJ, Gregg R, Sunner J, Zimmerman JE (1991) Use of femoral venous catheters in critically ill adults: prospective study. Critical Care Medicine 19: 550–553
467. Wilson ML, Reller LB (1992) Clinical laboratory-acquired infections. In: Bennett JV, Brachman PS (eds) Hospital infections, 3rd edn. Little, Brown & Company, Boston, pp 359–374
468. Windorfer A (1993) Gesetzliche Regelungen zur Umsetzung der Krankenhaushygiene in den Ländern der Bundesrepublik. Krankenhaushygiene und Infektionsverhütung 15: 68
469. Winston DJ, Emmanouilides C, Busuttil RW (1995) Infections in liver transplant patients. Clinical Infectious Diseases 21: 1077–1091
470. Winston KR (1992) Hair and neurosurgery. Neurosurgery 31: 320–329
471. Wissenschaftlicher Beirat der Bundesärztekammer (1995) Gesundheitsgefährdung der Bevölkerung durch Mülldeponien (Siedlungsabfall). Deutsches Ärzteblatt 52: A-3633–3640
472. Wong ES, Hooton TM (1981) Guideline for prevention of catheter-associated urinary tract infections. Infection Control 2: 125–130
473. Yeager H Jr, Lacy J, Smith LR, LeMaistre CA (1967) Quantitative studies of mycobacterial populations in sputum and saliva. American Review of Respiratory Diseases 95: 998–1004
474. Zapf S, Müller K, Haas L (1987) Wiederaufbereitung von Angiographiekathetern II. Mitteilung: Einfluß der Mehrfachsterilisation auf das Eigenschaftsniveau des Kathetermaterials – Physikalisch-chemische Untersuchungen. Roentgen-Blätter 40: 154–158
475. Zapf S, Müller K, Haas L (1987) Wiederaufbereitung von Angiographiekathetern. III. Mitteilung: Einfluß der Mehrfachsterilisation auf das Eigenschaftsniveau des Kathetermaterials – Experimentelle Untersuchungen zum mechanischen Verhalten. Roentgen-Blätter 40: 169–172

# Sachverzeichnis

## A
Abdecken des Patienten   117, 435
Abdecktücher   435
Abfälle   381–389
- Abfallwirtschaft   381
- chemische   388
- Duales System Deutschland GmbH   384
- Einteilung (Gruppen)   382, 388
- Entsorgung   274
- Gruppe C   386
- Gruppe D   388, 389
- infektiöse   386, 387
- Vermeidung, Einwegmedikalprodukte   383
- Verpackungen   384
- Verwertung   384
- Wertstoffgruppen   384
- Zytostatika   386, 387
Abformmaterialien, Desinfektion   548
Abklatschmethoden   341, 343
- Agarflexplatten nach *Kanz*   342
- Beurteilung   344
- indirekte   342
- *Rodac*-Platten   341
Absaugen
- endotracheales   91, 452
- Konjunktivitiden, bakterielle   452
- Patient
- – beatmeter   452, 467
- – nicht beatmeter   416
Absaugkatheter   91
Abschwemmethode   342
Abspülmethode   342
Abstrichuntersuchungen   344
Abwasser   379
- Belastung   379
Acinetobacter   63
Acrylbadewannen, Reinigung und Desinfektion   610
aerogene Infektion (*siehe* Übertragungswege)
Aerosole   31, 268
- Bioaerosole   33, 34
- Inhalation   87
Agarflexplatten nach *Kanz*   342
Aids (*siehe auch* HIV-Infektion)   269, 296–298, 510
- Prophylaxe   511
Aldehyde   214, 215
Alkohol   214
Alkylphenolethoxylate (APEO)   366
ambulantes Operieren   443
- organisatorische und bauliche Struktur   444
Amnioninfektion   488, 489
Amnioninfektionssyndrom   488
Anästhesiologie (Anästhesie) (*siehe auch* Narkose)   93, 94
- Aufwachraum   460
- Desinfektion   461
- Hygienemaßnahmen   459
- Narkoseeinleitung   460
- Narkosezubehör   459
- Propofol   460
- Reinigungsmaßnahmen   461
- Spinalanästhesie   460
- Vorrichten von Medikamenten   460
Angiographie   571
Angiographiekatheter, Wiederaufbereitung   223, 225
Antibiogramm   58
- Acinetobacter   63
- Citrobacter   63
- Escherichia coli   62
- Enterococcus
- – faecalis   61
- – faecium   61
- Enterobacter   63
- gramnegative Stäbchen   60, 62
- grampositive Kokken   59, 60
- Interpretation   59, 60
- Klebsiellen   63
- Proteus
- – mirabilis   63

690  Sachverzeichnis

- – vulgaris 63
- Pseudomonas aeruginosa 63
- Pseudomonas cepacia 64
- Probleme beim Einsatz 58
- Serratia marcescens 63
- Staphylococcus aureus 61
- Staphylokokken, koagulasenegative 61
- Stenotrophamonas (Xanthomonas) maltophilia 64
- Streptokokken 62

Antibiotika 55–66
- Bakteriämie 128
- Resistenzmechanismen 56

antibiotikaassoziierte pseudomembranöse Kolitis 150
Antibiotikaprophylaxe 118
- perioperative 542
antimikrobielle Wirkstoffe, Inaktivierungsmittel für 343
Apotheke 579–587
- Arzneimittelherstellung 581
- Desinfektion 583
- gereinigtes Wasser (Aqua purificata) 580
- Kontaminationsquellen 579
- Reinigungsmaßnahmen 583
- Salbenherstellung 582
- Umweltschutz 586
- Wasser (siehe dort)
- Zytostatikazubereitung, zentrale 582
Arbeitsflächen 49
Arbeitskleidung (siehe auch Kittel) 402, 616
Armaturen 377
aromatische Lösungsmittel 366
Arzneimittel (siehe Medikamente)
- Herstellung 581
ASA-Score 103
Aspergillen
- Luftkeimzahl 156
- – und Bautätigkeiten 156
- – Kolonisierung von Patienten 157
- Übertragung 156
- Verbreitung 155
Aspergillosen 33, 34, 155–159
- Erregerreservoir 156
- KMT-Patienten 157
- langzeitimmunsupprimierte Patienten 158
- Luftfilterung 157
- Risikofaktoren 155
Aspiration 85, 90
Atemtraining 94
Atemwegsinfektionen (siehe auch Beatmung)
- Definition nosokomialer Infektion 195
- untere 195

Auftauflüssigkeit, Umgang mit 619
Aufwachraum 436, 460
Augenheilkunde 533–537
- Desinfektion 536
- Reinigungsmaßnahmen 536
Augeninfektionen 191–193, 533–537
- Definition nosokomialer Infektion 191–193
- endogenes Erregerreservoir 534
- exogenes Erregerreservoir 534
- Keratoconjunctivitis epidemica 535
- Lokalbehandlung des Auges, Medikamente 536
- operationsunabhängige 534
- postoperative 534
- Ursachen 533
Augenschutz 233
Ausbrüche (Epidemien) 64–66
Auskochen 209
Ausscheidungen 220
Außenanlagen 375
Außenluftansaugung (siehe auch raumlufttechnische Anlagen) 331
Autoklav (Dampfsterilisator) 202, 203, 644
- Betriebszeit 203, 204
- Dampfdurchdringungstest 651
- häufige Betriebsfehler 203
- Überprüfung des 75 °C-Desinfektionsprogramms 362
- Wirksamkeitsprüfung 658
AZT-Prophylaxe 297

B
Bacillus
- cereus 613
- stearothermophilus 652
- subtilis 652
Badewanne 406, 501
Badewasseruntersuchung 354
Bakteriämie (Sepsis) 41, 121–145, 171, 184
- Antibiotika 128
- Blutkulturen, kontaminierte 126
- CDC-Empfehlungen 140–145
- Definition 121
- – nosokomialer Infektion 184
- Diagnostik 123
- Eingriffe, septische 437
- endogene gastrointestinale Kolonisierung 128
- Epidemien 127
- Ernährung, totale parenterale 139
- Erregerspektrum 124, 125
- Katheter
- – Druckmeßsysteme, arterielle 135
- – intravasale 128–137
- – – Dreiwegehähne 135

## Sachverzeichnis

- - - Einstichstelle, Kolonisierung 130
- - - Hub-Kolonisierung 130
- - - In-line-Filter 134
- - - Mikroorganismen, Zugangswege 130
- - - Phlebitis, eitrige 134
- - - Wechselintervall 134, 136
- - Katheterinfektion 128
- - - Diagnostik 131-133
- - - Erregerspektrum 133
- - Langzeitkatheter 138
- - periphere arterielle 135
- - Pulmonalarterienkatheter 138
- - *Hickman-Broviac*-Typ 138
- - Venenkatheter 128, 130
- - - periphere 134
- - - peripher-zentrale 136
- - - zentrale 136
- Kreuzinfektionen 128
- polymikrobielle 126
- primäre 122, 124, 127
- - Erregerspektrum 125
- Pseudobakteriämie 126
- rezidivierende 126
- Risikofaktoren
- - endogene 122
- - exogene 122
- sekundäre 122, 127
- - Erregerspektrum 125
- Staphylokokken, koagulasenegative 125
bakterielle Infektionen, perinatale 495, 496
Bakterienfilter 459
bakteriologische Qualitätsprüfung von Therapeutika 349-351
Bakteriurie 67
Bandtransportgeschirrspülmaschinen 620
Bauchtücher 633
bauliche Maßnahmen 52-55, 113, 520
- Operationsabteilungen
- - aseptische 53
- - septische 53
- Schleusen 53, 54
- - Luftschleusen 54
- - Material- und Geräteschleusen 55
- - Patientenschleusen 55
BCG-Impfung 276
Beatmung 90
- Atemgasanfeuchtung 92, 449
- Beatmungszubehör
- - Aufbereitung 451
- - Umgang mit 449
- endotracheales Absaugen 91
- Händehygiene 91
- Intubation, oro- vs. nasotracheale 451
- Kondenswasser 91, 92
- Medikamentenverneblung 450
- Schlauchwechsel 450

- Vernebler 93
Beatmungsbeutel 93
Beatmungsgerät 91
Beatmungsschlauchsystem 91
Beckenwasser 608
Behandlungsqualität 5
Bereichskleidung 114, 115, 402, 431, 447
Berufskrankheiten 293-296
- Aids (*siehe auch* HIV) 296, 297
- Enteritiden 299
- Hepatitis A 300
- - Schutzimpfung 301
- Hepatitis B 302-304, 323-325
- - Risiko 302
- - Schutzimpfung 305-307
- Hepatitis C 308, 326, 327
- Hepatitis D 309
- Hepatitis E 310
- HIV 327
- - Risiko 38, 40, 298
- Impfungen
- - Immunisierung, passive 321
- - Indikationen 322
- - Schutzimpfungen, aktive 321
- Infektionskrankheiten 296
- Masern 311
- - Impfung 311, 312
- Mumps 312
- - Impfung 312-314
- Nadelstichverletzungen (*siehe dort*)
- Parvovirus B 19 314
- Ringelröteln 314
- Röteln 315
- - Impfung 316
- Tuberkulose 317-320, 327
- - Tests 317-320
- - Tuberkulinreaktion 317
- Varizellen 320
- - postexpositionelle Prophylaxe 321
Besiedlung (*siehe* Kolonisation)
Besteck 406
Besucher 524
- Intensivmedizin 475
- neonatale Intensivstation 475
- pädiatrische Intensivstation 475
- Tiere 48
- Wochenstation 498
Besucherkittel 404
Betten, Desinfektion 405
Bettenaufbereitung 405
Bettlaken 636
Bettwäsche 473
Bettwäschewechsel, routinemäßiger 637
Bewegungsbecken
- Desinfektion 607
- Infektionsrisiko 606

– Reinigung 607
– Wasseraufbereitungsanlage, Überwachung 608
BGA (Bundesgesundheitsamt) 6
– Empfehlungen, Isolierung 259
Bikarbonat
– alkalische Bikarbonatleitungen 506
– Dialysat 505
– Trockensubstanz 506
Bioaerosole 33, 34
Bioindikatoren 652
Blasenkatheter (siehe auch Katheter) 417
– Anlage von Blasenkathetern 417
– Katheterpflege 418
– suprapubische Harndrainagen 458
– Urinabnahme 418
Blasenspülung 75
Bleischürzen 436
Blindenhunde 48
Blumenwasser 47
Blut, kontaminiertes 38
Blutabnahme 589
Blutkonserven
– Aufwärmen 421
– Transport 594
Blutkulturen, kontaminierte 126
Blutprodukte, kontaminierte 38
Blutspende 589
Borreliose 496
Bundesseuchengesetz (BSeuchG) 24, 217

C
Campylobacter jejuni 148
Candida-Spezies, fluconazolresistente 285
CAPD 516, 517
CDC-Empfehlungen
– Bakteriämie 140–145
– Harnwegsinfektionen 80, 82
– Isolierung 236–259
– Pneumonie 95–99
– postoperative Infektionen im OP-Gebiet 119
– universelle Vorsichtsmaßnahmen 254
CEN-Normen 8
Chargen, technische Kontrolle und Dokumentation 653
chemische Desinfektion (siehe Desinfektion)
Chlamydien 496
Chlorabspalter 365
Chlorbleichen 365
Citrobacter 63
Clostridium
– botulinum 612
– difficile 150
– – Hygienemaßnahmen 154
– – Infektionskontrollmaßnahmen 150

– – Übertragung 150
– perfringens 612
Continue-Anlagen 632
Coxsackie-Virus 493
Credé-Prophylaxe 490
*Creutzfeldt-Jakob*-Krankheit 422
– Flächendesinfektion 423
– infektiöses Material 422
– Instrumentendesinfektion 423
– Maßnahmen nach Exposition 423
Cytomegalie-Virus 494

D
Dampfbefeuchter 331
Dampfdesinfektion 210
Dampfdurchdringungstest 651
Dampfsterilisator (siehe Autoklav)
Darminfektionen 495
Dekontamination 201
Desinfektion 201–221, 439
– Anästhesiologie 461
– Augenheilkunde 536
– Auskochen 209
– Ausscheidungen 220
– Badewanne 501
– Betten 405
– chemische 211, 219
– – Wirkstoffgruppen bzw. -verbindungen 212, 213
– Dampfdesinfektion 210
– Desinfektionsmittel (siehe dort)
– Endoskope 560
– Flächen, patientennahe 461
– Flächendesinfektion 220
– Flächenreinigungs- und -desinfektionsmaßnahmen 235
– Geräte 219
– gezielte 405
– Hände 219
– Haut 219, 407, 435
– „high-level"- 211, 560
– HNO-Instrumentarium 542
– Inkubator 485
– Instrumente 219
– Intensivmedizin 461
– „intermediate-level"- 211
– Kreißbett 501
– laufende 235
– „low-level"- 211
– mit Mikrowellen 210
– Reinigungs- und Desinfektionsautomaten 209
– Reinigungs- und Desinfektionsplan
– – Abteilungen mit immunsupprimierten Patienten 527–530
– – Allgemeinstationen 411–413

– – Anästhesie und Intensivmedizin 462–466
– – Apotheke 583–585
– – Dialyse 512–515
– – Endoskopie 583–566
– – Kranken- und Rettungswagen 664, 665
– – Küchen 617, 618
– – Laboratorien 598, 599
– – operative Abteilung 440–443
– – Pädiatrie 478–481
– – Physiotherapie 605
– – Radiologie 574–576
– – Transfusionsmedizin 591–593
– – Wäscherei 629, 630
– – zahnärztliche Praxis 549–551
– sanitäre Anlagen auf Wochenstationen 502
– Scheidendiaphragmaanpassungsringe 502
– Schleimhaut 219, 407
– Schlußdesinfektion 220, 236
– Sekrete 220
– Spekula 501
– thermische 209, 210
– Trachealkanülen 540
– Tuberkulose 275
– Ultraschallsonden für transvaginale Sonographie 502
– unnötige Maßnahmen 220, 221
– mit UV-Strahlen 210
– Verfahren 201
– Wäschedesinfektion 220
– Wischdesinfektion 220
– Zahnmedizin 547
Desinfektionsautomaten 377
Desinfektionsmittel
– Aldehyde 214
– – Formaldehyd 214
– – Glutardialdehyd 214, 215
– – Glyoxal 214
– Alkohol 214
– chemische 211
– – Wirkstoffgruppen bzw. -verbindungen 212, 213
– Desinfektionsmittelklassen 211
– Desinfektionsmittellisten 217, 218
– – BGA-Liste 236
– – DGHM-Liste 236
– Eosin 216, 217
– Farbstoffe 216, 217
– Gentianaviolett 216
– Glucoprotamin 216
– Gunanidine 215
– Halogene 215
– Händedesinfektionsmittel 219
– Iodophore 216
– Methylorange 217

– Oxidationsmittel 216
– Peressigsäure 216
– Peroxidverbindungen 216
– Phenole 215
– PVP-Jodpräparate 216
– quaternäre (quartäre) Ammoniumverbindungen (QAV) 215
– Quecksilberverbindungen 217
– Schwermetalle 217
– Wasserstoffperoxidlösung 216
Desinfektor 17
Desorptionszeit, EO-Gassterilisation 206
Dialyse 503–518
– Aids 510
– Desinfektion 512–515
– Dialysat 351, 505
– – Endotoxine 505
– – Keimzahlen 505
– Dialysator 504
– – Wiederaufbereitung 507
– Dialyseverfahren 503
– Dialysegeräte 503
– Hepatitis 510
– Hygienemaßnahmen 515
– Immunisierung 516
– mikrobiologische Untersuchungen 507, 518
– Peritonealdialyse
– – Hygienemaßnahmen 516
– – Infektionen bei 516
– Personalschutz 516
– Reinigungsmaßnahmen 512–515
– Shuntinfektionen 508, 509
– Wasseraufbereitung 504
Dialysegeräte
– Aufbereitung von 506
– autoklavierbare 506
– Desinfektion mit Heißwasser 506
– Kontamination 505
– Rezirkulationssytem 506
Dialysepatienten, Infektionen 508, 511
DIN-Normen 7
– DIN 1946, Teil 4 332, 333, 335–338
Dreiwegehähne 135, 416, 417
Druckabnehmersystem 456
Druckdom 456
Druckhütchen 536
Druckmeßsysteme, arterielle 135
Duales System Deutschland GmbH 384
Duschen 406
– Aerosolbildung 162

E
ECHO-Virus 493
Einmalgeschirr 622
Einmalhandschuhe 287

Einstichstelle, Kolonisierung 130
Einwegfiltrationssyteme, geschlossene 347
Einwegmaterial, Resterilisation 223–230
Einwegverpackungen 646
Einzelzimmer 232, 233, 270, 286, 448, 449, 520
Eismaschinen 46, 421
elektrische Reinigungsgeräte 372
endogene gastrointestinale Kolonisierung 128
Endometritis 488, 489
Endoskopaufbereitung 555
- Aufbewahrung 559
- Desinfektion 557, 558, 560
- Endoskope 362
- - bakteriologische Überprüfung 561, 569
- - starre 568
- Fiberendoskope, flexible 567
- Nachspülen 559
- Reinigung 557
- Sterilisation 560
- Trocknung 559
- Verfahren 555
- Voraussetzungen 556
Endoskopie 553–570
- Desinfektion 563
- endogenes Erregerreservoir 553
- exogenes Erregerreservoir 554
- Hygienemaßnahmen 555
- Infektionskontrollmaßnahmen 555
- Personalschutz 562
- Reinigungsmaßnahmen 563
- Umgebungsuntersuchungen 561
- Zubehör 562
Energieeinsparung 379
- Küche 380
- Wäscherei 381
Energieerzeugung 379
enterale Nahrung, Ansäuerung 90
Enteritiden 299
Enteritissalmonellen 148
Enterobacter 63
Enterokokken, vancomycinresistente 282, 283
Enteroviren 493
Eosin 216, 217
Epidemien
- Typisierungsmethoden 66
Epidemiologie
- analytische 25, 26
- deskriptive 24
- experimentelle 26
- Terminologie 23
Ernährung (Nahrung) 522
- enterale 453, 474
- - Ansäuerung 90

- Neonatologie 474
- Pulvernahrung 359
- Sondenkosternährung, Hygienemaßnahmen 454
- Sondennahrung 419, 453, 454
- totale parenterale 139
Ernährungssonde, Pflege 420
Erreger, multiresistente (*siehe* multiresistente Erreger)
Erregerreservoir
- endogenes 42, 43
- exogenes 42, 43
Erregerspektrum 44
Escherichia coli 62, 148
Ethylenoxid (EO) 205
- Desorptionszeiten 206
- Entlüftungsschränke 206
- Gassterilisation 659
Ethylenoxidgassterilisatoren 654
Ethylenoxidsterilisation 649
Extubation 436

F
Fall-Kontroll-Studie 26
Fangopackungen 610
Farbstoffe 216, 217
Feinstaubmasken 272
Filter 331, 336, 338
- Schwebstofffilter 332
Flächen 47, 111
Flächendesinfektion 220, 235, 604, 619
- Küchen 619
- routinemäßige 48
Flächenreinigung, Reinigungstextilien zur 372
Flächenuntersuchung 341
- Abklatschmethoden 341, 343
- - Agarflexplatten nach *Kanz* 342
- - Beurteilung 344
- - indirekte 342
- - *Rodac*-Platten 341
- Abschwemmethode 342
- Abspülmethode 342
- Beurteilung 344
- Enthemmer 343
- Probenentnahme 343
Flaschenwärmgeräte, elektrische 477
Fleckenwäsche 633
fluconazolresistente Candida-Spezies 285
Fluorchlorkohlenwasserstoffe (FCKW) 366
Foliensäcke 631
Formaldehyd 206, 214
- MAK-Wert 206
- Vernebelung 220
Formaldehydsterilisation 649

Früh- und Neugeborene, Haut- und Schleimhautdesinfektionen 476
Fußboden 47, 373, 404
- Desinfektion 236, 439
- Feucht- und Naßwischen 367
Fußsprühanlagen 609

**G**
Gassterilisation mit EO 206
Gastroenteritis (*siehe* gastrointestinale Infektionen)
gastrointestinale Infektionen 147–154, 193–195, 299
- antibiotikaassoziierte pseudomembranöse Kolitis 150
- Campylobacter jejuni 148
- Clostridium difficile 150
- - Hygienemaßnahmen 154
- - Infektionskontrollmaßnahmen 150
- - Übertragung 150
- Definition nosokomialer Infektion 193, 195
- Enteritissalmonellen 148
- Escherichia coli 148
- Hygienemaßnahmen 151–154
- Rotaviren 149, 153
- Shigellen 148
Geburtsgewicht 470
Geburtshilfe
- Amnioninfektionssyndrom 488
- Geburt im Wasser 491
- Herpes simplex-Infektionen 491
- Hygienemaßnahmen 496
- Kreißsaal 497
- Mastitis puerperalis 490
- Neugeborenenzimmer 499
- nosokomiale Infektionen 487–502
- Ophthalmia neonatorum 490
- perinatale mütterliche Infektionen 492–496
- postpartale Endo(myo)metritis 488
- - durch A-Streptokokken 488, 489
- Reinigungs- und Desinfektionsmaßnahmen 501
- Rooming-in 497
- Wochenfluß 498
- Wochenstation 497
Gegenstände 111
- Dekontamination 234
- - Badewannen 406
- - Besteck 406
- - Bettenaufbereitung 405
- - Desinfektion, gezielte 405
- - Duschen 406
- - Geschirr 406
- - Nachtstühle 406
- - Steckbecken 406
- - Toiletten 406
- - Urinflaschen 406
- - Waschbecken 406
- - Wäsche 406
- - Waschschüsseln 406
- Infektionsrisiko 404
- der Patientenversorgung 234
Genitaltraktinfektionen 196
- Definition nosokomialer Infektion 196
Gentianaviolett 216
Gerätedesinfektion 219
Geschirr 235, 274, 406
Geschirrspülmaschinen 361
Gesichtsschutz 233
Glucoprotamin 216
Glutardialdehyd 214, 215
Glyoxal 214
gramnegative Stäbchen 60, 62, 284
grampositive Kokken 59, 60
Gummischürzen 436
Gunanidine 215
Gynäkologie
- Mastitis nonpuerperalis 500
- nosokomiale Infektionen 487–502
- onkologische Patientinnen, Infektionen bei 500
- Personal, Infektionsrisiko 500
- postoperative Infektionen im OP-Gebiet 499
- Reinigungs- und Desinfektionsmaßnahmen 501

**H**
Haarentfernung, präoperativ 432
Halogene 215
halogenierte
- Kohlenwasserstoffe 366
- Phenole 366
Hals-Nasen-Ohrenheilkunde 539–543
- Antibiotikaprophylaxe, perioperative 542
- Behandlungseinheit 541
- Desinfektion 540
- Medikamentenzerstäuber 541
- Nasen- und Ohrentropfen 542
- Ohrspülungen 541
- Reinigungsmaßnahmen 540
- Sekretauffangbehälter 541
- Trachealkanüle
- - Aufbereitung 540
- - Wechsel 539, 540
- Instrumentarium 542
Halsinfektionen 191–193
- Definition nosokomialer Infektion 191, 193

Hämodialyse (*siehe* Dialyse)
Hand- und Winkelstücke 551
Händehygiene 91, 287, 521
- Händedesinfektion (Händewaschen) 219, 232, 393, 414, 415, 430, 546, 614
- - grobe Kontamination, Maßnahmen bei 396
- - Händedesinfektionsmittel 219
- - Hautverträglichkeit 397
- - Indikationen 396
- - organisatorische Voraussetzungen 394
- - präoperative 111
- - Technik 395
- - Zahnmedizin 546
- Händeuntersuchung 49
- Händewaschen 232
- - Zahnmedizin 546
Handschuhe 232, 398, 604, 615
- Einmal-Handschuhe, Zweck 398
- Händedesinfektion 399
- Küche 615
- Latex- 399
- Material, Qualitätsanforderungen 399
- Polyethylen 399
- Polyvinylchlorid 399
- Umgang mit 399
- Zahnmedizin 546
Harnableitung, suprapubische 458
Harnsteine 78
Harnwegsinfektionen 41, 67–82, 171, 185, 186
- akute infektiöse Komplikationen 77
- Antibiotika 75, 78, 79
- Antiseptika 75, 79
- asymptomatische 68
- Bakterien, Eintrittspforten 69
- Bakteriurie 67, 68, 80
- - Prävention 72
- Blasenspülung 75
- CDC-Empfehlungen 80, 82
- Definition nosokomialer Infektion 185
- Drainagesystem 73
- - Wechsel 74
- Erregerspektrum 70, 76, 77
- Harnsteine 78
- Häufigkeit 67
- hygienisches Risiko 78
- inkontinenter Patient 75
- Katheter 73
- - Wechsel 77
- Katheterisierung 68, 74
- - Auffangbeutel, Entleerung 74
- - intermittierende 72, 79
- - Kurz- und Langzeitkatheterisierung 68, 69, 81
- - Kurzzeitkatheterisierung 69, 71
- - Langzeitkatheterisierung 75, 76

- - suprapubische 71, 80
- Kondomkatheterisierung 72, 79
- Meatuspflege 75
- Methenamin 78, 79
- Risikofaktoren 67
- symptomatische 68
Haube 430
Hautdesinfektion 219, 407, 435, 476
- Antiseptika, Anforderungen an 407
- Einwirkzeit 407
- Früh- und Neugeborene 476
- Insulininjektion 408
- Tupfer 408
Hautflora 471
- residente 434
- transiente 434
Hautinfektionen 197
- Definition nosokomialer Infektion 197
Hautschuppen 31–34, 108–110, 114, 115
HCV 38
Heißluftgeräte 477
Heißluftsterilisation 648
Heißluftsterilisator 205
- häufige Betriebsfehler 205
Hepatitis 510
- A (HAV) 300, 494
- - Schutzimpfung 301
- B (HBV) 38, 297, 305, 439, 494
- - Risiko 301
- - - Nadelstichverletzungen 38
- - - bei Operationen 40
- - - pädiatrisch onkologische Patienten 40
- - Schutzimpfung 305–307
- C (HCV) 38, 308, 326, 327, 439, 494
- D 309, 439, 494
- E 310, 494
- Non-A-Non-B-Hepatitis 308, 309
- Prophylaxe 511
Herpes simplex
- Infektionen 491
- Virus 494
Herz- und Gefäßsystem
- Definition nosokomialer Infektion 188
- Infektionen 188
Herzkatheter, Wiederaufbereitung 223
Hirndruckmeßsonden 458
HIV (*siehe auch* Aids) 38, 327, 439
- Risiko 298
- - bei Operationen 40
- - Nadelstichverletzungen 38
HME 92, 459
Hochkonzentratreinigungssysteme 365
Hub-Kolonisierung 130
Hundebesuch 48
Hydrotherapie 606

Hygienebeauftragter 16
Hygienefachkraft 14, 15
Hygienegrundregeln 430
Hygienekommission 13
Hygienemaßnahmen (*siehe auch* Isolierung) 231
- Absaugen nicht beatmeter Patienten 416
- Anästhesiologie 459
- Augenheilkunde 536
- Augenschutz 233
- beatmeter Patient 452
- Beatmungszubehör, Umgang mit 449
- Blasenkatheter (*siehe dort*)
- Blutkonserven, Aufwärmen 421
- Creutzfeldt-Jakob-Krankheit (*siehe dort*)
- Desinfektion, laufende 235
- Dialyse 515
- Dreiwegehähne, Umgang mit 417
- Einzelzimmer 232, 233
- Eismaschinen 421
- Ernährungssonde 420
- Flächenreinigungs- und -desinfektionsmaßnahmen 235
- Geburtshilfe 496
- Gegenstände, Dekontamination (*siehe dort*)
- Geschirr 235
- Gesichtsschutz 233
- Händedesinfektion (Händewaschen) (*siehe* Händehygiene)
- Handschuhe (*siehe dort*)
- Hautdesinfektion (*siehe dort*)
- HNO-Bereich 539
- HNO-Instrumentarium 542
- Immunsuppression 519, 525, 531
- Infusionssystem 456
- Infusionssystemwechsel 417, 456
- Inhalationsgeräte 427
- Inkubatoren 482
- Intensivmedizin (*siehe dort*)
- intravasale Druckmessung 456
- Katheter (*siehe dort*)
- Keratoconjunctivitis epidemica 535
- Kittel (*siehe dort*)
- Krätze 423
- Laboratorien 595, 597
- Laryngoskope 482
- Läuse 423
- Lungenfunktionsgeräte 425
- Masken (*siehe dort*)
- Milchflaschen 476, 482
- Mischinfusionen 420
- multiresistente Erreger 286–292
- Muttermilch 484
- Nabelpflege 472
- Nasen- und Ohrentropfen 542
- neonatale Intensivpflege 472
- Neugeborene 476
- $O_2$-Befeuchter 426
- Organtransplantationen 526
- Patiententransport 233
- Patientenunterbringung 232
- Periduralkatheter 457
- perinatale mütterliche Infektionen 492
- Personal des technischen Betriebs 427
- Phototherapie 476
- Physiotherapie 603
- Radiologie 573
- Reinigungs- und Desinfektionsplan
- - Abteilungen mit immunsupprimierten Patienten 527–530
- - Allgemeinstationen 411–413
- - Anästhesiologie und Intensivmedizin 462–466
- - Apotheke 583–585
- - Dialyse 512–515
- - Endoskopie 583–566
- - Kranken- und Rettungswagen 664, 665
- - Küchen 617, 618
- - Laboratorien 598, 599
- - operative Abteilung 440–443
- - Pädiatrie 478–481
- - Physiotherapie 605
- - Radiologie 574–576
- - Transfusionsmedizin 591–593
- - Wäscherei 629, 630
- - zahnärztliche Praxis 549–551
- Sauger 482
- Säuglinge 476
- Schleimhautdesinfektion (*siehe dort*)
- Schlußdesinfektion 236
- Schnuller 482
- Sondennahrung 419
- Spielsachen 483
- Trachealkanülen 540
- Transfusionsmedizin 589
- Tuberkulose 270
- Ultraschallgeräte 427
- Venenkatheterverbandswechsel 416, 455
- Ventrikeldrainagen 457
- Vernebler (*siehe dort*)
- Wäsche 234
- Wickeltische 483
- Wundverbände 418
- Zentralsterilisation 656
Hygieneverordnung 7
Hygienevorschriften 3

I
Immunsuppression 519
- Bauarbeiten 520
- Besucher 524

- – Hygienemaßnahmen für die 524
- Desinfektion 527
- Drainagen 525
- Einzelzimmer 520
- Ernährung 522
- Händehygiene 521
- Infektionsrisiko 519
- Katheter 525
- – implantierte 525
- Leitungswasser 521
- Mehrbettzimmer 520
- Mundpflege 521
- Patienten, immunsupprimierte 519–532
- – Unterbringung 519
- Personal 522
- – Hygienemaßnahmen für das 523
- Reinigungsmaßnahmen 527
- Wäsche 521
- Zimmer mit RLT-Anlage 520
- Zimmerausstattung 520

Impfungen
- BCG- 276
- Hepatitis A-Schutzimpfung 301
- Hepatitis B-Schutzimpfung 305–307
- Immunisierung, passive 321
- Indikationen 322
- Masern 311, 312
- Mumps 312–314
- Pneumokokkenimpfung 95
- Röteln 316, 492
- Schutzimpfungen, aktive 321

Implantation großer Fremdkörper 112
implantierte Katheter 525
In-line-Filter 134
Infektionen 20
- aerogene 31, 32
- – Aspergillose 33, 34
- – Bioaerosole 33, 34
- – Hautschuppen 32 34, 108–110, 114, 115
- – Infektionskontrollmaßnahmen 36
- – Legionellose 33, 34
- – Masern 34
- – Nokardiose 33, 34
- – Staub 32, 33, 34
- – Tröpfchenkerne 33, 34
- – Tuberkulose 33, 34
- – Varizellen 34
- akute Trends 24
- endemische 22
- Entstehung von 27
- epidemisch 23
- Erreger (Infektionserreger) 29
- – Virulenz 27
- Erregerreservoir 28, 109
- erregerspezifische Faktoren 27
- „fliegende" 32
- große Tröpfchen, Infektionsweg 30
- hyperendemisch 23
- Infektionsdosis 28
- Infektiosität, Dauer 28
- Inzidenz 23
- Kontaktinfektionen 30, 34–36
- – direkter Kontakt 30
- – große Tröpfchen 30
- – indirekter Kontakt 30
- – Infektionskontrollmaßnahmen 36
- – Rhinoviren 34
- periodische Trends 24
- Prävalenz 23
- säkulare Trends 24
- saisonale Trends 24
- sporadische 22
- Tröpfcheninfektion 30, 35
- – Definition 31
- – Tröpfchenkerne 30
- Übertragungswege (siehe dort)
- Wirtsfaktoren 29

Infektionskontrollmaßnahmen (siehe auch Isolierung) 231
- Augenheilkunde 536
- Augenschutz 233
- Desinfektion, laufende 235
- Einzelzimmer 232, 233
- Flächenreinigungs- und -desinfektionsmaßnahmen 235
- Geburtshilfe 496
- Gegenstände, Dekontamination (siehe dort)
- Geschirr 235
- Gesichtsschutz 233
- Händedesinfektion (Händewaschen) (siehe Händehygiene)
- Handschuhe (siehe dort)
- Hautdesinfektion (siehe dort)
- HNO-Instrumentarium 542
- Keratoconjunctivitis epidemica 535
- Kittel (siehe dort)
- Masken (siehe dort)
- multiresistente Erreger 286–292
- Nasen- und Ohrentropfen 542
- Patiententransport 233
- Patientenunterbringung 232
- perinatale mütterliche Infektionen 492–496
- Reinigungs- und Desinfektionsplan
- – Allgemeinstationen 411–413
- – Anästhesiologie und Intensivmedizin 462–464
- – operative Abteilung 440–443
- Reinigungs- und Desinfektionsplan
- – Abteilungen mit immunsupprimierten Patienten 527–530

– – Apotheke   583–585
– – Dialyse   512–515
– – Endoskopie   583–566
– – Kranken- und Rettungswagen   664, 665
– – Küchen   617, 618
– – Laboratorien   598, 599
– – Pädiatrie   478–481
– – Physiotherapie   605
– – Radiologie   574–576
– – Transfusionsmedizin   591–593
– – Wäscherei   629, 630
– – zahnärztliche Praxis   549–551
– Schleimhautdesinfektion (*siehe dort*)
– Schlußdesinfektion   236
– Trachelkanülen   540
– Wäsche   234
Infektionsprävention   6
Infektionsstelle, Punktion   525
Infusionssystem   456
– Wechsel   416, 417, 456
Inhalationsgeräte   427
inkontinenter Patient   75
Inkontinenzunterlagen   636
Inkubatoren   482
– Desinfektion   484
Instrumentendesinfektion   219
Instrumententische   434
Intensivmedizin   447
– Absaugen, endotracheales   452
– Besucher   448, 475
– Einzelbox   448
– Einzelzimmer   448, 449
– Ernährung, enterale   453
– Harndrainagen, suprapubische   458
– Intubation, oro- vs. nasotracheale   451
– Mundpflege   453
– neonatale Intensivpflege   472
– Neugeborene, routinemäßige mikrobiologische Überwachung   472
– pädiatrische Intensivstationen   470
– Periduralkatheter   457
– Personal   447
– räumliche Trennung   448
– Sondenkosternährung, Hygienemaßnahmen   454
– Tracheotomie   452
– Ventrikeldrainagen   457
intrakranielle Katheter   458
intravasale
– Druckmessung   456
– Katheter, implantierte Katheter   525
Intubation   90
Iodophore   216
ISO-Normen (*siehe auch* Normen)   8
isolierte Patienten, Behandlung   604

Isolierung   231–265
– Augenschutz   233
– BGA-Empfehlungen   259
– CDC-Empfehlung   236, 255–259
– Einzelzimmer   232, 233
– Flächenreinigungs- und -desinfektionsmaßnahmen   235
– Gegenstände, Dekontamination (*siehe dort*)
– Geschirr   235
– Gesichtsschutz   233
– Händedesinfektion (Händewaschen) (*siehe* Händehygiene)
– Handschuhe (*siehe dort*)
– Infektionskontrollmaßnahmen   231
– Isolierungsprotokoll   260
– Isolierungssysteme   236
– – kategoriespezifisches   236
– – krankheitsspezifisches   237–253
– Kittel (*siehe dort*)
– laufende Desinfektion   235
– Masken (*siehe dort*)
– multiresistente Erreger   286–292
– Patiententransport   233
– Patientenunterbringung   231
– perinatale mütterliche Infektionen   492
– Reinigungs- und Desinfektionsmaßnahmen   261–264
– Schlußdesinfektion   236
– Schutzkleidung   234
– Tuberkulose   270
– universelle Vorsichtsmaßnahmen   254
– Wäsche   234

**K**
Kaskaden   92
Kaskadenimpaktor   335
Katheter   73, 77, 525
– Absaugkatheter   91
– Angiographiekatheter, Wiederaufbereitung   223, 225
– Blasenkatheter (*siehe dort*)
– Druckmeßsysteme, arterielle   135
– Herzkatheter, Wiederaufbereitung   223
– implantierte   525
– intrakranielle   458
– intravasale   128–137, 455, 525
– – Dreiwegehähne   135
– – Einstichstelle, Kolonisierung   130
– – Hub-Kolonisierung   130
– – In-line-Filter   134
– – Mikroorganismen, Zugangswege   130
– – Phlebitis, eitrige   134
– – Wechselintervall   134, 136
– intravasale   128–137, 455
– – Dreiwegehähne   135

– – Einstichstelle, Kolonisierung  130
– – Hub-Kolonisierung  130
– – In-line-Filter  134
– – Mikroorganismen, Zugangswege  130
– – Phlebitis, eitrige  134
– – Wechselintervall  134, 136
– Katheterinfektion  128
– – Diagnostik  131–133
– – Erregerspektrum  133
– Kondomkatheterisierung  72, 79
– Langzeitkatheter  138
– Periduralkatheter  457
– periphere arterielle  135
– Pulmonalarterienkatheter  138
– *Hickman-Broviac*-Typ  138
– Venenkatheter  128, 130, 455
– – periphere  134
– – peripher-zentrale  136
– – Verbandswechsel  416, 455
– – zentrale  136
– Wechsel  77
Katheterisierung  68, 74
– Auffangbeutel, Entleerung  74
– intermittierende  72, 79
– Kurz- und Langzeitkatheterisierung  68, 69, 81
– Kurzzeitkatheterisierung  69, 71
– Langzeitkatheterisierung  75, 76
– suprapubische  71, 80
Keratoconjunctivitis epidemica  535
– Infektionskontrollmaßnahmen  535
Kindbettfieber  487, 489
Kinderkleidung  473
Kinderkrankheiten  32
– Kontaktinfektionen  36
Kittel  234, 287, 447, 473, 604, 635
– Arbeitskleidung  402
– Besucherkittel  404
– Schutzkleidung (*siehe dort*)
Klassifizierung operativer Eingriffe  102
Klebsiellen  63
Klimaanlagen  325
Klimatisierungsfilter  92
Knochen- und Gelenkinfektionen  187
– Definition nosokomialer Infektion  187
Kohortenstudie  26
Kolonisation (Besiedlung)  20
– nasale Besiedlung  20
– Träger  20
– Trägerstatus  20
Kondenswasser  91–93
Kondomkatheterisierung  72, 79
Konjunktivitiden, bakterielle  452
Kontaktgläser  536
Kontaktinfektionen (*siehe* Übertragungswege)

Kontaktlinsen  537
Kontamination  21
Kontaminationsklassen  102–104
kontaminiertes Material, Entsorgung  641
Kontrasteinläufe  573
Kopfhaar- und Bartschutz  116
Kopfschutz  116
Körperpflege, Immunsuppression  521
Krankenhausbetriebsingenieur  16
Krankenhaushygiene
– Organisation  13–18
– Rechtssprechung  10
Krankenhaushygiene-Verordnung  7
Krankenhaushygieniker  7, 14
Krankenhausinfektionen (*siehe* nosokomiale Infektion)
Krankenhausverweildauer  101
Krankentransport  661–666
– Desinfektion  663
– Infektionen  661
– – mit Blut übertragbare  663
– – fäkal-oral übertragbare  661
– – respiratorisch übertragbare  662
– Material, infektiöses  661
– Reinigungsmaßnahmen  663
– Tuberkulose, offene  662
Krätze  423
Kreissyteme  459
Kreißbett  501
Kreißsaal
– Anwesenheit des Vaters  497
– Ausstattung und Möblierung  497
– Geburtshilfe  497
Kreuzinfektionen  128
Küchen  380, 611–623
– Arbeitskleidung  616
– Auftauflüssigkeit, Umgang mit  619
– Bandtransportgeschirrspülmaschinen  620
– Desinfektion  616
– – chemische  619
– – thermische  616
– Einmalgeschirr  622
– Flächendesinfektion  619
– Händedesinfektion (Händewaschen) (*siehe auch* Händhygiene)  614
– Handschuhe  615
– Infektionsrisiken  611
– Lebensmittel, Umgang mit  613
– Lebensmittelinfektionen bzw. -intoxikationen, Erreger  612
– – Bacillus cereus  613
– – Clostridium botulinum  612
– – Clostridium perfringens  612
– – Salmonellen  612
– – Staphylococcus aureus  612

- Personalhygiene 614
- Reinigungsmaßnahmen 616
- Rückstellproben 620
- Speiseabfälle, Entsorgung 621
- Umweltschutzmaßnahmen 621
- Untersuchung 358
- - Abstrich- und Abklatschuntersuchungen 620
- - Methode 358
- - Milchküche 359
- - - Muttermilch 359
- - - Pulvernahrung 359
- - Probenentnahmen 358
- Verpackungen, Reduktion 622
Kühltürme 336, 337
künstliche Nasen 92

L
Laboratorien 595–601
- bauliche Voraussetzungen und Einrichtungen 595
- Desinfektion 597
- Flächen 600
- Fußboden 600
- Geräte 600
- Instrumente 600
- Laborglas 600
- Peronalschutz 596
- Reinigungsmaßnahmen 597
- Untersuchungsmaterialien 601
Laborgeräte 378
Lagerungshilfsmittel 635
Lagerzeiten, Sterilgut 655
Lagewechsel 94
Langzeitkatheter (*siehe auch* Katheter) 138
Laryngoskope 482
Lasertherapie, Infektionsrisiko für das Personal 500
Läuse 423
Lebensmittel, Umgang mit 613
Lebensmittelinfektionen bzw. -intoxikationen, Erreger 612
- Bacillus cereus 613
- Clostridium botulinum 612
- Clostridium perfringens 612
- Salmonellen 612
- Staphylococcus aureus 612
Legionellen 161
- Ausbrüche 164
- Bekämpfung im Leitungswassernetz 165
- Übertragung, aerogene 163
- Übertragungswege 161
- Vorkommen 161
Legionellosen 33, 34, 161–166
- Aerosolbildung
- - bei Beatmungstherapie 162

- - beim Duschen 162
- Desinfektionsmaßnahmen
- - lokale 165
- - systemische 166
- Häufigkeit 163
- Hyperchlorierung 166
- Leitungswasser, Kontakt mit 162
- Risikofaktoren 164
- Umgebungsuntersuchungen 164
- Wasseraufheizung 166
- Wasserfilter 165
Leitungswasser (*siehe* Wasser)
Listeriose 495
Luft 111, 112
Luftbefeuchter 330, 331
- Dampfbefeuchter 331
- Umlaufsprühbefeuchter 330
Luftkeimzahlen im OP 112
Luftkeimzahlmessung 333, 336, 355
- Filtrationsverfahren 334, 356, 357
- Impaktionsverfahren 334, 357
- - mit dem *Reuter*-Centrifugal-Sampler 356
- - mit dem Schlitzsammler 356
- Impingementverfahren 334, 355, 357
- Kaskadenimpaktor 335
- *Reuter*-Centrifugal-Sammler (RCS) 334
- Schlitzsammler 335
- Sedimentationsverfahren 334, 355, 357
- Trägheitsabscheidungsverfahren 334
Lungenfunktionsgeräte 94, 425
Lungenfunktionstestung 94

M
Magen, Kolonisierung 87
Masern 311, 492
- Impfung 311, 312
- Übertragung, aerogene 32, 34
Masken 115, 116, 233, 271–273, 287, 430
- chirurgische 271, 400, 401
- Feinstaubmasken 272
- Patientenschutz 400
- Personalschutz 401
- postoperative Infektionen im OP-Gebiet 115, 116
- Staubmasken 271
- Tuberkulose 271–273
- Umgang mit 401
- Zahnmedizin 547
Mastitis nonpuerperalis 500
Matratzen 405
- Schonbezüge 636
Meatuspflege 75
Medikamente, Kontaminationsquellen 579
Medikamentenvernebler 93
Medikamentenzerstäuber 541

Medizinproduktegesetz 4
Mehrbettzimmer 520
Mehrwegverpackungen 645
Membranfiltration 347
- Einwegfiltrationssysteme, geschlossene 347
- Vakuumfiltrationsgeräte, wiederverwendbare 347
Mendel-Mantoux-Test 317
Mérieux-Test 317
Merkblätter
- Geräte, Aufbereitung 414
- Hygienemaßnahmen 414
- Pflegetechniken 414
Methenamin 78, 79
Methicillinresistenz 280
Methylorange 217
mikrobiologisches Labor 17, 18
Mikroorganismen
- Streuung 20, 109, 111
- Zugangswege 130
Mikrowellen 210
- Herd 477
Milch, Muttermilch 474, 484
Milchflaschen 474, 476, 482
- Flaschenwärmgeräte, elektrische 477
- Heißluftgeräte 477
- Mikrowellenherd 477
- Wasserbad 477
Milchküche (siehe auch Küche) 359
Milchpulver 474
Mischinfusionen 420
Moorbäder 610
Mopsysteme 367–371
- Aufbewahrung 371
- Bezugswechselverfahren 368
- Flüssigkeitsbindevermögen 370
- Mops für Breitwischgeräte 370
- Naßwischmop 370
- Reinigung 371
- Reinigungseigenschaften 370
- Schmutzbindung 370
- Tücher 371
- Tuchmops 370
- Verschleißeigenschaft 370
- Vliese 371
- Wascherfolg 371
- Zwei-Eimer-System 368
MRSA 280
multiresistente Erreger 279–292
- Einmalhandschuhe 287
- fluconazolresistente Candida-Spezies 285
- gramnegative Stäbchen 284
- Händehygiene 287
- Hygienemaßnahmen 286–289

- Masken 287
- MRSA, zusätzliche Maßnahmen bei 290–292
- oxacillinresistente Staphylococcus aureus 280
- penizillinresistente Pneumokokken 285
- Schürzen 287
- Schutzkittel 287
- vancomycinresistente Enterokokken (VRE) 282, 283
Mumps 312, 493
- Impfung 312–314
Mundinfektionen 191–193
- Definition nosokomialer Infektion 191–193
Mundpflege 453, 521
Mupirocin 290
Muttermilch 474, 484
- Keimzahlen 474
Müttersterblichkeit 487
Mycobacterium tuberculosis (siehe auch Tuberkulose) 267
Myelographie 573

N
Nabelpflege 472, 484
Nachtstühle 406
Nadelstichverletzungen 38, 323–327
- Aids (HIV-Infektion) 297, 298
- AZT-Prophylaxe 297
- HBV-Infektion 297, 305
- postexpositionelle Prophylaxe 297
- Operateur, infizierter 39
- Operationen 39
Nährmedienkontrolle 348
Narkose (siehe auch Anästhesie) 93, 94
- Kreisteile 94
Narkosezubehör 459
Nasen- und Ohrentropfen 542
Naseninfektionen 191–193
- Definition nosokomialer Infektion 191–193
Nasentropfen 542
Naturschutz 375
neonatale Infektionen 469, 470
- Bettwäsche 473
- endogenes Reservoir
- – im Krankenhaus 470
- – der Mutter 470
- Erregerspektrum 471
- exogene Risikofaktoren 471
- Geburtsgewicht 470
- invasive Maßnahmen 471
- Kinderkleidung 473
- Kolonisierung 471
- künstliche enterale Ernährung 474

- Muttermilch 474
- Schutzkleidung 473
- Windeln 473
Neonatologie 469–485
- Desinfektion 477
- Ernährung 474
- neonatale Intensivstation, Besucher 475
- Neugeborenenzimmer 497, 499
- Reinigungsmaßnahmen 477
Nokardiose 33, 34
Non-A-Non-B-Hepatitis (*siehe auch* Hepatitis) 308, 309
Normen 7, 8
nosokomiale Infektion (Krankenhausinfektion) 19, 21, 22
- Aspergillosen 155–159
- Augeninfektionen 533
- Ausbruch 19, 6466
- Bakteriämie (Sepsis) 121–145
- bauliche Maßnahmen 52–55, 113
- - Operationsabteilungen
- - - aseptische 53
- - - septische 53
- - Schleusen 53, 54
- - - Luftschleusen 54
- - - Material- und Geräteschleusen 55
- - - Patientenschleusen 55
- Definitionen 179
- Epidemien 19, 64
- - Typisierungsmethoden 66
- Erfassung 167–199
- - abteilungsorientierte 169
- - Atemwegsinfektionen, untere 195
- - Augeninfektionen 191–193
- - Bakteriämie (Sepsis) 171, 184
- - Datenerhebung 171–175
- - Datenquellen 174
- - Gastrointestinaltraktinfektionen 193–195
- - Genitaltraktinfektionen 196
- - Halsinfektionen 191–193
- - Harnwegsinfektionen 171, 185, 186
- - Hautinfektionen 197
- - Herz- und Gefäßsystem, Infektionen 188
- - Infektionsraten 176
- - - Berechnung 175
- - Inzidenzraten 176, 178
- - Knochen- und Gelenkinfektionen 187
- - kontinuierliche 168
- - Methoden 169
- - Mundinfektionen 191–193
- - Naseninfektionen 191–193
- - Ohreninfektionen 191–193
- - Pneumonie 170, 183

- - postoperative Infektion im OP-Gebiet 170, 180–182
- - Prävalenzraten 177, 178
- - prioritätenorientierte 169
- - rotierende 169
- - systemische Infektionen 199
- - Weichteilinfektionen 197–199
- - Zentralnervensystem, Infektionen 189, 190
- - Zielsetzung
- Erregerreservoir
- - endogenes 42, 43
- - exogenes 42, 43
- Erregerspektrum 44
- gastrointestinale Infektionen 147–154
- Geburtshilfe 487–502
- Gynäkologie 487–502
- Harnwegsinfektion 67–82
- Häufigkeit 41
- HNO-Infektionen 539
- Kinder 469
- Legionellose 161–166
- Neugeborene 469
- onkologishe Patienten 500
- pädiatrische Intensivstationen 470
- Pneumonie 83–99
- postoperative Infektionen im OP-Gebiet 101–119
- Qualitätssicherung 167
- Risikofaktoren 42
- - endogene 42, 43
- - exogene 42
- Umgebung des Patienten 45

O

$O_2$-Befeuchter 426
Oberflächen (*siehe* Flächen)
Ohreninfektionen 191–193
- Definition nosokomialer Infektion 191–193
Ohrentropfen 542
Ohrspülungen 541
onkologische Patienten 500
Operateur, HBV-infizierter 40
Operation(s) (OP) 429
- Abdecken des Patienten 435
- Abteilung 430
- - Bereichskleidung 431
- - Umgebungsuntersuchung 445
- - Umweltschutz 445
- ambulantes Operieren 443
- Aufwachraum 436
- Bleischürzen 436
- Dauer 104, 105
- Desinfektion 439
- Extubation 436

- Gummischürzen 436
- Hygienemaßnahmen bei Patienten mit
- - Hepatitis B 439
- - Hepatitis C 439
- - Hepatitis D 439
- - HIV 439
- Kittel 114
- Maßnahmen nachher 436
- Maßnahmen während 435
- Personal
- - Händedesinfektion 430
- - - chirurgische 430
- - Haube 430
- - Hygienegrundregeln 430
- - Maske 430
- - Schuhe 116, 430
- - Verhaltensregeln 429
- präoperative Vorbereitung des Patienten 432
- Reinigung 439
- Säle, gemeinsame Benutzung 438
- septische Eingriffe 437
- - Wischdesinfektion 437
- Vorbereitungen 433
Ophthalmia neonatorum 490
Organtransplantationen, Hygienemaßnahmen 526
Oropharynx, Kolonisierung 86
Oxacillinresistenz 280, 281
Oxidationsmittel 216

P
Packungen 609
Pädiatrie 469–485
- Desinfektionen 477
- Reinigungsmaßnahmen 477
pädiatrische Intensivstation, Besucher 475
Papillomavirus (HPV) 500
parenteraler Kontakt 38
- Blut, kontaminiertes 38
- Blutprodukte, kontaminierte 38
- HBV 38
- HCV 38
- HIV 38
- infektiöses Material 38
Parvovirus B19 314, 493
Patientenabdeckung 117, 435
Patiententransport 233
- Tuberkulose 274
Patientenunterbringung 231
Patientenverlegung 636
penizillinresistente Pneumokokken 285
Peressigsäure 216
Periduralkatheter 457
perinatale
- bakterielle Infektionen 495, 496

- Virusinfektionen 492–496
Peritonealdialyse (siehe auch Dialyse) 507
Peritonitis 508, 517
perkutane endoskopische Gastrostomie 455
Peroxidverbindungen 216
Personalhygiene 614
Personalschutz 516, 562
- Endoskopie 562
Personaluntersuchungen 49
- Händeuntersuchung 49
Pertussis 496
Pflegemittel, Auswahl 363
Phenole 215
Phlebitis, eitrige 134
Phototherapie 476
Physiotherapie 603–610
- Acrylbadewannen, Reinigung und Desinfektion 610
- Desinfektion 605
- Fangopackungen 610
- Flächendesinfektion 604
- Fußsprühanlagen 609
- Handschuhe 604
- Hygienemaßnahmen 603
- isolierte Patienten, Behandlung 604
- Kittel 604
- Moorbäder 610
- Packungen 609
- Reinigungsmaßnahmen 605
- Wannen, Reinigung und Desinfektion 609
- Wannenbäder 609
Plasmasterilisation 206–208, 649, 657
Pneumokokken, penizillinresistente 285
Pneumokokkenimpfung 95
Pneumonie 41, 83–99, 170, 183
- Absaugen, endotracheales 91
- Absaugkatheter 91
- Aerosole, Inhalation 87
- Anästhesie 93, 94
- Aspiration 85
- - Mikroaspiration 90
- Atemtraining 94
- Beatmung 90
- - Atemgasanfeuchtung 92
- - endotracheales Absaugen 91
- - Händehygiene 91
- - Kondenswasser 91, 92
- - Vernebler 93
- Beatmungsbeutel 93
- Beatmungsgerät 91
- Beatmungsschlauchsystem 91
- CDC-Empfehlungen 95–99
- Definition nosokomialer Infektion 183
- enterale Nahrung, Ansäuerung 90

- Erregerspektrum 83–85
- Früh-Pneumonie 85
- hämatogene Entstehung 88
- Händehygiene 91
- Häufigkeit 84
- Intubation 90
- Lagewechsel 94
- Lungenfunktionsgeräte 94
- Magen, Kolonisierung 87
- Narkose 93, 94
- Oropharynx, Kolonisierung 86
- Pathogenese 85, 88
- Pneumokokkenimpfung 95
- selektive Dekontamination des Digestionstraktes (SDD) 89
- Spät-Pneumonie 85
- Streßulkusprophylaxe 89
postoperative Infektionen im OP-Gebiet 41, 101–119, 170, 180–182, 429, 499
- Antibiotikaprophylaxe 118
- ASA-Score 103
- bauliche Maßnahmen 113
- Bereichskleidung 114, 115
- CDC-Empfehlungen 119
- Definition 101
- – nosokomialer Infektion 180–182
- Erregerreservoir 107–110
- Erregerspektrum 106, 107
- Gegenstände 111
- Händedesinfektion, präoperative 111
- Hautschuppen 108–110, 114, 115
- Hygienemaßnahmen 429
- Implantation großer Fremdkörper 112
- Klassifizierung operativer Eingriffe 102
- Kontaminationsklassen 102–104
- Kopfhaar- und Bartschutz 116
- Krankenhausverweildauer 101
- Luft 111, 112
- Luftkeimzahlen im OP 112
- Masken 115, 116
- Oberflächen 111
- OP-Dauer 104, 105
- OP-Kittel 114
- OP-Schuhe 116
- Patientenabdeckung 117
- raumlufttechnische (RLT) Anlagen 112, 113
- Risikofaktoren 103
- Verbandswechsel 117
Prävalenzstudie 177
Problemwäsche 633
Propofol 460
Proteus
- mirabilis 63
- vulgaris 63
Pseudobakteriämie 126

Pseudomonas
- aeruginosa 63
- cepacia 64
Pulmonalarterienkatheter (*siehe auch* Katheter) 138
Punktion der Injektionsstelle 525
Putzkammer 372
PVP-Jodpräparate 216

Q
Qualitätssicherung
- Behandlungsqualität 5
- Medizinproduktegesetz 4
quaternäre (quartäre)
  Ammoniumverbindungen (QAV) 215
Quecksilberverbindungen 217

R
Radiologie 571–577
- Gastrointestinaltrakt 573
- Hygienemaßnahmen 573
- invasive Verfahren 571, 572
- – ausgedehnte 577
- Myelographie 573
raumlufttechnische (RLT-)Anlagen 112, 113, 325–335, 355, 641
- Aufbau 330
- Außenluftansaugung 331
- Differenzdruck 336
- DIN 1946, Teil 4 332, 333, 335–338
- Filter 331, 336, 338
- – Schwebstoffilter 332
- Keimzahlmessung im Befeuchterwasser 357
- Klimaanlagen 325
- Kühltürme 336, 337
- Luftbefeuchter 330, 331
- – Dampfbefeuchter 331
- – Umlaufsprühbefeuchter 330
- Luftkeimzahlmessung 333, 336
- – Filtrationsverfahren 334
- – Impaktionsverfahren 334
- – Impingementverfahren 334
- – Kaskadenimpaktor 335
- – *Reuter*-Centrifugal-Sammler (RCS) 334
- – Schlitzsammler 335
- – Sedimentationsverfahren 334
- – Trägheitsabscheidungsverfahren 334
- Partikelzählung 333, 336
- Rückkühlwerke 336
- Schwebstoffiltersysteme 336
- Strömungsrichtung 336
- Überprüfung 337, 338
- Umgang mit 338
rechtliche Grundlagen 3–12

Rechtssprechung, Krankenhaushygiene 10
Regenwassernutzung 378
Reinigungs- und Desinfektionsautomaten
  209, 360, 377
Reinigungsgerätewagen 372
Reinigungsmaßnahmen 363, 439, 461
– abzulehnende Inhaltsstoffe 365–367
– Allgemeinstationen 411–413
– Anästhesiologie 461
– Augenheilkunde 536
– Badewannen 501
– elektrische Reinigungsgeräte 372
– Feucht- und Naßwischen von Fußböden
  367
– Fußboden 461
– HNO-Instrumentarium 542
– Hochkonzentratreinigungssysteme 365
– Intensivmedizin 461
– Kreißbett 501
– Mopsysteme (siehe dort)
– operative Abteilung 440–443
– Pflegemittel, Auswahl 363
– Putzkammer 372
– Reinigungs- und Desinfektionsplan
– – Abteilungen mit immunsupprimierten
  Patienten 527–530
– – Allgemeinstationen 411–413
– – Anästhesie und Intensivmedizin
  462–466
– – Apotheke 583–585
– – Dialyse 512–515
– – Endoskopie 583–566
– – Kranken- und Rettungswagen 664, 665
– – Küchen 617, 618
– – Laboratorien 598, 599
– – operative Abteilung 440–443
– – Pädiatrie 478–481
– – Physiotherapie 605
– – Radiologie 574–576
– – Transfusionsmedizin 591–593
– – Wäscherei 629, 630
– – zahnärztliche Praxis 549–551
– Reinigungsgerätewagen 372
– Reinigungsmittel, Auswahl 363, 363
– Reinigungstextilien zur Oberflächenreinigung 372
– sanitäre Anlagen auf Wochenstationen
  502
– Scheidendiaphragmaanpassungsringe
  502
– Schulung des Personals 373, 374
– Spekula 501
– Teppichboden 373
– Trachelkanülen 540
– Ultraschallsonden für transvaginale Sonographie 502

– umweltfreundliche Alternativen 367
Reinwasser 608
Resistenz (siehe auch Antibiogramm)
– gegen Antibiotika 56
– erworbene 57
– inaktivierende Enzyme 57
– modifizierende Enzyme 57
– natürliche 56
– reduzierte Permeabilität der Zellwand
  58
– Synthese einer neuen oder veränderten
  Zielstruktur 57
respiratorische Infektionen 493
Respiratory-Syncytial-Virus (RSV) 34, 35
*Reuter*-Centrifugal-Sammler (RCS) 334, 356
Rhinoviren 34
Richtlinie für Krankenhaushygiene und Infektionsprävention 6
Ringelröteln 314, 493
RLT-Anlage (siehe raumlufttechnische
  (RLT-) Anlagen)
*Rodac*-Platten 341
Rooming-in 497
Rotaviren 149, 153
Röteln 315
– Impfung 316, 492
RSV (siehe Respiratory-Syncytial-Virus)
Rückkühlwerke 336

S
Salbenherstellung 582
Salmonellen 612
– Enteritissalmonellen 148
Salmonellosen 299
sanitäre Anlagen, Wochenstationen 502
Sauger 474, 482
Schabenbekämpfung 424
Scheidendiaphragmaanpassungsringe 502
*Schioetz*-Geräte 536
Schleimhautdesinfektion 219, 407, 476
– Antiseptika, Anforderungen an 407
– Einwirkzeit 407
– Früh- und Neugeborene 476
Schleusen 53, 54
– Luftschleusen 54
– Material- und Geräteschleusen 55
– Patientenschleusen 55
Schlitzsammler 335, 356
Schlußdesinfektion 220, 236
Schmutzarten 630
Schnuller 474, 482
Schulung des Personals 373, 374
Schürze 287, 403, 447
Schutzkleidung 234, 274, 402, 403, 447
– Kittel (siehe dort)
– Schürzen 403

- Überschuhe 404
- Umgang mit 403
- Zahnmedizin 547
Schwebstoffilter 332
Schwebstoffiltersysteme 336
Schwermetalle 217
Schwimmbadwasser 608
Sedimentationsverfahren 334, 355, 357
Sekretauffangbehälter 541
Sekrete 220
Sepsis (*siehe* Bakteriämie)
Septikämie (*siehe* Bakteriämie)
Serratia marcescens 63
Shigellen 148
Shuntinfektionen 508, 509
Silbernitratlösung 490
Silikonkatheter (*siehe auch* Katheter) 73
Sondennahrung 419, 453, 454
Spaltlampe 537
Speiseabfälle, Entsorgung 621
Spekula 501
Spielsachen 483
Spinalanästhesie (*siehe auch* Anästhesie) 460
Spülkästen 377
Staphylococcus aureus 61, 280, 495, 612
- Infektionskontrollmaßnahmen bei MRSA 290–292
- Kolonisierung des Patienten 290, 291
- Körperwaschung mit antiseptischer Seife 291
- Mupirocin 290
- oxacillinresistente 280
- Resistenzmechanismus 281
Staphylokokken, koagulasenegative 61, 125
Staub 32–34
Staubmasken 271
Steckbecken 406
Steckbeckenspülapparate 377
Stenotrophomonas (Xanthomonas) maltophilia 64
Sterilgut 434
- Lager 654, 655
- Lagerzeiten 655
Sterilgutlager 654, 655
Sterilisation 201–221, 648
- Autoklav
- - Betriebszeit 203, 204
- - häufige Betriebsfehler 203
- Chargen, technische Kontrolle und Dokumentation 653
- Dampfdurchdringungstest 651
- Dampfsterilisator (*siehe auch* Autoklav) 202
- Dampfsterilisatoren, Überprüfung 648
- Endoskope 560

- Ethylenoxid
- - Desorptionszeiten 206
- - Entlüftungsschränke 206
- Ethylenoxidsterilisation 649
- mit feuchter Hitze 202
- - Resistenz 202
- mit Formaldehyd 206
- - MAK-Wert 206
- Formaldehydsterilisation 649
- Gassterilisation mit EO 206
- Heißluftsterilisation 648
- Heißluftsterilisator 205
- - häufige Betriebsfehler 205
- mikrobiologische Überprüfung 652
- Plasmasterilisation 206–208, 649
- Prozeß- und Behandlungsindikatoren 650
- Prüfverfahren 209
- Sterilisationsindikatoren 650
- - chemische 650
- mit Strahlen 205
- von thermolabilen Materialien 205
- trockene Hitze 205
- Verfahren 201
- Wasserdampf 202, 203
- Zahnmedizin 547
Sterilisatoren, Überprüfung 361
Sterilitätsprüfung nach DAB 9 346
Strahlen, Sterilisation 205
Streptokokken 62
- der Gruppe A 284, 487 489, 495, 498
- der Gruppe B 495
- - Infektion 490
- - - Geburtshilfe 490
Streßulkusprophylaxe 89
Streuung von Mikroorganismen 109, 111
Stromverbrauch, Reduktion 380
suprapubische Harnableitung 458
systemische Infektionen 199
- Definition nosokomialer Infektion 199

T
Taktbandanlagen, Überprüfung 644
technischer Betrieb, Personal 427
Teppichboden 48, 373
Textilsäcke 631
Therapiebecken
- Desinfektion 607
- Infektionsrisiko 606
- Reinigung 607
- Wasseraufbereitungsanlage, Überwachung 608
thermische Desinfektion 209, 210
thermolabile Materialien, Sterilisation 205
Tiere 48
- Blindenhunde 48
- Hundebesuch 48

Tine-Test 317
Toiletten 406
Trachealkanüle
- Aufbereitung 540
- Wechsel 539, 540
Tracheostomiepflege 539
Tracheotomie 452
Trägheitsabscheidungsverfahren 334
Transducer 456
Transfusionsmedizin 589-594
- Abfallentsorgung 594
- Blutabnahme 589
- Blutkonserven, Transport von 594
- Desinfektionsmaßnahmen 590
- Labor 591
- Reinigungsmaßnahmen 590
- Transport von Blutkonserven 594
Transplantation (siehe Organtransplantation)
Trinkwasser (siehe auch Wasser) 521, 580
- Dialyse 504
Trinkwasseruntersuchung
- Beurteilung 353
- Colititer 353
- Grenzwerte 354
- Methode 352
- Probenentnahme 352
Trinkwasserverordnung 354
Tröpfcheninfektion (siehe Übertragungswege)
Tubergentest 317
Tuberkelbakterien 268
Tuberkulose 31, 33, 34, 267-277, 317-320, 327
- Abfallentsorgung 274
- Aids 269
- BCG-Impfung 276
- Desinfektionsmaßnahmen 275
- endogene Reaktivierung 267
- Erregerreservoir 267
- Exkrete 274
- exogene Reinfektion 267
- extrapulmonale Formen 268
- Geschirr 274
- hustenprovozierende Maßnahmen 273
- Infektionskontrollmaßnahmen 270
- - Patientenunterbringung 270
- - RLT-Anlage 271
- Infektiosität 268
- Isolierungsmaßnahmen, Dauer 275
- Masken 271-273
- - chirurgische 271
- - Feinstaubmasken 272
- - Staubmasken 271
- multiresistente Stämme 269
- offene, der Atemwege 268
- Patiententransport 274

- Primärinfektion 267
- Risiko im Gesundheitsdienst 269
- Schutzkleidung 274
- Sekrete 274
- Tests 317-320
- Tröpfchenkerne 268
- Tuberkulinreaktion 317
- Übertragungswege 268
- Wäsche 274
Turbinen 551
Typisierungsmethoden 66

**U**
Überschuhe 404
übertragbare Krankheiten, Epidemiologie 19-40
Übertragungswege, Infektion 29, 387
- aerogene Infektion 31, 32
- - Aspergillose 33, 34
- - Bioaerosole 33, 34
- - Hautschuppen 32-34
- - Infektionskontrollmaßnahmen 36
- - Nokardiose 33, 34
- - Staub 32-34
- - Legionellose 33, 34, 161-166
- - Masern 34
- - Tröpfchenkerne 33, 34
- - Tuberkulose 33, 34
- - Varizellen 34
- Blut 38
- große Tröpfchen 30
- Kontaktinfektionen 30, 34-36
- - direkter Kontakt 30
- - indirekter Kontakt 30
- - Infektionskontrollmaßnahmen 36
- - Rhinoviren 34
- - Tröpfchen, große 30
- Körperflüssigkeiten 38
- Luft 31
- Tröpfcheninfektion 30, 35
- - Definition 31
- - Tröpfchenkerne 30
- - Tuberkulose 268
Ultraschallbad 643
Ultraschallgeräte 427
Ultraschallsonden 502
- Augenheilkunde 537
Ultraschallvernebler 93
Umgebung des Patienten 45
Umgebungsuntersuchungen 48-52, 341-362
- Abklatschmethode (siehe dort)
- Abschwemmethode 342
- Abspülmethode 342
- Abstrichuntersuchungen 344
- Arbeitsflächen 49
- Badewasseruntersuchung 354

- bakteriologische Qualitätsprüfung von Therapeutika 349–351
- Beurteilung 344
- Bewegungsbecken 608
- Dialysat 351
- Dialyse 507, 518
- Endoskope 362
- Endoskopie 561, 569
- Enthemmer 343
- Geschirrspülmaschinen 361
- Küche 620
- Küchenuntersuchung (siehe dort)
- Membranfiltration (siehe dort)
- Nährmedienkontrolle 348
- Probenentnahme 343
- raumlufttechnische (RLT-)Anlagen 355
- Reinigungs- und Desinfektionsautomaten 360
- sterile Flüssigkeiten, Untersuchung 345
- Sterilisatoren, Überprüfung 361
- Therapiebecken 608
- Trinkwasseruntersuchung (siehe dort)
- Wasser für die Dialyse, entmineralisiertes 351
- Wasseruntersuchung aus Geräten 345
Umlaufsprühbefeuchter 330
Umweltschutz 375, 445
- Abwasserbelastung 379
- Energieeinsparung 379
- – Küche 380
- – Wäscherei 381
- Energieerzeugung 379
- Stromverbrauch, Reduktion 380
- Wassereinsparung 376
- – Armaturen 377
- – Desinfektionsautomaten 377
- – Laborgeräte 378
- – Regenwassernutzung 378
- – Spülkästen 377
- – Steckbeckenspülapparate 377
- Wasserverbrauch 376
Unfallverhütungsvorschriften (UVV) 9, 625
- Gesundheitsdienst 219
universelle Vorsichtsmaßnahmen, CDC-Empfehlungen 254
Urinflaschen 406
UV-Strahlen-Desinfektion 210

V
Vakuumfiltrationsgeräte, wiederverwendbare 347
Vancomycinresistenz 282–284
- Resistenzmechanismus 282
Varizellen 31, 34, 320, 492
- postexpositionelle Prophylaxe 321
Venendruckmessung, zentrale 457

Venenkatheter (siehe Katheter)
Venenkatheterverband 455
Venenkatheterverbandswechsel 416, 455
Ventrikeldrainagen 457, 458, 468
Verbandswechsel 117, 418
- Venenkatheterverband 455
- – Wechsel 416
- Wundverbände 418
Vernebler 93, 425
- Therapievernebler 425
- Ultraschallvernebler 426
Verpackungen 384
- Entsorgung 647
- Reduktion 622
Virusinfektionen, perinatale 492

W
Wände 47
Wannenbäder 609
Wärme- und Feuchtigkeitstauscher 92
Waschbecken 406
Wäsche 234, 274, 406, 521, 625–637
- Bauchtücher 633
- Fleckenwäsche 633
- hochinfektiöse 626
- infektionsverdächtige 626
- infektöse 626
- Krankenhauswäsche
- – Anforderungen 625
- – Umgang mit 630
- Problemwäsche 633
- saubere, Umgang mit 634
- Schmutzarten 630
- Transport 631
- Wäschesortierung 631
Wäschedesinfektion 220
Wäschereduktion
- Abdecken frisch bezogener Betten 636
- Arbeitskleidung, personenbezogene 635
- Bettlaken 636
- Bettwäschewechsel, routinemäßiger 637
- Inkontinenzunterlagen 636
- Lagerungshilfsmittel 635
- Matratzenschonbezüge 636
- Patientenverlegung 636
- Schutzkittel 635
- Transport in die OP-Abteilung 637
- Wäschesäcke 635
Wäscherei 381
- Continue-Anlagen 632
- Desinfektion 629
- Foliensäcke 631
- organisatorische Voraussetzungen 628
- Reinigungsmaßnahmen 629
- Textilsäcke 631

- Unfallverhütungsvorschriften 625
- Waschverfahren 632
- Wäschesäcke 635
- Waschschüsseln 406
- Waschverfahren 632
- Waschwasser (*siehe* Wasser)
- Wasser 45
- Abwasser, Belastung 379
- Anforderungen für pharmazeutische Zwecke 579
- Aufbereitung 504
- Badewasseruntersuchung 354
- Beckenwasser 608
- Befeuchterwasser, Keimzahlmessungen im 357
- Blumenwasser 47
- entmineralisiertes für die Dialyse 351
- Geburt in 491
- gereinigtes (Aqua purificata) 580
- Heißwasser, Desinfektion mit 506
- für Injektionszwecke (Aqua ad injectionem)
- Kondenswasser 91–93
- Leitungswasser 45, 521
- – Kontakt mit 162
- – Strahlregler 46
- – Vernebler 47
- Regenwassernutzung 378
- Reinwasser 608
- Schwimmbadwasser 608
- Trinkwasser (*siehe dort*)
- Waschwasser 45
Wasseraufbereitung 504
Wasseraufbereitungsanlage, Überwachung 608
Wasserbad 47, 477
Wasserdampf 202, 203
Wassereinsparung 376
- Armaturen 377
- Desinfektionsautomaten 377
- Laborgeräte 378
- Regenwassernutzung 378
- Spülkästen 377
- Steckbeckenspülapparate 377
Wasserstoffperoxidlösung 216
Wasseruntersuchung aus Geräten 345
Wasserverbrauch 376
Weichteilinfektionen 197–199
- Definition nosokomialer Infektion 197–199
Wertstofferfassung 384
Wertstoffgruppen 384
Wickeltische 483
Wiederaufbereitung 223–230
- Empfehlungen 226–230
- Materialeigenschaften 224
- Produktqualität nach 224

Windeln 473
Windpocken (*siehe* Varizellen)
Wischdesinfektion 220, 439, 444
Wochenfluß 490, 498
Wochenstation 497
- Besucher 498
- Neugeborenenzimmer 497, 499
- sanitäre Anlagen 502
- A-Strepokokken 498
Wundinfektionen (*siehe* postoperative Infektionen im OP-Gebiet)
Wundverbände 418

Z
Zahnmedizin 545–552
- Abformmaterialien 548
- Desinfektion 549
- Hand- und Winkelstücke 551
- Händedesinfektion 546
- Händewaschen 546
- Handschuhe 546
- Masken 547
- Reinigungsmaßnahmen 549
- Schutzkleidung 547
- Sterilisation 547
- Turbinen 551
zentrale Venendruckmessung 457
Zentralnervensystem
- Definition nosokomialer Infektion 189
- Infektionen 189, 190
Zentralsterilisation 639–659
- Autoklav 644
- – Desinfektionsprogramme, Überprüfung 645
- Besucher 640
- Desinfektion 640
- Einwegverpackungen 646
- Hygienemaßnahmen 656
- kontaminiertes Material, Entsorgung 641
- Mehrwegverpackungen 645
- organisatorische Voraussetzungen 639
- Personal 639
- Reinigung 640
- Reinigungs- und Desinfektionsautomaten 643, 644
- RLT-Anlage 641
- Sterilgut, Lagerzeiten 655
- Sterilgutlager 654, 655
- Sterilisation 648
- Taktbandanlagen, Überprüfung 644
- Transport 642
- Trockenentsorgung vs. Naßentsorgung 642
- Ultraschallbad 643
- Verpackungen, Entsorgung 647
- Versorgung 656

Zimmer
- Austattung 520
- Einzelzimmer 232, 233, 270, 286, 448, 449, 520
- Mehrbettzimmer 520
- Neugeborenenzimmer 497, 499
- mit RLT-Anlage 520

Zoster 492

Zytostatika 386, 387
- Zubereitung
- - Hygienemaßnahmen 582, 586, 587
- - zentrale 582